Handbuch der Eisen- und Stahlgießerei

Unter Mitarbeit von

Professor Dr.-Ing. e. h. O. Bauer-Berlin-Dahlem, Professor Dr. Dr.-Ing. e. h. L. Beck †-Biebrich, Ing. Georg Buzek-Wegierska Górka-Kleinpolen, T. Cremer-Düsseldorf, Dr.-Ing. K. Daeves-Düsseldorf, Dr.-Ing. K. Dornhecker-Schaffhausen, Dr.-Ing. R. Durrer-Berlin, Obering. M. Escher-Engers a. Rh., Dipl.-Ing. G. Fiek-Berlin-Dahlem, Professor Dipl.-Ing. G. Hellenthal-Duisburg, Oberbergrat J. Hornung-Rosenheim, Ing. C. Irresberger-Salzburg, Professor Dipl.-Ing. U. Lohse-Hamburg, Professor Dr.-Ing. P. Oberhoffer-Aachen, Dr.-Ing. M. Philips-Düsseldorf, Dr.-Ing. E. Schüz-Leipzig, Dr.-Ing. C. Schwarz-Oberhausen, Dr.-Ing. A. Stadeler-Hattingen-Ruhr, Dr.-Ing. R. Stotz-Stuttgart-Kornwestheim, Obering. L. Treuheit-Elberfeld, Dipl.-Ing. S. J. Waldmann-Dortmund, Ingenieur Fr. Wernicke-Görlitz, Professor A. Widmaier-Stuttgart, Dipl.-Ing. H. Witte-Sterkrade

herausgegeben von

Dr.-Ing. C. Geiger

Professor an der Staatl. Württemb. Höheren Maschinenbauschule in Esslingen a. N.

Zweite, erweiterte Auflage

Zweiter Band

Formen und Gießen

von

Ing. C. Irresberger

Gießerei-Direktor a. D. in Salzburg

Mit 1702 Abbildungen im Text

Springer-Verlag Berlin Heidelberg GmbH

1927

Ursprünglich erschienen bei Julius Springer in Berlin 1927
Softcover reprint of the hardcover 2nd edition 1927

ISBN 978-3-662-33571-0 ISBN 978-3-662-33969-5 (eBook)
DOI 10.1007/978-3-662-33969-5

Vorwort zur zweiten Auflage.

Das seit Erscheinen des zweiten Bandes (Betriebstechnik) der 1. Auflage dieses Handbuches verstrichene Jahrzehnt hat auf den behandelten Gebieten so zahlreiche Fortschritte und so tiefgehende Neuerungen gebracht, daß es unmöglich wurde, neben einer Darstellung der älteren bewährten Verfahren und Einrichtungen in einem einigermaßen noch handlichen Buche auch nur der wichtigeren der neuen, ihrer Bedeutung entsprechend, zu gedenken. Daher wurde der umfangreichste Abschnitt, das Formen und Gießen, abgetrennt und daraus ein besonderer Band gebildet, dessen alleiniger Verfasser Gießerei-Direktor a. D. C. Irresberger ist.

Hatte früher der Zwang auf den Gebieten der Formerei zu scharfer Auswahl des Stoffes und zu Zusammendrängungen geführt, die nicht am wenigsten vom Verfasser und vom Herausgeber selbst unliebsam empfunden wurden, da sie mitunter die Klarheit der Darstellung zu beeinträchtigen drohten, so konnte auch dieses Mal das vielleicht erstrebenswerte Ziel, jedes Arbeitsverfahren, jede Gußwarenart und jede Hilfsmaschine von einiger Bedeutung zu bringen, nicht erreicht werden; ein erheblicher Teil der auf Ansuchen von Einzelnen wie von Werken zur Verfügung gestellten Unterlagen mußte aus Raumrücksichten in kurzer Form abgetan werden, während auf die Behandlung nicht streng zum Formen und Gießen gehöriger Gebiete an dieser Stelle überhaupt verzichtet wurde.

Die der 1. Auflage zuteil gewordene eingehende und — was dankbar anerkannt wird — auch durchaus wohlwollende Kritik hat manche wertvolle Anregungen und Hinweise gegeben, deren Befolgung wesentlich zur Ausgestaltung des vorliegenden Bandes beigetragen hat. Alle Abschnitte wurden gründlich überarbeitet und unter Berücksichtigung der einschlägigen Neuerungen zum Teil erheblich erweitert. Besonders sei in dieser Richtung auf die Fortschritte in der Herstellung von Kunstguß und von Großguß, in der Formerei von Walzen und Zylindern und auf die zusammenfassende Abhandlung über Stahlguß hingewiesen. Zu dem sicher noch nicht zu Ende gekommenen Ausbau der Rüttelformmaschinen traten die völlig neuen Erscheinungen der Schleuderformmaschine und der Schleudergußmaschine.

Allen, die, sei es durch Ratschläge oder Winke, sei es durch Überlassung von Unterlagen, geholfen haben, den Weg zu ebnen und zu erleichtern, sei hierfür wärmster Dank ausgesprochen.

Möge der vorliegende Band eine gleich freundliche Aufnahme finden, wie sein Vorgänger und in Schule und Praxis dem Lernenden und Suchenden gute Dienste leisten.

Salzburg, / Eßlingen a. N., im Dezember 1926.

C. Irresberger.

C. Geiger.

Inhaltsverzeichnis.

Einleitung.

Erster Hauptteil.

Die Handformerei.

Zweiter Hauptteil.

Die Trockenvorrichtungen.

Dritter Hauptteil.

Stahl- und Temperguß.

Vierter Hauptteil.

Formplatten und Formmaschinen.

Fünfter Hauptteil.

Das Gießen und die Gießmaschinen.

Einleitung.

I. Einführung.

Allgemeines.

Ein Gußstück wird erstellt durch Füllung eines seiner Gestalt entsprechenden Hohlraumes mit flüssigem Metall. Da die meisten Metalle nach ihrer Erstarrung weniger Raum einnehmen als im flüssigen Zustande, so muß der zu füllende Hohlraum um das Maß der Schrumpfung oder Schwindung größer sein als das Gußstück. Die einen solchen Hohlraum bildende Umwandung bezeichnet man als Gußform oder kurz als Form. Formen, die wiederholt benutzt werden können, heißen Dauerformen. Man unterscheidet Sand- oder Masse- und Metalldauerformen. Die ersten bedürfen nach jedem Abgusse einer mehr oder weniger gründlichen Ausbesserung ihrer Oberflächen, während die zweiten Hunderte, ja Tausende, bei entsprechender Kühlung selbst Zehntausende von Abgüssen ohne Beschädigung aushalten und darum auch bleibende Dauerformen genannt werden. Sie bestehen für Grau- und Stahlgußstücke aus Gußeisen oder aus Stahl. Für Güsse von Metallen mit wesentlich niedrigerem Schmelzpunkte gibt es bleibende Dauerformen auch aus Bronze, Messing, Lava, Schiefer, Gips, Holz und anderen Stoffen.

Die weitaus überwiegende Menge aller Eisen-, Stahl- und Bronzegüsse wird in Formen bewirkt, die für jeden Abguß neu hergestellt werden müssen. Die vom Metall berührten Oberflächen dieser Formen bestehen aus Sand, Masse oder Lehm, wonach man Sand-, Masse- und Lehmformen unterscheidet. Sandformen werden entweder im ursprünglichen, feuchten oder im getrockneten Zustande abgegossen. Danach unterscheidet man Naß- oder Grünformen und Trockenformen. Masse- und Lehmformen müssen vor dem Gusse stets getrocknet werden. Eine Verbindung von Dauerform und einmal benutzbarer Form findet bei der Verwendung von Gußschalen oder Kokillen statt. Eiserne Gußschalen werden in Sand-, Masse- und Lehmformen eingelegt, um an den betreffenden Stellen raschere Erstarrung des flüssigen Metalles, Verdichtung oder auch Härtung zu bewirken. Die aus Sand oder Lehm bestehenden Teile solcher Formen müssen für jeden Guß neu ausgeführt werden, wogegen die eingelegten Gußschalen wiederholt verwendet werden. Schalen, die bis zur Abkühlung unter Rotglut am Gußstück liegen bleiben, bewirken im allgemeinen eine Härtung des an ihnen liegenden Teiles. Dagegen tritt nur eine Verdichtung ein, wenn die Schale noch bei heller Rotglut des Stückes entfernt wird, oder wenn die Wärme des Gußstückes ausreicht, um auch die Schale bis zur hellen Rotglut zu erhitzen. Durch Schalen in größerem Umfange absichtlich gehärteter oder verdichteter Guß wird Hart-, Schalen- oder Kokillenguß genannt.

Weiter unterscheidet man zwischen offenem und geschlossenem Guß oder richtiger zwischen offenen und geschlossenen Gußformen. Bei ersteren findet nach oben eine Begrenzung des Gußstückes nur durch den Spiegel des zur Ruhe gekommenen Metalles statt, während geschlossene Formen auch nach oben durch Formstoffe begrenzt werden.

Der offene oder geschlossene, den Formen das flüssige Metall zuführende Kanal heißt Einguß. Senkrechte Eingüsse werden Trichter und deren wagerechte oder schräge

Verbindungen mit der Form Läufe und Anschnitte genannt. Die Gußformen werden ferner in Herdguß-, Kastenguß- und in freie Formen eingeteilt. Herdgußformen entstehen durch Bildung einer offenen Form auf einem Gießherd oder Herd genannten Sandbette, das meist in der Nähe der Kuppelöfen hergerichtet ist. Kastenformen werden solche Formen genannt, bei denen der Formstoff ganz oder doch an den Seiten von festen, meist aus Gußeisen oder Holz bestehenden Wänden umschlossen und zusammengehalten wird. Die freien Formen werden noch geschieden in wirklich freie Formen und in Bodenformen. Wirklich freie Formen werden meist in festen, Abschlagkasten genannten Rahmen hergestellt, die noch vor dem Abgusse, gleich nach Fertigstellung der Form, von dieser entfernt werden. Wird zur Erstellung einer Gußform eine Grube im Boden der Gießerei ausgehoben, um eine kastenlose Form aufzunehmen, so entsteht eine freie Bodenform. Die Gußform kann dann in der Grube selbst erstellt werden, so daß die Grubenwände die Form unmittelbar zusammenhalten, oder es kann eine ohne Formkasten erstellte freie Form in eine solche Grube gestellt und dort ringsum fest eingestampft werden. Als Bodenformen bezeichnet man auch Formen, die im Gegensatz zu den auf Arbeitstischen hergestellten, Bankformen genannten Gußformen auf dem Boden der Gießerei erstellt werden. Formen, die in reiner Handarbeit ausgeführt werden, ohne daß bei ihrer Herstellung ein Hebezug benötigt wurde, werden als Handformen bezeichnet im Gegensatz zu den mit Hilfe eines Hebezeuges fertig gestellten Kranformen und den mit sonstiger mechanischer Hilfe hergestellten Formmaschinen- oder Maschinenformen.

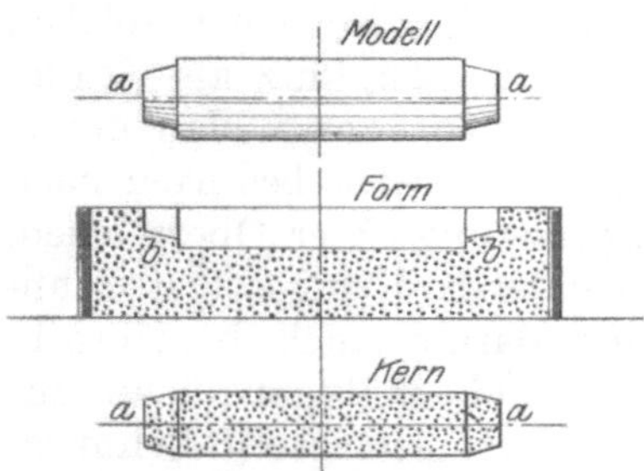

Abb. 1. Kernmarken a und Kernlager b.

Eine weitere Einteilung der Gußformen erfolgt nach gewissen zu ihrer Erstellung benutzten Hilfsmitteln. Wurde die Form erstellt durch den Abdruck eines Modells in Formstoffen, so spricht man von Modellformerei, im Gegensatz zur Lehren- oder Schablonenformerei, bei der die Form durch Drehen einer Lehre (Schablone) um eine feststehende Achse oder durch Ziehen von Lehren längs gerader, bzw. gebogener Führungen hergestellt wird, und der Kernformerei, bei der man die Gußform aus einzelnen Kernstücken zusammensetzt.

Jede Gußform bildet die äußere Begrenzung eines werdenden Gußstückes. Sehr viele Gußstücke sind aber hohl oder haben doch Löcher, die schon beim Gusse ausgespart werden müssen. Die hierfür verwendeten Gebilde nennt man Kerne[1]). Es genügt z. B. nicht, nur die äußere Form eines Rohres herzustellen, auch sein Inneres muß geformt werden. Zu diesem Zwecke wird ein aus Formstoff angefertigter zylindrischer Kern von entsprechendem Durchmesser in die Form eingelegt. Der Kern braucht Stützpunkte, Auflager. Um sie zu schaffen, wird das Modell an beiden Seiten etwas verlängert (Abb. 1). Diese Verlängerungen heißen am Modell und am Kern Kernmarken (a), in der Form Kernlager (b).

Der Former und sein Beruf.

Das Gebiet der Formerei ist allmählich so umfangreich geworden, daß es keine Former oder Gießer gibt, die das ganze Fach beherrschen. Solche Leute waren vielleicht noch vor 60 Jahren zu finden, wo einzelne Gußwerke alle bekannten Gußarten herstellten, bei der heutigen Zergliederung und Entwicklung der Formerei ist eine auch nur einigermaßen allumfassende Handwerksausbildung ausgeschlossen. Es gibt heute Sand-, Lehm- und Masseformer; Poterie-, Handelsguß-, Ofen-, Badewannen-, Bauguß-, Rohr- und Formmaschinenformer; Eisen-, Stahl-, Temperguß- und Bronzeformer und noch viele andere Sonderformer, die alle noch in mancherlei Unterarten eingeteilt werden können.

---

[1]) Näheres s. S. 17 u. f.

Die Teilung des Arbeitsgebietes brachte zwar eine erhöhte Kunstfertigkeit auf jedem Gebiete mit sich, anderseits sind aber auch die Anforderungen an den Guß sowohl bezüglich vielgestaltiger Formen, als auch bezüglich seiner technischen Eigenschaften so gestiegen, daß die Gefahr von Fehlgüssen nicht geringer geworden ist, als sie es zu unserer Vorväter Zeiten war. Man beachte in einer beliebigen Gießerei, wie jeder Former das Auspacken seines Gusses aus den Formstoffen mit Spannung verfolgt, wie er jedes Stück sorgfältig abklopft und prüft und erst nach gründlichster Untersuchung sich seines Erfolges freut. Häufig ist auch dann noch seine Freude verfrüht, denn die folgende Bearbeitung kann noch bis dahin unsichtbare Mängel zutage bringen, die das Gußstück unbrauchbar machen. Bei jedem Stück hat der Former bis zum letzten Augenblick die Sorge, seine Arbeit könnte vergeblich gewesen sein. Diese Sorge begleitet ihn trotz des Bewußtseins, seine Pflicht getreulich erfüllt und alle Möglichkeiten, die zum Gelingen oder Mißlingen des Werkes hätten beitragen können, gewissenhaft beachtet zu haben.

Es ist oft sehr schwierig, die Ursache des Mißlingens eines Gusses unzweifelhaft festzustellen. Der Grund kann im Eisen, in seiner Behandlung durch den Gießer (Former), in der Anordnung der Eingüsse und Steiger, in den Formstoffen, in Handwerksfehlern des Formers, in Störungen der Form durch Anstoßen und in vielen unberechenbaren Zufällen liegen. In gar nicht allzu seltenen Fällen ist eine einwandfreie, unbestreitbare Feststellung überhaupt nicht möglich. Gelingt aber dann dem Former ein zweites, drittes und weiteres unter denselben Umständen hergestelltes Stück, so wird er selbst sich vielleicht innerlich eine gewisse Schuld am ersten Fehlguß zuschreiben, nur innerlich, denn das Zugeständnis eigenen Verschuldens in zweifelhaften Fällen ist eine nur ganz ausnahmsweise zu erlebende Seltenheit. Um so überzeugter werden ihm aber seine Oberen nun die Schuld zuschieben — und dabei recht oft Unrecht tun.

Die Ursache auch solcher Fehlgüsse liegt viel häufiger, als gemeinhin angenommen wird, an unserer noch unvollkommenen Kenntnis mancher beim Zustandekommen eines Gußstückes sich abwickelnder Vorgänge, als an persönlichen Fehlgriffen der beteiligten Ingenieure, Meister, Former oder Handlanger. Jeder gereifte Gießereimann hat schon Zeiten erlebt, in denen eine Arbeit trotz aller Mühen und Sorgen nicht glücken wollte, neue Arbeit sowohl, als auch bekannte bis dahin immer gut vonstatten gegangene. Nach langer Mühe wird dann endlich irgend ein unvermuteter Fehler entdeckt oder eine neue Erfahrung gewonnen, und dann wird wieder erfolgreich weiter gearbeitet. Oft aber schwinden Mißerfolge von selbst, ohne daß die Ursache ihres Einsetzens und Aufhörens ergründet werden konnte. Derartige Erlebnisse treffen nicht nur junge oder einseitig vorgebildete Leute, auch der erfahrene, vielseitig ausgebildete und auf der Höhe seines Faches stehende Gießereimann kann sich ihnen nicht immer entziehen. Die Gießereiwissenschaft, von der vor dem Krieg [1]) gesagt werden mußte, sie stecke trotz aller bereits errungenen mannigfachen Erkenntnisse noch in den Kinderschuhen, hat seither weitgehende Entwicklung und Vertiefung erfahren; wurde doch in dem verstrichenen Jahrzehnt gar manches Dunkel gelichtet. Jede neue Errungenschaft schuf neue Ausblicke, und so bietet die Gießereikunde gerade in ihrem gegenwärtigen Stande dem Wissenschaftler, wie dem Praktiker ein hervorragend dankbares Arbeitsfeld.

Zur Erzielung weiterer Fortschritte ist es vor allem nötig, den Praktikern, den Formern und Meistern, mehr wissenschaftliche Klarheit über die Vorgänge bei ihrer Arbeit zu verschaffen, und anderseits auf den hohen und mittleren Schulen den angehenden Ingenieuren und Technikern mehr Gelegenheit zu bieten, auch die praktische Seite ihres Berufes gründlich zu erfassen. Vieles ist in Deutschland wie im Auslande nach beiden Richtungen hin schon geschehen, ein noch wesentlich innigeres Zusammenwirken von Wissenschaft und Praxis ist aber erforderlich, um manche schon heute erkennbare wertvolle Zukunftsmöglichkeit zu verwirklichen.

---

[1]) Vgl. ds. Handbuch 1. Aufl. Bd. 2 (1916), S. 61.

Das Werkzeug des Formers.

Das erste und fast unentbehrliche Werkzeug des Formers ist eine flache Schaufel nach Abb. 2. Weiter benötigt er ein oder mehrere Handsiebe (Abb. 3) von 400—500 mm Durchmesser und 150—200 mm Höhe. Die Maschenweite schwankt vom feinsten Haarsieb (für Schwärze und Modellpuder) bis zu etwa 10 mm. Zum Durcharbeiten von grobem oder Haufensand benutzt man Durchwürfe (Abb. 4), grobe über einen Rundeisenrahmen gezogene Siebe bis zu 15 mm Maschenweite, die mit Hilfe einer eisernen Stütze frei aufgestellt werden können, sowie mechanisch betätigte ortsfeste und fortbewegliche Siebvorrichtungen. Abb. 5 zeigt eine solche in der Nähe jeder Preßluftleitung aufstellbare

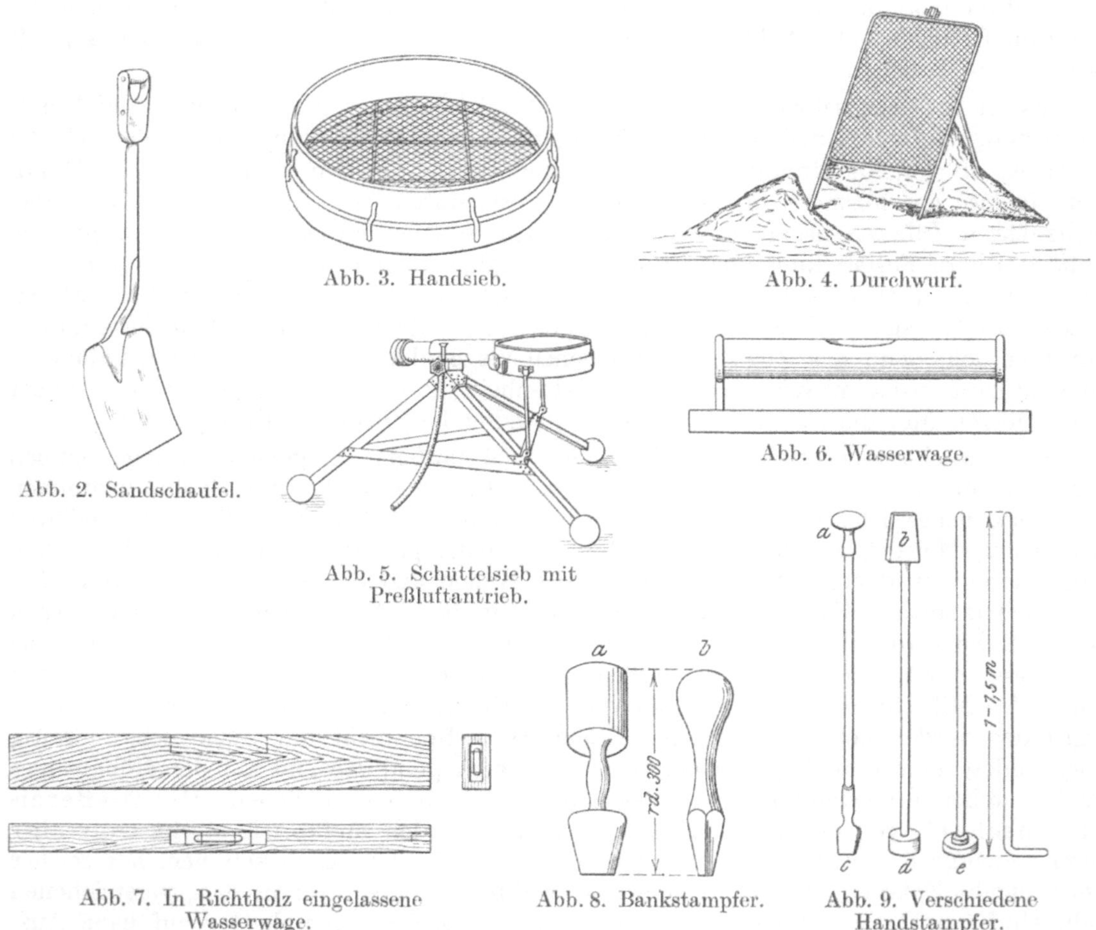

Abb. 2. Sandschaufel.

Abb. 3. Handsieb.

Abb. 4. Durchwurf.

Abb. 5. Schüttelsieb mit Preßluftantrieb.

Abb. 6. Wasserwage.

Abb. 7. In Richtholz eingelassene Wasserwage.

Abb. 8. Bankstampfer.

Abb. 9. Verschiedene Handstampfer.

mittels Preßluft arbeitende Siebvorrichtung. Zum Ausrichten von Formkasten und einzelnen Teilen größerer Formen dienen Wasserwagen nach den Abb. 6 und 7.

Die Verdichtung des Formsandes geschieht durch Stampfen, Pressen, Schleudern, Rütteln (Schütteln, Erschüttern) und Walzen. Das Stampfen erfolgt von Hand oder mit Maschinen, alle anderen Verdichtungsarten werden mit maschinellen oder doch mechanischen Behelfen bewirkt. Man unterscheidet für die Handarbeit *Spitz- und Flachstampfer*. Die ersten dienen zum Stampfen in der Nähe des Modelles, der Formkastenwände und in engen Teilen der Form, die zweiten zum Feststampfen großer Sandkörper und zum Glattstampfen der letzten Sandschicht im Formkasten. Für die Arbeit an Formtischen, *auf der Bank*, sind kurze Stampfer im Gebrauch, die beide Arten in sich vereinigen. Abb. 8a stellt einen aus Hartholz und b einen aus Gußeisen gefertigten Bankstampfer dar. Für größere Formen, insbesondere für alle Bodenarbeit werden längere

Stampfer verwendet, die an den Enden eines etwa $1-1^1/_2$ m langen Holzstieles eiserne Stampfstücke a, b, c, d, e (Abb. 9) tragen. Beim Gebrauch eiserner Stampfer ist stets auf gute Trockenheit der Stampfflächen des Werkzeuges zu achten, sonst ballt sich der Formsand an ihnen fest. Man wärmt deshalb die Stampfer vor Beginn der Arbeit über gebrauchten Gießpfannen oder an sonstigen in Gießereien fast nie fehlenden Wärmequellen etwas an.

In den letzten Jahren haben sich Preßluftstampfer nach Überwindung anfänglicher Schwierigkeiten mit recht gutem Erfolge einbürgern können. Preßluftstampfer sind selbsttätig gesteuerte Motore mit geradliniger Bewegung eines Kolbens, der in rascher Folge hin- und hergeschleudert wird. Das untere Ende des Kolbens ist stangenförmig ausgebildet und am freien Ende zur Aufnahme von Stampfplatten eingerichtet. Die Abb. 10 und 11 zeigen solche Stampfer in Tätigkeit. Preßluftstampfer werden in verschiedenen Formen und Ausführungsarten geliefert, der Former muß für jede Ausführungsart einige Erfahrung sammeln, er muß das richtige „Gefühl" gewinnen, um nicht zu fest oder zu locker zu stampfen. Dieses Gefühl stellt sich rasch ein, ein im Handstampfen geübter Mann vermag das Werkzeug nach halbtägiger Arbeit mit genügender Sicherheit zu handhaben. Man verwendet Bankstampfer im Gewichte von 3,5—5 kg, Handstampfer von 10—20 kg und Kranstampfer von 30—100 kg Eigengewicht. Am verbreitetsten sind Handstampfer. Sie tragen wesentlich zur Erhöhung der Leistungsfähigkeit des Formers bei, und gestatten bei gleichzeitiger Verminderung der Gestehungskosten recht beträchtliche Verdienststeigerungen für die Former.

Abb. 10. Preßluftstampfer mit Verlängerungsanschluß. Abb. 11. Preßluftstampfer mit Handgriff.

Die Preßluftstampfer litten in den ersten Jahren nach ihrer Einführung an fortwährender Ausbesserungsbedürftigkeit als Folge wenig sachgemäßer Behandlung. Man war mit ihrer Zerlegung und Zusammenfügung noch zu wenig vertraut und hütete sich, sie unnötig auseinanderzunehmen und zu zerlegen. Zudem waren sie gegen das Eindringen von Fremdkörpern durchaus nicht genügend abgedichtet. Staub und Schmutz, woran es in keiner Gießerei fehlt, fanden Zutritt und bewirkten raschen Verschleiß aller bewegten Einzelteile. Kostspielige Ausbesserungen hörten fast nicht auf, und nur zu bald ergab sich die Notwendigkeit, die Stampfer ganz zu erneuern. Die fortwährenden Pausen erschwerten die Eingewöhnung der Mannschaft, während der rasche Verschleiß der Werkzeuge ihren wirtschaftlichen Wert in Frage stellte. Diese Übelstände verschwanden in dem Maße, wie man mit dem Bau der Stampfer und ihrer Behandlung vertrauter wurde. Seit man gelernt hat, sie auch ohne Ausbesserungsnotwendigkeit zu zerlegen, zu reinigen, mit Petroleum abzuspülen und dann mit bestem Öl zu schmieren, ist ihre Haltbarkeit wesentlich größer geworden. Die besten Ergebnisse erzielen Betriebe, in denen die Stampfer allwöchentlich zerlegt und gereinigt werden.

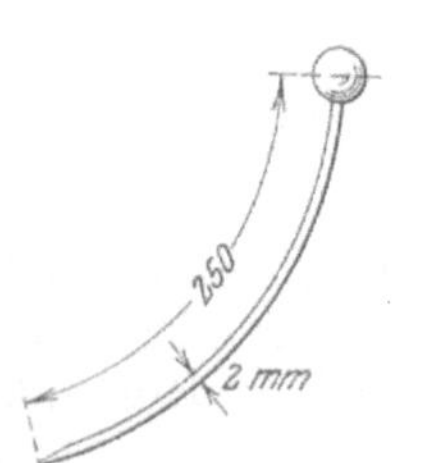

Abb. 12. Gebogener Luftspieß.

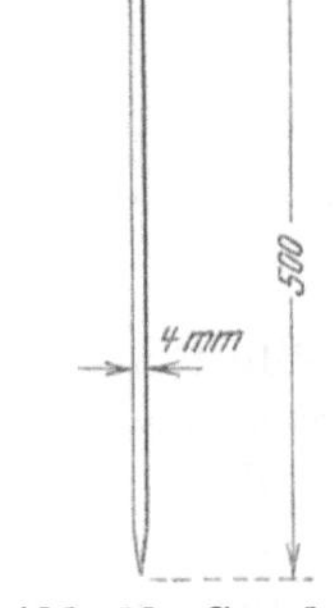

Abb. 13. Gerader Luftspieß.

Der festgestampfte Formsand ist recht oft nicht mehr porös genug, um den Dämpfen und Gasen, die sich während des Gusses bilden, rasches Entweichen zu ermöglichen. Man schafft deshalb künstliche Kanäle zur Ableitung dieser Gase und bedient sich dazu langer, Luftspieße genannter Nadeln aus Stahldraht. Sie sind an einem Ende gespitzt, haben einen Durchmesser von 2—10 mm und eine Länge von 200—1000 mm. Kleinere Luftspieße (Abb. 12) sind häufig gebogen, größere (Abb. 13) meist gerade. Letztere werden auch mit einem Handgriff versehen, um das Einstechen und Zurückziehen zu erleichtern, während kleinere Luftspieße manchmal mit einer angegossenen kleinen Gußeisenkugel versehen werden.

Nachdem eine Form genügend mit Gasabführungskanälen versehen, entlüftet[1]) ist, werden die zutage tretenden, das Modell berührenden Kanten des Formsandes mit einem Wasserpinsel (Abb. 14) benetzt. Zum Benetzen der Formen wurde früher vielfach der Mund voll Wasser genommen, und dann mittels kräftigen Pustens durch die aneinander gepreßten Lippen ein ausgiebiger Sprühregen erzeugt. Dem gleichen Zwecke dienen Kardätschen genannte Bürsten, mit denen größere Flächen bespritzt werden, und Zerstäuber nach Abb. 15. Gießereien, die über Preßluft verfügen, verwenden zum Befeuchten großer Formen Preßluftdüsen nach Abb. 16. Sie werden bei a mit der

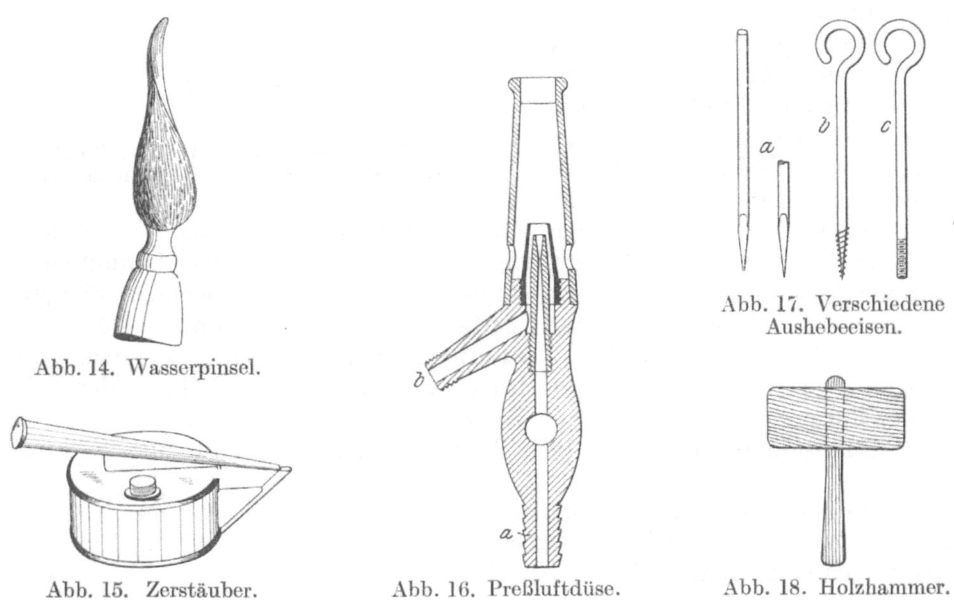

Abb. 14. Wasserpinsel.

Abb. 15. Zerstäuber.

Abb. 16. Preßluftdüse.

Abb. 17. Verschiedene Aushebeeisen.

Abb. 18. Holzhammer.

Preßluftleitung und bei b mit einem Wassergefäße verbunden, und dienen auch zum Überziehen der Formen mit einer Graphitlösung und zum Ausblasen getrockneter Formen.

Zum Ausheben kleiner Holzmodelle aus der Form dient ein an einem Ende zugespitzter Stahlstift (a in Abb. 17), der Aushebeisen genannt wird. Man setzt ihn mit der Spitze in die Mitte des auszuhebenden Modellteiles, treibt ihn durch einen leicht Hammerschlag einige Millimeter tief in das Holz, klopft mittels einiger leichter Schläge das Modell los und hebt es schließlich am Aushebeisen aus dem Sande. Für größere Modelle gibt es Aushebeisen mit Holzgewinde (Abb. 17 b) und für die größten, mit eisernen Losklopf- und Aushebeplättchen versehenen Modelle solche mit eisernen Gewinden (Abb. 17 c). Aushebeisen der beiden letzteren Art werden auch Aushebschrauben oder Modellschrauben genannt.

Kein Modell darf unmittelbar mit Eisenhämmern losgeklopft werden[2]). Gewissenhafte Former halten beim Losklopfen stets ein Holzklötzchen zwischen das Modell und den Hammer. Am besten ist es die Former mit Holzhämmern (Abb. 18) verschiedener

[1]) Gase und Dämpfe, die sich während des Gießens entwickeln, nennt der Former „Luft".

[2]) Unter „Losklopfen" versteht man das seitliche Anschlagen der Modelle vor und während dem Ausheben aus der Form.

Größe zu versehen, weil, um der Bequemlichkeit willen, das schonende Holz zwischen Eisenhammer und Modell gar leicht weggelassen wird. Für kleine Eisen- und Metallmodelle sind zum gleichen Zwecke auch Bleihämmer in Verwendung.

Gießereien mit Preßluftanlagen verwenden für sehr große Modelle Losklopfer (Vibratoren), die durch Preßluft angetrieben werden. Diese, auf gleicher Grundlage wie die Preßluftstampfer arbeitenden Werkzeuge bringen durch ihre kurzen, raschen Stöße das Modell in leise zitternde Bewegung, die es vom Formsande löst, ohne nennenswerte Fugen zwischen Modell und Formsand entstehen zu lassen. Abb. 19 zeigt zwei der gebräuchlichsten Ausführungsformen [1]).

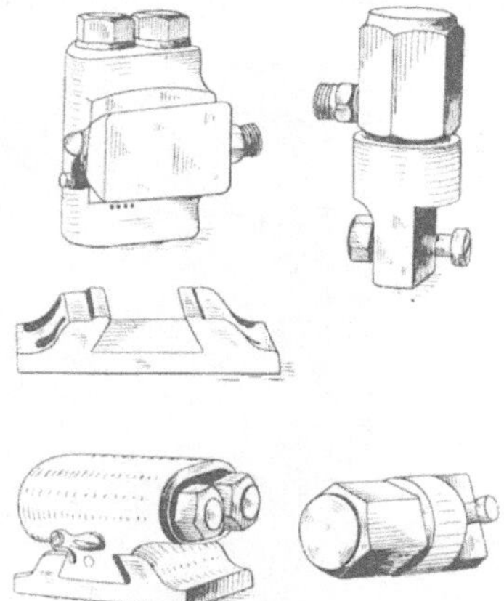

Abb. 19. Losklopfer mit Preßluftantrieb.

Recht mannigfaltig sind die Werkzeuge zum Ausbessern und Glätten der Formen. Größere Beschädigungen, wie solche beim Modellausheben leicht vorkommen, werden mit Hilfe von Dämmhölzern oder Dämmplättchen (Abb. 20) ausgebessert. Das Dämmplättchen A wird mit der einen Hand an die beschädigte Stelle gehalten, während die andere Hand frischen Sand an die schadhafte Stelle bringt und dort festdrückt. Zum Ausbessern kleinerer Schäden, sowie zum Glätten von Flächen, Kanten und Winkeln dienen die in Abb. 21 wiedergegebenen Werkzeuge. Sie geben der Form ein gleichmäßig mattglänzendes Aussehen. Die Glättarbeit heißt danach Polieren, das dazu verwendete Werkzeug Polierzeug. Die einzelnen Stücke werden in mannigfaltigen Formen ausgeführt und in verschiedenen Gegenden verschieden benannt. Die Teile A und B dienen zur Behandlung größerer Flächen und werden Streichbleche, Poliereisen, Truffel, Polierschüppen und Polierschaufeln genannt, sie werden aus Temperguß oder aus Stahl gefertigt und sind mit Holzgriffen versehen. Mit C und D werden schwerer zugängliche Teile der Formen behandelt. Sind die Polierflächen dieser Stücke eben, wie a und b bei C, so nennt man das Werkzeug Lanzette, ist aber eine der beiden Polierflächen gewölbt, wie c bei D, so heißt es Polierlöffel oder auch nur Löffel. Löffel und Lanzetten sind meist aus Stahl, seltener aus Bronze gefertigt. E dient zur Glättung von Rinnen und tiefer liegenden Fugen und heißt meist Polier-S oder S-Haken. Mit dem Werkzeuge F, Haken, Polierhaken und Spatel genannt, werden Sandteile oder in die Form geratene Fremdkörper hochgehoben und entfernt. Beide Enden, der lange flache Stiel wie der rechtwinklig umgebogene Fuß e, eignen sich außerdem zum Ausbessern und Polieren tiefliegender und schwer zugänglicher Teile der Form. Polierhaken werden stets aus Stahl hergestellt. Die Werkzeuge A bis D werden selten länger als 200 mm gemacht, Polierhaken werden dagegen in Längen von 150—750 mm verwendet. Die kleinen gedrungenen Stücke G, H, J und K heißen Polierknöpfe und dienen ausschließlich der Verdichtung, Ausbesserung und Glättung von Kanten, Ecken und Winkeln. Sie werden aus Gußeisen, Stahl oder Bronze gefertigt, letzterer Stoff bewährt sich am besten.

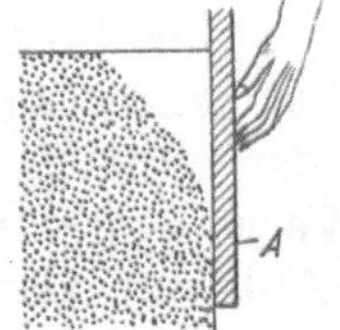

Abb. 20. Dämmholz.

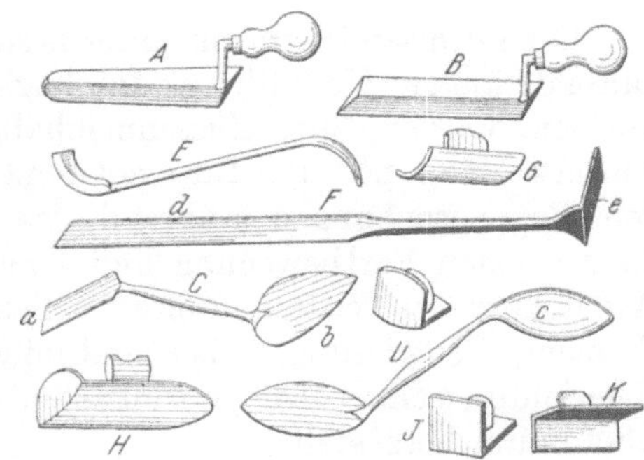

Abb. 21. Polierwerkzeug.

Um den Formsand gegen die Hitze des einströmenden Metalles zu schützen und den Abgüssen glatte Oberflächen oder bestimmte Farbentöne von grau bis blau zu verleihen, werden die Formen mit Graphit und dann mit Holzkohlenstaub, oder mit einem

[1]) Weitere Angaben über Losklopfer s. S. 518.

Pulver aus feuerfestem Ton eingestaubt, oder auch mit einem Überzuge von dünnem Graphitbrei versehen. Zum Einstauben benutzt man kleine Säckchen, Staubbeutel, aus Leinen oder Schirting, die mit dem zu verstäubenden Mittel gefüllt vor und über den Formen kräftig geschüttelt werden, so daß feine Staubwolken entstehen und die Form mit einer gleichmäßig feinen Schicht überziehen. So aufgetragene Schichten haften nicht fest an der Form und würden von dem einströmenden Metall größtenteils fortgeschwemmt werden[1]). Ihre Befestigung erfolgt mittels der verschiedenen Polierwerkzeuge. Verzierte Modelle, wie Ofenteile, Kunstgußmodelle und solche mit besonders vielgestaltiger Oberfläche werden nach dem „Einstäuben" nochmals in die Form gebracht und dort sanft festgedrückt, was ein gutes Haften der aufgebeutelten Staubschichten am Formsande bewirkt. Durch Einstäuben geschwärzte Formen werden stets ungetrocknet, d. h. naß abgegossen, während die mit Hilfe des „Schwärzepinsels" oder einer Preßluftdüse mit Graphitbrei bezogenen Formen, welcher Vorgang ebenfalls „Schwärzen" genannt wird, vor dem Gusse gut getrocknet werden müssen.

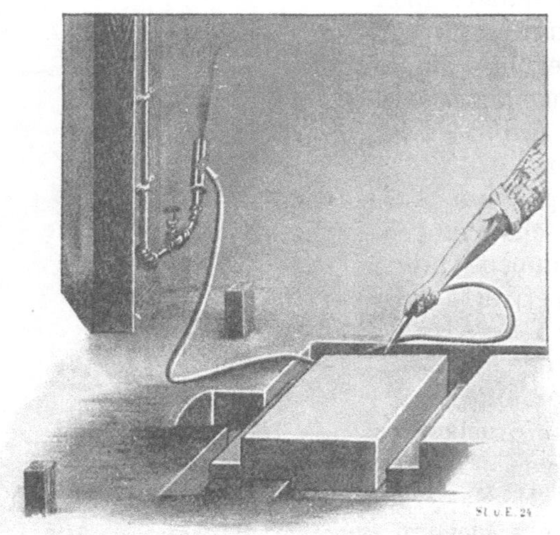

Abb. 22. Staubabsauger.

Zur Entfernung von Staub, Sandkörnern und anderen Fremdkörpern werden die Formen ausgeblasen. Meist bedient man sich hierzu gewöhnlicher Blasbälge mit oder ohne Spitze beim Luftaustritt. In neuerer Zeit findet aber auch hierfür Preßluft Verwendung, und zwar unter Benutzung einer besonderen Düse oder eines Staubabsaugers (Abb. 22) oder auch nur eines gewöhnlichen Gummischlauches, der an die Preßluftleitung angeschlossen wird.

II. Die Formkasten.

Allgemeines.

Der Formsand[2]) ist nur unter besonderen Umständen fähig, ohne eine ihn zusammenhaltende äußere Umhüllung zum Abgießen geeignete Formen zu bilden. Bei den meisten Formen werden zum Zusammenhalten des Formsandes Rahmen benutzt, die man Formkasten nennt. Ihre notwendigste Eigenschaft ist ausreichende Festigkeit, um den Beanspruchungen während des Einstampfens, Modellosklopfens und Aushebens, ihrer eigenen Fortbewegung und Umdrehung und insbesondere während des Abgießens Widerstand zu leisten, weiter sollen sie möglichst leicht sein, sichere gegenseitige Führung (Zentrierung) haben und mindestens auf einer Seite bearbeitet oder doch gerade abgerichtet sein. Die Formkasten werden aus Holz, Schmiedeisen, Gußeisen und Aluminium hergestellt.

Holzformkasten.

In Amerika werden noch in größerem Umfange Holzformkasten verwendet. Sie sind leichter als eiserne, lassen sich rasch herstellen und mit wechselnden Zwischenfächern ausstatten. Sie halten nur eine verhältnismäßig geringe Zahl von Güssen aus und lassen

[1]) Vgl. auch Bd. I, S. 608. [2]) Vgl. Bd. I, S. 577 ff.

sich dann zum Anheizen verwenden. Infolge der auch in Amerika zu beträchtlicher Höhe gestiegenen Holzpreise beginnen Holzformkasten auch dort seltener zu werden.

Bei uns finden hölzerne Formkasten behelfsweise Verwendung, wenn ein Abguß, für den kein geeigneter eiserner Formkasten vorhanden ist, und für dessen einmalige Herstellung sich die Anfertigung eines eisernen Formkastens nicht lohnen würde, sehr eilig hergestellt werden muß. Gießereien, die nicht mit genügend leistungsfähigen Hebezeugen ausgestattet sind, bedienen sich gleichfalls unter Umständen mit Vorteil hölzerner, eisenarmierter Formkasten.

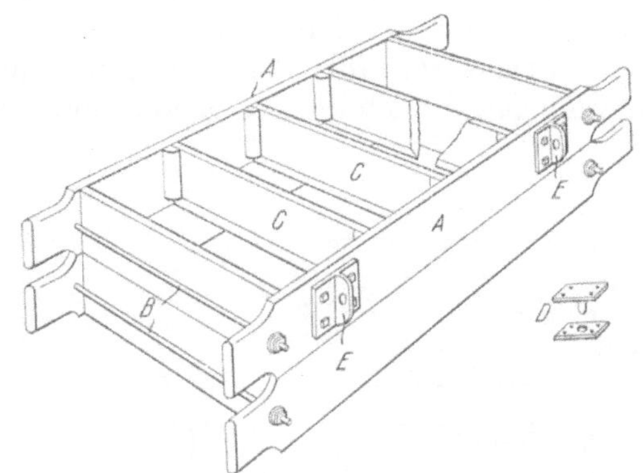

Abb. 23. Holzformkasten.

Abb. 23 zeigt einen hölzernen mit Eisenbeschlägen versehenen Formkasten. Die an den Enden zu Handgriffen zurecht geschnittenen Seitenteile A sind durch Bolzen B und festgenagelte Querstücke C starr miteinander verbunden. Die gegenseitige Führung der oberen und unteren Formkastenhälfte wird durch Dübel D bewirkt, die in die Kanten der Seitenteile eingelassen sind, wie bei zwei miteinander verdübelten Modellhälften. Zur Erleichterung des Wendens, d. h. der Umdrehung des Oberteils zum Zweck seiner Ausarbeitung, sind an den Seiten gußeiserne Winkelplättchen E angebracht. Zahlentafel 1 gibt die gebräuchlichsten Wandstärken hölzerner Formkasten.

Zahlentafel 1.

Abmessungen der Formkasten			Wandstärke		Zahl der	
Länge mm	Breite mm	Höhe mm	der Längswände mm	der Querwände mm	gußeisernen Querwände	eisernen Verbindungsbolzen
600	500	120	36	24	—	2
1000	750	150	48	24	—	3
1500	1000	180	60	30	1	4
2000	2000	200	72	36	2	4

Gegossene Formkasten.

Bei uns besteht die weitaus überwiegende Menge aller Formkasten aus Gußeisen. Abb. 24 zeigt einen zweiteiligen, gewöhnlichen Formkasten. Der obere Rahmen A wird Oberteil, der untere Rahmen B Unterteil genannt. Das Oberteil ist meist mit einer „Sandleiste“ genannten Kante C versehen, die ein Durchfallen des festgestampften Formsandes erschwert[1]). Die Griffe D dienen zum Auf- und Abheben der gewöhnlich einfach als „Teile“ bezeichneten Formkastenteile. Die Lappen E und F geben den Bolzen G Lager und Führung und werden Führungslappen oder in Verbindung mit den als Führungsstifte bezeichneten Bolzen Führungen genannt. Ein Paar Formkasten — Ober- und Unterteil — muß mindestens zwei solcher Führungen besitzen, häufig sind drei, bei größeren Formkasten regelmäßig vier Führungen vorgesehen. Viele Formen setzen sich aus drei und mehr Teilen zusammen, die dann oben und unten mit Führungslappen versehen werden (Abb. 27). Das zwischen dem Oberteil A und dem Unterteil B befindliche Teil C wird dann Mittelteil oder Mittelstück genannt.

Es ist verfehlt, die Formkastenecken zu verstärken (Abb. 25), was gewöhnlich in der Meinung geschieht, dem Rahmen größere Haltbarkeit zu verleihen. Genau das

[1]) Bei den in der Maschinenformerei benutzten Formkasten besitzen meistens Ober- und Unterkasten Sandleisten.

Gegenteil ist der Fall. Solche Verstärkungen bedingen infolge der stattfindenden Werkstoffanhäufung Spannungen, die schon bei geringen Stoßwirkungen zum Bruche führen können. Man tut vielmehr besser, durch Abrundung der Ecken auch der geringen infolge des neunziggradigen Kantenwinkels entstehenden Werkstoffanhäufung zu begegnen. Solche Abrundung (Abb. 26) macht in der Modelltischlerei keine Schwierigkeit, und der Schwächung des Kastenverbandes des Modells läßt sich durch Anordnung zweier Versteifungsleisten nach Abb. 26 wirksam begegnen.

Formkasten für Formmaschinen und Kastenteile für mehrgliedrige Formkasten werden gewöhnlich auf der oberen und der unteren Fläche bearbeitet. Bei nur zweiteiligen

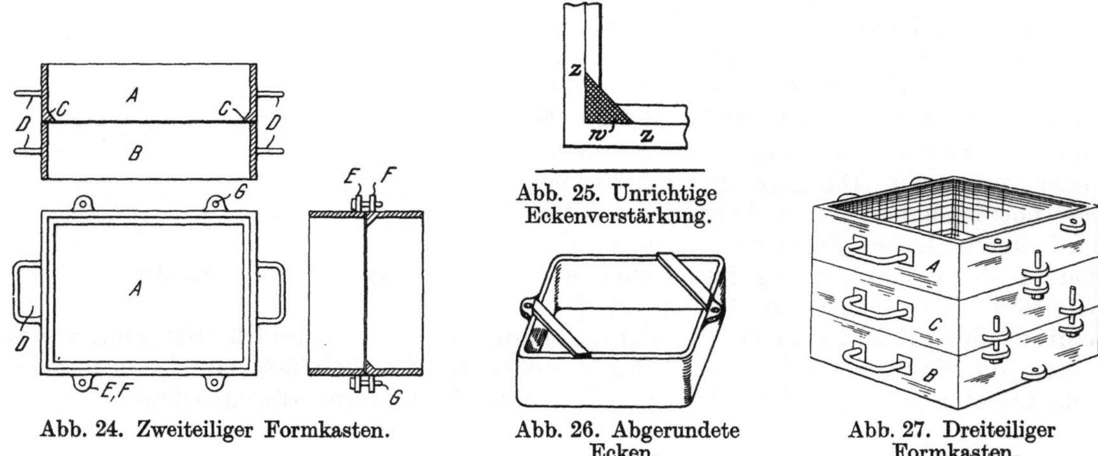

Abb. 24. Zweiteiliger Formkasten.

Abb. 25. Unrichtige Eckenverstärkung.

Abb. 26. Abgerundete Ecken.

Abb. 27. Dreiteiliger Formkasten.

Formkasten für Handarbeit genügt es, die Ecken der Kastenteile mit etwa 3 mm starken Arbeitsleisten zu versehen, und diese mit der Feile und mit Hilfe einer Richtplatte genau auszurichten. Das ist wesentlich billiger und hat den weiteren Vorteil, die Sandflächen des Ober- und Unterteils dicht aneinander liegen zu lassen, auch wenn etwa ein Sandkörnchen am Kastenrande liegen sollte.

Die G r i f f e können aus Schmiedeisen oder aus Gußeisen sein. Schmiedeiserne Griffe werden eingegossen (Abb. 28) oder durch Schrauben oder Nieten am Formkasten befestigt (Abb. 29). Gußeiserne Handgriffe werden stets angegossen (Abb. 30). Am

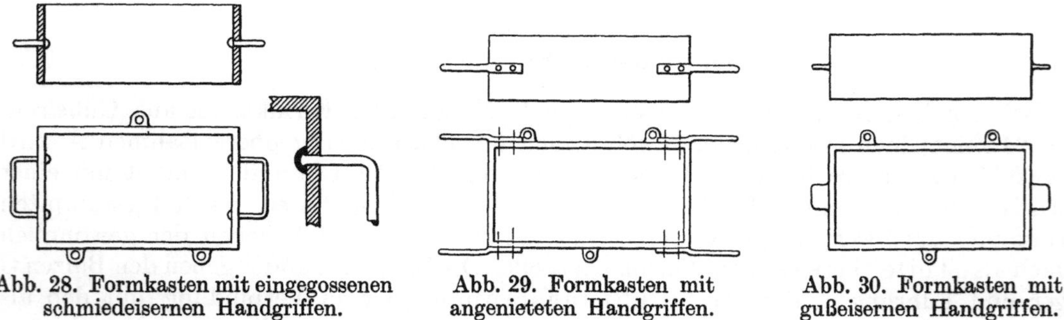

Abb. 28. Formkasten mit eingegossenen schmiedeisernen Handgriffen.

Abb. 29. Formkasten mit angenieteten Handgriffen.

Abb. 30. Formkasten mit gußeisernen Handgriffen.

besten haben sich schmiedeiserne angeschraubte Griffe bewährt. Sie können im Falle einer Lockerung sofort festgezogen werden und sind nicht der Gefahr ausgesetzt, abzubrechen wie die gußeisernen Handhaben. Bei größeren Formkasten ordnet man an Stelle von festen Griffen seitliche Ösen an (Abb. 31) in die zum Anheben lose schmiedeiserne Griffe geschoben werden.

Die F ü h r u n g e n bestehen gewöhnlich aus angegossenen Lappen, die mittels fester oder loser schmiedeiserner Stifte oder Bolzen miteinander in Übereinstimmung gebracht werden. An den Lappen des einen Teiles sind die Führungsstifte befestigt, während die Lappen des anderen mit entsprechenden Bohrungen versehen sind. Die Stifte bestehen entweder aus gezogenem Rundeisen oder sie werden, was die Regel ist, genau auf Maß bearbeitet. Ihr Durchmesser schwankt zwischen 15 und 30 mm. Feste Führungsstifte werden am besten mit einem Bunde versehen (Abb. 32) und mit einer Mutter festgezogen. Verfehlt ist es dagegen, die Stifte unmittelbar in dem einen Lappen festzuschrauben (Abb. 33), da die mit dem Gewindebohrer herzustellenden Gewinde nicht genau genug zentriert werden können. Am häufigsten ist die Anordnung nach Abb. 34 anzutreffen, die normalen Anforderungen ausreichend genügt. Die Löcher zum Einsetzen und zur Führung der Stifte werden mit Hilfe gußeiserner Lehren gebohrt. Eine derartige Lehre besteht aus

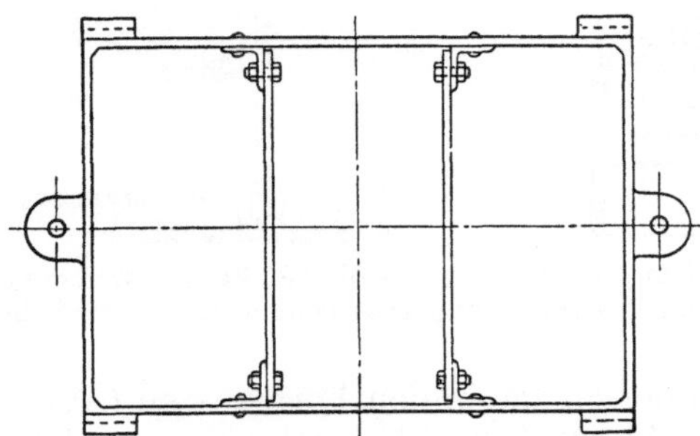

Abb. 31. Formkasten mit seitlichen Ösen.

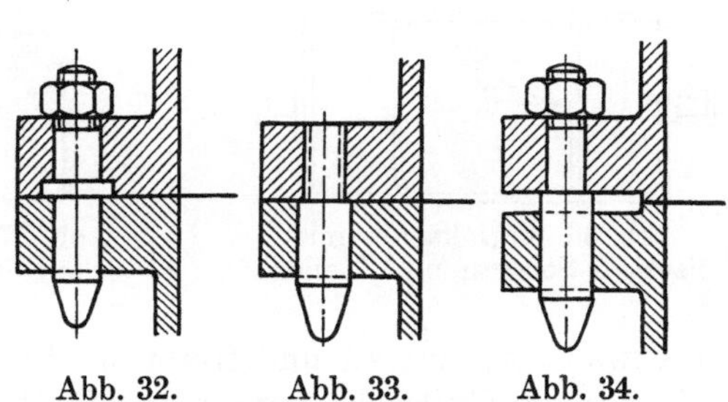

Abb. 32. Abb. 33. Abb. 34.

Abb. 32—34. Richtig und falsch angeordnete Führungsstifte.

einem gußeisernen Rahmen (A in Abb. 35), in den gehärtete Stahlbüchsen B auswechselbar eingelassen sind. Die gehobelte Lehre wird auf den ebenfalls bearbeiteten Formkasten gesetzt und dort mit Stellkeilen C, Schraubenzwingen oder auf andere Weise festgemacht. Die Stahlbüchsen verhindern das Ausleiern der Lehre und ermöglichen infolge ihrer Auswechselbarkeit die Verwendung derselben Lehre für verschieden große Bohrungen. Die nicht geringen Kosten solcher Lehren machen sich schon bei kleinen Formkastenzahlen durch Verminderung von Fehlgüssen, Erzielung genauester Abgüsse und bequemen Ersatz zugrunde gegangener einzelner Formkastenteile bezahlt.

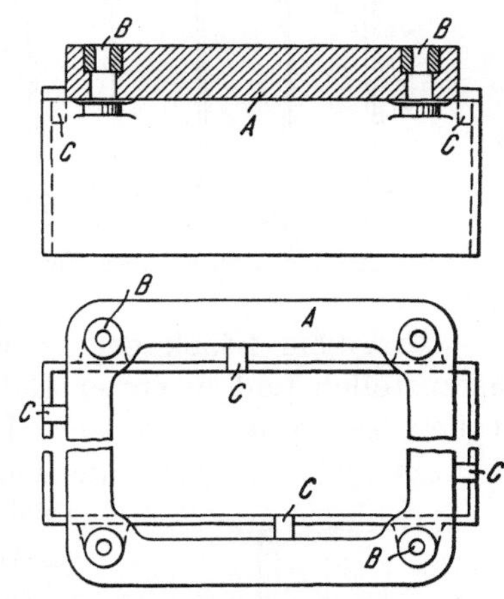

Abb. 35. Lehre mit gußeisernem Formkasten.

Formkastenteile bis etwa 100 kg Gewicht können von zwei Mann im allgemeinen noch gehoben und gewendet werden. Man nennt sie **Handformkasten** im Gegensatz zu den schwereren, nur mit Hilfe von Hebezeugen zu handhabenden **Kranformkasten**. Kranformkasten haben meistens an Stelle der Handgriffe kleinerer Formkasten zapfenartige Ansätze, die **Dreh-** oder **Schwenkzapfen** genannt werden (Abb. 36). Sie werden an den Stirnseiten der Formkasten möglichst genau in der Linie der Schwerpunktachse angebracht. Man kann sie aus Gußeisen oder aus Schmiedeisen anfertigen. Für große und größte Formkasten werden der größeren Sicherheit halber durchwegs schmiedeiserne Drehzapfen vorgesehen.

Größere Formkasten müssen mit Zwischenwänden versehen werden, da der Formsand sonst nicht genügend Halt finden würde. Formsand trägt sich im allgemeinen nur etwa 300 mm im Geviert mit genügender Sicherheit. Je niedriger ein Formkasten ist, desto kleiner wird die Fläche, innerhalb welcher der Formsand keiner besonderen Stützen bedarf. Die zur Stütze des Sandes vorgesehenen Zwischenwände werden **Schoren**, **Sandwände**, **Zwischenwände**, **Traversen** u. a. genannt. Sie werden oft mit dem Formkastenrahmen in einem Stück gegossen, oft aber auch in den fertigen Rahmen nachträglich eingesetzt. Letzteres Verfahren bietet den Vorteil, einen Formkasten zum Einformen sehr verschiedener Modelle verwenden zu können, da dann jeweils nur die Schoren ausgewechselt zu werden brauchen. Auswechselbare Schoren können aus Holz oder aus Gußeisen bestehen. Sie werden aus Holz hergestellt, wenn es sich nur um einzelne Abgüsse handelt, aus Gußeisen, wenn eine größere Zahl von Abgüssen nach gleichem Modelle angefertigt werden muß, oder wenn es auf besondere Starrheit des Formkastens ankommt. Hölzerne Schoren können mit Keilen zwischen den gegenüberliegenden Wänden des Formkastens festgeklemmt (Abb. 36) werden, oder man schneidet

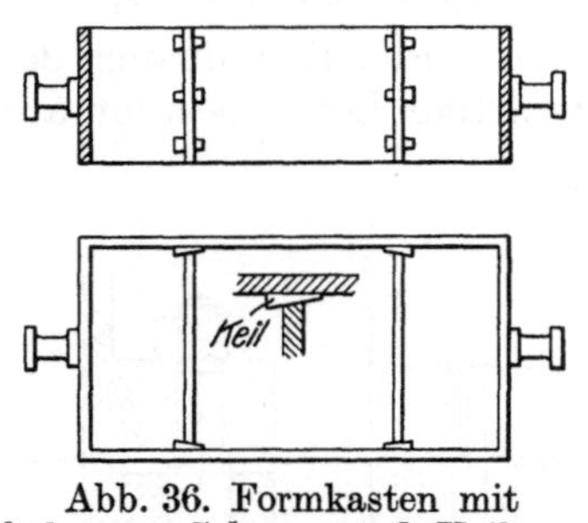

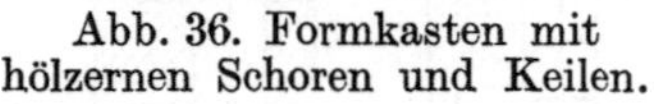

Abb. 36. Formkasten mit hölzernen Schoren und Keilen.

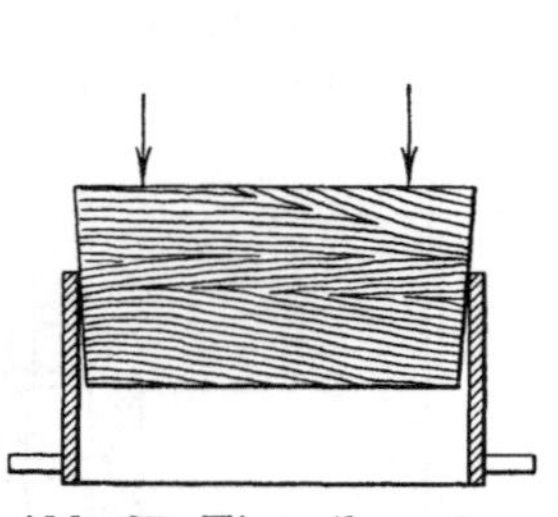

Abb. 37. Eintreiben einer Schore in den Formkasten.

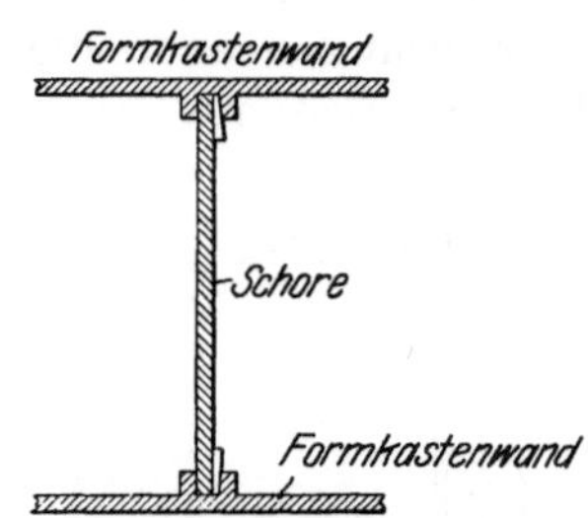

Abb. 38. Formkasten mit angegossenen Leisten für die Schoren.

sie etwas verjüngt zu und treibt sie durch Hammerschläge in den Formkasten (Abb. 37). Schoren aus Gußeisen werden mit Keilen nach Abb. 36 festgeklemmt, oder zwischen angegossenen Leisten geführt (Abb. 38), wobei wiederum zum Ausgleich etwaiger Fugen Keile verwendet werden, oder mit den Kastenwänden verschraubt (Abb. 39 u. 40).

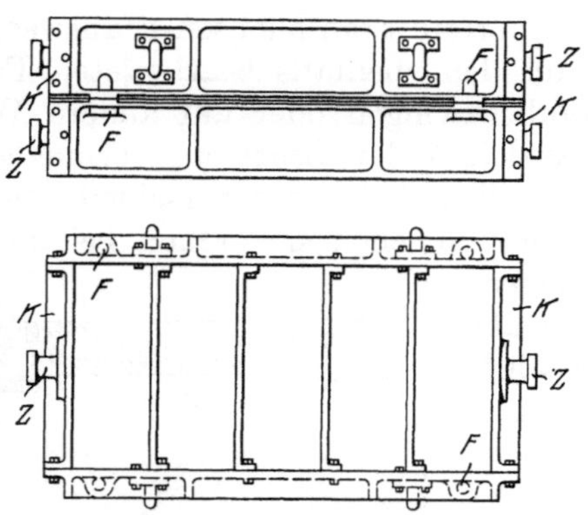

Abb. 39. Zerlegbarer Formkasten.

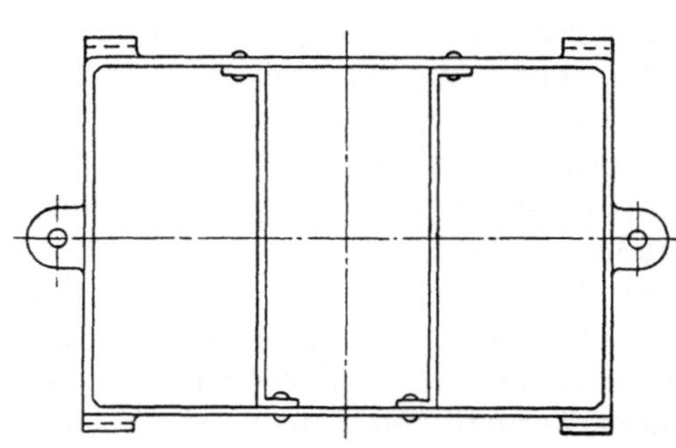

Abb. 40. Formkasten mit angeschraubten Schoren.

In einem Stück gegossene große Formkasten sind nur sehr schwer spannungsfrei herzustellen und in steter Gefahr zu zerbrechen. Deshalb pflegt man sie aus einzelnen Teilen zusammenzustellen. Der in Abb. 39 dargestellte *zerlegbare Formkasten* besteht in jedem Teile aus vier Stücken, zwei Kopfteilen K mit den Drehzapfen Z und zwei Seitenteilen mit den Führungen F. Die Verbindung der Kastenwände miteinander erfolgt gewöhnlich durch Verschraubung. Zur Verminderung der Bearbeitungskosten werden die Schraubenlöcher eingegossen. Man ordnet sie zur Erzielung genauer Übereinstimmung in einer Wand rund an und in der anderen schlitzförmig (Abb. 41). Eine Bearbeitung der aneinander stoßenden Flächen ist meistens nicht erforderlich. Wenn es in Ausnahmefällen auf größere Genauigkeit ankommt, hilft man sich durch Anbringung niedriger und schmaler Arbeitsleisten, die an Ort und Stelle mit Hammer und Meißel bearbeitet werden können.

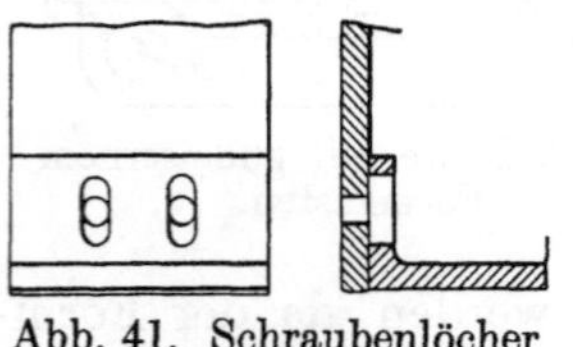

Abb. 41. Schraubenlöcher an Formkasten.

Für *Sonderzwecke* sind Formkasten verschiedener Art im Gebrauch. Abb. 42 zeigt einen Formkasten mit eingegossenen Zwischenwänden für Heizkesselglieder. Der Raum A kann leer bleiben, wodurch einem gewöhnlichen rechteckigen Kasten gegenüber Formstoffe und Arbeitslöhne gespart werden. Der Formkasten Abb. 43 dient zum Einformen von Säulen und ist an einem Ende zur Aufnahme der breit ausladenden Grundplatte entsprechend erweitert. Die Abbildung zeigt auch einen Haken-Ösenverschluß zwischen Ober- und Unterteil. Für manche Zwecke muß das Mittelteil dreiteiliger Formkasten seitlich geteilt werden (Abb. 44). Die Verbindung zwischen Mittelstück und Unterteil und die richtige Einstellung dieser Teile wird durch die angenieteten Anschläge aa und bb bewirkt, während die Mittelstücke untereinander durch Anschlaghaken verbunden werden.

Für flache, in großen Mengen mit Formplatten oder Gipsteilen herzustellende Formen sind Abzug- oder Abschlagformkasten (Abb. 45) im Gebrauch, die nach Zusammen-

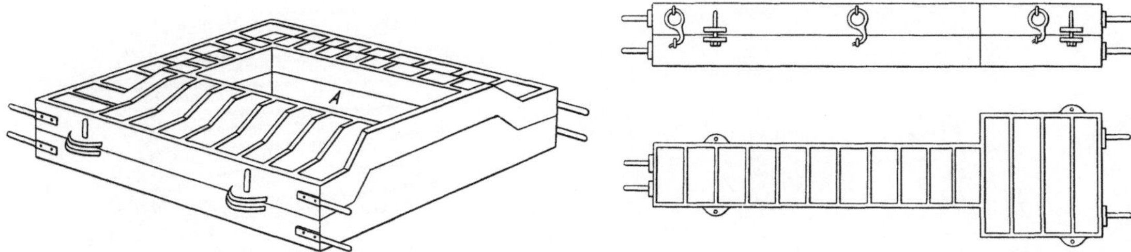

Abb. 42. Sonderformkasten für Heizkesselglieder.

Abb. 43. Säulen-Formkasten.

setzung des Ober- und Unterteiles vor dem Abgießen von der Form entfernt werden[1]). Mit einem einzigen Formkasten kann jede Anzahl Formen hergestellt werden. Das bedingt eine große Ersparnis am Formkastenbestand und an Löhnen. Abschlagformkasten werden aus Gußeisen, Holz oder aus Aluminium hergestellt. Aluminiumkasten werden trotz ihres höheren Anschaffungspreises in steigendem Umfange angewendet, da sie am

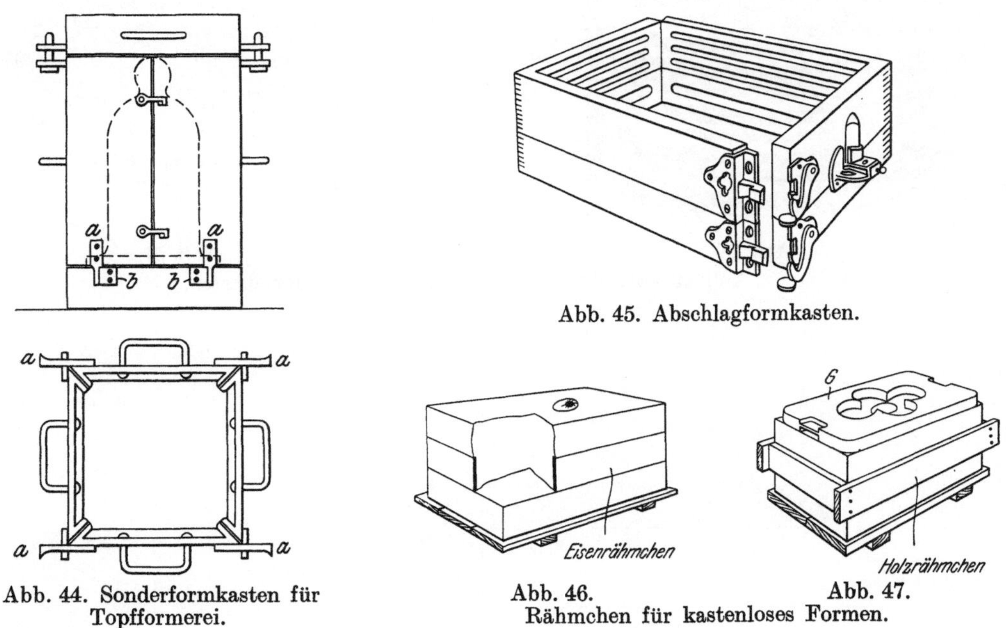

Abb. 45. Abschlagformkasten.

Abb. 44. Sonderformkasten für Topfformerei.

Abb. 46. Abb. 47. Rähmchen für kastenloses Formen.

leichtesten sind. Bei der großen Zahl von einem Manne in der Schicht zu erstellender Formen ist jede Minderung des regelmäßig zu bewältigenden Gewichtes von wesentlichem Belange.

Nur unter besonders günstigen Umständen können kastenlose Formen ohne jeden Schutz abgegossen werden. In vielen Fällen bindet man sie durch eiserne Rähmchen (Abb. 46) zusammen, die von vornherein zugleich mit dem Modelle eingestampft werden. Oft reicht das Beschweren der Form mit Gewichtsplatten, die ihre obere Sandfläche zum größten Teile bedecken (G in Abb. 47) zur Sicherung gegen die Gießbeanspruchung

[1]) Vgl. S. 380.

aus. Das Überschieben von Holzrähmchen, wie es die Abb. 47 erkennen läßt, hat sich dagegen nur ausnahmsweise bewährt, weil dadurch die Formen leicht beschädigt werden.

Schmiedeiserne Formkasten.

Leichte schmiedeiserne Formkasten erfreuen sich infolge ihrer geringen Standhaftigkeit in Graugießereien keiner großen Beliebtheit, dagegen werden schwere

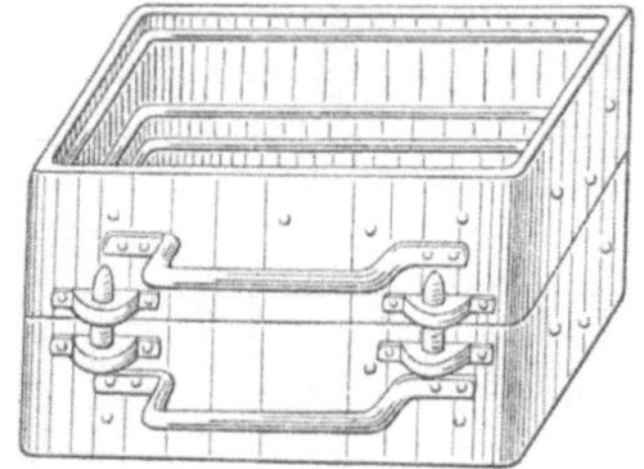

Abb. 48. Schmiedeiserner Formkasten.

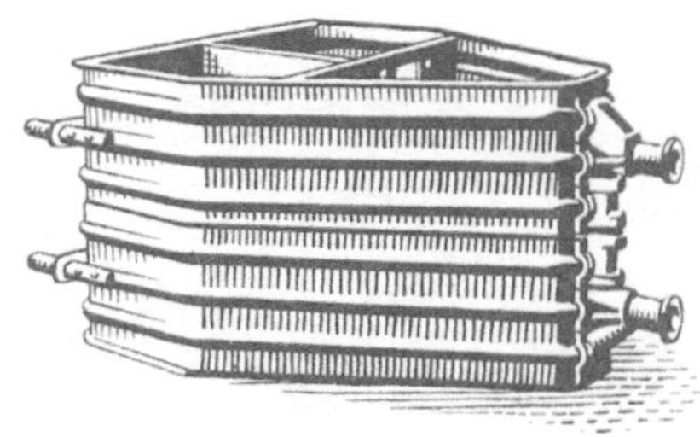

Abb. 49.

Ausführungen in Stahlgießereibetrieben gerne benutzt. Solche schwere Formkasten sind den Beanspruchungen in den für Stahlgußformen sehr heiß betriebenen Trockenkammern und beim Ausklopfen der harten Stahlgußmasse besser gewachsen als guß-

Abb. 50.

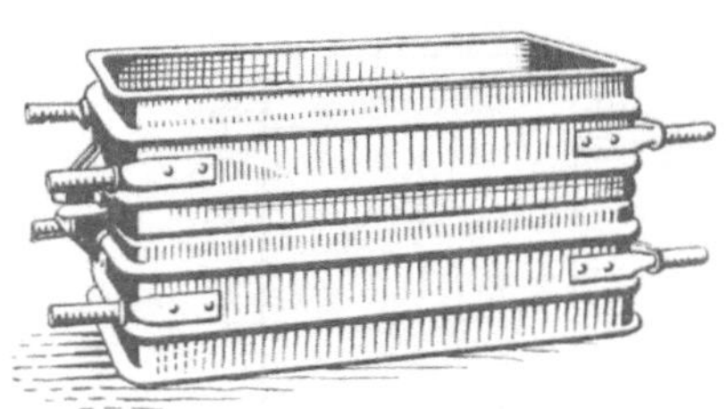

Abb. 51.

Abb. 49—51. Verschiedene schmiedeiserne Formkasten.

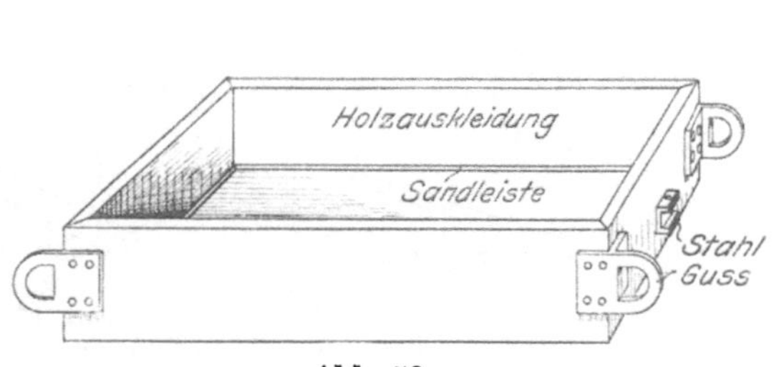

Abb. 52.

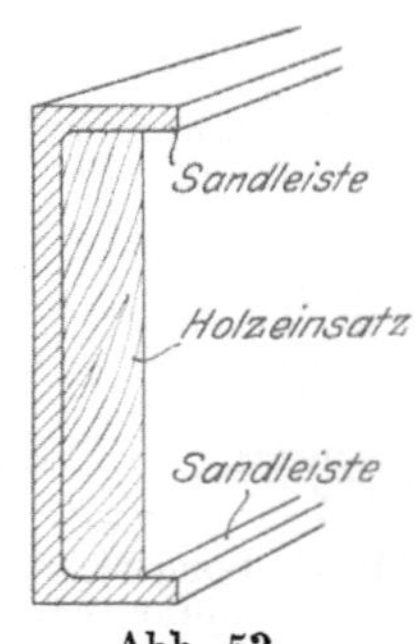

Abb. 53.

Abb. 52 u. 53. Schmiedeiserne Formkasten mit Holzauskleidung.

eiserne. Abb. 48 zeigt einen aus kräftigen U-Eisen gebauten einfachen Formkasten für Stahlguß.

In den letzten Jahren haben besonders in Amerika, aber auch in Deutschland, Formkasten aus profiliertem Walzeisen starke Verbreitung gefunden. Solche Kasten werden mit gewalzten Sandleisten und Verstärkungsrippen versehen und bieten Gewähr, bei geringen Gewichten ausreichende Starrheit zu besitzen. Die Abb. 49, 50, 51, zeigen einige der gebräuchlichsten Ausführungen. Der Formkasten nach Abb. 52 und 53 A ist amerikanischen Ursprungs. Seine U-förmig gebogenen Wandbleche sind mit Holz ausgekleidet, in den Ecken zusammengenietet und durch die Ecken umgreifende, eiserne Tragbügel in ihrem Verbande verstärkt. Die eingepreßten Holzbretter lassen einen schmalen als Sandleiste wirkenden Streifen der Blechkante frei. Die Kasten sind sehr billig und halten mehrjähriger ständiger Benützung stand.

Normung der Formkasten.

Auf Grund von Umfragen bei zahlreichen großen Gießereien wurden von G. *Hoffmann* *Normen für runde und rechteckige Formkasten* aufgestellt. Die Hauptabmessungen dieser normalen Kasten sind der *Zahlentafel* 2 zu entnehmen. Für sie

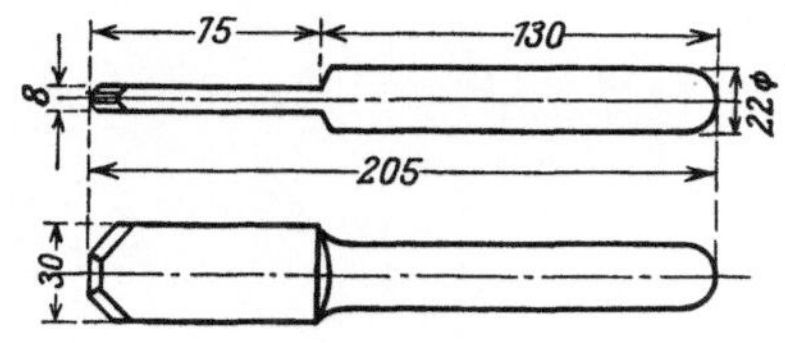

Abb. 54. Lose Zentrierstifte für genormte Formkasten.

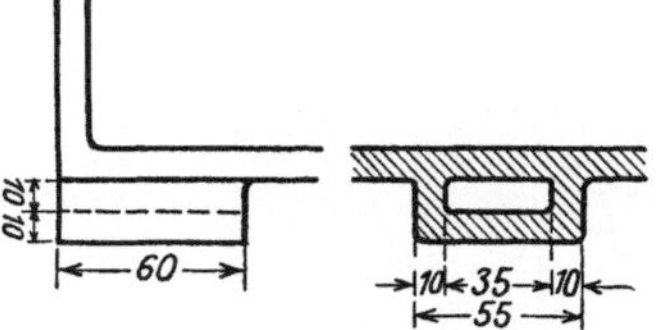

Abb. 55 u. 56. Steckstifte und Hülsen an genormten Formkasten.

kommen dreierlei *Zentrierstifte* in Betracht: Lose Stifte nach Abb. 54, die im Oberkasten eingesetzt werden, lose Stifte, die im Unterkasten eingesetzt werden und feste Stifte, die einen Bund erhalten müssen. Für die *Steckstifte* und für deren Hülsen am Formkasten gelten die Abmessungen der Abb. 55 und 56.

Zahlentafel 2.

Normale Formkasten.

Außenmaß mm	Entspricht l. W. bei gußeisernen Kasten etwa mm	Zentrierstiftenweite bei 2 Zentrierungen mm
	Rechteckige Formkasten	
380 × 380	350 × 350	425
430 × 330	400 × 300	475
430 × 430	400 × 400	
480 × 380	450 × 350	525
480 × 480	450 × 450	
530 × 380	500 × 350	575
530 × 530	500 × 500	
595 × 430	565 × 410	640
635 × 430	600 × 400	680
635 × 530	600 × 500	
635 × 635	600 × 600	
735 × 530	700 × 500	780
735 × 735	700 × 700	
825 × 530	800 × 500	870
825 × 635	800 × 600	
925 × 635	900 × 600	970
1045 × 530	1000 × 500	1090
1045 × 830	1000 × 800	
	Runde Formkasten	
380 ⌀	350 ⌀	425
430 ⌀	400 ⌀	425
480 ⌀	450 ⌀	525
530 ⌀	500 ⌀	575
595 ⌀	565 ⌀	640
635 ⌀	600 ⌀	680
735 ⌀	700 ⌀	780
825 ⌀	800 ⌀	870
925 ⌀	900 ⌀	970
1045 ⌀	1000 ⌀	1090

Literatur.

Hutmacher, O.: Die Formkasten in den Gießereien. Stahleisen 1909, S. 1911/3.
Ehrhardt, Th: Vorschläge zur Verbesserung des Formkasteninventars in Eisen- und Metallgießereien. Gieß.-Zg. 1921, S. 245/9.
Kothny, E. Dr.: Ein neues Formkastensystem. Gieß.-Zg. 1921, S. 265/8.
Hoffmann, Gg.: Einiges über Formkasten. Gieß. 1923, S. 531/4, 543/6.
— Bericht über die Normierung von Formkasten. Gieß. 1923, S. 433/4.
Lenz, Arnold: Ausstattung von Formkasten für Rüttelformmaschinen. Stahleisen 1923, S. 725/7.
Simon, Wilhelm: Formkastenführungen. Gieß.-Zg. 1924. S. 88/9.
Cohen, Hermann: Grundsätze für den Entwurf von Gußeisenformkasten. Iron-Age 1924, S. 1137/40.
Tillmann, Heinrich: Kranformkasten. Gieß. 1925, S. 945/6.

Erster Hauptteil.

Die Handformerei.

III. Kerne.

Allgemeines.

Gebilde zur Erzielung von Hohlräumen in Gußkörpern nennt man Kerne. Man bedient sich ihrer nicht allein zur Aussparung der verschiedenst gestalteten Hohlräume, sondern verwendet sie auch zur Bildung des äußeren Teiles von Gußformen, um Teilungen des Modells oder der Form zu ersparen oder die Formarbeit sonstwie zu vereinfachen. Dementsprechend gibt es allereinfachste Kerne, von denen ein Junge oder ein Mädchen täglich mehrere tausend anfertigen kann, und schwierige Gebilde, an deren einem ein geschickter und fleißiger Kernmacher tagelang zu arbeiten hat.

Kerne müssen im allgemeinen die gleichen Eigenschaften wie Gießformen haben: sie müssen den Angriffen des flüssigen Metalles widerstehen, und müssen genau die beabsichtigte Form ergeben [1]). Da sie häufig ringsum von flüssigem Metall umgeben sind und meist für sich gehoben, fortbewegt und unter erschwerenden Umständen in die Form gelegt werden, müssen sie im allgemeinen gasdurchlässiger, fester und widerstandsfähiger sein als gewöhnliche Formen. Kerne bestehen aus den üblichen Formstoffen Sand, Masse oder Lehm, mit oder ohne besondere Zusätze, in manchen Fällen aber auch aus Metall. Sie können nur aus Formstoffen bestehen oder auch, der größeren Haltbarkeit halber, mit guß- oder schmiedeisernen Tragkörpern, Gerippen ausgerüstet sein. Viele Kerne sind im Stoffgefüge so durchlässig, daß sich besondere Vorkehrungen zur Luftabfuhr erübrigen, andere werden mit Luftkanälen versehen. Häufig werden zur besseren Luftabführung Zwischenschichten aus Heu-, Stroh- oder Holzwollseilen, von Koks oder sonstigen gasdurchlässigen Stoffen angeordnet. Die Mehrzahl der Kerne wird vor dem Gebrauche getrocknet, doch können unter bestimmten Umständen auch nasse Kerne, die als „grüne Kerne" bezeichnet werden, verwendet werden. Die Trocknungsart und der Trockenheitsgrad sind sehr verschieden. Man kennt gebackene und getrocknete Kerne. Die letzteren können oberflächlich getrocknet, scharf getrocknet und hart gebrannt sein.

Grüne Kerne müssen im allgemeinen fester gestampft werden als gleichartige und gleichgroße Formen. Man verwendet darum einen mageren Formsand, der eine ausgiebige Verdichtung zuläßt, ohne die nötige Gasdurchlässigkeit einzubüßen. Das festere Stampfen ist aber nur ein Notbehelf. Wenn ein Kern in der Form sitzen bleibt und nicht fortbewegt zu werden braucht, z. B. die im Modell selbst gestampften Kerne von Hohlkörpern, wie Kochtöpfen, Sanitätswaren und Badewannen, dann stampft man ihn zur Erhöhung seiner Luftdurchlässigkeit loser als den äußeren Teil der Form.

Kerne können unmittelbar in Höhlungen des Modells oder in besonderen Modellformen, den Kernkasten oder Kernbüchsen, oder mit Zieh- bzw. mit Drehlehren hergestellt werden.

[1]) Vgl. Bd. 1, S. 583 u. ff.

Man macht die Kerne selten nur aus den einfachen, für die gewöhnliche Formerei verwendeten Grundstoffen. Meistens fügt man verschiedene andere Stoffe zur Erhöhung der Gasdurchlässigkeit oder Stärkung der Bindekraft oder zu beiden Zwecken hinzu [1]). Torfgrus, Kälberhaare, Spreu, Kokspulver, Sägespäne, Gerbereiabfälle, Stroh- und Heuhäcksel dienen zur Erhöhung der Gasdurchlässigkeit, während Pferde- und Kuhmist, Kolophonium, Melasse, Sulfitlauge, Dextrin, Gummi, Teer, Baumwollsamen, gekochtes und rohes Leinöl, Weizen-, Roggen- und Kartoffelmehl ebenso der Bindung wie der besseren Entlüftung dienen. Ein Teil dieser Zusätze verbrennt während des Trocknens und hinterläßt Hohlräume, die das Entweichen der Gase erleichtern, ein anderer schmilzt in der Wärme der Trockenkammern und dient geschmolzen als Bindestoff, ein dritter trägt nach Verdunstung eines Teiles seines Wassergehaltes zur besseren Bindung bei, während ein vierter dem Brei von Wasser und Formsand die Eigenschaft gibt, gleich einem Brotteige zu backen und zu erhärten. Gebackene Kerne verbrennen durch die anhaltende Hitzewirkung des glühenden Gußstückes und lassen sich selbst aus den engsten Hohlräumen leicht entfernen.

Der Wert eines Kernsandes hängt von seiner Korngröße, von seinem Gehalte an Bindern, von seinem Gehalte an Alkalien, insbesondere auch an Kalk, ab. Je gleichmäßiger die Korngröße ist, desto luftiger (gasdurchlässiger) wird der Kern ausfallen. Kalkhaltige Sande sind immer gefährlich, weil die beim Gusse durch Zersetzung des Kalkes entstehende Kohlensäure dem Gasabzug hinderlich ist [2]).

Beim Zubereiten eines Kernsandes ist der Einfluß in Rechnung zu ziehen, den ein verschiedener Feuchtigkeitsgehalt auf das Volumen der Masse hat. Getrockneter scharfer Sand vermehrt beim Anmachen mit 10% Wasser sein Volumen um 50% [3]). Entsprechend der Raumzunahme durch Befeuchtung ist die Raumabnahme beim Trocknen. Bis zu einem gewissen Grade werden freilich beim Trocknen Hohlräume gebildet, durch welche die Gießgase entweichen können. Darüber hinaus kann aber ein zu naß angemachter Kern während des Trocknens Formänderungen erleiden oder eine nicht ausreichende Festigkeit erlangen.

Alle Zusatzstoffe können nur dann ihrem Zwecke in vollem Umfange entsprechen, wenn sie mit den anderen Bestandteilen des Kernsandes oder der Kernmasse auf das innigste gemischt werden. Die Mischung wird meistens durch Handarbeit — Durchschaufeln, Überstreuen, Übergießen, Schlagen, Treten — vorbereitet und mit Maschinen — Tonschneidern, Knetmaschinen — vollendet [4]).

Formerei im Kernkasten.

Die Herstellung der Kerne im Kernkasten ist im Grunde eine einfache Arbeit. Der Kernkasten, auch Kerndrücker oder Kernbüchse genannt, ist ein Behälter, dessen Höhlung der äußeren Gestalt des Kernes entspricht. Er wird mit Formstoffen vollgestampft, worauf die eingestampfte Masse, der Kern, ausgehoben oder sonstwie von den Wänden des Kernkastens befreit wird. Bei der Herstellung von Kernen in Kernkasten muß auf richtige Verdichtung der Formstoffe, auf ihre gute Entlüftung während des Gusses, ihre ausreichende Abstützung und auf die einfache und sichere Lösung des Kernes aus der Büchse geachtet werden.

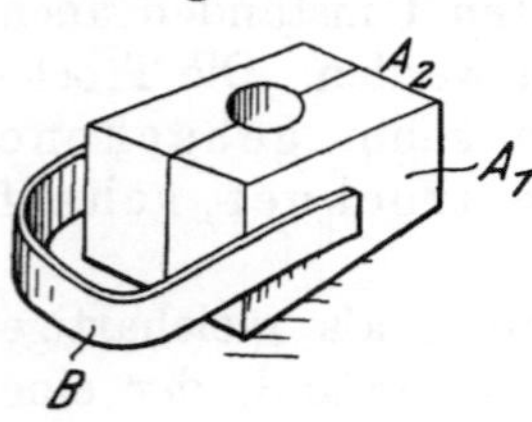

Abb. 57. Zweiteilige Kernbüchse, geschlossen.

Die Kernkasten können aus einem, zwei oder mehreren Teilen bestehen. Zur Herstellung glatter, zylindrischer Kerne werden gewöhnlich zweiteilige Kernbüchsen benutzt. Die beiden miteinander verdübelten Teile A_1 und A_2 (Abb. 57) werden aneinandergebracht, durch die Stahlklammer B oder auf andere Weise zusammengehalten und auf eine ebene Unterlage gestellt. Dann stampft man mit einem Stück Rundeisen die Büchse

[1]) Näheres vgl. Bd. 1, S. 600 u. ff.
[2]) Bezügl. Bestimmung des Kalkgehalts vgl. Bd. I S. 582.
[3]) Siehe Stahleisen 1912, S. 147.
[4]) Näheres über Sandaufbereitung folgt in Bd. III.

voll Formsand, sticht reichlich Luft, entfernt die Klammer und zieht unter leichtem Abklopfen die beiden Kernbüchsenhälften vom Kern ab (Abb. 58). Je nach der Beschaffenheit des Kernsandes wird in der Achse des Kerns ein Kerneisen angeordnet.

Längere Kerne werden in gleicher Weise aufgestampft, aber in wagerechter Lage aus der Form gebracht. Man legt die vollgestampfte Kernbüchse der Länge nach auf eine ebene Unterlage und hebt unter gelindem Beklopfen die obere Büchsenhälfte ab. Dann wird die zweite, den Kern enthaltende Hälfte an die Kante einer eisernen Platte gehalten, wie es Abb. 59 zeigt, und der Kern unter vorsichtigem Beklopfen der Büchse auf die Platte gerollt, die mit feinem Streusand übersiebt wurde, um ein Ankleben zu verhüten. Auf der Platte bleiben die Kerne bis zur völligen Trocknung liegen.

Kerne von großem Durchmesser, die auch beim Ausbringen nach dem zweiten Verfahren in Gefahr beschädigt zu werden kämen, da sie sich infolge ihres Eigengewichtes

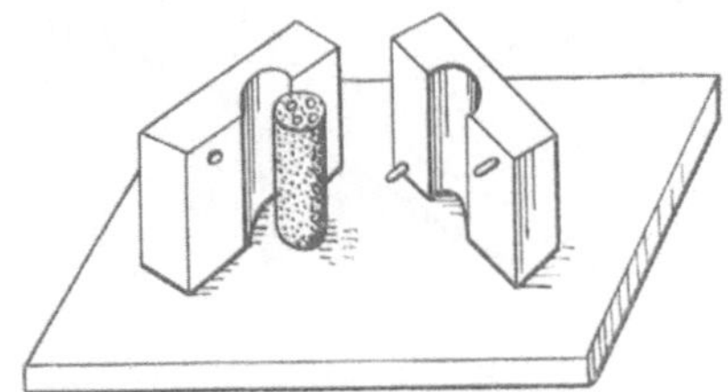

Abb. 58. Zweiteilige Kernbüchse, geöffnet.

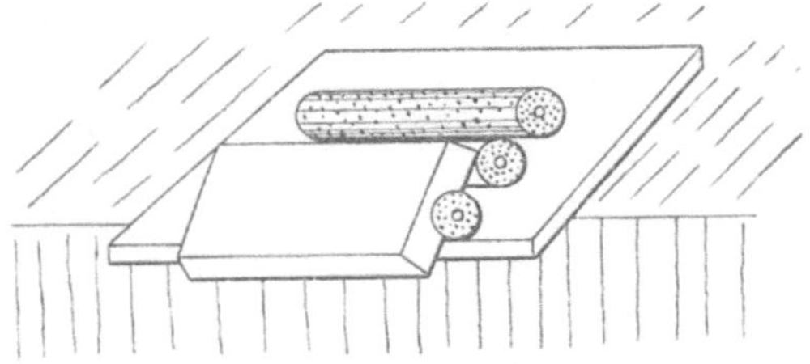

Abb. 59. Herauswälzen langer Kerne aus der Kernbüchse.

platt drücken würden, rollt man auf eine Bettung von weichem Formsand. Wo auch das nicht angängig ist, muß der Kern in zwei Hälften angefertigt werden, wozu nur eine Kernbüchsenhälfte nötig ist. Die wagerecht mit der Höhlung nach oben auf fester Unterlage ruhende Kernbüchse wird vollgestampft, der Sand abgestrichen, eine gußeiserne Platte oben aufgelegt, verklammert und mit der Büchse gewendet. Nach Lösung der Klammern hebt man unter vorsichtigem Abklopfen die Büchse vom Kern. Die zweite Kernhälfte wird in der gleichen Weise hergestellt und dann gleich der ersten auf der eisernen Unterlagsplatte in die Trockenkammer gebracht. Nach dem Trocknen reibt man beide Kernhälften gegeneinander — größere Buckel werden mit einer Raspel entfernt — bis sie scharf aneinander passen, kratzt auf jeder Hälfte einen Luftkanal aus, bestreicht die Kanten der einen Hälfte mit einem Klebemittel — Lehm-, Mehl-, Tonbrei oder Dextrin — preßt beide Hälften mit der flachen Seite aneinander, sieht nach, ob die Teilungsfuge ringsum vom Klebemittel ausgefüllt ist, und bringt den „ganzen“ Kern in den Trockenofen zum Nachtrocknen des Klebemittels. Besonders beanspruchte Kerne werden zur größeren Sicherheit schließlich noch mit Bindedraht zusammengebunden.

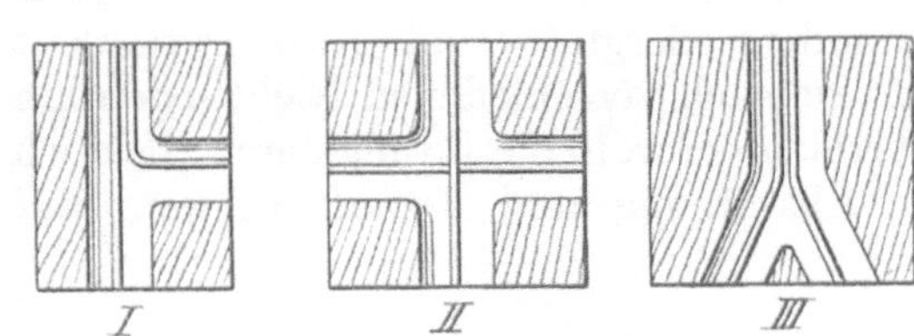

Abb. 60. Anordnung der Kerndrähte im Kernkasten.

Die überwiegende Mehrzahl aller Kerne bedarf zur Erreichung genügender Widerstandsfähigkeit einer inneren Versteifung, der Kerneisen, die aus Guß- oder Schmiedeeisen bestehen und entsprechend den verschiedenen Kernformen außerordentlich mannigfaltig sind. Für kleinere Kerne werden gewöhnlich Kerndrähte verwendet. Abb. 60 zeigt bei I die Anordnung der Kerndrähte für ein Rohrformstück mit rechtwinkligem Abzweig, bei II für ein Kreuzstück und bei III für ein Formstück mit schräger Gabelung. Zur Herstellung derartiger Kerne wird eine Kernbüchsenhälfte vollgestampft und eben gestrichen, worauf die in dünnen Lehm- oder Tonbrei (Tonmilch) getauchten Drähte in den Sand geklopft werden. Die Kerndrähte müssen überall satt aufliegen, sonst bekommt das Gefüge des Kerns keinen zuverlässigen Halt. Die zweite Kernhälfte wird in gleicher Weise angefertigt. Dann bringt man beide Büchsenhälften übereinander, verklammert sie, stampft den Kern an den Öffnungen der Büchse etwas nach, sticht Luft, entfernt eine Kernbüchsenhälfte unter gehörigem Abklopfen und stürzt den Kern aus der anderen Büchsenhälfte auf eine Sandunterlage.

Für größere Kerne verwendet man Kerneisen aus kräftigem Vierkant- oder Rundeisen oder aus Gußeisen. Abb. 61 zeigt gußeiserne Kerneisen für Rohrformstücke der vorbesprochenen Art in größeren Abmessungen. Das Kerneisen I hat nur seitliche Zacken, das Eisen II ist außerdem noch mit Spitzen versehen, während das Kerneisen III an der Vereinigung der schrägen Abzweige kästchenförmig ausgebildet ist. Die Anbringung senkrechter Spitzen ist ganz einfach. Sie liegen beim Gusse des Kerneisens nach unten

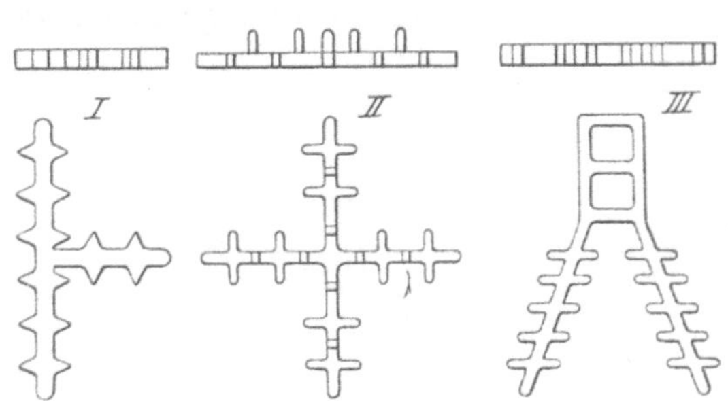

Abb. 61. Gegossene Kerneisen.

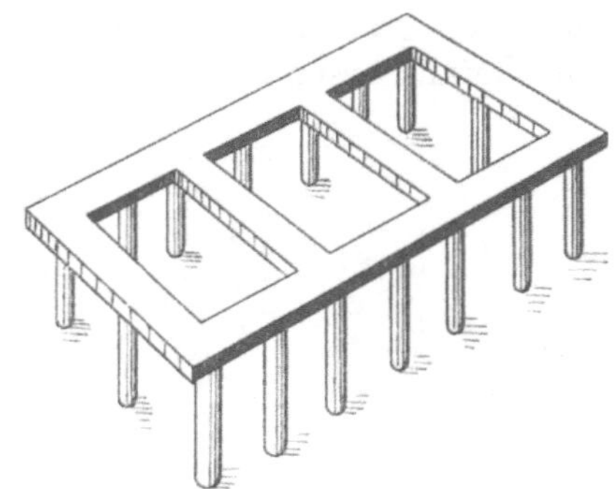

Abb. 62. Kerneisen mit Ansätzen.

und werden durch Eindrücken eines Bolzens in das Bett des Herdes geformt. Abb. 62 zeigt ein Kerneisen mit besonders langen, in gleicher Weise durch Eindrücken eines Modellstabes in den Herd geformten stiftförmigen Ansätzen.

Eine Reihe von Schwierigkeiten ist bei der Herstellung der Kerne für die Dampfein- und -ausströmkanäle an Dampfzylindern zu überwinden. Solche Kerne sind bei verhältnismäßig großer Oberfläche sehr dünn und daher recht zerbrechlich. Sie werden während des Gusses sehr hohen Beanspruchungen unterworfen, sind fast von allen Seiten von flüssigem Eisen umgeben und bieten dabei recht wenig Raum zur Unterbringung der Kerneisen und der Luftableitungskanäle. Ihre Herstellung erfordert darum ganz besondere Sorgfalt und Aufmerksamkeit und ist nach verschiedenen Richtungen hin lehrreich. Sowohl die Formgebung, als auch die Abstützung und Entlüftung kann auf

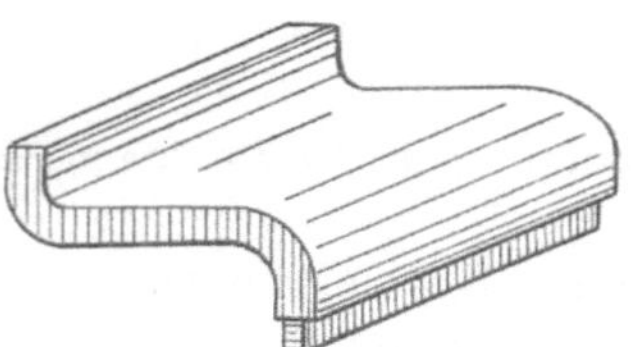

Abb. 63. Dampfzylinderkern.

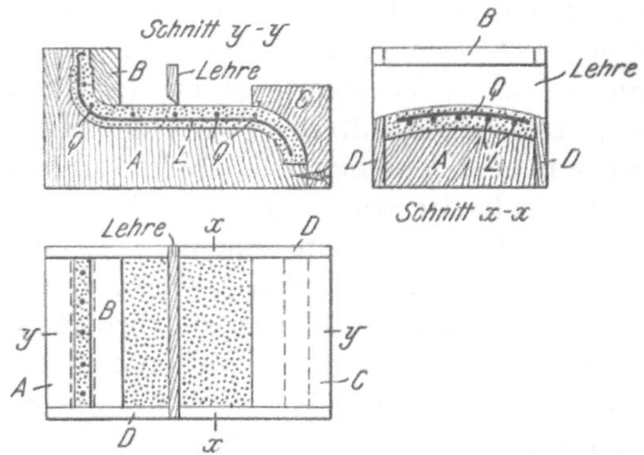

Abb. 64. Kernbüchse für Dampfzylinderkerne.

verschiedene Weise bewirkt werden. In Abb. 63 ist die Grundform eines solchen Kernes ersichtlich, während Abb. 64 eine Kernbüchse mit fertig ausgeführtem Kern zeigt. Das Kernbüchsenunterteil A mit den Seitenwänden D wird auf ein Unterlagsbrett gestellt und zur Hälfte mit Lehmsand oder sonstigem durch gute Bindemittel gesichertem Sand gefüllt, worauf man Längsdrähte L und quer darüber die Drähte Q einlegt. Oft werden die Drähte an den Kreuzungstellen mit Bindedraht zusammengebunden, was aber nicht unbedingt notwendig ist. Es muß nur darauf geachtet werden, daß die Längsdrähte unter den Querdrähten liegen. Sobald die Drähte gut eingebettet sind, schraubt man die Kernbüchsteile B und C an die Seitenteile D und das Unterteil A, stampft den Raum innerhalb B und C voll und bringt den Kern in später zu erörternder Weise aus der Büchse [1]).

Die Entlüftung S-förmiger Kerne wird fast immer durch Abzugskanäle bewirkt, die in der Richtung der Längskerneisen verlaufen. Man stellt die Kanäle mittels Wachsschnüren, gewöhnlichen Schnüren, oder mit Hilfe von Luftspießen her. Am einfachsten, aber auch am teuersten ist die Arbeit mit Wachsschnüren. Sie werden annähernd in die Mitte des Kernes gelegt und ragen an seinen beiden Enden um etwa 10 mm aus dem Kern heraus. Das Wachs schmilzt während des Trocknens, läuft aus und hinterläßt an Stelle der Schnüre Kanäle. An dem Ende, wo die Luft ins Freie entweichen soll, bleiben die Kanäle offen, am anderen werden sie sorgfältig mit Lehm verschlossen.

Abb. 65 zeigt die Anordnung der Entlüftungskanäle bei Verwendung einer Entlüftungschnur und bei der Herstellung mit Luftspießen. Die Entlüftungschnur muß unter die Kerneisen 1, 2, 3 und 4 und über das Kerneisen 5 gelegt werden. Bei Lage der Schnur über den Eisen 1, 2, 3 und 4 und unter dem Eisen 5 würde die Gefahr bestehen, daß sich die Schnur beim Ausziehen zu sehr den Krümmungen der Kernbüchse bei a und b nähert und infolgedessen eine zu dünne Sandschicht zwischen dem Kanal und der Kernoberfläche entsteht. Der Formsand leistet zwar einigen Widerstand, der aber fast gleich Null wird, wenn recht nasse oder breiige Formstoffe zur Verwendung kommen. In solchen Fällen darf die Schnur erst nach teilweiser Trocknung des Kernes ausgezogen werden, da sich sonst die Kanäle nach Entfernung der Schnur wieder von selbst schließen könnten. Das Arbeiten mit einer Entlüftungschnur ist einfacher als mit dem Luftspieße, weil nach dem Ausziehen der Schnur nur noch der Kanal an einem Ende zugestopft werden muß, die durch Luftspieße hergestellten Kanäle aber einiger Nacharbeit bedürfen. Da es aber selbst bei gewissenhafter Arbeit, insbesondere bei Verwendung einzelner Längs- und Querkerneisen, leicht vorkommt, daß die Sandschicht zwischen Kanal und Kernoberfläche an irgend einer Stelle so dünn wird, daß sie Gefahr läuft, vom flüssigen Metalle durchbrochen zu werden, zieht man in vielen Fällen das Arbeiten mit Luftspießen trotz seiner größeren Umständlichkeit vor. Bei Benutzung von Luftspießen werden in die Kernbüchsen Kanäle eingearbeitet, in denen sich die Spieße bequem hin und her schieben lassen. Die Spieße L_1, L_2, L_3 werden eingelegt, sobald der Kern ungefähr zur Hälfte eingestampft ist. Dann stampft man vollends auf, zieht die Spieße unter gleichzeitiger Drehung um ihre Längsachse aus der Büchse, hebt die obere Kernbüchsenhälfte ab und bringt den Kern in die Trockenkammer. Sobald er getrocknet und ganz aus der Kernbüchse gehoben ist, wird mit einer Raspel eine bis auf die Kanäle L_2 und L_3 reichende Furche eingeschnitten, wie dies die gestrichelte Linie bei c andeutet. Dann zieht man zur Herstellung einer Verbindung der beiden Kanäle mit Hilfe eines dünnen Drahtes eine Schnur durch den Kanal L_2 und schiebt sie durch die Furche und durch den Kanal L_3 wieder ins Freie. Der Einschnitt c wird dann mit Kernsand zugestopft, die Kernoberfläche glatt poliert und die Schnur **ausgezogen**. Auch die offenen Enden bei d bedürfen der Nacharbeit. Man verfährt entweder wie bei c, was der sicherere Weg ist, oder man verstopft die offenen Kanalenden mit Lehm, wobei darauf geachtet werden muß, daß der Lehm nicht zu tief in den Kanal gedrückt wird,

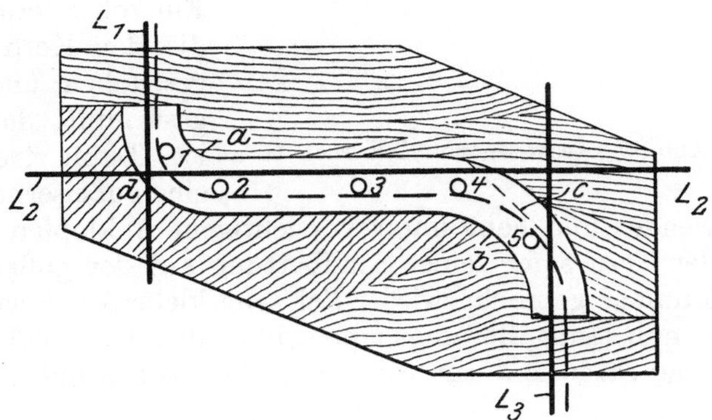

Abb. 65. Entlüftungskanäle und Entlüftungsschnur am S-Kern.

[1]) Beispiele für wichtiges und falsches Einlegen der Kerndrähte und Anordnen der Entluftungskanäle bringt die Lehrtafel GK. „Kernmacherei“ des Deutschen Ausschusses fur Technisches Schulwesen (DATSCH), Berlin SW 19.

damit nicht etwa die Verbindung zwischen den Kanälen L_1 und L_2 unterbrochen wird. Schließlich überzeugt man sich durch kräftiges Durchblasen, bei größeren Kernen mit einer Preßluftdüse oder einem Blasebalg, ob alle Kanäle gut verbunden und genügend offen sind, und bringt dann den Kern zum Nachtrocknen in die Trockenkammer.

Das Ausheben von S-Kernen und anderen Kernen von großer Oberfläche und geringer Wandstärke aus der Kernbüchse bedarf meistens besonderer Vorkehrungen. Am besten ist es, die eine Hälfte der Kernbüchse aus Eisen herzustellen und in ihr den Kern vorzutrocknen, bis er sich ohne eine genau anschmiegende Unterlage selbst zu tragen vermag. Auch in Hartholz-Kernbüchsen kann das Vortrocknen geschehen, die Kernbüchsen werden aber dabei so rasch unbrauchbar, daß schon bei Bedarf einer geringen Zahl von Kernen die Anfertigung einer eisernen Kernbüchsenhälfte wirtschaftlicher ist. Wenn ein Vortrocknen in der Kernbüchse aus irgend einem Grunde nicht angängig ist, hilft man sich in der aus Abb. 66 ersichtlichen Weise. Ein roh zusammengezimmerter Rahmen A wird über die den Kern enthaltende untere Kernbüchsenhälfte geschoben und gerade so fest mit Formsand vollgestampft, daß der Kern später genügend gestützt ist. Dann streicht man den Rahmen glatt ab, reibt eine gußeiserne Platte B auf, verklammert das Ganze, wendet und hebt unter vorsichtigem Abklopfen die Kernbüchse vom Kern ab, worauf der Kern samt seiner Sandbettung auf der gußeisernen Platte (Abb. 67) in die Trockenkammer gebracht wird. Bei sehr klebrigen Formstoffen muß vor dem Aufstampfen der Sandbettung Zeitungspapier über den Kern gebreitet werden. Für gewöhnlich genügt aber Streusand zur Sicherung des vorher gut geglätteten Kernes.

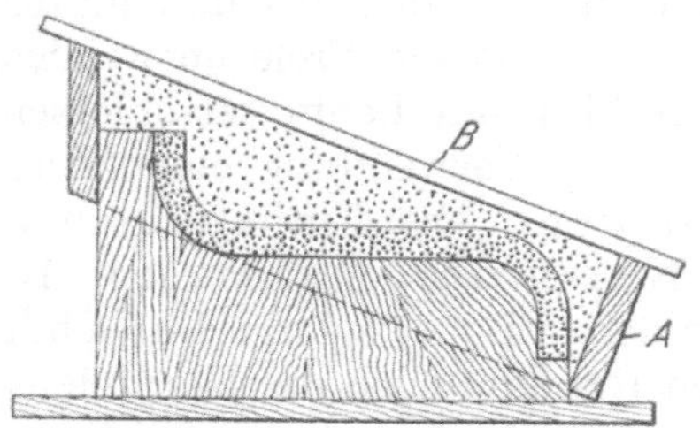

Abb. 66. Ausheben von S-Kernen I.

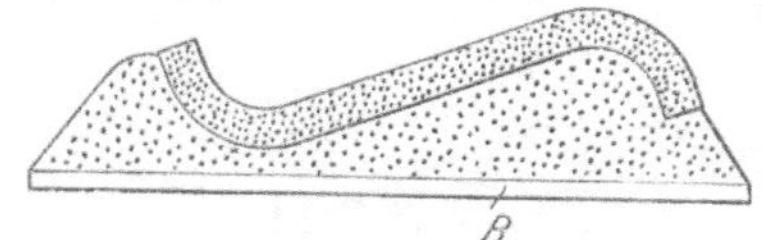

Abb. 67. Ausheben von S-Kernen II.

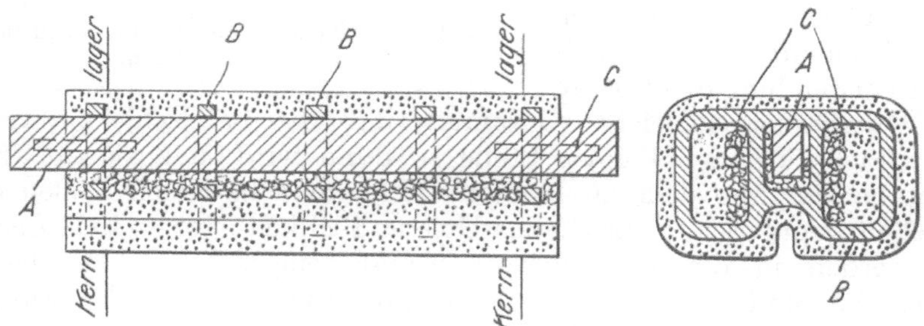

Abb. 68. Grosser Kern mit Gerippe.

Zur ausreichenden Sicherung großer Kerne ist es oft erforderlich, an Stelle einzelner Kerneisen ganze Gerippe oder Gerüste von Eisenteilen zu verwenden. So besteht das Gerüst des aus Abb. 68 ersichtlichen Kerns aus einem Hauptträger A und fünf einzeln aufgekeilten Gittern B. Das Gerippe wird in die leere Kernbüchse gebracht; nachdem nachgeprüft ist, ob es richtig paßt, hebt man es wieder aus und stampft eine Schicht Kernsand in die Büchse. In diese Unterlage wird das mit dünnem Tonbrei gut bestrichene Gerippe gedrückt, weiterer Kernsand wird eingeschaufelt und mit dem Stampfen fortgefahren. In die Mitte des Kerns stampft man eine Schicht Kleinkoks ein, um das Trocknen zu beschleunigen, beim Gusse die Gase zu sammeln und abzuleiten und den Kern der Schwindungsbeanspruchung gegenüber nachgiebiger zu machen. Die Luft wird durch Röhren C, die an beiden Kernenden mit eingestampft werden, abgeführt.

Formerei mit Ziehlehren.

Wenn nur einzelne größere Kerne benötigt werden, ist es oft am wirtschaftlichsten, sie durch ein „Ziehen“ genanntes Arbeitsverfahren herzustellen, das zwar höhere Kernmacherlöhne erfordert, dafür aber eine Kernbüchse erspart. Zum Ziehen des in Abb. 69 abgebildeten Kerns müssen zwei Ziehbretter (A in Abb. 70), eine Ziehlehre (B) und zwei in Hälften geteilte Kopfscheiben (C) angefertigt werden. Um dem Werfen während des Arbeitens und Trocknens vorzubeugen, wird das Ziehbrett, falls man es nicht aus Gußeisen herstellt, aus je drei Brettern (1, 2, 3 in Abb. 71) so zusammengesetzt, daß die Faserrichtung des mittleren Bretts senkrecht zu der der beiden anderen verläuft. Die Form des Ziehbretts entspricht den äußeren Umrissen eines Längsschnitts durch das Gußstück einschließlich einer Zugabe an beiden Enden für die Kernmarken, während

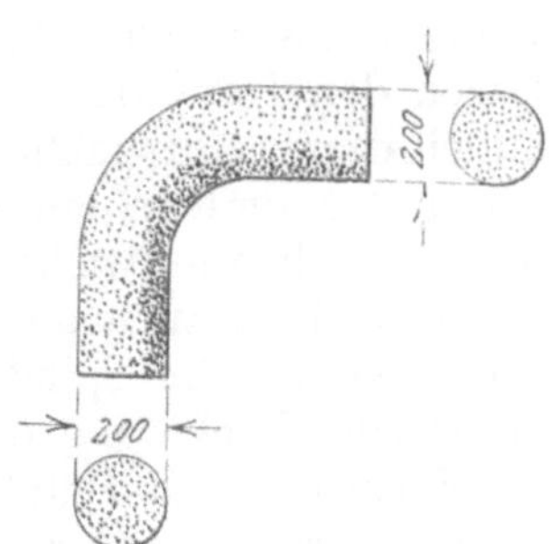

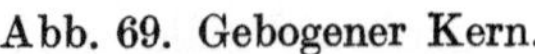

Abb. 69. Gebogener Kern.

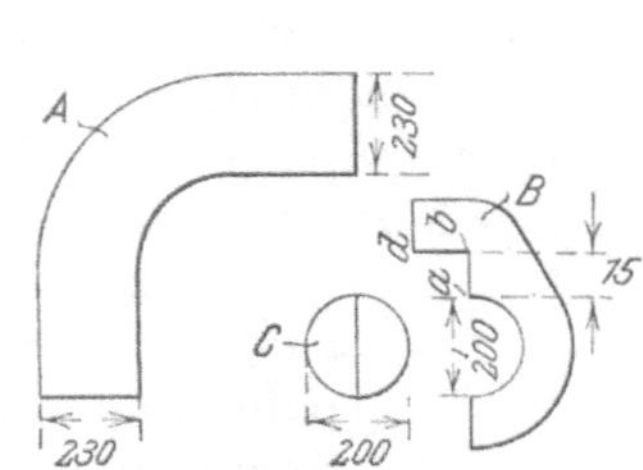

Abb. 70. Ziehbretter für Kerne.

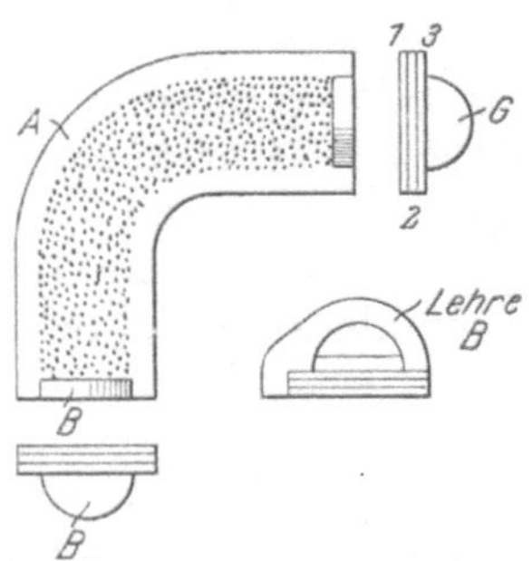

Abb. 71. Ziehbretter für Kerne.

die Form einer Kopfscheibenhälfte einem Querschnitte durch den Kern entspricht, nach dem auch die innere Krümmung der Ziehlehre B ausgeschnitten ist. Die Kante a b der letzteren hat das genaue Maß der Wandstärke des Gußstücks, während die Länge der Kante d b ungefähr der Dicke des Ziehbretts entspricht.

Man befestigt die geteilten Kopfscheiben B auf dem Ziehbrette, wie es in Abb. 71 ersichtlich ist, siebt eine dünne Schicht Kernsand über das Brett und streicht sie mit der der Kante des Bretts entlang geführten Lehre zurecht. Dann drückt man ein leichtes Kerneisen in die Unterlage, stampft einen Sandklotz von der beiläufigen Form des halben Kerns auf und bringt ihn mit der wiederum den Kanten des Ziehbretts entlang geführten Lehre auf die genaue Kernform. Schließlich wird die Festigkeit des Kerns durch Fingerdruck geprüft, nach dem Ausgleich loser Stellen durch nachgestopften Kernsand die Oberfläche poliert und geschwärzt und der fertige halbe Kern auf dem Ziehbrette in die Trockenkammer gebracht. Die zweite Hälfte wird in der gleichen Weise angefertigt und nach Auskratzung eines Luftkanals mit Mehlbrei auf die erste geklebt.

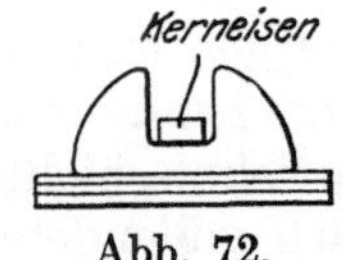

Abb. 72. Kerneisenverband.

Bei größeren Kernen reicht diese Verbindung zur völligen Sicherheit nicht aus, auch ein weiterer Verband der beiden Hälften durch Zusammenbinden der Kernmarken mit Bindedraht genügt bei wachsender Kerngröße bald nicht mehr. Man schneidet dann die Kopfscheiben so weit aus, daß auf das Ziehbrett ein über die Kernmarke vorstehendes kräftiges Kerneisen gelegt werden kann (Abb. 72) und bindet nach Fertigstellung beider Kernhälften die Kerneisen mit Draht zusammen. Ein solcher Verband ist sehr zuverlässig und vermag den weitestgehenden Beanspruchungen Genüge zu leisten, wenn die Eisen auch in der Krümmung zusammengebunden werden. Man gräbt zu dem Zweck durch die obere Kernhälfte rechts und links am Kerneisen vorbei je ein Loch, macht auch in der unteren Kernhälfte an den gleichen Stellen das Kerneisen frei, legt beide Kernhälften übereinander, bindet die Eisen zusammen und verschließt die entstandenen Höhlungen durch Ausstopfen mit Kernsand.

Gewöhnlich ist es vorteilhafter, gußeiserne Ziehbretter zu benützen, die man auf dem Herde in einfacher Weise formen und gießen kann.

Formerei mit Drehlehren.

Größere Kerne, deren äußere Form einen Drehkörper bildet, werden in den allermeisten Fällen am besten und billigsten „abgedreht". Abb. 73 zeigt eine hierfür dienende Kerndrehbank. Sie besteht aus zwei gußeisernen Ständern, in deren keilförmigen Einschnitten die Achse der Kernspindel B ruht, die mittels einer Kurbel gedreht werden kann. A ist eine Lehre, deren lotrechte Leiste a es ermöglicht, größere Mengen von Formstoff aufzustapeln. Die Lehre wird mittels Schrauben D, über denen sie in wagerechten Schlitzen verschoben werden kann, an den Ständern befestigt. Die Kernspindel B ist über ihre ganze Oberfläche mit kleinen Löchern versehen, durch welche die Gießgase in ihr Inneres gelangen, von wo sie nach außen entweichen können. Um das Verstopfen der Entlüftungslöcher zu verhindern, um die Gießgase im ganzen Innern des Kerns auf breitester Grundlage zu sammeln und um dem Kern beim Schwinden ausreichende Nachgiebigkeit zu verleihen, wird die Spindel mit einer Schicht C aus Stroh, Heu, Werg oder Holzwolle bezogen, die während des Gießens den Gasen den Durchtritt gestattet und dann verbrennt. Diese Zwischenschicht wird gewöhnlich durch Aufwicklung eines Seils aus den genannten Stoffen hergestellt. Man befestigt das Seil an einem Ende der Spindel und dreht sie dann langsam, wobei sich das Seil allmählich aufwickelt. Es muß darauf geachtet werden, daß sich die einzelnen Windungen recht dicht aneinander reihen, und daß das Seil fest auf der Spindel sitzt, da durch irgendwelche Lockerung die später aufzutragenden Formstoffe in Gefahr kämen, teilweise abzufallen. Meistens werden Strohseile verwendet. Holzwollseile reißen während des Aufwickelns infolge ihrer geringeren Festigkeit leicht ab, was zu unliebsamen Aufenthalten Veranlassung gibt, und entwickeln während und nach dem Gusse mehr und belästigendere Gase als Strohseile. Heu läßt sich zu dünneren Seilen verspinnen, findet aber infolge seines höheren Preises nur dort Verwendung, wo selbst die dünnsten Strohseile noch zu stark sind. Werg läßt sich noch feiner verspinnen als Heu, ist aber noch teurer und wird daher nur verwendet, wenn man anders nicht zurecht kommen kann. Wenn die aufzutragende Schicht so dünn ist, daß selbst ein Wergseil nicht mehr aufgesponnen werden kann, behilft man sich mit langen Strohhalmen, die an die Spindel gelegt und mit Bindfaden festgebunden werden.

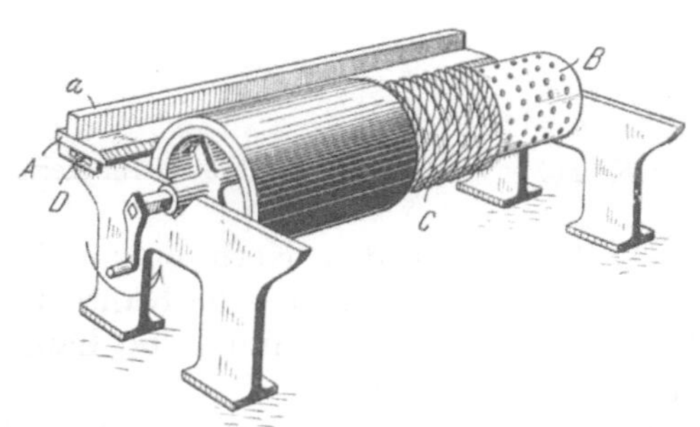

Abb. 73. Einfache Kerndrehbank.

Nach dem Aufwickeln des Strohseils wird eine dünne Schicht fetten Lehms aufgetragen und mit den Händen kräftig in die Strohschicht eingerieben, worauf man etwa vorstehende sperrige Strohhalme wegbrennt. In der Regel soll aber das Auftragen der Fettlehmschicht die Strohschicht so ausreichend glätten, daß sich ein Abbrennen erübrigt. Nach vollendeter Glättung wird die Lehre A (Abb. 73) zurecht gerückt und mittels der Schrauben D in einem Abstande von der Kernspindel festgemacht, der etwas geringer ist, als der Stärke der auf der Spindel aufzutragenden Formstoffschicht entspricht. Unter fortwährendem Drehen der Spindel werden dann breiige Formstoffe — Kernmasse oder Kernlehm — so lange aufgetragen, bis sie von der Lehre erreicht und abgestreift werden. In diesem Zustande wird der Kern in die Kammer befördert und getrocknet. Den auf die Kerndrehbank zurückgebrachten Kern reibt man mit Wasser und einer harten Bürste ab, bessert Risse und sonstige Schäden aus und trägt nach Richtigstellung der Lehre A eine Schlußschicht aus etwas magereren Formstoffen auf, denn auf fettem Lehm ruht das Eisen schlecht. Der Kern kommt nun nochmals in die Trockenkammer und wird schließlich, solange er noch gut warm ist, geschwärzt. Die Eigenwärme des Kerns soll ausreichen, um die Feuchtigkeit der Schwärze völlig zu verdunsten. Ist man sich dessen nicht ganz sicher, so muß der Kern ein drittes Mal auf kurze Zeit in die Kammer gebracht werden. Die Stärke der Lehmschicht beträgt bei kleinen Kernen von 40 mm Durchmesser aufwärts etwa 5 mm und steigt bei ganz starken Kernen bis auf 20 mm. Lehmschichten bis zu 10 mm Stärke können in einer Schicht aufgetragen werden, stärkere Lehmbezüge werden aber besser in der beschriebenen Weise in zwei Schichten ausgeführt. Da nicht immer Kernspindeln vom wünschenswerten Durchmesser zur Hand sind, beträgt die aufzutragende Lehmschicht oft ein Mehrfaches der angegebenen Werte. Man hilft sich dann durch drei- und viermaliges und noch öfteres Auftragen einzelner Schichten, deren jede für sich getrocknet wird, wobei darauf geachtet werden muß, daß die Strohschicht durch das wiederholte Trocknen nicht vorzeitig verbrennt. Einen guten Schutz gewährt das Verstreichen der beiden Kernenden mit Lehm, so daß dort das Stroh nicht zutage tritt. Wenn das Stroh vorzeitig verbrennt, kann sich der Lehmmantel auf der Spindel verschieben, wodurch dem Abgusse nach verschiedenen Richtungen Gefahr erwächst. Gefährlich ist es, eine zweite Strohseilschicht auf eine vorgetrocknete Lehmunterschicht aufzutragen. Man gerät dabei in Gefahr, daß eine der Lehmschichten zu wenig trocken oder eine der Strohschichten zu sehr verkohlt wird.

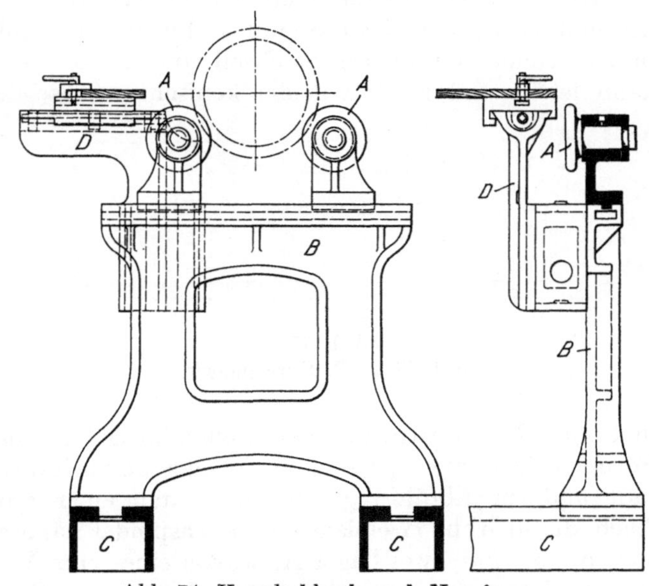

Abb. 74. Kerndrehbank nach Neufang.

Das Drehen großer, in gewöhnlichen Lagern ruhender Kerne erfordert einen sehr beträchtlichen Kraftaufwand. Durch die von Neufang[1]) entworfene Kerndrehbank (Abb. 74) wird der Kraftbedarf wesentlich vermindert. Die Kernspindelenden laufen auf Rollen, die auf verschiedenen Abstand gegeneinander verschoben werden können, so daß sie sich jeder Spindelstärke anpassen. Ein Kern von 800 mm Durchmesser und 4 m Länge, zu dessen Drehung auf einer gewöhnlichen Drehbank 3—4 Mann erforderlich sind, kann auf dieser Bank leicht von nur einem Manne bedient werden.

Abb. 75. Strohseil-Spinnmaschine.

In Gießereien mit regelmäßigem, großem Bedarf gleichartiger, gedrehter Kerne, z. B. in Rohrgießereien, werden die Kerndrehbänke mechanisch von einer Transmission aus oder mit eigenen Elektromotoren angetrieben, wobei der Kern entweder durch eine

[1]) Stahleisen 1908, S. 517.

die Kernspindel mit der Drehbankspindel verbindende Muffe oder durch einen mit Hilfe von Riemenscheiben angetriebenen Mitnehmer gedreht wird. Solche Kerndrehbänke sind auch mit Stufenscheiben oder Satzrädern ausgestattet, um nach Bedarf mit verschiedener Geschwindigkeit arbeiten zu können.

Die Strohseile kauft man von Sonderwerken. Große Betriebe stellen sie auch selbst her und verwenden dazu Spinnmaschinen nach Abb. 75. Eine solche Maschine liefert in der Stunde 200—300 m Strohseil von 30—10 mm Durchmesser. Der fertige Seilballen kann leicht und rasch von der konischen Achse der Trommel abgezogen werden. In Strohseilspinnereien muß stets für reichliche Lufterneuerung gesorgt werden, da sonst die Luft, die infolge der notwendigen Feuchthaltung des Strohes sehr dämpfig ist, die Gesundheit der Belegschaft äußerst ungünstig beeinflußt.

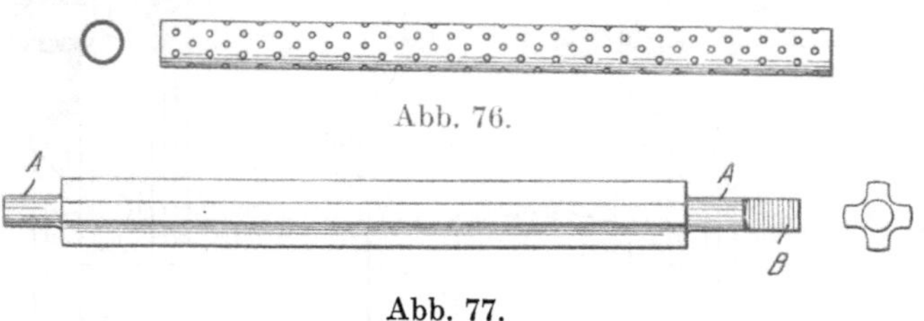

Abb. 77.
Abb. 76 u. 77. Kernspindeln.

Man verwendet schmiedeiserne und gußeiserne, volle und hohle Kernspindeln der mannigfaltigsten Formen. Abb. 76 zeigt die einfachste Form einer hohlen gußeisernen oder schmiedeisernen Spindel. Sie ist völlig gerade und zur Abführung der „Luft“ mit einer großen Zahl kleiner Löcher versehen. Auch die in Abb. 77 ersichtliche Kernspindel kann aus Gußeisen oder Schmiedeisen bestehen. Sie hat zwei Lager A, wovon eines zum Vierkant B ausgebildet ist, damit dort eine Drehkurbel übergeschoben werden kann. Solche und ähnliche Spindeln werden bis zu 60 mm Durchmesser meist aus Schmiedeisen, in größeren Abmessungen häufiger aus Gußeisen hergestellt. Im allgemeinen empfiehlt es sich, für volle Spindeln, deren Länge das Dreißigfache ihres Durchmessers übersteigt, Schmiedeisen zu wählen.

Der beste Werkstoff zur Herstellung hohler schmiedeiserner Kernspindeln sind nahtlos gezogene Rohre, die in vielen Fällen nur auf Maß abgeschnitten und mit Luftlöchern versehen werden müssen, um formfertige Spindeln zu liefern. Die Luftabzugslöcher dürfen nicht zu klein und nicht zu groß sein. Im ersten Falle verstopfen sie sich leicht, und im zweiten dringt leicht flüssiges Metall in das Innere der Spindel. Man macht die Löcher bei kleinen Spindeln mindestens 5 mm weit, geht bei größten Spindeln nicht über 10 mm und verteilt sie gleichmäßig über die Oberfläche der Spindel. Die Abb. 78 und 79 zeigen die Verteilung der Löcher auf Spindeln von 50 mm und von 150 mm Durchmesser.

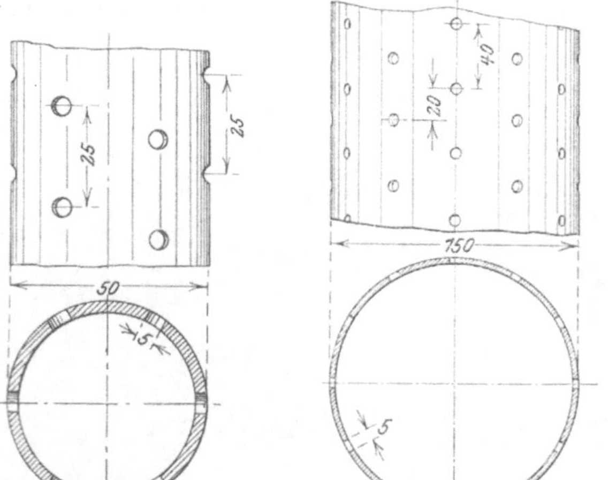

Abb. 78. Abb. 79.
Abb. 78 u. 79. Verteilung der Löcher auf den Kernspindeln.

Metallkerne.

Für einfache Kerne von Massenwaren, z. B. Handräder nach Abb. 80, können eiserne Kerne verwendet werden. Man gibt ihnen in der Marke etwas Anzug und schlägt sie unmittelbar nach dem Gießen mit einem Hammerschlag aus dem Abguß. Da die Schwindung erst nach Minderung der Wärme auf Hellrotglut einsetzt, und das hellglühende Stück etwas nachgibt, bietet die Entfernung der Kerne keine Schwierigkeit, vorausgesetzt, daß sie rechtzeitig erfolgt. Weiter ist es notwendig, die Kerne völlig rostfrei zu halten und dafür zu sorgen, daß sie durchaus trocken zur Verwendung kommen. Sie dürfen darum in grüne (nasse) Formen erst unmittelbar vor dem Gießen eingelegt werden. Für kleinere Kerne wird blank gezogenes Schmiedeisen verwendet, während größere Kerne nur aus hartem Stahl oder Gußeisen hergestellt werden, da weiche schmiedeiserne Kerne beim Ausschlagen an den Kanten sehr bald gestaucht werden, und dann Nacharbeiten und frühzeitige Erneuerung bedingen. — Wo es möglich ist, den Kern noch bei Gelbglut auszutreiben, wird jede Härtung vermieden, so daß die Abgüsse ebenso wie bei Verwendung von Sandkernen bearbeitet werden können. Kommt der Eisenkern aber erst bei Rotglut aus dem Abgusse, so macht er an den von ihm berührten Stellen das Gußstück so hart, daß eine Bearbeitung nur schwer oder gar nicht ausführbar ist.

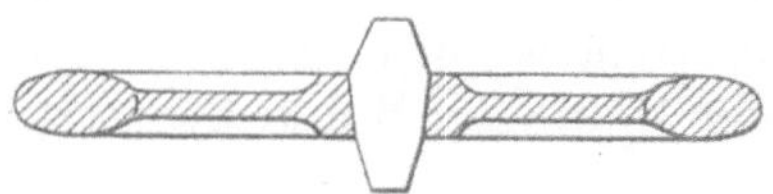
Abb. 80. Metallkern.

Einlegen und Sichern der Kerne.

Abb. 81 zeigt, wie senkrecht stehende und wagerecht liegende Kerne in einfachster Weise in die Form gelegt werden. Der kurze, senkrecht stehende Kern bedarf nur einer Kernmarke im Unterteile. Man macht ihn bei nassen Formen um 1—2 mm länger als den Abmessungen des Modells und der Kernmarke entsprechen würde. Vor dem Einlegen stellt man die genaue Länge am Modell mittels eines Greifzirkels fest (Abb. 82) und verkürzt den Kern, falls er zu lang ist, mit einer Raspel. Wenn er zu kurz ist, wird die Kernmarke zum Teil mit Formsand aufgefüllt. Der Kern wird nun in seine Marke gestellt, das Formkastenoberteil aufgesetzt und wieder abgehoben, worauf man zur Ableitung der Kernluft in die Mitte des vom Kern im Oberteile erzeugten Abdrucks mit einem Luftspieße durch das Oberteil sticht. Die Form wird dann geschlossen und gußfertig gemacht. Bei trockenen Formen macht man den Kern nur so lang, daß er, in die Form eingesetzt, das Oberteil eben berührt. Während bei nassen Formen die Luftabführung genügend gesichert ist, wenn der Kern etwa 2 mm tief in das Oberteil eindringt, muß hier die Sicherung durch Auftragen von Mehlbrei rings um die Mündung des Luftkanals bis an den Rand des Kerns bewirkt werden. Genaues Einhalten der richtigen Kernlänge ist unerläßlich, da ein zu langer Kern beim Aufsetzen des Oberteiles brechen oder die Form beschädigen kann, während ein zu kurzer Kern die Sicherung der Luftabfuhr erschwert oder unmöglich macht. Im letzten Falle kann man sich innerhalb mäßiger Grenzen ebenso wie bei nassen Formen durch Auffüllen der unteren Kernmarke mit etwas Formsand helfen.

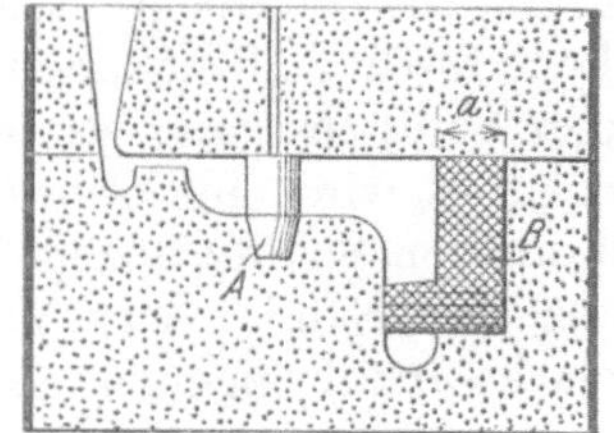

Abb. 81. Kerne in der Form eingelegt.

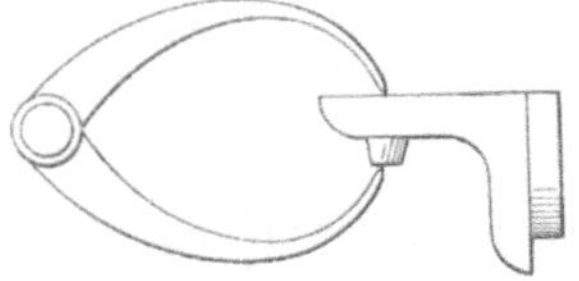
Abb. 82. Prüfen des Kerns auf Maßhaltigkeit.

Der wagerecht in der Form liegende Kern B erfordert eine Schlitz- oder Streifkernmarke, deren Zweck aus der Abbildung zu entnehmen ist. Bei kleinen Kernen genügt es, die Breite a (Abb. 81 und 83) der Kernmarke um etwa einen Millimeter größer zu machen als diejenige des Kerns. Dieser kann dann bei einiger Sorgfalt genau in die Form gebracht werden, ohne daß sein unterer, runder Teil die gegenüberliegende Wand streift. Bei größeren Kernen dagegen, insbesondere solchen, welche mit Hebezeugen bewegt werden, muß die Kernmarke wesentlich

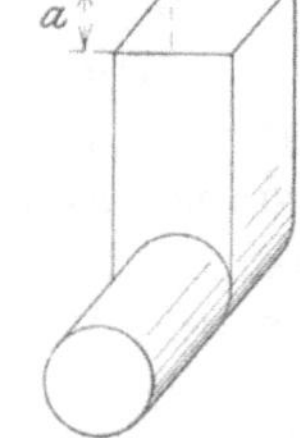

Abb. 83. Streifkernmarke.

breiter als der Kern gemacht werden. Nur dadurch wird es möglich, ihn in ausreichender Entfernung von der gegenüberliegenden Wand in die Form einzubringen und dann durch seitliche Verschiebung in der Richtung des Pfeils (Abb. 84) zurechtzurücken, worauf man den hinter ihm verbleibenden Raum b (Abb. 85) zustampft.

Wenn ein wagerecht in der Form ruhender Kern nahe an der Teilungsfläche liegt, wird der von der Schlitzkernmarke herrührende Hohlraum mit Hilfe eines Dämmbrettchens *zugedämmt* (Abb. 86). Man legt den glatten runden Kern A auf den Grund der Kernlager B und B_1, setzt das Dämmbrett C auf den Kern und drückt es gleichzeitig

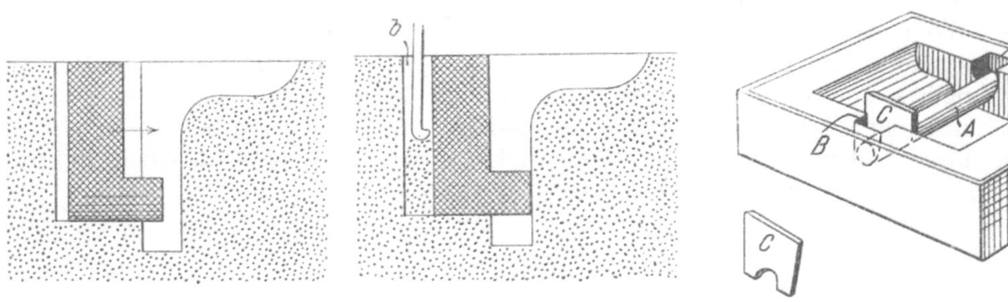

Abb. 84. Abb. 85.
Abb. 84 u. 85. Einlegen des Kerns in die Form.

Abb. 86. Arbeiten mit Dämmbrettchen.

gegen die senkrechte Wand der Form. Während die eine Hand das Brettchen in dieser Lage festhält, füllt die andere den Hohlraum hinter dem Brettchen mit Formsand, drückt den Sand fest und streicht die Oberfläche mit der Polierschüppe glatt. Zur Abführung der Luft wird eine Schnur in den Luftkanal des Kerns gesteckt und durch den zugedämmten Schlitz hochgeführt. Nach Vollendung des Zudämmens zieht man sie vorsichtig aus dem Sande. Das Verfahren gewährt den Vorteil, daß nur am Modell eine Schlitzmarke anzubringen ist, der Kern einer solchen aber nicht bedarf. Der Abguß fällt sauberer

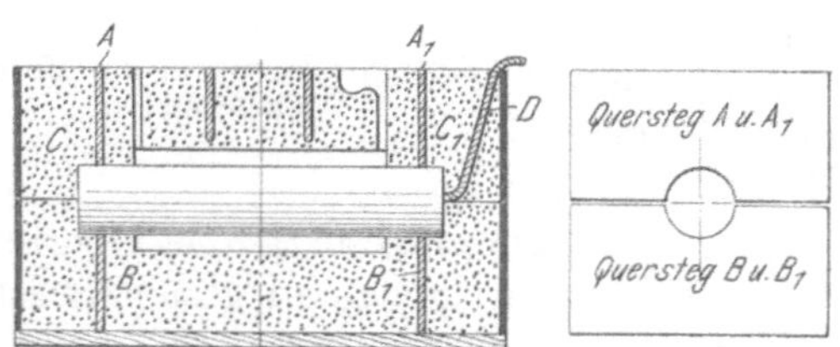

Abb. 87. Lagerung großer Kerne.

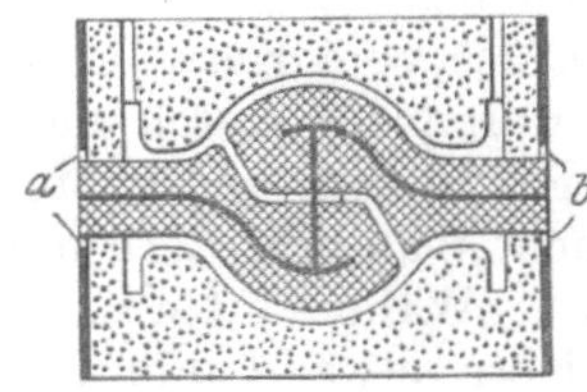

Abb. 88. Ableitung der Gase aus dem Kern.

aus, da die Kerne mit Schlitzmarken fast immer unschöne Spuren am Abgusse hinterlassen.

Abb. 87 zeigt eine andere, sehr zuverlässige Lagerung, die bei großen runden, besonders gefährdeten Kernen mitunter ausgeführt wird. Im Formenkastenober- und -unterteile befinden sich Querstege, zwischen denen der Kern unverrückbar fest lagert. Um sie richtig anzubringen, legt man eine Modellhälfte auf ein Stampfbrett, setzt das Formkastenunterteil darüber und keilt dann die Querstege B und B_1, deren runder Ausschnitt genau dem Umfange der Kernmarken entspricht, so in den Formkasten, daß sie unmittelbar auf den Kernmarken aufsitzen. Nach dem Aufstampfen und Wenden des Unterteils werden die zweite Modellhälfte und das Oberteil aufgesetzt und die Querstege A und A_1 in gleicher Weise festgemacht. Das Oberteil wird dann mit Ausnahme der Fächer C und C_1 aufgestampft, abgehoben, das Modell aus der Form gebracht, der Kern eingelegt und das Oberteil wieder aufgesetzt. Nun erst stampft man die Fächer C und C_1 voll und führt zugleich die Luft ab, indem man eine Schnur D oder ein Trichtermodell mit aufstampft und zum Schlusse auszieht.

Die ungehemmteste Ableitung der Gase wird erreicht, wenn man den Kern durch die Formkastenwand reichen läßt (Abb. 88), eine Anordnung, die besonders bei der Formmaschinenarbeit gebräuchlich ist. Form und Kern passen dann so genau aneinander, daß ein Austreten flüssigen Metalles durch die Fugen bei a und b nicht zu befürchten ist. Wo diese Gefahr dennoch besteht, rauht man die Kernmarken, nachdem sie vorher mit einem Pinsel angenäßt worden sind, mit einer Lanzette etwas auf, oder verstreicht die Fugen mit Lehm, was man bei Formen, die von Hand hergestellt werden, nie unterlassen soll.

Bei sehr großen Kernen und in Fällen, in denen man der Übereinstimmung aller Abmessungen nicht ganz sicher ist, werden die Kanten der Kernlager etwas gebrochen,

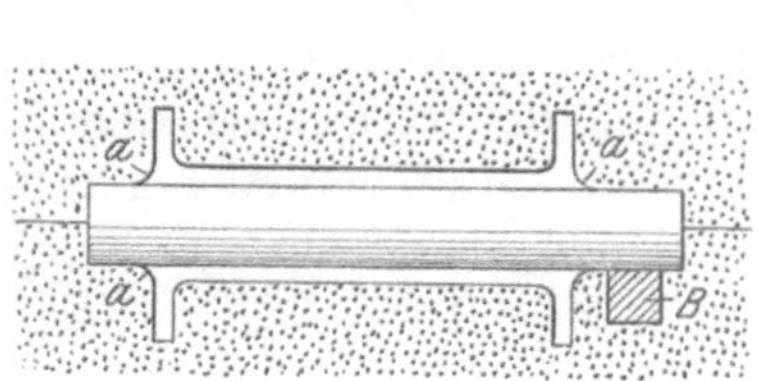

Abb. 89. Lagerung des Kerns.

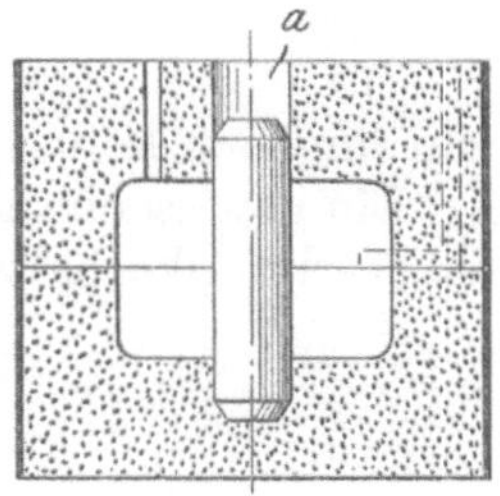

Abb. 90. Senkrechter Kern.

wie es die Abb. 89 bei a erkennen läßt. Bei ganz kleinen Kernlagern genügt es, die Kanten mit dem feuchten Pinsel etwas abzustreifen, bei größeren Kernlagern schneidet man sie mit dem Polierwerkzeug weg. Die Vorsichtsmaßregel des Kantenbrechens ist um so notwendiger, je mehr die Kanten durch unmittelbar darunterliegende senkrechte Formflächen, z. B. bei Flanschen, gefährdet erscheinen. Wenn der Druck des Kerns auf das Kernlager besonders gefährlich erscheint, kann man es durch ein in das Unterteil mit eingestampftes querliegendes Trageisen B (Abb. 89) entlasten.

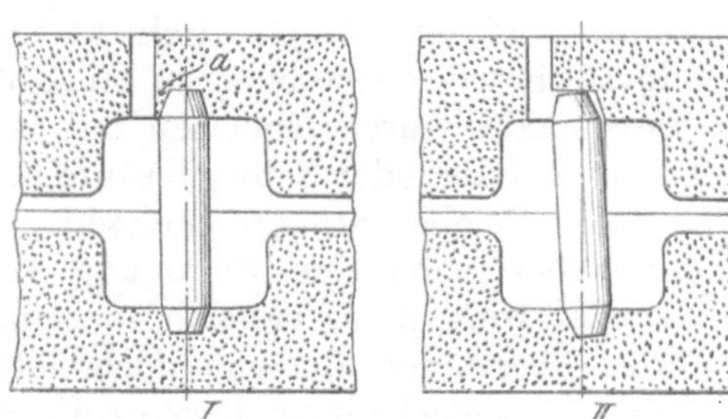

Abb. 91. Richtig. Abb. 92. Falsch.
Abb. 91 u. 92. Befestigung senkrechter Kerne.

Senkrecht in der Form stehende Kerne, deren Länge den Durchmesser um ein Mehrfaches überschreitet, bedürfen, um während des Gießens gerade stehen zu bleiben, außer

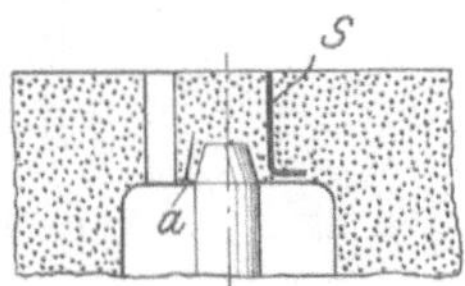

Abb. 93. Sicherung eines senkrechten Kerns.

dem unteren Kernlager auch einer oberen Führung. Am einfachsten und zuverlässigsten ist es, die obere Kernmarke ganz durch das Oberteil zu ziehen (Abb. 90). Während des Zustellens des Oberteils kann der Former durch die freie Öffnung die Einführung des Kerns beobachten. Die nach dem Einlegen oberhalb des Kerns verbleibende Öffnung a wird zugestampft, sobald das Oberteil endgültig aufsitzt, wobei durch einen während des Stampfens in den Luftkanal des Kerns gesteckten Luftspieß für Abführung der Luft gesorgt wird. Wenn diese Anordnung nicht ausführbar ist, wird im Oberteil eine ähnliche, meistens niedrigere Kernmarke vorgesehen, als im Unterteil. Befinden sich in der Nähe eines oberen Kernlagers Eingüsse oder Steiger, was z. B. bei Riemenscheiben, Seilscheiben, Zahnrädern und ähnlichen Gußstücken meistens der Fall ist, so müssen besondere Vorkehrungen getroffen werden, um die gerade Lage des Kerns zu sichern. Eine allzu dünne Sandschicht (a in Abb. 91) zwischen Einguß und Kernlager wird beim Überschieben des Oberteils leicht vom Kern zerdrückt. Der Kern sitzt dann schräg in der Form, wie in Abb. 92. Dem ist durch Anordnung ausreichender Sandhaken S rings um die Kernmarke (Abb. 93) und durch Sicherung der gefährdeten Stelle a mit Sandstiften zu begegnen. Zudem läßt man das Trichtermodell in der Form, bis das Oberteil endgültig am Unterteil sitzt.

Abb. 94. Ungleich konisch gemachter Kern.

Abb. 95. Prüfung der Konizität des Kerns.

Die meisten Kerne erhalten schon in der Kernbüchse oder auf der Kernformmaschine die den Kernmarken entsprechende Verjüngung. Wenn dies nicht der Fall ist, muß die Abschrägung (die Verjüngung) mit der Raspel hergestellt werden, was nicht sorgfältig genug geschehen kann, denn ein ungleich konisch gemachter Kern (Abb. 94) kann nicht gerade in seiner Marke sitzen. Ein gewissenhafter Former wird darum stets den Kern nach dem Zurechtraspeln an die Kernmarke halten (Abb. 95), um zu prüfen, ob er den Anzug richtig getroffen hat.

Kernstützen.

In vielen Fällen bedürfen Kerne gegen die Wirkung ihres eigenen Gewichts und gegen die des flüssigen Metalls, insbesondere seines Auftriebs, noch besonderer Stützen. Hierfür kommen Kernnägel, Kernstützen oder Kernsteifen und Doppelstützen in Betracht. Kernnägel sind stets aus Schmiedeisen gefertigt, während die anderen Stützen aus Schmiedeisen, Stahl oder Gußeisen bestehen können. Alle Stützen müssen eine metallisch reine Oberfläche besitzen, da das Oxydhäutchen, der Glühspan (Eisenoxyduloxyd), mit dem sich an der Luft alles Eisen rasch überzieht, bei der Berührung mit flüssigem Metall eine lebhafte Gasentwicklung bewirkt, infolge deren das Gußstück rings um die Stütze mit Gasblasen durchsetzt werden würde. Die Oxydschicht wird durch Befeilen, Abscheuern in Rollfäsern oder durch Abbeizen mit verdünnter Salz- oder Schwefelsäure entfernt. Solche Stützen müssen unmittelbar nach der Reinigung verwendet werden, da sie sich sonst mit Rost überziehen, der eine noch heftigere Gasentwicklung hervorruft als der ursprüngliche Glühspan. Besser und zuverlässiger ist es aber, Stützen zu verwenden, die nach der Reinigung verzinnt wurden [1]). Gut verzinnte Stützen können jahrelang lagern und beliebig lange in nassen Formen ruhen, ohne Schaden zu leiden, weshalb man heute fast allgemein nur noch solche Stützen verwendet. Andere metallische und nicht metallische Überzüge, die in den Kriegsjahren da und dort angewendet wurden, haben sich nicht bewährt.

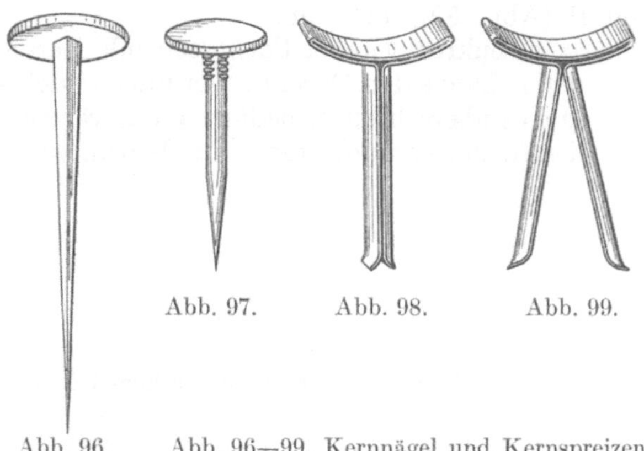

Abb. 96. Abb. 97. Abb. 98. Abb. 99.

Abb. 96—99. Kernnägel und Kernspreizen.

Kernnägel haben flache Köpfe, die um ein Mehrfaches größer sind, als diejenigen gewöhnlicher Nägel. Ein kleiner Kopf würde zu leicht in den Kern dringen. Am besten sind „handgeschmiedete“ Kernnägel (Abb. 96), die infolge ihres keilförmigen Schafts dem Eindringen in den Sand größeren Widerstand entgegensetzen als der gerade Schaft eines auf der Maschine hergestellten Kernnagels (Abb. 97). Letztere Nägel haben dafür den Vorteil völlig flacher Köpfe — die Köpfe handgeschmiedeter Kernnägel sind immer

[1]) Betr. Verunreinigungen der Verzinnung s. F. Westhoff, Stahleisen 1910, S. 913.

etwas gewölbt — und sind, was ihnen vor allem allgemeinen Eingang verschaffte, wesentlich billiger. Eine Abart der Kernnägel sind die *Kernspreizen* (Abb. 98 u. 99), deren senkrechte Stege beim Eindringen in den Sand auseinander weichen und dadurch der Stütze vermehrte Widerstandsfähigkeit verleihen.

Kernnägel werden mit oder ohne Widerstandsunterlagen verwendet. Im ersten Fall treibt man sie nur in den Formsand, bis der Kopf noch um das erforderliche Maß über die Formoberfläche vorragt, während im anderen Falle Holzklötze mit eingestampft oder die Formen auf Holzunterlagen gesetzt werden (Abb. 100). In beiden Fällen muß die richtige Lage der Stütze geprüft werden, was entweder mit dem Maßstabe oder genauer mit kleinen Lehren (L in Abb. 100) geschieht. Bei Verwendung von Holzunterlagen muß der Kernnagel ziemlich genau die richtige Länge haben. Ist er zu kurz, so erreicht er die Unterlage nicht, ist er zu lang, so kommt sie in Gefahr zersprengt zu

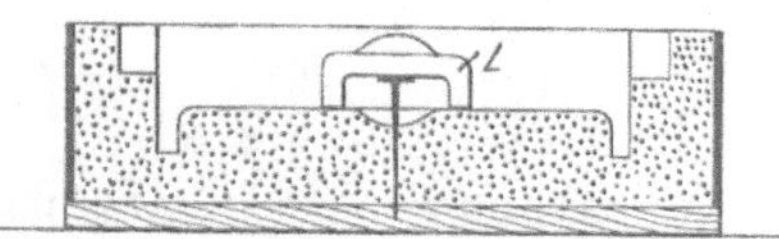

Abb. 100. Prüfung des Kernnagels auf richtige Höhe.

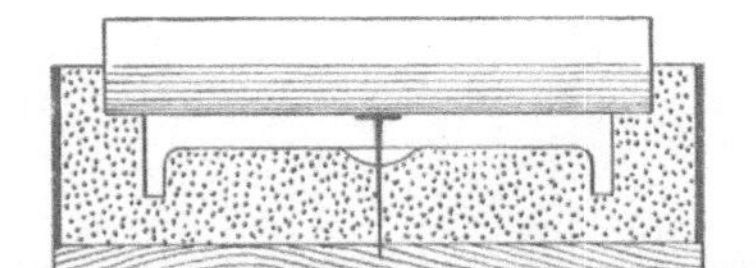

Abb. 101. Kern auf Kernnagel ruhend.

werden und dann gar keinen Widerstand mehr zu bieten. Darum muß bei der Wahl der Holzklötze auf die Art des Holzes und seine Faserrichtung zum eindringenden Kernnagel geachtet werden. Wenn die Wandstärke des Gußstücks verhältnismäßig gering ist, sieht man, um das Einschweißen der Stütze zu fördern, rings um sie eine kleine Verstärkung vor. Auf den richtig sitzenden Kernnagel wird der Kern einfach aufgelegt (Abb. 101). Auch Kerne, die am Boden der Form liegen, müssen befestigt werden, da sie infolge ihres wesentlich geringeren spezifischen Gewichts als das des flüssigen Metalls das Bestreben haben, während des Gießens nach oben zu steigen. Ihre Sicherung kann durch schräg in die Seitenwand getriebene Kernnägel (Abb. 102) oder mit *Hakennägeln* nach Abb. 103 erfolgen. Im zweiten Falle schneidet man im Kerne eine Vertiefung a aus, die nach dem Eintreiben des Hakennagels mit Formsand zugestopft wird. Der

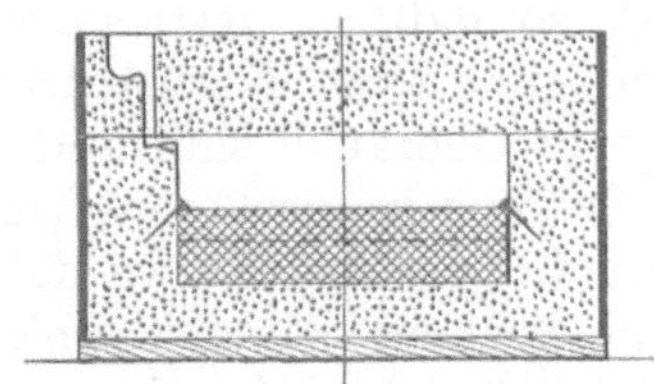

Abb. 102. Durch schräg eingetriebene Kernnägel gesicherter Kern.

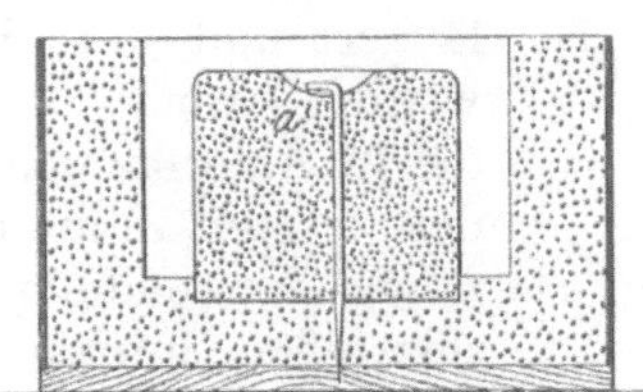

Abb. 103. Kernbefestigung durch Hakennagel.

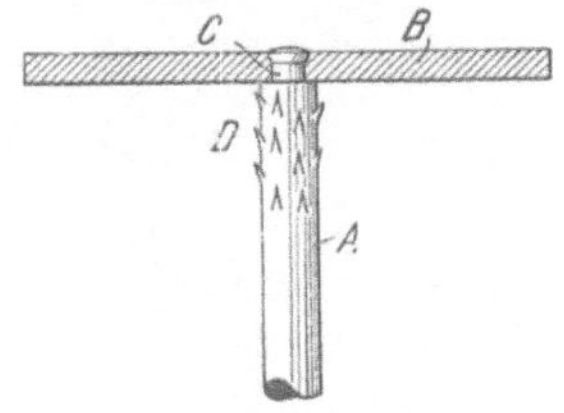

Abb. 104.

Formsand für solche Ausfüllungen wird oft mit Öl statt mit Wasser angemacht, um ohne Gefahr des Kochens gut am Kerne zu haften.

Kernstützen oder -steifen sollen imstande sein, große Kerne sicher zu tragen und selbst hohen Druckbeanspruchungen zu genügen. Sie bestehen aus mindestens je einer Stütze und je einer Tragplatte (A und B in Abb. 104). Sie wurden ursprünglich durch Handarbeit hergestellt, indem man Rundeisenstäbe auf Länge abschnitt, an einem Ende mit der Feile absetzte (C in Abb. 104) und dort ein Tragblech B festnietete. Bei dieser Ausführung ergab sich nicht allzu selten der Übelstand, daß die Auflagefläche des Stifts infolge ungenügender Ausführung zu klein wurde, so daß sich während der Beanspruchung des Gusses das Rundeisen durch das Tragblech schob (Abb. 105), und in den Kern drang. Man suchte dem durch Unterlagsplättchen zu begegnen (R in Abb. 106), die unter den Tragblechen angeordnet wurden. Damit wurde ein gewisser Schutz erreicht; größere Gewähr bietet aber die maschinelle Herstellung, bei der die Nietansätze gefräst werden, wodurch willkürlichen Schmälerungen der Auflagefläche zuverlässig vorgebeugt wird. Völlige Sicherheit gegen das Durchdrücken bietet eine in den letzten Jahren eingeführte Kernstütze (Abb. 107), mit einer im rotwarmen Zustande angestauchten linsenförmigen Auflagefläche.

Die ersten Kernstützen wurden zum Zwecke des besseren Einschweißens unterhalb des Tragplättchens mit eingeschlagenen Einkerbungen (D in Abb. 104) versehen. Maschinell hergestellte Stützen erhielten an Stelle der Einkerbungen viertelmondförmige

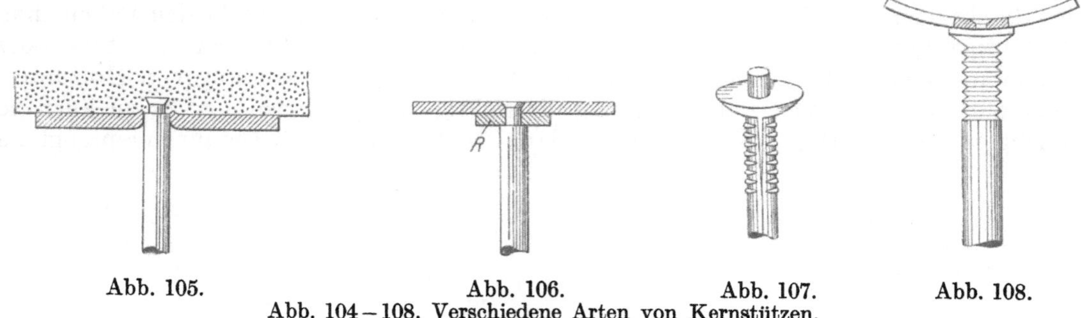

Abb. 105. Abb. 106. Abb. 107. Abb. 108.
Abb. 104—108. Verschiedene Arten von Kernstützen.

Vorsprünge (Abb. 107) und später eine Reihe von eingepreßten Rillenringen (Abb. 108), die sich sehr gut bewährt haben.

Zur Sicherung benachbarter Kerne in ihrer gegenseitigen Lage, sowie bei Lehm- und Masseformen, die mit den Tragstiften einfacher Stützen nur schwer zu durchbohren sind, und in manchen anderen Fällen verwendet man Doppelstützen, die gewöhnlich aus zwei durch einen oder mehrere Tragstifte miteinander verbundenen Tragplättchen bestehen. Abb. 109 zeigt eine Reihe der gebräuchlichsten Formen. Die Stützen 1, 2, 3 und 4, für ebene und gekrümmte Flächen geeignet, bedürfen wohl keiner Erläuterung, Stütze 5 wird mit dem Spieße a in die Form getrieben und so fest am richtigen Orte gehalten, während bei der Stütze 6 ein Plättchen verlängert und durchbohrt ist, so daß sie festgenagelt werden kann. 7 und 8 sind gußeiserne Kernstützen, die in Amerika schon lange in Gebrauch sind und in den letzten Jahren auch bei uns in größerem Umfange Verwendung finden. Gußeiserne Kernstützen schweißen infolge ihres niedrigeren Schmelzpunkts leichter und vollständiger ein als schmiedeiserne und werden daher mit Vorteil an Stellen verwendet, die spätere Bearbeitung erfahren. Anderseits kommen sie leichter in Gefahr, vorzeitig weggeschmolzen zu werden. 10 ist eine stählerne federnde und 9 eine schmiedeiserne Stütze mit gußeisernem Sockel. Der Sockel der Stütze 9 wird an das Modell gesetzt und mit

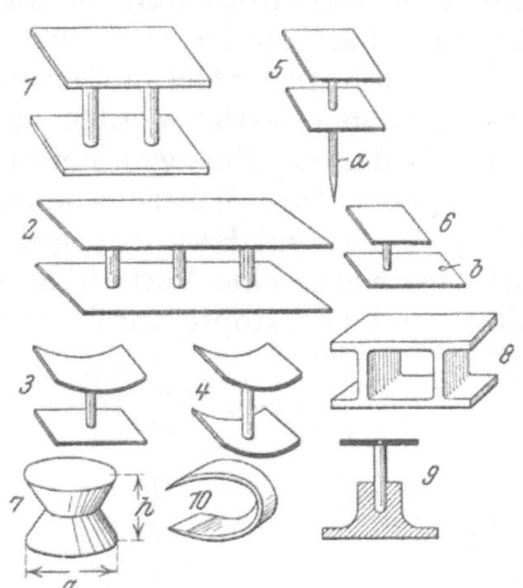

Abb. 109. Doppelkernstützen.

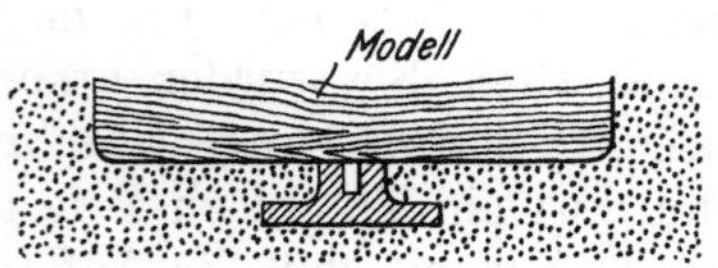

Abb. 110. Modell auf Sockel der Kernstütze.

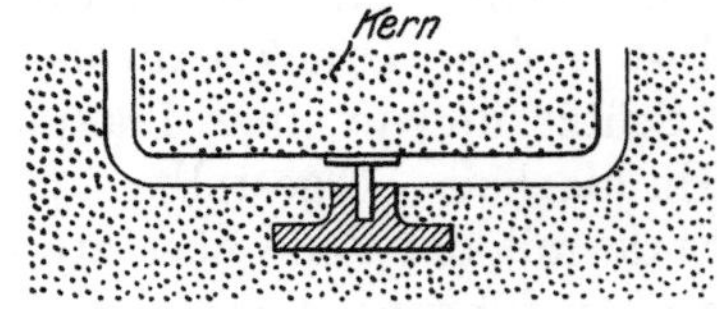

Abb. 111. Kernstütze mit Sockel in der Form.

ihm aufgestampft (Abb. 110), so daß die Stütze später an ihm Halt und Stütze gewinnt (Abb. 111).

Kernstützen bedingen stets eine gewisse Gefahr für das gute Gelingen der Abgüsse, der größte Teil durch sie veranlaßter Fehlgüsse beruht aber auf ihrer sachwidrigen

Anordnung und Behandlung. Abb. 112 zeigt eine Reihe von Kernstützen, die teils richtig, teils sachwidrig behandelt wurden. Das Bild stellt einen Schnitt durch die gußfertige Form eines Kolbens dar, die außer dem Nabenkern A sechs abwechselnd nach oben (I) und nach unten (II) entlüftete Körperkerne B enthält. Von den unteren Kernstützen sitzt nur die bei a richtig, während diejenigen bei b, c und d schwerwiegende Mängel aufweisen. Die Spitze der Stütze bei b berührt nur oberflächlich das eingestampfte Stützbrett. Infolgedessen wird sie unter dem Druck des Kerngewichts weiter in das Holz eindringen, eine Schwächung der Wandstärke m und die Lösung des Luftabführungsstutzens I vom Oberteil bewirken. Wenn das geschieht, ist der Abguß infolge des in den Kern tretenden Eisens verloren, ein Beweis, wie gefährlich scheinbar belanglose Ungenauigkeiten werden können. Die Stütze bei c wurde zu weit in die hölzerne Unterlagsplatte getrieben; diese wurde infolgedessen gespalten und vermag nun keinerlei Widerstand zu leisten. Holzunterlagen sollten bei Kernstützen überhaupt vermieden werden, sie sind nur den geringeren Beanspruchungen durch Kernnägel einigermaßen gewachsen. Viel zuverlässiger ist es, die Stützen stumpf endigen zu lassen und eiserne Unterlagsplatten zu verwenden. Man treibt dann die Stütze bis auf die Unterlagsplatte über die Form, mißt die Höhe, um die ihr Tragplättchen vorsteht, zieht die Stütze wieder aus und verkürzt sie um das Maß des Unterschieds zwischen der ermittelten Höhe und der Wandstärke des Gußstücks. Steht z. B. die erstmals auf die Unterlagsplatte getriebene Stütze um 50 mm über die Sandoberfläche vor und beträgt die Wandstärke des Gußstücks 30 mm, so muß ein Stück von 20 mm abgehauen werden.

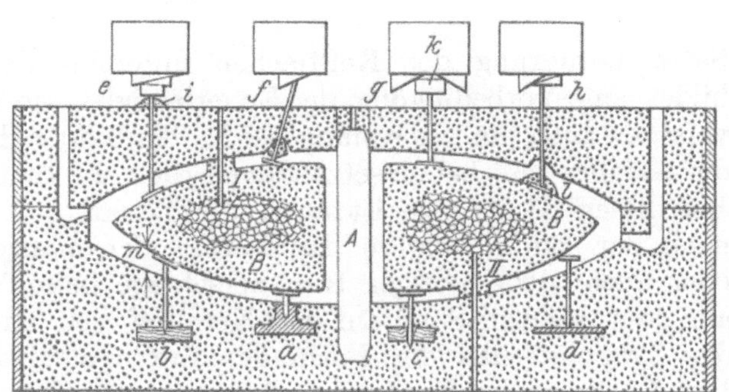

Abb. 112. Falsche und richtige Anordnung von Kernstützen.

Die Stütze bei d sitzt zwar richtig auf dem eingestampften Eisenplättchen, gewährt aber dem Kern keinen ausreichenden Halt, weil ihr Tragplättchen ihn nur mit einer Kante berührt, anstatt mit der ganzen Fläche voll anzuliegen. Dadurch wird der Kern leicht beschädigt, jedenfalls aber das Plättchen verbogen, sobald es unter der Wirkung des flüssigen Metalls weich zu werden beginnt.

Die Kernstützen im Oberteil müssen außerhalb der Form festgehalten werden, was am besten durch Verkeilung geschieht. Man verwendet Hartholz- und Schmiedeeisenkeile. Keile aus weichem Holz oder aus Gußeisen sind ungeeignet, die einen wegen ihrer Nachgiebigkeit, die anderen infolge ihrer Sprödigkeit. Ein guter Spannkeil soll möglichst spitzwinklig sein, beispielsweise bei einer Länge von 100 mm nicht höher als 20 mm. Zur Verkeilung jeder Stütze sollen zwei Keile verwendet werden, nicht mehr und nicht weniger, denn ein Keil allein bringt die Stütze allzu leicht in eine schräge Lage, und mehr als zwei Keile bilden ein weniger zuverlässiges Gefüge. Der Zwischenraum zwischen Stütze und Kerneisen ist, wenn er weniger als 20 mm beträgt, nur durch Keile auszufüllen, während bei größerer Entfernung harthölzerne oder eiserne Zwischenblöcke zu verwenden sind. Wenn nicht besondere Verhältnisse es anders bedingen, sollte die Verkeilung erst nach vollständiger Beschwerung der Form bewirkt werden, weil andernfalls unerwartete Druckwirkungen auftreten können.

Stärkere Kernstützen sollen nicht unmittelbar durch das Oberteil getrieben werden, weil es dabei geschädigt und in seinem Gefüge erschüttert werden kann. Es ist besser, erst mit einem Luftspieße einen engeren Kanal zu stechen und ihn dann mit dem Stift der Stütze zu erweitern. Um Abbröckelungen zu vermeiden, wird der Sand rings um die Eintrittstelle mit einem Pinsel vorsichtig angefeuchtet. Nachdem die Stütze durch Hin- und Herschieben leicht beweglich gemacht wurde, befestigt man sie mit einem an der Austrittstelle fest an den Schaft gedrückten Ballen Sand (Abb. 112i), setzt das

Oberteil zu und beschwert. Dann wird sie sanft auf den Kern niedergedrückt und mit einem kleinen leichten Hammer vorsichtig verkeilt. Die Stütze bei e ist richtig verkeilt, die Verkeilungen bei f, g und h zeigen dagegen mangelhafte Ausführungen. Die Stütze bei f wurde infolge Verwendung nur eines Keils schräg gedrückt, verursacht daher im Innern der Form leicht Abbröckelungen und leistet dem Gießdruck keinen Widerstand. Die Verkeilung bei g ist mangelhaft, weil der Zwischenklotz k die Keile nur mit zwei Kanten statt mit seiner ganzen oberen Fläche berührt. Infolgedessen reicht schon eine sehr geringe Erschütterung hin, die Verkeilung zu lockern und unwirksam zu machen.

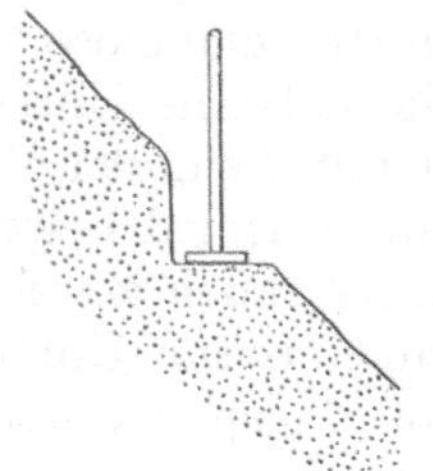

Abb. 113. Wagerechte Kernstützfläche.

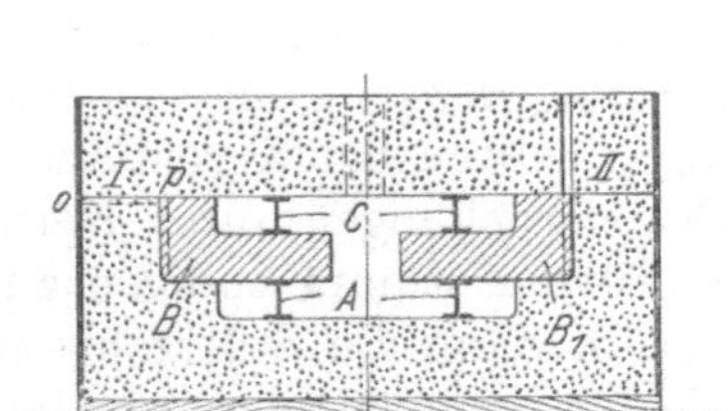

Abb. 114.

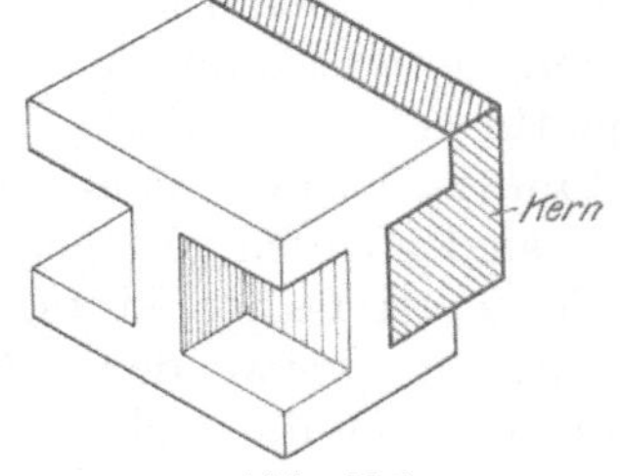

Abb. 115.

Abb. 114 u. 115. Gußstück und Verwendung der Kernstützen.

Satte Berührung der Keilflächen untereinander und mit etwaigen Zwischenklötzen bildet eine Vorbedingung der Zuverlässigkeit jeder Verkeilung. Gegen diese Grundregel verstößt auch die Anordnung bei h. Sie birgt neben ihrer allgemeinen Unzuverlässigkeit die Gefahr, daß bei einsetzendem Druck die Spitze des unteren Keils abgedrückt wird. Bei dieser Kernstütze ist auch die Wirkung ungenügender Lockerung des Tragstifts nach der Einführung in die Form oder mangelnder Anfeuchtung der Eintrittstelle, oder auch allzu heftiger Hammerschläge beim Verkeilen ersichtlich, denn es ist bei l aus dem Oberteil Sand auf den Kern gefallen. In manchen Fällen genügt es aber nicht, das Tragplättchen der Form des Kerns anzupassen, insbesondere nicht, sobald die Kernfläche um mehr als etwa 30° gegen die Wagerechte geneigt ist. Man arbeitet dann besser am Kerne eine wagerechte Stützfläche aus (Abb. 113).

Wo die Lage eines Kerns und die Widerstandsfähigkeit der Formoberfläche es gestatten, verwendet man Doppelstützen. Im Beispiele der Abb. 112 waren im Unter-

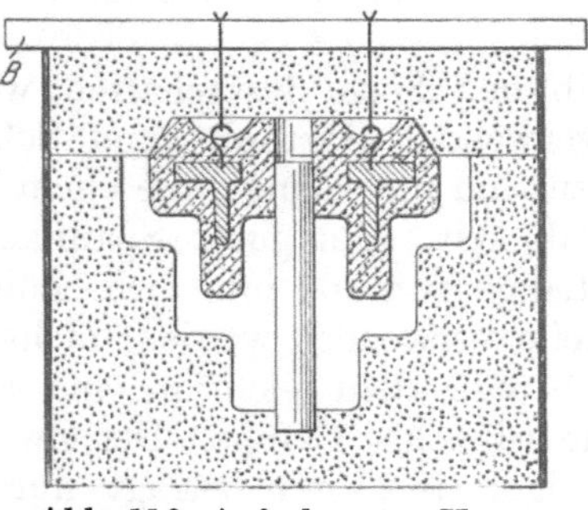

Abb. 116. Aufgehängter Kern.

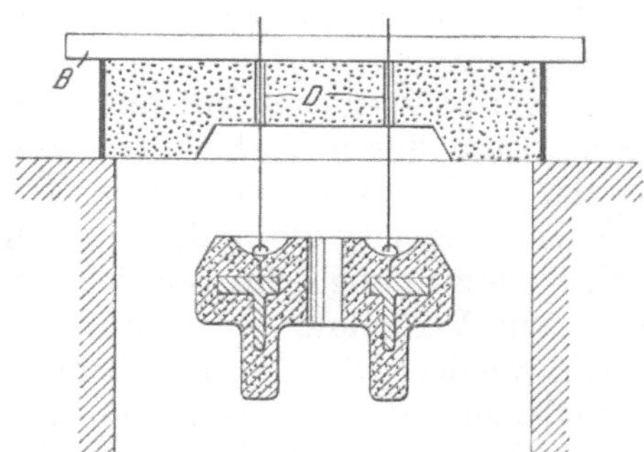

Abb. 117. Aufhängen des Kerns.

teil die einfachen Stützen nur bei nasser Form am Platze, bei getrockneter Form würde man dafür Doppelstützen verwendet haben. Für das Oberteil sind auch bei trockenen Formen einfache Stützen vorzuziehen, weil sie die Übertragung eines großen Teils des Auftriebs unter Entlastung des Oberteils unmittelbar auf die Beschwereisen ermöglichen. Abb. 114 zeigt die Verwendung von Kernstützen für das in Abb. 115 abgebildete Gußstück, in das zur Verdeutlichung der folgenden Erläuterung einer der beiden Kerne eingezeichnet ist. Nach Fertigstellung beider Formhälften (Ober- und Unterteil) setzt man die Doppelstützen A in das Unterteil, überzeugt sich mittels eines in die Kernlager und über die Stützen gelegten Lineals von ihrer richtigen Lage, legt die Kerne

B B_1, die auf den Doppelstützen satt aufliegen müssen, ein, setzt die Stützen C möglichst genau über den unteren Stützen A auf die Kerne, prüft wieder mit einem über Kern, Stützen und Teilfläche gelegten Lineal die Übereinstimmung der einzelnen Teile, sorgt für Abführung der Kernluft und setzt das Oberteil auf. Es ist sehr wichtig, daß Doppelstützen fest eingeklemmt in der Form sitzen, sonst werden sie vom strömenden Metall fortgerissen. Wenn die Stützen etwas zu niedrig sind, hilft man sich durch aufgelegte verzinnte Blechplättchen, die zu diesem Zweck immer bei der Hand gehalten werden. An besonders gefährdeten Stellen, hauptsächlich in lotrechten Hohlräumen, werden die Stützen festgenagelt, wozu ein gelochtes, etwas vorstehendes Auflageplättchen angeordnet wird (6 in Abb. 109).

Oft ist es vorteilhafter, einen Kern aufzuhängen, anstatt ihn auf Stützen zu stellen. Das Oberteil der in Abb. 116 im Schnitte gezeigten Stufenscheibenform besteht aus einem mittels gewöhnlicher Stampfung hergestellten Formkastenteil und einem daran festgebundenen Kern. Das Kerneisen hat einige Ösen, an denen Bindedraht festgemacht wird. Um den Kern aufhängen zu können, sticht man durch das Oberteil Kanäle D (Abb. 117), setzt es auf Unterlagen, um es von unten her zugänglich zu machen, schiebt die Enden des Bindedrahts durch die Kanäle, zieht den Kern hoch, preßt ihn fest in seine Marke und bindet die Drähte an einer über den Formkasten gelegten Stange B fest. Die Verbindung braucht nur fest genug zu sein, um das Gewicht des Kerns sicher zu tragen, denn beim Guß wird der Kern noch fester in die Kernmarke gedrückt, und die seitliche Beanspruchung ist sehr gering.

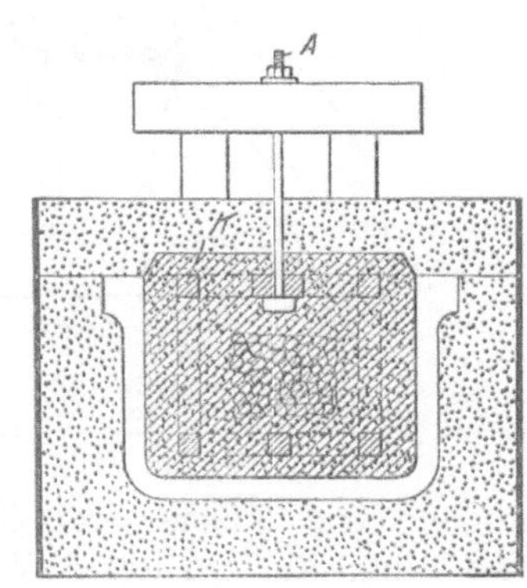

Abb. 118. Gesichert aufgehängter Kern.

Abb. 118 zeigt eine auch größeren Beanspruchungen widerstehende Aufhängeart, bei welcher der Kern auf einem oder mehreren mit Gewinde versehenen Ankern ruht. Das Kerneisen K (Abb. 119) ist mit einem Schlitz a versehen, durch den der prismatische Kopf b des Ankers A geschoben wird, so daß nach einer Drehung des letzteren um 90° eine zuverlässige Verbindung geschaffen wird.

Zuweilen wird es notwendig, einen Kern unten zu befestigen. Das geschieht meist durch Verschraubung in der in Abb. 120 ersichtlichen oder einer ähnlichen Art. Die Kern-

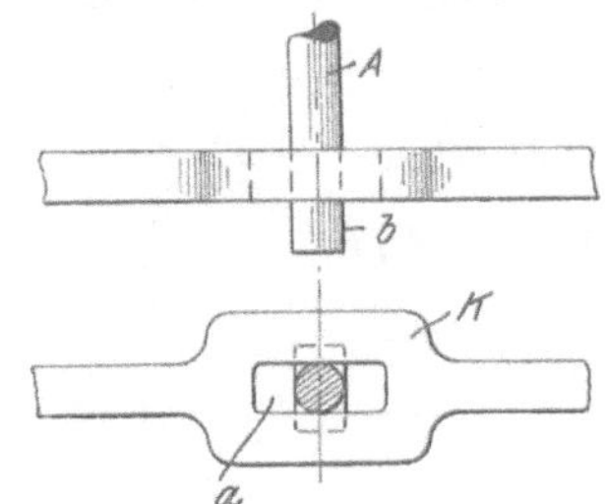

Abb. 119. Kerneisen für aufgehängten Kern.

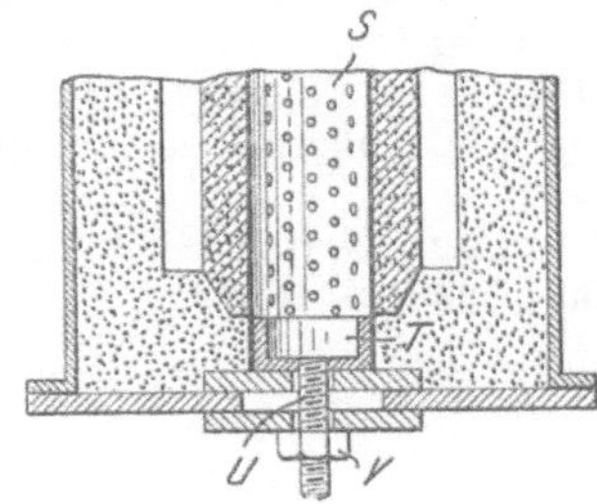

Abb. 120. Verschraubung eines Kerns.

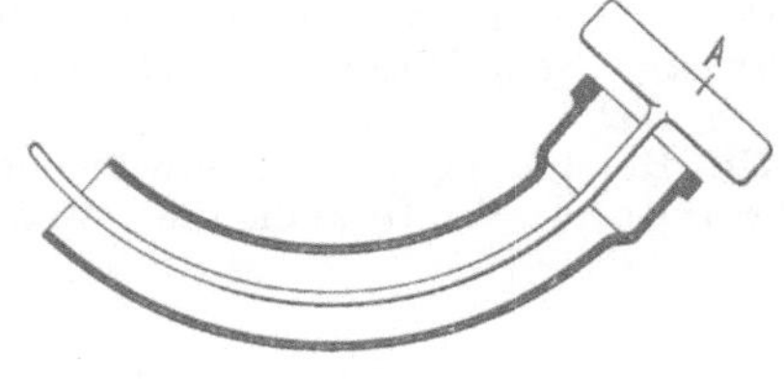

Abb. 121. Kerneisen für Rohrkrümmer.

spindel S endigt im Trommelboden T, auf dessen Zapfen U ein Schraubengewinde geschnitten ist. Nach Einführung des Kerns in sein Lager wird die Mutter V aufgeschraubt und angezogen. Der Kern sitzt dann unverrückbar fest, seine Spindel kann sich dennoch ausdehnen. Zur Vermeidung von Schwankungen infolge der Elastizität der Kernspindel bedürfen unten befestigte Kerne, deren Länge größer als etwa ihr dreifacher Durchmesser ist, im oberen Teil der Form einer seitlichen Führung, die aber ihre Längsausdehnung nicht behindern darf.

Die mit der Verwendung von Kernstützen untrennbar verbundenen Gefahren, wie mangelhaftes Einschweißen, Kochen, Verschiebungen usw., haben zu verschiedenen Versuchen geführt, sie in besonderen Fällen überflüssig zu machen. Ein Rohrkrümmer bedarf bei gewöhnlicher Kernanordnung mindestens je einer Stütze im Ober- und im

Unterteil. Versieht man aber ein Kerneisenende mit einer rechts und links von der Mittelachse ausladenden Auflageplatte A (Abb. 121), so wird Halt genug gewonnen, um die Kernstützen zu erübrigen. Selbstredend muß eine entsprechende Kernmarke am Modell und in der Form vorgesehen werden. Ein anderes Hilfsmittel ist die Vereinigung zweier oder mehrerer Kerne auf ein gemeinschaftliches Kerneisen, wie es die Abb. 122 und 123

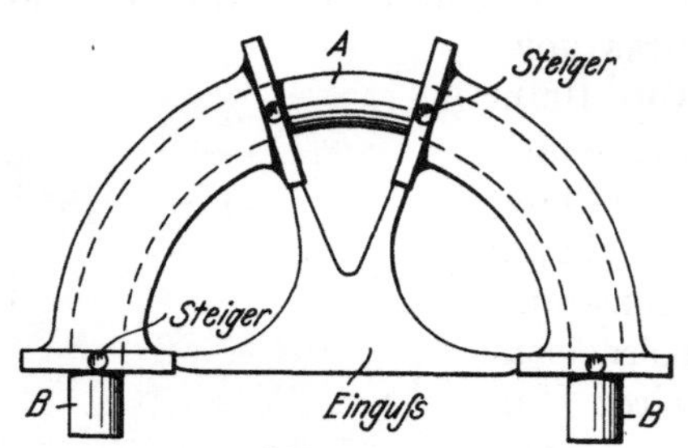

Abb. 122.

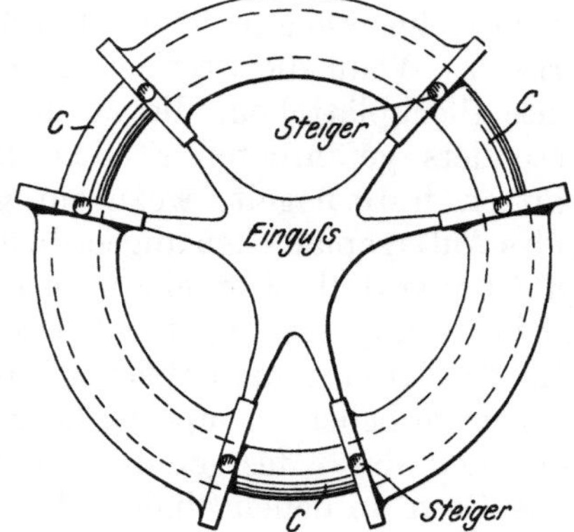

Abb. 123.

Abb. 122 u. 123. Vereinigung mehrerer Kerne auf einem gemeinschaftlichen Kerneisen.

zeigen. Die Kerne sind dabei in den Lagern A und B und C so zuverlässig gestützt, daß auch die geringste Verrückung ausgeschlossen wird. Anordnungen letzterer Art bieten neben dem Wegfall aller Kernstützen den Vorteil vereinfachten Abgießens.

Literatur.

a) Einzelnes Werk.

Wagner, Robert: Die moderne Kleinkernmacherei. Berlin 1914.

b) Abhandlungen.

Vetter, H: Die Kernstützen in früherer und neuerer Zeit. Stahleisen, 1910, S. 1369/73.

Irresberger, Carl: Einrichtung zur Massenherstellung von Kleinkernen. Stahleisen 1915, S. 1105/6.

Nachteile der Verwendung von Kernstützen und deren Einschränkung. Z. f. Gießereipraxis 1918, S. 629/37.

Horner, Joseph: Kernstücke, Sandstützen, Kernsteifen und Nägel. Foundry 1920, S. 599/602. — Das Kerneisen und seine Anwendung, Foundry, 1921. S. 189/94.

Vickers, Charles: Grünsandkerne in Büchsen. Foundry, 1923, S. 833/7.

Freytag: Neue Wege in der Herstellung von Gußstücken mit grünen Kernen. Gieß.-Zg. 1924, S. 302/6.

— Die Herstellung von Gußstücken mit grünem Kern. Gieß.-Zg. 1925, S. 265/6.

Edwards, C. F.; Ölsandkerne. Met. Ind. 1925, S. 391/3.

IV. Die Herdformerei.

Allgemeines.

Einfache Abgüsse, bei denen es nicht auf besonders scharfe Kanten, völlig genaue Einhaltung der Wandstärke und ganz tadellose Beschaffenheit der beim Guß nach oben gerichteten Seite ankommt, werden in offenen Formen im Herde hergestellt. Ein Herd, Gießherd oder Gießbett, besteht aus einer zur Herstellung offener Formen geeigneten Sandbettung. Man richtet ihn meist in der Nähe des Kuppelofens im Boden der Gießerei her. Die Nähe des Kuppelofens erspart Beförderungskosten und Wärmeverluste des flüssigen Eisens, während die niedrige Lage das Gießen erleichtert. Die wichtigsten Eigenschaften eines guten Herdes sind genau wagerechte Lage seiner Oberfläche und gute Gasdurchlässigkeit der darunter befindlichen Bettung. Die Unterlage offener Formen muß wesentlich durchlässiger sein als die geschlossener, bei denen während des Gießens stets ein gewisser Druck herrscht, der die entstehenden Gase drängt, durch den Boden und die Wände zu entweichen. Manche Bodenarten sind so gasdurchlässig, daß es genügt, eine Grube von nur einigen Zentimetern Tiefe aus dem Boden zu heben und mit Formsand zu füllen. Solche Verhältnisse bilden aber nur ganz vereinzelte, glückliche Ausnahmen, gewöhnlich ist mit einer praktisch zur Geltung kommenden Durchlässigkeit des Bodens überhaupt nicht zu rechnen. In diesen die Regel bildenden Fällen muß eine gasdurchlässige Unterschicht erst erstellt werden.

Weiche und harte Herde.

Man unterscheidet weiche und harte Herde. Die ersten dienen zum Formen kleiner Gußstücke, die anderen für größere Abgüsse. Gießbetten zum ständigen Gebrauche werden fast immer hart ausgeführt, damit auf ihnen jede Art Herdguß erstellt werden kann. Weiche Betten sind vorzuziehen, wenn es sich um einzelne Abgüsse handelt und der Herd nach dem Abgießen wieder beseitigt werden muß. Beim weichen Bett ist die Oberschicht härter als die Unterschicht, während beim harten Bett die Unterschicht so hart ist, wie sich durch festes Stampfen erreichen läßt, wogegen die Oberfläche größtmögliche Zartheit erhält. Ein weiches Bett ist für schwere Abgüsse und solche mit großer Grundfläche nicht geeignet, da seine Unterlage bei größerer Belastung nachgibt und dann die Form treiben, d. h. Abgüsse von ungleicher Wandstärke liefern würde. Ihrer einfachen Herstellung und größeren Billigkeit halber werden weiche Betten angewandt, wenn es sich darum handelt, abseits vom ständigen Herde rasch wenig empfindliche Gußstücke, wie Kerneisen, kleinere Unterlagsplatten und ähnliche Teile zu formen.

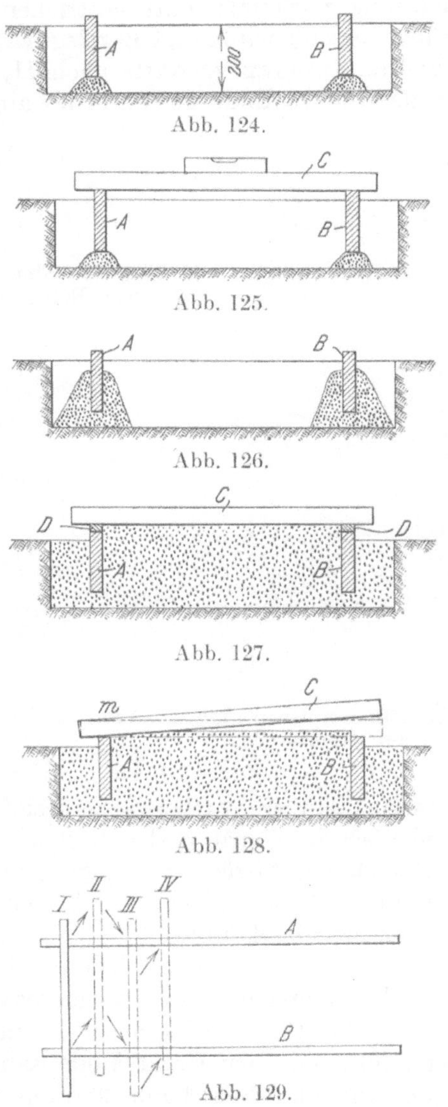

Abb. 124—129. Herstellung eines weichen Bettes.

Zur Herstellung eines weichen Bettes wird eine Grube von etwa 200 mm gleichmäßiger Tiefe ausgehoben. Auf ihrem Grund errichtet man vier kleine Sandhaufen und setzt darauf die Richtscheite A und B (Abb. 124). Die Sandhaufen befinden sich nur unter den beiden Enden der Richtscheite, da es sonst schwierig ist, die Hölzer in die richtige Lage zu drücken. Mit Hilfe eines dritten Richtscheits und einer Wasserwage richtet man sie genau wagerecht und in der Höhe übereinstimmend aus (Abb. 125), unter- und umstampft sie dann der Länge nach bis nahe zur Oberkante (Abb. 126), prüft nochmals ihre richtige Lage und verbessert sie, wenn nötig, durch Niederklopfen. Dann wird der Raum zwischen den Hölzern A und B mit trockenem Formsand aufgefüllt und diese Füllung mit einem längs der Oberkanten von A und B geführten Richtscheite glatt abgestrichen. Nun schaufelt oder siebt man eine etwa 10 mm starke Schicht guten Formsand über die ganze Fläche, legt auf die Richtscheite A und B 10 mm starke Leisten D (Abb. 127) und streicht mit einer geraden Latte C glatt ab, wozu auf jeder Seite ein Mann Hand anlegen muß. Die nach dem ersten Abstreichen verbleibenden Unebenheiten werden mit Formsand ausgefüllt, dann wird ein zweites Mal abgestrichen. Nun entfernt man die Leisten D und klopft den über die Kanten von A und B vorstehenden Sand mit einer geraden Latte nieder. Das eine Ende der Latte wird dazu bei m (Abb. 128) in die vorstehende Sandschicht gedrückt, bis es das Richtscheit A berührt. Dann wird das andere über B befindliche Ende 4—5 cm hoch gehoben und mit einem kurzen Schlage auf B niedergestoßen. Das Hochheben und Niederstoßen, zu dem zwei Mann erforderlich sind, wird unter allmählichem seitlichem Vorrücken wechselweise rechts und links wiederholt, bis die ganze Schicht zur Höhe der Führungshölzer niedergedrückt ist. Die Führungshölzer A und B müssen verhältnismäßig hoch sein, um sich bei dieser Arbeit nicht durchzudrücken. Man macht sie für Betten bis zu 600 mm Länge mindestens 100 mm hoch und läßt ihre Höhe für je 100 mm größere Bettlänge um 10 mm steigen. Ihre Stärke beträgt 25—30 mm. Nach dem Niederklopfen erscheint das Bett von den Schlägen der Richtlatte seiner ganzen Fläche nach von Querfurchen durchzogen, zu deren Beseitigung nochmals glatt gestrichen werden muß. Die Richtlatte wird dazu über die Führungsschienen A und B gelegt (Abb. 129) und aus ihrer ersten Lage I in der Richtung der Pfeile schräg vorwärts nach II, von dort nach III, dann nach IV und so fort bis an das untere Ende des dann im allgemeinen genügend glatten Bettes geschoben. Will

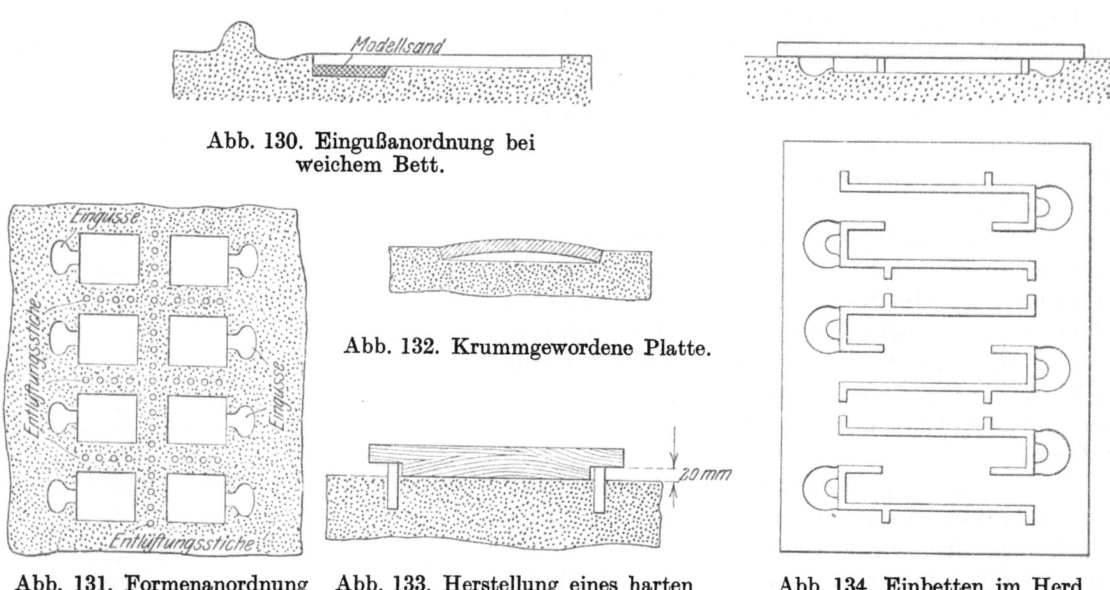

Abb. 130. Eingußanordnung bei weichem Bett.

Abb. 131. Formenanordnung auf weichem Bett.

Abb. 132. Krummgewordene Platte.

Abb. 133. Herstellung eines harten Bettes.

Abb. 134. Einbetten im Herd.

man eine sauberere Oberfläche erzielen, so siebt man eine 2 mm starke Schicht Modellsand über das Ganze und poliert mit dem Streichblech glatt. Auf und in einem solchen Bette können Abgüsse von geringem Gewichte ohne weiteres geformt werden. Die Anwendung des Luftspießes war bisher nicht erforderlich, wie auch alle Stampfarbeit vermieden werden konnte.

Auf weichen Betten würde der Formsand in der Nähe des Eingusses ohne besondere Vorsichtsmaßregeln leicht weggeschwemmt. Man sticht darum rings um den Einguß herum (Abb. 130) den Formsand in einer Tiefe von 50 mm heraus, preßt in die entstandene Vertiefung mit der Hand Modellsand möglichst fest ein, poliert eben und sticht mit einem dünnen, etwa 3 mm starken Luftspieß über die ganze neu aufgetragene Fläche Luft. Die Luftlöcher werden mit der Hand verrieben, worauf man nochmals glättet. Durch seitliche, außerhalb der Form mit einem kräftigeren, etwa 5 mm starken, gekrümmten Luftspieß bogenförmig nach unten geführte Stiche wird die eingepreßte Stelle schließlich vollends entlüftet.

Wenn auf einem weichen Bette Werkstücke reihenweise nebeneinander gegossen werden sollen, muß ein ausreichender Abstand zwischen den einzelnen Formen eingehalten und für gute Entlüftung zwischen den einzelnen Stücken gesorgt werden (Abb. 131). Wird das versäumt, so können zwar die ersten Abgüsse noch gut ausfallen, die folgenden werden aber mit großer Wahrscheinlichkeit kochen, da sich allmählich im Innern des Herdes eine Menge von Gasen ansammelt, für welche die normalen Abzugswege nicht mehr ausreichen. Flache Platten werden dann leicht krumm (Abb. 132), da die sich allmählich entwickelnden Gase den mittleren, länger warm und biegungsfähig bleibenden Teil in die Höhe drängen.

Harte Betten erhalten eine Unterlage von Kleinkoks oder sonstigen gut durchlässigen Stoffen. Die erforderliche Grube wird 400—500 mm tief ausgehoben, dann 50 bis 100 mm hoch mit Kleinkoks gefüllt und darüber bis etwa 100 mm vom oberen Rande in Schichten von 100 mm möglichst fest mit Haufensand vollgestampft. Darüber werden Führungschienen A und B wie oben beschrieben (Abb. 124—126) aufgestellt, Formsand dazwischen gefüllt, mit dem Spitzstampfer mäßig fest gestampft, bis auf 20 mm unter der Oberkante der Führungschienen abgestrichen (Abb. 133), worauf man mit einem 5 mm starken Luftspieß bis auf die Koksunterlage so reichlich Luft sticht, daß die einzelnen Löcher höchstens 40 mm voneinander entfernt sind. Schließlich füllt man nach Verreiben der Luftlöcher mit der flachen Hand guten Formsand auf, streicht mit einem Richtscheit und 10 mm hohen Unterlagsplättchen (Abb. 127) ab, klopft nieder (Abb. 128) und reibt glatt (Abb. 129).

Je nach der gröberen oder feineren Beschaffenheit des Formsands, den Abmessungen der zu erstellenden Gußstücke und der beabsichtigten Formart, ob beispielsweise im Herde oder auf demselben geformt werden soll, werden Gußherde von verschiedener Dichte (Festigkeit) hergestellt, was insbesondere durch Verstärkung oder Schwächung der Leisten D in Abb. 127 erreicht wird.

Die Herstellung der Formen erfolgt durch Einbettung in oder auf dem Herde. Das Einbetten im Herde geschieht in der im Abschnitte über das Einbetten im Unterteil (S. 152—155) beschriebenen Art, nur muß an Stelle von Eingüssen und Trichtern für Angüsse und Überläufe gesorgt werden. Einfache Modelle, z. B. Kerneisen, können an ein glattes Brett befestigt und so eingeklopft werden, daß nur die Modelle in den Sand dringen (Abb. 134). Das Verfahren ist sehr rasch auszuführen und gewährleistet Abgüsse von genügender Genauigkeit. In vielen Fällen wird die Kernbüchse zur Gewinnung ihrer Umrisse leicht auf den Herd gedrückt und dann die Form des Kerneisens freihändig aus der Bettung herausgeschnitten.

Glatte Herdgußplatten (Modellformerei).

Plattenförmige Abgüsse werden gewöhnlich mit Modellen oder Lehren auf dem Herde geformt. Man legt das Modell (Abb. 135) auf den Herd, richtet es mit Hilfe einer Wasserwage genau wagerecht aus, beschwert es zur Sicherung gegen Kippen und Verrücken mit leichten Belasteisen, bringt in einer Breite von etwa 100 mm rings um seine Umrisse Formsand auf den Herd, stampft

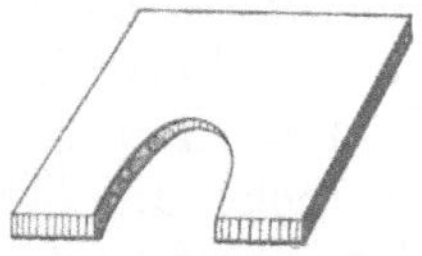

Abb. 135. Plattenmodell.

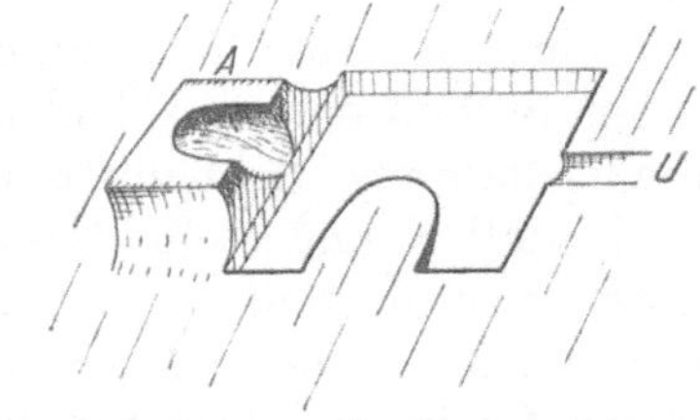

Abb. 136. Angußanordnung bei Herdguß.

ihn mit dem Flachstampfer etwas zusammen und ebnet mit der Polierschippe sauber ab. Zur Gewinnung eines Angusses wird dann an einer Seite ein kleiner Sandhügel aufgestampft, ausgehöhlt (A in Abb. 136) und fest poliert. Nach Herstellung eines Überlaufes U werden die Sandränder rings um das Modell benetzt, das Modell wird losgeklopft und ausgehoben, worauf abgegossen werden kann, falls man es nicht vorzieht, zur Erzielung einer schöneren Oberfläche des Abgusses die Form zu stauben und zu polieren.

Herdgußmodelle und -Formen werden meistens stärker gemacht, als die Abgüsse werden sollen, wodurch die Gießarbeit und die Gewinnung gleichmäßiger Abgüsse beträchtlich erleichtert wird. Das in offene Formen gegossene Eisen erstarrt, insbesondere bei großen Oberflächen, sehr rasch, oft schon fast während des Gießens. Es ist daher notwendig, rasch und gleichmäßig ohne Absetzen zu gießen. Dabei hält es schwer, die richtige Eisenmenge zu bemessen. Wird zu früh abgesetzt, so kann eine bereits im Entstehen begriffene Eisenkruste Kaltschweißstellen verursachen, während bei zu spätem Absetzen das Eisen über die Ränder der Form läuft, wodurch der Abguß zu stark wird. Macht man aber die Form stärker als den Abguß und versieht man sie mit einem Überlaufe in Höhe der richtigen Stärke des Abgusses, dann kann ruhig und gleichmäßig gegossen werden, bis das Eisen abzulaufen beginnt. Auch ein seitlicher Anguß ist im allgemeinen nicht zu entbehren, da sonst der verhältnismäßig zarte Boden des Herdes vom Strahl des auffallenden Eisens an der Aufschlagstelle aufgewühlt würde. Nur kleine Abgüsse und solche, bei denen es auf das äußere Ansehen gar nicht ankommt, wie Kerneisen, werden manchmal ohne Anguß gegossen.

Ringplatten (Lehrenformerei).

Abb. 137 zeigt eine mit Lehren hergestellte Herdgußform, zu deren Ausführung nur die Modellteile M, N und L nötig sind. Sie können mit oder ohne einen Dreharm gehandhabt werden. Im ersten Falle wird im Mittelpunkt der zukünftigen Form ein viereckiger Klotz, in dem ein Stift S (Abb. 138) sitzt, in den Herd

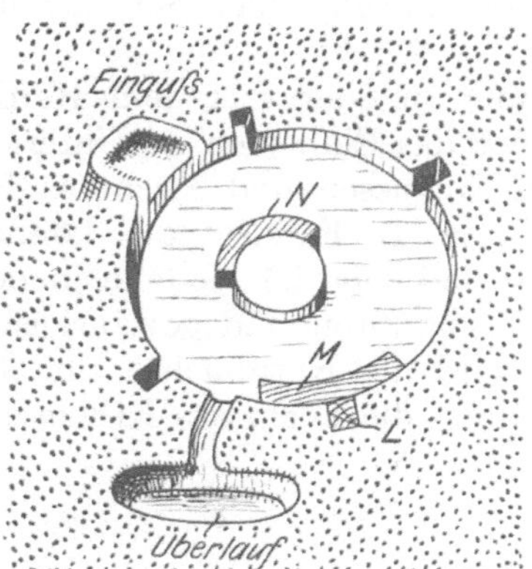

Abb. 137. Herdgußform, durch Lehrenformerei erstellt.

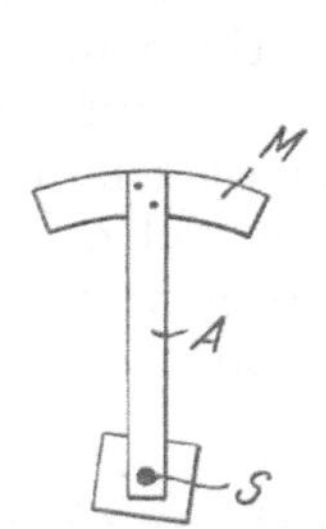

Abb. 138. Einfache Lehre.

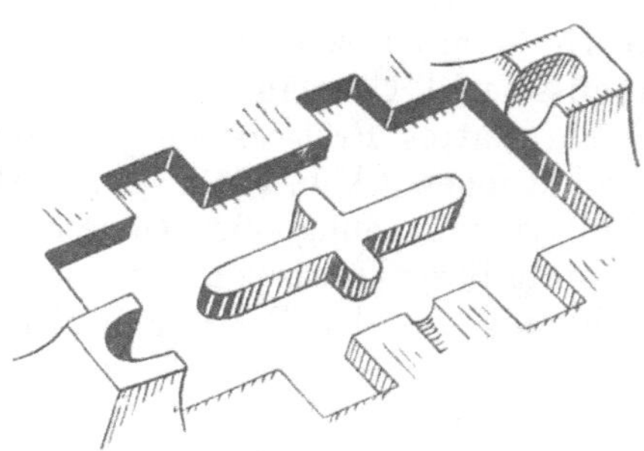

Abb. 139. Frei angefertigte Herdgußform.

geklopft. Um den Stift läßt sich eine Leiste A, an der die Modelle M und N befestigt werden, drehen. Am Modell M wird Sand aufgedämmt und eben poliert, worauf man es weiter dreht, wiederum Sand aufdämmt, und so fortfährt, bis der Kreis geschlossen ist. An den Stellen der vier Außenlappen wird das Modell L an das Modell M gesetzt und mit eingedämmt. Schließlich löst man das Modell M vom Dreharme, ersetzt es durch das Modell N und stellt damit die innere Begrenzung der Form her.

Im zweiten Falle reißt man am Herde den äußeren und inneren Kreis der Form vor, legt daran die Modelle M, N und L, dämmt auf und rückt die Modelle weiter, bis die Form fertig ist. Der Einguß wird in beiden Fällen angefertigt, während das Modell M davor liegt.

Kreuzplatten (Rahmenformerei).

Der Herdgußformer bedarf einiger Übung im Aufzeichnen geometrischer Figuren, denn er kommt oft in die Lage, Umrisse von Formen am Herde vorzeichnen zu müssen. Auch die in Abb. 139 ersichtliche Form muß erst am Herde vorgezeichnet werden, ehe sie mit Hife einiger Dämmstücke ausgeführt werden kann. Ein geschickter Former vermag am vorhandenen Herde eine ganz hübsche Anzahl solcher Formen fertig zu stellen, ehe ein mit ihm gleichzeitig die Arbeit beginnender Modelltischler ein vollständiges Modell fertig bringt.

Gemusterte Platten (Modellformerei).

Riffelplatten. Zum Formen von Platten, deren eine Seite geriffelt, gewürfelt oder sonstwie gemustert ist, sind stets Einklopfmodelle nötig. Oft müssen nach größeren Plattenmodellen Abgüsse von kleinerem Umfange geliefert werden. Man befestigt dann auf der gemusterten Seite schmale Holzleisten entsprechend den gewünschten Abmessungen, klopft das Modell in den Herd, setzt nach dem Ausheben in die von den Leisten herrührenden Vertiefungen Abdämmbrettchen und dämmt hinter ihnen die Form zu.

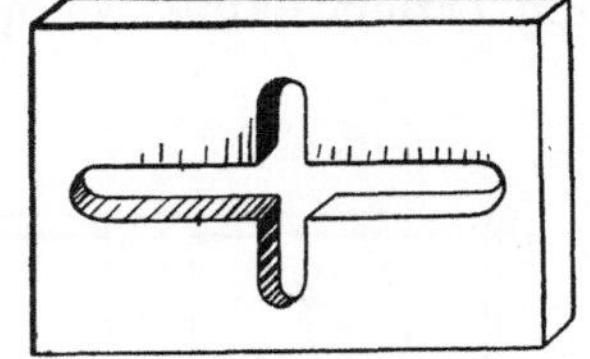

Abb. 140. Schnalle.

In gleicher Weise werden größere Löcher, Ausschnitte und sonstige Aussparungen in Herdgußplatten hergestellt. Es wäre verfehlt, an den Modellen Aussparungen anzubringen, da man sie dadurch schwächen und für andere Abgüsse ungeeignet machen würde. Man befestigt am Modell Leisten, die die auszusparenden Stellen bezeichnen und dämmt sie nach dem Ausheben des Modells mit Hilfe von Dämmbrettchen oder, wenn es sich um runde, ovale, oder sonstwie geschlossene kleinere Aussparungen handelt, mittels Schablonen, sog. Schnallen, zu. Das innere Kreuz der in Abb. 139 dargestellten Plattenform wird besser mit einer Schnalle (Abb. 140), die in die Form gesetzt wird, hergestellt, als durch Aufdämmung mit einzelnen Dämmhölzern.

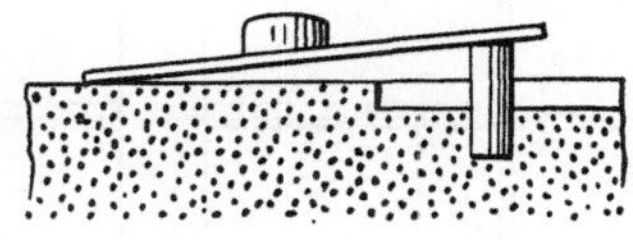

Abb. 141. Kernsicherung.

Aussparungen kleineren Umfanges werden mit Kernen erreicht, die besonders geschützt werden müssen, um nicht vom einströmenden Eisen gehoben und weggeschwemmt zu werden. Zu dem Zwecke beschwert man sie mit Flacheisen oder anderen Eisenstäben, die von außen über sie gelegt werden (Abb. 141). Oft ist es nötig, die Wirkung der Stäbe durch aufgelegte Gewichte zu unterstützen.

Falzplatten (Modellarbeit).

Falzplatten. Auch zur Bildung von Falzen und sonstigen die ebene Oberfläche unterbrechenden Formen werden Kerne benutzt. Um die Platte P (Abb. 142) herzustellen, wird an dem Modell eine Kernmarke K angebracht und in die Form ein entsprechender

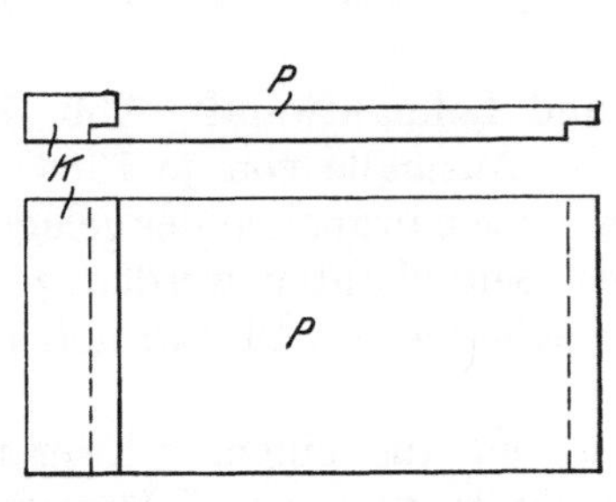

Abb. 142. Plattenformerei mit Falz.

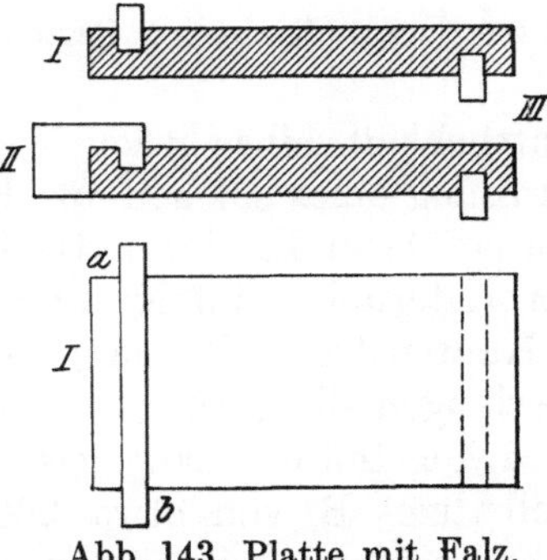

Abb. 143. Platte mit Falz.

Kern gelegt. Man gibt solchen Kernen eine breite Auflage, um sie bequem beschweren zu können. Abb. 143 zeigt eine andere manchmal vorkommende Falzart. Es würde verfehlt sein, den dafür nötigen Kern nach I auszubilden und ihm bei a und b ein Auflager zu geben, da er dann nur schwierig zu beschweren wäre. Einen guten Erfolg sichert dagegen bei einfacher Ausführung die Anordnung des Kerns nach II. Der Kern gewinnt in seiner ganzen Länge eine gute Auflage und läßt sich leicht beschweren. Für den nach unten gerichteten Falz bei III genügt ein glatter, einfacher Kern, der mit Nägeln am Herde befestigt wird. Selbst die in der Abbildung ersichtliche, in den Herd ragende Kernmarke ist nicht unter allen Umständen erforderlich.

Platten mit genauen Maßen (Lehrenarbeit).

Zum Formen von Herdgußplatten mit genauen Abmessungen und gleichen Gewichten in größeren Mengen wird der Herd mit eisernen Seitenwänden ausgestattet. Man erzielt damit weitgehende Übereinstimmung sämtlicher Maße und zugleich große

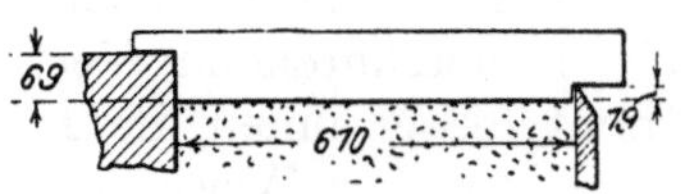

Abb. 145. Abziehlehre.

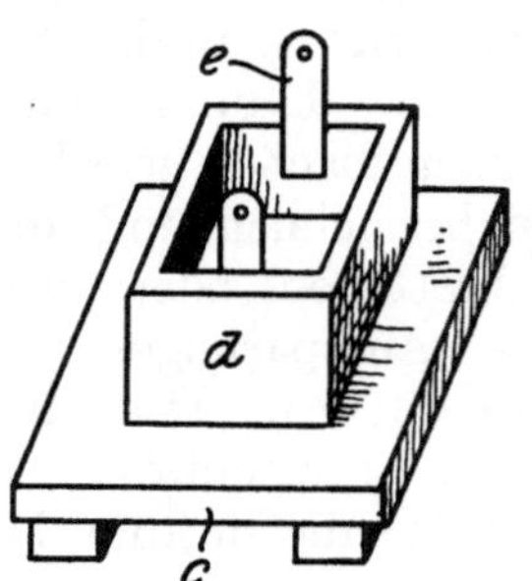

Abb. 146. Kernkästchen.

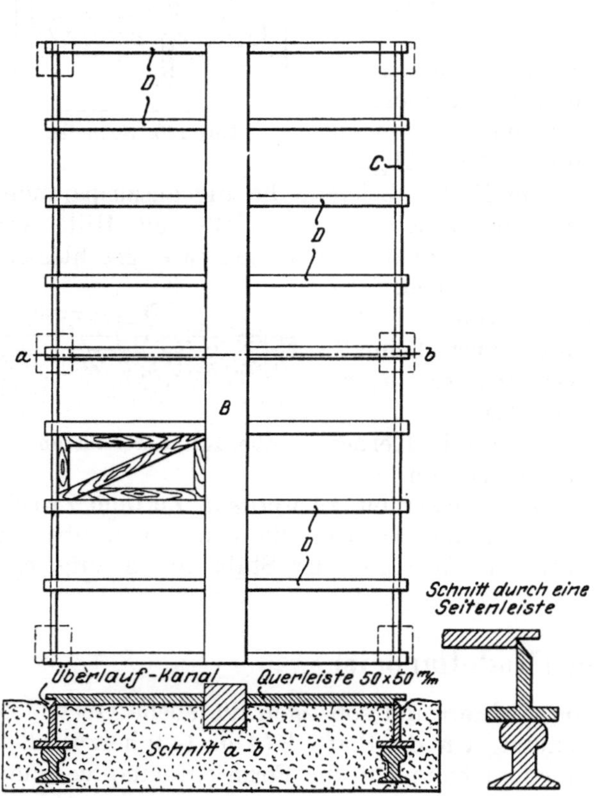

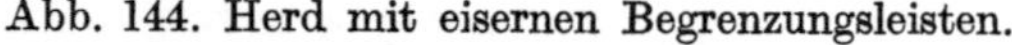

Abb. 144. Herd mit eisernen Begrenzungsleisten.

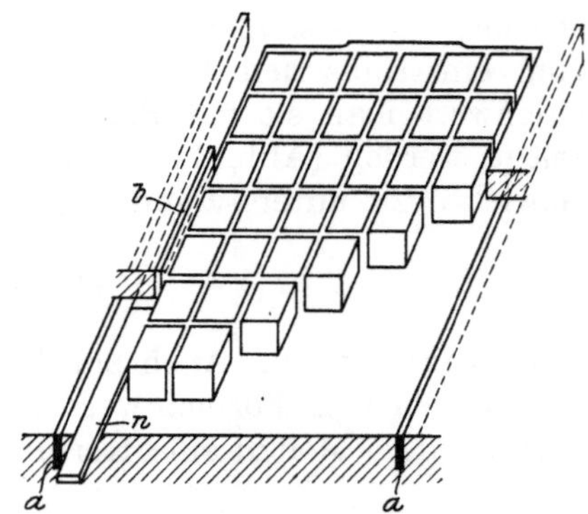

Abb. 147. Formerei eines Kranformkastens.

Wirtschaftlichkeit hinsichtlich Werkstoffverbrauch und Lohnaufwand. Abb. 144 zeigt die Anordnung eines solchen für Bodenbelagplatten im Ausmaße von je 1066 × 610 × 19 mm ausgeführten Herdes[1]). Die fertigen Platten können genau aneinander gelegt werden, Fugenverbreiterungen infolge ungenauer oder beuliger Seitenkanten werden vermieden, und die Kanten beim Übergang von der Plattenoberfläche zu den 19 mm hohen Seitenflächen erlangen die geringste Abrundung.

Die zweigeteilten Längsleisten des Herdes bestehen aus einem schweren Herdgußmittelbalken B von etwa 200 × 200 mm Querschnitt und aus T-förmigen, oben schräg abschneidenden Seitenteilen C. Der Mittelbalken wird unmittelbar im Herde festgestampft, während die Seitenteile mit dem Flansche auf kürzeren Schienenstücken ruhen, die in entsprechender Tiefe im Herde eingestampft werden. Auch an der Stelle, an der die Seitenteile ohne jede feste Verbindung stumpf aneinander stoßen, ist nur

[1]) Nach George Boys, Foundry 1921, 15. Dez., S. 987; Stahleisen 1922, S. 1206.

ein Schienenstück untergelegt. Auf diese Weise können sich die Seitenteile unbeschadet ihrer geraden Lage während des Gießens und nach dem Gießen ausdehnen und wieder zusammenziehen. Die Seitenteile werden gleich dem mittleren Balken im Herde gegossen, selbstredend mit oben liegender Fußplatte. Die Höhenlage der Leisten B und C ist so zu bemessen, daß die Oberkante des Balkens B die scharfe Oberkante der Seitenleiste um 50 mm überragt.

Nach Herstellung einer gut luftigen Herdsohle und Einbettung des Mittelbalkens und der Seitenleisten stampft man die Herdoberfläche bis etwas über die Seitenleistenoberkante auf, klopft sie in üblicher Weise mit einer geraden Latte fest, sticht ausgiebig Luft und zieht das Bett mit einer leichten eisernen Lehre (Abb. 145) bis auf 19 mm unter der scharfen Kante des Seitenteils ab, wobei ein Lehrjunge auf dem Mittelbalken und ein Former am Rande sich kniend vorwärts bewegen. Auf die so gewonnene Bettoberfläche werden in Abständen von 610 mm Schwindmaß die Querleisten D mit Hilfe eines hölzernen Rahmenmodells derart gelegt, daß sie mit dem einen um 19 mm abgesetzten Ende zugleich auf den Leisten C eine gute Unterlage finden. Da der Abstand der Seitenleisten vom Mittelbalken 1066 mm beträgt, sind demnach die äußeren Umrisse der zu gießenden Platten genau festgelegt. Zur Sicherung der Plattenwandstärken wird in der ganzen Längsausdehnung der Seitenleisten ein Überlaufkanal zur Aufnahme des zu viel in die Form gegossenen Eisens ausgeschnitten (Abb. 144, Querschnitt). Der Guß wird mit Hilfe von abhebbaren, mit Lehm ausgekleideten Eingußkästen bewirkt. Man gießt jeweils sechs Platten, hebt dann die Eingußkästen weg und setzt sie über die nächsten Formen. Die Auskleidung der Eingußkästen wird derart ausgeführt, daß hinter dem Auslaufe ein kleiner Tümpel entsteht. Beim Guß füllt man erst ganz langsam diesen Tümpel und gießt dann schärfer, bis angenommen werden kann, das vergossene Eisen reiche aus, um die Form richtig zu füllen. Ein kleiner Überschuß kann in den Überlaufkanal abfließen, etwa fehlendes Eisen kann durch Anheben des Eingußkastens, wodurch sich der kleine Tümpel in seinem Hintergrunde entleert, ersetzt werden.

Die Erreichung gleichmäßiger Abmessungen und Gewichte ist aber selbst bei den vollkommensten Vorkehrungen ausgeschlossen, wenn nicht zugleich auf völlig reines, schlackenfreies Eisen von möglichster Hitzigkeit geachtet wird. Solches Eisen allein verbürgt gleichmäßige Wandstärken und scharfe Oberflächenkanten. Je matter das Eisen ist, desto gröber fallen die Rundungen der oberen Kanten aus. Zugleich mit dem Ausheben der Abgüsse werden auch die Querleisten D abgehoben, worauf man den Herd befeuchtet und durchschaufelt. Der Sand wird dabei auf einen langen Haufen zwischen dem Mittelbalken und der äußeren Grenzleiste geworfen, die Leisten selbst bleiben völlig unberührt. Nach ausreichender Abkühlung des Sandes wird die Arbeit in der beschriebenen Weise wiederholt.

Da immerhin die Möglichkeit einer Verschiebung der Leisten besteht, empfiehlt es sich, von Zeit zu Zeit ihre richtige Lage mit einer Wasserwage zu prüfen. Sachgemäßes Arbeiten vorausgesetzt, ist die Gefahr einer Verschiebung oder Verwerfung sehr gering; so wurden im erörterten Ausführungsbeispiele auf drei Herden zusammen rd. 200 t Bodenplatten gegossen, ohne daß ein Nachrichten dieser Teile notwendig geworden wäre.

Kranformkasten (Kernarbeit).

Zum Gusse größerer Formkasten werden auf einem harten Herd (s. S. 39) prismatische Sandklötze längs einem Richtscheit in Abständen aneinander gereiht, deren Breite den Wandstärken der eisernen Zwischenleisten des Formkastens entspricht [1]). Zur Einhaltung der genauen Breiten bedient man sich eines Brettchens, das an den benachbarten, bereits am Herde abgesetzten Sandklotz angelegt wird. Zur Herstellung der Sandklötze wird ein Kästchen d (Abb. 146) benutzt, das mit Abhebeisen e versehen ist und auf ein Stampfbrett c gesetzt wird. Abb. 147 läßt eine Form erkennen, in der bereits

[1]) H. Vetter, Gieß.-Zg. 1910, S. 212.

der größere Teil der erforderlichen Sandklötze an Ort und Stelle ist. Nach Unterbringung einer genügenden Zahl von Sandklötzen wird unter Verwendung einer Leiste b die Seitenwand des Formkastens aufgestampft. Hierbei klopft man diese Leiste so tief in den Herd, wie die Wand des Formkastens über die Schoren vorstehen soll. An den Stirnseiten kann ein Drehzapfen angeschraubt oder mit eingegossen werden. Im ersten Fall bedarf es nur einer Verstärkung der Stirnwand, wie sie an der Form in Abb. 147 zu erkennen ist, die mittels einer entsprechend gestalteten Modelleiste leicht herzustellen ist. Soll der Zapfen angegossen werden, so stellt man mit Hilfe einer Büchse und eines Modells nach Abb. 148 einen Kern her, der bereits beim Aufstampfen der Stirnwand in die Form eingebettet wird. Kleinere Zapfen können voll gegossen werden, für größere Zapfen empfiehlt es sich, zur Vermeidung von Lunkerungen ein schmiedeisernes Rohrstück h (Abb. 149) durch den Kern und die Stirnwand zu schieben. Der offene Kern wird mit einer Lehmplatte g abgeschlossen, die in der Mitte mit einem dem Durchmesser des Rohrs entsprechenden Loche versehen ist.

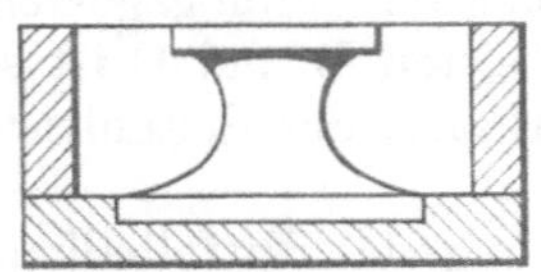

Abb. 148. Modell und Büchse für Zapfenherstellung.

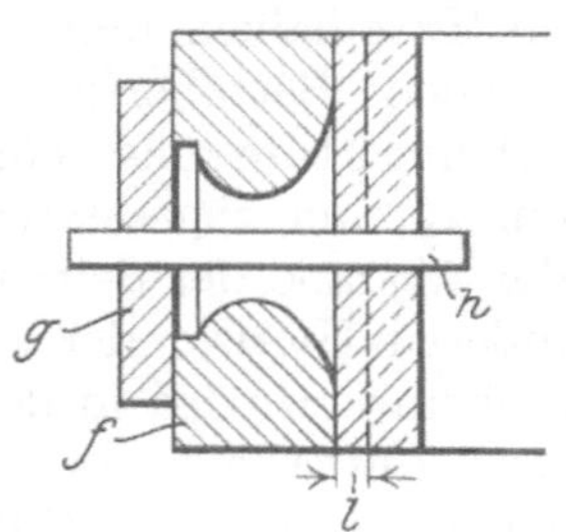

Abb. 149. Zapfenform.

Zur Formerei von Rohr- oder Säulenformkasten, deren Stirnwände und Schoren runde Ausschnitte für die Kernspindel und die Rohrform haben müssen, benutzt man Kästchen nach Abb. 150 mit einem engeren Ausschnitt i für die Stirnwände und einem größeren Ausschnitte k für die Schoren. Am ersten Sandklotze werden beide halbmondförmigen Ansätze ausgeführt, an den folgenden schneidet man den Ansatz i weg. Die Klötze werden dicht aneinander gereiht, der eine Ansatz k genügt zur Wahrung des richtigen Abstandes und zur Aussparung des Schorenausschnittes.

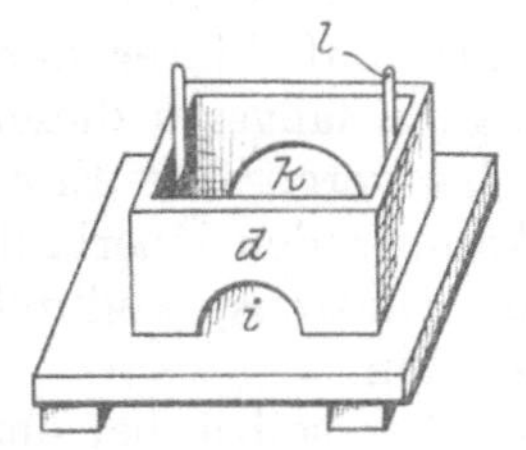

Abb. 150. Kernkästchen für Rohrformkasten.

Herdformerei mit Walzen.

Zwischen zwei auf etwa 200 mm hohe Betonlager gebetteten Schienen von 100 mm Höhe wird ein harter Herd (S. 39) hergerichtet, den man bis auf 25 mm über Schienenoberkante mit Modellsand übersiebt, der glatt abgestrichen wird. Danach wird über den Schienen eine Walze mit auswechselbaren Einsätzen abgewälzt, was leicht von zwei Männern auszuführen ist. Die Walze besteht aus Hartholz und ist mit gußeisernen Flanschen versehen. Die Modelle werden mit versenkten Schrauben, deren Köpfe mit der Walzenoberfläche glatt abschneiden, an ihr festgehalten. Die Auswechslung der Modelle kann darum sehr rasch und mit kaum nennenswerten Kosten geschehen. Die Abb. 151 läßt die Anordnung der Einrichtung und den Formvorgang deutlich erkennen[1]).

Abb. 151.

[1]) Foundry 1924, 1. Nov., S. 844. — Vgl. hierzu auch S. 488 u. ff.

V. Einfache Kastenformerei.

Allgemeines. Erste Handgriffe.

Eine regelrechte Gußform für die in Abb. 152 dargestellte Platte besteht aus einem Unterteil und einem Oberteil. Das Unterteil kann durch Einbetten (S. 52—55) oder durch Aufstampfen hergestellt werden. Zum Aufstampfen, dem in diesem Falle besser geeigneten Arbeitsverfahren, benutzt man ein Stampfbrett (Aufstampfboden), das ist ein glatt gehobeltes Brett (Abb. 153) aus weichem Holz, das an der Unterseite mit kräftigen Querleisten versehen ist, die eine bequemere Handhabung ermöglichen, es verstärken und gerade erhalten. Das Modell wird auf den Aufstampfboden gelegt und

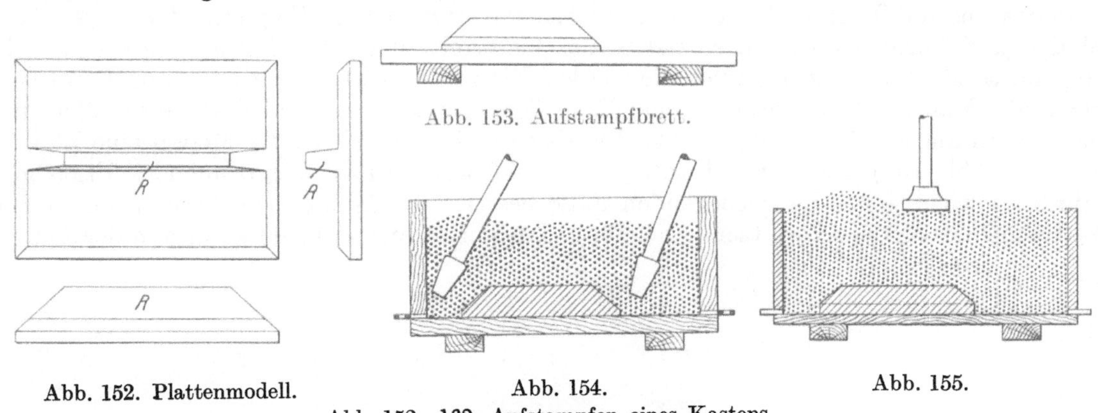

Abb. 153. Aufstampfbrett.

Abb. 152. Plattenmodell. Abb. 154. Abb. 155.

Abb. 152—162. Aufstampfen eines Kastens.

der Formkasten so darüber gestülpt, daß er auf Unterlagsplättchen von etwa 2 mm Stärke ruht. Es muß so weit aus der Mitte des Formkastens liegen, daß an einer Seite genügend Raum für den Einguß und Anschnitt frei bleibt. Dann wird eine dünne Schicht Modellsand über das Modell gesiebt, darüber eine 50—100 mm hohe Schicht Formsand gehäuft, mit den Händen in allen Winkeln und Ecken festgedrückt und schließlich festgestampft. Man stampft zunächst mit dem Spitzstampfer (Abb. 154) den Wänden des Formkastens entlang und dann über die ganze Fläche des Modells. Die Form muß an den Wänden des Kastens fester gestampft werden als in der Mitte, sonst fällt der Sandballen

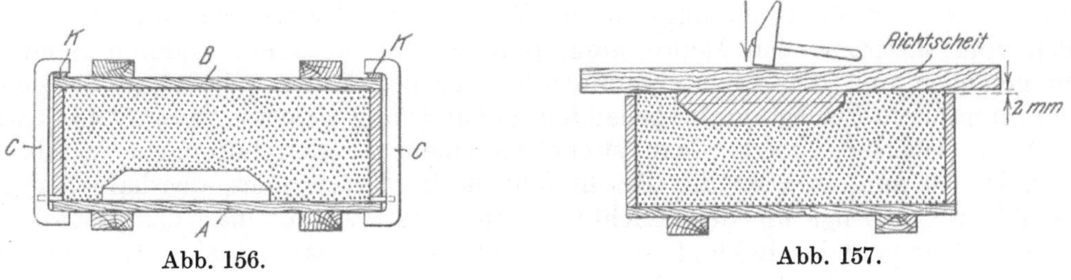

Abb. 156. Abb. 157.

leicht aus dem Kasten, und der Stampfer darf niemals zu nahe an das Modell stoßen, sonst ist ein Schülpen (s. u.) während des Abgießens unvermeidlich. Eine allzu dünne Sandschicht zwischen Modell und stoßendem Stampfer würde zu sehr zusammengepreßt und in ihrer Gasdurchlässigkeit beeinträchtigt. Die Gase, die sich während des Gießens bilden, könnten nicht rasch genug entweichen und würden Veranlassung geben zur Absprengung größerer oder kleinerer Schalen von Formsand, eine Erscheinung, die man als Schülpen (Schilpen) oder Aufschlagen bezeichnet. Nach sorgfältigem Feststampfen der ersten Sandschicht wird eine zweite und je nach der Höhe des Formkastens eine dritte, vierte und weitere Sandschicht in den Formkasten gebracht und mit dem Spitzstampfer festgestampft. Schließlich überhäuft man den vollen Formkasten mit Formsand und stampft die aufgehäufte Schicht mit dem Flachstampfer fest (Abb. 155), worauf mit einem hölzernen oder eisernen Lineal der über dem Formkastenrand befindliche Sand abgestrichen wird. Dann siebt oder streut man etwas losen Sand über die entstandene Fläche, schlägt ihn mit der flachen Hand leicht fest, um ein genaues Anliegen des nun auf den Formkasten zu legenden zweiten Bretts B (Abb. 156) zu sichern. Modell und Formkastenteil werden mit den beiden Holzböden mit Hilfe von Klammern C und Keilen K untereinander fest verbunden und dann umgewendet, so daß der Aufstampfboden nach oben kommt. Nach Lösung der Klammern und Entfernung des Aufstampfbodens wird das um 2 mm über den Formkastenrand vorstehende Modell in den Sand geklopft, bis es mit dem Kastenrande bündig ist (Abb. 157), worauf man den Formsand mit der Polierschippe ebenso tief niederdrückt. Über die nun mit dem Formkastenrande durchaus ebene Fläche wird etwas Streusand gesiebt und fest poliert, worauf man das Oberteil O (Abb. 158) auf den Unterkasten setzt und ein Eingußmodell T zwischen Modell und Formkastenwand so tief in das Unterteil eindrückt, daß es sich selbst freistehend trägt. Solche Eingußmodelle werden Eingußtrichter oder auch nur Trichter genannt. Man setzt sie gerne in eine Ecke des Formkastens, weil dort gewöhnlich am meisten Raum zur Verfügung steht. Da aber das bisher behandelte Modell eine Längsrippe R (Abb. 152) hat, deren Kanten durch seitlich darüber wegströmendes Eisen gefährdet würden, ist es im vorliegenden Falle besser, den Trichter vor diese Rippe in die Mittellinie des Modells zu setzen (Abb. 159). Das einströmende Eisen kann nun der Länge

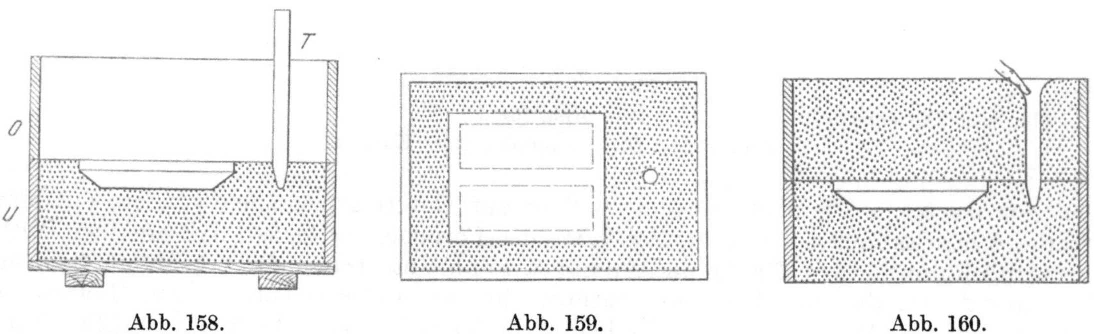

Abb. 158. Abb. 159. Abb. 160.

nach durch die Rippe fließen, ohne die Sandkante zu gefährden. Nun wird eine Schicht von etwa 20 mm Modellsand in den Formkasten gesiebt, gewöhnlicher Formsand nachgeschaufelt und wie bei dem Unterteile fest in einzelnen Schichten gestampft. Besondere Sorgfalt muß dem Stampfen rings um das Trichtermodell gewidmet werden, da lockere Stellen vom einströmenden Metall aufgespült werden könnten, wodurch Sand in die Form gelangen und den Abguß unbrauchbar machen kann. Die letzte Schicht wird wiederum mit dem Flachstampfer behandelt und glatt abgestrichen, worauf das „Lüften" (S. 38) des Oberteils folgt. Man sticht mit einem geraden Luftspieße in Abständen von 20 bis 50 mm, je nach der Beschaffenheit des Formsandes, oberhalb der ganzen Modellfläche und rings um den Trichter in die Form, worauf man das Trichtermodell durch seitliches gelindes Beklopfen lockert und aus dem Sande zieht. Die entstandene Öffnung muß mit dem Finger oder einem Polierwerkzeug erweitert und ringsum festgedrückt werden (Abb. 160), um eine zum bequemen Eingießen geeignete, zuverlässig gesicherte, trichterförmige Erweiterung zu schaffen. Zum Schlusse wird das Oberteil vom Unterteil abgehobon, worauf man beide Formhälften für sich fertigstellt.

Ein vorsichtiger Former nimmt zunächst das Oberteil vor, das durch die Notwendigkeit wiederholten Wendens vor seiner Vollendung weit mehr gefährdet ist, als das im allgemeinen in fester Lage bleibende Unterteil. Stößt dem Oberteil ein Unfall zu, solange das Modell noch im Unterteil sitzt, so ist es bald wieder neu aufgestampft. Ist das Unterteil aber schon fertiggestellt und stößt dem Oberteil etwas zu, so müssen beide Teile erneuert werden. Manchmal genügt es, das Oberteil nur hochkant aufzustellen (Abb. 161), um es gußfertig auszuarbeiten, meist aber muß es vollständig gewendet werden (Abb. 162).

Die Kante a der Trichteröffnung wird mit dem Wasserpinsel befeuchtet und mit einem Polierlöffel ein wenig gebrochen, damit während des Gusses kein Sand abbröckelt. Die ganze Formfläche wird mittels Staubbeutel erst mit Graphit, hernach mit Holzkohlenpulver bestaubt, die aufgetragenen Staubschichten werden durch Einklopfen des Modells oder mit Polierwerkzeug festgedrückt und geglättet. Damit ist das Oberteil fertig.

Das Unterteil wird zunächst durch Wegblasen des losen Sandes gereinigt und dann wird rings um das Modell Luft gestochen. Um möglichst den ganzen Raum unter dem Modell zu „entlüften“, bedient man sich gebogener Luftspieße. Die einzelnen Luftlöcher werden durch flache, mit der Lanzette ausgeschnittene Rinnen (Abb. 163) miteinander verbunden.

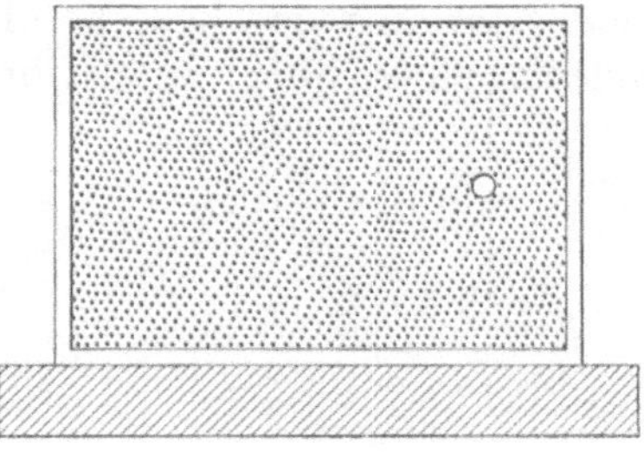
Abb. 161.

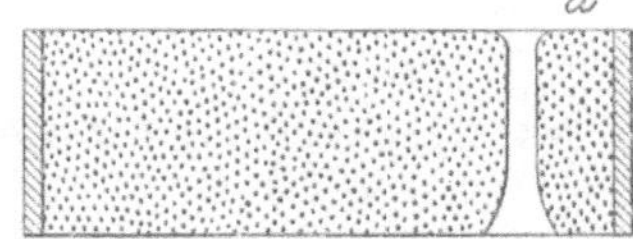

Abb. 162.

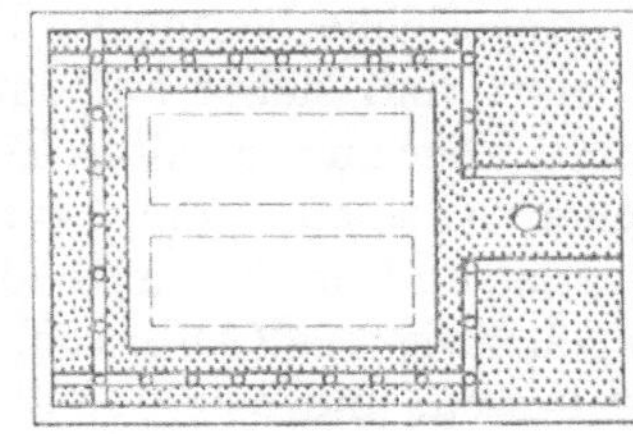
Abb. 163. Entlüftung des Kastens.

Vor dem Ausheben des Modells befeuchtet man rings herum alle Sandkanten mit dem Wasserpinsel. Dies muß sehr sorgfältig geschehen, damit nicht zu viel Wasser in die Form gelangt, denn schon ein geringer Wasserüberschuß härtet die Kanten des Abgusses, und ein etwas reichlicherer Überschuß würde die Form zum „Kochen“ bringen [1]).

Nach dem Benetzen wird ein Modellaushebeisen mittels gelinder Hammerschläge in das Modell getrieben und dieses unter behutsamem Beklopfen des festsitzenden Eisens vorsichtig aus der Form gehoben.

Nachdem dann die Form an den Stellen, wo etwa durch das Ausheben des Modells Sandteilchen abgefallen sind, ausgebessert ist, wird mit einer Lanzette oder einem Löffel der Einlauf angeschnitten, d. h. ein Verbindungskanal zwischen dem Eingußtrichter und der Form hergestellt. Der Querschnitt des Einlaufes an der Stelle seiner Mündung in die Form muß kleiner sein, als ihre eigene Wandstärke an dieser Stelle. Nun wird auch das Unterteil mit Graphit und Holzkohlenpulver eingestaubt und poliert. Häufig, insbesondere bei verzierten Modellen und bei Formen, die ausgedehnte, wagerechte und nur niedrige senkrechte Flächen haben, erzielt man gutes Haften und Glätten der Schutzschichten durch nochmaliges Einbringen des Modells in die mit Holzkohlenstaub gestäubte Form, wo man es sanft festklopft und sofort wieder aushebt. Auf dem Stande, d. h. der freien Sandfläche zwischen der durch den Abdruck des Modells entstandenen eigentlichen Form und dem Formkastenrande werden die beim Schütteln der Staubbeutel neben die Form geratenen Schutzstoffe (Graphit und Holzkohlenstaub) mit der Polierschippe leicht festgedrückt, ein nennenswerter Druck würde das Aufeinanderpassen von Ober- und Unterteil gefährden. Die Teile werden dann sauber ausgeblasen, das Oberteil auf das Unterteil gebracht und mit einem Beschwereisen belastet. Die Form ist nun gußbereit. Um sie vor Verunreinigung zu schützen, bedeckt man die Eingußöffnung mit kleinen Eisenplättchen, die erst unmittelbar vor dem Guß entfernt werden.

Ebene und unebene Teilung der Form.

Die Trennungsfläche zwischen Ober- und Unterteil oder zwischen zwei Formteilen überhaupt kann eben oder uneben sein. Ebene Trennungsflächen werden am einfachsten

[1]) Unter Kochen versteht man die Wirkung einer während des Gießens so plötzlich auftretenden Dampfentwicklung, daß die Dämpfe nicht mehr durch die Form entweichen können. Sie suchen sich dann einen Weg durch das flüssige Metall und sprudeln durch den Einguß in das Freie. Dieser Vorgang verursacht Unsauberkeiten und Porositäten im Gußstücke und macht es meistens unbrauchbar.

und besten durch Benutzung eines Aufstampfbodens, wie eben beschrieben wurde, hergestellt. Nur bei Einbetten des Unterteils im Boden ist die Verwendung von Aufstampfböden ausgeschlossen. An dem Verfahren ändert sich nichts, wenn an Stelle eines einfachen, völlig im Unterteil ruhenden Modells, ein geteiltes tritt, dessen einer Teil im Oberteil abgeformt werden muß. Eine Modellhälfte wird auf dem Stampfbrett hochgestampft, der Kasten gewendet, die zweite Modellhälfte, sowie Trichter- und Steigermodelle aufgesetzt und das Oberteil hochgestampft. Um die obere Modellhälfte beim Abheben des Formkastens vor dem Ausfallen aus der Form zu bewahren, wird sie mit einer Schraube versehen, die über die obere Fläche des Oberteils hervorragt (Abb. 164) und mittels eines quer durch ihre Öse geschobenen Stabs fest gespannt wird. Größere Modelle werden an zwei und mehreren Punkten befestigt. Nach dem Abheben und Wenden des Oberteils wird die Schraube gelöst und entfernt, das Modell ausgehoben und das von der Schraube in der Form hinterlassene Loch mit Formsand ausgefüllt und glatt poliert.

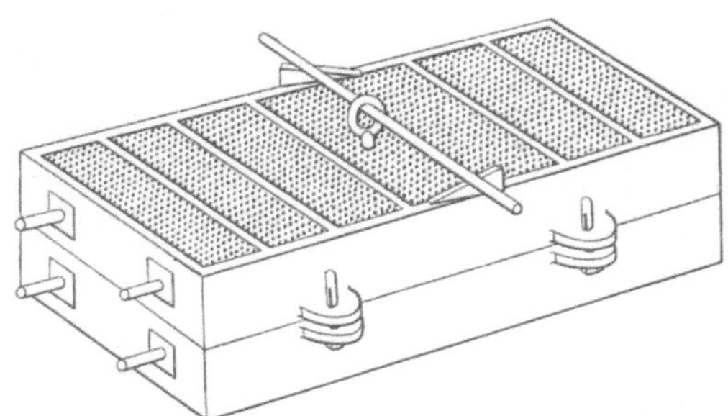

Abb. 164. Verschraubung der oberen Modellhälfte.

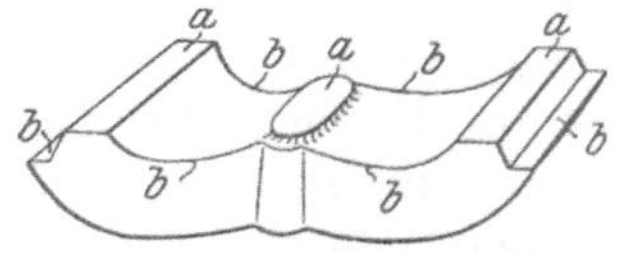

Abb. 165. Preßdeckelmodell.

Etwas anders gestaltet sich der Beginn des Formens bei Modellen, die eine unebene Trennungsfläche bedingen. Das Preßdeckelmodell (Abb. 165) kann zwar mit den Flächen aaa glatt und sicher auf einen Aufstampfboden gelegt werden, die Teilungslinie bbbb verläuft aber zum größten Teile außerhalb der Ebene des Stampfbodens. Das mit seinen Flächen aaa auf dem Stampfboden ruhende Modell wird aufgestampft, der Kasten gewendet und der Stampfboden entfernt. Die Oberfläche des Teils sieht zunächst ziemlich unregelmäßig aus (Abb. 166), da nur die Flächen aaa mit der Teilungsebene ABCD übereinstimmen, und das Modell im übrigen zum Teil mit Sand bedeckt ist, der während des Stampfens darunter geriet. Der lose Formsand wird mit einer Bürste oder dem Handfeger entfernt, dann wird eine unebene Trennungsfläche, ein **unebener Stand**, errichtet, indem man von der ebenen Sandfläche A B C D bis zur Teilungslinie bbbb des Modells Übergangsflächen herstellt. Zu dem Zwecke wird mit Lanzette und Löffel soviel Sand weggeschnitten, bis sich die in Abb. 167 ersichtliche Form ergibt. Die Übergangsflächen dürfen nur allmählich in die ebene Teilungsfläche übergehen, da steile oder gar senkrechte Übergänge das Abheben des Oberteils erschweren würden. Nach dem Polieren der gesamten Trennungsflächen und ihrer Behandlung mit Streusand verläuft die Formerei in der vorbeschriebenen Weise.

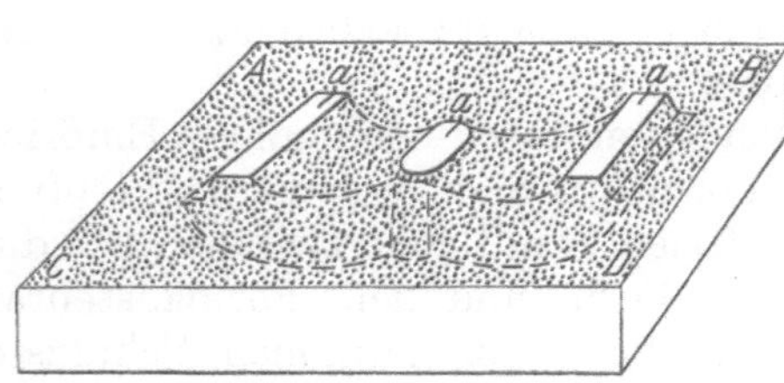

Abb. 166. Unebener Stand.

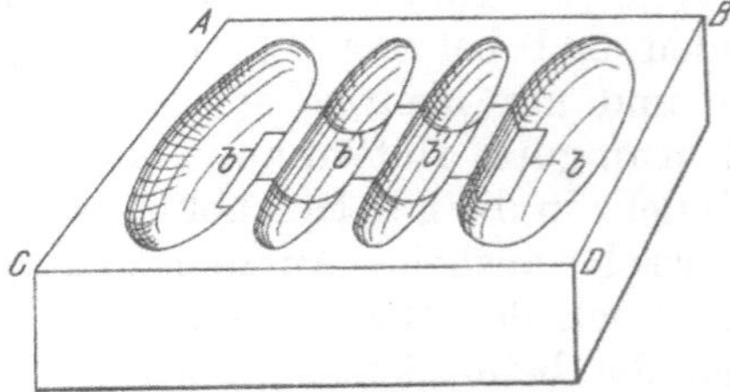

Abb. 167. Modell eingebettet.

Wenn einen unebenen Stand bedingende Modelle mehrmals hintereinander einzuformen sind, kann man das Formen durch Herstellung eines **falschen Teils** vereinfachen. Die Umrisse der Halbierungsebene eines Walzenmodells (Abb. 168), das aus irgendwelchen Gründen liegend abgeformt werden muß, verlaufen nach a b c d. Die Form darf aber nicht nach diesen Umrißlinien geteilt werden, da eine solche Teilung ihre Beschädigung beim Abheben an der schraffierten Fläche a b e und der Gegenfläche c d f unausbleiblich zur Folge haben würde. Man teilt sie besser nach der Linie a g b c h d a und fertigt eine ihrem Verlaufe folgende Form an, die nur als Stampfunterlage dient und falsches Teil genannt wird.

Ein passendes Formkastenteil wird bis zum Rande möglichst fest, ohne jede Rücksicht auf Gasdurchlässigkeit voll gestampft und glatt abgestrichen. Dann bettet man

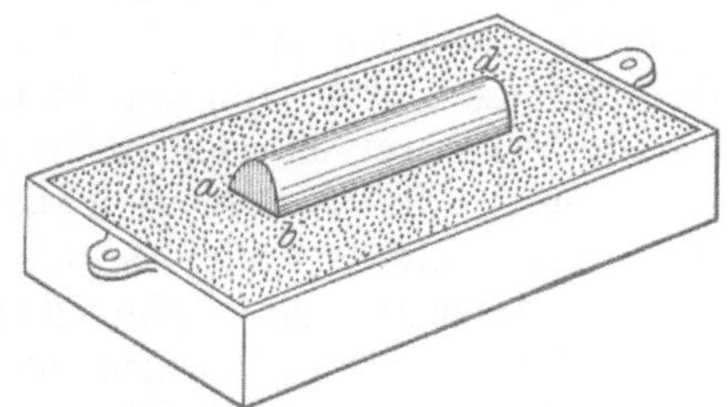

Abb. 168. Halbierungsebene eines Walzenmodells.

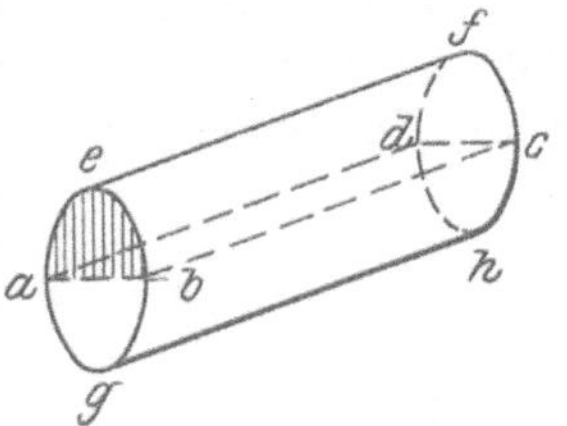

Abb. 169. Walzenmodell.

das Walzenmodell nach den Umrissen a b c d (Abb. 169) ein und schneidet an den beiden Stirnseiten bis zum untersten Punkte des Modells so viel Sand weg, daß allmählich verlaufende Übergangsflächen zwischen den Modellkanten a g b und c h d und der ebenen Sandfläche entstehen (Abb. 170). Die ganze Sandoberfläche wird sorgfältig glatt poliert und das Modell ein wenig locker geklopft, damit es später leicht aus dem Sande gehoben werden kann. Bei kleinen Formen behandelt man die Sandoberfläche mit Kohlenstaub und feinem Streusand. Große Flächen werden mit Gipswasser und nach dem Eintrocknen desselben mit Modellack angestrichen. Auf das auf die eine oder andere Art klebfrei gemachte falsche Teil wird ein Formkastenunterteil gesetzt, aufgestampft, verklammert und gewendet. Dann hebt man das falsche Teil (Abb. 171) ab und läßt das Modell im Unterteil (Abb. 172), das ein sauberes Abheben des Oberteils gewährleistet, sitzen. Man bringt Streusand über die Teilungsfläche, setzt das Formkastenoberteil, den Eingußtrichter

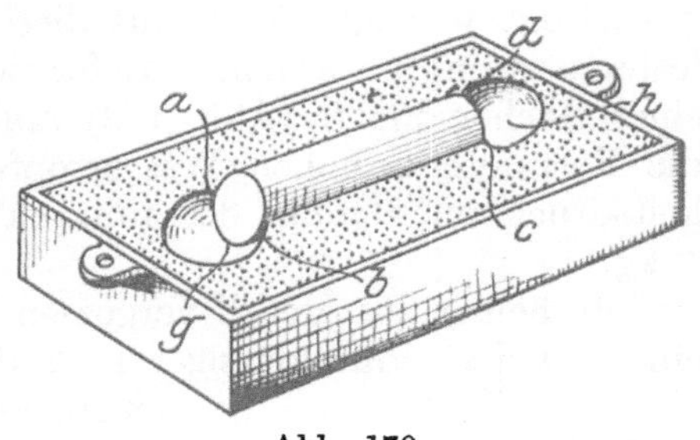

Abb. 170.

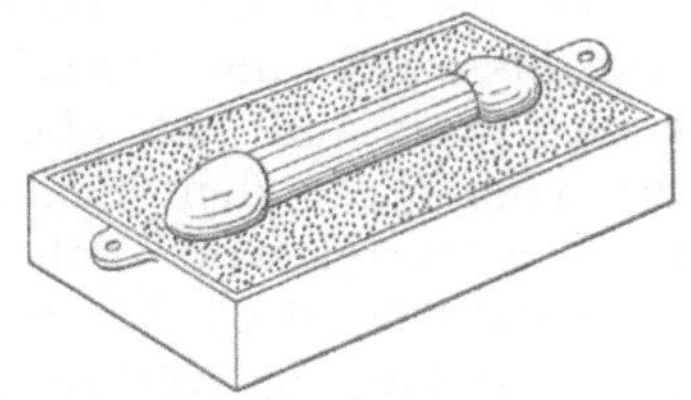
Abb. 171.

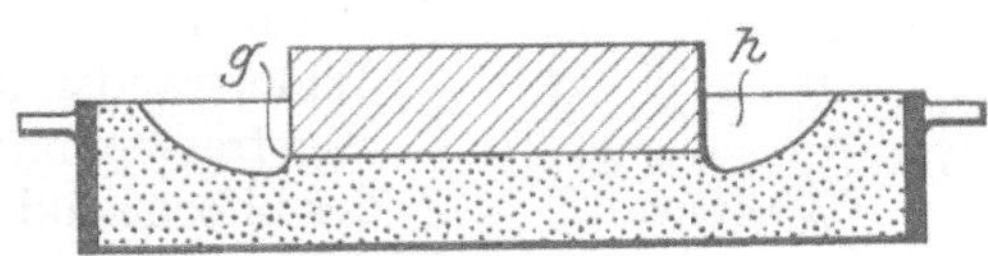

Abb. 172.

Abb. 170–172. Herstellung eines falschen Teils.

und den Steiger auf, stampft hoch, hebt ab, bringt das Modell aus dem Unterteil, legt es in das falsche Teil zurück und macht die Form in üblicher Weise fertig. Bei genauer Arbeit besteht keine Gefahr, daß das Modell mit dem Oberteil hoch gehoben wird, die beiden Ballen an seinen Stirnseiten halten es im Unterteil zurück.

Oft müssen mehrere oder vielgestaltige Modelle mit ganz unregelmäßigen Teilungslinien zugleich in einem Formkasten untergebracht werden. Der Former hat dann zu überlegen, was ihm weniger Arbeit macht, die einmalige Herstellung eines falschen Teils oder die wiederholte Anfertigung unebener Teilungsflächen. Im allgemeinen wird schon bei dreimaligem Abguß die Anfertigung eines falschen Teils das vorteilhaftere Verfahren sein.

Ober- und Unterteile.

Sowohl bei naß als auch bei getrocknet zum Abguß gelangenden Formen bedürfen Oberteil und Unterteil einer verschiedenen Behandlung. Die Festigkeit des Stampfens hängt von einer Reihe von Umständen, insbesondere der Höhe des Eingusses, der Gießgeschwindigkeit, der Gießwärme, der Beschaffenheit des Formsandes in bezug auf seine Feuchtigkeit, Korngröße und Zusammensetzung und schließlich davon ab, ob ein Oberteil oder ein Unterteil zu erstellen ist.

Flüssiges Metall wird auf einer dichten, nassen Sandunterlage leicht unruhig. Der Grund liegt in der Bildung von Gasen und Wasserdämpfen durch die Hitze des flüssigen Metalls. Ist der Druck der Metallschicht infolge ihrer geringen Höhe nur unbedeutend und die Gasdurchlässigkeit der Sandunterlage durch zu festes Stampfen oder aus anderen Gründen gemindert, so können die entstehenden Dämpfe in das flüssige Metall dringen und dort eine ähnliche Erscheinung bewirken wie Wasser, das beim Kochen übersprudelt. Je höher der Druck des flüssigen Metalls und je gasdurchlässiger die darunter befindliche Sandschicht ist, desto kleiner wird diese Gefahr. Die Festigkeit des Stampfens hängt darum wesentlich vom Druck des flüssigen Metalls, das ist von der Höhe des Eingusses über dem tiefsten Punkt der Form ab. Die Wände der Form müssen dem Flüssigkeitsdruck des einströmenden Metalls so viel Widerstand entgegensetzen, daß sie keine Formänderungen erleiden, geschweige denn irgendwie beschädigt werden. Auch aus diesem Grunde müssen alle Teile einer Gußform um so fester gestampft werden, je tiefer sie unter dem Spiegel des Eingusses liegen. Die Form einer flachen Platte (Abb. 173) muß demnach wesentlich lockerer gehalten werden als die Form eines hohen Wassertopfs (Abb. 174). Im ersten Falle beträgt der Flüssigkeitsdruck auf 1 qcm der unteren Formfläche etwa $^1/_{100}$ kg, im zweiten dagegen fast 1 kg.

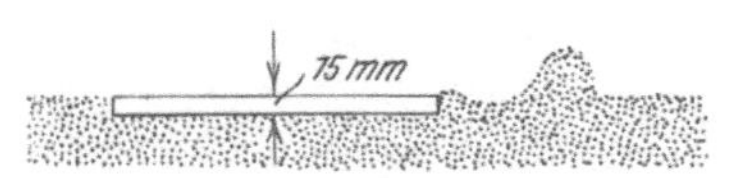

Abb. 173. Plattenform.

Je heißer das Metall vergossen wird, desto plötzlicher tritt Dampf- und Gasbildung ein, und desto durchlässiger muß die Form sein. Gießt man gleiche Formen mit verschiedenen Geschwindigkeiten, so daß sie beispielsweise in 25 und in 50 Sekunden voll laufen, so muß im ersten Falle die Form sehr viel durchlässiger sein, d. h. der Sand muß bei gleicher Beschaffenheit sehr viel lockerer gestampft werden als im anderen Falle[1]).

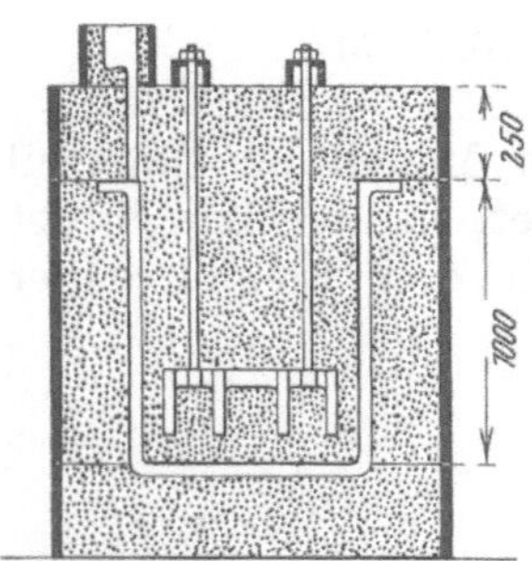

Abb. 174. Form eines Wassertopfs.

Die Luftabfuhr bietet um so geringere Schwierigkeiten, je trockener der Formsand ist, da mit der Verminderung der verdampfbaren Feuchtigkeitsmenge die Porosität der Form wächst. Allzu trockener Formsand hat aber wenig Widerstandsfähigkeit, er wird vom fließenden Metall leicht angefressen und weggespült. Eine ausreichende Befeuchtung des Formsandes ist daher unerläßlich, doch hat man sich davor zu hüten, ihn nasser zu machen, als für seine Bildsamkeit und Standfestigkeit unbedingt erforderlich ist. Die Porosität des Formsandes nimmt mit seiner Korngröße zu, denn gröbere Sandkörner bedingen größere Zwischenräume untereinander[2]). Da mit der Größe der Formen auch die Menge der entwickelten Dämpfe und Gase zunimmt, muß für größere Formen grobkörnigerer Sand gewählt werden. Grober Sand verträgt wesentlich festeres Stampfen als feiner, was wiederum beiträgt, ihn für größere Formen geeigneter zu machen. Nur sehr fest gestampfter und dennoch gut durchlässiger Formsand vermag den in großen Formen auftretenden Druckbeanspruchungen, die bis zu einigen Kilogramm auf 1 qcm betragen können, sicheren Widerstand zu leisten. Größerer Ton- und Lehmgehalt erhöht die Bildsamkeit und Standfestigkeit eines Formsandes. Da diese Bestandteile in außer-

[1]) Über Gießgeschwindigkeiten s. Stahleisen 1926, S. 1475.

[2]) Vgl. Bd. I, S. 584.

ordentlich feinkörniger Form auftreten, vermindern sie die Gasdurchlässigkeit. Je mehr von ihnen ein Formsand enthält, d. h. je fetter er ist, desto weniger fest darf er unter sonst gleichen Umständen gestampft werden. Je schärfere Kanten und glattere Flächen ein Gußstück bekommen soll, desto feinkörniger muß der Sand gewählt werden. Grobkörniger Sand verringert dagegen die Gefahr eines Fehlgusses. Eine Form aus sehr grobkörnigem Formsande braucht in viel geringerem Umfange mit Luftkanälen versehen zu werden, als eine solche aus feinkörnigem Sande. Durch reichliches Luftstechen kann zu feinkörnigem, zu feuchtem oder zu fest gestampftem Formsande bis zu einem gewissen Grade nachgeholfen werden; die Grenzen, innerhalb der dies angeht, sind aber doch recht eng.

Nasse Formen erfordern beim Stampfen größere Sorgfalt als zu trocknende. Während der Trocknung geben letztere einen großen Teil ihrer Feuchtigkeit ab, die Form backt, erhärtet und gewinnt eine größere Gasdurchlässigkeit, da Luft an die Stelle des verdampften Wassers tritt.

Unterteile müssen fester gestampft werden als Oberteile, da der Druck des flüssigen Metalls in den ersten stets höher als in den anderen ist; er kann im Unterteil bis auf einige kg/qcm steigen und im Oberteil der gleichen Form fast bis auf Null sinken.

Nichtsdestoweniger bietet die Herstellung von Oberteilen im allgemeinen größere Schwierigkeiten als die von Unterteilen. Neben den bisher erörterten allgemeinen Gesichtspunkten kommt bei Oberteilen besonders die Neigung des Sandes, sich infolge seines Eigengewichts loszulösen und abzufallen, in Betracht. 1 Liter formrechter Formsand wiegt durchschnittlich 1,25 kg. Demnach faßt ein Formkasten von 400 mm Länge, 400 mm Breite und 150 mm Höhe etwa 30 kg Formsand. Ein solcher Formkasten hat ungefähr die äußersten Maße, bis zu denen gut gestampfter, durchschnittlich fetter, mittelkörniger Formsand sich selbst zu tragen vermag, ohne besonderer Stützen und Tragvorkehrungen zu bedürfen. Grober und fetter Sand trägt sich noch in etwas größeren Kasten, während magerer oder feinkörniger Sand schon bei kleineren Formkasten der Schoren oder sonstiger Stützen bedarf. Bei Verwendung von Schoren (Formkastenzwischenwänden) ist zu beachten, daß sich die gleiche Menge Formsand in einem schmalen Felde von 200 mm $\times$ 800 mm ungleich sicherer trägt als in einem gleichflächigen von 400 mm $\times$ 400 mm. Man teilt den Formkasten durch Zwischenwände zunächst in eine Reihe schmaler Felder, die zur Not imstande sind, den Sand allein zu tragen und zergliedert wieder die schmalen Felder weiter durch Querwände. Die Schoren haben den Formsand nicht allein gegen das Abfallen zu schützen, sondern auch gegen den Auftrieb des flüssigen Metalls, der unter Umständen sehr energisch zu wirken vermag.

Ein weiteres Hilfsmittel zum Festhalten des Formsandes im Oberteil sind die **Sandhaken**, rechtwinklig gebogene Abschnitte von Vierkant- oder Rundeisen, die vor dem Aufstampfen des Oberteils in eine über die Oberfläche des Unterteils gesiebte 1—2 cm starke Sandschicht gebettet und an die Formkastenwände und die Schoren gelehnt werden. In einzelnen Gegenden werden auch gußeiserne, im Herde gegossene Sandhaken benutzt, die aber die Gefahr in sich bergen, durch einen unglücklichen Stampferstoß unbemerkt zu brechen und so das Gelingen der ganzen Arbeit zu gefährden. In Abb. 175 sind verschiedene Arten des Einsetzens von Sandhaken ersichtlich. Die Sandhaken eines hängenden Ballens müssen, um sicher zu tragen, mindestens zwei Drittel ihrer Länge zwischen die Schoren ragen. Die Haken 1 und 3 sitzen richtig, während Haken 6 nur eben noch angeht. Die Haken 2, 5 und 7 sitzen unrichtig, sie würden dem Sande nicht nur keinen Halt geben, sondern ihn durch ihr höheres Gewicht schädlich belasten. Der Haken 4 ragt mit dem geraden Ende über das Oberteil heraus, während das gebogene untere Ende, die Zehe, unter der Schore liegt. Infolge des ersten Umstands besteht die Gefahr, daß ein Stoß an das vorstehende Ende das ganze Gefüge des Oberteils erschüttert, und der zweite Fehler macht den Haken wirkungslos, denn an dieser Stelle gibt schon die Reibung des Sandes an der Schore dem Ballen genügenden Halt. Häufig werden auch Sandhaken mit oberen und unteren Zehen verwandt. Die obere Zehe ist dann etwa 20 mm lang und dient dazu, den Haken an den Schoren und dem Formkastenrande anzuhängen. Die Gefahr des Anstoßens ist dann nicht groß, da alle Sandhaken gleichmäßig und nur wenig vorstehen und die Leute sich von vornherein vorsehen. Doppelt gezehte Sandhaken können im Notfalle etwas schräger eingelegt werden als einfach gezehte. Man muß aber damit vorsichtig sein, denn die noch eben zulässige Schräglage ist schwer bestimmbar. Der Sandhaken 1 in Abb. 176 ist richtig, der Haken 2 unrichtig eingelegt.

Kleine Oberteilformkasten werden vor der Benutzung nur vom anhaftenden Formsande durch Abklopfen gründlich gereinigt. Größere Oberteile versieht man außerdem an den Innenwänden mit einem Anstrich von Ton- oder Lehmwasser, um dem Formsande vermehrten Halt zu geben. Dann bringt man den Formkasten auf das Unterteil, siebt eine etwa 20 mm hohe Schicht Modellsand auf und preßt ihn unter den Schoren mit den Händen fest (Abb. 177). Der lose verbliebene Sand wird mit den Händen wieder gleichmäßig über das Unterteil verteilt und gelinde festgestampft. In diese Schicht setzt man die in Ton oder Lehmwasser getauchten Sandhaken, bringt darauf eine mäßig

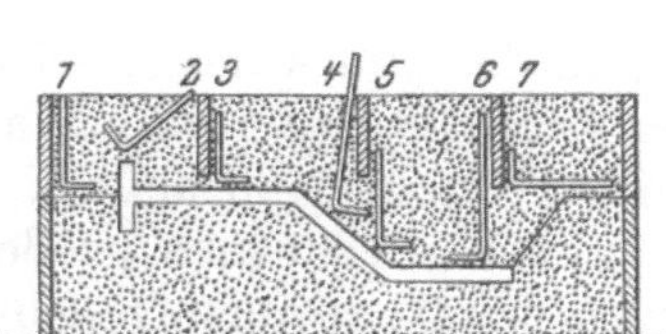

Abb. 175. Falsch und richtig angeordnete Sandhaken.

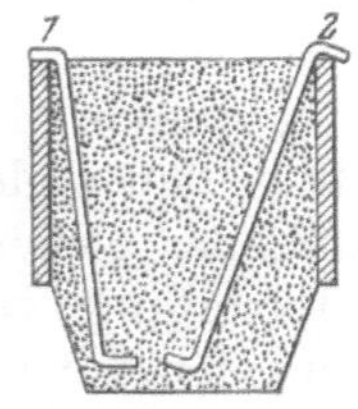

Abb. 176. Falsch und richtig angeordnete Sandhaken.

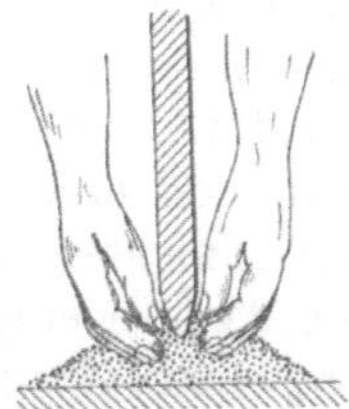

Abb. 177. Festpressen des Sandes unter der Schore.

hohe Schicht Formsand und stampft sie mit dem Spitzstampfer fest, wobei gut auf die Sandhaken geachtet werden muß, damit sie fest eingebettet und doch nicht in das Unterteil getrieben werden. Das Aufstampfen wird in gleichmäßigen Schichten bis zum Rande des Formkastens fortgesetzt, worauf die letzte Schicht mit dem Flachstampfer gestampft und dann abgestrichen wird. Bei dünnwandigen Gußstücken, wie z. B. Ofenplatten, befindet sich eine Schicht von 12—15 mm Formsand zwischen Sandhaken und Modell, wogegen bei stärkeren Gußstücken, die weniger der Gefahr, hart zu werden, unterliegen, eine Zwischenschicht von 5—6 mm Formsand genügt. Es tritt zwar auch bei solchen Stücken zunächst eine Abschreckung ein, die aber durch Wiederausglühen während des langsamen Erkaltens überwunden wird. Rasch abkühlende dünnwandige Gußstücke würden die Abschreckung behalten.

Herstellung des Unterteils durch Einbetten.

Es ist im allgemeinen bequemer, ein Unterteil durch Aufstampfen auf einem Stampfboden und Wenden des mit dem Boden verklammerten Formkastens zu erstellen, als durch unmittelbare Einbettung des Modells. Das Einbetten erfordert größere Geschicklichkeit als das Aufstampfen, deshalb sind viele Former geneigt, Unterteile, wenn nur immer angängig, aufzustampfen. Abgesehen von den Fällen, in denen die Form des Modells ein Hochstampfen auf ebener Unterlage nicht gestattet, ist in vielen Fällen das Einbetten dem Aufstampfen vorzuziehen, auch wenn letzteres ohne jede Schwierigkeit zu bewerkstelligen wäre.

Um ein Unterteil aufstampfen zu können, bedarf man für eine zweiteilige Form zweier Formkastenteile, wogegen man beim Einbetten mit einem Teile auskommt, da die Einbettung gewöhnlich im Boden der Gießhalle erfolgt. Man wird daher beim Fehlen eines geeigneten Formkastenpaares die Einbettung im Boden schon aus wirtschaftlichen Gründen dem Aufstampfen vorziehen. Der oft etwas höhere Formerlohn steht in gar keinem Verhältnis zu den Kosten der Beschaffung eines neuen Formkastenteils. Nicht selten erfordert zudem das Einbetten überhaupt keine höheren Löhne als das Aufstampfen, unter Umständen vermag ein geschickter Former mit dem Einbetten sogar rascher fertig zu werden als mit dem Aufstampfen.

Neben wirtschaftlichen Gründen und neben der ein Aufstampfen erschwerenden oder ausschließenden Form eines Modells ist die Einbettung häufig aus Gründen der besseren und genaueren Herstellung des Gußstückes vorzuziehen. So werden z. B. Zahnräder — soweit man sie nicht mit Formmaschinen formt — mit einem Durchmesser von mehr als 500 mm besser eingebettet. Zahnradformen dürfen in Rücksicht auf ihre Gasdurchlässigkeit gewöhnlich nicht so fest gestampft werden, daß jede geringste Senkung des Modells nach der beim Wenden unten befindlichen Seite des Formkastens völlig ausgeschlossen ist. Vor allem muß der Zahnkranz recht vorsichtig gestampft werden, sonst ist ein Kochen der Zahnlücken sicher zu gewärtigen. Bei schweren Eisenmodellen kann die Senkung bis zu $^1/_2{}^0/_0$ des Modelldurchmessers betragen. Wenn dann die Abgüsse unrund ausfallen, wird die wahre Ursache nur zu oft nicht erkannt und der Fehler anderen Gründen, besonders gerne unregelmäßiger Schwindung infolge unrichtiger Einguß- und Steigerverteilung, zugeschrieben.

Es gibt zwei Arten des Einbettens, das Einklopfen und das Einstampfen. Beim Einklopfen wird eine Grube ausgehoben, die etwas größer ist als das Modell. Zwischen Modell und Grubenrand bzw. Grubenboden soll ringsum ein Zwischenraum von mindestens 50 mm bleiben. Die Grube wird mit gutem Formsand lose vollgestampft, die Oberfläche der Stampfschicht glatt gestrichen, das Modell aufgesetzt und durch Hammerschläge in die Bettung getrieben (Abb. 178). Nur ganz einfache, glatte Modelle werden durch Einklopfen eingebettet, weil bei diesem Verfahren der Sand unmittelbar

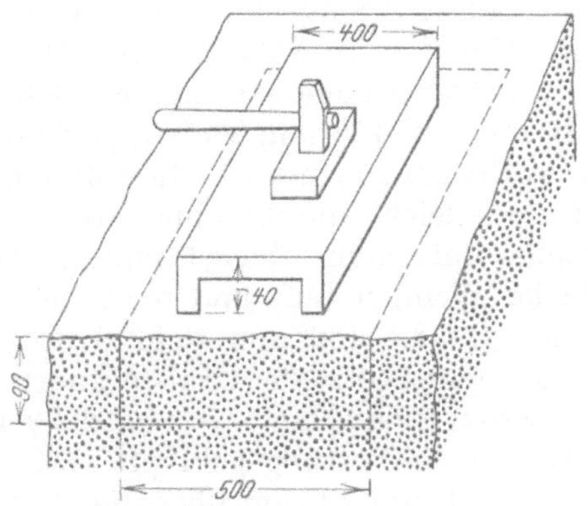

Abb. 178. Einklopfen des Modells.

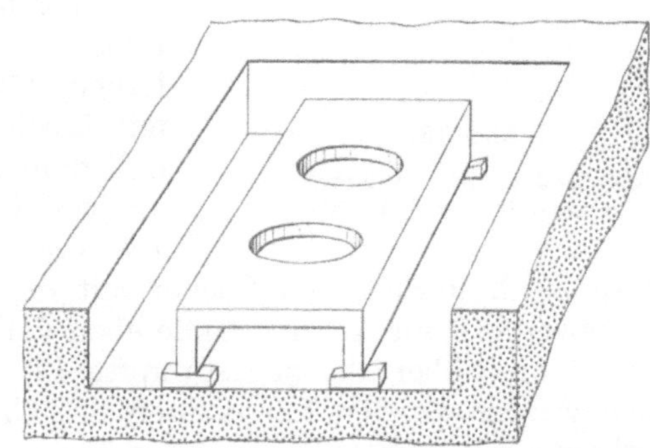
Abb. 179. Einstampfen des Modells.

am Modell am festesten gepreßt wird. Sehr viele Formen sollen aber gerade am Modell, d. i. an den später vom flüssigen Metall bespülten Flächen, am zartesten sein. Die vom Modell etwas entfernteren Schichten müssen dagegen zur Vermeidung von Beulen und Durchsickerungen ausgiebiger verdichtet werden.

Diesen Bedingungen wird die zweite Einbettungsart, das Einstampfen, gerecht. Man hebt eine Grube aus, die dem Modell einen Spielraum von etwa 60—100 mm läßt, und richtet auf ihrem Boden das Modell mit Keilunterlagen genau wagerecht aus (Abb. 179), so daß die Oberkante des Modells mit dem Grubenrande bündig wird. Dann drückt man mit den Händen Modellsand unter die unterste Fläche des Modells und entfernt die Keile, sobald das Modell auf den untergestopften Flächen ausreichende Unterlage hat. Durch die ovalen Öffnungen in der oberen Modellwand wird Formsand in das Innere des Modells gebracht und festgestampft, wobei man in den Kanten und Winkeln mit den Händen nachhilft, um überall möglichst gleichmäßige Dichtigkeit des Sandes zu erzielen. Wenn das ganze Modellinnere fertiggestampft ist, wird das Modell abgehoben und die Festigkeit des Sandballens durch Fingerdruck geprüft. Lose Stellen stopft man fest und siebt über das Ganze eine etwa 5 mm starke Schicht Formsand, worauf das Modell in die frühere Lage zurückgebracht und 5 mm tief niedergeklopft wird. Die entstehende Verdichtung des Formsandes vermehrt die Festigkeit der Form und verleiht ihr zugleich eine Oberschicht von wünschenswerter Zartheit. Man stampft um das Modell außen herum ein, fertigt einen Stand und setzt ein Oberteil auf. Um es in seiner Lage zu sichern, werden an zwei einander schräg gegenüber liegenden Ecken je zwei Pfähle a b und c d (Abb. 180) in den Boden getrieben. Bei großen Formkasten bringt man zur erhöhten Sicherheit an allen vier Ecken Führungspfähle an. Die Pfähle müssen in sehr spitzem Winkel zur Formkastenwand in die Erde getrieben werden, wie es in Abb. 181 bei A ersichtlich ist. Schräg eingetriebene Pfähle, wie der bei B, geben dem Formkasten nur mangelhafte Führung und sind zudem in steter Gefahr, beim Zusetzen der Form aus ihrer Lage gedrückt zu werden. Unter Umständen kann durch allzu schräg eingetriebene Führungspfähle die Form sogar unmittelbar beschädigt werden. Es wird schließlich das Oberteil aufgestampft, abgehoben, im Unterteil gründlich Luft gestochen, das Modell aus der Bettung gehoben, die Form gestaubt und gußfertig gemacht.

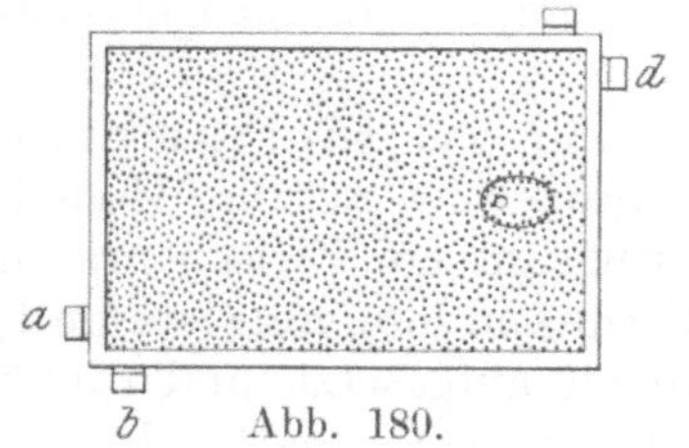

Abb. 180.

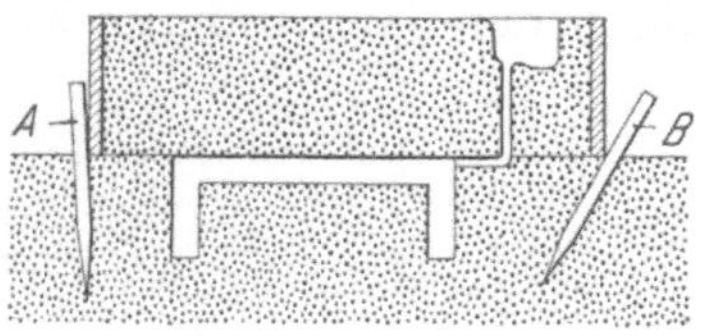

Abb. 181.

Abb. 180 u. 181. Sichern des Oberteils durch Pfähle.

Nicht immer können an den Modellen Aussparungen zum Unterstampfen vorgesehen werden, wie im vorigen Beispiele. In solchen Fällen muß die obere wagerechte Modellwand abnehmbar gemacht werden. Man stampft dann das Modellinnere nach Entfernung der abdeckenden Modellwand voll, streicht mit einem Lineal ab, stopft lose Stellen fest, bringt die obere Wand auf die eingestampften Modellteile und vollendet die Form wie im ersten Falle.

Bei ganz flachen Platten muß ein anderer Weg eingeschlagen werden. Um die in Abb. 182 ersichtlichen Platten einzubetten, hebt man eine Grube von 2000 mm Länge, 1500 mm Breite und 150 mm Tiefe aus, füllt sie mit frisch durchgeworfenem Formsand, stampft einmal mit dem Spitzstampfer leicht durch, ebnet durch einmaliges Überstampfen mit dem Flachstampfer, sticht über die ganze Fläche reichlich Luft und reibt die vom Luftspieße hinterlassenen Löcher mit der Hand zu. Da die 150 mm tiefe Grube vor dem Stampfen mit losem Sande eben vollgefüllt war, ragen jetzt die Grubenränder um etwa 40 mm über die zugestampfte Fläche vor. Zwei Richtscheite von je 2000 mm Länge werden an den Längsseiten der Grube so tief in die Bettung geklopft, daß ihre Oberkante mit dem Gießereiboden bündig wird, also auch um 40 mm über die Bettung vorsteht. Nach genau wagerechtem Ausrichten der Richtscheite, deren Höhenlage miteinander genau übereinstimmen muß, schaufelt man den Raum zwischen ihnen mit

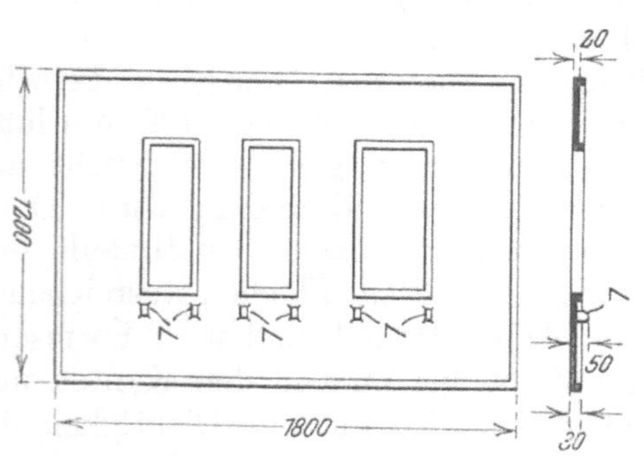

Abb. 182.

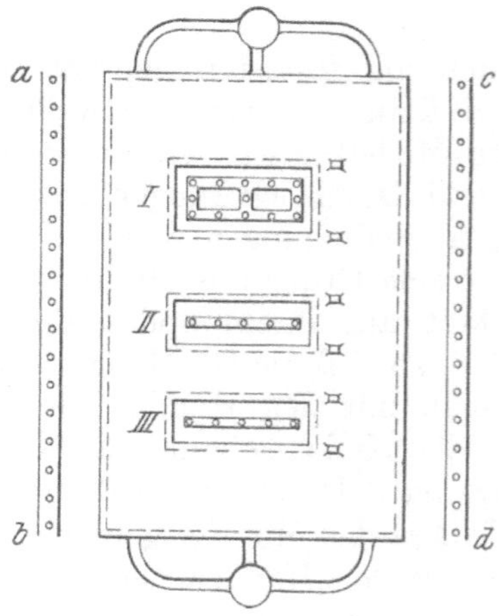

Abb. 183.

Abb. 182 u. 183. Plattenformerei im verdeckten Herd.

losem Sande voll und streicht die Füllung mit einer geraden Leiste glatt ab. Dann legt man auf jedes Richtscheit eine 10 mm starke Auflageleiste, siebt den Raum zwischen den Leisten voll Modellsand, streicht auch diese Schicht mit einer Leiste glatt ab, entfernt die Auflageleisten und klopft die über die Richtscheite um 10 mm vorstehende Modellsandschicht mit einer kräftigen, über die ganze Breite des Bettes reichenden

Latte bis zur Höhe der Richtscheitoberkante nieder. Nach dieser Arbeit ist das Bett bereit zur Aufnahme des Modells.

Das Modell wird so auf das Bett gelegt, daß an einer Seite genügend Raum zur Anbringung der Eingüsse bleibt, worauf man es etwa 5 mm tief in die Unterlage klopft. Nach Sicherung der richtigen Lage des Modells durch kleine Pflöckchen, die an gegenüberliegenden Ecken in den Boden getrieben werden, wird es vom Bette weggehoben; seine Umrisse sind nun am Bett genau abgezeichnet. An den Stellen, wo die Lappen L abgedrückt werden, wird der Sand auf etwa 60 mm Tiefe und in einem Umfange ausgestochen, daß sich rings um die Lappen ein freier Raum von etwa 30 mm ergibt. Diese Höhlung wird mit Modellsand gefüllt, dem man mit den Fingern eine gelinde Pressung verleiht. Hierauf wird das Modell wieder auf das Bett gebracht und ungefähr 15 mm tief eingeklopft. Um das Einklopfen an den richtigen Stellen zu bewirken, bezeichnet man an der Rückseite des Modells alle auf der vorderen Seite vorspringenden Stellen mit Kreide und klopft an diesen Punkten etwas energischer als an den übrigen Stellen. Dann stampft man rings um das Modell den Sand fest, macht einen Stand fertig, setzt das Oberteil auf, gibt ihm Führungspflöcke, hebt ab, und hebt an jeder Längsseite des Modells mit dem Polierlöffel eine etwa 10 mm breite und 5 mm tiefe Rinne a b und c d (Abb. 183) aus, von der aus mit einem langen, gebogenen, 10 mm starken Luftspieß bis möglichst weit unter das Modell Luft gestochen wird. Auch innerhalb der Öffnungen I, II, III stellt man solche Rinnen her und sticht von ihnen aus unter das Modell. Die in den inneren Rinnen gesammelten Gase werden durch das Oberteil abgeleitet. Nach dem Ausschneiden der Anschnitte an den beiden Längsseiten wird das Modell ausgehoben, die Form gestaubt und poliert, das Oberteil aufgesetzt und wieder abgehoben. Die Luftrinnen in den Öffnungen I, II und III haben sich im Oberteil abgezeichnet, so daß an den richtigen Stellen die Luft nach oben abgeführt werden kann. Um das Eindringen des flüssigen Metalls in die Luftsammelrinnen zu verhüten, zieht man ihnen entlang mit der Lanzette leichte Furchen (Abb. 184). Die entstehenden Sandkanten a a und b b werden beim Wiederaufsetzen des Oberteils breit gedrückt und bilden einen sicheren Abschluß gegen etwa überlaufendes Metall.

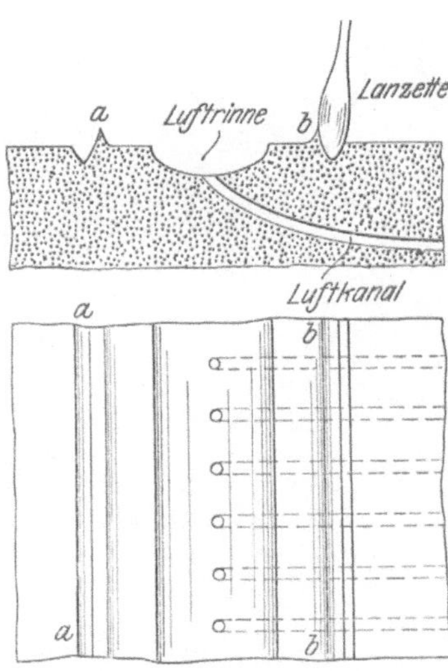

Abb. 184. Entlüftung der Herdform.

Beim Einbetten von Modellen mit beträchtlich größerer Wandstärke muß die Unterlage fester gemacht werden. Zu dem Zwecke darf aber nicht etwa der Modellsand stärker gemacht und mit größerer Wucht niedergeklopft werden. Die Oberschicht muß ebenso zart wie bei dünnwandigen Gußstücken sein. Dagegen stampft man die Grube in zwei Absätzen auf und macht sie etwas voller, indem der freie Raum zwischen der gestampften Schicht und der Oberkante der Richtscheite nicht 40 mm, sondern nur 30 mm, nötigenfalls selbst nur 20 mm beträgt. Es darf aber nicht übersehen werden, dementsprechend ausgiebiger Luft zu stechen.

Eingüsse, Steiger und Füllköpfe.

Eingüsse. Eine der wichtigsten Vorbedingungen zur Erzielung guter Abgüsse liegt in der richtigen Anordnung der Eingüsse, Steiger und Füllköpfe. Sie müssen so bemessen und angebracht werden, daß die Form in der jedem Sonderfalle angemessenen Zeit voll läuft, und zugleich Unreinigkeiten und Schlacke am Eintritt verhindert werden. In den allermeisten Fällen ist die Anordnung eines Gießtümpels unerläßlich, der das aus der Pfanne fließende Metall vor dem Verspritzen bewahrt und einen Zwischenbehälter bildet, aus dem das Eisen durch den Trichter in gleichmäßigem Strome in die Form gelangen kann. Da die das flüssige Metall verunreinigenden Bestandteile leichter sind als das Metall selbst, schwimmen sie im Gießtümpel obenauf und werden so, stetes Vollhalten desselben vorausgesetzt, von der Form ferngehalten. Abb. 185 zeigt einen sehr häufig angewandten Gießtümpel für große Formen. Flache, gußeiserne Stopfen bedecken die Eingüsse, sie können beschwert werden, um nicht vorzeitig hoch zu gehen, und werden erst gehoben, wenn der Tümpel nahezu bis zum Rande mit Eisen gefüllt ist. Nach dem Heben der Stopfen muß so ausgiebig weitergegossen werden, daß der Spiegel des Tümpels erst bei völliger Füllung der Form sich senkt. Diese Anordnung kann bis zu solcher Erweiterung des Tümpels ausgebaut werden, daß er das gesamte für den Guß erforderliche flüssige Metall faßt. Die Stopfen werden gehoben, sobald das zum Guß erforderliche Metall sich im Behälter gesammelt hat. Eine andere Form zur Zurückhaltung von Schlacke und Schmutz

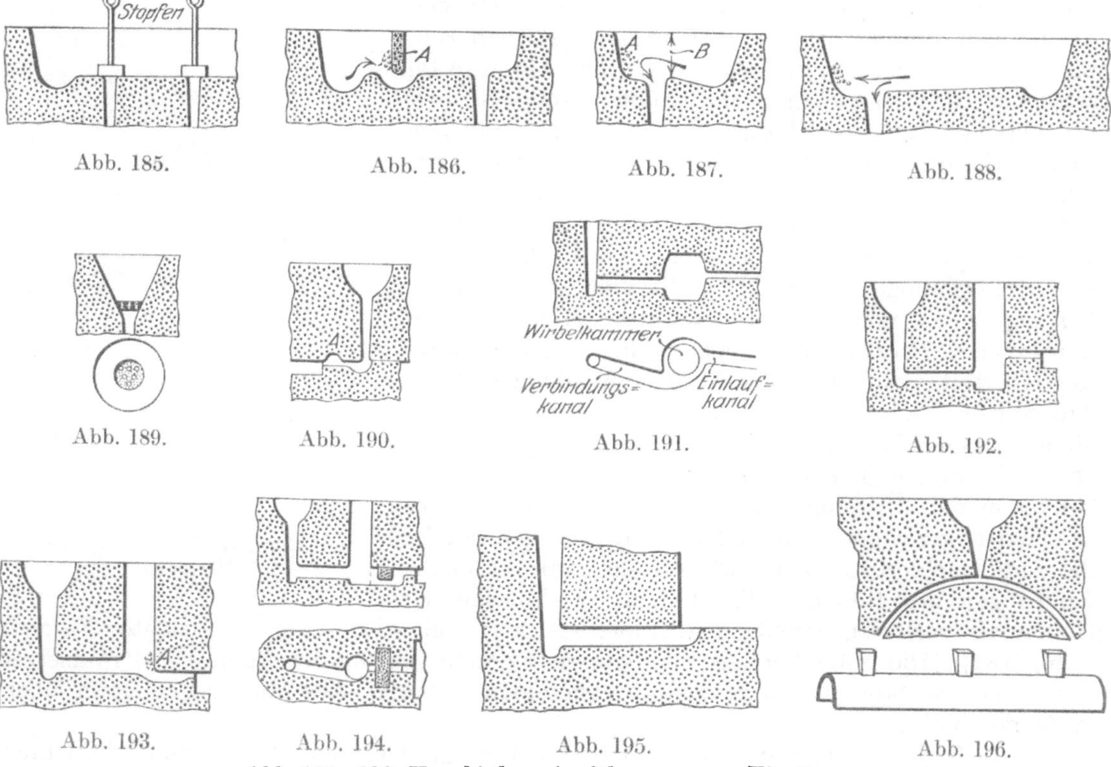

Abb. 185. Abb. 186. Abb. 187. Abb. 188.

Abb. 189. Abb. 190. Abb. 191. Abb. 192.

Abb. 193. Abb. 194. Abb. 195. Abb. 196.

Abb. 185—196. Verschiedene Ausführungen von Eingüssen.

liegt der Abb. 186 zugrunde. Hier bildet ein flacher Kern eine Zwischenwand A, unter der das Eisen durchfließen muß. Die Stelle, auf die der Strahl des aus der Gießpfanne strömenden Eisens aufschlägt, ist etwas vertieft, womit ein Kissen für das nachfließende Eisen gebildet und verhindert wird, daß bei Beginn des Gießens Spritzeisen und Verunreinigungen in den Trichter gelangen. Diese Anordnung kommt nur dann zur vollen Wirkung, wenn recht scharf gegossen wird, so daß sich der Raum vor der Zwischenwand A sofort mit Eisen füllt.

Auch bei den einfachsten Eingüssen läßt sich durch gute Ausführung des Gießtümpels Schaum und Schmutz recht wirksam zurückhalten. Abb. 187 zeigt einen Tümpel für kleinere Formen. Er ist an der Stelle, wo er das flüssige Metall erhält, etwas vertieft, so daß der Anprall des erst einfließenden Eisens die gegenüberliegende Wand bei A trifft und dort einen Wirbel erzeugt, der die stets leichteren Verunreinigungen nach oben bringt. Die Wandung A muß etwas über den Einguß hinweg ausgeführt werden, andernfalls kann sie nicht so wirksam sein. Die Kante bei B liegt etwas höher als die Aufschlagstelle des zugegossenen Eisens, wodurch der Strom desselben anfangs über den

Einguß hinweg geführt wird. Abb. 188 läßt eine ähnliche Ausführung für größere Formen erkennen. Die Wirkung aller Gießtümpel kann recht ausgiebig durch Anordnung eines Schlackenfängersiebes nach Abb. 189 unterstützt werden. Auch hier könnte beim Gießbeginn etwas Schmutz in die Form mitgerissen werden. Bedeckt man aber das Sieb mit Papier, so wird der Gießtümpel genügend mit Eisen gefüllt werden, ehe Verunreinigungen durch dasselbe in die Form gelangen. Das Sieb kann sowohl als Kern wie als gelochte Blechplatte ausgeführt werden.

Zwischen Trichter und Form können mancherlei recht wirksame Schlackenfangvorrichtungen Anwendung finden. Eine sehr einfache, für kleinere Formen bestimmte Vorkehrung ist der Abb. 190 zu entnehmen. Der höher liegende Ausschnitt bei A vermag etwas Schmutz aufzunehmen. Voraussetzung guter Wirkung eines solchen Schlackenfängers ist stetes Vollhalten des Eingusses während des ganzen Gießverlaufs und ein wesentlich geringerer Querschnitt des Anschnitts als des Verbindungskanals. Äußerst wirksame Schlackenfänger sind Wirbeleinläufe in mannigfachen Formen. Sie beruhen auf der Tatsache, daß eine Flüssigkeit, die gezwungen wird, in einem runden Raum zu kreisen, in ihr befindliche feste Körper nach oben treibt. Wird also, wie es Abb. 191 zeigt, das flüssige Metall tangential in einen solchen Raum geleitet, so bildet es einen etwa mitgekommene Verunreinigungen nach oben führenden Wirbel, und der Form fließt das gereinigte Metall zu. Diese Anordnung kann weiter zu einem Schlacke abscheidenden Steiger nach Abb. 192 ausgebildet werden. In beiden Fällen muß der Verbindungskanal zwischen Einguß und Schlackenfänger stärkeren Querschnitt als der Kanal zwischen Schäumer und Form haben. An Stelle eines Wirbels kann der Einlauf in der in Abb. 193 ersichtlich gemachten Art angeordnet werden. Dieser Steiger hat wesentlich größeren Durchmesser als der Eingußtrichter, und die Verbindungskanäle sind wieder im Verhältnis des vorhergehenden Beispiels zu bemessen. Der besondere Vorteil dieser Anordnung liegt im Anschlagen bereits des ersten Metalls an die Wand bei A, wodurch Verunreinigungen nach oben getrieben werden. Die Ausführung nach Abb. 194 bildet eine Vereinigung der beiden letzten Anordnungen. Es ist hier gut, als Stauwand einen Kern einzulegen. Diese Anordnung kommt praktischerweise nur in Frage, wenn es angeht, bei Modellen für leichte Abgüsse eine Kernmarke anzubringen. in die der Kern eingelegt wird, um ihn dann im Unterteil zugleich mit dem Modell einzustampfen.

Das Gießen von oben oder von unten muß jedem Sonderfalle angepaßt werden, nur bei wenig Abgüssen ist es gleichgültig, ob die eine oder andere Gußweise gewählt wird. Die Form soll im allgemeinen möglichst rasch gefüllt werden, und das flüssige Metall muß heiß genug sein, um bis zum Schlusse die Form ohne Neigung zur Kaltschweißbildung auszufüllen. Das ist bei verwickelten Formen mit stark wechselnden Querschnitten oft eine schwierige Sache. In großen Formen scheidet sich beim Hochsteigen des Metalls Schmutz und Schlacke an seiner Oberfläche ab und bleibt an vorspringenden Kanten hängen. Beim Gusse von unten schlägt das niederstürzende Eisen leicht am Boden etwas Sand auf, der dann mit in den Abguß gelangt. Wenn der Guß von unten angezeigt ist, empfiehlt es sich, den Einguß nach Abb. 195 anzuordnen, das Metall wird dabei gut verteilt und die Gefahr des Aufschlagens verringert. Wird von oben gegossen, so ist Sorge zu tragen, daß das einströmende Metall keine vorspringenden Teile der Form trifft und auch glatte Wände nicht in zu starkem Anpralle berührt.

trichter angeordnet wurde. Zu dem Zwecke wird das bei a geteilte Modell mit dem Kegelradteile nach unten auf einen Stampfboden gesetzt und gemeinschaftlich mit dem Eingußmodell T hochgestampft. Nach Erreichung der Höhe bei a setzt man das Modellteil M auf und stampft das Mittelstück II fertig. Dann wird der Bogentrichter T_1 aufgesetzt und das Unterteil III aufgestampft. Nach Wenden und Hochstampfen des Oberteils mit dem Eingußstück T_2 und einem Steiger S werden die Teile in üblicher Weise auseinander genommen und die einzelnen Modellstücke aus dem Sande gebracht. Das Bogenstück T_1 wird dabei aus der Form gedreht, was wesentlich erleichtert wird, wenn man ein Plättchen auf die Form legt (Abb. 198) und mit einer Hand festhält, während die andere das Modell aus dem Sande windet.

Wird eine Form langsam gefüllt, so durchläuft das Metall bis zum Ende des Gusses Zwischenstufen der Abkühlung und Zusammenziehung. Die Wirkungen der flüssigen Zusammenziehung werden großenteils ausgeglichen, ein Nachfüllen erübrigt sich. Beim raschen Gießen erstarrt das Eisen — insbesondere bei starkwandigen Formen — an den Formflächen und bildet feste Krusten, zwischen denen ein Teil des Eisens noch eine Zeitlang flüssig bleibt. Dieser Teil erstarrt erst später, er zieht sich noch im flüssigen Zustande zusammen und kann nicht immer mit frischem Eisen nachgespeist werden. Infolgedessen wird das Gefüge äußerst ungünstig beeinflußt, und es können Hohlräume und Lunkerungen entstehen. Die Gießgeschwindigkeit hängt weiter von der Gestalt des Abgusses und von der Art und Beschaffenheit der Form — Sand, Lehm, Masse, trocken, naß usw. — ab. Nasse Formen werden im allgemeinen langsamer zu gießen sein als trockene (?). Zu rascher Guß steigert den Gießdruck und übt, insbesondere im Augenblick des Vollaufens der Form, eine Stoßwirkung aus, die Teilen ihres Gefüges gefährlich werden kann.

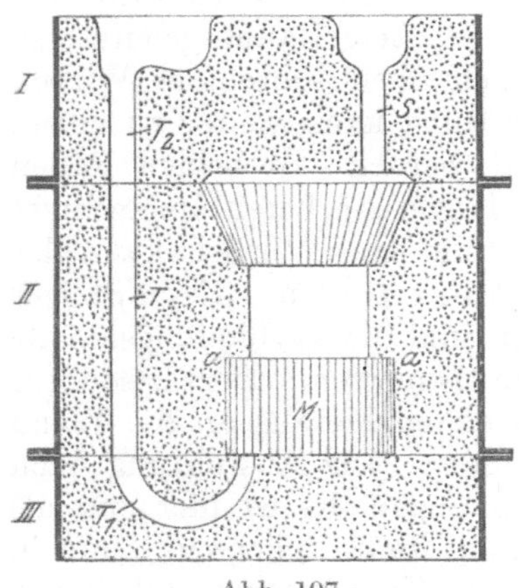

Abb. 197.

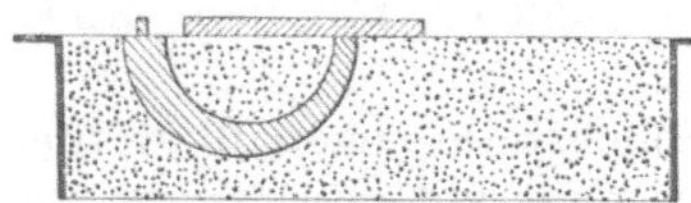
Abb. 198.

Abb. 197 u. 198. Horntrichter.

Steiger. Die meisten Formen erhalten außer den Eingüssen noch andere aus ihrem Inneren an die Oberfläche führende Kanäle, die Steiger. Sie dienen der Ableitung der beim Gusse verdrängten Luft, dem Ablaufe des überschüssigen Metalls, der Minderung des Stoßes, den das Metall gegen die Fläche der Gußform im Augenblicke des Vollaufens ausübt und der Beobachtung des steigenden Eisens. Steiger, die nur die Luft abführen sollen, sog. Windpfeifen, werden verhältnismäßig eng gemacht. Man wendet sie gewöhnlich nur bei Masse- und Lehmformen an, bei den gasdurchlässigeren Sandformen kommt man fast immer mit den zugleich dem Ablaufe des Eisens dienenden Steigern aus. Der Stoß im Augenblicke des Vollaufens ist um so beträchtlicher, je höher und stärker der Einguß ist und je rascher gegossen wird; er kann leicht zu ernstlichen Beschädigungen der Form führen. Durch die Steiger wird die Bewegung des Metallstroms nicht plötzlich gehemmt, sondern allmählich verlangsamt, der Stoß gemildert und es werden Beschädigungen verhütet. Je nach Größe und Gestalt einer Gußform werden ein oder mehrere Steiger angeordnet. Sie sind um so wirksamer, je größer ihr Gesamtquerschnitt im Verhältnis zu dem des Eingusses ist, doch gibt man ihm auch bei großen Stücken höchstens den dreifachen Querschnitt des Eingusses. Bei Masse- und bei Lehmformen empfiehlt es sich, Windpfeifen oder Steiger an jeder Stelle anzubringen, bei der ein Luftsack entstehen könnte[1]). Bei Formen, die nur einen Höhepunkt (Scheitel) haben, reicht ein Steiger aus, der am besten an dem dem Eingusse entgegengesetzten

[1]) J. Varlet vertritt die Ansicht, daß im allgemeinen viel zu viel Steiger angeordnet werden. Grüne Sandformen sind an sich schon so gasdurchlässig, daß sie nur selten Steiger benötigen (Stahleisen 1926, S. 1475).

Ende des Scheitels angebracht wird. Beobachtungssteiger dienen zur Beobachtung des steigenden Eisens, um beim Gusse großer Formen rechtzeitig die Pfanne zurückkippen zu können und dadurch den Füllungsstoß wirksam zu mildern. Sie werden angeschnitten, da ein unmittelbar auf die Form gesetzter Steiger die Beobachtungsmöglichkeit verringern würde.

Die Oberfläche („Spiegel") der Steiger muß ebenso hoch wie die der Eingüsse liegen. Bei niedrigerer Anordnung der Steigeroberfläche erwächst die Gefahr, daß Verunreinigungen, die auf der Eingußoberfläche schwimmen, in die Form gelangen.

Die Meinungen, ob Steiger abzudecken oder offen zu lassen seien, gehen noch auseinander. Die Luft in einer Gießform dehnt sich während des Gießens aus und entweicht zusammen mit den sich bildenden Gasen mit verhältnismäßig hohem Druck durch die Steiger. Schon der scharfe Luftzug allein kann zur Abtrennung einzelner Sandteile führen. Diese Gefahr ist um so größer, als Luft und Gase, die durch die Wände der Form entweichen sollten, von dem scharfen Zuge angezogen und mitgerissen werden können und so unmittelbar von innen heraus Anlaß zu Abschülpungen geben. Schließt man aber die Steiger mit losen Pfropfen ab, so wird ein erhöhter Druck auf die Formwände entstehen, der ihre sonst vorgesehene Entlüftung unterstützt und Abschülpungen unmittelbar entgegenwirkt. Bei kleinen Formen spielen diese Druckwirkungen keine nennenswerte Rolle, um so mehr sind sie aber bei großen Formen zu beachten. Abgedeckte Steiger wirken wie Sicherheitsventile. Sie zeigen an, wann die Form vollgelaufen ist, und machen den dabei zur Wirkung kommenden Stoß ungefährlich. Steiger sind stets an den höchsten Stellen der Form bzw. einzelner einen Steiger benötigender Teile derselben anzubringen. Oft reicht ein mittels kräftigen Luftspießes geführter Stich von der äußeren Oberfläche der Form bis zu ihrem höchsten inneren Punkte als Ersatz einer richtigen Windpfeife aus.

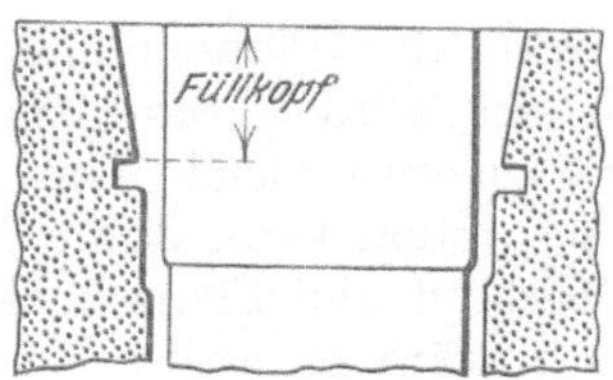

Abb. 199. Ringförmiger Füllkopf.

Füllköpfe und Überköpfe (verlorene Köpfe). Jeder Einguß oder Steiger, der groß genug ist, um dem Abgusse während des Flüssigschwindens weiteres Metall zuzuführen, wirkt als Füllkopf. Füllköpfe können in manchen Fällen durch langsames oder matteres Gießen erübrigt werden, in anderen Fällen läßt sich durch Anordnung von Schreckschalen an besonders gefährdeten, starkwandigen Stellen Abhilfe gegen ungleichmäßige Erstarrung schaffen. In vielen Fällen sind sie aber unentbehrlich. Sie müssen dann so bemessen und angeordnet werden, daß das flüssige Metall in ihnen später als dasjenige in der Form zur Erstarrung gelangt. Zylinder und Zylinderfutter werden meist mit Füllkopf nach Abb. 199 gegossen. Man gießt dann gewöhnlich von oben, da nur dann dem Kopfe Eisen von genügender Hitzigkeit zufließt und ihm die richtige Wirksamkeit verleiht.

Damit ein Überkopf seinen Zwecken in vollem Umfange gerecht werde, gibt man ihm schon am Übergang vom Gußstück einen größeren Querschnitt als diesem und läßt ihn nach oben hin allmählich stärker werden. Seine zunehmende Wandstärke sichert längeres Flüssigbleiben des Inhalts, während eine gewisse Höhe erforderlich ist, um die Hohlräume des Überkopfes in sichere Entfernung vom Gußstücke zu bringen[1]).

Eine Überschreitung der notwendigen Abmessungen verbietet sich aus wirtschaftlichen Gründen, anderseits würden zu geringe Abmessungen nicht bloß die Erreichung der beabsichtigten Zwecke in Frage stellen, sondern leicht eine vermehrte Gefahr bedingen. Verhältnismäßig einfach liegt der Fall bei Gußstücken, die oben ohne Flansch abschließen. Man kommt dann fast immer mit einer Höhe vom Fünffachen der Wandstärke des Gußstückes aus, und es genügt, dem Kopfe oben die zwei- bis dreifache Wandstärke des unteren Teils zu geben. Schwieriger ist die Bemessung und Formgebung

[1]) Neuerdings wird auch die Ansicht vertreten, daß die Überköpfe besser unten stärker sein und sich nach oben verjüngen sollen. Vgl. Gieß.-Zg. 1926, S. 264 u. f.; Stahleisen 1926, S. 1475.

der Überköpfe bei Gußstücken, die oben mit einem Flansch abschließen, z. B. bei Flanschenrohren oder Dampfzylindern. Falls der Flansch nicht allzu breit ist, gibt man am besten dem verlorenen Kopfe unten die ganze Breite des Flansches (Abb. 200) und macht ihn bei einer Höhe vom Vier- bis Fünffachen der Flanschbreite oben etwa anderthalbmal so stark wie unten. Die Anordnung sichert tadellose, dichte Flanschen, vorausgesetzt, daß in den Überkopf wiederholt heißes Eisen nachgefüllt wird. Bei Unterlassung dieser Vorsichtsmaßregel kann es leicht vorkommen, daß die Spitzen der Hohlräume im Überkopf bis an das Gußstück reichen.

Bei sehr breiten Flanschen ist es aus wirtschaftlichen und technischen Gründen nicht angezeigt, den Überkopf über die ganze Flanschbreite anzusetzen. Er würde sowohl in Anbetracht seines Gewichts als auch der Kosten für seine Entfernung zu teuer, und es könnten gefährliche Spannungsunterschiede zwischen ihm und dem Gußstück auftreten. Man gibt dann dem Flansch eine reichliche Bearbeitungsverstärkung (10 bis 25 mm) und macht den verlorenen Kopf unten um ein Weniges stärker als die Wandstärke der Flanschhohlkehle des fertigen Gußstücks (a in Abb. 201). Die Höhe des Kopfes wird gleich dem Fünffachen der unteren Wandstärke und die obere Wandstärke etwa gleich dem Doppelten der unteren bemessen. Bei besonders gefährlichen Umständen kann durch Einlegen von Gußschalen K (Kokillen) in die Kehle zwischen Überkopf und Flansch vermehrte, stets ausreichende Sicherheit gewonnen werden. Verfehlt wäre es aber, die Hohlkehle stark zu brechen (Abb. 202), um in den Flansch geratene Verunreinigungen zuverläßlich nach oben zu spülen. Die Absicht wird zwar erreicht, da aber das Metall am Übergang vom Flansch zum Überkopf infolge des starken Querschnitts und der geschützten Lage dieser Stelle am längsten flüssig bleibt, so bilden sich Schwindungshohlräume gerade an der Stelle, wo sie vermieden werden sollen.

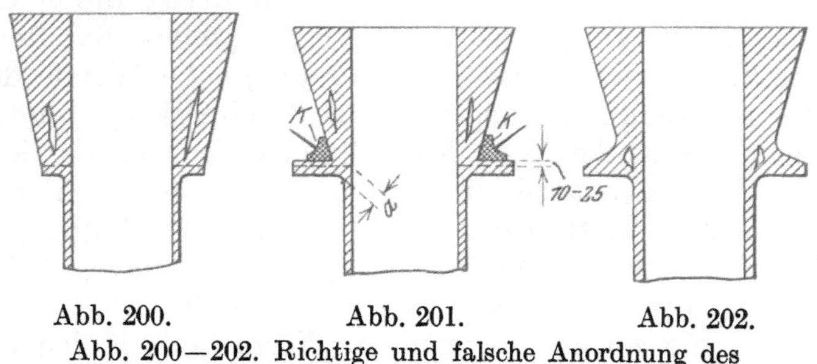

Abb. 200. Abb. 201. Abb. 202.
Abb. 200—202. Richtige und falsche Anordnung des verlorenen Kopfes.

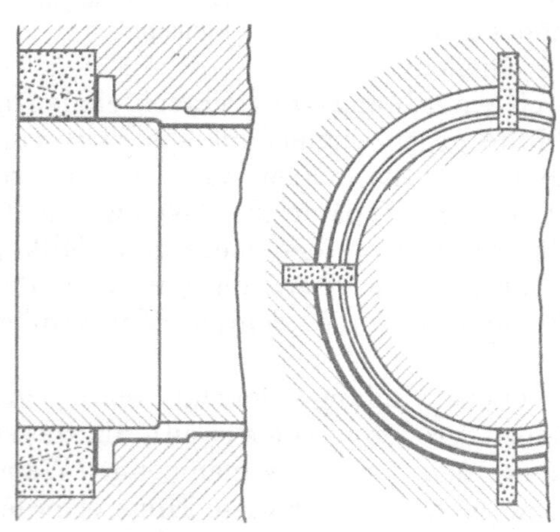
Abb. 203. In Abschnitte gegliederter Überkopf.

Um den Überkopf möglichst lange warm und seinen Inhalt flüssig zu erhalten, was insbesondere beim Gusse von unten notwendig ist, bedeckt man ihn mit schlechten Wärmeleitern, wie Kokslösche oder Asche, stößt die obere erstarrte Kruste von Zeit zu Zeit mit einem vorgewärmten Eisenstabe ein und gießt solange frisches hitziges Eisen nach, als der Kopf es aufnimmt („schluckt"). Die Arbeit des Durchstoßens und Nachfüllens wird als „Pumpen" oder „Gumpen" bezeichnet, wenn man zur Offenhaltung des Überkopfes den Eisenstab ununterbrochen im Überkopfe auf- und abbewegt.

Zur längeren Warmhaltung des Überkopfes trägt auch dessen gründliche Vorwärmung in der Trockenkammer bei, dadurch wird die erste Abschreckung des in den Überkopf dringenden Eisens gemildert. Das Verfahren hat aber nur dann Erfolg, wenn die Form des Überkopfes für sich vorgewärmt und unmittelbar vor dem Gusse auf die eigentliche Form gesetzt wird.

Bei sehr großen Überköpfen, die infolge ihrer größeren Masse und ihres längeren Warmhaltens anders schwinden als der darunter befindliche Abguß, treten recht fühlbare Spannungsunterschiede auf. Es ist darum vielenorts gebräuchlich, nach dem Abtrennen des Überkopfes erst einen groben Span vom Abgusse zu schneiden und diesem danach Zeit zu lassen, die bestehenden Spannungen allmählich auszugleichen. Dem Übelstande läßt sich auf einfache, billigere und zuverlässigere Weise begegnen durch Gliederung des Überkopfes in mehrere Abschnitte, wie Abb. 203 es veranschaulicht. Die Wirkung des Kopfes als Nachfüller wird dadurch nicht beeinträchtigt, wogegen lästige Sonderspannungen vollständig entfallen. Die für die Trennungskerne erforderlichen Marken sind sowohl bei Lehren- als auch bei Modellformen leicht anzubringen, das Einsetzen der Kerne bietet keine Schwierigkeit, und man erspart Löhne beim Zerschlagen der Köpfe.

Eingußkästchen, Gießtrichter, Gossen, Sümpfe.

Im Oberteil gewisser Formen können Eingußtrichter (vgl. S. 56) vom benötigten Umfange nicht eingeschnitten werden, da der verfügbare Raum zu beschränkt ist oder die Druckhöhe zu gering ausfallen würde. Man baut dann den Einguß über der Form auf und verwendet dazu Eingußkästchen oder Gießtrichter, die entweder für sich oder über dem Formkasten angefertigt werden. Im letzteren Falle wird die Eingußöffnung mit einem Pinsel etwas angefeuchtet, ein Trichtermodell hineingesteckt, das leere Kästchen darüber gestellt, vollgestampft, die gewünschte Form ausgeschnitten und das Modell ausgezogen. Abb. 204 zeigt die gebräuchlichste Form solcher Eingüsse. Sie können mit Vorkehrungen zum Zurückhalten von Schlacke und Verunreinigungen versehen werden nach der in Abb. 205 ersichtlichen Anordnung von Schneider oder nach der in Abb. 206 dargestellten Ausführung von van Riet und nach manchen ähnlichen Anordnungen. Im ersten Falle wird die Schlacke von Zwischenwänden zurückgehalten, die nur am Boden einen verhältnismäßig schmalen Spalt für das durchfließende Eisen frei lassen. Jeder einzelne Durchflußquerschnitt muß anderthalb bis zweimal so groß

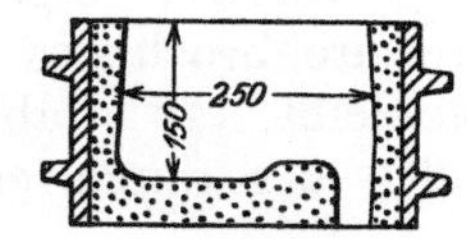

Abb. 204. Eingußkästchen.

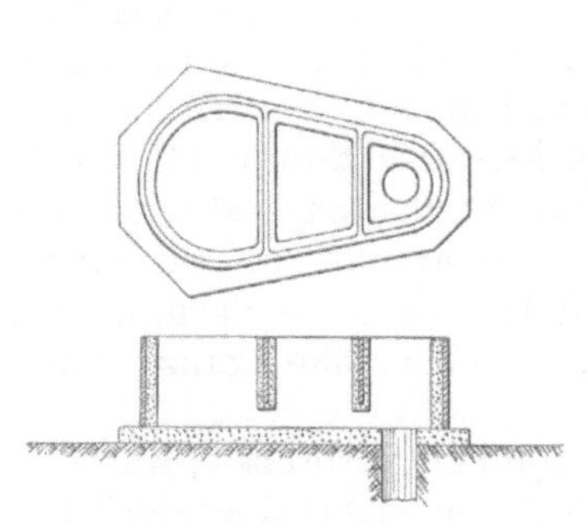
Abb. 205. Eingußkästchen nach Schneider.

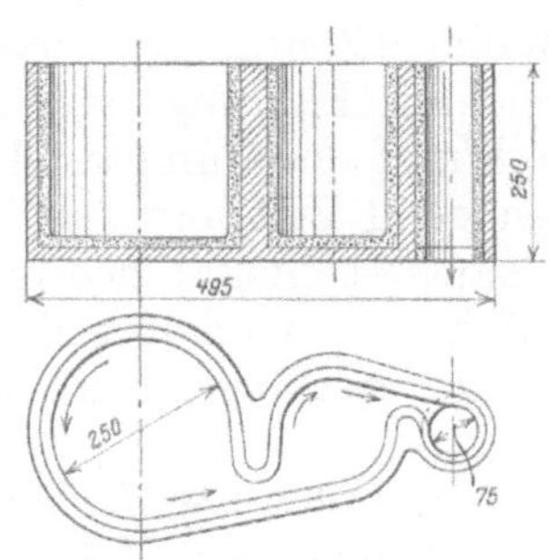

Abb. 206. Eingußkästchen nach van Riet.

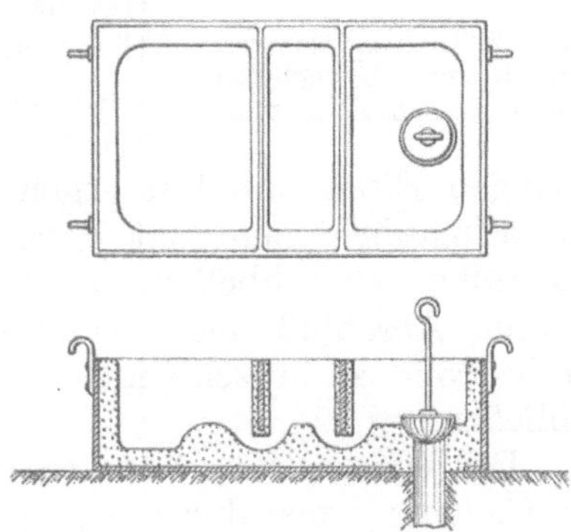
Abb. 207. Eingußkästchen mit Stöpselverschluß.

sein wie der Querschnitt des senkrechten Eingußkanals. Wenn das übersehen und der Durchflußquerschnitt zu eng bemessen wird, ist es nicht möglich, den Eingußkanal während des Gießens voll zu halten. Aus dem gleichen Grunde dürfen auch bei der van Rietschen Anordnung die senkrechten Durchlaßschlitze nicht zu eng bemessen werden. Bei beiden Anordnungen kann während des Angießens Schlacke in die Form gelangen. Rasches und kräftiges Angießen beugt dem im allgemeinen vor, vermag aber keine völlige Sicherheit zu gewähren. Sie wird erst gewonnen durch Verwendung von Stöpsel- oder Schützenverschlüssen nach Abb. 207, 208 oder 209.

Für verhältnismäßig dünnwandige Stücke, die aber trotzdem mit möglichst mattem Eisen gegossen werden sollen, ordnet man ringförmige Eingüsse mit beweglichen ringförmigen Schützen (Abb. 209) an. Der Eingußring wird gefüllt, das Eisen auf die beabsichtigte Temperatur erkalten gelassen und dann der mit Stützen und einem wagerechten Trageisen versehene Ringschützen möglichst rasch hochgehoben.

Sehr schwere, wenig empfindliche Formen, z. B. Hammerunterlagen, werden mitunter ohne Verwendung von Gießpfannen unmittelbar vom Kuppel- oder Flammofen aus abgegossen. Man verbindet die Abstichöffnung des Flamm- oder Kuppelofens mit der oberen Eingußmündung der Form durch offene, Gossen genannte Rinnen. Sie bestehen gewöhnlich aus Gußeisen, werden an den Innenseiten mit Lehm oder Masse ausgekleidet und vor dem Gebrauch in der Kammer getrocknet. Man baut sie auf hölzernen Böcken, Backstein- oder sonstigen Unterlagen auf. In der Nähe der Form wird ein größeres Becken, der Sumpf, zur Regelung des Stromes eingebaut, das mit einem einfachen Schieber ausgestattet wird, durch dessen Bewegung die durchfließende Eisenmenge geregelt werden kann. Der Sumpf wird durch Aufschütten von Formsand hergestellt, fest angestampft und mit Beschwereisen so umgrenzt, daß ein Durchbruch des Eisens unmöglich wird. Seine Sohle wird, damit kein Eisen zurückbleibt, etwas abschüssig gestaltet. Die Auslaßöffnung besteht aus einem schmalen Spalt, der durch einen senkrechten Schieber, den Schützen, geschlossen werden kann. In der Nähe der Auslaßöffnung mauert man die Wände aus feuerfesten Steinen auf, um die richtige Tätigkeit des Schiebers für alle Fälle zu sichern. Der Schützen besteht aus einer kräftigen, gußeisernen, mit Lehm bezogenen Platte, die mittels einer oben angenieteten senkrechten Stange und eines einarmigen wagerechten Hebels von einem seitlich stehenden Arbeiter auf und ab bewegt werden kann. Der Drehpunkt des Hebels liegt an einer außerhalb des Sumpfes eingerammten Eisenstange. Der Schützen muß an beiden Seiten des Ausflußschlitzes um einige Zentimeter vorstehen, bedarf aber im übrigen keiner besonderen Führung oder Dichtung, da der Druck des flüssigen Eisens ihn fest gegen die Wand des Sumpfes drückt. Der Sumpf füllt sich nur allmählich, man hat daher genügend Zeit, etwaige Undichtigkeiten während des Einlaufens zu schließen. Ist der Schützen einmal geöffnet, so kommt es auf einen dichten Abschluß nicht mehr an, denn es handelt sich dann nur noch darum, den Eisenstrom zu beschleunigen oder zu verlangsamen, nicht aber, ihn ganz abzuschließen.

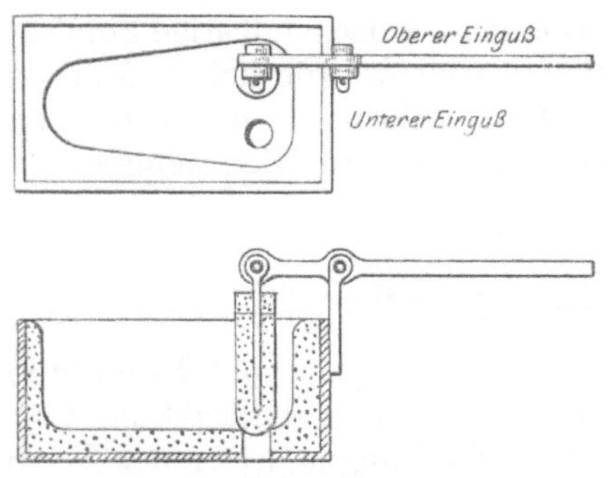

Abb. 208. Stöpselverschluß.

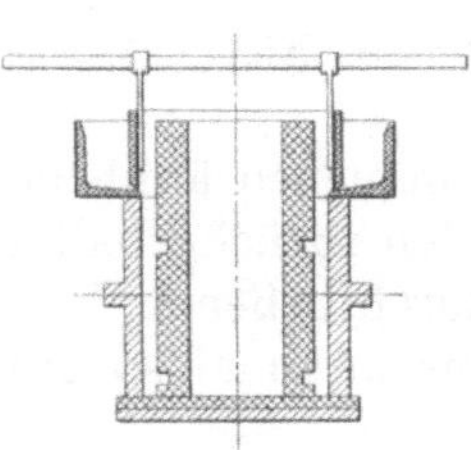
Abb. 209. Ringförmiger Einguß mit beweglichen ringförmigen Schützen.

Die Verwendung von Gossen und Sümpfen war früher ziemlich verbreitet; seitdem die Gießereien fast durchwegs mit Gießpfannen und Hebezeugen ausreichend ausgerüstet sind, wird nur noch in seltenen Fällen zu diesem Aushilfsmittel gegriffen.

VI. Ausführungsbeispiele für einfache Kastenformerei.

A. Schnurrollen und einfache Seilscheiben.

Eine Schnurrolle (Abb. 210) kann mit einem geteilten oder ganzen Modelle, mit und ohne Rillenkernmarke, mit und ohne Kernstück, und in einem zwei- oder dreiteiligen Formkasten geformt werden. Diese mannigfaltigen Möglichkeiten geben ein übersichtliches Bild einer Reihe der wichtigsten, auch bei sehr vielen anderen Abgüssen gebräuchlichen Formverfahren.

a) Die einfachste Formerei ergibt sich, wenn das Modell, wie in Abb. 211, mit einer Rillenkernmarke R versehen wird. Man bettet das Modell in ein falsches Teil A (Abb. 212), setzt das Unterteil auf, stampft hoch, wendet, hebt das falsche Teil ab, setzt das Oberteil O und ein Trichtermodell T auf (Abb. 213), stampft auf und hebt ab. Das Hauptmodell bleibt im Unterteil sitzen, nur die Nabe wird mit dem Oberteil hochgehoben. Bei Holzmodellen bedarf es keiner Befestigung im Oberteil, die Reibung zwischen dem gestampften Formsand und dem Nabenmodell reicht gewöhnlich aus, es festzuhalten. Nach dem Ausheben der Modellteile wird die Form ausgebessert, gestaubt, poliert, der Rillenkern in einem oder in mehreren

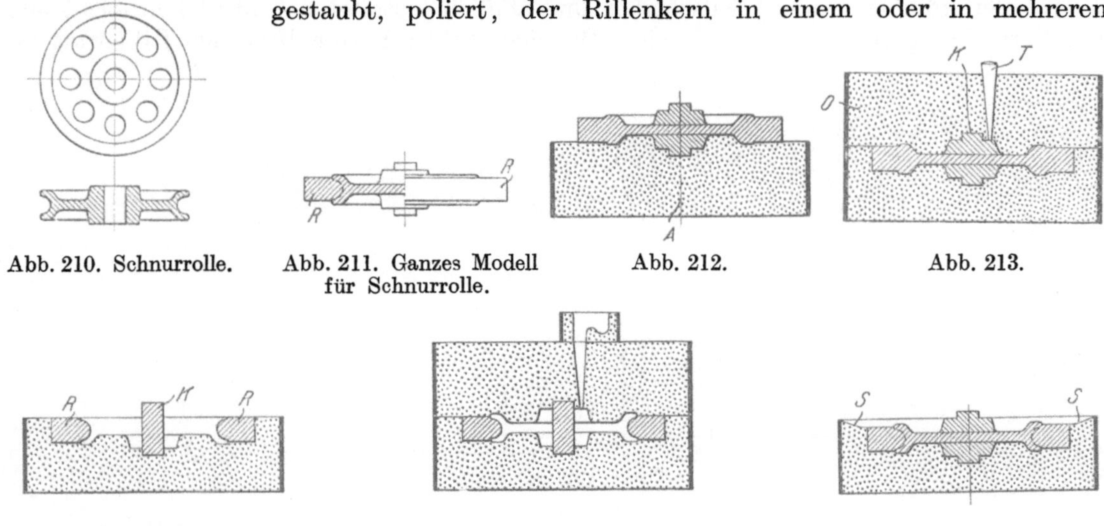

Abb. 210. Schnurrolle. Abb. 211. Ganzes Modell für Schnurrolle. Abb. 212. Abb. 213.

Abb. 214. Abb. 215. Abb. 216.

Abb. 212—216. Formerei einer Schnurrolle mit ungeteiltem Modell.

Stücken in das Unterteil gelegt, der Mittelkern K in seine Marke gesetzt (Abb. 214), das Oberteil aufgesetzt, ein Eingußtümpel angeschnitten oder ein Eingußkästchen (S. 61) aufgesetzt (Abb. 215) und die Form beschwert oder verkeilt, worauf sie abgegossen werden kann.

Wenn nur ein Abguß zu liefern ist, kann das falsche Teil gespart werden. Man stampft dann das Unterteil auf einem Stampfboden hoch, wendet und erstellt einen

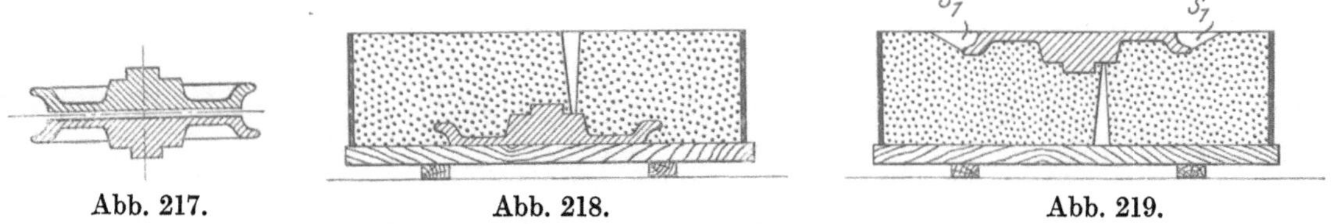

Abb. 217. Abb. 218. Abb. 219.

Abb. 217—223. Formerei einer Schnurrolle mit geteiltem Modell.

schrägen Stand S (Abb. 216), worauf die Arbeit in der vorbeschriebenen Weise weiterschreitet.

Das Verfahren wird gewöhnlich nur für kleine Rollen angewendet, weil leicht etwas Eisen in die Fugen zwischen den Kernstücken tritt, wodurch am Abguß Gußfedern entstehen, die weggemeißelt werden müssen und unschöne Stellen hinterlassen.

b) Genauere und sauberere Abgüsse erhält man durch Teilung des Modells in seiner Mittelebene (Abb. 217) und Herstellung eines ringförmigen Kernstücks (Grünkernformerei) unmittelbar am Modell. Eine Modellhälfte wird auf ein Stampfbrett gelegt, das Oberteil aufgestampft (Abb. 218), nach dem Wenden der Stand S_1 (Abb. 219) durch Wegschneiden des überschüssigen Sandes hergestellt, die zweite Modellhälfte auf die erste gelegt und mit Gewichten G beschwert (Abb. 220). Nun macht man den Stand mit Holzkohlenpulver oder Streusand klebfrei, preßt mit den Händen Formsand in die Rille, stampft vorsichtig nach und stellt den Stand S_2 her. Dann wird die Belastung entfernt, das Unterteil aufgesetzt, hochgestampft und mit der oberen Modellhälfte abgehoben. Schwere Modelle müssen im Formkasten festgemacht werden (S. 48). Nun wendet man das Unterteil, hebt aus ihm das Modell aus (Abb. 221), staubt und poliert, bringt das Unterteil wieder auf das Oberteil, legt ein Deckbrett darüber, verklammert das Ganze, wendet (Abb. 222), löst die Klammern, hebt das Oberteil ab, entfernt die zweite Modellhälfte, bessert die Form aus, legt den Nabenkern ein und macht die ganze Form gußfertig (Abb. 223).

c) Bei größeren Rollen, Seilscheiben und ähnlich gestalteten Gußstücken formt man zur Vermeidung des gemeinschaftlichen Wendens beider Formhälften den Rillenring auf

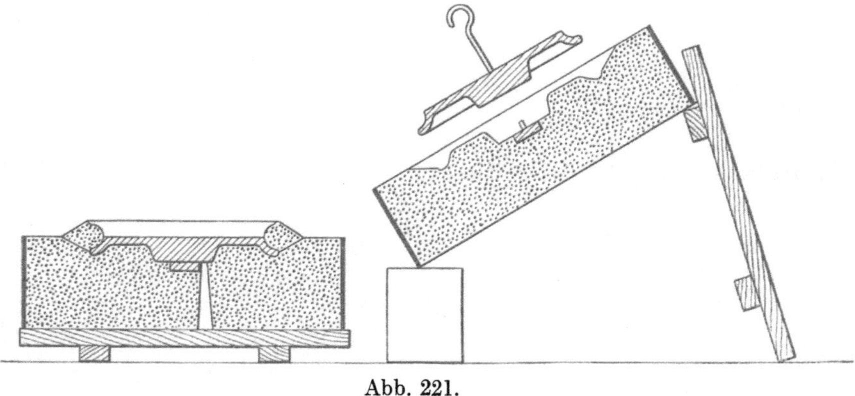

Abb. 221.

einer Tragplatte. Die beiden Modellhälften M_1 und M_2, ein Holzring H und der eiserne Tragring T werden in der in Abb. 224 ersichtlichen Anordnung auf ein Stampfbrett gelegt. Der Tragring ist mit Schraubenlöchern versehen, um später mit Modellschrauben abgehoben zu werden. Sein innerer Durchmesser ist um 20 mm größer als der äußere Durchmesser des Modells, so daß zwischen Modell und Tragring eine Fuge von 10 mm bleibt. Die Holzplatte H hat die Stärke d des halben Modells und ist, dem Durchmesser

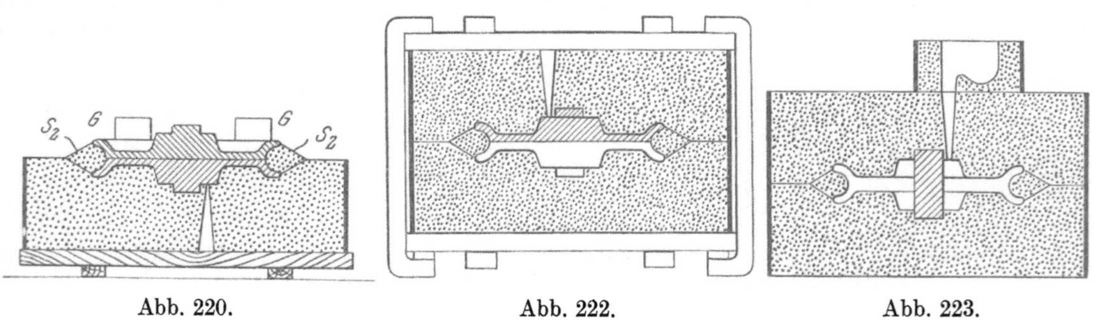

Abb. 220. Abb. 222. Abb. 223.

des Modells entsprechend, kreisförmig ausgeschnitten. Nach dem Hochstampfen und Wenden des Unterteils werden das Aufstampfbrett und die Holzplatte H entfernt, die Fuge zwischen Modell und Tragring wird gut festgedrückt und mit Streusand einpoliert, Modellsand in die Rille gedrückt, nachgestampft und der Stand S (Abb. 225) hergestellt. Hierauf wird das Oberteil aufgesetzt und hochgestampft, mit der einen Modellhälfte abgehoben, das Modell aus dem Sande genommen und die Form fertig gemacht. Der mit Modellschrauben gehobene Rillenring (Abb. 226) wird zur Seite gesetzt, das nun freiliegende Modell aus der Form gebracht, diese fertig gemacht, der Rillenring gestaubt und poliert und in seine frühere Lage in das Unterteil zurückgebracht. Die Form braucht dann nur noch sorgfältig ausgeblasen und wie gewöhnlich geschlossen und zum Gusse fertig gemacht zu werden.

Bei großen Modellen wird das Formen durch Einbetten des Modells in das Unterteil an Stelle des Aufstampfens und durch Verwendung eines Herdgußrings mit eingegossenen Tragösen vereinfacht. Man stampft ein Formkastenunterteil voll Sand, schneidet die ungefähre Form des Modells freihändig aus, siebt Modellsand in den Ausschnitt, legt das Modell darüber und klopft es mit dem Hammer leicht in das Unterteil. Nachdem man sich mittels eines Lineals (Abb. 227) überzeugt hat, daß das Modell eben eingebettet ist, unterstopft man es mit Sand, hebt es aus und prüft durch Drücken mit den Fingern, ob die Form gleichmäßig fest ist. Lockere Stellen festigt man durch Zugabe und Andrücken von Modellsand, worauf das Modell wieder in seine Bettung gebracht und der Stand a b c (Abb. 228) ausgearbeitet wird. Auf diesen setzt man den Tragring P, bringt dann die zweite Modellhälfte auf die erste und beschwert sie. Es folgt das Aufstampfen des Rillenrings und die Herstellung des Standes a d für das Oberteil, worauf ein Formkastenoberteil aufgesetzt, hochgestampft und abgehoben wird. Nach Abheben der oberen Modellhälfte schneidet man rings um jede Öse des Tragrings so viel Sand weg, daß je ein Haken eingehängt werden kann, und hebt das Rillenstück mit dem Kran oder einer anderen Hebevorrichtung aus der Form. Die drei Teile der Form werden einzeln fertig gemacht, das Kernstück in das Unterteil zurückgebracht, die Löcher um die Ösen mit Formsand vollgedrückt, die Oberfläche glatt poliert, der Nabenkern eingelegt, das Oberteil aufgesetzt und die Form gußfertig gemacht.

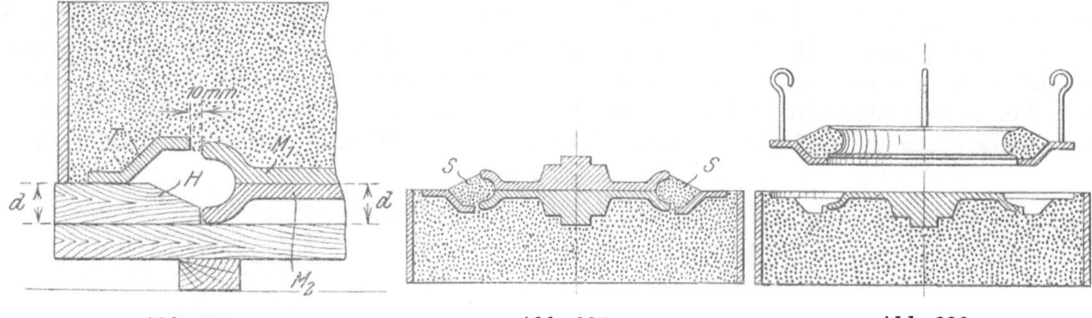

Abb. 224. Abb. 225. Abb. 226.

Abb. 224—230. Formerei einer größeren Seilscheibe.

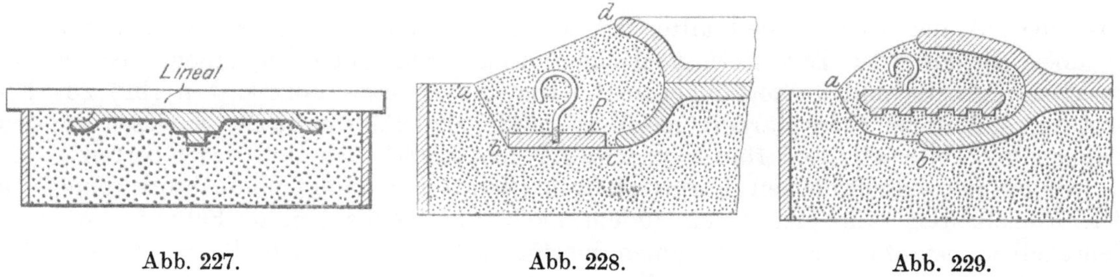

Abb. 227. Abb. 228. Abb. 229.

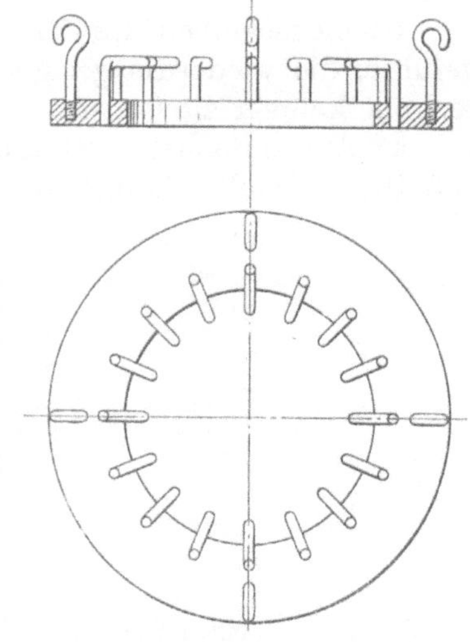
Abb. 230.

An Stelle eines Tragrings kann ein Kerneisen (Abb. 229) vorgesehen werden. Man läßt dann den Stand a b recht sanft zur Formkastentrennungsebene verlaufen und versieht das ringförmige Kerneisen an seiner unteren Fläche mit rillen- oder zapfenförmigen Vorsprüngen. Die Formerei verläuft wie bei Benutzung einer Tragplatte (Abb. 230) mit dem einzigen Unterschiede, daß nach Vollendung des Standes a b eine dünne Schicht Modellsand aufgesiebt und gelinde festgedrückt wird, in die man hernach das gründlich mit Ton- oder Lehmbrei bestrichene Kerneisen preßt. Für breite und flache Rillen ist im allgemeinen ein Tragring geeigneter, während für niedrige und insbesondere für recht tiefe Rillen ein Kerneisen vorzuziehen ist.

d) Zur Massenherstellung mittelgroßer Rollen eignet sich am besten die Formerei im dreiteiligen Kasten. Das Unterteil U (Abb. 231) wird über der im Aufstampfbrette A eingelassenen Modellhälfte M — oder auch über einem falschen Teil — aufgestampft. Dann wendet man, bestreut und poliert den ebenen Stand S_1, setzt die zweite Modellhälfte und das Formkastenmittelstück auf (Abb. 232), stampft auf, errichtet den Stand S_2 und fertigt danach in üblicher Weise das Oberteil O. Hierauf werden der Reihe nach

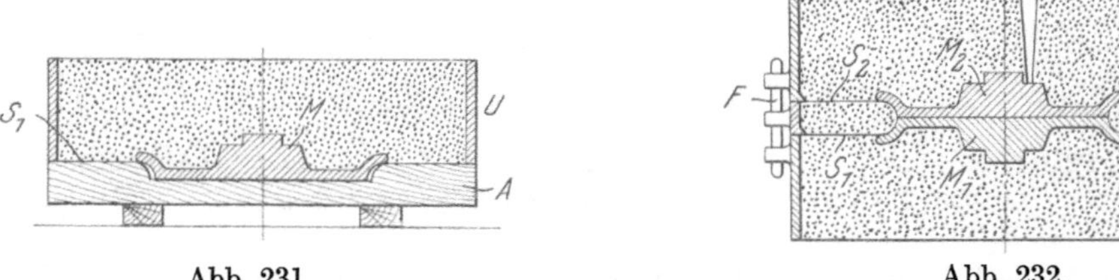

Abb. 231. Abb. 232.

Abb. 231 u. 232. Massenformerei kleiner Schnurrollen.

das Oberteil, die obere Modellhälfte, das Mittelstück und die untere Modellhälfte abgehoben, die einzelnen Teile fertig gemacht und nach Einlegung des Nabenkernes wieder zusammengestellt und gußfertig gemacht. Die verwendeten Formkasten sind zur Ersparung unnötiger Stampfarbeit meistens rund, die Führungsstifte F sitzen in den Lappen des Unterteils und führen gleichzeitig das Mittelstück und das Oberteil.

Jedes der beschriebenen Formverfahren gestattet mannigfache Abweichungen in den Einzelheiten. Sie erschöpfen zudem nicht die Möglichkeiten, Schnurrollen und Seilscheiben einzuformen. Es kommen hierfür insbesondere noch die in eigenen Abschnitten behandelten Verfahren der Formmaschinen-, Lehm-, Lehren- und Kernformerei in Betracht.

B. Riemenscheiben.

Riemenscheiben werden ebenfalls nach sehr verschiedenen Formverfahren ausgeführt, die wiederum geeignet sind, eine Reihe von Eigentümlichkeiten der Formereitechnik kennen zu lernen.

a) Am einfachsten ist die Formerei mit einem in der Mittelebene des Armkreuzes geteilten Modell (Abb. 233). Man stampft eine Modellhälfte am Stampfbrett auf,

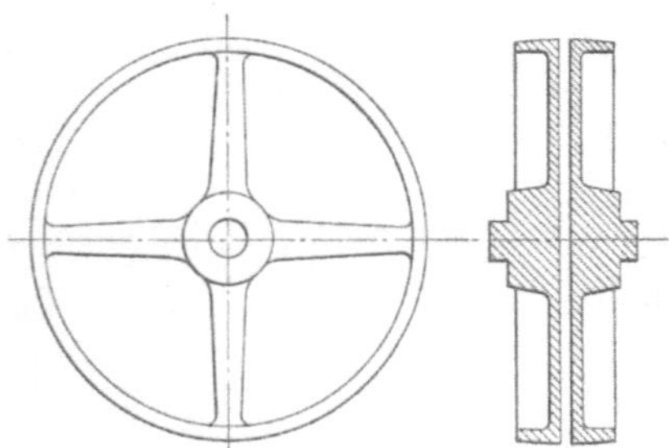

Abb. 233. Geteiltes Riemenscheibenmodell.

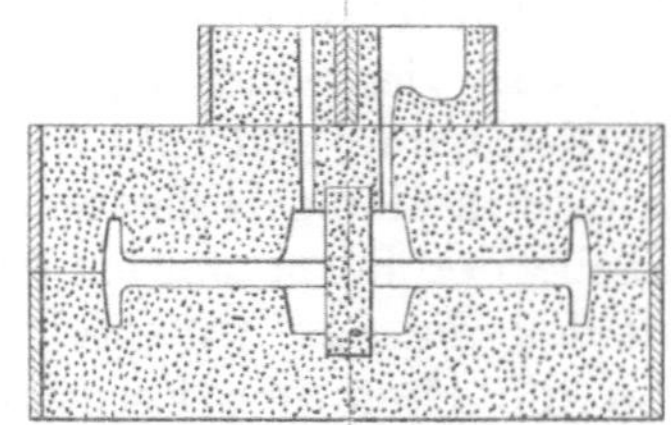

Abb. 234. Riemenscheibenformerei mit geteiltem Modell.

wendet, richtet einen Stand her, setzt die zweite Modellhälfte und das Formkastenoberteil auf, stellt je ein Steiger- und Eingußmodell einander gegenüber auf die Nabe (Abb. 234), stampft auf, trennt die beiden Kastenteile und hebt aus jedem eine Modellhälfte aus. Schließlich werden beide Formteile in üblicher Weise gußfertig gemacht.

Das Verfahren hat den großen Nachteil, im günstigsten Falle eine Gußnaht rund um die Mitte des Riemenscheibenkranzes zu hinterlassen. Wenn aber die Formkastenführungen nicht mehr ganz genau ineinander passen, treten Versetzungen zwischen den im Ober- und im Unterteil abgeformten Teilen auf, die sehr leicht die Verwendung des Abgusses in Frage stellen. Aus diesem Grunde bedient man sich nur ausnahmsweise der Modellteilung in der Armmittelebene.

b) Besser ist es, den Kranz in seiner ganzen Breite in das Unterteil zu betten (Abb. 235) und die Form mit Hilfe eines falschen Teiles herzustellen. Ein Formkastenteil wird recht fest eben vollgestampft, das Modell in die Mitte der glatt gestrichenen Sandoberfläche gesetzt (Abb. 236), die Sandfläche innerhalb der vom Kranze begrenzten

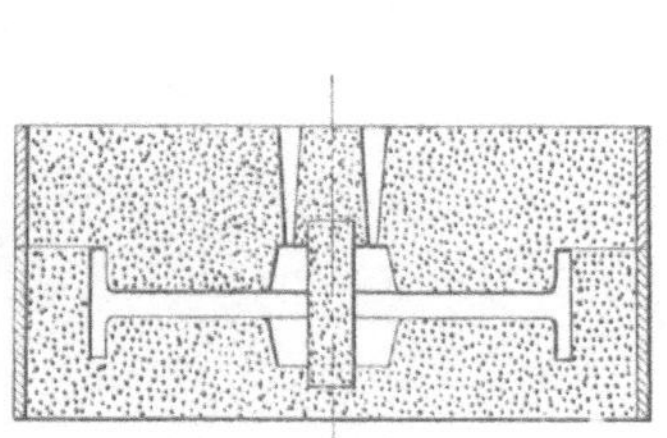

Abb. 235.

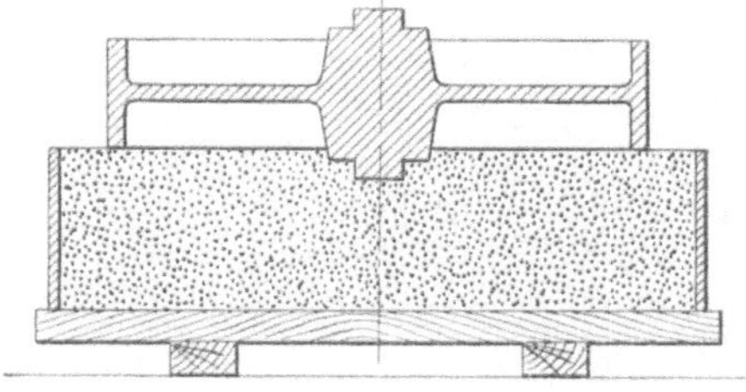

Abb. 236.

Abb. 235—237. Riemenscheibenformerei mit ungeteiltem Modell.

Fläche mit der Polierschüppe tüchtig aufgerauht und dann der Raum bis zur Mittelebene des Armkreuzes vollgestampft. Nach Fertigstellung eines Standes zwischen den Armen und außen rings um den Kranz hebt man das Modell an, um sicher zu sein, daß es sich später gut abheben wird, und läßt es wieder sinken, womit das falsche Teil vollendet ist. Es folgt das Aufsetzen und Vollstampfen eines Formkastenunterteiles, Wenden, Abheben des falschen Teiles. Das Modell löst sich dabei vom falschen Teile und bleibt im Unterteil sitzen (Abb. 237). Nun bringt man ein Oberteil auf das Unterteil und stampft es unter Verwendung von Sandhaken (S. 51/52) in üblicher Weise auf. Das Abheben der beiden Formteile voneinander, das Ausheben des Modells und die weitere Fertigstellung der Form bieten dann keine Schwierigkeiten. Wenn es sich darum handelt, nur einen Abguß zu liefern, so ist es oft bequemer — nicht aber genaueren Abguß verbürgend —, das falsche Teil wegzulassen und das Modell unmittelbar ins Unterteil zu betten.

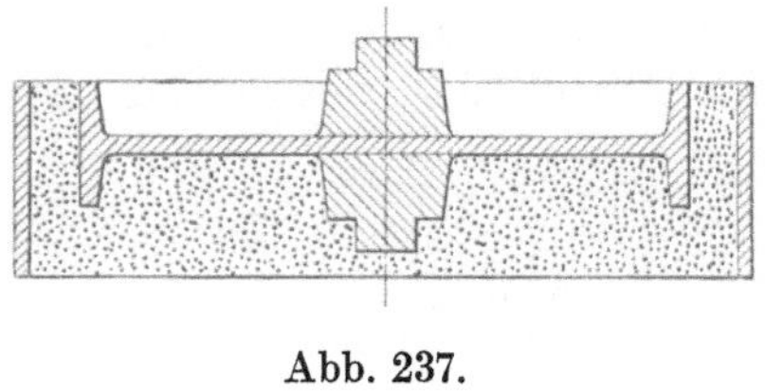

Abb. 237.

c) Für Abgüsse von beträchtlicherer Kranzbreite muß die Form dreimal geteilt werden, damit der Kranz sauber ausgearbeitet werden kann. Man kann dabei in folgender Weise vorgehen.

In einem niedrigen Formkastenteil werden drei Holzpflöcke a, b, c (Abb. 238) von der genauen Höhe des Formkastenteils so aufgestellt, daß sie später als Modellträger dienen können. Das Formkastenteil wird vollgestampft, das Modell auf die Pflöcke gesetzt, der Kranz gut unterstampft, rings um die Außenseite des Kranzes ein Stand hergestellt, das Modell weggehoben, die Pflöcke a, b, c aus dem Stande genommen, die hinterbliebenen Löcher vollgestampft, zugestrichen, das Modell wieder aufgesetzt, der Raum innerhalb des Kranzes bis zur halben Armhöhe vollgestampft und zwischen den Armen, der Nabe und der Innenseite des Kranzes ein Stand hergestellt. Dann löst man die den Kranz mit dem Armkreuz verbindenden Schrauben s, setzt ein Formkastenmittelstück auf, das mit einer genügenden Zahl von Schoren versehen ist, die bis auf 1 oder 2 cm Abstand an das Kranzmodell reichen (Abb. 239), und das am besten die gleiche Höhe wie der Riemenscheibenkranz hat. Ist kein Formkastenteil von dieser Höhe vorhanden, so hilft man sich durch entsprechende Ausführung des oberen oder unteren Standes. Ist das Formkastenteil zu hoch, zieht man den oberen Stand von der oberen

Formkastenebene bis zur Höhe des Kranzes herab (Abb. 240 a), während man bei zu niedrigem Formkasten dem unteren Stande eine Stufe gibt (Abb. 240 b). Im letzten Falle werden bereits die Modellstützen a, b, c (Abb. 238) entsprechend verkürzt.

Das Mittelstück wird zwischen dem Kranzmodell und den Formkastenwänden vollgestampft (Abb. 240), der Sand glatt poliert, ein Oberteil aufgesetzt und vollgestampft.

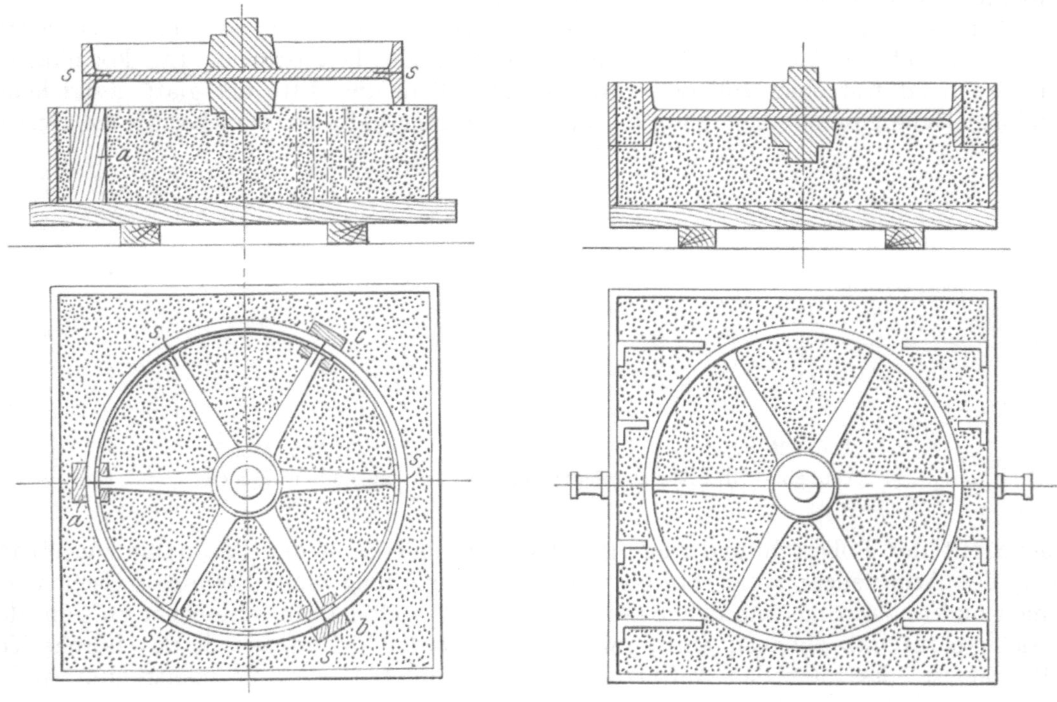

Abb. 238. Abb. 239.

Abb. 238—242. Riemenscheibenformerei im dreigeteilten Kasten.

Zur Fertigstellung der Form ist dann der Reihe nach das Oberteil mit der Modellnabe abzuheben, das Kranzmodell mit oder ohne Armkreuz aus dem Sande zu ziehen und das Mittelstück abzuheben. Nun können alle Teile des Kranzes gut nachgearbeitet, geschwärzt und poliert und schließlich die einzelnen Teile der Form zusammengesetzt und gießfertig gemacht werden.

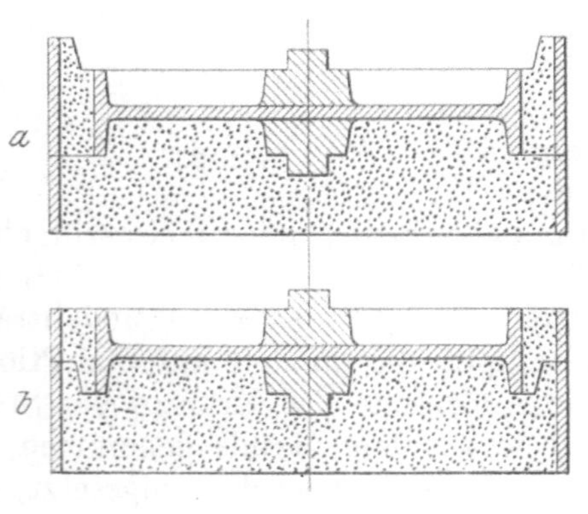

Abb. 240.

Bei Riemenscheiben mit sehr breitem Kranze bietet die Sicherung des im Oberteile hängenden Sandballens b c d e (Abb. 241) beträchtliche Schwierigkeiten. Hebt man das

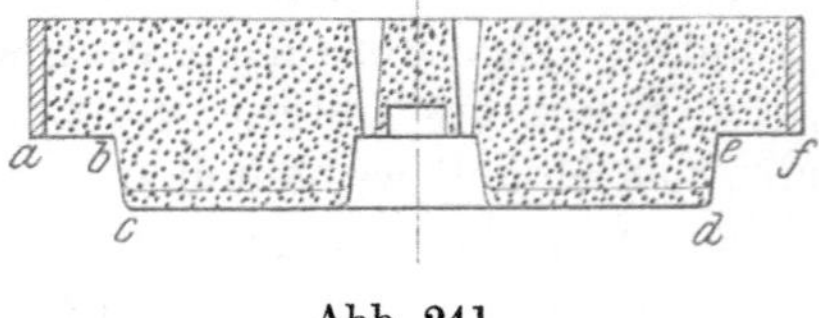

Abb. 241.

Oberteil ohne das Modell ab, so erwächst die Gefahr umfangreicher Abbröckelungen an den Kanten c und d. Hebt man, wie es fast allgemein Brauch ist, das Modell mit dem Oberteile ab, so gerät wieder die untere Form in einige Gefahr, beschädigt zu werden. Das noch ganz in der Form befindliche Modell kann nicht so gründlich losgeklopft werden, wie wenn es nach Abhebung des Oberteils teilweise freiliegt. Infolgedessen bleibt leicht an einzelnen Stellen der Formsand am Modell kleben, was dann beim Ausheben zu umfangreichen Beschädigungen der Form führen kann. Um das noch ganz in der Form befindliche Modell loszuklopfen, gräbt man bei großen Formen den Sand oberhalb der Nabe weg, führt ein schweres Losschlageisen ein und erschüttert es durch Hammerschläge, die gegen das Losschlageisen geführt werden (Abb. 242). Bei losen Naben oder wenn aus sonstigen Gründen der Modellbauweise das Losklopfen von der Nabe aus nicht angängig ist, kann das Losklopfeisen auf die Arme oder den Kranz des Modells niedergeführt werden. Man setzt dann an die betreffenden Stellen schon während des Aufstampfens Trichtermodelle, um nicht durch die Einführung des Losklopfeisens das Formsand-Sandhakengefüge zu schädigen. Dadurch wird aber nicht auch den durch solches Losklopfen sehr bald eintretenden Beschädigungen des Modells vorgebeugt.

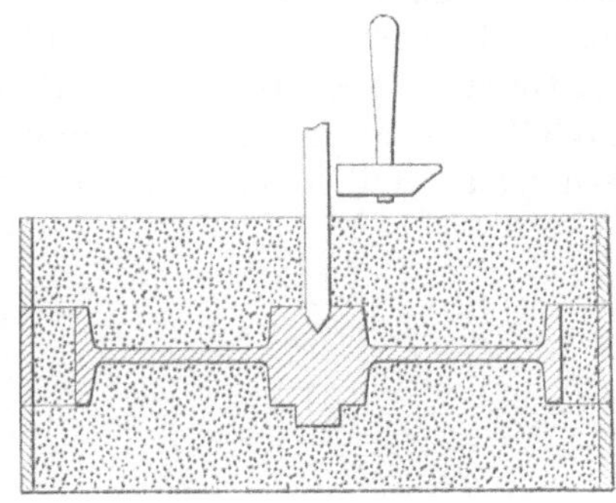

Abb. 242.

Diesen Schwierigkeiten kann durch Anordnung eines **Kernstückes** gründlich begegnet werden. Nach Fertigstellung des Mittelstücks werden die Arme mit Modellsand bedeckt, etwas Modellsand auch an die Nabe gedrückt, eine etwa 5 cm hohe Schicht gewöhnlichen Formsandes in den Raum innerhalb des Kranzes gebracht und dahinein ein gitterförmiges Kerneisen (Abb. 243) gedrückt, das vor seiner Verwendung mit Lehmbrei oder Tonmilch bestrichen wurde. Es ist mit Ösen H versehen, an denen es gehoben werden kann. Auf das Gitter bringt man eine reichliche Sandschicht und stampft den Raum bis zur Oberkante des Kranzes voll (Abb. 244). Dann poliert man die entstandene ebene Fläche glatt, macht sie klebfrei, setzt ein Oberteil auf, stampft hoch (Abb. 245) und hebt ab. Das Kranzmodell wird nun ringsum mit Hilfe eines gegen seine Kanten gehaltenen Holzklötzchens losgeklopft (Abb. 246) und dann mittels Holz- oder Eisenmodellschrauben ausgehoben. Es folgt das Abheben des Mittelstücks und dann des

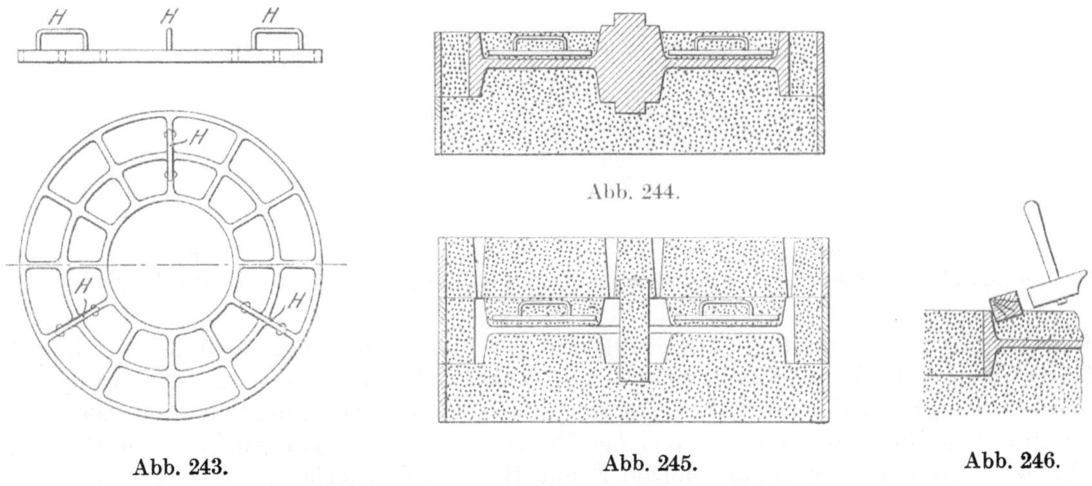

Abb. 244.

Abb. 243. Abb. 245. Abb. 246.

Abb. 243—246. Riemenscheibenformerei mit Kernstück.

Kernstücks, das, am Kranen hängend, von unten ausgebessert wird. Nach dem Ausheben des Armkreuzmodells und der Nabe werden die einzelnen Teile fertig gemacht und zunächst das Kernstück wieder auf das Unterteil gesetzt. Die richtige Lage wird leicht gewahrt, wenn vor dem Auseinandernehmen übereinstimmende Linien zwischen beiden Teilen in den Sand gerissen wurden. Nun wird die ringsum laufende Fuge zwischen beiden Teilen zupoliert, der Nabenkern eingesetzt, das Mittelteil und schließlich das Oberteil aufgesetzt (Abb. 245) und die Form gußfertig gemacht. Gewöhnlich versieht man den Kranz großer Riemenscheiben mit zwei bis drei Steigern.

d) Wenn das Modell aus getrenntem Kranz- und Armteile besteht, können auch bei sehr hohem Kranze die Kernstücke zugleich mit dem Oberteile abgehoben werden, wobei folgendermaßen verfahren wird:

Das Kranzmodell wird auf eine ausreichend feste Bettung gestellt, ein Formkastenunterteil, dessen Höhe möglichst der Kranzbreite entspricht, aufgesetzt und der Raum zwischen dem Kranze und den Formkastenwänden bis zur Höhe des Formkastens, der Raum innerhalb des Kranzes aber nur bis zur Höhe der Mittelebene des Armkreuzes vollgestampft. Nach Herstellung eines Standes inner- und außerhalb des Kranzes bettet man die untere Nabenhälfte und das Armkreuz ein und legt zwischen die Arme Traggitter E (Abb. 247) ein, die mit Tragbolzen F versehen sind, an deren oberem Ende je ein Gewinde geschnitten ist. Es folgt das Einstampfen des Sandes innerhalb des Kranzmodells — bei größeren Riemenscheiben empfiehlt es sich, in halber Höhe zwischen Armkreuz und oberen Kranzrand einen geschlossenen Verbund- oder Stützring H (Abb. 248) mit einzustampfen —, worauf die ganze Sandfläche bündig mit der Oberkante des Kranzes und des Formkastens glatt abgestrichen wird, so daß nur die Tragbolzen F vorragen. Nach dem Aufsetzen eines Formkastenoberteils schiebt man über die Tragbolzen Rohre G, deren Höhe genau mit der des

Abb. 247.

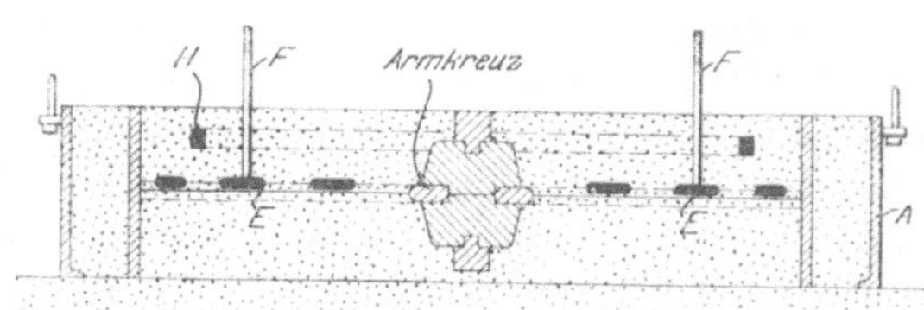

Abb. 248.

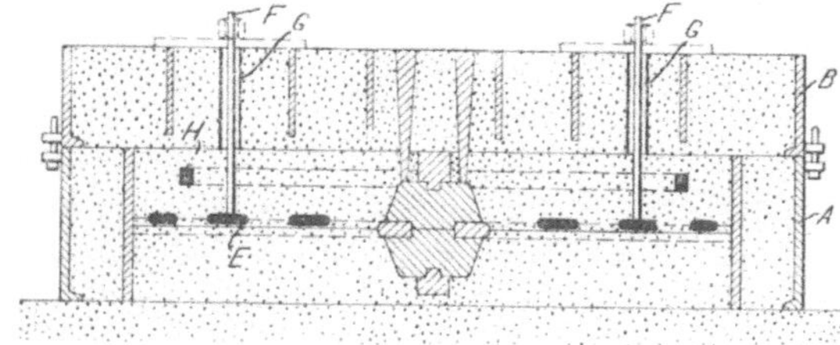

Abb. 249.

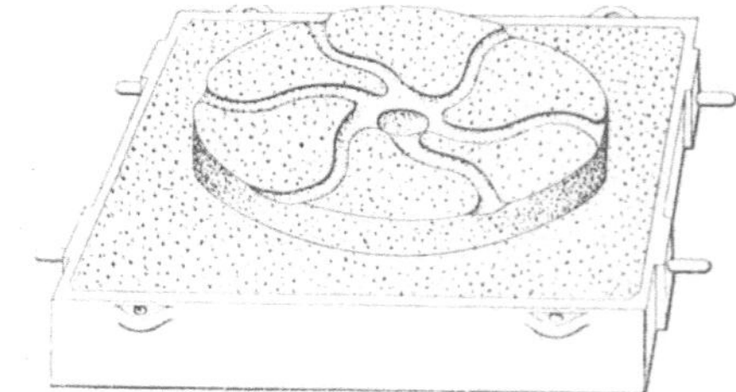

Abb. 250.

Abb. 247—250. Riemenscheibenformerei mit Kernstück bei getrennten Kranz- und Armteilen.

Formkastens übereinstimmt (Abb. 249), legt Trichter- und Steigermodelle ein, stampft das Oberteil voll, hebt es ab, zieht das Kranzmodell aus dem Sand und bringt das Oberteil wieder auf die untere Formkastenhälfte. Diese Arbeit läßt sich ohne Schwierigkeit bewerkstelligen, weil die Rohre G das Oberteil vor Beschädigungen durch die Bolzen F schützen. Nun erst werden die Bolzen F mit Hilfe von Unterlagsplatten fest gegen die Sandleisten des Oberteils geschraubt — wie in Abb. 249 punktiert angedeutet —, zum zweitenmal, diesmal aber mit den Sandballen, abgehoben, gewendet (Abb. 250) und das Oberteil gießfertig gemacht. Nach dem Abheben des durch Außenpflöcke in richtiger Lage gesicherten Unterteils A werden die Armmodelle ausgehoben und die Form in üblicher Weise vollendet und zum Gießen vorbereitet.

e) Die Formerei von Riemenscheiben mit doppeltem Armkreuze kann nach dem Verfahren c oder d ausgeführt werden, je nachdem, ob ein Modell mit geteiltem oder mit ungeteiltem Kranze zur Verfügung steht. Im ersten Falle (geteilter Kranz) wird das Unterteil U (Abb. 251) wie bei der Formerei mit einfachem Armkreuz hergestellt (s. S. 69), das Kernstück K_1 unter Verwendung eines gitterförmigen Kerneisens bis zur

Höhe der halben Armstärke des oberen Armkreuzes aufgestampft und dort ein zweiter Stand errichtet. Dann kann nach Fertigstellung des Mittelstücks M ohne weiteres ein Oberteil mit hängendem Ballen angefertigt werden. Häufiger stellt man aber oberhalb des Kernstücks K_1 ein weiteres Kernstück K_2 her, arbeitet einen dritten Stand in der Höhe der Oberkante des Riemenscheibenkranzes aus, stampft das Mittelstück M auf und fertigt darüber ein flaches Oberteil an. Wenn die Nabe nicht mit dem Kranze abschneidet, wird der dritte Stand etwas nach oben oder nach unten (a b in Abb. 251) gezogen. Schon während des Aufstampfens wird für eine ausreichende Entlüftung der beiden Kernstücke durch Koksbettungen und nach oben führende Entlüftungskanäle L gesorgt. Schließlich hebt man das Oberteil ab, zieht das Kranz- und das Nabenmodell

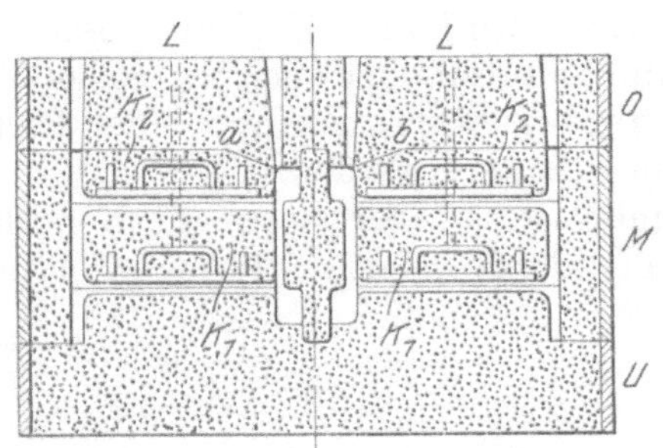

Abb. 251.

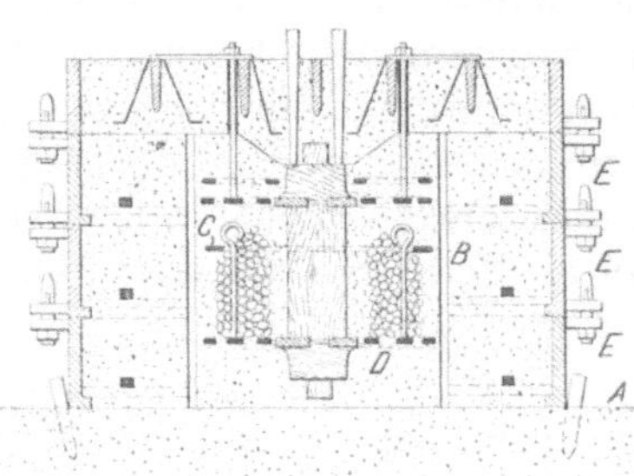

Abb. 252.

Abb. 251 u. 252. Formerei von Riemenscheiben mit doppeltem Armkreuz.

aus der Form, hebt das Mittelteil und die Kernstücke K_2 und K_1 ab, stellt alle Teile einzeln fertig und setzt die Form in umgekehrter Reihenfolge zusammen, um sie dann vollends gußfertig zu machen.

f) Der Arbeitsgang mit ungeteiltem Kranze wickelt sich folgendermaßen ab (Abb. 252): Herstellen eines Bettes A, Aufsetzen des Kranzmodells B, Zusammenstellung von Formkastenteilen, deren gemeinsame Höhe der auszuführenden Kranzbreite entspricht, Hochstampfen um den Kranz bis zur Modellhöhe, innerhalb des Kranzes bis zur Mittelebene des unteren Armkreuzes, Einbetten des unteren Armkreuzes und des Kerneisens D, das aus sechs Gittern besteht, die durch eingegossene bogenförmige Rundeisen miteinander verbunden sind und mit eingegossenen Tragbügeln gehoben werden können, Hochstampfen im Kranzinneren (Einlegen eines Verbundrings C) bis zur Oberkante des Kranzmodells, Ziehen des Modells bis zur beabsichtigten Kranzbreite, Weiterstampfen bis zur Mittelebene des zweiten Armkreuzes, Einlegen des Armkreuzes und der mit Schraubenbolzen versehenen Kerngitter, Fertigstampfen außen und innen, Aufsetzen und Stampfen des Oberteils, Abheben ohne den inneren Sandballen, Ausziehen des Kranzmodells, Wiederaufsetzen des Oberteiles, Festschrauben des oberen Sandballens, Abheben mit dem Sandballen, Abheben der fest miteinander verbundenen Formkastenteile E, Ausheben des oberen Armkreuzmodells, Abheben des Sandballens zwischen den beiden Armkreuzen, Ausheben des unteren Armkreuzmodells, Fertigstellung und Vereinigen der einzelnen Formteile.

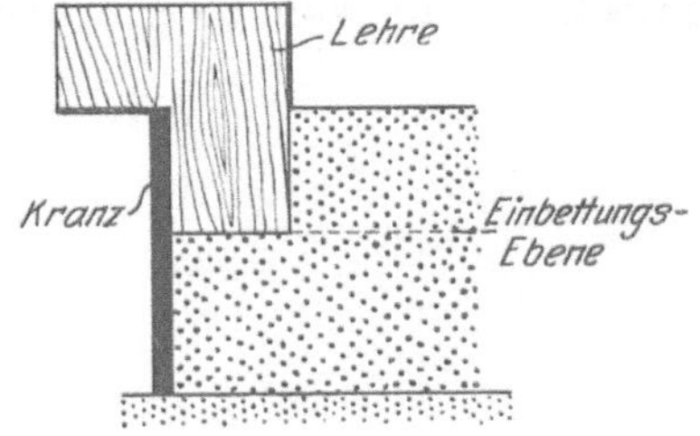

Abb. 253. Lehre zur Herstellung der Einbettungsebene.

Das Arbeitsverfahren nach d) und f) eignet sich besonders für Gießereien, die regelmäßig Riemenscheiben verschiedener Größe in jeweils geringen Stückzahlen zu liefern haben. Voraussetzung ist die Anschaffung geeigneter Modellsätze, und daß sich ein geschickter flinker Former darauf gründlich einarbeitet. Insbesondere das genaue Einbetten des Armkreuzes erfordert nicht unbeträchtliche Sorgfalt, und es empfiehlt sich, zur Herstellung der Einbettungsebene eine Lehre nach Abb. 253 zu benutzen. Sind vereinzelt Riemenscheiben gleicher Abmessung in großer Stückzahl anzufertigen, so wird sich die

Anfertigung eines ganzen eisernen Modells bezahlt machen. Tritt dieser Fall regelmäßig ein und handelt es sich zugleich um Scheiben von nicht zu verschiedenen Durchmessern, so wird man sich am besten einer Sonderformmaschine (S. 368) bedienen.

Die Formverfahren a) bis f) gestatten manche Abweichungen in den Einzelheiten und erschöpfen keineswegs alle Möglichkeiten, Riemenscheiben zu formen. Sie gewähren aber einen Einblick in eine Reihe von Verfahren, die auch für viele andere Abgüsse befolgt werden. Große Riemenscheiben werden gewöhnlich mit Lehren (S. 103) hergestellt.

C. Ziehen von Riemenscheiben.

Mitunter muß eine Riemenscheibe einen breiteren Kranz erhalten als das vorhandene Modell. Das dabei anzuwendende Verfahren wird als „Ziehen" bezeichnet. Riemenscheibenmodelle können im Oberteil oder im Unterteil oder auch in beiden Teilen „gezogen" werden. Im nachstehenden soll das beiderseitige Ziehen einer Riemenscheibe von 1500 mm Durchmesser um je 30 mm erläutert werden.

Man errichtet auf der Gießereisohle ein ziemlich fest, aber noch gut durchlässig gestampftes Bett (S. 38), setzt darauf das Modell, klopft es etwa 10 mm tief in das

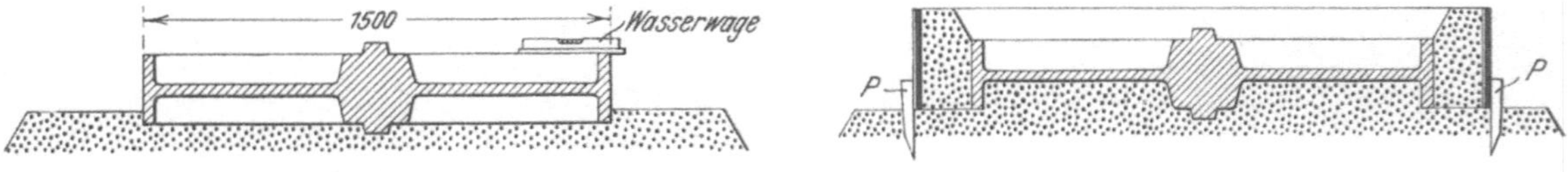

Abb. 254. Abb. 255.

Abb. 254–261. Ziehen von Riemenscheiben.

Bett, damit es sich bei den folgenden Arbeiten nicht verschieben kann und richtet es mittels einer aufgelegten Wasserwage völlig wagerecht aus (Abb. 254). Dann stampft man den vom Riemenscheibenkranze umgrenzten Raum annähernd bis zur Armhöhe recht fest voll Formsand und schneidet außen rund um den Kranz so viel Sand mit der Schaufel weg, daß ein mit der unteren Kante des Kranzes eben verlaufender Stand hergerichtet werden kann. Auf diesen Stand wird ein Formkastenteil von der Höhe des zu liefernden Abgusses gesetzt, genau wagerecht ausgerichtet und durch Eintreiben einiger Pflöcke (P in Abb. 255) in das Bett in seiner Lage gesichert. Nun stampft man das

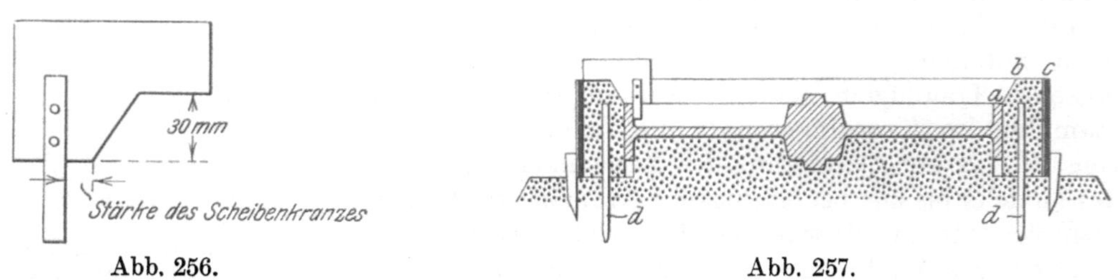

Abb. 256. Abb. 257.

Modell ringsum ein und führt die Stampfschicht bis zur Oberkante des Formkastens hoch, worauf das Modell mit Aushebschrauben 30 mm hochgehoben und in der erhöhten Lage durch Keile, die unter die Arme geschoben werden, hochgehalten wird. Unterstampfen der Arme und der Nabe mit Modellsand sichert die Lage des Modells, dabei müssen die Übergangstellen von den Armen zum Kranze recht sorgfältig behandelt werden, damit nicht die untere Kranzform zerdrückt wird. Mit Hilfe einer dem Kranze entlang geführten Lehre (Abb. 256) wird der Stand a b c (Abb. 257) hergestellt.

Zur Bestimmung der genauen Höhe, zu der das Modell gezogen werden soll, treibt man schon beim ersten Ausrichten des Modells schwache Stäbchen (d in Abb. 257) in einem Abstande von 20–30 mm vom Scheibenkranze so in das Bett, daß ihre Oberkante die Stelle kennzeichnet, bis zu der das Modell zu heben ist. Nach Fertigstellung des mit der Lehre ausgedrehten Standes setzt man ein Oberteil auf, stampft es hoch und hebt ab, was infolge des schrägen Standes keine Schwierigkeit bietet. Das Oberteil wird zur Seite gesetzt und zunächst das Unterteil weiter bearbeitet. Man zieht das Modell um weitere 30 mm in die Höhe, so daß es mit dem Formkastenrande bündig wird, legt wieder Keile unter die Arme, rauht den schrägen Stand mit der Polierschippe auf, stampft den in Abb. 258 schwarz gezeichneten Teil voll und stellt einen neuen ebenen Stand a b c d her. Dann wird das Modell vollends aus der Form gezogen und der

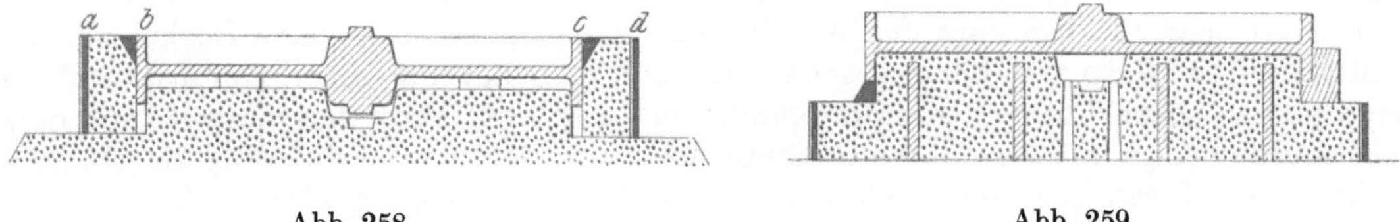

Abb. 258. Abb. 259.

Unterkasten abgehoben. Der am Boden stehen gebliebene Sandballen wird ausgebessert, gestaubt und poliert, nicht getrocknet. Der äußere Ring (das Formkastenunterteil) dagegen wird geschwärzt und getrocknet. Nun setzt man auf das gewendete Oberteil

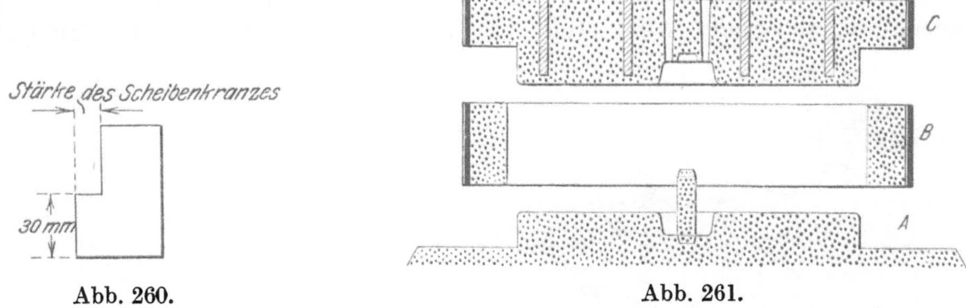

Abb. 260. Abb. 261.

das Riemenscheibenmodell (Abb. 259), schneidet mit einer Lehre (Abb. 260) den in Abb. 259 schwarz gekennzeichneten Teil weg, hebt das Modell ab, bessert aus, poliert, schwärzt und trocknet: Die drei Teile A, B und C (Abb. 261) werden nach Einlegung des Nabenkerns zusammengestellt und die Form gußfertig gemacht.

D. Geschirrguß (Poterie).

So einfach Topfformen auf den ersten Blick erscheinen, erfordern sie doch ein hohes Maß von Erfahrung und Geschicklichkeit von seiten des Formers und Gießers, wenn die Abgüsse gut ausfallen sollen, d. h. wenn sie zum Emaillieren und Schleifen geeignet sein und die vorgeschriebenen Gewichte nicht überschreiten sollen. Die unerläßliche Notwendigkeit weitgehender Erfahrung und Geschicklichkeit zeigt sich bereits bei Herstellung der Modelle, dann bei den einzelnen Abschnitten der Formerei, später beim Gießen und nicht am wenigsten bei der Nachbehandlung, besonders beim Schleifen der Abgüsse. Abb. 262 zeigt die drei Teile einer in hölzernen Formkasten hergestellten Topfform; Oberteil, Mittelteil und Unterteil [1]). In deutschen Gießereien werden für Geschirrguß durchwegs eiserne Formkasten benutzt. Die Modelle sind stets hohl, so daß danach alle drei Kastenteile aufgestampft werden können;

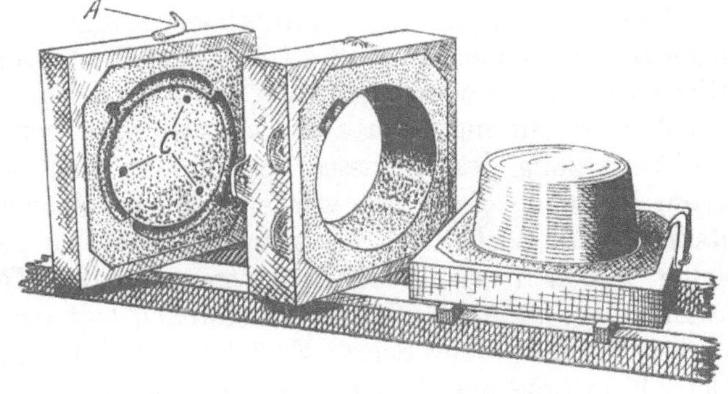

Abb. 262. Ober-, Mittel- und Unterteil einer Topfform.

[1]) Foundry 1921, S. 254.

die überwiegende Menge dieser Modelle besteht aus Blech, man arbeitet aber in Ausnahmefällen auch mit Gußmodellen.

Zu Beginn der Arbeit legt man das Modell mit dem Boden nach unten auf einen Stampfboden und versieht es ringsum mit einem Kranze von Modellsand (Abb. 263), den man mit den Händen fest an das Modell drückt. Dann wird das Formkastenmittelstück über das Modell gesetzt, voll Sand geschaufelt und festgestampft. Während dieser Arbeit deckt man die Höhlung des Modells mit einem genau passenden Deckel zu. In das Mittelteil wird so viel Sand geschaufelt, daß man mit nur einer Durchstampfung zurechtkommt. Der Former stampft einmal mit dem Spitzstampfer, danach mit dem Flachstampfer rings um das Modell; damit muß die richtige Verdichtung des Sandes erreicht sein. Hierin liegt ein wichtiger Umstand zur Erreichung glatter, blasen- und beulenfreier äußerer Beschaffenheit des Abgusses. Der überschüssige Sand wird abgestrichen, Teilungssand gestreut, glatt poliert, das Formkastenunterteil aufgesetzt und mittels Ösenhaken (Abb. 264) festgeklammert. Nachdem sich der Former überzeugt hat, daß alles gut zusammenpaßt, eine Beobachtung, die mehr auf Instinkt und Gefühl als auf sonstigen Maßnahmen beruht, füllt er Sand ein, drückt ihn mit den Händen fest und überstampft die gesamte Sandmasse mit dem Flachstampfer. Nach dem Abstreichen des überschüssigen Sandes wird recht ausgiebig Luft gestochen, die Mündungen der

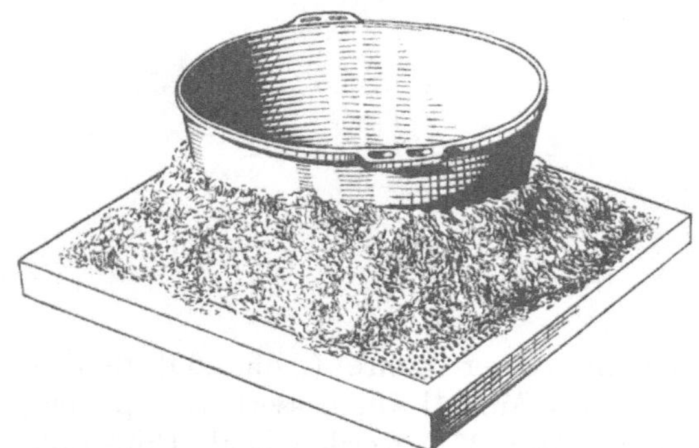

Abb. 263. Einformen eines Topfmodells (Beginn der Arbeit).

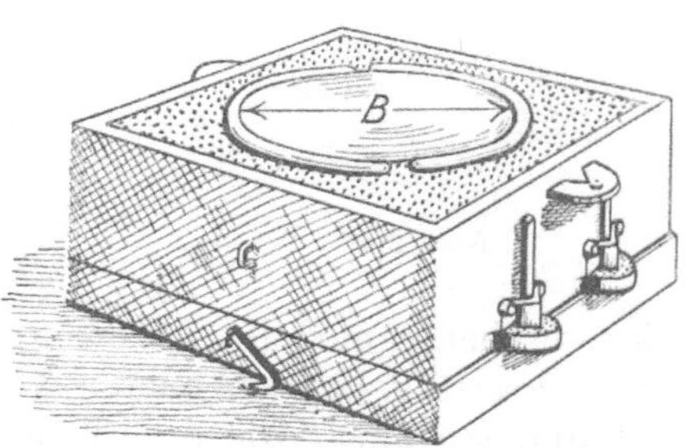

Abb. 264. Einformen eines Topfmodells (Mittel- und Unterteil).

Luftkanäle werden durch Rinnen, die mit einer Löffellanzette gezogen werden, miteinander verbunden, ein Bodenbrett aufgelegt, festgeklammert und das Ganze gewendet. Reichliches Luftstechen ist allgemein nötig, da man zur Erzielung einer sauberen Oberfläche sehr feinen Formsand verwenden muß, der, um genügend Halt zu besitzen, verhältnismäßig fett sein muß.

Nach Entfernung des Stampfbodens legt man den aus zwei halbkreisförmigen Bogen B bestehenden Einguß an das Modell. Dieser Einguß ist an seiner unteren Seite völlig eben, an der oberen schwach gewölbt; er hat verhältnismäßig starken Querschnitt, schließt aber nur mit einer außerordentlich dünnen Kante an das Modell an, um später ohne Verletzung des Abgusses von diesem leicht abgeschlagen werden zu können. In diesem Zustande der Form werden auch die Modelle für etwa anzubringende Füße in entsprechende Löcher des Hauptmodells gesetzt. Abb. 262 läßt bei C das Formende solcher Füßchen erkennen. Man streut wieder Teilungsand, setzt zwei Trichter auf die Eingüsse (in Abb. 262 gut erkennbar), legt das Oberteil auf, stampft es voll, hebt es ab und setzt es zur Seite. Es folgt das Abheben des Mittelteils und dann das viel „Gefühl" erfordernde Abheben des Topfmodells. Man klopft es mit einem Holzschlegel los, faßt es dann mit beiden flachen Händen an den Seiten an und hebt es so über den Sandballen weg.

Handelt es sich um Abgüsse, die später emailliert werden sollen, so darf zum Stauben der Form weder Graphit noch Kohlenstaub verwendet werden; auch der Formsand darf keinen Kohlenstaub enthalten, da sonst in der Gußhaut Kohlenteilchen zurückbleiben, die der Emaillierung hinderlich sind. Selbst das zum Gusse verwendete Eisen soll möglichst kohlenstoffarm sein; je graphitärmer es ist, desto besser haftet das Email am Eisen. Aus diesem Grunde geben dünnwandige Gußstücke, die beim Gusse mehr abschrecken als dickwandige und infolgedessen graphitärmer bleiben, tadellosere Emaillierungen. Es müssen auch die Ränder des Topfes ohne jeden Fehler die Form verlassen, da an blankgeschliffenen Stellen das Email weniger gut haftet. Weiter ist es wichtig, die Eingüsse noch in rotwarmem Zustande abzuschlagen; es bildet sich dann an der Bruchfläche eine rauhere Oxydschicht, die der Emailmasse bessere Unterlage gewährt. Alle diese für Emaillierungen wichtigen Vorschriften müssen in erhöhtem Maße gewissenhaft beobachtet werden, wenn es sich um Geschirr handelt, das inoxydiert werden soll.

Wesentlich einfacher wird das Verfahren, wenn die Abgüsse geschliffen werden sollen. Man kann dann dem Formsande in reichlichem Maße Steinkohlenstaub zusetzen, und es ist allgemein üblich, die Formen mit Graphit zu stauben. Mitunter staubt man auch noch Holzkohlenstaub nach, um das Modell neuerdings in die Form zu bringen, es „in den Staub zu klopfen“. Dieses Verfahren verzögert aber die Fertigstellung der Formen ganz wesentlich und führt mehr zu Mißständen, insbesondere zu Gewichtsüberschreitungen, als zu Vorteilen.

Nach Verklammerung der drei zusammengesetzten Formteile mittels der Hakenösen verbindet man sie unter Verwendung einer langen Klammer mit dem Bodenbrett, setzt die Kasten in Reihen nebeneinander und gießt sie ab. Da mit Ausnahme der kleinsten Nummern die meisten Töpfe mit zwei Eingüssen versehen sind, müssen hier zwei Mann zusammenarbeiten. Auf das richtige Geschick beim Gusse kommt wieder sehr viel für das gute Gelingen der Abgüsse an. Schon die Beurteilung der richtigen Gießwärme spielt eine große Rolle, dann sind die Gießzeit und das Absetzen im richtigen Augenblick von großer Wichtigkeit. Da es sich nur um wenige Sekunden handelt, spielt wieder das durch Erfahrung gewonnene richtige Gefühl eine Hauptrolle. Wird das Eisen etwas zu matt oder zu langsam vergossen, so laufen die Formen nicht gut aus, oder es neigen die Abgüsse zur Blasenbildung. Gießt man zu heiß, so brennt der Sand mehr oder weniger an, und die Abgüsse werden nicht sauber genug: die Form treibt Beulen, und die Abgüsse werden zu schwer. Die genaueste Einhaltung vorgeschriebener Gewichte ist wichtig, weil diese Gußart fast durchweg auf Grund genau ermittelter Gewichte kalkuliert und nach dem Gewicht gehandelt wird. Ein guter Former wird sich innerhalb $\pm$ 3% vom Durchschnittsgewicht halten können, während weniger zuverlässige Leute leicht zu Abweichungen von $\pm$ 10%, unter Umständen auch noch wesentlich höher kommen können.

Die erkalteten Abgüsse werden zunächst am Rande und an den Außenflächen zur Beseitigung von Fehlern oder sonstigen kleinen Unebenheiten mit einer Schmirgelscheibe vorgeputzt und danach in Scheuertrommeln vollends von noch anhaftendem Sande gesäubert.

E. Dünnwandige Kessel.

Die Herstellung von leichten Kesseln erfordert, gleich der des gesamten Geschirrgusses, gründlich eingearbeitete Former. Der Verkaufspreis solcher Kessel ist durch den Großhandel äußerst gedrückt, weshalb der Formerlohn so niedrig bemessen werden muß, daß nur besonders geschickte und eingearbeitete Former bei Handformerei ihr Auskommen finden können. Hauptsächlich muß auf geringes Gewicht gearbeitet werden, und ein Former, der nicht ständig Kessel macht, wird niemals leichte Kessel fertig bringen, denn dabei kommt alles auf empfindlichstes Gefühl beim Stampfen, beim Losklopfen, Ausheben und Polieren an. Meist werden die Kessel im dreiteiligen Formkasten mit dem Boden nach oben geformt. Der Mittelkasten — das Mantelstück — wird bis zum Bodenansatz des Kesselmodells aufgestampft, mit einer Bodenplatte verklammert und gewendet. Dann wird ein Unterkasten aufgesetzt und das Kernstück aufgestampft, beide Kasten werden gewendet und schließlich der Oberkasten mit dem Eingusse aufgestampft, eine durch die Hantierung mit den schweren Formkasten und deren zweimaliges Wenden recht anstrengende Arbeit.

Besser ist folgendes, noch wenig verbreitetes Arbeitsverfahren, wozu ein Formboden, ein zweiteiliger Formkasten, eine Formplatte, ein durchlochter Aussparkegel und ein Metallmodell, dessen Boden vom Rumpfe getrennt ist und in ihm mittels einiger Stifte geführt wird, erforderlich sind[1]). Abb. 265 zeigt einen Randkessel von 125 l Inhalt, Abb. 266 die Formerei-Einrichtung. Der gußeiserne Formboden A, die Modellplatte B und der Mantelformkasten M sind an den Auflageflächen bearbeitet, nach Lehren gebohrt und passen genau durcheinander. Im Formboden A sitzen Führungsstifte E, die mit Splintschlitzen zur Verbindung mit dem Formkasten versehen sind und die lang genug sein müssen, um das Abheben des Formkastens ohne allzu große Vorsicht zu ermöglichen. Die Modelle mit der Formplatte müssen peinlich genau hergestellt werden. Von jeder Kesselgröße wird eine Zeichnung in natürlicher Größe hergestellt und nach der inneren Begrenzungslinie des Kessels zerschnitten. Dann zieht man den unteren Teil der Zeichnung um die Stärke der Modellplatte nach unten, wodurch die richtige Wandstärke des Modells gewonnen wird. Der Formboden A, die Formplatte B und das Modell F des Kesselbodens werden am besten aus Gußeisen, der Rumpf C des Kesselmodells aus Aluminiumguß oder Eisenblech ausgeführt.

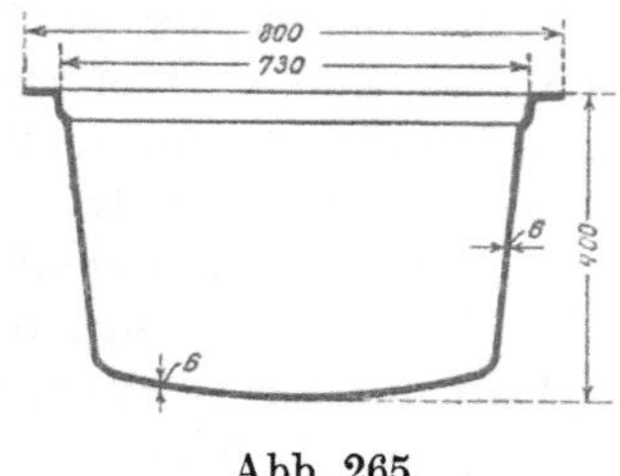

Abb. 265. Abb. 266.

Abb. 265 u. 266. Formerei dünnwandiger Kessel.

Der Formvorgang ist recht einfach. Auf den Formboden A wird die Formplatte B mit dem Rumpfmodell C gelegt und der freie Raum e zwischen dem Formboden und der Formplatte mit Modellsand unterstopft, um den unter der Formplatte sitzenden Kesselflansch abzuformen. Danach wird der durchlochte Aussparkegel D eingesetzt, der freie Raum zwischen ihm und dem Kesselmodell vollgestampft, die Bodenform mit einer Lehre abgestrichen und das Bodenmodell aufgeklopft. Aufsetzen und Vollstampfen des Formkastenmittelstückes M, Herstellung eines Standes m n, Aufsetzen des Oberteils O und Aufstampfen unter Anordnung eines flachen auf die Mitte des Kesselbodens gesetzten Keiltrichters. Abheben des Oberteils III, des Mantelteils II, des Kesselbodens F und des Kesselrumpfmodells C mitsamt der Formplatte B. Vorsichtiges Glätten (Polieren) aller Formflächen nach Einstäubung mit Graphit und Holzkohle. Gießfertiges Zusammenstellen der Form. An Stelle des keilförmigen Eingußtrichters werden auch in Spitzen oder in Einzelstrahlen gegliederte Eingüsse verwendet.

Zur Formerei solcher Kessel eignet sich mittelfetter, getrockneter und gemahlener Formsand im Mischungsverhältnis von $^1/_3$ Neu- und $^2/_3$ Altsand mit einem Zusatz von etwa $6\,^0/_0$ gasreichem Steinkohlenstaub. Der Sand wird mit nur so viel Wasser angemacht, als zur Erreichung der nötigen Bildsamkeit unbedingt erforderlich ist. Zwei Former mit zwei Hilfsarbeitern vermögen in der Schicht leicht 6 Stück 125er Kessel zum Abgusse zu bringen.

F. Badewannen.

Infolge der geringen Wandstärke der Abgüsse — im allgemeinen etwa 6 mm — ist die Verwendung eines Holzmodells als Betriebsmodell ausgeschlossen, da ein solches schon nach den ersten Abgüssen unbrauchbar würde. Man fertigt zunächst ein Urmodell

[1]) Stahleisen 1916, S. 1225.

aus Blei, Wachs oder Gips, mitunter auch aus Eisenblech an und gießt danach eiserne Arbeitsmodelle ab. Blechmodelle kommen nur in Betrieben in Frage, die über besonders geschickte Blechmodell-Schlosser verfügen.

Mangels solcher Handwerker geht man in folgender Weise vor: Ein Trog wird aus Holz angefertigt, dessen innere Wände annähernd den Außenmaßen des Modells entsprechen, darüber wird die Modellstärke in Wachs aufgetragen. Auch der umgebogene Rand kann aus Wachs hergestellt werden, es ist aber vorteilhafter, ihn aus Holz zu gestalten, entweder als volles Modell mit Kern oder auch in richtiger Gestalt ausgehöhlt. Auch aus Eisenblech stellt man ihn mitunter her, das über einer gußeisernen Matrize zurechtgebogen wird. Die Teilungsfläche zwischen Rumpf- und Randmodell fällt mit der Formkastenteilungsfläche zusammen. Nach Auftragung und Erhärtung der Wachsschicht wird der Trog voll Sand gestampft, ein Wendeboden aufgelegt und festgeklammert, und das Ganze gewendet. Der fest eingestampfte Sand sichert dem Wachsmodell seine Form, so daß nach Entfernung des Holztrogs ohne weiteres ein Oberteil aufgestampft werden kann. Danach wird die Form auseinander genommen, sauber ausgearbeitet, wieder zusammengesetzt und mit Gußeisen abgegossen.

Handelt es sich um ein auf einer Formplatte unterzubringendes Modell, das gleich einem gewöhnlichen Wannenmodell zum Formen des Ober- und des Unterteils dienen soll, so muß bei Bemessung seiner Wandstärke die Dicke der Formplatte berücksichtigt werden[1]). Man zeichnet dazu einen Längs- und einen Querschnitt des Wannenmodells mit Schwindmaßzugabe in natürlicher Größe auf (Abb. 267) und schneidet die Zeichnung der inneren Begrenzungslinie a a a entlang aus. Danach zieht man den unteren ausgeschnittenen Teil der Zeichnung um das Maß b der Formplattenstärke nach unten und erhält so den Querschnitt des angefertigten Modells mit den Wandstärken d_1, d_2, d_3, wie ihn die linke Hälfte der Abb. 267 erkennen läßt.

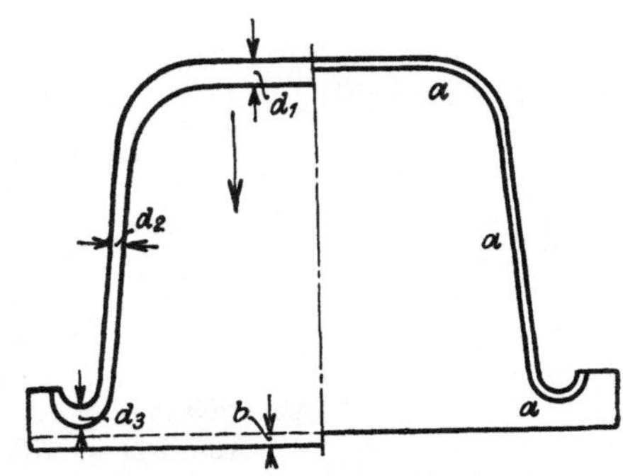

Abb. 267. Zeichnung des Badewannenmodells.

Falls ein Modell mit losem Boden angefertigt werden soll, geht man zuerst nach vorstehenden Angaben vor, teilt aber die Form beim Übergang von den Seitenwänden zum Boden und fertigt sowohl für den Rumpf als auch für den Boden je ein flaches Abschlußteil an. Man kann auch ein im ganzen gegossenes Modell auf einer Hobelmaschine oder Drehbank teilen, so daß sich ein loser Boden ergibt. In diesem Fall muß die Gesamthöhe des Modells um die Stärke des Schnittspanes reichlicher bemessen werden. Mitunter verzichtet man auf gemeinsame Anfertigung von Rumpf- und Bodenmodell und stellt nur den Rumpf durch Guß her, während der Boden durch Treibarbeit aus Blech angefertigt wird. Lose Böden werden entweder mittels kleiner, in die Fleischstärke des Rumpfmodells reichender Stifte geführt, oder man ordnet seitliche Führungen an, die an kleinen Lappen außer- oder innerhalb des Modellrumpfes gegengeführt werden. Die Gegenführungslappen müssen nach dem Ausheben des Modells jedesmal zugedämmt werden.

Die Wannen werden gewöhnlich in dreiteiligen Formkasten mit dem Boden nach oben geformt. Man legt das Modell mit der Öffnung nach unten auf einen Stampfboden, setzt ein mit der Höhe des Modellrumpfes übereinstimmendes Formkastenmittelstück auf, stampft es voll, stellt die Teilungsfläche her und stampft auch das Oberteil auf. Nach Verklammerung mit einem Deckboden wird gewendet, ein Formkastenunterteil aufgesetzt und vollgestampft. Es folgt neuerliches Wenden, worauf das Oberteil und das Mittelstück abgehoben werden. Nun kann das Modell zur Ablösung vom Kern mit Holzhämmern gründlich abgeklopft und schließlich abgehoben werden. Die Form wird gepudert, geglättet, letzterer Vorgang wird mitunter durch Wiederaufsetzen des Modells

[1]) Gieß.-Zg. 1923, S. 76.

auf den Kern bewirkt, worauf die Form gießfertig zusammengestellt und abgegossen wird. Zur Sicherung der genauen Wandstärke werden manchenorts gußeiserne doppelkegelförmige Kernstützen nach Abb. 268 auf die Wölbung des Unterteilballens gesetzt. Sie schweißen vollkommen ein und gefährden nicht die folgende Emaillierung.

Abb. 268. Gußeiserne Kernstütze.

Bei der Formerei mit einem Blechmodell[1]) wird das Modell auf einen kräftigen Aufstampfboden gesetzt, der mit einigen bis an den Wannenboden reichenden Schoren (Abb. 269) versehen ist, die ein Durchdrücken des Modellbodens während des Aufstampfens verhüten. Die Arbeit vollzieht sich im übrigen wie bei Verwendung eines gußeisernen Modells. Der Formkasten ist reichlich mit Schoren versehen, die der Gewichtsersparnis und des Sandverbrauchs halber reichlich ausgespart sind und insbesondere im Mittelteilformkasten bis knapp an den Abguß heranreichen (Abb. 270). Der Guß erfolgt stets von oben mittels Keiltrichtern deutscher (Abb. 271) oder amerikanischer (Abb. 272) Art. Die Kasten werden unmittelbar nach dem Erstarren des Eisens gewendet und dann das Unterteil zur Vermeidung von Schwindungshemmungen gelockert.

Die Arbeit wird ganz wesentlich vereinfacht durch Verwendung einer Formplatte und eines Modells mit loser Bodenplatte. Die hierfür zu treffende Anordnung ist der

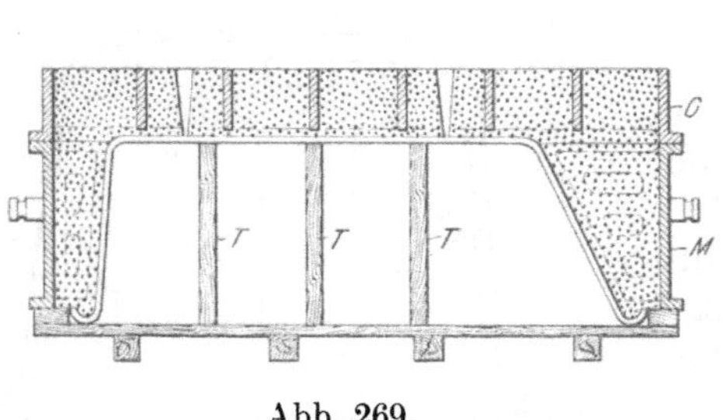

Abb. 269.

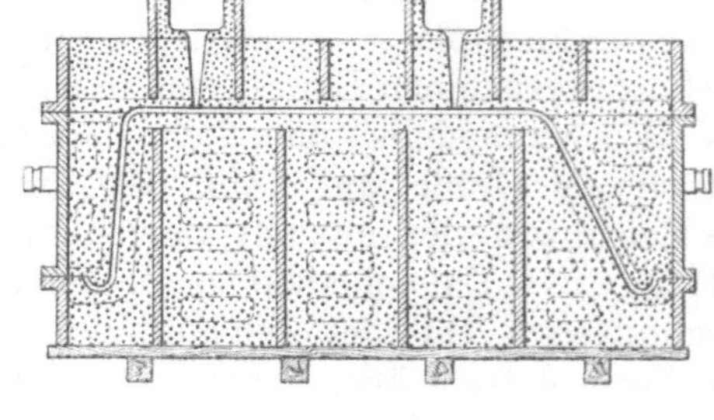
Abb. 270.

Abb. 269 u. 270. Badewannenformerei mit Blechmodell.

Abb. 273 zu entnehmen [2]). Die linke Hälfte der Abbildung zeigt das völlig eingestampfte Modell, die rechte Hälfte die gießfertige Form nach Aushebung des Modells. Die Einrichtung besteht aus einem unteren Abschlußteil a mit dem Aussparkörper a_1, einer Modellplatte b mit angegossenem Modellrumpf b_1 und dem losen Modellboden b_2, einem Formkastenmittelteil c und einem Oberteil d. Zur Ausarbeitung des Unterteils (Abb. 274)

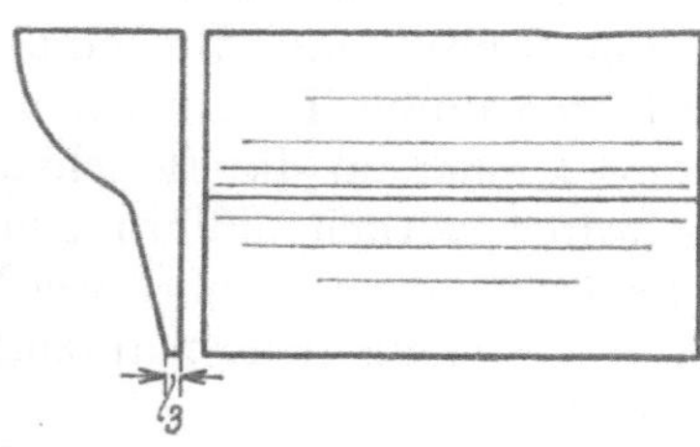

Abb. 271. Deutscher Keiltrichter.

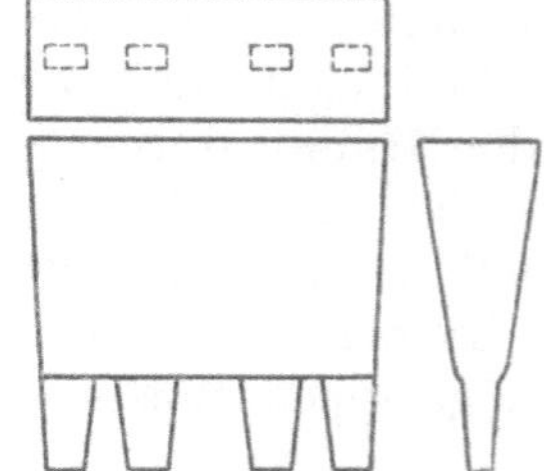
Abb. 272. Amerikanischer Keiltrichter.

sind weiter eine Rahmenlehre e und eine Ziehlehre e_1 erforderlich, während eine weitere Ziehlehre f zur Herstellung der oberen Fläche des großen Sandballens dient (Abb. 275). Die Modellplatte mit dem Modellrumpf sowie der Modellboden werden aus Aluminium gefertigt, dessen geringes Gewicht ihre Handhabung erleichtert. Zum Abziehen der Kuppe des die innere Form der Wanne bildenden großen Sandkörpers ist noch eine an den Kastenrändern geführte stählerne Abziehlehre erforderlich. Sämtliche Stoßfugen an den Formkasten und der Modellplatte sind genau bearbeitet.

[1]) Stahleisen 1910, S. 580. [2]) Gieß.-Zg. 1923, S. 76.

Das Arbeitsverfahren: Der untere Abschlußteil wird auf einer genau ausgerichteten Unterlage abgesetzt, die Rahmenlehre e eingelegt (Abb. 274), der freie Raum zwischen ihr und dem Unterteilrand mit Formsand gefüllt, der Sand mit den Füßen festgetreten und mit der Streichlehre e_1 in richtige Form gebracht, worauf man den Aussparkörper a_1 einsetzt, die Formplatte b mit dem Rumpfmodell b_1 über die Führungsbolzen schiebt und das Innere des Modells bis zum oberen Rande vollstampft. Dann wird noch eine der Wölbung des Modellbodens entsprechende Sandschicht mit dem Flachstampfer festgestampft und mit Hilfe der erwähnten Lehre abgestrichen. Man muß darauf bedacht sein, den Sand nicht zu stark zu verdichten, und beläßt ihn 20 mm höher, als erforderlich wäre, um dann mit dem Bodenmodell noch etwas nachdrücken zu können,

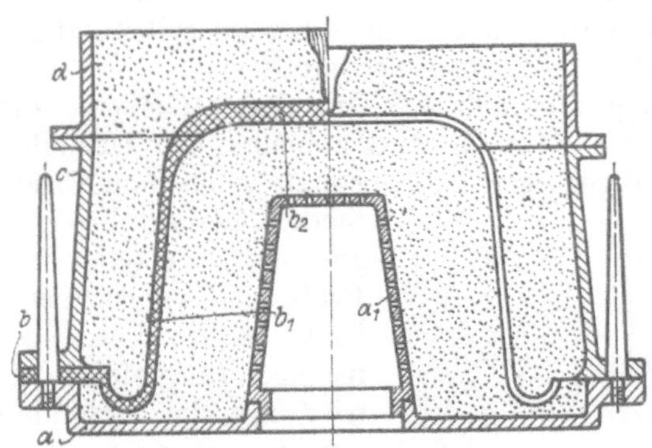

Abb. 273. Badewannenformerei mit Formplatte und Modell mit loser Bodenplatte.

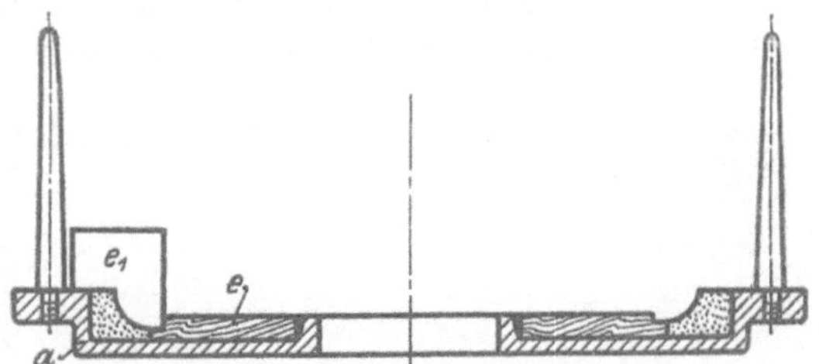

Abb. 274. Einrichtung zur Formerei des Badewannenunterteils.

Vor der endgültigen Festlegung wird das Bodenmodell nochmals abgehoben, um mittels Fingerdruck die richtige Verdichtung des Sandes feststellen zu können. Danach wird das Formkastenmittelteil aufgesetzt und vollgestampft. Die Verdichtung des Formsandes erfolgt in 3—4 Schichten. Nach Herstellung einer Teilungsebene wird das Oberteil aufgesetzt und mit den Trichtermodellen vollgestampft.

Dieses Verfahren ist trotz der Notwendigkeit, zum Teil mit Lehren arbeiten zu müssen, infolge der Erübrigung jeden Wendens einfacher und zuverlässiger als die oben beschriebenen. Es ermöglicht die Verwendung magereren und luftigeren Formsandes und erübrigt mit Ausnahme des Teils zwischen dem Modellboden und dem Aussparungskörper das Luftstechen. In diesem Teile wird der Luftspieß bis auf den Aussparungskörper gedrückt, so daß er bis in ein Loch seiner siebartig ausgesparten Oberfläche dringt. Oben verreibt man die vom Spieße hinterlassenen Löcher mit der flachen Hand und siebt darüber eine nur einige Millimeter starke Schicht mageren Modellsand, dem man etwas Mehl beifügte. Der Sand wird dadurch besser befähigt, dem über ihn wegfließenden Eisen zu widerstehen.

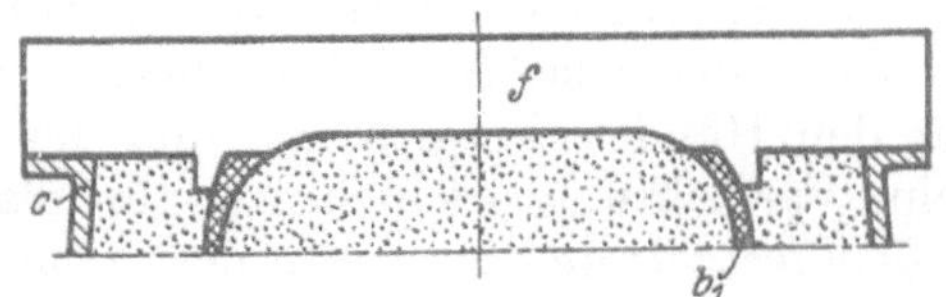

Abb. 275. Ziehlehre.

Das Ausleeren erfolgt in zwei Abschnitten. Bereits einige Minuten nach dem Guß bricht man die Eingüsse ab, hebt den Mittelkasten samt dem Oberkasten etwa 50 mm hoch an, schiebt Keile zwischen die Kastenteile a und c und wuchtet mit einer langen, meißelartig geschärften Eisenstange den Abguß hoch. Er bleibt dann $^1/_2$ bis 1 Stunde langsamer Abkühlung überlassen, worauf man vollends ausleert, um den Sand über Nacht frisch aufbereiten zu können.

G. Klavierplatten.

Trotz der scheinbar so einfachen Gestaltung der flachen, mit wenigen leichten und niedrigen Rippen versehenen Modelle bietet die Klavier- und Pianoplattenformerei den Gießern recht erhebliche Schwierigkeiten. Hauptsächlich handelt es sich um genaue Einhaltung der Normalgewichte, d. h. der bis zu 6 mm herabgehenden Wandstärken, um vollständige Vermeidung jeglicher Verziehung oder Verwerfung und um leichte Bearbeitbarkeit bei gleichzeitig hoher Festigkeit. Eisen von geringerer Festigkeit hat ausnahmslos gesprungene Platten zur Folge. Die Formerei solcher Platten erfordert darum besondere Erfahrungen und Kenntnisse; ein auf anderen Gebieten noch so gut erfahrener, fleißiger und tüchtiger Former vermag nicht ohne weiteres gute Platten zustande zu bringen, er muß sich erst mit einer Menge kleiner Kunstgriffe vertraut machen. Aus diesem Grunde und infolge der stets gleichförmigen Arbeit bietet die Klavierplattenformerei wenig Anreiz, weshalb sich ihr verhältnismäßig wenig Former gewidmet haben. Man ist in Klavierplattengießereien darauf angewiesen, sich die Former selbst heranzuziehen, und erreicht das durch Beigabe eines Helfers zu jedem bereits selbständigen Former, wobei dieser Helfer allmählich selbst zum Former heranreift [1]).

Die Aufträge von Klavierplatten werden gewöhnlich auf Grund der Gießerei von den Kunden gelieferter Zeichnungen ausgeführt. Danach wird zunächst ein Urmodell aus Holz angefertigt, davon ein Eisenmodell abgegossen und der erste nach dem Eisenmodell hergestellte Abguß dem Besteller zur Prüfung eingeschickt. Erst wenn diese befriedigend ausgefallen ist, wird mit der laufenden Erzeugung begonnen.

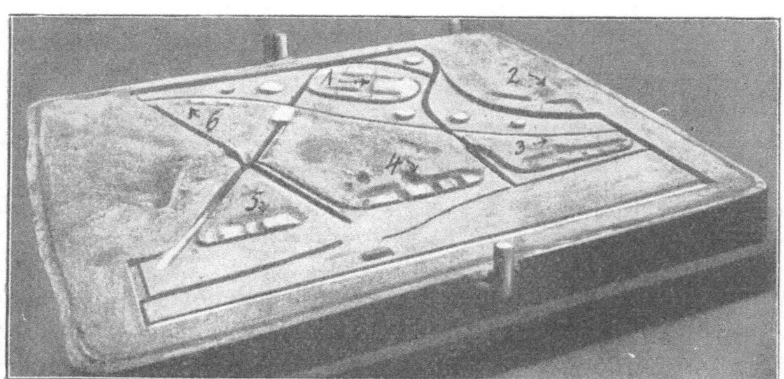

Abb. 276. Klavierplattenformerei.

Die Formerei des Eisenmodells nach dem hölzernen Urmodell erfordert infolge großer Nachgiebigkeit des Holzmodells viel Sorgfalt, was schon daraus erhellt, daß man dazu reichlich einen halben Tag braucht, während nach dem eisernen Modell in der Schicht durchschnittlich neun Abgüsse hergestellt werden können.

Das eiserne Modell wird auf ein Stampfbrett gelegt, der Unterteilformkasten darüber gehoben, über das Modell Formsand gesiebt, darauf eine weitere Schicht Modellsand mit den Händen festgedrückt und der freie Raum darüber mit Haufensand ausgefüllt. Seine Verdichtung geschieht nur zum Teil durch Stampfen, er wird hauptsächlich mit den Füßen festgetreten. Es erfordert eine gewisse Übung, um mit einmaligem Festtreten des Sandes in der Längsrichtung des Formkastens den richtigen Verdichtungsgrad zu erreichen. Nach dem Abstreichen des überschüssigen Formsandes legt man ein Bodenbrett über das Unterteil, verklammert das Ganze, wendet, hebt den Stampfboden ab, setzt das Oberteil auf, bringt die Eisengußmodelle an Ort und Stelle und verdichtet den Sand im Oberteil in derselben Art wie im Unterteil. Nach dem Abheben des Oberteils wird etwas Sand über das offene Unterteil gesiebt, festgetreten, mit kurzen Abstreifhölzern die überschüssige Menge weggekratzt und der Rest glatt poliert. Diese nachträgliche Zugabe von Formsand ist nötig, um vollkommen sattes Aufliegen von Ober- und Unterteil zu gewährleisten. Es ist einleuchtend, daß gerade diese Arbeit große Geschicklichkeit und Sicherheit bedingt, soll sie nicht statt des guten Erfolgs unmittelbar schädlich wirken.

Das nunmehr aus dem Unterteil gezogene Modell wird auf einem Stampfboden abgesetzt, von dem Former und dem Helfer wird Sand in den Kasten gesiebt und mit den Händen festgedrückt, worauf der Helfer an diesem Unterteil weiterarbeitet, während der Former sich zum ersten Unterteil, aus dem schon das Modell ausgehoben wurde, wendet und hier die Einläufe und Anschnitte ausarbeitet. Beide Leute werden zu gleicher Zeit fertig und machen dann durch Aufsetzen des Oberteils die erste Form fertig. Die nächste

[1]) S. Stahleisen 1921, S. 895.

Arbeit gilt dem Aufsetzen des Oberteils auf das zweite Unterteil usw., bis im Laufe der Schicht die gesamten Formen gießbereit sind. Bei dieser Einteilung wird die Formarbeit zwecks Bedienung des Kranes für jede Form nur zweimal unterbrochen, einmal beim Abheben des Oberteils und zum zweiten Male beim Schließen der Form. Alle andere Kranbenutzung schließt sich an diese beiden Vorgänge an. Nach der Betriebseinteilung einer amerikanischen Gießerei gießen der Former und sein Helfer selbst ab, leeren die Kasten aus, schaufeln sich den Sand selbst durch und liefern je Schicht neun Stück gute Abgüsse.

Eine besondere Eigentümlichkeit der Klavierplattenformen bilden die unbedingt erforderlichen zahlreichen Eingüsse. Jede Form bedarf fünf bis sieben Eingüsse und eines Steigers. Der Steiger wird stets möglichst in der Mitte der Form angeordnet. Abb. 276 zeigt ein Unterteil mit sechs Eingüssen, deren jeder drei- bis fünfmal mit der Form verbunden ist. Die Anschnitte werden breit und sehr dünn — höchstens 4 mm stark — gehalten, um ohne Gefahr vom Abgusse entfernt werden zu können. Jeder Einguß wird für sich mittels eines Handlöffels gefüllt, weshalb zum Abgusse einer Klavierplatte mit sechs Eingüssen sechs Gießer erforderlich sind.

Da vollkommene Ebenheit der Abgüsse eine Grundbedingung für ihre Verwendbarkeit bildet, werden die Formen unmittelbar nach dem Guß gegen die Mitte zu abgedeckt. Die richtige Ausführung dieses Abdeckens erfordert beträchtliche Erfahrung und große Gewissenhaftigkeit, weshalb der Former für ebene und unverzogene Abgüsse verantwortlich ist. Für verzogene Abgüsse wird kein Lohn bezahlt.

Eine große Rolle spielt auch der verwendete Formsand. Man benutzt einen sehr feinkörnigen, aber recht luftigen Formsand, der so gasdurchlässig ist, daß keinerlei Luft gestochen werden muß.

H. Zahnräder.

Die Formerei von Zahnrädern nach Modell erfordert ohne besondere Einrichtung stets einen tüchtigen, sehr erfahrenen Former. Sind aber nach einem Modell viele Abgüsse zu liefern, so daß sich die Anfertigung eines Abstreifkammes [1]) lohnt, so wird die Formerei zu einer sehr einfachen, von weniger geschulten Kräften, ja selbst von Tagelöhnern auszuführenden Arbeit. Man geht dann in folgender Weise vor [2]):

Das Zahnradmodell wird in üblicher Weise eingeformt, das Oberteil abgehoben und dann rings um das Modell ein Ring a (Abb. 277) aus dem Sand geschnitten, der

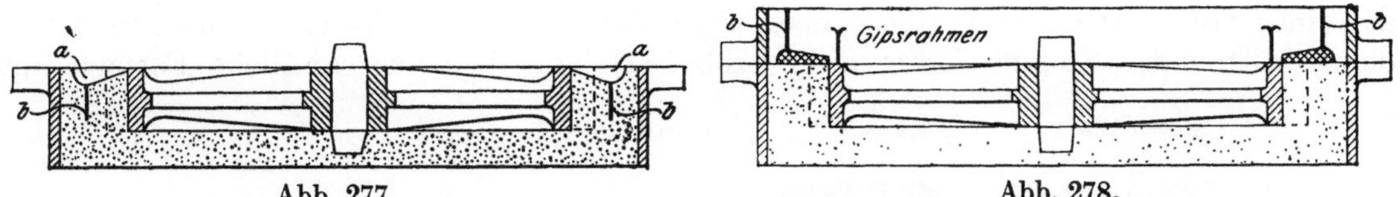

Abb. 277. Abb. 278.

Abb. 277—280. Zahnradformerei nach Modell. Herstellung eines Abstreifkamms und einer Gipsmodellplatte.

bis in die Zahnlücken greift. Innerhalb der Zahnlücken erhält der Ring je nach der Größe des Modells bis zu 5 mm Stärke, während er außerhalb des Modells an der stärksten Stelle mit 15—20 mm bemessen wird. Um dem Ringe später in der Gipsplatte eine Führung zu geben, drückt man gleichmäßig verteilt drei Stücke blanken Eisendrahtes b in den Sand. Die so rings um das Zahnradmodell entstandene Form wird mit Talkum gestäubt, ein Trichter und ein Steiger werden durch das Oberteil gezogen, dieses wieder aufgesetzt und die Ringform mit Weißmetall ausgegossen. Der rohe Abstreifkamm wird, soweit es erforderlich ist, nachgearbeitet und dann in die noch anzufertigende Gipsmodellplatte eingegossen. Zu dem Zweck formt man das Zahnradmodell neuerdings ein, legt den Abstreifkamm so um das Modell im Unterteil, daß seine Zähne die Zahnlücken des Modells genau decken, setzt den Rahmen der Gipsmodellplatte auf das Unterteil (Abb. 278), versieht das Modell mit Häkchen, um es im Gips zu verankern, und gießt

[1]) Vgl. S. 337. [2]) Stahleisen 1918, S. 268.

den Rahmen mit starkem Gipsbrei aus. Nach dem Wenden und Ausstoßen des Unter teils ragt das Zahnradmodell in seiner ganzen Stärke über das Gipsteil heraus (Abb. 279), während der Abstreifkamm vertieft in der Gipsplatte liegt.

Ein Vorteil des Verfahrens liegt, abgesehen von seiner einfachen und billigen Ausführungsweise, darin, daß das Modell unverändert bleibt und nicht wie bei anderen Herstellungsarten um die Stärke des Abstreifkammes erhöht werden muß.

Beim Arbeiten auf einer Wendeformmaschine[1]) bleibt der schwere Kamm nach dem Schwenken und Hochgehen der Wendeplatte auf der Form liegen und verhütet jedes Abreißen des Sandes. Da bei großen Modellen der Abstreifkamm ziemlich schwer

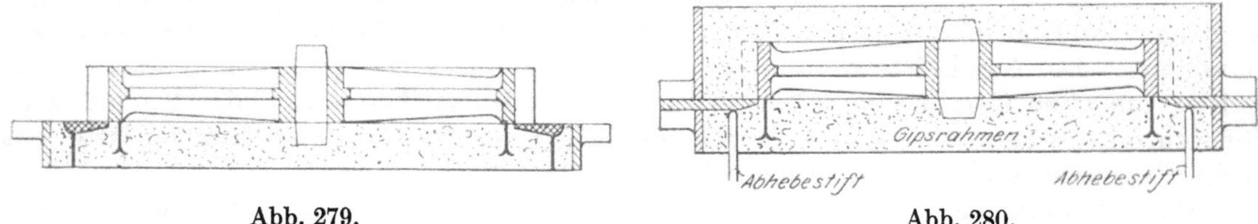

Abb. 279. Abb. 280.

wird, erfordert sein Abheben mit größer werdendem Durchmesser stetig zunehmende Sorgfalt; die geringste Einseitigkeit beim Abheben des Kammes würde die Form beschädigen. Aus diesem Grunde eignet sich das Verfahren hauptsächlich für kleinere Räder.

Der beschriebene Abstreifkamm tut auch auf Abhebemaschinen gute Dienste. Man braucht nur den Kamm mit dem Abhebekreuz durch Abhebestifte in Verbindung zu bringen, so daß der Abstreifkamm gleichzeitig mit dem Formkasten angehoben wird. Der Abstreifkamm — in diesem Falle ein richtiger Durchziehkamm — wird dann zweckmäßigerweise so breit gemacht, daß er sich mit der Grundfläche des Formkastens deckt (Abb. 280), worauf sich die Abhebestifte ohne jede Schwierigkeit so anordnen lassen, daß sie durch den Formtisch greifen und den Abstreifkamm mit dem Formkasten in einem Angriffe vom Modell abheben.

J. Bügeleisen.

Vollwandige Bügeleisen mit schmiedeisernem Bügel und gußeisernem Handgriff werden am besten auf Durchziehformplatten[2]) hergestellt. Man vereinigt vier Modelle auf einer Formplatte — das ergibt noch einen handlichen Formkasten — und ordnet in deren Mitte einen Eingußtrichter an[3]) (Abb. 281), von dem aus sämtliche Formen mit

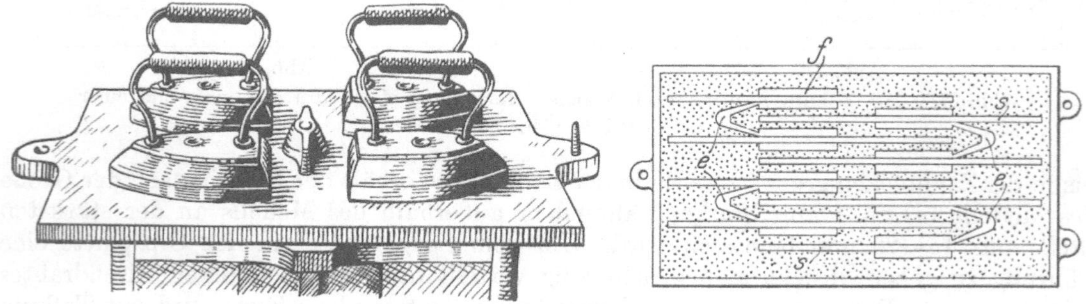

Abb. 281. Abb. 282. Herstellung der Bügeleisengriffe.
Abb. 281 u. 282. Bügeleisenformerei.

flüssigem Eisen versehen werden. Die Kasten werden von Hand gestampft, so daß die Leistung der Maschine nur in der Beistellung einer ebenen Teilungsfläche, der stets gleichbleibenden Verteilung und Lage der Modelle, des Eingusses und der Anschnitte und im Durchziehen der Modelle besteht. Die letztgenannte Arbeit erfolgt in der allgemein üblichen Weise durch einfache Betätigung eines Hebels.

[1]) S. S. 353. [2]) S. S. 337. [3]) Gieß.-Zg. 1921, S. 211.

Die Handhaben werden zunächst für sich hergestellt, indem man in die Formen der Griffe die auf genaues Maß geschnittenen geraden schmiedeisernen Bügel einlegt (Abb. 282) und mit Eisen umgießt. Nach ihrer Reinigung in einer Scheuertrommel werden sie in einer Biegemaschine zurechtgebogen, dergestalt, daß ihre Enden bequem in die für sie vorgesehenen Aussparungen der Modelle passen. Nach dem Stampfen der Form und dem Einziehen der Modelle bleiben die Bügel im Sande sitzen, so daß beim folgenden Abgießen ihre Enden mit eingegossen werden. Der Guß erfolgt zur Sicherung einer sauberen Fläche mit der Bügelfläche nach unten; es befinden sich demnach sämtliche Teile der Form im Oberteile. Das Unterteil besteht nur aus einem einfachen, völlig eben gestampften flachen Formkasten, auf den das Oberteil aufgesetzt und mit dem es zur Sicherung gegen etwaiges Anheben während des Gießens durch Hakenösen verbunden wird.

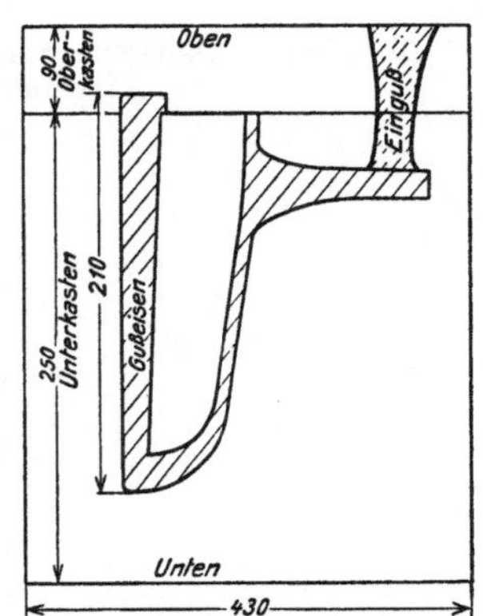

Abb. 283. Formerei hohler Bügeleisen.

Zum Schleifen der Eisen sind zwei Arbeitsvorgänge erforderlich. Man schiebt jedes Bügeleisen zunächst in einen Schlitten, mittels dessen es mit der Bügelfläche gegen eine Schmirgelscheibe von 600 mm Durchmesser und Korn 16, die mit 1100 Umdrehungen in der Minute läuft, gepreßt wird. Im allgemeinen kommt man mit dem Abarbeiten von etwa 0,7 mm aus und braucht dazu etwa 1 Minute. Zum Schleifen der Seitenflächen wird das Eisen in einen zweiten Schlitten gesetzt, der im erforderlichen Winkel eingestellt werden kann. Auch diese Arbeit erfordert etwa 1 Minute. Nach dem Schleifen poliert man mit einer Holzscheibe, die mit Schmirgel Nr. 80 bezogen ist, und danach mit einer Scheibe mit Schmirgel Nr. 120. Bügeleisen, die vernickelt werden sollen, erhalten noch eine Hochglanzglättung durch Behandlung mit einem Brei aus Öl und allerfeinstem Schmirgelstaub.

Beim Schleifen der Bügelfläche nimmt man zunächst nur die erhabenen Unebenheiten weg und hört mit der Bearbeitung auf, sobald eine gleichmäßig glatte Fläche erreicht ist. Dieses Verfahren ist wesentlich einfacher, werkstoff- und zeitsparender, als wenn man davon ausginge, ein bestimmtes Maß verarbeiten zu wollen.

Hohle Bügeleisen werden in der Anordnung nach Abb. 283 stehend mit im Oberteil hängendem Kerne eingeformt. Die Formerei erfolgt auf Durchziehmaschinen, die Kerne werden gleichfalls auf Maschinen unter Verwendung von Oberteilen hergestellt, die mit bis nahe zur Spitze reichenden schmiedeisernen Kerneisen ausgestattet sind. Es erübrigt sich demnach das Einlegen besonderer Kerneisen. Nach dem Guß wird der Kasten gewendet, das nun oben liegende Unterteil abgehoben, worauf die Lösung der Abgüsse von den Kerneisen leicht zu bewerkstelligen ist.

K. Gewinde und Schnecken.

Zur Formerei dieser Teile hat A. Wiedemann[1]) verschiedene Verfahren bekannt gegeben, die ebenso durch Einfachheit wie Zuverlässigkeit gekennzeichnet sind.

Gußeiserne Schrauben mit flachem Gewinde nach Abb. 284, wie sie zur Einstellung der Schalen von Sellerslagern verwendet werden, benötigen eine Formeinrichtung nach Abb. 285, bestehend aus einer Durchziehplatte a, in der das gewünschte Gewinde eingeschnitten ist. Das Gewindespindelmodell b wird mittels eines in die Löcher c greifenden Steckschlüssels durch die Platte gedreht, bis die unteren Flächen des Modells und der Platte eine Ebene bilden. Abb. 286 läßt in einem Schnitte durch die Form vor dem Ausdrehen des Modells die Gesamtanordnung erkennen. Auf die Platte a wird das Formkastenmittelstück m gesetzt und danach in etwa 20 mm Stärke rings um das Schraubenmodell Formsand leicht von Hand angedrückt. Dem recht feinkörnigen Formsande wird irgend ein guter Binder, etwa Sulfitlauge oder Mehl, beigemischt. Zum Vollstampfen genügt

[1]) Stahleisen 1917, S. 694.

dann gewöhnlicher durchgesiebter Haufensand. Es wird nun eine Teilfläche ausgearbeitet, die obere Kernmarke eingesetzt, ein Oberteil o aufgestampft und das Ganze um 180° ge-

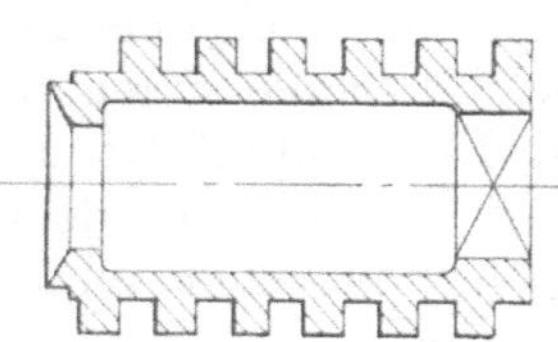

Abb. 284. Gußeiserne Schraube mit flachem Gewinde.

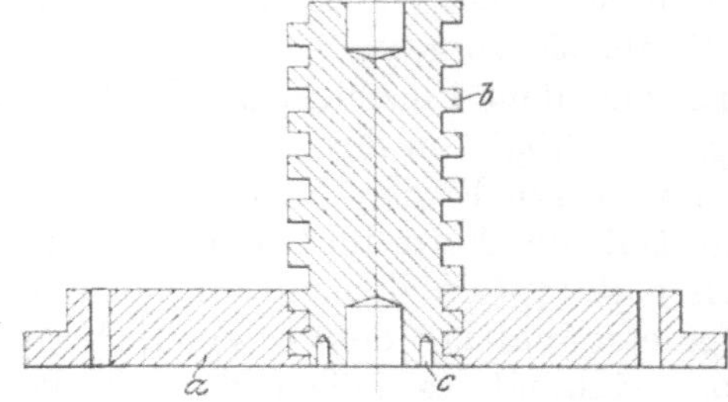

Abb. 285. Formeinrichtung für gußeiserne Schrauben.

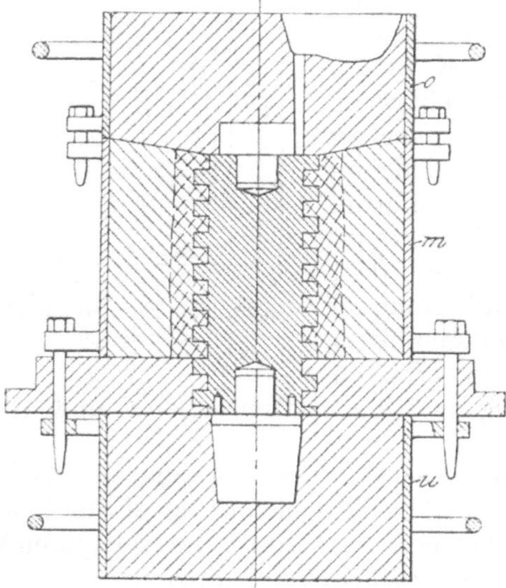

Abb. 286. Schnitt durch die Form.

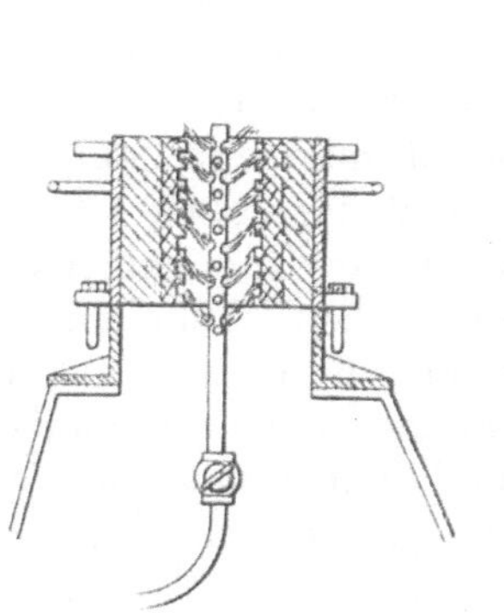

Abb. 287. Gas-Trockenvorrichtung.

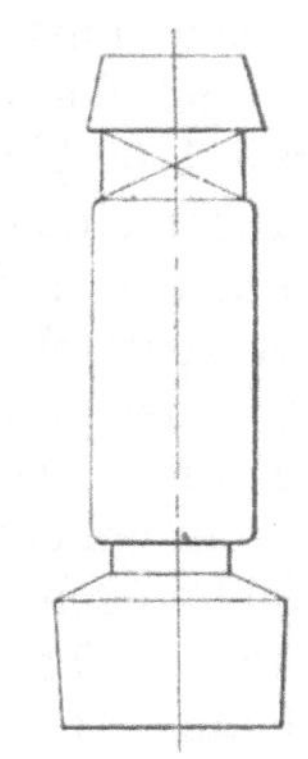

Abb. 288. Kern für Schraube.

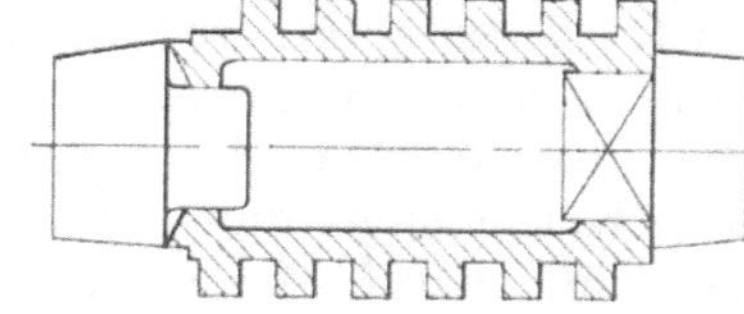

Abb. 290. Gegossene Schraube mit eisernen Kernmarken.

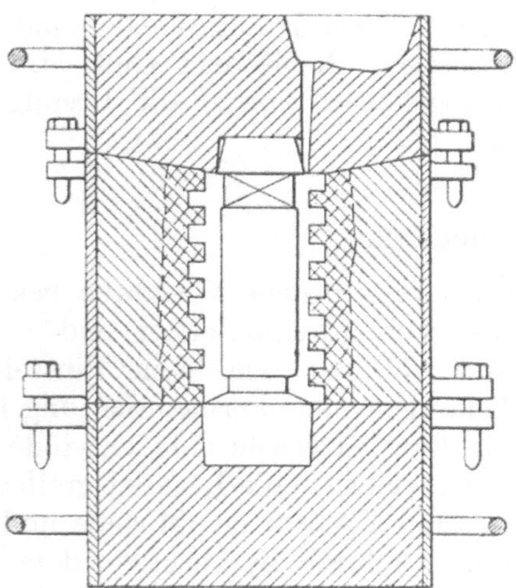

Abb. 289. Fertige Schraubenform.

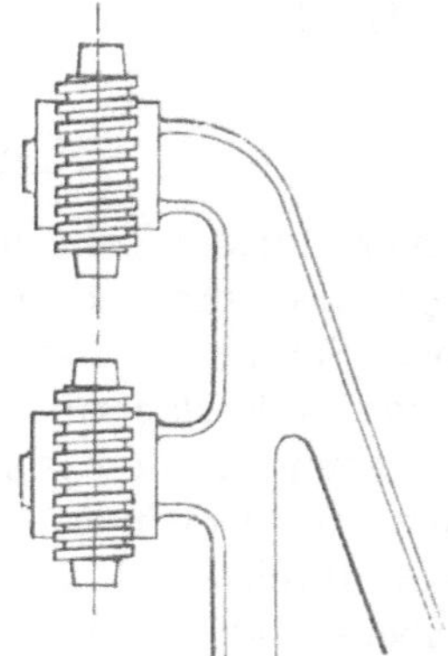

Abb. 291. Lagerkörperform mit eingelegter gußeiserner Schraube.

wendet. Nun kann die untere Kernmarke aufgesetzt und das Unterteil u hochgestampft und abgehoben werden. Das Modell kann jetzt mit Hilfe des Steckschlüssels, geführt in der

Platte, aus dem Sand gedreht werden, worauf man wieder wendet und den Ober- sowie den Mittelkasten von der Platte a abhebt. Der Mittelkasten wird auf eine Trockenvorrichtung mit kleinen, aus einem durchlochten Rohr tretenden Gasflämmchen (Abb. 287) abgesetzt, wobei es sich empfiehlt, den Kasten behufs gleichmäßiger Trocknung von Zeit zu Zeit etwas zu verdrehen. Die Formerei erfordert samt dem Trocknen kaum mehr als etwa 6 Minuten Zeit. Nach Einsetzen des Kerns (Abb. 288) wird die Form geschlossen (Abb. 289) und von oben abgegossen.

Die gegossenen Spindeln werden nach dem Putzen gefirnißt, mit Streusand bestreut und gut getrocknet, mit eisernen Kernmarken, die man kräftig in sie einschlägt, versehen (Abb. 290) und gleich gewöhnlichen Kernen in die Form der Lagerkörper eingelegt (Abb. 291). Nach dem Gusse entfernt man die eisernen Kernmarken mit Hilfe eines kräftigen Wend-

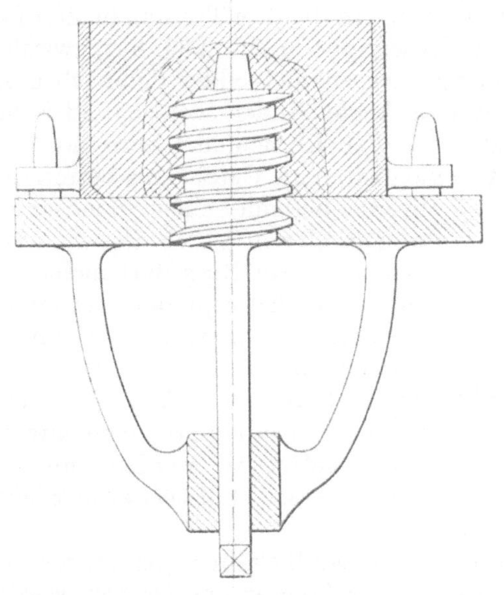

Abb. 292.

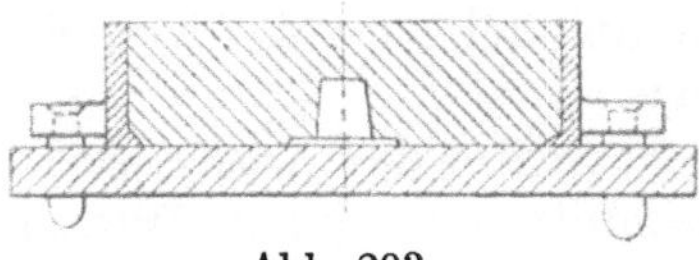

Abb. 293.

Abb. 292 u. 293. Formerei von Gewindeschnecken.

eisens mit quadratischem Loche, wozu der Lagerbock in einer einfachen Klemmvorrichtung festgespannt wird.

Gewindeschnecken werden in ähnlicher Weise geformt. Die Führungsplatte wird mit einem Bocke (Abb. 292) zur sicheren Führung des Schneckenmodells versehen. Abb. 293 zeigt die Anordnung des Unterkastens.

L. Lokomotiv-Schornsteine.

Die Schornsteine für Lokomotiven, Dampfpflüge, Lokomobilen usw. werden zum Teil aus Gußeisen hergestellt. Ihr unteres Ende besteht gewöhnlich aus einem gebogenen Flansch zum Anschluß an den Dampfkessel, während das obere Ende in irgend einer Weise, z. B. durch Anordnung eines Ringwulstes nach Abb. 294 zur Aufnahme eines Funkenfängers geeignet gemacht wird. Zur Ausführung dieser Abgüsse sind die mannigfachsten Verfahren gebräuchlich. Man formt sie vielenorts in Lehm, anderwärts mauert man Mäntel und Kern gesondert oder gemeinsam hoch und setzt schließlich beide Teile übereinander. In anderen Gießereien wird ein geteiltes Modell liegend eingestampft, die Form getrocknet und dann unter Verwendung eines auf einer Spindel mit einer Strohseilzwischenlage aufgedrehten Lehmkerns abgegossen. Dieses letztere Verfahren läßt sich durch Verwendung grüner Kerne wesentlich verbessern [1]). Grüne Kerne sind billiger, rascher und einfacher herzustellen als getrocknete Kerne, sie entlasten demnach die im allgemeinen ohnedies aufs äußerste beanspruchte Kernmacherei, sie lassen sich genauer ausführen, gewähren größere Sicherheit gleichmäßiger Wandstärken und ermöglichen es, in der Folge Abgüsse mit geringeren Wandstärken herzustellen.

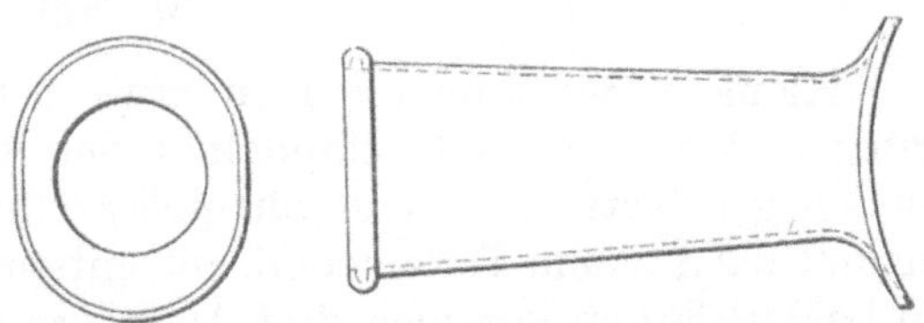

Abb. 294. Gußeiserner Lokomotiv-Schornstein.

[1]) Stahleisen 1921, S. 1227.

Abb. 295 veranschaulicht die Anlage und Ausführung eines derartigen Kerns. Seine Spindel besteht aus einem reichlich durchbohrten guß- oder schmiedeisernen Rohr e, auf dem drei Trommeln b, c und d festgekeilt sind. Die mittlere Trommel c kann unbearbeitet bleiben, wogegen die Trommeln b und d auf genaues Maß abzudrehen sind, da sie mit den Kernmarken des Modells und mit entsprechenden Ausschnitten in den Stirnwänden des Formkastens genau übereinstimmen müssen. An die drei Trommeln sind faßdaubenartige Leisten a geschraubt, deren jede zwei Längsrippen (Abb. 296) hat, zwischen denen offene Schlitze s vorgesehen sind. Die fertige Kernspindel bildet demnach einen ringsum mit Längsrippen versehenen Kegel, dessen beide Enden von zylindrischen Lagerflächen begrenzt werden. Über das spitze Ende der Kernspindel wird noch ein Ring h geschoben und dort festgekeilt. Er macht es möglich, ohne Gefahr das betreffende Kernende mit einer Sandschicht von größerem Durchmesser zu versehen. Dieser Ring darf nicht starr mit der Kernspindel verbunden werden, da ein starrer Verband es unmöglich machen würde, die Spindel aus dem Abguß zu entfernen. So aber brauchen nur die Keile gelöst zu werden, um danach die Spindel ohne Schwierigkeit durch das weitere Ende des Gußstückes ausziehen zu können.

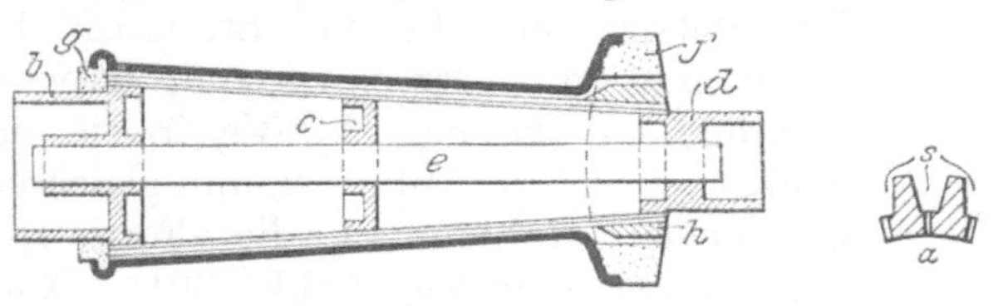

Abb. 295. Abb. 296.
Abb. 295 u. 296. Formerei des Kerns von Lokomotiv-Schornsteinen.

Zur Formerei des Kerns wird die Spindel über einen Sandbehälter gesetzt, der mit Lageranschnitten zu ihrer Aufnahme versehen ist. Unter langsamem Drehen werden die Räume zwischen den Rippen mit Sand vollgestopft und auch über die Rippen hinaus einige Zentimeter hoch Formsand aufgestampft. Sobald die Spindel ringsum mit Sand bepackt ist, setzt man eine Lehre auf den Behälter, deren Lage der Spindel gegenüber ganz genau feststehen muß, und dreht die Spindel langsam um 360°, wodurch der überflüssige Formsand gleichmäßig abgestreift wird. Der soweit fertige Kern wird mit Graphit, den man mit der Polierschaufel festdrückt, eingestaubt, an seinem stärkeren Ende der zwischenzeitlich angefertigte und getrocknete Wulstkern g und an seinem schwächeren Ende der Anschlußkern f auf die Spindel bzw. auf den über den Ring h gestampften Kernkörper geschoben. Damit ist der Kern fertig und kann nun ohne weiteres in die Form gelegt werden.

Der Hauptvorteil des Verfahrens liegt in der größeren Genauigkeit und der dadurch geschaffenen Möglichkeit, Abgüsse von geringerer Wandstärke, als bei anderen Verfahren im regelmäßigen Betriebe erreichbar sind, herzustellen.

M. Schiffschrauben.

Kleinere Schrauben bis zu etwa 600 mm Durchmesser werden gewöhnlich nach ganzem Modell geformt. Handelt es sich nur um wenig Abgüsse, so wird mit einem Holzmodell gearbeitet, während für eine größere Zahl von Abgüssen ein Eisen- oder Metallmodell nach einem Holzmodell mit entsprechenden Schwindmaßzugaben vorzusehen ist. In beiden Fällen kommen drei Ausführungsverfahren in Frage: Das Arbeiten auf einem Stampfboden, die Einbettung des Unterteils im Boden oder in einem Formkasten und die Herstellung eines falschen Unterteils.

1. Die Arbeit mit Hilfe eines Stampfbodens[1]). Das Modell wird mit der Arbeitseite nach oben auf den Stampfboden gelegt, mit Formsand unterstopft, die Sandkanten schräg abpoliert (Abb. 297), ein Formkastenteil aufgebracht, vollgestampft und glatt abgestrichen. Besteht das Modell aus Holz, so hebt man es mitsamt dem Formkasten vom Stampfboden ab und wendet. Besteht es aus Eisen oder Metall, so verklammert man Stampfboden und Formkasten und wendet beide Teile gemeinsam um 180°. In

[1]) Foundry Trade Journal 1924, 9. Oktober, S. 314.

beiden Fällen wird dann die Teilungsebene sauber auspoliert und mit Streusand behandelt, worauf das Oberteil aufgebracht und vollgestampft werden kann. Der Einguß wird auf die Nabe gesetzt und mit einem Filterkerne, über dem der Gießtümpel errichtet wird, abgedeckt.

2. Einbetten im Unterteil. Im Boden wird eine wagerechte Ebene hergestellt, auf der man das Modell absetzt und mit Hilfe einer Wasserwage genau wagerecht ausrichtet. Nun unterstampft man das Modell unter gewissenhafter Wahrung der Luftigkeit der eingestampften Sandschichten, stellt eine bis zur Gießereisohle, bzw. bis zum oberen Formkastenrande reichende Teilungsebene her, hebt das Modell aus, überzeugt sich durch Fingerdruck von der gleichmäßigen Dichte der untergestampften Sandschicht, sticht gründlich Luft, siebt eine 2—3 mm starke Schicht Modellsand über die Sandflächen, drückt das Modell wieder auf die Form, klopft es etwas nieder, poliert die Teilebenen nach, streut Teilungsand auf und stampft das Oberteil voll, nach dessen Abhebung das Modell ausgehoben und die Form wie im vorhergehenden Falle fertig gemacht wird. Auch hier kann, wenn ein Holzmodell vorliegt, dieses zugleich mit dem Oberteile abgehoben und erst nach dem Wenden aus dem Sand gebracht werden.

Abb. 297. Anordnung des Schiffschraubenmodells auf dem Stampfboden.

3. Die Arbeit mit einem falschen Teile. Man geht wie im Falle 2 vor, unterstampft aber das Modell ohne Rücksicht auf Luftigkeit des Sandes möglichst fest. Es erübrigt sich zunächst das Abheben des Modells, man setzt nach Ausarbeitung der Teilungsflächen das Formkastenunterteil auf, stampft es voll und hebt je nach dem Werkstoff des Modells dieses zugleich mit dem Unterteile oder erst nach demselben ab. Das Unterteil wird gewendet, das Modell aufgebracht, die Teilungsebene nachpoliert und fertig gemacht, wonach das Oberteil über dem Unterteile aufgestampft wird und die Form wie bei den vorhergehend erörterten Arbeitsverfahren fertig zu machen ist.

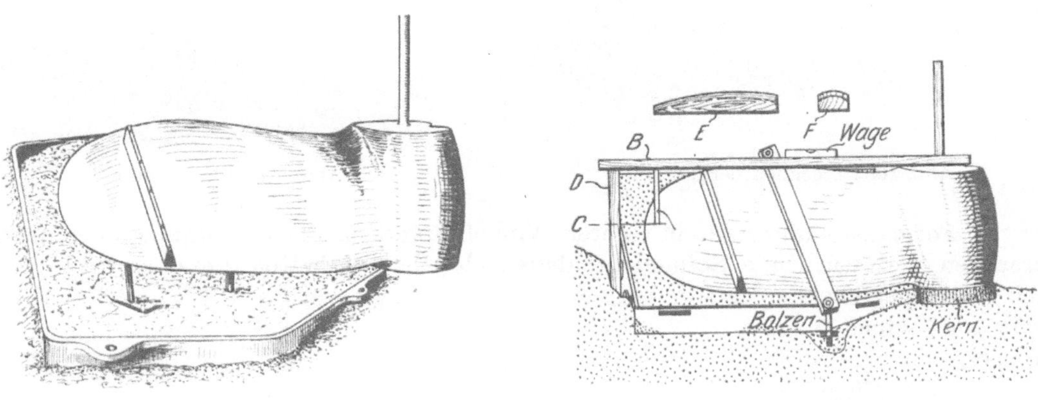

Abb. 298. Abb. 299.

Abb. 298—306. Formerei größerer Schiffschrauben mit einflügeligem Modell.

Das Arbeiten mit einem falschen Teile kommt hauptsächlich bei Anfertigung einer größeren Zahl von Abgüssen in Frage; ein solches Teil läßt sich bei einigermaßen sorgfältiger Arbeit leicht ein dutzendmal wieder verwenden. Ist eine darüber hinausgehende Zahl von Abgüssen zu liefern und handelt es sich um ein kleineres Modell, so empfiehlt es sich, das Modell an Stelle der Formsandunterstampfung mit Gipsbrei zu unterstopfen und die Teilungsfläche mit Modellack zu schützen. Falsche Teile aus Gips halten mehrere hundert Abformungen leicht aus.

Die Arbeitsverfahren nach 1. und nach 2. kommen hauptsächlich bei Lieferung von nur einem oder einer geringen Zahl von Abgüssen in Betracht. Die Wahl zwischen ihnen hängt von der Geschicklichkeit und Einarbeitung des Formers ab. Bei gleicher Eignung und Geschicklichkeit desselben wird das Einbetten im Unterteile die rascheste Arbeit ermöglichen.

Für Schrauben mit über 600 mm Durchmesser verwendet man ein einflügeliges Modell und formt es entsprechend der Anzahl der Flügel drei- oder viermal in geteilten

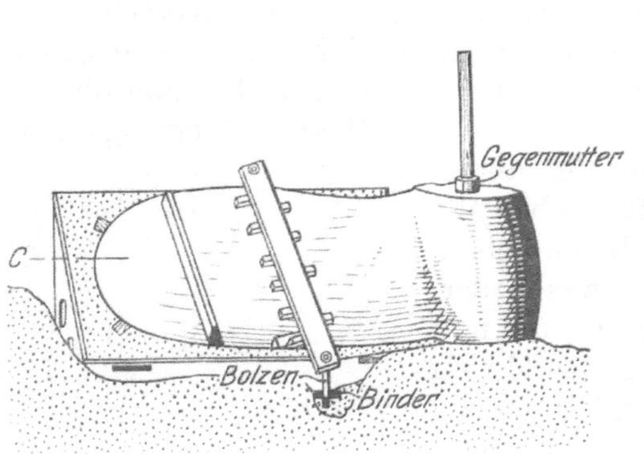

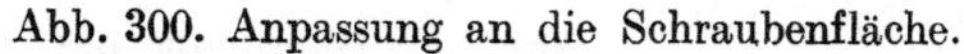

Abb. 300. Anpassung an die Schraubenfläche.

Abb. 301. Flügelformen.

Formkasten ein [1]). Die Nabe befindet sich dabei außerhalb der Formkasten (Abb. 298) und wird erst zum Schlusse mit Hilfe eines Abdämmklotzes fertig geformt.

Ausführung: Herstellung bzw. Aushebung einer Form- und Gießgrube, Einbetten einer Bodenplatte (Abb. 299) aus Lehm in der Mitte der Grube, Verteilen der vier Formkastenunterteile in rechten Winkeln um diese Platte, Einsetzen des um eine durch den Kern reichende Spindel drehbaren Modells, Einbetten desselben im Unterteil nach vorhergehender Sicherung seiner Lage durch einen übergelegten Bügel. Der Bügel ist mit einem unterhalb des Formkastens angeordneten Querbalken mittels zweier Schraubenbolzen verbunden, zwischen den Bügel und das Modell getriebene Keile (Abb. 300) vermitteln genaue

Abb. 302. Trocknen der Form.

Abb. 303. Kernbüchse.

Abb. 304. Nabenkern.

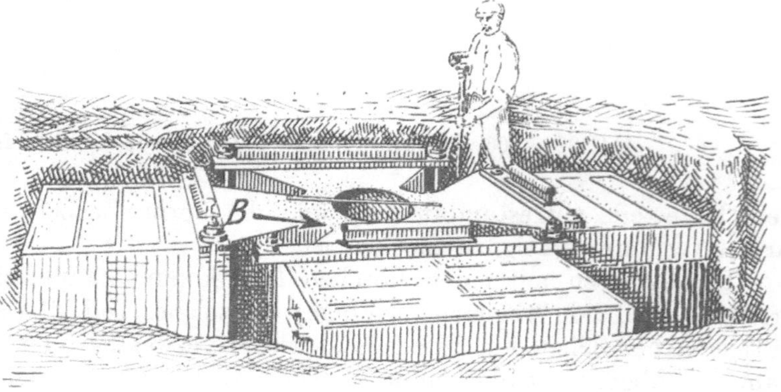

Abb. 305. Umstampfen der Form.

[1]) Foundry 1923, S. 482.

Anpassung an die geschwungene Schraubenfläche. Herstellung eines Standes, Aufstampfen des Oberteils, Abheben desselben, Hochziehen des Modells und seine genaue Unterbringung im nächsten Formkasten unter Verwendung eines großen 90°-Winkels B, der sich mit einem Ausschnitte über die Achse des Nabenmodells schieben läßt und dessen genau wagerechte Lage mittels einer Wasserwage bestimmt wird (Abb. 299). Zur genauen Einhaltung des rechten Winkels wird sowohl am Modell als auch am Stande im ersten Formkasten eine Merke C (Abb. 300) angebracht, deren Übereinstimmung mit der Lage im folgenden Formkasten mittels eines kleinen eisernen Winkelmaßes festgestellt wird. Die Leiste D steht senkrecht am Winkel B und bestimmt den genauen Abstand des Formkastens von der Nabenmitte. In derselben Weise werden die folgenden Flügel eingeformt. Abb. 301 zeigt eine Form mit 4 Flügelformen in verschiedenem Arbeitstande. Nach Fertigstellung sämtlicher Flügel gelangen die Oberteile in die

Abb. 306. Einguß.

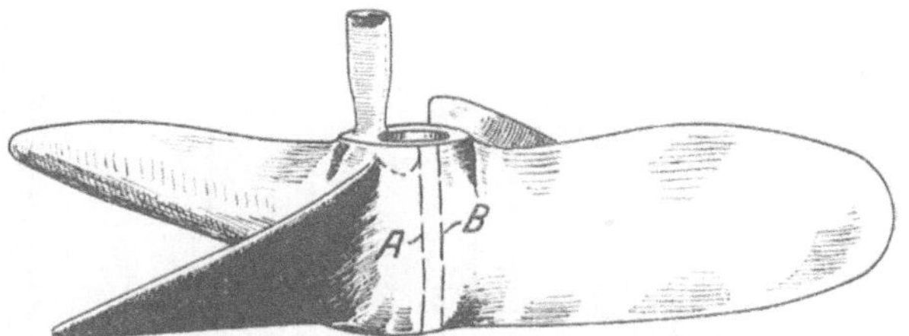

Abb. 307. Gegossene Schiffschraube.

Trockenkammer, zwischen den Unterteilen werden die noch offenen Schlitze in der Nabenwandung mit Hilfe eines Abdämmodells geschlossen und weit genug hinterstampft, um gegen alle Beanspruchungen ausreichend gesichert zu sein, worauf die Unterteile mit eingesetzten Feuerkörben (Abb. 302) getrocknet werden. Der in 2 Hälften in einer Rahmenkernbüchse (Abb. 303) angefertigte Kern (Abb. 304) ist mit einer starken Scheibe ausgestattet, die den oberen Abschluß der Nabenform bildet und mit vierkantigen Durchlässen B für die Eingüsse und einer runden Öffnung A für den Steiger versehen ist. Nach dem Einlegen des Kerns, dem Aufsetzen der Oberteile und ihrer Verschraubung mit den Unterteilen mittels der eingangs erwähnten Bügel unterhalb der Unterteile wird die ganze Form fest umstampft (Abb. 305) und mit einem Einlaufe versehen (Abb. 306). Abb. 307 zeigt einen fertigen Abguß, wobei durch die Kreidestriche A und B die durch Hinterstampfung gewonnene Formfläche der Nabe begrenzt wird. Die Formerei der Schiffschrauben erfolgt oft auch ohne Modell mit Hilfe von Lehren (S. 111).

VII. Kernformerei.

Allgemeines.

Wenn die Anfertigung eines Modells zu große Kosten verursachen würde, wenn starkes Verziehen oder Werfen des Modells zu befürchten ist, wenn das Ausheben des Modells große Schwierigkeiten oder eine Beschädigung desselben befürchten läßt, kann man Formen teilweise oder auch vollständig aus Kernen zusammensetzen. Mitunter können auch wirtschaftliche Erwägungen für die Wahl dieses Formverfahrens maßgebend sein, wenn z. B. die erforderlichen Kernbüchsen billiger als ein Modell herzustellen sind, oder wenn die Herstellung eines Modells zu zeitraubend erscheint. Die folgenden Beispiele werden solche Fälle veranschaulichen.

Beispiele.

A. Hobelmaschinen-Grundgestell.

Das in den Abb. 308—310 dargestellte Maschinengestell würde hohe Modellkosten verursachen und nur schwer unbeschädigt aus dem gestampften Sande zu bringen sein[1]). Die Anfertigung von Kernbüchsen ist billiger und rascher zu bewerkstelligen, um so

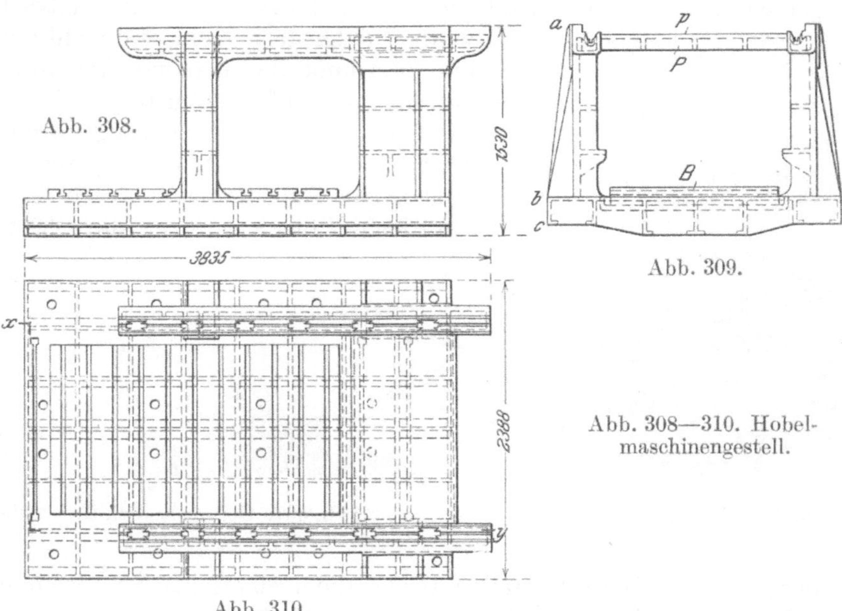

Abb. 308.

Abb. 309.

Abb. 310.

Abb. 308—310. Hobelmaschinengestell.

mehr, als für die einzelnen Kernbüchsen ohne Schwierigkeit mehrere Arbeitskräfte verwendet werden können. Das Stück wird mit dem Führungschlitten nach unten, entgegengesetzt der Darstellung in Abb. 308 eingeformt, und zwar von a bis b nur mit Hilfe von Kernen und von b bis c unter Verwendung eines Modells.

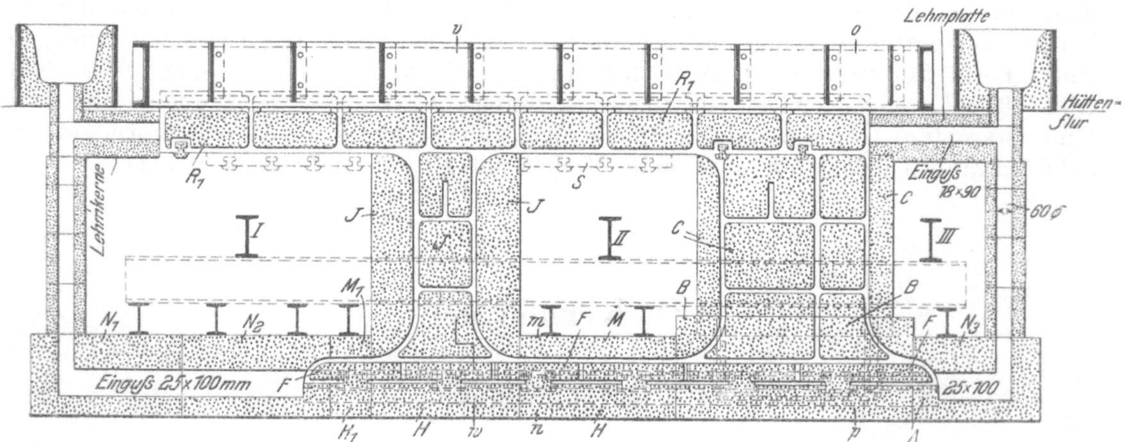

Abb. 311. Aufbau der Form. Schnitt nach x—y in Abb. 310.

In einer 2 m tiefen Gießgrube von 4,5 × 3 m erstellt man auf einem gut durchlässigen Koksbette die in Abb. 311—313 wiedergegebene Form. Auf dem sauber geglätteten Grunde werden die äußeren Linien der Form angerissen, um danach die Kerne richtig einlegen zu können. Der zuerst einzulegende Kern A ist in Abb. 314 aus der Form

[1]) Nach Stahleisen 1909, S. 1896.

seiner Büchse zu erkennen. Er bildet die untere Fläche p der Verbindungsplatte P der beiden Führungen (Abb. 309), sowie einen Teil des Führungskörpers selbst. Die Klötze 1 und 2 sitzen nur lose in der Büchse, so daß durch ihre Verstellung je ein linker und ein rechter Kern hergestellt werden kann. Aus dem gleichen Grunde sitzt auch die Kernmarke 3 nur lose im Klotze 2. Nach Einlegen der Kerne F (Abb. 315 u. 316) gelangen die Kerne B an ihren Platz. Um sie herzustellen, wird in den äußeren Rahmen des Kerns A

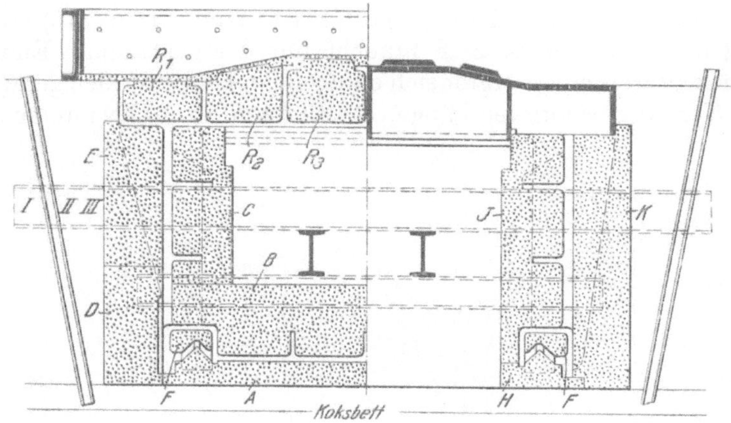

Abb. 312. Aufbau der Form. Schnitte nach v—w und o—p in Abb. 311.

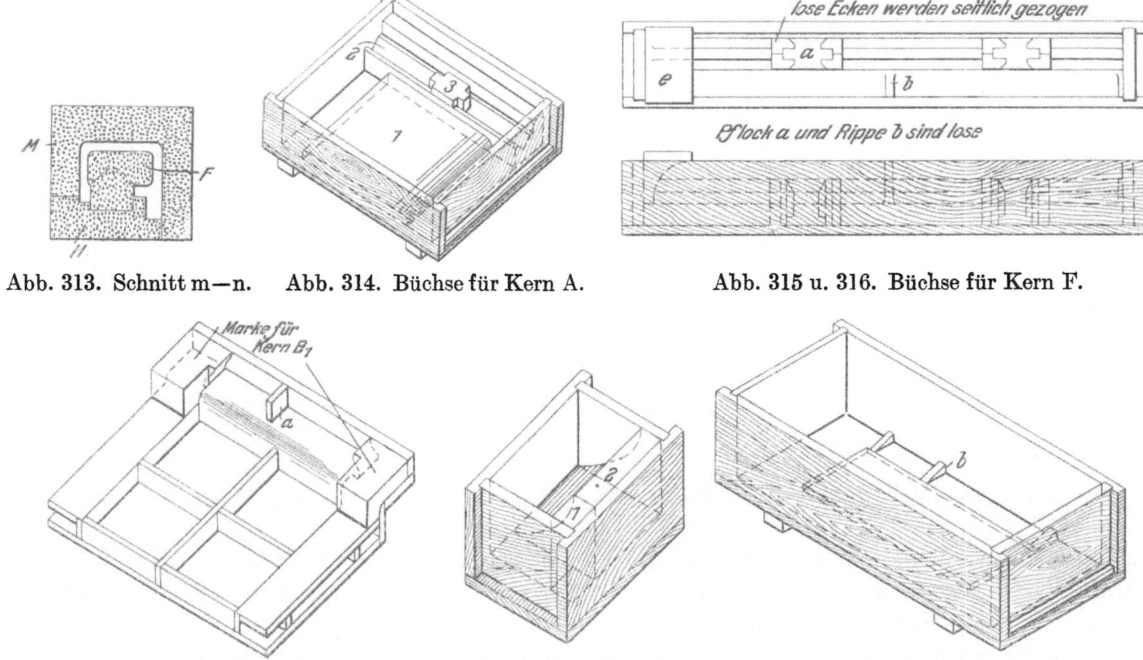

Abb. 313. Schnitt m—n. Abb. 314. Büchse für Kern A. Abb. 315 u. 316. Büchse für Kern F.

Abb. 317. Einsatz. Abb. 318. Büchse für Kern B_1. Abb. 319. Büchse für Kern D.

Abb. 311—330. Formerei eines Maschinengestells mittels Kerne.

ein Einsatz (Abb. 317) gestellt. Er hat zwei Kernmarken zur Aufnahme der beiden Zusatzkerne B_1 (Abb. 318). In der Büchse B_1 sitzen die losen Klötze 1 und 2, die zur Gewinnung eines rechten und eines linken Kerns gegeneinander ausgewechselt werden. Im Einsatze (Abb. 317) braucht zur richtigen Herstellung des zweiten Kerns nur die Rippe a verschoben zu werden. Die Kerne B liefern nicht nur den Abschluß des Führungskörpers (Abb. 312), sondern auch die gekrümmten Ansätze für die seitlichen Versteifungsflanschen der senkrechten Verbindungswände zwischen Führungskörper und Grundbrett (Abb. 311) und dienen zugleich als Träger des Kerns C (Abb. 320). Auch in dessen Kernbüchse sind die Rippen nur lose verdübelt, da sie für rechts und links ungleiche Lage erhalten, ebenso wie die beiden kleinen Kernmarken a, die zur Aufnahme von zwei Schlitzkernen dienen. Die beiden folgenden Kerne D und E (Abb. 319 und 321) bedürfen kaum einer Erläuterung. Beim Kern D ist die Rippe b für rechts und links zu verschieben, während bei Kern E zum gleichen Zwecke, neben der Verschiebung der Rippe a noch das Bogenstück b an das andere Ende der Kernbüchse zu verlegen ist. Nun werden die beiden Kerne H (Abb. 322) eingelegt, auf die je ein Kern F (Abb. 315 u. 316) zu liegen kommt. Zur Herstellung des mittleren Kerns F braucht nur der gekrümmte Endklotz e aus der Büchse genommen zu werden; es ergibt sich dann ein an beiden Enden gerade und winkelig abschneidender Kern der benötigten Länge. Die Einsätze a zur Gewinnung der Ölkammer-

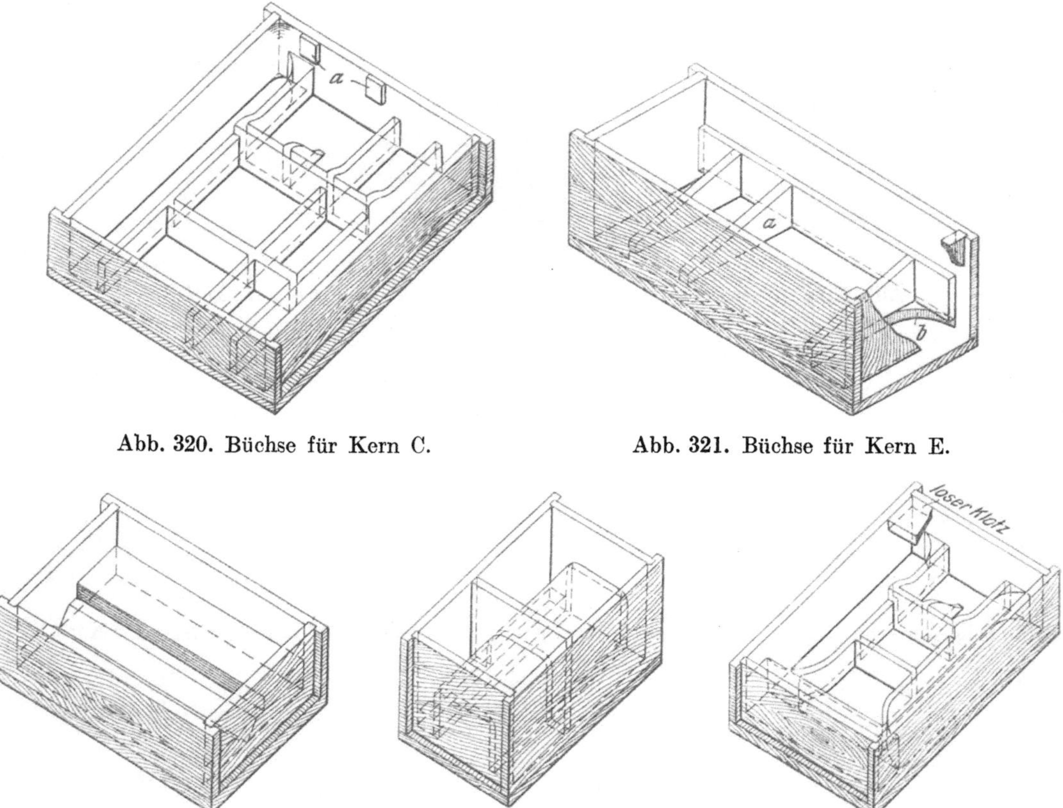

Abb. 320. Büchse für Kern C. Abb. 321. Büchse für Kern E.

Abb. 322. Büchse für Kern H. Abb. 323. Büchse für Kern M u. M_1. Abb. 324. Büchse für Kern J.

wände sind verschiebbar angeordnet, um sie für die End- und Mittelkerne an richtiger Stelle anschrauben zu können. Nachdem noch der abschließende Kern M (Abb. 323), dessen Lage aus den Abb. 311 und 313 zu ersehen ist, eingelegt worden ist, kann mit dem Aufbau der zweiten schmäleren Verbindungswand (Abb. 311 und 312 Schnitt o—p) begonnen werden. Zu unterst wird ein Kern H (Abb. 322) eingelegt, und anschließend daran ein kürzerer, in der gleichen Kernbüchse angefertigter Kern H_1. Beide dienen einem Endkern F als Unterlage. Die Kerne J und K (Abb. 324 und 325) sitzen teilweise auf den schon eingelegten Kernen auf und ergeben zusammen die völlig abgeschlossene Form der hinteren, schmalen Verbindungswand. Zur weiteren Abdeckung des Führungskörpers wird noch ein kurzer Kern M_1 eingelegt, worauf die Eingußkerne N_1, N_2 und N_3 (Abb. 326) an Ort und Stelle gebracht werden (Abb. 311). Zur Herstellung der drei verschiedenen N-Kerne ist die Büchse mit einem Trichtermodell A, einem Tragstege B, einem Abschlußmodell D und einem Abdämmbrettchen D versehen. Die Teile A, B und C müssen um ein bestimmtes Maß über dem Boden der Kernbüchse liegen. Das Endstück C ist daher in die Wand F eingelassen und mit ihr verschraubt, während der Tragsteg B mit C fest verbunden ist. Nach dem Aufstampfen des Kerns wird die Büchse auseinander genommen und C mit D seitlich ausgezogen. Der Eingußtrichter A wird durch das Querstück E in richtiger Lage gehalten und nach oben ausgezogen.

Nach dem Einbau aller Kerne wird die Grube bis zur Oberkante der Kerne M und N vollgestampft und eine Reihe I-Träger so über die Kerne gelegt, daß sie nicht nur auf diesen, sondern auch auf dem zwischen und neben den Kernen befindlichen hart gestampften Sande satt aufliegen. Auf die erste, quer zur Längsachse der Form gerichtete Trägerreihe bringt man der Länge nach zwei weitere I-Träger und darüber wiederum quer liegend noch drei Stück. Die oberste Lage (I, II, III in den Abb. 311 und 312) ragt seitlich über die Form hinaus, um nach Fertigstellung und Belastung des Oberteils gegen dessen Be-

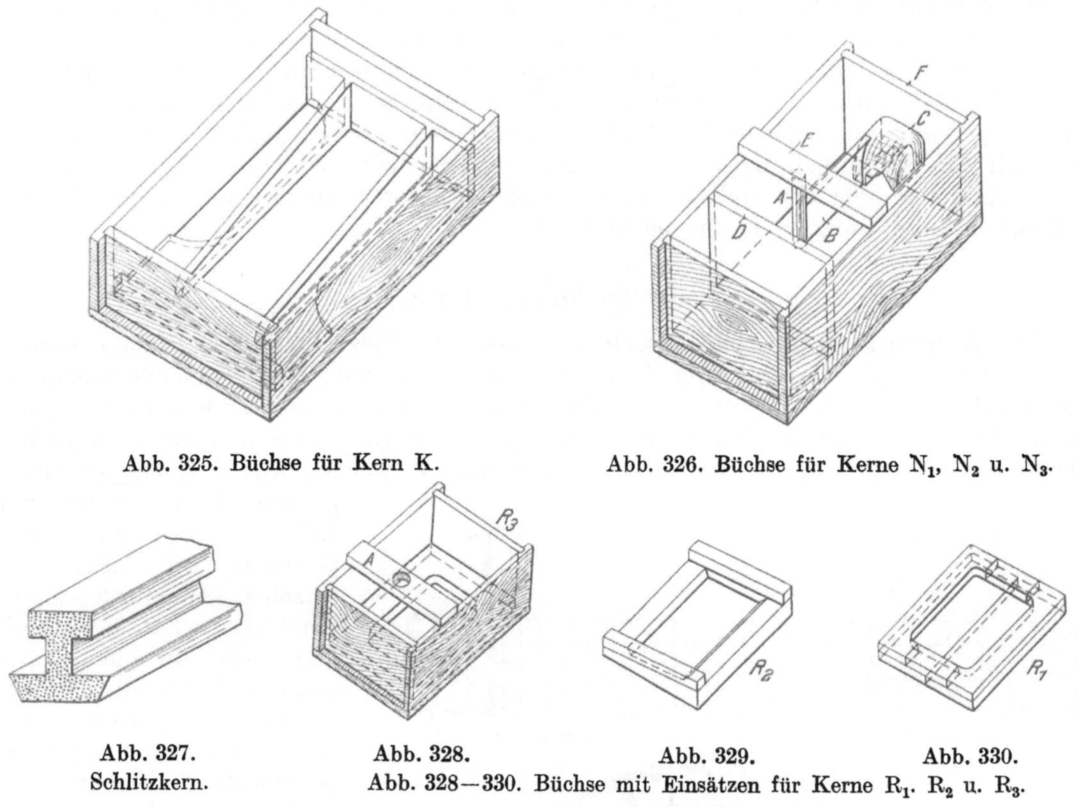

Abb. 325. Büchse für Kern K.

Abb. 326. Büchse für Kerne N_1, N_2 u. N_3.

Abb. 327. Schlitzkern.

Abb. 328. Abb. 329. Abb. 330.
Abb. 328—330. Büchse mit Einsätzen für Kerne R_1. R_2 u. R_3.

lastungseisen versteift und verkeilt zu werden. Man erreicht so eine zuverlässige Belastung aller unteren Kerne und sichert ihre Lage, ohne sie einem gefahrbringenden Druck auszusetzen.

Schließlich wird der ganze noch frei gebliebene Raum der Gießgrube bis zur Oberkante der Kerne E, C, J und K vollgestampft, wobei mit dem Fortschreiten der Stampfarbeit hart gebrannte, röhrenförmige Kernstücke von 60 mm lichtem Durchmesser für die Eingüsse eingelegt werden. Nach Erreichung dieser Höhe verstopft man sorgfältig alle Zugänge zur Form mit Werg, richtet längs der äußeren und inneren Oberkante der Kerne einen sauberen Stand her und zeichnet darauf die Umrisse der Schlitzkernmarken S (Abb. 327) ein. Danach werden die Kernmarken ausgeschnitten, Kernmarkenmodelle eingelegt und unterstampft. Durch reichliches Luftstechen und sorgfältiges Abstreichen des Formsandes wird für eine gute Bettung des Modellstücks B (Abb. 309) gesorgt.

Die Herstellung dieses Teils der Form — der Form für die Aufspannplatte des Grundgestells — schafft zugleich eine sichere Unterlage für das große Hauptmodell des Grundbettes. Man legt es ein (Abb. 311, rechts), klopft es etwas nieder, was mit größter Vorsicht geschehen muß, hebt es wieder aus und wiederholt das Verfahren unter entsprechender Nachhilfe durch Aufsieben oder Abstreichen von Formsand, bis das Modell in seiner ganzen Ausdehnung durchaus satt aufsitzt. Hierauf wird abgehoben, ein Formkastenoberteil aufgesetzt, hoch gestampft, mit dem Modell wieder gewendet, das Modell ausgehoben, die Schlitzkerne werden eingelegt (Abb. 327) und die Kerne R_1 (Abb. 312), unter Verwendung von Doppelstützen, in die Form gelegt. Die inneren Kernreihen R_2 und R_3 werden im Oberteil fest gemacht. Auch die äußeren Kernreihen könnten im Oberteil befestigt werden, es ist aber besser, sie im Unterteil unterzubringen, da sonst das Oberteil unnötig beschwert und die Gefahr vergrößert würde, daß während der Zustellung des Oberteiles abbröckelnde Sandteilchen in die weit nach unten reichenden Zwischenwände fallen. Das Unterteil wird vor dem Zustellen durch darüber gestellte Feuerkörbe leicht abgetrocknet, denn die Kerne haben während des Aufstampfens des Oberteils etwas Feuchtigkeit angezogen; dabei muß auf größte Sauberkeit geachtet werden, am besten ist es, unter die Körbe einige Bleche zu legen.

Für die Kerne R_1, R_2 und R_3 ist nur eine Kernbüchse (Abb. 328) nötig. Mit Hilfe der Einlagen R_1 und R_2 (Abb. 329 und 330) kann jede benötigte Art hergestellt werden. Der Steg A mit den Löchern für die Verankerungsbolzen wird nach Bedarf verschoben und mit Holzschrauben befestigt. Die ganze Form wird schließlich in der üblichen Weise gießfertig gemacht und beschwert, wobei die vorerwähnte Übertragung der Belastung auf die unteren Kerne bewirkt wird.

B. Turbinenräder[1]).

Die Kernformerei ist ganz besonders geeignet zur Herstellung von Turbinenrädern, diese Gußart zählt zu ihren ältesten Anwendungsgebieten. Abb. 331 zeigt ein Turbinenlaufrad mit dem zugehörigen Leitrade. Da die Räder durch Zwischenwände Z in drei wagerechte Abteilungen geteilt sind, besteht die Möglichkeit, für jede Schaufelreihe besondere kleine Kerne anzufertigen oder je drei übereinander liegende kleine Kerne zu einem größeren Kern zu vereinigen. Letztere Anordnung ist vorzuziehen. Die Anfertigung einzelner kleinerer Kerne bedingt höhere Löhne, da zweimal soviel Zwischenflächen ausgearbeitet werden müssen wie bei großen Kernen und für jeden kleinen Kern gesonderte Aushebevorrichtungen vorzusehen sind. Es ist umständlicher, viele kleinere Kerne einzulegen, zudem erwachsen vermehrte Schwierigkeiten durch ihre gegenseitige Abdichtung und insbesondere bei der Luftabführung. Die Ausführung großer Kerne bedingt daher auch geringere Ausschußgefahr. Sie vermeidet viele Gußnähte, deren Entfernung Kosten verursacht und die auch bei sauberer Putzarbeit in den meisten Fällen das Gußstück unansehnlicher machen.

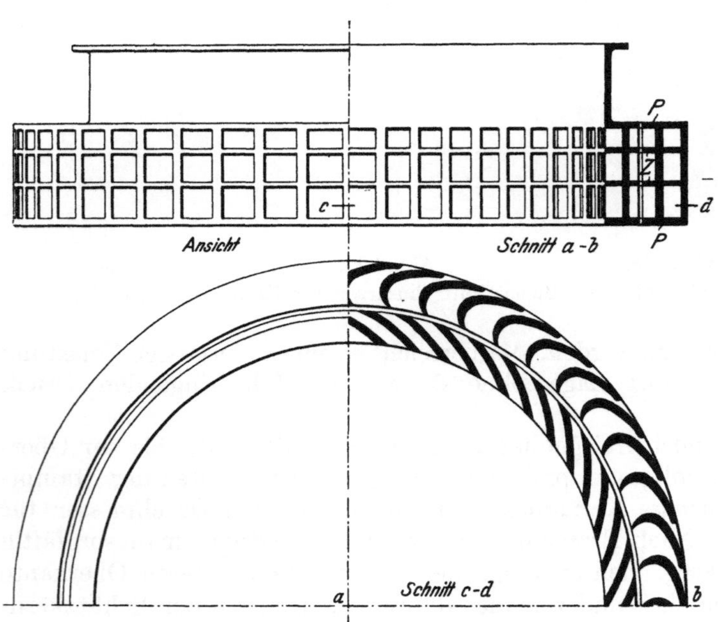

Abb. 331. Turbinenrad mit Leitrad.

Jeder Kern umfaßt einen zwischen zwei Schaufeln liegenden Abschnitt und erhält nach außen und innen Ansätze B und A (Abb. 332), welche die eigentliche Form gut

[1]) Nach Stahleisen 1909, S. 350.

abschließen und eine ebenso einfache wie genaue Zusammenstellung der fertigen Kerne gewährleisten (Abb. 333).

Abb. 334 zeigt die Kernbüchse für das Laufrad. Sie besteht aus dem äußeren Rahmen R und den inneren Blöcken H, die mit einem Hartholzbelag versehen sind. Die Trennung der Kernbüchse in einen äußeren Rahmen und einen inneren Ausbau aus starken Blöcken bezweckt, Störungen durch Schrumpfung des Holzes möglichst vorzubeugen. Der Hartholzbelag ist notwendig in Rücksicht auf die große Zahl der aus einer Büchse herzustellenden Kerne. Weiches Holz würde bald verschleißen und ungenaue Schaufelformen ergeben. Von der Ausführung der Blöcke ganz in Hartholz sieht man wegen der höheren Kosten, und wegen der günstigeren Schrumpfungsverhältnisse bei vereinigten verschiedenen Holzarten ab.

Sowohl der Kernkastenrahmen als auch die inneren Blöcke werden zunächst in der ganzen Höhe des dreifachen Schaufelkranzes angefertigt und dann in die drei Teile I, II, III zerschnitten, worauf die Einschnitte für die Boden- und Deckplattenmodelle P_1 und P_2, sowie für die Zwischenwandmodelle Z_1 und Z_2 ausgeführt werden. Für den Ausfall beim Zerschneiden und Glatthobeln werden insgesamt 12 mm in der Höhe zugegeben. Die einzelnen Teile sind miteinander verdübelt.

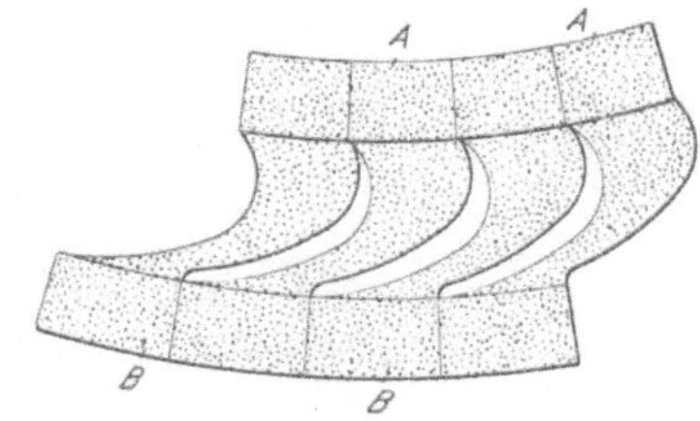

Abb. 333.

Zur Anfertigung des Kerns wird der unterste Teil I der Kernbüchse auf ein Stampfbrett gebracht und bis zur Höhe der ersten Zwischenwand Z_1 vollgestampft. Nach Einlegen des Modells Z_1 wird das nächste Kernbüchsenteil II aufgesetzt, bis zur Höhe von Z_2 aufgestampft, Modell Z_2 eingelegt, Teil III aufgesetzt und vollgestampft. Es folgt das Abheben des Modells P_2 und nach Wenden des Kernkastens das von P_1. Die Zwischenwandmodelle Z_1 und Z_2 werden seitlich ausgezogen. Nun werden die den Rahmen mit den Blöcken verbindenden Schrauben gelöst und der Rahmen, der sich bei O P teilt, weggesetzt. Das Ablösen der einzelnen inneren Blöcke bietet dann keine Schwierigkeiten. Zwischen je zwei wagerecht liegenden Wänden wird ein kräftiges Kerneisen (K in Abb. 332) angeordnet, während die Kanten mit Drahtstiften gesichert werden. Das Schwärzen der durch das Ausbringen der Zwischenwandmodelle Z_1 und Z_2 (Abb. 334) entstandenen Hohlräume erfolgt mit langen, flachen Kamelhaarpinseln, worauf der übrige Teil der Kerne in gewöhnlicher Weise geschwärzt und getrocknet wird. Zum Abführen der Gase erhält jeder Kern ausreichende Füllungen von gesiebtem Kleinkoks.

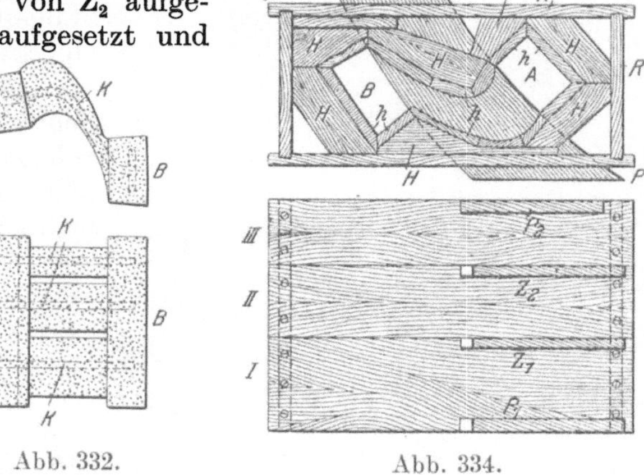

Abb. 332. Abb. 334.

Abb. 332—337. Kernformerei von Turbinenrädern.

Nach Fertigstellung sämtlicher Kerne wird eine ringförmige Gießgrube ausgehoben und auf ihrem Grunde ein gut gelüfteter, genau in der Wasserwage liegender Herd hergerichtet. Auf ihm reißt man zwei Kreise entsprechend den durch die äußeren und inneren Kernansätze bedingten Durchmessern vor, und legt danach die Kerne ein, worauf der äußere und innere Hohlraum zwischen den Kernen und den Grubenwänden vollgestampft und die Oberfläche mit den Kernen bündig, glatt abgestrichen wird. Das Ganze wird mit einer an ihrer unteren Fläche mit Zapfen versehenen und mit Lehm bestrichenen Deckplatte abgeschlossen. Die Deckplatte wird bei größeren Rädern mehrfach geteilt. Sie ist mit sechs bis acht Löchern für die Eingüsse und Steiger versehen. Die Luft wird unter der Deckplatte R (Abb. 335) bei L abgeführt. Auf die Deckplatte werden zwei im Herde gegossene Ringe gestellt, zwischen denen der kranzförmige Einguß mit vier bis sechs Einlaufverbindungen und ein oder zwei Steigern geformt wird. Die Fugen der Deckplatten werden mit Lehm verschmiert, mit Sand überstampft und mit kleinen Beschwereisen belegt; dann wird die ganze Form durch Beschwereisen, die man auf die beiden Eingußringe legt, belastet.

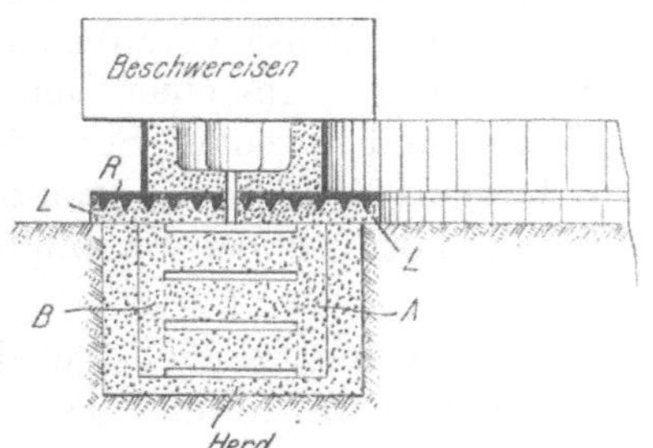

Abb. 335. Form des Laufrads.

Abb. 336 zeigt einen Schnitt durch die fertige Form des Leitrades, die in ähnlicher Weise wie die des Laufrades hergestellt wird. In einer ringförmigen Gießgrube, deren Tiefe gleich ist der Gesamthöhe a des Leitrades, mehr dem Maße der unteren Kernstärke b, wird der Boden genau wagerecht ausgerichtet (am besten mit einer Drehlehre) und geglättet. Dann reißt man auf dem Grunde zwei Kreise vor, deren Durchmesser den Begrenzungslinien der den Tagring (Aufsatzring) des Leitrades bildenden Kerne entspricht, und legt die Kerne M und N (Abb. 337) den Kreisen entlang in die Grube. Die von den beiden Kernkränzen gebildete Form wird sorgfältig mit Werg verstopft, der Raum zwischen den Kernen und den Grubenwänden vollgestampft und der Sand bündig mit der Oberkante der Kerne glatt abgestrichen. Auf die so gebildete Unterlage wird dann der Schaufelkranz genau wie beim Laufrade aufgebaut, wobei das Werg in der unteren Kernreihe beim Einlegen der oberen Kernreihe allmählich entfernt wird.

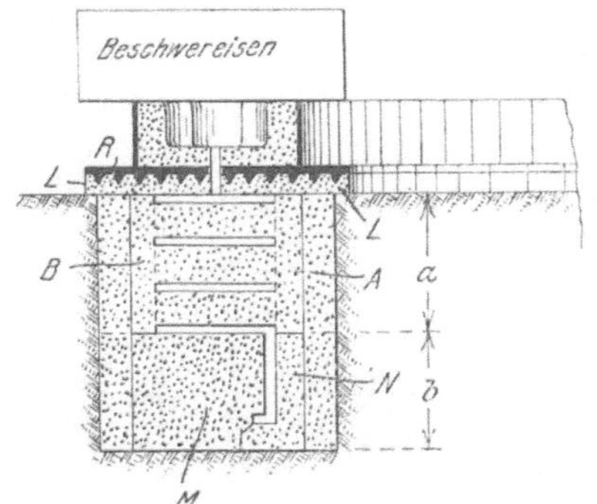

Abb. 336. Form des Leitrads.

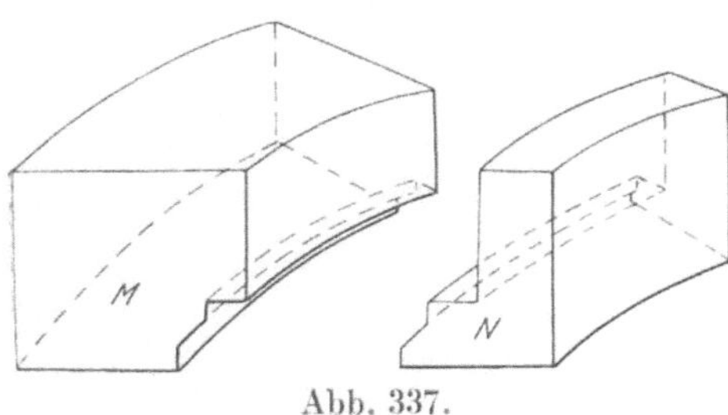

Abb. 337.

C. Laufringe (Stapelguß).

Abb. 339 zeigt eine Anwendung der Kernformerei zur Erstellung von Gußstücken nach dem S t a p e l g u ß v e r f a h r e n (vgl. S. 377 und 526). Die Gesamtform enthält sechs Einzelformen des in Abb. 338 in einem Schnitte dargestellten Rings. Ein Modell oder eine besondere Drehlehre wird zur Ausführung nicht benötigt. Es ist nur eine Kernbüchse mit Einlagen zur Herstellung der in Abb. 340 abgebildeten Kerne nötig. Im Kreise sind je 15 Kerne vorgesehen, von denen je vier der Form II und III Aussparungen a zur Verbindung mit dem Einguß und den Steigern erhalten.

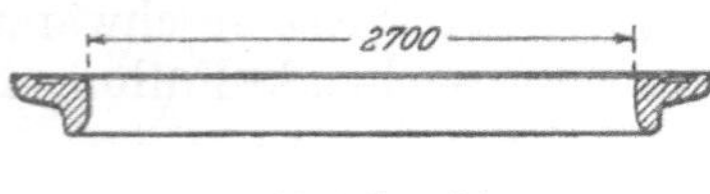

Abb. 338. Laufring.

Nach der einige Tage in Anspruch nehmenden Herstellung der Kerne kann der Aufbau der Form in wenigen Stunden bewirkt werden. Im Grunde der Gießgrube wird ein eiserner Ring D genau nach der Wasserwage eingelegt und fest gestampft (Abb. 339). Er bleibt dauernd liegen, damit die auf seine Unterbringung verwendete Arbeit bei wiederholtem Abguß in Wegfall kommt. Mit einer glatten Drehlehre (Abb. 341) wird der Boden eben gestrichen und die erste aus Kernen der Form III bestehende Kernlage mit Hilfe der gleichen Lehre zurecht gelegt. Die Unterkante A der Lehre, sowie eine nach dem Glattdrehen der Bodenfläche angeschraubte Leiste C sichern dabei die richtige Lage der einzelnen Kerne. In gleicher

Weise wird jede folgende Kernlage eingelegt. Nach Entfernung der Spindel stellt man in den leeren Raum innerhalb des Kernkranzes runde Formkasten E, setzt an

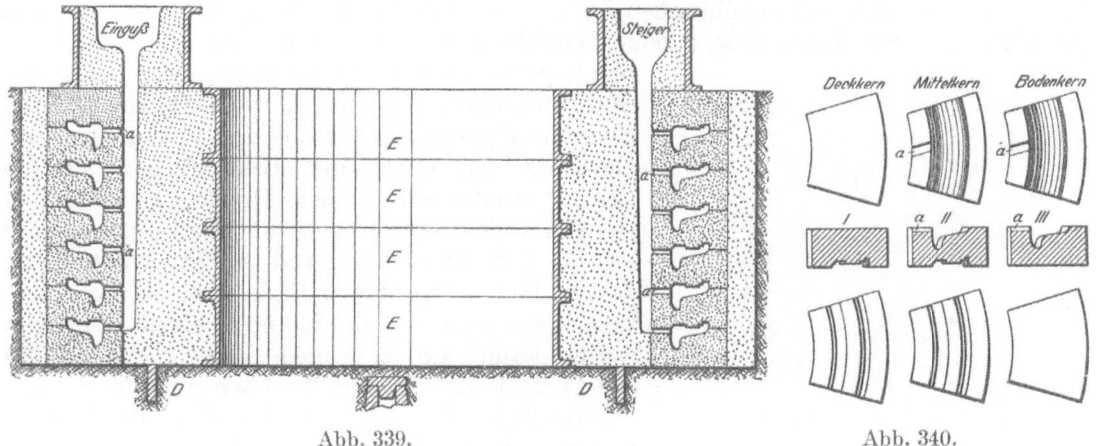

Abb. 339. Abb. 340.

Abb. 339—341. Formerei von Laufringen (Stapelgußverfahren).

die Kernschlitze a Steiger und Eingußmodelle und stampft den innerhalb und außerhalb des Kernrings verbliebenen leeren Raum voll. Die in die Mitte gestellten Formkasten nehmen den nach innen gerichteten Gießdruck auf, sie verringern die Stampfarbeit und vereinfachen das Beschweren der Form. Letzteres ist besonders wichtig, da der Auftrieb recht beträchtlich ist und ein Beschweren der Form ohne besondere Sicherheitsvorkehrungen die einzelnen Teile in Gefahr bringen würde, zerdrückt zu werden. Die Beschwereisen werden quer über die ganze Form auf die Formkastenoberfläche gelegt und die einzelnen Kerne dagegen verkeilt. (Siehe auch nächsten Abschnitt „Lehren- oder Schablonenformerei" und S. 532 „Beschweren der Gießformen".)

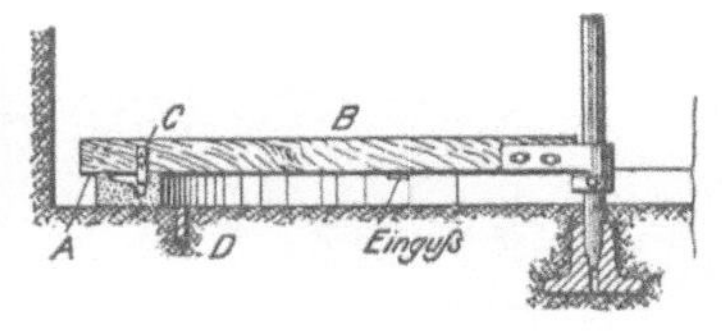

Abb. 341.

VIII. Lehren- oder Schablonenformerei.

Allgemeines.

Bei der Lehrenformerei wird der Umriß der Gießform mit einer Lehre entweder aus vorher verdichtetem Sande ausgeschnitten, oder es werden Formstoffe um die bewegte — gedrehte oder gezogene — Lehre aufgetragen. Die Lehrenformerei erfordert häufig, insbesondere bei kleinen Gußstücken, höhere Formerlöhne als die Formerei nach Modell, erspart aber die Anschaffung eines Modells. Die Entscheidung, ob mit Modell oder Lehre gearbeitet werden soll, beruht daher in vielen Fällen auf der einfachen Rechenaufgabe, von welcher Stückzahl benötigter Abgüsse an die Herstellung eines Modells oder das Arbeiten mit Lehren vorteilhafter ist. Dabei kann noch die Eiligkeit eines Auftrags von Einfluß sein, denn die Herstellung einer Lehre beansprucht meist nicht so viele Stunden wie die des Modells Tage.

Viele Formen lassen sich mit Lehren billiger und sehr viele davon zugleich besser und genauer herstellen als mit Modellen, denn große Holzmodelle verziehen sich im nassen Sande in recht störender Weise, während eiserne Modelle durch Senken während des Wendens zu Ungenauigkeiten Veranlassung geben können.

Man kann ganze Formen — Ober- und Unterteil — mit Lehren abdrehen oder auch nur ein Formteil drehen und das Gegenstück ziehen, mit Modell oder auf andere Weise anfertigen, ja selbst ein Teil teilweise mit Lehren und teilweise auf andere Art herstellen.

Die Arbeit mit Drehlehren.

Die Drehvorrichtung oder der Schablonierapparat besteht in der Hauptsache aus den vier in Abb. 342 ersichtlichen Teilen: der Spindel, der Spindelbüchse oder dem Spindelstocke, dem Lehrenträger oder Schablonierarm und dem Stellring. Die völlig blank gedrehte, aus Schmiedeisen oder besser aus Stahl bestehende Spindel verläuft am unteren Ende als abgestumpfter Kegel und übt infolge ihres Gewichts, das durch den Lehrenträger und die Lehren erhöht wird, einen Druck auf die genau passend ausgedrehte Kegelfläche der Spindelbüchse aus, so daß sie sich nur mit einiger Anstrengung drehen läßt. Am oberen Ende wird sie mit einem Loche versehen, durch das ein Bolzen geschoben werden kann, um sie je nach Größe mit der Hand oder mittels des Kranen hochheben können. Die größten Spindeln werden der Gewichts- und Kostenersparnis halber auch hohl und in Gußeisen ausgeführt.

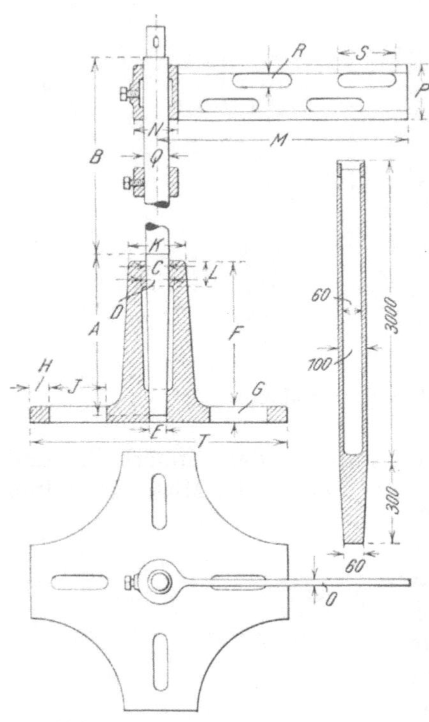

Abb. 342. Schabloniervorrichtung.

Die Spindelbüchse oder der Spindelstock besteht aus Gußeisen und erhält eine verhältnismäßig große Auflagefläche, um einen dauernd geraden Stand der Spindel zu gewährleisten. Die Schlitze in der Auflagefläche dienen zur Befestigung mittels Schraubenbolzen, wenn die Spindelbüchse auf festen Unterlagen, z. B. der Grundplatte einer großen Lehmform, angebracht werden muß. Die Bohrung ist meist ausgekammert und stimmt mit der Kegelfläche der Spindel genau überein. Man läßt sie der leichteren Reinigungsmöglichkeit halber ganz durch den Spindelstock gehen. Die oberste Fläche der Büchse wird auf der Drehbank genau senkrecht zur Bohrungsachse bearbeitet, um das Ausrichten beim Aufstellen der Drehvorrichtung zu erleichtern.

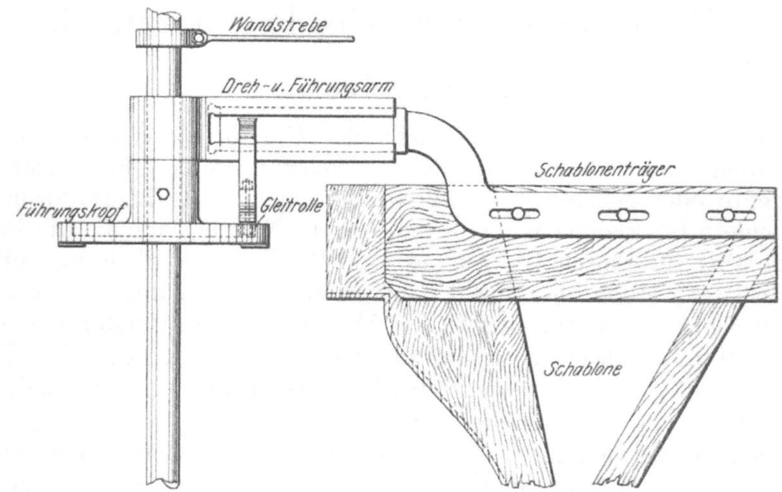

Abb. 343. Anordnung zum Schablonieren von Ellipsen.

Auch der Lehrenträger, Schablonenhalter oder -arm wird gewöhnlich aus Gußeisen hergestellt und seine Bohrung der leichteren Beweglichkeit halber gekammert, wie es die Abb. 342 zeigt. Die Ober- und Unterkante des Arms, welche die Grundlage für verschiedene Messungen abgeben, werden stets bearbeitet. Eine Stellschraube dient der Feststellung in bestimmten Lagen, während die Längschlitze zum Durchstecken der Schrauben für die Befestigung der Lehren (Schablonen) dienen. Auch der **Stellring** wird mit einer Schraube fest gemacht.

Elliptische Gußstücke und Gußstücke, die vor der Verwendung geteilt werden und einer Bearbeitungszugabe bedürfen, werden mit **exzentrischen Drehvorrichtungen** geformt. Abb. 343 zeigt eine Anordnung, mit deren Hilfe Gußstücke in zwei, drei, vier und mehr Kreisabschnitten und in beliebigen elliptischen Formen hergestellt werden können. Der Lehrenträger (Abb. 344) besitzt zweierlei Führungen. Einmal die bearbeiteten Flächen c c und d d, die in den Führungen a a und b b des Dreharms (Abb. 345) gleiten und zum anderen die am Arme e (Abb. 344) mit Bolzen und Mutter befestigte Gleitrolle g. Letztere gleitet in der Rinne eines Führungskopfes, wie solche in Abb. 343 dargestellt sind. Die Lehre ist demnach gezwungen, genau den exzentrischen Kreisausschnitten oder sonstigen Formen der Rinne des Führungskopfes zu folgen. Die Führungsköpfe Abb. 346, 347 und 348 sind für zwei-, vier- und sechsfach geteilte Formen bestimmt, sie lassen erkennen, daß auf gleichem Wege die mannigfaltigsten Formen zu erreichen sind. Die Führungsrinne r kann bei sauberem Gusse vom Schlosser genau genug geglättet werden, dagegen ist es notwendig, die Leisten f (an der Unterseite der Kopfstücke) auf das genaueste, insbesondere in bezug auf ihre Winkelstellung zum Mittelpunkte des Kopfstückes, zu bearbeiten, da sie zum Anzeichnen der Teilungslinien der einzelnen Abschnitte und zum Einlegen der Teilkerne dienen.

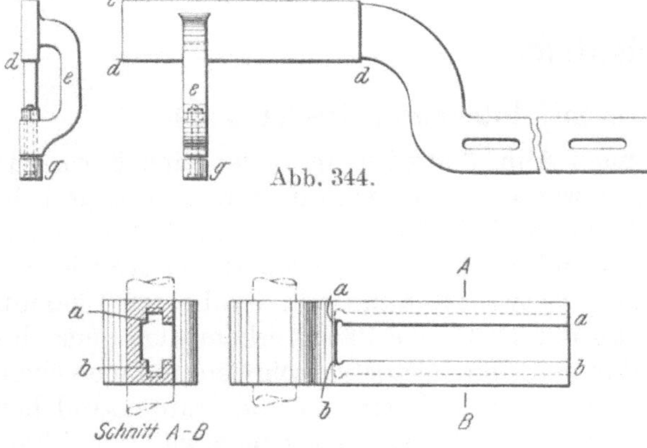

Abb. 344 u. 345. Schablonenträger mit zweierlei Führungen.

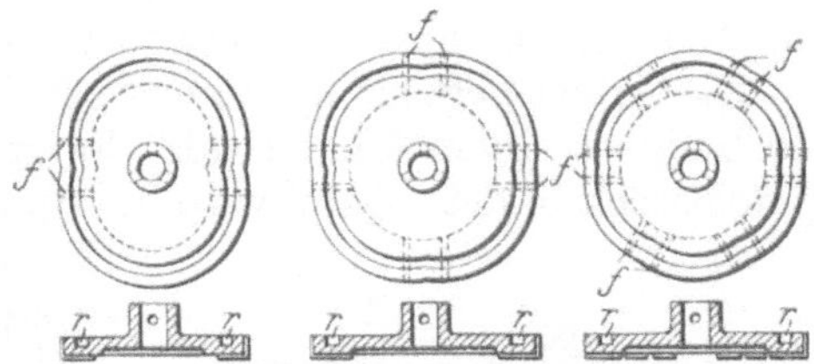

Abb. 346–348. Führungsköpfe.

Aufstellen der Drehvorrichtung.

Der Spindelstock muß so tief unter die Form gebettet werden, daß er die Formarbeiten nicht stören kann. Falls er in die Erde gesetzt werden muß und nicht in eine Platte oder auf einen Formkastenboden geschraubt werden kann, wird eine Grube von ausreichender Tiefe ausgehoben (Abb. 349), ihr Boden möglichst fest eben gestampft, ein kleiner, aber kräftiger Formkastenrahmen hineingestellt und ringsum bis zu seiner Oberkante mit Haufensand recht fest eingestampft, worauf man ihn mit Hilfe einer Wasserwage und eines schweren Hammers in genau wagerechte Lage bringt. (Der Rahmen bezweckt die Schaffung eines Hohlraums, in den etwaiger, bei ausgehobener Spindel in den Spindelstock gedrungener Formsand fallen kann.) Nun wird der Spindelstock auf den Formkasten und die hartgestampfte Sandunterlage gestellt, mit Hilfe einer auf seine höchste bearbeitete Fläche gesetzten Wasserwage ausgerichtet, die Spindel eingesetzt, der Stellring und ein Lehrenträger

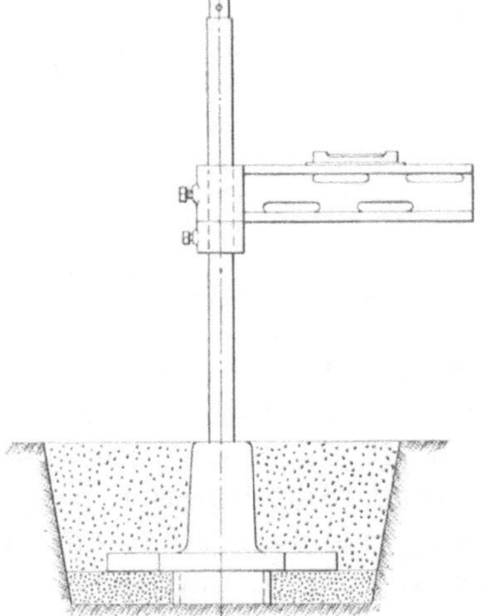

Abb. 349. Aufstellen der Schabloniervorrichtung.

werden über die Spindel geschoben und schließlich mittels einer auf den Arm gesetzten Wasserwage unter wiederholtem Drehen des Arms um 360° die lotrechte Lage der Spindel geprüft. Etwaige Abweichungen werden durch Niederstoßen des Spindelstocks mit einem schweren Holzklotze am besten behoben. Die Grube wird dann bis zur Oberkante des Spindelstocks eben vollgestampft und schließlich die genaue Lage der Vorrichtung bei recht hochgestelltem Lehrenträger nochmals geprüft. Je gewissenhafter diese Arbeiten ausgeführt werden, desto rascher führen sie zum Ziel. Auf einem sorgfältig und genau gesetzten Spindelstock kann oft jahrelang ohne jede Änderung gearbeitet werden; ein vorsichtiger Former wird aber trotzdem nicht versäumen, immer wieder vor Beginn eines neuen Arbeitstücks die lotrechte Lage seiner Spindel zu prüfen.

Beispiele.

A. Kurbelscheibe. (Arbeit mit lotrechter Drehachse.)

Zur Herstellung einer Kurbelscheibe nach Abb. 350 wird im Boden eine Form ausgedreht, nach der das Oberteil aufgestampft werden kann, worauf man abhebt und das Unterteil ausdreht. Dazu sind die Lehren A und B (Abb. 351), zwei Stegmodelle C und D, zwei Modelle für die Kurbelverstärkungen E und F und eine Kernmarke G erforderlich.

Die Arbeit beginnt mit dem Ausheben einer etwa 300 mm tiefen Grube von 1300 mm Durchmesser, deren Mittelpunkt der stets an der Bodenoberfläche erkenntlich gemachte Spindelstock bildet. Dann wird die Spindel in den Spindelstock geschoben und eine ebene Bodenschicht durch Festtreten von Haufensand hergestellt. Auf diese bringt man eine etwa 50 mm hohe Schicht von Kleinkoks und sorgt durch Einlegen einiger Trichtermodelle für ihre spätere Entlüftung. Die Grube wird mit gutem Formsand fast voll gestampft, so daß es möglich wird, mit der Lehre A das Modell für das Oberteil auszudrehen (Abb. 352). Die den Sand anschneidenden Kanten der Lehre sind schräg zugeschnitten (Abb. 353) und zur Verhütung vorzeitigen Verschleißes mit Blechstreifen beschlagen. Während des nur allmählich unter wiederholten Umdrehungen stattfindenden Abdrehens prüft der Former mit den Fingern die Festigkeit der Sandoberfläche und gleicht lose Stellen durch Nachstopfen von Formsand aus. Nach Fertigstellung der Form wird die Spindel ausgehoben, die Bohrung der Spindelbüchse mit einem Deckelchen abgeschlossen, das Loch oberhalb der Nabe mit Sand gefüllt und der „Stand“, die außerhalb der eigentlichen Form abgedrehte ebene Fläche, durch Eintreiben einiger Pflöckchen (a) gesichert. Dann werden die Stegmodelle C und D und das eine Kurbelverstärkungsmodell in die Form gelegt, mit Nägeln gesichert, die ebenen Flächen der Form mit Streusand behandelt, die senkrechten mit Zeitungs- oder sonstigem weichem Papier, das man mit Formerstiften befestigt, bedeckt, oder, was besser ist, mit Gipswasser, und nach dem in wenigen Minuten erfolgenden Eintrocknen desselben, mit Firnis angestrichen. Ein Grundanstrich mit Gipswasser ist nötig, um den Firnis auftragen zu können, denn ohne ihn würde der Firnis in die Form dringen, der Formsand am Firnispinsel kleben bleiben und die Form aufs gröbste beschädigt werden. Während des Eintrocknens des Anstrichs bereitet der Former den Formkasten für das Oberteil vor, um ihn über die ausgedrehte „Modellform“ zu bringen. Es ist gut, den Formkasten fest in den Boden zu klopfen und an den Ecken mit Eisenplättchen zu unterlegen, um sicher zu sein, daß er nach Fertigstellung des Unterteils wieder in die richtige Höhenlage kommt. Gegen seitliche Verschiebungen wird er durch Pflöcke gesichert, die an seinen Ecken in üblicher Weise (S. 54)

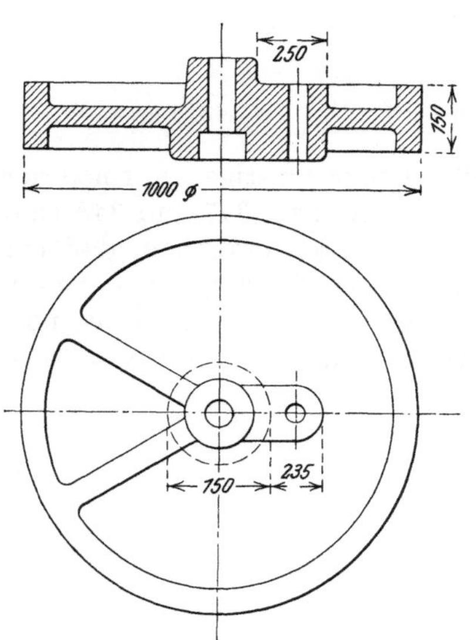

Abb. 350. Kurbelscheibe.

in den Boden getrieben werden. Je ein Trichter und Steigermodell werden einander gegenüber auf die Nabe gesetzt und das mit Zwischenwänden genügend verbaute Oberteil aufgestampft. Nach dem Abheben und Ausarbeiten des Oberteils, das nicht getrocknet wird, wird die Modellnabe mit der Schaufel weggestochen, der Sand bis zum Spindelstock entfernt, die Spindel eingesetzt und mit der Lehre B das Unterteil ausgedreht (Abb. 354). Sobald die stetig tiefer gehende Lehre dem Stande auf etwa 10 mm nahe gekommen ist, sticht man reichlich bis auf die Koksschicht Luft. Da die Kanäle

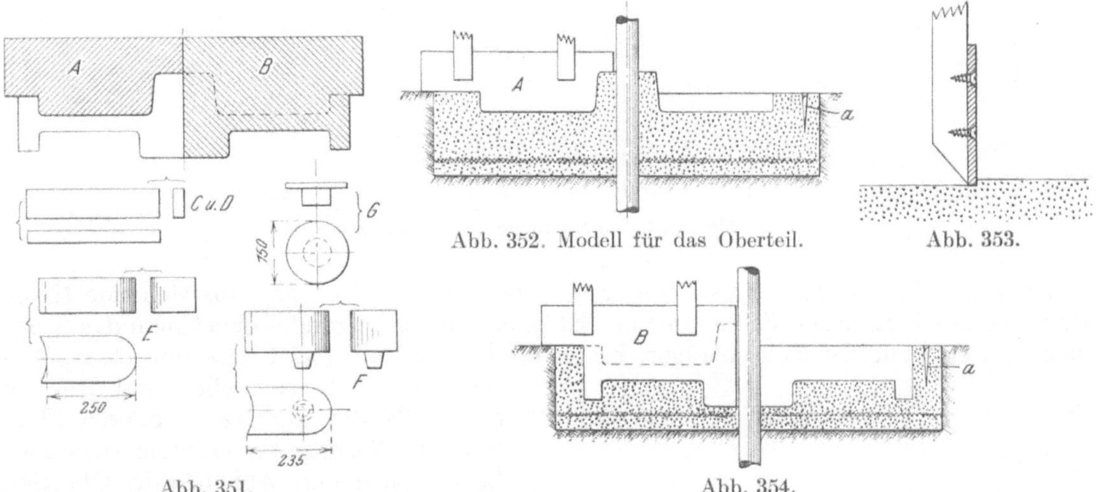

Abb. 351. Abb. 352. Modell für das Oberteil. Abb. 353. Abb. 354.

Abb. 351—354. Schablonieren einer Kurbelscheibe.

beim Weiterdrehen zuverlässig geschlossen werden, besteht keine Gefahr, daß etwa infolge allzu reichlichen Luftstechens während des Gießens Eisen bis zur Koksschicht eindringe. Beim Fertigdrehen ist auf die Pflöcke a zu achten, die ihre Lage behalten müssen und nicht tiefer in den Boden dringen dürfen. Sobald die Form sauber glatt gedreht ist, hebt man die Spindel aus der Grundbüchse, bettet die Kernmarke G unter genauer Wahrung gleichmäßigen Abstands vom Umfang der Form in die Mitte, bringt das untere Kurbelverstärkungsmodell durch Ausschneiden und Beistampfen in die Form, hebt beide Modellteile aus, schwärzt, trocknet etwa 3 Stunden lang mit einem tragbaren Trockenofen (S. 266), setzt die einzelnen Formteile zusammen und gießt ab.

B. Mühlzarge. (Arbeit mit lotrechter Drehachse.)

Die Form einer Zarge nach Abb. 355 besteht aus drei Teilen: einem Unterteil, einem Kern- oder Mittelstück und einem flachen Oberteil. Zu ihrer Ausführung werden

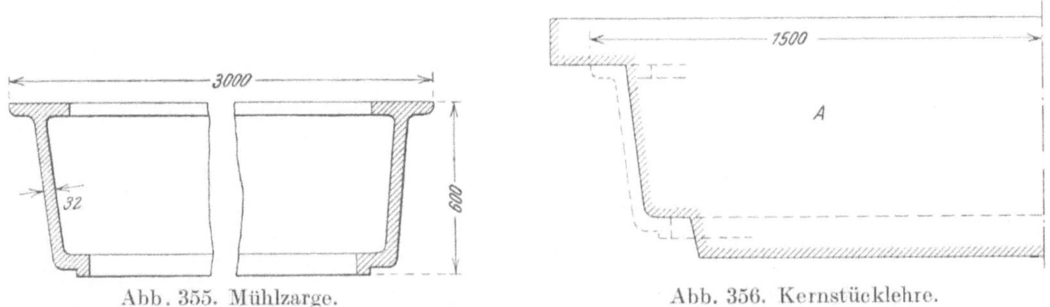

Abb. 355. Mühlzarge. Abb. 356. Kernstücklehre.

drei Lehren benötigt, eine Kernstück- oder Modellehre A (Abb. 356), eine Unterteillehre B (Abb. 357) und eine Flanschlehre C (Abb. 358). Hauptaugenmerk ist auf das Kernstück zu richten, insbesondere auf dessen guten Zusammenhalt, ausreichende Luftabführung und genaues Passen. Nach dem Herrichten der Arbeitsgrube wird mit Hilfe abgesteifter gebogener Bleche (Abb. 359) ein Sandmantel hochgestampft, der einen um einige Zentimeter kleineren Durchmesser hat, als das Kernstück erhalten soll. Dann entfernt man die Bleche, setzt die Spindel ein, dreht mit der Modellehre A die Form für das Kernstück aus, und behandelt sie mit Streusand, Gipswasser und Firnis (S. 100). Hierauf werden eine gußeiserne Kerntragplatte eingelegt (Abb. 360), das Kernstück unter Verwendung zahl-

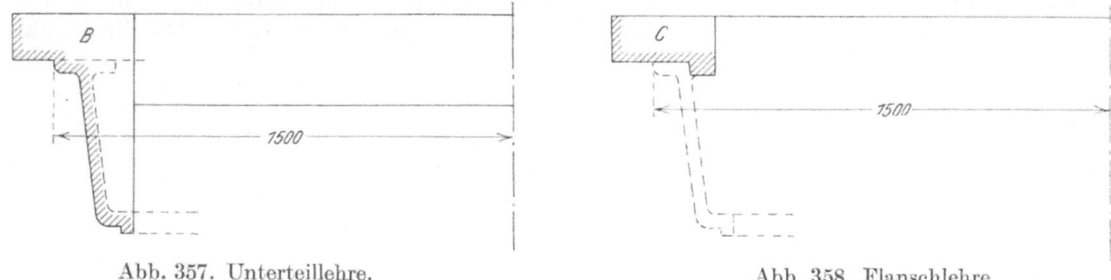

Abb. 357. Unterteillehre. Abb. 358. Flanschlehre.

Abb. 356—362. Schablonieren einer Mühlzarge.

reicher Verbindungseisen aufgestampft und dabei drei Eingüsse und ausreichende Koksfüllung vorgesehen. Nach Erreichung der Höhe des äußeren Standes ebnet man das Kernstück aus, entfernt den Lehrenträger, bringt ein Oberteil auf das Ganze und stampft es

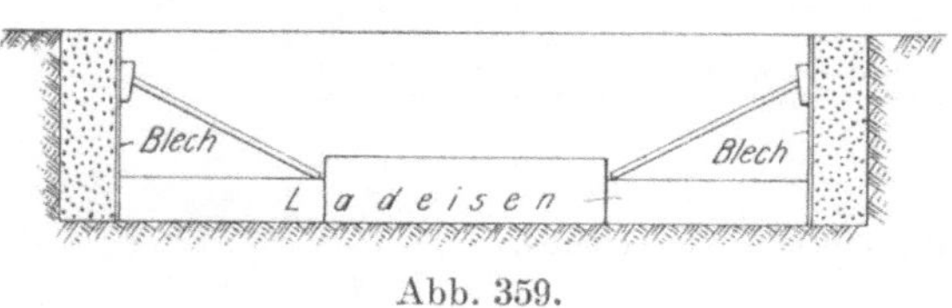

Abb. 359.

mit drei Trichtermodellen und drei auf die Stelle des künftigen äußeren Flansches der Form gesetzten Steigermodellen hoch. Nach dem Abheben des Oberteils wird die Flanschlehre C auf die Spindel gebracht und mit ihr die Form für den inneren Flansch aus dem Kernstück geschnitten. Vor dem Ausheben des Kernstückes wird seine Lage durch einige in den Sand gerissene Striche angezeichnet und das Wiedereinsetzen durch Eindrücken zweier im rechten Winkel zueinander stehender Blechstreifen, die nach der Wasserwage genau

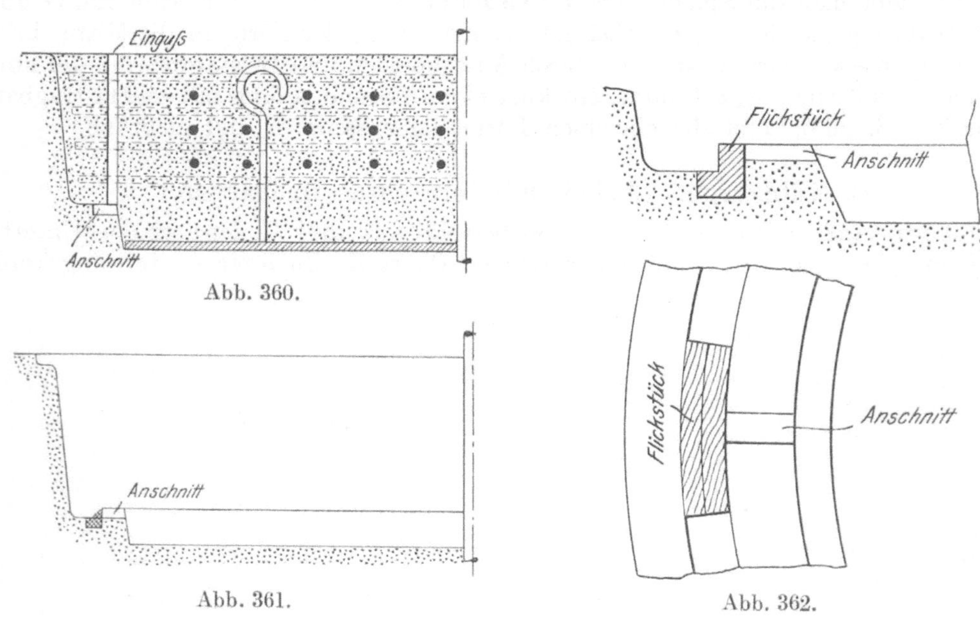

Abb. 360. Abb. 361. Abb. 362.

wagerecht in das Kernstück geklopft werden, vorbereitet. Zur Erleichterung des Aushebens schneidet man den Sand rings um das Kernstück auf etwa 150 mm Tiefe mit der Polierschüppe weg, wobei darauf geachtet werden muß, nicht zuviel wegzuschneiden, weil sonst beim folgenden Ausdrehen des Unterteils allzuviel nachgeflickt werden muß.

Das Kernstück wird mit dem Kranen ausgehoben, in nasse Tücher eingeschlagen und zur Seite gestellt, worauf die Unterteillehre auf die Spindel gebracht und das Unterteil ausgedreht (Abb. 361) wird. Der schwarz gezeichnete Teil ist nur schwierig sauber und scharfkantig herzustellen. Man kommt am raschesten zum Ziele durch Benutzung eines der Form dieser Rinne entsprechenden Modells, eines Flickstücks, das man (Abb. 362) in die roh ausgedrehte Form legt, um dann die Kanten mit passenden Werkzeugen auszubessern und zu festigen. Schließlich wird die Spindel ausgehoben, das Unterteil geschwärzt und mit Heizkörben oder tragbaren Trockenöfen getrocknet. Das Kernstück flammt man nach gehöriger Vorbereitung — Ausbessern, Sicherung mit Formstiften, Bestauben mit Graphit- und Holzkohlenpulver, Polieren — über einem offenen Feuer während einiger Minuten ab, stellt dann die einzelnen Teile zusammen und gießt möglichst rasch ab. Die Luft des Kernstücks wird durch den von der Spindel hinterlassenen Kanal, den man mit Kleinkoks füllt, abgeführt.

C. Riemenscheiben. (Arbeit mit lotrechter Drehachse.)

Bei der Herstellung von Riemenscheibenformen mit Lehren sind fast alle bei der Formerei mit Modellen üblichen Formverfahren gebräuchlich. Man setzt den Kranz oder das Mittelstück auf Tragplatten, dreht das Mittelstück ab oder bildet es aus Kernen, wobei die Arme aus der Büchse gezogen werden oder der Kern geteilt wird, und man dreht Riemenscheiben in dreiteiligen Formkasten aus, so daß Tragplatten für einzelne Teile nicht benötigt werden. Man kann Riemenscheiben mit glattem und balligem Reife, ohne, mit einem oder zwei Rändern und mit einem oder zwei Armkreuzen drehen. Seit der Einführung leistungsfähiger Riemenscheibenformmaschinen werden Riemenscheibenformen unter einem Meter Durchmesser nur noch selten gedreht, größere Scheiben dagegen, insbesondere solche von mehr als 1500 mm Durchmesser werden heute in weitaus überwiegender Zahl mit Drehlehren erstellt.

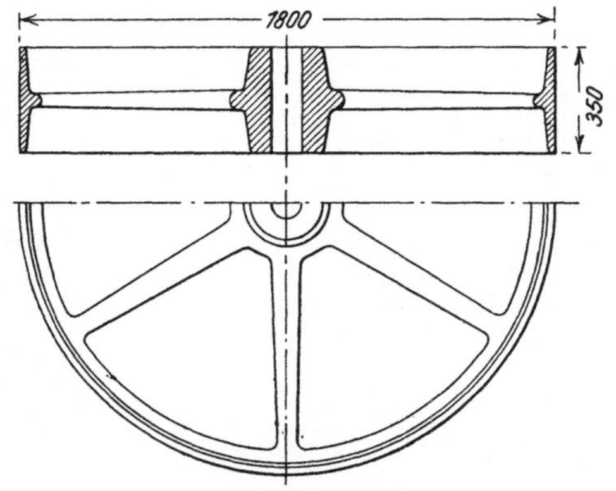

Abb. 363. Riemenscheibe.

a) Ausführung mit abhebbarem Kranzstück. Für die in Abb. 363 in einem Schnitt und einer halben Draufsicht dargestellte Riemenscheibe werden die Lehren A und B (Abb. 364) für das Unterteil, die Lehre C für das Oberteil und die Brettchen D, E mit der Ziehlehre F (Abb. 365) zum Ausschneiden der Arme benötigt. Die einzelnen Arbeitsvorgänge wickeln sich in folgender Weise ab:

1. Ausheben der Formgrube, Festtreten einer Schicht Haufensand, Ausdrehen und Polieren eines „Standes“ mit der Lehre A, auf den nach Behandlung mit Streusand der mit vier Traglappen versehene Herdgußring R gelegt wird (Abb. 366).

2. Herstellen der Form für das Oberteil: Die Grube wird mit Formsand so weit vollgestampft, daß die Form mit der Lehre C ausgedreht werden kann. Zur Feststellung des richtigen Abstands des oberen Standes vom unteren werden zwei bis drei auf den Tragring (Abb. 367) gestellte Maßhölzer (Abb. 366) mit aufgestampft. Ausdrehen mit Lehre C. Die schräge Führungsfläche a b (Abb. 364) wird nicht immer vorgesehen, trotzdem sie die sicherste Führung und größte Gewähr für gleichmäßige Kranzstärke bietet. Es genügt, sie 30 mm hoch zu machen (bei kleineren Scheiben reichen auch 20 mm aus), so daß die Vergrößerung des im Oberteil hängenden Sandballens nicht von Belang ist. Die ebenen Flächen werden mit feinem Streusand, die schrägen mit Gipswassser und Firnis behandelt (S. 100), oder mit Zeitungspapier bezogen.

3. Vorzeichnen der Armumrisse. Auf der Teilungsebene im Grunde der Form werden außer den Armmittellinien noch Linien vorgerissen, durch die jedes Feld zwischen zwei Armen in zwei gleiche Teile geteilt wird. Die Richtbrettchen D und E (Abb. 365) sind

so bemessen, daß sie, mit je einer Längskante an die Teilungslinie gelegt (Abb. 368), zwischen sich einen Raum frei lassen, der dem Längschnitte durch einen Riemenscheibenarm entspricht. Man reißt nun die Armumrisse im Sande vor, bestreut die Armfläche mit feinem Ziegelmehl oder Tonpulver und entfernt danach die Brettchen. Auf diese Weise erhält man eine Zeichnung der Arme im Unterteil, die sich beim Aufstampfen des Oberteils in diesem abdrückt, so daß die danach im Ober- und Unterteil ausgeschnittenen Armformen einander genau decken müssen. Vor allem müssen sich auch die Teilungslinien der Zwischenfelder genau abdrücken, da sie den Hauptanhalt für das spätere Ausschneiden der Arme bilden. Es folgt das Ausheben der Spindel und Verschließen der von ihr hinterlassenen Öffnung mit Putzwolle und Formsand.

4. Herstellung des Oberteils: Nach dem Aufsieben einer etwa 10 mm hohen Modellsandschicht wird ein Formkasten über die Form gebracht und unter reichlicher Verwendung von Sandhaken mit den erforderlichen Steigern und Trichtern aufgestampft. In der Nähe des Kranzes ist der Sand lockerer als an den anderen Teilen der Form zu halten. Abheben, Wenden und Absetzen des Oberteils. Ausarbeiten der Armformen. Die Umrisse der Arme sind genau abgedrückt. Nach Anlegen der Brettchen D und E wird

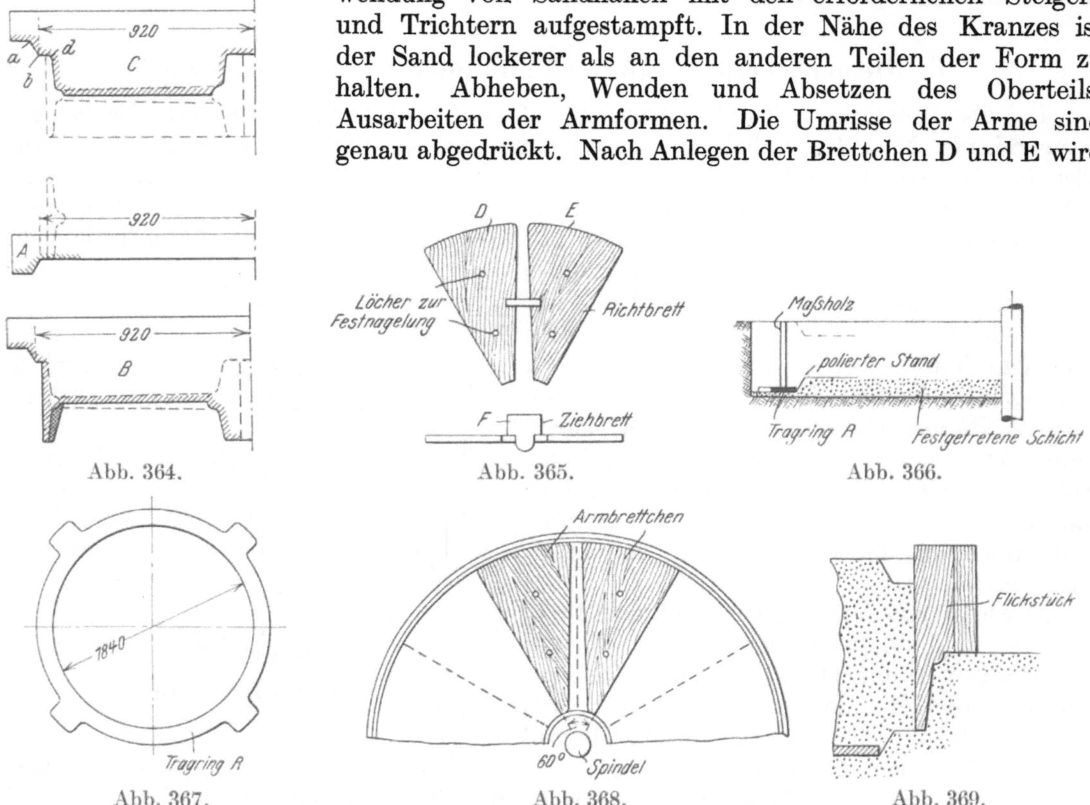

Abb. 364. Abb. 365. Abb. 366. Abb. 367. Abb. 368. Abb. 369.

Abb. 364—369. Riemenscheibenformerei mit abhebbarem Kranzstück.

mit der Ziehlehre F die Armform aus dem Sande gekratzt (Abb. 365), die Form mit Graphit- und Kohlenstaub geschwärzt, auspoliert und dann zur Seite gestellt.

5. Ausdrehen des Unterteils mit der Lehre B, wobei auf genaue Einhaltung der Höhe des Standes a b d (Abb. 364 C) besonders geachtet werden muß. Bei Riemenscheiben mit schmalem (niederem) Kranze wird der richtige Querschnitt des Kranzes ausgedreht, während man bei Scheiben mit breitem (hohem) Kranze am Mittelstück etwas mehr Sand wegnimmt, um während des Ausdrehens die äußere Kranzfläche bequemer behandeln zu können. Der schwarz gehaltene Teil an der Lehre B (Abb. 364) zeigt das Maß des zuviel weggedrehten Sandes. Dieser Sand muß nach beendigtem Abdrehen mit Hilfe eines Flickstücks (Abb. 369) wieder ersetzt werden. Meistens wird die Unterteillehre nicht besonders angefertigt, sondern durch Befestigung der Kranzwandstärke an die Oberteillehre gewonnen.

6. Ausheben und Fertigstellen des Kranzes: Der Sand wird außen rings um das Mittelstück mit der Schaufel weggestochen, bis der ganze äußere Rand der Ringplatte frei

liegt, so daß man unter die Tragplatten Ketten oder Haken legen und damit das Stück hochheben kann. Vorher wurde seine Lage durch einige in die Lappenwinkel getriebene Pflöcke gesichert. Abheben und Absetzen auf Böcken. Gegen die innere Wandung des Rings wird mit leichter Schleuderbewegung Modellsand gestreut und poliert. Schwärzen und Trocknen in der Kammer.

7. Ausschneiden der Arme im Unterteil, was mit peinlicher Genauigkeit geschehen muß, da schon ein Versetzen der Arme um 1 mm das Gußstück unbrauchbar machen kann. Falls der äußere Umfang des Mittelteils mit einem Flickstücke nachgebessert wurde (5.), prüft man die Rundung mit der Lehre und bessert etwaige Abweichungen nach. Entfernen der Spindel, Stauben, Polieren.

8. Das von der Spindel herrührende Loch wird, nachdem der Spindelstock durch ein Deckplättchen geschützt worden ist, mit Formsand zugestopft, eine Kernmarke im Grunde der Nabe eingebettet und ihre richtige Lage mit einem Taster festgestellt. Ausheben der Kernmarke, Schwärzen mit Graphit- und Kohlenstaub. Polieren.

9. Zurichten der Form, deren Ober- und Unterteil naß bleibt, während der Kranzring getrocknet wurde. Sofortiges Abgießen nach dem Zustellen, da sonst die getrockneten Teile von der nassen Feuchtigkeit anziehen würden. Gießereien mit tragbaren Trockenöfen schwärzen und trocknen alle drei Teile.

b) Ausführung mit abhebbarem Mittelstück. Lehren und Hilfstücke bleiben dieselben, mit Ausnahme der Unterteillehre A, an deren Stelle die Lehre A (Abb. 370) tritt. Die Arbeitsgrube wird wie im vorhergehenden Beispiele vorbereitet und eine Auflagefläche für die Tragplatte nebst wagerechtem und schrägem Stande ausgedreht. Zur Sicherung der Auflagefläche bettet man zwei oder drei kräftige Eisenstücke so in den Boden, daß ihre Oberfläche mit der abgedrehten Ebene bündig wird. Nach dem Einlegen der Mittelstück-Tragplatten (Abb. 371) werden einige Pflöcke am Rande der Plattenaussparungen in den Boden getrieben (Abb. 372), um ein Verdrehen beim

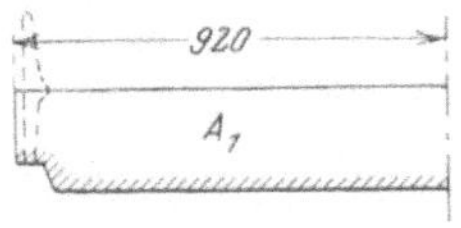

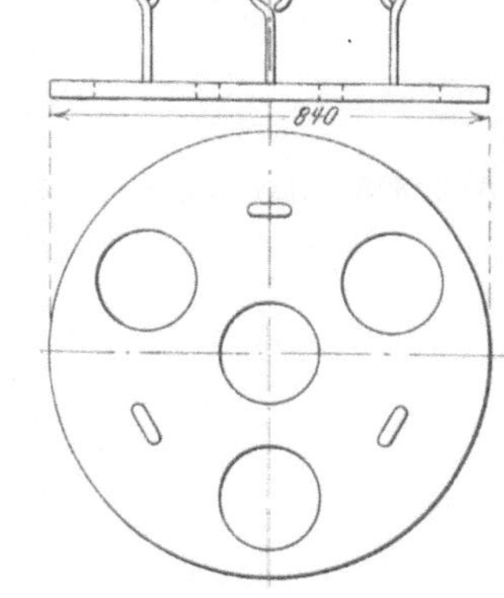

Abb. 370. 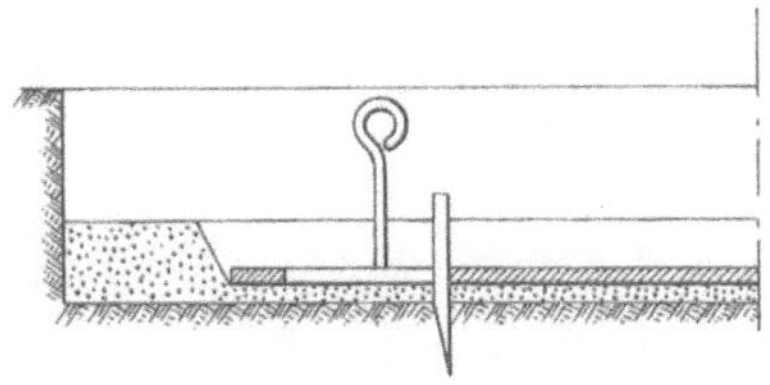 Abb. 372. Abb. 371.

Abb. 370—372. Riemenscheibenformerei mit abhebbarem Mittelstück.

Wiedereinsetzen zu verhindern. Die mit kräftigen Hammerschlägen eingetriebenen Pflöcke müssen vor Beginn des Aufstampfens ausgezogen und wieder lose eingesetzt werden, damit sie beim Anheben des Mittelstücks diesem willig folgen. Die Arbeiten 2, 3, 4, 5, 7 und 8 werden wie im vorigen Ausführungsbeispiele erledigt, worauf das Mittelstück ausgehoben wird. Da das Nachbessern schwierig und umständlich sein würde, muß von einem Mehrabdrehen des Kranzinnern abgesehen werden. *Man formt darum recht breite Riemenscheiben mit abhebbarem Kranze, schmale, leichter auszudrehende Scheiben aber mit abhebbarem Mittelstücke.* Die Form wird nach dem Trocknen aller Teile zusammengesetzt, wobei zur Gewinnung einer Führung ein paar Leisten kreuzweise mit kräftigen Nägeln so auf dem Mittelstück befestigt werden, daß sie über dasselbe hervorragen und beim Einführen in die Form deren innere Fläche fast berühren. Schon vor dem Auseinandernehmen der Form wurden einige Merklinien angerissen, so daß sie nun mit ausreichender Genauigkeit zusammengefügt werden kann.

Für die Wahl des Formverfahrens nach a) oder b) sind außer der erwähnten Schwierigkeit, breite Scheiben auszudrehen, ohne vom unteren Mittelstück ein später wieder anzuflickendes Mehr wegzunehmen, die Übung der Former, die Größenverhältnisse der Trockenkammern, sowie Kran- und Platzverhältnisse und die Bestände an Tragringen und Kernplatten maßgebend.

c) Herstellung des Mittelstücks mit Kernen. Fertigt man die Form der inneren Kranzseite, der Arme und der Nabe mit Kernen an, so läßt sich die Formerei wesentlich vereinfachen. Die Kerne können in Kernkasten oder in der Form selbst hergestellt werden. Im ersten Falle erfolgt die Teilung des Mittelstücks in einzelne Kerne durch lotrecht zwischen zwei Armen geführte Schnitte, während im zweiten Falle die Teilung

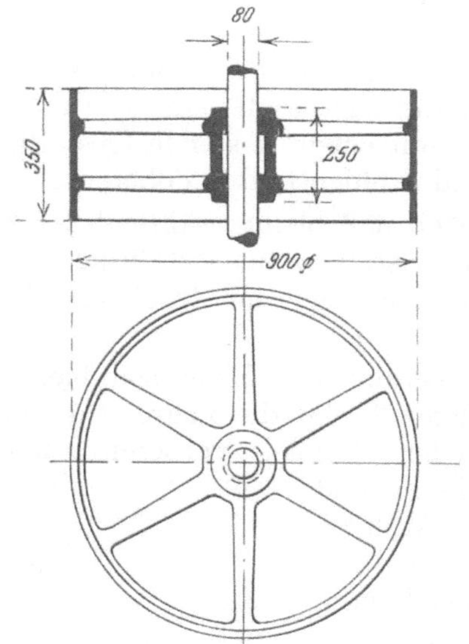

Abb. 373. Riemenscheibe mit zwei Armkreuzen.

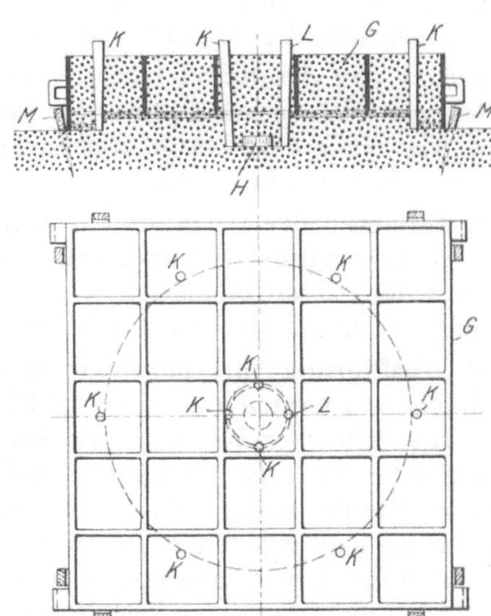

Abb. 375.

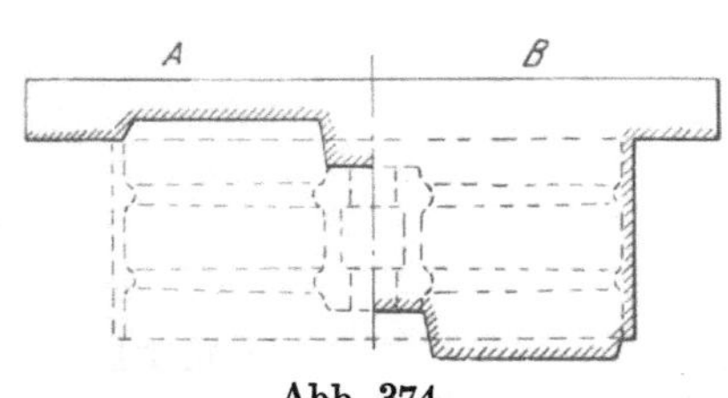

Abb. 374.

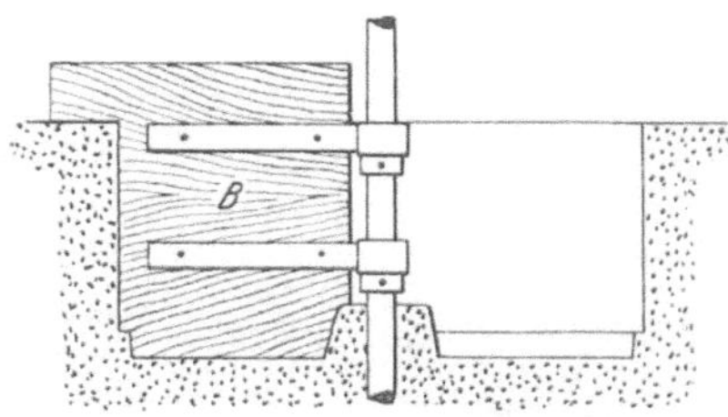

Abb. 376.

Abb. 374—378. Riemenscheibenformerei bei Herstellung des Mittelstücks mit Kernen und Teilung durch senkrechte Ebenen.

in einer wagerechten, das ganze Armkreuz spaltenden Ebene geschieht. Beide Verfahren werden vorzugsweise für besonders breite Riemenscheiben mit zwei Armkreuzen angewendet.

Teilung durch lotrechte Ebenen. Zur Formerei der in Abb. 373 dargestellten Riemenscheibe sind eine Oberteillehre A und eine Unterteillehre B (Abb. 374), eine Kernbüchse und zwei Kernmarken erforderlich.

Arbeitsgang: 1. Abdrehen und Fertigstellen der Modellform für das Oberteil, Anreißen der Armmittellinien.

2. Aufstampfen und Fertigstellen des Oberteils (Abb. 375). In die Mitte der Nabenfläche wird die Kernmarke H, oberhalb der Stellen, wo die Arme den Kranz treffen, werden Steigermodelle K und auf die Nabe drei weitere Steiger K und ein Eingußtrichter L gesetzt. Vor dem Abheben werden 8 Führungspfähle M in den Boden getrieben. Polieren, Schwärzen, Trocknen.

3. Herstellen des Unterteils. Rings um die Spindel wird der Sand mit einer Schaufel ausgestochen und gleichzeitig mit der Lehre B die Form genau ausgedreht (Abb. 376).

Die Arbeit geht am raschesten vonstatten, wenn man das Ausstechen und Abdrehen gleichzeitig bewirkt, wobei fast ganz bis an den äußeren Umfang des Kranzes gestochen werden kann, ohne Gefahr, zu viel wegzunehmen und dann nachflicken zu müssen. Entfernen der Spindel und Einbetten der unteren Kernmarke, Polieren, Schwärzen, Trocknen.

4. Anfertigen der Kerne. Der Kernkasten (Abb. 377) besteht aus den auf dem Bodenbrett P festgeschraubten Wänden N und O und den abnehmbaren, während des Stampfens mit Holzschrauben befestigten Kopf- und Seitenteilen N_1 und O_1. Auf seinen Boden wird eine etwa 50 mm hohe Schicht Kernsand gebracht, das in Tonmilch oder Lehmwasser getauchte Kerngitter R hineingedrückt, weiterer Sand nachgefüllt und bis zur Höhe des unteren Arms hochgestampft. Nun entfernt man das Kopfteil N_1, schiebt das Armmodell S in den Kasten, schließt wieder mit N_1 und umstampft das an beiden Enden durch Holzschrauben in richtiger Lage gesicherte Armmodell. Das Verfahren wird wiederholt, bis das Gitter R_1, der

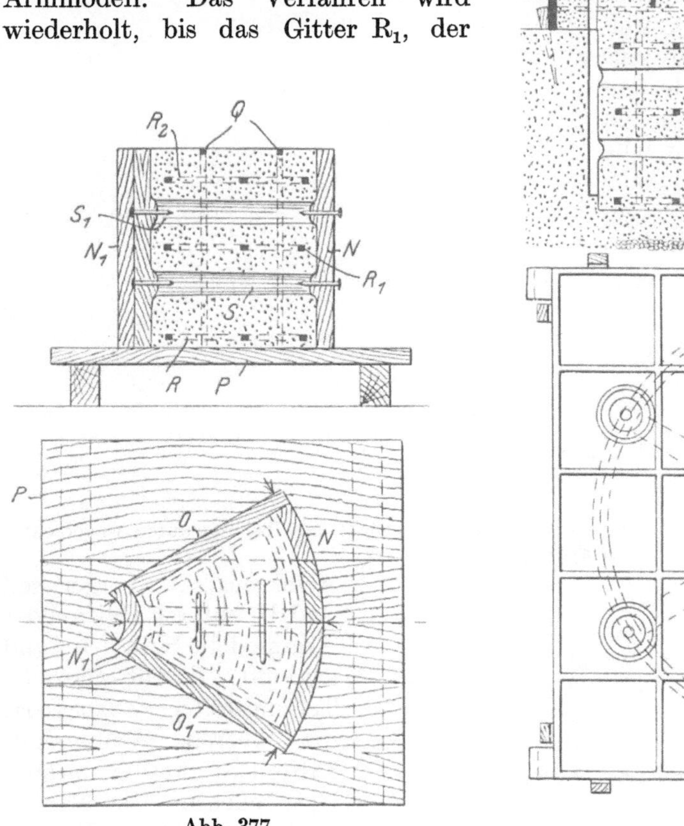

Abb. 377.

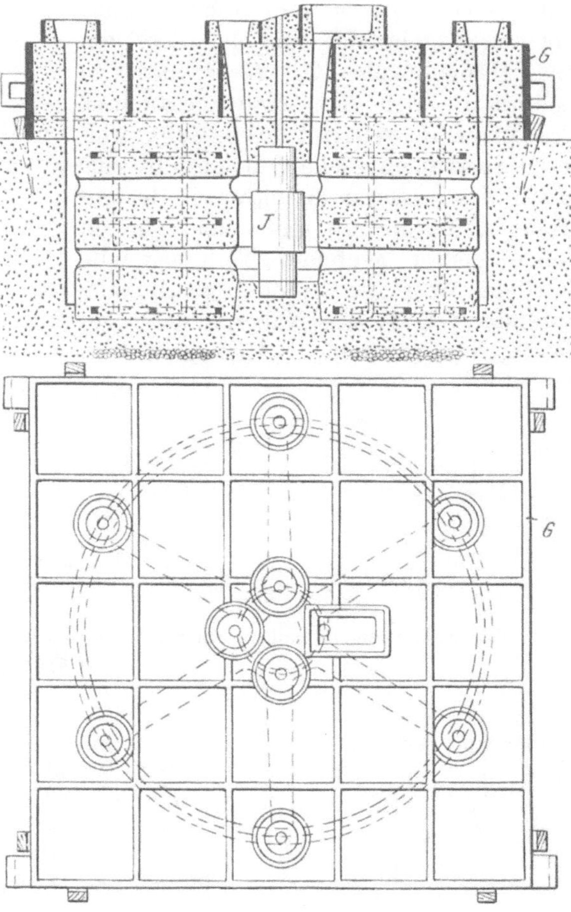

Abb. 378.

Arm S_1 und das mit Hängeeisen Q versehene Gitter R_2 eingebettet sind, und der Kern oben glatt abgestrichen werden kann. In das unterste Kerngitter R und das folgende Gitter R_1 wird kräftiger Bindedraht geflochten, durch den die drei Gitter fest miteinander verbunden werden. Nach dem Auseinandernehmen der Kernbüchse werden die gekrümmten Kern- und die Armflächen geschwärzt und der Kern in der Kammer getrocknet.

5. Einsetzen der 6 Kerne und des Nabenkerns J (Abb. 378) in die Form, Aufbringen des Oberteils, Beschweren und Aufbau der Trichter und Steiger.

Teilung des Kernstücks durch wagerechte Ebenen ist im allgemeinen weniger empfehlenswert als das vorbeschriebene Verfahren. Es erspart zwar die Anschaffung einer Kernbüchse, erfordert aber ein vierteiliges Nabenmodell und zwei Sätze geteilter Arme. Die Arbeit ist umständlicher und zeitraubender, weshalb das Verfahren nur angewendet wird, wenn der anderen Arbeitsart Schwierigkeiten entgegenstehen, z. B. gebogene Arme, deren Form das Ausziehen aus lotrecht geteiltem Kasten erschwert oder unmöglich macht.

Zur Formerei der in Abb. 373 abgebildeten doppelarmigen Riemenscheibe sind die Lehren C und D (Abb. 379) und die Lehre A (Abb. 374) erforderlich. Zunächst wird mit der Lehre C die äußere Form des Kernteils gedreht und in üblicher Weise mit Streusand, Gips und Firnisanstrich oder Zeitungspapier behandelt. Dann wird auf den Grund der Form eine etwa 50 mm hohe Schicht Formsand gebracht und in diese ein mit Hängebügeln Q_1 versehenes, in Lehmbrei oder Tonmilch getauchtes Traggitter R_3 gebettet (Abb. 380), weiterer Sand nachgeschaufelt und bis zur Mitte des unteren Armkreuzes festgestampft. In die mit Hilfe einer glatten Lehre genau geebnete Teilungsfläche wird der über die Spindel geschobene unterste Teil T_1 des Nabenmodells gebettet, dann werden die Mittellinien des

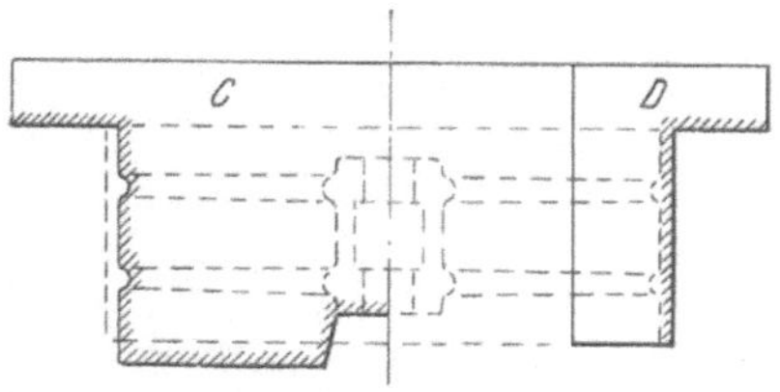

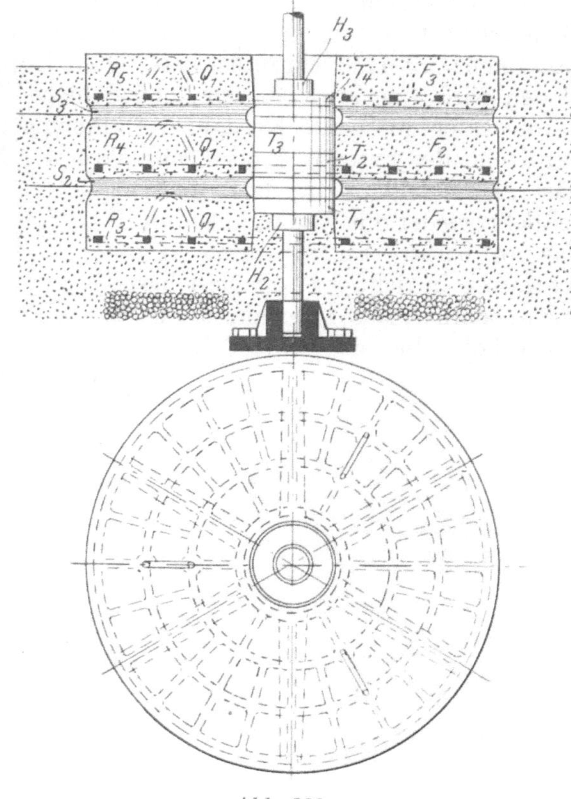

C D

Abb. 379.

Abb. 380.

Abb. 379—381. Riemenscheibenformerei bei Herstellung des Mittelstücks mit Teilung durch wagerechte Ebenen.

Armkreuzes vorgerissen und die unteren Hälften der Armmodelle S_2 in den Sand geklopft, worauf man die Teilungsfläche ausbessert, die oberen Armmodellhälften S_2 auf die unteren legt, ebenso das Nabenmodellstück T_2 auf T_1, eine neue Schicht Formsand darüber bringt, das zweite Traggitter Q_1 in den Sand drückt und so fortfährt, bis das dritte Kernstück F_3 mit der Lehre A abgedreht werden kann. Dann entfernt man die Drehspindel, sichert die von ihr hinterlassene Öffnung, behandelt die Sandoberfläche mit Streusand oder versieht sie mit einer Lage Papier oder einem Gips-Firnisanstrich (S. 100), setzt ein Oberteil auf (Abb. 381) und stellt es wie üblich fertig. Nach dem Abheben wird mit einer Lanzette oder einem anderen Polierwerkzeug der

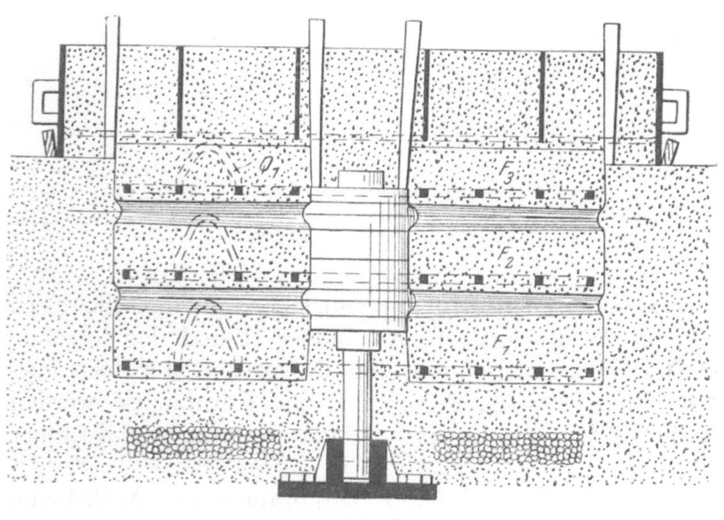

Abb. 381.

Sand rings um das oberste Kernstück weggeschnitten, das Kernstück an den Hängeeisen Q_1 aus der Form gehoben, ausgebessert, poliert, geschwärzt und getrocknet. Nach Entfernung der Armmodelle und des Nabenmodells wird mit dem zweiten und dritten Kernstück in gleicher Weise verfahren, worauf mit der Lehre D die äußere Kranzform ausgedreht und wie üblich fertig gemacht wird. Nach dem Trocknen bringt man erst das Kernstück F_1, dann den Nabenkern und die Kernstücke F_2 und F_3 in die Form. Schließlich wird das Oberteil aufgesetzt und die Form gußfertig gemacht.

d) Formerei im dreiteiligen Formkasten. Diese ist am einfachsten und sichert größte Genauigkeit. Zur Herstellung der in Abb. 382 ersichtlichen Riemenscheibe werden neben der aus den Teilen 1, 2 und 3 bestehenden Lehre (Abb. 383) die Kernbrettchen 4, 5 und 6 (Abb. 384), ein geteiltes, mit einer dem Durchmesser der Spindel entsprechenden Bohrung versehenes Nabenmodell 7 und eine Kernmarke 8 benötigt.

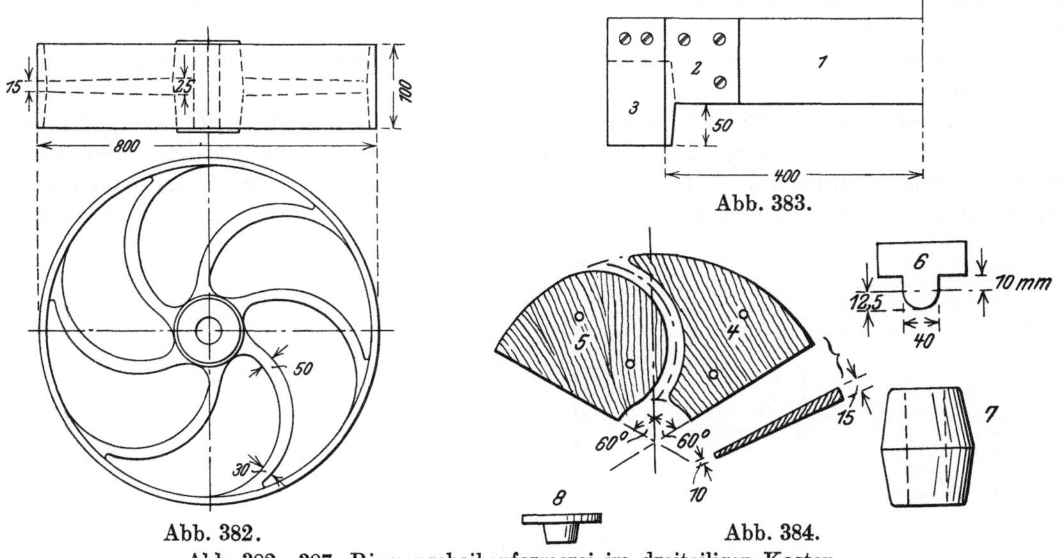

Abb. 382. Abb. 383. Abb. 384.

Abb. 382—387. Riemenscheibenformerei im dreiteiligen Kasten.

Ausführung: 1. Das Formkastenunterteil wird über dem Spindelstock genau ausgerichtet, so daß es wagerecht liegt und die Spindel in der Mitte steht. Vollstampfen des Unterteils mit Haufensand.

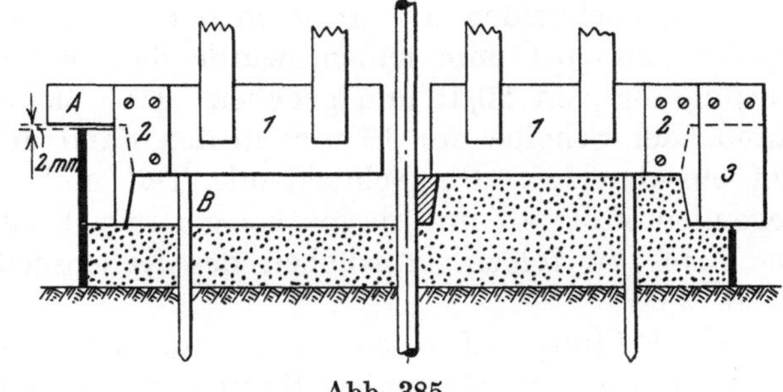

Abb. 385.

2. Aufsetzen des Mittelstücks und Feststellen der zukünftigen Standhöhe. Der Lehrenträger wird dazu so weit gesenkt, daß der äußere Teil A der Lehre 1, 2 etwa 2 mm vom Formkastenrande absteht (Abb. 385 links), worauf ein oder zwei Stäbe B so tief in den Boden getrieben werden, daß sie eben noch von der Lehre berührt werden.

3. Die untere Hälfte des Nabenmodells wird auf die Spindel gebracht und so in das Unterteil gebettet, daß seine Teilungsfläche mit der Oberseite der Stäbe B übereinstimmt. Die richtige Lage wird durch aufgelegte Lineale und eine Wasserwage oder durch nochmaliges Aufbringen der Lehre geprüft.

4. Herstellen der unteren Teilungsfläche: Das Mittelstück wird bis etwas über die Stäbe B vollgestampft, dann der Sand längs der Formkastenwände einige Zentimeter breit weggestochen, der mittlere Formkastenrahmen abgehoben und mit der Lehre 1, 2, 3 (Abb. 385 rechts) die Teilfläche abgedreht. In den vier Ecken wird mit Lineal und Polierwerkzeug nachgeholfen. Polieren und Abreiben mit Streusand.

5. Aufstampfen des Mittelstücks. Der mittlere Formkasten wird an seiner Innenwand mit Lehmwasser angestrichen, dann auf das Unterteil gesetzt. Zur Begrenzung des aufzustampfenden Raums legt man Lasteisen (Abb. 386 links) auf den abgedrehten Stand und stampft recht fest auf. Rings um den zukünftigen Rand der Riemenscheibe wird in einer Entfernung von 2—3 cm recht reichlich Luft gestochen und dann mit der Lehre 1 (Abb. 386 rechts) die obere Begrenzungsfläche des Mittelstücks abgedreht. Polieren und Abreiben mit Streusand.

6. Vorzeichnen der Arme in der unter a) beschriebenen Weise, nur daß hier die Brettchen 4 und 5, deren äußere radiale Begrenzungslinien einen Winkel von 120° bilden, an die Armmittellinien angelegt werden, wodurch die die Armfelder halbierenden Linien wegfallen.

7. Herstellen des Oberteils nach Aufsetzen des Nabenmodells in der bei a) beschriebenen Weise.

8. Abdrehen des Mittelstücks mit der Lehre 1, 2 (Abb. 385), wobei darauf geachtet werden muß, daß die vorgerissenen Armlinien nicht verwischt werden. Bei Riemenscheiben mit breitem und dünnem Kranze wird zur Erleichterung des Abdrehens an der in Abb. 387 gestrichelten Stelle D ringsum etwas Sand weggestochen und nach

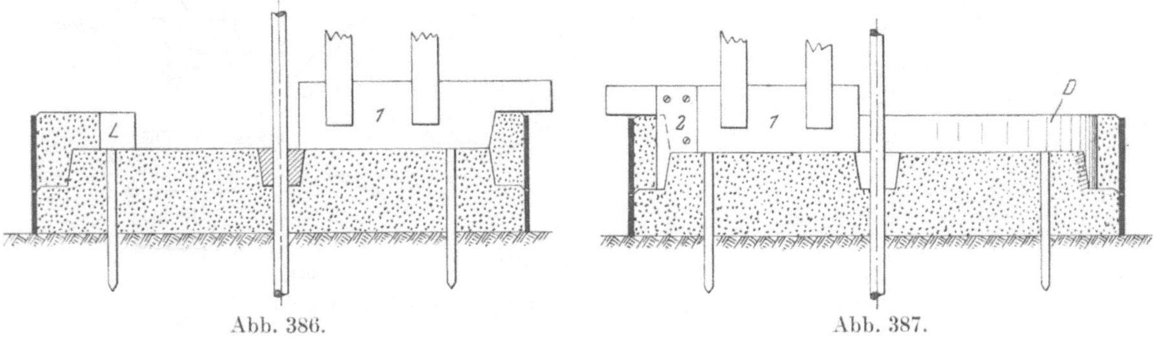

Abb. 386. Abb. 387.

Fertigstellen und Abheben des Mittelstücks mit Hilfe der Lehre 1, 2 wieder angeflickt. Abheben, Absetzen, Stauben und Polieren.

9. Ausschneiden der Arme in der bei a) beschriebenen Weise. Da die Arme eine Stärke von 25/15 mm haben, wurde den Seitenbrettchen von außen nach innen eine Verjüngung von 20/10 mm gegeben. Das Ziehbrett 6 kann infolgedessen am äußeren Rande der Scheibe nur 15 mm in den Sand dringen, während es an der Nabe 25 mm tief einschneidet. Der schneidende Teil muß etwas enger gemacht werden, im vorliegenden Falle 40 mm, da es bei genauer Breite nicht möglich wäre, der Krümmung des Arms zu folgen. Ausheben des Nabenmodells und Einbetten der Kernmarke 8 (Abb. 384).

10. Prüfung auf Übereinstimmung der Armformen im Ober- und Unterteil. Das Unterteil wird mit färbendem Staub bepudert und das Oberteil aufgesetzt. Nicht übereinstimmende Umrisse zeichnen sich deutlich ab und werden nachgebessert.

11. Schwärzen, Polieren, Trocknen.

12. Zustellen und Gießen.

D. Kaliberwalze. (Arbeit mit wagerechter Drehachse.)

Hohe Masseformen für Stahlguß von verhältnismäßig kleinem Durchmesser werden mit wagerecht liegender Spindel hergestellt. Abb. 388 zeigt eine solche Anordnung. Die Kopfstücke des Formkastens enthalten Lagerstellen für die Drehspindel, die an einem Ende mit Führungscheiben zur Sicherung ihrer Lage versehen ist. Um etwaiges Durchbiegen zu verhüten ist in der Mitte eine dritte Lagerung angeordnet, die nach vollendeter Arbeit leicht entfernt werden kann[1]).

[1]) Nach L. Treuheit, Stahleisen 1909, S. 825.

Arbeitsweise: Aufstampfen von Haufensand bis auf 30—40 mm Entfernung von der langsam gedrehten Lehre. Gründliches Durchfeuchten der eingestampften Sandschicht mit Tonwasser. Einstampfen der Formmasse und Schlichten mit einem dünnen Brei fein gesiebter Formmasse. Trocknen, Schwärzen. Wenn mehrere Abgüsse derselben Form herzustellen sind, werden an Stelle der Unterschicht aus altem Formsand Ziegel aus einem Gemenge von $^1/_8$ bis $^1/_4$ Schamotte und Ton und $^7/_8$ bis $^3/_4$ altem

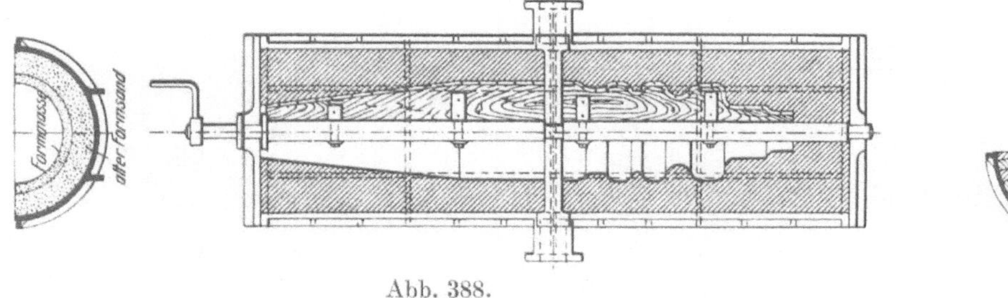

Abb. 388. Abb. 389.

Abb. 388 u. 389. Schablonieren einer Kaliberwalze.

Formsand, die in der Trockenkammer getrocknet wurden, hochkant in den Formkasten eingebaut (Abb. 389). Sie halten mehrere Güsse aus; es muß jedesmal nur die oberste vom flüssigen Metall berührte Schicht erneuert werden (s. a. Abb. 523, S. 148).

Die Form wird zum Gusse aufgestellt, wobei die beiden Formhälften fest miteinander verklammert werden müssen. Der Eingußtrichter wird in der bei Hartgußwalzen (S. 141) gebräuchlichen Form in einer eigenen Röhre angeordnet, mittels eines Krümmers mit dem Formkasten verbunden und tangential angeschnitten.

E. Schiffschrauben. (Arbeit mit lotrecht aufsteigender Drehachse.)

Zur Ausführung von Schiffschrauben in Stahlguß wird der Gießerei oft nur eine Zeichnung mit den nötigen Angaben nach Abb. 390 überwiesen[1]). Danach werden ein gekrümmter Steigungsbock (Abb. 391) und eine Drehlehre für die Schraubengrundflächen

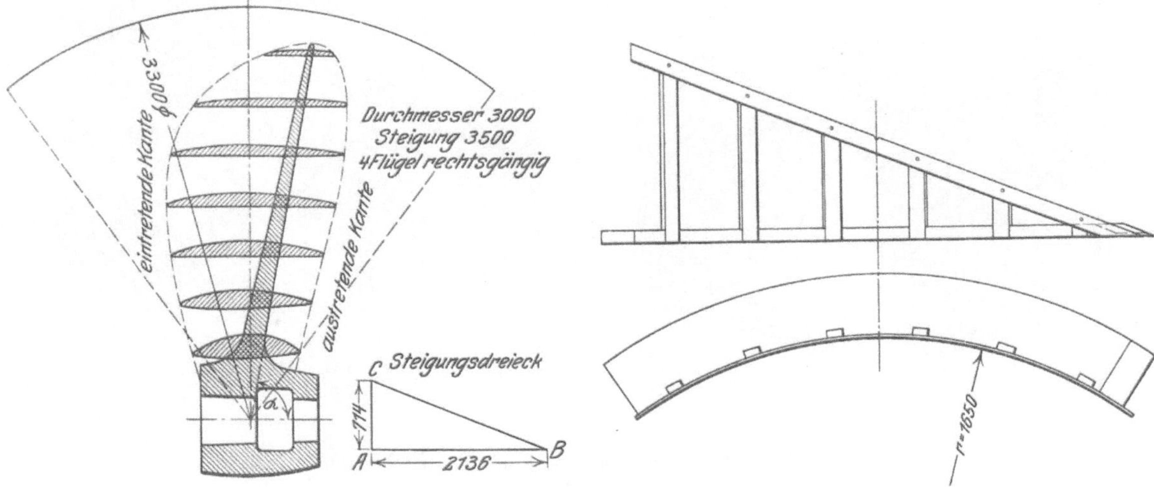

Abb. 390. Schiffschraube (Werkzeichnung). Abb. 391. Steigungsbock.

(Abb. 392), eine Nabendrehlehre (Abb. 393) und entsprechend den verschiedenen Flügelquerschnitten (Abb. 390) je eine Querschnittslehre (Abb. 394) angefertigt.

Der Former hebt die Arbeitsgrube aus, gräbt einen Spindelstock (S. 99) ein und stellt mit einer geraden Lehre einen genau ebenen Boden her. Darauf wird der äußere Umfassungskreis vorgerissen und in vier Teile geteilt. Der Steigungsbock (Abb. 391)

[1]) Stahleisen 1907, S. 309.

wird so auf den Kreis gesetzt, daß seine Mittellinie mit einer der vier Grundteilungslinien übereinstimmt. Nun wird die Unterlage zur ersten Schraubengrundfläche aus Lehmsteinen aufgemauert, mit Koks gefüllt, oben mit Masse abgedeckt und glatt poliert. Zur genauen Bestimmung der oberen Begrenzungsfläche wird die Lehre (Abb. 392) lose auf die Drehspindel geschoben, damit sie entlang der äußeren Kante des Steigerungsbockes auf- und abgleiten kann. Nach Fertigstellung der ersten Grund-

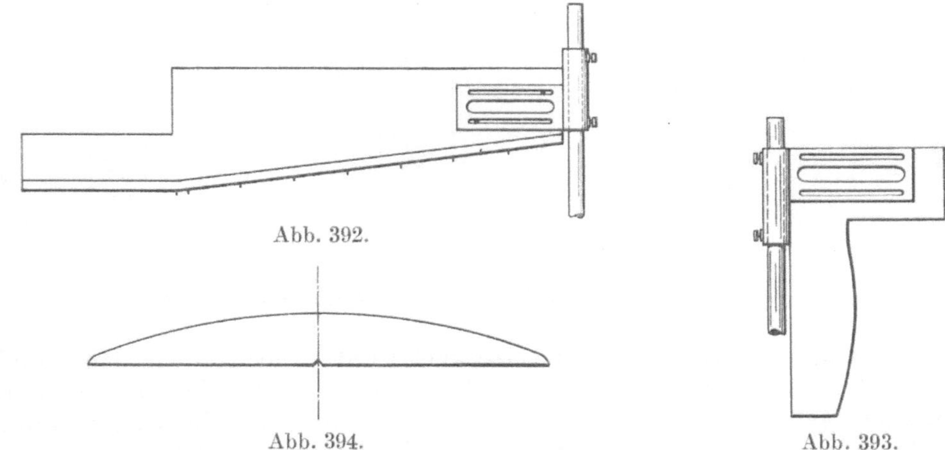

Abb. 392. Abb. 394. Abb. 393.

Abb. 392—394. Lehren zum Schablonieren einer Schiffschraube.

fläche versetzt man den Steigungsbock und stellt der Reihe nach die Grundflächen für sämtliche Flügel her (Abb. 395). Die Gießgrube wird dann mit Blechen abgedeckt, um alle vier Flächen mit einem ortsbeweglichen Trockenofen (S. 266) trocknen zu können. Auf die trockenen Grundflächen überträgt man die Mittellinien der Flügel und reißt

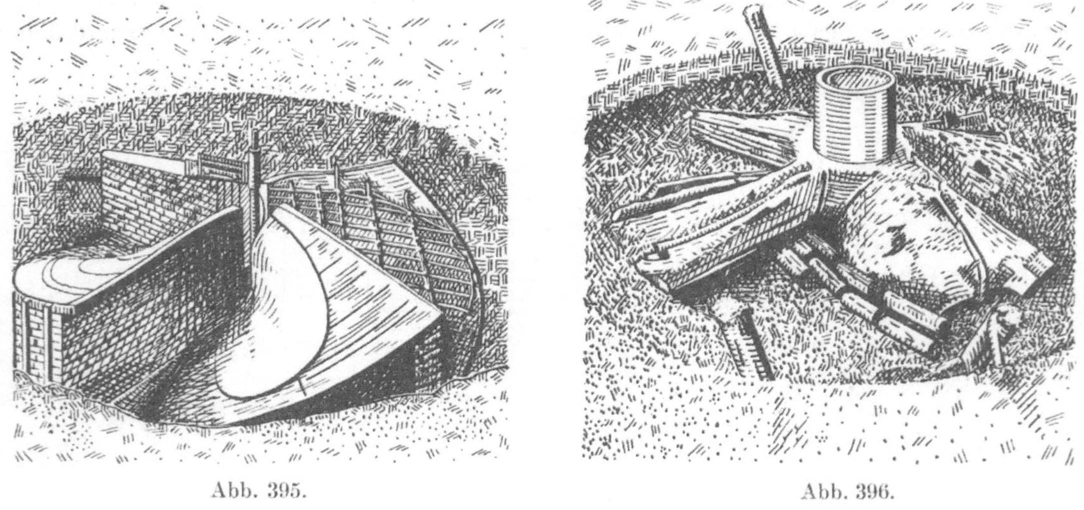

Abb. 395. Abb. 396.

Abb. 395—397. Schablonieren einer Schiffschraube.

dann mittels kleiner in die Grundflächenlehre geschlagener Stifte konzentrische Kreise in Abständen, die den Flügelquerschnitten der Zeichnung (Abb. 390) entsprechen. Auf diese Kreise werden die Querschnittslehren (Abb. 394) gestellt und festgenagelt, worauf man den freien Raum zwischen ihnen mit Sand füllt und so ein Sandmodell für jeden Flügel gewinnt (Abb. 395). Um die Oberteile herzustellen — jeder Flügel hat sein eigenes Oberteil — wird die Form durch Streusand, aufgeklebtes Papier oder einen Gips-Firnisanstrich (S. 100) klebfrei gemacht, eine dicke Schicht feuchter Masse auf das Sandmodell gelegt, ein Eisengitter in die Masse gepreßt (Abb. 395 rechter Flügel) und darüber eine starke Lehmlage aufgetragen. Um die drei Bestandteile eines jeden Oberteils: Masseschicht, Eisengitter und Lehmdecke, zusammenzubinden, legt man Haken ein, so daß abhebbare Deckel entstehen, die nach dem Trocknen den Gießbeanspruchungen völlig gewachsen sind. Sie werden erst durch leichtes Holzkohlenfeuer etwas angetrocknet, an Ösen des Gitterwerks abgehoben, nachgebessert und dann in der Kammer scharf getrocknet. Die Sandmodelle (falsche Eisenstärken) werden jetzt beseitigt, die Unterlagen der Flügel nachgearbeitet und die alle vier Flügel vereinigende Nabe mit der Lehre (Abb. 393) ausgedreht, wobei auf die Flügeldecken etwas Sand aufgesetzt werden muß. Schließlich trocknet man das Ganze nach, feilt die Übergänge von den Flügeln zur Nabe zurecht, stampft die Grube voll und beschwert die einzelnen Decken, wie das Bild der teilweise eingestampften Form, Abb. 396, erkennen läßt. Zur sicheren Entlüftung werden in die Deckel rings um die Flügel Luftkanälchen geschnitten, die auf eingelegte, dünne Strohseile münden. Die Strohseile eines jeden Flügels werden während des Einstampfens in ein nach oben führendes Rohr zusammengefaßt.

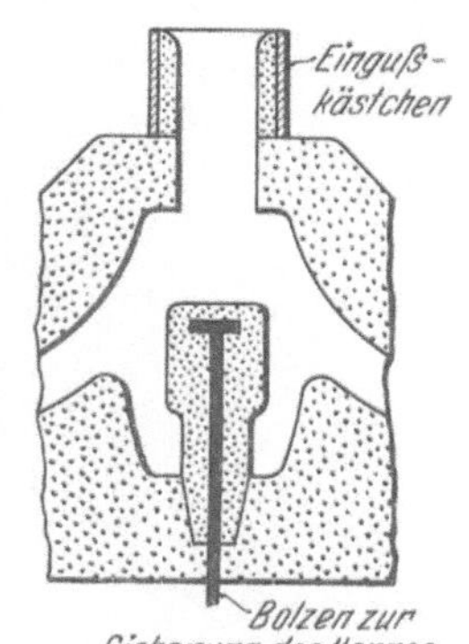

Abb. 397.

Da die Form aus dem Einstampfsande und der Grubenwand Feuchtigkeit anzieht, muß sofort nach dem Zusammenstellen abgegossen werden. Das flüssige Eisen verteilt sich auf verhältnismäßig dünne und weit ausgebreitete Querschnitte, weshalb möglichst heiß und rasch gegossen und für ausreichende Entlüftung gesorgt werden muß. Man kürzt den Nabenkern, so daß er nur bis auf etwa $^2/_3$ der ganzen Nabenhöhe reicht und setzt auf die Nabe ein Eingußkästchen (Abb. 397).

Kleinere Schrauben werden zweckmäßiger auf der Plattform eines Kammerwagens geformt, um nach den einzelnen Arbeitsabschnitten bequem in die Trockenkammer gefahren werden zu können. Zum Schlusse setzt man die zusammengestellte Form in eine Grube, um sie dort einzustampfen und abzugießen [1]).

F. Hintersteven.

Zur Gewinnung der Form des in Abb. 398 in einer Seiten-, einer Vorderansicht und mehreren Schnitten abgebildeten Hinterstevens in **Stahlguß** wird auf einem Herd die Form des

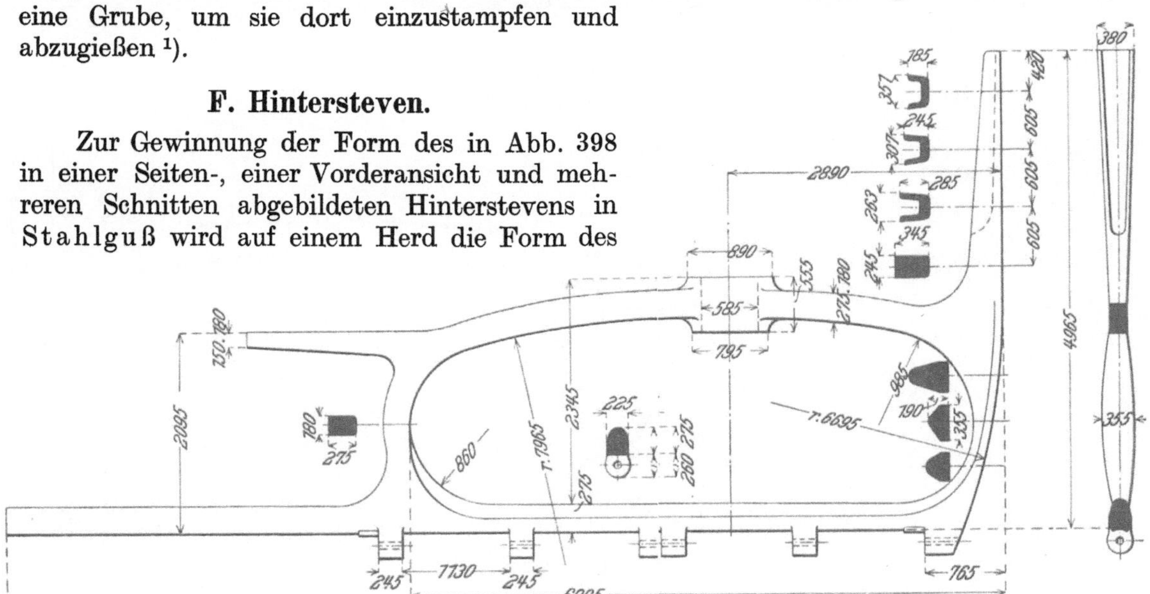

Abb. 398. Hintersteven.

Unterteils mit Ziehlehren ausgeschnitten, in dem entstandenen Hohlraum ein Sandmodell ausgeführt, darüber das Oberteil aufgestampft und abgehoben. Nach Entfernung des Sandmodells kann dann die Form in üblicher Weise fertiggestellt werden.

Arbeitsweise: 1. Das Bett wird in gewöhnlichem Formsand so hergestellt, daß

[1]) Formerei nach Modellen s. S. 86—89.

es gegen die Spitze der Stevenschaufel zu etwas ansteigt, wodurch ein gleichmäßigeres und rascheres Füllen der Form beim Abguß erreicht wird. Ferner gibt man ihm in seiner Längsrichtung eine Durchbiegung von 0,25—0,35 % [1]). Die Oberfläche wird mit dünnem Formmassebrei abgeschlemmt, mit einem Streichbrett geglättet (Abb. 399) und dann

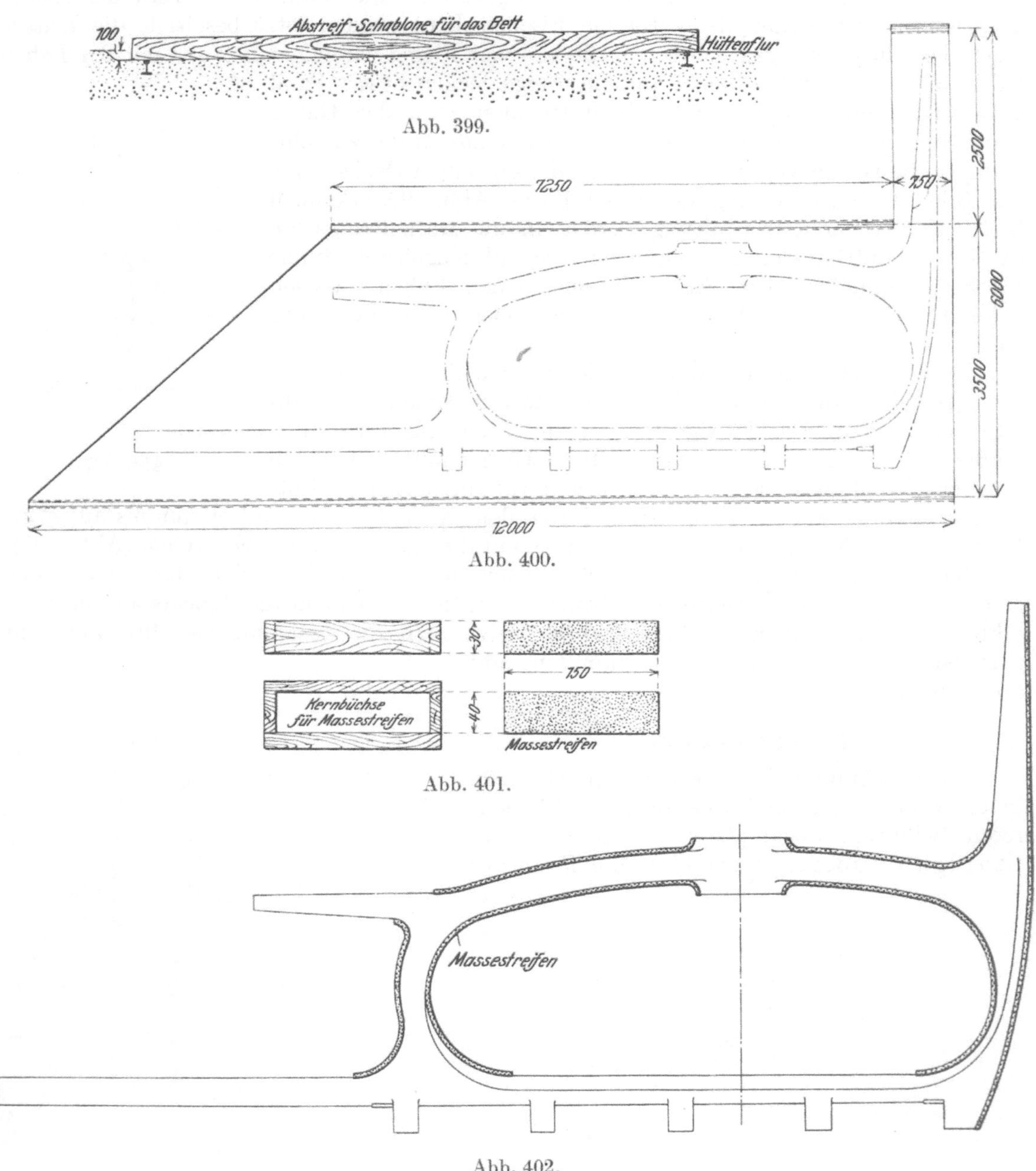

Abb. 399.

Abb. 400.

Abb. 401.

Abb. 402.

Abb. 399—414. Schablonieren eines Hinterstevens.

leicht abgetrocknet, so daß schließlich die Umrisse des Stevens vorgerissen werden können (Abb. 400).

2. Anfertigen von Massestreifen in Kernbüchsen (Abb. 401). Festkleben der Streifen am Herde längs der gekrümmten Linien des Aufrisses (Abb. 402), die so während der folgenden Arbeiten geschützt sind. Als Klebemittel wird dünner Tonbrei verwendet.

[1]) Nach L. Treuheit, Stahleisen 1909, S. 827.

3. Herstellen des Unterteils. Längs des Nockenschafts, das ist dem geraden mit fünf Augen versehenen, in den Abb. 398 und 402 unten ersichtlichen Teile des Stevens, wird in etwa 300 mm Entfernung von der Außenkante eine Auflageleiste A (Abb. 403) mit Nägeln befestigt, in etwa 100 mm Entfernung von der Innenkante eine Begrenzungsleiste B in das Bett geklopft und längs der beiden Führungen mit der Ziehlehre C eine Vor-

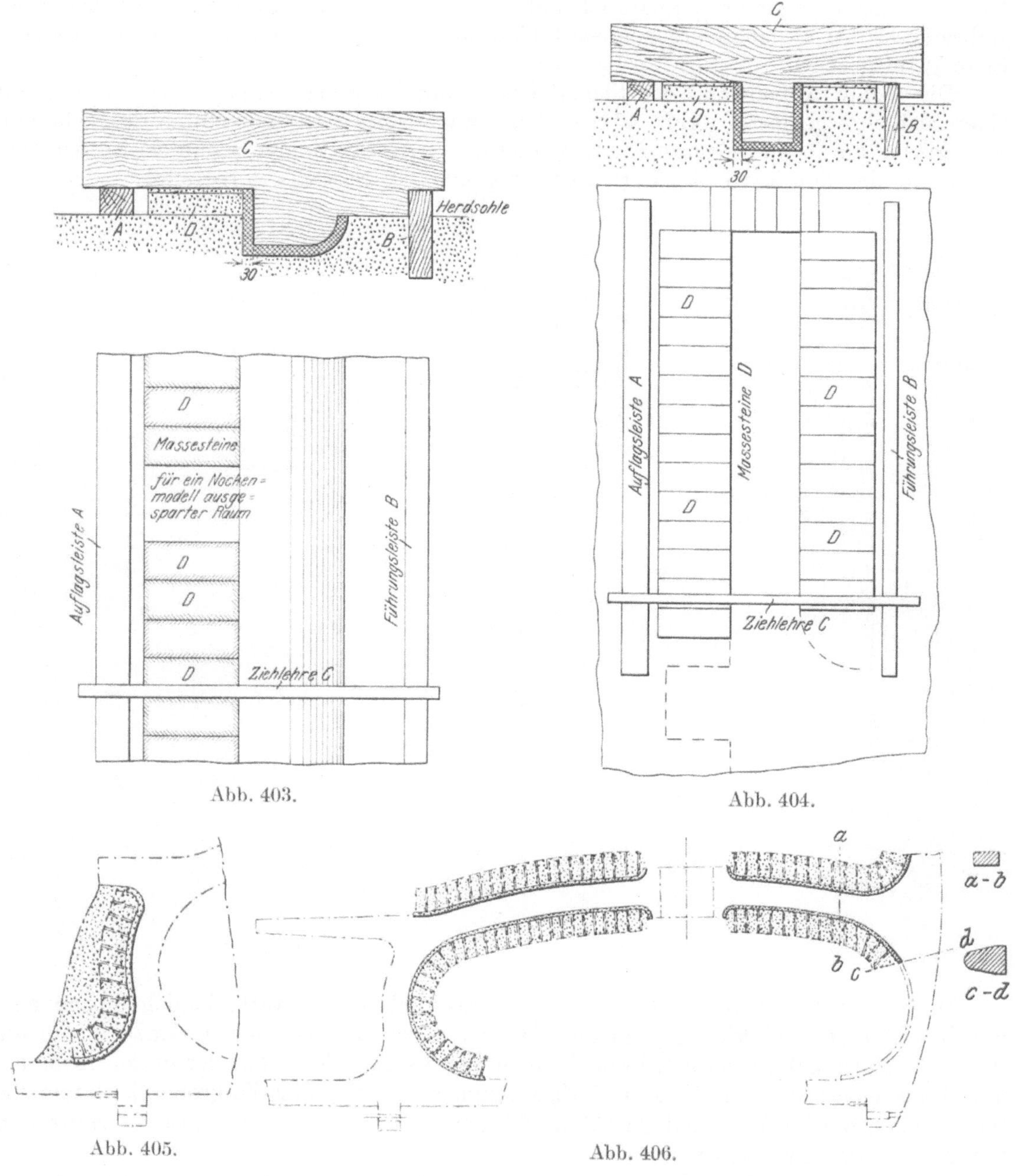

Abb. 403.

Abb. 404.

Abb. 405.

Abb. 406.

form aus dem Herde geschnitten, dann werden zur Stützung der über den Herd aufragenden zukünftigen Außenwand der Form Formmassesteine D auf den Herd gebracht, wobei Aussparungen zum späteren Einbetten der Augen-(Nocken-)Modelle vorgesehen werden. Die Vorform ist um etwa 30 mm tiefer und, soweit ihre endgültige Wandung nicht schon durch die festgeklebten Massestreifen bestimmt ist, um 60 mm weiter als die endgültige Form, denn sie muß noch eine Schicht Formmasse aufnehmen. In ähnlicher Weise werden die anderen Teile der Form aus dem Sande geschnitten und an der über das Bett vorragenden Wand mit Formmassesteinen abgestützt. Abb. 404 zeigt die Ausarbeitung der Verlängerung des Nockenschafts, die infolge ihres rechteckigen Querschnitts zu beiden Seiten mit Formmassesteinen begrenzt wird, Abb. 405, das Stück zwischen den Füßen des Stevens, und Abb. 406 das große Bogenstück mit der in der Mitte liegenden Aussparung für die Nabe. Bei sämtlichen gekrümmten Teilen der Form dienen die festklebenden Massestreifen auch als Führungs- und als Auflageleiste, die Ziehlehre gleitet bei parallelen Streifen in beiderseitig fester Führung (Abb. 404), während sie bei auseinandergehenden Linien zuerst an einer und dann an der anderen Seite geführt wird.

Die rechte Außenwand der Schaufel wird mit Formmassesteinen besetzt und mit einer Ziehlehre geglättet (Abb. 407) und die wagerechte Längsmittellinie der Schaufelseitenfläche an der geglätteten Wand vorgerissen. An der linken Schaufelseite wird ein Stand für die Tragplatte des dort anzufertigenden Kernstücks vorbereitet.

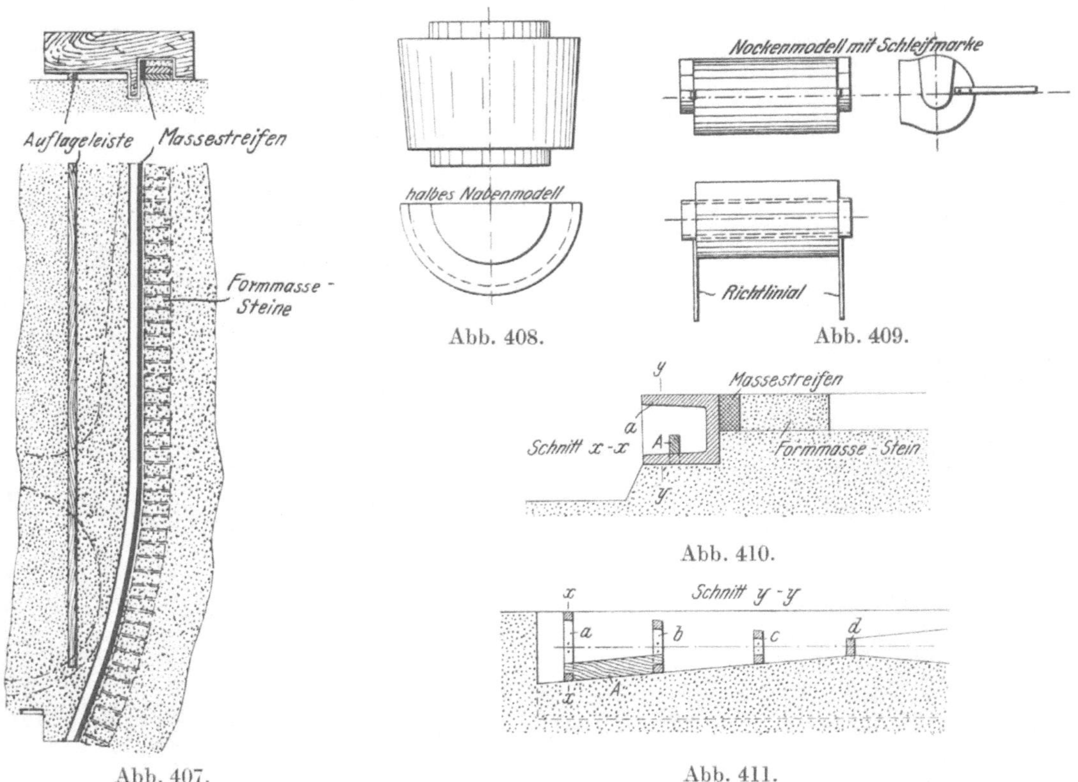

Abb. 407. Abb. 408. Abb. 409. Abb. 410. Abb. 411.

In die soweit vorbereitete Form wird eine reichlich 30 mm starke Schicht Formmasse mit Holzhämmern eingeklopft und mit Ziehlehren genau ausgeglichen. Dazu finden die für die Vorform gebrauchten Lehren Verwendung, es muß ihnen nur der in den Abb. 403 und 404 kreuzweise gestrichelte Teil abgenommen werden. Für die große Nabe und die fünf Nocken werden Hilfsmodelle (Abb. 408 und 409) an den durch Messung ermittelten Stellen in Formmasse gebettet.

Anfertigen des Schaufelkernstücks. Nach Ausarbeitung eines Standes auf der linken Seite der Schaufel werden die den wechselnden Querschnitten entsprechenden Umrißbrettchen a, b, c und d (Abb. 410) an die etwas abgetrocknete hintere Schaufelwand genagelt (wobei die früher vorgerissene Mittellinie zum Ausrichten dient), Formmasse unter die Brettchen gestopft und die untere Formfläche der Schaufel mit kurzen Ziehlehren hergestellt. Auch sie wird mittels eines davor gestellten Feuerkorbes etwas angetrocknet, worauf man die untere und seitliche Wandstärke der Schaufel aus gewöhnlichem Formsand aufträgt und mit geraden den Innenkanten der Umrißbrettchen a, b, c, d entlang gezogenen Leisten glättet. Die entstandene Form wird mit Gipswasser und Firnis angestrichen oder mit Zeitungspapier beklebt, eine mit Ösen versehene Tragplatte auf den Stand gebracht, das Kernstück aufgestampft (Abb. 411) und sein oberer zwischen den Umrißbrettchen liegender Teil mit einer Ziehlehre fertiggestellt.

4. Herstellen des Modells für das Oberteil. Über das Unterteil werden Umrißbrettchen verteilt (Abb. 412) und zunächst durch beiderseits angedrückte Sandballen festgehalten. Dann stampft man den Raum zwischen je zwei Brettchen mit Formsand

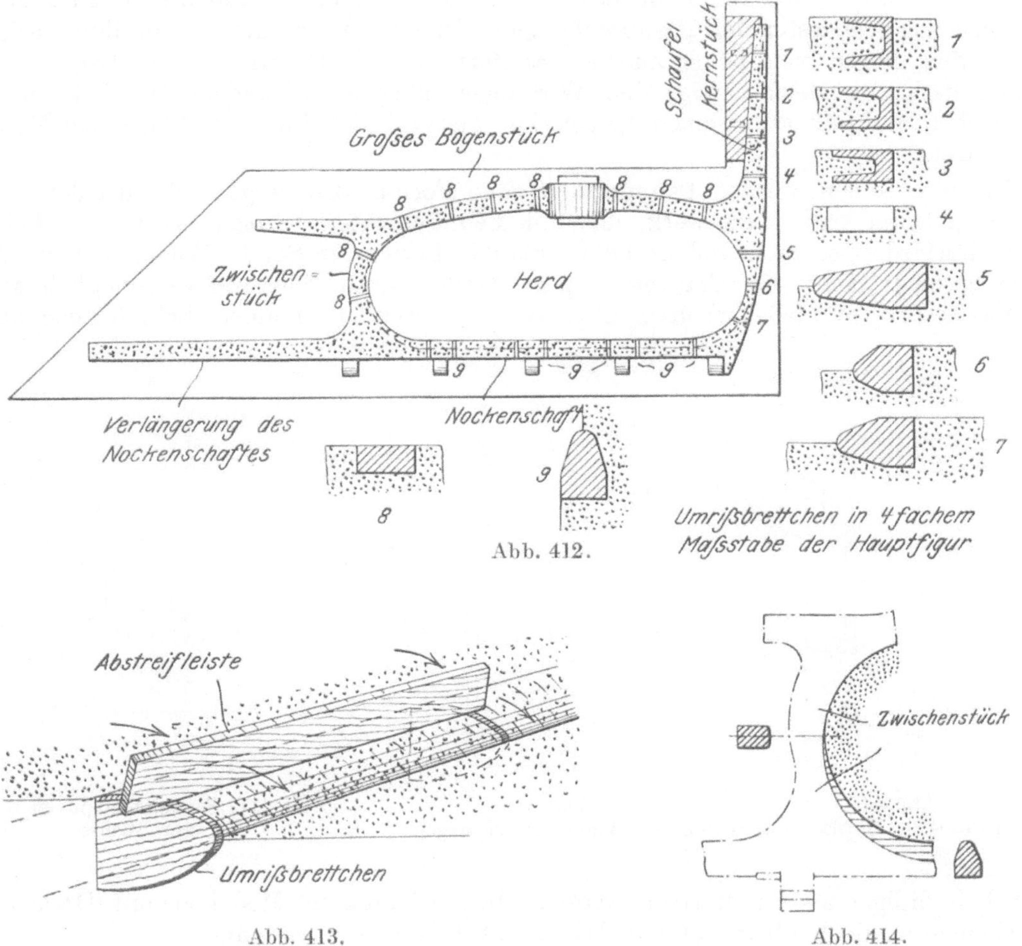

Abb. 412.

Abb. 413.

Abb. 414.

voll und stellt mit Ziehlehren, die den Oberkanten der Brettchen entlang geführt werden (Abb. 413) die Modellfläche her. Der Verlauf ungleichmäßiger Rundungen, wie beim Übergang zur Nabe oder vom Zwischenstück zum Nockenschaft (Abb. 414) wird mit Hilfe von Polierwerkzeug freihändig hergestellt. Nach Auftragen je eines Gipswasser- und Modellackanstrichs ist das Sandmodell vollständig fertig.

5. Das Aufbringen und Herstellen des Oberteils erfolgt in der bei Holzmodellen üblichen Weise. Nach seiner Fertigstellung wird das Sandmodell entfernt und die Form vollends zum Gusse fertig gemacht.

Literatur.

Einzelne Werke.

Häntzschel, Walter: Die Schablonenformerei. Berlin 1908.

Abhandlungen.

Treuheit, L.: Die Schablonenformerei in Stahlformgießereien. Stahleisen 1909, S. 824/36, 902/5.

Frech, Paul: Formen von Zahnrädern nach Schablonen. Gieß. 1922, S. 177/80.

Pouplin, E.: Die Schablonenformerei. Fonderie moderne 1922, S. 319/23.

IX. Lehmformerei.

Allgemeines.

Formen, die den höchsten Festigkeits- und Widerstandsbeanspruchungen ausgesetzt sind, werden am besten in Lehm ausgeführt. Lehmformen werden durch anhaltendes Trocknen zugleich fester und gasdurchlässiger. Die Wärmegrenzwerte, die ihnen schädlich werden, liegen weit höher als bei Sandformen. Die Oberfläche von Lehmformen vermag darum ungleich länger den Wirkungen über sie fließender Metallströme zu widerstehen und hält selbst einem längere Zeit aus größerer Höhe aufschlagenden Metallstrahl stand.

Im allgemeinen werden Lehmformen ohne Formkasten hergestellt. An die Stelle der Formkasten tritt Mauerwerk, das mit Lehmschichten bezogen wird. Die Lehmformerei erfordert meistens höhere Löhne als das Formen in Sand. Wenn aber die Anfertigung eines neuen Formkastens erspart werden kann, oder wenn es möglich wird, ein Mauerwerk zum wiederholten Abgusse zu verwenden, können Lehmformen auch

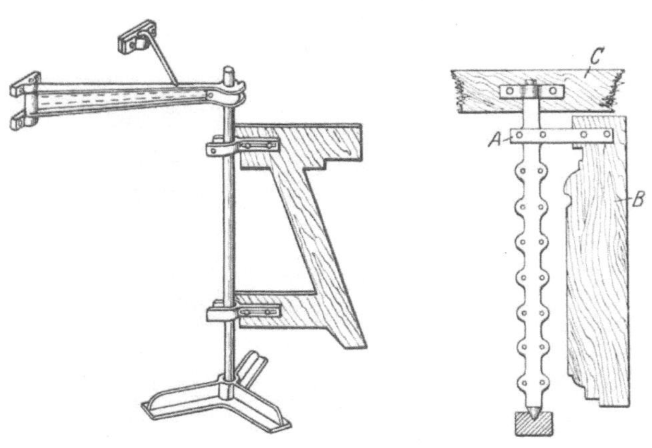

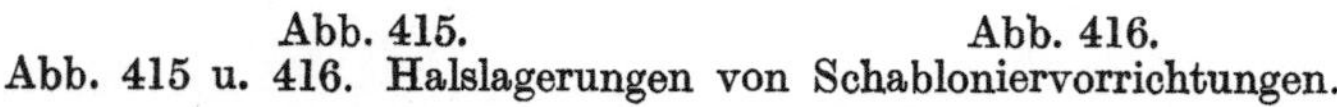
Abb. 415. Abb. 416.
Abb. 415 u. 416. Halslagerungen von Schabloniervorrichtungen.

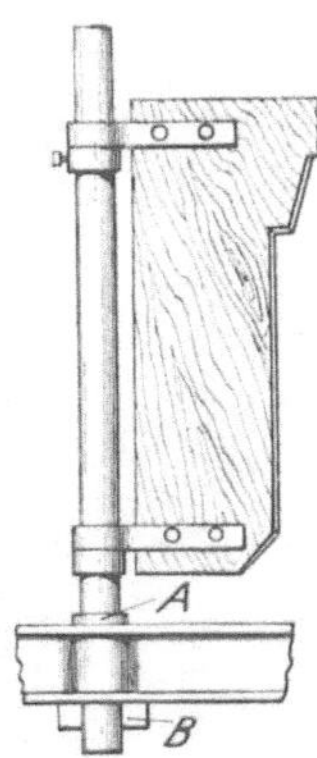

Abb. 417. Schablonierspindel mit unterer Büchse.

wesentlich billiger als Sandformen werden. Man arbeitet mit Modellen, mit Dreh- und mit Ziehlehren, doch überwiegt die Arbeit mit Lehren bei weitem.

In vielen Fällen reichen die bei der Sandformerei gebräuchlichen Drehvorrichtungen zur Lehmformerei nicht aus, anderseits sind aber auch einfachere Vorrichtungen mit gutem Erfolge in Gebrauch. Das gilt insbesondere von der Lagerung der Drehspindeln, die infolge ihrer meist größeren Länge neben der unteren Führung noch ein oberes Halslager erhalten. Die Abb. 415 und 416 lassen solche Halslagerungen erkennen. Mitunter formt man auf Trockenwagen, um die Formen allabendlich leicht in die Kammern schieben zu können. In der Mitte des Wagenoberteils wird dann eine Büchse zur Aufnahme der Spindel angeordnet (Abb. 417 und 430), die Spindel mit einem Bunde A ausgestattet und unten mit einem Keil B festgezogen.

Die Lehren werden an den Arbeitsflächen stets mit Blechstreifen beschlagen, und die Abschrägung der Kanten wird — im Gegensatz zu der beim Sandformen üblichen Art — auf der Arbeitseite angebracht (Abb. 418).

Die Lehmschicht der Formoberfläche findet ihre Stütze auf Mauerwerk, das gewöhnlich auf gußeisernen Grundplatten aufgeführt und durch einen gut bindenden Mörtel zusammengehalten wird. Manchmal erhält das Mauerwerk außerdem ein Gerippe oder einen Verband aus Eisenteilen (Abb. 419) oder es wird der Lehm auf Eisenplatten aufgetragen, die mit Zapfen oder Spitzen versehen sind (Abb. 420), um ihm guten Halt zu geben.

Das Mauerwerk besteht aus Ziegeln, Lehmsteinen oder Bimssandsteinen (Tuffsteine). Für Kerne oder Formteile, die hohem Schwindungsdrucke ausgesetzt sind, werden Formmassesteine verwendet, die in der Trockenkammer getrocknet wurden. Die Steine haben meist prismatische, keilförmige oder Ringabschnitten entsprechende Formen (A, B, R in Abb. 421).

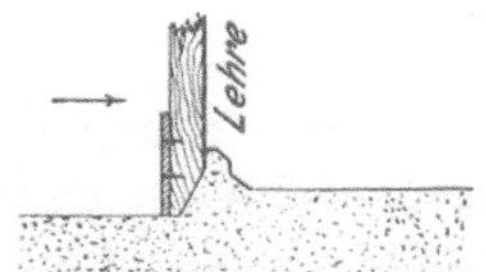

Abb. 418. Abschrägung der Kante der Lehre in der Lehmformerei.

Die Steine werden mit Mörtel aufgemauert, der aus einer Mischung von Lehmsand (Mauerlehm), scharfem Sand (Flußsand), Pferdemist (oder anderen Lockerungsmitteln) und Tonbrei besteht. Zwischen den Steinschichten sind Fugen von mindestens 1 cm Stärke anzuordnen, damit die Gießgase leicht durch den trockenen Mörtel abziehen können. Vor dem Auftragen der ersten Lehmschicht muß das Mauerwerk gewissenhaft von Staub befreit und mit Wasser befeuchtet werden. Man trägt zuerst eine 10—20 mm starke Schicht von grobkörnigem, reichlich mit Pferdemist durchsetztem Lehm auf (siehe Bd. I, S. 594), der mit Wasser breiartig verdünnt wurde, um gut am Mauerwerk zu haften. Nachdem diese Schicht gut lufttrocken ist oder in der Kammer gründlich vorgetrocknet wurde, trägt man die Oberschicht aus feinkörnigem, eine glattere Oberfläche des Abgusses gewährleistendem Lehm auf. Häufig wird der Formbrei für die Oberschicht gewonnen, indem man die für die Unterschicht verwendete Mischung durch ein wesentlich feineres als das zu ihrer Herstellung benutzte Sieb reibt. Falls zu befürchten ist, daß dadurch die Mischungen zu fett (zu tonhaltig) ausfallen, die Schwärze unvollkommen annehmen und das Metall nicht ruhen lassen würden, mischt man etwas fein gesiebten scharfen Sand bei. Die Formen und Kerne werden nur in völlig trockenem, gut abgekühltem Zustande geschwärzt.

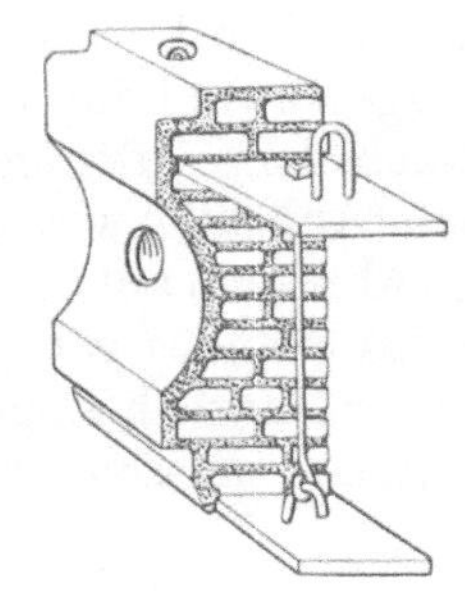
Abb. 419. Mauerwerk mit eisernem Gerippe.

Abb. 420. Eisenplatte mit Spitzen für Lehmformerei.

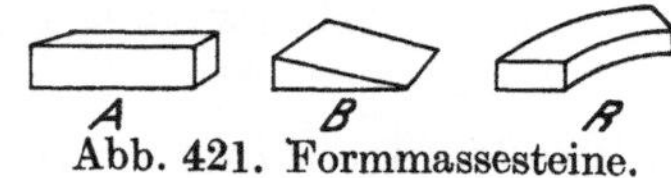

Abb. 421. Formmassesteine.

Die einzelnen Stücke der Form werden zum Teil anders bezeichnet als bei der Sandformerei, so heißt das Teil A in Abb. 422 Kernstück oder Kern, das äußere Teil B Mantel, das Oberteil C Deckplatte oder Decke und das den Seitenflansch abschließende Stück Seitenteil, Seitendeckel oder Deckel.

Das Formverfahren.

Die Formerei zerfällt in das Aufführen des Mauerwerks, das Auftragen und Fertigstellen des Lehmbezugs und das Trocknen und Zusammenstellen der einzelnen Teile. Bei dem Arbeiten mit Lehren sind zwei Hauptausführungsverfahren zu unterscheiden. Bei dem einen werden Kern und Mantel für sich hergestellt und dann zusammengesetzt, während bei dem anderen ein der Form des Gußstücks entsprechendes Zwischenteil, das Hemd oder die falsche Wandstärke, ausgeführt wird. Auf den fertig gedrehten, getrockneten und klebfrei gemachten Kern wird im zweiten Fall eine Lehmschicht von der Stärke des Abgusses aufgetragen, abgedreht, getrocknet, klebfrei gemacht und darüber der Mantel aufgeführt. Oft wird es nötig, ihn durch eingelegtes Netzwerk von Draht und Eisenstäben zu versteifen. Nach ausreichendem Trocknen wird der Mantel vom Hemde gehoben, wozu er oft in eine größere Zahl von Teilstücken zerlegt werden muß, das Hemd vom Kern entfernt, Kern und Mantel zusammengestellt, ringsum eingestampft und gußfertig gemacht.

Das erste Verfahren ist wesentlich einfacher und billiger und wird darum angewandt, wo immer es möglich ist. Das andere ist vorzüglich in der Bildgießerei üblich und dort unentbehrlich.

Beispiele.

A. Reduktionstück mit Seitenstutzen.

Zur Herstellung der Form (Abb. 422) wird eine Grundplatte mit Hilfe der Lehre wagerecht und im gleichmäßigen Abstand von der Spindel ausgerichtet. Dann bringt man eine etwa 10 mm starke Mörtelschicht auf die Platte, bettet darin die erste und darüber eine zweite Steinschicht, so daß die Fugen nach der Spindel zu gerichtet sind, überzieht sie mit einer Mörtelschicht und dreht mit einer Lehre glatt ab (Abb. 423 u. 424). Der so gewonnene Teil wird Grundstand oder Stand, Grundplatte, Unterplatte, Schloß, Schluß genannt. Er wird geschwärzt und getrocknet und dient als Unterlage sowohl für den Kern als auch für den Mantel.

Nach dem Auftragen, Abdrehen und Trocknen eines Lehmmodells für den unteren Flansch (Abb. 425) wird ein Tragring A (Abb. 426) auf den äußeren Rand des Standes gebracht und darauf der Mantel hochgemauert. Die Steine müssen in gutem

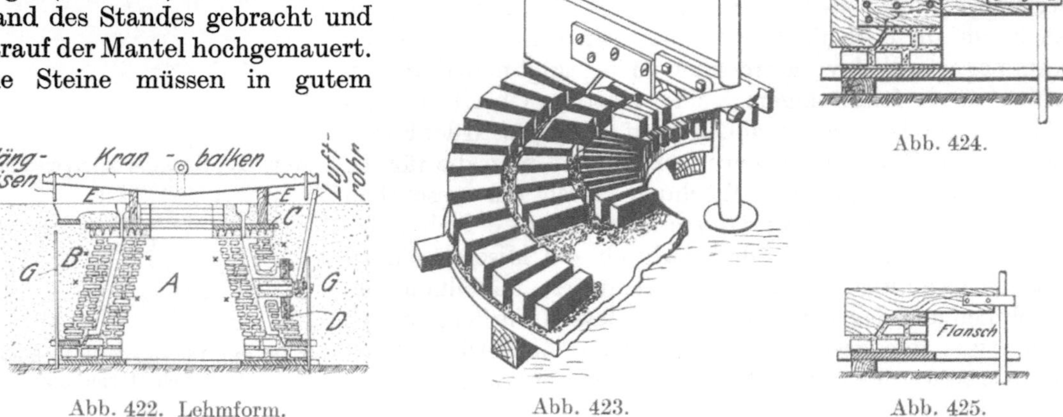

Abb. 422. Lehmform. Abb. 423. Abb. 424. Abb. 425.

Abb. 422—428. Formerei eines Reduktionstücks mit Seitenstutzen in Lehm.

Verbande angeordnet werden, so daß die Fugen der einen Schicht durch die Steine der nächsten gedeckt werden. Halbe Steine und kleinere Brocken bringt man an die innere dem Abguß zugewandte Seite, während man nach außen ganze Steine anordnet. Bei umgekehrter Verteilung der Steine würde das Mauerwerk wenig Festigkeit haben und den Beanspruchungen der Handhabung und des Gusses nicht widerstehen können. Nach jeder fünften oder sechsten Schicht setzt man einen Ring ganzer Steine der Länge nach in die Mauer und beugt damit einer Trennung der äußeren und inneren Steinschichten vor. In der Abb. 422 sind Schichten ganzer Steine durch Kreuzchen ($\times$) bezeichnet. Die Verwendung kleinerer Brocken an der Innenseite ermöglicht genaues Anpassen des Mauerwerks an gekrümmte Flächen der Form und ist auch aus wirtschaftlichen Gründen geboten, da anders die vielen beim Auseinandernehmen abgegossener Formen sich ergebenden Brocken zum größten Teile keine nutzbringende Verwendung finden würden.

Der Gasabführung muß große Sorgfalt gewidmet werden. Wenn der Gießdruck nicht allzu groß ist, ist es am besten, die etwa fingerbreiten Fugen nur an der inneren Hälfte mit Mörtel zu schließen und zur anderen Hälfte mit Asche oder klein gestampftem Koks zu füllen. Die Außenfugen können bis auf etwa $^1/_3$ der Steinbreite offen gelassen werden. Müssen aber die Fugen in Rücksicht auf die Festigkeit des Mauerwerks dicht geschlossen werden, so legt man Strohhalme ein oder man sticht mit einem Luftspieß, sobald die Form etwas angetrocknet ist, reichlich Luft. Oft macht man den Mörtel durch reichlichen Zusatz von Pferdemist oder anderen Lockerungstoffen so luftig, daß besondere Vorkehrungen zur Entlüftung nicht notwendig sind. Solche Mörtelmischungen haben aber geringe Bindekraft. Am zuverlässigsten bleibt immer die teilweise Füllung der Fugen mit Kleinkoks. Sie beschleunigt das Trocknen, gestattet ungehemmtere Schwindung und erleichtert die Arbeit beim Auspacken des Gußstücks.

Das Holzmodell für den seitlichen Stutzen (Abb. 427) wird gründlich mit Öl bestrichen, mittels einiger Latten in richtiger Lage festgehalten und in der aus Abb. 426 und 427 ersichtlichen Weise eingemauert. Hierfür werden am besten Keilsteine benutzt, die ein gut tragendes Mauerwerk ergeben.

Nach Fertigstellung des ganzen Mauerwerks wird die erste Lehmschicht mit den Händen aufgetragen und mit der Lehre glatt gestrichen [1]). Der Anschlag C (Abb. 426) formt die Führung für die Deckplatte. Der fertiggedrehte Mantel wird so weit getrocknet, daß er, ohne seine Form zu verlieren, die folgende Deckschicht annehmen kann. Wenn er schon vorher hart geworden ist, bindet die Oberschicht nicht mehr so gut und neigt dazu, sich abzuschälen. Die Ober- oder Deckschicht ist nur einige Millimeter stark und besteht zur Erzielung glatter Oberflächen des Gußstücks aus feinerem und etwas

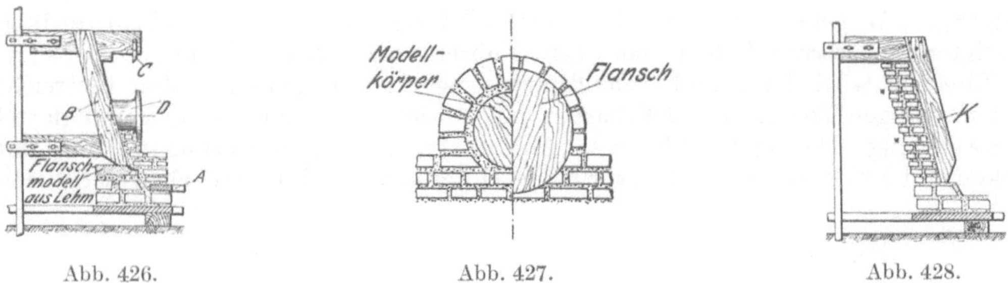

Abb. 426. Abb. 427. Abb. 428.

fetterem Lehm. Je dünner diese Schicht gehalten werden kann, um so besser ist es, denn mit ihrer Stärke wächst die Gefahr des Schülpens.

Der so weit fertiggestellte Mantel wird abgehoben und in die Trockenkammer gebracht, worauf man nach Entfernung des Modellflansches (Abb. 425) auf dem Grundstande den Kern aufmauert und mit der Lehre K (Abb. 428) abdreht. Dabei sind die gleichen Vorsichtsmaßregeln, wie bei der Herstellung des Mantels, zu beachten. Die kleinen Ziegelbrocken werden nach außen angeordnet. Da der Kern der Beanspruchung des Schwindens folgen muß, sorgt man durch Anordnung etwas größerer Fugen für seine Zusammendrückbarkeit. Hierbei darf aber nicht zu weit gegangen werden, sonst kann es vorkommen, daß der Kern schon unter der Wirkung des Gießdrucks nachgibt. Für Gußstücke von geringer Wandstärke, die bei zu wenig nachgiebigem Kern in Gefahr gerieten, während des Schwindens zu platzen, verwendet man nachgiebige Ziegel aus Formmasse.

Die Deckplatte C (Abb. 422) wird mit den Spitzen nach oben über eine Drehspindel gebracht und wie die anderen Teile der Form mit zwei Lehmschichten bezogen, wobei man zur Abführung der Luft Strohhalme einlegt. In gleicher Weise wird der Deckel D fertiggemacht.

Nach dem Trocknen werden sämtliche mit dem flüssigen Metall in Berührung kommenden Flächen geschwärzt, die einzelnen Teile nachgetrocknet und schließlich in einer Gießgrube zusammengebaut und eingestampft. Dabei ist der Luftabführung und dem Zusammenhalt der einzelnen Teile besondere Sorgfalt zu widmen. Abb. 422 läßt rechts hinter dem Seitendeckel eine Koksbettung erkennen, von der die Gase durch ein an die Oberfläche führendes Rohr abgeleitet werden. Das Kernstück bleibt offen

[1]) Bei sehr großen Formen, deren Lehmschicht in den unteren Teilen zu sehr austrocknen würde, wenn man sie in einem Zuge hochführte, wird diese fortschreitend mit dem Mauerwerk in einzelnen Abschnitten erstellt.

und gestattet den Gasen völlig ungehinderten Abzug. Die Deckplatte und der Seitendeckel sind durch Strohhalme entlüftet, es muß aber durch Luftstechen oder mittels eingestampfter und dann ausgezogener Entlüftungschnüre für ungehemmte Weiterleitung der Luft gesorgt werden. Der mittels der Streben E auf der Deckplatte C ruhende Kranbalken bewirkt im Verein mit den Hängeeisen G eine gute Verbindung der Grundplatte mit den übrigen Teilen der Form. Nach gehöriger Beschwerung wird möglichst rasch zum Gusse geschritten. Da Lehm sehr begierig Feuchtigkeit anzieht, und feucht gewordene Formen unfehlbar aufschlagen, erwächst bei Gießverzögerungen eine beträchtliche Gefahr für das gute Gelingen des Gusses.

B. Windkessel.

Der in Abb. 429 in zwei Schnitten abgebildete Windkessel wird am besten stehend, mit dem Flansche nach unten, abgegossen, da dann Kernstützen vollständig vermieden werden und auch sonst größte Gewähr für erfolgreichen Guß besteht. Wenn keine Vorkehrungen zum Arbeiten in der Trockenkammer vorhanden sind, tut man gut, die Form auf einem Trockenkammerwagen aufzumauern, um sie nach jedem Arbeitsabschnitte bequem in die Kammer bringen zu können. Zur Aufnahme der Spindel G ist in der Platte A_1 des Wagens (Abb. 430) ein Stützlager F festgeschraubt, während ein auf Bügeln L befestigter gußeiserner Balken das obere Führungslager N aufnimmt.

Zunächst wird der Stand (Schluß) aufgetragen und abgedreht. Man bestreicht ihn vor dem völligen Trocknen und Erhärten mit Öl, siebt Streusand darüber und glättet mit Polierwerkzeug. Die geteilte Platte A_2 (Abb. 431) kann sich noch etwas in den Stand eindrücken und erhält so eine recht zuverlässige Unterlage. Die Fuge zwischen der Platte und

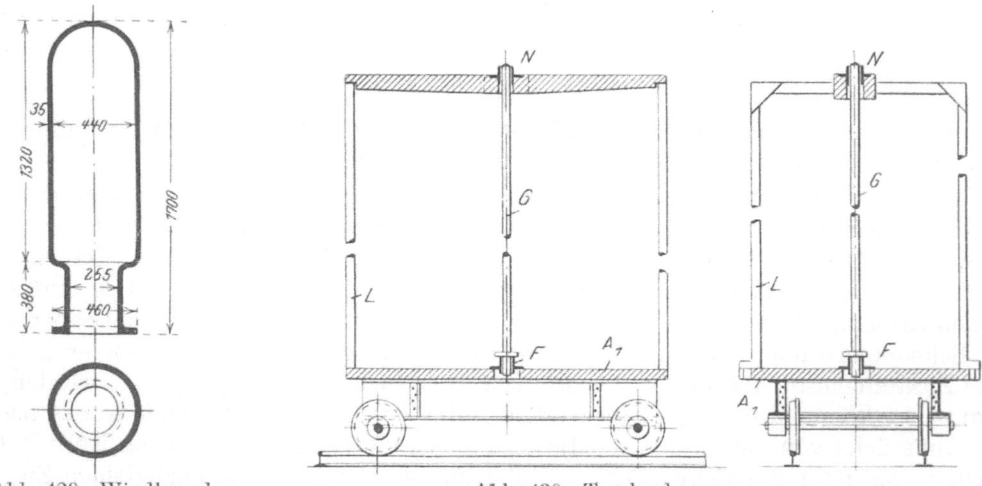

Abb. 429. Windkessel. Abb. 430. Trockenkammerwagen.

der schrägen Standfläche füllt man mit steifem, fettem Lehm aus, trägt auf die Platte eine Mörtelschicht auf, drückt das Modell J für den tangentialen Anschnitt (Einguß) und das Flanschenmodell in den Mörtel, und stellt zwei Trennungsbleche auf. Da nämlich die Form C des Halsteils nicht über den Kern geschoben werden kann, muß sie in zwei Teile getrennt werden, die wagerecht abzuziehen sind. Die etwa $^1/_2$ mm starken Trennungsbleche, die der Halsteillehre entsprechend zurechtgeschnitten sind, werden auf die Platte A_2 gestellt und durch einige Ziegelsteine in richtiger Lage erhalten. Die Mauerung kann nun bis zur Teilungsfläche zwischen dem unteren (Hals-) und dem oberen (Körper-) Mantelteil bewirkt und fertiggestellt werden, worauf man die aus zwei Teilen bestehende Lehre K_1 in einzelnen Stücken entfernt und die Form in die Trockenkammer bringt.

Nach ausreichender Trocknung wird die Platte A_3 (Abb. 432) aufgelegt, die Fuge zwischen ihr und dem Stande mit steifem Fettlehm gefüllt, eine dünne Mörtelschicht aufgetragen, der Mantel vollends aufgemauert und gleichzeitig mit der fortschreitenden

Maurerarbeit mit einer Lehmschicht bezogen, denn es würde wegen des geringen Durchmessers und der verhältnismäßigen Höhe der Form schwierig sein, erst das ganze Mauerwerk fertigzustellen, dann eine Unterschicht und schließlich eine Deckschicht aufzutragen. Man muß sich mit einer Schicht behelfen und macht dafür einen gut gasdurchlässigen Lehm von mittlerem Ton- und reichlichem Pferdemistgehalt zurecht.

Der Wagen kommt nach Abnahme der Lehren und der Spindel mit der Form wieder in die Trockenkammer. Nach dem Trocknen deckt man die obere Öffnung des Mantels mit einem passenden Brette ab, bringt einen Formkasten E (Abb. 433) darüber, setzt in die Mitte ein Trichtermodell und stampft den Kasten mit starkem Formsand voll. Vor dem Abheben werden seine Umrißlinien nebst einigen Merkzeichen in den Lehm des Mantels gerissen. Bei einiger Vorsicht können auch einige Führungsnägel in das Mantelteil getrieben werden, wodurch das richtige Wiederanbringen des Formkastens besonders erleichtert wird. Am besten ist es, den Formkasten auf den Mantel zu bringen, noch ehe dieser ganz trocken wurde. Der Kasten drückt sich dann einige Millimeter tief in den Lehm ein und findet in den entstehenden Spuren später zuverlässige Lagerung. Der abgehobene Formkasten wird auf einem Stampfboden aufgerieben und mit ihm so über eine Drehspindel gebracht, daß die Spindel durch die vom Steigtrichter gebildete Öffnung hindurchgeht. Das Ausdrehen des halbkugelförmigen Oberteils mit der Lehre K_3 (Abb. 434) bietet keine Schwierigkeit. Das Deckteil wird geschwärzt und mit den auseinandergenommenen Mantelteilen in die Trockenkammer gebracht.

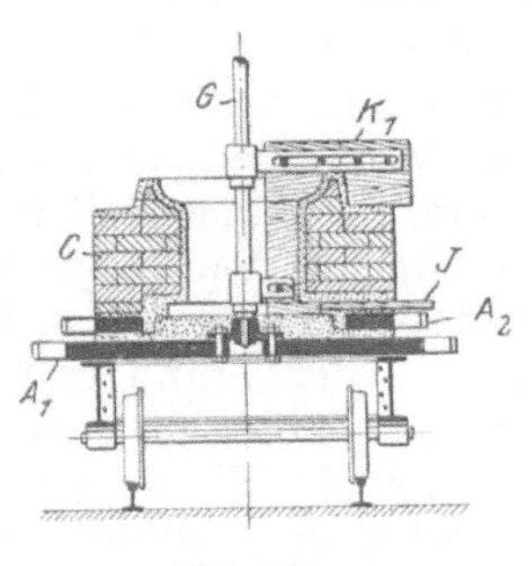

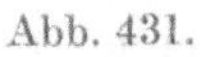

Abb. 431.

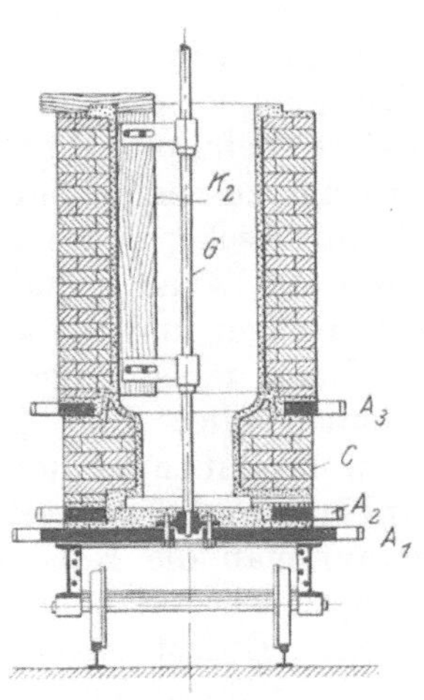

Abb. 432.

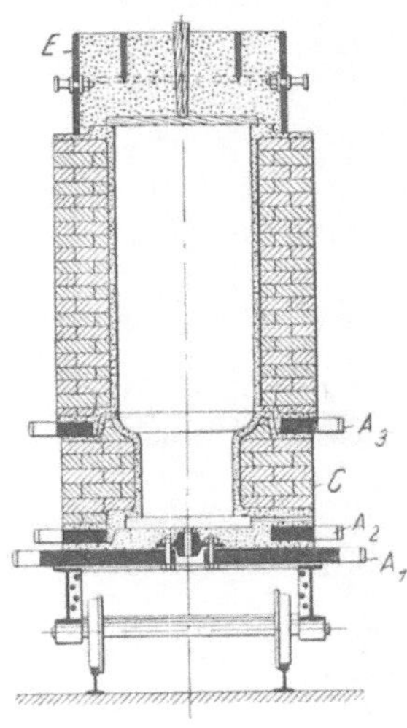

Abb. 433.

Abb. 431—436. Formerei eines Windkessels in Lehm.

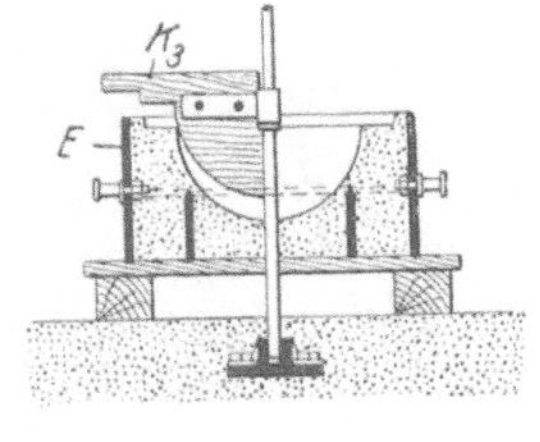

Abb. 434.

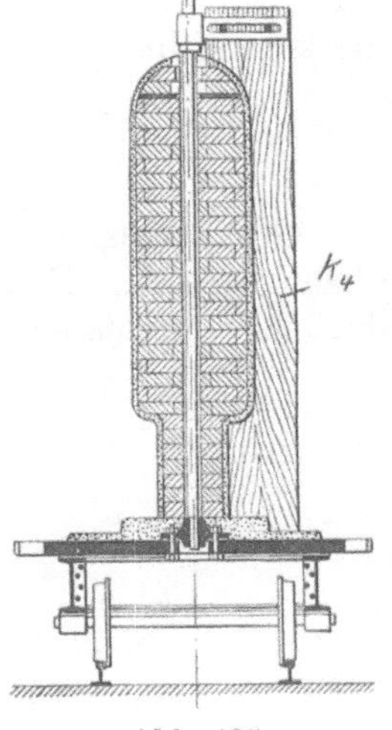

Abb. 435.

Zur Herstellung des Kerns wird die Lehrenspindel wieder in ihre Lager gesetzt und das Mauerwerk unter fortwährendem Prüfen mit der Lehre K_4 (Abb. 435) aufgeführt. Man verwendet zur Erleichterung des Schwindens entweder nur Formmassesteine oder bildet jede Schicht aus abwechselnd gelagerten Formmasse- und Ziegel-(Back-)steinen und ordnet die übereinander liegenden Schichten so an, daß immer ein Ziegelstein über einen Formmassestein und umgekehrt ein Formmassestein über einen Ziegelstein zu liegen kommt. Die Entlüftung erfolgt der Mitte zu, von da nach unten durch den von der Lehrenspindel gebildeten Kanal. An der Stelle, wo der zylindrische Kernkörper in die Halbkugelform übergeht, wird eine runde eiserne Platte auf das Mauerwerk gelegt, die zur späteren Verankerung des Kerns dient. Auf die Platte werden noch zwei Steinschichten aufgetragen und genügender Raum freigelassen, um beim Festschrauben des Kerns eine ausreichend große Unterlagsplatte einführen zu können. Dann trägt man eine Grund-Lehmschicht und nach deren Trocknung die Deckschicht auf, worauf die Spindel entfernt und an ihrer Stelle die Ankerschraube H (Abb. 436), deren Durchmesser gleich der lichten Weite des Stützlagers ist, in den Kern gebracht und festgeschraubt wird. Die Öffnung über der Schraube wird sorgfältig geschlossen und mit Stiften oder einer gut gasdurchlässigen Lehmplatte gesichert, denn gerade an dieser Stelle wird das zu vergießende Eisen den Kern treffen. Die Ankerschraube sichert die Lage des sonst wenig standfesten Kerns, erleichtert seine Handhabung, verhindert sein Hochgehen beim Gießen und erübrigt die Verwendung von Kernstützen.

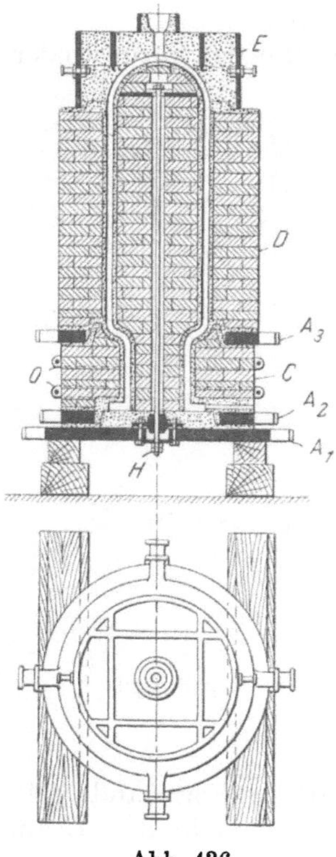

Abb. 436.

Nach vollständigem Trocknen, Schwärzen und Nachtrocknen aller Teile kann mit dem Zusammenstellen der Form begonnen werden. Die Platte A_1 mit dem Kern wird auf Unterlagshölzern genau wagerecht ausgerichtet (Abb. 436), worauf man die Halsteile C seitlich an den Stand und den Kern schiebt. Sobald sie richtig sitzen, bindet man sie mit Schellen O fest zusammen und verstreicht die Trennungsfugen sorgfältig mit Lehm. Dann wird die Mantelform D lotrecht über den Kern geschoben, das Oberteil E aufgesetzt, die ganze Form an den Lappen der Platte A_1 mit Hängeeisen an den Kran gehängt und in die Dammgrube abgesetzt. Dabei muß sorgfältig auf dauernd gleichmäßige lotrechte Stellung der Form geachtet werden, da schon eine geringe Abweichung ihr ganzes Gefüge in Gefahr brächte. Die Form wird schließlich gut umstampft und dabei der Abführung der Luft, insbesondere der nach unten abziehenden Kernluft, entsprechendes Augenmerk gewidmet.

C. Starkwandige Kessel.

Große Kessel werden im allgemeinen mit der Öffnung nach oben geformt und von oben gegossen. Beim umgekehrten Verfahren würden sich während des Gießens Oxydationserzeugnisse und andere Verunreinigungen in der obersten Wölbung sammeln

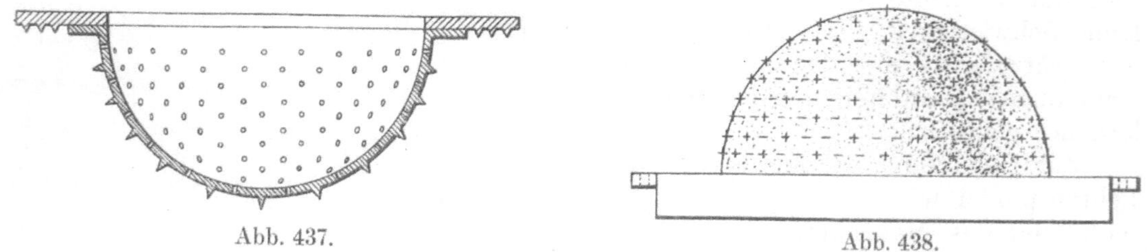
Abb. 437. Abb. 438.

Abb. 437—445. Formerei eines Kessels in Lehm.

und die Brauchbarkeit des Gußstücks gefährden. Oberteil und Unterteil (Kern und Mantel) werden meistens gesondert angefertigt. Vor allem kommt es darauf an, dem Oberteil sicheren Zusammenhalt zu verleihen, damit es beim Wenden keinen Schaden erleidet. Das wird am sichersten durch Verwendung halbkugelförmiger gußeiserner Schalen nach Abb. 437 erreicht, die zum Abzuge der Gichtgase in Abständen von 50 bis

60 mm mit etwa 6 mm großen Löchern und dazwischen mit spitzen Dübeln versehen sind, die dem Lehm Halt gewähren [1]). Der äußere Durchmesser der Kernschale wird um etwa 80 mm kleiner als die lichte Weite des Kessels bemessen, so daß eine Lehmschicht von 40 mm aufzutragen ist. Über den Dübelspitzen muß noch eine Lehmschicht von mindestens 15 mm ruhen. Der Mantel wird nach Abb. 439 aufgemauert und abgedreht, der Kern für sich mit einer auf einem Dreibock (Abb. 440) ruhenden Drehvorrichtung hergestellt. Er läßt sich nach dem Trocknen auf einem Bett lockeren Formsandes ohne Schwierigkeit wenden. Nach dem Guß ist auf rascheste Entfernung der Deckplatte und Abhebung der Schale zu achten, da sonst das Gußstück zerspringen könnte.

Abb. 441 zeigt eine nach einer in Rußland gebräuchlichen Anordnung hergestellte Form [2]). Die Form des Unterteils wurde aus guten Ziegelsteinen in üblicher Weise aufgemauert, mit einer 15—20 mm starken Lehmschicht bezogen und getrocknet. Ein

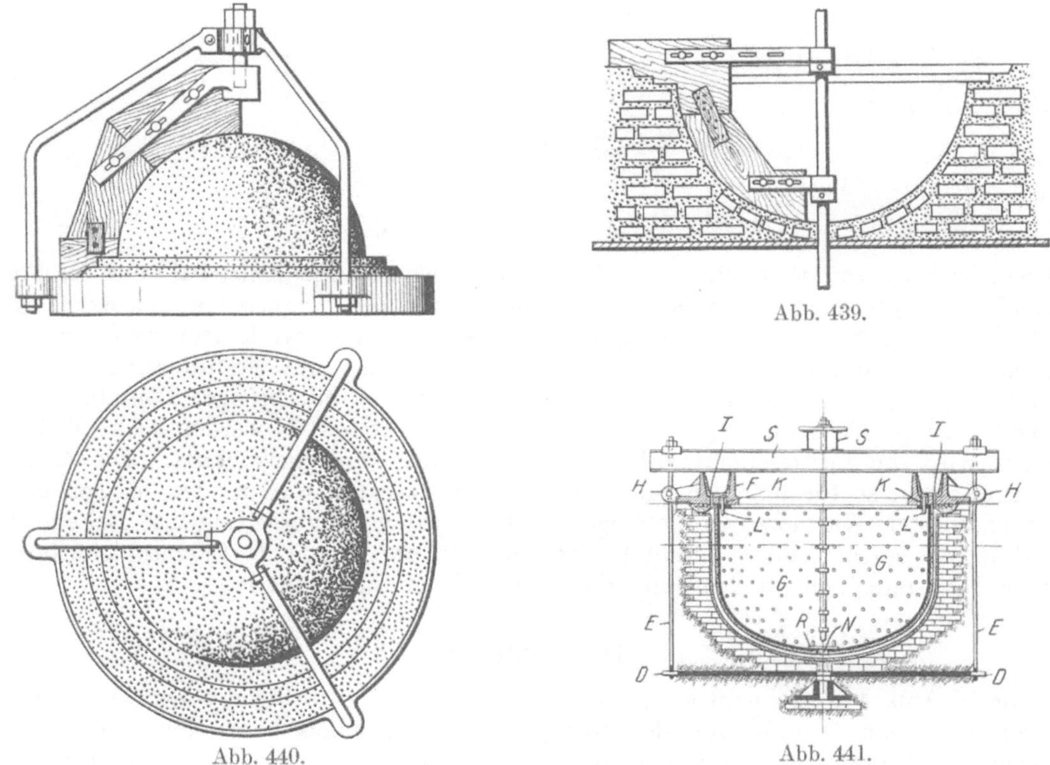

Abb. 439.

Abb. 440.

Abb. 441.

Eingußring F ist mit dem vierteiligen Kerneisen G (Abb. 442) fest verkeilt. Am Eingußring befinden sich vier Ösen H, 20 Löcher I für die Eingüsse und 8 Löcher K zur Aufnahme der Bolzen L zur Befestigung der Kernschalen. Die Schalen sind mit Löchern und Dübeln versehen. Um das Kerneisen nach dem Gusse rasch vom Abguß entfernen zu können, werden zwei Flanschenverbindungen schräggestellt (Abb. 444).

Arbeitsweise: Der Eingußring wird mit Lehm bezogen, gekantet und genau wagerecht ausgerichtet. Festschrauben der vier Schalenteile und Einsetzen der Drehspindel durch die Aussparung N (Abb. 441). Auftragen des Lehms in zwei Schichten,

[1]) Diese Schalen werden mit Lehren in Formsand hergestellt. Man dreht auf einem flachen Formkasten-Unterteile das Modell mit der Wölbung nach oben ab, stampft darüber ein Oberteil auf, hebt ab, schiebt die Spindel wieder durch das Modell, dreht die Eisenstärke ab und reißt mit einer an die Lehre gehaltenen Nadel parallele Kreise am Kernstücke vor, auf denen man die Abstände für die Lochkerne einteilt (Abb. 438). An den so bezeichneten Stellen befestigt man mit Nägeln versehene Kerne, setzt dann das Oberteil nochmals auf, so daß sich die Kerne abdrücken, hebt wieder ab und drückt zwischen den Spuren der Kerne das Dübelmodell in das Oberteil. Die weitere Ausarbeitung der Form bietet dann keine Schwierigkeiten, da es weder auf Einhaltung genauer Gewichte oder Wandstärken, noch auf Dichtigkeit des Schalenbodens ankommt.

[2]) Nach V. Portisch, Stahleisen 1906, S. 93.

Glattschlichten. Ausziehen der Spindel und Verschließen der von ihr hinterlassenen Öffnung mit der Platte R.

Abb. 442 zeigt einen Schnitt durch den Eingußring und den oberen Teil des fertiggedrehten Kerns. Herstellen der Eingüsse I mittels vorher in die Bohrungen des Eingußrings gekeilter Holzstäbe. Anbringen von Überläufen (Abb. 443), Trocknen und Schwärzen. Das wieder umgekantete Kernstück wird auf den Mantel gesetzt und nach Anbringen der vier Träger S (Abb. 441) über den Eingußring durch die Schraubenbolzen E fest mit der Unterplatte D verbunden. Nach Aufsetzen des Eingußkastens (Abb. 445) kann die Form beschwert und abgegossen werden.

Das Mantelstück wird bei dieser Anordnung überhaupt nicht bewegt. Der Kern muß unmittelbar nach dem Guß zerlegt und aus dem Stück genommen werden, da er sonst

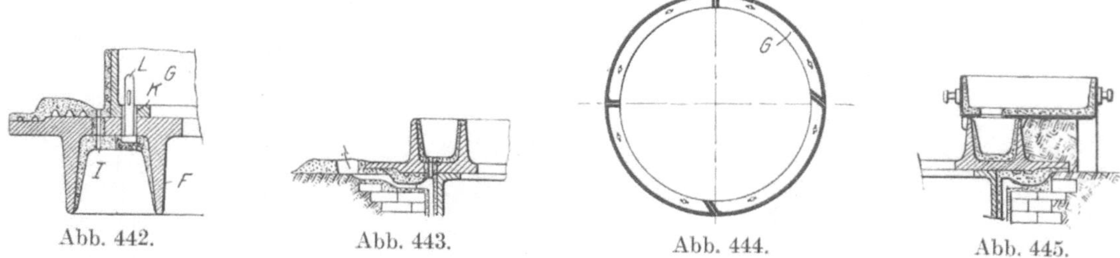

Abb. 442. Abb. 443. Abb. 444. Abb. 445.

das Schwinden verhindern würde. Auch das Gußstück wird möglichst bald aus der Form gebracht, um sie nicht zu lange der Wärmewirkung des Abgusses auszusetzen. Das Ausheben muß mit einiger Vorsicht geschehen, weil das Mauerwerk noch weiter benutzt werden soll. Man reinigt es nach genügender Abkühlung mit Stahlbürsten von verbranntem Lehm, entfernt alle losen Überreste, benetzt es mit breiiger Tonmilch, trägt die erste Lehmschicht auf und läßt sie über Nacht lufttrocken werden. Am nächsten Morgen wird die Fertigschicht aufgetragen, abgedreht und getrocknet. Die Mantelmauerung kann so für bis zu hundert Abgüssen verwendet werden. Da sie sich durch die wiederholten Wärmebeanspruchungen und die jedem Abgusse folgende Behandlung mit Stahlbürsten allmählich abnützt, wird die neu aufzutragende Lehmschicht immer stärker, bis schließlich die Notwendigkeit ihrer Erneuerung eintritt.

D. Glühtöpfe.

Die in Abb. 446 in einem lotrechten Schnitte dargestellte Form eines Glühtopfes hat ein nach den Grundsätzen des vorhergehenden Beispiels hergestelltes Mantelteil, wogegen die Kernstückschale aus einem 15 mm starken, gelochten Blechmantel besteht, der warm auf die mit einem halsförmigen Ansatze versehene Tragplatte aufgezogen wurde. Der äußere Durchmesser des Mantels ist um 140 mm kleiner als die lichte Weite des Glühtopfes. Die Führung zwischen Kern- und Mantelteil wird durch einen ringförmigen Ansatz der Kerntragplatte und entsprechende Vertiefung der Manteldeckplatte B äußerst zuverlässig erreicht. Vier mit Keilverschlüssen versehene Bolzen bewirken eine so sichere Verbindung beider Teile, daß das Beschweren zum Guß wegfallen kann.

Zur Herstellung des Kerns wird die Kerntragplatte mit nach oben gerichtetem Blechkörper auf geeigneten Unterlagen über eine Abdrehvorrichtung gebracht (Abb. 447), der Blechkörper mit Lehm eingerieben und mit einem 25 mm starken Strohseil umwickelt. Nach dem Auftragen und Abdrehen einer etwa 25 mm starken ersten Lehmschicht drückt man bügelförmige Rundeisenstücke so in den Lehm, daß sie mit beiden Enden durch im Mantel vorgesehene Löcher dringen und bindet dann die im Innern des Mantels vorstehenden Enden mit Draht zusammen. 8—10 gleichmäßig über den Umfang des Blechmantels verteilte Bügel genügen zur Sicherung der aufgetragenen Formstoffe vor dem sonst unvermeidlichen Abgleiten bei oder nach dem Wenden des Kerns. Der Kern wird dann getrocknet, geschlichtet und geschwärzt.

Zur Erleichterung des Wendens schraubt man an die Platte D zwei Hängeeisen K (Abb. 448a und b), die mit verstellbaren Drehzapfen versehen sind, um Kerne verschiedener Abmessungen möglichst nahe ihrem Schwerpunkt aufhängen zu können. Nach dem Wenden wird der Kern auf eine Formsandunterlage am Boden abgesetzt und nach

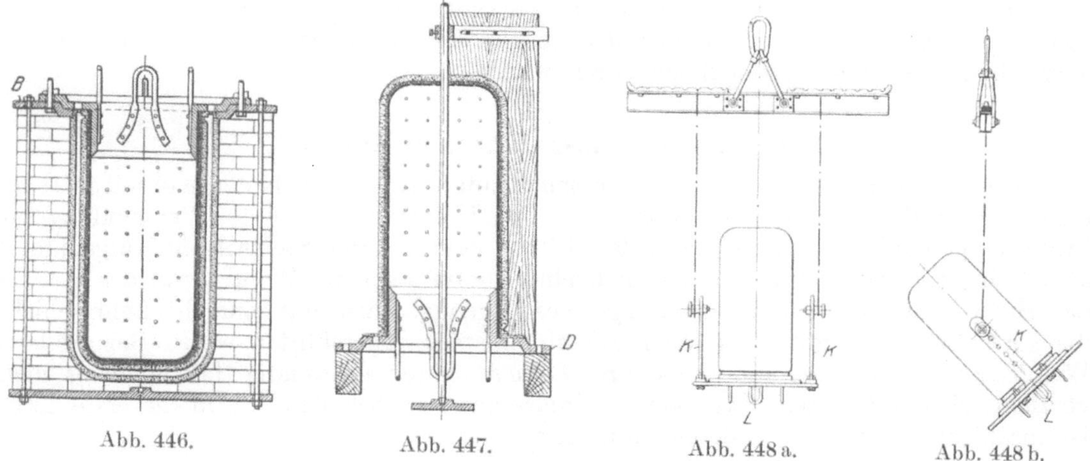

Abb. 446. Abb. 447. Abb. 448a. Abb. 448b.

Abb. 446—448. Formerei eines Glühtopfes in Lehm.

Abschrauben der Hängeeisen mittels der Bügel L in die Form gesetzt. Durch den Guß wird die Mantelform so wenig beschädigt, daß angeblich [1]) nach jeweils geringfügigen Ausbesserungen bis zu 15 Abgüsse in einer ausgedrehten Form hergestellt werden können. Das Mauerwerk selbst erleidet eine kaum merkbare Abnutzung.

E. Tiefkessel für die chemische Industrie.

Dem Wenden sehr großer und hoher Formen geht man gerne aus dem Wege, weil es fast immer mit Gefahren für die Bedienungsmannschaft und das Arbeitstück verknüpft ist. Das Kernstück der in Abb. 449 dargestellten Gußform ermöglicht die Formerei ohne Wendung des ganzen Kerns. Die Kernrüstung besteht aus einer schalenförmigen,

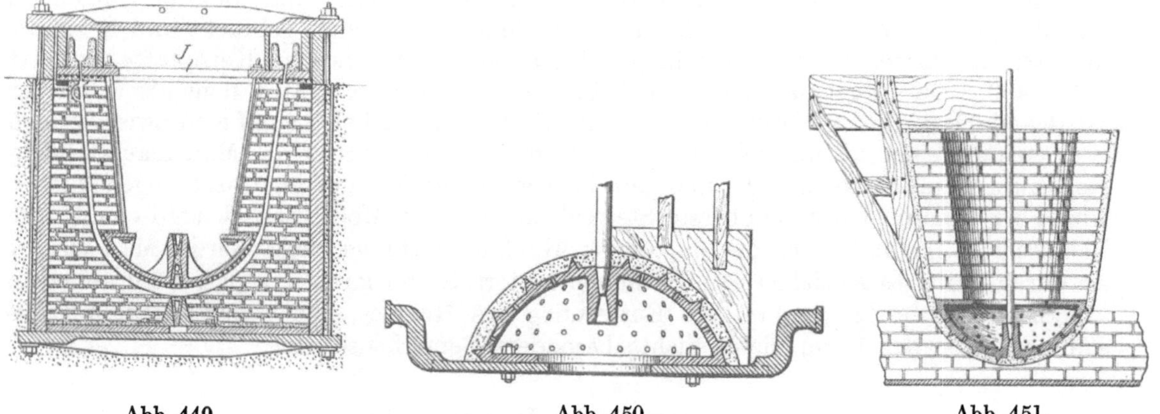

Abb. 449. Abb. 450. Abb. 451.

Abb. 449—451. Formerei eines Tiefkessels in Lehm.

die Wölbung des Kerns stützenden gußeisernen Kappe, die mittels kräftiger Bolzen mit der Tragplatte J verbunden wird. Die mit Löchern und Dübeln versehene Kappe hat eine Nabe, die von außen und innen eine Lehrenspindel aufzunehmen vermag.

[1]) V. Portisch, „Zur Fabrikation von Sodaschmelzkesseln", Stahleisen 1906, S. 93.

Zur Anfertigung des Kerns schraubt man die Kappe auf eine Schwenkplatte, setzt eine kurze Spindel in die Nabe (Abb. 450), trägt Lehm auf, dreht ab, und trocknet. Dann wird die Kappe in ein falsches Teil gesetzt (Abb. 451), genau wagerecht ausgerichtet, eine lange Spindel eingesetzt, die auch oben eine Führung erhält, das Kernmauerwerk aufgeführt, mit Lehm bezogen, abgedreht, die obere Ringplatte J aufgelegt und mittels der schrägen in Abb. 449 erkennbaren Bolzen mit der Kappe verankert. Das Lösen sämtlicher Ankerschrauben unmittelbar nach dem Guß genügt, um dem Abgusse ausreichende Schwindungsmöglichkeit zu sichern.

F. Einmalig auszuführende Kessel.

Wenn nur einzelne Kessel einer Form anzufertigen sind, arbeitet man mitunter mit einem „Hemd" genannten Lehmmodell. Das Unterteil wird unter Verwendung von Stützringen (Abb. 452) zwischen jeder dritten oder vierten Steinschicht aufgemauert, abgedreht, getrocknet und klebfrei gemacht, worauf man die Wandstärke des Kessels, das Hemd, aufträgt. Für dünnwandige Kessel genügt dazu eine einfache Lehmschicht, die getrocknet und mit Glas- oder Schmirgelpapier abgeschliffen wird. Bei größeren Wandstärken sind zwei und selbst drei Lehmschichten notwendig, falls man es nicht vorzieht, sich mit festen Ton- oder Steinplättchen zu behelfen, die in die erste dünne Lehmschicht, eines am anderen, mit ganz geringen Zwischenfugen gedrückt werden.

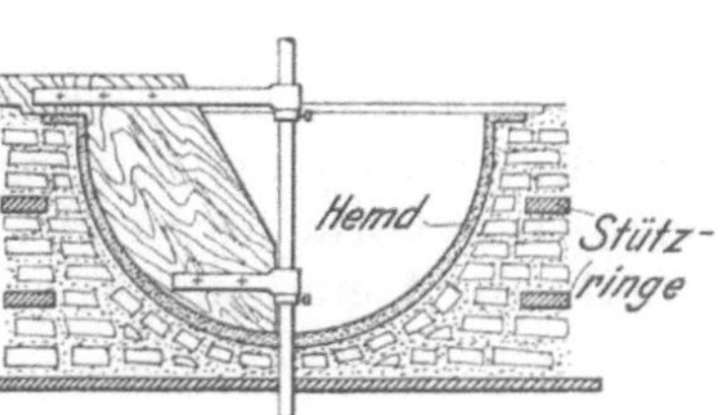

Abb. 452. Abb. 453.

Abb. 452 u. 453. Vereinfachte Kesselformerei mit Hemd in Lehm.

Über die Steinschicht wird noch eine dünne Lehmschicht, die in sehr kurzer Zeit ausreichend getrocknet werden kann, gebracht und abgedreht, worauf man die Spindel entfernt.

Auf den Boden des gehörig getrockneten, geschliffenen und klebfrei gemachten Hemdes (des Modells) wird nun eine Lage gut bindenden Lehms gebracht und in sie die unterste mit Dornen und mehreren langen Schraubenbolzen versehene Kernplatte gedrückt (Abb. 453). Die in genau wagerechte Lage zurecht geklopfte Platte dient als Unterlage für das Mauerwerk des Kerns, das nun mit 10—20 mm starken Lehmfugen zwischen den Steinen untereinander und zwischen dem Hemde hochgeführt wird. Man mauert höchstens zwei Steine hintereinander und läßt das Kerninnere frei, um den Gasen ungehemmten Abzug zu sichern. Über die oberste Steinschicht und den Modellflansch wird eine starke Lehmschicht gebreitet, in die die obere Abschlußplatte gedrückt wird. Man sichert sie durch kräftiges Anziehen der Schraubenmuttern S und kann nun den Kern abheben, absetzen und fertigmachen. Die Entfernung des Hemdes, das Fertigstellen und Zusammensetzen der Form bietet nichts besonders Bemerkenswertes.

G. Chinesische Reispfannen.

In China werden Reispfannen mit Durchmessern bis zu 1 m und papierdünnen Wandstärken ohne Modell in Lehm geformt [1]). Beim Guß ist der Boden nach oben gerichtet. Der Oberteilformkasten ist etwa 40 mm hoch, das Unterteil ein wenig höher. Die Form für das Ober- wie für das Unterteil wird auf der Töpferscheibe aus gründlich durchgeknetetem Ton hergestellt. Diese Lehmformen macht man mit dem Luftspieß

[1]) Vgl. Stahleisen 1916, S. 319.

gut durchlässig und trocknet sie dann gründlich. Die getrocknete Form kommt wieder auf die Töpferscheibe und erhält dort eine ganz dünne Überzugschicht von feinstem Formsand, mit der sie neuerdings getrocknet wird. Die dergestalt gründlich getrockneten Formteile werden unter Wahrung peinlichster Sorgfalt — weil schon die allergeringste Verschiebung einen Fehlguß bedingen würde — zusammengesetzt und fest miteinander verbunden. So bringt man sie in einen kleinen, ihrem Umfang beiläufig entsprechenden Ofen und umgibt sie dort mit Holzkohlen. Der Ofen wird mit einem aus Bandeisen und feuerfestem Ton bestehenden Deckel geschlossen, die Holzkohle angezündet und die Form bis zu heller Rotglut erhitzt, wodurch sie steinhart gebrannt wird.

Außerdem wird in einem Kleinkuppelofen das Eisen geschmolzen und die Zeit bei beiden Verfahren, dem Formen wie dem Schmelzen, so eingeteilt, daß das Eisen die erforderliche Dünnflüssigkeit zu derselben Zeit erreicht, wie die Form schön hellglühend wurde. Nun wird der Deckel des Glühofens abgehoben, das Eisen in die fast weißglühende Form gegossen, und unmittelbar nach dem Guß der Glühofen wieder geschlossen, worauf die Form zugleich mit dem Abguß und dem Ofen sich selbst überlassen bleibt. Nach etwa zwei Tagen ist der Ofen weit genug abgekühlt, um geöffnet zu werden. Die kalte Form wird vorsichtig auseinandergenommen, die Pfanne ausgehoben und der Einguß mit einer feinen Säge vom Boden weggeschnitten. Der Abguß braucht dann nur noch gebohrt und mit Drahtgriffen versehen zu werden, um verkaufsfähig zu sein. Die Tonform wird nicht für jeden Guß neu angefertigt, sie hält mehrere Abgüsse aus, nur der Überzug aus feinem Sand muß für jeden Guß erneuert werden.

Dieses Form- und Gießverfahren ist sehr bemerkenswert; es bietet die Möglichkeit, spannungsfreie, dünnwandige Abgüsse herzustellen, deren Ausführbarkeit nach den sonst bekannten Formverfahren ausgeschlossen wäre. Anderseits ist es aber auch so umständlich, zeitraubend und kostspielig, daß es nur in besonderen Ausnahmefällen in Betracht kommen kann. Zu seiner Verwirklichung bei uns wäre jedenfalls ein eingehendes Studium der erforderlichen Formstoffe — bei dem Sand für die äußerste Formschicht dürfte es sich wohl um ein Kaolinvorkommen handeln — und des Ausführungsverfahrens unerläßlich.

H. Zweigrohre.

(Arbeit mit Zieh- und Drehlehren.)

Für die Herstellung der Form des in Abb. 454 in zwei Ansichten dargestellten Zweigrohrs wird ein Kern angefertigt, darüber ein Hemd (Sand- oder Lehmmodell) aufgetragen, der Kern mit dem Hemd aufgestellt und mit einem zweiteiligen Mauerwerk umgeben. Nach dem seitlichen Abziehen der beiden Mauerhälften wird das Hemd entfernt und die Form fertiggemacht.

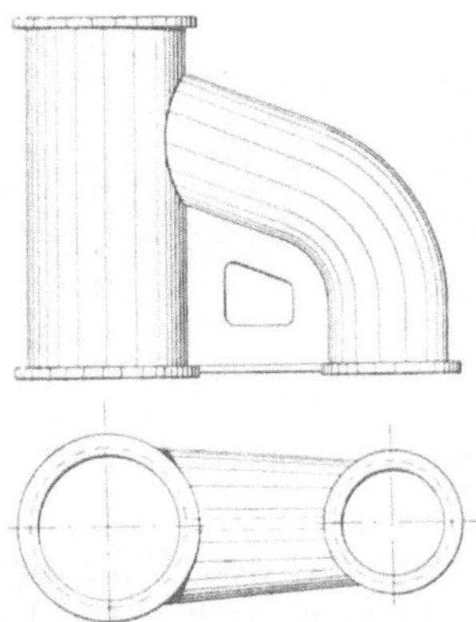

Abb. 454. Zweigrohr.

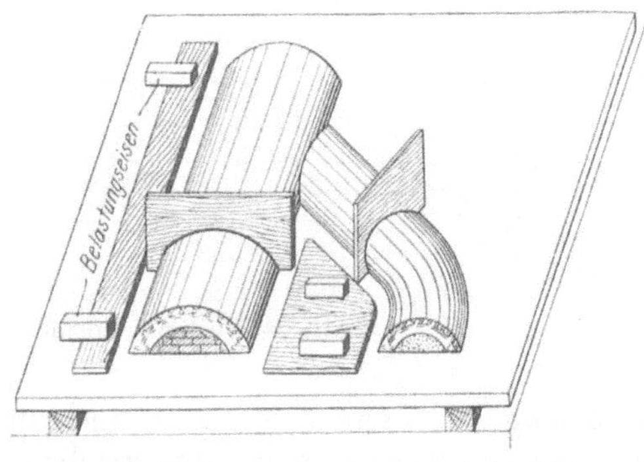

Abb. 455. Herstellung des Kerns.

Anfertigung des Kerns in zwei Hälften. Eine gußeiserne Platte wird mit einer dünnen Lehmschicht bezogen, auf der nach dem Trocknen die Umrisse eines Längsschnitts durch den Kern vorgezeichnet werden (Abb. 455). Zurechtlegen und Beschweren der Führungsbretter. Zur Verminderung des Gewichts der Kernhälften macht man sie hohl und baut dazu aus Steinen und Formsand auf der Platte einen der Kernhöhlung entsprechenden Körper auf. Darüber wird eine dünne Lehmschicht gebracht, in die man das Kerneisen (Abb. 456) drückt. Es besteht aus gebogenen Flacheisen, die, untereinander mittels Bindedraht mit Längsschienen verbunden, in die Herdgußform des Rahmens gestellt und so in das Kerneisen eingegossen wurden. Über das Kerneisen wird eine

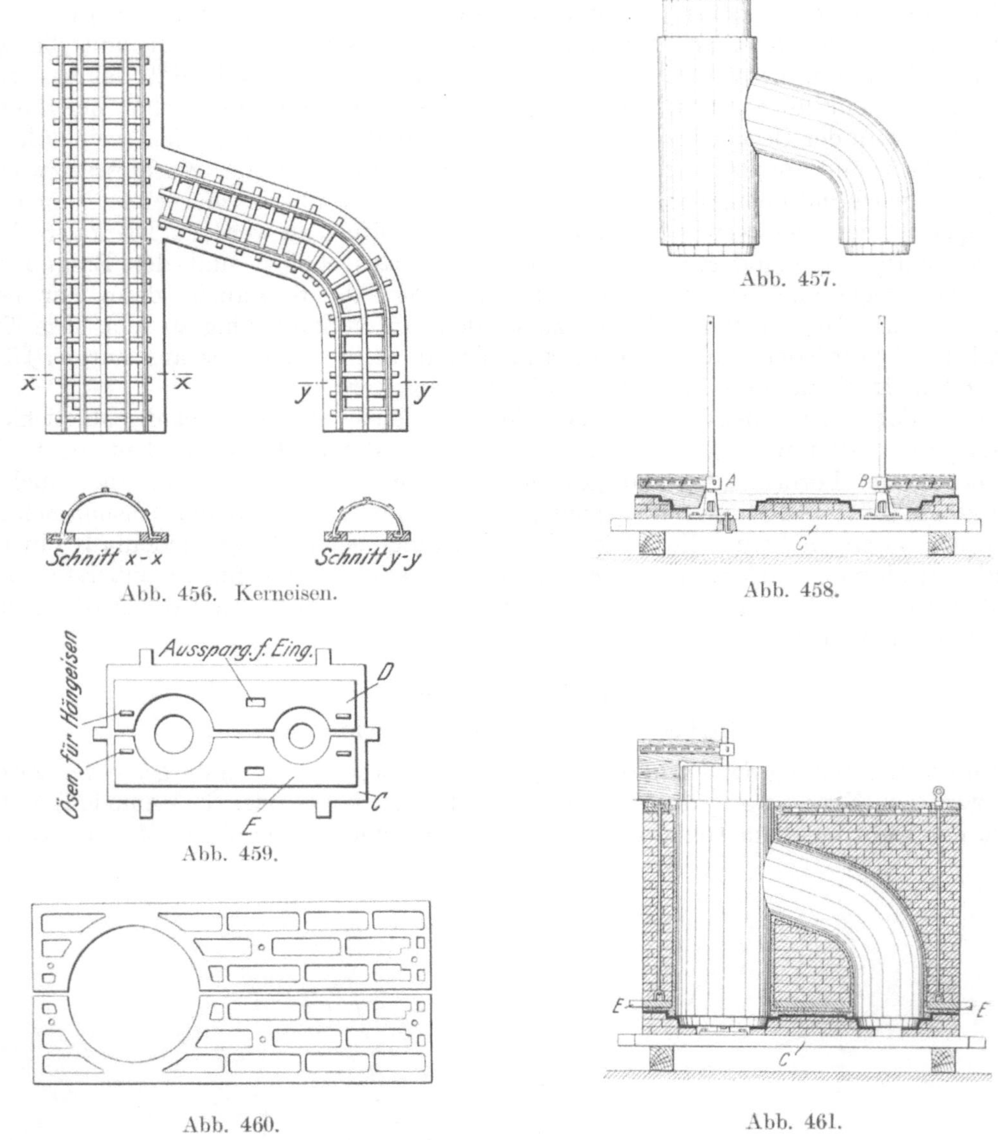

Abb. 456. Kerneisen. Abb. 457. Abb. 458. Abb. 459. Abb. 460. Abb. 461.

Abb. 457—465. Formerei von Zweigrohren in Lehm.

Schicht mageren Lehms gebracht und mit den Ziehlehren, die den Führungsbrettern entlang gezogen werden, glatt abgestrichen. Trocknen, Anfertigen der zweiten Kernhälfte in gleicher Weise, Auftragen des Hemds, nachdem die Kernhälften klebfrei gemacht worden sind. Trocknen und Zusammenbinden der Modellhälften mit Bindedraht (Abb. 457).

Anfertigung der Grundplatte. Auf einer starken Herdgußplatte C (Abb. 458) sind zwei Spindelstöcke festgeschraubt, so daß der Schluß des Hauptrohrs gleichzeitig mit dem des Zweigrohrs hergestellt werden kann. Nach dem Ausdrehen der Flanschen und der Kernmarken entfernt man die Abdrehvorrichtung des Abzweigs, trocknet das Ganze, zeichnet die Verbindungsrippe ein und bringt ihr Modell in die richtige Lage. An die Stelle der Flanschen bringt man getrocknete Lehmringe als Modell und setzt dann das große Kernmodell in seine Marken.

Aufbau des Mauerwerks. Die freie Oberfläche der Grundplatte wird mit einer dünnen Lehmschicht bezogen, auf die man die Abziehplatten E (Abb. 459) legt. Dann stellt man zwei dünne, nach den Umrissen des Kerns ausgeschnittene Blechtafeln so auf, daß sie das Mantelstück in zwei gleiche Hälften teilen, führt das Mauerwerk beider Hälften gleichmäßig hoch, wobei vier Zugstangen und zwei Trichtermodelle mit eingemauert werden. Nach Erreichung der Oberkante des Modells wird noch eine Lehmschicht aufgetragen, in die man zwei Deckplatten (Abb. 460) preßt. Die Deckplatten werden mittels der eingemauerten Zugstangen mit den Abziehplatten E verankert

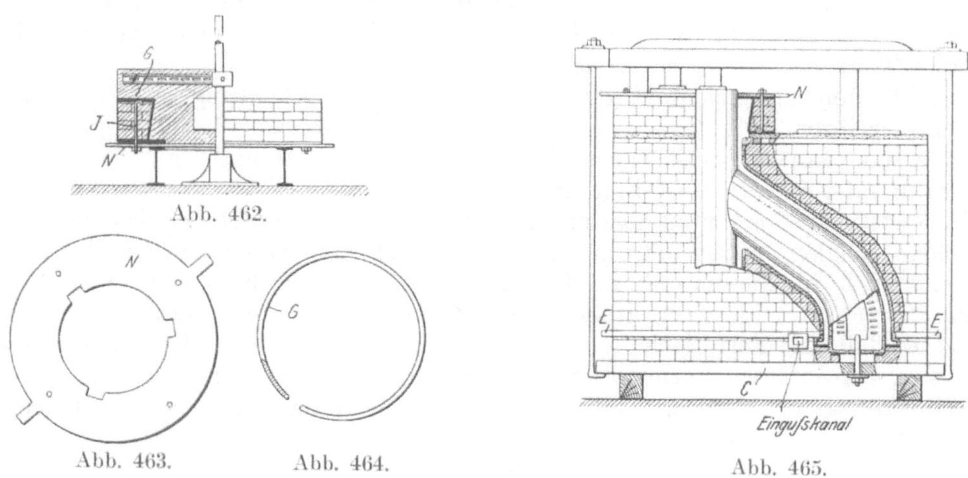

Abb. 462. Abb. 463. Abb. 464. Abb. 465.

und damit dem Mauerwerk jeder Hälfte guter Halt gegeben (Abb. 461). Der obere Flansch wird mit einer Drehlehre hergestellt und dann die ganze Form gründlich getrocknet.

Anfertigung des Überkopfes. Auf einer mit Löchern für die Gasableitung versehenen Platte N (Abb. 462 und 463) wird die Umfassungsmauerung des Überkopfes in umgekehrter Lage aufgeführt, abgedreht, mit Hilfe des Rings G (Abb. 464) und einiger Bolzen J verankert, getrocknet und gewendet.

Fertigstellung der Form. Nach dem Trocknen zieht man beide Mantelhälften vom Kern ab, befestigt an der einen den Aussparungskern für die Zwischenrippe, trocknet, schwärzt und trocknet nach. In gleicher Weise wird der Kern nach Entfernung des Hemdes, wozu er vom Schlusse weggehoben wird, gußfertig gemacht. Auch die Grundplatte wird nach Entfernung des Rippenmodells und der Lehmflanschen geschwärzt und nachgetrocknet. Schließlich setzt man die Form zusammen, verankert sie in der in Abb. 465 erkennbaren Art, setzt sie in eine Gießgrube und stampft sie ringsum fest ein.

X. Schreckschalen-(Kokillen-)Formerei.

Allgemeines.

Eiserne Formen von ausreichender Wandstärke lassen infolge ihrer guten Wärmeleitungs- und Aufnahmefähigkeit das eingegossene Eisen fast plötzlich erstarren und bilden daher ein ausgezeichnetes Mittel, um Dichte, Härte, Festigkeit, Elastizität und Dehnung des Eisens zu beeinflussen. Durch die plötzliche Abkühlung in eisernen Formen wird bis zu einer gewissen, von den Umständen abhängigen Tiefe die Graphitabscheidung unterdrückt, der Kohlenstoff bleibt chemisch gebunden, und das Eisen wird dichter und härter als beim Guß in Sand- oder Lehmformen.

Es können ganze Formen oder nur einzelne ihrer Teile aus Gußeisen bestehen. Die zur Formgebung verwendeten Gußstücke werden Schalen, Schreckschalen oder Kokillen genannt. Ihr Wirkungsgrad hängt ab von ihrer eigenen und des Gußstückes Wandstärke, von ihrer Vorerwärmung, von der Dauer ihrer Einwirkung, von der Wärme und von der chemischen Zusammensetzung des zu vergießenden Eisens.

Je größer die Wandstärke einer Schale im Verhältnis zur Wandstärke des Gußstückes ist, um so ausgiebiger wird ihre Wirkung. Ihr Wirkungsgrad nimmt mit dem Maße der Vorerwärmung ab und steigert sich mit der Hitzigkeit des vergossenen Eisens. Von wesentlichem Einflusse ist die Dauer der Wirksamkeit von Schalen. Während des Erstarrens und der ersten Abkühlung bewirken sie Verdichtung, während der weiteren Abkühlung Härtung. Wird die Schale vom Gußstücke sofort nach dem Erstarren oder, solange es noch hellglühend ist, weggenommen, so tritt keine Härtung ein.

Die Verwendung von Schalen bezweckt dreierlei, nicht immer voneinander zu trennende Ziele:

1. Herbeiführung gleichmäßiger Erstarrung und Verdichtung ganzer Gußstücke oder einzelner ihrer Teile.
2. Härtung ganzer Gußstücke oder einzelner ihrer Teile und
3. Verminderung der Gestehungskosten.

Ein Gußstück wird um so dichter, je feinkörniger sein Gefüge ist. Die Verwendung von Schreckschalen bildet darum ein Hilfsmittel zur Erzielung dichter Abgüsse. Man verwendet in diesem Sinne Schreckschalen an einzelnen, aus irgendwelchen Gründen besonders gefährdeten Stellen von Abgüssen, man ordnet sie in unterbrochener Folge an, so daß eine Formfläche aus abwechselnden Streifen oder Flecken von Schreckschalen oder von anderen Formstoffen gebildet wird, und man verwendet sie schließlich zur Gestaltung ganzer Formen, mildert aber ihre Wirkung durch mehr oder weniger starke Überzüge von Graphit, Masse oder Lehm.

Schreckschalen zur Verdichtung von Grauguß.

Verwendung an einzelnen Stellen. Einzelne, nur stellenweise angeordnete Schreckschalen werden vorzugsweise in Fällen verwendet, wo verschieden starke Wandungen gefährlich sind. Schwächere Wandstärken erstarren rascher und vermögen oft den Schwindungsbeanspruchungen anschließender stärkerwandiger Teile nicht zu folgen,

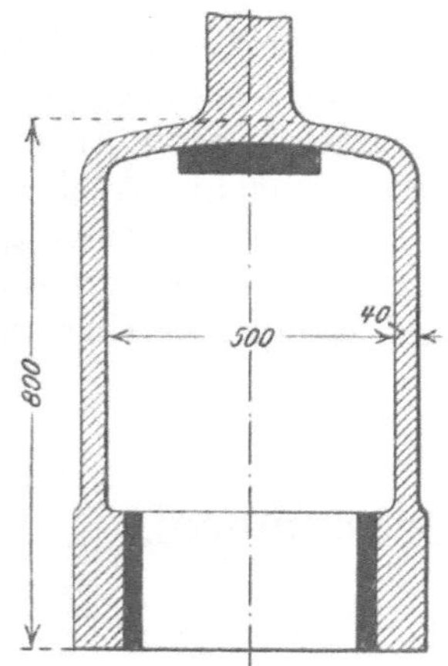

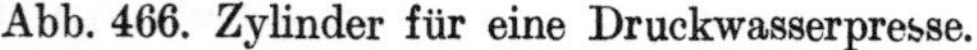

Abb. 466. Zylinder für eine Druckwasserpresse.

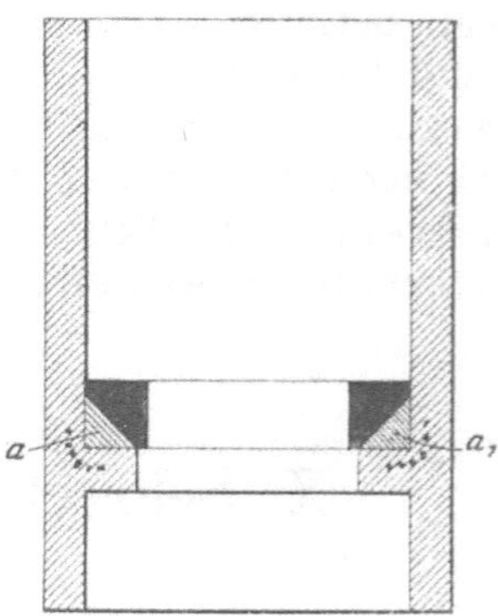

Abb. 467. Schieberring.

wodurch im Abgusse gefährliche Spannungen entstehen. Sie haben zudem das Bestreben, während ihres Erstarrens aus stärkeren, noch flüssigen Querschnitten flüssiges Metall abzusaugen, was zum mindesten ein weniger dichtes Gefüge bei den letzteren zur Folge hat. Vielfach entstehen aber nicht nur lockere Stellen, sondern es bilden sich Hohlräume, Lunkerstellen. Das ist im verstärkten Maße der Fall, wenn die schwächere Stelle in der Form unter der stärkeren liegt, da dann das Absaugen durch die Wirkung der Schwerkraft gefördert wird. Die gleiche Erscheinung zeigt sich, wenn der Gesamtquerschnitt eines Gußstücks so groß ist, daß die Erstarrung unter gewöhnlichen Umständen nur allmählich von außen nach innen fortschreitend erfolgen kann. Die außen liegenden Teile saugen flüssiges Metall an sich, und in der Mitte ergibt sich schließlich ein Hohlraum.

Die Abb. 466, 467 und 468 zeigen die Anordnung von Schreckschalen zur Begegnung dieser Gefahren. Beim Preßzylinder (Abb. 466) bewirkt die untere ringförmige Schale gleichzeitiges Erstarren des bei der Bearbeitung mit Nuten zu versehenden unteren Wulstes und der dünneren Wand des darüber liegenden Zylinderteils, während die obere Schale den Boden dicht macht, der auf andere Weise nur schwer lunkerfrei zu gewinnen wäre [1]).

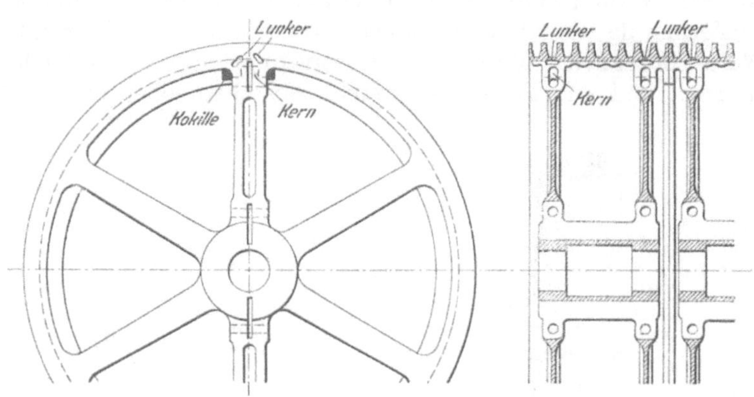

Abb. 468. Seilscheibe mit Sprengarmen.

In einzelnen Fällen ist es angezeigt, zur Milderung der Schreckwirkung eine Wandung zu verstärken. So würde die Bearbeitung des Schieberrings (Abb. 467) infolge des zu verwendenden härteren Eisens beim unmittelbaren Einlegen einer Schreckschale in den Winkel des inneren Flansches sehr erschwert, häufig selbst unmöglich werden, ohne Schale ist aber die Hohlkehle nicht dicht zu bekommen. Man verstärkt daher den Flansch um den mit a und a_1 bezeichneten Teil und legt darüber die im Bilde schwarz eingezeichnete ringförmige Schale. Das Wegdrehen der Verstärkung bietet keine Schwierigkeit und verursacht keine nennenswerten Kosten, da es gleichzeitig

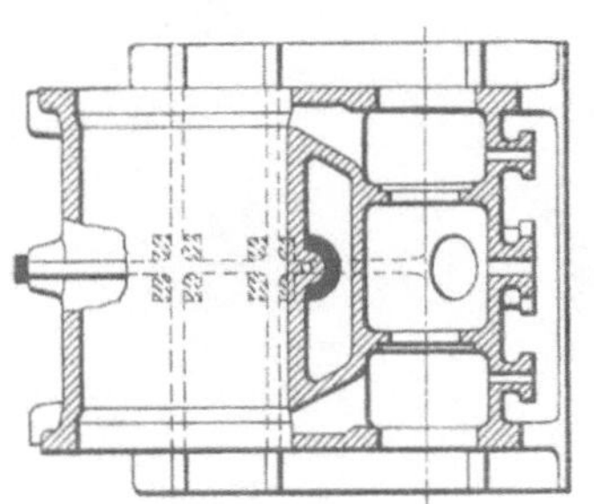

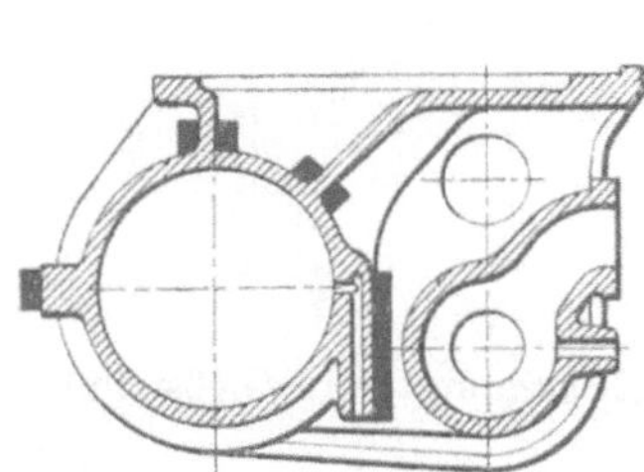
Abb. 469. Heißdampf-Lokomotivzylinder in Gießstellung.

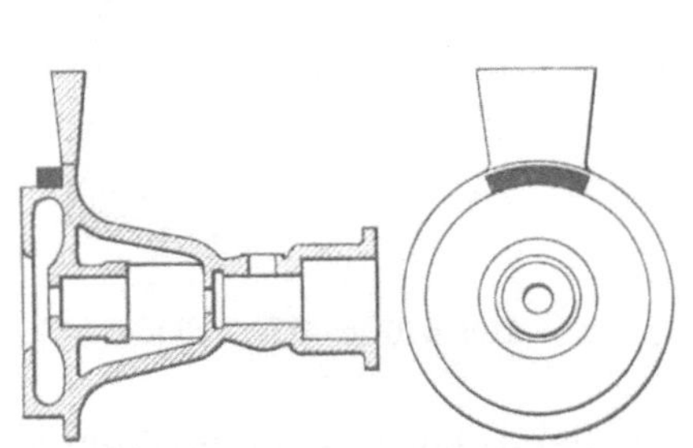
Abb. 470. Zentrifugal-Pumpendeckel.

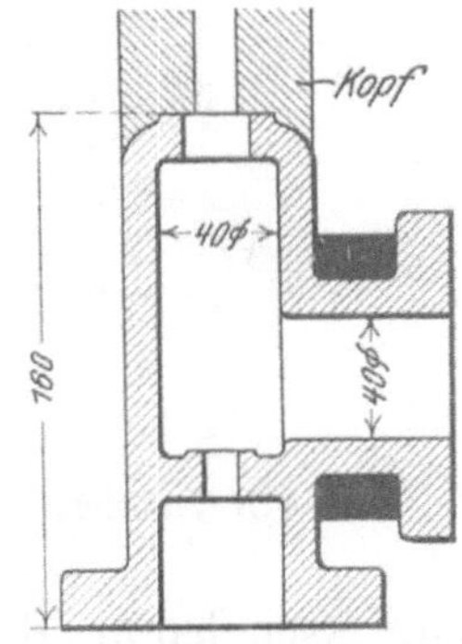

Abb. 471. Reduzierventil für Kohlensäurekompressor.

mit der des Flansches ausgeführt wird. Abb. 468 zeigt an der Kreuzung von Arm und Kranz einer Seilscheibe auftretende Lunkerstellen, die durch Einlegung kleiner Schreckschalen in der angedeuteten Form leicht zu vermeiden sind.

In ähnlicher Weise wirken Schreckschalen an den Kreuzungsstellen von Dampfzylindern (Abb. 469), an der gefährdetsten Stelle eines Pumpendeckels (Abb. 470), eines Reduzierventils (Abb. 471), eines Kreuzrohrs (Abb. 472 und 473), einer Schieberhaube

[1]) Vgl. auch Stahleisen 1926, S. 1477.

(Abb. 474), eines Entölers (Abb. 475), eines Zylinderdeckels (Abb. 476 und 477) und eines Luftpumpenzylinders (Abb. 478)[1].

Dichtung größerer Flächen. Der härtenden Wirkung von Schreckschalen an größeren Flächen läßt sich durch Entfernung der Schalen, solange das Gußstück noch hellglühend ist, begegnen, und es gilt die Regel, daß eine Schale um so rascher entfernt werden muß, je dicker sie ist. Wenn die Anordnung einer Form das rechtzeitige Entfernen der Schale nicht zuläßt, so kann man der härtenden Wirkung noch auf andere Weise begegnen. Man stellt Formwände her, die schachbrettartig abwechselnd aus eisernen und aus Formmassesteinen bestehen, oder man ordnet stab- oder ringförmige

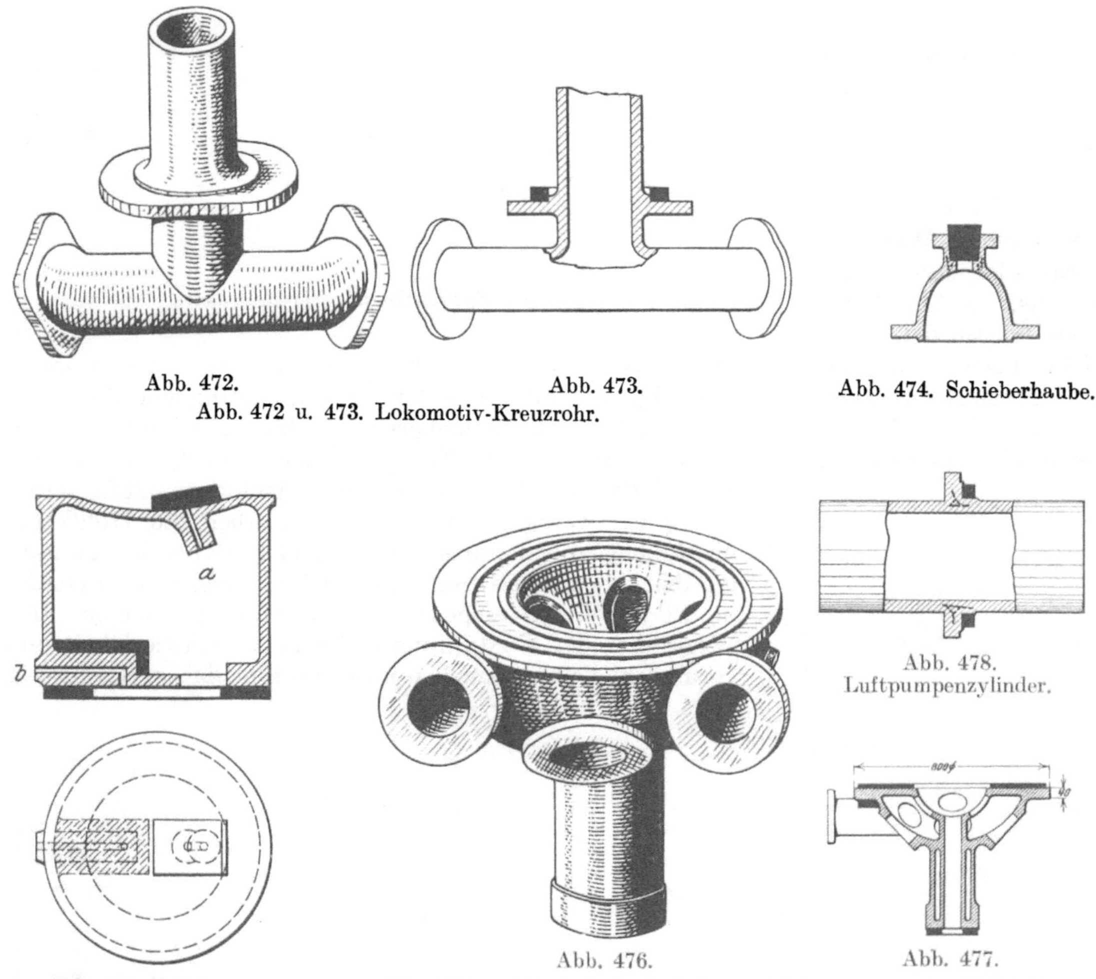

Abb. 472. Abb. 473.
Abb. 472 u. 473. Lokomotiv-Kreuzrohr.

Abb. 474. Schieberhaube.

Abb. 475. Entöler.

Abb. 476. Abb. 477.
Abb. 476 u. 477. Zylinderdeckel zum Eiskompressor in Gießstellung.

Abb. 478. Luftpumpenzylinder.

Schreckschalen an, die mit Sand- oder Lehmschichten abwechseln. Solche Anordnungen haben aber nur dann guten Erfolg, wenn die Wandstärke des Gußstücks groß genug ist, um während des Erstarrens und der folgenden Abkühlung durch gleichmäßiges Ausglühen die völlige Übereinstimmung der verschieden beeinflußten Teile zu bewirken.

Die Schalen dürfen beim Guß nicht feucht sein, da die geringste Spur von Feuchtigkeit während des Gießens zu so plötzlicher Gasentwicklung führen kann, daß das vergossene Metall aus der Form geschleudert wird. Es empfiehlt sich, die Schalen mäßig anzuwärmen, denn nur kaltes Gußeisen hat die Eigenschaft, Feuchtigkeit anzuziehen und an seiner Oberfläche niederzuschlagen. Das Vorwärmen mildert zugleich die härtende, abschreckende Wirkung und sichert gleichmäßige Verteilung und gutes Auslaufen des vergossenen

[1]) Nach E. Leber: Stahleisen 1908, S. 1769, 1809, 1849.

Metalls. Die Schalen müssen zum Guß vollständig rostfrei sein, denn selbst die geringste Rostspur bewirkt ganz unvermeidlich ein Gasbläschen im Gußstück.

Häufig werden die der Form zugewendeten Seiten der Schalen mit Graphit eingerieben oder mit einem Anstrich von gekochtem Leinöl mit oder ohne Graphitzusatz versehen. Sie werden dadurch geschont, ohne daß eine nennenswerte Beeinflussung ihres Wirkungsgrades eintritt. Alle Anstriche oder Einreibungen dürfen aber nur in dünnsten Schichten erfolgen, sonst werden die aufgetragenen Stoffe weggeschwemmt und in das flüssige Metall übertragen. Am besten ist es, die aufgetragene Schicht mit trockenen Lappen oder Putzwolle zu verreiben, so daß nur ein kaum merkbarer Überzug auf der Schale haften bleibt.

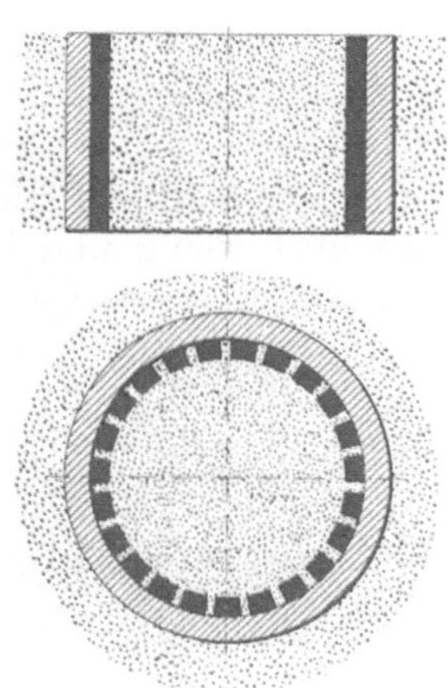

Abb. 479. Form eines breiten Kokillenrings.

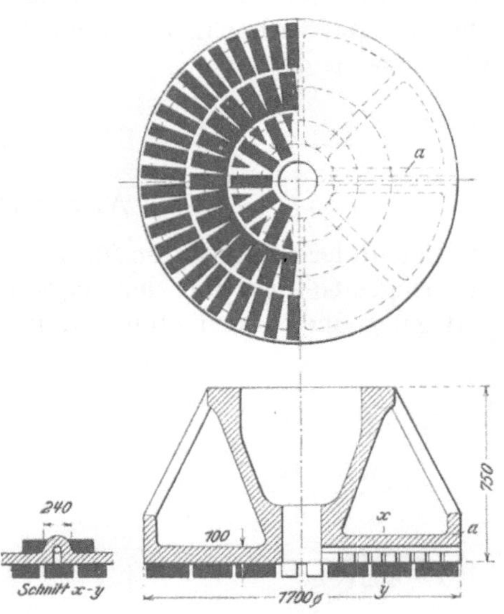

Abb. 480. Preßplatte in Gießstellung.

Abb. 479 zeigt die Form eines breiten Kokillenrings, bei der gußeiserne Stäbe abwechselnd mit Sandstreifen angeordnet wurden, Abb. 480 eine Preßplatte, deren Preßfläche von ziegelartig angeordneten Schreckschalen und dazwischenliegenden Sandflächen gebildet wird.

Verwendung von Formsand- oder Lehmauftragungen. Graugußstücke sind um so dichter — Druckwirkungen, chemischen und Hitzebeanspruchungen gegen-

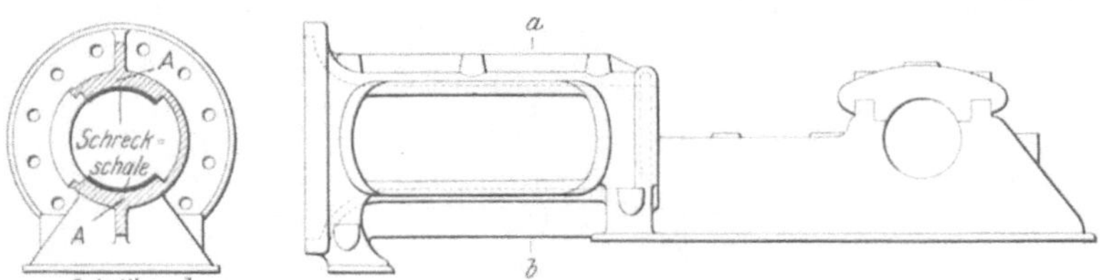

Abb. 481. Dampfmaschinen-Verbindungsstück.

über widerstandsfähiger —, je feinkörniger ihr Gefüge ist. Hohe Dichte wird durch entsprechende Auswahl des Eisens und durch die Wirkung von Schreckschalen erzielt. Um zu erreichen, daß die Schreckschale nur kornverdichtend, nicht aber auch härtend wirke, überzieht man sie mit einer Schicht von Lehm oder breiig mit Wasser und einem Binder angemachtem Formsand (Masse), die vor der Verwendung vollkommen trocken zu machen ist. In solchen Formen hergestellte Abgüsse erstarren zwar rascher als in gewöhnlichen Formen, die Unterkühlung ist aber nicht groß genug, um die Ausscheidung von Graphit überhaupt zu verhindern, sie bewirkt dagegen das Entstehen feinster, dichtes Gefüge ergebender Graphitteilchen.

Zur Dichtung der Gleitflächen von Dampfmaschinen-Verbindungsstücken (Gleisrohre, Frames, Bajonettstücke genannt) behilft man sich mit plattenförmigen 15—20 mm starken Schreckschalen, die mit einem dünnen Brei von gekochtem Leinöl, Teer und magerem Formsand bestrichen und vor ihrer Verwendung bis zur vollständigen Trocknung dieses Anstrichs erwärmt werden. Ohne Verwendung solcher Schalen fallen die Gleitflächen, die zur Aufnahme des Pleuelstangendrucks ziemlich kräftig bemessen werden müssen, meist recht unbefriedigend aus. Das Eisen erstarrt an diesen Stellen am spätesten, es erhält ein lockeres Gefüge und die entstehenden Spannungen bewirken kleine mehr oder weniger tiefgehende Risse, die vielfach erst während des Bearbeitens zutage treten. Bei Verwendung der Schreckschalen haben die rohen Gleitflächen zunächst ein höchst unscheinbares kaltschweißiges Ansehen, um so schöner erscheinen aber nach der Bearbeitung die hochglänzenden mängelfreien Flächen. Abb. 481 läßt Art und Umfang solcher Schalen erkennen.

Beispiele.

A. Schwefelsäurepfannen.

Gleich anderen Gußwaren für die chemische Industrie erfordern Schwefelsäurepfannen feinstkörniges Gefüge, um den ätzenden Flüssigkeiten möglichst wenig und belanglose Angriffsgelegenheit zu bieten. Man kommt diesem Ziele durch Schreckschalen, die

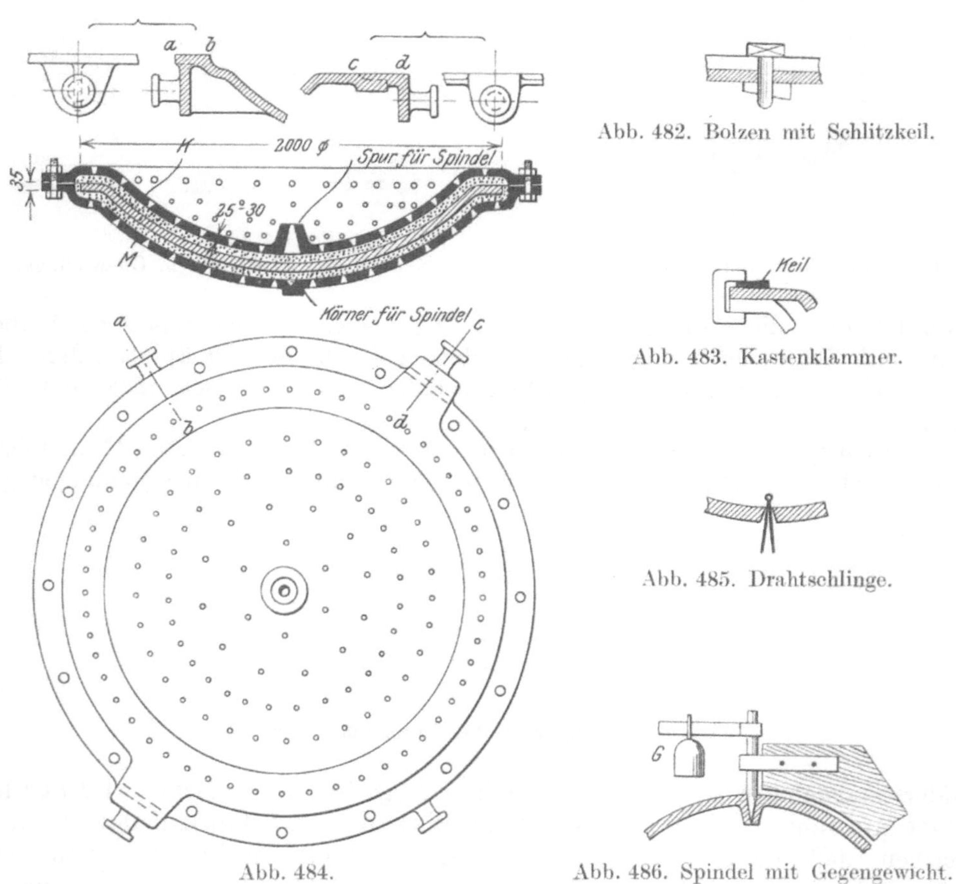

Abb. 482. Bolzen mit Schlitzkeil.

Abb. 483. Kastenklammer.

Abb. 485. Drahtschlinge.

Abb. 484.

Abb. 486. Spindel mit Gegengewicht.

Abb. 482—486. Formerei von Schwefelsäurepfannen.

mit Masse bezogen werden, am nächsten. Ober- und Unterteil bestehen aus je einem schalenförmigen Gußstücke, die beide zur Ermöglichung ungehemmten Abzugs der Gießgase reichlich gelocht sind und durch Bolzen mit Schlitzkeilen (Abb. 482), durch Kastenklammern (Abb. 483) oder durch Schrauben (Abb. 484) zusammengehalten werden. Die Schalen werden mit Masse oder Lehm ausgekleidet, die Auskleidung erhält schon durch das Eindringen in die Entlüftungslöcher der Schalen guten Halt, der durch Einführung von Drahtschlingen (Abb. 485), in die man einen Nagel oder starken Draht zur Knebelung nach dem Trocknen schiebt, noch wesentlich verbessert werden kann. Die obere Schale erhält ein konisches Spurlager für die Drehspindel. Zur Herstellung der Form wird die obere Schalenhälfte verkehrt auf eine wagerecht ausgerichtete Unterlage gelegt, eine kurze Drehspindel eingesetzt, eine Lehre aufgeschoben und, wenn der Lehrenarm zu sehr hängen sollte, auf einem zweiten Arm ein Gegengewicht angebracht (Abb. 486). Die Lehre findet außerdem am bearbeiteten unteren Rand a—b und c—d (Abb. 484) der Schale eine Stützfläche. Zur Ausführung des zweiten Formteils stellt man einen Bock aus Flacheisen über die Schale, dessen Querbügel ein Loch zur Spindelführung hat. Es genügt deshalb an dieser Schale ein Körner zum Feststellen der oben gut geführten Spindel. Die Wandstärke der Masseschicht beträgt in beiden Formhälften je etwa 25 mm. Man gießt die Schalen entgegen dem sonstigen Brauche bei ähnlichen Abgüssen mit der Höhlung nach oben, wozu am Rande der einen Schale mehrere Löcher vorgesehen sind. Auf die Anbringung von Steigern wird zur Aufrechterhaltung des vollen Gießdrucks verzichtet.

B. Gaswäscherrohr.

Für diese größte Dichte (feinstes Korn) benötigenden Abgüsse, die leicht zu Gußspannungen neigen, kommt vor allem die Formerei mit masseausgekleideten gußeisernen Schreckschalen in Frage. Abb. 487 zeigt eine gießfertige

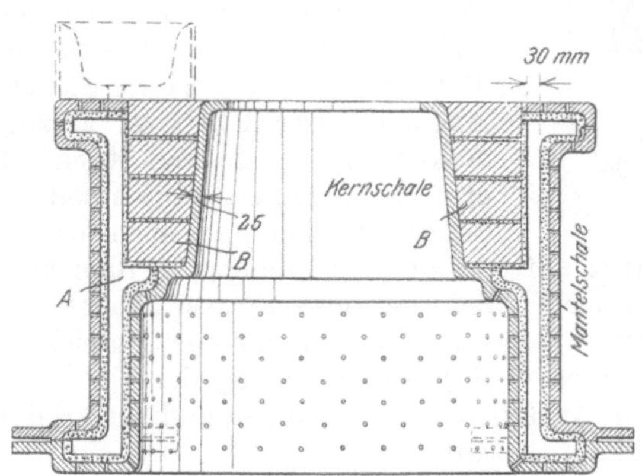

Abb. 487. Form für ein Gaswäscherrohr.

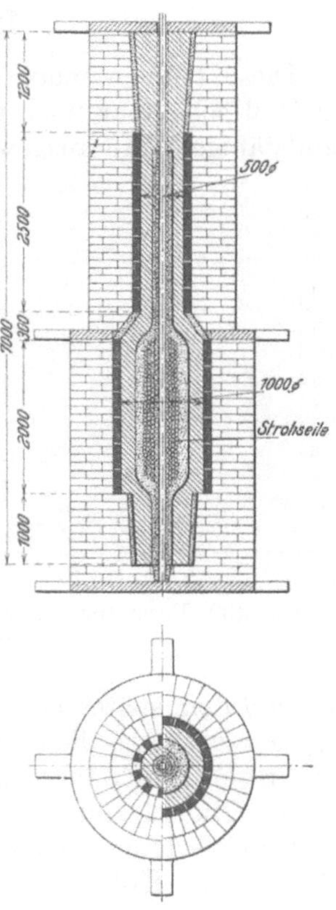

Abb. 488. Druckwasserplunger.

Form. Ihr Mantel (äußeres Teil) besteht aus zwei nach einer lotrechten Ebene geteilten Hälften, während das Kernteil je nach dem Durchmesser des Rohrs aus einem Stück bestehen kann oder in vier und mehr Stücke geteilt wird. Nach dem Guß werden die beiden Mantelhälften, solange das Stück noch hellglühend ist, seitlich abgezogen. Dann hebt man das Gußstück von der inneren Schreckschale ab, wobei die aus Formmassesteinen bestehende, des Flansches A wegen angeordnete Abdeckschicht B mit abgehoben wird.

C. Druckwasserplunger.

Bei Plungern nach Abb. 488 handelt es sich darum, den oberen und unteren Führungsflächen feinste Politur ermöglichende Dichte bei vollkommener Spannungsfreiheit der Abgüsse zu verleihen. Der Kern wird unter Verwendung von Strohseilen auf einer gelochten Spindel mit Lehm aufgedreht, die Form wird durch Aufführung eines Mauerwerks in zwei Teilen, einer schlankeren oberen und einer stärkeren unteren Hälfte ausgeführt. Das Mauerwerk erhält zum Teil einen Lehmbezug, zum Teil wird es mit Schreckschalen ausgekleidet. Im unteren Teil der Form, die den stärkeren, größerer Dichte und wohl auch einiger Härte bedürfenden Teil des Plungers umfaßt, werden die Schalen mit nur knappen Fugen ziemlich eng aneinander gesetzt, während im oberen Teil zwischen den Schreckschalestücken Masse- oder Lehmleisten von derselben Breite wie diejenigen der Schreckschalen vorgesehen werden. Der Grundriß in Abb. 488 läßt diese Anordnung deutlich erkennen. Die Stärke der Schalen ist von der Zusammensetzung des Eisens abhängig, man bemißt sie ungefähr mit dem halben Maße der Wandstärke des Plungers. Bei guter Arbeit und richtiger Gattierung [1]) erlangen die Abgüsse in allen Teilen hochglänzende Flächen ohne die geringste, mit dem Auge wahrnehmbare Zonenbildung, sie sind spannungsfrei genug, um auch nach jahrzehntelangem Betriebe keine Beanstandung zu veranlassen.

D. Kolben für große Gasmaschinen.

Diese Kolben machten anfänglich dem Gießer recht große Schwierigkeiten. War der Guß scheinbar noch so wohlgelungen und hatten Druckproben gesunde und widerstandsfähige Ware ausgewiesen, so folgte doch nur allzuhäufig das Unglück: Die Kolben zersprangen bei der Inbetriebnahme der Maschine oder doch schon kurze Zeit nachher, und es war fast ein Glücksfall, wenn zwischenhinein einmal ein Kolben längere Zeit standhielt. Die Ursache lag in den beim gewöhnlichen Gießverfahren schier unvermeidlich auftretenden Spannungen. Erst die Anwendung einer Schreckschale in Verbindung mit einem ausgiebig bemessenen Überkopfe (Abb. 489) brachte die ersehnte Sicherheit der Abgüsse. Der Überkopf verzögert die Abkühlung des ganzen Stücks. Der zuerst erstarrende Kolbenboden bleibt länger glühend und die sonst zwischen ihm und dem später erstarrenden Kranze auftretenden Spannungen werden vermieden. Die Schreckschale dient in erster Linie der Verdichtung des Kranzes, nebenbei führt sie seine raschere Erstarrung herbei, was wiederum dem Spannungsausgleiche zugute kommt. Die an und für sich hohen Unkosten der Schreckschale, des Überkopfes und seiner Entfernung machen sich durch Ausfall von Fehlgüssen und zuverlässige Bewährung der Kolben im Betriebe reichlich bezahlt.

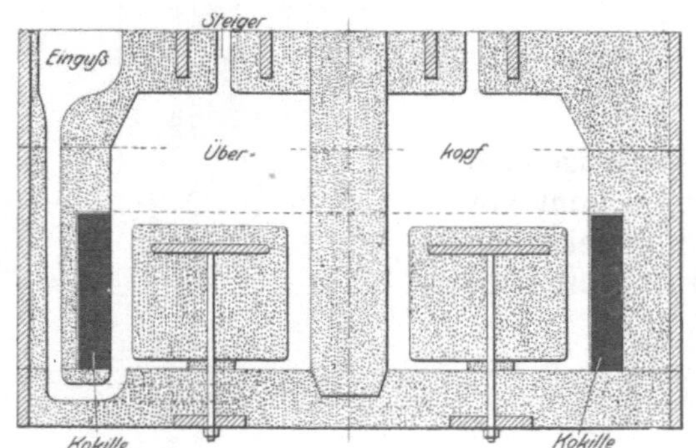

Abb. 489. Form für den Kolben einer großen Gasmaschine.

XI. Hartguß.

Allgemeines.

Als Hartguß werden Gußwaren bezeichnet, deren Oberfläche an bestimmten Stellen zum Zwecke der Härtung absichtlich rasch abgekühlt wurde. Die abgekühlten Oberflächen erlangen die Härte von Weißeisen, während die langsam abgekühlten Stellen und das Innere der Abgüsse weicher bleiben. Mit entsprechend bemessenen Schalen lassen sich Härtungswirkungen bei jeder Art von Gießereieisen erzielen, aber nur bestimmte Gattierungen ermöglichen es, zugleich mit der Härte hohe Festigkeits- und Zähigkeitsgrade zu erreichen [2]). Neben der verschiedenen chemischen Zusammensetzung des Eisens und der Wandstärke des Gußstücks wie der Schale ist der zwischen der letzteren und dem flüssigen Eisen bestehende Wärmeunterschied von großem Einfluß auf die Art

[1]) S. Bd. I, S. 203. [2]) Näheres s. Bd. 1, S. 201.

der Härtung. Bei zu großem Wärmeunterschiede entsteht eine von der grauen Unterschicht scharf abgegrenzte weiße Härtungskruste, während bei geringeren Wärmeunterschieden ein allmählicher Übergang von einer zur anderen Schicht sich bildet. Scharf abgegrenzte Härtungschichten sind weniger haltbar als allmählich verlaufende, sie neigen zu Abblätterungen und zum Abspringen und geben durch vorzeitiges und stärkeres Schwinden als das der weicheren Unterschicht zu Spannungen Veranlassung, die dem Stücke gefährlich werden können. Die Schichten sollen allmählich ineinander übergehen, nur dann vermögen sich ihre Spannungen gegenseitig auszugleichen. Eine allmählich verlaufende Übergangschicht bildet den zuverlässigsten Verband zwischen der grauen und weißen Zone. Guter allmählicher Übergang wird durch geeignete Gattierung, richtiges Vorerwärmen der Schalen und möglichst kaltes Gießen erreicht. Die Unterlagen zur sachgemäßen Anwendung dieser Mittel liefern fortwährende chemische Untersuchungen der Rohstoffe und der fertigen Gußstücke, Kleingefügeuntersuchungen mißratener und gut gelungener Güsse und sorgfältige Wärmemessungen mit leistungsfähigen Pyrometern.

Die Verwendung von Hartguß ist sehr mannigfaltig, er dient für Angriffs- und Verteidigungsmittel (Geschosse und Panzerungen), Eisenbahnbedarf (Laufräder, Weichenzungen, Kreuzungen, Herzstücke, Bremsklötze), Maschinenteile (Teile zur Hartzerkleinerung), Walzen, zur Herstellung von Roststäben, Preßbacken und noch manch anderer Gußteile.

Beispiele.

A. Walzen.

1. Allgemeines.

Entsprechend den verschiedenen Beanspruchungen, denen Walzen im Betriebe unterworfen werden, müssen sie aus verschiedenem Werkstoff und unter sehr verschiedenen Bedingungen hergestellt werden. In der Hauptsache sind drei Walzenarten zu unterscheiden: Stahlgußwalzen, gehärtete Graugußwalzen (Hartgußwalzen) und ungehärtete Graugußwalzen (Weichgußwalzen). Ein Bindeglied zwischen den beiden zuletzt genannten Walzenarten bilden die nur teilweise gehärteten Walzen, d. h. diejenigen Walzen, bei denen ein Teil des Bundes in Sandformen, ein anderer Teil aber in Eisenformen (Schreckschalen oder Kokillen) gegossen wird. Stahl- und Hartgußwalzen werden im allgemeinen vollgegossen, so daß ihre Dreh- (Lauf-) und Kupplungszapfen aus demselben Werkstoff wie der als Bund bezeichnete Hauptkörper bestehen. Ein beträchtlicher Unterschied besteht aber in der Zusammensetzung des Eisens für Hartgußwalzen, je nachdem sie zur Bearbeitung von heißem oder kaltem Walzgut bestimmt sind. Bei den Weichguß- oder Graugußwalzen sind volle und hohle Walzen und Walzen mit oder ohne eingegossene Achse zu unterscheiden.

Sämtliche Stahlgußwalzen werden ausgeglüht. Die Glühöfen können mit Öl, Kohle oder Gas gefeuert werden, wichtig ist nur die möglichst gleichmäßige Verteilung der Wärme. Meist wird die Flamme oder das Gas unmittelbar über dem Boden zugeführt, eine neuere Ausführungsform läßt die Heizgase von unten in die Glühkammer gelangen. Der Boden wird hierbei von einer schachbrettartig durchbrochenen Wölbung gebildet, so daß die Wärme an allen Stellen gleichmäßig emporsteigen kann. Manche Öfen sind an beiden Schmalenden mit Brennern und mit Abzugkanälen versehen, was den Zweck hat, abwechselnd von der einen und der anderen Seite Wärme zuführen zu können und so weitgehenden Wärmeausgleich im gesamten Glühraum zu gewährleisten.

Stahlgußwalzen werden nicht in Schreckschalen, sondern in den auch für andere große Stahlgüsse üblichen Masseformen gegossen. Um ein rascheres Erstarren des eingegossenen Stahls zu bewirken, hat man begonnen, in die Wände der Form in Abständen von 50—75 mm parallel mit der Walzenachse Röhren einzusetzen und unmittelbar nach dem Guß einen kräftigen Wasserstrom durch sie zu leiten, womit eine gleichmäßige, durchaus befriedigende Abkühlung und in der Folge rasches Erstarren des Stahls erreicht wurde.

Hartgußwalzen werden ausnahmslos in Schreckschalen gegossen, nur die Kupplungs- und Drehzapfen bleiben ungehärtet, der Formstoff dieser Teile der Gießform besteht also aus Sand oder Lehm. Sogenannte Halbstahlwalzen, gekennzeichnet durch einen Kohlenstoffgehalt von etwa 1,8%, bilden den Übergang zwischen Stahlguß und Hartgußwalzen. Sie werden je nach ihrem Verwendungszweck sowohl mit, als auch ohne Schreckschalen gegossen.

Weich- oder Graugußwalzen werden nicht gehärtet, man kann sie ebensogut aus dem Kuppelofen wie aus dem Flammofen gießen. Man ist bei ihrer Fertigung auch mit der Zusammensetzung des Eisens nicht auf so enge Grenzen wie bei den Hartgußwalzen angewiesen [1]).

2. Hartgußwalzen.

Volle Hartwalzen. Für Kaliber-Hartgußwalzen verwendet man Schalen aus geteilten Ringen, die bei aufrecht geformten Walzen eine nur an der Innenseite bearbeitete Sprengfuge haben, für liegende Arbeit aber an den Stoßflächen ganz bearbeitet werden. Mitunter benutzt man auch aus Ringabschnitten bestehende Eisenstücke, die sich innerhalb bestimmter Grenzen leicht verschiedenen Walzendurchmessern anpassen lassen.

Für glatte Walzenbunde werden allgemein Schalen verwendet, die sich über den ganzen Bundkörper erstrecken. Da das Ausbohren sehr langer Schalen Schwierigkeiten bietet, und sie zudem recht unhandlich werden, teilt man sie bei größeren Längen in eine obere und untere Hälfte und sichert deren gegenseitige Lage durch eine Verzahnung (Abb. 490). Der Zahnschnitt muß entsprechend der Abbildung ausgeführt werden, damit sich beim Guß die zuerst warm werdende untere Schalenhälfte unbeengt durch die obere frei ausdehnen kann. Für Walzen von größerem Durchmesser wird die untere Schalenhälfte etwas weiter ausgebohrt als die obere, bei 500 mm Durchmesser etwa um $^1/_2$ mm, bei 1000 mm Durchmesser um $^3/_4$ bis 1 mm.

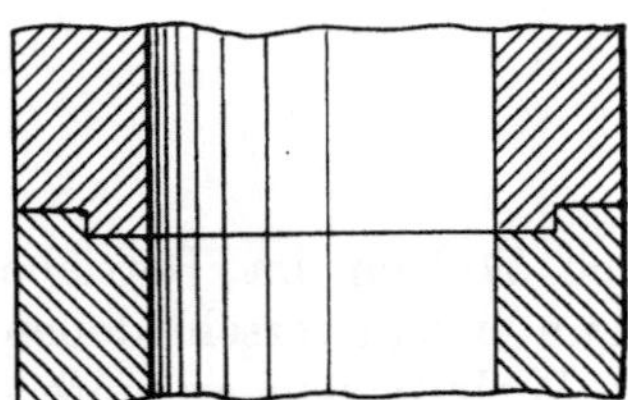

Abb. 490. Verzahnung bei Schalen für Hartgußwalzen.

Bezüglich der Wandstärke gilt allgemein die Regel, der Schreckschale für Walzen bis zu 750 mm Durchmesser eine Stärke vom halben Walzendurchmesser und für Walzen von größerem Durchmesser einen solchen von $^{10}/_{25}$ des Walzendurchmessers zu geben. Bei Bemessung des Durchmessers eines Schreckschalenmodells ist nicht allein auf das Schwindmaß der Schale und die erforderliche Bearbeitungszugabe Rücksicht zu nehmen, man muß auch dem Schwinden der Walze selbst Rechnung tragen. Für eine Walze, die fertig abgedreht 700 mm Durchmesser haben soll, erhält die Schale eine lichte Weite von 700 mm mehr 7 mm für Schwindung, mehr 6 mm für die Bearbeitung der Walze, insgesamt also 713 mm fertigen Durchmesser. Für das Schalenmodell sind wiederum 7 mm Schwindung und 6 mm Bearbeitung in Rechnung zu ziehen, so daß dessen lichte Weite 713 mm + 7 mm — 6 mm = 714 mm betragen muß.

Die Schalenlänge deckt sich nicht immer mit derjenigen der Walze, da sie nicht nur von der Walzenlänge, sondern auch vom Walzendurchmesser abhängig ist. Es gelten für verschiedene Längen und Durchmesser folgende Werte:

Schreckschalenlängen bei verschiedenem Walzendurchmesser.

Länge des Bundes mm	Unter 300 mm Durchmesser mm	300—760 mm Durchmesser mm	530—640 mm Durchmesser mm	Über 660 mm Durchmesser mm
300	320	320	—	—
900	940	940	—	950
1200	—	—	1250	1250

[1]) Die Weich- oder Graugußwalzen gehören von Rechts wegen nicht in den Abschnitt „Hartguß“. Sie wurden aber der Einheitlichkeit des Abschnittes „Walzen“ halber hier eingereiht.

Außer den den ganzen Walzenbund umschließenden Schreckschalen finden auch Teilschalen zum Härten bestimmter Stellen des Walzenkörpers Verwendung; so benutzt man für Kaliberwalzen Schalen aus geteilten Ringen, die bei aufrecht geformten Walzen eine nur an der Innenseite bearbeitete Sprengfuge haben, für liegende Formerei aber an der ganzen Stoßfläche bearbeitet werden müssen. An Stelle ganzer Ringe gebraucht man auch Eisenziegel, die aus kleineren Ringabschnitten bestehen und sich innerhalb gewisser Grenzen leicht verschiedenen Walzendurchmessern anpassen lassen.

Die Schalen sind stets blank auszudrehen; eine völlig tadellose Innenfläche bildet eine grundlegende Bedingung für das gute Gelingen des Gusses. Sie werden vor ihrer jeweiligen Verwendung sorgfältig von Rost und sonstigen Verunreinigungen gesäubert, mit Petroleum ab- und trocken gerieben, mit einem möglichst dünnflüssigen Anstrich von in Öl gelöstem Graphit oder von Kienruß und Spiritus versehen und zum Anwärmen in eine Trockenkammer gebracht, falls das Gießen nicht so eingerichtet ist, daß die Schalen noch vom vorherigen Gusse genügend warm sind.

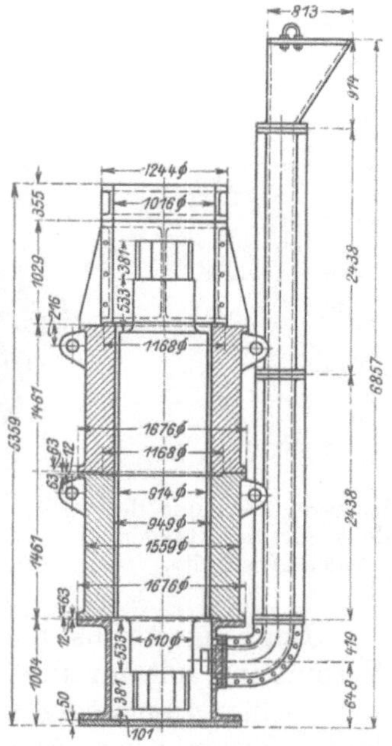

Die meisten Walzengießereien fertigen sich ihre Schreckschalen selbst an und ordnen einen Überkopf von $^1/_5$ bis $^1/_3$ der Schalenhöhe an. Man formt die Schalen in zu trocknenden Sand nach vollen Modellen. Wichtig für ihre Lebensdauer ist die Zusammensetzung des zu ihrem Gusse verwendeten Eisens[1]) und ihre Behandlung vor und nach dem Gusse. Vielfach ist gebräuchlich, eine neue Schreckschale vor der ersten Inbetriebnahme auf 900° zu erwärmen und dann langsam abkühlen zu lassen. Damit sollen Spannungen ausgeglichen und etwaige Sprünge und Risse rechtzeitig entdeckt werden. In manchen amerikanischen Gießereien wärmt man die Schalen vor jedem Gusse auf 90 bis 100° an.

Abb. 491. Vollständige Hartwalzenform mit in den Fertigmaßen eingezeichneter Walze.

Abb. 491 zeigt einen Schnitt durch eine zusammengestellte Hartgußwalzenform. Die in ihr herzustellende Walze ist mit Fertigmaßen eingezeichnet. Die ganze Form besteht aus vier Hauptteilen: einem Unterkasten für den unteren Drehzapfen und den Kupplungszapfen, einer zweigeteilten Schreckschale für den Bund, einem zweiteiligen Oberkasten für die oberen Zapfen und den Überkopf und einem vierteiligen, aus einem Anschlußstück, zwei geraden Teilen und einem Fülltrichter bestehenden Eingusse. Abb. 492 zeigt einen Oberkasten nach dem Ausziehen des Dreh- und des Kupplungszapfenmodells. Zur Herstellung dieser Form wird der obere Formkasten auf die Schreckschale gesetzt und das in der Schreckschale geführte Zapfenmodell eingestampft. Dann hebt man ab, wendet und bringt von der einen Seite das Drehzapfen- und von der anderen das Kupplungszapfen-Modell aus der Form. Die Enden des Kupplungszapfens werden von Hand nachgeschnitten, die ganze Form wird geschwärzt, poliert und in der Kammer getrocknet. Der Überkopf wird für sich geformt, auf den Zapfen-Formkasten gesetzt und mit diesem verklammert.

Abb. 492. Oberkasten für Hartwalze.

Der Einguß wird unmittelbar über dem Kupplungszapfen des Unterteils tangential angeschnitten, um dem Eisen eine wirbelnde, Verunreinigungen nach oben treibende

[1]) Vgl. Bd. I, S. 204, ferner E. Schüz, Stahleisen 1922, S. 1610.

Bewegung zu verleihen. Zur Erstellung des tangentialen Anschnitts wird ein durch einen Schlitz des Formkastens nach außen reichendes Anschnittmodell (Abb. 493) mit aufgestampft und durch die Formkastenwand hindurch aus dem Sand gezogen. Da die Form für die beiden Zapfen im Verhältnis zu ihrem Durchmesser ziemlich niedrig ist, bietet die saubere Ausarbeitung dieses Anschnitts keine Schwierigkeit.

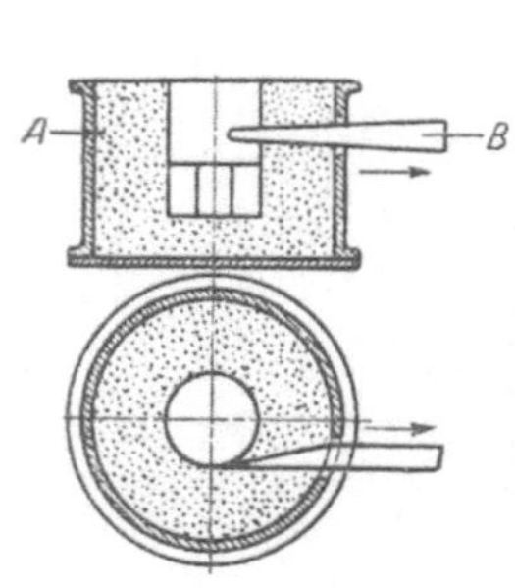

Abb. 493. Anordnung des Modells für den tangentialen Anschnitt.

Abb. 494. Mit Keil und Bügel an den Rinnen befestigte Einguß-Deckplatten.

Der Einguß selbst muß abseits von der Form angeordnet werden, da er in unmittelbarer Verbindung mit ihr die Härtungswirkungen ungünstig beeinflussen würde. Man stellt sein Gehäuse entweder aus einer Anzahl kurzer Röhrenstücke oder aus ein bzw. zwei langen Teilen, wie es Abb. 491 erkennen läßt, her. Bei der Ausführung in kurzen Stücken

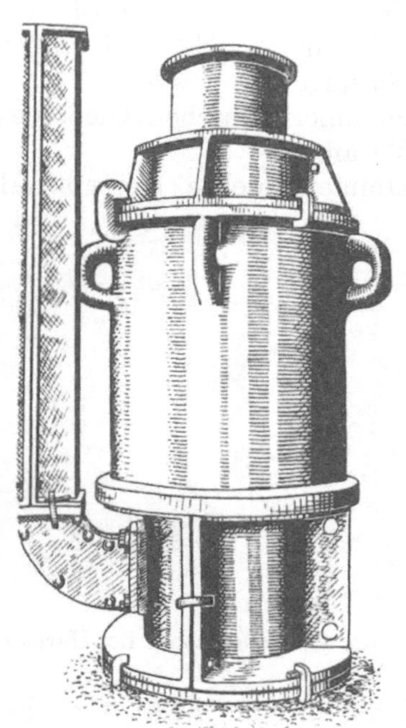

Abb. 495. Mit Schrauben festgehaltene Einguß-Abschlußplatte.

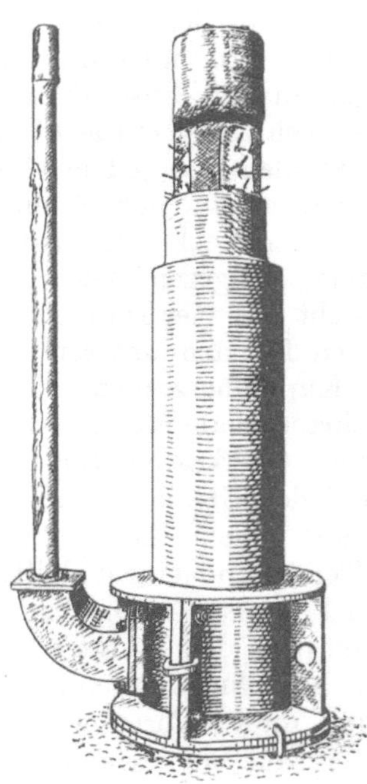

Abb. 496. Teilweise vom Formkasten befreite Walze.

werden ringsum geschlossene Kästchen übereinandergesetzt, ein langes Steigermodell in ihrer Mitte eingeformt und schließlich ausgezogen. Lange Stücke haben dagegen eine offene Seite, die mit einer Platte abgeschlossen wird. Die Platte kann mittels Schrauben oder mittels Bügel und Keile am trogförmigen Hauptstück befestigt werden. Abb. 494 zeigt Eingüsse, deren Deckplatte mit Keil und Bügel an den Rinnen befestigt ist, während die Abschlußplatte des Eingusses in Abb. 495 mit Schrauben festgehalten wird. Abb. 486 zeigt eine teilweise vom Formkasten befreite Walze und läßt insbesondere die Anordnung des Dreh- und des Kupplungszapfens sowie des Überkopfes deutlich erkennen.

Beim Einformen der Zapfenmodelle muß Vorsorge betreffs ihrer genauen Übereinstimmung mit der Richtung und dem Mittel des durch die Schreckschale gegebenen Walzenbundes getroffen werden. Mitunter begnügt man sich damit, das untere Zapfenmodell mit drei starken Dübeln im Stampfboden zu führen. Sicherer ist es, durch die Mitte des Modells eine lange, an beiden Enden mit einem Gewinde versehene eiserne Stange zu ziehen. Nach Einführung dieser Stange durch den Stampfboden, unterhalb dessen sie durch eine Mutter Halt findet, wird das Modell übergeschoben und mit einer zweiten Mutter fest gegen den Stampfboden gepreßt. Nach Aufsetzen der Schreckschale und Überschieben des in ihr geführten oberen Zapfenmodells wird auch dieses durch eine oberhalb angeordnete Mutter gesichert. Zur Wahrung der übereinstimmenden Lage

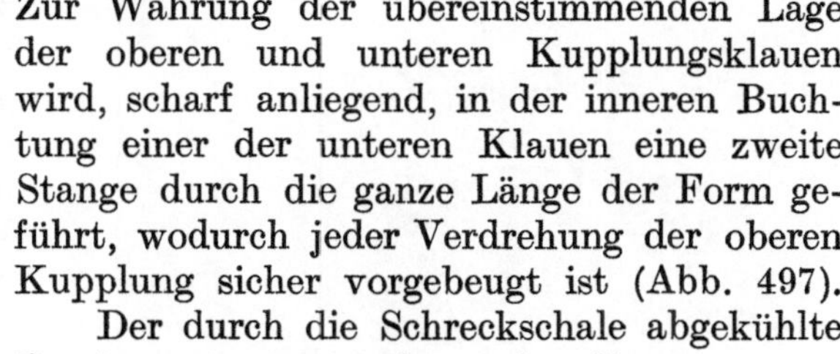

der oberen und unteren Kupplungsklauen wird, scharf anliegend, in der inneren Buchtung einer der unteren Klauen eine zweite Stange durch die ganze Länge der Form geführt, wodurch jeder Verdrehung der oberen Kupplung sicher vorgebeugt ist (Abb. 497).

Der durch die Schreckschale abgekühlte Bund erstarrt rascher als die nur von

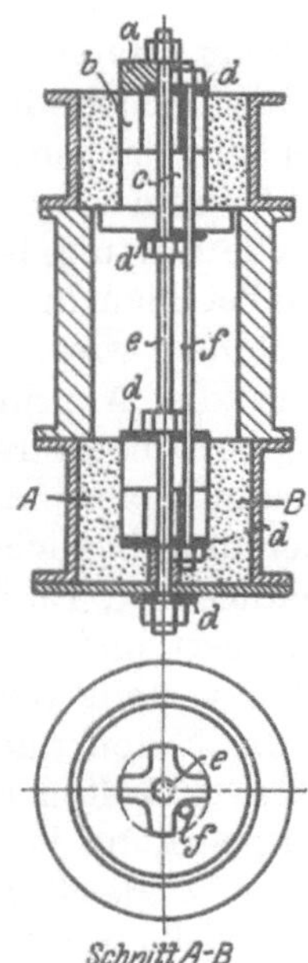

Abb. 497. Verankerung der Zapfenmodelle zur Sicherung ihrer richtigen Lage. a = Deckplatte, b = Kupplungszapfen, c = Drehzapfenmodell, d = Unterlagscheibchen, e = Mittelanker, f = Kupplungsanker.

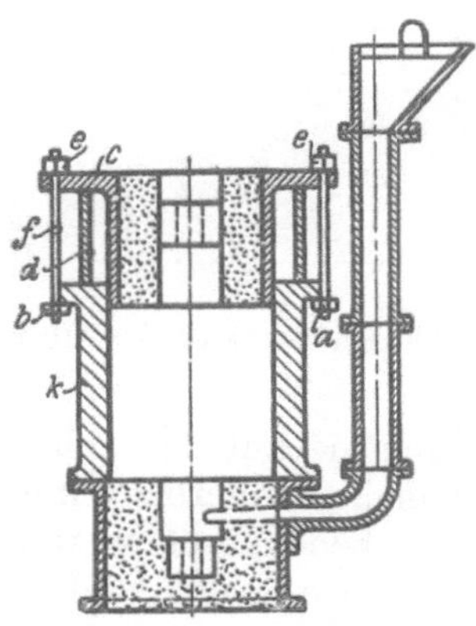

Abb. 498. Anordnung einer nachstellbaren Büchse (e) zur Sicherung gegen Risse am Übergang vom Bunde zum oberen Zapfen.

schlecht wärmeleitender Masse umgebenen Zapfen. Der Hauptkörper beginnt schon kräftig zu schwinden und nach unten zu streben zu einer Zeit, in der der obere Zapfen noch größtenteils flüssig ist. Es entstehen infolgedessen am Übergang von Bund und Zapfen leicht Risse. Ein bewährtes Mittel zur Begegnung dieser Gefahr besteht in folgender Anordnung (Abb. 498). Man versieht die Schreckschale k an ihrem oberen Rande mit einigen Lappen a, die dem an den Bolzen f hängenden gußeisernen Ringe b das Hähergehen verwehren. Die in der Schreckschale k geführte Stopfbüchse c reicht bis an die obere Fläche des Bundes der zu gießenden Walze. Gußeiserne Stützen d verhüten zunächst ein ungewolltes Sinken der Stopfbüchse. Unmittelbar nach dem Erstarren des Eisens an der oberen Kante des Walzenbundes entfernt man die Stützen b und zieht die Muttern e an, wodurch die in der Büchse c befindliche Form des oberen Zapfens dem schwindenden Bunde nachgedrückt und damit die Gefahr einer Rißbildung an der Übergangstelle vermieden wird.

Die Gefahr von Übergangsrissen wird beträchtlich verringert, wenn man den Übergang vom Zapfen zum Bund nicht, wie in Abb. 491 gezeichnet, mit dem Schreckschalenende zusammenfallen, sondern einen Teil des Zapfens in die Schreckschale reichen läßt, wie es Abb. 497 zeigt. Dadurch wird freilich die Formerei des oberen Zapfens etwas erschwert, doch nicht in allzu belangreichem Maße. Man hat nur nötig, einen „Stuhl" in die Schreckschale zu setzen, dessen äußerer Durchmesser mit dem inneren der Schreckschale übereinstimmt, auf ihm das Zapfenmodell in guter Führung unterzubringen und nun unter Verwendung von Sandhaken das mit der Schreckschale fest verklammerte Oberteil aufzustampfen (Abb. 499). Das Zapfenmodell ist derart zu teilen, daß sich das Drehzapfenstück zugleich mit dem Stuhle nach unten ausziehen läßt, während das Kupplungsende nach oben aus dem Sand gezogen wird.

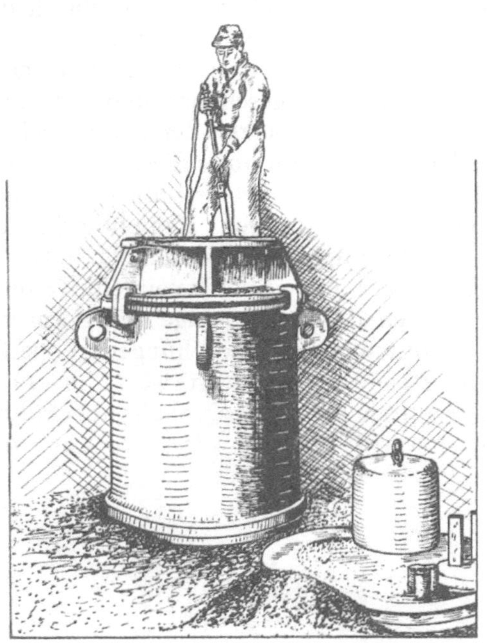

Abb. 499. Aufstampfen des Oberteils.

Eine nach dem Guß ohne jede Sicherheitsmaßnahme sich selbst überlassene Walze zieht sich während des Abkühlens infolge des Schwindens und ihres Eigengewichts vom oberen Rande der Schale zurück und weicht davon schließlich um das volle Maß der Schwindung, bei einer Walze mit 1000 mm langem Bunde (Abb. 500) also um 10 mm ab. Infolgedessen tritt eine ungleiche Härtung beider Walzenenden ein, was bei manchen Walzenarten unangenehm fühlbar wird. Gegen diese Gefahr hat sich die Anbringung flacher Nuten n (Abb. 501) bewährt. Sie halten das Gußstück unmittelbar nach dem Erstarren in seiner ursprünglichen Lage fest, so daß die schädigenden Einflüsse auf das halbe Maß verringert und gleichmäßig auf beide Bundenden verteilt werden. Selbstredend dürfen die Nuten nur so tief sein, daß die durch sie auf der Schale gebildeten Wulste nach dem Erkalten dem Abheben der Schale nicht hinderlich sind. Eine Störung der Härtungswirkung ist durch solche Wulste nicht beobachtet worden, und ihre Entfernung kann zugleich mit dem Abdrehen der Walze leicht und ohne nennenswerte Kosten bewirkt werden.

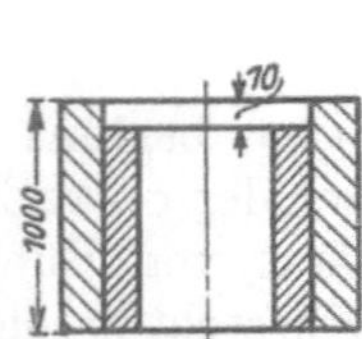

Abb. 500. Längschwindung der Walze innerhalb der Schreckschale.

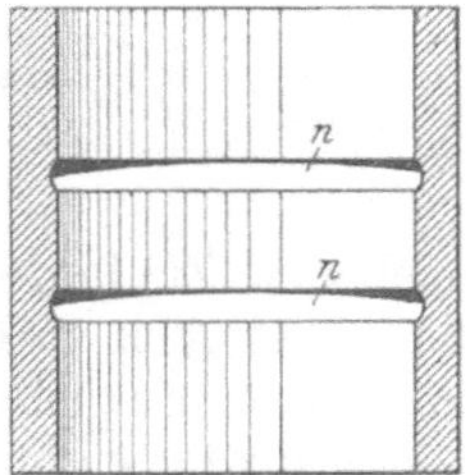

Abb. 501. Walzenform mit Nuten.

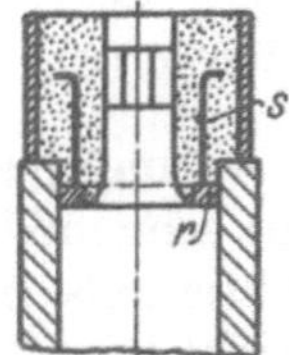

Abb. 502. Walzenform mit eingestampftem Ring r zur gleichmäßigen Härtung. S = Sandhaken.

Das obere Ende des Ballens wird aus noch nicht ganz geklärter Ursache leicht ungleich hart. Diesem Übelstande vermag ein in die obere Zapfenform gelegter, sauber bearbeiteter gußeiserner Ring (Abb. 502) erfolgreich zu begegnen.

Das Eisen ist vor dem Gusse sorgfältig zu erproben. Zu diesem Zweck gießt man einen Block von quadratischem Querschnitt und bestimmter Länge derart zwischen den Enden eines eisernen Bügels, daß nur die Enden des Blocks mit dem Bügel in Berührung kommen und gehärtet werden. Nach etwa 10 Minuten stellt man das Maß der Schwindung fest und spannt dann den Block in einen Schraubstock, um durch Abmeißlung eines entsprechenden Stücks die Härtung erkennen und beurteilen zu können. Je nach dem Ausfall dieser Probe setzt man der Schmelze etwas Silizium in Form von Ferrosilizium oder Stahl in Form von Stahlabfällen zu. Beim Schmelzen im Siemens-Martinofen gibt man statt des Stahls auch Erz in das Eisenbad.

In amerikanischen Walzengießereien sind Probeklötze nach Abb. 503 üblich, die man in offenen Sandformen gießt. Man läßt sie durch 10 Minuten im Sande abkühlen, überläßt sie danach in freier Luft weiterer Abkühlung auf Kirschröte, worauf sie bis zur Abkühlung auf Handwärme in kaltes Wasser gesetzt werden. Man beginnt mit der Wasserkühlung aber erst, nachdem die Wärme des Probeklotzes zuverlässig den kritischen Punkt unterschritten hat. Die auf Handwärme abgekühlte Probe wird zur Feststellung der Abschreckung zerschlagen. Beim Schmelzen im Siemens-Martinofen werden gewöhnlich vier Proben gemacht, ehe das Eisen genügend gießreif ist. Nach der ersten Probe ist es meist erforderlich, Erz zuzusetzen, um den Silizium-, Mangan- und Kohlenstoffgehalt herunterzudrücken. Nachdem der Zusatz gewirkt hat, rührt man gut durch und entnimmt eine zweite Probe, worauf, je nach dem Befunde, wieder Erz oder Schmiedeisen- bzw. Stahlabfälle zugesetzt werden.

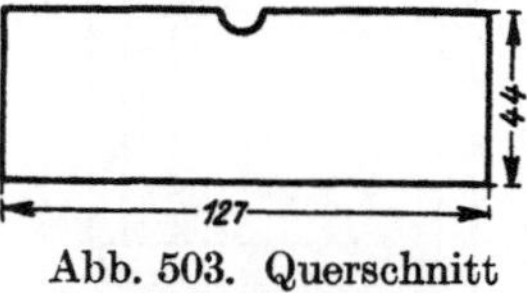

Abb. 503. Querschnitt eines Probeklotzes.

Sobald die Schmelze gar genug erscheint, prüft man die Wärme mit Hilfe eines Pyrometers oder mit einer schmiedeisernen Stange. Im letzteren Falle wird ein 12 mm starker Stab in das Eisenbad getaucht. Ist er beim Wiederausziehen zu einer scharfen Spitze abgeschmolzen, so erachtet man das Eisen für heiß genug, um abgestochen zu werden. Im allgemeinen empfiehlt es sich, beide Prüfverfahren anzuwenden. Der Schmelzer wird auf Grund der Stabprobe, abgesehen von der Wärmebestimmung, auch Schlüsse auf den Flüssigkeitsgrad der Schmelze ziehen können, was zur Endbeurteilung des Eisens von nicht zu unterschätzendem Nutzen sein kann.

Für den guten Erfolg eines jeden Gusses ist die richtige Gießwärme in erster Linie, in zweiter die Gießzeit von Belang. Heißerer Guß füllt die Formen rascher aus und verstärkt die Härtungswirkungen. Der Kern bleibt länger flüssig, so daß gelöste Gase gründlicher abgeschieden werden und entweichen können. Meist sind zum genügenden Feinen des Bades zwei Stunden nach der Verflüssigung des Einsatzes im Flammofen erforderlich. Das dann abgestochene Eisen pflegt etwas überhitzt zu sein, so daß man es bis zur Erreichung der richtigen Gießwärme einige Zeit abstehen lassen muß. Für jede Art und Größe von Walzen ist eine ganz bestimmte Gießwärme bestgeeignet. Die Wärme des Eisens in der Gießpfanne wird darum mittels eines Pyrometers sorgfältig überwacht.

Man gießt anfangs langsam, bis das Eisen etwa 25 mm unterhalb des Übergangs vom Walzenbunde zum oberen Drehzapfen gestiegen ist, worauf so rasch als möglich zu Ende gegossen wird.

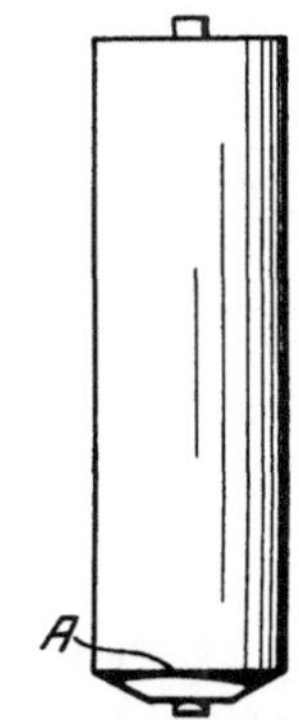

Abb. 504. Hohle Hartwalze mit eingegossener Achse.

Hohle Hartwalzen[1]). Walzen nach Abb. 504 mit geringer Wandstärke, eingegossener Achse und einem konischen Zahnteller A an einem Ende wurden ursprünglich in nassem Sande gegossen, später ging man dazu über, die Form des Zahntellers mittels einer Schreckschale A (Abb. 511) zu gestalten, worauf man erst dazu gelangte — aus wirtschaftlichen und technischen Gründen —, die ganze äußere Form der Walze in Schreckschalen nach den Abb. 505—508 herzustellen. Die Einrichtung besteht aus einer Grundplatte A mit angegossenem Ständer B, an dem die Schalen C in Scharnieren auf- und zuklappbar gelagert sind. Abb. 506 zeigt einen Schnitt durch die aufgeklappten Schalen, Abb. 507 durch die gießbereite geschlossene Form. Die Innenwand der Walze wird durch einen Kern (Abb. 509 u. 510), in dem die Form des unteren Armkreuzes A und der oberen Armscheibe enthalten sind, gebildet.

[1]) Gieß. Zg. 1922, S. 342.

Eine passende Zahnteller-Schreckschale wird auf die Grundplatte A gesetzt, der Kern mit nach unten gerichtetem Achsenende in sie geschoben, worauf die Schalen zusammengeklappt und mittels Schraubenbolzen A (Abb. 506 u. 507) fest verbunden werden. Den oberen Abschluß der Form bilden an die Schale C geschraubte Ringe E (Abb. 505), die sich genau an das obere Kernlager anschließen. Das Kernlager ragt ein wenig über die Schreckschalen hinaus, wodurch sich die Möglichkeit ergibt, den Kern

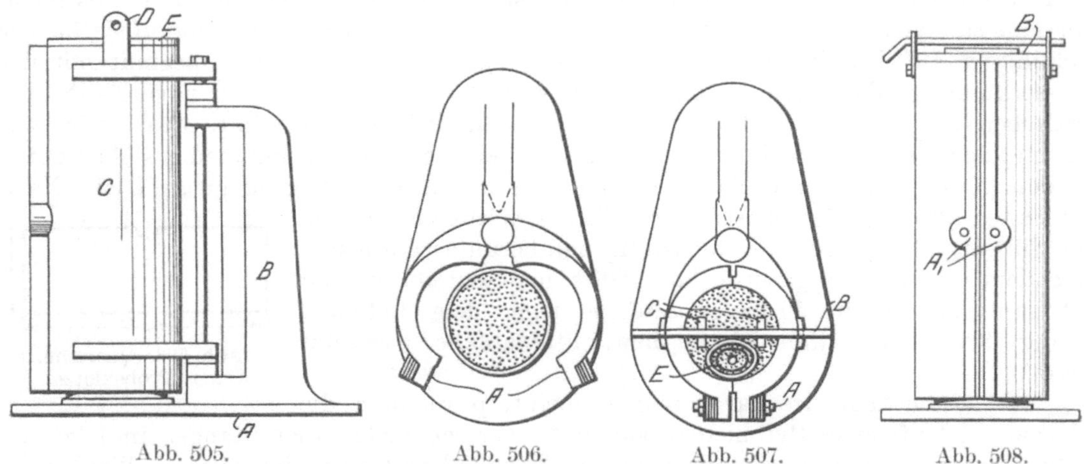

Abb. 505. Abb. 506. Abb. 507. Abb. 508.

Abb. 505—508. Walzenform mit geteilter Schreckschale.

mit einem in den Ösen der Lappen D (Abb. 505) geführten Querbügel B (Abb. 507 u. 508) durch leicht angetriebene Keile C (Abb. 507) niederzuspannen. Schließlich setzt man ein Eingußkästchen E (Abb. 507) auf, worauf der Abguß erfolgen kann. Das Eisen wird mittels eines Eingusses zugeführt, der durch den Kern reicht und auf der unteren Nabe der Walze mündet, so daß die Form mit von unten ansteigendem Eisen gefüllt wird. Infolge

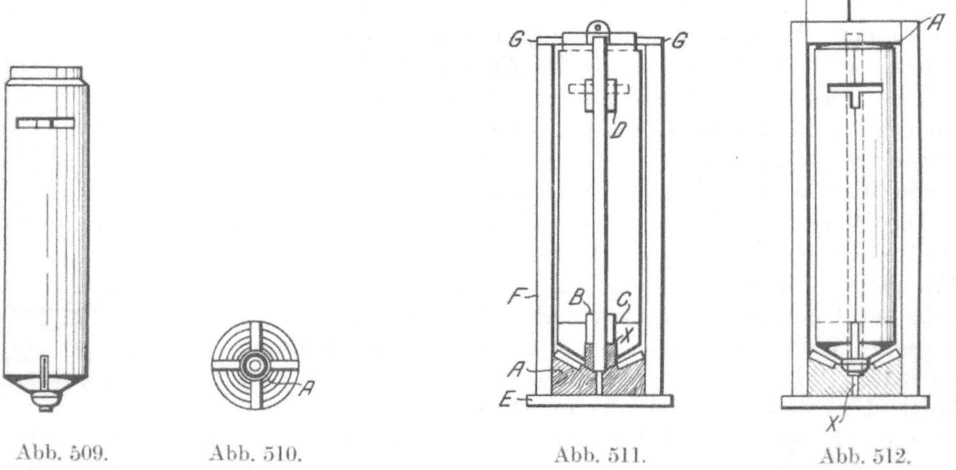

Abb. 509. Abb. 510. Abb. 511. Abb. 512.

Abb. 509 u. 510. Walzenkern. Abb. 511 u. 512. Walzenform mit ungeteilter Schreckschale.

der dünnen Wandstärke dieser Walzen erstarrt das Eisen fast unmittelbar nach dem Gusse. Sobald dies eingetreten ist, schiebt man nach Lösung des oberen Spannbügels B (Abb. 508) und der Verbindungschraube A (Abb. 507) in die Löcher A_1 (Abb. 508) eiserne Griffe und klappt damit die beiden Schreckschalen auseinander. Nach dem Ausheben der Walze kann ohne weiteres ein neuer Kern eingesetzt und das Verfahren wiederholt werden. Der Zeitraum zwischen den aufeinanderfolgenden Güssen wird nur durch Rücksichtnahme auf die fortschreitende Erwärmung der Schreckschalen beschränkt. Man darf die Schalen sowohl im Hinblick auf ihre abschreckende Wirkung als auch auf vorzeitigen Verschleiß nicht allzu warm werden lassen.

Das in Abb. 511 und 512 veranschaulichte Formverfahren weicht von dem den Abb. 505—510 zugrunde liegenden Verfahren insofern ab, als hier an Stelle von zwei halben Schreckschalen eine ungeteilte, ganze, zylindrische Schale Verwendung findet. Auf einer Unterlagsplatte E ruht die eiserne Getriebeform A, in die der Kern gesteckt wird, worauf man die zylindrische Schreckschale bis auf die Unterlagsplatte über die Getriebeform schiebt. Die oberen Abschlußstücke G sind lose und werden mittels Zentrierstiften genau am oberen Schalenrande geführt. Zur Sicherung des Kerns gegen den Auftrieb dient eine Bügelverspannung, wie in Abb. 507 und 508.

Die schmiedeiserne Achse bleibt nach dem Ausleeren des Kerns im Abguß, mit dem sie durch die Nabe, das untere Armkreuz und den Steg B verbunden ist. Bei langen Walzen und härterem Eisen erstarrt dieses so rasch, daß in Nähe der Arme leicht Risse auftreten. Dem läßt sich vorbeugen, indem man das obere Ende der Achse in seiner Nabe etwas beweglich macht. Zu dem Zwecke schleift und poliert man die Achse auf genaues Fertigmaß und gibt ihr an der Stelle der oberen Nabe einen leichten Schwärzeanstrich. Die Nabe vermag dann, unbeeinflußt von der starren Achse, der Schwindung des Walzenbunds zu folgen. Diese Maßregel ist bei Walzen von mehr als 1000 mm Länge unerläßlich.

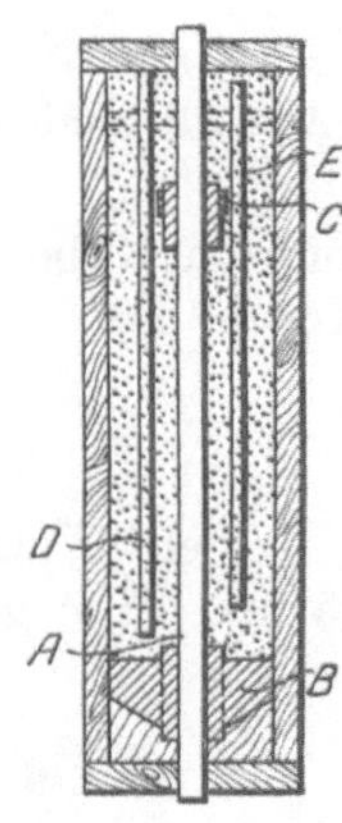

Abb. 513. Halbe Kernbüchse.

Beträchtliche Sorgfalt erfordert die Herstellung des Kerns. Man kann nach zwei Verfahren arbeiten. Nach dem einen, in den Einrichtungskosten wesentlich billigeren Verfahren wird nur eine Kernbüchsenhälfte (Abb. 513) mit den Modelleinlagen C und B für die oberen und unteren Naben und Arme, bzw. Stege benötigt. Der Eingußtrichter D wird in der Teilungsebene einer Kernhälfte eingeschnitten und der Raum zum Einlegen der Achse durch ein zylindrisches Modell ausgespart. Nach dem Trocknen beider Kernhälften reibt man sie auf genaues Maß aneinander, klebt sie zusammen, schafft mittels Drahtschlingen weitere Sicherung des Zusammenhaltens, verschmiert die Fugen, schwärzt und übertrocknet den Kern.

Raschere und genauere Arbeit ermöglicht eine zweiteilige Kernbüchse nach den Abb. 514 und 515. Abb. 515 zeigt einen Schnitt durch die Büchse, deren zwei Hälften durch Schraubenbolzen zusammengehalten werden. In die zusammengeschraubten äußeren Teile der Kernbüchse wird die Achse mit den unteren Naben- und Armmodellen eingesetzt, dann bis zur Oberkante C der unteren Nabe D Sand eingestampft, das Eingußmodell in eine Vertiefung der Nabe gesteckt, die Büchse bis obenhin vollgestampft und mit dem bei G in die Wandung der Seitenteile eingelassenen Nabenmodell F abgeschlossen. Der freie Raum zwischen den Armmodellen wird auspoliert und mit den Eingußanschnitten versehen (Abb. 517). Es ist eine gesonderte Speisung der oberen Armformen notwendig, da sonst das im Bunde hochsteigende Eisen bei Erreichung dieser Formen eine, wenn auch nur kurze Unterbrechung des Aufstiegs erführe, die der äußeren Walzenoberfläche schädlich wäre.

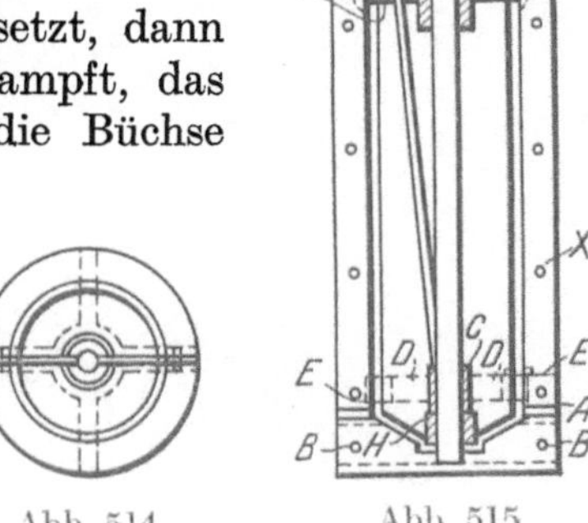

Abb. 514 u. 515. Zweiteilige Kernbüchse.

Die Seitenstege der unteren Achsnabe werden durch Schlitze in den Kernbüchsenwänden seitlich ausgezogen, zu welchem Zwecke sie geteilt ausgeführt sind. Das Ausheben des oberen Naben- und Armmodells bereitet keine Schwierigkeit. Nach dem Ausheben der Modelle werden die Verbindungschrauben der Kernbüchse gelöst, die Seitenteile abgezogen und der auf der unteren Platte stehenbleibende Kern in die Trockenkammer gebracht. Zu seiner Vervollständigung bedient man sich einer Hilfskernbüchse nach Abb. 516—518, in der das oberste über das Armkreuz emporragende Stück des Kerns hergestellt wird. Nach Trocknung auch dieses Kernstücks, das einerseits an der Achse der Walze und anderseits in einer Marke des unteren Kerns Führung findet, schiebt man es über die Achse auf den Hauptkern und verkittet die Fuge. Schließlich löst man auch die Bolzen B, zieht die unteren Seitenteile ab, hebt den Kern an und zieht das Nabenmodell C nach unten aus dem Sande. An dessen Stelle wird ein Abschlußkern (Abb. 519) in den großen Kern geschoben und festgekittet.

Abb. 516. Abb. 517. Abb. 518.
Abb. 516—518. Hilfskernbüchse.

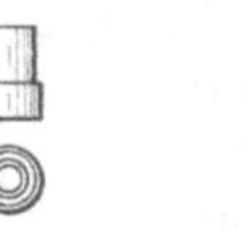

Abb. 519. Nabenkern.

Mit dieser Anordnung bleibt auch der Raum unterhalb der Nabe frei, was in Anbetracht der Vermeidung von Gußspannungen und der vollständigen Entfernung des Kernsandes nach dem Gusse erwünscht ist. In der Kernbüchse (Abb. 516) sind zwei Eingüsse vorgesehen; der eine führt nur zum Anschnitte der oberen Armstege, während der zweite die Verbindung mit dem bis zur unteren Nabe führenden Haupteingusse herstellt. Die Abb. 517 gibt eine Ansicht der Kernbüchse von oben, Abb. 518 eine solche von unten wieder.

3. Teilweise gehärtete Walzen.

Viele Walzen werden nur an einem, bzw. an verschiedenen Teilen des Bundes gehärtet. Man gießt auch solche Walzen stehend mit einem außerhalb des Formkastens

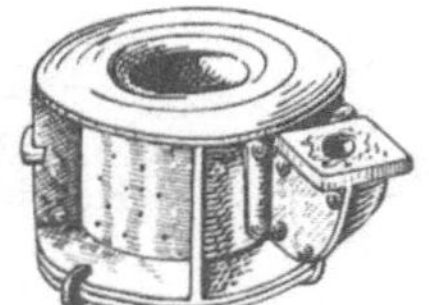

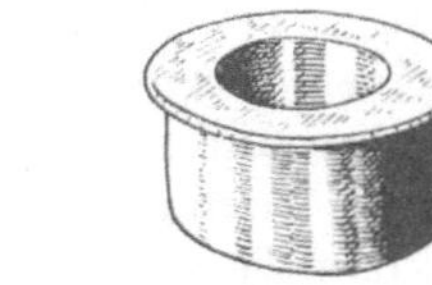

Abb. 520 u. 521. Untere Zapfenformteile einer teilweise gehärteten Walze.

Abb. 522. Modell für die Form des Kuppelzapfens.

angeordneten Eingusse. Abb. 520 zeigt das die untere Zapfenform einer derartigen Walze enthaltende Formkastenteil mit dem Eingußanschlußkrümmer und Abb. 521

Abb. 523. Ausdrehen des oberen Walzenbundes mit wagerecht gelagerter Lehre.

eine auf das Formkastenunterteil zu setzende Teilschreckschale. Die Form für den oberhalb des gehärteten Teils befindlichen weichbleibenden Teil des Walzenbundes wird in einem geteilten Formkasten mit Hilfe einer auf wagerechter Achse befestigten Lehre ausgedreht (Abb. 523). Die Form des Kuppelzapfens kann nicht ausgedreht werden, man stellt sie mit einem Modell her, das, auf einem Brett angebracht (Abb. 522), an das

Formkastenende gedrückt wird, worauf man die Hohlräume mit Formsand ausstopft und das Modell wieder aushebt. Im linken Hintergrunde der Abb. 523 ist eine Kastenhälfte mit fertiger Kupplungszapfenform zu erkennen.

Zur Härtung einzelner Durchgänge von Kaliberwalzen werden in die Sand-, bzw. Lehm- oder Masseform Schreckschalen eingelegt, die, für jede Kastenhälfte auf drei Stücke geteilt, zusammen einen Ring ergeben. Auf diese Weise wird es auch möglich, Kaliber von einer Tiefe zu gewinnen, die sonst die Verwendung von Kernen erfordern würde.

4. Graugußwalzen.

(Guß von oben und von unten.)

Hart- und Graugußwalzen wurden bisher durchwegs von unten mit tangentialem Anschnitte gegossen. In jüngster Zeit ist man dazu übergegangen, Graugußwalzen unter Zwischenschaltung eines Gießsiebes [1]) von oben zu gießen. Dieses Gießverfahren hat sich selbst bei Walzen, die mit dem Überkopfe eine Höhe von 4 m erreichen, noch sehr gut bewährt [2]). Damit wird einmal feineres und dichteres Gefüge in allen Teilen des Abgusses erreicht und zum anderen die Möglichkeit geschaffen, auch den oberen Kupplungszapfen in seiner richtigen Gestalt zu gießen und ihn nicht erst kostspielig aus dem Vollen herausarbeiten zu müssen. Um ein gutes Gießergebnis zu erzielen, ist es nötig, am Schlusse des Gusses das heißeste Eisen im obersten Teil der Form zu haben, da nur dann eine natürliche Speisung des erstarrenden Walzenkörpers durch Nachfließen frischen Eisens von oben stattfinden kann. Beim Gusse von unten wird sich am Ende des Gusses das heißere Eisen in den unteren Teilen der Form befinden. Infolgedessen ist es zur Vermeidung von Lunkern notwendig, dem Überkopfe frisches Eisen nachzugießen und durch Pumpen seine Verbindung mit dem Walzenkörper aufrecht zu erhalten. Der obere Kupplungszapfen muß vollgegossen werden, da andernfalls das Eisen in seinem Bereiche vorzeitig erstarren würde.

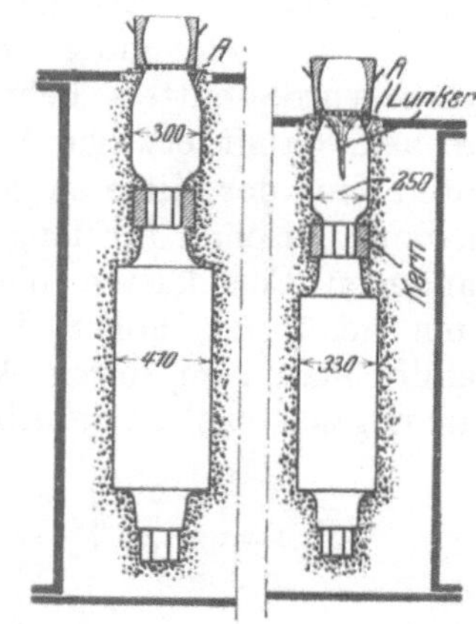

Abb. 524. Abb. 525.

Abb. 524. Gießfertige Form einer Walze. Guß von oben.

Abb. 525. Walze mit Überkopf nach dem Guß mit hitzigem Eisen.

Beim Gusse von oben nach Abb. 524 und 525 wird die Form mit einem längsgeteilten halben Modell in zwei Hälften liegend aufgestampft, die beiden Hälften werden zusammengeschraubt, lotrecht aufgestellt und so von oben zum Abgusse gebracht. Die Form des unteren Kupplungszapfens wird bereits durch das Modell gegeben, während für den oberen Kupplungszapfen eine Kernmarke mit rundem Querschnitt vorgesehen ist, so daß durch Einlegen von zwei halben Kernen auch dieser Zapfen in richtiger, endgültiger Form zum Abgusse kommt. Die beiden Kupplungszapfen bilden die empfindlichsten Teile der Form, sie müssen sehr fest gestampft sein; auch empfiehlt es sich, dem Sande für diese Stellen bzw. für den Kern des oberen Zapfens zur Verstärkung etwas Leinöl zuzusetzen. Die Filterscheibe besteht aus feuerfester Masse von 22 mm Stärke und hat etwa 80 Löcher von je 9 mm Durchmesser. Der Guß muß von Anfang an recht energisch erfolgen, so daß sich der Gießtümpel sofort füllt, und er muß so gleichmäßig weiter erfolgen, daß der Tümpel stets mindestens zur Hälfte gefüllt bleibt. Gießt man zu zaghaft an und wird nur ein Teil des Siebes mit flüssigem Eisen bedeckt, so kann ein Teil der Sieblöcher einfrieren.

Durch die Praxis wurde erwiesen, daß der vollgegossene Überkopf völlig ausreicht, um Lunkerungen in allen Teilen der Walze hintanzuhalten. Ein Nachgießen von frischem Eisen oder irgendwelches Pumpen ist überflüssig. Beim Vergießen von recht hitzigem Eisen entsteht ein Lunker nur im Überkopfe unterhalb des Schlackensiebes. Es genügt für alle Fälle, die freiliegende Abschlußfläche des Überkopfes zur Warmhaltung mit einer Holzkohlenschicht abzudecken.

[1]) Vgl. S. 292. [2]) S. Stahleisen 1924, S. 1524.

Man hat wiederholt auch beim Guß von unten den oberen Walzenzapfen in endgültiger Form zum Abgusse zu bringen versucht, damit aber nur Mißerfolge erzielt. Der Zapfen zeigte stets Lunkerstellen, da der Überkopf nicht imstande war, durch die Verengung dieses Zapfens hindurch ausgiebig genug auf den Ballen einzuwirken. Beim Guß von oben kann dagegen selbst durch das Schlackensieb hindurch der Walzenkörper mit nachströmendem Eisen ausreichend gespeist werden. Das Ergebnis einer Versuchsanordnung nach Abb. 526, bei der man das Sieb in den Überkopf hinein verlegte, und wobei sich dann der Lunker oberhalb des Siebes einstellte, weist dies klar aus.

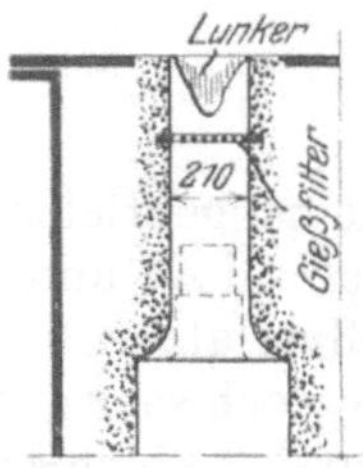

Abb. 526. Lunkerbildung oberhalb des Gießfilters.

Für das gute Gelingen des Gusses von oben ist es unbedingt nötig, der während des Gießens zum Abzuge drängenden Luft ausreichende Abzugsmöglichkeit zu schaffen. Das geschieht am besten durch Anordnung eines etwa 10 mm großen Loches unterhalb der Auflage des Gießkästchens, bei A in den Abb. 524 und 527. Wird das unterlassen, so suchen sich die Gase zwischen dem Eingußkästchen und dem oberen Formkastenabschlusse unregelmäßige Auswege.

Auch für Kaliberwalzen ist der Guß von oben mit bestem Erfolge durchgeführt worden. Abb. 527 zeigt eine derartige Anordnung. Hier sind schon bei Anfertigung der Lehren — diese größere Form wurde mittels Lehren in Lehm hergestellt — die Unterkanten der Kaliber zu brechen, damit etwaige Verunreinigungen, die nicht wie beim tangentialen Gusse von unten nach der Mitte zu getrieben werden, nicht haften bleiben, sondern nach oben abgleiten. Reichen für lange Walzen die vorhandenen Formkasten nicht zur Unterbringung genügend hoher Überköpfe aus, so behilft man sich durch Aufsetzen eines Ergänzungskastens nach Abb. 528. Letztere

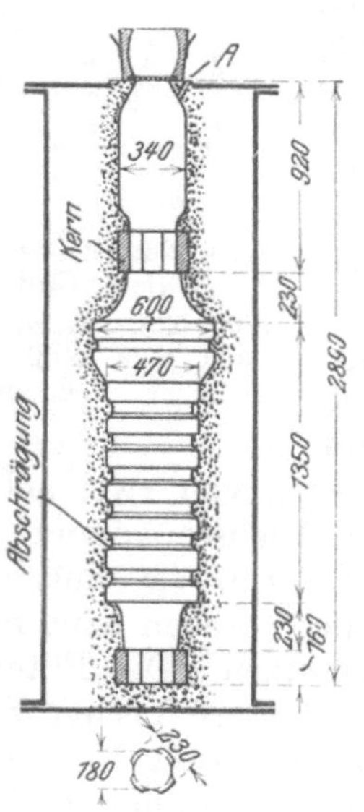

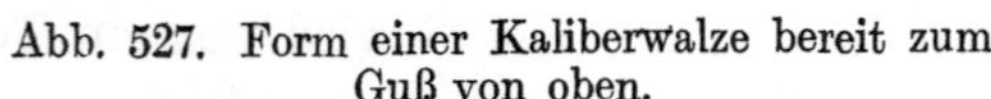

Abb. 527. Form einer Kaliberwalze bereit zum Guß von oben.

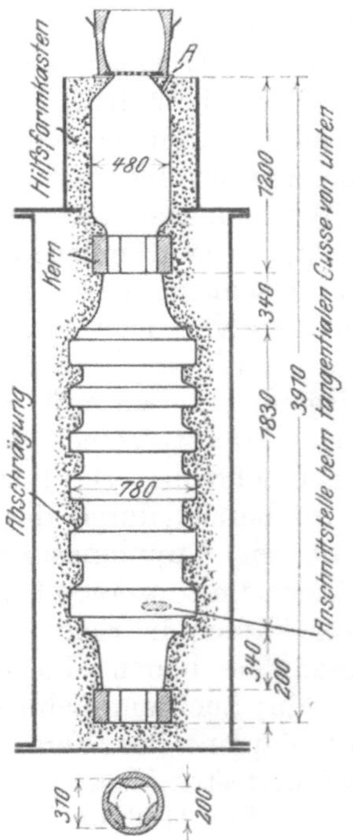

Abb. 528. Gießfertige Form einer Kaliberwalze mit aufgesetztem Hilfskasten für den Überkopf.

Abbildung läßt auch die Stelle erkennen, an der beim Guß von unten der tangentiale Einguß angeschnitten wird. Aus dem Eisen oder von der Form stammende fremde Bestandteile setzen sich erfahrungsgemäß unterhalb des oberen Kupplungszapfens fest, da die zwischen Kupplungs- und Laufzapfen bestehende Kante ihrem weiteren Aufstiege hinderlich ist. Sie sind hier ziemlich unschädlich, fallen sie doch beim Bearbeiten des Laufzapfens meistens vollständig weg. Etwaige geringe noch übrigbleibende Spuren bilden keine Beeinträchtigung der Güte (Festigkeit) und Brauchbarkeit der Walze.

Die oben wiedergegebenen Erfahrungen sind geeignet, auch beim Gusse von Hartwalzen in Erwägung gezogen zu werden. Bei diesen handelt es sich meistens darum, durch Nachgießen von warmem Eisen der Lunkerung entgegenzuwirken, und anderseits die Oberfläche des Abgusses lange genug flüssig zu halten, um von dem Augenblicke an, in dem infolge der Druckwirkung der rasch erstarrten äußeren Teile des Walzenbundes flüssiges Eisen aus dem Abgusse herausgepreßt wird, den Abfluß des überschüssigen Eisens zu ermöglichen. Trifft man hier nicht das richtige Mittel und hat der Abguß nach dem Erstarren seiner freien oberen Begrenzungsfläche noch einen erheblichen Innendruck, so treten unfehlbar Risse an der Bundfläche auf. Dieser Gefahr kann durch den Guß von oben unter den beschriebenen Vorsichtsmaßregeln zu einem recht erheblichen Teile begegnet werden.

B. Eisenbahnwagenräder (Griffinräder).

Abb. 529 läßt die Anordnung der Form im einzelnen erkennen[1]). Das Unterteil wird meist auf Durchziehformmaschinen durch mechanische Sandverdichtung hergestellt, während das Oberteil von Hand gestampft werden muß, da hier der mechanischen Verdichtung die ausgedehnten Stellen unter den Sandleisten (Schoren) hinderlich sind. Große Sorgfalt erfordert die Herstellung der beiden Kerne, des Ring- und des Nabenkerns, trotzdem diese Arbeit verhältnismäßig einfach erscheint, sobald einmal das bestgeeignete Herstellungsverfahren und die richtigen Rohstoffe ermittelt wurden. Der rundum vom Eisen umspülte Ringkern wird aus grobem, völlig bindestofffreiem Flußsand und Mehl hergestellt. Solche Kerne entwickeln beim Gießen wenig Gase, lassen sich also leicht entlüften, sie sind fest und doch nachgiebig und zerfallen unter der Glühwirkung des allmählich abkühlenden Eisens zu losem Staub und Sand, der leicht durch Abklopfen entfernt werden kann. Das als Binder verwendete Stärkemehl muß von bester Beschaffenheit sein, wofür sehr eingehende Vorschriften nötig sind. Kleine Kerne werden mit Hilfe von Luftdrähten entlüftet, während die größeren einen Entlüftungsring aus Kleinkoks erhalten. Der Mittelkern wird beträchtlich fester gestampft und nach dem Trocknen in eine Lösung aus Glutrinwasser und Graphit getaucht, die ihn davor beschützt, vom durchströmenden Eisen aufgewaschen zu werden[2]).

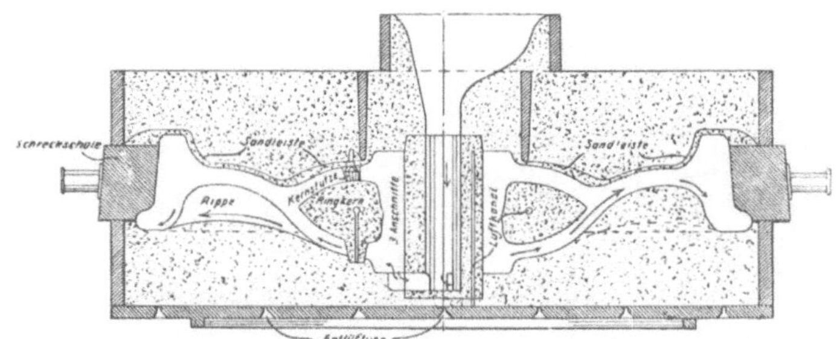

Abb. 529. Form eines Hartgußrades.

Der Einguß ist über dem Mittelkerne angeordnet, das ganze Eisen muß ihn durchfließen, ehe es durch drei Anschnitte von 30 × 30 mm Querschnitt in die Form gelangt. Steiger werden nicht angeordnet, die Gießgase müssen nach oben und unten durch den Formsand entweichen, weshalb die Bodenplatte reichlich durchlöchert ist. Die drei Anschnitte ermöglichen es, die Form mit der Geschwindigkeit von 25 kg in der Sekunde zu füllen.

Für den guten Ausfall der Räder ist es wichtig, sie sofort nach dem Erstarren in Glühgruben zu bringen, in denen sie langsam abkühlen. Das wird in zuverlässiger Weise durch eine Gießereianordnung nach Ch. V. Slocum erreicht (Abb. 530 und 531). Je drei Gruben liegen mit 19 Formstellen in einer Linie, wodurch es möglich wird, die

[1]) Stahleisen 1916, S. 621.

[2]) Für den Mittelkern, der drei mit seiner Achse parallele Luftkanäle erhält, bereitet man die Kernmasse aus 20 Teilen neuem, 20 Teilen altem Flußsand und 1 Teil Mehl (nach dem Gewichte), für den Ringkern aus 12 Teilen neuem, 6 Teilen altem Flußsand, 12 Teilen Formsand und 1 Teil Mehl. Die Kernstützen von doppelkegeliger Form werden täglich für den folgenden Tag mit Hartgußeisen gegossen, so daß sie sicher rostfrei sind und keines Schutzbezuges bedürfen.

Räder unmittelbar nach dem Guß ohne Umladen noch hellrot glühend in die Grube zu bringen. Sobald das Eisen erstarrt ist, wird das Oberteil abgehoben und das abgegossene Rad von dem elektrisch oder mit Preßluft betriebenen Hebezeug in eine der 3 Glühgruben abgesetzt.

Abb. 532 zeigt die Ausführung einer Glühgrube im einzelnen. Sie faßt 33 Räder, wird aber nur mit 30 Rädern beschickt. Dadurch ergibt sich oberhalb des obersten Rades ein freier Raum, der wesentlich zum Zusammen-

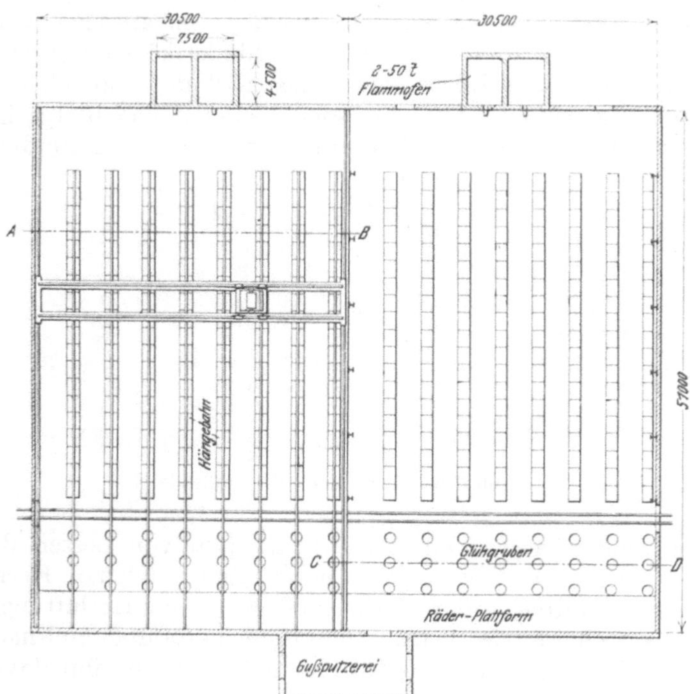

Abb. 530 u. 531. Gießereiplan für Hartgußräder.

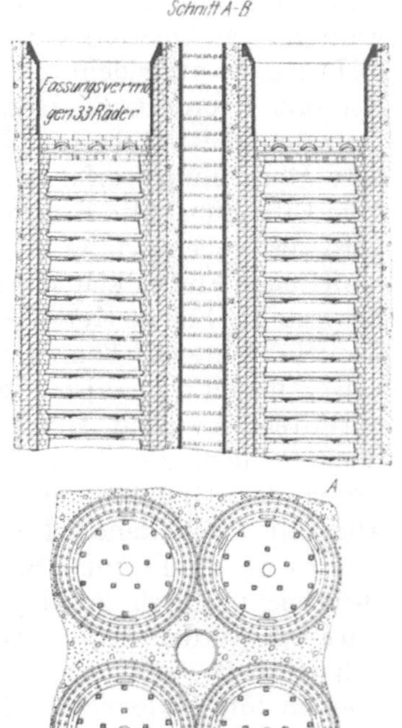

Abb. 532. Glühgrube.

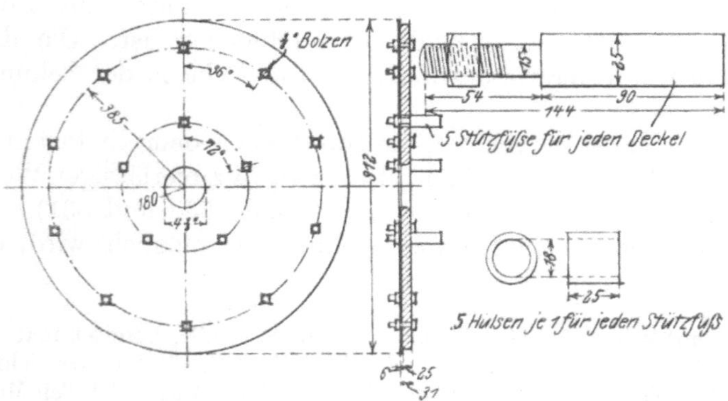

Abb. 533. Asbestdeckel für die Glühgrube.

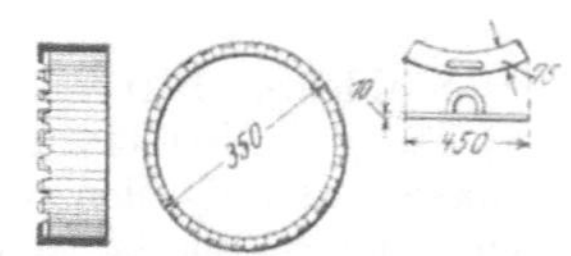

Abb. 534. Ringe für das Wärmeausgleichrohr und Segmentdeckelchen.

halten der Wärme beiträgt. Der Deckel (Abb. 533) besteht aus einer mit Asbest unterfütterten Blechplatte und wird unmittelbar auf das oberste Rad gelegt. Er ist mit 5 Stützfüßen von 25 mm Durchmesser und 90 mm Höhe ausgestattet, um nicht mit seiner ganzen Fläche auf dem Abgusse zu liegen. Die Schächte werden mit feuerfesten, 100 mm starken Steinen ausgemauert und erhalten eine Hintermauerung von gewöhnlichen Backsteinen. Der Raum zwischen den einzelnen Glühschächten wird mit losen, in groben Flußsand gebetteten Ziegelbrocken ausgefüllt. Zum besseren Wärmeausgleich von oben nach unten sind außerdem in der Mitte zwischen je vier Glühschächten Ausgleichröhren (s. Abb. 532) vorgesehen. Sie bestehen aus einer Anzahl übereinandergestellter, geschlitzter Ringkörper (s. Abb. 534) von 350 mm Durchmesser und reichen bis zur Hüttensohle. Nach 108stündigem Glühen werden die Räder ausgehoben, worauf man in unmittelbarem Anschlusse die heiße Grube aufs neue belegt.

Literatur.

Hartguß.

a) Einzelne Werke.

Hensinger v. Waldegg: Handbuch für spezielle Eisenbahntechnik. Leipzig 1870, Bd. 2, S. 36 u. 52 (Mitteilungen über die bei Ganz & Co. in Ofen-Pest ermittelte beste Form von Hartgußrädern).
Kupelwieser, Franz: Das Hüttenwesen mit besonderer Berücksichtigung des Eisenhüttenwesens in den V. S. v. A. Wien 1877, S. 97, 105, 107.
Schütz, Jul. v.: Der Hartguß, 2. Aufl., herausgegeben v. Grusonwerk in Magdeburg 1890. (Nicht im Buchhandel erschienen, vgl. Stahleisen 1891, S. 733).
Ledebur, A.: Handbuch der Eisen- und Stahlgießerei, 3. Aufl. 1901. Hartguß, S. 377—385.
Rhead, E. L.: The Principles and Practice of Ironfoundry. Manchester 1910, S. 394—406.
Roxburgh, W.: General Foundry Practice. London 1910, S. 153/158.
West-Schott: Amerikanische Gießereipraxis. Berlin 1910, S. 329—335.

b) Abhandlungen.

Fabrikation und Behandlung der Hartgußwalzen. Der Gnom, 1900, 1486/1488 u. 1497/1499.
Entwicklung der Schalengußräderfabrikation (Mitteilungen v. Ganz & Co., Ofen-Pest). Baumaterialienkunde, 1901, S. 331—334, 351—353, 365—368.
Über Griffin-Schalengußräder. Prakt. Masch.-Konstr. 1902, S. 97.
Hartguß-Laufräder. Stahleisen 1903, S. 1247.
Herstellung eines Hartguß-Laufringes für einen Kollergang. Stahleisen 1904, S. 1263.
Guß einer großen Hartgußwalze. The Iron Age 1904, 13. Okt., S. 7.
Ununterbrochenes Verfahren zum Gießen von Wagenrädern. Stahleisen 1905, S. 350; 1906, S. 226.
Wedding, H. und F. Cremer: Chemische und metallurgische Untersuchungen des Hartgusses. Stahleisen 1907, S. 833/837, 866/870.
Eyermann, P.: Über die Herstellung von Eisenbahnrädern. Stahleisen 1907, S. 838/846.
Bremsklötze. Eisen-Zg. 1907, S. 940.
Leber, E.: Die Verwendung der Kokillen in der Eisengießerei. Stahleisen 1908, S. 1769/1773, S. 1809/1815 u. 1849/1852.
Hugo, H.: Walzenfabrikation im Siegerland. Gieß.-Zg. 1908, S. 334.
Irresberger, C.: Hartgußwalzen. Stahleisen 1910, S. 378/379.
West, Th. D.: Sprünge in Hartgußrädern. Foundry 1911, Mai, S. 103/104.
— Über ein neues Verfahren zur Erzeugung von Hartguß und zur Herstellung gehärteten Gußeisens. Gieß.-Zg. 1912, S. 566/572, 596/601.
Irresberger, C.: Der gegenwärtige Stand der Erzeugung von Hartgußwagenrädern. Stahleisen 1916, S. 621/629.
Diller, H. E.: Herstellung von Hartgußrädern. The Foundry 1920, 1. April, S. 259/265, 15. April, S. 304/310.
Rüker, E.: Das Griffinrad. Glasers Annalen 1922, 1. August, S. 33 u. f. Organ Fortschr.-Eisenbahnwesen 1923, S. 109/116.
Irresberger, C.: Walzenguß. Gieß.-Zg. 1922, S. 342/345; 354/358, 371/374.
Schüz, E.: Über die wissenschaftlichen Grundlagen zur Herstellung von Hartgußwalzen. Stahleisen 1922, S. 1610/1617, 1773/1783, 1900/1906.
Rüker, E.: Amerikanische Untersuchungen an Hartgußrädern. Gieß. 1924, S. 351. Vgl. auch Stahleisen 1924, S. 1377.
— Hartgußrad und Stahlrad mit Beziehung zu Reibung und Abnutzung. Verkehrstechnik 1925, 4. Dezember.
Goerens, P. und H. Jungbluth: Über Hartguß. Stahleisen 1925, S. 1010/1017.

XII. Rohrformerei.

Allgemeines.

Es sind hauptsächlich drei Arten von geraden Röhren zu unterscheiden:

1. Röhren von unregelmäßigen Abmessungen, die im allgemeinen nur einzeln oder in geringen Stückzahlen anzufertigen sind;

2. Druckröhren für Gas- und Wasserleitungen, deren Abmessungen genau normalisiert sind, so daß sich Einrichtungen für Massenerzeugung lohnen. Hier ist noch weiter zwischen Flanschen- und Muffenrohren zu unterscheiden.

3. Abfluß- oder Ablauf-(Abfall-)röhren, worunter sehr dünnwandige Muffenrohre zu verstehen sind. Sie sind zwar noch nicht einheitlich normalisiert, werden aber, wenn auch nach mehreren Normalien, doch in so großen Mengen bestellt, daß auch zu ihrer wirtschaftlich nutzbaren Herstellung nur Einrichtungen zur Massenerzeugung in Frage kommen.

Röhren von unregelmäßigen Abmessungen.

Nicht in größeren Mengen, sondern für bestimmte Zwecke in unregelmäßigen Abmessungen einzeln oder doch nur in wenig Stücken auszuführende röhrenförmige Abgüsse werden den jeweiligen Umständen entsprechend auf die mannigfachste Weise hergestellt. Für gewöhnlich arbeitet man mit einem längsgeteilten Modell, dessen eine Hälfte auf ein Stampfbrett gelegt und im übergeschobenen Formkastenteile eingestampft wird, worauf man Kasten und Bodenbrett verklammert, wendet, das Stampfbrett beseitigt, die Teilungsfläche ausarbeitet, die zweite Modellhälfte und das Formkastenoberteil aufsetzt und mit einem zugleich eingesetzten Eingußtrichter und ein oder mehreren Steigern hochstampft. Der Eingußtrichter wird auf die Teilungsebene gesetzt, um von ihr aus die Form anschneiden zu können. Die Steiger setzt man auf die höchsten Punkte der Form, falls Flanschen oder Muffen vorhanden sind, auf diese, sonst in gleichmäßiger Verteilung über den Scheitel der Rohrwölbung. Die Kerne werden für kleinere Durchmesser mit Kernsand in Kernbüchsen ausgeführt, für größere Durchmesser auf Spindeln in Sand, in Masse oder in Lehm aufgedreht. Sandkerne kommen trocken und naß zur Verwendung. Kurze Kerne können ohne Stützen verwendet werden, wobei ausreichende Kernmarken vorzusehen sind. Längere Kerne müssen oben und unten durch Nägel oder Kernstützen gesichert werden.

Größere Röhren, für die sich die Anfertigung eines Holzmodells nicht lohnt, werden nach Lehmmodellen, nach Rahmenmodellen oder in reiner Lehrenarbeit ausgeführt.

Kugelgelenkröhren.

Die Einrichtung zum Formen und Gießen von Kugelgelenkrohren (Abb. 535) kommt schon derjenigen für normale Muffenrohre recht nahe. Abb. 536 zeigt links einen Schnitt durch eine soeben abgegossene Form und rechts durch die noch die Modelle enthaltende fertig gestampfte Form, während Abb. 537 einen zum Einsetzen in die Gießgrube bereiten Formkasten im äußeren Bild darstellt. Die Form baut sich auf einer Grundplatte D auf (Abb. 536), auf der das Kugelmodell A, in einem Falz geführt und durch drei Schrauben festgehalten, ruht. Ein Ring E wirkt als Durchziehplatte beim Ausheben des Modells. Nach dem Aufsetzen und Vollstampfen des glockenförmigen Unterkastens bringt man die beiden zylindrischen Mittelkasten auf das Unterteil, setzt das bei M im eisernen Kugelmodell geführte Hauptmodell ein, stampft die Mittelkasten hoch, setzt Formkastenoberteil und das Endmodell C auf, stampft das Oberteil voll, streicht glatt ab, zieht das Muffenmodell C und dann das Hauptmodell aus, und geht nun an das Ausheben des

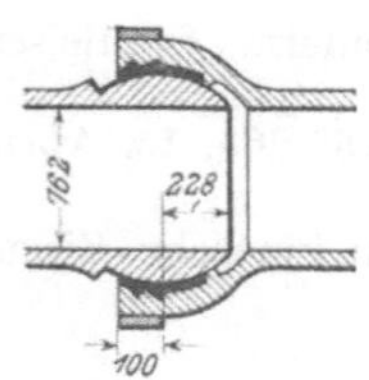

Abb. 535. Kugelgelenkrohr.

Glockenmodells am Fußende der Form. Zu dem Zwecke werden die das Unterteil mit der Aufstampfplatte verbindenden Klammern gelöst und an ihrer Stelle in Aussparungen der Platte D passende kleinere Klammern geschoben, die die Durchziehplatte E mit dem Formkastenunterteil fest verbinden. Wird nun der ganze Formkasten angehoben, so bleibt das Kugelmodell infolge seines Eigengewichts auf der Bodenplatte sitzen, wobei der Ring E ein Abbröckeln von Sand verhindert. Bei einer Höhe von etwa 150 mm

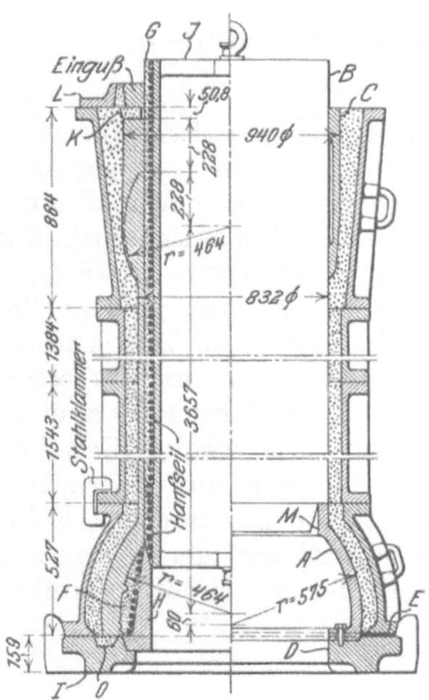

Abb. 536. Schnitte durch eine Form für Kugelgelenkrohre.

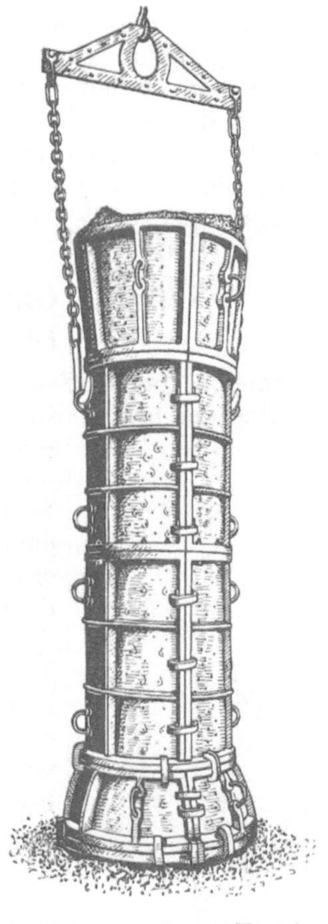

Abb. 537. Formkasten, zum Einsetzen in die Gießgrube bereit.

läßt man die Durchziehplatte E durch Lösung der Klammern fallen und hebt dann den ganzen Kasten vollends über das Kugelmodell hinweg. Schwärzen und Trocknen sämtlicher Teile der Form.

Beim Wiederzusammensetzen der Form wird die Bodenplatte E durch die Grundplatte I ersetzt, die mit einem Lehmring O versehen ist, und in der sich auch der Muffenkern F befindet. Dieser Kern besteht aus einem siebartig durchlochten, gußeisernen Ring, der in einem konischen Falz der Bodenplatte geführt wird. Der Ring wird mit Strohseil gleich einer Kernspindel umwickelt, worauf man ihn in eine Kernbüchse setzt

Abb. 538. Herstellung des Kerns für das Kugelgelenk.

und die noch fehlende Wandstärke aufstampft. Die Kernbüchse ist zweiteilig, da sie der verschiedenen Nuten des Kerns halber seitlich vom Kern abgezogen werden muß. Abb. 538 zeigt einen fertigen, bereits in die Bodenplatte eingefügten Kern und läßt auch den in die Platte eingelassenen Lehmring O erkennen. Nach dem Schwärzen des Kugelmuffenkerns setzt man die Bodenplatte über ein Feuer und bringt auch den ganzen Formkasten darüber, so daß die Form und der Kugelkern zu gleicher Zeit trocknen. Der große, genau zylindrische Hauptkern wird in üblicher Weise über einer gelochten Blechspindel aufgedreht. Der in Abb. 536 ersichtliche Kern K dient als Abdeck- und Eingußkern. Er hat außen etwas Anzug, um sich in der Form genau zu führen, geht innen scharf an den Hauptkern heran, um beim Einsetzen desselben als Führung zu dienen, und ist mit schmalen, rechteckigen Ausschnitten versehen, durch die das flüssige Eisen aus dem oberhalb des Kernrings und innerhalb des eisernen Flanschrings L angeordneten Gießtümpel in die Form gelangt.

Normale Gas- und Wasserleitungsröhren.

(Muffen- und Flanschröhren.)

Die Formerei von Muffenröhren erfolgt in mehrfach geteilten Formkasten nach Abb. 539. Eine der beiden Kastenhälften ist mit angegossenen Lagerplatten versehen, mittels deren sie an einer Säule, einem eisernen Gerüst oder einem Drehkörper dauernd befestigt wird. Für kleinere Formkasten (von $3^1/_2$ m Gesamtlänge abwärts) genügt je eine obere und untere Befestigung, größere Formkasten erhalten besser noch eine dritte, mittlere Verbindung mit dem Tragkörper. Die Befestigung mit nur einer (oberen) Tragplatte ist ungenügend und führt stets zum vorzeitigen Verschleiße der Kasten. Die zweite Formkastenhälfte bleibt beweglich und läßt sich auf kräftigen, schmiedeeisernen, an die erste Hälfte geschraubten Führungen so weit abziehen, daß das Entleeren der abgegossenen Form bequem erfolgen kann. Bei sehr großen Formkasten wird

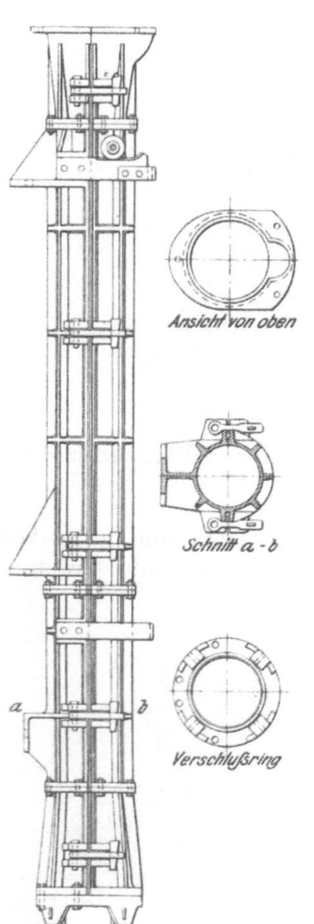

Abb. 539. Mehrfach geteilter Formkasten für Muffenröhren.

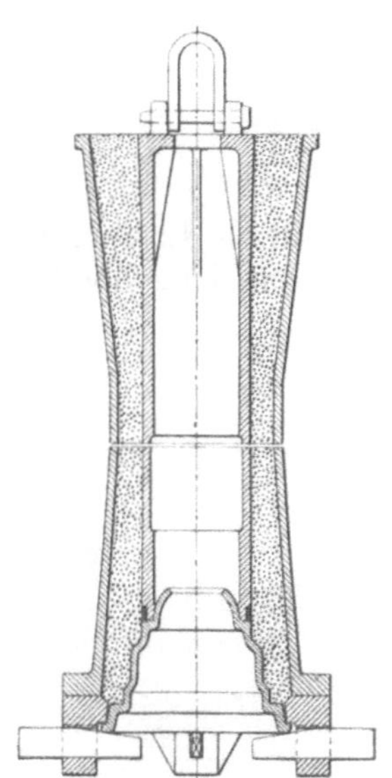

Abb. 540. Schnitt durch eine Rohrform vor d. Modellausziehen.

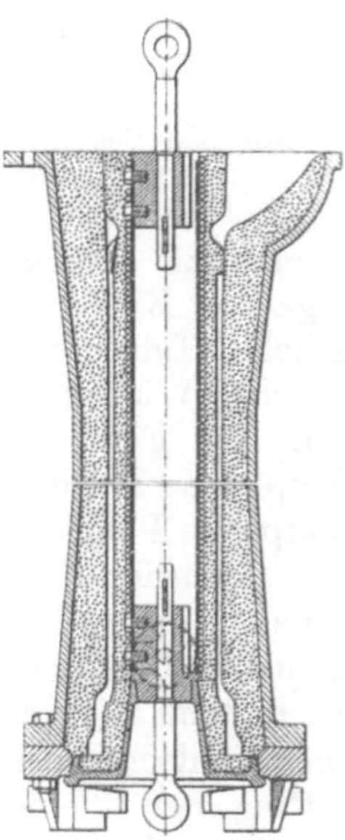

Abb. 541. Gußbereite Rohrform.

das Abziehen der beweglichen Kastenhälfte durch Rollen erleichtert, wie eine oben in der Abbildung erkenntlich ist. Die Verbindung der beiden Kastenhälften untereinander erfolgt durch Keilverschlüsse.

Heute ist der Guß mit nach unten gerichteter Muffe vorherrschend geworden. Dabei wird das Zentrieren des Rohrkerns einfacher, die Wandstärken der Muffen können genauer eingehalten werden, das Trocknen geht in der Regel rascher und gleichmäßiger vor sich, und die Ausschußgefahr wird geringer. Es werden aber trotzdem auch recht beträchtliche Mengen von Röhren mit nach oben gerichteter Muffe gegossen, wobei das etwas einfachere Formverfahren und die bequemere Herstellung des Kernes, sowie das rascher zu bewirkende Einlegen in die Form maßgebend ist.

Abb. 540 zeigt einen Schnitt durch eine Rohrform mit nach unten gerichteter Muffe unmittelbar nach dem Aufstampfen, noch vor dem Modellausziehen, Abb. 541 dieselbe Form in vollständig gußbereitem Zustand mit eingelegtem Kern. Unten wird der Formkasten durch einen mit Keillappen versehenen Ring, den Zentrierring, abgeschlossen, der an der festsitzenden Kastenhälfte dauernd festgeschraubt ist. Der Ring erhält recht ausgiebige Wandstärken, bei Kasten für größere Rohrweiten außerdem noch Rippenversteifungen, denn er hat neben der einen Formkastenhälfte die Kernspindel und während des Stampfens das schwere eiserne Modell zu tragen. Bei Formkasten größter Abmessungen würde aber trotz ausgiebiger Wandstärke die Belastung des Zentrierrings zu groß werden, man muß dann durch genau wirkende Führungen an der zweiten Formkastenhälfte für seine Entlastung sorgen. Der innere, auf Maß bearbeitete Konus des Zentrierrings dient zur Führung des Modellträgers (Abb. 540) und des Kerntellers (Abb. 541); von ihm hängt zum großen Teile der gute Erfolg des Gusses ab; schon die geringste Lockerung oder Ungenauigkeit seines Sitzes hat unbrauchbare, ungleichseitige Rohre zur unausbleiblichen Folge. Am besten bewähren sich Zentrierringe aus Temperguß mit gehärteten Konusflächen, wogegen Ringe aus Stahlguß trotz ihrer größeren Sicherheit gegen Bruch infolge schnellerer Abnutzung der Konusflächen noch rascher zugrunde gehen als gußeiserne.

Die Formkasten sollen recht kräftig gehalten werden, damit sie sich nicht so leicht verziehen, und es empfiehlt sich, mittels ausgiebig bemessener Rippen den mannigfachen Beanspruchungen durch Hitze und rasche Abkühlung und durch das Abklopfen beim Entleeren von vornherein ausreichenden Widerstand entgegen zu setzen. Je schlechter die Formkastenhälften aneinander passen, desto größer wird der Ausschuß, und die Grenze, bei der infolge einer Krümmung der Kastenhälften gute Rohre überhaupt nicht mehr erzielt werden können, ist nur zu bald überschritten.

Die Modelle werden aus Gußeisen angefertigt und an allen Führungstellen, sowie an sämtlichen formgebenden Flächen bearbeitet. Die Muffe bildet ein Modellteil für sich und wird von unten durch den Zentrierring in die Form eingeführt und dort sorgfältig verkeilt. Das muß mit größter Gewissenhaftigkeit geschehen; ein Sandkorn, das zwischen den Führungsflansch der Muffe und den Konus des Zentrierrings gerät, kann die Unbrauchbarkeit des Abgusses zur Folge haben. Wenn die Führung infolge langen Gebrauchs abgenutzt und zu weit geworden ist, so versetzt sich der Hauptkern, wodurch die Abgüsse ungleiche Wandstärken erlangen. Das Krummziehen der Rohre beruht in den meisten Fällen auf einseitigen Wandstärken, infolge deren das Rohr ungleich abkühlt.

Wie Abb. 540 erkennen läßt, führt sich das Schaftmodell unten in einem Aufsatze des Muffenmodells. Eine obere Führung wird meistens weggelassen, da bei genauen Führungs- und Sitzflächen und völlig lotrechter Stellung des Formkastens das Schaftmodell infolge seines Eigengewichts genau senkrecht stehen soll. Da diese Voraussetzungen nicht immer zutreffen, ist es besser — insbesondere bei Modellen mit kleinem Durchmesser — am oberen Ende des Formkastens einen losen, drehbaren, mit ausreichenden Aussparungen versehenen Ring p über das Schaftmodell zu schieben (Abb. 542), der an einer bearbeiteten Leiste des Formkastens geführt und während des Stampfens von den Stampfstöcken im Kreise mitgenommen wird. Bei Modellen von großem Durchmesser ist eine obere Führung entbehrlich, weil dann die Auflageflächen leichter breit genug gehalten werden können, um das Geradestehen des Schafts zu gewährleisten. Modelle von geringem Durchmesser können von einem der stampfenden Arbeiter so lange mit der Hand in der Mittelachse des Formkastens festgehalten werden, bis eine genügend hohe Sandschicht aufgestampft ist, um eine Lageänderung des Schafts zu verhüten. Die Mannschaften bringen es zwar bei Anwendung dieses Handgriffes zu einer großen

Sicherheit, er bleibt aber doch immer ein wenig zuverlässiges Hilfsmittel und macht den guten Erfolg des Gusses, mehr als notwendig ist, von der Zuverlässigkeit einzelner Arbeiter abhängig.

Der Anzug (die Verjüngung oder Konizität) des Schaftmodells wird sehr verschieden bemessen. Große Modelle verjüngt man häufig nach unten zu um einige Millimeter, um den Kraftbedarf beim Ausziehen zu vermindern. Kleinere Modelle werden von oben und unten gegen die Mitte zu um etwa 3 mm verjüngt, wodurch die Stampfarbeit erleichtert, die zum Modellausziehen erforderliche Kraft aber vergrößert wird. Während des Modellausziehens wird der Formsand durch das unten stärker werdende Modell nachgepreßt und geglättet. Der gleiche Zweck wird erreicht, wenn man das Modell gleichmäßig gerade auf einen Durchmesser abdreht, der um 2—3 mm kleiner ist, als die Form werden soll, und dann am unteren Ende des Schafts einen konischen Ring aufzieht, dessen größter Durchmesser dem richtigen Maß der Form entspricht. Diese Anordnung verleiht den Modellen wesentlich längere Lebensdauer, denn der der Abnutzung am stärksten ausgesetzte Ring kann aus dem widerstandsfähigsten Stoffe — gehärtetem Temperguß — gefertigt und leicht ausgewechselt werden.

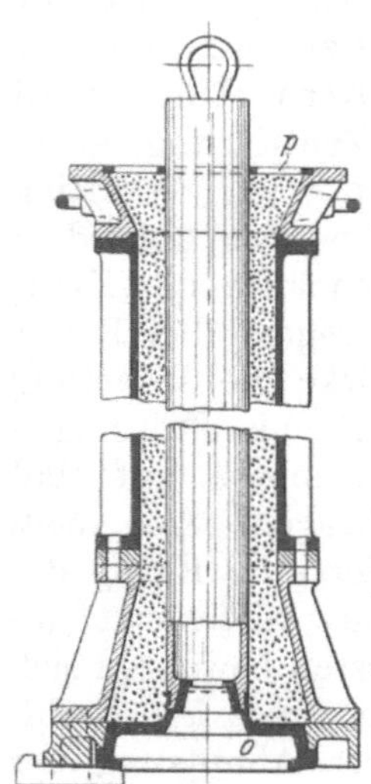

Abb. 542. Rohrform mit oberer Führung des Schaftmodells.

Der oberste Teil des Schaftmodells erhält oft einen um die doppelte Wandstärke des Rohrs verstärkten Durchmesser. Es entsteht so eine Kernmarke, die entweder gerade oder nach oben schwach konisch anlaufend ausgebildet werden kann. Ein geringer Anzug der Marke erleichtert das Einsetzen des Kerns, man muß

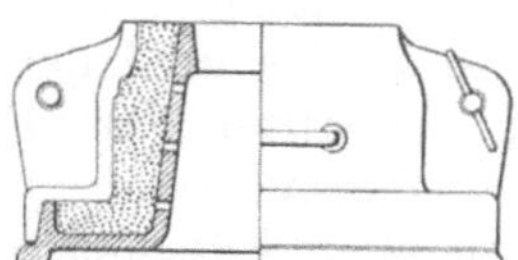
Abb. 543. Gußeiserne Kernbüchse für kleinere Muffenkerne.

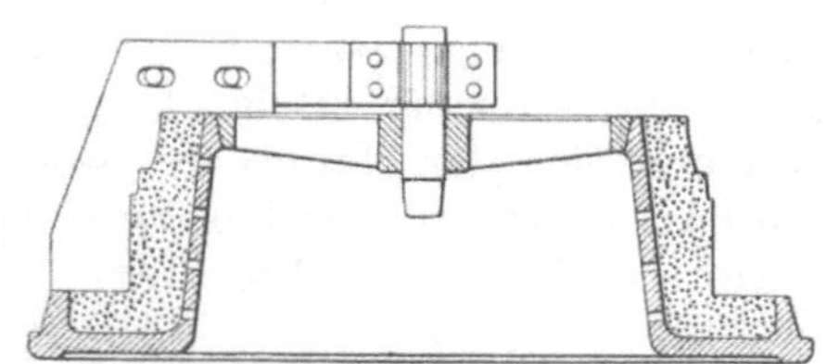
Abb. 544. Schablonieren größerer Muffenkerne.

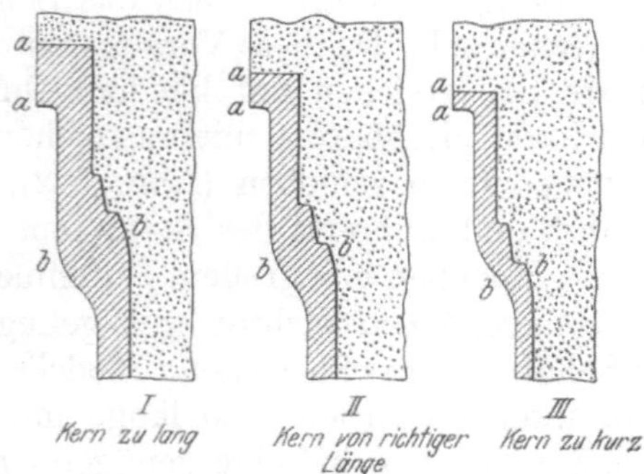

Abb. 546. Folgen ungenauer Kernlängen bei Muffenrohren.

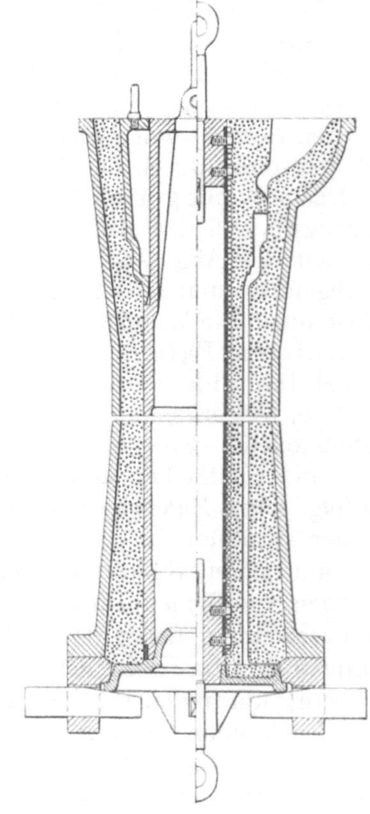
Abb. 545. Rohrform mit nach oben gerichteter Muffe.

sich nur hüten, ihn zu stark zu bemessen, weil sonst während des Gießens die Kernspindel den Halt verlieren kann. Infolge der hierbei wirkenden Wärme dehnt sich die Spindel aus und wächst, da ihre Lage nach unten begrenzt ist, nach oben. Bei ganz geraden Führungen schadet das nichts, bei einer Führung mit starkem Anzug wird sich aber der Kern auf die eine oder andere Seite legen und ein einseitiges Rohr ergeben. Die Gefahr ist bei Röhren von kleinem Durchmesser größer, weil bei ihnen auf der eisernen Spindel weniger Kernstoffe, wie Lehm oder Sand, Strohseile usw., der Wärmeübertragung im Wege sind. Man bemißt darum den Anzug der Kernmarke für kleinere Rohre mit etwa 2% und für größere mit höchstens 5% ihrer Länge.

Die Muffenkerne werden auf gußeisernen Tellern, den Bodenstücken, die einen Konus zur Stütze und Führung des Hauptkerns enthalten, für sich angefertigt. Man bedient sich für kleinere Muffenkerne besonderer Formmaschinen oder gußeiserner Kernbüchsen (Abb. 543), während große Muffenkerne mit Lehren gedreht werden (Abb. 544). Die Bodenstücke sind die am meisten beanspruchten Teile der Formeinrichtung. Sie müssen deshalb am schärfsten auf richtiges Maß nachgeprüft und rechtzeitig erneuert werden.

Abb. 545 zeigt den Schnitt durch eine Form mit nach oben gerichteter Muffe, bei der ein besonderer Muffenkern entfällt, da schon der Hauptkern die Muffenform enthält. Unten ist die Form während des Stampfens durch einen Teller mit dem Ansatze zur Führung des Schaftmodells und während des Gusses durch einen anderen Teller mit einer Sand- oder Lehmeinlage abgeschlossen, die eine Härtung des Rohrendes hintanhält. Ein Absatz am oberen Ende des Schaftmodells dient als Stütze des Muffenmodells. Das Muffenmodell wird erst dann auf das Schaftmodell geschoben, wenn der Formkasten bereits bis zur Unterkante des ersteren vollgestampft ist.

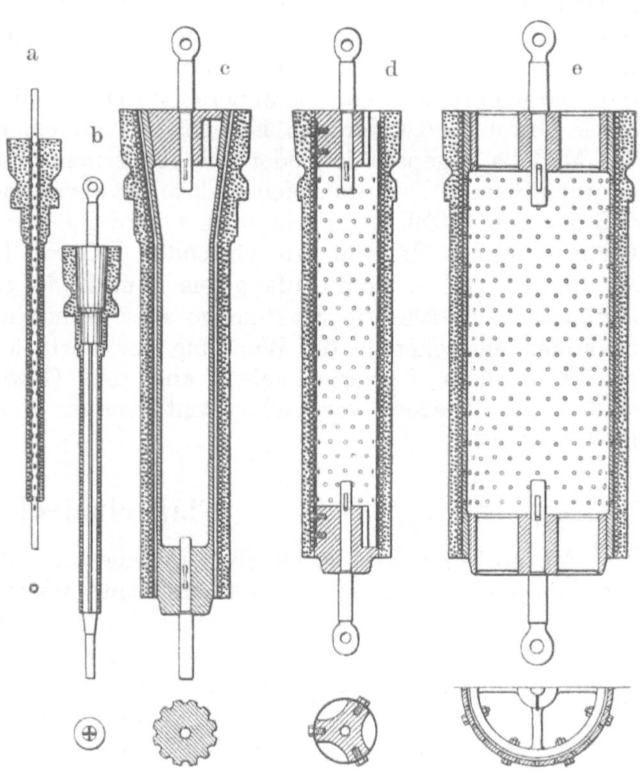

Abb. 547—551. Verschiedene Rohrkerne.

Die Arbeit ist bei der Formerei mit nach oben gerichteter Muffe etwas einfacher und in der Folge billiger, als bei abwärts gerichteter Muffe. Ein großer Nachteil liegt aber in der Gefahr, infolge ungenauer Kernlängen ungenaue Muffenquerschnitte zu erhalten, wie es die Abb. 546 erkennen läßt. Da die wirksame Kernlänge nicht nur von der genauen Arbeit des Formers, sondern auch von der Wärme der Kernspindel und von ihrer Ausdehnung während des Gießens abhängt, treten solche Ungenauigkeiten nur allzu leicht ein.

Die Rohrkerne werden fast ausschließlich aus fettem Lehm und aus magerer Lehmmasse auf schmiedeisernen Spindeln unter Benutzung von Kerndrehbänken mit mechanischem Antriebe aufgedreht. Zu Rohren bis etwa 50 mm lichter Weite werden für die Kernspindeln schmiedeiserne Röhren a benützt (Abb. 547), die zur Ableitung der Gießgase über die ganze Oberfläche mit kleinen Löchern versehen sind. Für lichte Weiten von 50—70 mm sind Spindeln b aus Kreuzeisen mit angeschweißtem unteren Führungskonus und aufgegossener Muffenverstärkung (Abb. 548) mit gutem Erfolge in Verwendung. Die Abführung der Luft erfolgt zwischen den Rillen des Kreuzeisens nach unten. Mitunter sind auch noch massive oder teilweise massive, gußeiserne Kernspindeln c in Gebrauch (Abb. 549), die zur Gasabführung mit Rillen versehen sind. Solche Spindeln kommen verhältnismäßig teuer, sie sind infolge des großen Gewichts unhandlich und unterliegen einer beträchtlichen Bruchgefahr; sie sind in neueren Rohrgießereien kaum mehr anzutreffen. Die Kernspindeln für Rohre größter Abmessungen d und e werden aus gußeisernen oder schmiedeisernen Trommeln mit gußeisernen Kopf- und Fußeinsätzen (Abb. 550 und 551) hergestellt. Man macht dann den Schaft etwas konisch, um das Ausziehen der Spindel aus dem abgegossenen Rohr zu erleichtern.

Die Formarbeit. Nach jedem Guß wird der Formkasten durch Abklopfen gründlich von allem anhaftendem Sand befreit, verschlossen und mit dem Modelltragteller versehen. Kleine Modellträger bringt man von Hand, größere mittels eines fahrbaren Hebestocks oder mit Hilfe eines von Druckwasser betätigten Kolbens in den Formkasten. Auf den Modellträger setzt man von oben mittels des Krans das Schaftmodell und richtet es nach Bedarf mit dem Zentrierring aus. Je nach dem Durchmesser der Form erfolgt dann das Aufstampfen durch zwei bis vier Arbeiter, wobei einer stetig Sand zuschöpft, während die anderen stetig stampfend die Form umkreisen. Der Stampfstock besteht entweder aus Eschenholz von einem Querschnitte, der der Krümmung des Modells angepaßt ist, oder aus gezogenem Eisenrohr mit einem eingenieteten gußeisernen Schuh. Das Stampfen muß mit großer Gewissenhaftigkeit so ausgeführt werden, daß der untere Teil der Form stärker verdichtet wird als der obere, weil er während des Gießens infolge des auf ihn wirkenden höheren Drucks ausgiebiger beansprucht wird. Am besten ist es, vom Anfang bis zum Ende gleichmäßig zu stampfen, die in der Zeiteinheit zugeschöpfte Sandmenge aber allmählich zu steigern. Bei unregelmäßigem Stampfen entstehen in der Wandung der Form lockere Stellen, die dem Rohr ein unebenes beuliges Aussehen geben und sein Gewicht erhöhen, schlimmstenfalls aber auch beim Gießen weggeschwemmt werden und zur Unbrauchbarkeit des Rohrs führen können.

Flanschenröhren.

Flanschenrohre größeren Durchmessers, die mit Flanschenrippen (Abb. 552) versehen sind, also etwa von 600 mm lichte Weite aufwärts, werden mit einer Einrichtung nach Abb. 553 ausgeführt. Das Modell B ruht auf einer Aufstampfplatte A. Der den Flansch enthaltende Unterkasten C ist gleich den beiden folgenden Formkastenteilen D geteilt, der den oberen Flansch enthaltende Kasten E ist gleich dem Oberkasten F ungeteilt. Das Hauptmodell B besteht aus Eisen, das des verlorenen Kopfes der leichten Handhabung halber aus Holz. Nach genau wagerechter Ausrichtung der Aufstampfplatte A wird das Modell B eingesetzt und werden die Rippenmodelle in Schlitze der Stampfplatte geschoben. Aufbringen und Vollstampfen des Kastenteiles C, danach der beiden Teile D;

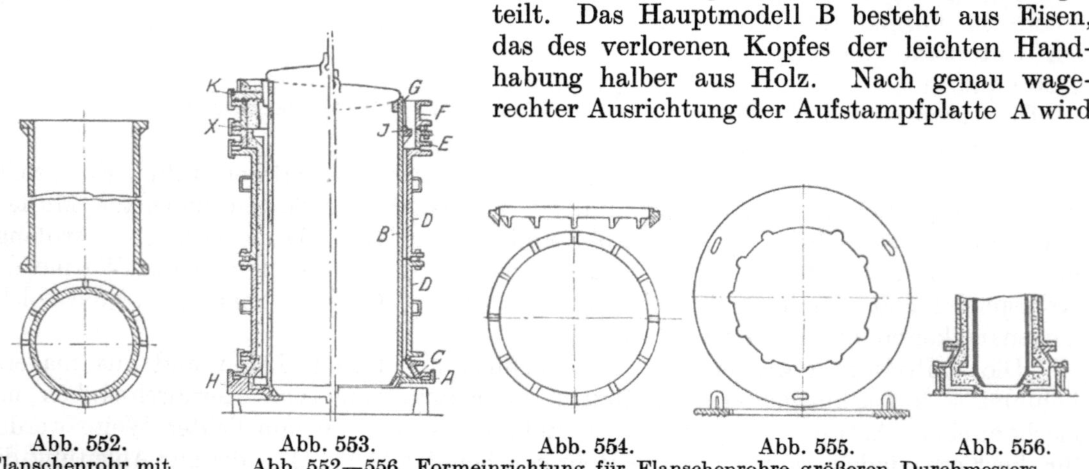

Abb. 552. Flanschenrohr mit Flanschenrippe.

Abb. 553. Abb. 554. Abb. 555. Abb. 556.

Abb. 552—556. Formeinrichtung für Flanschenrohre größeren Durchmessers.

Aufsetzen des ungeteilten Kastens E und des oberen mit Stützrippen versehenen Flanschrings J (Abb. 554 und 553), Unterstopfen des Flanschmodells und Herstellung einer mit dem oberen Flanschenrande und dem Rande des Kastens E übereinstimmenden Teilungsebene X; Aufsetzen des Kastens F und des hölzernen Kopfmodells G, Vollstampfen, Glattabstreichen und Ausziehen des Hauptmodells B, danach des Überkopfmodells G; Abheben des Oberkastens F, Ausheben des Flanschmodells J; Abheben der zusammen verklammerten Kasten D, D und C von der Platte A und Ausheben der unteren Stützrippen; Schwärzen und Trocknen sämtlicher Teile der Form.

Inzwischen wurde auf der Bodenplatte H die untere Form des Flansches mit Hilfe einer Drehlehre hergestellt und danach getrocknet. Zusammenstellen der Form auf der Bodenplatte H, Einsetzen des Hauptkerns und Aufbringen einer mit Lehm bezogenen Abschlußplatte K (Abb. 555). Ausführung eines Eingußtümpels auf der Abschlußplatte.

Für Flanschrohre von 300 bis 600 mm lichte Weite wird die untere Flanschfläche nicht mit einer Lehre hergestellt, sondern auf einer Modellplatte in fettem Formsand aufgestampft. Abb. 556 zeigt den unteren Teil einer solchen Form.

Etwas abweichend von dem vorbeschriebenen Verfahren ist die Formerei von Flanschrohren mit 150—300 mm lichter Weite. Die Unterfläche des Bodenflansches wird hier von einem Sand- oder Lehmring Q (Abb. 557) gebildet, der zur Hälfte in einer Aussparung der Bodenplatte liegt und dessen äußerer Rand spitzwinkelig gestaltet ist, wodurch sich auch eine etwas andere Gestaltung der Bodenplatte N ergibt. Der Oberkasten O wird nach dem Aufstampfen zwecks Aushebung des Flanschmodells P abgehoben. Der verlorene Kopf hat den gleichen Durchmesser wie der Rohrflansch; die Abdeckung der Form wird durch einen Ansatz am Kerne bewirkt.

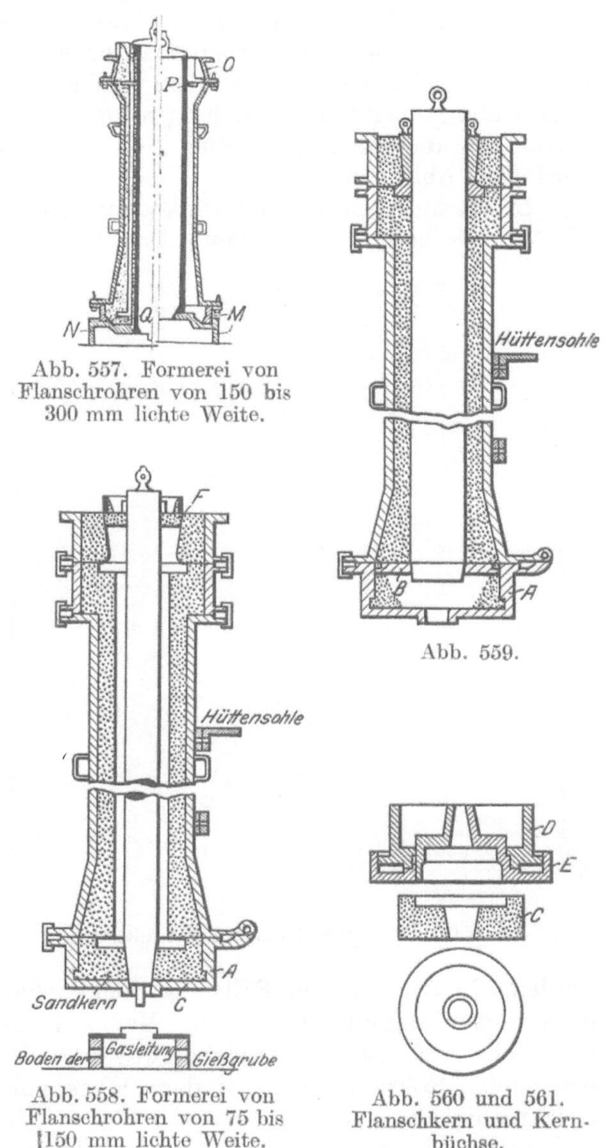

Abb. 557. Formerei von Flanschrohren von 150 bis 300 mm lichte Weite.

Abb. 558. Formerei von Flanschrohren von 75 bis 150 mm lichte Weite.

Abb. 559.

Abb. 560 und 561. Flanschkern und Kernbüchse.

Noch einfacher läßt sich die Einrichtung für Rohre von 75—150 mm lichter Weite und von Baulängen bis zu 2750 mm treffen. Das den Sandkern für den unteren Flansch enthaltende Bodenstück wird mittels eines Scharniers mit dem Hauptkasten verbunden (Abb. 558), zum Aufstampfen des Rohrmodells wird eine Aufstampfplatte B in das Bodenstück eingelegt (Abb. 559). Nach dem Ausziehen des Modells wird das Bodenstück aufgeklappt, die Stampfplatte ausgehoben und durch den Flanschkern C, in dem danach der Rohrkern Führung und Stützung findet, ersetzt. Abb. 560 und 561 zeigen die Büchse zum Aufstampfen des Flanschenkerns und einen fertigen Kern.

In den letzten Jahren ist man auf den größeren Werken dazu übergegangen, die Stampfarbeit von Hand durch Maschinenarbeit zu ersetzen [1]). Das Schaftmodell wird nach dem Stampfen mittels eines durch seine obere Öse geschobenen Hebels nach rechts und links gedreht und dann mit dem Kranen ausgezogen. Es empfiehlt sich, das Modell von Zeit zu Zeit mit Petroleum abzureiben, wodurch es leichter aus dem Sand geht und glattere Formen liefert.

Sämtliche Rohrformen werden geschwärzt und getrocknet. Die Schwärze wird gewöhnlich durch Eingießen aufgetragen, wobei das Schwärzegefäß so geschwenkt wird, daß die Flüssigkeit in kreisender Bewegung über die ganze Rohrwandung fließt. Vor Ausführung dieser Arbeit bringt man unter die Form ein Gefäß zum Auffangen der abfließenden Schwärze; es geht demnach keine Schwärze verloren, und man kann oben ohne Gefahr einer Verschwendung recht reichlich zugießen. Die Formen werden mit Gas getrocknet, das ihnen durch eine Düse am unteren offenen Ende des Kastens zugeführt wird (vgl. Abb. 558).

In ein und demselben Formkasten können in der 24stündigen Doppelschicht 6 bis 12 Abgüsse hergestellt werden. Das Trocknen einer Form erfordert 15—30 Minuten, das eines mittleren Kerns etwa 2 Stunden, wobei für die erste Lehmschicht 40—50, für die zweite 30—40, für das Nachtrocknen der Schwärze 10 Minuten und für die Abkühlung vor dem Einsetzen der Rest der an 2 Stunden fehlenden Zeit gerechnet wird.

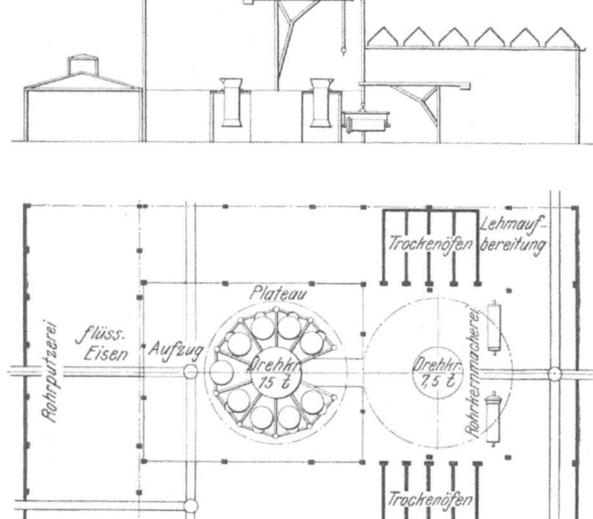

Abb. 562. Plan einer kleineren Rohrgießerei.

Sobald das in die Form gegossene Eisen erstarrt ist, muß die Kernspindel gezogen werden, was ohne Schwierigkeit geschieht, wenn der richtige Augenblick wahrgenommen wird. Die durch den dabei frei werdenden Hohlraum ziehende Luft bewirkt ein gleichmäßiges Abkühlen des Rohrs. Das ist von großer Wichtigkeit; ungleichmäßig abgekühlte Rohre erlangen Spannungen, die ihrem Dasein gefährlich werden können. Die Sorge für gleichmäßiges Abkühlen der Rohre darf auch nach dem Ziehen der Spindeln nicht vernachlässigt werden. In den meisten Fällen ist nicht genügend Zeit zur Verfügung, um die Rohre in der Form abkühlen zu lassen. Man zieht sie dann noch rotwarm aus, schichtet sie wagerecht auf eisernen Transportwagen und bedeckt sie mit einer Blechplatte. So behandelte Rohre kühlen auf dem Wege zur Putzerei in ganz einwandfreier Weise gleichmäßig ab.

An das Putzen schließt sich das Abtrennen des Eingusses und das Abschneiden auf genaue Längen, Arbeiten, die auf besonders eingerichteten Werkzeugmaschinen vollzogen werden. Dann gelangen die Rohre in den Prüfraum, wo sie durch inneren Wasserdruck und gleichzeitiges Abklopfen mit eisernen Hämmern auf Dichtheit und Bruchfestigkeit untersucht werden.

Anordnung der Formen und der Kernmacherbehelfe. Abb. 562 zeigt die Anlage einer neuzeitlichen Rohrgießerei. Die Formkasten sind an drehbaren Trommeln (Abb. 563 und 564) befestigt, deren jede mit mehreren den verschiedenen Arbeitszwecken angepaßten Hebezeugen versehen ist. Das Modelleinsetzen, Stampfen, Modellausheben,

[1]) Siehe S. 465.

Kerneinsetzen, Gießen, Spindelziehen und Entleeren kann dann stets gleichmäßig je an derselben Stelle erfolgen. Das Modell wird an einer Stelle des mittleren Formkastenkreises an eine feststehende Winde gehängt und stets vom gleichen Punkte aus in den Formkasten gesetzt. Sobald der Formkasten vollgestampft ist, zieht man das Modell aus und bewegt die Trommel um so viel weiter, daß der nächste Formkasten wieder genau

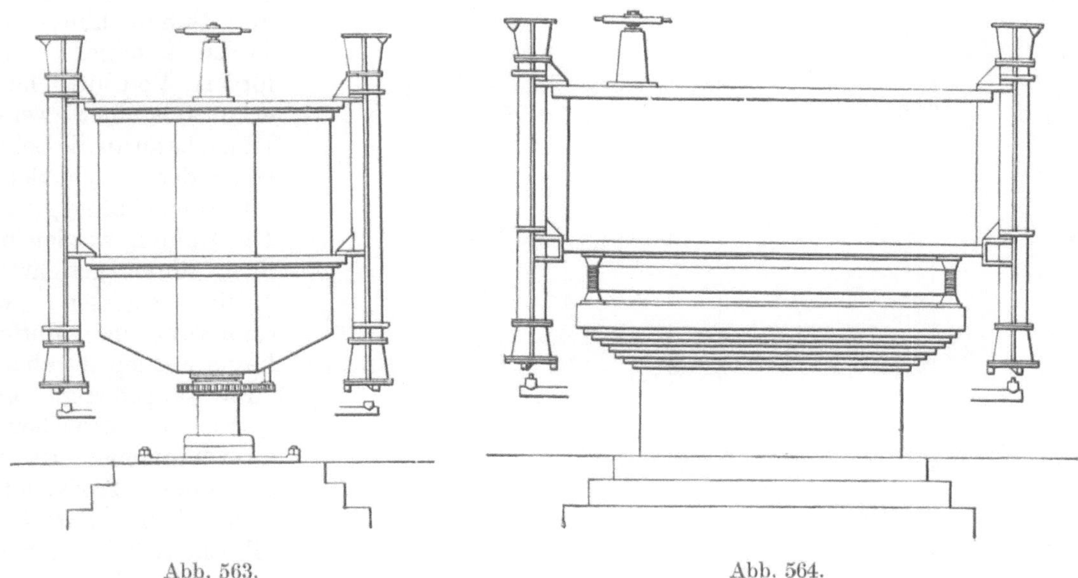

Abb. 563. Abb. 564.

Abb. 563 u. 564. Drehbare Rohrformtrommel.

unter das Modell kommt. Dementsprechend braucht der Formsand stets nur an ein und dieselbe Stelle befördert zu werden. Ein in der Mitte des Formkastenkreises stehender Drehkran dient zum Kerneinsetzen und Gießen, während ein anderer, zwischen je zwei Trommeln untergebrachter Drehkran die abgegossenen Rohre auszieht. Zum Gießen wie zum Kerneinsetzen braucht der Kran für den ganzen Formkastenkranz nur einmal eingestellt zu werden, wodurch die Arbeiten nicht nur genauer, sondern auch viel rascher als bei feststehenden Formkasten erledigt werden können.

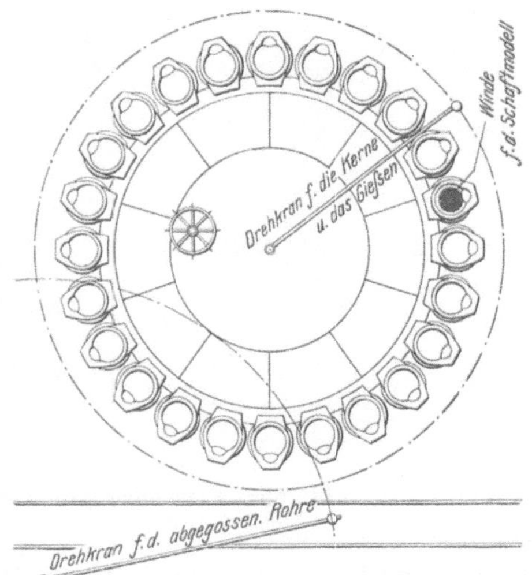

Abb. 565. Verteilung der Hebezeuge bei einer Rohrtrommel.

Abb. 565 läßt die Verteilung der Hebezeuge erkennen. Die Trommeln bestehen zum größten Teil aus Gußeisen. Sie werden ähnlich einer Drehscheibe auf Rollen bewegt, die auf dem das Fundament bildenden Mauerklotz gelagert sind. Im Innern der Trommel sitzt ein Zahnkranz, in den ein im Fundament gelagertes Zahnrad eingreift. Die Bewegung des Zahnrads wird von einem auf der Trommel gelagerten Handrade aus oder mittels eines Elektromotors bewirkt. An die Stelle des mittleren Drehkrans der Abb. 565 tritt mitunter eine über die Trommelmitte gerichtete Laufkatze.

In der Gießerei nach Abb. 566 sind insgesamt 10 Rohrtrommeln vorgesehen, deren jede von zwei Kerndrehbänken und zwei Trockenkammern bedient wird. Die Beförderung des verbrauchten Formsandes erfolgt mit Kippwagen, die durch ein Gangspill angetrieben werden und auf dem zu ebener Erde neben den Rohrtrommeln angeordneten

Gleise laufen. In dem an der Stirnseite des Baues gelegenen Raum wird der Sand aufbereitet, worauf er durch ein Becherwerk auf die Formbühne und von dort auf einem Gleise den einzelnen Formabteilungen zugeführt wird. Der für die Kerne benötigte Lehm wird zu ebener Erde auf Kollergängen vorbereitet und dann mittels einer Hängebahn und eines elektrisch betriebenen Aufzugs auf die Bühne hinter die Trockenkammern befördert. Von dort gelangt er mittels einer zweiten Hängebahn an die Lehmtröge der verschiedenen Kernmachergruppen. Die Röhren werden mit nach unten gerichteter Muffe gegossen, die erforderlichen Muffenkerne werden zu ebener Erde angefertigt und getrocknet. Zwischen je zwei Trommeln ist ein doppelter Trockenofen vorgesehen. Sämtliche Trockenvorrichtungen, sowie die Heizung der Teeröfen werden von einer Gaserzeugeranlage aus gespeist.

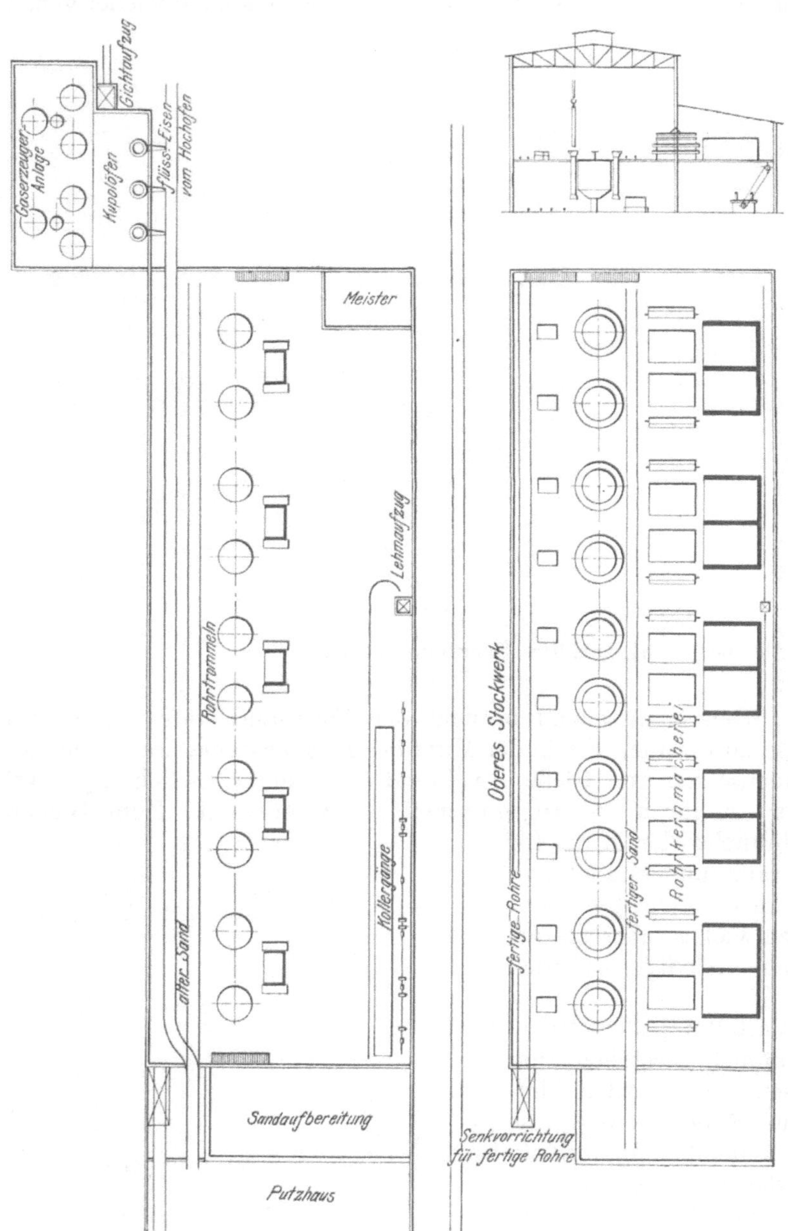

Abb. 566. Plan einer größeren Rohrgießerei.

Das flüssige Eisen wird zum Teil vom Hochofen bezogen, zum Teil in Kuppelöfen geschmolzen und nach Bedarf gemischt. Es gelangt dann in großen Behältern auf einem Gleise zu ebener Erde vor die einzelnen Trommeln, wo man es in die Gießpfannen umgießt und durch einen Ausschnitt in der Formbühne mit einer Laufkatze hochhebt.

Die fertigen Rohre werden auf Wagen verladen, die auf dem Gleise zwischen der linksseitigen Mauer und den Aussparungen zum Eisenhochheben laufen und mit einer Senkvorrichtung in die Gußputzerei zu ebener Erde befördert werden [1]).

[1]) Wesentlich andere Anordnungen ergeben sich, wenn an Stelle des Handstampfens oder der in Deutschland bisher üblichen Stampfmaschinen eine Herbertsche Ziehmaschine oder gar eine Schleudermaschine tritt. Näheres siehe S. 473 u. 478 u. ff.

Abflußröhren.

Zur erfolgreichen Erzeugung von Abflußröhren als Massenware kommt es auf eine tadellose Modell- und Kernbüchseneinrichtung, auf luftigen Sand und auf hitziges, dünnflüssiges Eisen an. In manchen Werken werden Formen und Kerne stehend hergestellt und abgegossen, in anderen arbeitet man mit liegenden Formen, und die Kerne werden teils aus Lehm, mitunter auch aus Sand hergestellt. Liegende Formen werden meist naß, stehende gewöhnlich trocken abgegossen. Für den stehenden Guß werden wagerecht angefertigte Lehmkerne oder in lotrecht aufgestellten, der Länge nach aufklappbaren Kernbüchsen hergestellte Sandkerne benützt. Lehmkerne erfordern zwischen Lehm und Kernspindel eine Schicht aus Stroh- oder Heuseilen, wogegen für lotrecht hergestellte Sandkerne meist profilierte Kerneisen mit Luftspießen verwendet werden, welch letztere vor dem Aufklappen der Kernbüchse aus dem Kern gezogen werden. Die Formerei mit lotrecht stehenden Formkasten lehnt sich genau an die im vorhergehenden Abschnitt beschriebene Arbeit bei den Druckröhren an. Es ist nur den Kernen noch mehr Nachgiebigkeit nach dem Gusse zu verleihen, da sonst ein Reißen der äußerst schwachwandigen Rohre zu befürchten wäre.

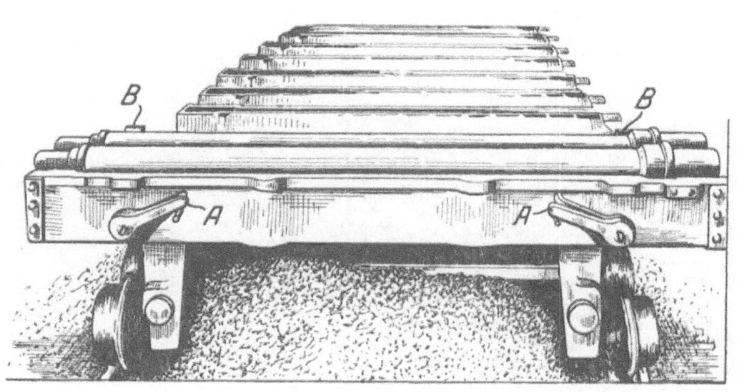

Abb. 567. Formeinrichtung für Abflußröhren.

Der überwiegende Teil aller Abflußröhren wird bei uns wie in Amerika liegend in handgestampften Formen hergestellt. Abb. 567 [1]) zeigt eine bewährte, amerikanische Formeinrichtung. Sie besitzt einen auf vier Rädern ruhenden gußeisernen Rahmen, auf dem sich die aus drei Längsteilen bestehende Durchziehplatte befindet. Die beiden auf der Vorrichtung befindlichen Modelle bestehen aus zylindrischen, durchaus genau bearbeiteten Abgüssen von 18 mm Wandstärke. Sie werden nur durch ihr Gewicht in entsprechend angeordneten Bügeln des Führungsrahmens festgehalten. Die genau passenden Durchziehplatten verhindern jede seitliche Verschiebung, und eine etwaige Drehung des Modells um seine Achse ist belanglos, da es durchaus rund ist. Ein von außen durch eine Kurbel zu betätigendes Kniehebelwerk hebt und senkt die Modelle, wobei man mit 18 mm Hub, bzw. Senkung, durchaus zurecht kommt. Die Formkasten werden auf der Maschine, abgesehen von den beiden Anschlägen B und einem Anschlage am Muffenende der Maschine, von den Modellen selbst geführt, da sie mit ihren bearbeiteten Ausschnitten an beiden Kopfenden genau über die gleichfalls bearbeiteten Modellkernmarken passen. Nach dem Aufsetzen eines Formkastens wird der Verklammerungshebel A hochgedreht, um den Kasten während des Stampfens sicher festzuhalten. Ober- und

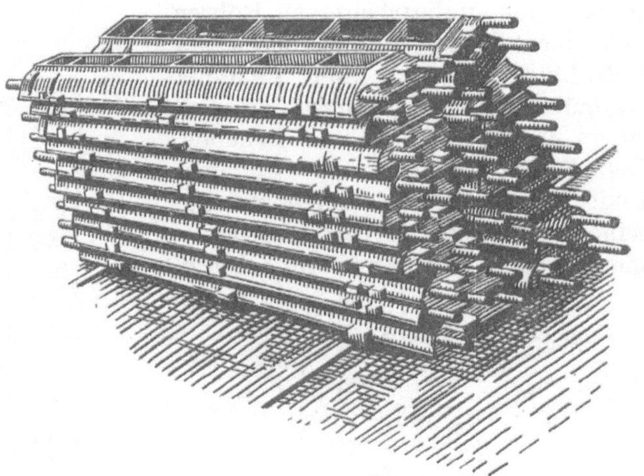
Abb. 568. Stapel von Rohrformkasten.

[1]) Nach Foundry 1921, S. 43.

Unterkasten sind völlig gleich und auswechselbar. Ober- und Unterteil werden gegenseitig nur durch die Marken der im Unterteil eingelegten Kerne, bzw. durch über die Kernenden geschobene Ringe geführt. Durch diese Anordnung gelangt man zu einfachen, jeden Beschlag erübrigenden und darum sehr haltbaren Formkasten. Abb. 568 zeigt einen Stapel derselben. Sie sind nur an den Teilungsflächen und den auf den Kernmarken ruhenden Ausschnitten bearbeitet.

Abb. 569. Gießen von Abflußröhren.

Die Formen werden von Hand gestampft. Auf der Durchziehplatte ist zwischen den beiden Modellen ihrer ganzen Länge nach ein Lauf angebracht, von dem nach rechts und links in gleichen Abständen von 50 mm breite, dünne Anschnitte den beiden Formen das Eisen zuführen. Auf den Hauptlauf münden vier Eingußtrichter, so daß jede der etwa 1500 mm langen Doppelformen mit vier Pfannen abgegossen werden muß. Es ist wichtig, daß die Formen beim Guß genau wagerecht liegen, was durch ihr Absetzen auf die Schienen der allmählich vorwärts gehenden Formmaschine gewährleistet wird. Der Guß erfolgt mittels muldenförmiger, mit 4 Ausgußtüllen versehener Gußgefäße an allen vier Eingüssen zu gleicher Zeit (Abb. 569).

Die Kernspindeln (Abb. 570) bestehen aus unbearbeiteten Röhren mit einer Reihe von Schlitzen zur Luftabführung an zwei einander gegenüberliegenden Längslinien und einem Knopf am äußeren Muffenende. Der Knopf befindet sich in einer Linie mit einer der beiden Schlitzreihen und dient nur als Richtungspunkt beim Einlegen der Kerne.

Abb. 570. Kernspindeln für Abflußröhren.

Abb. 571. Kerndrehbank für Abflußröhren.

Würde nämlich eine Schlitzreihe unmittelbar vor die Einläufe kommen, so bestände die Gefahr der Durchdrückung der sie überdeckenden dünnen Sandschicht durch das einströmende Eisen. Mit Hilfe des Knopfs hat man es stets in der Hand, die Kerne so einzulegen, daß die eine Schlitzreihe oben, die andere unten in der Form zu liegen kommt, wodurch die beste Entlüftung gesichert wird.

Zur Herstellung der Kerne sind eigenartige Kerndrehbänke nach Abb. 571 in Gebrauch. Sie bestehen aus einem Ständer, an dem ein nach unten sich verjüngender

Behälter untergebracht ist, oberhalb dessen ein durch den Handgriff C von Hand zu betätigendes Rüttelsieb vorgesehen ist. Unterhalb dieses Behälters befinden sich zwei genau bearbeitete Bügel zur Aufnahme der Kernenden. Die Kernenden selbst sind nicht bearbeitet, sondern man schiebt über sie Ringe, deren äußerer Umfang den Ausschnitten der Formkasten entsprechend bearbeitet ist, und befestigt diese Ringe mittels Keile an der Spindel. Die so ausgestattete Spindel wird mit Lehmwasser bestrichen, in die Bügel der Maschine gelegt, eine die aufzutragende Formsandschicht begrenzende Lehre wird zurechtgestellt und in das Muffenende der Spindel die konische Achse einer Wandkurbel geschoben. Ein leichter Druck genügt, um die Drehkurbel in der Spindel ausreichend fest unterzubringen. Zwei Mann heben die Spindel auf die Maschine, dann wirft einer von ihnen einige Schaufeln Sand auf das Rüttelsieb und setzt es mittels des Handgriffs in Bewegung, während der zweite die Spindel rasch dreht. Der durch den engen Schlitz des Behälters auf die Spindel fallende Sand bleibt an ihr haften, so daß nach zehn bis zwölf Umdrehungen ein Kern fertig ist. Mit dem Drehen wird zum Schluß in einem Augenblick angehalten, in dem sich der Knopf an der Spindel oben befindet. Nun hebt man den fertigen Kern ab, um ihn unmittelbar in die bereitstehende Form einzusetzen.

Die Formerei wird durchaus in Gruppen von nur zwei Mann ausgeführt. Diese beiden leisten die gesamte Arbeit, sie machen sich selbst den Sand zurecht, bedienen allein die Maschine, gießen selbst ab (wobei sich zwei benachbarte Gruppen aushelfen), entleeren ihre Kasten und stapeln sie jeden Abend vorschriftsmäßig auf. Dabei bringen sie in der Schicht 38 Formkasten mit je zwei Röhren von 1500 mm Länge, 152 mm Durchmesser und 4,5 mm Wandstärke fertig. In der Gießerei von Sommerville (N. J.) werden täglich insgesamt etwa 2000 Stück Röhren mit einem Ausschuß von höchstens 3% fertiggestellt.

Literatur.

Amerikanische Röhrengießereien. Stahleisen 1907, S. 237/239.

Simon, Gustav: Entwicklung der Anlage von Röhrengießereien. Stahleisen 1907, S. 397/404.

Simmersbach, Oskar: Neuerungen in Rohrgießereien. Stahleisen 1908, S. 865/872.

Irresberger, Carl: Der unmittelbare Guß vom Hochofen, insbesondere in Röhrengießereien. Stahleisen 1908, S. 122/127.

Die Röhrengießerei zu Toronto (Kanada). Castings, 1908, August, S. 169/173.

Simon, Gustav: Zur Fabrikation gußeiserner Muffenrohre. Stahleisen 1909, S. 1723/1730.

Ardelt, R.: Maschinelle Herstellung von Formen für stehend zu gießende Rohre. Stahleisen 1910, 185/192 u. 362/367.

Eine japanische Röhrengießerei. Foundry. Okt. 1911, S. 60.

Voelkel, Fr.: Formen und Gießen normaler gußeiserner Röhren. Gieß.-Zg. 1911, S. 37/39, 70/74 u. 106/109.

Ardelt, R.: Über Röhrenformerei. Gieß.-Zg. 1911, S. 439/442.

— Über neue Röhrengießereien, Bauart Ardelt. Stahleisen 1913, S. 355/361.

Horner, Josef: Röhrenformerei. Foundry 1920, 15. März, S. 242/245, 1. April, S. 266/271.

— Rütteln von Rohrformen. Iron Age 1921, 29. Dezember, S. 1889/1892.

Irresberger, C.: Formerei von Abflußröhren. Gieß.-Zg. 1921, S. 112/119.

XIII. Gliederkessel und Rippenheizkörper.

Gliederkessel.

Die Eigenart der Herstellung umfaßt die Anfertigung der Modelle, die Formeinrichtung und -arbeit, die Zusammensetzung und Aufbereitung des Kernsandes, das Kernmachen und -trocknen, die Kernstützen, die Vorbereitung zum Guß, die Gattierung, das Gießen, die Nachbehandlung der Abgüsse und das gute Ineinandergreifen aller erforderlichen Arbeitsvorgänge.

Abb. 572 zeigt ein einzelnes Glied eines der gangbarsten Kessel (Strebelkessel), während die Abb. 573–575 einen aus sechs Gliedern, je einem Vorder- und Hinterglied und vier Mittelgliedern, zusammengebauten vollständigen Kessel erkennen läßt.

Die Arbeitsmodelle werden aus Gußeisen hergestellt. Da nur mit Formplatten oder mit Durchziehvorrichtungen gearbeitet wird, müssen alle Modelle in Hälften angefertigt werden. Das Urmodell erhält dreifaches Schwindmaß und wird gewöhnlich aus Gips gemacht. Man rührt auf einer Marmor- oder Schieferplatte einen dicken

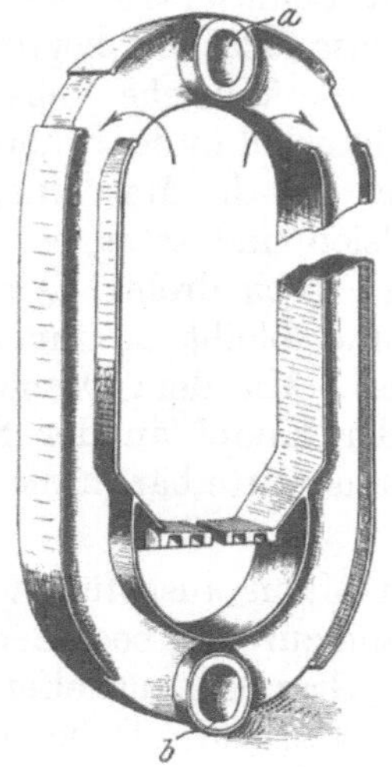

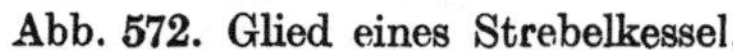
Abb. 572. Glied eines Strebelkessel.

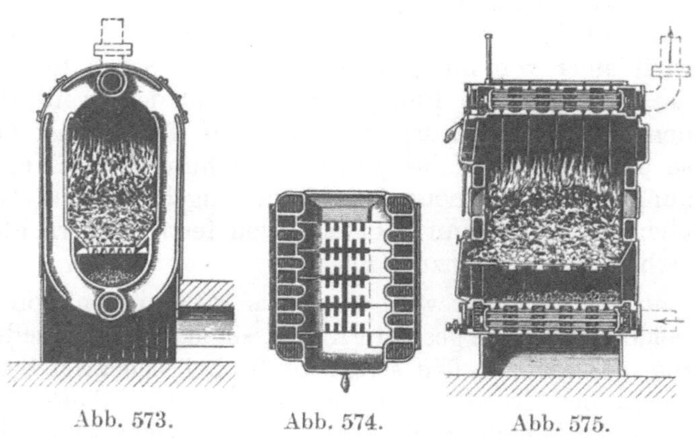

Abb. 573–575. Aus 6 Gliedern bestehender Kessel.

Gipsbrei an und gibt ihm mit Hilfe von Begrenzungs- und Ziehlehren die Form des halben Kerns. Sobald die Kernform genügend erhärtet ist, überzieht man sie mit einer neuen Gipsschicht, die mit Hilfe anderer Lehren die Außenform des Modells erhält. Das Modell muß in einzelnen Stücken hergestellt werden, die schließlich auf das sorgfältigste zu einem Ganzen vereinigt werden. Die aufgezogene Schale wird in Zink abgegossen und gibt so das Muttermodell für alle in Gußeisen abzugießenden Arbeitsmodelle, Kern- und Brennbüchsen. Eine Bearbeitung der ganzen Modelloberflächen ist nicht von Vorteil,

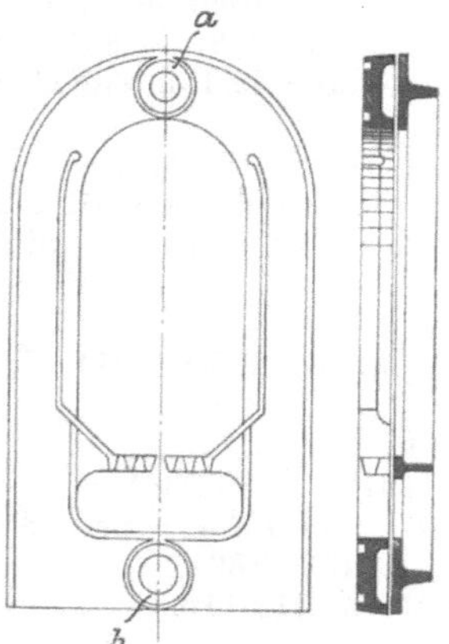

Abb. 576. Durchzieheinrichtung für Gliederkessel.

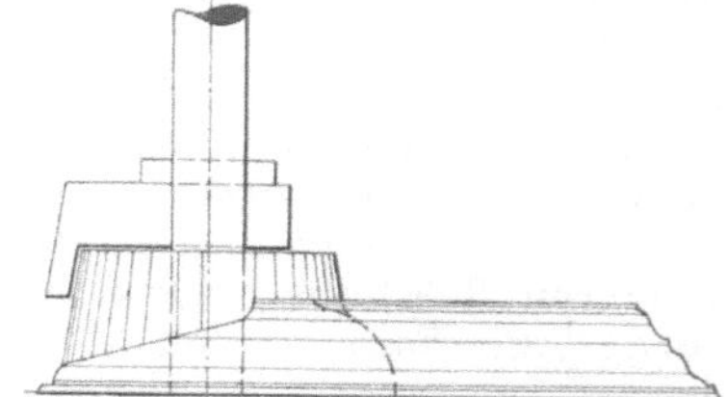

Abb. 577. Nacharbeiten der Verbindungsnippel.

weil die bearbeiteten Flächen den Angriffen des scharfen Formsandes und den Einflüssen des Trockenofens (bei den Kernbüchsen und Brennschalen) gegenüber weniger widerstandsfähig sind, als die nur oberflächlich geglättete Gußhaut. Die Modelle werden auf Durchziehplatten (Abb. 576) montiert. Die Befestigung auf den Platten erfolgt mittels verzinkter Kopfschrauben und Prisonstifte. Besondere Sorgfalt muß den Verbindungsnippeln (a und b in Abb. 572 und 576) gewidmet werden. Man macht sie im Rohguß etwas größer als dem Maße der fertigen Stücke entspricht, befestigt sie an der richtigen Stelle und arbeitet sie erst dann auf einer Fräsmaschine nach (Abb. 577). Auch den kleinen Löchern zum Einstecken der Kernstützen — die Kernstützen werden mit eingestampft — ist große Aufmerksamkeit zu widmen. Es muß dafür gesorgt werden, daß sie sich nicht mit Sand versetzen können, denn das Maß, um das die Kernstifte über das Modell ragen, bestimmt die Lage des Kerns. Man stellt die Stützen so, daß im Oberteil auf alle Fälle die richtige Wandstärke eingehalten wird, und daß etwaige, infolge ungleich starker Kerne entstehende Abweichungen vom Unterteil aufgenommen werden.

Genaues Zusammenpassen der Modellplatten und der Formkasten in den Stiften und Stiftlöchern ist natürlich von großer Wichtigkeit. Die geringste Ungenauigkeit zeitigt versetzte Abgüsse oder erschwert doch das Abheben der Formkasten. Zur Hintanhaltung einer vorzeitigen Abnutzung der Führungslöcher gießt man sie mit einem Durchmesser, der groß genug ist, um nebenbei hergestellten Führungshülsen aus hartem Werkstoff Raum zu schaffen. Die Hülsen werden auf die Stifte eines Formkastens gesteckt, die Formplatte wird darüber gelegt und der Raum zwischen den Hülsen und den Lochrändern mit Komposition ausgegossen.

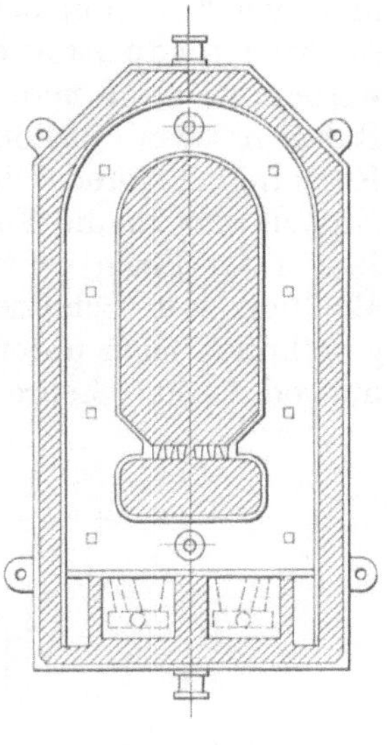

Die Gliederkessel werden durchweg in geraden Formkasten mit reichlich bemessenen Zwischenwänden geformt.

In großen Mengen zu erzeugende Kesselglieder werden auf Formmaschinen hergestellt. Außergewöhnlich gestaltete oder besonders große Kesselglieder für Sonderausführungen werden von Hand oder, wenn es sich um nennenswerte Stückzahlen handelt, mit Hilfe von einfachen Abhebevorrichtungen und von Durchziehplatten geformt [1]).

Abb. 578. Aus Kernen zusammengesetzter Einguß mit Schlackenfänger.

Infolge der vielen kleinen Abteilungen, die durch die kreuzweise angeordneten Schoren gebildet werden, macht das Unterstopfen der Schoren und das Vorstampfen den Schoren- und Formkastenwänden entlang den Hauptteil der Formarbeit aus, demgegenüber das Fertigstampfen nur mehr eine untergeordnete Rolle spielt.

Die Anordnung der Eingüsse hängt vollkommen von der Gestalt des Kesselgliedes ab. Die Glieder des Strebelkessels (Abb. 572) werden nach Abb. 578 nur von einer

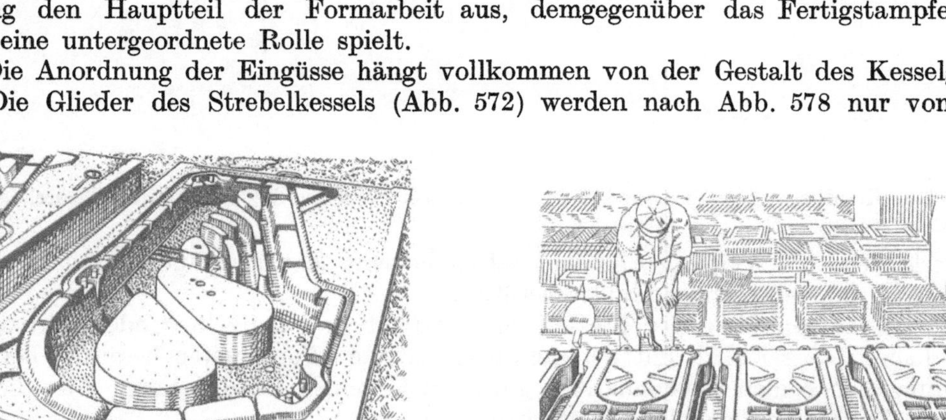

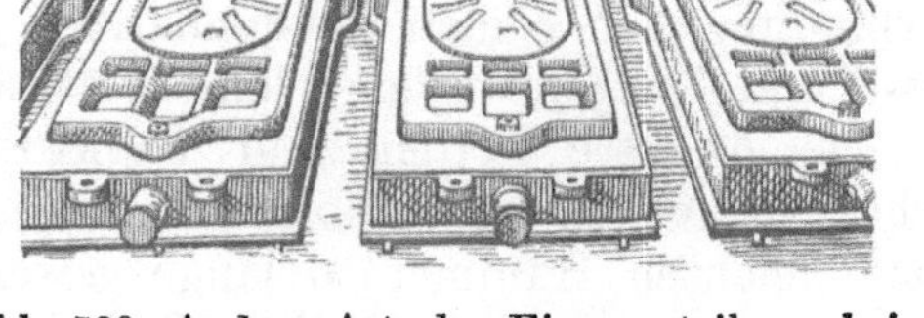

Abb. 579. Gliederkesselform mit ringsum laufendem Verteilungskanal.

Abb. 580. Andere Art der Eisenverteilung beim Guß von Gliederkesseln.

Seite am Boden der Form unter Zwischenschaltung eines Schlackenfängers derart angeschnitten, daß das einströmende Eisen den Hauptkern nicht unmittelbar treffen kann, sondern sich erst auf der unteren Formfläche ausbreitet, ehe es in den Seitenteilen hoch steigt. Mitunter werden auch die Eingüsse als mehrzinkige Gabeln auf die obere Wand der Form gesetzt, wodurch man nicht so sehr auf allerhitzigstes Eisen angewiesen ist. Abb. 579 zeigt die Anordnung eines ringsum laufenden Verteilungskanals, von dem aus

[1]) S. 345 u. 365.

19 Anschnitte zur Form führen. Der Guß erfolgt von zwei einander diagonal gegenüber liegenden Seiten. Eine andere Art der Eisenverteilung ist der Abb. 580 zu entnehmen.

Die Kernkasten für Gliederkessel bestehen aus einer gußeisernen Platte mit je einem in mehreren Teilen aufgeschraubten Außen- und Innenrahmen (Abb. 581). Nach dem „Einpatschen" der Kernmasse werden die Rahmenteile einzeln abgezogen, worauf man den Kern auf der gußeisernen Platte in die Trockenkammer bringt. Es sind also so viel Grundplatten erforderlich, wie gleichzeitig Kerne in der Kammer untergebracht werden, während man je nach der Zahl der Kernformergruppen mit einem oder mehreren Rahmensätzen auskommt. Die Kernmasse besteht aus einem Gemenge von Sand, Kartoffelmehl und Glutrin[1]). Vor dem Einlegen des Hauptkerns werden die beiden Nippelkerne in die Form gestellt und gußeiserne, doppelkegelförmige Kernstützen am Boden der Form verteilt. Auf die Nippelkerne streicht man einen Kranz von dünnem Mehlbrei zum Schutze ihrer scharfen Kanten und zur Sicherung der Luftabfuhr, die gewöhnlich nach unten angeordnet wird. Das Einlegen des Kerns und sein Ausrichten mit oder ohne Lehre verursacht dann keine weiteren Schwierigkeiten, doch müssen stets mehrere Leute zusammenhelfen, um ihn genau wagerecht auf den Stützen absetzen zu können (Abb. 582). Die Kernstützen für das Oberteil ruhen in Aussparungen des Kerns und finden mitunter in den Schoren des Oberkastens ein Widerlager. Nicht selten bedient man sich auch für das Oberteil gewöhnlicher doppelkegeliger Gußeisenstützen.

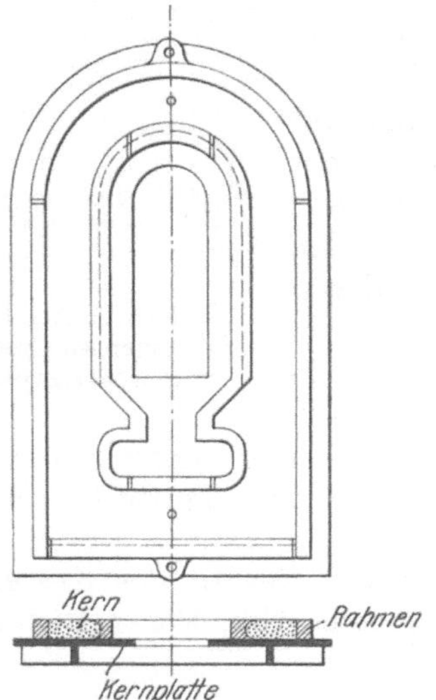

Abb. 581. Kernkasten für Gliederkessel.

Abb. 582. Einlegen des Kerns in die Gliederkesselform.

Das Abgießen der Gliederkesselformen erfolgt in wagerechter oder schwach geneigter Lage. Die reichlich mit Schoren ausgestatteten Formkasten bedürfen bei guter Verbindung der beiden Kastenhälften gewöhnlich keiner Beschwerung. Für die Eingüsse und Steiger werden kleine Kästchen aufgebaut.

Die Abgüsse werden zum Auskernen mittels zweier Spannschrauben in ein einfaches Gestell mit Hartholzlagern gehängt und unter fortwährendem Abklopfen mit einem leichten Hammer so lange gewendet, bis die ganze beim Ausglühen zermürbte Kernmasse herausgerieselt ist. Zwischendurch wird das tiefgekerbte gußeiserne Kerneisen mit einem Brecheisen im Innern des Abgusses klein gebrochen, worauf die einzelnen Stücke mit der Kernmasse durch die Nippellöcher ausfallen. Die weitere Putzerei wird mit Hilfe eines Sandstrahlgebläses zu Ende geführt.

Die fertig geputzten Stücke kommen nun in die Probiererei, wo zunächst die Kernstützen untersucht und nach Bedarf verstemmt oder durch etwas stärkere ersetzt werden. Dieser Vorarbeit folgt die Rohprobe und nach der Bearbeitung auf manchen Werken noch eine Fertigprobe. Außerdem wird jeder montierte Gliederkessel, ehe er aufs Lager oder zum Versand gelangt, noch der Nachprobe unterworfen. Die Rohprobe erfolgt

[1]) Vgl. auch Bd. 1, S. 606.

durchweg mit einem Wasserdrucke von 6—7 at. Man legt dazu die Abgüsse schräg auf Holzblöcke und dichtet die Nippellöcher mit Blindflanschen und Gummiringen ab. Das Wasser strömt durch einen unteren Flansch zu, während ein oberer, mit einem kleinen Entlüftungshähnchen versehener Flansch die Luft entweichen läßt. Bügelschrauben- oder Exzenterverschlüsse ermöglichen das rasche An- und Abbringen der Verflanschungen. Die Abgüsse werden gewöhnlich aus einer Wasserleitung mit geringem Drucke, aber von verhältnismäßig großem Durchmesser gefüllt, während der Hauptprobedruck mittels Handpumpen oder besser durch Anschluß an eine zweite, unter der Wirkung eines Akkumulators stehende Leitung bewirkt wird. Die Stücke müssen etwa 2—3 Stunden unter Druck bleiben. Sie werden dabei andauernd beobachtet und verstemmt oder mit kleinen Gewindepfropfen abgedichtet, so weit die Fehlstellen nicht zu schwerwiegend erscheinen.

Ein Teil der Gliederkesselgießereien unterwirft die bearbeiteten Abgüsse mit der Druckprobe zugleich einer Spannungsprobe. Zu dem Zweck läßt man Dampf in den Abguß strömen, bis eine Temperatur von mindestens 100° C erreicht ist, und schreckt das Eisen dann durch möglichst rasches Füllen mit kaltem Wasser ab. Während der Dampf zuströmt, und so lange er nicht durch das nachströmende Wasser vollständig verdrängt ist, muß der Entlüfthahn des senkrecht aufgestellten Kesselgliedes offen bleiben, sonst können gefährliche Explosionen erfolgen.

Rippenheizkörper (Radiatoren).

Die einzelnen Glieder haben durchschnittlich eine Stärke von etwa 78 mm (Abb. 583), von welcher Stärke je 39 mm auf das Ober- und das Unterteil entfallen. Man arbeitet mit nur 75 mm hohen schorenlosen Formkastenteilen, wodurch es möglich wird, die Stampfarbeit auf eine Behandlung des eingeschaufelten Sandes mit dem Flachstampfer zu beschränken, mit oder ohne vorhergehendem Festtreten des Sandes mit den Füßen. Mit solchen Kasten vermögen zwei Mann in der Schicht durchschnittlich 60 Kasten mit je zwei Gliedern von normaler Länge zum Abgusse zu bringen.

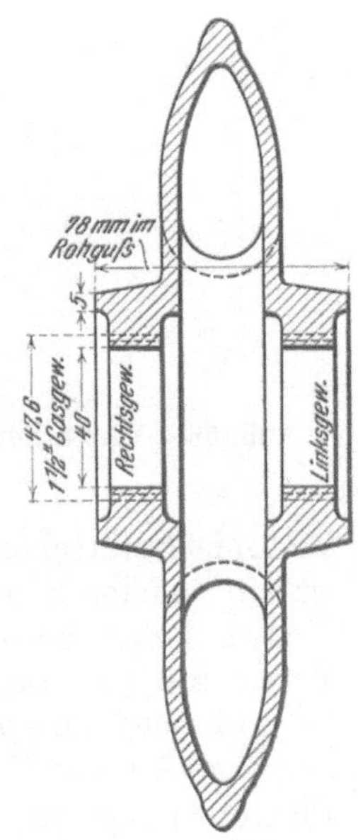

Abb. 583. Schnitt durch ein Rippenheizkörperglied.

Die Modelle sind auf Formplatten untergebracht, und zwar verwendet man sowohl doppelseitig besetzte Wendeplatten wie getrennte Platten für die Ober- und die Unterteile. Nach dem Vollstampfen des Unterteils wird auf seinen Rücken eine 8 mm starke, gelochte Bodenplatte aufgerieben, an deren beiden Schmalenden verschieden hohe Füße zur Schrägstellung des Formkastens beim Guß geschraubt sind. Der Oberkasten wird mit einer ähnlichen, aber etwas stärkeren Platte abgedeckt, die dazu dient, nach Aufsetzen des Oberteiles dieses mit Hilfe eines rasch zu bedienenden Spannbügels mit dem Unterteil zu verklammern. An Stelle dieser Verklammerung ist auf manchen Werken ein einfacheres Verfahren üblich, wobei die Kasten ohne Unterlagsplatten auf einem mit entsprechender Schräge zwischen zwei Begrenzungseisen hergerichteten Formsandherde abgesetzt und mit gußeisernen Belastungsplatten von 120—150 kg Gewicht belastet werden. Diese Platten sind an der Unterfläche mit Längsrillen für den Gasabzug versehen. Sie gestatten es, zwei Formkasten zum Abguß aufeinanderzusetzen, und gewähren noch weiter den Vorteil rascherer Arbeit, da entsprechend dem fortschreitenden Gusse die Belastungsplatten nur übergehoben zu werden brauchen, während bei der bis dahin gebräuchlichen Bügelverklammerung außerdem die Verklammerung zu lösen und neu anzuziehen war.

Die Kerne werden aus einer Masse aus scharfem Sand und Leinöl, mit einem Zusatz von Kolophonium hergestellt. Ein Gemenge von 100 kg grubenfeuchtem Sand mit 0,8 kg reinem Leinöl und 0,4 kg Kolophonium hat sich bewährt, es ermöglicht die Ausführung der Kerne ohne Eiseneinlage und bewirkt nach dem Abguß leichtes Ausrieseln der verbrannten Kernmasse. Das Kolophonium wird auf einer Kugelmühle zu feinstem

Staub gemahlen und dem Sand noch vor dem Leinöl beigemengt. Man läßt das Gemenge beider Bestandteile etwa fünf Minuten in einer Flügelmischmaschine gut durchmischen, setzt dann das Leinöl allmählich zu und überläßt das Gemenge der Maschine bis zur völligen gleichmäßigen Mischung des Kernsandes. Die so gewonnene Masse wird von Hand in eiserne Kernbüchsenschalen gedrückt, worauf man glatt abstreicht und mittels einer „Luftschlagplatte" Entlüftungskanäle in die obere Sandfläche schlägt. Die beiden Kernhälften werden dann zusammengeklappt, was mit Hilfe angegossener, bearbeiteter Führungsrippen leicht zu bewerkstelligen ist. Schließlich hebt man die obere Schale ab und bringt den Kern in der unteren Schale in die auf 160° erwärmte Trockenkammer, in der er in $^1/_2$—1 Stunde trocken brennt. Ein geübter Kernmacher vermag so je Schicht etwa 180 Kerne durchschnittlicher Größe in den Ofen zu bringen.

Die Kernstützen werden mit eingeformt. Zu diesem Zweck sind in den Modellen Löcher mit genauer Tiefe vorgesehen, in die die einplattigen Stützen mit der Platte nach oben geschoben werden (Abb. 584). Die Platte wird von dem einzustampfenden Formsand festgehalten, während die glatten, 2 mm starken Stifte aus der Sandform herausragen. Zur Verhütung des Eindringens dieser Stifte in die Masse des Kerns werden an den in der Kernbüchse kenntlich gemachten Stellen im Oberkasten vierkantige

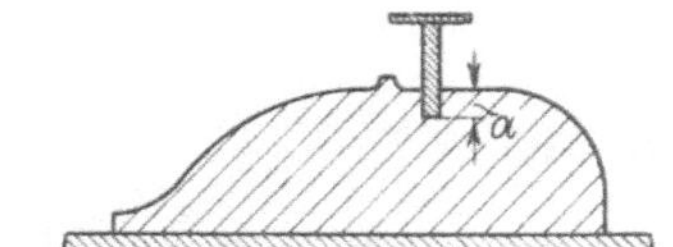

Abb. 584. Anbringen der Kernstütze im Modell.

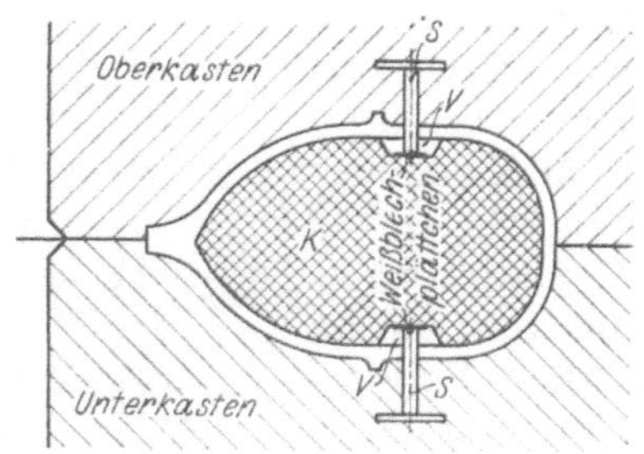

Abb. 585. Verstärkung der Kernstützen.

Abb. 586. Amerikanische Formeinrichtung für Rippenheizkörper.

Weißblechplättchen von $^1/_2$ mm Stärke aufgelegt. An der unteren Seite des Kerns ist ein solcher Schutz weniger nötig, da hier im Gegensatz zur Oberseite während des Gusses keine besondere Beanspruchung wirksam wird. Einzelne Werke sehen auch Verstärkungen vor, um zuverlässigeres Einschweißen der Stützen zu erreichen (Abb. 585). In Abb. 584 entspricht das Maß a der Wandstärke des Abgusses (etwa 5 mm), mehr der Verstärkung V (Abb. 585), weniger der Stärke des Weißblechplättchens. Die oberen Plättchen legt man lose in die Vertiefung, die unteren werden mit Mehlkleister festgeklebt.

Gegenüber der angegebenen deutschen Leistung von 60 Formkasten mit je 2 Abgüssen bei 2 Formern und von 180 Kernen je Mann und Schicht hat man es in Amerika durch weitgehende Vereinfachung eines jeden Handgriffs ohne besondere maschinelle Vorrichtungen zu Tagesleistungen von 80 Kasten bei 2 Mann und von 650 Stück 965 × 229 mm großer Kerne je Mann und Schicht gebracht.

Bei dem amerikanischen Verfahren werden die Formen auf einer einfachen, fahrbaren Stiftabhebevorrichtung (Abb. 586) hergestellt, die von zwei Formern bedient wird[1]). Die Maschine rollt, entsprechend dem Sandverbrauche, dem Sandhaufen nach,

[1]) Für Radiatoren von unternormalen Abmessungen sind kleinere, nur von einem Former bediente Maschinen in Gebrauch. Diese kleinen Maschinen werden so aufgestellt, daß je zwei Former einander beim Abheben behilflich sein können.

die fertigen Formen werden hinter ihr zu dritt übereinander gestapelt. Zunächst wird etwas feinster Modellsand (Teilsand) über das Modell gesiebt — im Winter werden die Formplatten zum Schutze gegen Feuchtigkeitsbeschläge mittels einer Gasflamme warm gehalten —, dann werden der Einguß sowie die Kernstützen aufgesetzt, worauf man eine Lage Sand einschaufelt, die von Hand an die Kernstützen gedrückt und durch einmaliges Herumstampfen mit einem Spitzstampfer an den Rändern des Formkastens verdichtet wird. Der weiter zugeschaufelte Formsand bedarf nur der Behandlung mit dem Flachstampfer. Nach Abstreifen des überschüssigen Sandes und Entfernung der Eingußmodelle schiebt man vier Rohrenden als Handgriffe über die Tragzapfen des Formkastens, hebt ihn durch Betätigung eines Hebels von der Modellplatte ab und setzt ihn, falls es sich um ein Unterteil handelt, nach vorheriger Wendung ab, bzw. bringt ihn, falls man es mit einem Oberteil zu tun hat, ungewendet auf ein bereits mit dem Kern versehenes Unterteil.

Die Formkasten haben keine feststehenden, sondern durchweg auswechselbare Führungstifte. Abb. 587 zeigt die Anordnung dieser Stifte. Ein entsprechend gebogener, über die Tragzapfen gelegter Bügel begrenzt den Stift nach unten und verhütet sein

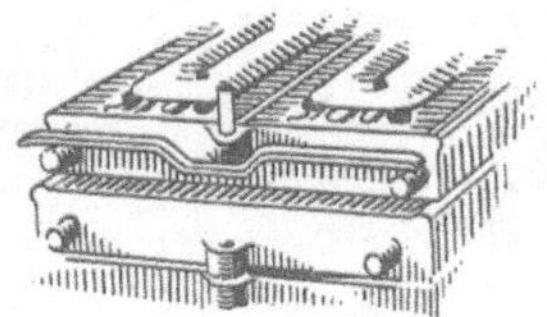

Abb. 587. Anordnung der Führungstifte an den Kastenhälften.

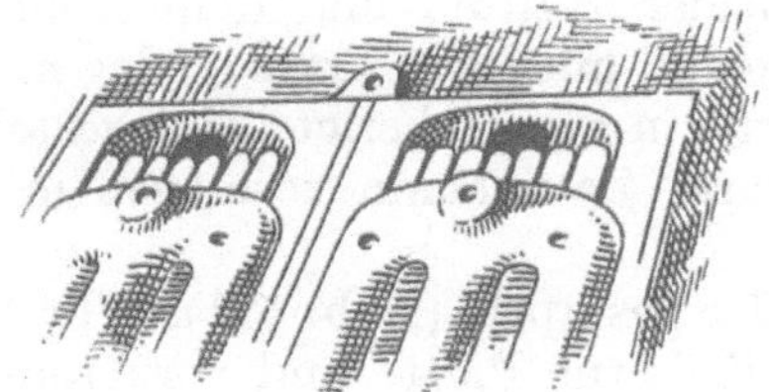

Abb. 588. „Fingeranschnitte“ bei dreisträngigen Gliedern.

Abb. 589. Kernmacherei für Heizkörper.

Durchfallen. Nach Entfernung des Bügels kann der Stift nach oben oder unten ausgezogen werden. Die Verteilung und Form der Anschnitte richtet sich nach der Art der Rippenheizkörper, je nachdem ob die Herstellung zwei- oder dreisträngiger Glieder in Frage kommt.

Man arbeitet wie folgt: Quer zur Form ist ein starker Verteilungslauf angeordnet, an dessen beiden Enden zwei flache und äußerst dünne Anschnitte die Verbindung mit der Form bewirken. Dieser Einguß wird vorzugsweise bei zweisträngigen Radiatoren angewendet. Bei dreisträngigen Gliedern arbeitet man mit sog. „Fingeranschnitten“ (Abb. 588), die mittels etwa acht Anschnitten die Verbindung zwischen Einguß und Form vermitteln. Abb. 588 läßt zugleich die im Kerne vorgesehenen viereckigen Vertiefungen erkennen, die zum Einlegen der Weißblech-Kernstützenbleche dienen.

Die Form-Oberteile und -Unterteile sind einander völlig gleich, mit alleiniger Ausnahme des lotrechten Eingußtrichters, der bei den Unterteilen fortfällt. Man fertigt zunächst eine Lage von Unterteilen an, um den Kerneinlegern Gelegenheit zu geben, eine genügende Anzahl von Kasten mit Kernen zu versehen. Hier tritt ein kennzeichnender Unterschied zwischen dem alten und dem neuen, amerikanischen Verfahren zutage. Während früher Wert darauf gelegt wurde, daß ein und derselbe Former sämtliche Arbeiten einschließlich des Abgießens erledigte, ist jetzt die erste Arbeitsgruppe bereits mit dem Absetzen des Kastenteils fertig. Das Kerneinlegen wird von einer anderen Arbeitsgruppe erledigt. Die Kerneinleger versorgen auch die obere Seite der Kerne mit den Weißblechplättchen.

Die Ölsandmischung ist dort annähernd dieselbe wie bei uns. Der Kernmacher steht zwischen dem Arbeitstisch und einem eisernen Gestell, auf das er die fertigen Kerne absetzt (Abb. 589). Die Kernbüchse besteht aus zwei Hälften, deren eine zugleich als Trockenschale dient. Der Mann legt beide Teile vor sich auf den Tisch, rafft mit Händen und Armen den Sand zusammen, drückt ihn mit den Händen fest in die Büchsen, streicht ab und preßt mittels einer gußeisernen Lehre Entlüftungskanäle

Abb. 590.

Abb. 591.

Abb. 590 u. 591. Aufstellen der Formen zum Guß.

in jede Kernhälfte. Nach dem Zusammenklappen beider Hälften und dem Abheben des oberen Kernbüchsenteils schiebt er die Trockenschale mit dem Kern in das hinter ihm befindliche Gestell. Den Formern werden die Kerne in zweifächerigen Holzgestellen (Abb. 590 rechts oben) auf einer Hängebahn zugeführt. Zwei Mann vermögen in der Schicht 2000 Kerne einzulegen.

Die Formen werden zum Guß dreifach übereinander gestapelt (Abb. 591). Vor dem Guß legt man auf die oberste Form eine gelochte gußeiserne Platte und verklammert sie mittels eines Schraubenbügels mit der Bodenplatte unterhalb der zu unterst liegenden Form. Die unterste Form wird zuerst, danach die mittlere und zum Schlusse die oberste abgegossen.

Abb. 592. Aufstapeln der Rippenheizkörper am Putztisch.

Eine Gruppe von Nachtarbeitern entleert die Kasten, stapelt sie auf, führt die Abgüsse ab, und frischt den Sand mit Hilfe eines fahrbaren Mischapparats auf. In der Putzerei werden zunächst die Kernstützenenden abgehauen, worauf man die Stücke parallel mit dem Gußputztische stapelt (Abb. 592). Dieser Tisch umfaßt einen Rahmen mit endlosen Förderriemen und zwei Sätze schnell umlaufender Drahtbürstenwalzen. An der Oberfläche des Riemens sind in entsprechenden Abständen Haken zum Festhalten der Abgüsse angebracht, wodurch zugleich der Riemen gegen Beschädigungen durch die Bürstenwalzen geschützt wird. Drei Mann genügen zur Aufarbeitung der Tageserzeugung von 2000 Abgüssen. Ein Mann bringt die Stücke auf den Riemen, der zweite wendet sie nach dem Durchgang unter der ersten Walze und der dritte hebt sie, nachdem auch die zweite Seite sauber gebürstet wurde, vom Förderriemen ab.

Literatur.

Kerth, Franz: Fabrikation von gußeisernen Gliederkesseln für Zentralheizung. Gieß.-Zg. 1909, S. 198, 227, 264.

— Formen und Gießen von Radiatoren und Rippenheizkörpern in der Zentralheizung. Gieß.-Zg. 1909, S. 419, 453.

Mueller, E.: Gußeiserne Radiatoren. Stahleisen 1911, S. 1951, 2131.

Herd, C. P.: Radiatorenformerei mit eisernen Dauerformen. Foundry 1919, S. 821/822.

Globig, K. A.: Das Gießen von Radiatoren und Heizkesseln. Eisen-Zg. 1921, S. 353/355.

Irresberger, C.: Fortschritte in der Radiatoren- und Gliederkesselgießerei. Gieß.-Zg. 1922, S. 185/189, 204/205.

Lipitt, M. C.: Ersparnisse in einer Radiatorenfabrik. Iron Age 1923, S. 591/597.

Fürst, S.: Herstellung von Radiatorgliedern und ihrer Kerne. Gieß.-Zg. 1924, S. 517/519.

XIV. Zylinderguß.

Beispiele.

A. Zylinderbüchsen.

Zylinderbüchsen nach Abb. 593 mit Grundflansch, Mittelwulst und Eintrittsfenstern werden durchaus blank bearbeitet und dürfen keinerlei unsaubere oder harte Stellen enthalten. Es kommen drei verschiedene Form- und Gießverfahren in Frage [1]).

1. Das Modell wird der Länge nach geteilt (Abb. 594), mit Hauptkernmarken B und C, einer gemeinsamen Marke A für je 4 Fenster, einem 120 mm hohen Überkopfe F, einem Gießtümpelteile D, sowie mit einem unteren und zwei oberen Eingüssen versehen. Nach dem Aufstampfen des Oberteils wird der an die Stirnseite der Marke B stoßende Formsand bis zur Wand des Formkastens weggeschnitten. Die je zu viert mit einer gemeinsamen Kernmarke versehenen Fensterkerne reichen nur bis auf einen Abstand von 6 mm an den Hauptkern heran. Nach dem Trocknen der beiden bereits im nassen Zustande mit den Fensterkernen versehenen Kastenteile legt man den Hauptkern ein, setzt das Oberteil auf, stampft den durch das Wegschneiden des Sandes entstandenen leeren Raum hinter der Marke B voll, verklammert die beiden Kastenteile und stellt sie zum Gusse lotrecht auf. Abb. 595 zeigt einen Schnitt durch die gießfertige Form. Der Guß erfolgt von oben und von unten. Der abwärts führende Einguß A wird mit einem Zinnplättchen abgeschlossen; die oberhalb der beiden Lücken zwischen den Kernen A angeordneten Eingüsse B und C sind mit niederzuhaltenden Lehmpfropfen verschlossen. Der Eingußtümpel wird mit flüssigem Eisen gefüllt, wobei das den Einguß abschließende Zinnplättchen bald schmilzt, die Pfropfen D und E werden, sobald anzunehmen ist, daß das Eisen in der Form bis zur Höhe a b in Abb. 596 gestiegen ist, gehoben. Durch diese Anordnung wird eine etwa beim Steigen des Eisens entstandene Schaumdecke zertrümmert, und es entsteht eine Bewegung am Spiegel des emporsteigenden Eisens, die den Schmutz unterhalb der kleinen Eintrittskerne in der Richtung der Pfeile a und b der Abb. 596

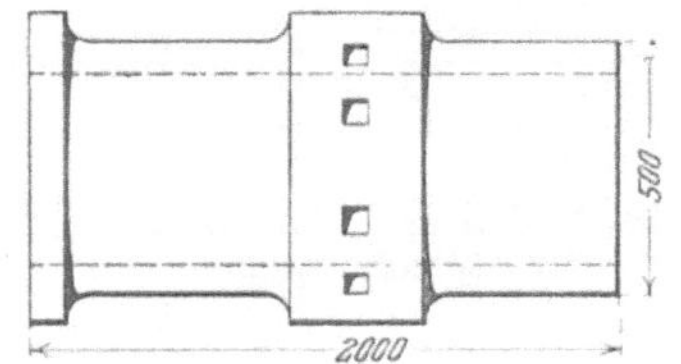

Abb. 593. Zylinderbüchse.

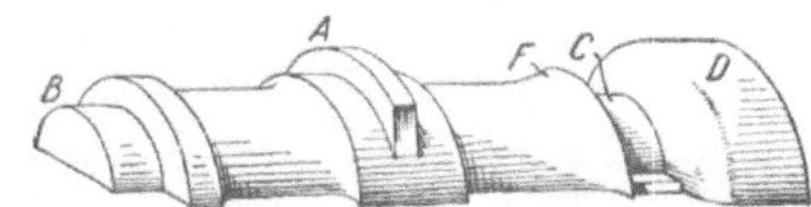

Abb. 594. Halbes Modell zur Zylinderbüchse.

[1]) Stahleisen 1925, S. 149.

wegschwemmt und ihn ungehemmt in den Überkopf gelangen läßt. Dieser Vorgang wird durch die 6 mm breite Lücke zwischen dem Haupt- und den acht kleinen Fensterkernen unterstützt.

2. Das Modell wird wiederum längsgeteilt, je 2 Fensterkerne erhalten eine gemeinsame Kernmarke; diese Kerne reichen bis an den Hauptkern und erhalten kleine Durchgangs-

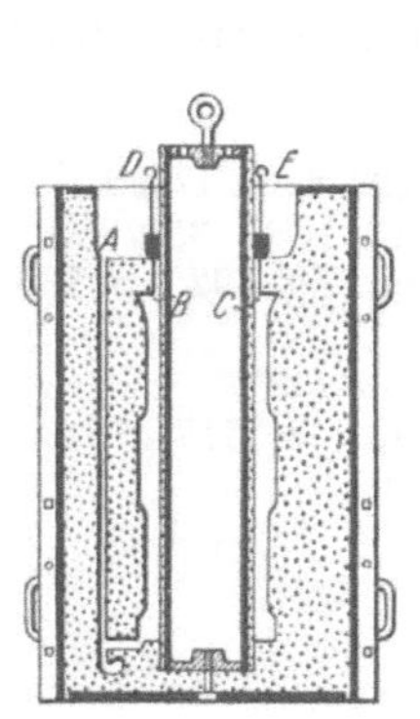

Abb. 595. Schnitt durch die Form.

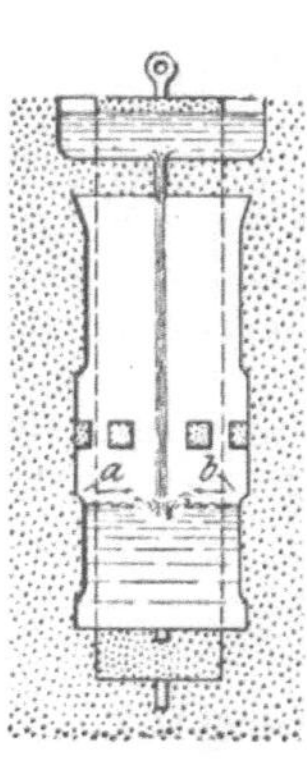

Abb. 596. Wirkung eines der oberen Eingüße.

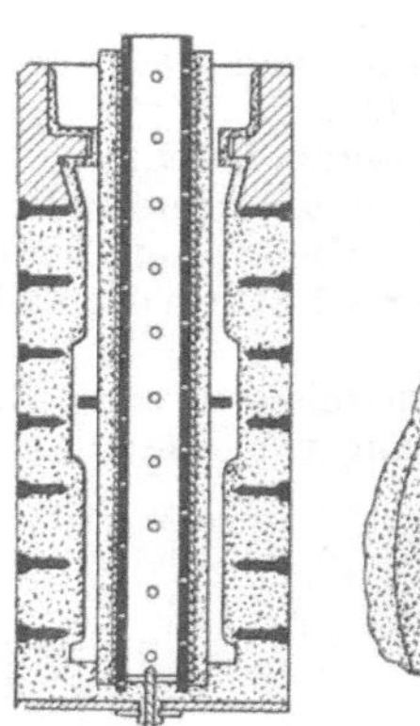
Abb. 597. Längs- und Querschnitt durch die gießfertige Form.

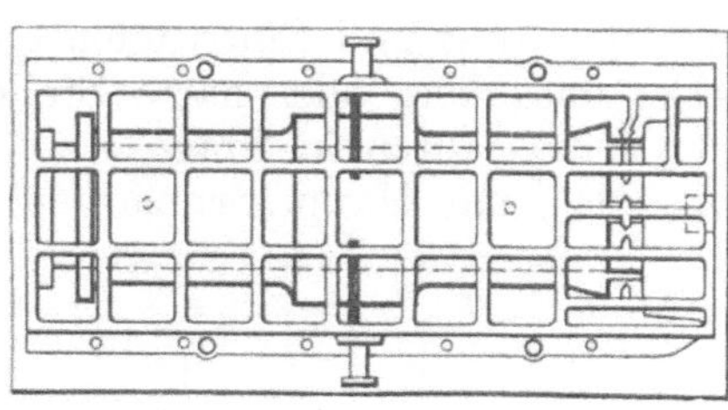
Abb. 598. Modell und Formkasten auf der Rüttelplatte.

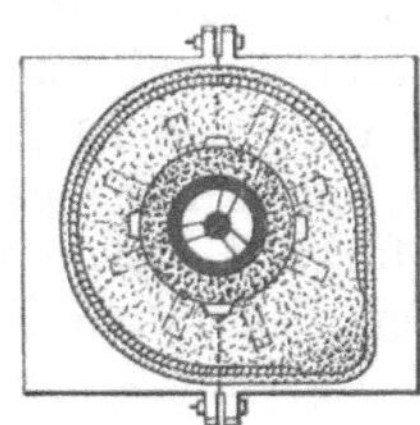
Abb. 599. Einguß-anordnung von oben.

Abb. 600. Gießtrichter. Verschlußstopfen.

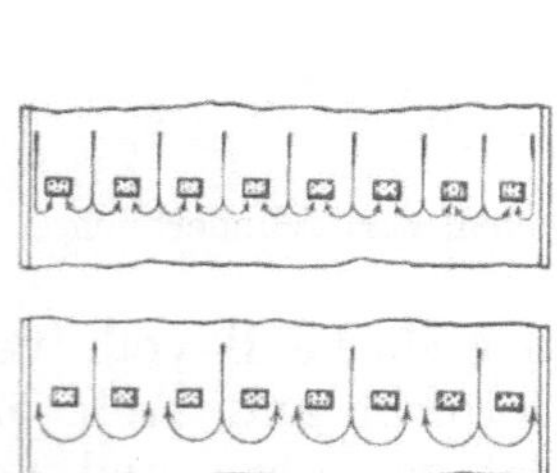
Abb. 601. Wirkung von 4 und 8 Eingüssen.

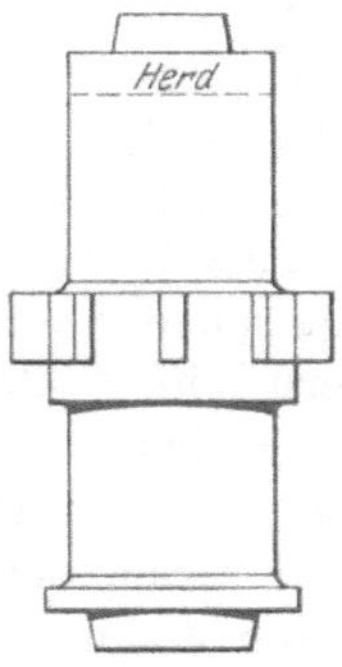

Abb. 602. Quergeteiltes Modell der Zylinderbüchse.

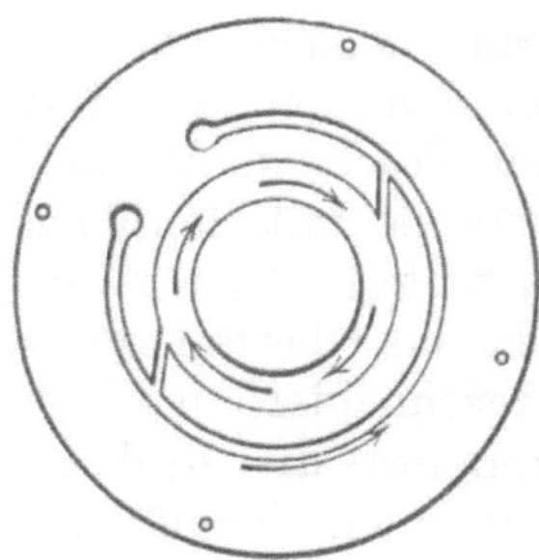
Abb. 603. Einguß mit zwei tangentialen Anschnitten.

öffnungen (Abb. 597 links), um etwaigem Schmutz den Aufstieg zu ermöglichen. Die Marken der Fensterkerne reichen bis zur Teilungsebene des Formkastens, um etwaige Verdichtung durch Rüttelung zu erleichtern. Der Guß erfolgt nur von oben, mittels vier Eingüssen von 36×12 mm Querschnitt. Abb. 598 zeigt die Anbringung des Modells und Formkastens auf einer Stampf- bzw. Rüttelplatte, Abb. 597 eine gießfertige Form in einem Längs- und einem Teile eines Querschnitts und Abb. 599 läßt die Anordnung des Eingusses in einer Ansicht von oben erkennen. Die vier Eingüsse sind während des

Angießens mit Pfropfen nach Abb. 600 verschlossen. Es ist wichtig, nicht acht Eingüsse anzuordnen, was im Hinblick auf die 8 Fensterkerne zunächst naheliegend erscheint. Bei nur vier Eingüssen, deren jeder sich oberhalb der Lücke zwischen je einem Fensterpaare befindet, wird der Schmutz in die noch freie Lücke geschwemmt, in der er hochgehen kann (Abb. 601 unten), während er bei acht Eingüssen (Abb. 601 oben) an den Eintrittskernen hängen bleiben würde.

3. Das Modell wird nicht längsgeteilt, sondern quer in verschiedene Trommeln zerschnitten, die ein stehendes Einformen ermöglichen (Abb. 602). Gegossen wird mit nur einem Eingusse mit zwei tangentialen Anschnitten nahe dem Boden der Form (Abb. 603). Abb. 604 zeigt eine gießfertige Form, links im Schnitte, rechts von außen. Die Fensterkerne reichen bis zur Teilungsebene zwischen dem zweiten und dritten Formkastenteil, werden aber dennoch durch Löcher in den Formkastenwänden unmittelbar entlüftet. Der obere Teil des lotrechten Eingußtrichters hat 35 mm Durchmesser, ein wagerechter, 150 mm langer Kanal in der Teilungsebene zwischen dem oberen und dem unteren Formkastenpaare führt zum unteren Teil des lotrechten Trichters, der nur etwa 25—28 mm

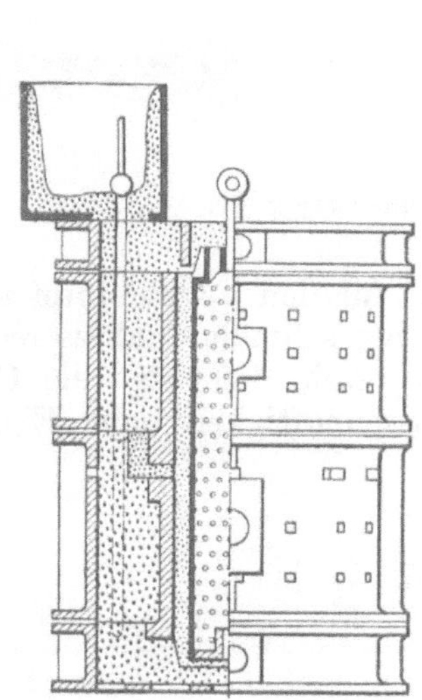

Abb. 604. Schnitt und Ansicht der fertigen Form.

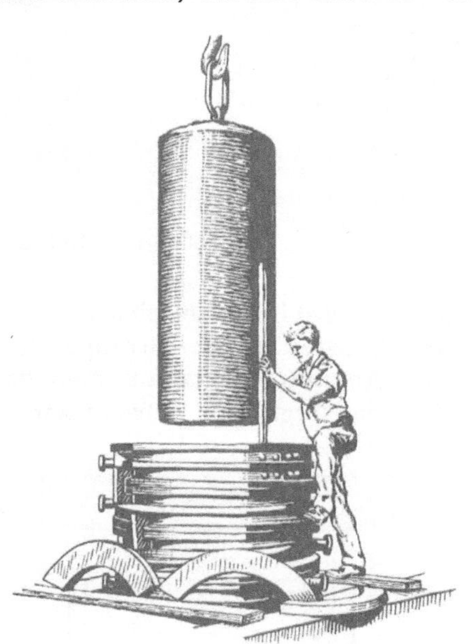

Abb. 605. Einsetzen des Hauptkerns einer Zylinderbüchse.

Durchmesser hat. Die seitliche Unterbrechung mildert den Anprall des flüssigen Eisens am Boden, und die Verminderung des Querschnitts fördert die Stetigkeit des durch die tangentialen Anschnitte in der Form eine kreisende Bewegung erzeugenden Eisenzustromes.

Alle drei erörterten Formverfahren sind zur Erreichung des Ziels (durchaus saubere Abgüsse) recht zuverlässig und geeignet, in ähnlich liegenden Fällen je nach den Umständen des Falls angewandt zu werden.

B. Glatte Zylinder-Büchsen für Lokomotivzylinder.

Glatte Zylinderbüchsen für Lokomotivzylinder werden stets stehend geformt und abgegossen. Zur Formerei werden niedrige, 250 mm hohe Formkasten verwendet, die man nach Bedarf übereinander setzt und mit Klammern untereinander verbindet. Der Abguß erfolgt von oben mittels unmittelbar aufgesetzter Eingüsse. Die Anordnung der Eingüsse durch Einsetzen von Kernsegmenten mit gleichmäßig verteilten Einströmöffnungen ist der Abb. 605 (Einsetzen des Hauptkerns einer Zylinderbüchse) zu entnehmen. Einige Segmentkerne lehnen in der Abbildung am Boden der Form. Das für diese Zylinderbüchsen verwendete Modell hat nur eine Höhe von etwa zwei bis drei

Formkastenteilen. Sobald ein solches eingestampft ist, zieht man das Modell mit Hilfe eines Kranen um das Maß einer Kastenhöhe hoch, so daß zum Schluß den Formern das vollständige Ausheben keine Schwierigkeiten bereitet. Die Verdichtung des Sandes erfolgt mit Preßluftstampfern.

C. Lokomotivzylinder.

Einfache Schieberzylinder[1]). Die Abb. 606—608 zeigen einen unbearbeiteten Schieberzylinder im Gewichte von etwa 3500 kg. Der Abb. 607 ist der Verlauf der Hauptkanäle, bzw. die Gestaltung der Hauptkerne zu entnehmen. Der mit der runden Öff-

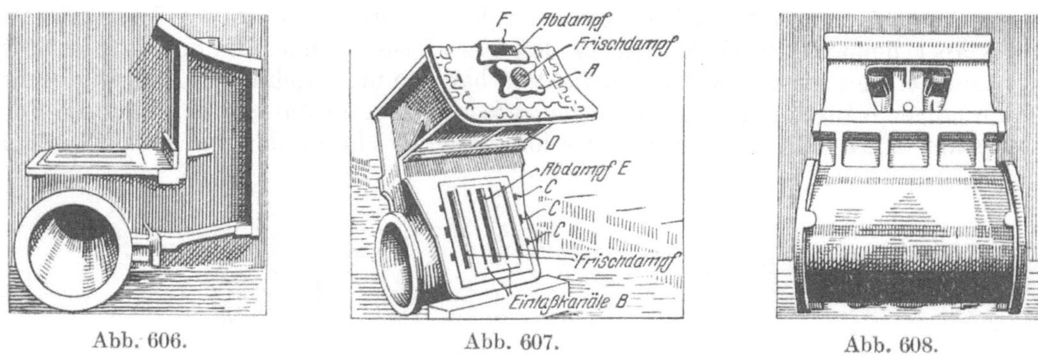

Abb. 606. Abb. 607. Abb. 608.

Abb. 606—608. Unbearbeiteter einfacher Schieberzylinder.

nung A am Anschlußsattel einsetzende Zuführungskanal für den Frischdampf teilt sich im Anschlußkasten in zwei Stränge, die schließlich als lange schmale Schlitze rechts und links vom Abdampfschlitz am Schieberspiegel münden. Abb. 609 zeigt die Gabelung dieses äußerst sorgfältige Formarbeit und größte Gewissenhaftigkeit beim Einlegen in

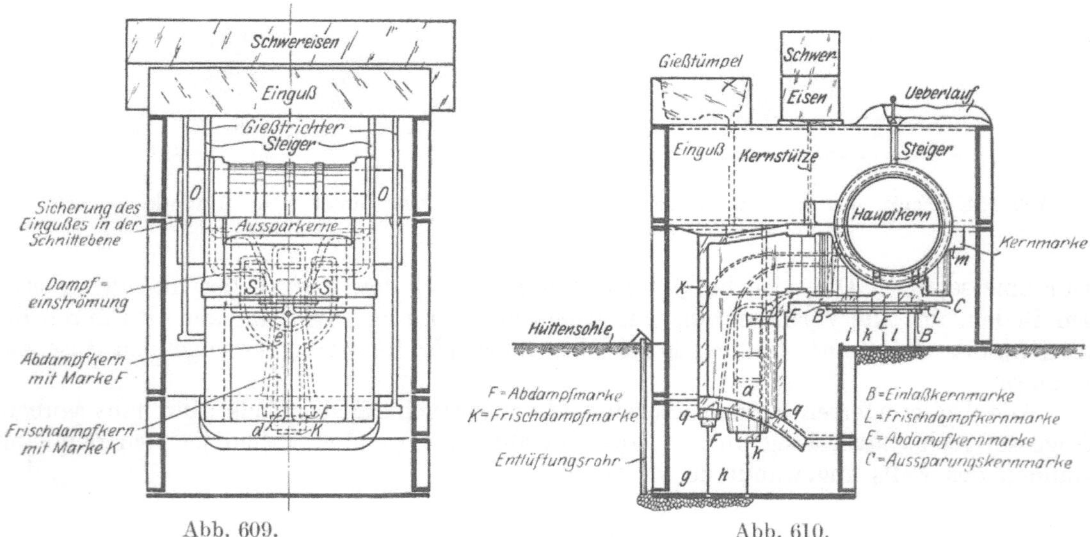

Abb. 609. Abb. 610.

Abb. 609—614. Formerei eines einfachen Schieberzylinders.

die Form heischenden Kerns. Der Abdampfkanal ist wesentlich einfacher. Er hat am Sattelflansch kurzen, rechteckigen Querschnitt (F in Abb. 607), verwindet sich im Anschlußgehäuse um 90° und mündet in Form eines schmalen Schlitzes E in der Mitte des Schieberspiegels. Zwischen diese beiden, die Dampf-zu- und ableitungskanäle vom Kessel bis zum Schieberkasten bildenden Kerne schieben sich die S-förmigen Kerne

[1]) Foundry 1918 u. Gieß.-Zg. 1918, S. 317 u. 332.

für die Verbindungskanäle vom Schieberspiegel bis zur Hauptzylinderhöhlung. Schon das genaue und zuverlässige Lagern dieser Hauptkerne erfordert beträchtliches Geschick, die Arbeit wird aber durch eine Reihe von Hilfskernen wesentlich erschwert. Solche Kerne dienen für die verschiedenen Aussparungen und zum Ausgleich allzusehr voneinander abweichender Wandstärken, zur Verhütung von Werkstoffanhäufungen, die Nachsaugestellen und schwer zu beseitigende Spannungen zur Folge haben würden, und zur Erzielung eines möglichst geringen Gewichts der Abgüsse. Einige Aussparungen sind bei C und D in Abb. 607 und aus Abb. 608 zu erkennen.

Man bedient sich eines in der Hauptsache dreigeteilten Modells und eines dreiteiligen, den Modellumrissen möglichst angepaßten Formkastens. Abb. 611 zeigt im Schnitt das auf einem Stampfboden ruhende Modellhauptstück mit darüber gesetztem Formkastenmittelteil. Die Sandleisten D werden erst entsprechend der fortschreitenden Stampfarbeit eingesetzt und von außen an den Kastenwänden festgeschraubt. Sie müssen vor dem Ausleeren der Form wieder gelöst werden. Nach Erreichung der Stampfhöhe m werden die oberen Leisten D eingeschraubt, das Modellunterteil A (der Sattelflansch) aufgesetzt, gründlich unterstampft, ein Stand ausgearbeitet, das Formkastenunterteil darüber gesetzt, vollgestampft, mit dem Mittelteil verklammert und nun das Ganze gewendet. Nach dem folgenden Aufbringen und Vollstampfen des Oberteils, Zerlegen der Form, Ausheben sämtlicher Modellteile, Schwärzen und Trocknen in der Kammer folgt das Einlegen der Kerne und Zusammensetzen der Form. Dazu werden Unterteil und Mittelstück in die der Abb. 611 zu entnehmende Lage gebracht. Zuerst wird der in der Gießform zu unterst liegende Innenkern g des Anschlußgehäuses, der etwa bis zur Linie x reicht, auf Kernstützen q (Abb. 610) eingesetzt. Dann folgen Aussparkerne h, die sich in Marken, die den Öffnungen C in Abb. 607 entsprechen, stützen, worauf die S-förmigen Einlaßkerne, die im Schieberspiegel (Abb. 607) als schmale Schlitze B münden, eingelegt werden. Gestalt und Anwendung der S-Kerne sind den Abb. 612 und 613 genauer zu entnehmen, während in Abb. 614 die obere Kante eines dieser Kerne mit den Anschlüssen a und b an den Zylinderhauptkern zu ersehen ist. Anschließend an die Einlaßkerne wird der Kern des sich gabelnden Frischdampfkanals in die Form gebracht. Er ruht mit seinem runden Ende in der Kernmarke k des Formkastenunterteils (Abb. 610) und mit seinen beiden schmalen Enden in den Marken L des Schieberspiegels im Formkastenmittelstück (Abb. 610). Der Abb. 609 ist zu entnehmen, wie dieser Kern von d bis e einheitlich verläuft und bei e sich gabelt, um dann in die schließlich die schmalen Schlitze B in Abb. 607 bildenden Enden überzugehen. Man stellt den Kern zunächst in zwei Hälften her (die Teilung entspricht der punktierten Mittellinie in Abb. 609, die nach dem Trocknen mit Draht zusammengebunden und glatt verkittet werden. Der Abdampfkern N mit der Marke F im Sattelflansch und mit der schlitzförmigen Marke E in der Mitte des Schieberspiegels (Abb. 610) beschließt die Reihe der in den Hauptlagerungen — Schieberspiegel und

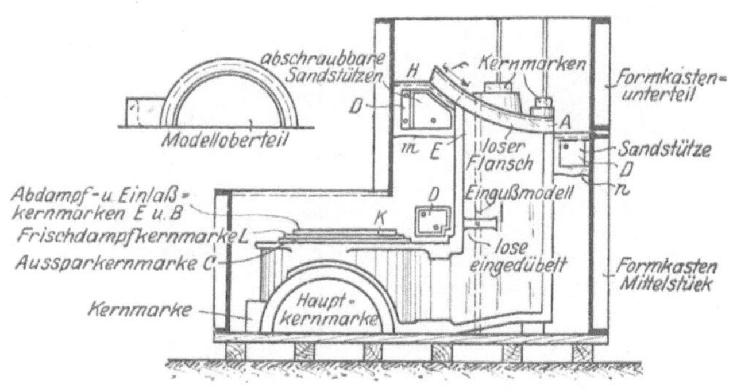

Abb. 611.

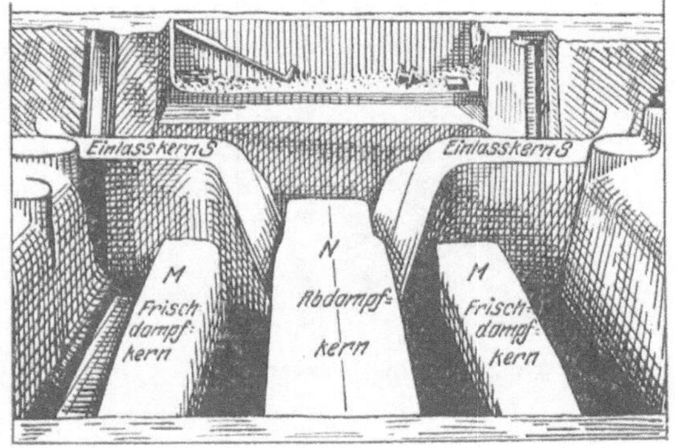

Abb. 612.

Sattelflansch — unterzubringenden Kerne. Genauere Darstellungen einer Reihe von Einzelheiten sind den Abb. 612—614 zu entnehmen.

Nach Unterbringung noch einiger Ausspar- und Hilfskerne wird der glatte Hauptkern O für die Zylinderbohrung eingelegt (Abb. 614). Bei a und b sind die Stellen zu erkennen, wo er mit den Einlaßkernen S in Berührung kommt, während die Abb. 612 und 613 die den Einlaßkernen eigene Krümmung erkennen lassen. Es ist gut, diese Kerne um so viel zurückzuschneiden, daß sie sich nicht unmittelbar am großen Kern anlegen, sondern um 2—3 mm von ihm abstehen. Die beim Guß entstehende Feder

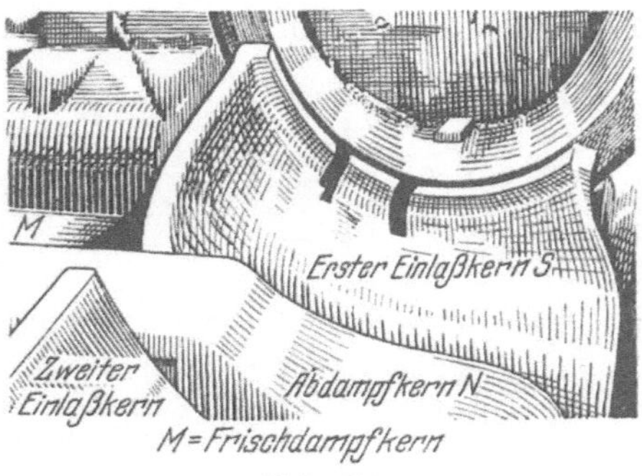

Abb. 613.

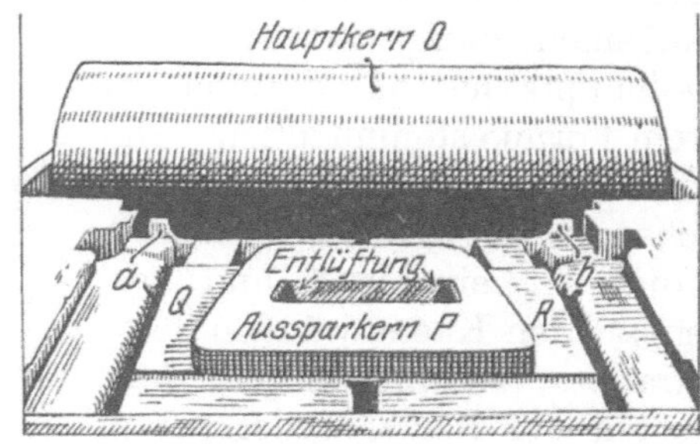

Abb. 614.

ist leicht zu entfernen und kann gegenüber der Gefahr des Zerdrücktwerdens eines S-Kerns durch zu scharfes Anliegen am Hauptkern gerne in Kauf genommen werden.

Während die bisher eingelegten Kerne durch ihre Marken entlüftet werden konnten, müssen die Hauptaussparkerne des Anschlußkastens, die die äußere Wandung der Frischdampfkanäle und des Abdampfkanals, sowie die Innenwandungen der seitlichen Gehäuseflächen und des Sattelflansches bilden, durch den flachen Aussparkern P (Abb. 614) hindurch entlüftet werden. Die Öffnung, die dieser Kern in der einen Längswand des

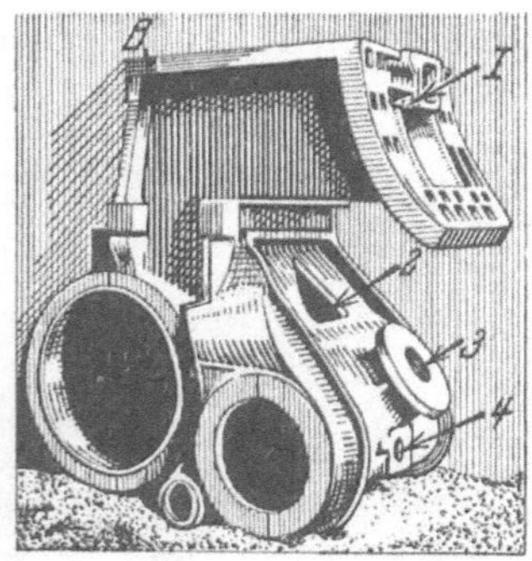

Abb. 615. Überhitzerzylinder.

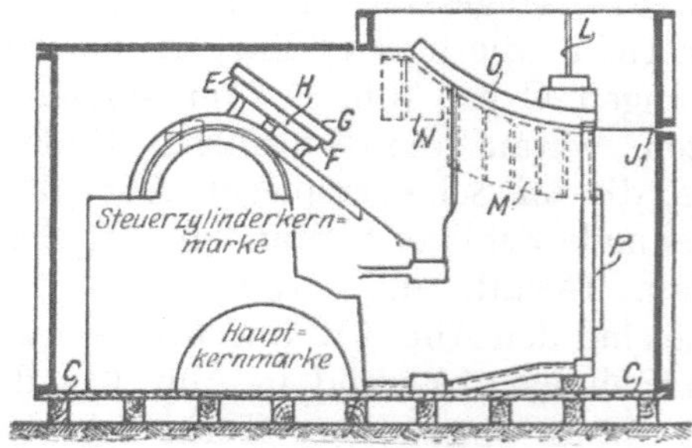

Abb. 616.

Anschlußgehäuses ausspart, ist der Abb. 608 zu entnehmen, die zugleich die Rückseite des Abdampfkanals zeigt, deren äußere Wandung durch die Kerne R gebildet wird.

Nachdem dergestalt die letzten Kerne untergebracht sind, werden die fest miteinander verbundenen Formkastenteile — Unterteil und Mittelstück — angehoben, um die im Schieberspiegel und Anschlußflansch lagernden Kerne mit Bindedraht an den Kastenunterlagen sichern zu können (bei g, h, i, k und l in Abb. 610) und danach auf die zur Entlüftung vorbereiteten Koksbettungen in der Gießgrube abgesetzt. Mit einem Ölbrenner oder einer sonstigen eine lange Flamme gebenden Düse trocknet man noch sämtliche zugänglichen Kittfugen nach, bringt das Oberteil auf und macht die Form gießbereit, wie es die Abb. 609 und 610 zeigen. Die beiden Eingüsse und Steiger werden je zu zweit zu einem Gieß- bzw. Ablauftümpel zusammengezogen.

Doppelte (Überhitzer-) Zylinder. Diese Zylinder (Abb. 615) stellen noch beträchtlich höhere Anforderungen an die Geschicklichkeit der Former und Kernmacher als die vorbeschriebenen. Die Teilung des Modells und seine Unterbringung im Formkasten, wie sie die Abb. 616—618 wiedergeben, ist im großen und ganzen dieselbe wie beim einfachen Schieberzylinder. Sobald beim Aufstampfen des Mittelteils die Oberseite des Anschlußflansches bei E F in Abb. 616 erreicht ist, wird dort ein Stand hergerichtet und darauf eine Abdeckplatte G aus Lehm aufgerieben. Dann entfernt man die

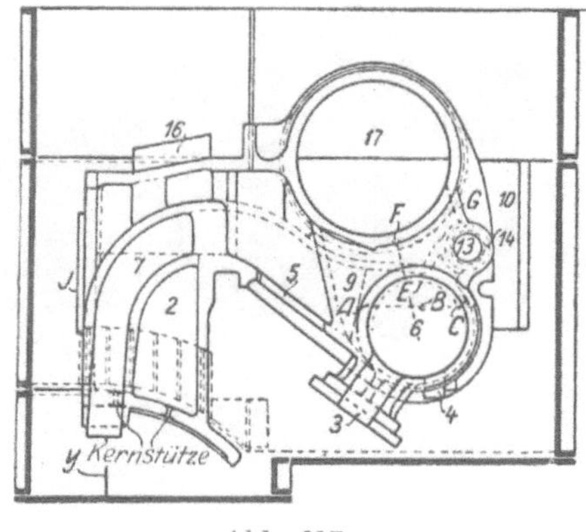

Abb. 617.

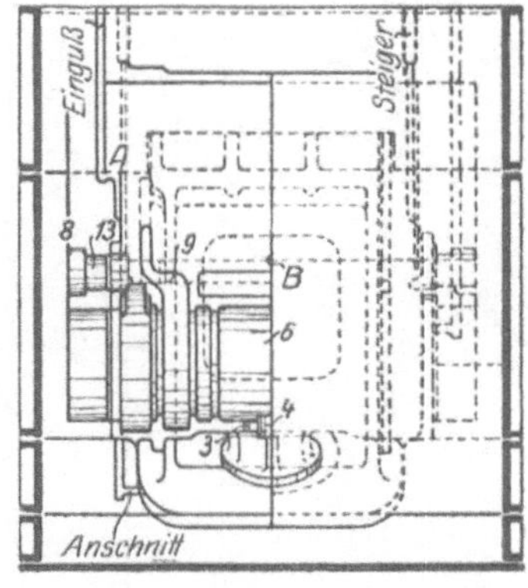

Abb. 618.

Abb. 616—618. Teilung des Modells und Unterbringung im Formkasten.

Lehmplatte, zieht das Flanschmodell H aus dem Sand, bringt die Platte wieder an die frühere Stelle und stampft das Formkastenteil voll, wobei die Formkastensandleisten M und N sowie der Sattelflansch O ebenso wie bei der Arbeit am einfachen Zylinder behandelt werden. Auch die übrige Formarbeit geschieht in derselben Weise.

Nach dem Trocknen werden das Kastenmittel- und das Unterteil fest zusammengeklammert, worauf das Einsetzen der Kerne beginnt. Als ersten legt man den die Öffnung I (Abb. 619) bildenden und in die Marke I der Abb. 615 passenden Kern I ein. Ihm

Abb. 619.

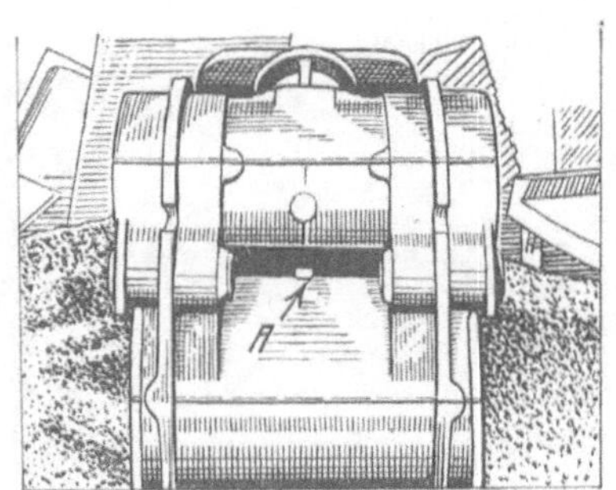

Abb. 620.

Abb. 619—627. Einzelheiten von der Formerei eines Überhitzerzylinders.

folgen der auf Stützen zu setzende Kern 2 (Abb. 617) und die die Öffnung 3 und 4 der Abb. 615 bildenden Kerne 3 und 4 (Abb. 617 und 618), sowie der Kern 5 (Abb. 617) für die Öffnung 2 in Abb. 615. Nun können der walzenförmige Kern 6 (Abb. 617) des Steuerzylinders und unmittelbar an ihn anschließend der Abdampfkern 7 (Abb. 617), der sich in zwei an den runden Steuerzylinderkern anschließende breite und dünne Enden gabelt und so die Form eines Y bildet, eingelegt werden. Letzterer wurde in zwei Hälften angefertigt, die im trockenen Zustand miteinander verbunden werden mußten. Abb. 621 läßt die Bindenaht deutlich erkennen. Die an den Steuerzylinderkern anschließenden

Enden des Y-förmigen Kerns 7 werden mittels eines Drahts B, der durch den Steuerzylinder hindurchgeht, bei C (Abb. 617) festgebunden. Das ungeteilte einfache Ende des Kerns 7 ist mit einem Draht y (Abb. 617) versehen, der nach unten durch den Anschlußboden geschoben wird, um den Kern später auch dort festbinden zu können. In den Marken vorhandene Fugen sind nun auszustopfen, zu verkitten und nachzutrocknen

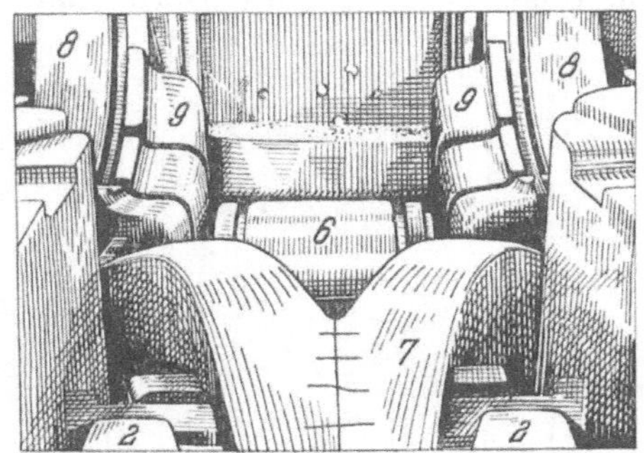

Abb. 621.

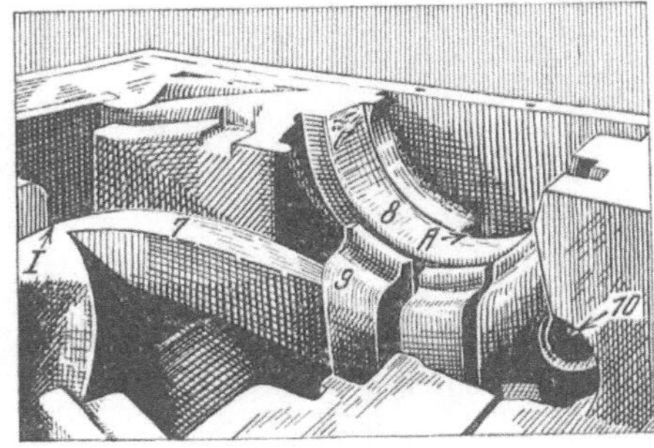

Abb. 622.

Abb. 623.

Abb. 624. Ausgeleerter Zylinder.

Abb. 625.

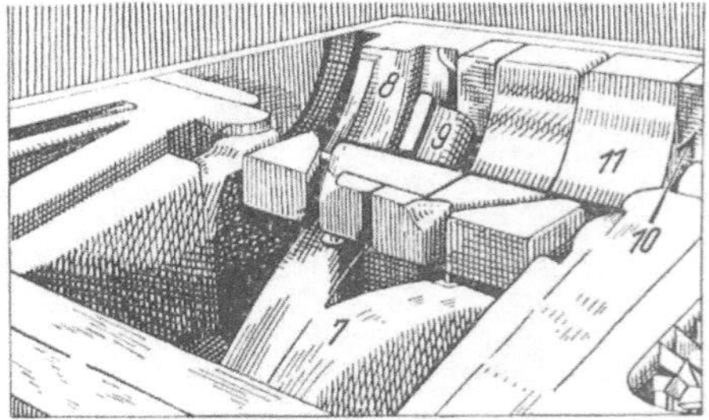

Abb. 626.

Dann legt man den Kern 8 ein (Abb. 624), der die innere Wandung zwischen dem Haupt- und dem Steuerzylinderkern bildet und läßt die Einströmkerne 9 (Abb. 618, 621 und 622) folgen, die in Aussparungen des Steuerzylinderkernes 6 (Abb. 618) ihr Lager haben und mit dem anderen entsprechend gekrümmten Ende an den Zylinderhauptkern stoßen (Abb. 621 und 622). Zur Sicherung dieser Kerne dienen wieder Drähte (F in Abb. 617), die bis an die eiserne Spindel des Steuerkerns reichen. Nach Verkittung der durch die Drahtbindungen C und F entstandenen Fehlstellen der Kerne wird der Formkasten gehoben, der Abdampfkern 7 mittels des Drahts y (Abb. 617) auch am unteren Ende festgebunden und der Kasten in die Gießgrube gesetzt. Infolge der zuverlässigen

Sicherung des Kerns 7 können nun die Kerne 10 (Abb. 617, 625 und 626), die die Wandstärke G in Abb. 617 bilden, in die Form gesetzt werden. Zwischen ihnen finden die Kerne 11 und 12 (Abb. 626 und 627) Platz, die unter dem Y-förmigen Abdampfkern 7 hindurch bis zum Aussparkern 5 (Abb. 617) reichen, infolgedessen einen Teil der Haupt- und der Steuerzylinderwandungen bilden und zugleich die Höhlung A in Abb. 620 zwischen den beiden Zylindern entstehen lassen.

Nun bereitet noch der Kern 13 (Abb. 617 und 618) des kleinen zwischen den beiden großen Zylindern liegenden Ausgleichzylinders einige Schwierigkeiten. Um ihn gut in die Form bringen zu können, mußte in der Wand des Mittelteil-Formkastens ein Ausschnitt (13 in Abb. 625) vorgesehen werden, durch den man den Kern mit größter Vorsicht schiebt, da die empfindlichen Einlaßkerne leicht beschädigt werden können. Die Öffnung im Formkasten wird nach Hinterstampfung und Entlüftung des Kerns mit Deckel und Keil abgeschlossen, wie es Abb. 624 erkennen läßt. Es folgt das Vollstampfen des leeren Raums bei A (Abb. 625), um die Kerne 15, die die Aussparungen B in den Gehäuseflanschen (Abb. 615) bilden, einlegen zu können. Schließlich werden wieder alle Fugen ausgekittet und mit einer langflammigen Düse nachgetrocknet. Danach setzt man den Kern 16 (Abb. 617), der auch die Aussparungen A und B in Abb. 619 bildet, in die Form. Durch den Kern 16 hindurch muß der Kern 2 (Abb. 617) entlüftet werden, wie es der Schlitz A in Abb. 627 andeutet. Die Blechplatte B in Abb. 627 (sie ist auch in Abb. 626 erkennbar) dient einer Kernstütze als Unterlage, die durch das Oberteil reicht, gegen ein Schwereisen verkeilt wird und so die richtige Lage des Kerns 12 sichert. Abb. 627 zeigt auch das Einsetzen des Zylinderhauptkerns 17, womit die Kerneinlegearbeit abgeschlossen wird, so daß nun die Form geschlossen und gußfertig gemacht werden kann. Abb. 624 läßt einen eben ausgeleerten Zylinder mit den meisten ihm noch anhaftenden Kernmarken erkennen.

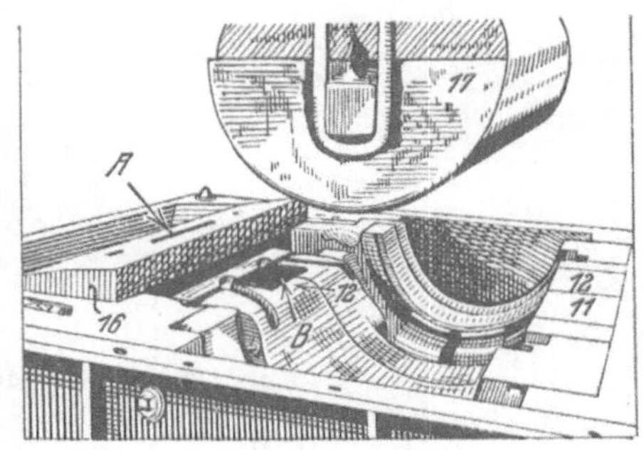

Abb. 627.

D. Massenerzeugung von Lokomotivzylindern.

Zwecks regelmäßiger Herstellung größerer Mengen von Lokomotivzylindern — täglich etwa 20 Stück — ging man in Amerika dazu über, das Unterteil vollständig aus Kernstücken zusammenzubauen und nur noch das Oberteil nach Modell aufzustampfen, bzw. zu rütteln. Die Verwirklichung dieses kühnen Gedankens brachte vollen Erfolg[1]).

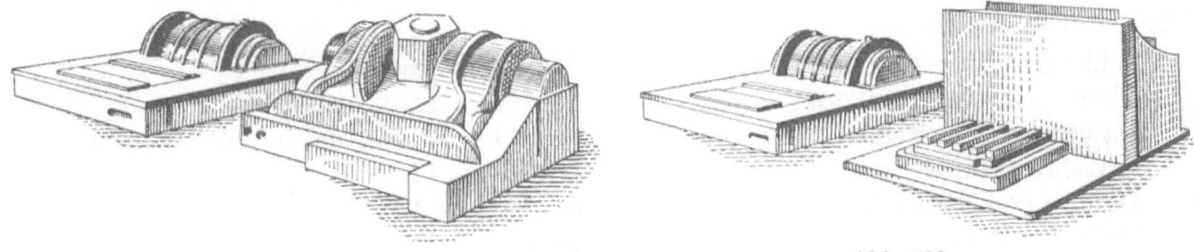
Abb. 628. Abb. 629.

Abb. 628—629. Modelle für kleinere Lokomotivzylinder.

Zur Einrichtung sind äußerst einfache Modelle und einfache, schwere Formkasten, sowie mit Eisenplatten ausgekleidete Gießgruben erforderlich. Die Abb. 628 zeigt das Modell für einen Dreistückzylinder, die Abb. 629 und 630 für einen mittleren und Abb. 631 für einen größeren Schieberzylinder. In allen Fällen besteht das Oberteilmodell nur aus einer verhältnismäßig einfachen Zylinderhälfte nebst einigen nebenan

[1]) Nach Foundry 1924, S. 880. Das Verfahren steht unter Patentschutz.

vorgesehenen Leisten und Vertiefungen, und das Unterteilmodell (mit Ausnahme desjenigen für den einfachen Dreistückzylinder) aus einem kastenartigen Gebilde nebst den Marken für die Schieberkerne.

Das Oberteil wird auf einer Rüttelmaschine hergestellt und bietet nichts besonders Bemerkenswertes. Um so mehr aber das Unterteil. Zu seiner Ausführung wird das Modell auf einer mit Querleisten versehenen gußeisernen Unterlagsplatte in eine eiserne, oben offene und mit einer niederklappbaren Seitenwand versehene Kernbüchse gesetzt,

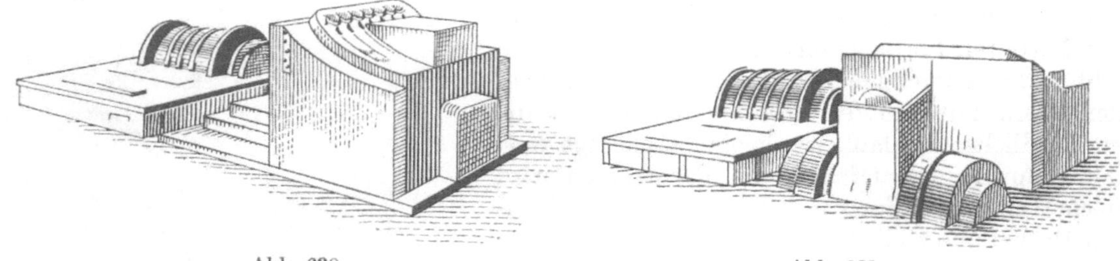

Abb. 630. Abb. 631.

Abb. 630 u. 631. Modelle für größere Lokomotivzylinder.

die man mit Sand füllt und rüttelt. Nach dem Rütteln wird glatt abgestrichen, eine eiserne Abdeckplatte aufgelegt, verklammert, das Ganze gewendet und die Kernbüchse mit Hilfe eines Kranen abgehoben, so daß der Unterteilkern entsprechend der Darstellung in Abb. 632 frei wird. Nach dem Abheben des nunmehr zu oberst liegenden Gitterrahmens bietet das wiederum mit dem Kran erfolgende Ausheben des Modells keine Schwierigkeit. Man kann während des Abhebens von oben sowie von rechts und links wirksam und doch vorsichtig genug nachklopfen und bringt das Modell in kürzester Zeit tadellos aus dem Sande. Der Kern oder die Unterteilform, beide Bezeichnungen sind zutreffend, wird poliert, geschwärzt und mitsamt seiner Unterlagsplatte in die Trockenkammer gebracht. Die Hebevorrichtung hierfür besteht für jeden Kern aus zwei verkehrt V-förmigen Bügeln, deren rechtwinklig abgebogene untere Enden in entsprechende Löcher der Unterlagsplatte greifen. Abb. 633 zeigt diese Bügel und läßt zugleich eine Anzahl bereits eingelegter Kerne erkennen. In Abb. 634 sind die gesamten 15, zur Vollendung einer Form erforderlichen Kerne ersichtlich:

Abb. 632. Unterteilkern eines Lokomotivzylinders.

Schienen- oder Stückkern 1;
Oberer Ausssparungskern 2;
Dampfeinlaßkern 3;
Sattelaussparkern 4;
Dampfaufsatzkern 5;
Hinterer Begrenzungskern 6;
Aussparkern am Dampfauslaß 7;
Dampfkammerkern 8;
Schürzenkern 9;
Seitlicher Aussparkern 10;
Kern 11 = Rückansicht des Kerns 10;
Deckkern 12;
Seitenkern 13;
Sattelkern 14;
Mittelaussparkern 15;
Frischdampfkern 16.

Im Vorbereitungszustande der Abb. 633 wird das ausschließlich aus Kernen bestehende Unterteil in die mit Eisenplatten ausgekleidete, gewissermaßen einen, bzw. eine Reihe von Formkasten bildende Gießgrube gesetzt. Es ruht hier auf vier Stahlschienen, die in Schlitzen der Seitenwände ihre Stütze finden. In verschiedener Höhe vorgesehene Schlitze ermöglichen es, die Form in jeweils bequemster Arbeitshöhe abzusetzen. Die beiden Seitenplatten und die Rückenwandung jeder Auskleidung sind starr angebracht, während die Vorderwand zur Erleichterung des Einbringens des Unterteils seitlich verschoben werden kann. Der Raum zwischen dem Unterteil und den Grubenwänden wird mit Formsand ausgestampft, die noch lose Vorderplatte angepreßt und durch Keile — A in Abb. 635 — gesichert, dann der Raum zwischen Hauptkernlager und Formkastenwand — B in Abb. 635 — ausgestampft und mittels einer geraden Lehre, entsprechend der Rundung des Hauptkernlagers geformt, worauf mit Ausnahme des Zylinderkerns (Kern 8 in Abb. 634 und Abb. 633) sämtliche noch fehlenden Kerne eingelegt werden.

Abb. 633.

Die Formerei des Zylinderhauptkerns verläuft völlig anders als die des Kerns der Zylinderbüchsen. Man stampft diese Kerne über einem aus zwei Endringen, einem Mittel- und vier Seitenstäben mit quadratischem Querschnitt bestehenden Kerngerippe (Abb. 636) in einer längsgeteilten, aufrechtstehenden Kernbüchse ein. Der Mittelstab ist unten T-förmig gestaltet, um nach dem Einschieben in einen Schlitz des unteren Ringkreuzes durch Drehung um 90° im Armkreuze desselben Halt zu gewinnen, während das obere, bügelförmig gestaltete Ende mittels eines Keils gegen den oberen Ring geklemmt wird. Zu Beginn der Arbeit wird die untere Scheibe mit den vier Seitenstäben in die Büchse gesetzt, der Mittelstab in den für ihn vorgesehenen Schlitz gesteckt und ein glattes zylindrisches Modell über ihn geschoben, dessen äußerer Durchmesser dem Zylinderkern eine Wandstärke von 60—120 mm verleiht. Dann beginnt man mit dem Aufstampfen, wobei zwei für die gefährlichsten Teile des Zylinders als Schreckschalen wirkende Ringe H mit aufgestampft werden. Nach dem Aufstampfen wird das innere Modell ausgezogen,

Abb. 634.

Abb. 635.

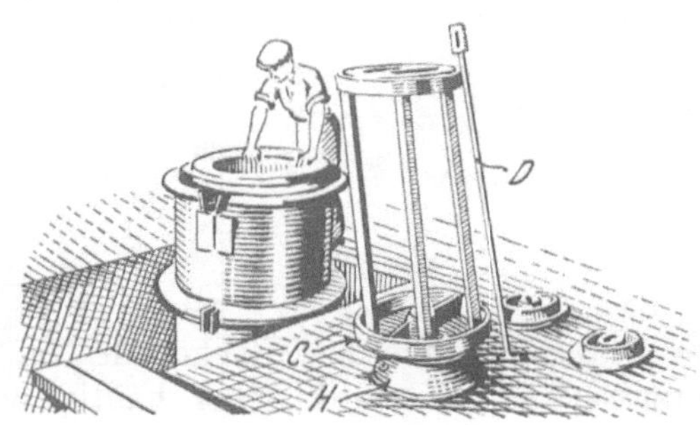

Abb. 636.

Abb. 633—640. Formerei von Lokomotivzylindern.

die Form glatt abgestrichen, der obere Ring aufgebracht und verkeilt, worauf man die Kernbüchse mitsamt dem Kern aus der Grube hebt und sie unter stetem Abklopfen in zwei Hälften zu beiden Seiten des Kerns abzieht. Diese Kernausführung bietet den Vorteil genauer Kernlager und schafft die Möglichkeit, den Kern sofort nach dem Erstarren des Abgusses durch Lösen des Verschlußkeils entfernen zu können.

Am schwierigsten ist die Herstellung und Handhabung des Dampfkastenkerns (Abb. 637). Er wird in einer Kernbüchse ohne Kerneisen nur mit einer Drahteinlage ausgeführt. Dem Hauptteil des Kerns (Abb. 638) fehlt nach dem Abheben der Kernbüchse die zweite Hälfte seines zylindrischen Teils, die man in zwei einfachen, halbzylindrischen Büchsen herstellt und am Hauptkern festklebt. Zu beachten ist die Aufhängung dieses Kerns am Kranbalken mittels breiter Gurte und seine weitere Ausrichtung mittels einer kleinen, unmittelbar um den Kranhaken geschlungenen Kette (Abb. 637).

Das auf einer Rüttelmaschine ausgeführte einfache Oberteil erhält nur einen Kern, den Stütz- oder Schienenanschlußkern (Kern 1 in Abb. 634), der tief in das Unterteil

Abb. 637. Dampfkastenkern.

Abb. 638.

ragt und im Oberteil mit starken Drähten angehängt werden muß. Abb. 639 zeigt das Einbringen dieses Kernes, Abb. 640 das probeweise Aufsetzen des Oberteils noch vor dem Einlegen des Zylinderkerns. Bei diesem probeweisen Aufsetzen handelt es sich hauptsächlich darum, die genaue Übereinstimmung der wagerechten Oberflächen der Kerne

Abb. 639.

Abb. 640.

des Unterteiles mit den Flächen des im Kasten gerüttelten Oberteils festzustellen bzw. herzustellen. Es wird dabei häufig nötig, etwas Sand wegzuschneiden oder auch solchen aufzudrücken. Die Übereinstimmung von Ober- und Unterteil wird auf Grund der Hauptkernmarken und mit Hilfe kleiner Lehmkegelchen festgestellt und durch scharfe Anrisse an gekreideten Stellen des Oberteils und der Grubenflanschen angemerkt. Schließlich hebt man wieder ab, legt den Hauptzylinderkern ein und schließt nun die Form endgültig.

Der Guß erfolgt mittels eines lotrechten Trichters, von dem aus in vier verschiedenen Höhen Verbindungskanäle und Anschnitte zur Form führen. Über die Vor- und Nachteile von Steigern für diese Zylinder besteht keine Klarheit; zuzeiten erzielt man bessere Ergebnisse mit Steigern, zuzeiten wieder war es besser, sie wegzulassen. Vom Umfang der für Massenerzeugung notwendigen Einrichtung gewinnt man ein Bild durch die Tatsache des täglichen Bedarfs von meist mehr als 100 t flüssigen Eisens für 18 bis 20 Zylinder. Es sind zwei lange Gießgruben vorhanden; die eine nimmt zugleich 24 Formen, die andere deren 36 auf. Die Wände der Gruben reichen etwa 2 m unter Hüttensohle und 800 mm über diese hinaus. Die Leute können daher, ohne zu knien oder sich erheblich bücken zu müssen, an den Formen arbeiten, wie es die verschiedenen Abbildungen erkennen lassen. Es kommen abwechselnd einen Tag um den anderen die Formen der einen oder der anderen Grube zum Abgusse. Um 2 Uhr morgens hebt man die abgegossenen Formen samt dem Abgusse aus und bringt sie in die Abkühlabteilung, wo sie zwölf Stunden abstehen können und den Wirkungen eines Selbstausglühens unterworfen sind. Das Ausheben und die Beförderung der Formen geschieht wieder mittels der V-förmigen Hängebügel der Abb. 633. Abb. 641 zeigt zwei fertig bearbeitete und zusammengebaute Lokomotivzylinder der am meisten gebräuchlichen Bauart.

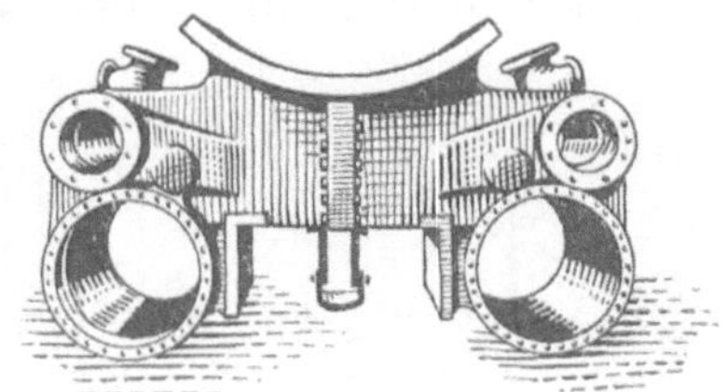

Abb. 641. Zwei fertige Lokomotivzylinder.

E. Kraftwagen- (Automobil-) Zylinder.

Allgemeines. Die Herstellung von Zylinderblöcken für die Kraftwagen- (Automobil-) Industrie bietet dem Eisengießer eine Summe von Schwierigkeiten, wie kaum eine zweite Gußart. Bei Ausführung von Abgüssen nach jedem neuen Modell müssen Modelltischler, Former und Kernmacher sich erst gemeinsam mit demselben vertraut machen, sie müssen gemeinsam gute und schlechte Erfahrungen sammeln, ehe sie imstande sind, durch gemeinsames Zusammenwirken Ersprießliches zu leisten.

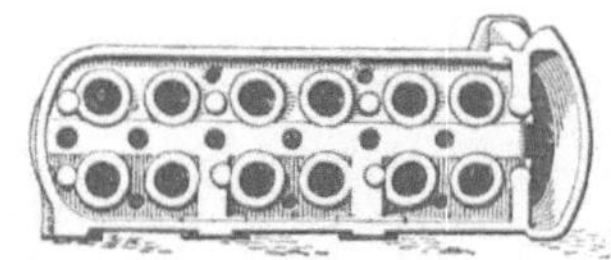

Abb. 642. Vorderseite. Abb. 643. Rückseite. Abb. 644. Unterseite.

Abb. 642—644. Sechszylinderblock für Kraftwagen.

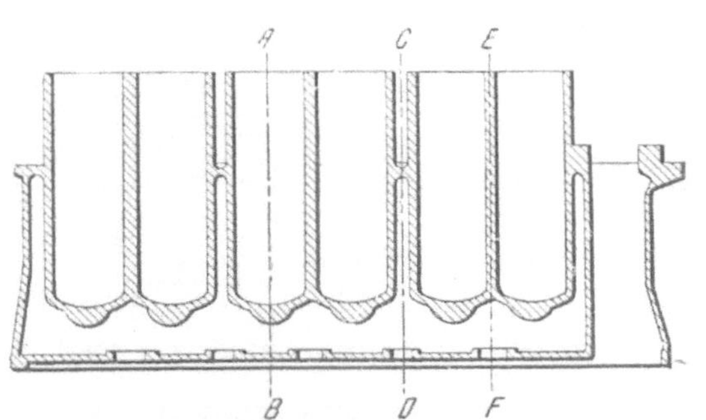

Abb. 645. Längschnitte durch einen Sechszylinderblock.

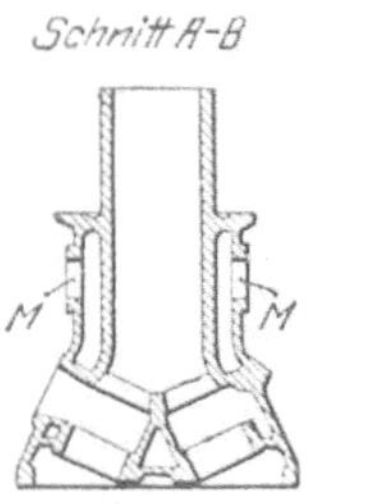

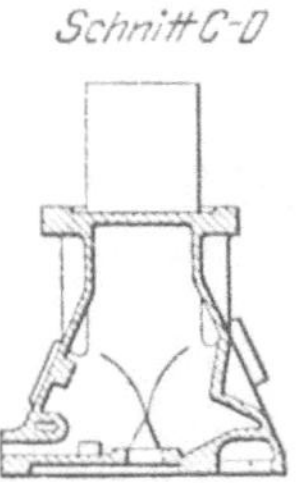

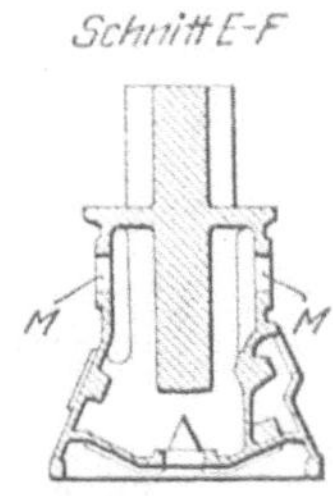

Abb. 646. Abb. 647. Abb. 648.

Abb. 646—648. Querschnitte durch den Sechszylinderblock.

Das Formverfahren hängt in jedem Falle von der Bauart des auszuführenden Zylinderblocks ab. Man hat in der Hauptsache zwischen ungeteilten Zylindern, das sind Zylinder mit angegossenem Kopfe, Kühlmantel und Radkasten und geteilten Zylindern zu unterscheiden, bei denen der eine oder andere dieser Teile oder gar sämtliche für sich gegossen werden. Bei Zylinderblöcken der letzteren Art entfällt ein Großteil der bei vollständigen Blöcken zu überwindenden Schwierigkeiten.

Ungeteilter Sechszylinderblock[1]). Guß mit lotrecht stehenden Zylindern. Die Abb. 642—644 zeigen einen Sechszylinderblock von der Vorderseite (Gaszuführungsseite), von der Rückseite (Abgasseite) und von seiner unteren Seite und lassen, gleichwie die Schnitte, Abb. 645—648, erkennen, um welch verwickeltes Gußstück es sich

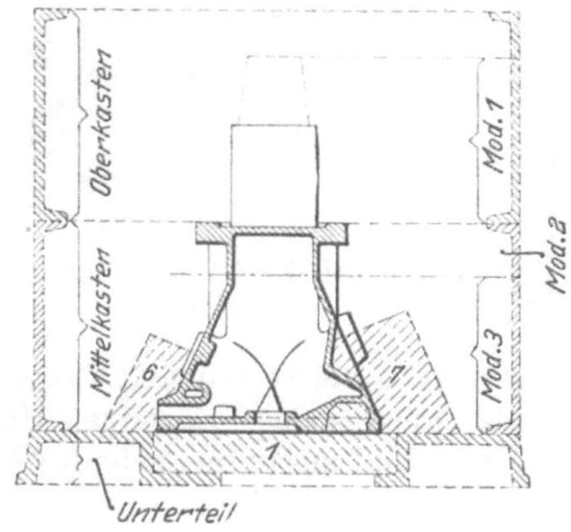

Abb. 649. Teilung von Modell und Formkasten.

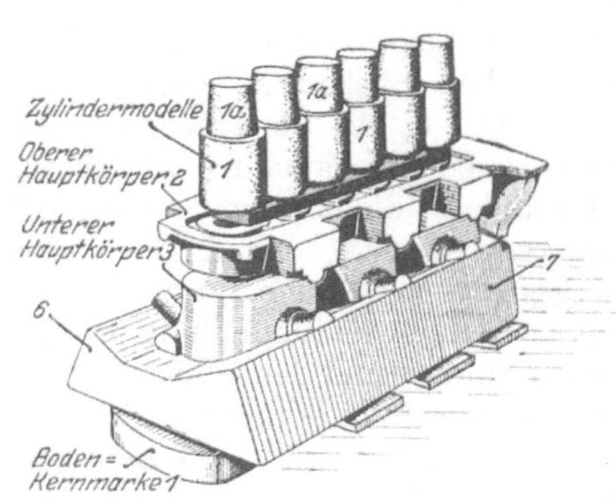

Abb. 650. Teilung des Modells.

handelt. Die allgemeine Anordnung und Teilung des Modells und des Formkastens ist der Abb. 649 zu entnehmen. Danach werden die unteren äußeren Seitenflächen durch Kerne gebildet, wodurch das Einlegen der inneren Kerne, wie später dargetan werden wird, sich wesentlich vereinfacht und zugleich die Möglichkeit geschaffen wird, auch das Mittelteil auf einer Rüttelformmaschine herzustellen. Abb. 650 läßt die Teilung des Modells in vier Hauptglieder, die untere Kernmarke 1, ein zweigeteiltes Hauptmodell 2 und 3 mit den Außenkernmarken 6 und 7 und die Zylindermodelle 1 mit den Kernmarken 1a erkennen. Modell- und Formkasteneinteilung stimmen nicht durchaus überein, da das Unterteil nur die Bodenkernmarke aufnimmt und das im Mittelteil ruhende Hauptkernmodell unterteilt ist, um in zwei Teilen nach oben

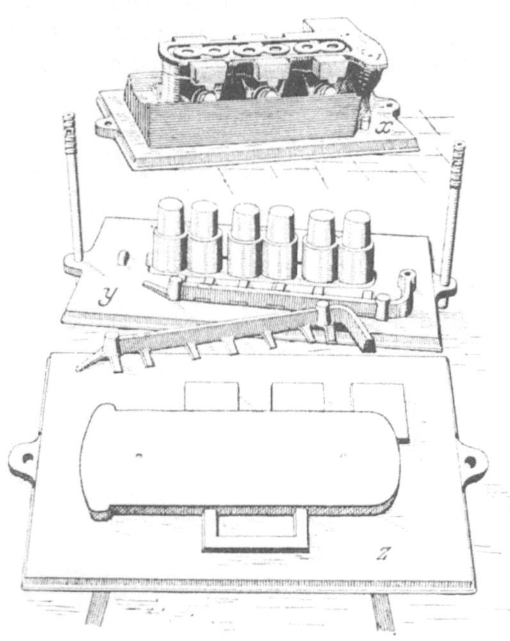

Abb. 651. Verteilung der Modelle auf den Formplatten.

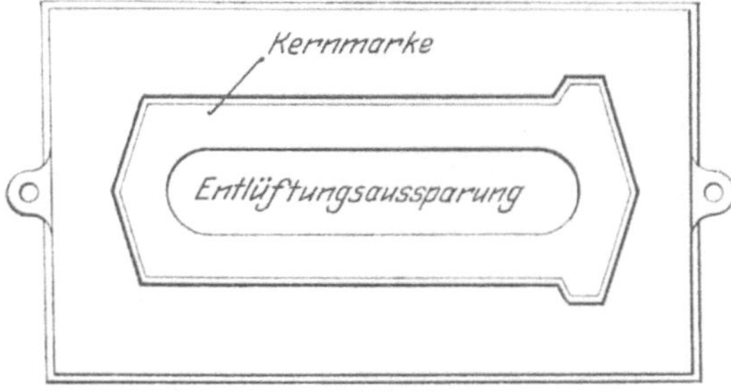

Abb. 652. Bodenplatte mit eingelassener Hauptkernmarke und Entlüftungsaussparung.

und unten aus dem Sand gezogen werden zu können. Das Oberteil enthält die Formen für die frei vorragenden Zylinderhälse. Abb. 651 veranschaulicht die Unterbringung der Modelle auf drei Formplatten x, y und z, wodurch die Möglichkeit entsteht, drei Gruppen von Formern an einem Modellsatze arbeiten zu lassen und so zu Höchstleistungen zu gelangen. Die Formplatte z entspricht einer früher gebräuchlichen Ausführung. Sie wurde später beseitigt, da das auf ihr hochgestampfte Unterteil in Fortfall kam und durch eine

[1]) Stahleisen 1921, S. 1217.

eiserne Unterteilplatte ersetzt wurde, in der ein für allemal die Kernmarke eingelassen ist (Abb. 652). Man legt nun die ersten Kerne unmittelbar in diese Platte ein und setzt das Formkastenmittelstück darüber auf. Die Abb. 653 und 654 zeigen Schnitte durch die Modellplatte y mit eingestampften Hauptmodellkörpern 2 und 3, während die Abb. 655 und 656 Schnitte durch die Modellplatte x mit den eingestampften Zylindermodellen 1, dem Trichtermodell T und dem Steigermodell S wiedergeben. Nach dem Aufstampfen

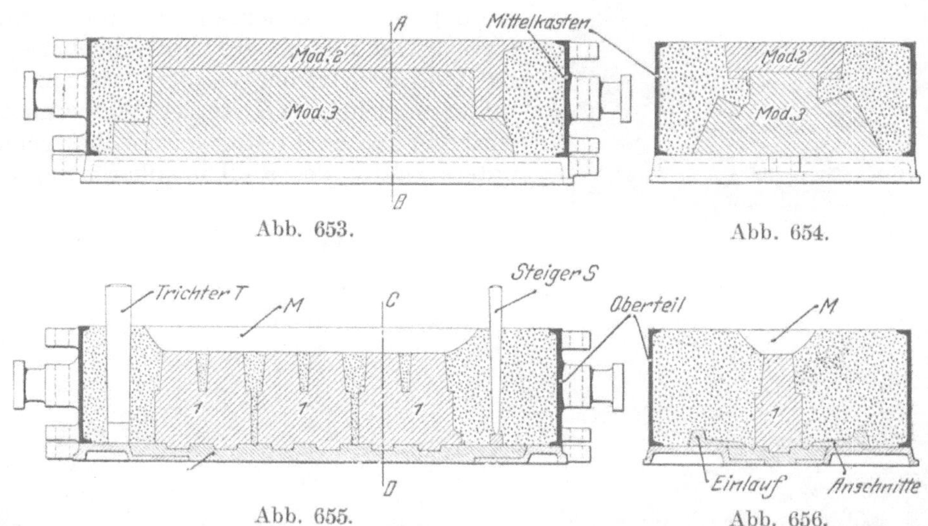

Abb. 653—656. Verschiedene Schnitte durch die Modellplatte x und y mit dem eingestampften Formkasten.

der Zylindermodelle wird längs ihrer oberen Begrenzungsfläche eine Mulde M ausgeschnitten, die später beim Einlegen der Kerne bzw beim Zulegen der Form gewisse Vorteile bietet. Auf der Formplatte y sind auch die Modelle für den Einlauf und die Anschnitte untergebracht (Abb. 657), so daß die Former mit dem Ausschneiden dieser Teile nicht belästigt sind, und zugleich deren richtige Lage und Abmessungen dauernd gewährleistet erscheinen.

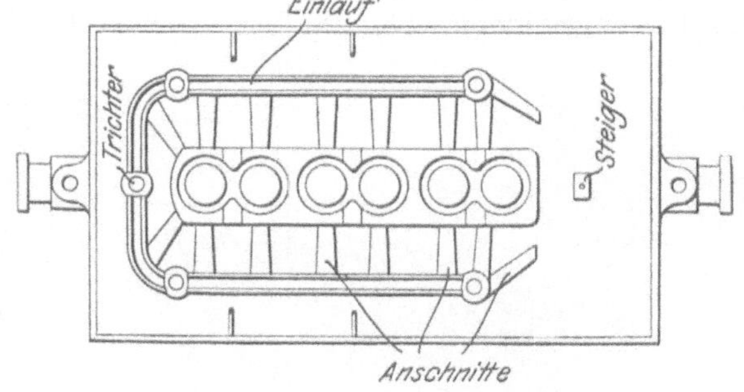

Abb. 657. Gewendetes Oberteil.

Die Formen (Mittelteil und Oberteil) werden auf einer Rüttelformmaschine hergestellt, geschwärzt und getrocknet, sie kommen im Laufe des Tages in die Kammer und werden in der Frühe bei Schichtbeginn ausgefahren, gesäubert und bis zum Nachmittag gießfertig gemacht. Die Abb. 658—660 zeigen die wichtigsten Kerne. Kern 1 ist der die untere Außenfläche des Zylinderblocks bildende Grundkern, der zugleich eine Reihe von Marken für die nach ihm einzulegenden Kerne enthält. Der abgebildete Kern hat noch eine ovale Marke entsprechend dem früher nach der Modellplatte z (Abb. 651) angefertigten Unterteile. Bei Verwendung eines völlig eisernen Unterteils sind die Marken der einfacheren Bearbeitung halber kantig gestaltet, gleich den Umrissen in Abb. 652. In den Grundkern 1 werden die kleinen Kerne 3 mit ihren Abdeckkernen 2 eingelegt und darüber der Wasserraumkern 4 des Zylinderkopfes gesetzt. Dieser Kern ist einer der am schwierigsten herzustellenden; er bildet ein rahmenartiges Gitter von teilweise sehr schwachem Querschnitt, ist beim Guß fast ringsum von Eisen umspült, soll möglichst ohne Eiseneinlage sein und aus einer Kernmasse bestehen, die sich nach dem Guß sehr leicht entfernen läßt; Eigenschaften, die nur mit ganz besonders geeigneten Ölkernmassen erreicht werden können. Die Schnitte Abb. 662 und 663 lassen deutlicher erkennen, wie dieser Kern auf seinen zapfenförmigen

Marken h (s. a. Abb. 658) im Kern 1 ruht. Abb. 664 gewährt einen Blick auf das Unterteil nach dem Einlegen des Wasserraumkerns 4. Seine Entlüftung geschieht durch diese Marken und den Kern 1 hindurch. Ein genaueres Bild der Lage des Wasserauslaßkerns 3, seines Lagerkerns 18 und seines Deckkerns 2 gewähren die Schnitte Abb. 665 und 666. Zur Verhütung seitlicher Verschiebungen des Kerns 4 werden die Abstände zwischen ihm und Kern 1 an den Außenrändern durch 4 mm hohe Kernstützen n (Abb. 661) aus umgebogenen, verzinnten Blechstreifen gesichert. Der in Abb. 658 weiter ersichtliche Zylinder-Wassermantelkern wird erst später benötigt. Zunächst gelangt die untere Hälfte des Radkastenkerns (5) zur Ver-

Abb. 658.

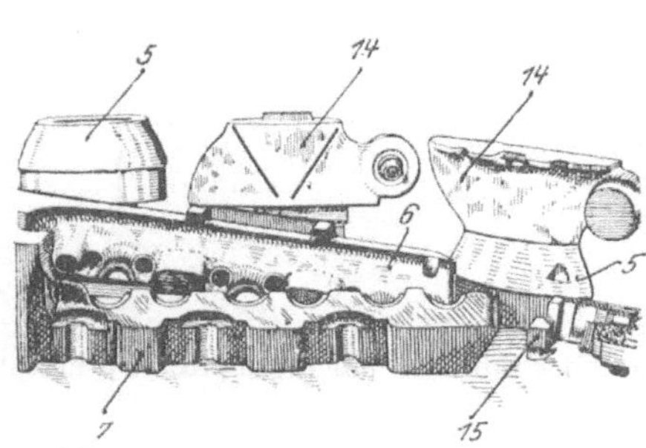

Abb. 659.

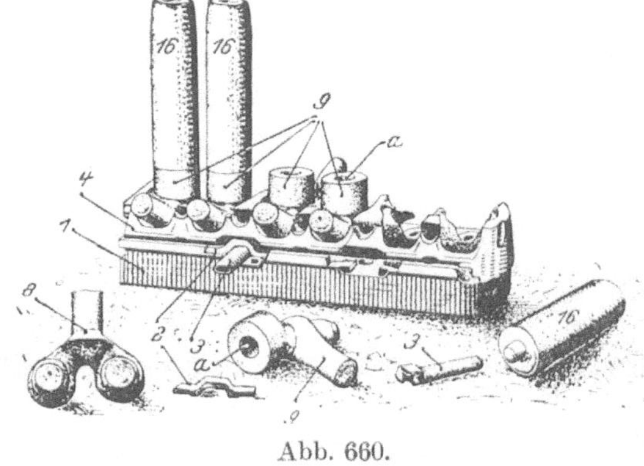

Abb. 660.

Abb. 658—660. Die wichtigsten Kerne.

legung, worauf die genaue Lage der bisher eingelegten Kerne (Abb. 661) mittels einer in den Kastenbohrungen geführten Lehre nachgeprüft und, wenn nötig, berichtigt wird. Es ist empfehlenswert, die bis hierher durchgeführte Zusammensetzarbeit der Kernmacherei zu überlassen, so daß den Formern die bis nach Abb. 661 fertiggestellten Unterteile geliefert werden. An der Gießstelle sind wagerecht ausgerichtete Schienen m vorgesehen; die Former können also nach Empfang des Unterteils ohne jeden Aufenthalt weiter arbeiten. Sie haben zunächst die seitlichen Aussparungskerne 6 und 7 (Abb. 659 und 661) einzulegen, was keine besondere Sorgfalt bedingt, da die bereits an Ort und Stelle befindlichen Kerne genügende Führung gewähren. Mit größerer Vorsicht müssen die nun folgenden Gas-Einlaß- und Auslaßventilkerne 8 und 9 (Abb. 660) in die Form gebracht werden. Sie stützen sich zum Teil auf den Kern 1 (Abb. 668), durch den sie auch entlüftet werden, zum anderen Teil auf den Aussparungskern 6 (die Einlaßkerne 8) und auf den Aussparungskern 9 (die Auslaßkerne 9). Von der genauen Lage dieser Kerne hängt nicht nur die Stellung aller Ventilsitze, sondern auch die Ausrichtung der Zylinder selbst ab, da die Kerne der letzteren ihre einzige Stütze in eben den Aus- und Einlaßkernen 8 und 9 haben. Schon eine Abweichung der richtigen

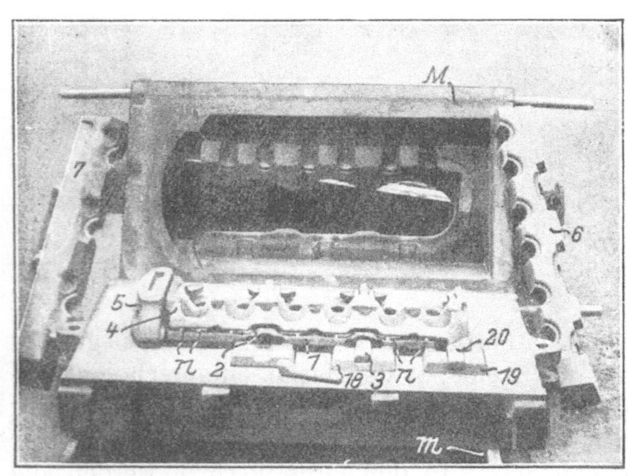

Abb. 661. Unterteil mit den ersten Kernlagen.

Lage dieser Kerne um 1—2 mm vermag den Abguß unbrauchbar zu machen. Abb. 670 gibt ein Bild des Unterteils nach dem Einlegen der Einlaß- und Auslaßventilkerne 8 und 9 unmittelbar vor dem Einlegen des Wassermantelkerns 10.

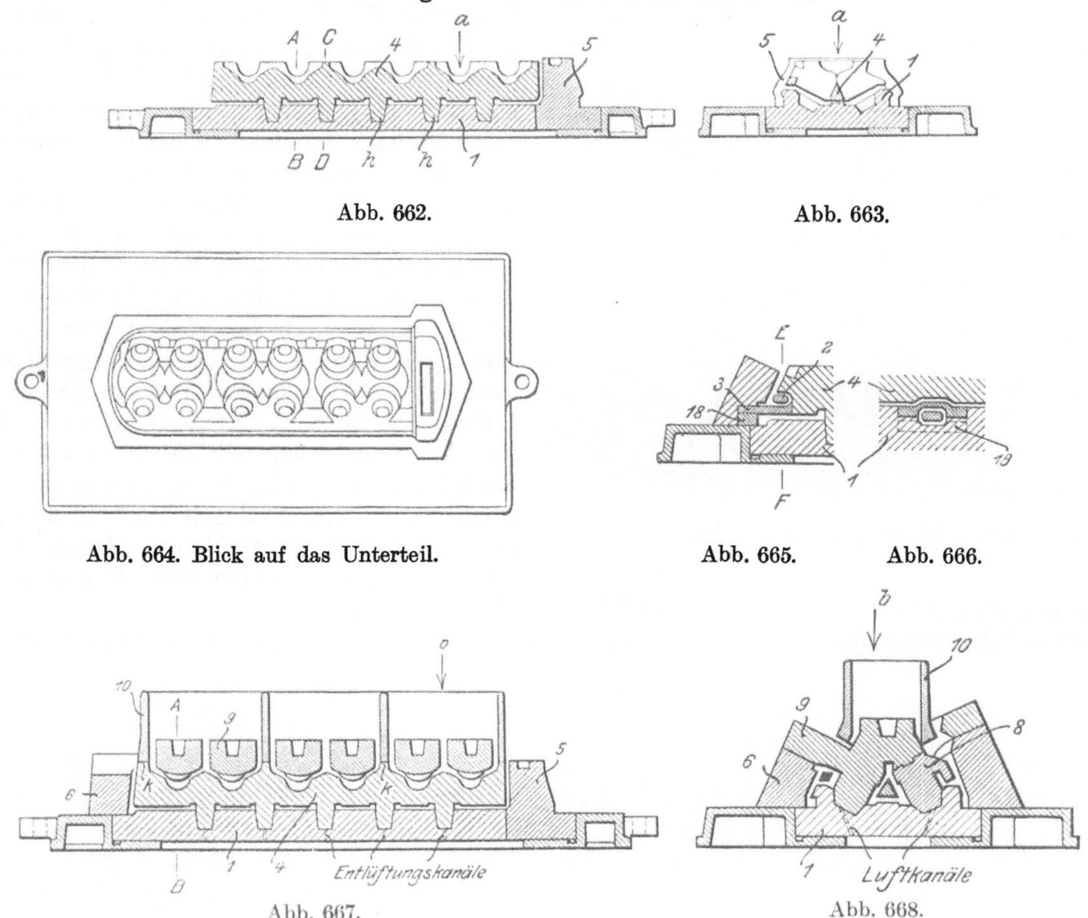

Abb. 662. Abb. 663.

Abb. 664. Blick auf das Unterteil. Abb. 665. Abb. 666.

Abb. 667. Abb. 668.

Abb. 662 u. 663, 665—668. Verschiedene Schnitte durch das Unterteil.

Bezüglich der Anordnung dieser Kerne hat eine bemerkenswerte Entwicklung stattgefunden. Ursprünglich reichten sie nach oben bis zum Beginn der Zylinderbohrung,

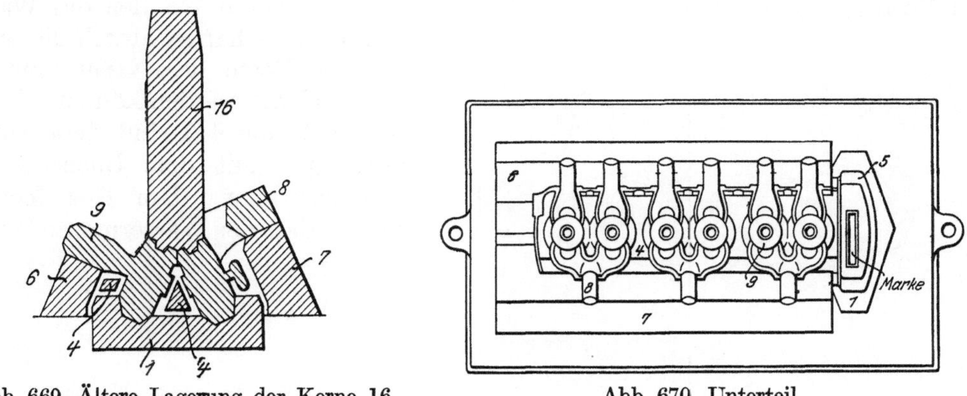

Abb. 669. Ältere Lagerung der Kerne 16 (vgl. Abb. 668).

Abb. 670. Unterteil.

und die Zylinderkerne ruhten mit je einer Marke auf dem zugehörigen Einlaß- und Auslaßkern (Abb. 669). Diese Anordnung erwies sich als zu wenig standfest, weshalb man zur gegenwärtigen Form (Abb. 668) überging, derzufolge der Kern 9 über den Kern 8 greift und mit seiner Marke a (Abb. 660) dem Zylinderbohrungskern 16 eine gute Führung und zugleich eine genau wagerechte Auflagefläche gewährt.

Nach neuerlicher Prüfung der Kernlage mittels einer Lehre wird der auf den schmalen Leisten k des Überkopf-Wasserraumkerns (Abb. 667) seine Unterlage findende Wassermantelkern 10 (Abb. 671) in die Form gebracht. Das richtige Einbringen bietet keine Schwierigkeiten, dagegen erfordert seine Entlüftung besondere Sorgfalt. Zunächst hat man das Formkasten-Mittelteil über die bis jetzt zusammengesetzten Kerne zu bringen (Abb. 672), worauf die Entlüftungskerne 11 (Abb. 673 und 674) eingelegt und dicht an den Wassermantelkern geschoben werden, an dessen Berührungsstelle eine Entlüftungsöffnung, in die seine Luftkanäle münden, vorgesehen ist. Die an den Wassermantelkern 10 stoßende Stirnfläche des runden Entlüftungskerns 11 wurde vor dem Einlegen zur Sicherung guter Dichtung mit Mehl- oder feinem Ölbrei bestrichen. Über den Kern 11 legt man einen Abdeckkern 12 (Abb. 674 und 675), füllt den Raum hinter beiden Kernen mit etwas Kleinkoks und Formsand aus und sorgt für die Weiterführung der Luft durch Stechen

Abb. 671. Unterteil mit den Kernen 1—10.

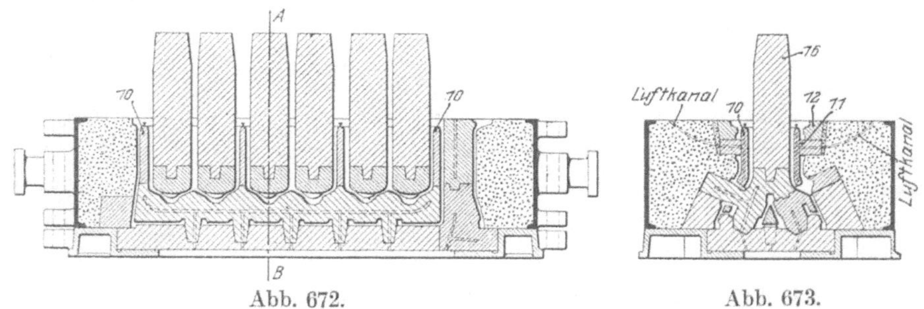

Abb. 672. Abb. 673.

Abb. 672 u. 673. Schnitte durch Unter- und Mittelteil.

eines Kanals, wie ihn die Abb. 673 und 674 erkennen lassen. Dieses Entlüftungsverfahren hat den Vorteil, zugleich ausreichende Öffnungen in den äußeren Wänden des Wassermantels zu schaffen, durch die seinerzeit die Reste des Kerns vom Abguß entfernt werden können. In den Abb. 642 und 643 sind diese runden Öffnungen mit dem Buchstaben h_1 gekennzeichnet. Um Gewißheit zu haben, daß der Wassermantelkern 10

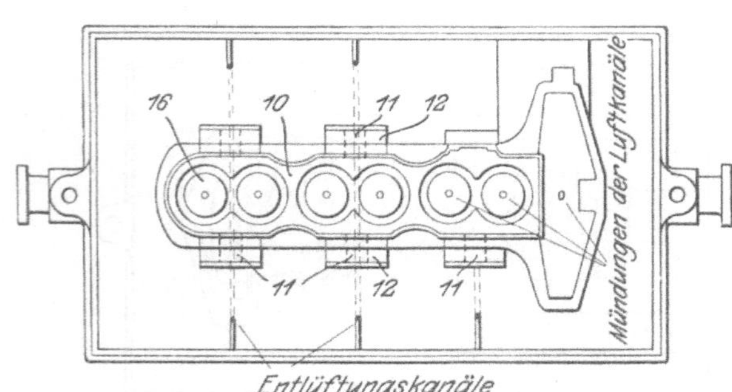

Abb. 674. Mittelteil nach Einlegen der Zylinderkerne 16.

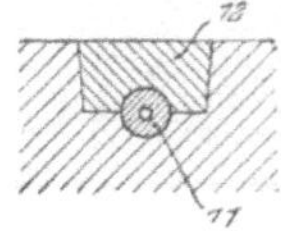

Abb. 675. Schnitt durch den Entlüftungs- und Ausräumekern 11 nebst Deckkern 12.

genau sitzt, besetzt man ihn mit kleinen bildsamen Lehmkegeln, bestreut sie mit Mehl oder Gips, setzt das Oberteil auf, stellt den Abdruck im Oberteil fest und bemißt nach der

Höhe der sämtlich etwas zusammengedrückten Lehmkegel die Höhe der an ihre Stelle zu setzenden Doppelkernstützen. Man hat hier einen Spielraum von 1—2 mm, um den die obere Wandstärke vom normalen Maß abweichen darf. Zur Prüfung der richtigen Kernstützenhöhe bestreut man sie mit Gips, setzt das Oberteil neuerdings auf und hebt

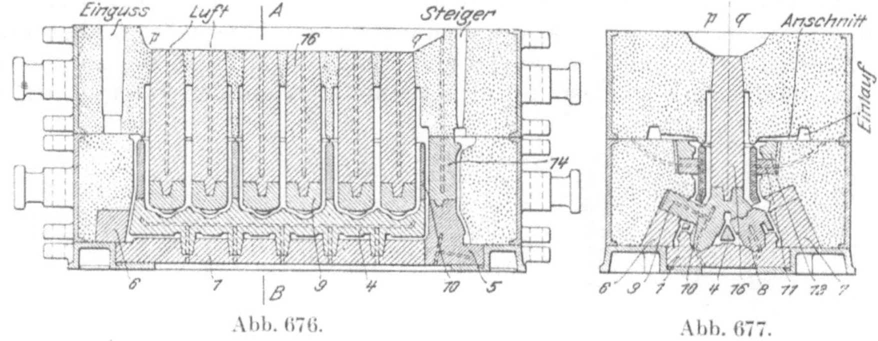

Abb. 676. Abb. 677.

Abb. 676 u. 677. Schnitte durch die Form nach Einlegen sämtlicher Kerne.

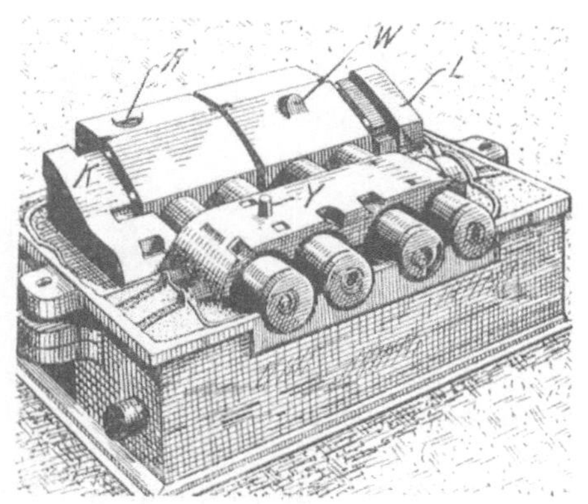

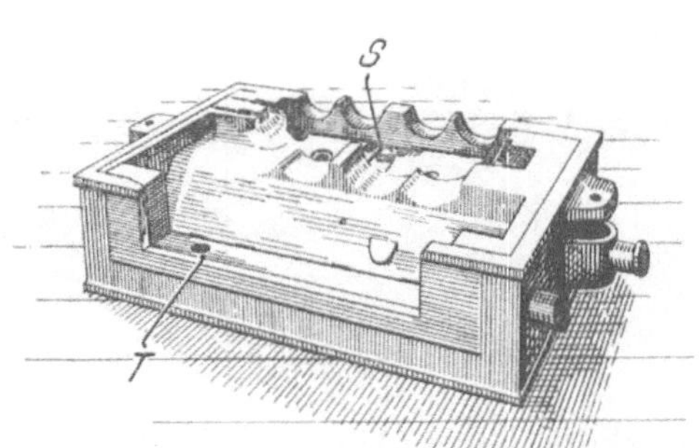

Abb. 678. Abb. 679.

Abb. 678—680. Formerei geteilter Vierzylinderblöcke.

es nochmals ab. Wenn alles stimmt, werden die Zylinderkerne 16 eingesetzt. Es empfiehlt sich, sie an der unteren Marke mit dünnem Lehmbrei zu bestreichen, sie gewinnen dadurch besseren Halt. Die Stellung der sechs Zylinderkerne wird mit einer Lehre geprüft und danach das Oberteil endgültig aufgesetzt. Da dieses infolge Anbringens der Rinne p q (Abb. 676 und 677) oberhalb der Kerne offen ist, kann das Einbringen der Kerne von oben bequem beobachtet werden, wodurch die Gefahr irgendwelcher Abdrückungen auf das denkbar geringste Maß vermindert wird. Sitzt dann das Oberteil gut auf, so kann dazu geschritten werden, die Form gießfertig zu machen. Zunächst wird in den Luftkanal eines jeden Zylinderkerns ein Stab gesteckt, die Rinne p q mit Formsand vollgedrückt, die Stäbe werden ausgezogen und so die Entlüftung der Zylinderkerne gesichert. Danach setzt man einen Gießkasten auf, worauf die Form nach gehöriger Verklammerung gießbereit ist.

Abb. 680.

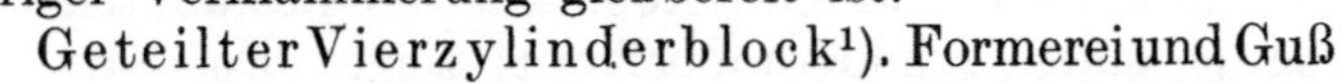

Geteilter Vierzylinderblock[1]). Formerei und Guß mit liegenden Zylindern. Die Zylinderblöcke der amerikanischen Chevrolet-Kraftwagen sind verhältnismäßig einfacher Bauart, da sie nur die Zylinder mit dem Wassermantel

[1]) Foundry 1922, S. 565.

und das halbe Kurbelgehäuse umfassen. Das Modell ist entsprechend der Arbeitstellung der Zylinder nach einer lotrecht durch deren Mitte gedachten Ebene geteilt, wird aber, wie Abb. 678 erkennen läßt, liegend eingeformt, und der Guß erfolgt ebenfalls mit wagerecht ausgerichteten Zylindern. Genau bearbeitete weißmetallene Modelle sind auf Modellplatten angebracht und werden von Hand oder mit Formmaschinen eingeformt. Die Formkasten sind an beiden Seitenwänden ausgeschnitten (Abb. 678—680), wodurch feste Lager für die wichtigsten Kerne gebildet werden und erheblich geringere Mengen von Formsand einzustampfen sind. Die Formkasten sind mit einer rings um den Teilungsrand laufenden

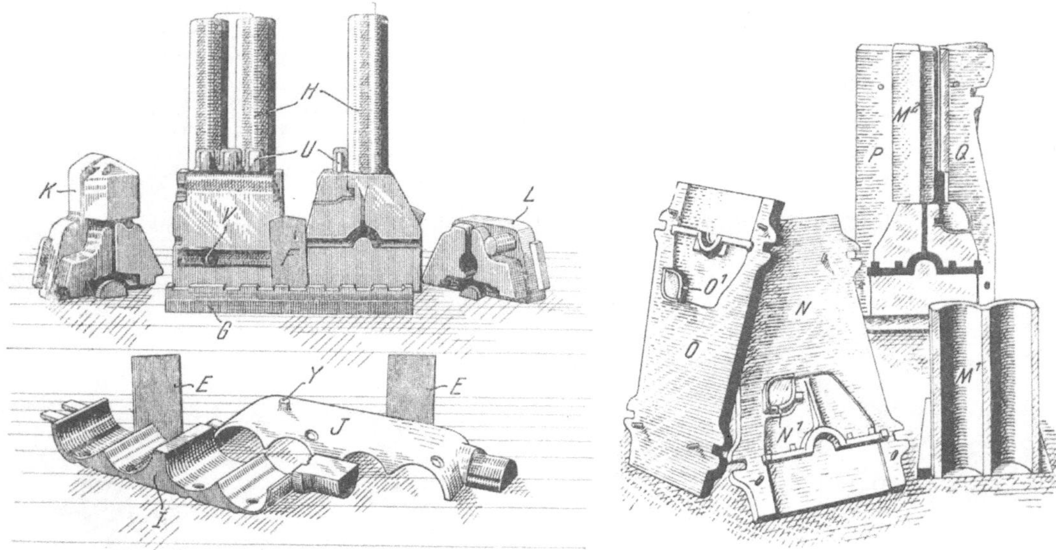

Abb. 681. Verschiedene Kerne. Abb. 682. Bestandteile der Hauptkernbüchse.

Verstärkungsleiste (Abb. 678), mit Stutzen zum Einführen von Trageisen und mit Drehzapfen versehen. Die Teilungsflächen und Ausschnitte werden auf genaues Maß bearbeitet. Das Oberteil ist mit der nötigen Anzahl bis auf etwa 15 mm an das Modell heranreichender Schoren ausgestattet. Nach dem Aufstampfen eines Kastenteils streicht man es glatt ab, legt eine Abdeckplatte auf, sichert sie mittels V-förmiger Bügel B (Abb. 680), hebt ab und wendet, worauf in das Unterteil der mit flachen Anschnittschlitzen versehene Unterleg- und Begrenzungskern G (Abb. 680 und 681) und 2 Seiten-

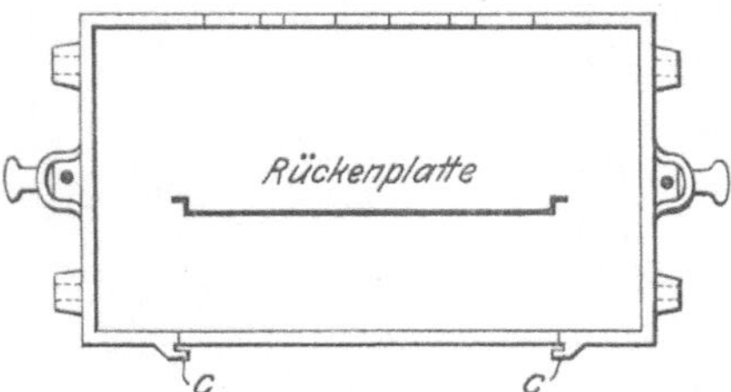

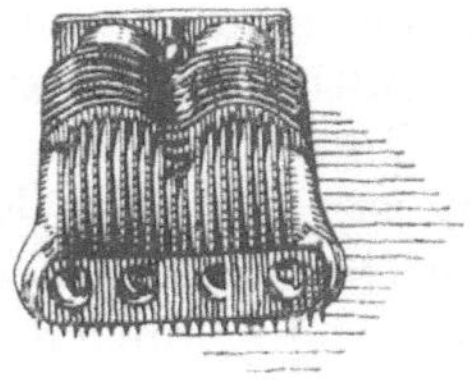

Abb. 683. Unterkasten. Abb. 684. Rippengekühlter Doppelzylinder.

kerne E (gleiche Abbildungen) eingelegt werden. Abb. 679 zeigt ein fertiges Oberteil mit dem Eingußtrichter T und einem angesetzten Kern S, der die Stelle einer Kernstütze für den Wassermantelkern vertritt und zugleich eine Öffnung im Abguß schafft, durch die der Kernsand ausgebracht werden kann. Die verschiedenen zur Verwendung kommenden Kerne sind der Abb. 681 zu entnehmen, während Abb. 682 die Bestandteile der Hauptkernbüchse zur Anfertigung je eines Zylinderdoppelkerns zeigt. Ein Satz von Kernen besteht aus je einem oberen und unteren Wassermantelkern I und J, zwei flachen Kernplatten E, die der Sicherung der Seitenkanten der Form dienen (Abb. 680), einem Unterlags- und Eingußkerne G, je einem Seitenkerne K und L, die rings um das Ende der Zylinderkerne einen Flansch bilden und zwei Zylinderkernen H, die in Abb. 681 von vorne und von der Seite zu sehen sind, und schließlich einen Einlaufkern F, der in den Einguß gesetzt wird, um als Schäumer zu wirken. Die beiden Wassermantelkerne werden mittels langer, von einem zum anderen Ende reichender Wachsschnüre entlüftet, die Entlüftung aller anderen Kerne bietet keine Schwierigkeit, da ihre Enden entweder unmittelbar ins Freie reichen oder doch zunächst einer Formkastenwand liegen.

Nach Fertigstellen des Unterteils und Einlegen der Kerne E und G wird der Wassermantelkern I, J eingesetzt, und zwar beide miteinander festverbundenen Teile zu gleicher Zeit. Sie müssen schon außerhalb der Form gut zusammengesetzt und in den Stoßfugen gründlich verschmiert werden, da sonst leicht Eisen in eine Fuge dringen und die Luftkanäle undurchlässig machen könnte. Der Kern findet durch seine seitlichen Lappen und Stutzen (Abb. 678 und 681) ausreichend sichere Lagerung in der Form. Nach seiner endgültigen Unterbringung wird ein Zylinderkern nach dem anderen seitlich in den Wassermantelkern geschoben, was um so weniger mit Schwierigkeiten verbunden ist, als diese Kerne sowohl durch die bereits eingesetzten Kerne E und G, als auch durch die Formkastenausschnitte genau geführt sind. In der Abb. 678 ist bei A der lotrechte Eingußkanal und bei W die Aussparung für den Ölstutzen zu erkennen. Der Kernstutzen Y am Wassermantelkern dient gleich dem mit S bezeichneten Ansatze im Oberteil (Abb. 679) als Kernstütze und zur Schaffung einer Sandausbringöffnung. Nach dem Einlegen auch der Seitenkerne K und L (Abb. 678) belegt man die untere Teilfläche mit Ausnahme des rechteckigen Formkastenausschnitts mit einer ringslaufenden plastischen Tonschnur, setzt das Oberteil auf, verschließt den rechteckigen Formkastenausschnitt durch Einschieben einer Platte bei c (Abb. 679 und 683), stampft den leeren Schlitz zwischen dieser Platte und den Kernenden mit Sand voll, wobei acht zu geben ist, daß kein Kern verschoben wird und wobei ferner durch Einlegen von nach außen führenden Schnüren für gute Entlüftung gesorgt wird.

Der Guß erfolgt von einem Eingusse aus, Steiger werden nicht angeordnet, wohl aber wird durch mehrere Stiche in das Oberteil mit einem 6 mm Luftspieß der Bildung von Luftsäcken im Oberteile vorgebeugt.

R i p p e n g e k ü h l t e M o t o r r a d - Z y l i n d e r[1]) (K e r n a r b e i t). Rippenzylinder nach Abb. 684 werden am besten ausschließlich in Kernarbeit und ohne Verwendung von Formkasten hergestellt. Abb. 685 zeigt die für die beiden Hauptkerne benutzten Kernbüchsen. Man arbeitet auf einfachen Umlege-Handstampfmaschinen und verwendet Kernsand mit künstlichem Binder. Die beiden die Form bildenden Hauptkerne (Abb. 686 und 687) werden durch den Absatz in ihrer Mitte und durch zwei kräftige, stumpfkegelförmige Dübel aus Sand genau ineinander geführt. Nach dem Zusammenlegen werden sie mit [-Klammern verbunden und zum Gusse hochkant gestellt.

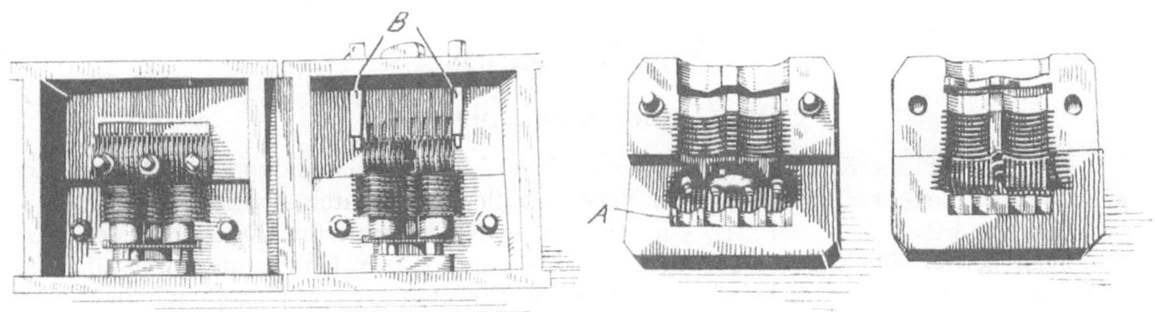

Abb. 685. Kernbüchsen für die beiden Hauptkerne.

Abb. 686. Abb. 687.
Abb. 686 u. 687. Rechter und linker Hauptkern.

Eine der beiden Kernbüchshälften (Abb. 685, linke Hälfte) enthält neben den beiden Dübelmodellen noch drei Kernmarken, zwei für die seitlichen Einlaßkerne und eine für den gabelförmigen, in der Mitte des großen Kerns ruhenden Auslaßkern. Die andere

[1]) Stahleisen 1922, S. 340.

Hälfte ist dagegen mit zwei durch die Büchsenwand ausziehbaren Kernmarken B versehen (Abb. 685, rechte Hälfte), deren zugehörige Kerne in C Abb. 688 zu erkennen sind. Die eine Kernhälfte enthält außer den bereits erwähnten Hilfskernen noch einen Sattelkern A (Abb. 686, linke Hälfte) als Unterlage für die Doppelenden der Zylinderbohrungs-Kerne (Abb. 689). Die Kerne C

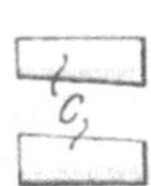

Abb. 688. Kleine Beilagekerne zu Kern A.

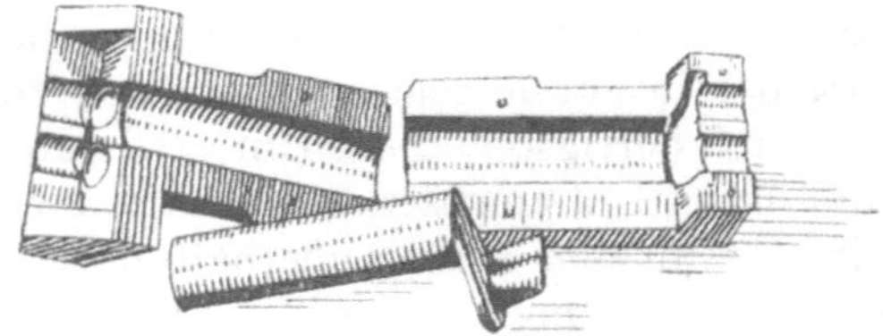

Abb. 689. Zylinderbohrungskern mit Büchse.

(Abb. 688) dienen zur Sicherung der seitlich unterschnittenen Kerne A.

Der Guß erfolgt stehend von oben, wozu das entsprechende Ende der beiden Hauptkerne mit einem Gießtümpel (Abb. 686 und 687) ausgestattet ist. Von diesem Tümpel führen je vier Eingüsse unmittelbar zu den Zylinderwandungen.

Literatur.

Horner, Josef: Formerei eines Dampfkranzylinders. Stahleisen 1908, S. 1623/1625.

Irresberger, C.: Massenerzeugung von schwierigem Automobilguß, insbesondere von Zylindergehäusen. (Allyne-Ryan Foundry Co., Cleveland.) Stahleisen 1918, S. 577/584.

— Kastenlose Formerei von Automobilzylinderblöcken. (Buda Co. in Harvey, Ill.) Stahleisen 1920, S. 1449/1451.

— Fortschritte in der Erzeugung von Automobilzylindern in Amerika. (Nash Motors Co., Kenosha, Wisc.) Gieß.-Zg. 1921, S. 37/41.

— Formerei von Automobilzylindern mit nassen Kernen. (Ferro Machine and Foundry Co., Cleveland.) Gieß.-Zg. 1921, S. 285/289.

— Formerei von Autozylinderblöcken. (Automobilfabrik Steyr.) Stahleisen 1921, S. 1217/1222; 1529/1533.

— Die Zylinderblockgießerei der Ford-Motor Co., River Rouge, Detroit. Gieß.-Zg. 1922, S. 32/36.

— Formerei von schwierigem Autoguß in England. Gieß.-Zg. 1920, S. 275/280; 293/296.

Diller, H. E.: Massenerzeugung von Motorradzylindern. (Gartland Haswell Rentschler Co., Dayton, O.) Foundry 1923, S. 354/362.

Richman, A. J., E. Longden und D. White: Formen und Gießen von Einsatzzylindern. Met. Ind. 1924, S. 35/38.

Irresberger, C.: Massenherstellung von Lokomotivzylindern. Gieß.-Zg. 1924, S. 477/483.

Esselbach, H.: Ausformen und Gießen von Motorradzylindern. Gieß.-Zg. 1924, S. 254/257.

Stoll: Einiges über die Herstellung von einfachen Motorradzylindern. Gieß.-Zg. 1925, S. 97/99.

Pierson, Kurt: Einformen eines Lokomotivzylinders. Gieß. 1926, S. 287/291.

XV. Kunstguß.

Ofen- und Kaminplatten.

Der Anfang des Kunstgusses dürfte in Frischfeuerzacken und anderen Platten zu suchen sein, die unter Benutzung von Naturmodellen, etwa durch Abdruck einer Hand „verziert" wurden. Abb. 690 zeigt ein Stück einer derart verzierten Platte. Auf solchen Anfängen beruht die Entwicklung der schließlich mit hohem Kunstsinne ausgeführten Ofenplatten[1]). Zunächst behalf man sich zur Umrahmung der Platten mit den einfachsten Mitteln, in den Küstenländern waren hierfür Tauenden beliebt, die in natura rings um die im Herde hergestellte Plattenform eingedrückt wurden. Später verwendete man nach Art der Bilderrahmen hergestellte Rahmen oder einzelne Rahmenleisten oder auch nur Bruchstücke von solchen. Innerhalb der Umrahmung wurden in Holz geschnitzte Stempel in die Form gedrückt. Gießer, die über eine gewisse Anzahl von Rahmenmustern und Stempeln verfügten, waren imstande, damit den mannigfachsten Anforderungen zu

[1]) Vgl. Bd. 1, S. 11 u. ff.

entsprechen. Erforderte es der Raum, so wurde der gleiche Stempel zweimal nebeneinander, unter Umständen selbst drei- und viermal in die gleiche Plattenform gedrückt [1]). Der Stempelarbeit folgte die Modellplatten-Formerei, zu der die Stempel auf eine Holzplatte geschraubt und zugleich mit dieser abgeformt wurden. An diese Technik anschließend entstanden dann einheitlich angefertigte Holzplattenmodelle. Metallmodelle mit Stempeleinsätzen, meist aus Messing, tauchen erst im letzten Jahrhundert auf.

Bei der Formerei solcher Platten ist zunächst ein genau wagerechtes Bett herzustellen [2]), auf das das Modell in genau wagerechter Ausrichtung gelegt und der Beschaffenheit des Herdes entsprechend mehr oder weniger tief eingeklopft wird.

Abb. 690. Stück einer alten Ofenplatte mit Handabdruck.

Abb. 691. Rückseite einer Ofenplatte mit Seitenleisten.

Nach dem Einklopfen muß die Rückseite wiederum genau wagerecht ausgerichtet sein, andernfalls ergibt sich eine ungleich starke Platte. Die Ausführung der Form weicht von den im Abschnitte über die Herdformerei angegebenen Regeln (S. 36) nicht ab.

Gegen Ende des 17. Jahrhunderts begann man an die Platten Seitenleisten anzugießen, um sie bequemer zu ganzen Öfen zusammenbauen zu können. Zu dem Zwecke wurden an die Längsseiten der Plattenform lehmbestrichene Eisenstangen, sog. „Leisteisen“ gelegt, unter denen das Eisen durchfließen mußte. Abb. 691 zeigt die Rückseite einer solchen Platte. Die Platten wurden oft so dünn ausgeführt, daß Gefahr schlechten Auslaufens des Eisens bestand. Man mußte es dann mit einer „Kitsche“, einer Stange mit einem in Wasser angefeuchteten Querholz, in die Ecken schieben. Die Ofenplatten wurden durch Jahrhunderte im offenen Herde, später im bedeckten Herde ausgeführt, heute stellt man sie ausschließlich im geschlossenen Formkasten her.

Hoch- und Tiefreliefs.

Beim Einformen von unterschnittenen Kunstmodellen, d. i. von Modellen, die sich nicht ohne weiteres aus dem Sande ziehen lassen, behilft man sich mit abziehbaren Kernstücken. Abb. 692 und 693 zeigen ein Hochrelief mit verschiedenen unterschnittenen Teilen, die dem Längsschnitte nach A—B in Abb. 692 zu entnehmen sind. Bei glatter Einformung des Modells (Abb. 694) wäre es unmöglich, es ohne Beschädigung der Form aus dem Sande zu bringen. Man muß vielmehr folgendermaßen verfahren: Das Modell wird auf eine glatte Platte gelegt, beiderseits eingestampft (Abb. 694), der ganze Kasten gewendet, das Teil A abgehoben und ausgeleert. Nun stellt man an allen unterschnittenen Stellen aus nassem Sand kleine Kernstückchen her (Abb. 695

[1]) Vgl. Bd. 1, S. 13, Abb. 3. [2]) S. Herdformerei, S. 36.

und 697), deren Rückseite glattes Abziehen des nunmehr zum zweiten Male aufzustampfenden Unterteils A gestattet. Dann ergibt sich ein Arbeitsstand nach Abb. 696. Nach dem Abheben des Teils A werden die Kernstückchen mit Hilfe der Kerngabel seitlich abgezogen (Abb. 698), in das gewendete Unterteil A eingelegt und dort mit Nägeln befestigt (Abb. 699). Das Ausheben des Modells aus dem Oberteil B bietet dann keine Schwierigkeit, da es keine Unterscheidungen hat. Beide Formhälften werden mit feinstem Graphit gestaubt oder besser

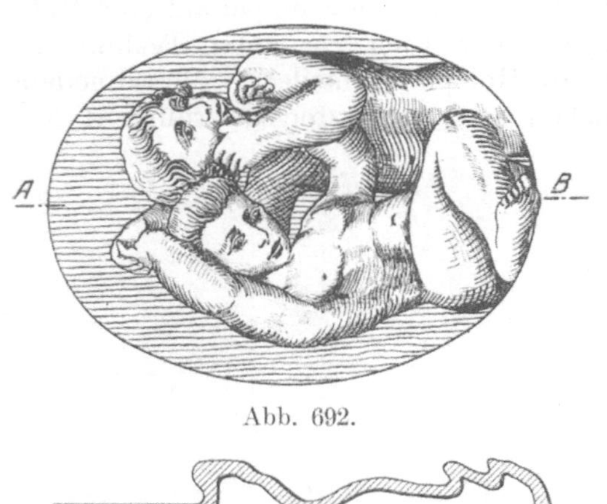

Abb. 692.

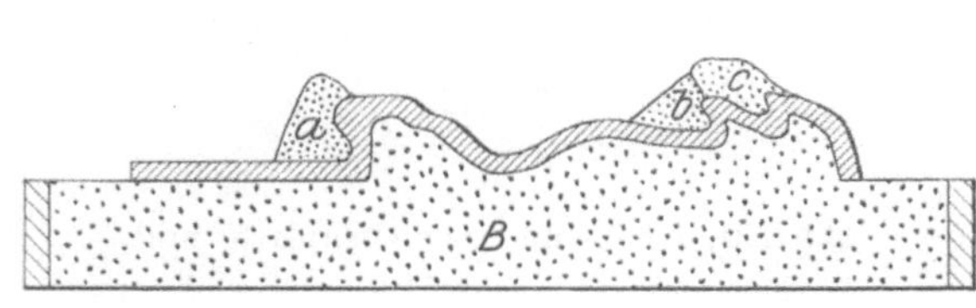

Abb. 693.

Abb 692 u. 693. Hochrelief mit unterschnittenen Teilen.

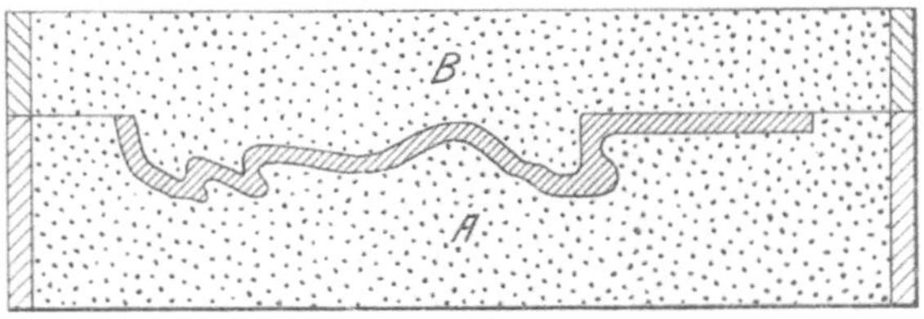

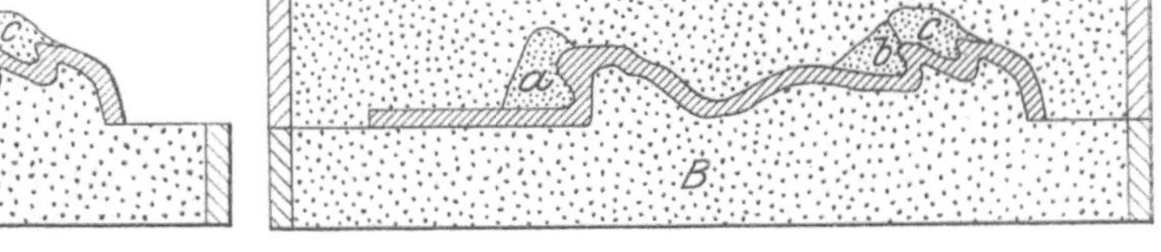

Abb. 694. Unmögliche Art des Einformens.

Abb. 695.

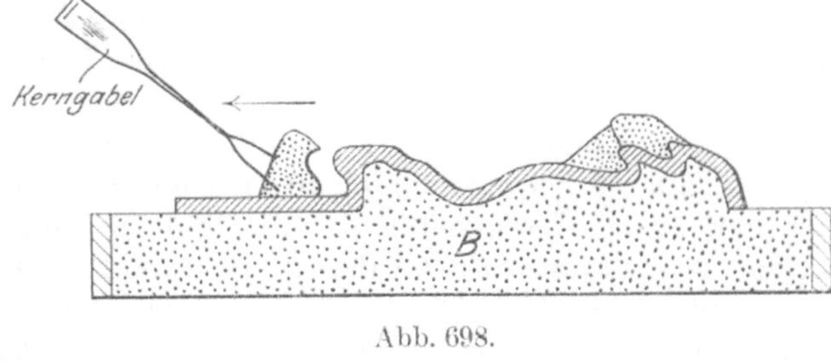

Abb. 696.

Abb. 697.

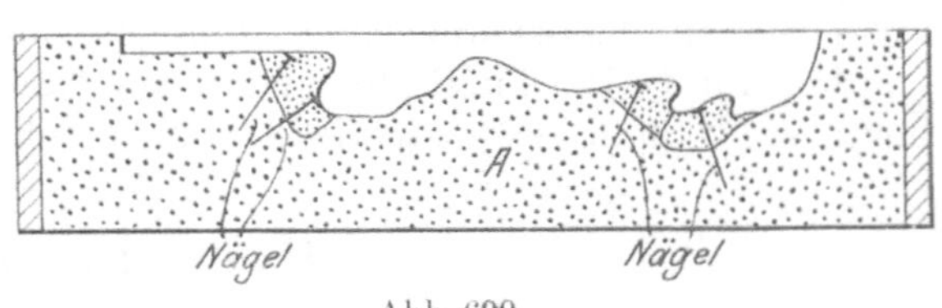

Abb. 698.

Abb. 699.

Abb. 695—699. Formerei eines Hochreliefs.

über einer rußenden Flamme etwas abgeräuchert und schließlich zum Gusse zusammengesetzt.

Denkmäler (Sandformerei).

In ähnlicher Weise werden auch bei Statuetten, Büsten, und anderen Kunstgegenständen unterschnittene, glattes Aussehen des Modells verhindernde Stellen mit Kernstücken ausgefüllt, die später einzeln abgelöst und dann in der Form wieder untergebracht werden.

Ein Musterbeispiel dieser Formerei bietet die Ausführung des von der Technischen Hochschule in Breslau für ihre Hörer als Wanderpreis gestifteten Kunstwerkes „Der

Abb. 700.

Abb. 701.

Abb. 700 u. 701. Statue „Der Sieger“, etwa 80 cm hoch.

Sieger“. Diese Statue (Abb. 700 und 701) wird in der Versuchsgießerei der Hochschule unter Leitung von Professor E. Diepschlag auf Grund des nachstehend beschriebenen Formverfahrens ausgeführt[1]). Die Teilung der Form erfolgt nach Skizze, Abb. 702, wobei die hauptsächlichsten Formelemente in der einen Kastenhälfte unterkommen. Die vorspringenden Teile der Form bilden demnach in dem einen Kastenteile spitze, in dem anderen stumpfe Winkel. Diese Anordnung ermöglicht das glatte Ausheben des Kerns ohne Gefahr einer Beschädigung der Form. Da die Form stehend abgegossen wird, kann nicht von einem Ober- oder Unterteile die Rede sein, man hat es nur mit zwei Formhälften zu tun.

Das Bildwerk ist etwa 800 mm (halbe Lebensgröße) hoch, die beiden Formkastenteile erhielten Abmessungen von je 1050 × 500 × 300 mm. Das Modell wird ohne

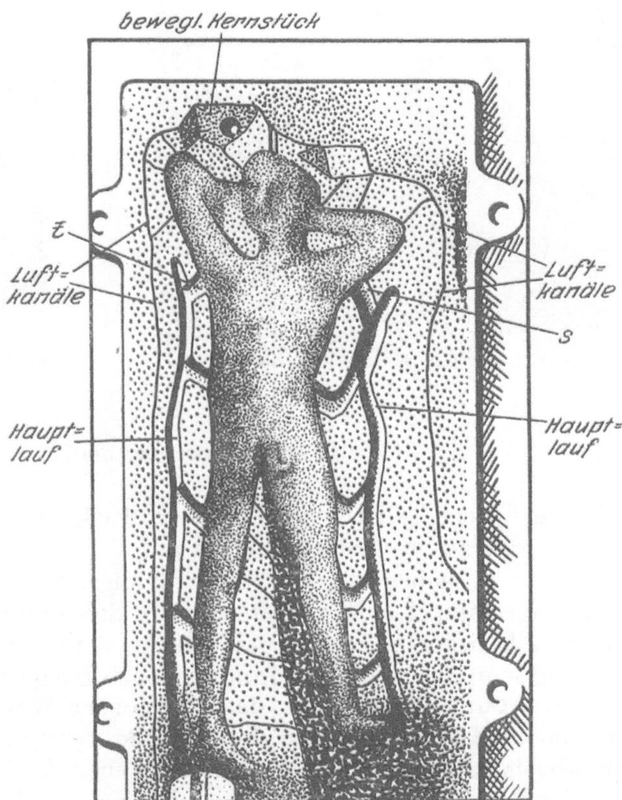

Abb. 702. Teilung der Form für die Statue.

[1]) Vgl. Gießerei 1926, S. 61.

Kugel und ohne Unterlagsplatte in ein Kastenteil zwecks Gewinnung eines falschen Teiles eingeformt, die Teilungsebene wird sauber ausgearbeitet. Danach reißt man die Einteilung der Kernstücke auf der Teilungsebene vor (Abb. 703) und führt daran anschließend die Kernstücke des einen Kastenteiles aus (Abb. 704). Einzelne Kernstücke werden beweglich ausgeführt, d. h. sie erhalten eine Kernmarke, mit Hilfe deren sie auch seitlich verschoben werden können. Um willkürlicher Verschiebung vorzubeugen, führt man die Stücke nach oben zu konisch aus und gibt ihnen in der wagerechten Achse des liegenden Modells schwalbenschwanzförmigen Querschnitt. Die Kernstücke werden durch Papiereinlagen voneinander abgesondert. Nach Fertigstellung sämtlicher Stücke stampft man eine endgültige Formhälfte über dem falschen Teile auf, verklammert beide Teile, wendet,

Abb. 703.

Abb. 704.

Abb. 703—709. Formerei der Statue nach Abb. 700 u. 701.

hebt das falsche Teil ab, stellt die Kernstücke im neuen Formkastenteil her und stampft darüber das zweite Formkastenteil auf.

Beim Ausheben des Modells wird folgendermaßen vorgegangen: Man hebt den zuletzt aufgestampften Formkasten so ab, daß seine Kernstücke auf dem unten liegenden Kastenteile liegen bleiben. Diese Stücke werden für sich abgezogen und beiseite gelegt, während man den von ihnen hinterlassenen Hohlraum zur Abstützung lose mit Sand ausstampft. Danach setzt man das abgehobene Kastenteil wieder auf, wendet, und hebt das andere Kastenteil ab, so daß nun der zweite Satz Kernstücke obenauf liegen bleibt und abgehoben werden kann. Dem Ausheben des Modells ist jetzt nichts mehr im Wege; nachdem es geschehen ist, werden die Kernstücke in die zugehörigen Kastenteile eingesetzt und dort endgültig festgemacht. Die Abb. 704 und 707 zeigen die Einteilung der

Kernstücke beider Teile der Form, während die Abb. 705 und 706 die Formen nach dem Ausheben des Modells erkennen lassen.

Der Kern kann in der Form angefertigt werden. Da man aber dabei Gefahr läuft, die Form ernstlich zu beschädigen, ist es besser, dafür eine besondere, sog. blinde Form herzustellen — in umgekehrter Lage, mit dem Gesichte nach unten. Es wird dabei die Teilung der richtigen Form beibehalten und an Stelle des oberen Kastenteiles ein dreimal geteilter Gipsdeckel angefertigt. Abb. 708 läßt das Kerngerüst und seine Stützen aus leichtem, reichlich gebohrtem Gasrohr erkennen. Um die verschiedenen Versteifungsdrähte werden Wachsschnüre gewickelt, die man mit den gebohrten Stützrohren verbindet, um eine gute Entlüftung zu erreichen. Der Kern wird in die blinde Form vorsichtig eingedrückt und mit Hilfe der Gipsdeckel nachgepreßt. Von seiner Oberfläche nimmt man die Wandstärke von 5—8 mm durch Abschaben weg.

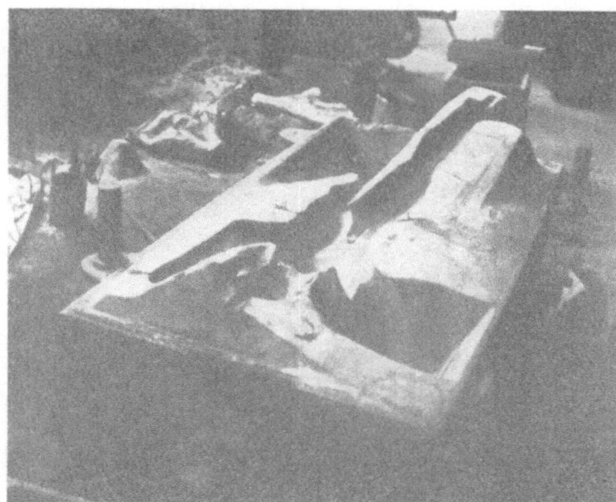

Abb. 705.

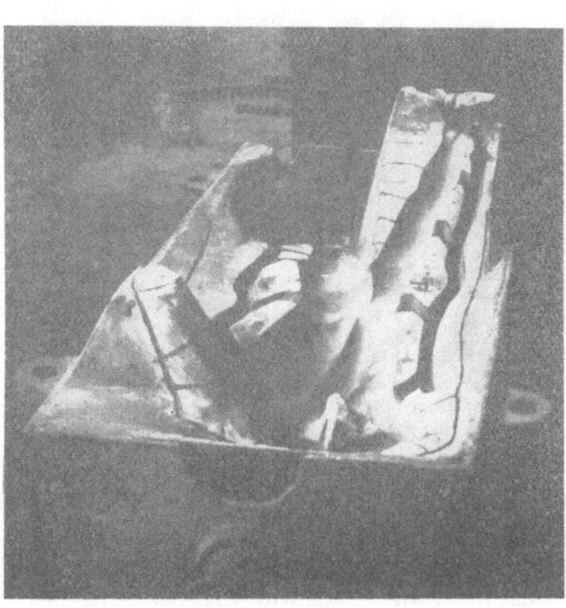

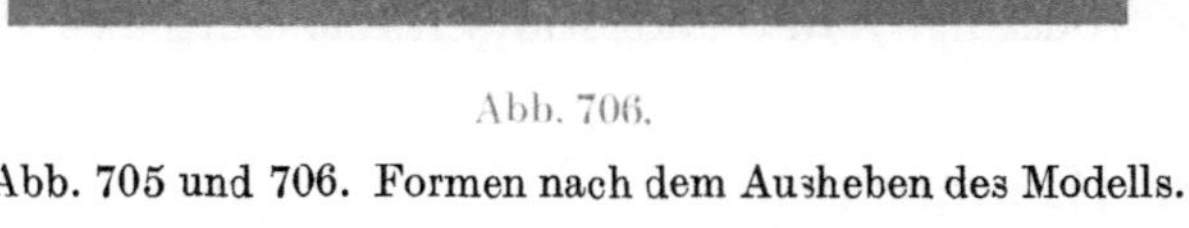

Abb. 706.

Abb. 705 und 706. Formen nach dem Ausheben des Modells.

Abb. 707.

Form und Kern werden vorsichtig getrocknet, da der verwendete Sand, eine Mischung von feinkörnigstem Halleschen und Fürstenwalder Sand, bei zu rascher oder zu scharfer Erhitzung seine Bindekraft einbüßen würde. Nach dem Erkalten schwärzt man sämtliche von Eisen berührten Flächen mit Kienruß gut ab. Selbstverständlich werden beim

Zusammenstellen der Form die Lager verschiebbaren Kernstücke gründlich abgedichtet, um sie gegen etwa eindringendes Eisen zu schützen. Einige der Lager dienen auch zur Abführung der Luft.

Der Guß erfolgt stehend mit nach unten gerichtetem Kopfe der Figur, um den Abgasen doppelten Abzug durch die Kernstützen der Beine zu geben. Es werden zwei

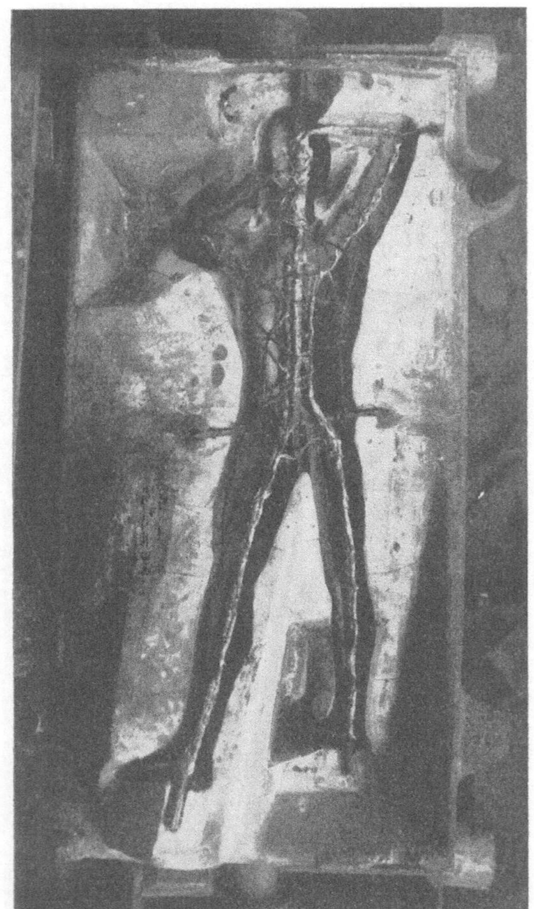

Abb. 708. Kerngerüst.

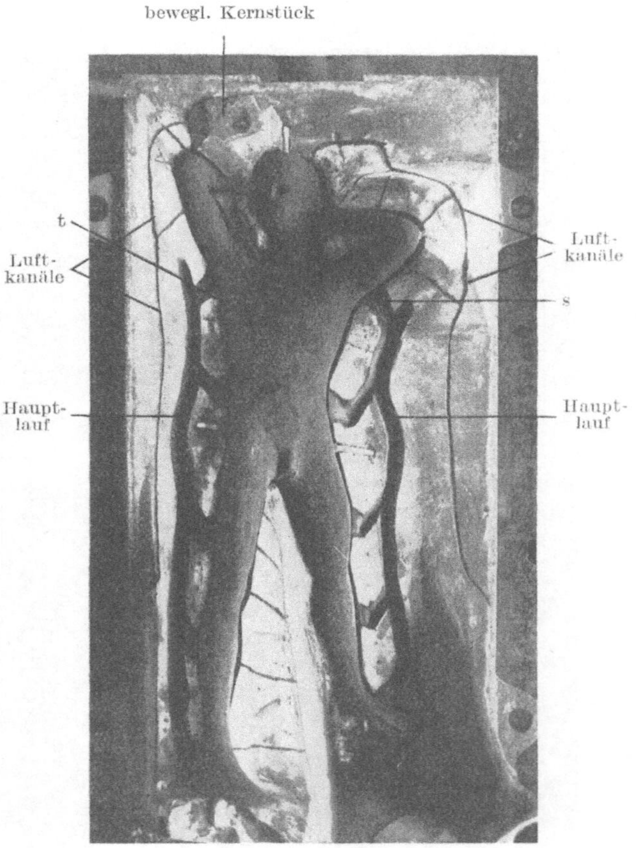

Abb. 709. Einläufe.

Haupteinläufe von dreieckigem Querschnitt angeordnet, die mittels flachrechteckig gestalteter Anschnitte mit der Form verbunden werden (Abb. 709). Die beiden unteren Anschnitte s und t (Abb. 702) sind für fallenden, die höhergelegenen für steigenden Guß vorgesehen, so daß die Form staffelweise vollaufen kann und Kaltschweißstellen vermieden werden.

Denkmäler (Lehmguß).

Bis anfangs des 19. Jahrhunderts vermochte man hohle Figuren nur nach dem ziemlich umständlichen und kostspieligen Wachsausschmelzverfahren herzustellen, das als „Arbeit mit dem Hemde" bezeichnet wurde [1]). Dem Modelleur und Hüttenmeister Stilarsky der Königl. Eisengießerei in Berlin, der etwa um d. J. 1813 als erster eine mit Massekern hohl ausgeführte Statue [2]) herstellte, ist das wesentlich einfachere Sand- oder Lehmkernverfahren zu verdanken. Seine Erfindung kam auch den Bronze-Kunstgießereien zugute. Nach dem alten Arbeiten mit dem Hemde mußte eine, die Wandstärke des Abgusses bildende Wachsschicht, das „Hemd", zwischen

[1]) S. auch S. 119. [2]) Eine Pilgerstatue nach Schadow.

dem äußeren und dem inneren Teile der Form ausgeschmolzen werden, um den Raum für das Eisen freizugeben. Beim Verfahren nach Stilarsky wird ein Gipsmodell nach

Abb. 710. Grabdenkmal.

dem in der Eisengießerei allgemein üblichem Verfahren in einem Ober- und Unterteilformkasten eingeformt und zum Abguß gebracht. Die Vorarbeiten für beide Verfahren sind bis zu einem gewissen Punkte die gleichen. Zum Abformen des in Abb. 710 dargestellten Grabdenkmals teilt man die Figur in vier Stücke, die für sich geformt und gegossen und dann zusammengesetzt werden. Der sitzende Körper (Abb. 711) bildet das Hauptstück, an das sich die zusammen ein Stück bildenden beiden Arme mit den ineinander geschlungenen Händen und die beiden einzeln zu gießenden Flügel anschließen.

Abb. 711. Teilung des Modells.

Nach dem Entwurfe des Künstlers wird zunächst ein Tonmodell in natürlicher Größe hergestellt. Auf dasselbe trägt man eine dünne Schicht von gefärbtem Gips auf und darüber unter Verwendung von Holzverschalungen eine bis zu 100 mm starke Schicht von weißem Gips. Zur späteren leichten und tadellosen Ablösung der Gipsschalen vom Tonmodell — was insbesondere bei der bereits genannten Arbeit mit verlorenem Hemd wichtig ist — legt man an geeigneten Stellen zwischen den Schalen Trennungsbleche ein. Nach guter Trocknung des gesamten Gipsbelages wird eine Schale nach der anderen abgehoben, gereinigt und gründlich geölt, worauf man die Schalen ohne das Tonmodell zur vollen Figur zusammensetzt. Der von den zusammengesetzten Schalen umschlossene Hohlraum muß zur Erlangung eines dem Tonmodell gleichen Gipsmodells mit Gipsbrei ausgefüllt werden. Um das gut bewerkstelligen zu können, setzt man erst die untersten Schalen zusammen, und füllt den freien Raum zwischen ihnen mit Gips aus, indem man dick angemachten Gipsbrei von Hand in kleinen Klumpen gegen

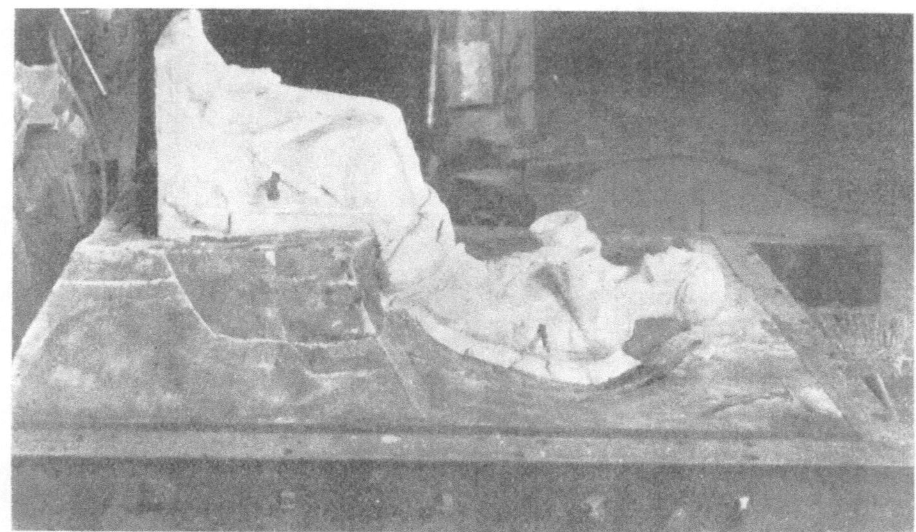

Abb. 712. Unterteil mit eingebettetem Gipsmodell.

die Innenwände der Schalen schleudert, ähnlich wie Fettlehm auf das Gerippe einer Lehmform aufgetragen wird. Dann kommt die nächste Schalenlage an die Reihe und so weiter, bis zur Fertigstellung der ganzen Figur. Nach guter Abbindung des Gipses

Abb. 713. Kerneisen.

werden die Außenschalen mit Meißel und Hammer entfernt, wobei ziemlich grob vorgegangen werden kann, bis die das Modell begrenzende farbige Schicht erkennbar wird. Bei der Arbeit mit einem Wachshemde müssen dagegen die Schalen vorsichtig abgehoben werden, da man ihrer für jeden Abguß wieder bedarf.

Handelt es sich aber nur um einen einzelnen Abguß, so tut man besser, unmittelbar mit dem Gipsmodell weiter zu arbeiten. Ein Oberteilformkasten wird mit der Teilfläche nach oben auf eine ebene Unterlage gesetzt und das Gipsmodell in möglichster Übereinstimmung mit der Kastenteilfläche in gewöhnlichem Formsand recht fest eingebettet. Nach Ausarbeitung einer Teilfläche bringt man das Formkastenunterteil auf das Oberteil, übersiebt das Gipsmodell mit bestem Modellsand und stampft den Kasten mit

Abb. 714. Abziehstücke vor dem Trocknen.

gewöhnlichem Formsand voll. Das Ganze wird dann gewendet, das vorläufige Oberteil abgehoben und ausgestoßen, so daß sich nun das Unterteil mit dem endgültig eingebetteten Gipsmodell nach Abb. 712 ergibt. Um das Modell werden dann unter Verwendung von Kerneisen nach Abb. 713 Abziehstücke aus gutem, ziemlich fettem Modell-

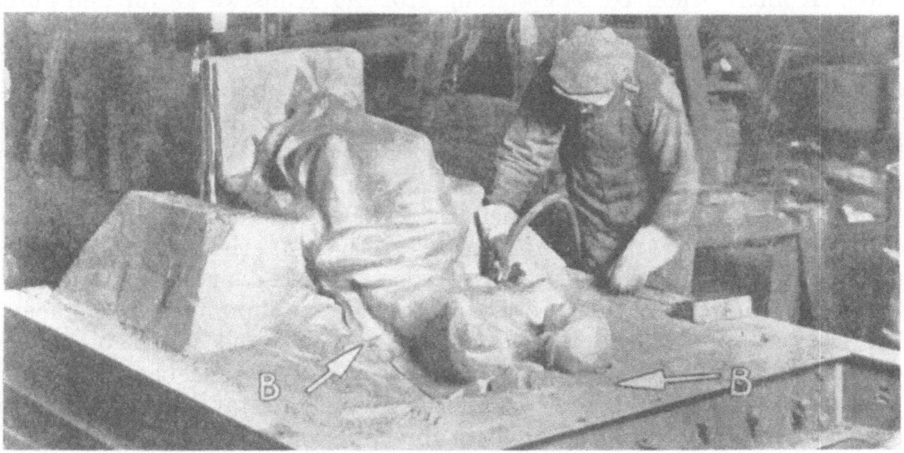

Abb. 715. Ausblasen der getrockneten Form.

sand erstellt, und über denselben der Formkasten vollgestampft. Es folgt das Abheben und Absetzen des Oberteils; die die Form bildenden Abziehstücke bleiben beim Abheben am Modell sitzen und werden schließlich eins ums andere abgehoben, geschwärzt und im Ofen getrocknet. Abb. 714 zeigt die Stücke vor dem Trocknen.

Nunmehr ist das große Gipsmodell auszuheben und abzusetzen und der Kern herzustellen, wobei die Form als Kernbüchse dient. Ein Kerneisen, ähnlich denjenigen der Abb. 713 mit nach verschiedenen Seiten vorspringenden Trageisen (in Abb. 715 sind bei

B B solche Eisen zu erkennen), wird unter Verwendung von Kernsand in die Unterteilform gebettet und dann der Kern unter allmählichem Aufbau der Abziehstücke des Oberteils aufgestampft. Von dem dergestalt gewonnenen Rohkern muß noch die Wandstärke des Abgusses weggearbeitet werden. Zu dem Zwecke setzt man das Oberteil auf, wendet, hebt das Unterteil ab, und besetzt die ganze nun offen liegende Kernfläche in Abständen von 30—50 mm derart mit breitköpfigen Nägeln, daß deren Kopfoberfläche genau mit der gestampften Kernoberfläche übereinstimmt. Nun kann die vorschriftsmäßige Wandstärke abgekratzt werden, da die Nagelköpfe genügend Anhaltspunkte zur genauen Einhaltung des richtigen Maßes gewähren. Nach Entfernung der Nägel bestreicht man die Kernoberfläche mit Melasse-Schwärze und versieht sie, um beim Wenden einer Sackung des Kerns vorzubeugen, an verschiedenen Stellen mit Wachsplättchen von der Stärke der beabsichtigten Wandstärke des Abgusses. Diese Schutzplättchen schmelzen bis zur Beendigung des Trockenvorgangs zuverlässig weg. Jetzt wird das Unterteil wieder aufgesetzt und das Ganze gewendet, das Oberteil und daran anschließend die Abziehstücke wieder abgehoben, so daß die zweite Kernhälfte zur gleichen Bearbeitung wie die erste freiliegt. Nach Fertigstellung auch dieser Kernhälfte — der Kern wird während seines ganzen Herstellungsverfahrens nicht aus der Form genommen! — werden die Eingüsse angeschnitten und die Form mitsamt dem Kern möglichst in einer Trockenkammer gründlich getrocknet. Die getrocknete Form ist gut auszublasen (Abb. 715), worauf man sämtliche Teile gießfertig zusammenstellt.

Der Guß erfolgt von zwei Seiten aus; die Eingüsse werden am Kopfende der Form zusammengezogen und erstrecken sich in der Teilungsebene der Form längs deren beiden Seiten, so daß sie ihr ohne Schwierigkeit mittels einer Anzahl von Anschnitten das flüssige Eisen in gleichmäßiger Verteilung zuführen können. Formerei und Guß der Flügel und des Armstücks werden in der bei zweiteiligem Kastenguß üblichen Weise bewirkt.

Medaillen, Plaketten und ähnliche Gegenstände.

Bei der Erzeugung von feinem Kunstguß spielt die Güte des Formsandes eine große Rolle. Kommt schon bei Herstellung größerer Kunstwerke für den guten Ausfall der Güsse die Beschaffenheit des Formsandes und die Behandlung der Formoberfläche in erster Linie in Frage, so ist dies in noch höherem Maße bei der Formerei von feinstem Kunstguß, wie Medaillen, Plaketten, Visitkarten und ähnlichen Gegenständen der Fall. Auf diesen Gebieten sind neben den von dem ehemals Gräflich Einsiedelschen Eisenwerk zu Lauchhammer (Provinz Sachsen), wo die Wiege des deutschen Kunstgusses gestanden hat [1]), hergestellten Bildwerken u. dgl. noch heute berühmt die Fein-Kunstgußstücke der Königl. Preußischen Eisengießereien zu Berlin und Gleiwitz [2]).

Über das an letzter Stelle zu Anfang des vorigen Jahrhunderts ausgeübte Arbeitsverfahren kann nachstehend kurz berichtet werden. Ein bei dem Dorfe Sowina in der Nähe von Gleiwitz vorkommender feiner Formsand trug zur Vollkommenheit der feinen Kunstgüsse nicht wenig bei. Die Modelle wurden mit diesem Sand übersiebt und der Formkasten danach mit Masse fertig vollgestampft. Nach dem Ausheben des Modells wurde die Form mit Wasser bestäubt und mit allerfeinstem Sandstaub bepudert. Nach gleichmäßiger Durchfeuchtung der Puderschicht brachte man das mit feinem Holzkohlenstaub bepuderte Modell wieder in die Form, legte den Kasten neuerdings zusammen, lockerte an der Rückseite des Kastenteils eine etwa 12 mm tiefe Schicht der Masse mit einem „Messer“ auf, und stampfte sie mit etwas neu zugesetzter Masse wieder fest. Nach dem zweiten Aufheben des Modells wurde die Form „gedämpft“, d. h. man rauchte sie mit einem brennenden Kienspane ab. Die gedämpfte Form kam auf den Trockenherd, bis die vom Feuer abgekehrte Seite ganz trocken war, d. h. bis die Masse beim Beklopfen „klang“. Nach völliger Abkühlung konnte zum Abguß geschritten werden.

[1]) Vgl. Lauchhammer: Bildguß. Selbstverlag der A. G. Lauchhammer 1918 u. 1923.

[2]) Näheres s. Bd. 1, S. 22 und im dort angegebenen Schrifttum, ferner Johannsen: Geschichte des Eisens. Düsseldorf 1924, S. 149ff.

Eine wesentliche Voraussetzung für die Verbreitung eiserner Kunstgußwaren bildete die Möglichkeit, sie, ohne Beeinträchtigung ihres Charakters als Eisenguß dem äußeren Ansehen nach, gegen Rost zu schützen. Zu dem Zwecke wurden sie nach der Reinigung mit einer scharfen Bürste lackiert. Der Lack bestand aus einer Mischung von 12 Quart rohem Leinöl, $^1/_2$ Pfund Burgunderharz, 6 Lot Bleiglätte und $^1/_4$ Pfund Weihrauch, die in einem eisernen Topfe 5 Stunden lang gekocht wurde, bis sich eine klare braune Flüssigkeit ergab. Die Abgüsse rauchte man zur Erlangung tiefer Schwärze mit Kienruß ab, worauf der Lack mit einer weichen Bürste so dünn als möglich aufgetragen wurde. Die lackierten Stücke kamen auf eine heiße Platte zur raschen Trocknung, wobei das sich schnell verflüchtende Öl einen schwarzen Beschlag hinterließ. Reichte dieser Beschlag nicht völlig aus, so wiederholte man das Verfahren.

Nächst dem Sande kommt es bei feinen Abgüssen auch sehr auf die Beschaffenheit des Eisens an. Auf dem durch seinen Feinguß berühmten Kaßlinsky-Eisenwerke im Ural vergießt man ausschließlich selbst erzeugtes Holzkohlenroheisen mit Gehalten von 1,6—2,7% Si, 0,2—0,6% Mn, 3,4—3,8% Ges. C, Spuren von S, und 0,1—0,6% P. Diesem Eisen wird eine Dünnflüssigkeit nachgerühmt, wie sie bei gleich zuzammengesetztem Koksroheisen niemals zu erreichen ist.

Kunstguß in Dauerformen.

Säulen für Treppengeländer u. dgl. werden häufig in wagerecht liegenden eisernen Formen mit Eingüssen an beiden Enden und unter Anordnung zahlreicher enger Steiger mit möglichst heißem, reichlich phosphorhaltigem Eisen gegossen. Die Abgüsse dürfen der Bruchgefahr halber nicht zu spröde und müssen verhältnismäßig weich sein, da sie mitunter zur Anbringung von Schrauben bearbeitet werden müssen. Beide Ziele werden durch ein sehr einfaches und geringe Kosten verursachendes Glühverfahren erreicht. Man hebt die Stücke unmittelbar nach dem Guß, d. i. noch bei heller Kirschrotglut aus der Form und bringt sie zur langsamen Abkühlung in dichter Reihe in eine im übrigen nicht geheizte Grube. Zwischen die einzelnen Lagen der Abgüsse wird Holzkohlenpulver gestreut.

Mit einer Form lassen sich bei gewöhnlicher Handarbeit in der Stunde 12 Stäbe von je 7—10 kg Gewicht herstellen; das Gewicht der Form beträgt etwa 150 kg. Vor dem Gusse trägt man auf den mit flüssigem Eisen in Berührung kommenden Teilen der Form mit einem Pinsel eine ganz dünne Schicht von in Maschinenöl gelöstem Graphit auf.

Literatur [1]).

a) Einzelne Werke.

Bimler, Kurt: Modelleure und Plastik der kgl. Gießerei bei Gleiwitz 1914.
Schmitz, Hermann: Berliner Eisenkunstguß. München 1917.
Lauchhammer: Bildguß. Selbstverlag der A. G. Lauchhammer 1918 u. 1923.

b) Abhandlungen.

Ledebur, A.: Handbuch der Eisen- und Stahlgießerei. 3. Aufl. 1901, S. 226/227.
Johannsen, Otto: Die technische Entwicklung der Herstellung gußeiserner Ofenplatten. Stahleisen 1912, S. 337/342.
— Geschichte des Eisens. Düsseldorf 1924, S. 149.
Lasius, J.: Die Entwicklung des deutschen Kunstgusses. Gieß. 1922, S. 207/210.
Vogel, Otto: Über das Formen und Gießen der alten Kamin- und Ofenplatten. Gieß. 1922, S. 219/226.
Alker, Hubert: Einiges über Eisenkunstguß. Gieß. 1922, S. 227/228.
Diepschlag, E.: Studien über Formtechnik — Eisenkunstguß. Gieß. 1926, S. 61/64.
Römer, Konrad: Der Eisenkunstguß von Lauchhammer. Gieß. 1925, S. 656/659.
Schneegans, E.: Eiserne Neujahrskarten. Gieß. 1925, S. 660/661.
Pinkus, G.: Gießerei und Kunst. Gieß.-Zg. 1926, S. 319/322.

[1]) Vgl. auch Bd. 1, S. 13—23, 36.

XVI. Großguß.

Allgemeines.

Der Begriff „Großguß“ ist nicht genau umrissen. Es gibt viele Stücke, die von der einen, hauptsächlich kleinen Guß erzeugenden Gießerei als Großguß bezeichnet werden, während sie von anderen, vorwiegend größeren Guß fertigenden Gießereien kaum als Mittelguß angesehen werden. Man wird vielleicht nicht allzu weit fehlgehen, allen Guß, dessen Formen noch von Hand bewältigt werden können, als Kleinguß, Stücke, die mittels Kranen bis zu 5000 kg Tragfähigkeit hergestellt werden können, als Mittelguß und alle darüber hinaus mechanische Kraft beanspruchenden Teile als Großguß zu bezeichnen. Großguß kann in Sand, Lehm und in Masse, nach Modell, mit Lehren und mit Kernen,

Abb. 717.

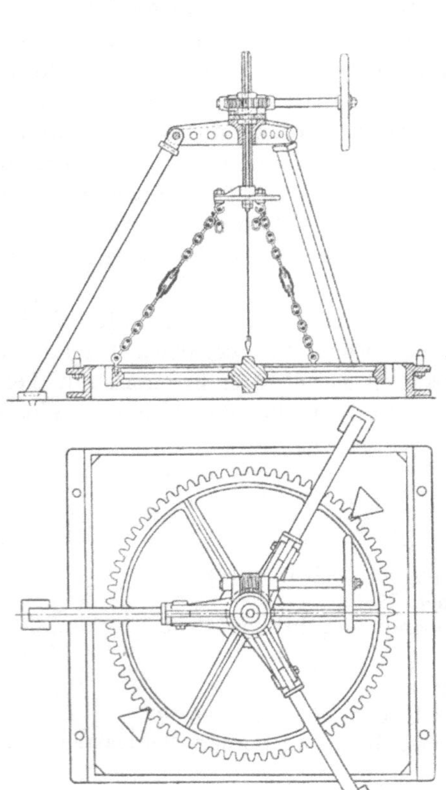

Abb. 716. Aushebevorrichtung für größere Modelle.

Abb. 718.

Abb. 717 u. 718. Wenden großer Formkasten von Hand.

sowie mit Schreckschalen hergestellt werden, stets kommt es auf besondere Sorgfalt in der Auswahl und Aufbereitung des Formstoffs und auf gewissenhafteste Sicherung der einzelnen Bestandteile, wie der gesamten Form gegen die in Verbindung mit hohen Wärmegraden wirkenden großen ferrostatischen Druckbeanspruchungen an.

In erster Linie sind leistungsfähige Hebezeuge und Gießpfannen, sowie ausreichend rasch schmelzende Öfen zur Herstellung von Großguß erforderlich. Andere Behelfe allgemeiner Art sind mechanische Modellaushebevorrichtungen und Vorrichtungen zum Wenden großer Formkasten.

Abb. 719.

Abb. 720.

Abb. 719 u. 720. Wendevorrichtung von N. Kerschgens.

Abb. 716 zeigt eine Aushebevorrichtung für größere Modelle. Die Vorrichtung wird für Radmodelle so aufgestellt, daß das Lot genau die Mitte der Nabenkernmarke trifft, worauf man die drei Ketten mit den Ösen der Hebeplatte verbindet und die mit Rechts- und Linksgewinden ausgestatteten Spannschlösser bis zur Erreichung gleicher Spannung in den Ketten anzieht. Durch Drehung des mit einem Schneckenrad verbundenen Handrads wird die lotrechte Spindel hochgeschraubt und damit das Modell aus dem Sande gezogen. Zur Beschleunigung des Hubes sind steilgängige Gewinde vorgesehen; eine selbsttätige Sperrung verhindert ungewolltes Zurückfallen des Modells. Bei sorgsamer Bedienung der Handrads wird das Modell durchaus gleichmäßig ausgehoben; es kann in jeder Höhe festgehalten werden, falls etwa notwendig werdende Ausbesserungen der Form oder sonstige Umstände dies wünschenswert machen.

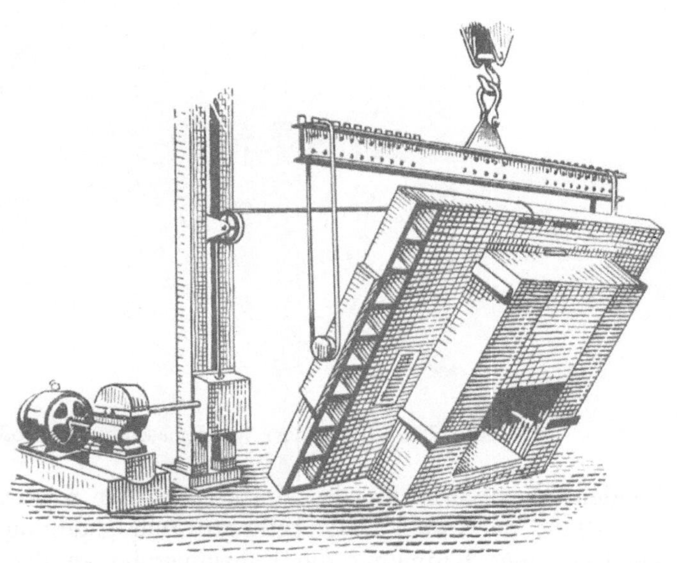

Abb. 721. Einfacher Wender nach Liesen für kleinere Kasten.

Das Wenden großer Formkasten erfolgt von Hand entweder nach Abb. 717 und 718, eine viel Zeit und zahlreiche Arbeitskräfte erfordernde und zugleich für die Leute und die Form ziemlich gefährliche Arbeit, oder durch Absetzen des Kastens auf Böcken und Aufrichten mit nachfolgendem Kippen mit Hilfe eines Krans.

Einfacher und zuverlässiger ist eine von Nik. Kerschgens in Hückeswagen, Rhld., erfundene Art des Wendens. Die Drehzapfen erhalten Aussparungen, in die ein Hebel eingeschoben (Abb. 719) wird, mit dessen Hilfe das Wenden gefahrlos mit der Hälfte der früher benötigten Zahl von Leuten bewerkstelligt werden kann. Für größere Kasten wird noch ein Sperrad vorgesehen (Abb. 720), in das ein gefederter Sperrhaken des Wendehebels greift.

Für Formkasten von noch größerem Gewicht sind die Liesenschen Wendemaschinen sehr gut geeignet. Abb. 721 zeigt deren einfachste Ausführungsform. Ihre Wirkungsweise ist äußerst einfach. Der am Kran hängende Formkasten wird mit der Maschine mittels einer über eine feste Rolle laufenden, mit Endhaken versehenen Kette verbunden.

Abb. 722. Vollständige Wendemaschine für große und kleine Formkasten.

Nach Anlassen des Motors wird der Kasten in die äußerste durch die Höheneinstellung der festen Rolle bedingte Schrägstellung gebracht, worauf man durch Einschalten einer Kupplung die Führungsrolle an den lotrechten Führungsleisten mittels endloser Kette bis zur vollständigen Wendung des Formkastens niederzieht.

Für Gießereien, die täglich große Formkasten zu wenden haben, empfiehlt sich die Anschaffung einer vollständigen Wendemaschine nach Abb. 722. Die Maschine kann mit dem Kran verfahren werden, so daß das Wenden an jeder dem Kranen zugänglichen Stelle der Gießerei erfolgen kann. Der Wender besteht aus einem starken Tragbalken, der mit einer halbkreisförmigen Doppelbahn aus U-Eisen starr verbunden ist. Auf dieser Bahn bewegt sich ein zweiräderiger Wagen, um dessen Achse eine durch einen Haken mit dem Formkasten zu verbindende Kette läuft. Zwei auf Rollen laufende endlose

Gelenkketten, die durch zwei Daumenrollen vom Motor aus durch ein Schneckengetriebe in Bewegung gesetzt werden, schleppen den Wagen hin und her. Zum Wenden eines Kastens verbindet man ihn mittels des Kettenhakens mit dem annähernd in der untersten Stellung am linken Bogenende befindlichen Schleppwagen und läßt den Motor an. Der Wagen durchläuft dann die Halbkreisbahn und dreht dabei den Kasten stoß- und ruckfrei bis um 180°. Eine Bremse gestattet die Unterbrechung des Drehens in jeder Lage. Der Anlasser wird entweder am Führerstande des Laufkrans oder in Greifhöhe an der Halbkreisbahn wie in der Abb. 722 links angebracht. Mit solcher Vorrichtung kann der größte Formkasten von nur einem Manne leicht und bei entsprechender Vorsicht völlig gefahrlos gewendet werden.

Abb. 723. Formkastenwender für beschränkte Raumverhältnisse.

Gießereien, in denen das Wenden großer Kasten seltener vorkommt, können mit einer einfacheren Wendemaschine nach Abb. 723 zurechtkommen. Diese nimmt nicht mehr Platz ein als ein gewöhnlicher Hängebalken, da die zum Wenden nötigen beiden Ausleger nach vollzogener Arbeit wieder eingeschwenkt werden können. Diese einfachere Vorrichtung hat aber den Nachteil, zum Wenden zweimaliges Einhängen zu erfordern.

Die Vorrichtung wird auch als ortsfester, von einem Laufkran zu bedienender Wender (Abb. 724) und als Drehkran mit eigenem Motor (Abb. 725) ausgeführt. Im letzteren Falle wirkt die für gewöhnlich als Drehkran arbeitende Vorrichtung beim Wenden folgendermaßen: Der vom Hauptkran in die Maschine eingefahrene Formkasten wird eingehakt und von dem zugleich als Hebezeug wirkenden Motor in Schrägstellung gebracht. Durch

Einschalten der Kupplung der endlosen Kette wird dann der Kasten durch die Hängeeisen hindurch in wagerechte Lage gezogen [1]).

Gußstücke für Groß-Werkzeugmaschinen.

Unter den größten Graugußstücken sind zahlreiche Abgüsse für den Groß-Werkzeugmaschinenbau zu finden. Sie sind meist so gestaltet, daß ihre Gießformen sich vor allem in die Länge und Breite und nur wenig in die Tiefe erstrecken. Man stellt sie fast durchweg als echte Bodenformen mit flachen Oberteilen her, welch letztere nicht selten nur aus Kernen bestehen. Da es immer darauf ankommt, ausgedehnte, bearbeitete

Abb. 724. Ortsfeste Wendevorrichtung mit Laufkran.

Flächen von tadelloser Beschaffenheit zu gewinnen, erfordert die Auswahl und Behandlung der Formstoffe besondere Sorgfalt. Lehm und Masse haben sich weniger gut bewährt, da beide Stoffe die Formerei verzögern und verteuern, kostspielig zu trocknen sind und in vielen Fällen dem Schwinden unerwünschten Widerstand leisten. Heute stellt man solche Formen fast ausschließlich aus Sand her, und es handelt sich dabei nur darum, ob und wie weit die Formen getrocknet werden sollen. Im Freistaat Sachsen z. B. kommt ein grobkörniger Sand vor, der selbst für die größten Formen keines Zusatzes und keines Schutzanstriches bedarf und das Abgießen der völlig ungetrockneten Formen ermöglicht. Er ist feuerbeständig genug, um saubere Oberflächen zu liefern, und von

[1]) Patentinhaber: Firma Liesen & Co. in Crefeld; vgl. Gieß.-Zg. 1914, S. 466.

ganz außerordentlicher Durchlässigkeit. Die Gießereien der Werkzeugmaschinenfabriken in Sachsen, insbesondere in Chemnitz, ziehen aus diesem ausgezeichneten Formstoff großen Vorteil. Etwas weniger günstig liegen die Verhältnisse im Westen Deutschlands. Man ist hier auf verschiedene grobkörnige Formsande angewiesen, die einer gründlichen Aufbereitung und eines Zusatzes von Kohlenstaub im Verhältnis von etwa 12 oder 14 Teilen Sand auf 1 Teil Kohle bedürfen. Mit solchen Sanden hergestellte Formen müssen stets getrocknet werden. Es ist aber nicht nötig und auch kaum angängig, die Formen vollständig zu trocknen. Man kann sich ganz gut damit begnügen, die Trockenwirkung etwa 30 bis 50 mm tief dringen zu lassen dergestalt, daß eine 15—25 mm starke Schicht wirklich gut trocken wird. Dabei ist nur darauf zu achten, daß das Gießen rasch genug nach dem Trocknen erfolgt, ehe noch aufs neue Feuchtigkeit aus der Tiefe der Form angezogen werden kann. Das frühere Trockenverfahren durch Abdecken der Formen mit alten Blechen und darüber angemachtem Holzkohlenfeuer dürfte heute allgemein aufgegeben sein, ebenso das Trocknen mit auf eisernen Stangen über die Form gesetzten Feuerkörben. Man benutzt heute in der Regel ortsbewegliche Trockenöfen[1]). Im übrigen kann das flache Oberteil auch bei Verwendung westlicher Formsande oft ungetrocknet bleiben.

Abb. 725. Als Drehkran verwendbarer ortsfester Wender.

Beispiele.

A. Werkzeugmaschinenständer[2]).

Bei der Formerei des in den Abb. 726—728 ersichtlichen Abgusses arbeitet man am vorteilhaftesten zum Teil nach Modellen und zum Teil nach Lehren. Abb. 729 zeigt das fertig zusammengestellte, aus folgenden Hauptteilen bestehende Modell:

Fußstück A mit 2 Prismenführungen, Rahmenstück B, rechter Ständer C mit den Arbeitsflächen für die Lagerung des Antriebs, linker Ständer D und Zwischenstück E mit den Aufspannuten für ein schweres Traglager. Jedes dieser Teile bildet ein selbständiges Modellstück, das ohne Schwierigkeit beim allmählichen Aufbau der Form verwendet und wieder losgenommen werden kann.

Die Formgrube wurde stufenförmig ausgehoben, wobei zugleich bereits der Ständer für die Drehlehre mit eingestampft (Abb. 730) und die Auflagerfläche für das Rahmenstück mit Hilfe einer geraden Lehre abgestrichen wurde, worauf die Einlegung des Modells folgte. Gleichzeitig mit dem Rahmenstück wurde das an ihm befestigte Fußstück derart eingelegt, daß die Fußenden in zwei im unteren Teil der Form auf besonderen, fest im Boden verlegten gußeisernen Platten aufgestellte Formkasten hineinragten, die zugleich mit eingestampft wurden (Abb. 731). Für den weiteren Aufbau der Form waren die folgenden Gesichtspunkte maßgebend: 1. Zur Ermöglichung des Einlegens der Ständerkerne von oben wird das Abdeckstück über dem Rahmen als loser Ballen ausgeführt, der die Ständer oben freiläßt.

---

1) Näheres vgl. S. 266. 2) Nach Hugo Becker: Stahleisen 1914, S. 1842 u. f.

2. Die am Fuße liegende Formwand wird als Abziehstück ausgeführt, wodurch die tiefliegenden Formteile zugänglich werden.

3. Es wird ein Einguß am Fußende oberhalb des Abziehstücks angeordnet.

Die Formarbeit: Ausstampfen der Hohlräume des Luftmodellteils bis auf einige Zentimeter über die Oberkante mit Modellsand, Abdrehen der Oberfläche derart, daß der Bearbeitungsansatz a der großen Bohrung und die Wand des Rahmenstücks mitsamt der falschen Eisenstärke stehen blieben und als Modell für den Oberkasten dienen konnten, Einbringen des Modellteils E, Glätten und Einreiben der Sandflächen mit Kalkstaub, Aufstecken der kleinen Nabenmodelle, Schutz der Drehspindel durch ein übergeschobenes Rohr, Aufbau des Ballens aus Kernlehm (Abb. 732) unter Verwendung von bis an die Oberfläche reichendem gußeisernen Kerneisen mit Schmiedeeisenbügeln. Zur Verhütung eines Auseinandertreibens des Modells

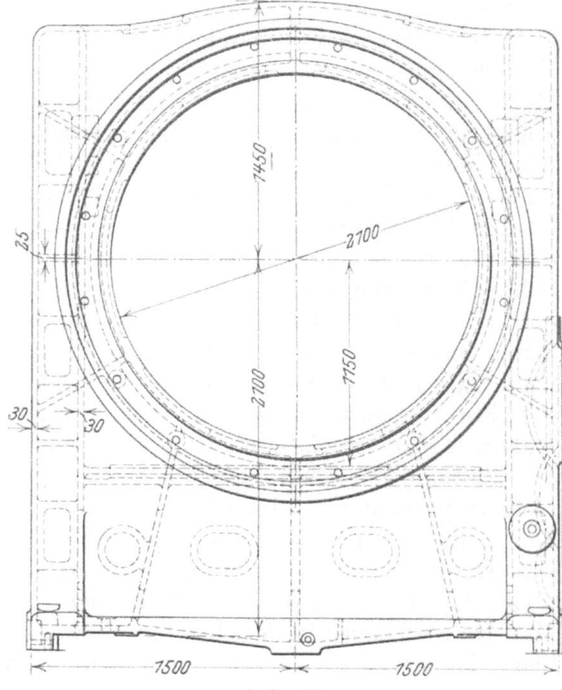

Abb. 728.

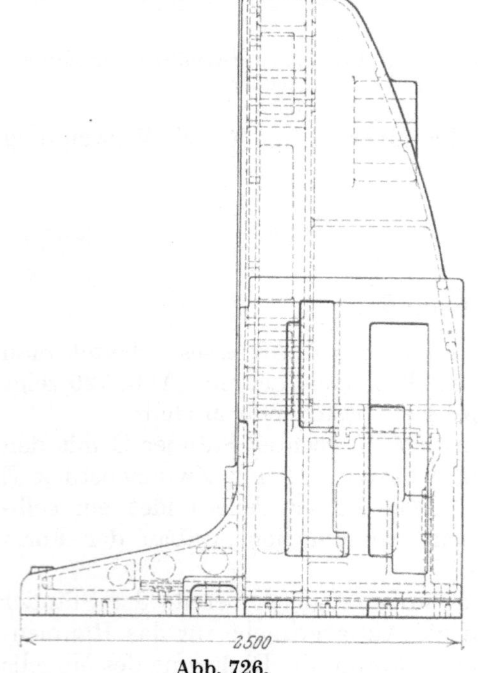

Abb. 726.

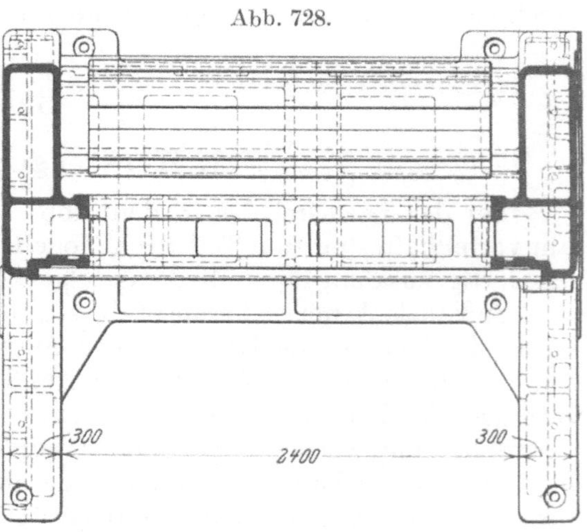

Abb. 727.

Abb. 726—728. Werkzeugmaschinenständer.

wurden gleichzeitig mit dem Ballen die Seitenwände der Form aufgestampft, Da diese infolge Anordnung des Abziehteils am Ständerfußende mit dem Modell abschnitten, mußte eine Bretterabdämmung vorgesehen werden (Abb. 733, links).

Bei gleichmäßiger Hochführung des Ballens wären die hinteren Ständerkerne nicht mehr zugänglich gewesen, weshalb über jedem Ständer eine Aussparung vorzusehen war, die bis über die Arbeitsflächen an der Innenseite reichte und ihrerseits durch einen am Oberkasten sitzenden kleineren Ballen abgedeckt wurde. Zur Ausführung dieser

Ballen wurde ein nach unten verjüngter Holzkasten mit Drahtstiften auf dem Modellrücken befestigt. Abb. 734 zeigt den fertig aufgestampften Ballen. Links und rechts sind die Aussparungen über den Ständern und in der Mitte das Schutzrohr über der

Abb. 729. Modell des Werkzeugmaschinenständers.

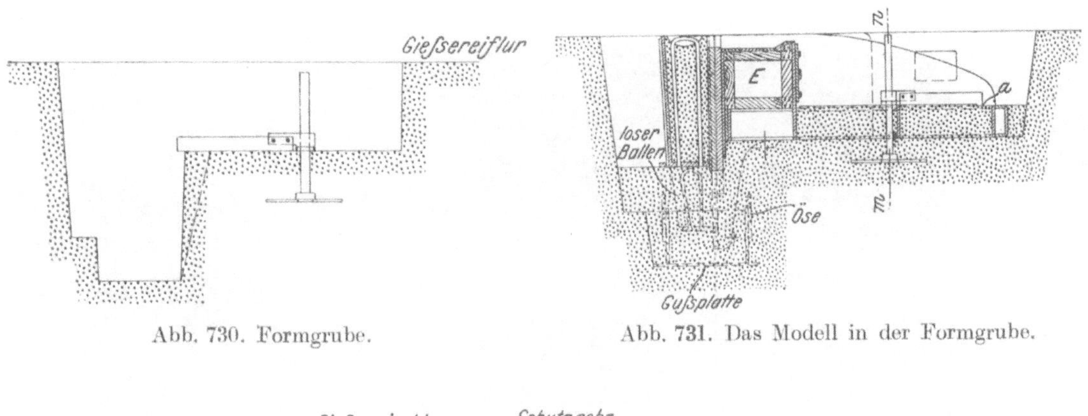

Abb. 730. Formgrube.

Abb. 731. Das Modell in der Formgrube.

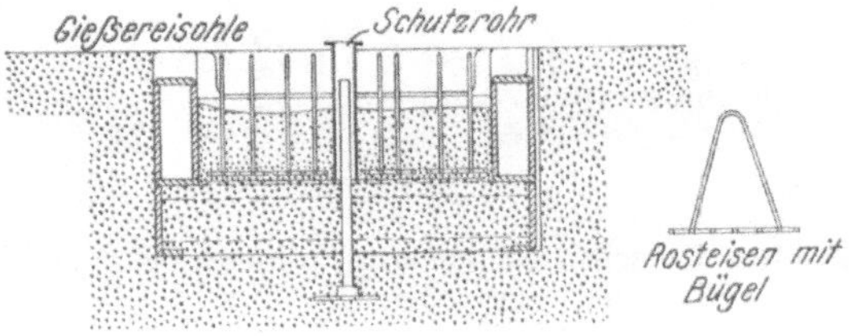

Abb. 732. Schnitt m—n durch den Rahmenteil der Form.

Drehspindel sichtbar. Über den Hängeösen wurden Drahthaken mit eingestampft, die das Auffinden der Ösen erleichtern sollten. Sie sind in der Abbildung wahrzunehmen.

Die Formwand am Fußende des Modells wurde in bekannter Weise als Abziehstück auf einer gußeisernen Platte mit Tragösen ausgeführt. Abb. 735 zeigt links oben das abgehobene Abziehstück. Da die untersten Formteile trotz Anordnung des Abziehstücks noch immer äußerst mangelhaft zugänglich blieben, fertigte man noch vor seiner Ausführung je einen besonderen losen Ballen an den Füßen an, der wieder auf eine gußeiserne Tragplatte mit Ösen gesetzt und mit Hilfe eines konischen Holzkastens aufgestampft wurde (Abb. 731).

Die Form mußte mit zwei Oberteilen abgedeckt werden, an denen die für die Aussparungen über den Ständern und über dem Mittelstück noch benötigten Ballen, unter

Abb. 733.

Abb. 734.

Abb. 733—735. Einzelheiten aus der Formerei des Maschinenständers.

Verwendung von Rosteinlagen, befestigt wurden. Sicherung der Lage des Oberkastens durch eingerammte Pfähle, Aufstampfen des Oberteils, Abheben und Absetzen auf Böcken, seitliches Beschneiden der kleinen Ballen des hinteren Kastens zur Sicherung gegen Druck beim Wiederzulegen, Wiederauflegen des Oberteils nach Freilegung der Ösen des Hauptballens, Befestigung des Hauptballens am Oberteil mit Hakenschrauben und Laschen, Ausheben des Modellmittelstücks, neuerliches Abheben des Oberteils und Absetzen auf Böcken.

Vollendung der Lehrenarbeit im Unterteil nach Ausheben sämtlicher Modellteile unter Benutzung der ursprünglichen Lehre. Diese Lehre war durch einen Blechriegel derart ausgebildet, daß erst ein glatter Kern abgedreht werden konnte, worauf oben und unten Formstoff entfernt werden konnte, so daß in der Mitte ein Ring von der Breite des Kernspiegels stehen blieb. Aus dem Ring wurden dann Segmentstücke aus-

Abb. 735.

geschnitten, so daß die in den Abb. 740 und 741 erkennbaren Aussparungen als Kernstücke stehen blieben. Gleichzeitiges Abdrehen der vorderen Arbeitsfläche und des Führungsrings, Ausgraben der Lehrenspindel und Ausebnung des von ihr hinterlassenen Lochs, womit der rauhe Aufbau der Form erledigt war.

Ausbessern, Glätten und Schwärzen aller Formwände und Zusammenbau der Form mit Ausnahme der kleinen unteren Ballen zum Zwecke des Trocknens mit Heißluft, Anordnung der Heißluftzuführung nach Abb. 736 unter Verwendung von 4 tragbaren Kokstrockenöfen. Bei den beiden hinteren Öfen mußten zur Luftzuführung zwei Kanäle in die Formwand geschnitten werden (Abb. 736), die später zur Luftabführung aus den Kernen benutzt wurden. Während etwa 120 Stunden wurde mit einer Luftwärme von 250—320° getrocknet. Die beiden kleinen Ballen wurden in der Kammer getrocknet.

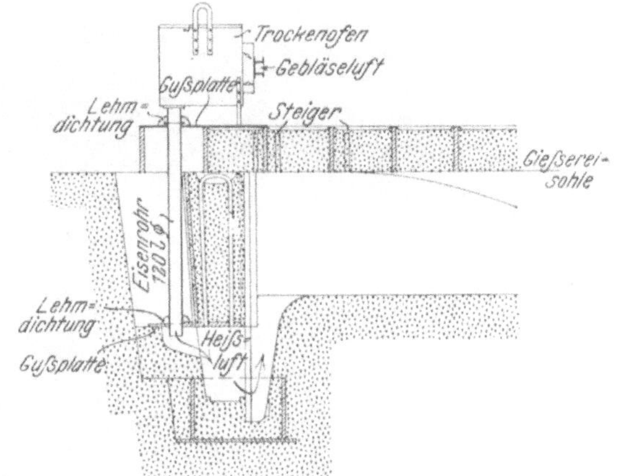

Abb. 736. Trocknen der tiefliegenden Formteile.

Abb. 737 zeigt die Kasten und Lehren für die zahlreichen Kerne, die teils aus Lehm, teils aus Sand, in jedem Falle aber mit reichlichen Kokseinlagen, ausgeführt wurden.

Gründliche Reinigung der wieder geöffneten Form, Einsetzen der Kerne. Die Kerne der Seitenständer wurden erst eingelegt, nachdem der Hauptballen mit Hilfe des Oberkastens eingesetzt und der letztere nach Lösen der Hakenschrauben wieder abgehoben war, Luftabführung aus den hinteren Kernen des Rahmenstücks durch die oben erwähnten Einblaskanäle für Trockenluft, für die vorderen durch Abzüge, die mit dem Sandbohrer

Abb. 737. Kernkasten und Lehren.

Abb. 738. Form, fertig zum Guß.

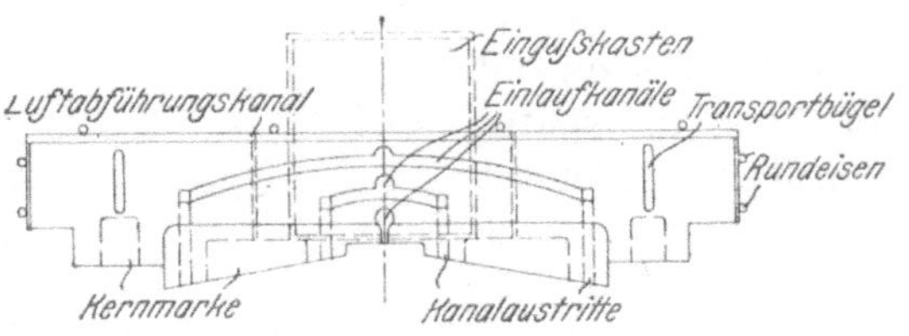

Abb. 739. Anordnung der Einlaufkanäle im Abzug.

an zwei Stellen der Bretterversteifung angebracht wurden. Alle übrigen Kerne wurden durch das Oberteil hindurch entlüftet. Festes Hinterstampfen des Abziehstücks.

Der Guß erfolgte mit einer Pfanne durch einen Gießtümpel, der am Fußende der Form über dem Abziehstücke angeordnet wurde. Dieses Stück enthielt auch die in drei verschiedenen Höhen angeordneten Einlaufkanäle. Alle drei Einläufe blieben bis zum Vollaufen des Tümpels geschlossen, worauf erst der untere und nach ihm die beiden anderen Einläufe geöffnet wurden, sobald anzunehmen war, die Form sei bis zur betreffenden Höhe eben vollgelaufen. Abb. 738 zeigt die Beschwerung der Form mit 89 t Eisenlast und Abb. 739 die Anordnung der Einläufe im Abziehstück. Über jedem Ständer wurden drei Steiger vorgesehen, davon je zwei dicht nebeneinander über den tiefliegenden Ständerfüßen, an welchen Stellen die größte Saugwirkung zu gewärtigen war. Der Guß mit gut warmem Eisen nahm 3 Minuten in Anspruch, Abdecken und Ausheben geschah am dritten Tage. Abb. 740 und 741 zeigen das fertig geputzte Stück im Gewichte von 14 140 kg.

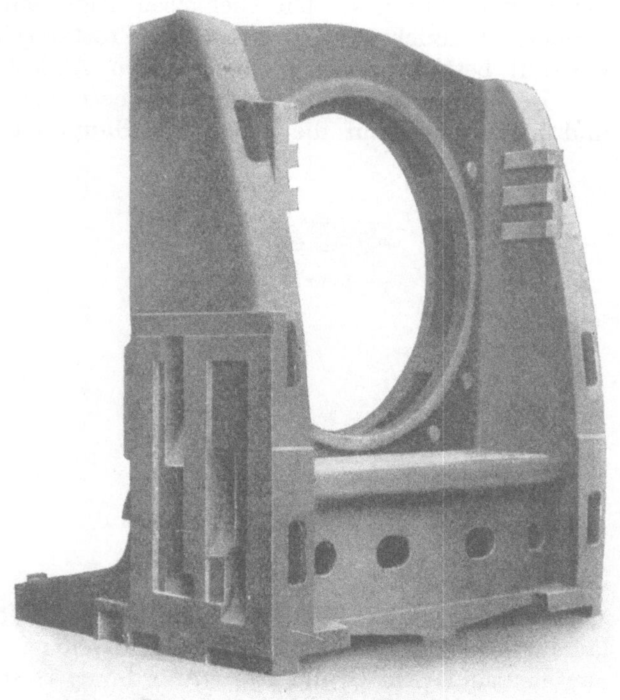

Abb. 740.

Abb. 741.

Abb. 740 u. 741. Ausbohren des fertigen Gußstücks.

B. Drehbankbett[1]).

Das Bett (die Wange) einer amerikanischen 2590-mm-Kanonendrehbank besteht aus fünf Teilen, von denen drei Stück je 11 890 mm lang und 2770 mm breit und zwei Stück bei gleicher Länge etwas schmäler sind. Abb. 742 zeigt den Aufbau der Form eines dieser im rohen Zustande etwa 34 t, bearbeitet 31,7 t wiegenden Abgüsse, während in Abb. 743 ein eben der Form entnommenes Stück und in Abb. 744 ein größtenteils bearbeiteter Abguß dargestellt sind. Die gesamte Form wird ohne eigentliches Modell hergestellt. Den Formern steht nur ein mit Zwischenwänden gründlich versteifter Holzkasten A (Abb. 742) zur Verfügung, mit dessen und mit verschiedener Latten Hilfe die äußeren Formwandungen gestaltet werden, während die inneren Formen durchweg mit Kernen gebildet werden. Die Wandstärken betragen 25 bis 40 mm, für die Bearbeitung werden in Anbetracht der großen Abmessungen der Abgüsse etwa 20 mm zugegeben. Die Kerne zur Gestaltung der inneren Formteile, der

[1]) Nach Stahleisen 1919, S. 1007.

Flanschen, Stege und Verbindungsrippen der drei das Bett bildenden Hauptträger werden stets durchaus getrocknet. Ihre Luftabzüge münden auf die Fugen der Abdeckkerne und sichern so den Gießgasen ungehemmten Abgang. Sämtliche Kerne bilden einfache, in Büchsen über gitter- oder rostartigen Trageisen aufgestampfte Blöcke. Das Oberteil besteht durchaus aus flachen Abdeckkernen.

Der Zuführung des flüssigen Eisens dienen vier am Boden der Form angeordnete und unmittelbar auf die Stege der Hauptträger gerichtete Einläufe von 75×50 mm

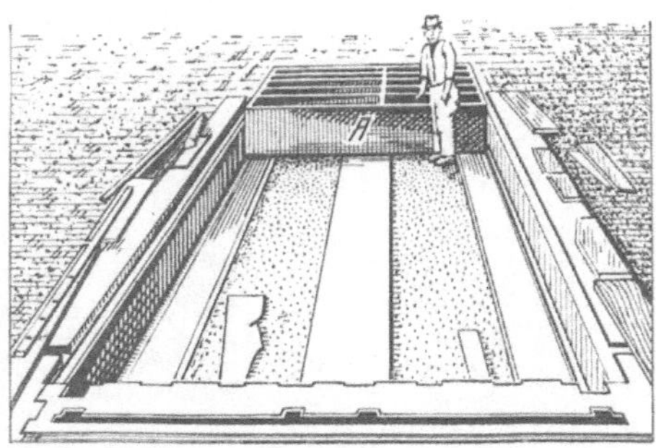

Abb. 742. Aufbau der Form einer Kanonendrehbank.

Abb. 743. Putzbereites Wangenteilstück einer Kanonendrehbankwange.

Querschnitt. Abb. 742 zeigt deutlich im Vordergrunde die Ausführung der Einläufe, während in Abb. 743, wenn auch weniger in die Augen fallend, die Eingüsse selbst zu sehen sind. Auf Grund dieser Anordnung vermag das flüssige Eisen mit den geringsten Hemmungen in die Form zu strömen, sich dort auszubreiten, hochzusteigen und zu-

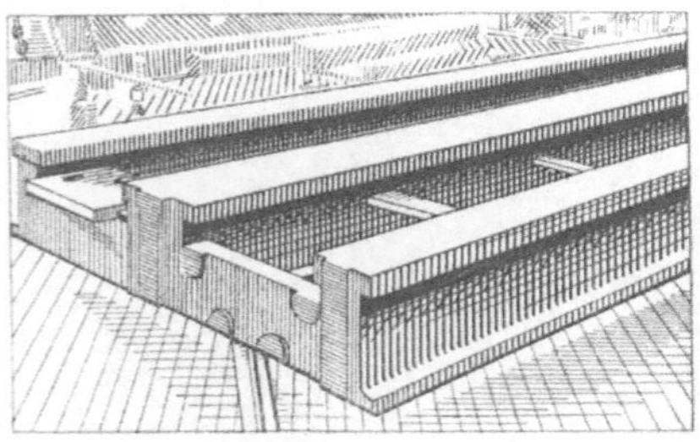

Abb. 744. Bearbeitetes Wangenteilstück einer Kanonendrehbank.

Abb. 745. Bohrtisch einer Kanonendrehbank.

gleich Garschaum und sonstige Verunreinigungen vor sich herzutreiben, in die Höhe zu tragen und schließlich durch die vier an den äußeren oberen Flanschen seitlich angeschnittenen Steiger von 100×100 mm Querschnitt fortzuschaffen. Etwaige Reste von Verunreinigungen gelangen zuverlässig in den obersten Teil der Flanschen, von dem sie mit dem ersten groben Span fortgenommen werden.

C. Bohrtisch einer großen Drehbank [1]).

Eine auf den gleichen Erwägungen wie im vorhergehenden Beispiele beruhende Anordnung der Eingüsse und Steiger ist der Abb. 745 zu entnehmen, die einen soeben aus der Form genommenen Bohrtisch einer 2590-mm-Kanonendrehbank darstellt. Sie unterscheidet sich von derjenigen eines Wangenstücks nur durch die Anbringung von acht Steigern, da jede der rechts und links vorspringenden Pratzenflächen durch einen solchen sauber gemacht werden muß.

[1]) Nach Stahleisen 1919, S. 1008.

D. Drehbankwangen[1]).

Die Formerei von Drehbankbetten und Wangen kann, falls es sich nicht um allzu große Stücke handelt, auch im dreiteiligen Formkasten oder mit dem Unterteile im Boden und aufgesetzten ein- oder zweiteiligen Formkasten erfolgen. Das Oberteil des zweiteiligen Formkastens bzw. das Mittelstück eines dreiteiligen Formkastens pflegt

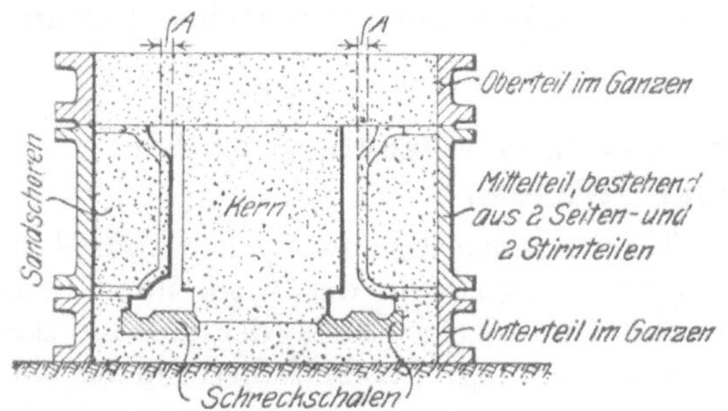

Abb. 746. Gewöhnliches Formverfahren für Drehbankwangen.

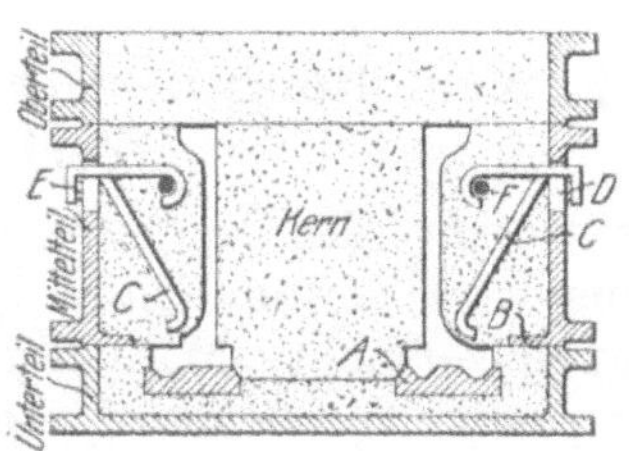

Abb. 747. Neues Formverfahren für Drehbankwangen.

reichlich mit Sandschoren (Abb. 746) versehen zu sein, die bis auf etwa 3 cm an das Modell reichen, um das Ausfallen des Sandes zu verhüten. Das hat manche Übelstände zur Folge. Der Sand zwischen den Schorenkanten und dem Modell (bei A in Abb. 746) läßt sich nicht so leicht gleichmäßig feststampfen, weil der Zwischenraum für den normalen Stampfer zu eng ist und der Former mit den Fingern nachhelfen muß. Infolgedessen entstehen dort gern lockere Stellen, die dann am Gußstücke als Beulen zur Wirkung kommen. Ferner müssen zum Entleeren der Form die Seitenteile des Formkastens seitlich abgezogen werden, was Zeit und Löhne erfordert, um so mehr, als der Kasten für jeden Abguß wieder zusammengeschraubt werden muß.

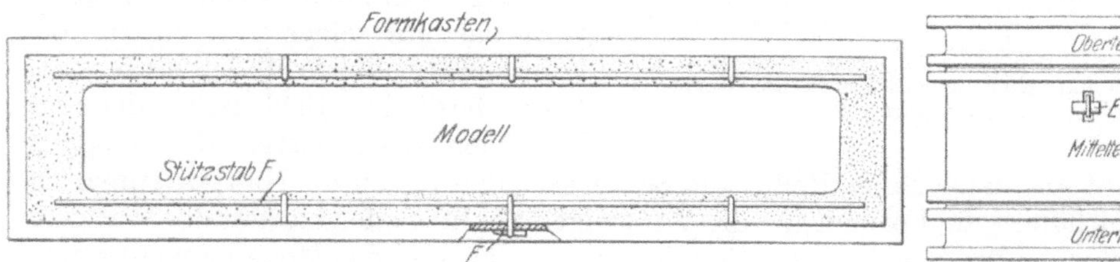

Abb. 748. Einlegen der Stützstäbe und deren Befestigungshaken.

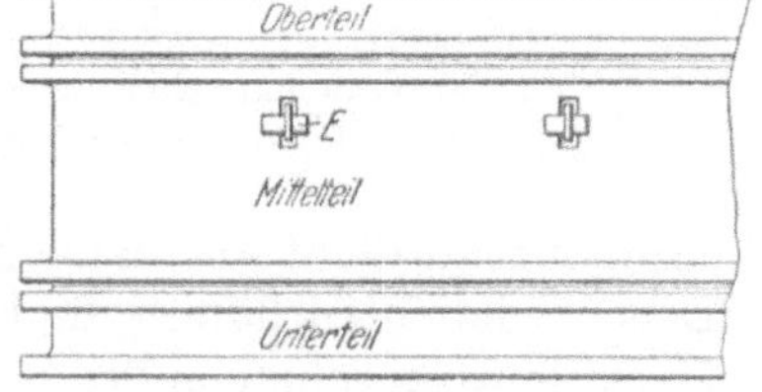

Abb. 749. Verkeilung der Befestigungshaken.

Diesen Nachteilen begegnet ein Verfahren nach Paul R. Ramp, demzufolge das Formkastenmittelstück an Stelle der Schoren zur Stützung des Sandes mit breiten Sandleisten B (Abb. 747) versehen wird und der über die Leiste vorragende Sandballen eine weitere Stütze durch eine Reihe von Haken C und einen Rundeisenstab F erhält. Man stampft das Mittelteil unter Benutzung der Sandhaken C bis auf etwa zwei Drittel seiner Höhe voll, legt nun die Stäbe F auf den Sand (vgl. auch Abb. 748), stampft sie fest ein und befestigt sie mittels der Haken C an den Formkastenwänden. Zu dem Zwecke reichen die Haken durch Schlitze D über die Formkastenwand hinaus und werden dort mit Keilen E sorgfältig angezogen. Das Anziehen der Keile muß sehr vorsichtig, und zwar erst dann erfolgen, wenn Mittelstück und Oberteil schon fertig aufgestampft sind. Abb. 749 zeigt die Art der Verkeilung an der Außenwand des Formkastens. Da bei diesem Formverfahren keinerlei Hemmung für das gleichmäßige Hochstampfen des Mittelstücks

[1]) Nach Stahleisen 1918, S. 589.

besteht, läßt sich der Sand ohne Schwierigkeit durchaus gleichmäßig verdichten, und die Abgüsse fallen beulenfrei aus. Zugleich wird infolge der vereinfachten Arbeit — das Formkasten-Mittelteil besteht aus einem einzigen Stück, weshalb das Zerlegen und Wiederzusammenschrauben der Seiten- und Stirnteile entfällt — das Ausbringen wesentlich höher.

Die Form der Laufflächen des Abgusses wird durch Schreckschalen A (Abb. 747) gebildet. Dadurch wird es möglich, das Unterteil für mehrere Abgüsse zu benutzen, es bedarf dazu nur geringer Ausbesserung der vom flüssigen Eisen unmittelbar berührten Flächen.

E. Verhütung des Krummziehens und Nachbehandlung großer Werkzeugmaschinen-Wangen[1]).

Der Gefahr des Krummziehens großer Werkzeugmaschinenwangen während des Abkühlens wird gewöhnlich durch Verstärkung der Abgüsse in der Mitte ihrer Länge zu begegnen versucht. Man gibt zu dem Zwecke der unteren Fläche der Modelle nach der Mitte zu eine von beiden Enden aus ansteigende Wölbung. Das Maß dieser in der Gußform als Vertiefung wirkenden Wölbung hängt von der Länge des Abgusses, von der Art seiner Gestaltung und von seinen Wandstärken ab. Allgemein gültige Regeln lassen sich diesbezüglich nicht aufstellen, der Gießer kann sich beim ersten Guß nach einem neuen Modell nur auf seine Erfahrung verlassen und erlebt dabei nur allzuoft recht unangenehme Überraschungen. Man hat darum durch Verwendung von Schreckschalen einen anderen Weg zur Überwindung des Übelstandes betreten und ist damit zu sehr guten Ergebnissen gelangt.

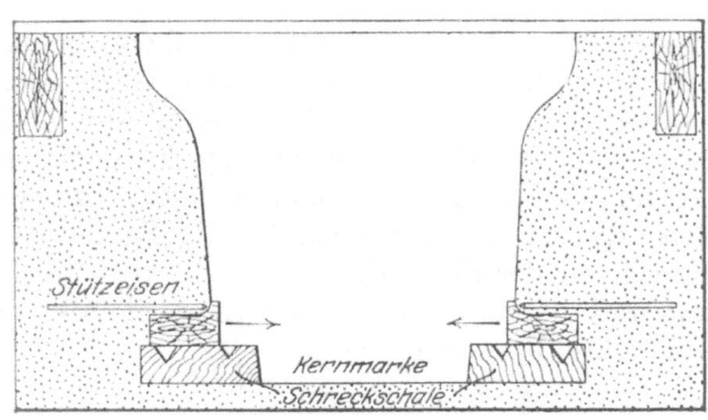

Abb. 750. Schematischer Schnitt durch die Form einer Werkzeugwange.

Nach Aushebung der Gießgrube und Herstellung eines gehörig entlüfteten, durchaus ebenen Bodens wird das auf seiner unteren Hauptkernmarke ruhende Modell eingesetzt. Unter die die Laufflächen des Abgusses bildenden Seitenleisten des Modells schiebt man dicht aneinander eine Reihe von Schreckschalen bis an die Hauptkernmarke. Diese Schalen enthalten die Formen für die V-förmigen Schlitze oder Leisten der Wangen. Nach dem Einschieben der Schalen wird Sand eingeschaufelt und das Modell eingestampft und ausgehoben, wobei die Seitenleisten noch im Sande bleiben. Abb. 750 zeigt einen Schnitt durch eine Form unmittelbar nach dem Ausziehen des Hauptmodells. Die Seitenleisten werden in Richtung der Pfeile wagerecht ausgezogen, worauf die Form in üblicher Weise weiter behandelt und fertig gemacht wird. Die aus kurzen, nahezu quadratischen Platten bestehenden Schreckschalen bleiben bis zum Ausleeren der Form unverrückt stehen. Sie lösen sich vom Abguß ohne Schwierigkeit ab und bewirken infolge ihrer verhältnismäßig geringen Wandstärke und auf Grund der ausgiebigen Glühwirkung des allmählich erstarrenden Abgusses keine Härtung des Eisens, sondern nur die erwünschte Bildung eines feineren Korns. Vor allem aber tragen sie dazu bei, den Abguß rascher und gleichmäßiger abzukühlen und dadurch in vielen Fällen vor Verziehungen zu bewahren.

Eine wichtige Rolle für den guten, geraden Ausfall der Abgüsse spielt das verwendete Eisen und die Art seiner Einführung und Verteilung in der Form. Für derartige Abgüsse von etwa 25 mm durchschnittlicher Wandstärke hat sich Eisen gut bewährt, das im Abguß etwa 2% Si, 0,1% S, 0,6% P und 0,7% Mn enthält. Gesetzt wird dabei halb Roheisen, halb Bruch und Trichtereisen, je nach den Roheisenverhältnissen

[1]) Nach Stahleisen 1921, S. 1379.

werden 10—30 $^0/_0$ Stahlabfälle zugegeben. Abgüsse bis zu 4,5 m Länge können gut von einer der schmalen Seiten aus gegossen werden; von 4,5—9 m Länge tut man gut, an beiden Schmalseiten Eingüsse vorzusehen und mit zwei Pfannen zu gießen, während man bei noch größeren Abgüssen genötigt ist, auch in der Mitte Eingüsse anzuordnen und mit drei Pfannen zu gießen.

Trotz aller Vorsichtsmaßregeln sind krumm gezogene Abgüsse nicht ganz zu vermeiden. Man versucht sie gewöhnlich durch Auflegen an beiden Enden mit nach oben gerichteter konvexer Seite gerade zu richten. Ein in der Mitte angemachtes Feuer bewirkt selbsttätiges Geradestrecken, das unter Umständen durch aufgelegte Gewichte unterstützt werden muß. In letzterem Falle darf nicht übersehen werden, durch genau festgestellte Unterstützungen einer Durchdrückung im entgegengesetzten Sinne vorzubeugen.

Nach einem anderen Verfahren unterhält man unter dem seitlich liegenden Abguß ein Feuer und drückt die Stücke mit Spannschrauben gerade. Kürzere Abgüsse werden so zwischen zwei schwere, lange Beschwereisen gelegt, daß dem einen Beschwereisen die konkave, dem anderen die konvexe Seite gegenüber liegt. Zwischen dem Schwereisen an der konvexen Seite und dem gerade zu richtenden Stück werden Druckschrauben angesetzt, ein Feuer unter dem Stück angemacht, bei beginnender Rotglut die Schrauben angezogen und damit fortgefahren, bis der Abguß glatt an das gegenüberliegende Eisen gepreßt ist. Dann löscht man das Feuer, entlastet das Stück von dem Druck der Schrauben aber erst nach seiner völligen Abkühlung.

Holländerwannen.

Bei der Formerei von Holländerwannen (Abb. 751—754), d. i. von großen, wannenförmigen, für Papierfabriken gebrauchten Gußstücken, handelt es sich darum, den Formen bei genügendem Halt ausreichende Nachgiebigkeit zu geben, damit sie den ersten Schwindungsbeanspruchungen folgen können, und weiter um möglichst gleichmäßige Verteilung des flüssigen Eisens über die gesamten Querschnitte der Form.

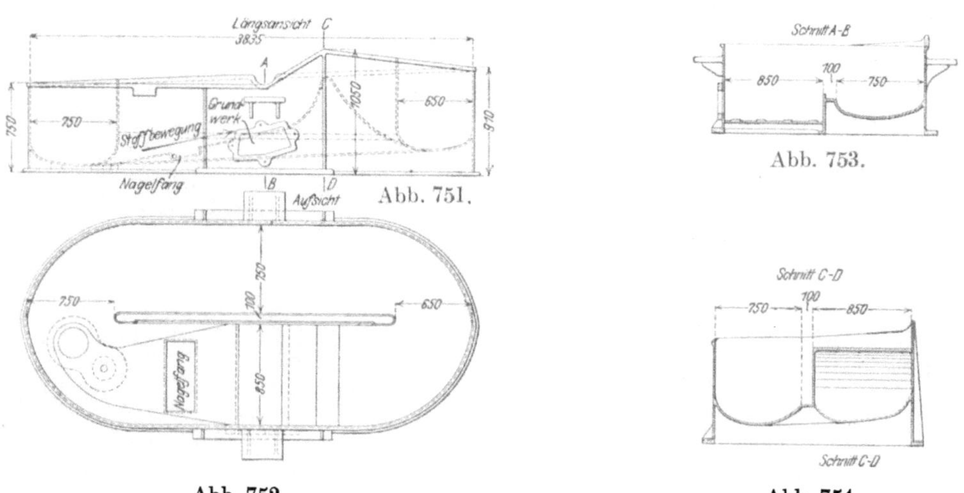

Abb. 751. Abb. 752. Abb. 753. Abb. 754.

Abb. 751—754. Einzelheiten zur Formerei einer Holländerwanne.

Nach L. Emmel[1]) hat sich folgendes Form- und Gießverfahren bewährt, wobei die Form mit nach oben gerichtetem Boden der Wanne im Boden ausgeführt wird.

Nach Ausheben einer genügend tiefen Grube wird ein ausgiebig bemessenes Koksbett angelegt (Abb. 758) und darüber eine starke Schicht Sand aufgestampft. Auf diese senkt man das nur zur Gestaltung der äußeren Wannenform dienende starke Holzmodell,

[1]) Stahleisen 1916, S. 1149.

richtet es genau wagerecht aus, belastet es mit einem schweren Gewicht und richtet die Schlußflächen für die ringsum auszuführenden Kernstücke her. Bei großen Wannen

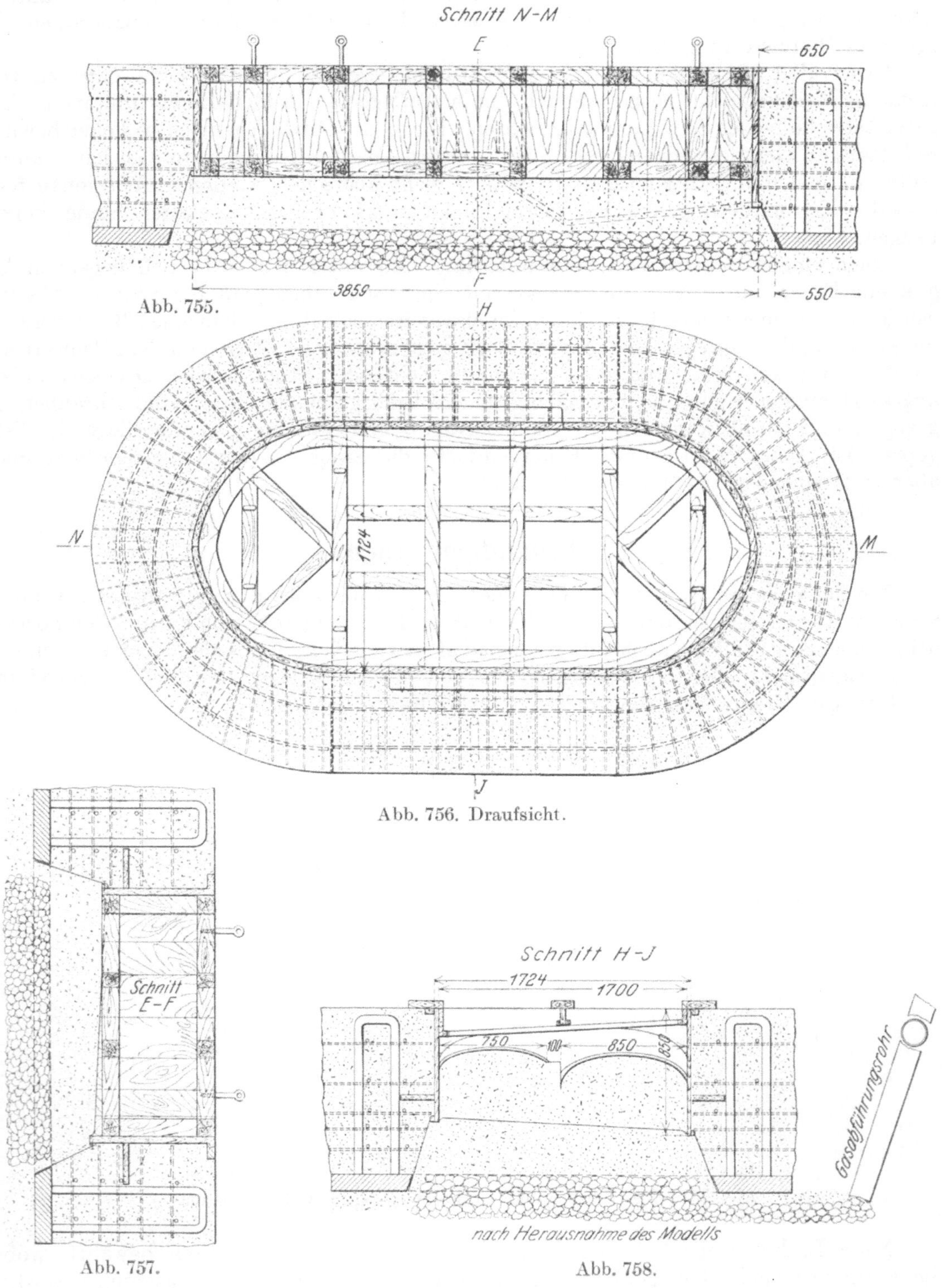

Abb. 755.

Abb. 756. Draufsicht.

Abb. 757.

Abb. 758.

Abb. 755–758. Schnitte durch die Form einer Holländerwanne.

arbeitet man mit 4, bei kleineren mit 3 Kernstücken, wobei im zweiten Falle ein Stück am Kopfende und je eines an den beiden Längseiten bis zur Mitte des gegenüberliegenden

Kopfendes reichend, angebracht werden. Diese Arbeit wird mit einer Lehre nach Abb. 761 ausgeführt. Aufstampfen der Seitenteile unter gleichzeitigem Beilegen der am Modell vorspringenden Leisten, Konsolen usw. und Einlegen von Halt gebenden Längs- und Quereisen (Abb. 755—758), Abstreichen der Kernstückoberfläche und Ausziehen des Modells.

Nun belegt man die gesamte Außenfläche des Mantels in Abständen von 70—100 mm mit Leisten von der vorgeschriebenen Wannen-Wandstärke (10—12 mm), stampft den Kern bis zu halber Höhe auf, treibt eine Anzahl von Stabeisenstangen bis unter das Koksbett reichend in den festgestampften Sand (Abb. 763), stampft den Kern vollends hoch, legt über die Längsmitte das Führungsbrett für die Ziehlehre (Abb. 763) und beschwert es mit Masseln. Das Führungsbrett ist zu beiden Seiten mit Leisten versehen, die die Steigung des Bodens angeben. Diesen Leisten entlang wird die Ziehlehre (Abb. 762) geführt. In ähnlicher Weise werden die Kopfenden des Bodens mit dem Führungsbrette, Abb. 759, und der Ziehlehre, Abb. 760, hergestellt. Die Übergänge der verschiedenen Bodenkurven müssen von Hand ausgeführt werden. Nach Vollendung der Bodenform wird mit starken, bis auf das Koksbett reichenden Spießen Luft gestochen, worauf nicht übersehen werden darf, die Mündungen der Luftkanäle mit der flachen Hand wieder gut zuzureiben.

Abb. 760. Ziehlehre.

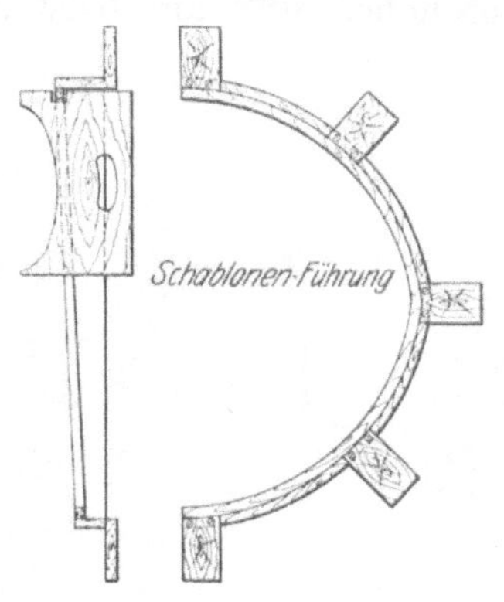

Abb. 759. Lehren.

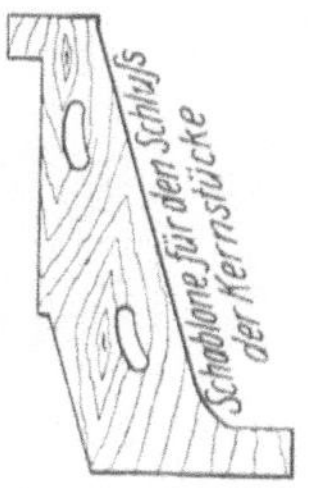

Abb. 761. Lehre.

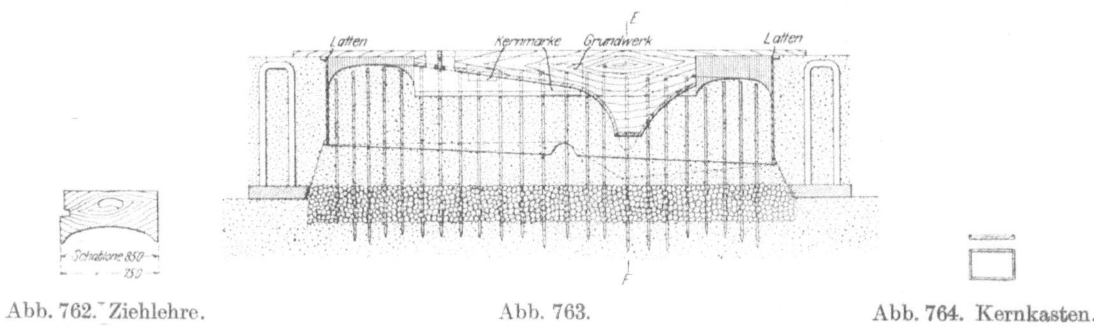

Abb. 762. Ziehlehre. Abb. 763. Abb. 764. Kernkasten.

Nun wird die Lage des „Grundwerks" und des „Nagelfangs" nach der Zeichnung

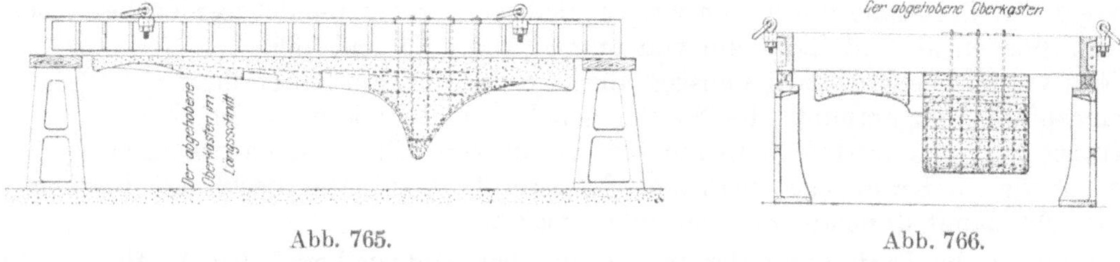

Abb. 765. Abb. 766.

Abb. 762—766. Einzelheiten zur Formerei einer Holländerwanne.

bestimmt und die Eisenstärke des Bodens durch auf den Kern gelegte, plastische (feuchte), in Kernkasten (Abb. 764) hergestellte Tonkuchen, die mit Holzkohlenpulver bestreut werden, bestimmt. Auflegen der Modellteile für die Ventilöffnungen.

Der Kropfballen wird über einem Kerneisen mit eingegossenen schmiedeisernen Ösen, die zwecks Befestigung des Kerns über das Oberteil hinausragen, aufgestampft. Nach Aufstampfung des Kropfballens, Auflegen und Aufstampfen des Oberkastens unter Anordnung von etwa 35—40 lotrechten, in einen langgestreckten ringförmigen Gießtümpel (Abb. 768) mündenden Eingüssen von je etwa 15 mm Durchmesser und von 8—10 seitlich angeschnittenen Steigern von je 100×120 mm Querschnitt.

Nach dem Aufstampfen des Oberkastens werden durch die Ösen des Kropfkerneisens Eisenstäbe geschoben und am Kasten verteilt. Den abgehobenen Oberkasten,

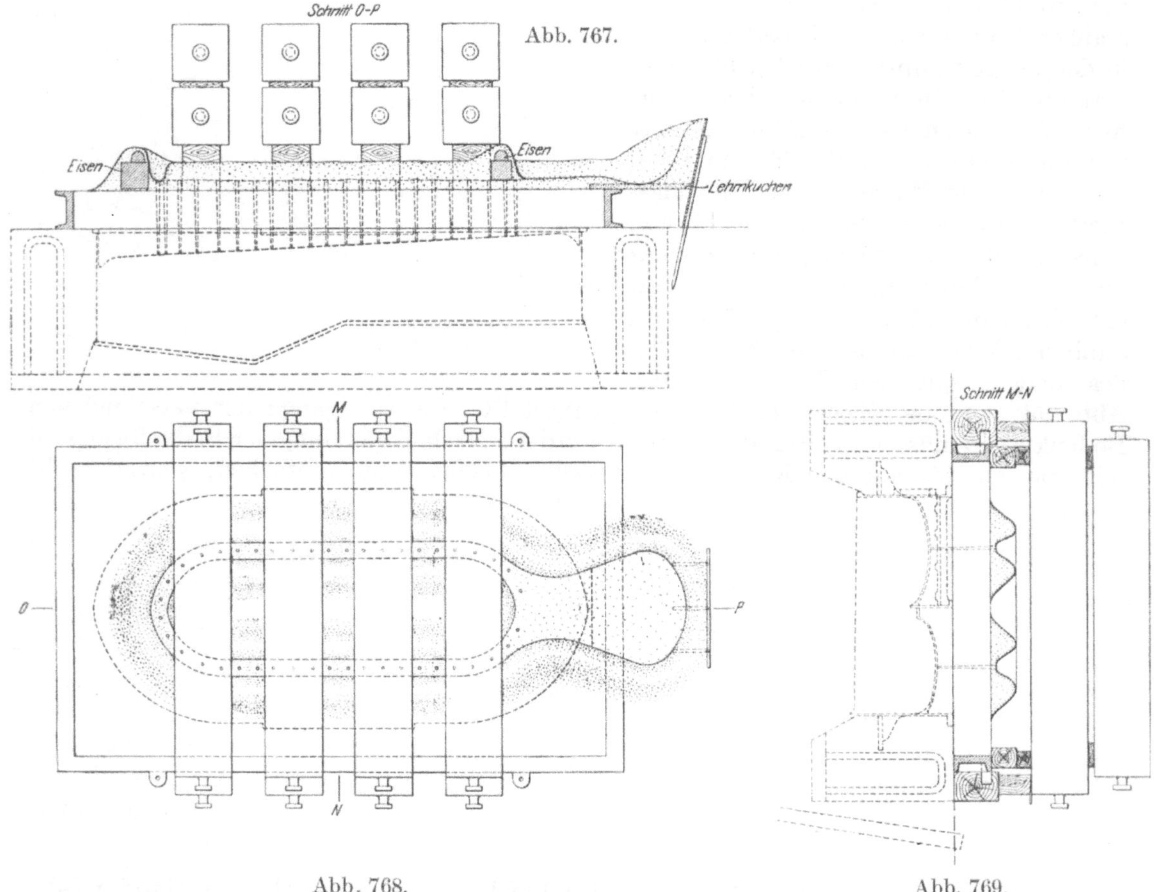

Abb. 767—769. Längschnitt, Draufsicht und Querschnitt des zugedeckten Oberkastens, des aufgebauten Eingusses und der Belastung.

der wegen der Belastung durch den Kropfballen nicht gut gewendet werden kann, setzt man auf Böcken ab und flickt ihn von unten (Abb. 765 und 766).

Nun werden die Kernstücke ausgegraben, an den äußeren Seiten ihrer Grundplatten Führungspfähle eingerammt, die Stücke gehoben und außerhalb der Form so dicht im Kranze zusammengestellt, daß nur eine Lücke zum Einschlüpfen des Formers offen bleibt. In diesen Kranz setzt man ein oder zwei Trockenkörbe, deckt mit Blechen ab und erreicht damit durchaus ausreichende Trocknung.

Es folgen die Entfernung der Latten aus dem Unterteil und das Ausflicken aller Teile der Form, wobei die zwischen den Latten stehen gebliebenen Sandstreifen weggeschnitten werden. Einlegen aller Kerne, Schwärzen und Trocknen des Unterteils mit Kokskörben, das Oberteil bleibt ungetrocknet. Wiederzusammenstellen der Form, Umstampfen der Kernstücke, Aufsetzen des Oberteils, Ausarbeitung des Gießtümpels und des die Eingüsse gleichmäßig mit Eisen versorgenden offenen Ringeinlaufs,

Beschweren des Oberteils (Abb. 767—769). Das Gewicht der Schwereisen wird durch Unterkeilung mit Holzklötzen zum Teil auf die Kernstücke übertragen (Abb. 769), wodurch diese gegen Auftrieb gesichert werden, und zugleich eine der oberen Formteilfläche gefährliche Überlastung des Kastens vermieden wird. Es empfiehlt sich, beim Guß zur Vermeidung eines Luftschlages, der den Kernen gefährlich wäre, in das Luftabführungsrohr des unteren Koksbettes eine glühende Eisenstange zu stecken. Dadurch wird nicht nur die rechtzeitige Entzündung der Abgase gewährleistet, sondern auch ein im Anfang des Gusses recht erwünschter Zug eingeleitet.

Der Guß von oben empfiehlt sich besser als der von unten, weil dabei der oben liegende Boden der Pfanne zum Schluß mit warmem Eisen versehen wird und man größere Sicherheit hat, ihn gut dicht zu bekommen und vor Schwindungsrissen zu bewahren. Beim Gusse von unten, wie er andernorts gebräuchlich ist, werden schon beim Aufstampfen der Kernstücke an den Kopfenden angesetzte Eingüsse mit aufgestampft.

Turbinenguß — Beispiele.

A. 50 t schweres Turbinenlaufrad mit gußeisernen Schaufeln[1]).

Turbinen-Laufräder größter Abmessungen werden häufig mit gußeisernen Schaufeln ausgeführt. In diesem Fall kommt man mit den gewöhnlichen Arbeitsverfahren, sei es nach Modell oder Schablone, nicht mehr zurecht, hier leistet dagegen die Kernformerei wertvolle Dienste. Zwei Wege sind gangbar. Nach dem einen wird die Außenwand der Form entweder ebenso hoch wie der Wassereinlauf oder so hoch wie das Maß der ganzen Breite des Laufrades in Sand oder Lehm ausgedreht, worauf man zwei halbe Ringtragplatten auf den Boden der Form legt. Für jede Schaufel muß ein Kern

Abb. 770. Turbinenläufer-Form nach der Umwandung mit einem Ziegelring.

Abb. 771. Teile einer Schaufel-Kernbüchse.

angefertigt werden. Das Oberteil wird über einem Lehm- oder Holzmodell aufgestampft, das gut zentriert auf einem Stampfboden untergebracht ist oder unmittelbar am Boden abgedreht wird. Die Schaufelkerne stellt man außerhalb der Form auf den beiden Tragringhälften zusammen und bringt schließlich die Hälften nacheinander in die ausgedrehte Form, worauf nach dem Aufsetzen des Oberteils die Form gießfertig gemacht werden kann.

Nach dem zweiten Verfahren wird auch die äußere Begrenzung der Form durch Kerne gebildet. Man zerteilt die Form entsprechend der Schaufelzahl — im gewählten Beispiele

[1]) Nach Stahleisen 1924, S. 1209.

16 Stück — in einen Kranz von Kernen. Jedes Kernstück muß genau zwischen zwei radiale Teilungslinien passen. Die innere Begrenzung der Kernstücke wird entsprechend der Sehne eines Kreises gebildet, der noch genügend Raum für die Marke des die Nabe bildenden Mittelkerns läßt. Die Anordnung des Mittelkerns und der an ihn stoßenden Innenflächen der Schaufelkerne ist der Abb. 770 zu entnehmen. Die untere Fläche der Nabe wird durch einen zylindrischen Kern gebildet, der sich, in den von den Schaufelkernstücken gebildeten Kranz geschoben, beim Aufstoßen auf die Bodenplatte in richtiger Lage befindet. Abb. 771 zeigt die hauptsächlichen Teile einer Schaufel-Kernbüchse. Sie besteht aus mehreren Teilen, die entsprechend dem Arbeitsfortschritt zusammengesetzt und vor dem Einbringen des Kerns in die Trockenkammer wieder stückweise abgenommen werden. Genaueste, zuverlässig allen Arbeitsbeanspruchungen gewachsene Ausführung dieser Kernbüchse ist von größter Wichtigkeit für den Erfolg der Arbeit, insbesondere für gute Gewichtsausgleichung des Rades. Zur Ausführung der Kerne verwendet man ziemlich groben, scharfen Sand mit einem Pechbinder. Es ergibt sich so eine Kernmasse, die während des Trocknens weder schwillt noch schwindet, so daß die Kerne mit genau denselben Abmessungen aus dem Ofen kommen, mit denen sie in ihn eingebracht wurden. Die Kernbüchse ist 3 m hoch, man setzt sie zur Erleichterung der Arbeit in eine etwa 1250 mm tiefe Grube (Abb. 771), wobei immerhin zur

Abb. 772. Links ein der Form entnommener Turbinenläufer, rechts drei Schaufelkerne.

Abb. 773. Die Läuferform vor dem Einschieben der letzten Kerne.

Abb. 774. Zum Trocknen fertiger Gehäusekern.

Behandlung der oberen Teile noch eine kleine Leiter zu Hilfe genommen werden muß. Mit dem Sande werden fünf Stück wagerecht liegende Kerneisen und sechs starke, lotrecht angeordnete Stäbe eingestampft. Im Vordergrunde der Abb. 772 sind verschiedene der außerdem verwendeten Kerneisen zu sehen. In der Mitte des Kerns wird ein Koksbett vorgesehen; die Entlüftung erfolgt seitlich nach außen beim Punkte B in Abb. 773. Nach Wegnahme der einzelnen Kernbüchsteile wird es nötig, den überhängenden Teil des Kerns durch eine genau passende Stütze so lange zu sichern, bis der Kern durch den Trockenvorgang befähigt ist, sich selbst zu tragen. Abb. 774 läßt diese Stütze —

der neben dem Kern stehende Mann stützt seine Hand auf sie — gut erkennen. Der große Kern kommt mitsamt seiner Unterlagsplatte auf einem Wagen in die Kammer. Der in Abb. 773 mit C gekennzeichnete Kern bildet die untere äußere Form des Radkranzes, seine Herstellung bietet nichts Bemerkenswertes. Zu jedem Schaufelkern gehört ein solcher Kranzkern C.

Zur Prüfung des richtigen Passens sämtlicher Kerne stellt man sie auf einer zweiteiligen, bearbeiteten Platte zusammen. Es wird so möglich, nahezu alle Kerne auf der zusammengeschobenen Platte im Kreise zu vereinigen. Schließlich treibt man die beiden Plattenhälften mit Hilfe zweier hydraulischer Drücker auseinander, setzt die noch fehlenden Kerne ein und schiebt die Platten wieder zusammen. Hat alles gut gepaßt, so kann an den endgültigen Aufbau der Form gegangen werden.

Abb. 775. Die Läuferform nach dem Einlegen von neun Kernen.

In einer etwa 1500 mm tiefen Grube wird der Boden genau wagerecht abgedreht und mit einer schweren, an der oberen Seite mit zwei bearbeiteten Gleitleisten versehenen gußeisernen Platte belegt. Auf diese große ungeteilte Platte legt man zwei unten mit Gleitleisten versehene, oben vollständig bearbeitete Platten, die auf den Leisten zusammengeschoben und auseinandergezogen werden können. Diese Platten werden zunächst zusammengeschoben, worauf man auf ihrer bearbeiteten Oberfläche die Grundrisse der einzelnen Kerne zum Teil mit Hilfe einer Lehre D (Abb. 775) vorreißt. Nun können der Reihe nach 13 Schaufelkerne mit ihren Ergänzungskernen C (Abb. 773) eingelegt werden. Zum Einlegen der letzten drei Kerne müssen die beiden Hälften der Unterlagsplatte auseinandergedrückt werden. Die Art, wie die Endkerne auf beiden Plattenhälften während der Trennung der Unterlagsplatten zum Teil am Kranen hängend, zum Teil durch gußeiserne Ständer in richtiger Lage erhalten werden, ist der Abb. 773 zu entnehmen.

Abb. 776. Der Guß.

Nach dem Einbringen der letzten Kerne drückt man die Unterlagsplatten wieder zusammen, errichtet an vier einander in rechten Winkeln gegenüberstehenden Stellen S (Abb. 770) Unterlagen zur Stützung des Oberteils und baut rings um die Kerne einen Ring von Ziegelsteinen zum Schutze gegen das folgende Einstampfen derForm mit schweren Preßluft-Kranstampfern auf. Die Grundplatte ist an jeder Seite mit vier Lappen zum Überschieben von Verschlußankern versehen, die nun angebracht werden, worauf man die Form mit einem stufenförmig angeordneten Kranz von gebogenen Blechen umgibt (Abb. 776) und den freien Raum zwischen der Mauer und den Blechen möglichst fest voll Sand stampft. Nach dem Aufbringen der Oberteildeckplatte — was selbstredend noch vor dem Einstampfen geschieht — belegt man sie mit einer Lage von vier gußeisernen Querbalken, über die im rechten Winkel vier weitere solcher

Balken gelegt werden. Auf diese Weise ergibt sich eine sechzehnfache Verankerung oder ein Anker für jedes Kernstück. Die Querbalken lassen die Anordnung von drei starken Läufen zu, die von drei gleichmäßig über den Rand der Form verteilten Stellen aus das flüssige Eisen einem in der Mitte der Deckplatte angeordneten Sammelbecken zuführen. Dieser Sammler steht mittels 12 lotrechten Trichtern von je 80 mm Durchmesser mit der Nabenform des Abgusses in Verbindung. Der Guß erfolgt mittels dreier an Laufkranen hängender Gießpfannen (Abb. 776). Man beließ den Abguß zehn Tage in der Form und erreichte so eine derart gleichmäßige Abkühlung, daß trotz der sehr bedeutenden Unterschiede in den Wandstärken — 20—125 mm! — keinerlei Riß oder sonstige Störung merkbar wurde (Abb. 777).

Der Abguß wog ziemlich genau 50 t, die Form mitsamt dem Abgusse 135 t. Sie wurde in der Hauptsache von zwei Formern und zwei Kernmachern innerhalb 28 Tagen fertiggestellt und zum Abgusse gebracht.

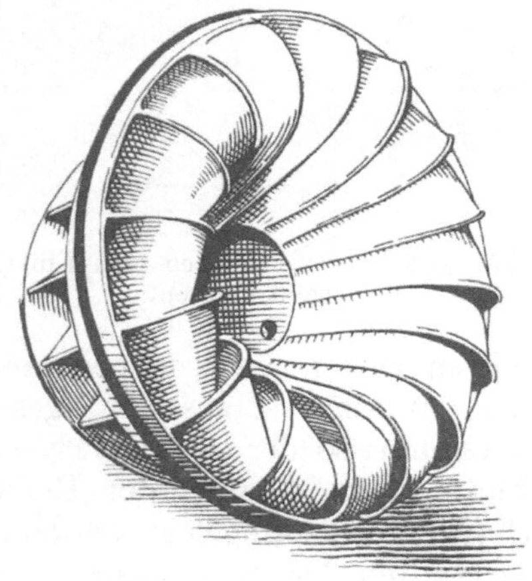

Abb. 777. Das Turbinenlaufrad nach dem Herauskommen aus der Form.

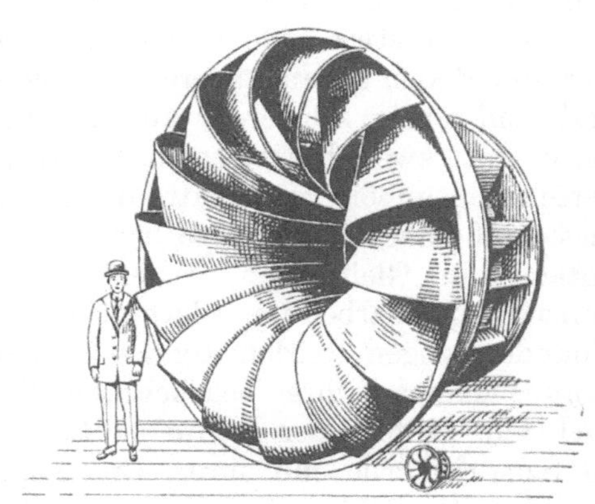

Abb. 778. Turbinenlaufrad mit schmiedeisernen Schaufeln.

B. Turbinenlaufräder mit schmiedeisernen Schaufeln [1].

Turbinenlaufräder mit schmiedeisernen Schaufeln bestehen aus einem Bündel in richtige Form gepreßter Schaufeln, das an der breiten Seite (Abb. 778) durch einen gußeisernen Ring und an der engen Seite durch eine Nabenplatte zusammengehalten wird. Die sachgemäße, der Formarbeit ausreichenden Widerstand bietende Zusammenstellung der zur Förderung guten Einschweißens an den zu umgießenden Rändern gelochten Blechschaufeln erfordert besondere Erfahrung und Geschick. Abb. 779 zeigt eine hierfür geschaffene Einrichtung, die in der Hauptsache aus einer kräftigen Bodenplatte mit einem gußeisernen Innenkegel besteht. Dieser Kegel schließt mit einem Ring ab, der gleich dem inneren Rande der Bodenplatte mit Einschnitten versehen ist, die der Einteilung der Blechschaufeln entsprechen. Mit Hilfe einer Rahmenlehre (Abb. 780) wird die erste Schaufel im richtigen Winkel zur Bodenplatte derart aufgestellt, daß die Marke mit einem Körnerpunkt übereinstimmt, der schon im Preßwerk an der Schaufel angebracht wurde. Die Schaufel findet unten am gußeisernen Kegel und in den Einschnitten der beiden Abschlußringe gute Führung. Sie wird in ihrer aufrechten Stellung durch kräftige, in den Abb. 779 und 780 ersichtliche Stäbe gestützt. Beim Aufstellen der zweiten Schaufel schiebt man zur Wahrung des richtigen Abstandes einen Holzblock A (Abb. 779) zwischen sie und die erste Schaufel. Beim fortschreitenden Aufstellen der Schaufeln wird der genaue Abstand der angezeichneten, jeweils mit der Lehre P übereinstimmenden Punkte nicht nur von einer Schaufel zur anderen, sondern auch die Bogenlänge jedes dieser Punkte vom Punkte der ersten Schaufel fortwährend beobachtet. Versäumt man

[1]) Nach Foundry 1921, S. 920.

dies, so wird sich trotz scheinbarer Übereinstimmung der einzelnen Abstände die letzte Schaufel nicht mit ausreichender Genauigkeit in den Kranz einfügen lassen. Nach Aufstellung des ganzen Kranzes sichert man sein Gefüge durch Befestigung der Schaufeln mittels Haken an einem kräftigen, über sie gelegten schmiedeisernen Ring. Zu diesem Zweck wird erst an jede Schaufel an vorher bezeichneter Stelle je ein Haken festgeschraubt (Abb. 779), so daß sämtliche Haken genau in einem Kreise von vorgeschriebenem Durchmesser sitzen. Dann legt man den Sicherungsring über die Schaufeln, hakt erst eine Schaufel und danach in gleichmäßigen Abständen über den Kreisumfang verteilt, zwei weitere Schaufeln fest. Sobald diese drei Haken richtig sitzen, bietet die Befestigung der noch freien Schaufeln keine Schwierigkeiten. Schließlich entfernt man sämtliche Holzblöcke und beginnt mit der eigentlichen Formarbeit.

Zunächst wird ein Kastenteil über die Schaufeln auf das Grundbrett gesetzt, mit diesem verklammert und dann vollgestampft, was im äußeren Teil der Form gut mit Preßluftstampfern ausgeführt werden kann; der innere Teil wird besser von Hand gestampft, da so größere Sicherheit gegen etwaige Verschiebungen infolge gegen die Schaufeln gerichteter Stampferstöße gewährleistet wird (Abb. 781). Dem ersten Kastenteile folgen andere. Auf das letzte klammert man ein Bodenbrett, wendet das Ganze und hebt ein

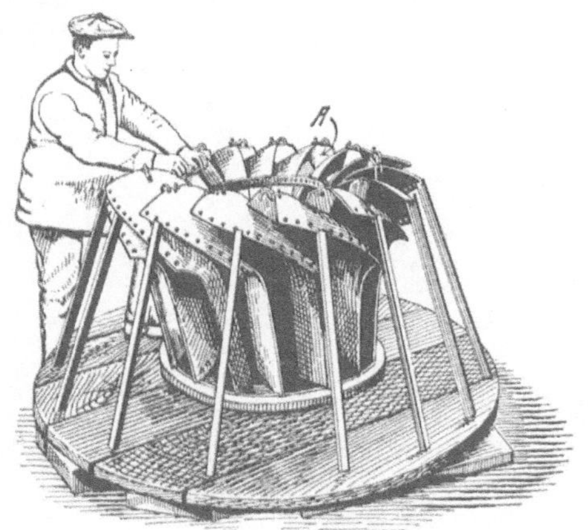

Abb. 779. Einrichtung zum Zusammenstellen der Blechschaufeln.

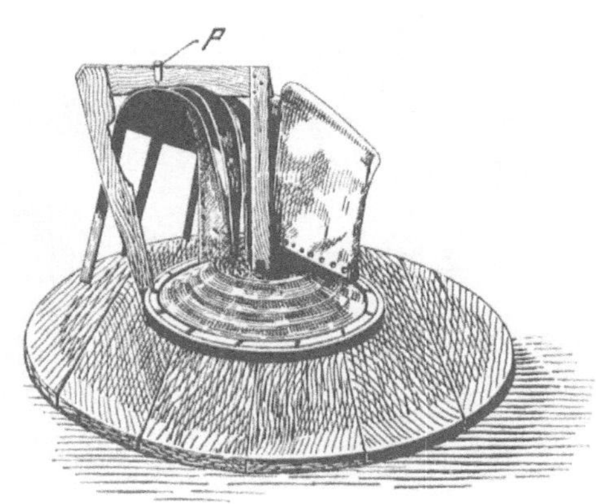

Abb. 780. Rahmenlehre.

Kastenteil nach dem anderen nach vorhergehender Lockerung der an seinen Wänden haftenden Sandschicht mittels einer Schaufel ab, so daß schließlich nur noch die Sandmasse in dem durch das Wenden zu unterst gekommenen Kastenteil erhalten bleibt. Das Schaufelbündel steckt dann in einem frei aufragenden Sandballen, der mit Hilfe einer in der Nabe geführten Lehre A (Abb. 782) stumpfkegelige Form erhält. Die Form des um die Schaufelränder zu gießenden Rings wird, wie es die Abb. 782 und 783 erkennen lassen, mittels eines Kranzes ringsum an den Sandkegel zu legender Kerne geschaffen. Um diesen Kernen ein Lager zu geben und um genaue Innenkante für den Ring zu gewinnen, wird bereits beim Abdrehen des Kegels so viel Sand weggeschnitten, daß ein aus losen Segmenten zusammengesetzter Modellring (Abb. 782, links unten) eingebettet werden kann. Da sich der Sand mit der Lehre A zwischen den Schaufelrändern nicht wegdrehen läßt, muß dies von Hand geschehen, was unter Zuhilfenahme einer kleinen an zwei Schaufelrändern entlang geführten Ziehlehre ganz genau erreicht wird. Die an die Schaufeln anschließende Sandkante wird mit einer Lanzette etwas einpoliert und mit breitköpfigen Sandstiften gesichert. Abb. 782 zeigt links die von der Ziehlehre freigelegten Schaufelränder und rechts, wo eben ein Kern eingelegt wird, die freigeschnittenen und in den Kanten mit Kopfnägeln gesicherten, geschwärzten Sandstreifen zwischen den Schaufeln. (Abb. 782 zeigt nicht einen tatsächlichen Arbeitszustand der Form, sondern es sind hier zur Verdeutlichung ihres Werdegangs mehrere in Wirklichkeit getrennte Ausführungsabschnitte zu einem Bilde zusammengezogen worden.) Nach Aushebung des unteren Modellrings legt man die den Außenring bildenden Kerne ein (Abb. 782), bringt ein Kastenteil ums andere wieder über den Sandkegel und stampft sie der Reihe nach auf. Die Höhe des letzten Mittelteilkastens soll möglichst mit der Außenkante der Nabenplatte übereinstimmen, damit die Herstellung einer Teilungsebene mit Hilfe einer einerseits am Formkastenrande und anderseits mittels eines Zapfens im Nabenmodell geführten Lehre ermöglicht wird. Auch auf der Nabenseite ist der Sand zwischen den in die Form ragenden Schaufelenden mit Hilfe einer kleinen Ziehlehre von Hand auszuschneiden; die dabei gewonnenen Flächen sind mit Sandstiften zu sichern. Abb. 784 zeigt die Form in diesem Arbeitsabschnitt; der Nabenkern ist bereits eingelegt.

Abb. 781.

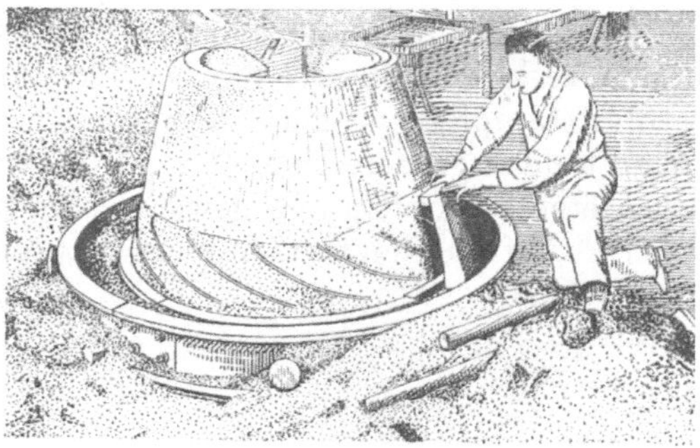

Abb. 782.

Abb. 783.

Abb. 784.

Abb. 781—784. Einzelheiten aus der Formerei eines Turbinenlaufrades mit schmiedeisernen Schaufeln.

Den Abb. 784 und 785 ist auch die Anordnung der Eingüsse zu entnehmen. Da es sich um ein Laufrad mittlerer Größe handelt, bei dem gleichzeitiger Guß von Nabenplatte und Außenring gefährliche Spannungen nicht befürchten läßt, kann von gesondertem Abgusse der beiden Teile abgesehen werden. An zwei einander gegenüber liegenden Stellen ist je ein lotrechter Einguß vorgesehen, dessen gabelförmige Verbindung mit dem unteren Ring durch die der Abb. 783 zu entnehmenden Löcher der Segmentkerne erfolgt. Die Verbindung mit der Nabenplatte wird durch Ausschnitte in der Teilungsebene zwischen Mittelkasten und Oberteil bewirkt. Der in Abb. 784 an der Form beschäftigte Arbeiter ist eben dabei, die Eingußverbindungen herzustellen.

Das Oberteil wird über dem Modell der Nabenplatte aufgestampft und nach dem Abheben und Wenden mit Stiften gesichert, geschwärzt und oberflächlich getrocknet. Abb. 785 zeigt ein gießfertiges Oberteil und läßt sowohl die außen liegenden Mündungen der lotrechten Eingußtrichter, als auch diejenigen der auf der Nabe angeordneten Steiger erkennen.

Laufräder größter Abmessungen werden in der Grube geformt und bedürfen keines Wendens. An Stelle des Hakenrings zur Sicherung richtiger Schaufellage tritt ein Armkreuz, das mittels einer Schraubenspindel in starrer Verbindung mit der Bodenplatte steht. Ein an das Kreuz geschraubter gußeiserner Ring, an den die Schaufeln festgeschraubt werden (A in Abb. 786) stellt die starre Verbindung der einen Seite des Schaufelbündels her. Die unteren Schaufelenden werden an Lappen C eines Bodenrings geschraubt. Man stampft die Schaufeln reichlich $^1/_2$ m über den künftigen Gußring

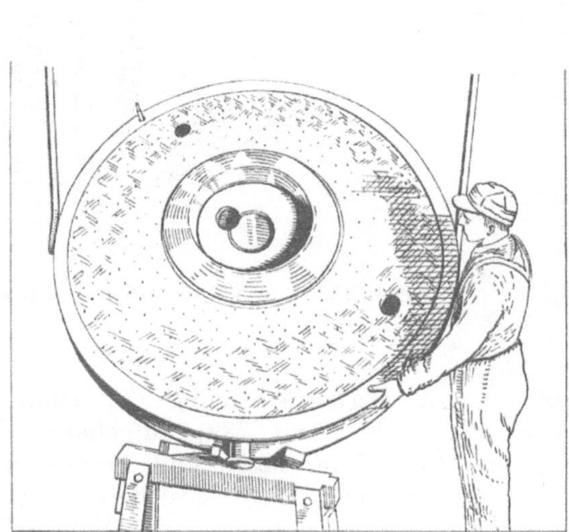

Abb. 785. Gießfertiges Oberteil.

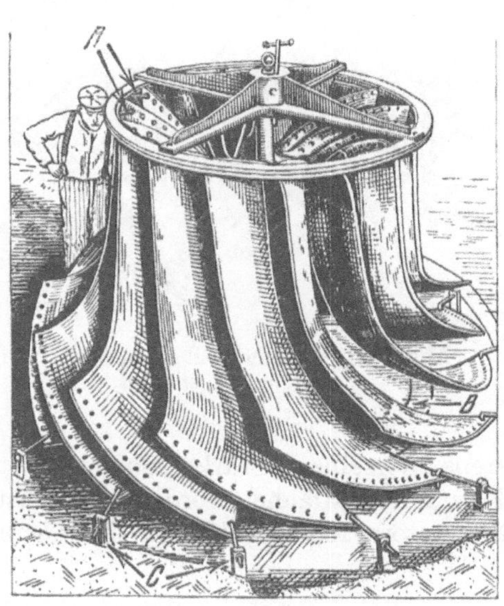

Abb. 786. Verbindung des Schraubenbündels bei sehr großen Laufrädern.

ein, dreht ab, stellt mit Hilfe von Segmentkernen die Form des zu gießenden Rings her, stampft die Grube bis zum oberen Formrande voll, führt eine Teilungsebene aus und stellt das Oberteil wie im vorherigen Ausführungsbeispiel her. Die Eingüsse für den unteren Ring und für die Nabe werden unabhängig voneinander, im übrigen aber in gleicher Weise wie bei mittelgroßen Laufrädern angeordnet. Nach dem Guß des unteren Ringes wird eine Stunde gewartet, worauf erst der obere Ring zum Abguß gelangt. Es empfiehlt sich vor dem Guß des zweiten Rings (der Nabe) erst einige Tropfen Eisen in den Einguß fallen zu lassen, um etwaige vom Guß des ersten Rings herrührende Gase gefahrlos zur Entzündung zu bringen.

C. Einlaufschnecke [1]).

(Formerei mit Rahmenmodell.)

Die Gehäuse großer Turbinenspiralen (Einlaufschnecken) zählen, trotz ihrer Teilung in vier und sechs, ausnahmsweise auch in noch mehr Einzelstücke, mit zu den größten in Graueisen hergestellten Abgüssen; wiegt doch beispielsweise das zweite Stück einer sechsfach geteilten Drei-Meterspirale, d. i. eines Spiralgehäuses von 3 m lichter Weite, rd. 20 000 kg. Man hat diese Stücke mit Lehren in Lehm hergestellt, ist aber schließlich

[1]) Nach Stahleisen 1922, S. 338.

zur Formerei in Sand nach Rippenmodellen als dem zuverlässigsten und zugleich wirtschaftlichsten Verfahren übergegangen. Abb. 787 zeigt ein solches in zwei Hälften ausgeführtes Modell, während Abb. 788 das Bild eines danach hergestellten Abgusses erkennen läßt. Je nach der Krümmung der einzelnen Stücke führt man die Form mit geteiltem, liegendem oder mit ungeteiltem, aufrecht stehendem Kern aus.

Formerei mit geteiltem, liegendem Kern. Nach Aushebung der Form- und Gießgrube erstellt man ein mindestens 100 mm starkes Koksbett, das mit Haufensand in minde-

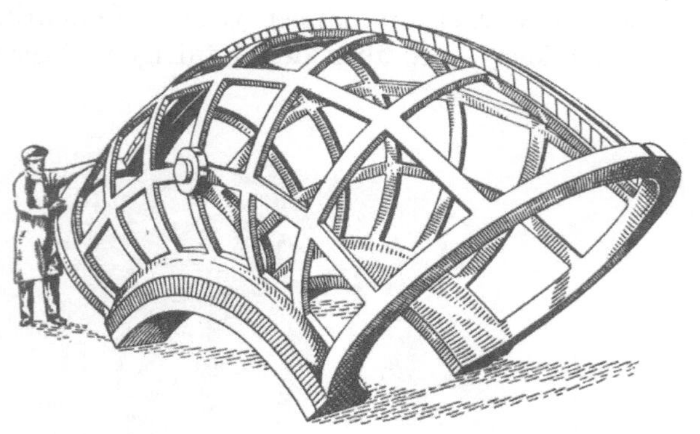

Abb. 787. Rippenmodell eines 3 m-Turbinen-Spiralgehäuses.

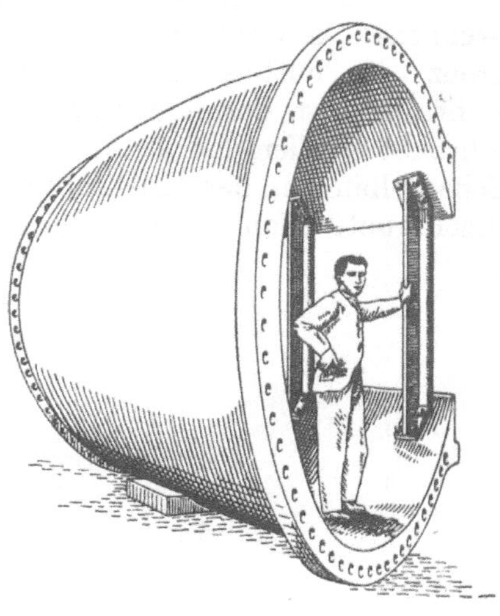

Abb. 788. 3 m Turbinen-Spiralgehäuses.

stens derselben Stärke überstampft wird. Unter Berücksichtigung der Höhe der Formteilungsfläche werden zunächst die Kernlager K (Abb. 789) aufgebaut, dann die untere Modellhälfte in die Grube gebracht, durch Unterlagen und Beschwereisen in richtiger Lage gesichert und mit altem Sand unterstampft. Während des Stampfens sind die bereits ausgestampften Teile durch aufgelegte und beschwerte Bretter zu sichern, damit nicht bei weiterem Fortschreiten der Stampfarbeit der erstgestampfte Sand zwischen den Rippen hochgetrieben werden kann. Nach Erreichung der Teilungsebene entfernt man die Schutzbretter, arbeitet mit entsprechend gekrümmten Lehren den überschüssigen Sand ab, glättet die Sandoberfläche und belegt die gesamte Formfläche mit Zeitungspapier.

Abb. 789. Formunterteil nach dem Ausheben der unteren Kernhälfte.

In manchen deutschen Gießereien ist es gebräuchlich, solche Formflächen mit Gipswasser und nach dessen Eintrocknen mit Lack zu bestreichen, ein Verfahren, das zwar tadellose Modellflächen liefert, das aber bei hohen Lackpreisen hier kaum zur Anwendung kommen kann.

Nach dieser Vorbereitung wird das schwere Trageisen der unteren Kernhälfte auf die Lager K gelegt, so daß es mit seinen unteren Leisten der Sandfläche ziemlich nahe kommt. Abb. 790 zeigt bei S die Enden der beiden Hauptkernträger, über die in Abständen von etwa 150 mm Zwischenschoren geschoben und mit Keilen befestigt wurden. Die Endschoren sind außerdem durch Querlaschen und Schrauben mit den großen

Kernträgern zuverlässig verbunden. Nun kann die untere Kernhälfte aufgestampft werden.

Man stampft zunächst eine dünne Schicht Formsand ein, besetzt sie gründlich mit Sandhaken, ordnet in Mitte des Kerns ein ausgiebiges Kokslager an und stampft bis zur Formteilungsebene hoch. Nach deren Erreichung wird die Grundplatte der oberen Kernhälfte eingelegt und darüber die obere Hälfte des Rippenmodells (Abb. 787) gesetzt. Die obere Kernhälfte wird wiederum mit einem großen Koksbett — bis zu den äußeren Kanten des Modells aufgestampft, worauf man die Sandflächen zwischen den Modellrippen mit konkav gekrümmten Lehren zurecht arbeitet. Die so gewonnene Modellfläche belegt man mit Zeitungspapier, bringt den der zu schaffenden Form angepaßten Kasten auf, stampft ihn voll, hebt ab und setzt das Oberteil zur Ausführung der notwendigen Nacharbeiten ab (Abb. 791). Der Sand zwischen den Modellrippen der oberen Kernhälfte — die Stärke der Rippen beträgt entsprechend der Wandstärke des Abgusses 75 mm — wird bis auf 25 mm unterhalb der Rippen weggeschnitten; die zuletzt weggenommenen 25 mm Haufensand werden durch guten Modellsand ersetzt. Um den Kern gut luftig zu machen, sticht man mit langen Luftspießen bis in das Koksbett und verschließt dann die äußeren Mündungen der solcherweise entstandenen Kanäle durch gründliches Verreiben mit Modellsand. Nun kann die obere Modellhälfte und im Anschlusse daran die obere Kernhälfte abgehoben werden. Abb. 790 läßt die noch offenen Löcher ersehen, durch die die Haken eines Krangehängs die Hebeeisen der Kernplatten erfaßten. Die untere Kernhälfte wird an den vorstehenden Enden ihrer schweren Kerneisen mit Ketten erfaßt und auf Böcken abgesetzt (Abb. 790, bei S rechte obere Ecke). Beide Kernhälften werden poliert, geschwärzt und im Ofen getrocknet.

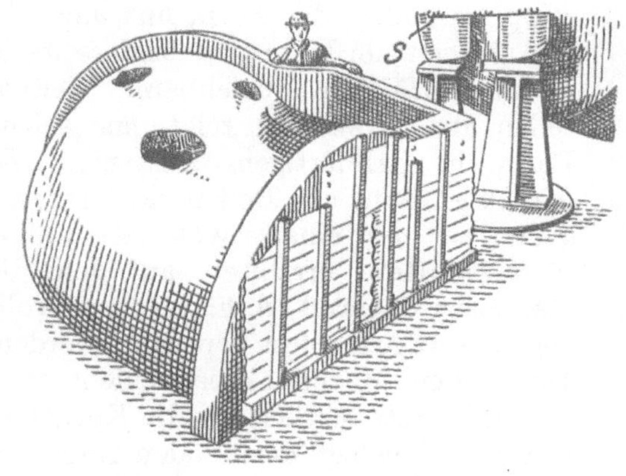

Abb. 790. Obere Kernhälfte.

Abb. 791. Abgesetztes Oberteil.

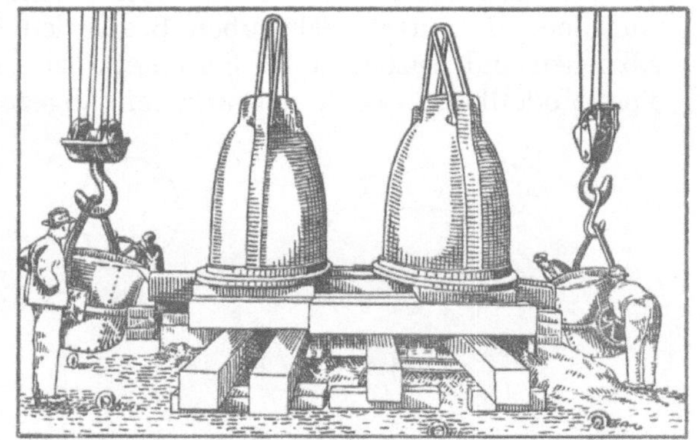

Abb. 792. Der Guß von zwei Seiten.

Nun wird in ähnlicher Weise wie die Oberfläche der oberen Kernhälfte, nach dem Abheben des Oberteils, die untere Form durch Ausschneiden des Sandes zwischen den Modellrippen fertig gemacht, ausgearbeitet und schließlich auch die untere Modellhälfte abgehoben. Wie der Abb. 787 zu entnehmen ist, ist das Modell zum Schutze gegen etwaige Verwerfungen mit kräftigen seitlichen Leisten versehen. Der von diesen Leisten in der Form hinterlassene Hohlraum wird mit Hilfe von Abdämmbrettern ausgefüllt (Abb. 789, links oben). Das geschwärzte Unterteil wird gleich dem Oberteile mit Feuerkörben getrocknet. — Nach Zusammenstellung der Form wird sie ringsum eingestampft, beschwert und mit zwei Pfannen abgegossen (Abb. 792). Der Abb. 792 ist auch zu entnehmen, daß die obere Fläche des Oberteils mit der Hüttensohle glatt abschneidet, der in Abb. 789 ersichtliche Former demnach verhältnismäßig tief in der Arbeitsgrube tätig ist.

Formerei mit ungeteiltem, stehendem Kern. Bei Abgüssen, deren Krümmung ein glattes Ausheben der Modelle und des Kerns nach dem vorbeschriebenen Verfahren nicht ermöglicht, führt man, wiederum unter Verwendung eines geteilten Rippenmodells, die Form mit ungeteiltem, stehendem Kern und beiderseits in je zwei Hälften abziehbaren Seitenteilen aus. Abb. 793 zeigt eine solche Form in halbfertigem Zustande. Es wird wiederum am Boden der Arbeitsgrube ein mit einem Koksbett unterfütterter Herd errichtet, auf dem die Kerneisen dauernd, d. h. bis zum vollzogenen Abgusse, fest verankert werden. Die beiden Modellhälften schiebt man auf dem Bett seitlich an die Kerneisen heran und belegt den Boden rings um die Modelle mit Brettern. Nach dem Vollstampfen beider Modellhälften, was gleichzeitig geschieht, da der Kern im ganzen unverrückt stehen bleibt, bettet man zu beiden Seiten des Modells Schienen oder sonstige Unterlageisen in den Boden, auf denen später die Platten der beiden unteren Abziehteile von der Kernfront abgezogen, bzw. an sie herangeschoben werden. Bei dem in Abb. 793 erkennbaren Arbeitstande ist das rechte untere Abziehteil fertig, bereit zur Aufnahme der Grundplatte des oberen Teils, während an der linken Seite bereits das obere Teil auf einer zweiten, mit den Abhebebügeln L versehenen Platte in Arbeit ist. Da die beiden oberen Teile stark überhängen, muß man sie mit kräftigen Kerneisen versehen, die mittels Schrauben B auf den Stützen A festgehalten werden. Nach dem Abziehen und Ausheben der Seitenteile wird die Eisenstärke vom Kern weggeschnitten, eine Modellhälfte nach der anderen abgezogen, der von den Verstärkungsleisten des Modells hinterlassene Hohlraum zugedämmt und der Kern mit seitlich eingesetzten Feuerkörben getrocknet. Die Abziehteile kommen zum Trocknen in die Kammer.

Abb. 793. Halbfertige Form eines Turbinen-Spiralgehäuses.

D. Ungeteiltes Spiralturbinengehäuse.

(Formerei nach Lehmmodell) [1].

Die Ausführung eines Spiralturbinengehäuses nach den Abb. 794 und 795 unter Verwendung eines Lehmmodells ist unbedingt vorteilhaft, falls mit der Möglichkeit einer Nachbestellung zu rechnen ist. Das Verfahren ist aber auch bei Einzelausführung wirtschaftlich, da die für den Kern erforderlichen Eisenplatten auch zur Herstellung des Modells verwendet werden.

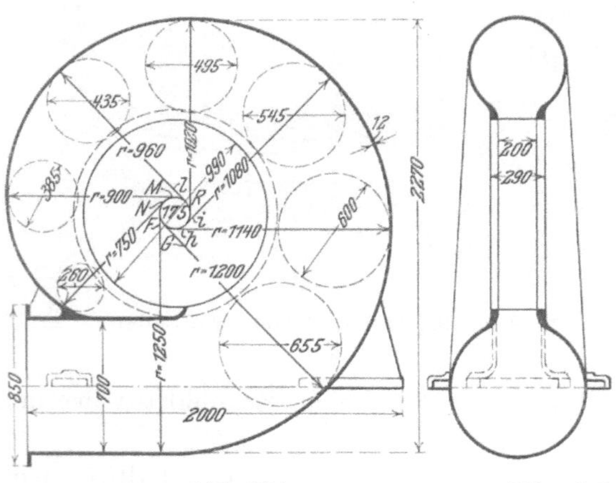

Abb. 794. Abb. 795.
Abb. 794 u. 795. Ungeteiltes Spiralturbinengehäuse.

[1]) L. Emmel sen., Gieß.-Ztg. 1915, S. 369.

Zuerst werden zwei volle Kernplatten B (Abb. 796 und 797), je eine rechte und linke, gegossen. Jede Platte ist mit vier Anhängelappen versehen, von denen zwei gegenüberliegende eine halbrunde Seite haben, um das Wenden des Modells, bzw. des Kerns mitsamt der Platte in den Hängeeisen des Kranbalkens stoßfrei bewirken zu können. Auf den Platten werden die Mittelpunkte F, N und O angerissen und mit Löchern für die Führungsbolzen der ebenso mit F, N und O bezeichneten Lehren (Abb. 797) versehen. — Die beiden in rechter und linker Ausführung gegossenen durchbrochenen Kerneisen A (Abb. 796 und 797) sind mit eingegossenen, schmiedeisernen Rundstäben versehen und erhalten Löcher zum Zusammenschrauben beider Kernhälften. Das für das Oberteil bestimmte Kerneisen erhält außerdem Ösen zum Anhängen beim Einlegen des Kerns. Die Kerneisen sind so schwach, wie nur immer angängig, zu bemessen, da sie zu ihrer Entfernung aus dem Abgusse zerschlagen werden müssen. An den Stellen p, p, p sind die dort durchbrochenen Kerneisen A durch wagerecht eingegossene, schmiedeiserne Stäbe verbunden. Die Stäbe schweißen in die Gehäusewand ein und müssen beim Putzen abgemeißelt werden.

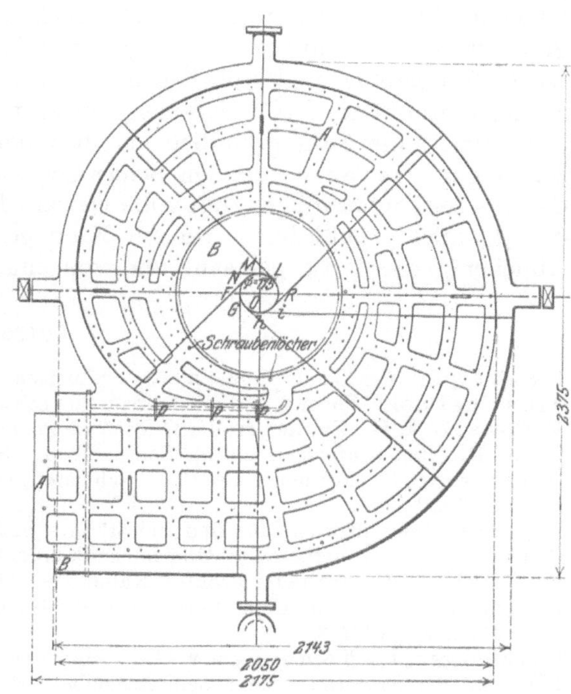

Abb. 796. Kernplatte.

Anfertigung des Kerns und Modells. Verschrauben des Kerneisens mit der Kernplatte. Zurechtbiegen der eingegossenen schmiedeisernen Stäbe, so daß zwischen Stab und Lehre (Abb. 797) noch eine genügend starke Lehmschicht aufgetragen werden kann. Füllung des Kerninnern mit Koks und Auftragen einer mit Stroh reichlich vermengten Lehmschicht. Trocknen mit Feuerkörben, bzw. durch Einfahren in eine Trockenkammer. Stückweises Abdrehen des Kerns mit den Lehren F, N und O. Abziehen der Gehäuse-Einlauföffnung mit einer beiderseits an der Kernplatte geführten Lehre R. Nachhelfen von Hand an den Übergängen von kleineren zu größeren Durchmessern. Nach Fertigstellung und Trocknung beider Kernhälften werden sie mit einer Isolierschicht gegen das Ankleben der mit Hilfe der Lehren F, N, O und R aufzutragenden Wandstärke eingerieben. Abschrauben der Wandstärken aus den vier Lehren und Aufziehen der Wandstärke mit recht steifem Lehm. Neuerliches Trocknen, danach Aufbringen eines Lackanstrichs. Anreißen und teilweises Anbringen ergänzender Modellteile (Flanschen, Füße). Abb. 798 zeigt den fertigen Kern.

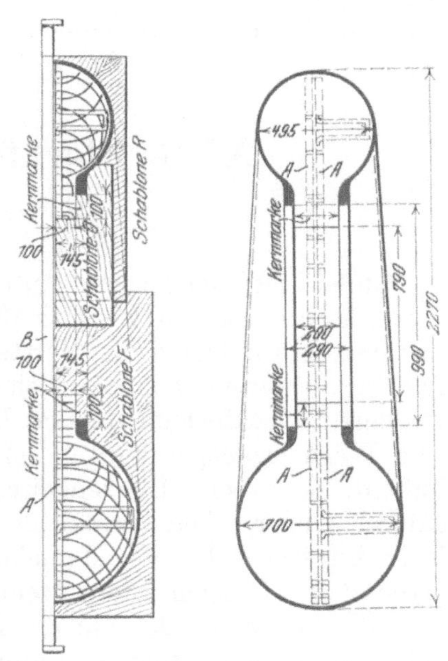

Abb. 797. Erforderliche Lehren und zurechtgebogene Stäbe.

Abb. 798. Fertiger Turbinengehäusekern.

Die Formerei. Wenden der Kernhälfte ohne Hängeösen, genau wagerechtes Ausrichten derselben, vorläufiges Unterstampfen, Lösen und Abheben der Kernplatte, Fertigstellung der unteren Formhälfte. Abschrauben der zweiten Kernhälfte von ihrer Platte, Wenden, Aufbringen auf die bereits eingestampfte untere Hälfte, Anbringen noch fehlender Modellteile, Auflegen und Hochstampfen des Oberteilformkastens. Die Eingüsse werden in Anbetracht der geringen Wandstärke ringsum auf das Modell gesetzt. Nach Fertigstellen und Abheben des Oberteils nimmt man beide Lehmmodelle aus der Form, schraubt sie fest zusammen, entfernt die die Wandstärke bildende Lehmschicht, verschmiert die Naht gründlich und behandelt das Stück nunmehr durchaus als Kern. Es ist gut, den Kern vor dem Schwärzen auf Lehmpfropfen in die Form zu legen und das Oberteil aufzubringen, um volle Gewähr für gleichmäßige Wandstärken zu gewinnen. Sobald alles gepaßt hat, wird der Kern geschwärzt und getrocknet und die Form in üblicher Weise fertig gemacht und von einem Gießtümpel aus zum Abgusse gebracht.

Literatur.

Irresberger, C.: Große Gußstücke. Stahleisen 1908, S. 813/816, 848/852.
Allis-Chalmers: Formen und Gießen von 90 t schweren Maschinenrahmen. Foundry 1909, S. 99/105.
Vickers, L. F. D.: Formen großer Gußstücke in einer englischen Gießerei. Foundry 1912, S. 182/185.
Otto, E.: Das Einformen großer Seilscheiben. Stahleisen 1913, S. 1982/1983.
Irresberger, C.: Formen eines 17,5 t schweren, schwierigen Kondensatorstückes. Stahleisen 1919, S. 1320/1323.
— Große Stahlgußstücke für den Schiffbau. Stahleisen 1920.
Gerrard, J.: Formerei eines Oberflächenkondensators in Lehm. Foundry 1921, S. 207/211.
Mc Grail, F. J.: Formerei größter Kalanderscheiben. Foundry 1921, S. 670/672.
Eastham, J. H.: Vereinigte Formerei eines Gasmaschinenrahmens in Sand und Lehm. Foundry 1922, S. 701/703.
Irresberger, C.: Formerei einer 114 t schweren Blockform. Stahleisen 1922, S. 652/654.
List, J. H.: Einformen einer Seilleitscheibe. Foundry 1924, S. 505/507.
Dwyer, Pat: Herstellung großer Dampfplatten. Gieß. 1924, S. 636/637.
— Formerei großer Schiffschrauben. Foundry 1925, S. 946/950.
Edwards, F. C.: Das Formen eines 6 m-Trägers in Grünsand. Metal Ind. 1925, S. 350/355.
Dwyer, Pat: Formerei eines großen Zahnradgehäuses. Gieß. 1925, S. 257/259.
Shaw, J.: Formerei eines schweren Turbinengehäuses. Gieß. 1925, S. 420/431.

XVII. Blockformen (Stahlwerkskokillen).

Allgemeines.

Gußeiserne Schalen zur Aufnahme und ersten Formgebung von Flußstahl werden Blockformen, Stahlwerkskokillen oder auch nur Kokillen genannt. Trotz ihrer einfachen Form bietet die Herstellung guter Blockformen, die eine ausreichende Zahl Abgüsse aushalten, Schwierigkeiten, deren Überwindung Sondererfahrungen unbedingt erfordert. Blockformen müssen bei großer Festigkeit und Widerstandsfähigkeit gegen hohe Wärmebeanspruchungen im Inneren durchaus glatt sein und eine genau ebene Bodenfläche haben. Unebenheiten erschweren das Abheben vom Gußstück und führen dadurch zum raschen Verschleiße der Formen. Die Gußhaut muß über die ganze Innenfläche unverletzt bleiben, da schon durch Wegmeißelung ganz unbedeutender Unebenheiten dem flüssigen Stahl wenig widerstandsfähige Angriffspunkte geboten werden. Gute Blockformen sollen nur an Alterschwäche zugrunde gehen, d. h. sie sollen erst rauh und rissig werden, wenn sie infolge langen Betriebes durch und durch mürbe und zu Brandeisen geworden sind. Beide Erscheinungen sollen annähernd zu gleicher Zeit eintreten, denn es ist immer irgend ein Herstellungsfehler anzunehmen, wenn der eine Schaden wesentlich vor dem anderen bemerkbar wird. Neben der richtigen Eisenmischung[1]) und Formerei ist für ihr Lebensalter die Verteilung der Wandstärken und die Behandlung

[1]) Vgl. Bd. I. S. 200.

nach dem Gusse von größter Wichtigkeit. Sämtliche Teile sollen während und nach dem Abgusse des Stahlblockes möglichst gleiche Wärme haben und damit zusammenhängend möglichst gleichmäßige Ausdehnung erfahren. Teile, die größeren Wärmebeanspruchungen ausgesetzt sind, müssen größere Wandstärke erhalten, damit dort genügend Wärme aufnehmender Werkstoff vorhanden ist. Daher dürfen nur runde Blockformen eine ringsum gleichmäßige Wandstärke erhalten, alle anders geformten Stücke bedürfen gewisser Verstärkungen. Bei rechteckigen Blockformen tritt die stärkste Erwärmung in der Mitte der Längseite (bei a in Abb. 799) ein, auch die Mitte der kurzen Seite (bei b) ist einer größeren Erwärmung ausgesetzt als die Winkel der Formen. Darum müssen die Mitten beider Blockseiten stärker gemacht werden als die Ecken. Bei größeren, quadratischen, sechs- oder achteckigen Querschnittsformen wölbt man die inneren Flächen ein wenig, wie Abb. 800 übertrieben zeigt, und vermeidet damit vorzeitiges Rissigwerden [1]). Der untere Teil jeder Blockform wird während des Gießens mehr beansprucht als der obere. Beim Beginn des Gusses wird er früher warm und strebt nach Ausdehnung, während der obere Teil noch kalt ist. Es treten infolgedessen Spannungen auf, die zwar nach dem Abgusse ausgeglichen werden, aber dennoch dazu beitragen, das Rissigwerden der Form zu beschleunigen. Eine weitere Mehrbeanspruchung des unteren Teiles liegt in der Verjüngung des Blockes. Die Blöcke müssen etwas konisch gehalten werden, damit die Form bequem über sie weggezogen werden kann. Der untere Teil der Form hat infolgedessen eine größere Wärmemenge aufzunehmen als der obere. Den dadurch entstehenden Gefahren begegnet eine Verstärkung, die entsprechend der allmählich verlaufenden Beanspruchung allmählich in die obere schwächere Wandstärke übergeht. Die Verstärkung soll am Boden der Blockform etwa 30% der oberen Wandstärke betragen und bis etwa ein viertel Höhe der Blockform reichen. Andere Verstärkungen, z. B. das Eingießen schmiedeiserner Reifen, haben sich nicht bewährt. Die nachstehende Zusammenstellung der Zahlentafel 2 [2]) zeigt den wesentlichen Einfluß einer richtig bemessenen unteren Verstärkung. Sie bewirkte eine um 87% erhöhte Haltbarkeit der Formen. Das Ergebnis ist um so wertvoller, als es von Blockformen mit langrechteckigem Querschnitt gewonnen wurde, die ungleich rascherem Verschleiße unterliegen als solche von quadratischem Querschnitte.

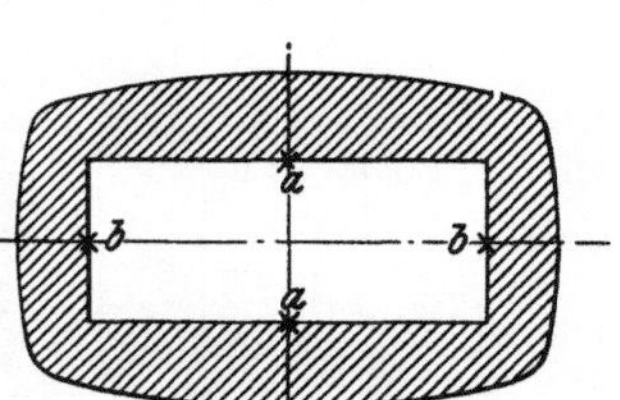

Abb. 799. Rechteckige Blockform.

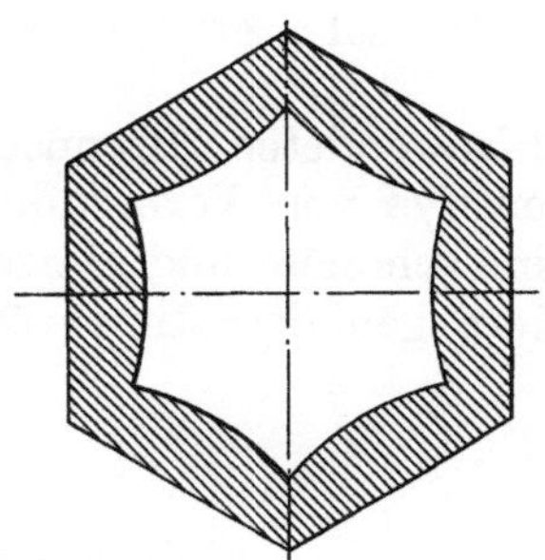
Abb. 800. Sechseckige Blockform. (Wölbung übertrieben gezeichnet.)

Von großem Einfluß auf die Haltbarkeit ist auch das Maß der Blockverjüngung. Je größer es ist, desto leichter kann die Form vom Block abgehoben werden, und desto eher wird die Gefahr des Steckenbleibens (Hängens) der Blöcke vermieden. Nach Lochner [3]) soll die Verjüngung bei gewöhnlichen Blöcken ohne zwingende Gründe nicht unter 2%, bei sehr langen Blöcken nicht unter 3% der Blocklänge betragen.

Um die Abgüsse möglichst spannungsfrei zu machen, läßt man sie nach dem Ausziehen des Kernes in der Form erkalten. Besser ist es, die Abkühlung zu verlangsamen, gleichmäßiger zu gestalten und sie zugleich der Gewinnung besserer Gußformen nutzbar zu machen, wie es nach dem Lochnerschen Verfahren der Gutehoffnungshütte [4]) möglich ist. Die Gußstücke werden ein bis zwei Stunden nach dem Abgießen aus der Form genommen, vom anhaftenden Sande befreit und in eine unter Flur befindliche ausgemauerte Grube gebracht (Abb. 801 und 802). Dort können sie ruhig und gleichmäßig abkühlen,

[1]) P. Reusch gibt in Stahleisen 1903, S. 376/377 die theoretische Begründung der Wirkung dieser Schutzmaßregel.

[2]) Von der Witkowitzer Bergbau- und Eisenhütten-Gewerkschaft; aus Reusch, Haltbarkeit von Kokillen. Stahleisen 1903, S. 378.

[3]) Stahleisen 1907, S. 140.

[4]) D.R.P. Nr. 115 601 vom 12. 7. 1899; vgl. Stahleisen 1905, S. 98.

da die Wärme besser zusammengehalten wird als in den freistehenden, häufig störenden Einflüssen ausgesetzten Formkasten: Die Glühgrube ist als Trockenkammer ausgebildet, um die Abhitze zum Trocknen von Blockformkernen und Blockformen nutzbar zu machen. Man bringt die weißglühenden Gußstücke auf der einen Seite der Grube unter, die geschwärzten und geglätteten Kerne auf der anderen und schließt den Raum nach oben mittels des in Drehgelenken aufklappbaren Deckels ab. Nach Austreibung der Hauptmasse des Kernwassers werden auf den Deckel nasse Formen gestellt; durch Zuführen frischer Luft wird eine lebhafte Luftbewegung bewirkt, die ein rasches Trocknen bewirkt. Neben der durch das völlig gleichmäßige und langsame Erkalten der Gußstücke bewirkten Spannungsfreiheit der Abgüsse erspart das Verfahren vollständig alle sonst für Trockenzwecke aufgewendeten Brennstoffe. Durch die Art des Trocknens, die Rußbildung und sonstige von Verbrennungsgebilden herrührende Niederschläge ausschließt, wird zudem eine schönere und glattere Oberfläche der Gußstücke erzielt, was besonders für die vom Kern gebildete Innenfläche sehr wichtig ist.

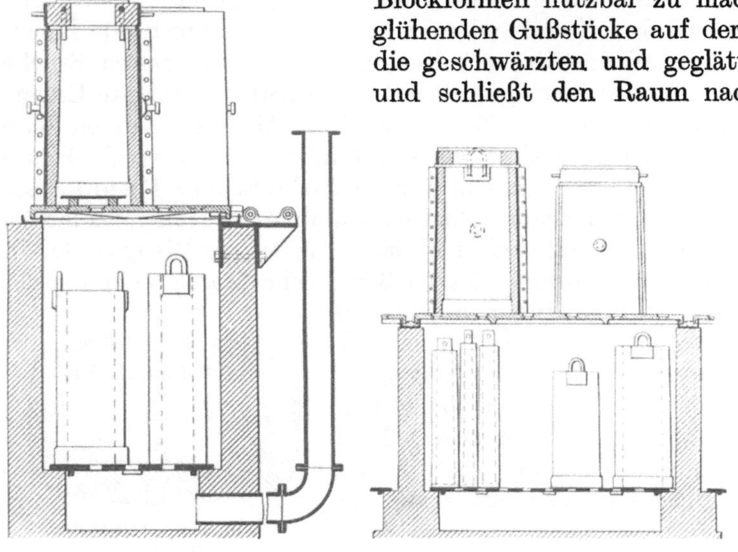

Abb. 801. Abb. 802.
Abb. 801 u. 802. Lochnersche Trockengrube für Blockformen.

Zahlentafel 2.

Einfluß der Verstärkung am unteren Ende von Blockformen.

Bezeichnung der Blockform	Querschnitt	Gewicht der einzelnen Blockform kg	ohne Verstärkung am unteren Ende: Zahl der zerschlagenen Blockformen	ohne Verstärkung am unteren Ende: Durchschnittl. Haltbarkeit	mit Verstärkung am unteren Ende: Zahl der zerschlagenen Blockformen	mit Verstärkung am unteren Ende: Durchschnittl. Haltbarkeit	mit Verstärkung am unteren Ende: Höchst erzielte Haltbarkeit
21		341	37	40,6	86	81,3	131
25		362	30	45,6	64	92,2	178
28		384	48	46,7	51	75,5	112
32		467	41	45,0	49	78,7	133
45		735	20	40,1	26	85,5	120
49		973	37	43,9	2	74,5	75
50		884	30	36,3	3	89,0	111
55		1041	21	36,2	5	70,2	90
65a		1247	40	36,3	12	57,5	70
67		1751	37	45,0	4	73.5	81

Der Großteil unserer Blockformen (Stahlwerkskokillen) wird noch immer nach dem seit 50 Jahren gebräuchlichen Verfahren mit Hilfe eines mit oberer und unterer Kernmarke A, B versehenen Modells (Abb. 803) und einer geteilten Kernbüchse (Abb. 804) hergestellt[1]). Dabei wird erst das Unterteil über der auf einem Unterlagsbrette zentrierten unteren Kernmarke aufgestampft, worauf man wendet, das Modell auf die Kernmarke (B) setzt und das Mittelteil hochstampft. Das Mittelteil umfaßt den ganzen Körper der Blockform; Ober- und Unterteil dienen nur zur Aufnahme der Kernmarken. Besondere Sorgfalt erfordert die Ausführung des Kerns, der in der Büchse (Abb. 804) über einer mit Strohseilumwicklung und Lehmbezug versehenen, reichlich durchlochten Spindel, an deren einem Ende eine Standplatte angegossen ist, aufgestampft wird. Größere Kerne erhalten außer der mittleren Luftabführung durch den gelochten Mantel der Kernspindel vier in den Kernecken angeordnete Luftkanäle (E in Abb. 805), die mittels kräftiger, gleich Eingußtrichtern hochgestampfter Luftspieße hergestellt werden. Abb. 805 zeigt eine gießbereite Form. Der Guß erfolgt meist von unten, mitunter auch von oben oder seitlich in halber Höhe.

Um 1910 fand in einigen Blockformgießereien ein Verfahren von Wilhelm Kunze Eingang, das sich gut bewährt hat[2]). Nach demselben erübrigen sich Modelle, sowohl für die Form als auch für den Kern, beide Teile werden mittels Lehren hergestellt. In

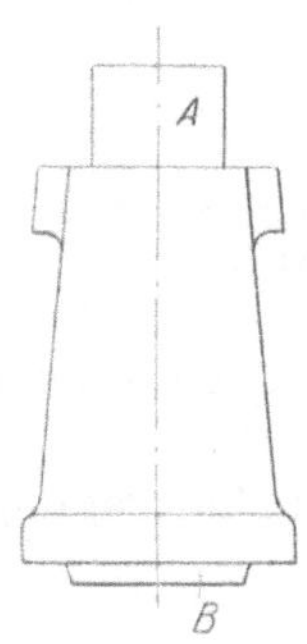

Abb. 803. Ungeteiltes Blockformmodell.

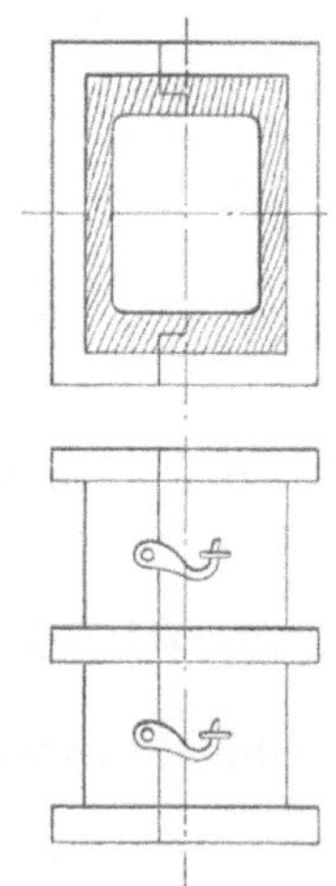

Abb. 804. Aufklappbare Blockform-Kernbüchse.

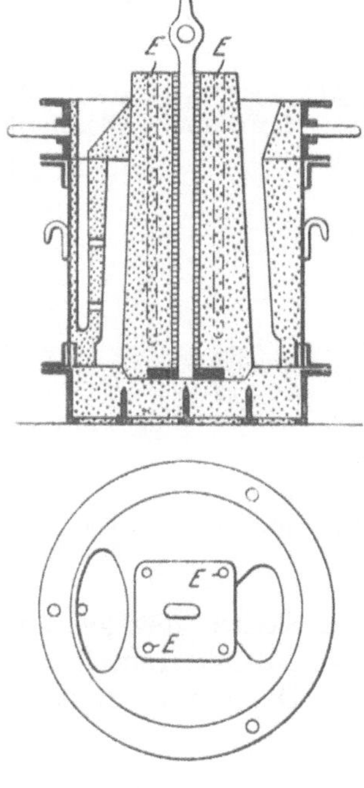

Abb. 805. Gießbereite Form für eine Blockform.

Abb. 806 sind die für das Kunzesche Verfahren benötigten Einzelteile zu erkennen. Die Form setzt sich wieder aus einem Unterkasten, einem Mittelkasten und einem Oberteil zusammen. Jedes Kastenteil wird unabhängig von den anderen Teilen formfertig gemacht. Der Mittelkasten besteht aus zwei Teilen A, die mittels Nut und Feder an den beiden Längsflanschen genau aneinander geführt und zum Gusse mittels zwei Paar Schrauben fest verbunden werden. Im allgemeinen ist für jede Blockformgröße ein eigener Formkasten erforderlich, da die Form aus Masse hergestellt wird, die man mit einer an Leisten beider Kastenenden entlang geführten geraden Lehre abstreicht (Abb. 807). Innerhalb nicht allzu weiter Größenunterschiede ist immerhin die Verwendung desselben Kastens möglich, wenn die seitlichen Führungsleisten auswechselbar angeordnet werden. Die Masse wird in Stärke von 15—40 mm aufgetragen, je nach Größe der Blockform, und haftet infolge der durch die beiden Führungsleisten gewährten Stützung und des Halts an den zahlreichen Entlüftungschlitzen der Formkastenwände so gut am Formkasten, daß nach einmaliger Herstellung der Masseschicht 20—30 Abgüsse hergestellt werden können, ohne daß, abgesehen von kleinen Ausbesserungen, neuer Formstoff in nennenswerter Menge aufgetragen werden muß.

[1]) Nach Stahleisen 1922, S. 649 u. 1013. [2]) Z. V. d. I. 1911, S. 450. Gieß.-Zg. 1911, S. 393.

Dem Unterteil fällt die gleiche Aufgabe wie beim alten Verfahren zu, es hat nur den Boden der Form zu bilden und dem Kern ein zuverlässiges Lager zu gewähren. Zu letzterem Zwecke erhält es eine dem Kernspindeldurchmesser entsprechend ausgebohrte Nabe. Auch das Formkastenoberteil dient nur als Formdeckel und zur Kernführung.

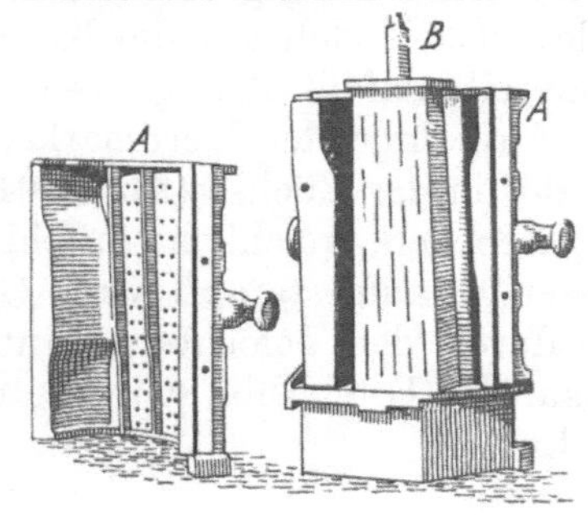

Abb. 806. Formkasten und Kernspindel für das Kunzesche Blockform-Formverfahren.

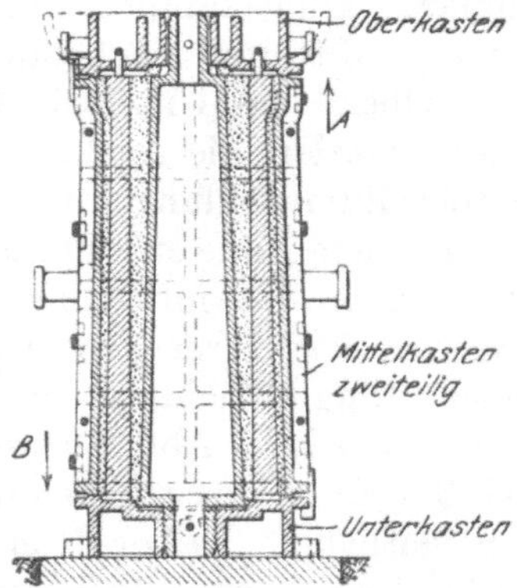

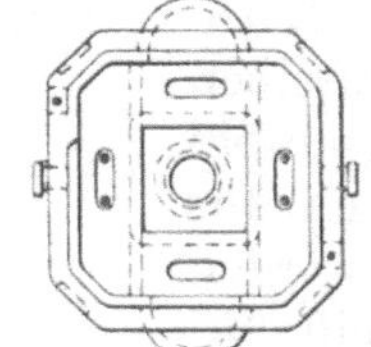

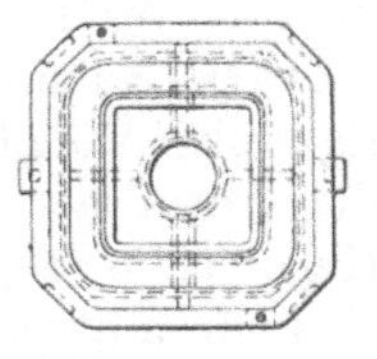

Abb. 807. Glattstreichen der Formmasse in einer Kastenhälfte.

Abb. 808. Gießfertige Form nach dem Verfahren von Kunze.

Die Skizze einer gießfertig zusammengesetzten Form (Abb. 808) zeigt den Ausbau aller drei Formkastenteile.

Die Kerne können über entsprechend gestalteten Spindeln nach Auftragung einer

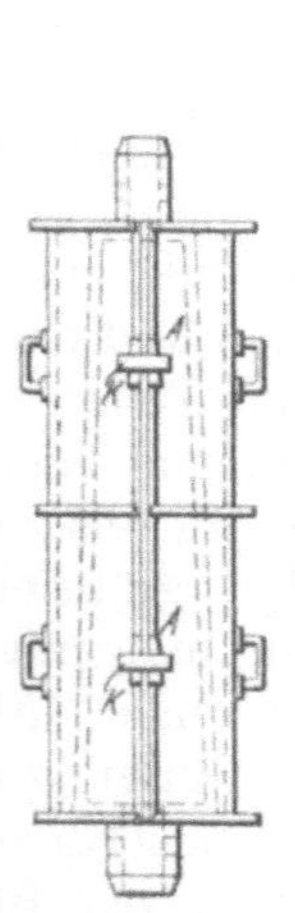

Abb. 809. Kernbüchse zum Aufstampfen vorgedrehter Kerne.

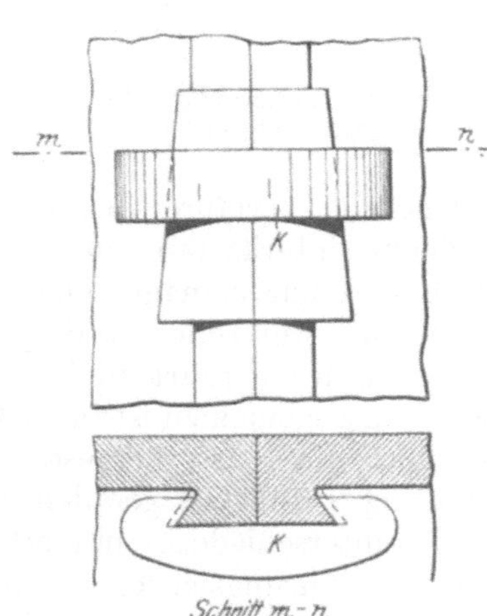

Abb. 810. Anordnung des Keilverschlusses.

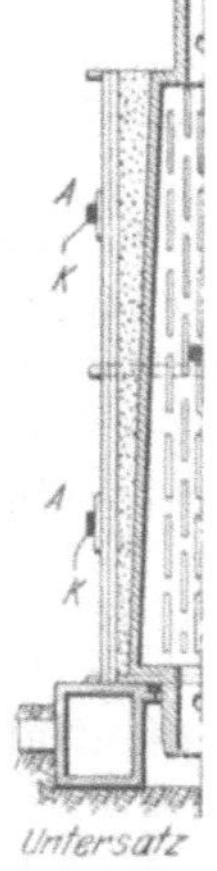

Abb. 811. Kernspindel in der Aufstampfbüchse.

Strohseil- und einer Lehmschicht in einer geteilten Kernbüchse aufgestampft werden, wobei man an Stelle der alten Hakenverschlüsse zuverlässigere Keilverschlüsse nach den Abb. 809 und 810 verwendet. Abb. 811 zeigt die Anordnung der Spindel in der Kernbüchse. Die über die Leisten A geschobenen Klammern K sind aus Stahlguß.

Kunze ersetzte später das Aufstampfen des Kerns in der Büchse durch Auftragen von Kernmasse mit Hilfe von Lehren unmittelbar auf die gelochten Seitenwände der Spindel, ähnlich dem Verfahren der Massenauftragung im Formkasten. Die Spindel wird zu diesem Zwecke in einen trogartigen Kasten gelegt (Abb. 812) und mit Formmasse bezogen, die man mittels einer geraden, den Leisten an den Spindelenden entlang gezogenen Lehre abstreicht. Ist so die eine Hälfte der Spindel mit Masse bezogen worden, so hebt man sie mit dem Krane an beiden Zapfenenden an, wendet sie um 180°, setzt die Spindel wieder am Kastentroge ab und macht ihre andere Hälfte in derselben Weise fertig.

Nach einem anderen Ausführungsverfahren dreht man die Kerne ähnlich wie runde Lehmkerne auf einer nach Abb. 813 gebauten Kerndrehbank ab. Die Spindel lagert

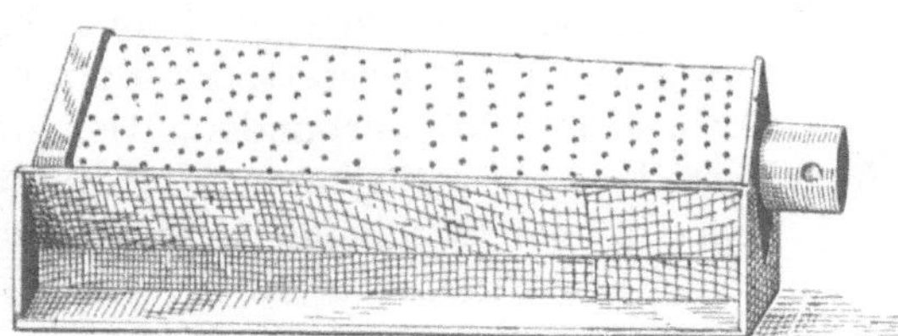

Abb. 812. Vierkantige, vielfach gelochte Kernspindel, im Lehrengehäuse liegend.

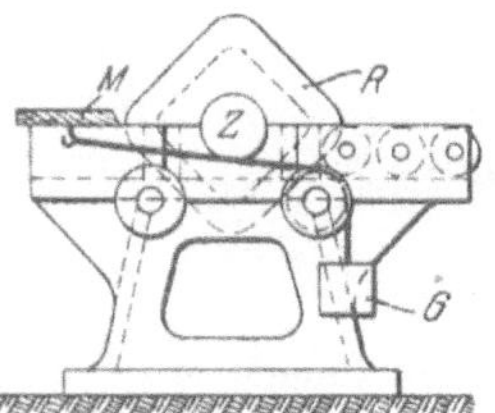

Abb. 813. Kerndrehbank mit beweglicher Abstreifleiste.

mit den Zapfen Z in den Ständern der Drehbank, auf der an einer Seite ein Rahmen R die äußere Kernform angibt. An der anderen Seite ist die Kernspindel mit entsprechenden Leisten versehen. Ein auf Rollen gelagertes Lehrenbrett M wird mittels über einer Rolle angehängter Gewichte G ständig gegen die Führungsleisten gedrückt. Abb. 814 zeigt eine solche Drehbank während des Kernaufdrehens.

Das Kunzesche Verfahren zeitigte eine Reihe sehr beträchtlicher Vorteile, es erspart die Anfertigung von Modellen und Kernbüchsen, erfordert kaum 20% der beim alten Verfahren benötigten Formstoffe, verringert die Form- und Kernmacherlöhne durchschnittlich um 50%, vermindert die Trocknungskosten und liefert zuverlässige Abgüsse

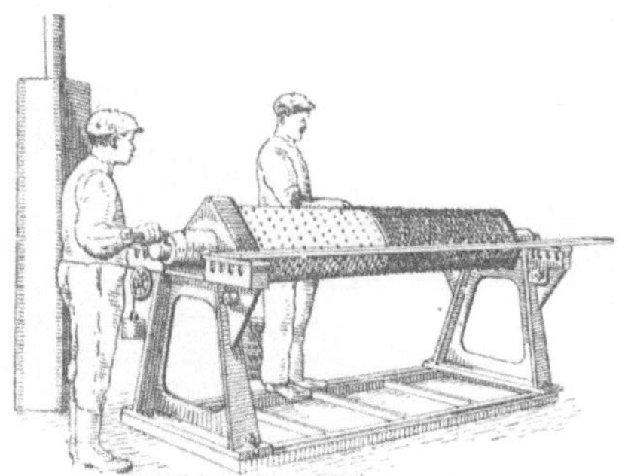

Abb. 814. Kunzesche Kerndrehbank.

Abb. 815. Trockenvorrichtung für Blockform-Formen.

von genauen Wandstärken und von einer Sauberkeit, durch die die Putzarbeit auf ein Mindestmaß gebracht werden konnte. Infolge der hohen Einrichtungskosten eignet es sich aber nur für Blockformen, die regelmäßig wiederkehrend bezogen werden oder aber in einer die Einrichtungsauslagen rechtfertigenden Menge bestellt werden.

Nach dem Verfahren der Penn Mold and Mfg. in Dover, O., Ver. Staaten v. A., das große Leistungen mit geringem Aufwande an menschlicher Arbeitskraft und Geschicklichkeit erzielt, wird mit längsgeteilten Formkasten, ganzen Modellen und zusammenklappbaren Kernspindeln gearbeitet. Der Formkasten, Abb. 815, ist entlang seiner Teilungsfuge etwas ausgebuchtet, um dort den Gießtrichter aufnehmen zu können. Der Anschnitt wird knapp über dem Boden der Form angebracht. Man gießt mit Bodenauslaufpfannen, wie sie auch in der Stahlgießerei verwendet werden. Der Guß erfolgt offen ohne Oberteil, über den Eingußtrichter wird ein runder Eingußstutzen aufgesetzt, der bei jedem Guß leer läuft und bis zu zwölfmal mit ein und derselben Auskleidung verwendet werden kann. In Abb. 816 sind einige auf der Gießbühne liegende Eingußkästchen zu erkennen.

Die zerlegbaren Kernspindeln nach den Abb. 817—820 bestehen aus einem inneren Kernständer (Abb. 817) und 2×2 Seitenplatten, Abb. 818. Der Kernständer hat unten eine Grundplatte, mittels der er in der das Unterteil bildenden Bodenplatte der Form geführt wird. Die vier Seitenplatten ruhen auf den Außenleisten der Grundplatte des Kernständers und werden paarweise durch in Schlitzen A des Ständers geführte und mit Keilverschlüssen ausgestattete Bolzen B (Abb. 818—820) verbunden. Der große Vorteil dieser zerlegbaren Kernspindeln liegt in der Möglichkeit, den Abguß nach dem Erstarren über den Kern hinweg abheben und die Kernspindeln wieder in Arbeit nehmen zu können, ohne sie erst mit den Formkasten zur Ausleerstelle bringen zu müssen.

Abb. 816. Gießbühne mit fünf davor aufgestellten Kernen.

Abb. 821 zeigt den Vorgang beim Abheben der Form. Sobald beim Anziehen des Krans die äußeren Ketten gespannt werden, drückt der mittlere Stempel des Gehängs auf das obere Ende des Kernständers und verhindert sein Hochgehen. Der vom Formkasten mitgenommene Abguß nimmt infolge des bereits einsetzenden Schwindungs-

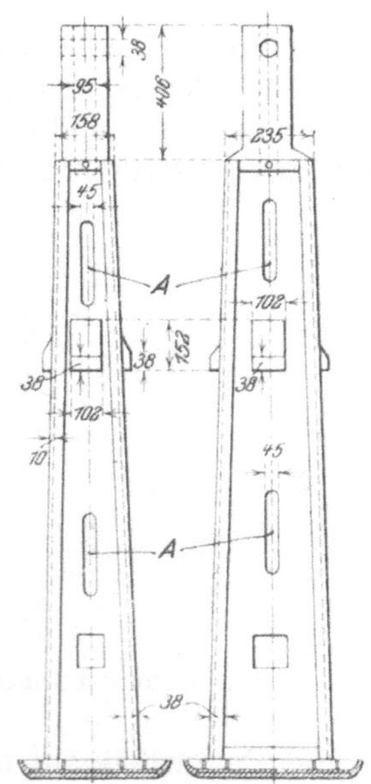

Abb. 817. Mittelständer eines Blockformkerns.

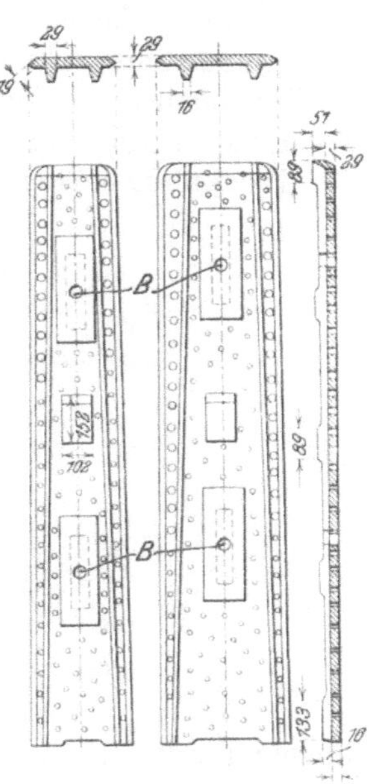

Abb. 818. Seitenplatten eines Blockform-Kerneisens.

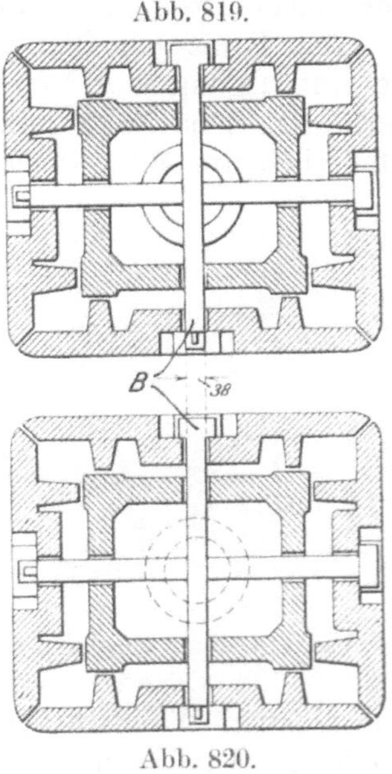

Abb. 819 u. 820. Schnitt durch die untere Hälfte eines zusammengesetzten Kerneisens.

drucks die Seitenplatten des Kerneisens mit in die Höhe, bis deren Verbindungsbolzen am oberen Ende der Kernständerschlitze angehalten werden. Da nun die Verjüngung des Abgusses bereits eine Lockerung der Seitenplatten bewirkte, werden diese losgelassen und fallen in ihre ursprüngliche Lage (Abb. 821 rechts) zurück. Man säubert vorerst die Ständergrundplatte, bringt dann die Seitenplatten in richtige Lage, zieht die locker gewordenen Keile an und nimmt die Spindel wieder in Arbeit. Abb. 822

zeigt rechts einen Kernständer, an dem die Schlitze zum Durchziehen der Verbindungsbolzen besonders deutlich erkennbar sind, in der Mitte zwei Seitenplatten und links eine arbeitbereit zusammengesetzte Spindel.

Der Formkasten wird zum Ausleeren mitsamt dem noch in ihm befindlichen Abguß an das untere Ende der Gießhalle gebracht und dort wagerecht auf den Boden gelegt. Nach Lösung der Kastenverklammerung hebt man eine Kastenhälfte ab, wendet danach den Abguß zugleich mit der zweiten Kastenhälfte und hebt auch diese ab. Beide Kastenteile werden dabei genügend sandfrei und können ohne weiteres wieder zusammengesetzt werden. Der Formkasten ist danach aufs neue arbeitbereit und kann daher in einer Schicht mehrmals benutzt werden.

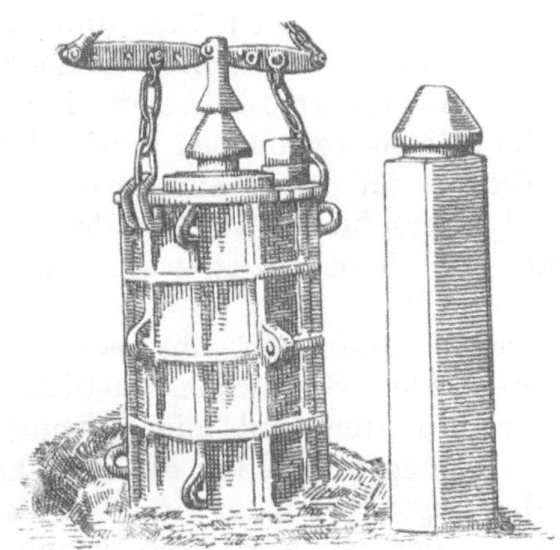

Abb. 821. Abheben des Kastens mit dem Abguß über dem Kern.

Abb. 822. Mittelständer (rechts), Seitenplatte (Mitte) und zusammengesetztes Kerneisen.

Vor ihrer Wiederingebrauchnahme werden die Formkasten in einen runden, 3 m tiefen, mit Wasser gefüllten Blechbehälter getaucht, um genügend abzukühlen, und um den einzustampfenden Formsand besser an den Wänden haften zu lassen. Die Spindeln erfahren dieselbe Behandlung und erhalten außerdem einen dünnen Lehmwasseranstrich. Dieses Kühlverfahren reicht vollkommen aus, um die spätestens zwei Stunden nach dem Gusse ausgezogenen Spindeln ohne nennenswerten Aufenthalt wieder in Gebrauch nehmen zu können. Bei den Formkasten, die ja eine geringere Erwärmung erfuhren, ist das um so sicherer der Fall. Es empfiehlt sich, sowohl für die Formen als auch für die Kerne Stampfergruppen von je drei Mann vorzusehen und die Leute auf einer erhöhten Stampfbühne ungefähr in einer Ebene mit der Oberkante der zu beiden Seiten der Bühne in Reihen aufgestellten Formkasten, bzw. der Kernspindeloberkante arbeiten zu lassen. Zwei Mann stampfen, der dritte schaufelt den Sand ein. Die Stampfenden bedienen sich dabei langer Preßluftstampfer, die am Ende ausschwenkbarer Ausleger an einem Seile mit Gegengewicht aufgehängt sind. Auch die Kernmacher waren ursprünglich mit diesen Werkzeugen ausgerüstet, man hat es aber vorgezogen, sie von Hand stampfen zu lassen. Es sind fünf Stampfunterlagen vorgesehen (Abb. 816), so daß die Leute unmittelbar nach dem Fertigstampfen einer Form die nächste in Angriff nehmen können. Der Kran hebt jeden fertig gestampften Formkasten an und setzt einen leeren an seine Stelle, so daß die Former nach dem Aufarbeiten des fünften Kastens eine neue Reihe von zunächst vier Formkasten vorfinden, an der sie

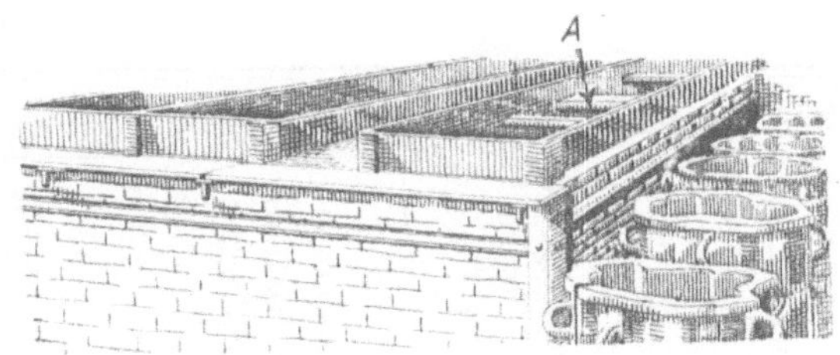

Abb. 823. Trockenvorrichtung für Blockformkerne.

weiter arbeiten können. Der gleiche Vorgang wird bei den Kernkasten eingehalten, bis beide Arbeitergruppen die Mindesttagesleistung von 30 Formen und Kernen erreicht haben.

Formen und Kerne gelangen von den Stampfern zu einer zweiten Arbeitergruppe, deren Aufgabe es ist, die Modelle sowie die Kerne auszuheben, Form und Kernwände zu schwärzen, um dann beide Teile einer dritten Arbeitergruppe zu überlassen, die für deren Unterbringung in den Trockenvorkehrungen zu sorgen hat.

Die Formen werden über einer koksgefeuerten Trockenanlage nach Abb. 815 getrocknet, wobei zwei stählerne, zu beiden Seiten der Plattenausschnitte untergelegte Eisen von $25 \times 12{,}5$ mm Querschnitt eine unmittelbare Berührung der unteren Sandfläche der Form mit der heißen Abdeckplatte verhüten. Die Trockendauer beträgt etwa 2 Stunden.

Die Kerne werden in Heizschächten nach Abb. 823 hängend getrocknet. Die gesamte Anlage besteht aus vier Schächten, deren jeder eigene Feuerung und Rauchabzug hat. Die Feuergase steigen durch Öffnungen im Boden des Schachts hoch und sind gezwungen, die Kerne zu umspülen, ehe sie in den Abzugskanal gelangen. Zum Aufhängen der Kerne sind Rohrwalzen A vorgesehen, die beliebig verschoben werden können und als Unterlage für doppelhakige Querbalken dienen, an denen die Kerne hängen. Jeder Schacht faßt zehn Kerne. Sobald diese Anzahl untergebracht ist, wird der Schacht mit Hilfe des Krans mit Eisenplatten abgedeckt. Die Trockenzeit währt ungefähr 4 Stunden.

Zum Guß stellt man die Formen in engen Gruben zusammen. Je sechs eiserne, die Unterteile ersetzende Grundplatten werden zu beiden Seiten der Gießbühne in geraden Reihen knapp aneinander gesetzt. Die Grundplatten sind mit Führungsaussparungen für die Kernspindeln und mit je zwei Führungsbolzen für die Formkasten versehen, wodurch die genaue Übereinstimmung der Lage von Kern und Formkasten gewährleistet wird. Ein Teil der Unterlagsplatten ist auch mit einer Aussparung rings um die Kernmarke versehen, die man mit Formsand ausstampft, damit das in die Form gegossene Eisen nicht in unmittelbare Berührung mit der eisernen Bodenplatte kommt. Die Ansichten über den Wert dieser Schutzvorrichtung gehen aber auseinander.

Man gießt entweder unmittelbar vom Hochofen oder aus dem Kuppelofen und arbeitet in beiden Fällen mit phosphor- und schwefelarmem Eisen. Beim Schmelzen im Kuppelofen wird zwar auf gut warmen Schmelzgang, keineswegs aber auf überhitztes Eisen gesehen. Man ist überhaupt geneigt, nicht allzu heiß zu gießen, was auch mit deutschen Erfahrungen übereinstimmt, denen zufolge man mit etwa 1250° am besten zurecht kommt.

Bezeichnung der Blockformen	Einzelgewicht in kg	Nicht gekühlt		In Wasser gekühlt		
		Anzahl der zerschlagenen Blockformen	Durchschnittl. Haltbarkeit	Anzahl der zerschlagenen Blockformen	Durchschnittl. Haltbarkeit	Höchst erreichte Haltbarkeit
42	1660	116	45,7	153	87,5	126
44	1920	170	45,8	153	91,4	131
46	2100	34	46,8	52	71,4	98

Richtige Behandlung der Blockformen im Stahlwerk trägt zu ihrer Langlebigkeit ganz wesentlich bei, wie anderseits unsachgemäßer Betrieb die besten Formen in Kürze unbrauchbar machen kann. Von großer Wichtigkeit ist das richtige Anwärmen und Abkühlen vor und nach dem Gießen der Stahlblöcke. Seit über 10 Jahren bringen die meisten größeren Stahlwerke die Blockformen unmittelbar nach dem Abheben vom Stahlblock in kaltes Wasser und bewirken dadurch eine so gleichmäßige Abkühlung und Schonung der Formen, daß ihre Haltbarkeit gegenüber dem gewöhnlichen Betriebe bis zu 100% zunimmt, wie vorstehende Zusammenstellung [1]) der Betriebszahlen quadratischer, glatt auslaufender (nicht verstärkter) Formen dartut.

Dagegen ist das Abspritzen der Formen nach dem Abziehen vom gegossenen Block unangebracht, denn dadurch werden die bestehenden Spannungen nur gesteigert.

Das Anwärmen vor dem ersten Gusse muß von außen erfolgen, nur dann wird den beim Gießen auftretenden Spannungen entgegengewirkt. Verfehlt ist es, Blockformen anzuwärmen, indem man frisch abgegossene kleinere Blöcke in ihr Inneres stellt. Solches Verfahren hat bei großen Formen für Schmiedeblöcke, Panzerplatten u. dgl., deren Füllung mit Stahl lange Zeit, mitunter bis zu einer halben Stunde, in Anspruch nimmt, schon öfters zum Zerspringen der Blockform beim ersten Gusse geführt. Es treffen dann zwei gefährliche Umstände zusammen, das stärkere Anwärmen des unteren Teiles durch den vor dem Gießen am Boden untergebrachten Anwärmblock und der langsame Guß, die beide dahin wirken, das untere Ende mehr auszudehnen als das obere.

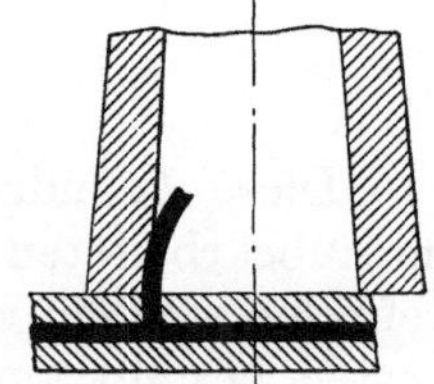

Abb. 824. Innen angefressene Blockform.

Trifft ein Strahl des flüssigen Stahles längere Zeit dieselbe Stelle der Form, so spült er sie etwas aus, der Stahlblock erhält einen Buckel und bleibt beim Abziehen in der Form hängen. Dieser als Angießen bezeichnete Übelstand kann sowohl beim Gusse von oben als von unten auftreten. Beim Gusse von oben wird er meist durch ein teilweise zugesetztes Stopfenloch der Gießpfanne, beim Gusse von unten durch Verwendung von Kanalsteinen mit schrägen oder irgendwie verengten Steigekanälen verursacht. Manchmal kommt es auch vor, daß der Steigekanal teilweise unter die Blockform zu sitzen kommt (Abb. 824), wodurch diese ganz unvermeidlich angefressen wird.

Literatur.

a) Einzelne Werke.

Brearley, A. W. and H. Brearley: Ingots and Ingot Moulds. With. ill., London Longmans, Green and Co. 1918.

b) Abhandlungen.

Sweet, J. E.: Neue Blockform. Stahleisen 1902, S. 1216.

Reusch, P.: Haltbarkeit von Kokillen. Stahleisen 1903, S. 375.

Kontinuierliches Verfahren zur Herstellung von Blockformen. Stahleisen 1903, S. 1037.

Wedemeyer, O.: Das Lochnersche Trocknungsverfahren. Stahleisen 1905, S. 96.

Henning, C.: Einformen von Stahlwerkskokillen. Stahleisen 1905, S. 54.

Messerschmitt, A.: Über das Formen von Stahlwerkskokillen und deren Haltbarkeit. Stahleisen 1906, S. 220, 283.

Lochner, R.: Einiges über Stahlwerkskokillen. Stahleisen 1907, S. 136, 174.

Waterhouse, G. B.: Verbessertes Herstellungsverfahren für Kokillen (zusammenklappende Kerne). Stahleisen 1908, S. 1061.

Orthey, M.: Beziehungen zwischen Herstellungsweisen, Behandlung und Haltbarkeit von Stahlwerkskokillen. Gieß.-Zg. 1908, S. 417.

Rolle, Hans: Dauerformen in der Eisengießerei. Stahleisen 1912, S. 1209, 1446, 1605.

Mehrtens, J.: Betriebsergebnisse mit gußeisernen Dauerformen für Eisen- und Metallguß. Gieß.-Zg. 1913, S. 12, 50.

Die Brauchbarkeit bleibender Gußformen in der Eisen- und Metallgießerei. Gieß.-Zg. 1913, S. 557, 596, 623.

Irresberger, C.: Ein neues Formverfahren für Blockformen. (Verfahren der Tenessee Coal, Iron and Railroad Co.) Stahleisen 1918, S. 801/804.

Dwyer, Pat: Entwicklung einer Blockformgießerei. Foundry 1924, S. 128/130.

[1]) Nach P. Reusch: Haltbarkeit von Kokillen. Stahleisen 1903, S. 376.

XVIII. Dauerformen.

Allgemeines.

Im allgemeinen werden Graugußformen für jeden Abguß neu hergestellt. Eine Form, die mehr als einen Abguß zu liefern vermag, ist streng genommen als Dauerform zu bezeichnen. Dauerformen aus Sand und aus Lehm (bleibende Formen) vermögen, wenn der Abguß in ihnen schwinden kann, ohne sie zu schädigen, bis zu 50 (in manchen Fällen auch noch mehr) Abgüsse auszuhalten. Eine wesentlich größere Zahl von Abgüssen kann mit Formen aus künstlichen Formstoffen und Zehntausende von Abgüssen können mit eisernen Formen erreicht werden.

Bleibende Formen aus gewöhnlichem Formsand und Lehm.

Beispiele.

A. Baumwollpressen-Zylinder [1]).

Diese Zylinder sind etwa 2500 mm hoch, haben eine lichte Weite von 750 mm und im unbearbeiteten Zustande eine gleichmäßige Wandstärke von 45 mm. An einem Ende befinden sich ein kleiner Außenflansch (Abb. 825) und zwei seitliche Lappen. Der Formkasten besteht aus sieben genau ineinander geführten Ringen, einem Oberteile mit Erweiterungen für die seitlichen Lappen und einer hartgebrannten Lehmplatte als Bodenstück. Die lichte Weite der Ringe ist um 100 mm größer als der äußere Durchmesser des Modells. Das Oberteil wird für sich geformt, ebenso jeder einzelne Ring. Ein mit Führungen versehener Stampfboden sichert die gegenseitig richtige Lage von Modell und Formkastenring. Der Modellring ist 500 mm hoch. Man setzt ein Kastenteil über den Modellring, stampft es voll, streicht glatt ab, hebt das Modell aus und bringt das Kastenteil auf drei eiserne Böcke, die hoch genug sind, um einen Mann bequem unterkriechen und in die Form gelangen zu lassen. Die weiteren Kastenteile werden in gleicher Weise ausgeführt und eines nach dem anderen auf das erste abgesetzt. Schließlich kriecht ein Mann in den Zylinder, verstreicht die Fugen und schwärzt die ganze Formoberfläche mit Hilfe einer weichen Bürste. Der Kern wird auf einer mit Strohseil umwundenen Spindel in üblicher Weise aus Lehm aufgedreht.

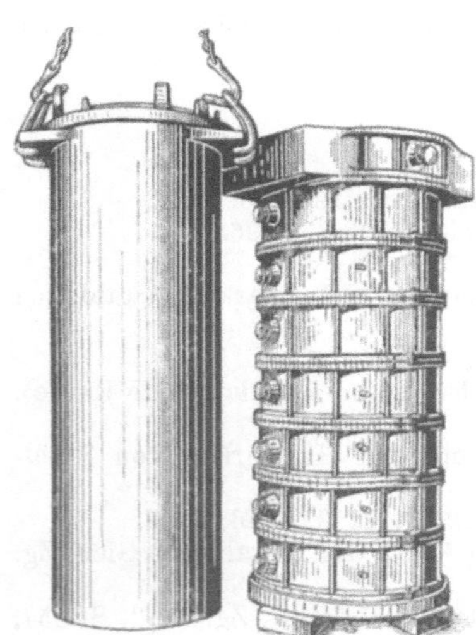

Abb. 825. Baumwollpressenzylinder mit Gießform.

Der Guß erfolgt von oben durch unmittelbar aufgesetzte, in einen ringförmigen Gießtümpel mündende Eingüsse. Der etwa 2000 kg schwere Abguß bleibt über Nacht in der Form, während der er schwindet und sich in seinem ganzen Umfange einige Millimeter von der Form ablöst. Ein für diesen Zweck besonders gestaltetes Gehänge hebt ihn des Morgens mitsamt dem Kern aus der Form, die dann wieder auf die eisernen Böcke gesetzt und bei einer Wärme, die noch eben den kurzen Aufenthalt eines Menschen gestattet, aufs neue geschwärzt wird. Die Schwärze ist möglichst dünn aufzutragen; es sollen nur die Fugen und schadhaft gewordenen Stellen neu geschwärzt werden. Die Formen werden — geeignete Sandmischung vorausgesetzt — nach dem ersten und zweiten Guß merklich mürber und drohen nach dem dritten oder vierten Guß geradezu zu zerbröckeln. Von da an erholen sie sich mit jedem weiteren Gusse und erlangen schließlich einen gleichmäßig matten Glanz. Es ist unverkennbar, daß die Hitze des einströmenden Eisens zunächst das Gefüge des gestampften und getrockneten Sandes zermürbt, es aber bei weiteren Abgüssen durch allmähliches Schmelzen einzelner Sandbestandteile

[1]) Stahleisen 1913, S. 1983.

— was sowohl durch die Gießhitze als auch durch die andauernde Hitzewirkung beim Ausglühen der Abgüsse veranlaßt sein kann — wieder um so fester vereinigt. Dieses Verhalten gewisser Formsand-Lehmmischungen gibt wertvolle Fingerzeige für die weitere Entwicklung derartiger Formverfahren. Es ist anzunehmen, daß der äußerst dünne Graphitanstrich zu dieser Wirkung auf dem Formsand beiträgt. — In einer so hergestellten und behandelten Form wurden im Verlaufe von 21 Güssen 42 000 kg Eisen vergossen [1]).

Noch zuverlässiger läßt sich das gleiche Ziel erreichen durch Aufdrehen der Form mittels einer lotrechten Lehre in einem ungeteilten, lotrecht stehenden Kasten. Bei geeigneter Zusammensetzung des Lehms werden die täglichen Ausbesserungen noch belangloser werden als bei der vorstehend beschriebenen Arbeit mit Formsand.

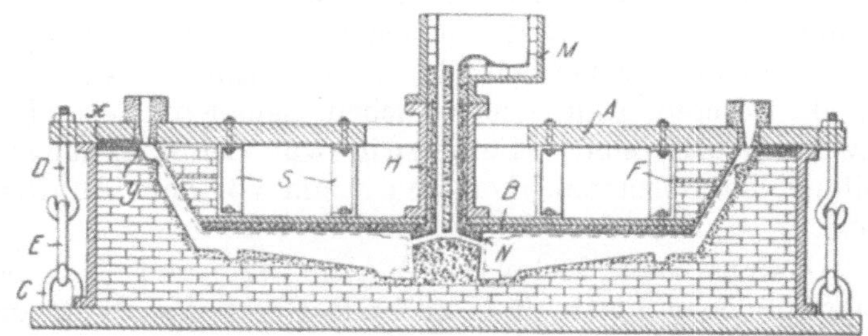

Abb. 826.

Abb. 827.

Abb. 828.

Abb. 826—828. Formerei von Gaserzeugerschüsseln in Dauerformen.

B. Gaserzeuger-Schüsseln [2]).

Die Einrichtung zum Guß von Gaserzeugerschüsseln in Dauerformen besteht nach den Abb. 826—828 aus je einer schweren Boden- und einer Abdeckplatte von 4670 mm Durchmesser und einem zwischen ihnen angeordneten zylindrischen Formkasten von 4370 mm lichtem Durchmesser mit oberen und unteren Flanschen. Schwere Ösen C, Hakenschrauben D und Zwischenglieder E (Abb. 826) stellen eine zuverlässige Verbindung der einzelnen Formteile untereinander her. Die Pfannen werden des leichteren Versandes halber in zwei Hälften ausgeführt, aber gemeinsam mit Lehren ausgedreht, die um das Maß des Zwischenraums zwischen den Anschlußflanschen beider Hälften unrund geführt werden.

Arbeitsgang: Einsetzen der Bodenplatte in die wagerecht ausgearbeitete Gießgrube. Aufstellen und genau wagerechtes Ausrichten des Formkastens auf etwa 25 mm

[1]) W. Kelly: Foundry 1913, März, S. 121. [2]) Nach Stahleisen 1921, S. 893.

starken Eisenplättchen; der sich ergebende freie Raum zwischen Grundplatte und Formkasten dient dem Abzuge der Gießgase. Errichtung eines Koksbettes rings um diesen Schlitz zwecks Luftabführung. Ausstampfen des freien Raums zwischen Formkasten und Gießgrubenwand bis auf etwa halbe Höhe. Aufstellen der Drehspindel im quadratischen Ausschnitte C der Bodenplatte (Abb. 827) und Festschrauben des Führungskopfes B nebst dem Lehrendreharme und seiner Stütze C. Aufmauern des Unterteils, wobei der Absatz A mit eisernen Rähmchen belegt wird. Auftragen einer Lehmschicht und nach deren Trocknung einer Schlichteschicht. Einlegen der die Bodenrippen bildenden Kerne, die am unteren Ende mit seitlichen, genauen Abstand voneinander verbürgenden Ansätzen versehen sind. Hierbei wird von den Trennungskernen D ausgegangen, die die Teilung der Form bewirken und schon vor dem Aufdrehen des Lehmbelages eingelegt wurden.

Das aus einer Deckplatte A (Abb. 826) und einer zweiten mit ihr durch 6 Stützen S verbundenen Platte B bestehende Oberteil wird für sich aufgemauert und dabei ein Zwischenring F zur besseren Stützung des Mauerwerks beim Wenden eingeschaltet. Nach dem Aufdrehen und Trocknen je einer Lehm- und Schlichteschicht wird das Oberteil unter Benutzung der Bügel G (Abb. 828) gehoben, gewendet und auf das Unterteil gesetzt. Sowohl am Unter- als auch am Oberteil abgedrehte Sandringe Y (Abb. 826) gewährleisten einen guten dichten Abschluß. Sicherung der ganzen Form mittels der Ösen und Haken C, D, E; Aufbauen von vier Steigern, Aufsetzen eines Eingußkastens M, wobei der Stutzen H die Verbindung mit der Form herstellt. Zum Schlusse werden zwei Spannbügel über die Deckplatte gelegt und an ihren Enden mittels langer Schraubenbolzen mit der Grundplatte verbunden. Die Druckbügel werden mit Keilen, die man zwischen sie und die Deckplatte klemmt, zur vollen Wirkung gebracht.

Nach dem Guß wird die Verankerung gelöst und das Oberteil zugleich mit dem Abguß abgehoben, wobei die vier Steiger ausreichende Sicherung gegen ein Abfallen des Abgusses bieten. Dann wird der abgehobene Teil auf einige Stützen abgesetzt und der Abguß durch Abschlagen der Eingüsse und leichtes Klopfen zum Abfallen gebracht, ohne daß dabei der Form ein nennenswerter Schaden erwächst.

Zur Anfertigung des nächsten Abgusses wird das Oberteil gewendet, gleich dem Unterteile durch Abbürsten gereinigt, befeuchtet, mit einer neuen Schlichte — nach mehreren Abgüssen auch mit einem neuen Lehmauftrag — versehen und getrocknet, worauf die Form neuerdings zum Gusse fertig gemacht werden kann. Mit einer solchen Form ließen sich 200 Abgüsse ohne Erneuerung des Mauerwerks herstellen.

Bleibende Formen aus künstlichen Massen.

Gute Formen von großer Lebensdauer ergeben sich mit einer Masse aus 40—50% Quarzmehl, 30—40% gemahlene Schamottesteine, 10—20% feuerfester Ton, 5% Koksgrus und 5% gehacktes Rinderhaar. Die Formen trocknen ohne nennenswerte Volumveränderung. Sie bedürfen einer eisernen Rüstung, werden bei 600° getrocknet und erhalten einen Schutzanstrich aus in Petroleum aufgeschwemmtem Graphit. Bei sachgemäßer Behandlung, insbesondere neuem Anstrich für jeden Guß, liefern sie leicht einige hundert Abgüsse.

Auch Bauxit ergibt gute Dauerformen, wenn das Mineral vor seiner Verwendung geschmolzen wird, was leicht und billig im Kuppelofen mit Anthrazit geschehen kann. Die Schmelze wird gemahlen, der sich ergebende Sand gleich gewöhnlichem Formsand mit Wasser angemacht und wie dieser zur Herstellung von Formen benutzt. Die Formen läßt man vor dem Ausheben des Modells etwas lufttrocken werden und erhitzt sie nach Entfernung des Modells auf dunkle Rotglut. Sie eignen sich für viele einfache Teile, wie Zahnradrohlinge, Scheiben, Maschinenteile u. ä. m. und ergeben zuverlässig einige hundert Abgüsse.

Ein vorzüglicher Stoff für Formen von großer Dauerhaftigkeit bietet sich im Monazitsande, einem Silikat des Zirkons. Man gewinnt aus ihm die Elemente Thor und Cer, nach deren Ausscheidung er bisher fast wertlos war. Aus solchem Sande hergestellte Formen erreichen große Festigkeit und dehnen sich bei Erwärmung auf 800° praktisch kaum merkbar aus. Monazitsandformen sind gleich gut für Stahl- wie für Grauguß geeignet; sie werden vom flüssigen Metall nicht angegriffen und lassen sich im Falle von Beschädigungen leicht flicken. Nach dem Verbrauche einer Form kann der Baustoff gemahlen und aufs neue verwendet werden. Man stellt damit Zahnräder, Zahnradrohlinge, Maschinenkolben mannigfacher Art, Schiffschrauben, Röhren, Maschinenteile und ähnliche Abgüsse her und erzielt damit im Vergleiche mit gewöhnlichen Sandformen Stücke von tadelloser Beschaffenheit und zudem recht erhebliche wirtschaftliche Vorteile.

Eiserne Dauerformen. (Allgemeines.)

Eiserne Dauerformen werden zum Zwecke der Härtung des Eisens [1]), zur Verdichtung des Gefüges [2]) und zur genaueren und billigeren Herstellung von Abgüssen benutzt. Im allgemeinen kommt als Werkstoff für solche Dauerformen nur Gußeisen in Frage. Das Verfahren war bis vor kurzem wenig zuverlässig und litt vorzugsweise an der geringen Lebensdauer der Formen. Man arbeitete mit Formen, die nach verschiedenen Grundsätzen aufgebaut waren. Während die nach dem Deutschen Hans Rolle bereits i. J. 1903 in eisernen Dauerformen ausgeführten Güsse ihren Erfolg einem Schutzanstriche der mit dem flüssigen Eisen in unmittelbare Berührung gelangenden Formflächen verdankten, trachtete der Amerikaner Edgar A. Custer den zur Vermeidung von Härtungserscheinungen notwendigen Wärmeausgleich durch sehr starkwandige Formen zu erzielen, die imstande sind, eine möglichst große Wärmemenge aufzunehmen und abzuleiten. Die ersten Veröffentlichungen Custers erschienen im Jahre 1909 und erregten damals berechtigtes Aufsehen durch die Nachweise ausgezeichneter, nach seinem Verfahren erzielter Qualitätsgüsse. Eine amerikanische Gießerei [3]) richtete sich in größerem Umfange nach dem Custerschen Verfahren ein, mußte aber nach zweijähriger Tätigkeit den Betrieb infolge seiner Unwirtschaftlichkeit wieder einstellen. In Deutschland war der Guß mit Dauerformen nach Rolle von verschiedenen Werken aufgenommen worden, mußte aber gleichfalls aus wirtschaftlichen Gründen als regelmäßiges Formverfahren in allen bekannt gewordenen Fällen wieder aufgegeben werden. In Deutschland wie in Amerika war die geringe Lebensdauer der Formen die Hauptursache der Unwirtschaftlichkeit. Man hatte zwar die Grundlagen der Formschädigungen schon lange erkannt, nicht aber das Mittel zur Abhilfe gefunden. Diese letzte Feststellung blieb dem Amerikaner H. A. Schwartz vorbehalten.

Es ist weder in kalten, noch in zu stark erwärmten Formen möglich, gute Abgüsse zu erzielen. Zur Erreichung dieses Ziels ist eine ganz bestimmte Wärme der Formen unerläßlich. Diese Wärme liegt im allgemeinen bei etwa 200° und schwankt je nach der Eigenart der Abgüsse um ein Weniges nach oben oder unten. Versuche einer Kühlung der Formen mit Wasser mußten fehlschlagen, da dieses bereits bei 100° verdunstet. Dagegen erwiesen sich Öle mit einem Entflammungspunkte über 200° zur Kühlung von Dauerformen ausgezeichnet geeignet. Es kommt für die Lebensdauer der Formen weniger auf die Zahl der in ihnen bewirkten Güsse an, als auf stete, vollkommen gleichmäßige Aufrechterhaltung der Ausgangstemperatur. Wiederholter Wärmewechsel bewirkt schon sehr bald die Bildung feiner Haarrisse, die den raschesten Verfall der Form herbeiführen. Wiederholtes Anwärmen auf die beim Gusse zur Wirkung kommenden Wärmegrade bedingt auch ein Anschwellen der Formen, was wiederum ihrer Dauerhaftigkeit gefährlich ist. Bei ununterbrochener Erhaltung einer gußeisernen Form auf derselben Wärme treten selbst nach Zehntausenden von Güssen weder Haarrisse noch Schwellungen auf.

Die Schwindung und Härtung des Gusses erfolgt erst während der Abkühlung von hellster Rotglut bis auf etwa 750°. Bringt man die Gußstücke noch in heller Rotglut

[1]) S. Hartguß, S. 138. [2]) S. Schreckschalenformerei, S. 131.
[3]) Tacony Iron Co. zu Tacony bei Philadelphia.

aus der Form, so hat man es innerhalb weiter Grenzen in der Hand, durch Beschleunigung (Abschrecken) oder Verzögerung (Einpacken in wärmeschützende Stoffe u. ä.) der Abkühlung das Gefüge zu beeinflussen und für verschiedene Verwendungszwecke geeignet zu machen.

Eiserne Dauerformen. (Beispiele.)

A. Dynamometerscheiben.

Die Formen nach Abb. 829 für Dynamometerscheiben von 1050 mm Durchmesser [1]) sollen Abgüsse von tadelloser Beschaffenheit auf beiden Seiten liefern. Das wird einmal durch die kornverfeinernde Wirkung der eisernen Form und zum anderen durch die eigenartige Anordnung des Eingusses bewirkt. Der Guß der lotrecht aufgestellten Form erfolgt von oben, das Eisen läuft im Bogen um die Form, und tritt an ihrer tiefsten Stelle in sie ein, um sie dann von unten ansteigend zu füllen. Die Abgüsse sind im unbearbeiteten Zustande 38 mm stark und werden von beiden Seiten bis zur Erreichung einer Stärke von 22 mm bearbeitet. Die Form wird mit einer dünnen Lösung von Graphit in Petroleum angestrichen und zum Gusse auf 150° angewärmt. Beim Vergießen von Eisen mit 1% Silizium und verhältnismäßig viel Mangan erhält man regelmäßig tadellose allen Anforderungen entsprechende Abgüsse.

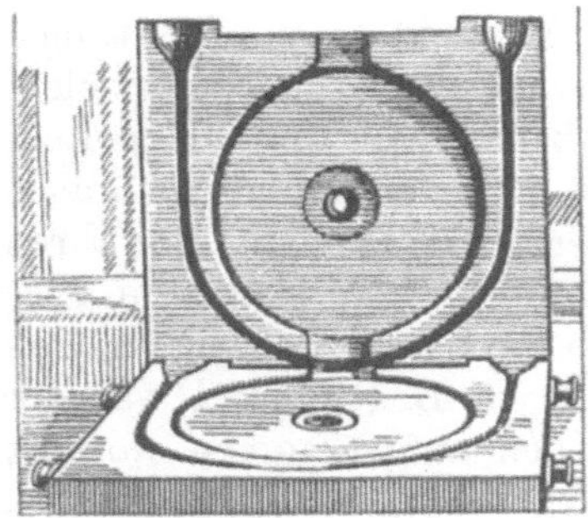

Abb. 829. Dauerform für eine Dynamometerscheibe.

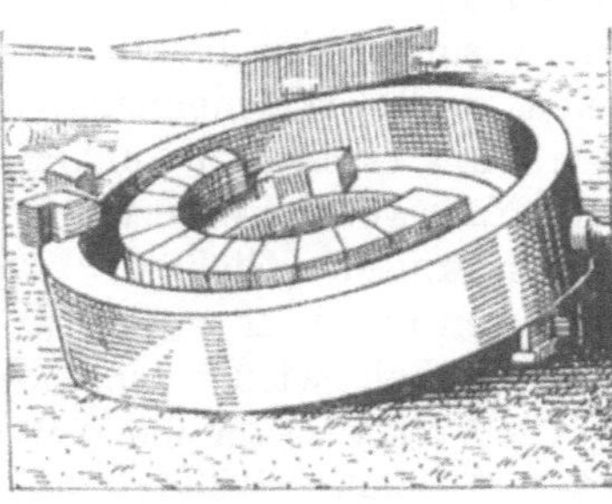

Abb. 830. Dauerform für einen Zahnkranz.

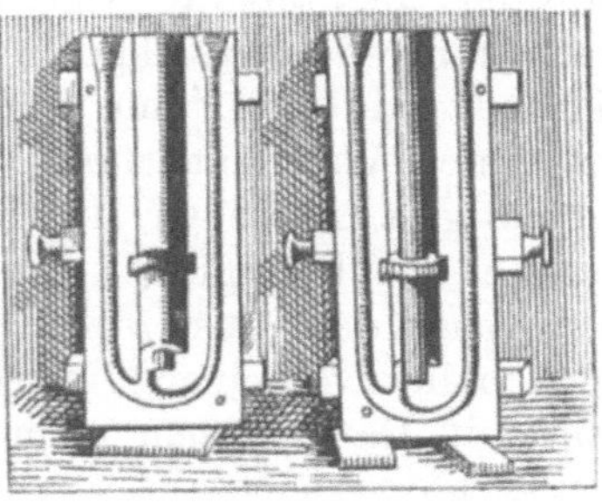

Abb. 831. Dauerform für eine Bohrspindel.

B. Zahnkranz in Herdguß mit eiserner Unterlage und eisernen Seitenteilen.

Zur Erzielung von Zahnkränzen mit möglichst dichtem Gefüge und dennoch bester Bearbeitbarkeit verwendet man als äußere Form einen schweren Gußeisenring (Abb. 830), während die innere Wandung von keilförmigen eisernen Klötzen gebildet wird. Die abgebildete Form hat einen Durchmesser von 1500 mm, eine Tiefe von 203 mm und eine Stärke von 152 mm. Man vergießt ein Eisen mit 25% Stahlzusatz und bringt die Form offen zum Abguß. Das Eisen muß genug Silizium enthalten, um nicht abzuschrecken. Eine solche Form hält über 100 Abgüsse aus; man hat für jeden neuen Abguß nur die inneren keilförmigen Klötze neu zu ordnen. Die fertig bearbeiteten Abgüsse, Zahnkränze für 1050-mm-Waggonräder-Drehbänke, haben sich im Betriebe bewährt.

C. Bohrspindel.

Abb. 831 zeigt eine Form zum Gusse von Bohrspindeln für wagerechte Bohrmaschinen. Sie ist 1500 mm lang und 537,5 mm breit. Der Spindelkern aus gewöhnlicher Kernmasse hat einen Durchmesser von 63 mm, die Eisenstärke beträgt 31 mm. Der Einguß erfolgt bei stehender Form von oben, der Anschnitt befindet sich aber am Boden der Form, so daß es sich in Wirklichkeit um einen Guß von unten handelt.

[1]) Nach Gieß.-Zg. 1918, S. 76.

D. Sandhaken offen gegossen.

Mit einer Dauerform nach Abb. 832 werden seit Jahrzehnten regelmäßig große Mengen von Sandhaken gegossen. Man spart damit an Löhnen und an Platz und kann übrig bleibendes Eisen stets nutzbringend und ohne irgend einen Lohnaufwand verwerten (vgl. S. 552).

E. Graugußgranaten.

Die Eisenform nach Abb. 833 wurde zum Gusse von Geschossen für die Vereinigten Staaten ausgeführt und lieferte Granaten von 253 mm Durchmesser und 760 mm Länge. 14 Stück aus dieser Form angefertigte Granaten zeigten nach der Bearbeitung das feinste jemals von guß-

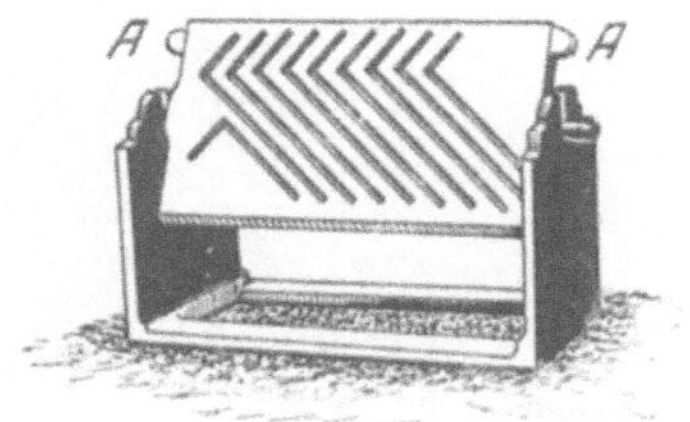

Abb. 832. Dauerform für Sandhaken.

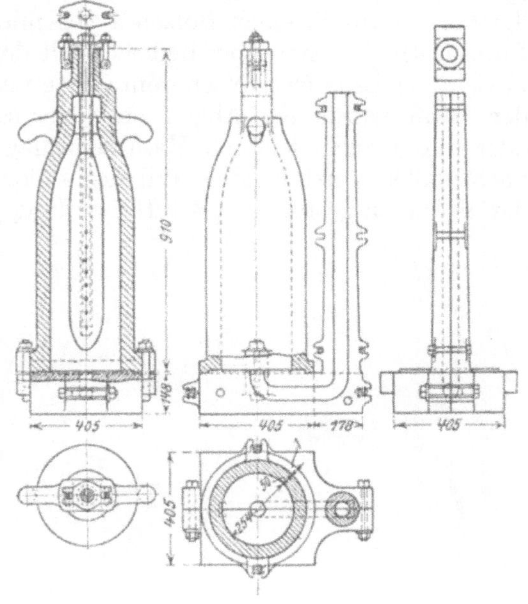

Abb. 833. Dauerform für Graugußgranaten.

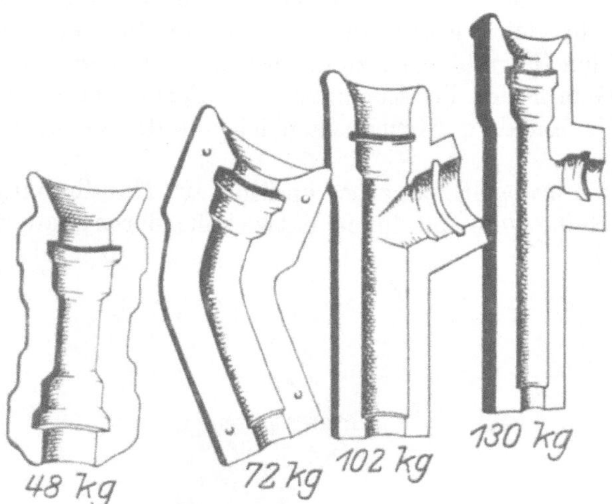

Abb. 834. Dauerformen für Rohrformstücke.

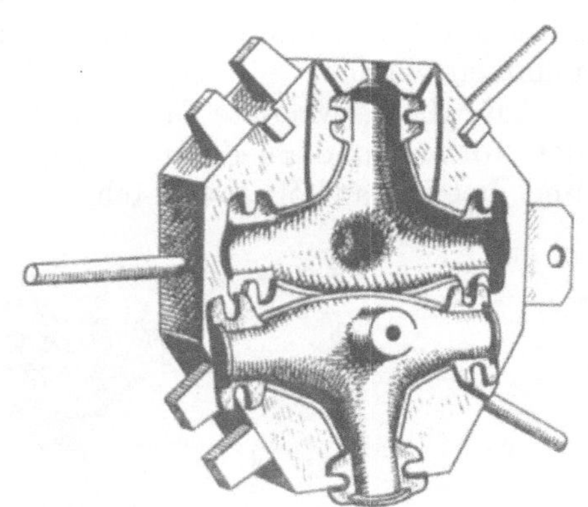

Abb. 835. Dauerform nach Rolle.

eisernen Granaten erreichte Korn. Es wurde aber auf weitere Lieferungen verzichtet, da man gußeiserne Geschosse für minderwertig erachtete und inzwischen genug Stahlgranaten zu erzeugen vermochte. Immerhin kann diese Form als Muster für ähnlich gestaltete Abgüsse dienen.

F. Rohrformen, insbesondere Rohrformstücke, nach Hans Rolle[1]).

Die Rolleschen Formen wurden mit einem wärmeschützenden Anstriche etwa von Hühnereischalenstärke versehen und recht beträchtlich vorgewärmt zum Abgusse gebracht. Der Anstrich sollte einerseits die abschreckende Wirkung der eisernen Form mildern

[1]) S. Stahleisen 1912, S. 1209, 1446, 1605.

und anderseits zur Schonung der Formen beitragen. Abb. 834 zeigt eine Reihe der verhältnismäßig dünnwandigen Rolleschen Formen. Sie wurden mit Handgriffen versehen (Abb. 835), um nach jedem Guß bequem auseinandergeklappt werden zu können. Zum raschen Ausstoßen des Abgusses diente eine Vorrichtung nach Abb. 836, bei der die Form b durch einen Bolzen a verschlossen wurde, dessen konischer Kopf ihn in der Form festhielt. Eine Spiralfeder c hielt den Bolzen in richtiger Lage fest. Nach dem Gusse und Öffnen der Form wurde der Abguß entweder selbsttätig oder durch einen leichten Hammerschlag auf den nach außen vorstehenden Teil des Bolzens a aus der Form ausgestoßen. Bei Herstellung der Formen mußte auf Luftabführungskanäle, wie solche der Abb. 835 zu entnehmen sind, Bedacht genommen werden, wenn auch in vielen Fällen die Luft durch die stets unvermeidlichen Fugen zwischen den beiden Formhälften zu entweichen vermag. Bei Formen für Flanschstücke besteht die Gefahr des Festklemmens der Form, der durch Einlagen A (Abb. 837) begegnet wird, die mit dem Abgusse zugleich aus der Form genommen werden.

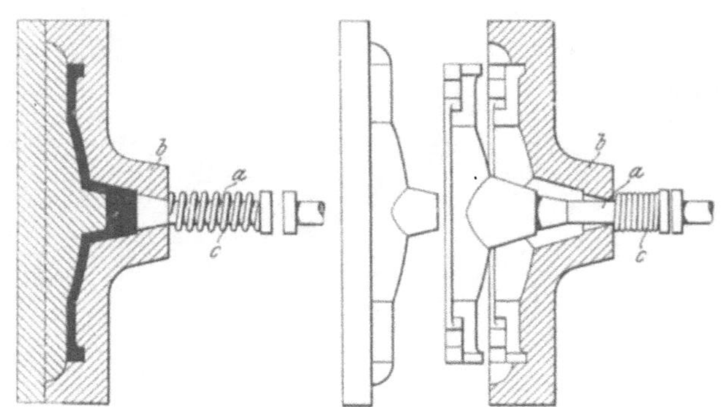

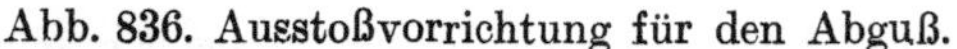

Abb. 836. Ausstoßvorrichtung für den Abguß.

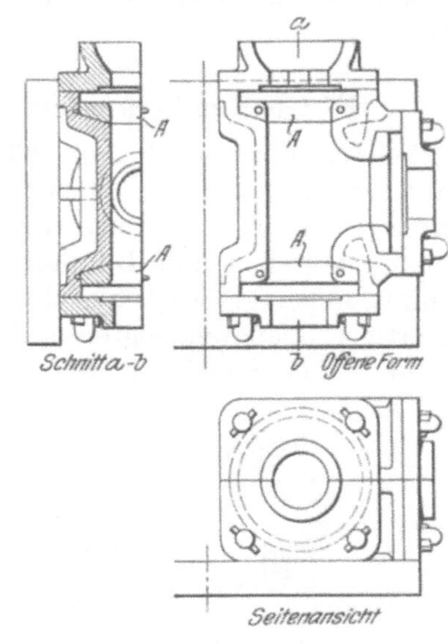

Abb. 837. Dauerform für Flanschstücke.

Rolle verwendete für seine Güsse durchwegs Sandkerne, und hat zur Handhabung der Formen und zu deren Abguß eine Reihe von Maschinen entwickelt, deren Bauart und Betrieb auf S. 554 beschrieben wird.

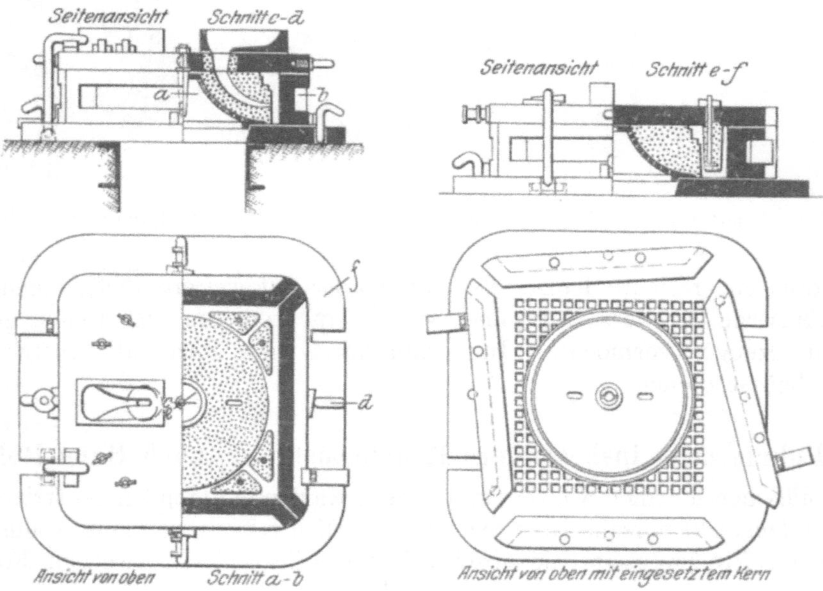

Abb. 838—841. Dauerform für Schachtrahmen nach Rolle.

G. Schachtabdeckungen (Rahmen und Deckel) nach Rolle.

Die Abb. 838—842 zeigen die Anordnung einer eisernen Dauerform für einen Schachtrahmen mit seitlich ausschwenkbaren Wänden und einem von Hand abhebbaren eisernen Oberteile. Nach dem Aufbringen des Oberteils wird die Form mittels in Scharnieren

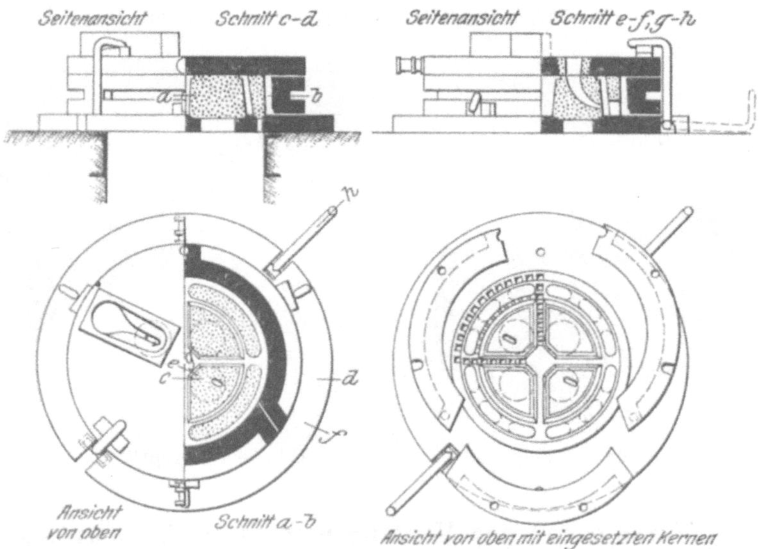

Abb. 842—845. Dauerform für Schachtdeckel nach Rolle.

aufklappbarer Bolzen, die durch Keile festgezogen werden, verschlossen. Der Guß erfolgt von zwei Seiten unter Verwendung eiserner Gießtümpel. Die nach den gleichen Grundsätzen bewirkte Anordnung der Form für den Deckel, der nur eines Eingusses bedarf, ist den Abb. 842—845 zu entnehmen.

H. Rohrformen nach Custer[1]).

Custer arbeitete mit schweren Formen, die von Zeit zu Zeit mit einem dünnen Anstrich von in Öl gelöstem Graphit versehen wurden. Der An-

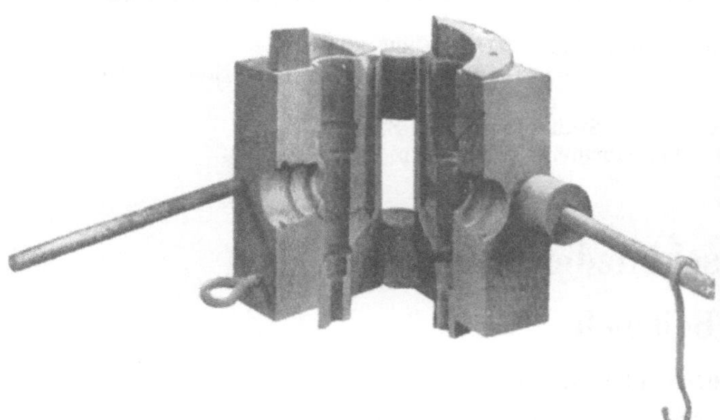
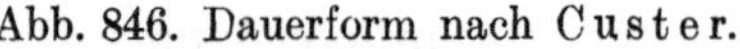

Abb. 846. Dauerform nach Custer.

Abb. 847. Abzweigstück.

strich bewirkt besseres Auslaufen der Formen. Die Formen wurden ursprünglich durch Scharniere miteinander verbunden (Abb. 846). Auf die Verwendung von Sandkernen wurde fast durchwegs verzichtet, da das Arbeiten mit eisernen Kernen als wirtschaft-

[1]) Vgl. Stahleisen 1909, S. 1391; 1910, S. 689.

licher erachtet wurde und zugleich genauere Abgüsse lieferte. Für gerade Rohre konnte mit Kernen gearbeitet werden, die kaum eines Anzuges bedurften, da sie noch vor Eintritt der Schwindung ausgezogen werden mußten. Zum Gusse eines Abzweigstücks nach Abb. 847 verwendete man aufklappbare Formen mit Gegengewicht nach Abb. 848 und einem geteilten Kerne nach Abb. 849. Custer verwendete besonders leistungsfähige Gießmaschinen, die auf S. 555 eingehend beschrieben werden.

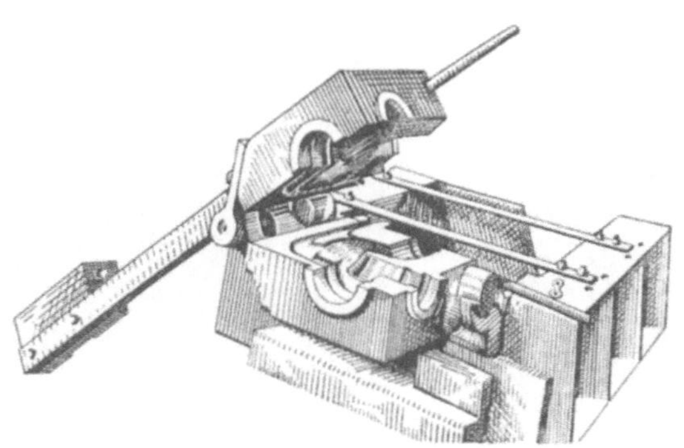

Abb. 848. Dauerform für Abzweigstücke.

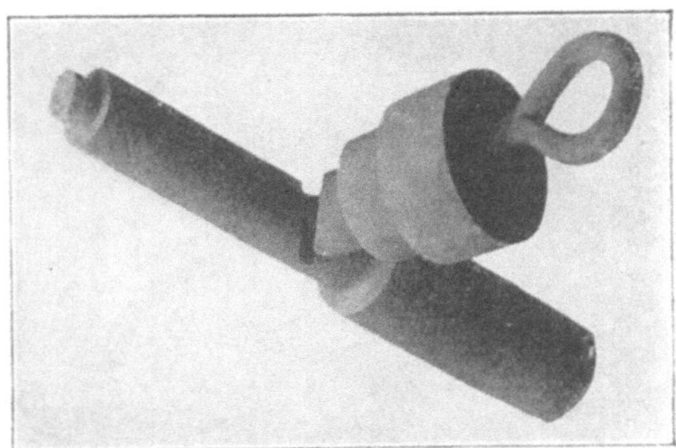

Abb. 849. Geteilter Kern für Abzweigstücke.

J. Formen für das Verfahren nach H. A. Schwartz.

Die Formen für das Schwartzsche Verfahren müssen durchwegs doppelwandig ausgeführt werden, da sie während der ganzen Betriebsdauer vom kühlenden Öl umspült sein müssen. Um die kühlende Wirkung des Öls voll zur Geltung zu bringen, ist es notwendig, ihre innere Wandung möglichst schwach zu bemessen. Ein Arbeiten ohne mechanische Handhabung der Formen ist ausgeschlossen, die Beschreibung der betreffenden Einrichtungen findet sich auf S. 561 [1]).

Literatur.

Irresberger, C.: Dauerformen. Stahleisen 1909, S. 1391/1395.
— Dauerformen. Stahleisen 1910, S. 689/694.
Mehrtens, J.: Zur Frage der bleibenden Gußformen und ihrer Verwendung in der Eisengießerei. Gieß.-Zg. 1911, S. 133/139, 166/173.
Rolle, Hans: Dauerformen in der Eisengießerei. Stahleisen 1912, S. 1209/1217, 1446/1449 u. 1605 bis 1612.
— Über Betriebsergebnisse mit Dauerformen. Stahleisen 1913, S. 896/899.
Irresberger, C.: Zwei- und dreiteilige eiserne Dauerformen für Granaten. Stahleisen 1918, S. 1005/1007.
Rolle, Hans: Dauerformen in der Eisengießerei. Stahleisen 1919, S. 1125/32.
Irresberger, C.: Fortlaufendes Gießen in Dauerformen. Stahleisen 1925, S. 2014.

XIX. Eingießen schmiedeiserner Speichen.

Beispiele.

A. Breite Trommeln [2]).

Trommeln nach Abb. 850 von 2400 mm Durchmesser und 2400 mm Höhe werden in 2 Stücken von je 1200 mm Breite gegossen, die man mittels entsprechender Flanschen am Kranze und an der Nabe zusammenschraubt. Zur Gewinnung der äußeren Form führt man in einer Gießgrube einen Mauerring auf, und bezieht ihn innen mit einer Lehmschicht. Soll täglich eine Form abgegossen werden, so genügt es, die äußere Wand für

[1]) Ein neues Verfahren ist beschrieben in Stahleisen 1925, S. 2014.
[2]) Nach Foundry 1924. S. 221.

für jeden neuen Guß auszubessern, da sie beim Guß fast gar nicht leidet und der Abguß genügend schnell schwindet, um ohne Beschädigung dieser Wand ausgehoben werden zu können. Der innere Teil der Form wird mit Hilfe einer Kernbüchse auf einer schweren Tragplatte hergestellt. Abb. 851 zeigt die ringförmige gußeiserne Kernbüchse, während Abb. 852 einen Schnitt durch einen noch in der Büchse befindlichen Kern erkennen läßt. Die Büchse ist innen mit 3 mm Anzug sauber bearbeitet, wodurch ein glattes Abheben vom Kerne ermöglicht wird; sie hat oben einen Innenflansch, der dem Flansche an der Trommel entspricht, und ist mit Löchern zum Durchschieben der schmiedeisernen Speichen versehen. Durch

Abb. 850. Trommel mit eingegossenen schmiedeisernen Speichen.

Abb. 851. Gußeiserne Kernbüchse für die Trommel.

den Anzug von 3 mm wird der Kern im unteren Teile entsprechend größer, wodurch der daselbst wirkende höhere Gießdruck ausgeglichen und somit ein von oben bis unten praktisch gleich starker Abguß gesichert wird.

Zur Herstellung des Kerns wird auf Hüttensohle ein Sitz abgedreht und, falls es sich um eine größere Zahl von Abgüssen handelt, anstatt mit der sonst üblichen Lehmschicht mit einem Zementbezuge versehen, auf dem die mit vier Hängebügeln versehene

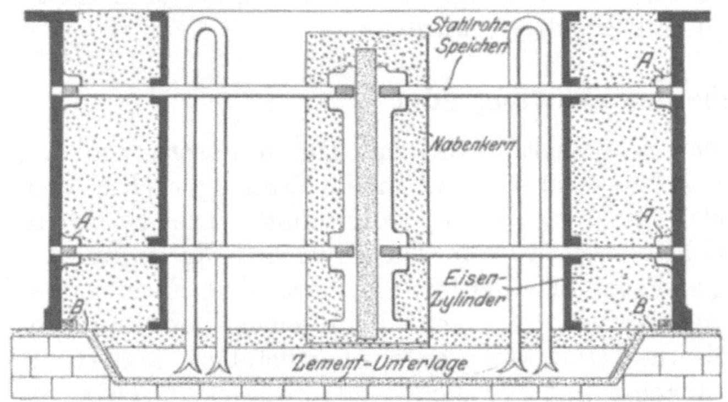

Abb. 852. Schnitt durch einen in der Büchse befindlichen Kern.

Abb. 853. Nabenhilfskern.

Tragplatte ruht (Abb. 852). Die Anordnung des Kerns im einzelnen ist der Schnittzeichnung zu entnehmen. Nach genauer Ausrichtung der Kernbüchse stampft man über dem Tragring eine Schicht Sand auf, streicht sie glatt ab, setzt zur Begrenzung der unteren Nabenfläche in der Mitte einen flachen Kern ein, bringt darauf den zusammengeschraubten, die Nabe bildenden Kern (s. u.), schiebt am Fuße der Kernbüchsen-Innenwand die den unteren Ringflansch des Abgusses bildenden Modellsegmente B zurecht, setzt einen inneren Formkastenring ein und stampft den Kern bis zur Höhe des ersten Speichenkranzes auf. Sobald diese Höhe erreicht ist, werden die Speichen eingeschoben; sie finden außen an der Kernbüchse und innen im Hilfskern zuverlässige Auflage. Die kleinen Hülsenmodelle A werden von den Speichen selbst an richtiger Stelle festgehalten. Auf die erste Speichenreihe wird wiederum ein rundes Formkastenteil gesetzt, ebenso auf die zweite Reihe und dann wird der Kern vollends aufgestampft. Der Naben-Hilfskern (Abb. 853) wird der Länge nach in zwei Hälften geteilt angefertigt, die von einer Bügelverschraubung zusammengehalten werden. Nach dem Aufstampfen des großen Kerns schiebt man die Speichen weit genug nach innen, um die eiserne Kernbüchse abheben zu können, zieht nach Abhebung der Büchse die Hülsenmodelle A und B seitlich aus, schwärzt und bringt den Kern in die Kammer.

Die Speichen bestehen aus Stahlrohren. Sie werden an den Enden zusammengeschweißt, damit während des Gusses kein Eisen in sie eindringen kann, und außerdem in der Mitte ihrer Länge mit einer kleinen Bohrung versehen, die während und nach dem Guß Gasen und Dämpfen den Austritt ermöglicht.

Das Oberteil der Form besteht aus einem glatten Lehmdeckelringe mit acht gleichmäßig am Umfange der Kranzes verteilten Eingußöffnungen von je 50×12 mm Querschnitt. Eine Führung dieses Oberteils an den unteren Formteilen erübrigt sich; es genügt, wenn beim Niederlassen der Platte an jede der vier Tragplatten ein Mann gestellt wird, der mittels eines durch die nächste Eingußplatte geschobenen Hölzchens die Übereinstimmung dieser Öffnung mit der Kranzrundung feststellt. In ähnlicher Weise wird auch beim Einlegen des Hauptkerns vorgegangen. Man stellt vier flache Holzstäbe von 1200 mm Länge und etwas geringerer Stärke als derjenigen des Trommelkranzes an den äußeren Lehmring und senkt an ihnen den Kern in die Form. Der Einguß wird innerhalb je eines größeren und eines kleineren gußeisernen Rings zusammengehalten, die auf das Oberteil gesetzt werden.

Nabe und Kranz dürfen nicht zu gleicher Zeit oder auch nur knapp hintereinander gegossen werden. Ursprünglich hat man das getan, damit aber sehr gefährliche Verbiegungen der Speichen erzielt. Jetzt gießt man abends den Kranz ab, der über Nacht um etwa 25 mm schwindet. Dadurch werden die Speichen entsprechend tiefer in die Nabe gedrückt, so daß nach dem sich morgens anschließenden Gusse der Nabe die Speichen keiner Druckwirkung unterliegen. Beim Ausleeren der Form sind der obere und der untere innere Formkastenring des Kerns ohne Schwierigkeit abzuheben. Der mittlere Ring dagegen muß zerschlagen und für jeden Guß neu angefertigt werden. Ein Ausstampfen des ganzen Hohlraums zur Erübrigung der inneren Ringe geht nicht an, da dann Gießgase bis zum Nabenkern gelangen und ihn schädigen würden.

B. Riemenscheiben-Schwungräder[1]).

Abb. 854 zeigt ein Riemenscheiben-Schwungrad, das mit Durchmessern von 1,5 bis 3,0 m, einem Kranzgewichte von 1000—4000 kg und einem Nabengewichte von 300—1000 kg häufig vorkommt. Die Speichen haben etwa 40 mm Durchmesser. Es ist im allgemeinen vorteilharter, die Form ohne Formkasten aus Kernen und mit Hilfe eines gewöhnlichen eisernen Umfassungsreifens herzustellen. Man stellt zunächst mit der Lehre I (Abb. 855) den Grund für die untersten Kranz- und Nabenkerne a und b her und setzt danach mit Hilfe der Lehre II (Abb. 856) die untersten Kernlagen zurecht. Sowohl die Kranzkerne als auch der Nabenkern enthalten halbrunde Einkerbungen c und d, in die die schmiedeisernen Speichen, wiederum mit Hilfe der Lehre II, eingelegt werden. Nach dem Einlegen der ringförmigen Nabenkernteile e und f (Abb. 857) werden die oberen Speichen in die Form gebracht und die innere Kranzform mittels der Kerne g vollendet. Ein die Nabe abdeckender, völlig mit dem untersten Nabenkern a über-

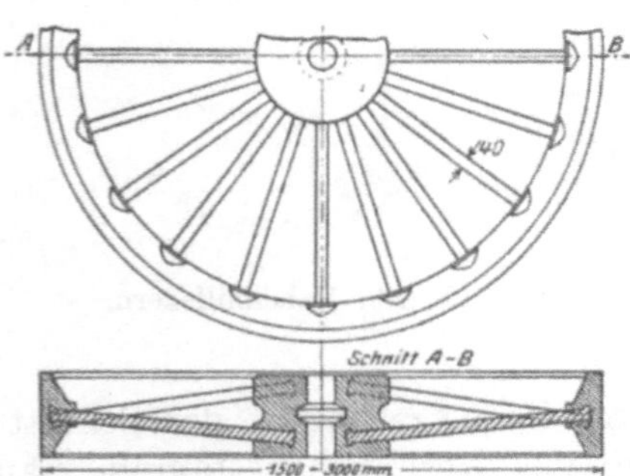

Abb. 854. Riemenscheiben-Schwungrad mit eingegossenen Speichen.

[1]) Nach Gieß.-Zg. 1917, S. 164.

einstimmender Kern kann erst nach Entfernen der Drehspindel und Einsetzen des Bohrungskerns eingelegt werden. Zur Herstellung der äußeren Kranzform wird ein eiserner Umfassungsreif i (Abb. 858) über die bisher entstandene Form geschoben, ein Modellstück k (mit Leisten l zur Schonung der Kranzkerne) angelegt und der freie Raum zwischen ihm und dem Umfassungsreifen mit gutem Formsande vollgestampft. Nach gehörigem

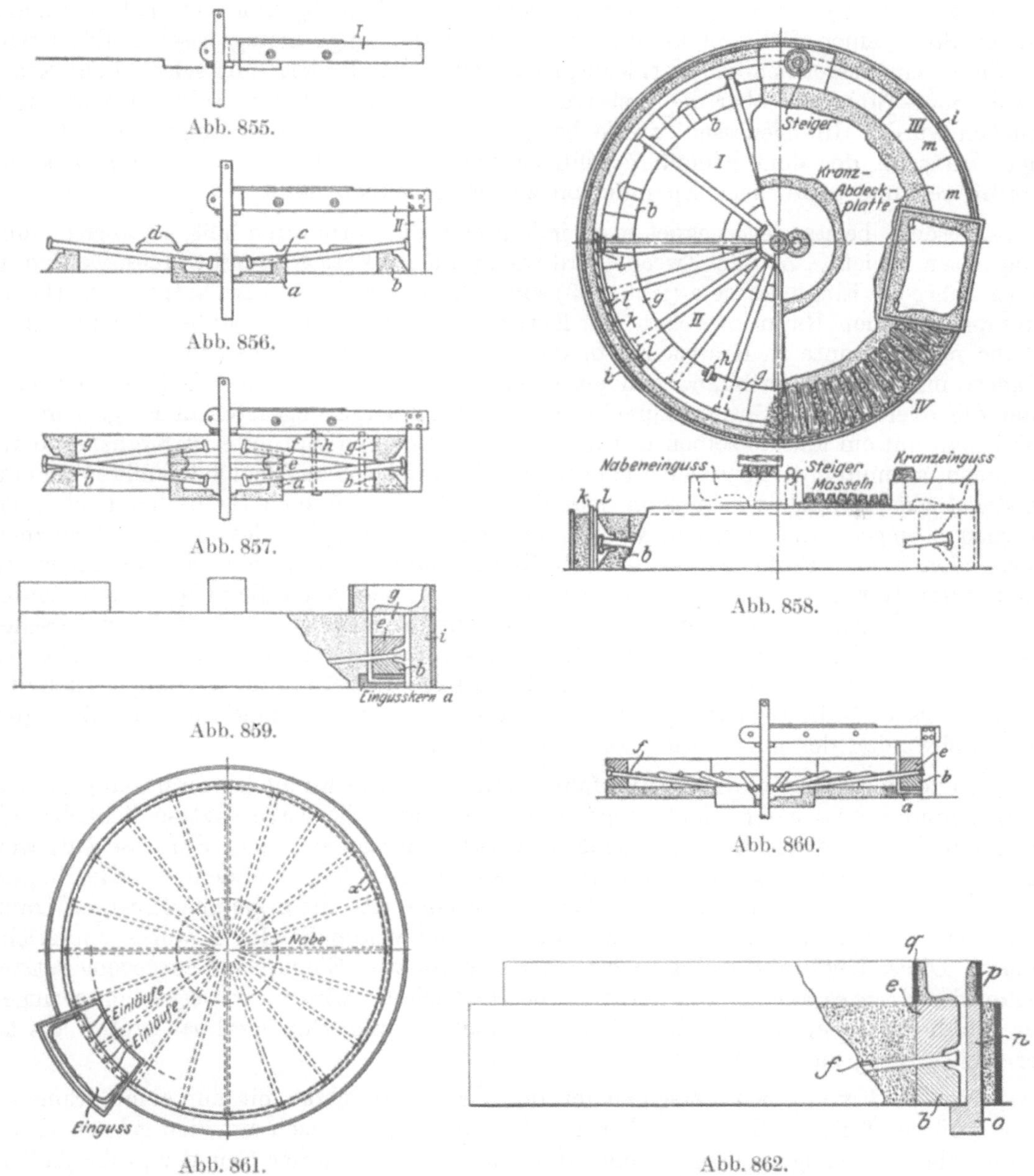

Abb. 855—862. Einzelheiten aus der Formerei von Riemenscheiben-Schwungrädern mit eingegossenen schmiedeisernen Speichen.

Absteifen des so entstandenen Sandrings deckt man den Kranz mit Plattenkernen m ab, breitet über die Kernfugen Papier, streut Sand darüber, stampft den Raum zwischen den Naben- und Kranzkernen voll, setzt Einguß- und Steigerkästchen auf Kranz und Nabe und beschwert die Eingußkästchen ebenso wie die Abdeckkerne mit Roheisenmasseln. Eine weitergehende Sicherung der Form durch Zusammenkeilen der beiden Kernreihen b und e mit Nasenhaken h (Abb. 857 und 858) ist empfehlenswert, bei gewissenhaftem Beschweren und vorsichtigem Gusse aber nicht unbedingt erforderlich.

Für den guten Ausfall der Abgüsse ist die richtige Anordnung des Eingusses und der Steiger sehr wichtig. Der Guß schwerer Räder (Abb. 858) erfolgt gewöhnlich von unten mittels nur eines Eingusses und zweier Anschnitte (Abb. 858). Das Eisen verteilt sich dabei in zwei Strömen nach rechts und links, um an der dem Eingusse entgegengesetzten Stelle des Kranzes wieder zusammenzustoßen. Es wird dabei durch die Länge des zurückgelegten Weges, noch mehr aber durch die abschreckende Wirkung der Speichen, über die es hinwegfließen muß, recht beträchtlich abgekühlt. Ordnet man nun an dieser Stelle einen Füllkopf an und gießt durch ihn lange genug frisches Eisen nach, so findet ein ausreichender Wärmeausgleich statt. Bei Rädern mit schwachem Kranze (Abb. 859—861) tritt aber die Erstarrung so rasch ein, daß ein Füllkopf wirkungslos bleiben würde. Infolgedessen würde bei gleicher Anordnung von Einguß und Füllkopf der Kranz an der dem Einguß gegenüberliegenden Seite härter, was die Bearbeitung erschweren und gefährliche Spannungen zur Folge haben müßte.

Diesem Übelstande begegnet man, indem man die Form offen läßt, sie aber dennoch von unten abgießt. Zu dem Zwecke wird wiederum ein Bett abgedreht, dann werden mit einer Lehre die Eingußkerne a (Abb. 859) sowie der untere Nabenkern aufgesetzt. Danach stampft man den Raum zwischen den Kernen voll, dreht wieder sauber ab und legt der Reihe nach die unteren Kranzkerne b, die schmiedeisernen Speichen f (Abb. 860) — bei Rädern mit schwachem Kranz handelt es sich gewöhnlich nur um eine Speichenreihe — und die oberen Kranzkerne e zurecht, wobei zwei Ausführungsarten in Frage kommen. Will man mit ein und derselben Kernbüchse für die oberen und unteren Kranzkerne auskommen, so muß entweder eine Reihe flacher Schlußkerne zugelegt oder mit Hilfe eines Modellstücks (ähnlich wie in Abb. 858 links unten) noch eine Sandschicht über den Kernen e eingestampft werden, womit dann das Aufstampfen des äußeren Sandrings i verbunden wird. Einfacher ist es, zwei Kernbüchsen anzufertigen, eine niedrigere für die unteren Kerne b und eine höhere für die Kerne e, oder auch die höhere Kernbüchse e allein anzufertigen und sie mit einem Einsatze für die niedrigeren Kerne b zu versehen. Der Abguß wird in allen Fällen, bei schweren wie bei leichten Rädern, so bewirkt, daß man an einem Tage den Kranz und am darauffolgenden Tage nach völligem Erkalten des Kranzes die Nabe abgießt. Man sichert dadurch den Speichen möglichst freie Bewegung beim Schwinden der gußeisernen Teile des Rades.

Trotzdem fallen nach diesem Verfahren mit nur einem Eingusse von unten gegossene Speichenräder stets mehr oder weniger exzentrisch aus, die Nabe sitzt schließlich nicht genau in der Mitte des Kranzes, sondern etwas näher an der dem Eingusse entgegengesetzten Kranzseite, wie die punktierten Kreise in Abb. 861 es andeuten. Die Eingußkanäle halten den Abguß fest, so daß beim Schwinden sich die gegenüberliegende Kranzseite um ein Maß x, das dem ganzen linearen Schwindmaße des Kranzes entspricht, nähert. Dieser Übelstand bleibt auch bestehen, wenn zwei Eingüsse an entgegengesetzten Seiten des Kranzes angeordnet werden. Die Ungleichheit wird zwar wesentlich geringer, der Raddurchmesser an den Eingußstellen fällt aber immerhin merkbar größer aus als der rechtwinklig zu ihm liegende.

Beim Guß von oben verschwindet der Übelstand schon mit nur einem Eingusse zum größten Teile, vollständig aber bei Anordnung eines sich um den ganzen Kranz herumziehenden Ringeingusses. Zum Guß von oben müssen der Grund und die Außenwand der Form widerstandsfähiger gemacht werden, was mit Hilfe eines Kerns n mit Nase o (Abb. 862) erreicht wurde. Der Arbeitsgang ist im übrigen ganz ähnlich dem eben erörterten. Man dreht einen Stand ab, der eine ringförmige Marke für den Kern n enthält, legt den unteren Nabenkern, die Kerne n, die Kerne b, die Speichen f und die Kerne e ein, zieht die Spindel aus, bringt den Nabenbohrungs- und den Nabendeckelkern an Ort und Stelle und stampft die Räume zwischen den Naben- und den Kranzkernen sowie zwischen den letzteren und dem Umfangsreifen voll. Dann werden die offene Kranzform mit starkem Papier abgedeckt, zwei Reifen q und p aufgesetzt und ein Ringeinguß ausgearbeitet. Kommt die Arbeit regelmäßig vor, so bedient man sich eines vollständigen Eingußkastens, der im fertigen Zustande auf die Form gesetzt wird.

In beiden Fällen erfordert die Abführung der Luft Sorgfalt und Geschicklichkeit; man arbeitet darum mit 2 Eingüssen, deren jeder etwa ein Viertel des Radumfanges umfaßt. Im Raum zwischen den Eingüssen läßt man den Kranz offen und läßt das überschüssige Eisen durch Überläufe abfließen. Man gewinnt so gleichmäßig runde, spannungsfreie Abgüsse, von deren Kranz ein nur 1 bis höchstens 2 cm starker Streifen abzustechen ist. Bei Anordnung der Eingüsse ist darauf zu achten, daß die Einläufe nicht auf die Speichenenden, sondern zwischen ihnen in die Form münden, wie es Abb. 861 erkennen läßt.

C. Schleppwagen-(Traktoren)räder [1]).

Die Mehrzahl der großen Traktorenräder hat eine gußeiserne Nabe, schmiedeiserne Speichen und gußeisernen, an der Außenseite gegen Schreckschalen gegossenen Kranz mit vorspringenden Rippen. Ihre Herstellung erfolgt nach verschiedenen Formverfahren, wobei meist Kranz und Nabe getrennt angefertigt werden; in vereinzelten Fällen werden wohl auch beide Teile zugleich geformt, aber doch nacheinander gegossen. Die Speichen werden mitunter eingeschraubt, im allgemeinen aber eingegossen. Bei der Ausführung mit eingegossenen Speichen muß zunächst der Kranz gegossen werden, damit sich die Speichen während des Schwindens zwanglos nach innen verschieben können.

Die bisher gebräuchlichen Formverfahren beruhen auf mindestens dreiteiliger Gliederung des Formkastens, Ausführung eines aushebbaren Kernstücks zwischen den beiden Speichenkränzen und Einsetzen der die Außenform des Rades bildenden Schreckschalen von oben. Diesem Verfahren gegenüber bedeutet ein von H. N. Tuttle [2]) bekanntgegebenes Formverfahren einen wesentlichen Fortschritt sowohl im Hinblick auf Herstellungskosten, als auch auf Sauberkeit und Genauigkeit der Abgüsse und auf Beschleunigung der Ausführung. Abb. 863 zeigt die Gesamtanordnung nach diesem Verfahren, Abb. 864 läßt das dazu verwendete Modell nebst dem zugehörigen Formkasten erkennen. Da das Modell nur dazu bestimmt ist, die Innenwand des Radkranzes wiederzugeben, konnten an einer Außenwand Griffe und Verschlüsse anstandslos angebracht werden. Die Teilung in drei Segmente, A, B, C (Abb. 864), ermöglicht es, die einzelnen Teile seitlich vom mittleren Ballen der Form abzuziehen, was mit Hilfe zweier an jedem Segmente vorgesehener Handgriffe a erfolgt. Die Modellabschnitte sind durch Dübel b untereinander geführt und durch Haken c miteinander fest verbunden.

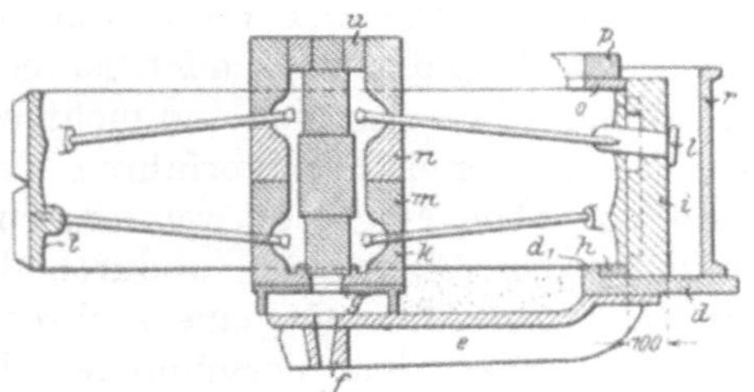

Abb. 863. Anordnung zum Gießen von Traktorenrädern.

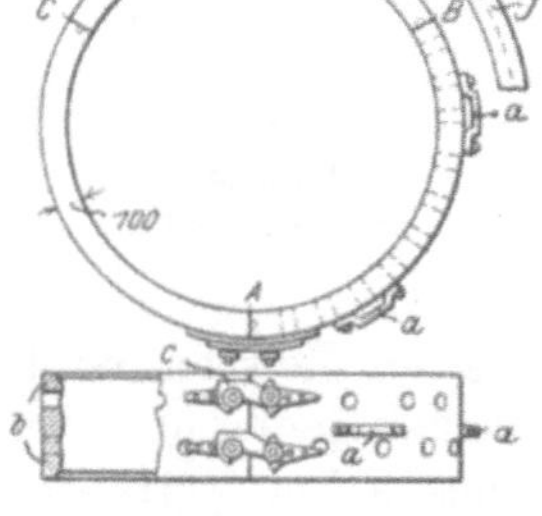

Abb. 864. Dreifach geteiltes Modell mit gesprengtem Formkasten.

Abb. 865. Flache und zugespitzte Speichenenden.

Die Formerei wird auf einer ringförmigen Platte d bewirkt (Abb. 863), die fest mit einem Armkreuze e verschraubt ist. Das Armkreuz wird so in den Boden eingelassen, daß die obere Kante seiner inneren Ringleiste d_1 bündig mit der Gießereisohle abschließt. Die Büchse f des Armkreuzes e nimmt eine in der Abbildung nicht dargestellte Spindel auf, die zur Ausrichtung der die Nabenform bildenden Mittelkerne dient. Vor Beginn der eigentlichen Formarbeit wird zur Begrenzung der unteren Nabenlänge ein Kästchen g über die Spindel geschoben und darauf der Nabenkern k gesetzt. Zugleich ordnet man

[1]) Nach Stahleisen 1921, S. 1037. [2]) Foundry 1920, S. 350/352.

rings um die innere Leiste der Grundplatte d einen Kranz von flachen, segmentförmigen Kernen h an, der die innere Begrenzung für das danach aufzusetzende 100 mm starke Modell i bildet. (Durch Verwendung verschieden breiter Kerne h wird es möglich, mit derselben Einrichtung Räder von verschiedenem Durchmesser herzustellen.) Nun wird bis zur Oberkante des Kerns k aufgestampft, worauf man die erste Speichenreihe einerseits in Kerben des Kerns k und anderseits in Büchsen l, die durch entsprechende Öffnungen des Modells in die Form geschoben werden, einsetzt. Um gutes Einschweißen zu gewährleisten, sind die Speichenenden an der in der Nabe befindlichen Seite breitgeschlagen worden und an dem im Kranze sitzenden Ende zugleich schneidenartig zugespitzt (Abb. 865), wodurch sie geeignet werden, in den entsprechend gestalteten Schlitz der Büchse l (Abb. 866) geschoben zu werden. Nach Unterbringung der Speichen setzt man die Nabenkerne m und n über die Spindel, stampft weiter bis zum oberen Speichenkranz, legt auch diese Speichen ein, setzt den Kern u auf und stampft die Form bis nahezu zum oberen Rande des Modells voll. Nach Erreichung dieses Zustands der Form wird mit einer kleinen, längs dem inneren Rande des Modells geführten Lehre der Stand für einen Kranz von flachen Segmentkernen o (gleich dem Sternkranze h am unteren Ende der Form) abgedreht, die Kerne o werden eingelegt und mit einem starken gußeisernen Ring p beschwert. Nun ist es Zeit, die Büchsen l aus dem Modell zu ziehen, um dieses selbst mit Hilfe der Handhaben a in drei Teilen seitlich von der Form abheben zu können. Die dann einzusetzenden Schreckschalen können, da sie seitlich und nicht wie die bei den früheren Formverfahren verwendeten von oben eingesetzt werden, entsprechend den angeordneten Leisten winkelig geteilt werden (Abb. 867), wodurch der Abguß ein besseres Ansehen gewinnt. Zum Vergleich ist in Abb. 868 eine senkrecht geteilte Schreckschale des alten Verfahrens dargestellt. Nach dem Verschmieren der Fugen zwischen den Schreckschalen mit feuerfester Masse wird ein Formkasten über das Ganze geschoben und der Raum zwischen ihm und den Schreckschalen mit Formsand vollgestampft. Der Formkasten ist geschlitzt, um der Ausdehnung der Schreckschalen durch das allmählich ausglühende Eisen folgen zu können. Ohne diese Vorsichtsmaßregel bestände große Gefahr einer Sprengung des Kastens. Der Schlitz s (Abb. 864) wird durch einen Keilbügelverschluß zusammengehalten, wodurch rascheste Lösung nach erfolgtem Gusse gesichert wird.

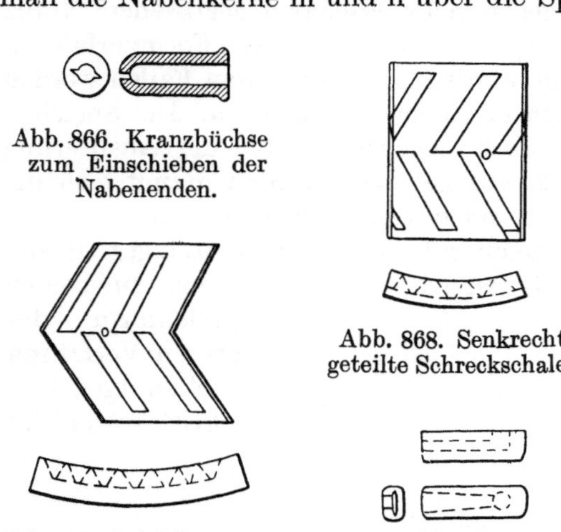

Abb. 866. Kranzbüchse zum Einschieben der Nabenenden.

Abb. 867. Winklig geteilte Schreckschale.

Abb. 868. Senkrecht geteilte Schreckschale.

Abb. 869. Anschnittkern.

Der Guß des Kranzes erfolgt mit Hilfe eines mitaufgestampften Anschnittkerns (Abb. 869) etwa in Höhe des Punktes t (Abb. 863) knapp unterhalb des unteren Speichenkranzes. Dann wird der gleichfalls mitaufzustampfende Trichter auf den Kern gesetzt. Wie die Abb. 869 erkennen läßt, verbreitert sich der Anschnitt nach seiner Mündung zu, wodurch die Kraft des sonst unter Umständen den Schreckschalen gefährlich werdenden Eisenstrahles etwas gebrochen wird.

Der Abguß der Nabe erfolgt 24 Stunden nach demjenigen des Kranzes, zu einer Zeit also, die ausreicht, um Schwindungsgefahren zu begegnen. Der Einguß selbst wird, ebenso wie ein Steiger, unmittelbar auf der Nabe durch den Kern u hindurch angeordnet.

Zweiter Hauptteil.

Die Trockenvorrichtungen.

XX. Das Schwärzen und Trocknen.

Allgemeines.

Zur Erhöhung der Sicherheit guten Gußgelingens ist es häufig erforderlich, die Formen zu trocknen; Kerne werden weitaus überwiegend trocken verwendet. Bei der Trocknung wird ein großer Teil des in den Formen enthaltenen Wassers verdampft, wodurch sie gasdurchlässiger werden und auch während des Gießens weniger Dämpfe entwickeln. Trockene Formen neigen daher weniger zum Schülpen (Aufschlagen) und ergeben selbst bei weniger vorsichtigem Stampfen noch gute Abgüsse. Der zu verwendende Formsand kann fetter und feinkörniger sein und darf fester gestampft werden als bei Formen, die naß abgegossen werden. Dadurch werden die Formen an und für sich fester und widerstandsfähiger, und dies um so mehr, als die natürlichen und tonhaltigen Bindemittel erst nach dem Eintrocknen zur vollen Wirksamkeit gelangen.

Die Oberfläche getrockneter oder zu trocknender Formen, die schon durch die Verwendung feineren Sandes glatter wird, kann zudem durch einen polierfähigen Anstrich von Graphitbrei noch ganz besonders gegen die Hitze und die spülende Wirkung des Metallstroms geschützt werden. Die Gußstücke gewinnen dann ein besseres Aussehen und bleiben frei von Verunreinigungen durch weggespülte Sandteilchen. Das Trocknen empfiehlt sich darum in den meisten Fällen, in denen Gußstücke nach der Bearbeitung durchaus blanke Flächen haben müssen. Die Bearbeitung wird erleichtert, da die Gußhaut infolge der geringeren abschreckenden Wirkung getrockneter Formen weicher ausfällt als bei nassen Formen. Man trocknet ferner Formen, die infolge großer Abmessungen im nassen Zustande den verschiedenen Handhabungen nicht genügend Widerstand leisten würden, Formen, die aus mehreren Teilen und Kernstücken zusammengesetzt werden, Formen mit vielen, größeren Widerstand beanspruchenden Kernlagern und Formen für mittlere und größere Abgüsse mit genau einzuhaltenden Gewichten.

Die Trocknung bewirkt verschiedene Vorgänge in den Formen. Der als Bindemittel wirkende Ton wird durch Eintrocknung zur vollen Wirkung gebracht. Künstliche Bindemittel, wie Leinöl und andere Pflanzenöle, ferner Harz (Kolophonium), Pech und Glutrin werden dünnflüssig, dringen in feinere Poren der Masse, verbrennen zum Teil oder trocknen schließlich ebenfalls ein und geben der Form guten Halt. Andere Bindemittel erfahren organische Veränderungen, wie Kleie oder Kartoffelmehl, die durch einen dem Brotbacken verwandten Vorgang die Form erhärten lassen.

Die erforderliche Trockenwärme ist für die verschiedenen Formstoffe sehr ungleich. Schon bei 150° C können Sandformen durchaus ausreichend getrocknet werden, sofern die heiße Luft staubfrei ist. Feiner Staub aus der Luft setzt sich in die Poren der Form und erschwert das Trocknen. Für die überwiegende Mehrzahl der Formen und Kerne ist eine Wärme von mehr als 200° nicht vorteilhaft. Es kommt aber darauf an, daß die Wärme andauernd und gleichmäßig wirkt. In Betrieben, bei denen die am Tage gefertigten Kerne während der Nacht trocknen müssen, ist es am wirtschaftlichsten, den Wärmegrad so zu bemessen, daß die Kerne am Beginne der nächsten Schicht gerade gut trocken sind. Sie rascher zu trocknen, bedeutet in den meisten Fällen eine Verschwendung von Brennstoff. Zu große Hitze schädigt die Formen und macht sie schließlich durch völligen Zerfall des Bindemittels unbrauchbar. Auch mäßige, bei rechtzeitiger Beendigung durchaus gut wirkende Wärme zermürbt bei zu langer Einwirkung die Kerne. Selbst zu lange währende Aufbewahrung getrockneter Formen in trockener Luft von gewöhnlicher Tageswärme schädigt die Formen, macht sie mürbe und läßt sie zu Abbröckelungen geneigt werden. Je eher eine Form nach dem Trocknen und Abkühlen zum Abgusse kommt, desto höhere Gewähr bietet sie für guten Gießerfolg.

Das Schwärzen.

Unter Schwärzen versteht man das Auftragen eines die Form- und Kernoberflächen gegen die Hitzewirkung des flüssigen Metalls schützenden Bezuges. Sandformen werden im nassen, Lehm- und Masseformen meist im trockenen Zustand geschwärzt. Die Schwärze besteht in der Hauptsache aus einem dünnen Brei von Wasser, Graphit und Steinkohlenstaub [1]). Das Mischungsverhältnis ist sehr verschieden. Es schwankt von fast reinen Graphit-Wasserlösungen für kleine Stücke bis zu Mischungen, die nur noch $^1/_3$ Graphit auf $^2/_3$ Steinkohlenstaub enthalten. Für mittlere Gußstücke hat sich ein ungefähres Verhältnis von gleichen Teilen Graphit, Holzkohlen- und Steinkohlenstaub mit $^1/_{20}$ der Gesamtmenge feuerfestem Ton und Lösung in Melassewasser gut bewährt. Die Melasse dient zur besseren Bindung der Schwärze. Die gleiche Wirkung haben Dextrin, Bier, Buttermilch und ähnliche Zusätze. Bei recht groben Stücken hat sich auch ein Mehlzusatz — etwa eine Handvoll auf 30 l Schwärze — gut bewährt. Schwärze mit Mehlzusatz muß rasch verbraucht werden, da die Mehllösung in ein oder zwei Tagen sauer wird und die Bindekraft verliert. Zur Erhärtung des Schwärzebezuges und um ihn vor dem Wegspülen zu sichern, setzte man früher der Schwärze vielfach Urin zu. Dieser unappetitliche Zusatz wird durch eine kleine Salzbeigabe — etwa die Hälfte oder ein Viertel des Mehlzusatzes — durchaus ersetzt. Zu reichlicher Salzzusatz macht die Oberfläche des Gusses rauh.

In jüngster Zeit werden auch Graphit-Gipsmischungen mit gutem Erfolge angewandt. Man läßt den Gips mit Wasser abbinden, trocknet, mahlt und setzt ihn dann in Mengen von 5—10% dem Graphite bei. Das gründlich gemischte Gemenge wird mit Melasse oder Dextrinwasser angemacht.

Sämtliche festen Bestandteile sollen möglichst fein gemahlen werden, da sie sich nur dann gleichmäßig genug verteilen. Es empfiehlt sich, die Schwärze — mit Ausnahme der Mischungen mit Mehlzusatz — einige Tage vor dem Gebrauche anzumachen. Allzulang abgestandene Schwärzen zersetzen sich, zum Teil binden sie wohl auch etwas ab und sind nicht mehr zuverlässig. Bei regelmäßigem Bedarfe bewahrt man die Schwärze in Behältern auf, in denen sie durch ein Rührwerk in ständiger Bewegung gehalten wird. Gute Schwärze muß längere Zeit nach dem Anrühren gleichmäßige Beschaffenheit bewahren. Schwimmen einzelne Bestandteile auffällig obenauf, so enthält sie zu viel Holzkohlen- oder Koksteilchen, während ein zu rasches Absetzen auf zu großen Gehalt an Ton- oder Steinkohlenstaub schließen läßt. Im ersten Falle wird die Schwärze schlecht haften und leicht fortgeschwemmt werden, während sie im zweiten undurchlässige Anstriche liefert und leicht zu Schülpen Veranlassung gibt.

Auf Sandformen wird die Schwärze mit Pinseln, auf getrocknete Lehm- und Masseformen größerer Abmessungen auch mit Bürsten oder Strahlapparaten aufgetragen. Formen mit überwiegend lotrechten Wänden werden mit Schwärze begossen, was in Rohrgießereien die Regel ist, mitunter taucht man Kerne auch in Schwärzebäder. Die Schwärzeschicht auf Sandformen wird in den meisten Fällen mit Polierwerkzeug geglättet, ein Vorgang, der einige Geschicklichkeit erfordert. Das mit Öl abgeriebene und ausgiebig mit Wasser benetzte Werkzeug darf die Schwärzeschicht nicht mit

[1]) Vgl. Bd. 1, S. 613.

der Fläche, sondern nur mit einer Kante berühren, andernfalls würde die Schwärze aufgezogen und die Oberfläche beschädigt. Lehmformen erhalten gewöhnlich zwei, manchmal auch drei Schwärzeanstriche. Sämtliche Schichten sollen zusammen nicht stärker als 1 oder höchstens $1^1/_2$ mm sein, stärkere Schwärzeauftragungen machen die Oberfläche der Form undurchlässig und fördern Schülpenbildung. Es empfiehlt sich, jede weitere Schicht aufzutragen, ehe die vorhergehende ganz trocken und hart geworden ist, nur dann besteht Gewißheit für gutes Haften. Das Auftragen neuer Schwärze auf eine schon getrocknete und polierte Schwärzeschicht führt stets zu Mißerfolgen durch Abblätterungen und Schülpenbildung. Der Pinsel oder die Bürste muß während des Auftragens nach allen Richtungen von oben nach unten, von unten nach oben, von rechts nach links und von links nach rechts über jede Stelle geführt werden, da sonst Teile der rauhen Form nicht gründlich genug geschwärzt würden. Beim Glätten (Polieren) der letzten Schicht ist größerer Druck sorgfältig zu vermeiden, sonst leidet die Durchlässigkeit des Überzugs, und die Schwärzeschicht löst sich von der Form ab. Man darf nur einmal über jede Stelle der Form streichen, wiederholte Glättung steigert die Gefährlichkeit des Verfahrens. In je feuchterem Zustande sich die Oberfläche der Form dabei befindet, desto leichter ist das Glätten auszuführen, und eines desto geringeren Druckes bedarf es. Zum Ausgleiche der durch das Polierwerkzeug bewirkten Striche bestreicht man zum Schlusse die ganze Oberfläche mittels eines langhaarigen Kamelhaarpinsels mit reinem Wasser.

Abb. 870. Graphitierapparat.

Zum Schwärzen recht großer oder recht zahlreicher Formen empfiehlt sich die Benutzung eines Graphitier-Apparates[1]). Er besteht aus einem Graphitbehälter (Abb. 870), der unter Preßluftdruck steht und mit einer Düse in Verbindung ist, durch die die Graphitlösung auf die Formoberflächen gesprüht wird. In einer Minute können 5 qm Formfläche wesentlich gleichmäßiger geschwärzt werden, als dies in der dreifachen Zeit von Hand möglich ist. Ein wesentlicher Vorzug gegenüber der Arbeit mit dem Pinsel liegt in der größeren Schonung der Formkanten, so daß sich bei Verwendung der Düse beträchtlich modellgetreuere Abgüsse ergeben.

Durch Bestauben getrockneter Formen, die ein- oder zweimal mit nasser Schwärze bestrichen wurden, mit trockenem Graphit wird das folgende Glätten wesentlich erleichtert. So behandelte Formen geben sehr saubere, glatte Abgüsse von gleichmäßig gefärbter Oberfläche.

Getrocknete Formen können in halb abgekühltem Zustande geschwärzt werden, so daß die vorhandene Wärme zur Verdampfung der in der Schwärze enthaltenen Feuchtigkeit ausreicht. Das Verfahren ist aber unsicher, man kann sich bezüglich des erforderlichen Wärmegrads sehr leicht täuschen, denn eine heiße Formoberfläche wirkt oft recht irreführend. Besser ist es immer, eine Form zu schwärzen, wenn sie eben trocken genug ist, um die Feuchtigkeit der Schwärze aufzusaugen, ohne die aufgetragene Schicht sofort erhärten zu lassen, und danach erst die Trocknung zu vollenden.

Den Übergang von den grünen zu den trockenen Formen bilden die nur oberflächlich getrockneten oder abgeflammten Formen. Man erstellt sie aus dem für grüne Formen verwendeten Formsand und gibt ihnen häufig einen Bezug von Ruß. Sie werden zu dem Zwecke während einiger Minuten über ein Feuer aus Holzspänen oder Torf gebracht, das durch Teer oder Harzzugaben stark rußend gemacht wurde. Der so entstehende dünne Belag verleiht in Verbindung mit der gelinden Trocknung den Abgüssen

[1]) Lieferer sind Steinlein und Kunze G. m. b. H. in Metternich bei Koblenz.

eine sauberere Oberfläche, der Sand löst sich nach dem Gusse leichter und vollkommener vom Stücke. Das Verfahren findet im allgemeinen nur für Zierguß, der durch Auftragung einer Graphitschicht an Schärfe verlieren würde, Anwendung [1]). Abgeflammte Formen müssen sofort, noch vor dem völligen Abkühlen abgegossen werden, sonst ziehen sie Feuchtigkeit an und schülpen beim Abguß.

Trocknen an Ort und Stelle.

Bodenformen und Formen, die zu groß sind, um in die Trockenkammer gebracht zu werden, können im allgemeinen nicht durch und durch getrocknet werden. Man treibt indes die Trocknung so weit, daß die Trockenwirkung derjenigen völlig getrockneter Formen fast gleich kommt. Immer muß aber auf rechtzeitiges Abgießen Bedacht genommen werden, da solche Formen sofort nach dem Aufhören der Trockenwirkung aus dem noch ungetrockneten Hintergrunde Feuchtigkeit anziehen. Die Neigung, Feuchtigkeit anzuziehen, ist bei völlig getrockneten Formen weniger gefährlich, sie können nur Feuchtigkeit aus der Luft aufnehmen, während halbtrockene Formen in ihren nassen Teilen Wasserbehälter haben, aus denen sie unmittelbar schöpfen können.

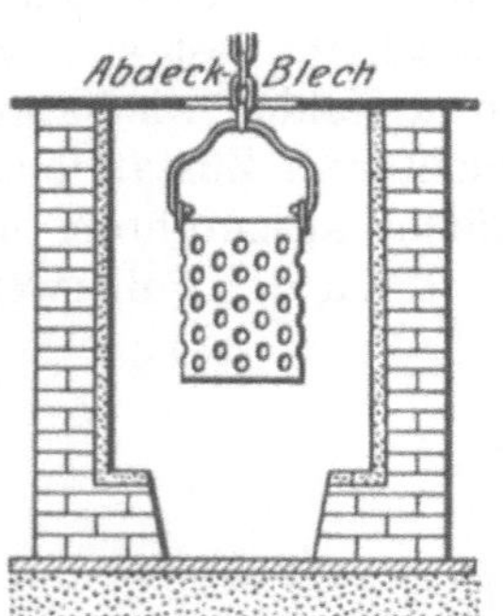

Abb. 871. Trocknen einer Form mittels eingehängten Heizkorbs.

Das Trocknen von Formen außerhalb der Trockenkammer geschah früher allgemein entweder mittels offener auf Rosten oder Blechen angelegter Holzkohlenfeuer oder mittels Heizkörbe, die mit Torf, Gas- und Schmelzkoks oder mit Preßkohlen beschickt wurden und in den oder um die zu trocknenden Formen angebracht wurden. Die Abb. 871 und 872 zeigen je eine Anordnung zum Trocknen großer Formen mit eingehängtem Heizkorbe und mit einer einfach hergerichteten Feuerstelle im Innern der Form. Solche Behelfe haben in den letzten Jahren immer mehr den weitaus sparsamer und zuverlässiger arbeitenden **tragbaren Trockenöfen** weichen müssen. Diese Öfen wirken nicht durch Strahlung, sondern durch eine sehr weitgehende Ausnutzung der Wärme ihrer Verbrennungsgase, die durch ein Druckgebläse in die zu trocknenden Formen gedrückt werden. In selteneren Fällen können auch **Schwachgase**, z. B. Hochofengichtgase, zum Trocknen der Formen benutzt werden [2]).

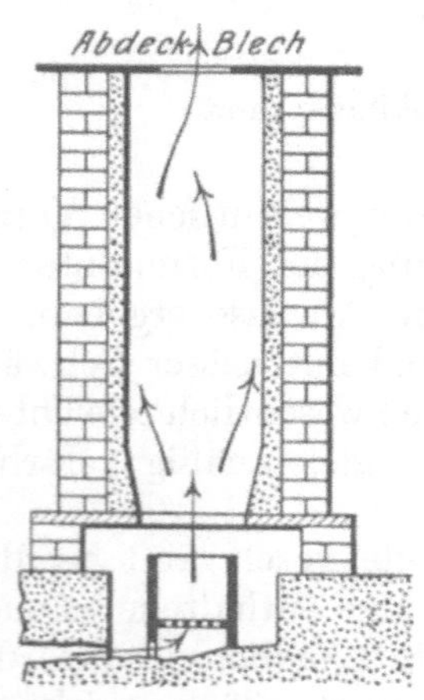

Abb. 872. Trocknen einer Form mittels einer Feuerstelle.

Beim Arbeiten mit tragbaren Trockenöfen älterer Ausführungsart [3]) ist die Form an der Eintrittstelle der heißen Gase gegen die Gefahr des Verbrennens zu schützen. Am besten ist es, am Boden unter der Einströmöffnung eine Lehmplatte von mindestens 25 mm Stärke anzubringen; wo dies nicht angeht, behilft man sich mit einer aufgestreuten Sandschicht. Die Trockengase sollen in der Form nur auf höchstens 3—4 m Entfernung wirken. Wird die Entfernung größer, so werden entweder die entfernten Stellen nicht genügend trocken, oder die Form verbrennt in der Nähe der Eintrittstelle.

Von besonderem Belange ist die Ableitung der beim Trocknen entstehenden feuchten Gase und Dämpfe. Sie muß stets von der tiefsten Stelle der Form aus geschehen. Bei Zylindern und ähnlichen Gußformen erfolgt sie also von der tiefsten Stelle des unteren Flansches aus. Oft werden besondere Kanäle zur Abführung der Feuchtigkeit

---

[1]) Beispiele siehe S. 197 u. ff.

[2]) Vgl. R. Buck: Beiträge zur Ausnutzung der Hochofengase. Stahleisen 1911, S. 1214.

[3]) Solche Trockenöfen, meist mit Elektroventilatoren gekuppelt, werden von allen Gießereimaschinenfabriken geliefert.

vorgesehen und zu dem Zwecke durch den Sand gehende, an der Oberfläche der Form mündende Röhren hergestellt. Die Abbildungen 873 und 874 zeigen einige Gasabführungsanordnungen [1]).

Solchen Abführungen haften einige recht erhebliche Mängel an. Die die Oberfläche der Form bildenden Sandschichten backen rasch zu harten Krusten zusammen, die den Austritt der dahinter noch vorhandenen Feuchtigkeit erschweren. Trotzdem die Formen in ihrem Hauptkörper noch naß sind, werden doch die Feuergase so trocken, daß insbesondere in der Nähe ihrer Eintrittstelle in die Form bereits Verbrennungen des Formsandes stattfinden, ehe an entlegeneren Stellen ausreichende, auch nur oberflächliche Trocknung erreicht ist. Das Formunterteil wird immer weniger trocken als das Oberteil, da den Heizgasen das natürliche Bestreben hoch zu steigen, innewohnt. Weniger gut zugängliche Teile der Form bleiben selbst bei sehr lange anhaltendem Trocknen noch durchaus naß. Zu diesen Fährlichkeiten tritt der Übelstand, daß die Schwärzeschicht nach dem Trocknen ungleich mehr zu Abblätterungen, Schülpen, neigt als bei gründlicher Trocknung in einer Trockenkammer. Die von den Oberflächen der Formwände in das Innere der Sandmassen zurückgedrängte Feuchtigkeit zieht sich eben nach dem Aufhören der unmittelbaren Wirkung der Heizgase nach den oberflächlich gelegenen trockenen Sandkrusten und bewirkt infolge deren Undurchlässigkeit die angeführten gefährlichen Erscheinungen.

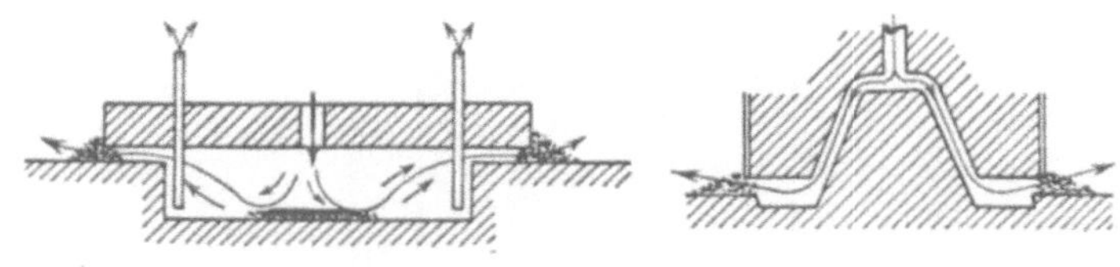
Abb. 873. Abb. 874.
Abb. 873 u. 874. Abführen der Dämpfe durch Röhren und Kanäle.

Das Trocknen mit tragbaren Öfen war darum bis vor kurzem geradezu eine Kunst, und es bedurfte guter Übung und eines richtigen Geschickes, um es einigermaßen befriedigend durchführen zu können. Nach dem Trocknen mußten größere Formen sorgfältig nach etwa noch vorhandenen feuchten Stellen durchforscht werden, die man dann mit glühenden Eisenplatten, Benzindüsen oder kleinen Sonderfeuerchen nachzutrocknen hatte. Daß unter solchen Umständen dies Trockenverfahren vielfach sehr wenig beliebt war, ja daß man es in vielen Gießereien nach wiederholten Fehlschlägen wieder ganz aufgab, kann nicht wundernehmen.

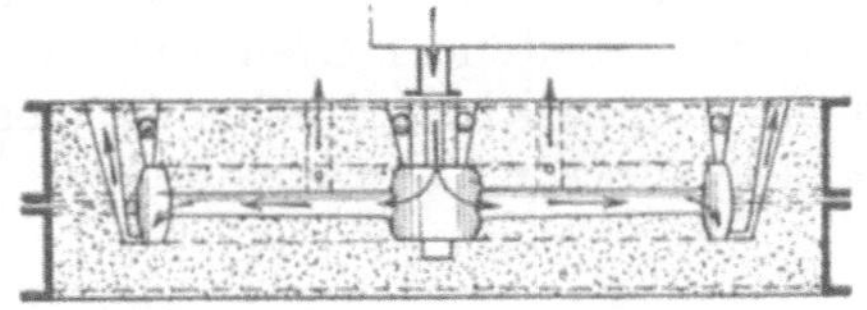
Abb. 875. Formtrocknung unter starkem Druck.

Erst die Einführung von Trockenöfen, die mit ausreichendem Drucke arbeiten, um die Abgase bei geschlossener Form durch den Sandkörper zu treiben (Abb. 875), zeitigte eine wirklich zuverlässige Trocknung. Solche Öfen haben die Wirkung, die Schwärze fest an den Sand zu pressen, die Formen durchaus zu trocknen und sie poröser zu machen, da die durch den Durchtritt der Heizgase entstandenen Hohlräume sich nicht mehr schließen. Die während des Gießens entstehenden Gase finden ungehemmte Abzugsmöglichkeit, wodurch dem Entstehen von Schülpen wirksam vorgebeugt wird. Da die Gase in der Form unter gleichmäßigem Drucke stehen, werden tiefer oder abseits gelegene Stellen ebenso von der Feuerwirkung erreicht wie in der nächsten Umgebung der Eintrittstelle gelegene Teile, wodurch völlig gleichmäßige Trocknung der ganzen Form gewährleistet wird. Der Trockenvorgang nimmt außerdem nur einen Bruchteil der sonst hierfür verwendeten Zeit in Anspruch: eine Folge der durch das Durchströmen der ganzen Sandmassen wesentlich gründlicheren Ausnutzung der Wärme der Gase. Während früher die Gase mit recht beträchtlicher Temperatur aus den Formen traten, geben sie nun den Großteil ihrer Wärme zur Verdampfung der Formfeuchtigkeit ab. Um das Ende des Trockenvorgangs zuverlässig festzustellen, braucht nur die flache Hand über den Rücken

[1]) Gieß.-Zg. 1915, S. 130.

der Form gehalten zu werden, wobei man ganz zweifelsfrei feststellen kann, wann die auftretenden Gase aufhören feucht zu sein. In diesem Augenblick wird die Feuerung abgestellt. Ein Verbrennen der Form bis zu diesem Zeitpunkte ist nicht zu befürchten, da die noch feuchten Gase dazu gar nicht imstande sind.

Man braucht nicht mehr für eine besondere Gasableitung zu sorgen, sondern man hat im Gegenteil alle Austrittsöffnungen gründlich zu verstopfen, um die zum Durch-

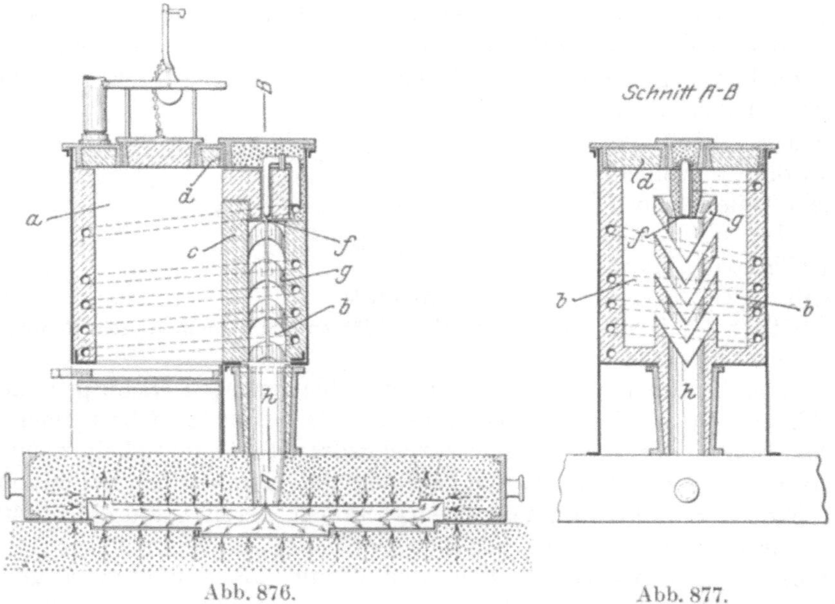

Abb. 876 u. 877. Formtrockenofen Bauart Oehm.

treiben der Gase durch den Sandkörper der Form erforderliche Spannung zu sichern. Abb. 876 und 877 zeigen einen mit ausreichendem Drucke zur Erreichung der erörterten Vorteile arbeitenden Ofen, Bauart Oehm. Er eignet sich insbesondere auch zum Trocknen von Kompositions-Stahlgußformen, die Trockenwärmen bis zu 600° bedürfen und häufig nicht in Trockenkammern untergebracht werden können[1]).

XXI. Trockenkammern und Trockengruben.

Allgemeines.

Technisch vollkommenes und wirtschaftlich vorteilhaftes Trocknen von Gußformen und Kernen wird in abgeschlossenen, besonders eingerichteten und geheizten Räumen, den Trockenkammern und Trockengruben, erreicht. Sie werden in mannigfaltiger Art und in Größen von 1 bis zu 200 cbm Inhalt ausgeführt. Mit Ausnahme der kleinsten, als Kernschränke oder Kerntrockenöfen bezeichneten Ausführungen bestehen sie in der Hauptsache aus Ziegelmauerwerk.

Das Trocknen erfolgt entweder durch unmittelbare Einwirkung von Verbrennungsgasen — Rostfeuerung, Halbgas-, Gas- oder Ölheizung — oder durch mittelbare Wärmeabgabe in Kanälen oder Röhren kreisender Wärmeträger — Röhren-, Dampf- und Heißwasserheizung. Bei unmittelbaren Heizungen nehmen die Feuergase

[1]) Diese Trockenöfen nach Abb. 876 u. 877 haben neuerdings eine weitgehende Verbesserung und Änderung in der Anordnung erfahren.

die verdampfte Feuchtigkeit auf [1]) und ziehen mit ihr in die Esse ab, wogegen bei mittelbaren Heizungen für den Abzug der Wasserdämpfe besonders gesorgt werden muß. Bei unmittelbaren Heizungen verdichten sich die Verbrennungserzeugnisse an der naßkalten Oberfläche der Formen zu Ruß oder sonstigen, insbesondere Schwefel-Belägen, die als schlechte Wärmeleiter wirken und durch Verstopfen der Poren den Austritt des verdunstenden Wassers hemmen. Es muß daher zur vollständigen Trocknung eine größere Wärmemenge aufgewendet werden, als bei mittelbarer Trocknung, bei der diese Hemmungen wegfallen. Die Luft in unmittelbar geheizten Kammern ist stets mit Kohlenoxyd durchsetzt, wodurch eine gesundheitliche Schädigung der die Kammer bedienenden Arbeiter unvermeidlich ist, um so mehr, als in solchen Kammern häufig besondere Lufterneuerungsvorkehrungen nicht vorhanden sind, und man eine völlige Abkühlung durch gründliche Lüftung bei geöffneten Fenstern und Türen gerne vermeidet.

Trotzdem wird heute noch in der überwiegenden Zahl von Fällen mit unmittelbaren Feuerungen getrocknet. Die Abmessungen solcher Feuerungen sind durch eine mehr als halbhundertjährige Praxis bekannt [2]), etwaige in der Anlage trotzdem gemachte Fehler können durch Regelung der Luftzufuhr unterhalb des Rostes, durch Vermehrung oder Verminderung der auf einmal aufgegebenen Brennstoffmenge und durch Regelung des Abzuges der verbrauchten Gase innerhalb weiter Grenzen ausgeglichen werden, man läuft also bei ihrer Anlage keine große Gefahr.

Meist wurde früher Abfallkoks oder Steinkohle, der zur Verhütung des Zusammenbackens Koks beigemischt wurde, verfeuert, häufig auch Schmelzkoks mit oder ohne Zusatz von Gaskoks und Kohlen. Die Nachkriegsjahre haben aber auch auf diesem Gebiet zur Sparsamkeit geführt, und man benutzt jetzt vielfach Braunkohlenbriketts, selbst Rohbraunkohle, Torf und andere minderwertige Brennstoffe, wozu die Feuerungen entsprechend abgeändert werden mußten [3]). Verbesserungen der einfachen, an der der Türe entgegengesetzten Seite im Inneren der Kammer angeordneten Rostfeuerung brachte das Hinauslegen der Feuerung aus der Kammer, weiter die Unterwindfeuerung und die Saugwindfeuerung. Bei der in den letzten Jahren viel genannten Voithschen Trockenkammerfeuerung [4]) saugt der oberhalb der Feuerung eingeführte Wind ein Gemisch von Luft und Feuergasen an, das er in die Kammer treibt.

Die Formen werden schließlich über Nacht trocken, eine scharfe Prüfung des Brennstoffverbrauches findet nicht statt und würde auch sehr schwierig sein, da er nicht allein von der Größe der Kammer, sondern vor allem von der Menge und dem Feuchtigkeitsgrade der in ihr enthaltenen Formen abhängt. Es bedeutet eine große Verschwendung von Brennstoff, wenn bei der Bestimmung des normalen Verbrauches nur von der Größe der Kammern ausgegangen wird, die Menge und Art der Formen aber gar nicht in Betracht gezogen wird. Ein weiterer Übelstand aller unmittelbaren Feuerungen liegt in der Unmöglichkeit, den Raum der Kammern voll auszunutzen, da er zum Teil durch die Feuerung in Anspruch genommen wird und die Formen nicht allzu nah an das Feuer gestellt werden dürfen.

Halbgasfeuerungen sind in verschiedenen Anordnungen mit und ohne Unterschied im Gebrauche [5]). Der unmittelbaren Feuerung gegenüber bieten sie den Vorteil voller Ausnutzung des Kammerraumes für Trockenzwecke und einer gleichmäßigen Wärmeverteilung. Sie eignen sich vorzugsweise für langflammige Brennstoffe.

[1]) Die Feuchtigkeitsmengen, die gesättigte Luft bei verschiedenen Temperaturen enthält, zeigt nebenstehende Zusammenstellung (vgl. Bd. 1, S. 433):

Temperatur °C	Wasserdampfgehalt g/cbm
± 0	4,8
+ 20	17,3
40	50,7
60	131,0
80	296,0
100	606
150	2590

[2]) Vgl. S. 275.

[3]) Vgl. Adämmer: Stahleisen 1920, S. 1730 und 1921, S. 399; ferner Bd. I, S. 492.

[4]) Stahleisen 1921, S. 399.

[5]) Der Begriff „Halbgasfeuerung“ ist dehnbar. Während ihn die „Hütte für Eisenhüttenleute“ als eine Feuerung bestimmt, die mit Druckluft betrieben wird und ein Gemenge von Kohlensäure, Kohlenoxyd, Kohlenwasserstoffen und Wasserstoff erzeugt, verstehen andere darunter die Übergänge zwischen Kohlen- und Gasfeuerung. Letzterer Begriffsdeutung wird hier gefolgt. (Vgl. auch Bd. 1, S. 439.)

Ausgedehntere Verwendung haben Gasfeuerungen gefunden. Auch ihnen haften die Mängel aller unmittelbaren Feuerungen an, immerhin gewähren sie aber, insbesondere bei Verwendung gründlich gereinigter Gasarten, einen verhältnismäßig reinlichen Betrieb. Sie bieten die Vorteile der Halbgasfeuerung in erhöhtem Maße und sind im allgemeinen im Betriebe billiger, namentlich wenn das Gas größeren Zentralen entnommen werden kann. Es sind Gaserzeuger für einzelne Trockenkammern und für Trockenkammergruppen in Gebrauch, außerdem werden Kokerei- und Hochofengase in gereinigtem und ungereinigtem Zustande verwendet[1]). Gründlich gereinigte Gase sind vorteilhafter, ihre Mehrkosten kommen durch Ersparnisse bei der Kammerwartung und Erhaltung reichlich herein.

Mittelbare Heizungen gewähren einen durchaus reinlichen Betrieb, die gleichmäßigste Erwärmung der Trockenkammer und gründliche Vermeidung gesundheitlicher Schäden. Der letzte Vorzug fällt besonders bei Kammern ins Gewicht, in denen tagsüber gearbeitet und des Nachts getrocknet wird. Bei ihrer Anlage ist der richtigen Bemessung der Rostgröße und ihres Verhältnisses zur wirksamen Oberfläche der Heizkanäle und Rohre die größte Sorgfalt zu widmen, denn nachherige Änderungen sind nicht so einfach wie bei unmittelbarer Trocknung mit offenen Feuern, sondern gewöhnlich mit recht erheblichen Kosten verbunden. Infolge unrichtig bemessener Anlagen sind diese Heizungen mit Unrecht in den Ruf unwirtschaftlichen Betriebes gekommen. Tatsächlich arbeiten in verschiedenen großen Gießereien sowohl Röhren- als auch Heißwasserheizungen zur vollen Zufriedenheit. Die Abführung der verdunsteten Feuchtigkeit ist ein besonders zu beachtender Punkt. Bei der unmittelbaren Feuerung werden die Verbrennungsgase durch die Aufnahme der Feuchtigkeit beschwert. Sie haben daher das Bestreben, im gesättigten Zustande zu sinken, und werden während des Verlaufes der eigentlichen Trocknung am Boden der Kammern abgezogen. In Räumen, in denen Wasser in reiner Luft verdampft, hat dagegen der Wasserdampf das Bestreben, in die Höhe zu steigen, wie man es bei der Erhitzung von Wasser in einem offenen Kochtopfe beobachten kann. Der Zug in mittelbar geheizten Kammern muß daher so eingerichtet werden, daß frische Luft von unten eintritt und der heiße Dampf nach oben entweichen kann.

Verschiedene Versuche mit Dampfheizungen haben bisher keinen vollen Erfolg zeitigen können. Nach dem Vorschlage von M. Jahn wurde der Dampf mit 10 at Spannung (178° C) dem Kessel entnommen und nach Durchströmung der im Boden und an den Wänden der Kammer verlegten Heizschlangen durch einen Krantzschen Kreislauftopf selbsttätig und ununterbrochen mit etwa 140° C in den Kessel zurückgedrückt. Man vermochte zwar eine dauernde Erwärmung der Kammern auf 130—150° C zu erreichen, das Trocknen ging aber zu langsam vor sich, und die Wartung der Dampfleitung, insbesondere ihre Entlüftung, erforderte dauernde Sorgfalt, wenn nicht die Wärme zurückgehen oder der Brennstoffverbrauch allzusehr steigen sollte. Aus diesem Grunde sind solche Einrichtungen nach längeren, in etwa zehn Betrieben durchgeführten Versuchen größtenteils wieder verschwunden.

Dauernd bewährt haben sich dagegen die von der Firma Rud. Otto Meyer in Hamburg eingeführten Heißwasserheizungen, die bei einfacher Bedienung genau zu regelnde Wärmegrade bis zu 200° C zulassen[2]). Sie gewähren den Vorteil reinlichen Betriebes, großer Wirtschaftlichkeit und eignen sich für alle Arten von Formen und Kernen, besonders aber für die empfindlichen Kerne aus Stärkemehl-Glutrose-Masse.

In jüngster Zeit hat die elektrische Beheizung der Trockenkammern auch Eingang in deutschen Gußwerken gefunden[3]) und sich gut bewährt. Die elektrischen Heizkörper werden in die Trockenkammern selbst eingebaut und damit unmittelbar mit höchster Nutzleistung zur Wirkung gebracht. Die Wärmeregelung kann sehr genau gestaltet werden, vorausgesetzt, daß ein geeignetes Wärmeelement zur Verwendung gelangt. Als solches hat sich der Brockdorff-Witzenmann-Heizschlauch[4]) bewährt. Er besteht

[1]) S. a. R. Buck: Stahleisen 1911, S. 1219. [2]) Vgl. Stahleisen 1911, S. 501.

[3]) In amerikanischen Gießereien sind solche schon seit Jahren erfolgreich in Betrieb.

[4]) D.R.P. 178 459.

aus einem Metallschlauch, Abb. 878, der von einem schraubenförmig aufgewundenen profilierten, mit isolierender Zwischenlage versehenen Metallband gebildet wird, so daß der Strom den Schlauch spiralig (quer zur Achse) durchfließt. Der Schlauch hat in sich genügenden Halt, um eine ausreichende Festigkeit zu erlangen, wie sie sonst nur durch Wickelung auf Porzellanunterlagen

Abb. 878. Metallener Heizschlauch.

Abb. 879. Heizregister.

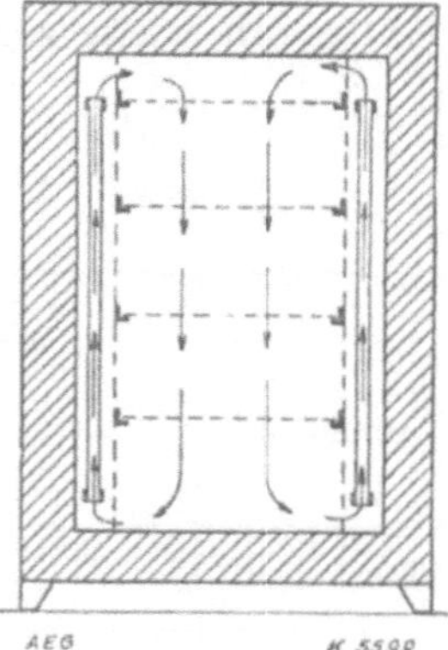

Abb. 880. Anordnung der elektrischen Beheizung in der Trockenkammer. Luftwege durch Pfeile bezeichnet.

oder auf isolierten Röhren erreicht wird. Er wird von außen und innen von Luft umspült und kommt, da er nur geringe Massen enthält, beim Einschalten zu sofortiger gleichmäßiger Wärmeabgabe. Auf diese Weise vermag er mit sehr großer Oberfläche und verhältnismäßig niedriger Temperatur bei zugleich reichlichen Leitungsquerschnitten zu arbeiten. Aus der Anordnung mehrerer Schläuche nebeneinander in Hintereinander- und in Parallelschaltung ergibt sich zwanglos der Zusammenbau von Heizregistern (Abb. 879). Die Haltbarkeit dieser Heizelemente soll sehr groß sein[1]).

Abb. 880 zeigt die Anordnung der Heizregister in einer Trockenkammer. Die Register werden an den beiden Seitenwänden lotrecht befestigt und, wenn nötig, auch nach innen durch gelochte Bleche abgedeckt (Abb. 881). Die elektrischen Anschlußleitungen werden zweckmäßig von jeder Seite getrennt durch den Boden nach außen geführt, um dann zu einer gemeinsamen Schaltvorrichtung vereinigt zu werden.

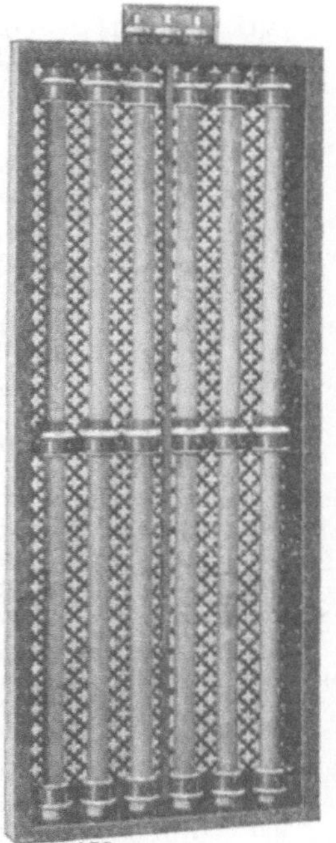

Abb. 881. Heizregister in gelochtem Blech.

Ein besonderer Vorzug der elektrischen Beheizung liegt in der Möglichkeit leichter

[1]) Der Brockhoff-Witzenmann-Heizschlauch findet ausschließlich in den A.E.G.-Heizkörpern Verwendung.

Wärmeregelung, die mittels einstellbarer Regler (Thermostaten) auch selbsttätig eingerichtet werden kann. Dieses Verfahren vereinigt große Zuverlässigkeit mit hoher Empfindlichkeit. Im Innern der Trockenkammer wird an einer Stelle, die für die durchschnittliche Innenwärme maßgebend ist, ein Regler eingebaut, der einen elektrischen Kontakt schließt, sobald die gewünschte Höchstwärme erreicht ist. Hierdurch wird ein Fernschalter betätigt, der die Stromzuführung zu den Heizkörpern unterbricht. Sobald die Wärme in der Kammer dann eine gewisse untere Grenze unterschreitet, öffnet der Regler den Kontakt aufs neue und die Heizung kommt wieder in Gang. Die Genauigkeit der Regelung kann bis auf 1° C gebracht werden [1]).

In Zahlentafel 3 ist eine Zusammenstellung von Wärmebilanzen für Trockenkammern von Erbreich wiedergegeben [2]).

Zahlentafel 3.

Wärmebilanzen für Trockenkammern.

	1	2	3	4	5	6	7	8
Brennstoff	Koks ohne Unterwind		Koks mit Unterwind		Koks ohne Unterwind	Rohkohle mit Unterwind	Rohkohle mit Unterwind	
Trockengut	Formkasten	—	mittlere Formen	schwere Formen	Walzenformen		Kerne	
Mittlere Wandstärke der Formen mm	120	—	200	350	80	80	175	175
Rauminhalt der Kammer in . cbm	64,8	46,5	41,5	90	170	170	181,5	181,5
Gewicht der in der Kammer befindl. Eisengestelle, Formkasten, Wagen in . . . . kg	5 000	7 500	19 514	35 380	20 319	17 666	9 000	9 000
Gewicht des geformten Sandes vor dem Trocknen in . . . . . kg	20 925	4 240	14 834	39 908	3 632	2 523	32 295	15 157
Desgl. nach dem Trocknen in . . kg	18 675	3 550	13 776	36 242	3 122	2 150	30 327	13 357
Mithin zu verdampfende Feuchtigkeit in . . . . kg	2 250	690	1 058	3 666	510	337	1 968	1 800
Mithin Feuchtigkeit des Sandes in %	10,7	16,3	7,35	9,2	14	14,8	6,1	13,2
Wasser für 1 cbm Kammer kg/cbm	34,7	14,9	25,5	40,7	3,0	2,19	10,8	9,9
Besetzung der Kammer (Eisen- und Sandvolumen: Kammervolumen)	20,6	7,6	28	31,2	2,9	2,35	11,4	5,7
Mittlere Kammertemperatur . . °C	200	250	275	235	247	179	200	235
Mittlere Abgastemperatur . . . °C	180	194	160	100	92	100	75	95
Durchschnittsabgasanalyse, CO_2 in %	5	14,2	10,8	10,8	15,8	4,3	8,3	6,0
„ O_2 „ %	13	6,1	7,2	7,2	3,3	16,1	11,4	13,8
„ CO „ %	2	1,2	1,5	1,5	1,5	—	0,3	0,3
Luftüberschuß in . . . . . . %	110	35	50	50	20	380	110	189
Schornsteinquerschnitt in . . qm	0,125	0,073	0,26	0,55	0,22	0,33	0,32	0,32
Wärmeeinnahme: Holz in . . . kg	10	20	22	30	40	1	5	7
„ Koks in . . . kg	600	540	400	870	513	200	—	—
„ Rohbraunkohle in kg	—	—	—	—	—	400	600	595
„ in Sa. Wärmeeinheiten	4 117 000	3 854 000	2 881 400	4 667 000	3 948 000	2 099 800	1 998 500	1 985 900
Wärmeabgabe an das Eisen . WE	20 100	21 600	101 000	712 000	164 000	91 400	25 900	25 900
%	0,5	0,6	3,5	12,6	4,2	4,4	1,3	1,3
„ „ den Sand . WE	157 000	18 700	145 000	1 370 000	46 000	20 300	159 000	70 000
%	3.8	0,5	5,0	24,2	1,2	0,9	8.0	3,5
„ „ die Abgase . WE	481 000	320 000	213 500	266 000	128 000	307 000	104 000	186 500
%	11,7	8,3	7,4	4,7	3,2	14,6	5,2	9,4
Zur Verdampfung des Wassers WE	1 505 000	478 400	744 200	2 511 000	351 900	245 700	1 311 500	1 370 000
%	36,6	12,4	25,8	44,3	8,9	11,7	65,6	69,0
Sonstige Verluste . . . . . WE	1 953 900	3 015 300	1 677 700	808 000	3 258 100	1 435 400	398 100	333 500
%	47,4	78,2	58,3	14,2	82,5	68,4	19,9	16,8
Für 1 cbm Kammer wurden gebraucht . . . . WE	63 500	83 000	69 400	63 000	23 200	12 300	11 000	10 900

[1]) Vgl. auch Zerzog: Stahleisen 1926, S. 1019. Gieß.-Zg. 1926, S. 421. Gieß. 1926, S. 546.

[2]) Stahleisen 1923, S. 1250.

Einzelteile der Trockenkammern.

Da die wärmeabgebenden Außenflächen bei zunehmender Größe der Kammern nicht im Verhältnis des Rauminhaltes zunehmen, bieten große Kammern eine verhältnismäßig günstigere Wärmeausnutzung als kleine. Die Wärmeausnutzung größerer Kammern wird aber viel ungünstiger, wenn ihr Raum nur teilweise belegt werden kann, weshalb die Größe jeder Kammer den Betriebsverhältnissen möglichst anzupassen ist. Bei wechselndem Betriebsumfang ist es meist wirtschaftlicher, anstatt einer großen mehrere kleinere Kammern zu erstellen.

Errichtet man an Stelle einer großen Kammer durch Aufführung einer Längszwischenwand zwei kleinere und versieht jede Abteilung mit eigener vollständiger Ausrüstung, so erwachsen etwa 20—25% Mehranlagekosten, die zu verzinsen und abzuschreiben sind. Die Betriebsanlagen für Brennstoff und Wartung werden beim Betriebe der geteilten Kammer nur sehr wenig höher als bei ungeteilter großer Kammer. Man kann, roh gerechnet, annehmen, daß der dauernde Betrieb einer halben Kammer nicht mehr Auslagen als die halben Betriebsauslagen einer doppelt so großen Kammer erfordert. Da die Betriebsausgaben bei regelmäßigem Nachtbetriebe etwa das Vier- bis Fünffache der Verzinsungs- und Abschreibekosten des Anlagewertes betragen, dieser Wert durch Teilung einer großen Kammer höchstens um 25% steigt, genügt schon eine kleine Zahl von Tagen im Jahre, an denen es sich erübrigt, die zweite Kammerhälfte zu heizen, um die Teilung der Kammer wirtschaftlich nutzbringend zu machen. Bei Zugrundelegung der angenommenen Werte tritt dieser Fall schon ein, wenn die eine Kammerhälfte nur 25 Tage im Jahre außer Betrieb geblieben ist. Das Verhältnis läßt sich durch eine dem wahrscheinlichen Bedarfe entsprechende ungleiche Teilung noch günstiger gestalten.

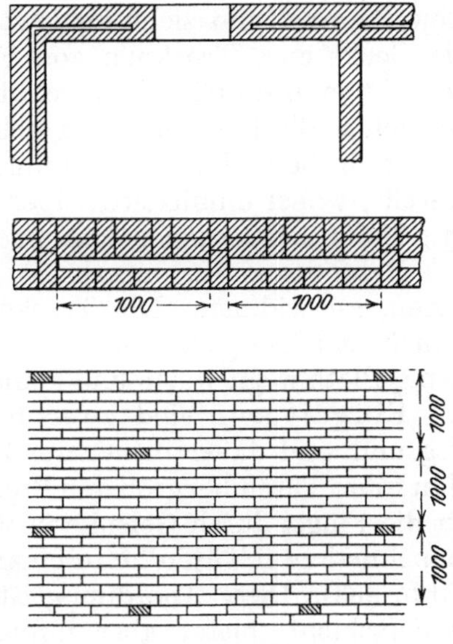

Abb. 882. Steinverband in Trockenkammern.

Zwecks gleichmäßiger Wärmeverteilung und rascheren Trocknens ist es empfehlenswert, auch den Boden zu heizen. Bei unmittelbarer Heizung mit offenen Feuern legt man dann die Abzugskanäle in den Boden, bei Halbgas- und Gasfeuerungen heizen die Gaszuführungskanäle den Boden, während bei mittelbaren Feuerungen Heizkanäle oder Rohrschlangen im Boden verlegt und mit Gitterplatten abgedeckt werden.

Die Stärke der Trockenkammerwände muß in Rücksicht auf Wärmehaltung größer sein, als der Festigkeit des Bauwerkes an sich entsprechen würde. Ständig in Betrieb gehaltene Kammern bedürfen stärkerer Wände als solche mit wechselndem Betriebe. Mit der Wandstärke wächst die Menge der beim Anheizen von den Wänden aufgenommenen Wärme; erst nach Aufspeicherung dieser Wärme erfolgt eine nennenswerte Trockenwirkung. Ein Teil der in den Wänden angesammelten Wärme geht durch Ausstrahlung verloren, der größere Teil kommt aber — bei richtiger Bauart — noch lange nach dem Aufhören der unmittelbaren Heizwirkung den zu trocknenden Formen zugute. Aus diesem Grunde können Trockenkammern mit starken Wänden bei täglich nur wenige Stunden währender Heizung dauernd in Betrieb gehalten werden. Kammern mit unterbrochenem Betrieb, in denen z. B. tagsüber gearbeitet und des Nachts getrocknet wird, müssen mit verhältnismäßig dünnen Wänden erstellt werden, da hier eine Wärmeaufspeicherung nutzlose Verschwendung wäre.

Zum besseren Zusammenhalt der Wärme werden die Außenmauern zweischichtig mit einer dazwischenliegenden Isolierschicht angelegt. Die Innenschicht wird $^1/_2$—1 Stein (120—250 mm) stark, die Außenschicht 1—$1^1/_2$ Stein (250—378 mm) stark ausgeführt. Beide Schichten verbindet man zur gegenseitigen Abstützung in der in Abb. 882

ersichtlichen Art durch einzelne Steine so, daß die freie Feldbreite 1 m nicht überschreitet [1]). Zur Sicherung gegen die beim Anwärmen und Abkühlen auftretenden, sehr beträchtlichen Dehnungen und Schwindungen werden die Kammerwände mit eingemauerten kräftigen Verankerungen versehen.

Die Decke kann mit den Wänden fest verbunden oder abhebbar sein. Bei fest verbundenen Decken können Aussparungen vorgesehen werden, die mit losen Platten abgedeckt werden, und durch die ein Kran in die Kammer eingreifen kann. Vollständig abhebbare Decken finden im allgemeinen nur bei Kammern für Sonderzwecke, die dem Umfange bestimmter Formen genau angepaßt sind, Verwendung. Sie bestehen meist aus Formeisenrahmen, die feuerfest ausgekleidet und mit Vorrichtungen zur leichten Befestigung an den Kranhaken versehen sind. Feste Decken werden fast durchweg aus einer Reihe von Gewölben von etwa 1 m Spannweite gebildet, die sich auf quer zur Längsrichtung der Kammer gelagerte Träger stützen. Die einzelnen Träger sind stets miteinander zuverlässig zu verankern. Sie können aus Schmiedeisen oder Gußeisen bestehen; Gußeisen ist vorzuziehen, da es der Hitze besser widersteht und die Möglichkeit gewährt, die Träger in einfacher Weise besonderen Zwecken dienlich auszustatten. Man führt entweder einfache, 1 Stein (250 mm) starke oder doppelte, meist nur je $^1/_2$ Stein starke Gewölbe aus, und sieht im letzteren Falle eine isolierende Zwischenschicht vor. Wenn die Decke zum Trocknen von Formsand, Tiegeln oder sonstigen Stoffen benutzt wird, versieht man sie mit einem schützenden Belage. Am besten eignet sich dazu glattes oder geriffeltes Blech, doch haben sich auch Klinkerbelage gut bewährt. Die Gewölbe werden häufig, insbesondere bei Kammern mit offener Feuerung, aus feuerfesten Steinen hergestellt, wobei unmittelbar über der Feuerung auf besondere Güte der Steine zu achten ist. Bei Gasfeuerungen kommt man auch mit guten, gewöhnlichen Ziegeln aus.

Besonderes Augenmerk ist der richtigen Sicherung des Ein- und Ausganges, der Türen, zu widmen. Die Trockenkammertüre soll einen zuverlässigen Abschluß gegen Rauch und Heizgase gewähren, die Wärme gut zusammenhalten, leicht beweglich sein, wenig Platz wegnehmen und keine oder doch möglichst geringe Betriebsgefahren bedingen.

Flügeltüren sind zwar betriebsicherer als alle anderen, nehmen aber viel Platz weg und sind daher in neuerer Zeit von anderen Türen immer mehr verdrängt worden. Man führt Türen bei größeren Breiten, der Raumersparnis halber, zweiflügelig aus, und teilt oft die Flügel durch Gelenke nochmals in zwei Teile. Zum besseren Wärmeschutz werden manchmal zwei Türen hintereinander angeordnet und jeder ein eigener Anschlag gegeben (Abb. 883). Diese Anordnung ist zwar etwas teurer als nur eine doppelwandige Türe mit Isolierschicht, bietet aber infolge des geringeren Gewichtes der einzelnen Flügel den Vorteil leichterer Handhabung und gewährt eine zuverlässige Abdichtung.

Schiebetüren nehmen bei Türöffnungen, deren Breite nicht mehr als die Hälfte der Trockenkammer beträgt, fast gar keinen sonst nutzbaren Raum weg, sie sind aber nicht anwendbar, wenn die Türöffnung mehr als die Hälfte der Trockenkammerbreite einnimmt. Sie bedürfen zuverlässiger Sicherungen, um nicht während des Hin- und Herschiebens aus ihrer Laufbahn zu springen. Die Vernachlässigung dieses Punktes hat schon zu schweren Unfällen geführt. Abb. 884 zeigt eine sehr zuverlässige doppelte Sicherung [2]). Das Rollenlagerband a greift über die Rolle hinweg hinter die Laufschiene, während der Anschlag b die Türe hindert, in die Höhe zu gehen, was infolge im Wege liegender Hindernisse leicht geschehen kann. Schiebetüren schließen im allgemeinen ziemlich mangelhaft. Infolge ihrer meist wenig wirksamen Führungen neigen sie dazu, sich bald zu verziehen. Dem vermögen seitliche Verriegelungen oder Druckschrauben etwas zu begegnen.

Bei großen Trockenkammeröffnungen trifft man des öfteren Aufziehtüren, trotzdem sie — infolge unsachgemäßer Anlage und nachlässiger Bedienung — wiederholt Anlaß zu Unfällen gegeben haben. Sie sind daher auch schon von den Gewerbeaufsichtsbehörden verboten worden. Der häufigste Fehler wird begangen durch Aufhängen der

---

[1]) Lots, Anlage von Trockenkammern. Gieß.-Zg. 1908, S. 262.

[2]) Nach H. Vetter, Trockenkammerverschlußtüren in ihrer Anwendung. Gieß.-Zg. 1910, S. 277.

Türe an zwei gesonderten Gewichten (Abb. 885), da dann bei etwas ungleichem Anheben die Türe eckt und Stöße entstehen, die auf die Dauer den Drahtseilen gefährlich werden müssen. Bei dem großen Gewichte solcher Türen und der Notwendigkeit, die Bedienungsmannschaft oft fast unmittelbar darunter zu stellen, ist die Bedenklichkeit so angeordneter Ausführungen einleuchtend. Die Gefahr wird wesentlich verringert durch Aufhängen der Türe an nur einem Gewicht und Anordnen einer Vorkehrung zum mechanischen Heben mittels einer Winde (Abb. 886)[1]). Die Winde steht so weit von der Türe ab, daß von einer Gefährdung des sie bedienenden Mannes selbst im Fall eines Seilbruches keine Rede mehr sein kann. Der Hub erfolgt so schnell wie von Hand, kommt doch die Zeit in Wegfall, die man sonst brauchte, um einige Leute heranzuholen.

In Trockenkammern für kleine Kerne und Formen kommt man zur Not mit künstlicher Beleuchtung aus, die mit kleinen Formerhandlampen, in neuester Zeit mittels elektrischer Lampen, bewirkt wird. Kammern für große Formen, insbesondere solche, in denen tagsüber gearbeitet wird, bedürfen einer ausreichenden Versorgung mit Tageslicht. Man stattet sie mit Fenstern in eisernen Rahmen aus, und schützt das Glas durch eiserne Läden gegen die Hitzewirkung der Feuerung. Solche Läden mit gutdichtenden Anschlägen haben sich bei mittelbarer, wie bei Halbgas- und Gasfeuerungen durchaus bewährt, bei offener Feuerung aber nur dann, wenn die Fenster in einem von der Feuerung abgelegenen Teile der Kammer untergebracht waren. In Kammern, die zugleich als Arbeitstelle dienen, müssen die Fenster wie die Türe, möglichst groß sein, damit der Arbeitsraum nach der nächtlichen Trocknung recht rasch abkühlen kann.

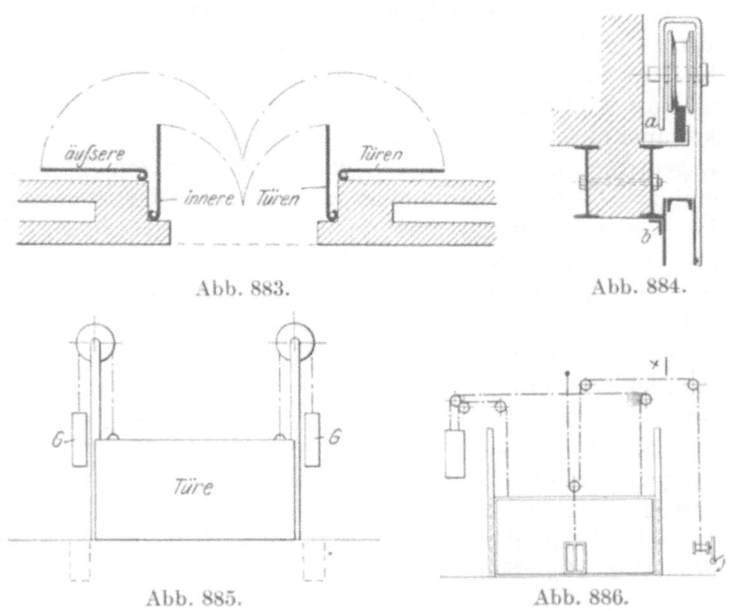

Abb. 883—886. Verschiedene Arten der Anordnung von Trockenkammertüren.

Die Rostfläche unmittelbarer Feuerungen darf nicht über Bodenhöhe liegen, da sonst infolge des Bestrebens der Feuergase, nach oben zu steigen, der Boden kalt bleiben müßte. Meistens legt man die Rostfläche etwas unter die Gießereisohle, in vereinzelten Fällen, wo besonders empfindlicher Formen halber der strahlenden Wirkung des Feuers ausgiebig begegnet werden muß, legt man die ganze Feuerung unter Bodenhöhe und nähert sich damit der Halbgasfeuerung. Aus dem gleichen Grunde wird die Feuerung manchmal mit einer Schutzmauer umgeben, durch deren zahlreiche Schlitze die Trockengase in die Kammer gelangen.

Es ist wenig wirtschaftlich, die gesamte für eine Trocknung erforderliche Brennstoffmenge auf einmal aufzuschütten und ohne jede Regelung abbrennen zu lassen. Auch ist es bequemer, Asche und Schlacke durch eine vom Rost nach außen führende Öffnung wegzuschaffen, als damit den sonstigen Betrieb der Trockenkammern zu stören und sie fortwährend zu verunreinigen. Man macht daher die Feuerstelle gewöhnlich durch eine Öffnung in der Kammerwand und ein Türgestell mit mehreren Türen von außen zugänglich.

Die Größe der Rostfläche ist vom Rauminhalt der Kammern und vom beabsichtigten Wärmegrad und der Trocknungschnelligkeit abhängig. Mit zunehmender Rostfläche

[1]) Nach H. Vetter, Trockenkammerverschlußtüren in ihrer Anwendung. Gieß.-Zg. 1910, S. 302.

wächst die erreichbare Wärmehöhe, zugleich verlassen aber auch die Verbrennungsgase heißer den Raum und erfordern einen steigenden Brennstoffaufwand. Anderseits bringt ein zu kleiner Rost die Gefahr ungleichmäßiger Erwärmung und verzögerter Trocknung. Die richtige Bemessung der Rostfläche ist darum von größter Bedeutung für gutes und wirtschaftliches Arbeiten einer Trockenkammer.

Bei Verwendung von Koks kommen nach Ledebur[1]) für die Ermittlung der zweckmäßigen Rostgröße folgende auch heute noch zu empfehlende Werte in Betracht:

Für 100 cbm Trockenkammerinhalt beträgt die gesamte Rostfläche:

bei Kammern mit mehr als 100 cbm Inhalt	0,6—0,8 qm,
bei Kammern mit 25—100 cbm Inhalt	0,8—1,0 qm,
bei Kammern mit weniger als 25 cbm Inhalt	1—2 qm.

Der Querschnitt der Abzugsöffnungen hängt vom Essenzuge ab und beträgt $^1/_{10}$ bis $^1/_2$ der Rostfläche. Es empfiehlt sich, den best geeigneten Abzugsquerschnitt durch Versuche zu ermitteln, allgemein gültige genaue Werte lassen sich dafür nicht aufstellen. Ein zu großer Querschnitt beschleunigt unter Erhöhung der Wärme zwar die Trocknung, bewirkt aber erhöhten Brennstoffverbrauch, während ein zu enger Querschnitt rechtzeitiges Trocknen beeinträchtigt. Um die Wärme über den ganzen Raum der Trockenkammer gleichmäßiger zu verteilen, werden häufig zwei, manchmal auch mehr Abzugstellen angeordnet und außerhalb der Kammer zu einem gemeinschaftlichen Essenkanal vereinigt. Die Anbringung eines von außen zu bedienenden Schiebers vor oder im Abzugskanal sollte niemals versäumt werden, da mit seiner Hilfe die Feuerung und Trocknung am besten geregelt und etwaige Unstimmigkeiten in den Abmessungen des Rostes und der Abzugsöffnung am wirksamsten ausgeglichen werden können. Die zum Anzünden gebräuchlichen Brennstoffe entwickeln meistens viel Rauch, der wegen seines beträchtlichen Wassergehaltes nur geringe Trockenkraft hat. Während der ersten starken Rauchentwicklung, unter Umständen auch noch während der ersten und reichlichsten Verdunstung des Form- und Kernwassers, bleibt der Schieber weit offen, erst hernach — nach 1—2 Stunden — schließt man ihn etwas und verlangsamt dadurch den Trockenvorgang, wodurch ein besserer Ausfall der Formen und eine Ersparnis an Brennstoffen erreicht werden.

Die Höhe der Esse beträgt 10—20 m, ihr Querschnitt, das 0,15—0,2fache der gesamten Rostfläche.

Trockenkammerwagen.

Kleine Formen und Kerne werden meist in die Trockenkammern getragen und dort auf Gestellen abgesetzt. Mittlere und größere Formen und Kerne setzt man außerhalb der Trockenkammer auf Wagen, die auf Boden-, Wand- oder Hängegleisen aus- und eingeschoben werden. Bodengleise sind am verbreitetsten, Einrichtungen mit Wand- oder Hängegleisen, die meist Sonderzwecken, insbesondere für das Einbringen der Rohr- oder Heizkörperkerne, dienen, sind seltener anzutreffen. Größte Formen und Kerne werden, soweit sie nicht an Ort und Stelle getrocknet werden, auch unmittelbar vom Kran aus- und eingehoben.

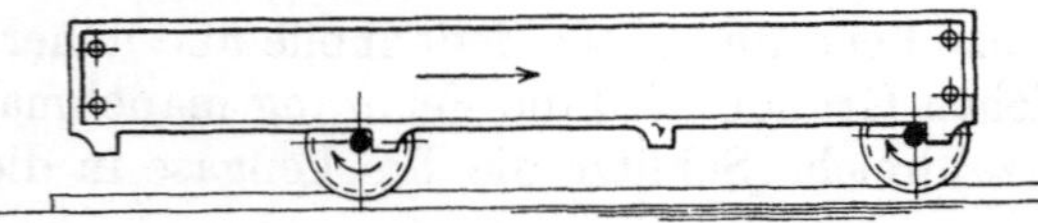

Abb. 887. Trockenkammerwagen mit Rollenlagern und Nasen.

Trockenkammerwagen bestehen gewöhnlich aus einer rechteckigen Plattform aus Guß- oder Schmiedeisen, die von zwei Achsen mit niedrigen Rädern getragen wird (Abb. 887 bis 889). Gußeiserne Plattformen, die bei gleicher Leistungs- und Widerstandsfähigkeit billiger als schmiedeiserne sind, werden ungefähr in Form eines Formkastenoberteiles in einem Stücke gegossen, während schmiedeiserne aus einem vernieteten oder verschraubten Rahmen aus I- oder U-Eisen bestehen, der je nach Größe Querversteifungen erhält und mit kräftigen, geriffelten Blechplatten abgedeckt wird. Die Verbindung

[1]) Ledebur, Handbuch der Eisen- und Stahlgießerei, 3. Aufl., S. 169.

der Plattform mit den Achsen und Rollen wird durch Rollenlager oder offene Gabellager bewirkt. Als einziges nachhaltiges Schmiermittel hat sich eine Mischung von Graphit und Fett bewährt, die durch Einrühren von Graphit in geschmolzenes Fett hergestellt wird. Das Fett verdampft zwar schon in kurzer Zeit, hinterläßt aber eine lange wirksame Graphitschicht. Es darf nur ganz reiner, allerbester Graphit verwendet werden, da jede Beimengung von Ton, Koks oder sonstigen Zusätzen reibungsvermehrend wirken würde.

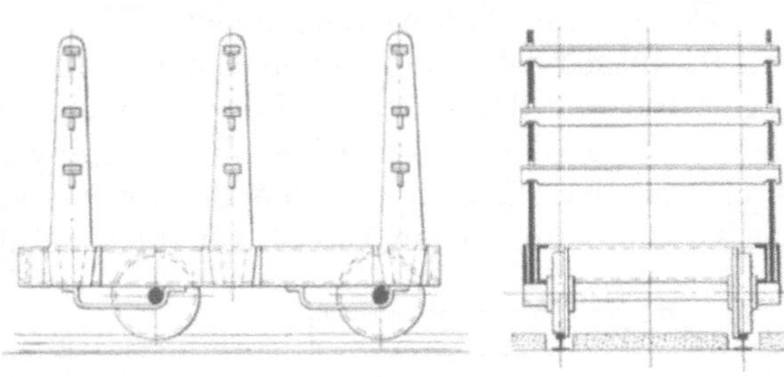

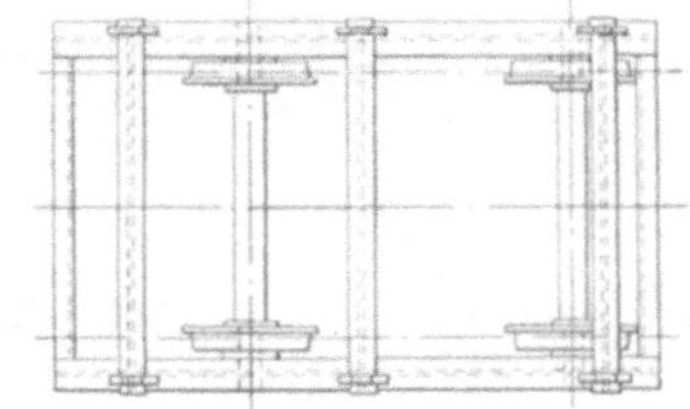

Abb. 888. Trockenkammerwagen mit Rollenlagern und Bügeln.

Wagen, die nur den kurzen Weg bis vor die Kammer geschoben werden, werden manchmal mit Rollenlagern ausgestattet, welche die gleitende Reibung der Zapfen in rollende Reibung verwandeln und wesentlich kraftsparend wirken. Die Plattform rollt je nach der Bewegungsrichtung vor oder rückwärts auf den Radachsen. Zur Vermeidung des Kippens bei zu weit geführter Bewegung werden Begrenzungen durch Nasen (Abb. 887) oder durch Bügel (Abb. 888) angeordnet. Der Weg w, den die Achse an der Plattform abrollt, verhält sich zum Weg W, den der Wagen in der gleichen Zeit zurücklegt, wie der Durchmesser d der Achse zum Durchmesser D der Räder. Danach läßt sich der Raddurchmesser für eine bestimmte vom Wagen zurückzulegende Strecke ermitteln. Soll z. B. ein Trockenkammerwagen 8000 mm weit gefahren werden, beträgt der in Anbetracht der Belastung ermittelte Achsendurchmesser 60 mm und der Weg, den die beladene Plattform von den Achsen abrollen darf, ohne zu kippen, 1000 mm, so ergibt sich

$$D = \frac{dW}{w} = 480 \text{ mm}.$$

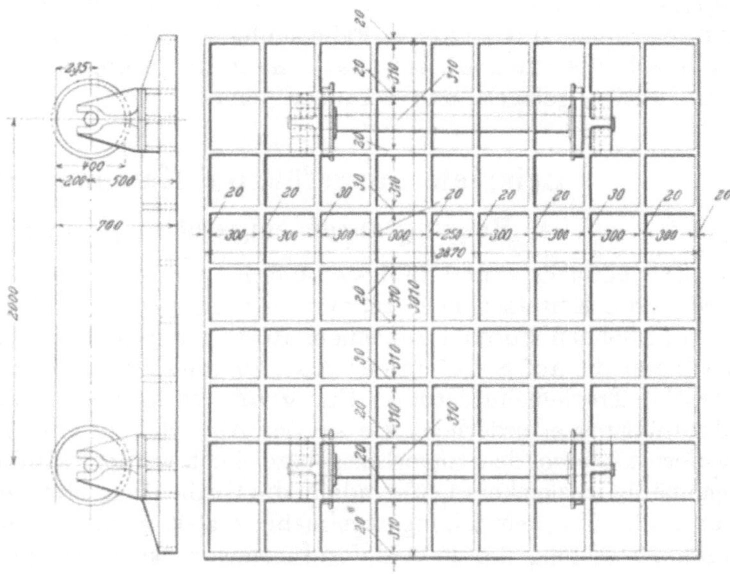

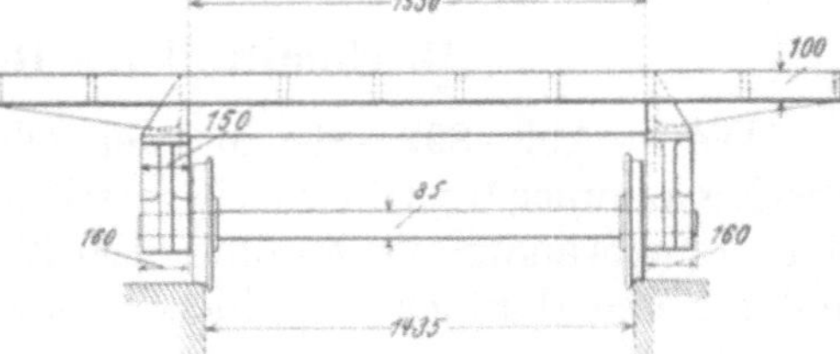

Abb. 889. Trockenkammerwagen mit Gabellager.

Bei einer anderen einfachen Vorrichtung zum Einfahren der Plattform in die Trockenkammer werden an Stelle der Schienengleise U-Eisen verwendet. Zwischen den Schenkeln der U-Eisen liegen gleich große Stahlkugeln, auf die die Plattform aufgesetzt wird, um dann in die Trockenkammer gewälzt zu werden.

Wagen, die größere Strecken zu durchlaufen haben, werden mit Gabellagern

(Abb. 889) versehen. Sie gestatten völlig ungehemmte Bewegung auf beliebige Entfernungen und vermeiden fast völlig die Gefahr des Kippens.

Der in Abb. 888 wiedergegebene Wagen ist mit Ständern zur Aufnahme von Querbalken ausgestattet, auf denen Längsplatten als Unterlagen kleiner oder flacher Kerne angeordnet werden können, falls sie nicht zur unmittelbaren Lagerung langer Kerne dienen. In Fällen, in denen es nicht angängig ist, den Wagen auf einmal voll zu laden, zergliedert man ihn in einzelne Stockwerkswagen nach Abb. 910 und bringt außerhalb der Trockenkammer ein Gestell für die verlängerten Wandgleise des Kammerinneren an.

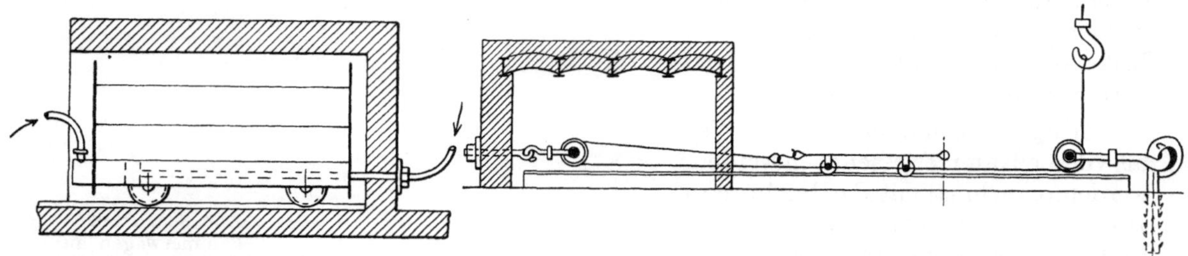

Abb. 890. Bewegung eines Trockenkammerwagens mittels Luftdruckkolbens.

Abb. 891. Bewegung eines Trockenkammerwagens durch einen Kran.

Entsprechend der fortschreitenden Kernmacherarbeit kann eine Lage Kerne nach der anderen in die Kammer gebracht werden, ohne das Trocknen der vorhergehenden zu stören.

Die Bewegung der Trockenkammerwagen erfolgt meist von Hand, bei Wagen großer Abmessungen aber auch durch Winden, Luftdruckkolben (Abb. 890) oder mittels eines Gießereikrans. Im letzteren Falle laufen die den Wagen mit dem Kran verbindenden Drahtseile über Rollen (Abb. 891), die in der Kammerrückwand und im Boden vor der Kammertüre gelagert und verankert sind.

Beispiele ausgeführter Kammern und Gruben.

A. Heizung durch eingesetzte glühwarme Abgüsse.

Die einfachste und billigste und in gewissem Sinne auch zuverlässigste Heizung wird durch Einsetzen noch glühwarmer Abgüsse in Gruben erreicht, oberhalb derer die zu trocknenden Formen auf einem Roste aufgestellt werden. Ein Musterbeispiel dieser Art bietet die auf S. 240 in den Abb. 801 und 802 in zwei Schnitten dargestellte Lochnersche Trockeneinrichtung. Zur guten Wirksamkeit der Kammern ist eine Frischluftzuführung erforderlich, wie sie der Abb. 801 zu entnehmen ist. Die Heizung kann insofern als besonders zuverlässig bezeichnet werden, als die wärmeabgebenden Abgüsse regelmäßig in gleichem Glühgrade in die Grube eingesetzt werden können und somit leicht die gleiche Trockenwirkung regelmäßig erzielt werden kann. Die Trockenzeit läßt sich durch Drosselung der Frischluftzuführung wirksam beeinflussen.

B. Unmittelbare Heizung mit offenem Feuer.

Die in Abb. 892—894 in zwei Schnitten und einem Grundriß dargestellte ältere Trockenkammer [1]) ist in vielen verschiedenen Abmessungen weit verbreitet. Die Mauern sind doppelwandig aus gewöhnlichen Ziegeln erstellt, nur für die Ecke mit der Feuerung und für den darüber befindlichen Gewölbebogen haben feuerfeste Steine Verwendung gefunden. Die Feuerung besteht aus je einem gußeisernen Heizkorbe, den sich jede Gießerei selbst herstellen kann. Die verbrauchten Gase werden in einer Ecke neben der Türe gesammelt, durchziehen dann den Bodenkanal und gelangen schließlich in die zwischen den beiden Kammern angeordnete Esse. Da mit der Möglichkeit zu rechnen

[1]) Nach einer Ausführung von Krigar und Ihssen in Hannover.

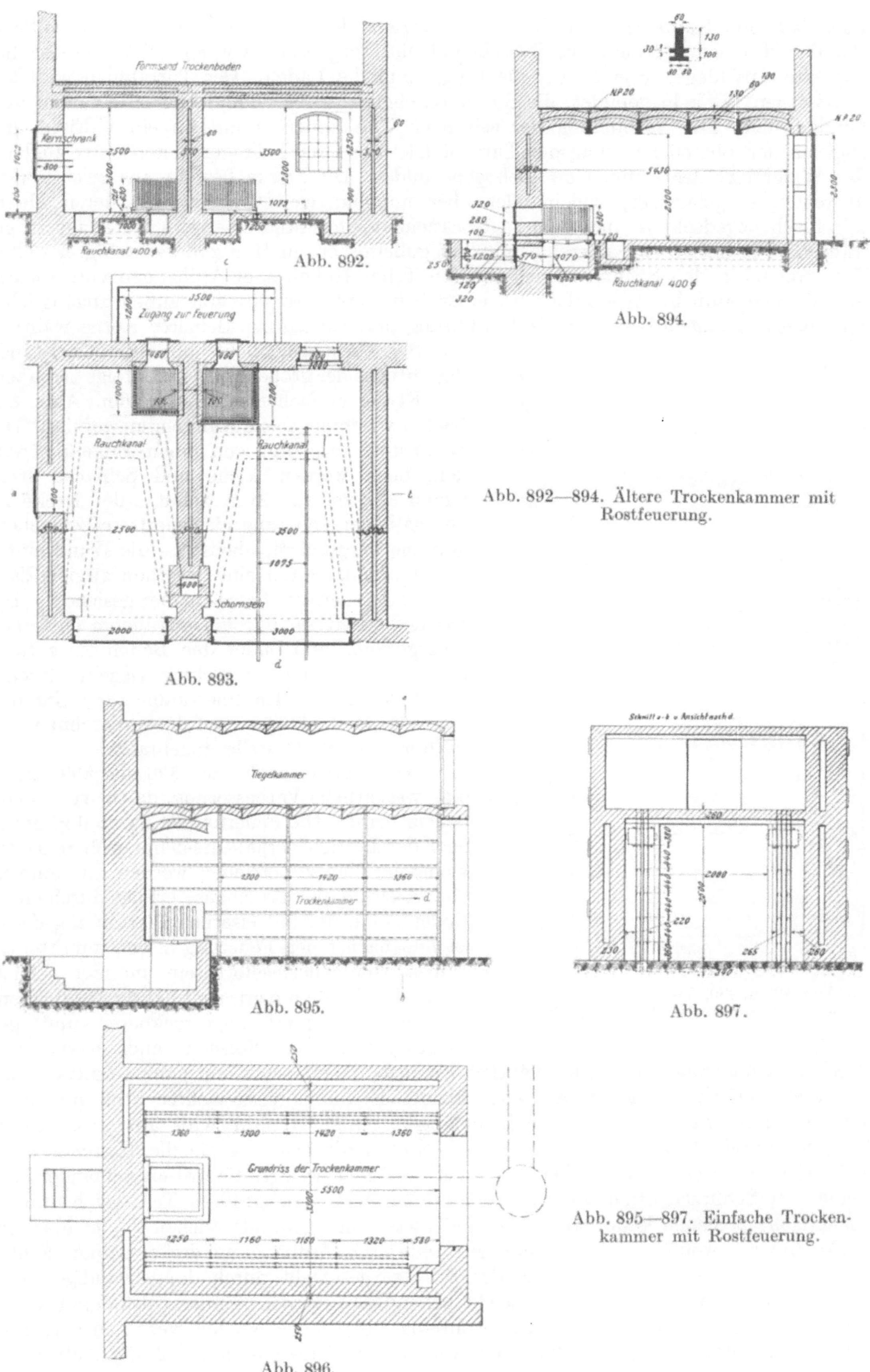

Abb. 892.

Abb. 893.

Abb. 894.

Abb. 892—894. Ältere Trockenkammer mit Rostfeuerung.

Abb. 895.

Abb. 896.

Abb. 897.

Abb. 895—897. Einfache Trockenkammer mit Rostfeuerung.

war, daß eine Kammer zeitweilig außer Betrieb bleiben würde, ist auch die mittlere Wand mit einer Wärmeschutz-Zwischenschicht ausgeführt worden. Das Fenster hat doppelte Anschläge, je einen für die Flügel und die Läden. Der Türrahmen wird aus gußeisernen Winkeln gebildet, die durch Laschen aus gleichem Stoffe miteinander verbunden sind. Die Verbindung der seitlichen Türständer vermitteln ein U-Eisen, das zugleich den oberen Anschlag der Türe bildet, und zwei T-Träger, deren einer zugleich das Widerlager des ersten Gewölbebogens bildet. Die Decke besteht aus zwei Reihen übereinander gelagerter, voneinander aber unabhängiger Quergewölbe, deren oberes mit Blech abgedeckt ist, um dem zu trocknenden Formsand eine gute Unterlage zu gewähren. Die untere Gewölbereihe ruht auf gußeisernen, in Herdguß zweiteilig erstellten Trägern, die in den Schlitzen ihres unteren Teiles Haken zum Aufhängen von Formen und Kernen aufnehmen können. In einer Seitenwand ist ein von außen zugänglicher Feuerschrank angeordnet, der die Einführung und Entnahme kleinerer Kerne während des Betriebes ermöglicht, ohne die Übelstände des Öffnens der großen Türe im Gefolge zu haben.

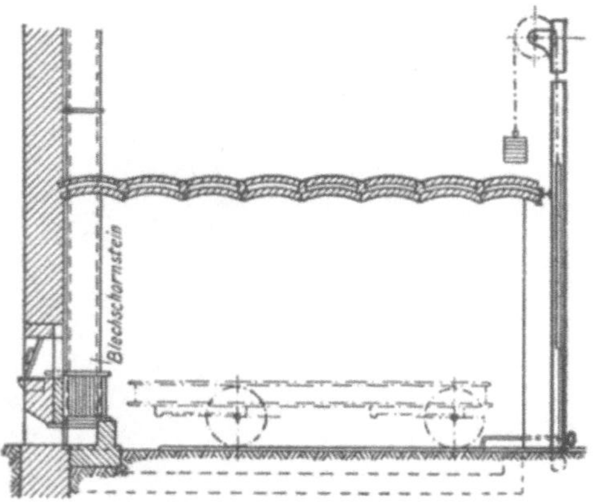

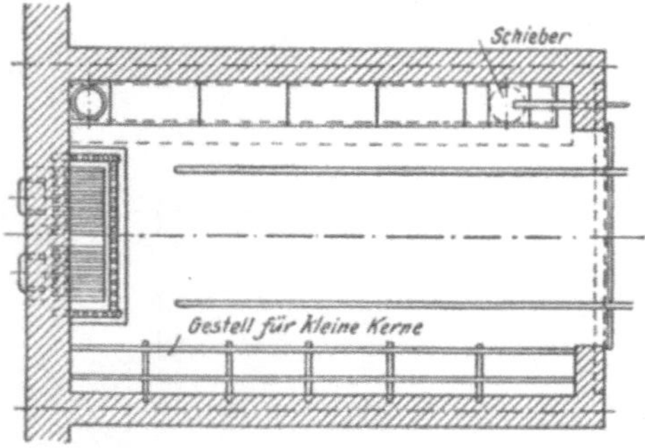

Abb. 898 u. 899. Von außen beheizte Trockenkammer mit ausfahrbarem Wagen.

Etwas einfacher ist die in den Abb. 895 bis 897 wiedergegebene Kammer ausgeführt. Der Brennstoff kann nur von innen aufgefüllt werden, doch werden Asche und Schlacke nach außen abgezogen. Zum Schutze der Decke ist oberhalb der Feuerung ein feuerfestes Zwischengewölbe vorgesehen, ebenso ist die Wand hinter der Feuerung durch eine zwischen zwei I-Eisen gebettete feuerfeste Schutzmauer gesichert. Die Decke besteht im übrigen aus einem einfachen Quergewölbe und bildet den Boden eines Raumes zur Lagerung von Schmelztiegeln. Rechts und links sind im Kammerraume zur Aufnahme kleiner, gleichmäßiger, auf Formmaschinen erstellter Formen Gestelle angebracht.

Die Kammer nach Abb. 898 und 899[1]) zeigt eine wesentliche Verbesserung, da sie von außen beheizt wird. Die Feuerung ist zweiteilig, um je nach den Betriebsverhältnissen mit größerem oder kleinerem Feuer betrieben werden zu können. Die Ableitung der Rauchgase erfolgt durch einen Bodenkanal, der mit eisernen Platten abgedeckt ist und nächst der Feuerung in den unmittelbar aufgesetzten Blechschornstein mündet. Auch solche Trockenkammern sind häufig anzutreffen.

Die Bewegung ungetrockneter und getrockneter großer Formen und Kerne auf Trockenkammerwagen ist eine gefährliche Arbeit, da oft schon ein ganz geringer, etwa durch ein auf die Schienen geratenes kleines Hemmnis verursachter Stoß hinreicht, um ein teures Stück ernstlich zu beschädigen. Dieser Gefahr wird am wirksamsten begegnet durch Anordnung geschlitzter Kammerdecken, wie sie die Kammer nach Abb. 900—902 zeigt. Die Decken sind in Einzelfelder zerlegt, die zwischeneinander eine Reihe von Schlitzen offen lassen, durch die ein Kran den größten Teil der Kammerbodenfläche bedienen kann. Die End- und Zwischenlängswände reichen $2^1/_2$ m über die Decke hinaus, wodurch Haltepunkte zur teilweisen Aufhängung der einzelnen Felder gewonnen werden. Die Abdeckung der Schlitze geschieht durch doppelwandige Falzplatten, die von zwei Leuten noch leicht gehandhabt werden können. Schichten fetten Sandes, die den Fugen der Falzplatten entlang aufgetragen werden, verhüten den Austritt von Verbrennungsgasen. Die Abdeckung der Schlitze einschließlich des Auftragens

[1]) Nach J. und L. Treuheit, Gieß.-Zg. 1915, S. 198.

der abdichtenden Sandschicht erfordert für jede Kammer eine halbstündige Arbeit zweier Taglöhner. Die ganze Anordnung hat sich in der Praxis gut bewährt, insbesondere erwies sich die ursprünglich gehegte Besorgnis, es könnten durch Ungeschick des Kranführers

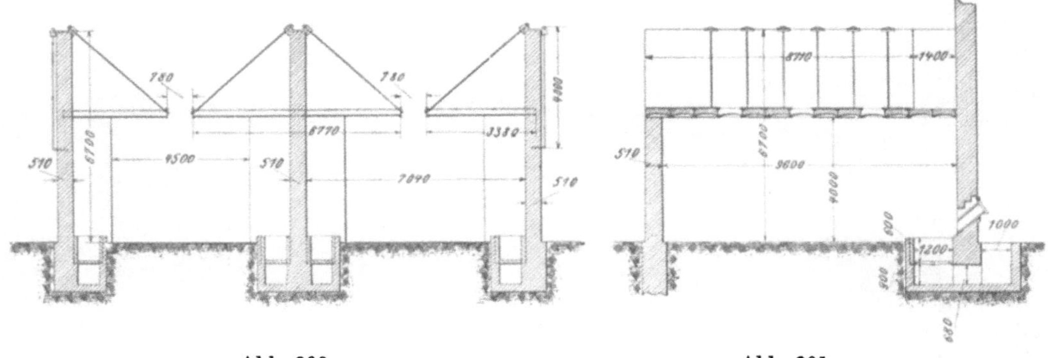

Abb. 900. Abb. 901.

Abb. 902.

Abb. 900—902. Trockenkammer mit geschlitzter Decke.

Beschädigungen der Decke vorkommen, als durchaus unzutreffend.

Eine andere Ausführungsart zeigt Abb. 903, bei der ein größerer Teil der Decke abgehoben wird. An jeder Längseite bleibt nur ein 1 m breiter, festliegender Rand, der in der Mauer verankert ist und sich auf Winkelträger stützt. Der abhebbare Teil K wird in U-Eisen abgedichtet, die mit trockenem Flußsand gefüllt sind. Auch derartige Anlagen haben sich in vieljährigem Betriebe gut bewährt. Die Abb. 904 und 905 zeigen eine zum Trocknen benutzbare Gießgrube mit unmittelbarer Koksbeheizung. Der Zugang in die Kammer führt über eine steile Leiter. Eine künstliche Lichtquelle erübrigt sich meist für solche Gruben, da nach Abnahme der Abschlußdeckel genügend Tages- oder künstliches Licht

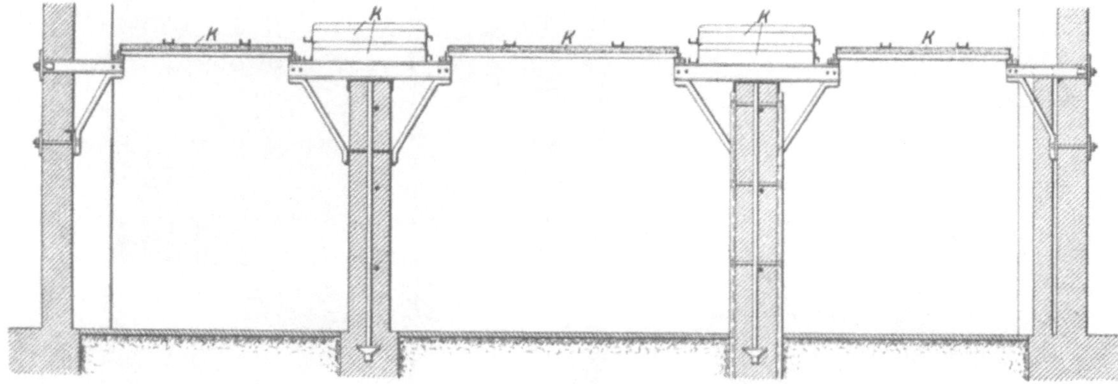

Abb. 903. Trockenkammer mit abhebbarer Decke.

aus der Gießhalle einfällt, um die mit Hilfe eines Kranes einzusetzenden Formen auf der Sohle zuverlässig verteilen zu können. Die Verbrennungsluft wird durch einen der Wärme-Isolationschlitze zugeführt, während zur Ableitung der Verbrennungsgase eine nahe dem Boden der Grube mündende Rohrleitung vorgesehen ist.

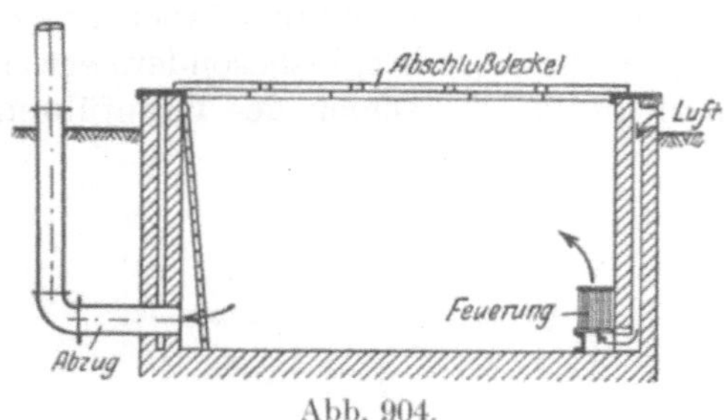

Abb. 904.

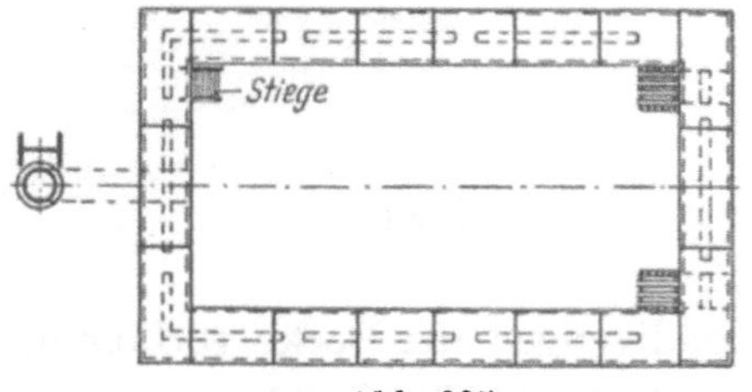

Abb. 905.

Abb. 904 u. 905. Unmittelbar beheizte Trockengrube.

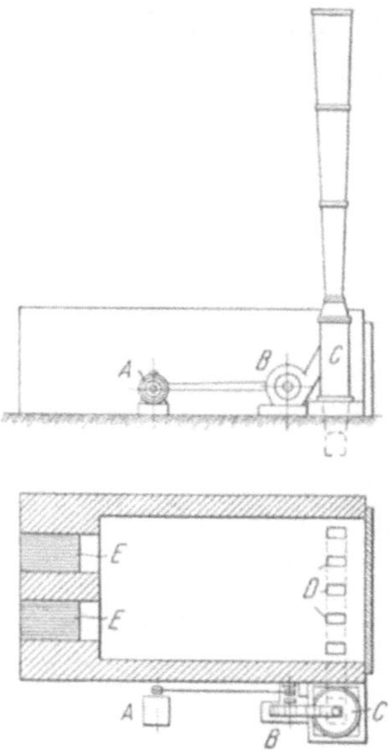

Abb. 906. Trockenkammer mit Absaugevorrichtung für die Abgase.

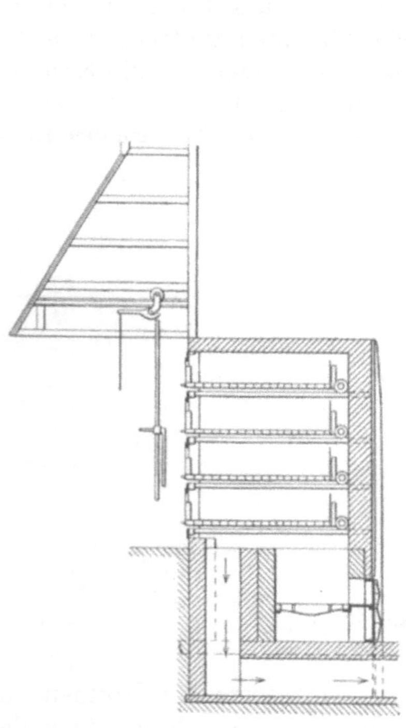

Abb. 907. Eingebauter Kerntrockenofen mit ausziehbaren Fächern.

Abb. 908. Kerntrockenschrank mit ausschwenkbaren Fächern.

Zur Vermeidung von Störungen infolge wechselnden Luftdruckes kann man an Stelle des natürlichen Essenzuges auch Absaugevorrichtungen nach Abb. 906 einrichten. Ein elektrisch angetriebener Bläser AB drückt Luft in den Sauger C und erzeugt unterhalb der Düse eine Luftverdünnung, die eine saugende Wirkung auf den Innenraum der Trockenkammer ausübt. Die Saugwirkung kann durch verschiedene Einstellung des Bläsers geregelt werden, wodurch die Trockenwirkung nach Bedarf zu beeinflussen ist. Durch Anordnung geeigneter von den Rostflächen E unabhängiger Lufteinströmöffnungen D läßt sich die Trocknung ohne Erhöhung der Wärme, allein durch rascheren Wechsel der mit Wasserdampf gesättigten Luft beschleunigen. Eine Schwäche des Verfahrens liegt in den Kosten für den Verbrauch elektrischen Stromes. Es ist fraglich, ob sie durch die erzielten Vorteile ausgeglichen werden. Sie können aber in Wegfall kommen, wenn der Bläser gleichzeitig zum Absaugen verbrauchter Luft aus benachbarten Arbeitsräumen Verwendung findet.

Für kleine Kerne sind in den letzten Jahren auch bei uns an vielen Orten Kerntrockenöfen nach der Bauart des Amerikaners Millet ausgeführt worden (Abb. 907). Sie enthalten in ihrem Unterteile eine Feuerung und darüber eine Reihe von Schubfächern, die entweder in gerader Richtung ausgezogen, oder bogenförmig ausgeschwenkt (Abb. 908) werden. Die Schubfächer bestehen aus durchbrochenen Gußeisenplatten oder aus Drahtgeflecht, laufen auf Rollen und haben vorne und hinten, d. h. an beiden Schenkeln des Kreisviertels, Anschläge, die den Ofen sowohl bei eingeschobener, als auch bei ausgezogener Lade abschließen. Die Schubladen werden im ausgezogenen Zustande entweder an einer kleinen Laufrolle aufgehängt (vgl. Abb. 907), oder es wird jede Lade mit geeigneten Gelenkstützen versehen.

C. Halbgasheizung.

Halbgasfeuerungen werden vorzugsweise für Trockenkammern ausgeführt, bei denen es auf eine gleichmäßigere Wärmeverteilung als bei offenen Feuern ankommt. Bei der

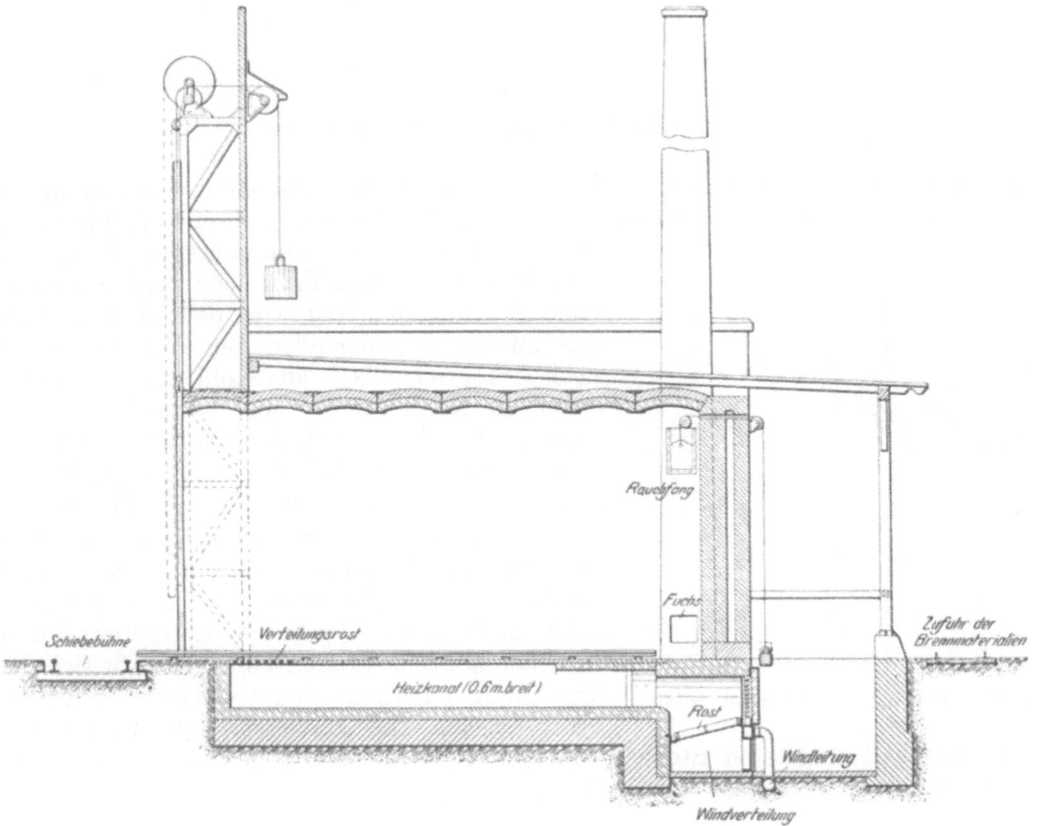

Abb. 909. Trockenkammer mit Halbgasfeuerung.

in Abb. 909 in einem Längschnitte dargestellten Trockenkammer[1]) für Lehmformen wird die Feuerung mit Preßluft geregelt, die unter den Rost geleitet wird. Trotzdem nur Abfallkoks verfeuert wird, ist es leicht, die Wärme auf 300° C zu steigern. Die Kammer ist 8 m lang, 6 m breit und 4 m hoch. Der Schornstein hat eine Höhe von 20 m.

D. Reine Gasheizung.

Abb. 910—914 zeigen eine Trockenkammer mit Gasfeuerung[2]). Ihr Boden enthält zwei Reihen Kanäle übereinander, deren untere der Luftzuführung und Erwärmung dient.

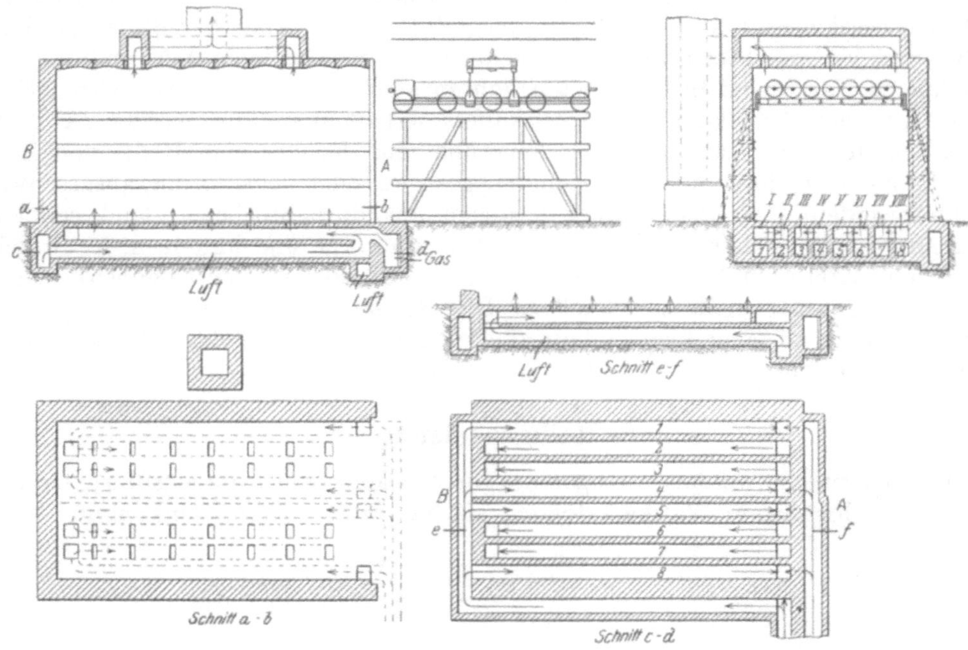

Abb. 910—914. Trockenkammer mit Gasfeuerung.

Die Luft strömt durch die Kanäle 1, 4, 5 und 8 ein und vereinigt sich mit den am Kammerende A aus dem Gaskanal eintretenden Gasen. Es findet eine teilweise Verbrennung statt, worauf die Verbrennungsgase durch die Kanäle I, IV, V und VIII nach dem Kammerende B gelangen. Hier wird dem Gasgemenge, das infolge ungenügenden Luftzutrittes bei A noch zum großen Teile aus Kohlenoxyd besteht, durch die Kanäle 2, 3, 6 und 7 Luft in so reichlichem Überschuß zugeführt, daß die Verbrennungstemperatur verhältnismäßig niedrig bleibt. Die durch die Abzugkanäle II, III, VI und VII ziehenden Gase treten schließlich aus den Schlitzen der Kanaldecke in die Kammer und durch den an der Decke angeordneten Sammelkanal in die Esse. Da die Gas-Luftzufuhr durch Schieber geregelt werden kann, so läßt sich die Trocknung innerhalb weiter Grenzwerte zuverlässig regeln. Das Mauerwerk der Kanäle besteht nur aus halbfeuerfesten Steinen, die der verhältnismäßig geringen Wärme der allmählich verbrennenden Gase widerstehen.

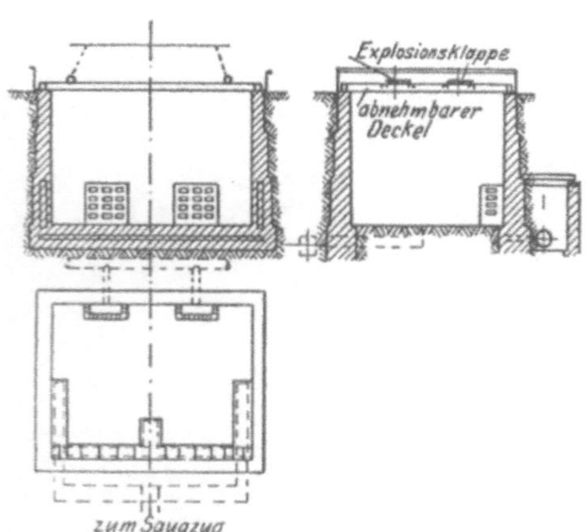

Abb. 915. Trockengrube mit Gasheizung.

[1]) Nach J. Treuheit, Stahleisen 1908, S. 1270.

[2]) Nach dem D.P.P. Nr. 184 198 (E. Freytag) ausgeführt.

Auch Trockengruben werden mit Gasheizungen versehen. Abb. 915 zeigt eine derartige Ausführung [1]). Die Bedienung mit Gas geheizter Gruben ist einfach, da in vielen Fällen die Formen abgesetzt werden können, ohne daß dazu ein Mann in die Grube steigen muß.

E. Mittelbare Heizung mit Heißwasser.

Die Abb. 916—918 zeigen die Anordnung einer mit Heißwasser geheizten Trockenkammer für Kerne mit Mehlzusatz. Die Kammer nimmt in drei Höhenlagen Kerne auf.

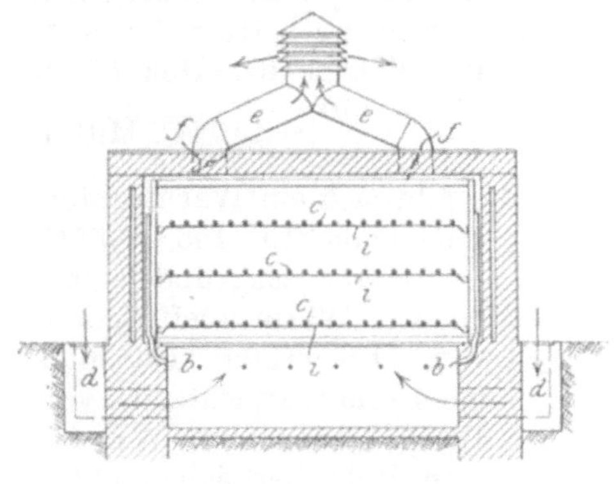

Abb. 916.

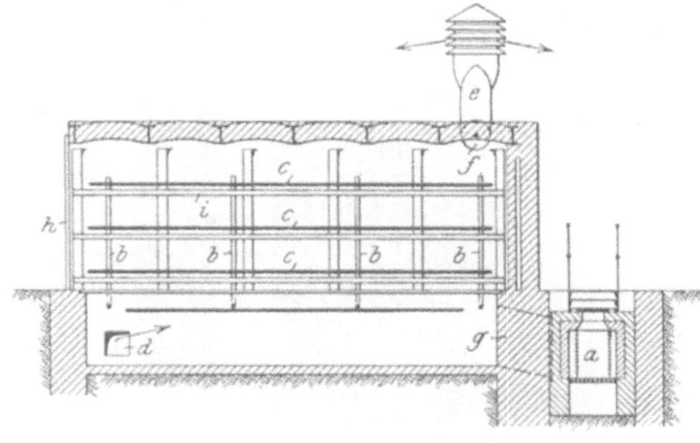

Abb. 918.

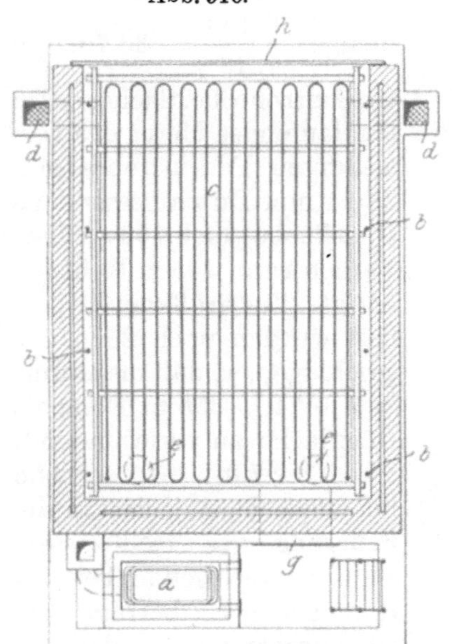

Abb. 917.

Abb. 916—918. Mit Heißwasser beheizte Trockenkammer.
a = Heißwasserofen.
b = Luftzuführungsrohre.
c = Heizspiralen.
d = Frischluftzuführung.
e = Deflektor für Abluft.
f = Drosselklappen.
g = Eingang zur Luftkammer.
h = Tür für die Trockenkammer.
i = Träger für die Heizspiralen.

Berechnung der Heizanlage. Das Gewicht der zu erwärmenden Eisenteile wurde mit 2130 kg, das der gesamten Sandmenge mit 870 kg und dasjenige des zu verdunstenden Wassers mit 180 kg ermittelt. Die Innenwärme der Kammer soll 200° C betragen.

Die zur Entfernung des Wasserdampfes erforderliche Luftmenge beträgt, da 1 cbm Luft $0{,}6 \times 0{,}58955 \times 0{,}0094 = 0{,}3443$ kg Wasser aufzunehmen vermag, unter der Voraussetzung, daß die Luft mit 10° ein- und mit 100° austritt, $= \frac{180}{0{,}3443} = 522$ cbm. Demnach ist für den gesamten Trockenvorgang folgende Wärmemenge aufzuwenden:

Erwärmung des Eisens = 2130 × 0,13 × 190	= 52 600	WE
Erwärmung des Wassers = 870 × 0,185 × 190	= 11 600	„
Verdampfung des Wassers = 180 × 537	= 16 200	„
Erwärmung des Wasserdampfes = 0,3 × 522 × 100	= 8 600	„
Erwärmung der Ventilationsluft = 0,3 × 522 × 190	= 29 700	„
	215 400	WE

[1]) Nach J. und L. Treuheit, Gieß.-Zg. 1915, S. 187.

Diese Wärmemenge ist in 10 Stunden aufzubringen, mithin werden stündlich 21 540 WE benötigt. Dazu ist der Wärmeverlust durch Ausstrahlung der Kammerwandungen, der mit 15 860 WE ermittelt wurde, zu zählen, so daß insgesamt stündlich 37 400 WE erfordert werden.

Da das Trockengut mit etwa $+ 10^0$ C eingeführt und mit 200^0 C herausgenommen wird, beträgt die mittlere Wärme des Trockenvorganges $\frac{10 + 200}{2} = 105^0$. Tritt das Heizungswasser mit 250^0 aus dem Heißwasserofen in die Rohrleitung der Kammer und mit 170^0 in den Wasserofen zurück, so beträgt die mittlere Wärme der Heizröhren $\frac{250 + 170}{2} = 210^0$ C. Mithin ergibt sich ein Wärmeunterschied von $210 - 105 = 105^0$ C.

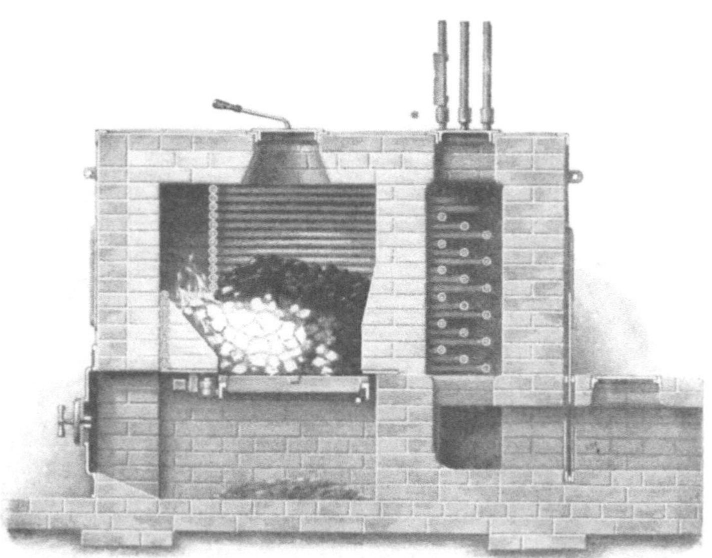

Abb. 919.

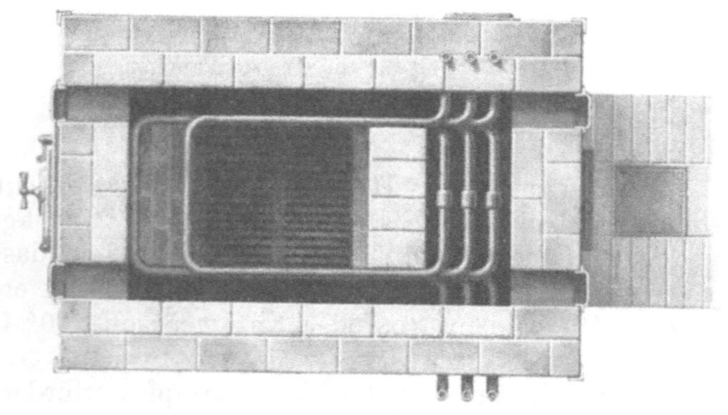

Abb. 920.

Abb. 919 u. 920. Heißwasserofen für Heizung der Trockenkammer.

Unter Zugrundelegung eines Wärmekoeffizienten von 11,6 ergibt sich hiernach eine Wärmeabgabe von $105 \times 11{,}6 = 1218$ WE für 1 qm Rohroberfläche und für die oben ermittelte Wärmemenge $\frac{37400}{1218} = 30{,}70$ qm Gesamtrohroberfläche. Da ein laufendes Meter des verwendeten Perkinsrohrs von 23/34 mm Durchmesser eine Oberfläche von 0,108 qm hat, werden rund 285 m Rohr benötigt. Zur größeren Sicherheit wurden noch 25% zugeschlagen, so daß insgesamt $285 + 71 = 356$ m Rohr als Heizfläche zu verlegen sind. Die hierfür erforderliche Feuerspirale, d. i. der in die Feuerung des Heißwasserofens zu verlegende Teil des Rohrstranges, beträgt erfahrungsgemäß $^1/_7$ der gesamten Rohrheizfläche, mithin $\frac{356}{7} = 51$ m Rohr.

Von der so ermittelten Rohrlänge sind 28 m in der Luftkammer unterhalb des Trockenkammerbodens zu verlegen, alle übrigen Teile in der Trockenkammer selbst. Die Anordnung einer ausreichend bemessenen Luftkammer unter der Trockenkammer ist unerläßlich, sowohl in Rücksicht auf gute Trockenwirkung auch der unteren Schichten des eigentlichen Trockenraumes, als auch im Hinblick auf ausreichenden Luftumlauf zur Abführung des Wasserdunstes. Die Ableitung desselben erfolgt nach oben. Wasserdampf ist leichter als Luft und hat daher das Bestreben, in die Höhe zu steigen. Das Verkennen dieser Tatsache hat schon mehr als einmal zum Versagen sonst richtig angelegter mittelbar geheizter Trockenkammern geführt. Menge und Temperatur der Trockenluft muß genau bemessen werden, denn eine zu große Menge oder zu wenig vorgewärmte Luft würde die Trocknung hemmen.

Ausführung. Der zur Anlage gehörende Heißwasserofen nach Bauart der Firma Rud. Otto Meyer in Hamburg ist in Abb. 919 und 920 zu ersehen. 51 m Feuerspiralen ergeben eine dreifache Anordnung im Ofen, die sich den drei Höhenabteilungen der Kammer in einfacher Weise anpaßt. Das Fassungsvermögen des Füllraumes beträgt etwa 80 kg Zechenkoks, und reicht rechnungsgemäß für 8 Stunden aus, da in der Stunde etwa $\frac{40\,000}{4000} = 10$ kg gebraucht werden. Das ist jedoch im Betriebe nicht durchführbar, da der schon nach 4 Stunden halbleer gebrannte Ofen zur richtigen Hitzehaltung nachgefüllt werden muß. Dafür ergibt sich aber am Ende der Schicht ein entsprechender Rückstand. Das ganze Heizsystem mit allen Verbindungen besteht aus starkwandigem Perkinsrohr von 23×24 mm Durchmesser. Es wird nach der Fertigstellung auf 150 at geprüft, so daß für den 40 at erreichenden Betrieb weitgehende Sicherheit besteht. Die Ausdehnung des Wassers wird durch starke, in den Abbildungen nicht ersichtliche Windkesselrohre von 102 mm äußerem Durchmesser aufgenommen. Ihre Länge beträgt gewöhnlich $^1/_{80}$—$^1/_{100}$ der gesamten Rohrlänge, im vorliegenden Falle also etwa 4,5 m. Der Betriebsdruck von 40 at birgt keine nennenswerte Gefahr in sich. Im Falle einer Undichtigkeit wirken die Windkesselrohre druckausgleichend, worauf das nicht mehr unter Druck stehende Wasser dampfförmig entweicht. Es muß dann nur Sorge getragen werden, das Feuer zu löschen, um einer Schädigung der im Heißwasserofen eingebauten Heizschlangen vorzubeugen.

Literatur.

Trockenkammern im Gießereibetrieb. „Metallarbeiter" 1900, Nr. 4, S. 27/28, Nr. 6, S. 42.
Trockenkammern in Metallgießereien. „Metallarbeiter" 1901, Nr. 64.
Winner: Trockenkammern und Glühöfen mit Gasfeuerung. Stahleisen 1901, S. 1187/1188.
Meyer, O.: Transportable Trockenapparate für Gußformen. Eisen-Zg. 1901, S. 536.
Rott, C.: Trockenkammern des Gießereibetriebes mit Gasfeuerung. Stahleisen 1901, S. 1002.
Trockenöfen des Vulkan in Stettin. Stahleisen 1904, S. 585.
Amerikanische Trockenöfen. Stahleisen 1904, S. 1446.
Trockenofen für kleine Kerne. Z. V. d. I. 1904, S. 612.
Mc William, A. und P. Longmuir: Mit Öl gefeuerte Trockenkammern. General Foundry Practice. London 1907, S. 149.
Freytag, E.: Neuerungen an Trockenkammern für Eisen- und Stahlgießereien. Stahleisen 1907, S. 1103.
Zemek, J. H.: Trockenkammerfeuerungseinrichtungen. Gieß.-Zg. 1907, S. 526/529.
Lots, R.: Die Anlage der Trockenkammern. Gieß.-Zg. 1908, S. 324/329 u. 451/454.
— Trocknen mit tragbaren Öfen. Gieß.-Zg. 1909, S. 406.
Vetter, H.: Die Trockenkammerverschlußtüren in ihrer Anwendung. Gieß.-Zg. 1910, S. 277/279 u. 300/304.
— Moderne Kerntrockenofenanlage. Gieß.-Zg. 1910, S. 499.
— Die Trockenkammer in der Gießerei. Gieß.-Zg. 1910, S. 618 u. 652.
Irresberger, C.: Mittelbar geheizte Trockenkammern. Stahleisen 1911, S. 501—504.
Munk, E.: Über neuere Trockenkammern mit besonderer Berücksichtigung der amerikanischen. Stahleisen 1913, S. 1808.
Treuheit, J. und L.: Die Trocknung der Gußformen usw. Gieß.-Zg. 1915, S. 81, 101, 105, 129, 166.
Erbreich, Fr.: Heizung von Trockenkammern für Eisenguß mit Rohbraunkohle, Brikettgrus und Koksgrus. Gieß.-Zg. 1920, S. 399/402.
— Bericht über den augenblicklichen Stand der Trockenvorrichtungen für Eisenguß- und Stahlgußformen. Gieß. 1926, S. 741.
Adämmer, H.: Umstellung von Trockenkammern auf minderwertige Brennstoffe. Stahleisen 1920, S. 1730.
— Die Voithsche Trockenkammerfeuerung für minderwertige Brennstoffe. Stahleisen 1921, S. 399.
Oelschläger, Jul.: Die Beheizung der Trockenkammern in Eisen- und Metallgießereien. Gieß. 1921, S. 81.
Petin, Joh.: Berechnung, Konstruktion und Betrieb wirtschaftlich arbeitender Trockenkammern. Gieß.-Zg. 1924, S. 125.
Mainz: Wirtschaftliche Ausnutzung der Abgase bei Anlage einer Trockenkammer mit Unter- und Oberwind. Gieß.-Zg. 1924, S. 448.
Hollinderbäumer, W.: Ofenanlagen in der Gießerei. Gieß. 1926, S. 513.

Dritter Hauptteil.

Stahl- und Temperguß.

XXII. Stahlguß.

Allgemeines.

Die Stahlgießerei nimmt heute in jeder Hinsicht eine achtunggebietende Stellung unter den Eisenhüttenbetrieben ein. Das dankt sie dem verständnisvollen Zusammenwirken von Theorie und Praxis, von Wissenschaft und Erfahrung und nicht zum wenigsten dem durch ein hochentwickeltes Fachschrifttum ermöglichten Austausch von Kenntnissen und Errungenschaften, wie sie diesseits und jenseits des Ozeans Schritt für Schritt erreicht wurden.

Die metallurgischen Belange spielen hier eine noch wichtigere Rolle als beim Grauguß [1]). Sie umfassen die verschiedenen Schmelzverfahren, von denen die Art der Formen, die Eingußtechnik und das Gießverfahren in hohem Maße abhängen, und die Nachbehandlung der Abgüsse. (Näheres folgt in Bd. III.)

Bei der Formerei handelt es sich darum, auf drei wesentliche Punkte Bedacht zu haben: Auf die hohe Hitzebeanspruchung der Formstoffe während des Gusses, auf das starke Schwinden, das z. B. bei Manganstahl bis auf 1 : 42 steigt, und auf die durch das hohe Schwindmaß bedingte Neigung aller Stahlgüsse, Nachsaughohlräume zu bilden. Da der Schmelzpunkt reinen Quarzsandes bei 1770° liegt [2]), die durchschnittliche Gießwärme des Stahles aber etwa 1550° beträgt, genügen schon sehr geringe weniger feuerbeständige Verunreinigungen des Sandes, die Formen schwer zu gefährden. Dasselbe ist der Fall, wenn die Gießwärme, insbesondere für kohlenstoffärmere Stahlsorten erhöht werden muß. Die richtige Auswahl und Aufbereitung der Formstoffe zählt darum zu den wichtigsten Aufgaben des Stahlformers. In deutschen Stahlgießereien arbeitet man mit Formmassen aus Schamottemehl, Ton und etwas Graphit [3]).

In der Tschechoslowakei steht für kleine Ware und Mittelguß bis etwa 1500 kg Stückgewicht der fettarme Kaolin von Blansko zur Verfügung, mit dem sich ohne jeden Zusatz tadellose Formen herstellen lassen. Die Formmasse für große Stücke wird gleich wie im Rheinlande zusammengesetzt und dazu Stahlformsand aus den Fürst Salmschen Gruben in Raitz bei Brünn verwendet. Alle derartigen Massen erfordern gründliches Trocknen der Formen bei etwa 260°. Dadurch wird ihre Fertigstellung verzögert und verteuert; es erwächst die Notwendigkeit, einen großen Formkastenbestand zu unterhalten, und die Formkasten sind raschem Verschleiße ausgesetzt. Darum wurde schon lange danach gestrebt, Formen zum Abgusse im nassen Zustande herzustellen, und tatsächlich wird heute schon ein großer Teil aller Stahlgußformen für große wie für kleine Stücke im nassen Zustande abgegossen. Sandvorkommen in Süchteln und in Bottrop i. W. erwiesen sich für diesen Zweck als sehr gut geeignet [4]), insbesondere seitdem planmäßige wissenschaftliche Untersuchungen [5]) die zweckmäßige Auswahl, Zusammensetzung und

---

[1]) Näheres hierüber in Bd. 1 unter Flußstahl S. 220/243. [2]) S. Bd. I, S. 567.

[3]) Näheres hierüber s. Bd. 1, S. 596 u. ff.

[4]) Vgl. Bd. 1, S. 594.

[5]) L. Treuheit, Formsand- und Formenuntersuchung. Stahleisen 1923, S. 1363/1369, 1494/1498.

Behandlung der Sande dargetan haben. In der Wiederbenutzung des gebrauchten Formsandes wurden die belangreichsten Fortschritte gemacht; in einer großen rheinischen Stahlgießerei[1]) arbeitet man regelmäßig mit einer aus 90% Altsand und nur 10% Neusand aufbereiteten Sandmischung.

Durch Auswahl der bestgeeigneten Formstoffe allein würde den Gefahren der großen Schwindung nicht ausreichend zu begegnen sein. Auf sie muß schon beim Entwurf der Modelle Rücksicht genommen und darauf geachtet werden, scharfe Winkel und schroffe Querschnittsübergänge möglichst zu vermeiden. Wo dies nicht angeht, muß durch entsprechende Verteilung der Eingüsse und Anschnitte, durch Füllköpfe und Schreckschalen nachgeholfen werden. In besonders ungünstigen Fällen kann das Gewicht der Eingüsse, Steiger und Füllköpfe größer werden als das der Abgüsse. Im Durchschnitt ergibt das Gewicht der fertigen Abgüsse höchstens 65% des flüssigen Stahls, während beim Guß nasser Formen und einfacher, dünnwandiger, keine Füllköpfe erfordernder Ware im günstigsten Falle ein Ausbringen von 75% erreicht wird. Der hohe Prozentsatz an Abfällen und die schwierige Abtrennung der Eingüsse tragen erheblich zur Erhöhung der Gestehungskosten bei; in den letzten Jahren wurde durch Einführung des autogenen Schneidens die Abtrennung der Eingüsse wesentlich verbessert und verbilligt. In manchen Fällen läßt sich die Schwindungsgefahr durch Zusammensetzen der Formen aus Teilen von verschiedener Widerstandsfähigkeit, einem festen Grundkörper mit Einschaltung mürberer, nachgiebiger Stellen, vermindern. Wo dies nicht angeht oder nicht ausreicht, bleibt oft nichts anderes übrig, als gefährliche Querschnitte zu verstärken und nachträglich durch Bearbeitung auf richtiges Maß zu bringen. Gedrängt durch zwingende Notwendigkeit, hat sich eine gut entwickelte Sondertechnik für die Formerei und das Gießen entwickelt.

Es empfiehlt sich im allgemeinen, den Stahl mit der zulässig niedrigsten Wärme zu vergießen. Durch längeres Abstehen können größere Mengen gelöster Gase frei werden, wodurch die Schrumpfwirkung vermindert und mittelbar das gesamte Schrumpfen herabgedrückt wird. Weiter unterliegt der Formstoff geringeren Beanspruchungen, und der Stahl bleibt nach Befreiung von seinem Gasgehalte bei gleicher Temperatur länger flüssig.

Einen der lästigsten Übelstände bildet das Auftreten von blasigen Stellen an den Abgüssen. Sie erscheinen entweder als feine, mehr oder weniger über den ganzen Abguß verstreute Poren oder als größere Blasen, meist an besonders starken Querschnitten. Im ersten Falle dürfte die Ursache wohl im Stahle zu suchen sein, obwohl auch allzu feuchter Sand ähnliche Erscheinungen hervorrufen kann. Im zweiten Falle handelt es sich meist um Lunkerungen. Da solche Blasen aber auch bei sehr mattem Gusse leicht auftreten, ist ihre Ursache wahrscheinlich ebenso oft auf Gase zurückzuführen, die während des Gießens in Teilen der Form entstehen und infolge zu rascher Erstarrung des allzu matt vergossenen Stahls nicht mehr auf dem gewöhnlichen Wege durch die Steiger entweichen können. Allgemein dürfen bezüglich des Aussehens an Stahlgußstücke nicht die gleich hohen Anforderungen gestellt werden wie an Grauguß. Stahlguß hat meist eine unansehnlichere Oberfläche als Grauguß. Dieser Tatsache sind sich viele Abnehmer, insbesondere Maschinenfabriken, nicht bewußt.

Schwindrisse sind entweder auf Verunreinigungen des Stahls, die die Festigkeit wesentlich vermindern, oder auf durch unrichtig angeordnete Formen oder Kerne behinderte Schwindung zurückzuführen. Im ersten Falle ist zu hoher Schwefelgehalt der gefährlichste Feind, insbesondere bei gleichzeitig niedrigem Mangangehalt. Im anderen Falle kann die Ursache am allzu feinen Sande, an zu reichlichem Binder, zu festem Stampfen oder auch an übermäßigem Brennen der Form liegen. Nicht selten liegt der Fehler an der unrichtigen Gestaltung des Abgusses.

Die aus der Form kommenden Abgüsse bedürfen stets einer Nachbehandlung durch ein Glühverfahren, darum spielen in den Stahlgießereien die Glühöfen eine mindestens ebenso wichtige Rolle wie die Trockenöfen. Der Zweck und die Durchführung des

[1]) G. und J. Jäger, A.-G. in Elberfeld.

Ausglühens hat sich gegenüber den vor 25 Jahren verfolgten Zielen wesentlich verändert. Früher handelte es sich ausschließlich darum, Spannungen zu beseitigen, die durch ungleiche Abkühlung des erstarrten Stahles auf Tageswärme und durch Hemmungen während des Schwindens entstanden waren. Für diesen Zweck genügte es, die Abgüsse auf dunkle Rotglut zu erhitzen — natürlich unter möglichstem Ausschluß jeden Luftzutritts — sie dieser Wärme so lange auszusetzen, bis angenommen werden konnte, daß auch die stärksten Querschnitte durchaus von ihr durchdrungen waren, und schließlich für eine derartig verlangsamte Abkühlung zu sorgen, daß nicht aufs neue Spannungen entstehen konnten. Damit ist man in den ersten Jahrzehnten des Stahlgusses zurecht gekommen, bis man allmählich erkannte, daß solches Glühen zwar Spannungen zu beseitigen und den Stahl weich zu machen geeignet sei, daß es ihn aber an der Erlangung höchstmöglicher Festigkeit behindere und insbesondere seine Schlagfestigkeit äußerst ungünstig beeinflusse. Stahlguß erleidet infolge der Wirkungen der Schmelzhitze dieselben Schädigungen wie Werkzeugstahl, der beim Anlassen überhitzt wurde. Er wird dabei grobkörniger und weniger fest, als seiner chemischen Zusammensetzung bei geeigneter Zusammensetzung entsprechen würde. Gleichwie überhitzter Stahl durch entsprechende Wärmebehandlung feinkörniges Gefüge und damit seine frühere Vollwertigkeit wieder erlangen kann, läßt sich auch Stahlguß durch richtige Behandlung feinkörniger machen und damit ganz wesentlich verbessern. Dazu reicht das frühere Ausglühen bei dunkler Rotglut, d. i. bei etwa 750—800° nicht immer aus, sondern man ist genötigt, über die Temperatur der beginnenden Ferritausscheidung hinauszugehen, die je nach dem Kohlenstoff- und Mangangehalte zwischen 700 und 900° liegt.

Stahl für Dynamoteile mit 0,11% C, 0,6% Mn, 0,4% Si, 0,03% P und 0,035% S erreicht bei einer Glühtemperatur von 890° die zu seiner Verbesserung günstigste Veränderung, insbesondere steigt seine spezifische Schlagleistung um nahezu das Zehnfache derjenigen bei 860°[1]). Stahl für Schiffs- und Maschinenteile und für Brückenbauten mit 0,23% C, 0,98% Mn, 0,39% Si, 0,042% P, 0,038% S erfordert eine Glühhitze von 850°, und Stahl für Zerkleinerungsmaschinen, Walzen und ähnliche, starker Reibung unterworfene Teile mit 0,66% C, 0,92% Mn, 0,20% Si, 0,041% P und 0,042% S erreicht bei 790° die größte Dehnung von 7,6% bei einer Bruchfestigkeit von 59,03 kg/qmm; bei 1000° aber eine Bruchfestigkeit von 63,4 kg/qmm und 4,8% Dehnung, so daß die günstigste Glühhitze zwischen 850 und 900° liegt, mit welcher Temperatur eine Festigkeit von 62,1—62,7 kg/qmm bei gleichzeitig 7,07—7,00% Dehnung erreicht wird. Strebt man aber für den gleichen Stahl zugleich mit annähernd höchster Bruchfestigkeit und Dehnung größte Querschnittskontraktion an, so darf die Glühtemperatur nur auf 790° gesteigert werden, wobei die Festigkeit 59,03 kg/qmm, die Dehnung 7,6% und die Kontraktion 12,78% beträgt. Neben dem Kohlenstoff spielt für die Bemessung der richtigen Glühtemperatur der Mangangehalt eine wichtige Rolle. Zur nachträglichen Beurteilung des richtigen Glühzustandes dient das Aussehen gerissener Probestäbe. Haben sie infolge des Zerreißens eine narbige Oberfläche erhalten, so ist das ein sicheres Zeichen für zu niedrige Glühhitze; bei richtig geglühtem Stahle bleiben die Stäbe vollkommen glatt. Sind aber Dehnung und Querschnittsverminderung sehr gering, so erscheinen nur noch kaum merkbare Narben, dafür weist aber der grobkristallinische Bruch mit Sicherheit auf zu niedrige Glühtemperatur hin. Weitere zuverlässige Schlüsse ergibt dann die mikroskopische Untersuchung des Gefüges[2]).

Die Glühöfen werden auf die verschiedenste Weise ausgeführt; man unterscheidet hauptsächlich Öfen mit Ein- und Ausfahrt von einer Seite oder mit Zugang von zwei einander gegenüberliegenden Schmalseiten, Öfen mit Gleis und Glühwagen und solche mit aus- und einziehbarem Boden, Öfen für feste, flüssige und gasförmige Brennstoffe, mit oder ohne Rekuperativeinrichtungen und in neuer Zeit Öfen für ununterbrochenen Betrieb. Eine Ausführungsform der letzten Art von Konrad Dreßler[3]) hat sich gut

[1]) P. Oberhoffer, Die Bedeutung des Glühens von Stahlformguß. Stahleisen 1915, 28. Jan., S. 93/102; S. 212/216.

[2]) Näheres über das Glühen des Stahlformgusses folgt in Bd. III.

[3]) Eine eingehende Beschreibung des Ofens und seiner Betriebsführung von R. Schäfer findet sich in der Gieß.-Zg. 1914, S. 249/253.

bewährt. Die Gußstücke werden auf einen Blockwagen gelegt, der langsam durch die Verbrennungszone eines Tunnelofens hindurch bewegt wird. Die Höchsttemperatur beträgt 950^0 und die ganze Fahrt durch den Ofen nimmt 27 Stunden in Anspruch. Hochgekohlte und stark manganhaltige Abgüsse müssen nach dem Glühen rasch abgeschreckt werden. Das ist insbesondere beim Manganstahl (1,0—1,3$^0/_0$ C, 0,3$^0/_0$ Si, 11—13,5$^0/_0$ Mn, 0,08$^0/_0$ P, höchstens 0,02$^0/_0$ S) unerläßlich. Abgüsse aus Manganstahl werden bei ungefähr 1000^0 geglüht und danach unter möglichster Vermeidung vorheriger Abkühlung in kaltes Wasser getaucht. So behandelter Stahl erreicht eine Zugfestigkeit von 76,0 kg/qmm bei 33,71$^0/_0$ Dehnung und 38,56$^0/_0$ Kontraktion im 50 mm langen Probestabe. Die Beschaffenheit und damit die Veränderungen des Kleingefüges dieses Stahles während des Glühens und Abschreckens weichen von derjenigen kohlenstoff- und manganärmerer Stähle wesentlich ab.

Der Guß erfolgt im allgemeinen mit Stopfenpfannen, handelt es sich aber um besonders hoch erhitzten Stahl, so gießt man über die Schnauze der Pfanne, was z. B. beim Vergießen von Manganstahl die Regel ist. Da solcher Stahl die Formen stark angreift, pflegt man sie mit einem Überzuge von Quarzmehl zu versehen. Um stark angebrannte Abgüsse von der Sandkruste zu befreien, unterwirft man sie am Ende des Glühverfahrens während etwa 10 Minuten einer oxydierenden Flamme und gibt sie danach in den Abschreckbehälter. Es bildet sich dabei eine starke Oxydhaut, die im Wasser abspringt und den Sand mit fortnimmt.

Eingußtechnik.

Querschnitte über 25×25 mm bedürfen im allgemeinen während des Erstarrens einer Stahlzufuhr durch einen oder mehrere Füllköpfe, das Verhältnis des Füllkopfgewichtes zum Gewicht des Abgusses soll etwa im Verhältnis von 2:3 stehen. Schwerere Füllköpfe bedeuten eine Stahlvergeudung, leichtere erfüllen nur unvollkommen ihren Zweck. Eine Walze nach Abb. 921 ist stehend von unten zu gießen und der Einguß E geringer zu bemessen als die Wandstärke des untersten Flansches (um ein Ausbrechen zu vermeiden); eine Schreckschale aber, wie sie in der Abbildung eingezeichnet ist, ist

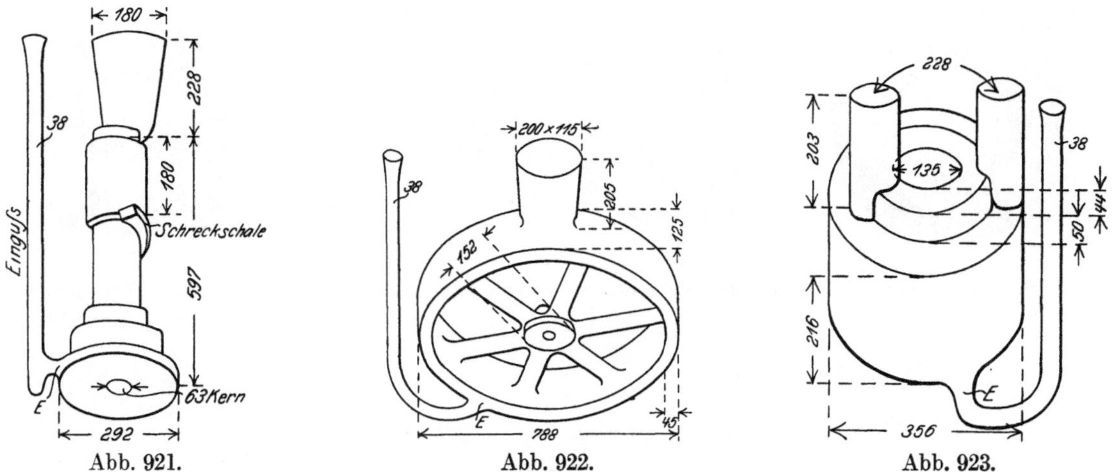

Abb. 921. Abb. 922. Abb. 923.

Abb. 921—927. Richtige und falsche Eingußanordnungen für Stahlgußteile.

zu vermeiden, da sie nur der Wirkung des Füllkopfes entgegen wäre. Blank zu fräsende Abgüsse für Stirnräder werden nach Abb. 922 behandelt, sobald ihr Durchmesser 100 mm überschreitet. Abb. 923 zeigt die Gießanordnung für ein volles, Abb. 924 für ein doppeltes Stirnrad. Die Anordnung eines Horntrichters in Abb. 924 ist besonders wichtig und der Anordnung nach Abb. 925 entschieden vorzuziehen. Beim Doppelrade nach Abb. 926 muß man sich zum seitlichen Einguß entschließen, weil der Bodenguß nach Abb. 924 keine gleich gute Gewähr für vollkommene Reinheit des Abgusses bietet. In Fällen, die die Anbringung eines gewöhnlichen Horneingusses nicht gestatten, kann man sich durch Kerneingüsse nach Abb. 927 helfen.

Der Guß erfolgt mittels drei Arten von Gießpfannen (s. S. 544): Stopfenpfannen mit Bodenauslauf, Überlaufpfannen mit oberem Ausguß und sogenannten Teetopf-

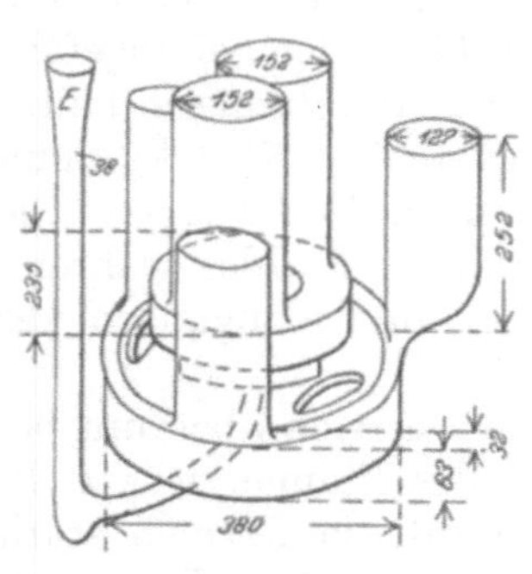

Abb. 924.

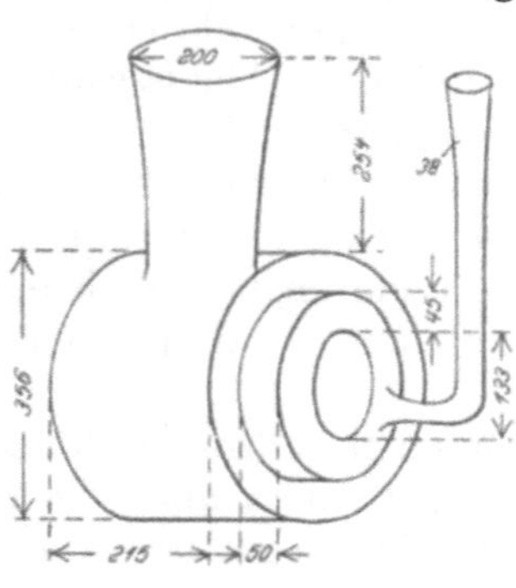

Abb. 925.

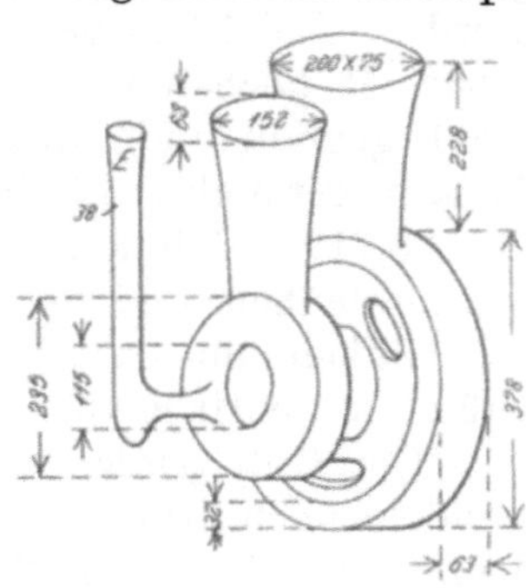

Abb. 926.

pfannen. Bei allen drei Pfannenarten besteht die Gefahr des Eindringens von Schlacke in die Form. Am geringsten ist diese Gefahr bei den Stopfenpfannen, denen aber verschiedene andere Nachteile anhängen. Es hält schwer, mit ihnen die Menge des zu vergießenden Stahls genau genug zu bemessen, um dem Verschütten völlig vorzubeugen, und es bietet einige Schwierigkeit, die Eingußstelle der Formen genau zu treffen.

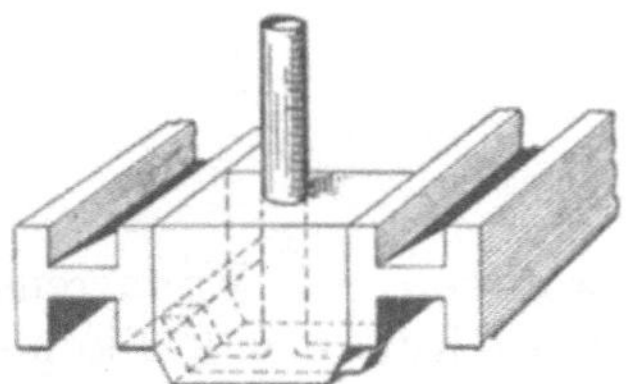

Abb. 927.

Man hat darum nach anderen Wegen gesucht, um schlackenfreie Güsse mit großer Sicherheit zu bewirken, und ist dabei auf Gießsiebe gekommen, ähnlich wie sie auch bei manchen Graugüssen gebräuchlich sind. Nach dem von J. H. Crawley erfundenen Verfahren[1]) werden aus drei Kernen bestehende Eingüsse verwendet. Jeder Einguß besteht aus einem Einlaufkern (Abb. 928), der unmittelbar

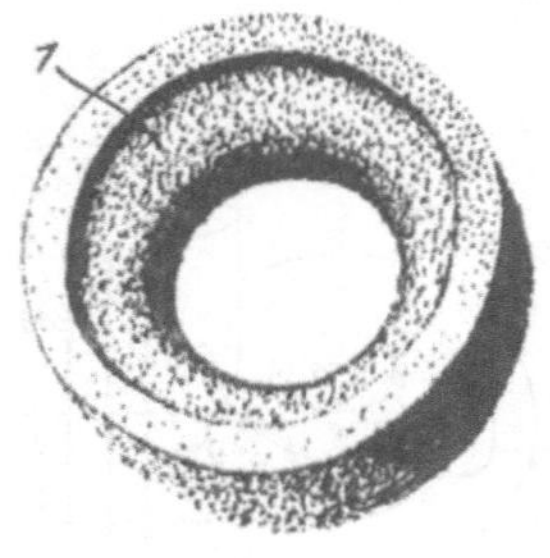

Abb. 928. Einlaufkern für Gießsiebe.

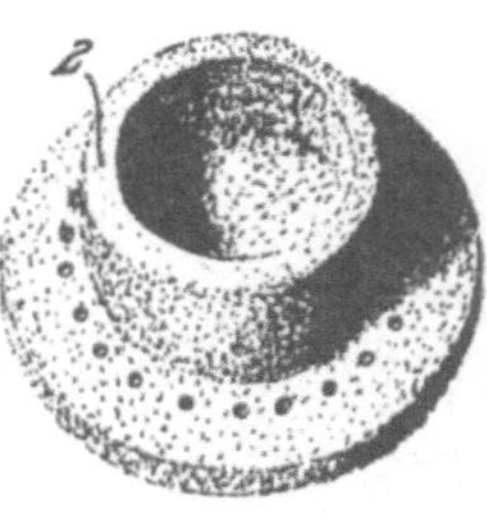

Abb. 929. Siebscheibe.

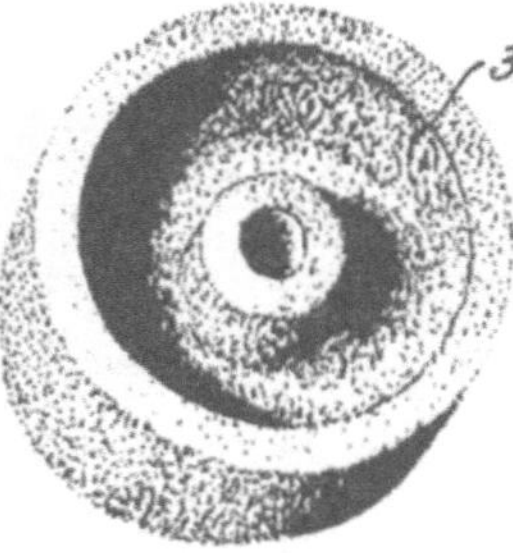

Abb. 930. Tümpelkern.

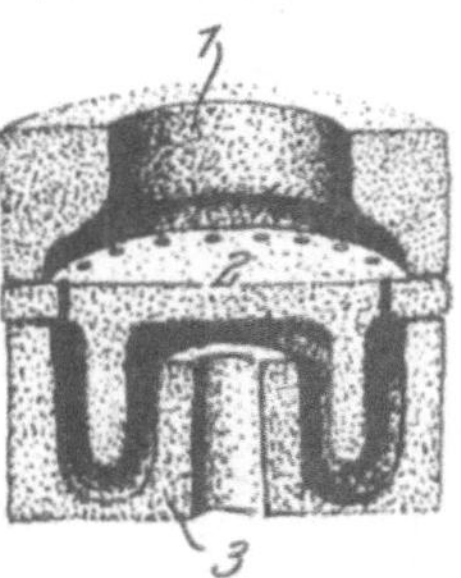

Abb. 931. Zusammengesetztes Gießsieb.

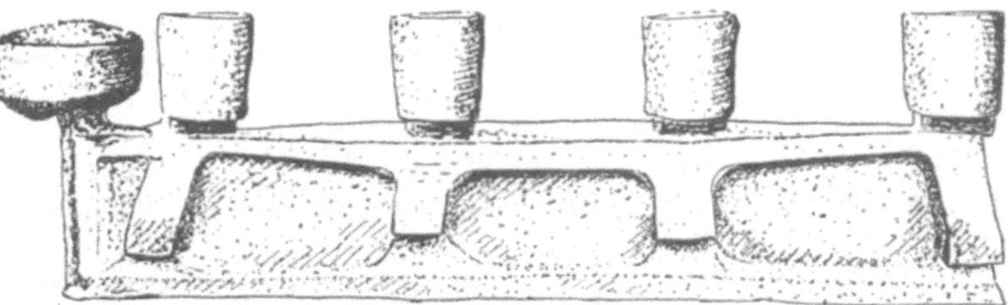

Abb. 932. Mit Siebtrichter gegossenes Stück.

auf die Mündung des Gießtrichters gesetzt wird, einer Siebscheibe (Abb. 929) mit einem Ringe von Einlauflöchern und einem Tümpelkerne (Abb. 930) zur Bildung des Gießtümpels.

[1]) Foundry 1925, S. 743/744.

Abb. 931 läßt einen zusammengesetzten gießbereiten Einguß erkennen. Die drei Kerne werden sowohl untereinander als auch gegen den Formkasten gut verkittet. Einen mit diesem Siebtrichter gegossenen schweren Tragrahmen läßt die Abb. 932 erkennen. Der Rahmen wiegt 1700 kg, er wird oben und unten bearbeitet und soll völlig blank ausfallen. Erst nach Einführung des Siebeingusses gelang es, die vorgeschriebenen Sauberkeitsbedingungen zu erfüllen.

Beispiele[1]).

A. Steuerruder. [Modellformerei[2]).]

Die Abb. 933 zeigt ein 5700 × 4200 mm großes Steuerruder. Bei der Ausführung in Guß hat man die Wahl, mit oder ohne Aussparungskernen zu arbeiten und dementsprechend ein sog. Kastenmodell mit Kernmarken oder ein den genauen, nur um das Schwindmaß vergrößerten Formen des Abgusses entsprechendes Modell herzustellen. Das erste Verfahren ist vorzuziehen, da es größere Gewähr für einen geraden, d. h. nicht verwundenen oder verzogenen Abguß bietet.

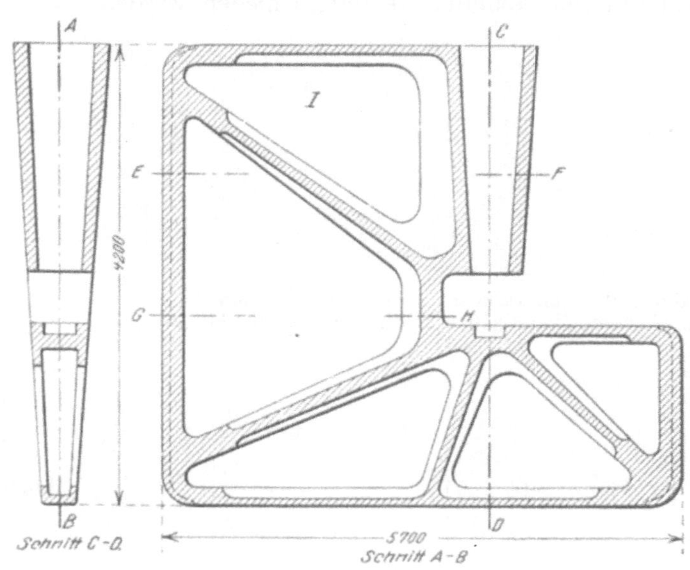

Abb. 933. Großes Steuerruder.

Die Modellherstellung. Die Hauptlinien des Modells werden am besten unmittelbar am Boden der Tischlerei entsprechend den Linien A L K D H E der Abb. 938 vorgerissen, die wichtigsten Querschnitte A L B, E F H und K D C bestimmt und die Linien 1—1, 2—2 usw. eingezeichnet. Zur Ermittlung des jeder dieser Linien entsprechenden Modellquerschnitts, z. B. desjenigen der Linie L O, geht man in folgender Weise vor: Man zieht vom Mittel-

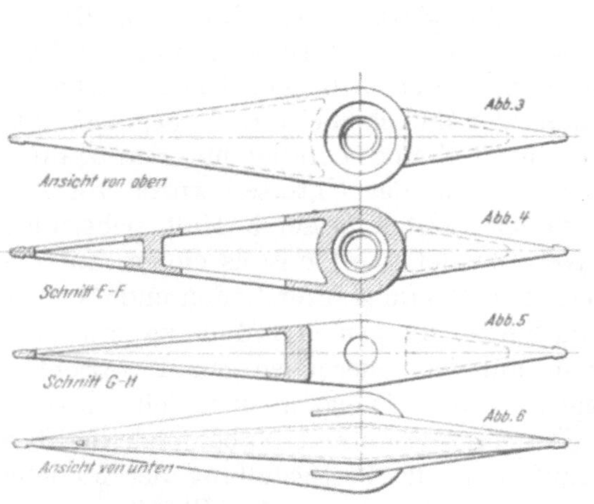

Abb. 934—937. Ansichten des Steuerruders von oben und unten und zwei Schnitte.

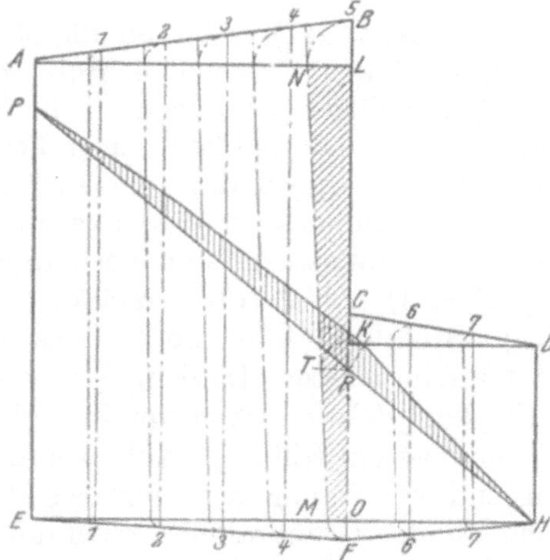

Abb. 938. Risse zur Querschnittsermittlung.

punkte L aus mit dem Halbmesser L B und vom Mittelpunkte O aus mit dem Halbmesser O F je einen Bogen, worauf die Verbindungslinie der Schnittpunkte N und M

[1]) Weitere Beispiele für Stahlgußformerei s. S. 86, 110, 111, 113. [2]) Nach Stahleisen 1920, S. 879.

dieser Bögen mit den Wagerechten A L und E H den gesuchten durch Schraffierung gekennzeichneten Querschnitt N L O M ergibt. In ähnlicher Weise läßt sich für jeden Punkt und jede Linie die entsprechende Modellstärke ermitteln. Um sie z. B. entlang der Diagonale P H festzustellen, wird vom Schnittpunkte R dieser Diagonale mit der Linie L O aus (nach der Gesamtanlage des Modells entspricht diese Linie seiner größten Erhebung) mit dem Halbmesser R T ein Bogen beschrieben, dessen Schnittpunkt K mit der senkrecht zur Diagonale P H gezogenen Linie R K die Modellstärke am Punkte R gibt, worauf durch Verbindung von K mit P und H der Gesamtquerschnitt P H K P ermittelt wird.

Auf Grund dieser Risse sind zunächst die dem werdenden Modell Halt und Festigkeit gebenden Grundrahmen (Abb. 939 u. 940) auszuführen, wobei bereits zwischen der oberen und unteren Modellhälfte unterschieden werden muß. Die untere Hälfte erhält Kern-

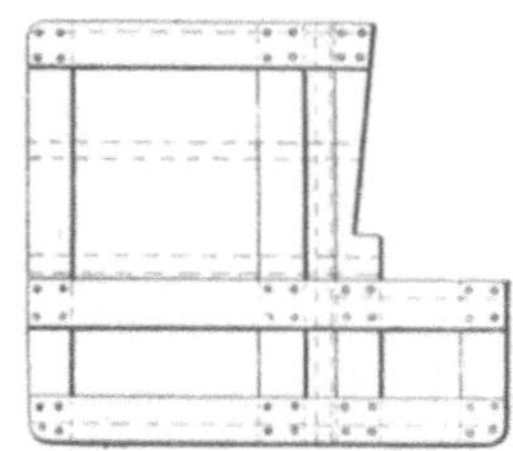

Abb. 939. Grundrahmen für die obere Modellhälfte.

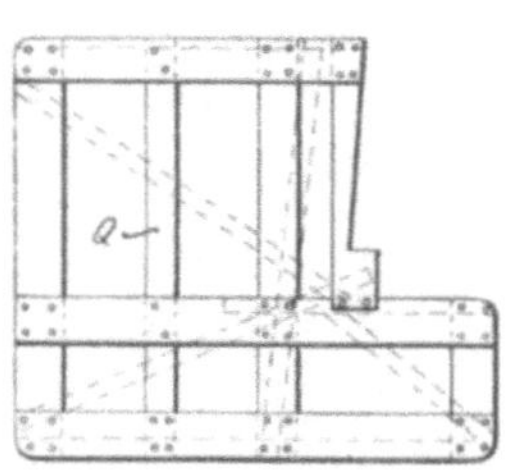

Abb. 940. Grundrahmen für die untere Modellhälfte.

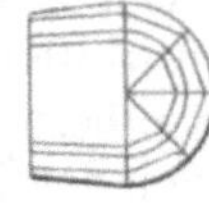

Abb. 943 u. 944. Nabenmodell und Riß zur Anfertigung des Nabenmodells.

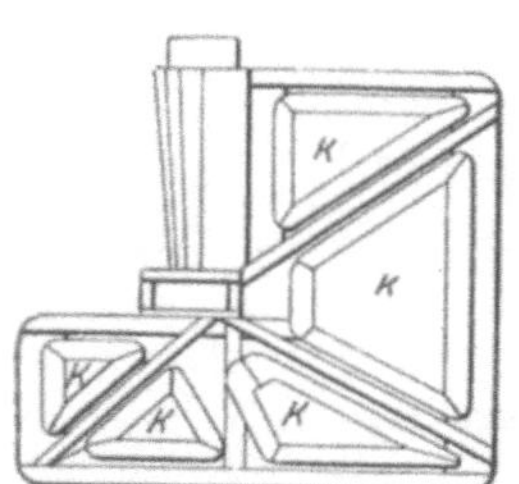

Abb. 941. Formfertige untere Modellhälfte.

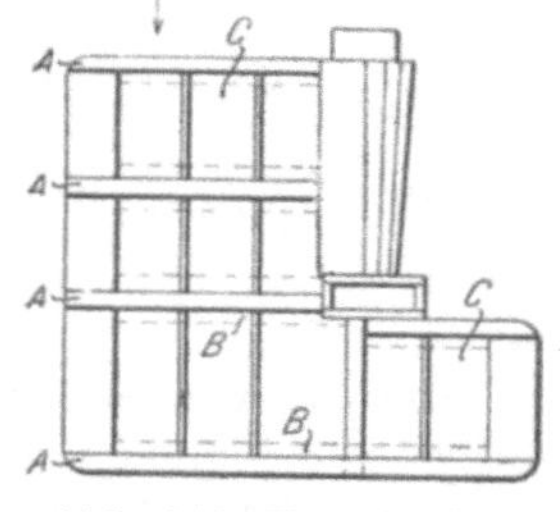

Abb. 942. Formfertige obere Modellhälfte.

Abb. 945. Ansicht des Modells von ↓ in Abb. 942.

marken K (Abb. 941), während die obere Hälfte völlig glatt bleibt (Abb. 942). Das zu den Grundrahmen verwendete Holz soll mindestens 40 mm stark sein, um die Verwendung $1^1/_2$zölliger Schrauben für die Zwischenleisten zu ermöglichen. Die gestrichelten Linien der Abb. 939 und 940 zeigen die Anordnung der Zwischenleisten — diagonal, entsprechend den Rippen des Abgusses, für das Unterteil und parallel mit den Hauptkölzern des Rahmens für das Oberteil. Der Rahmen für das Unterteil wurde vor Anbringung der Zwischenleisten noch durch die diesen Leisten besseren Halt sichernden Querbalken Q (Abb. 940) verstärkt. — Das Nabenmodell wird mittels einiger auf ein kräftiges Stützholz (A in Abb. 943) geschraubter, etwa 40 mm starker Böden und darüber gesetzter Längsleisten (Dauben) hergestellt. Um hierfür die genauen Maße zu gewinnen und die Längsleisten schon vor ihrer Befestigung auf den Querböden genau vorrichten zu können, ist ein Riß nach Abb. 944 anzufertigen. Abb. 945 zeigt in einer Seitenansicht Form und Anordnung der einzelnen Hölzer. Die fertig gestellten Nabenmodellhälften werden an die Grundrahmen geschraubt, worauf man zur Fertigstellung der Modelle durch Anbringen der äußeren Verkleidung schreitet. An der oberen Modellhälfte werden zu diesem Zweck neben die Zwischenleisten A (Abb. 942) Traghölzer B geschraubt, die um die Stärke der Verkleidungsplatten niedriger als die Zwischenleisten A sind. Die schließliche Aufbringung und Befestigung der Verkleidungsplatten C ergibt sich dann ohne Schwierigkeit. Die untere Modellhälfte wird der Holzersparnis halber nicht erst mit Abdeckplatten, auf denen dann die Kernmarken aufzusetzen wären, verkleidet, sondern man läßt die Kernmarken selbst den Abschluß des Modells nach außen bilden. Zu dem Zwecke werden an die schrägen Rippen dieser Modellhälfte 25 mm starke Leisten geschraubt, die breit genug sind, um den Kernmarken ausreichende Auflage zu gewähren. Abb. 954 läßt unter A diese Leisten deutlich erkennen. Zwischen sie und den Rahmenbalken werden Abstandshölzer geschoben, um etwaigen Einbauchungen beim Auf-

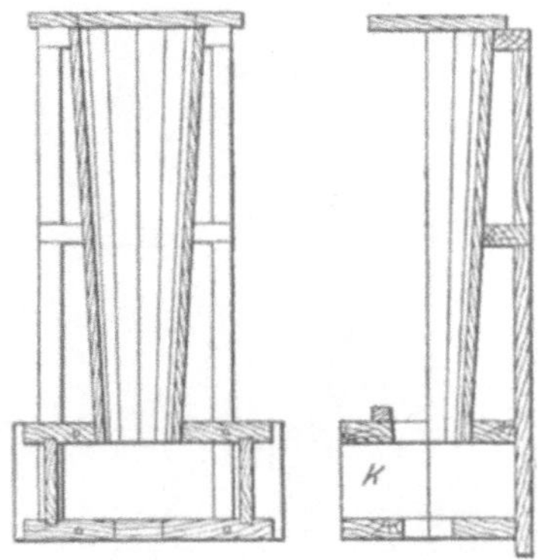

Abb. 946. Abb. 947.
Abb. 946 u. 947. Kernbüchse für die Nabe.

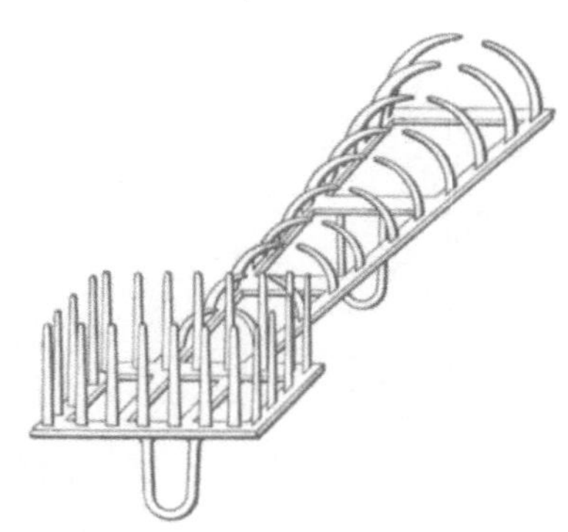

Abb. 948. Kerneisen für den konischen Nabenkern.

stampfen vorzubeugen. Auf die Leisten werden dann die Kernmarken gesetzt, für die eine Stärke von 20 mm genügt. Die obere Modellhälfte bedarf keiner Kernmarken.

Die Kernbüchsen. Die Abb. 946 und 947 zeigen die Kernbüchsen für den Nabenkern. Der konische Hauptkern ist demnach geteilt, die untere Hälfte wird unter Verwendung eines Kerneisens nach Abb. 948 in die Büchse „gebettet", die obere wird mit

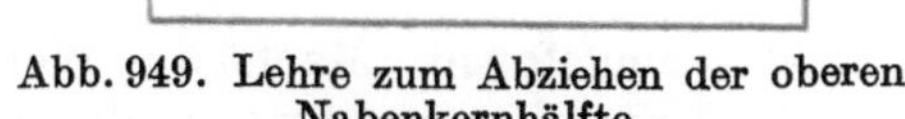

Abb. 949. Lehre zum Abziehen der oberen Nabenkernhälfte.

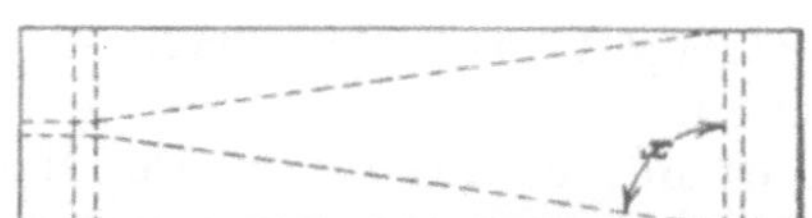

Abb. 951. Brett mit dem Riß einer Kernbüchsenwand.

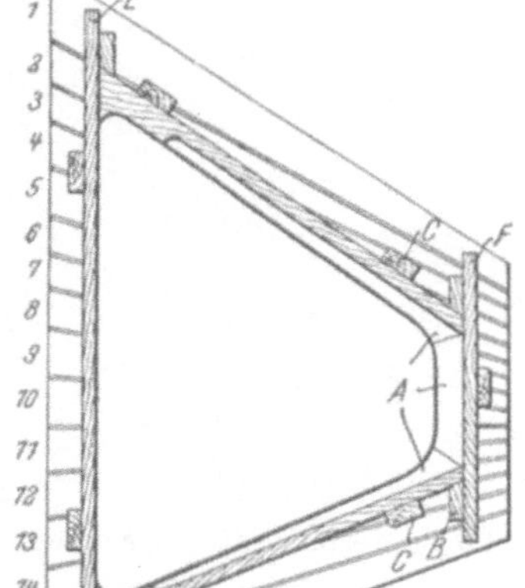

Abb. 950. Kernbüchse.

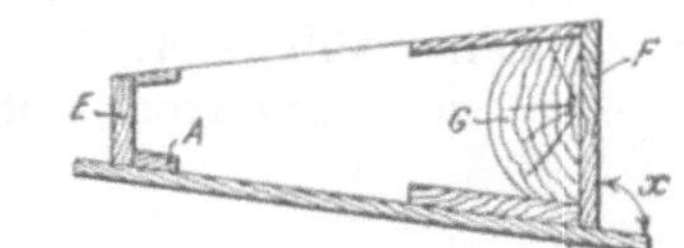

Abb. 952. Blockeinlage.

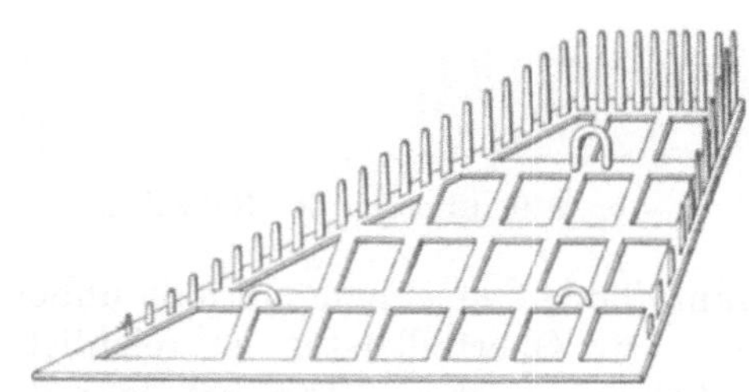

Abb. 953. Kerneisen für einen Aussparungskern.

Hilfe einer Lehre (Abb. 949) „gezogen". Die prismatische Marke am inneren Kernende bedingt die Zweiteilung dieses Büchsenteils durch Anordnung des Kästchens K (Abb. 947). — Die Büchsen der großen Aussparungskerne erhalten vollständige, aus schräg zugeschnittenen Brettern (1, 2, 3 usw. in Abb. 950) zusammengefügte Böden. Die Kernbüchsenseitenteile zeichnet man auf ganze Bretter vor (Abb. 951), schneidet sie zurecht und befestigt sie mit Blöcken B und C (Abb. 950) am Boden. Dabei wird zugleich der Winkel x (Abb. 951 und 952) festgestellt, unter dem die Stirnwände E und F (Abb. 951 und 952) auf dem Büchsenboden anzubringen sind. Die um Kernmarkenstärke verdickten unteren Flanschenmodelle A (Abb. 950 und 952) werden am Büchsenboden dauernd befestigt, wogegen die oberen Flanschteile abnehmbar anzuordnen sind. Die Büchse für den Aussparungskern I in Abb. 933 erhält zur Bildung der Nabenwandstärke eine

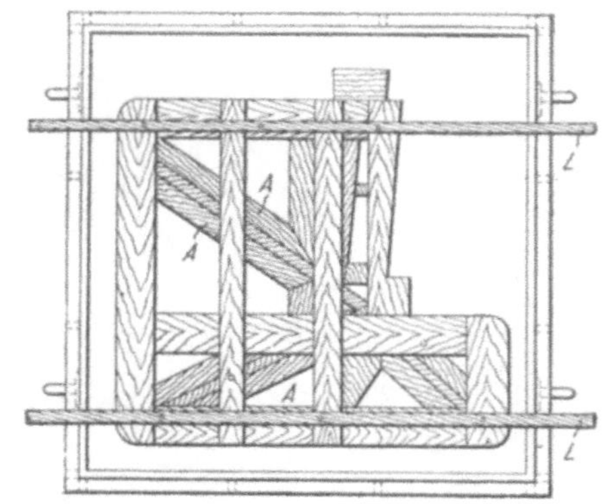

Abb. 954. Untermodell, bereit zum Einbetten.

Abb. 955. Unterteilmodell, bereit zum Einstampfen.

Abb. 956.

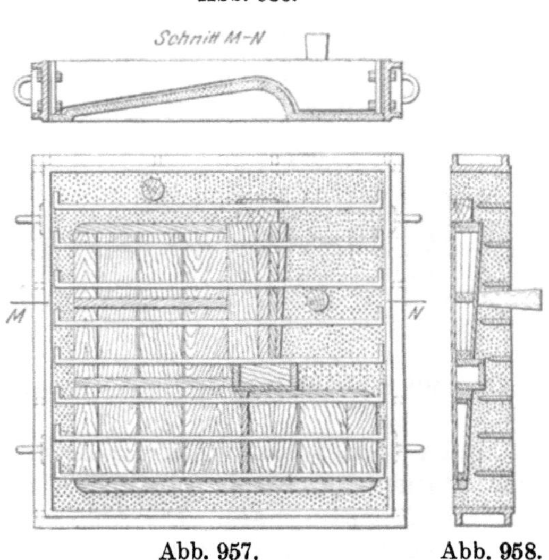

Abb. 957. Abb. 958.

Abb. 956—958. Fertig gestampftes Oberteil.

Blockeinlage G nach Abb. 952. Abb. 953 zeigt eines der für diese Kerne verwendeten Trageisen.

Formen und Gießen. Das Modell wird im Kasten eingeformt. Macht das Wenden Schwierigkeit, so bettet man das Unterteil ein, wozu des Unterstampfens wegen die Kernmarken zunächst abgenommen und zwei kräftige bis über die Formkastenränder reichende Leisten L an das Modell geschraubt werden (Abb. 954), andernfalls stampft man das Unterteil auf einem

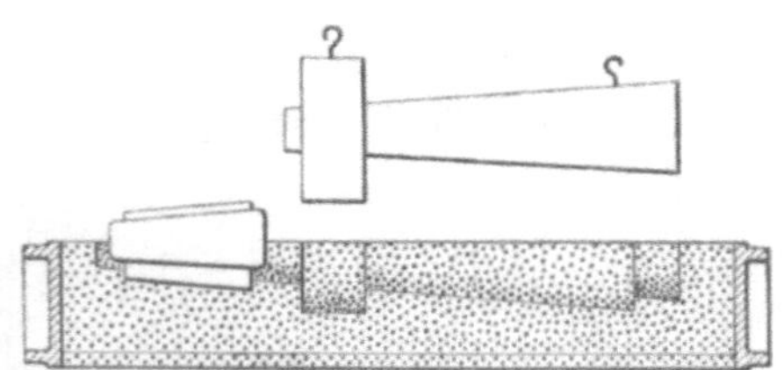

Abb. 959. Einlegen des Nabenkerns.

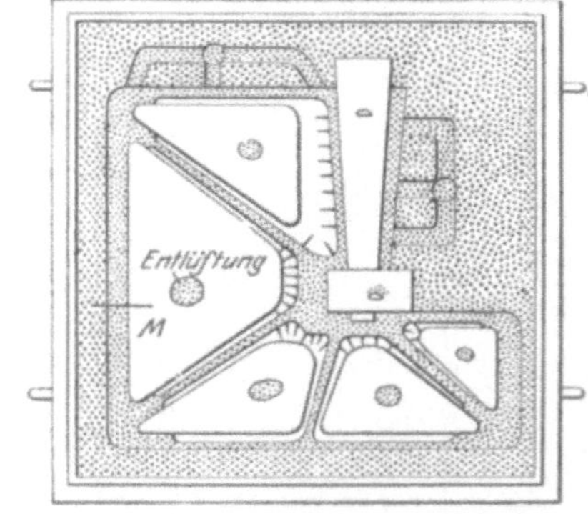

Abb. 960. Unterteil mit eingelegten Kernen.

Stampfboden in einem mit den üblichen Bodenleisten versehenen Kastenteil (Abb. 955) ein. Der Oberteilkasten ist reichlich mit Schoren (Zwischenwänden) nach Abb. 956 bis 958 zu versehen. Abb. 958 läßt die den Modellumrissen folgende Form der Schoren genauer erkennen.

Die verwendete Formmasse besteht aus gemeinsam vermahlenen Tiegelscherben, Quarzmehl, halbverbrauchten feuerfesten Steinen, Schieferton und Hartkoks. Für Kernzwecke gibt man derselben Masse, um sie beim Schwinden des Abgusses nachgiebiger zu machen, einen reichlichen Zusatz von scharfem, tonfreiem Seesand.

Abb. 959 läßt das Einlegen des Nabenkerns erkennen, Abb. 960 zeigt ein Unterteil mit eingelegten Kernen und gibt zugleich die Anordnung der Eingüsse an. Die kurzen, starken Linien an den großen Aussparungskernen entsprechen etwa 5 mm starken Schlitzen, die man in die Kerne schnitt, um der Gefahr des Reißens während der Abkühlung entgegenwirkende Verstärkungsrippen zu schaffen. Beim Putzen werden sie weggemeißelt. Man sucht der Gefahr des Reißens weiter durch Schaffung kräftiger Federn rings um jede Kernmarke zu begegnen, wie sie sich durch etwa 50 mm breites, allmählich verlaufendes Beschneiden der Kernmarkenränder erzielen lassen. Auch rings um die ganze Form

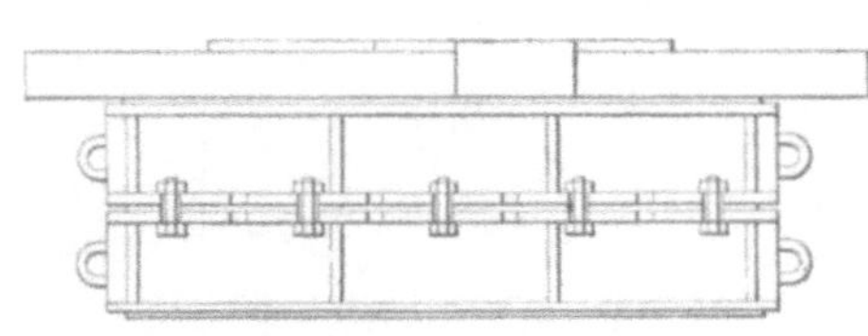

Abb. 961. Gußbereite, fertig verschraubte und beschwerte Form.

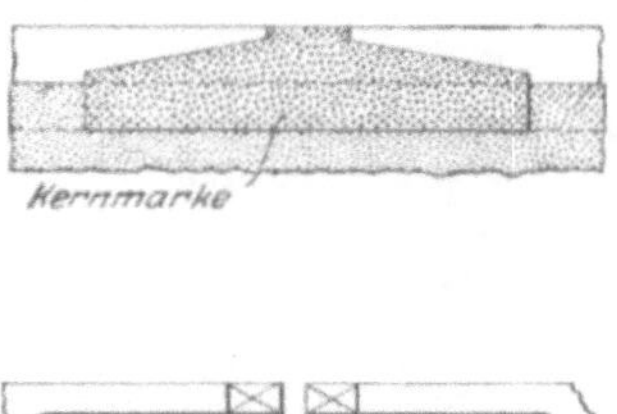

Abb. 963. Gesprengte Stelle.

schafft man solche Federn, hier aber, um den Gasen zuverlässigen Abzug zu sichern. An Stellen besonders starker Wandungen werden etwa 10 mm starke und 50 mm tiefe Löcher in den Sand getrieben, wiederum um für zuverlässige Entlüftung vorzusorgen.

Die beiden Formkastenteile werden durch Schrauben verbunden und zudem mit Schwereisen belastet (Abb. 961). Nach dem Guß, der infolge des geringeren Flüssigkeitsgrades des Stahls länger dauert als bei Graueisen, muß für rascheste Entleerung der Form, insbesondere für sofortiges Ausstoßen der Kerne, gesorgt werden, sonst sind Risse unvermeidlich. Die Formen werden in möglichst warmem Zustande abgegossen, die Abgüsse wie üblich geglüht. — Eine wirksame Maßregel, gefährlichen Spannungen vorzubeugen, liegt im absichtlichen „Sprengen“ besonders gefährdeter Stellen. So kann bei M (Abb. 960) ein Kern nach Abb. 962 eingelegt werden. Dadurch entsteht eine Lücke (Abb. 963), die später mittels eines eingeschraubten Flickstückes geschlossen wird.

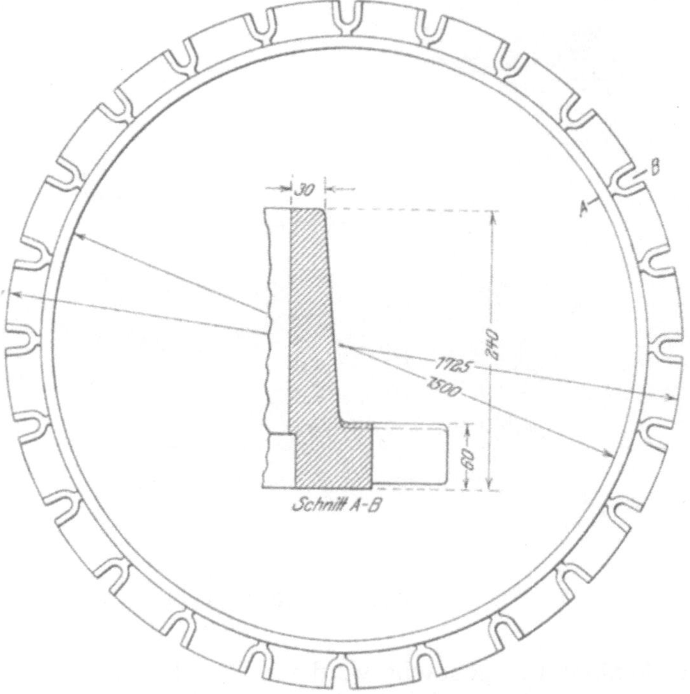

Abb. 964. Eingekerbter Flanschring.

B. Gekerbter Ring mit hohem Flansch.

(Vereinigte Drehlehren- und Kernarbeit.)

Zur Ausführung des in Abb. 964 dargestellten Flanschringes, wofür ein Modell zu kostspielig käme[1]), dreht man mit einer gewöhnlichen Drehspindel einen ebenen Stand ab, setzt darauf einen über die Spindel geschobenen Formkasten und stellt mit der Lehre (Abb. 965) den Grund der Form her. Zur Gewinnung des inneren Teiles derselben dient ein an den gabelförmigen Arm der Drehvorrichtung geschraubtes Modellsegment (Abb. 966). Das Modellstück hat eine doppelte Führung, einmal durch den Gabelarm und zum anderen durch den bereits abgedrehten Sandring a,

[1]) Nach Stahleisen 1910, S. 919.

wodurch eine genau entsprechende Form gewährleistet wird. Gleichzeitig mit dem Hochstampfen des Modelles, das dabei im Kreise weiter gerückt wird, werden drei tangential mündende Einläufe (Abb. 970) angebracht. Nach beendigtem Stampfen dreht man die Oberfläche der Stampfschicht mit einer geraden Lehre eben ab, entfernt die Spindel und ordnet an ihrer Stelle den Einguß an. Die Form kann nun geschwärzt und in die

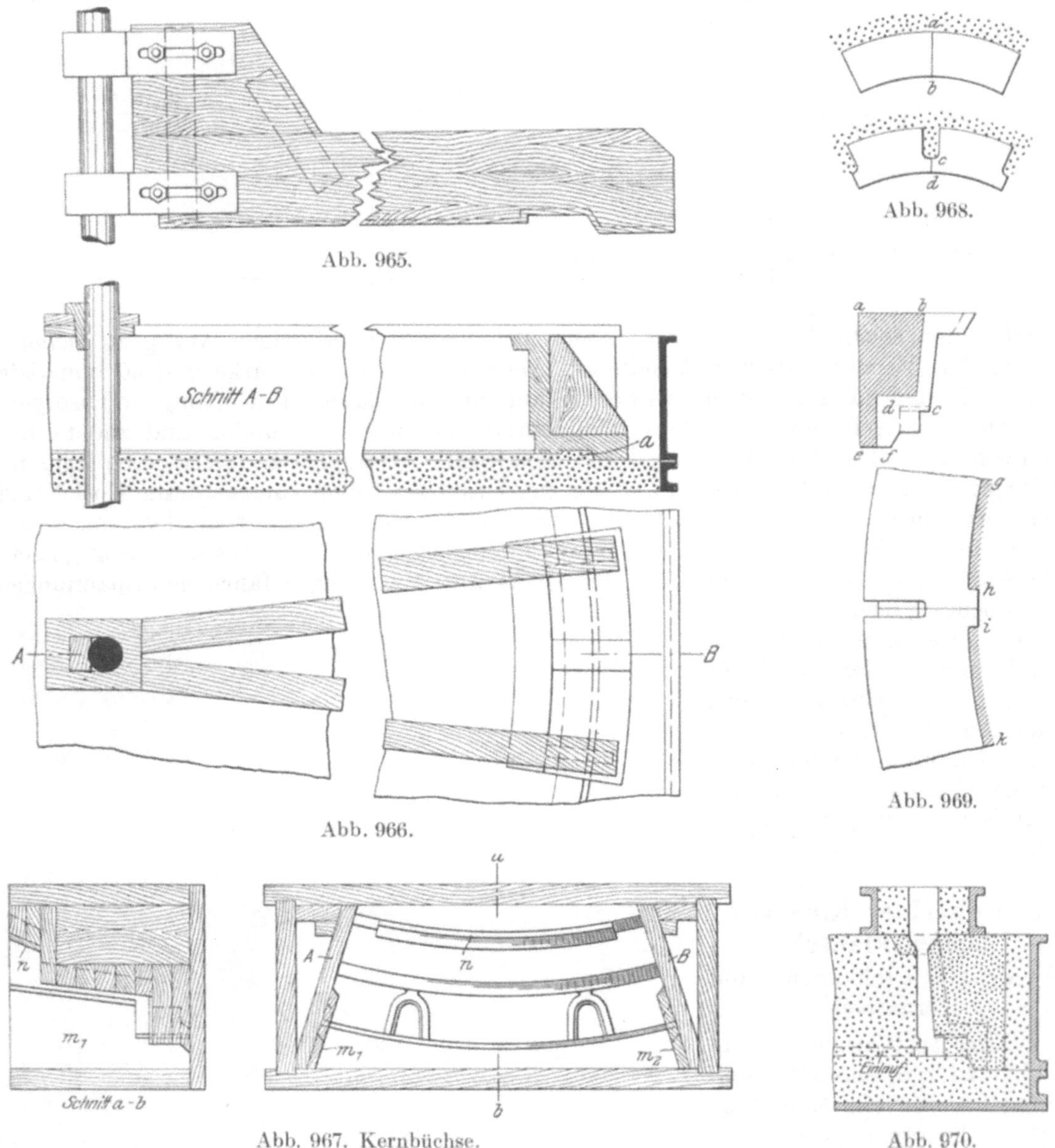

Abb. 965. Abb. 966. Abb. 967. Kernbüchse. Abb. 968. Abb. 969. Abb. 970.

Abb. 965—970. Formerei eines Stahlgußflanschrings.

Trockenkammer gebracht werden. Für die Kerne zur Gestaltung des äußeren Teiles der Form wird eine Kernbüchse nach Abb. 967 benutzt. Um das genaue Aneinanderpassen der Kerne zu erleichtern, läßt man sie nicht mit den ganzen Seitenflächen aneinanderstoßen (a b in Abb. 968), sondern man sieht schmale Stoßflächen c d nach Abb. 969 und der unteren Skizze in Abb. 968 vor. Die sich nach dem Einlegen der Kerne ergebenden Hohlräume werden mit Formsand ausgefüllt. Neben der schraffierten seitlichen Aussparung a b c d e f wurde eine solche auch im oberen Kernlager bei g h und i k vorgesehen.

Die Kernbüchse wird zunächst ohne Rücksicht auf die Sonderstoßflächen angefertigt, da es einfacher ist, diese Flächen nachträglich mittels der aus Abb. 967 ersichtlichen Beilagen zu schaffen. Nach guter Trocknung von Form und Kernen bietet die Zusammenstellung keine Schwierigkeiten. Der Raum zwischen den Kernen und der Formkastenwand wird mit Sand vollgestampft, auf die Kerne setzt man Beschwereisen, baut dann Einguß und Trichter auf und bringt die Form, Abb. 970, zum Abgusse.

C. Schachtdeckel von 5155 mm Durchmesser und 42 t Gewicht.

[Lehrenarbeit [1]).]

Bei der Wahl des Formverfahrens für einen Schachtdeckel nach Abb. 971 ist vor allem die Leistungsfähigkeit der zur Verfügung stehenden Hebezeuge ausschlaggebend. Das Wenden eines $6 \times 6 \times 2{,}5$ m großen Formkastens, der mit den Schoren und dem Formsande ein Gewicht von etwa 150 t erreichen würde, erfordert einen Kran von mindestens 200 t Tragfähigkeit und bedingt auch mit einem solchen Hebezeuge noch erhebliche Betriebsgefahren. Es ist darum besser, auf jedes Wenden zu verzichten und das Stück mit der Außenfläche nach unten einzuformen, wobei nur das Gewicht des Kerns zu handhaben und die Möglichkeit gegeben ist, den Kern schon frühzeitig nach dem Guß zu lockern. Letzterer Umstand fällt bei der hier vorliegenden Schwindung von rund 90 mm im Durchmesser und 28 mm in der Höhe sehr ins Gewicht. Selbstverständlich kann nur Lehrenarbeit in Frage kommen, da auch die Formerei mit einem Rahmenmodell wesentlich umständlicher wäre.

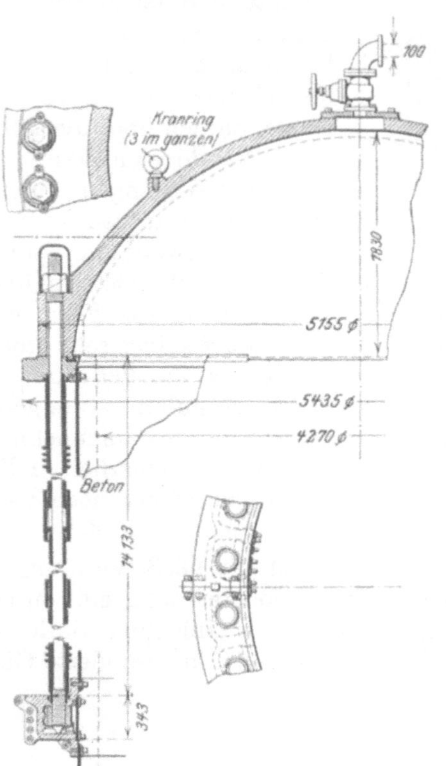

Abb. 971. Anordnung des Schachtdeckels mit Verankerung.

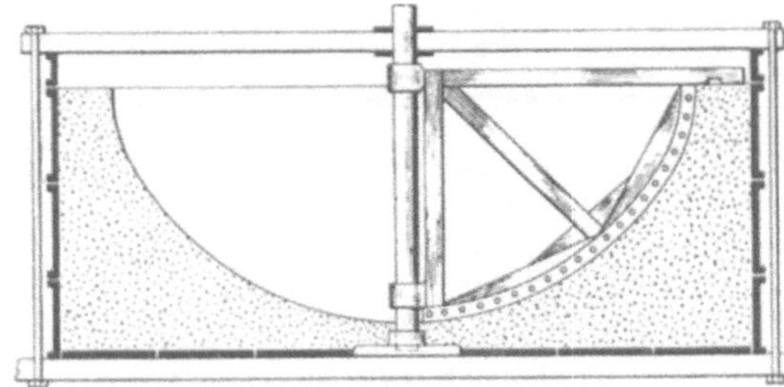
Abb. 972. Ausschablonieren der Kernform.

Man stellt zunächst in einem Formkasten (Abb. 972) oder in einer durch Mauern bzw. Eisenwände gesicherten Grube mittels einer Lehre die Form für das Kernteil her, wobei es sich in Anbetracht des hohen Stampfdrucks empfiehlt, der Sandoberfläche durch Auftragung einer dünnen Schicht von Zementschlämme besondere Widerstandsfähigkeit zu verleihen. Nach mehrtägigem Abbinden der Zementschicht wird der Kern unter Verwendung von drei miteinander entsprechend der fortschreitenden Stampfarbeit durch Schraubenbolzen starr zu verbindenden gußeisernen Gitterrosten aufgestampft. Abb. 973 zeigt den Arbeitstand unmittelbar nach Einsetzen des obersten Kernrostes, während Abb. 974 die allgemeine Anordnung der Kernrüstung erkennen läßt. Über den Umfang dieser Kernarbeit gewinnt man einigermaßen ein Bild durch die Erwägung, daß dazu 11 Wagenladungen Sand und 9 t Eisen für Roste, Sandhaken usw. erforderlich

[1]) Nach Stahleisen 1914, S. 1431.

wurden, daß zu seiner Ausarbeitung 20 Fässer Formstifte benötigt wurden und daß er ein Gewicht von rund 110 t erreichte. Der ausgehobene Kern wird auf zuverlässigen Unterlagen abgesetzt, seine Oberfläche durchwegs gestiftet, geschwärzt und er schließlich mit Koksfeuern getrocknet.

Nach dem Losbrechen der Zementschicht erfolgt das Abdrehen des Kesselmantels, dessen Oberfläche gleich derjenigen des Kernteils behandelt wird, worauf man Kokskörbe einhängt, um auch diesen Teil der Form gründlich zu trocknen. Zur Prüfung der sich ergebenden Wandstärke wird der Kern in die völlig gereinigte und fertig gemachte Unterteilform über kleinen Lehmballen eingehängt. Er bleibt dabei, ebenso wie beim Gusse, an den über die Formkastenwände reichenden Querträgern frei hängen, irgendwelche Kernstützen kommen nicht zur Verwendung. Stimmt die Höhe der zusammengedrückten Lehmballen mit der erforderlichen Wandstärke überein, was bei gewissenhafter Arbeit stets der Fall sein wird, so kann die Form endgültig zusammengesetzt und gießbereit gemacht werden. Sie bedarf keines sehr großen Belastungsgewichts, da die der Abb. 974 zu entnehmende Verschraubung stark genug ist, um den ganzen Gießdruck aufzunehmen. Lediglich der größeren Sicherheit halber setzt man auf die Querträger noch Ladeeisen im Gewichte von etwa 100 t.

Abb. 973. Aufstampfen des Kerns.

Abb. 975 läßt die Gießanordnung erkennen. Je ein oberer und ein unterer Trichter führen den flüssigen Stahl zu. Diese Trichter münden in gesonderte Gieß-

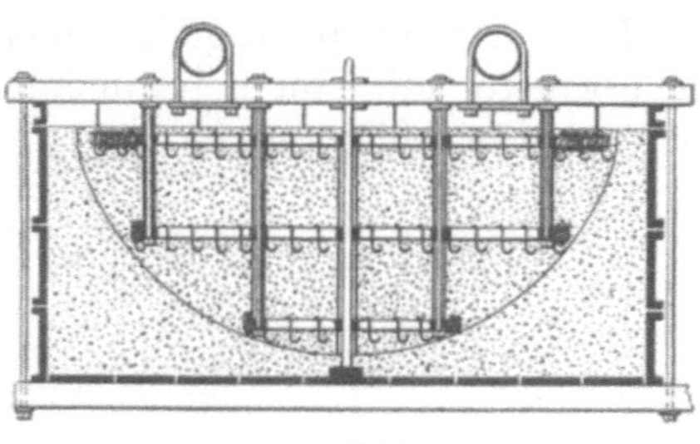

Abb. 974. Der Kern fertig in der Form aufgestampft.

Abb. 975. Anordnung der Steiger und Eingüsse.

tümpel. Man gießt mit zwei je 35 und 25 t fassenden Pfannen. Die den unteren Einguß bedienende 35 t-Pfanne wird etwa zu $^2/_3$ entleert, worauf auch die den oberen Einguß bedienende Pfanne zu gießen beginnt. An der Oberfläche des Flansches sind 12 Füllköpfe von je 375 mm Durchmesser und 1,2 m Höhe vorgesehen. Die Form wird 12 Tage nach dem Abgusse ausgeleert und in Glühbehandlung genommen. Für das Glühverfahren war in dem einen bekannt gewordenen Ausführungsfalle ein besonderer Glühofen erforderlich.

D. Schlackentöpfe.

[Lehrenarbeit [1]).]

Zur Formerei der in amerikanischen Stahlwerken in beträchtlichen Mengen verwendeten großen Schlackenkübel wird folgendes gut entwickeltes Verfahren angewendet.

Die Behälter haben bei der Ausführung in Gußeisen eine Tiefe von 2030 mm bei einem Flanschdurchmesser von 2670 mm, bei der Ausführung in Stahl 2560 mm Tiefe und 2740 mm Durchmesser und wiegen je 8000—9000 kg. Das Formverfahren ist für Stahl und für Grauguß fast dasselbe, es muß nur der Oberflächenformstoff dem zu vergießenden Metalle entsprechend zusammengesetzt werden; einige geringe Abweichungen bestehen in der Anordnung der Eingüsse und in den Vorkehrungen zur Sicherung ungehemmten Schwindens.

Das Oberteil der Form (Abb. 976) wird über einem festen Traggerüst aus Masse aufgedreht, eine auf einmal aufgetragene 25 mm starke Schicht reicht völlig aus. Das Traggerüst besteht aus acht mit zahlreichen Löchern zur Gasabführung, mit Nippeln (Warzen) an den Außenseiten zum Festhalten der Masse und ringsum mit Flanschen versehenen Seitenplatten A, einer ähnlich ausgestatteten flachen Haube B und einem Abschluß- und Führungsringe C. Die Seitenplatten und die Haube bestehen aus Gußeisen, der Abschlußring aus Stahl. Bei starrer Verbindung der Platten würden die Abgüsse nicht genügend schwinden können, weshalb es notwendig war, ein nachgiebiges Mittel zwischenzuschalten. Dieses besteht für Grauguß aus 24 mm starken, trockenen Weichholzleisten, die zwischen die Platten geschoben und dort durch die Verbindungsschrauben festgehalten werden. Während des Gusses oder doch unmittelbar danach beginnen die Leisten zu verbrennen und ermöglichen so ein Zusammenschieben der dem Druck des schwindenden Abgusses unterworfenen Platten. Für Stahlguß würden sich solche hölzerne Brandleisten nicht bewähren, da der Stahl rascher schwindet als sie verbrennen. Man verwendet an ihrer Stelle stählerne Keilleisten von 100 mm Breite und einer Verjüngung von 50 auf 25 mm, die zwischen jedes zweite Plattenpaar geschoben und unmittelbar nach dem Gießen mit Hilfe eines Kranes möglichst rasch ausgezogen werden.

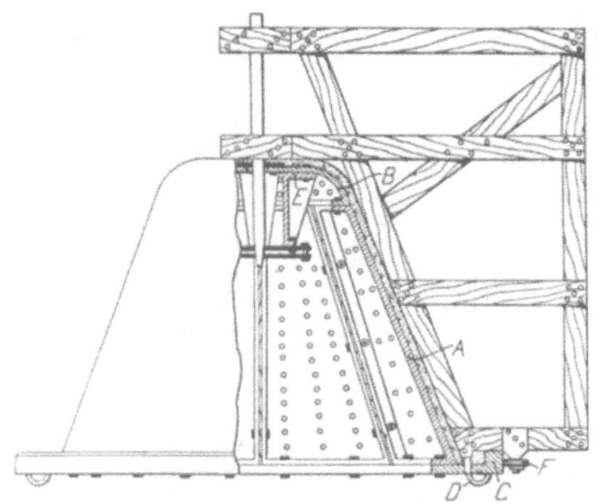

Abb. 976. Traggerüst und Aufdrehvorrichtung für das Oberteil eines Schlackentopfes.

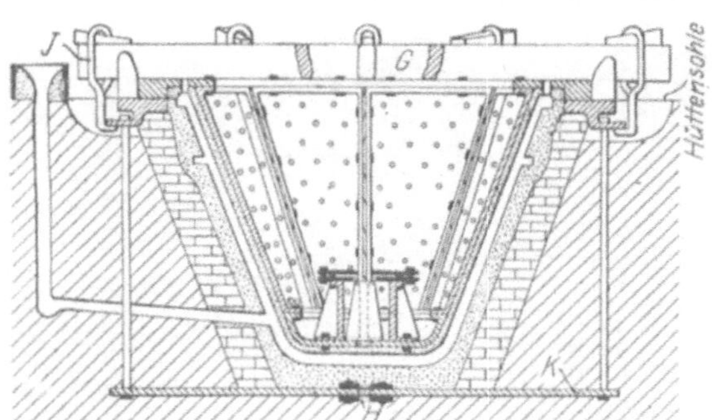

Abb. 977. Schnitt durch die gießbereite Form.

Mit der flachen Haube B ist ein Spindelstock E dauernd verbunden. Die Handhabung der Spindel und der Drehlehre erfolgt in der allgemein üblichen Weise und bedarf keiner Erläuterung, doch ist die kleine Führungsrolle F an der unteren Lehrenkante beachtenswert. Das Oberteil wird mittels eines im Inneren des Traggerüstes aufgestellten Feuerkorbes oder kleinen Ofens getrocknet.

Fast noch einfacher als die Formerei des Oberteiles gestaltet sich die Arbeit am Unterteil. Man dreht es unmittelbar in der entsprechend ausgemauerten Gießgrube

[1]) Nach Stahleisen 1918, S. 1216.

(Abb. 977) aus, auf deren Grund eine große eiserne Platte K mit dem Spindelsitz H angeordnet ist. Das untere Spindelende wird also stets unverrückbar genau in der Mitte der Grube geführt, während das obere Ende in einem mit den Bauteilen der Gießhalle verbundenen Lager Halt und Stütze findet. Beim Aufdrehen der etwa 50 mm starken Masseschicht sind Aussparungen für etliche Kerne vorzusehen, die bestimmt sind, einigen Ansätzen am Mantel der Abgüsse Form zu geben. Auch das Oberteil wird mit einem Feuerkorb getrocknet, beide Teile werden leicht über Nacht trocken.

Ein Unterschied besteht bei der Formerei für Grau- und Stahlguß in der Anordnung der Eingüsse. Für Graugüsse wird nur eine Eingußreihe 300 mm über dem Formboden vorgesehen, während man für Stahlgüsse eine zweite Eingußreihe 300 mm oberhalb der ersten anordnet.

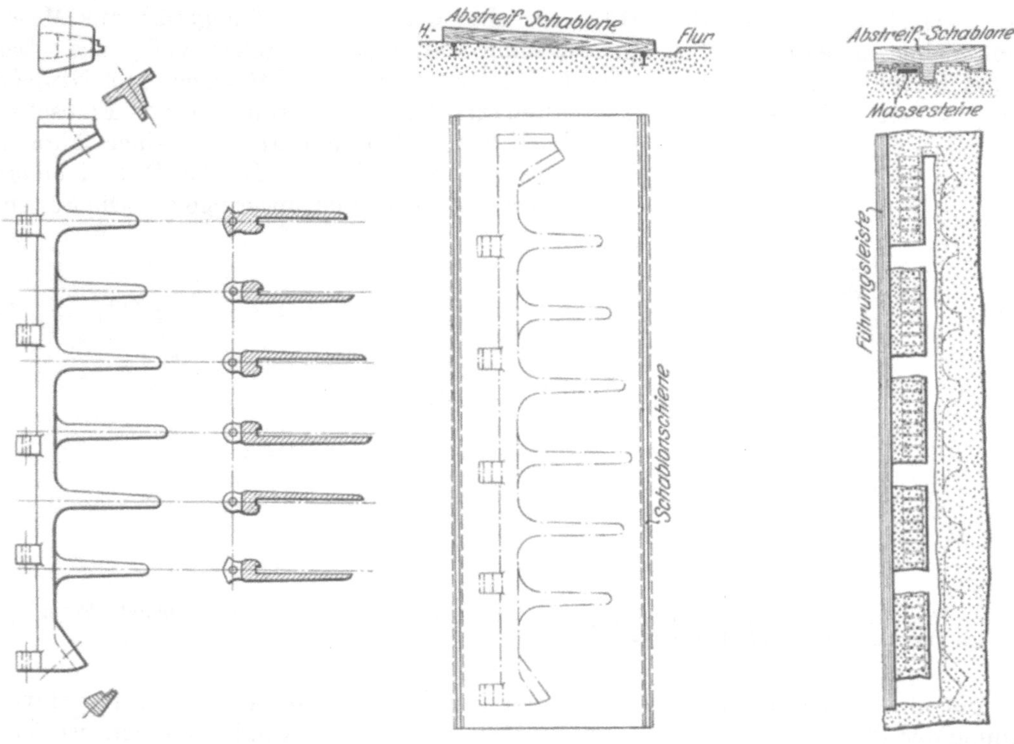

Abb. 978. Ruderrahmen.

Abb. 979. Bett für den Ruderrahmen.

Abb. 980. Herstellung der Schaftform.

Nach dem Wenden des Oberteils über einem etwa 1200 mm hohen, zur Verhütung des Feuchtwerdens der Form mit Säcken bedeckten Haufen von losem Formsand setzt man es auf das Unterteil und verklammert beide Teile. Dazu dient ein stählernes achtarmiges Spannkreuz G (Abb. 977) von 4500 mm Durchmesser mit 300 $\times$ 50 mm starken Armen. Über das Ende eines jeden Armes läßt sich eine zugleich den Schlußring des Unterteiles unterfassende Klammer J schieben und mit einem Keile festspannen. Man erreicht so eine durchaus zuverlässige Sicherung, erübrigt das Beschweren und hat zugleich den schwerwiegenden Vorteil, die Form alsbald nach dem Gießen lockern zu können. Man braucht nur die Keile auszuschlagen, die Klammern abzustreifen und den Spannstern abzuheben, um zu den Verbindungschrauben der Traggerüstplatten zu gelangen. Graugußstücke werden nach Lösung des Verbandes sich selbst überlassen; in 1 bis höchstens 2 Stunden verbrennen die hölzernen Keile, womit jede erforderliche Schwindungsmöglichkeit gewährleistet ist. Bei Stahlgüssen muß das Hauptaugenmerk auf möglichst rasche Lösung der Stahlkeile zwischen den Platten gelegt werden, worauf man das Traggerüst durch abwechselndes Anziehen an den Bügeln D des Abschlußringes C (Abb. 976) lockert und schließlich ganz aushebt. Man vermag ohne Schwierigkeit, gleichviel ob es sich um Graueisen- oder um Stahlgüsse handelt, jeden zweiten Tag ein Stück abzuliefern.

E. Ruderrahmen[1]).

(Ziehlehrenarbeit.)

Die Formerei eines großen Steuerruders nach Abb. 978 verläuft in ganz ähnlicher Weise, wie diejenige eines Hinterstevens (S. 113). Wie beim Hintersteven wird ein Bett abgestrichen, diesmal aber in der Breite um 150—200 mm aus der Wage geformt. Das Schräglegen hat den Zweck, die Ruderrahmenarme tiefliegend zu formen, damit beim Gießen die Arme schneller vollaufen als der Schaft. Aus Abb. 979 ist die Lage des Bettes sowie der Aufriß für den Ruderrahmen ersichtlich. Wie die Abb. 980 zeigt, beginnt die Arbeit mit der Herstellung der Schaftform. Da die Ruderrahmennocken nach Modellen eingeformt

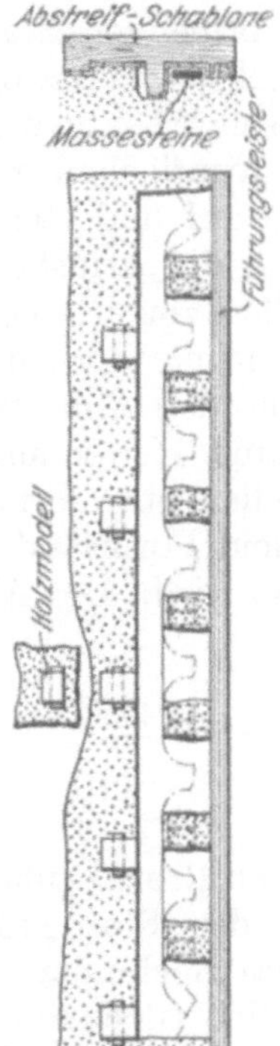
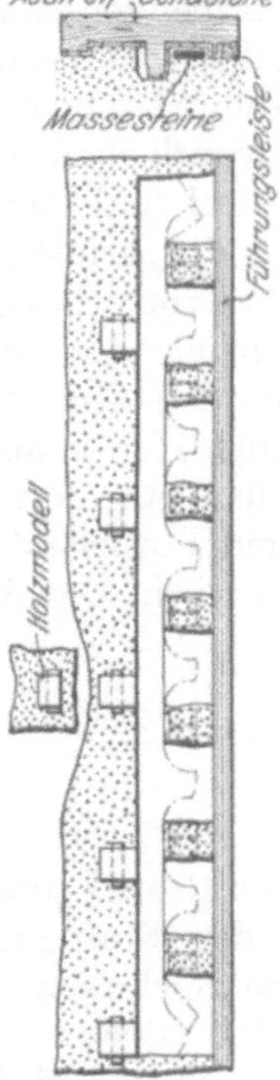

Abb. 981. Herstellung der Ruderarmform.

Abb. 982. Oberer Flanschenkopf.

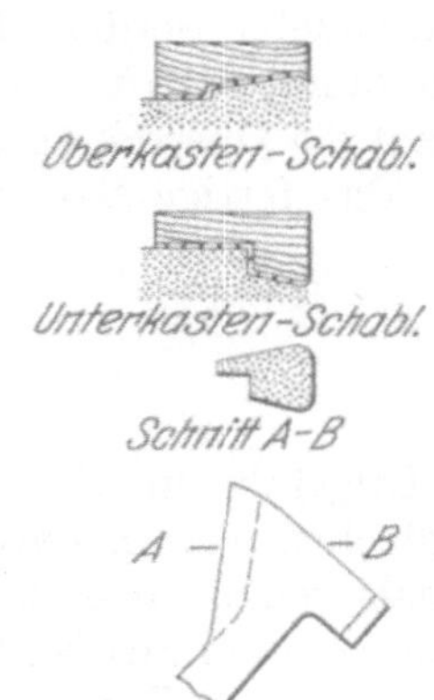

Abb. 983. Unterer Flanschenkopf.

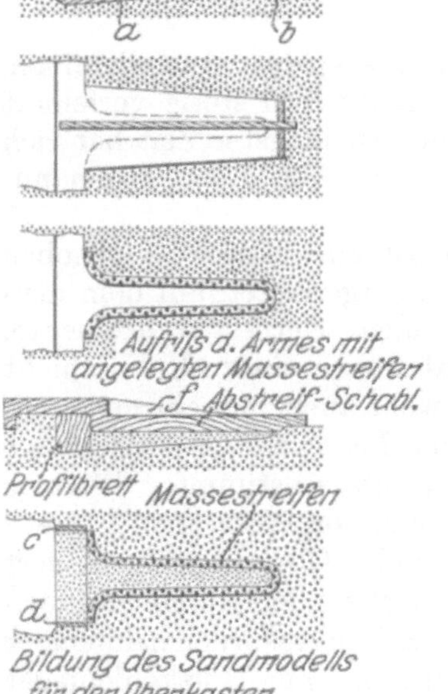

Abb. 984—988. Herstellung der Armformen oberhalb Rahmenmitte.

Abb. 989—993. Herstellung der Armformen unterhalb Rahmenmitte.

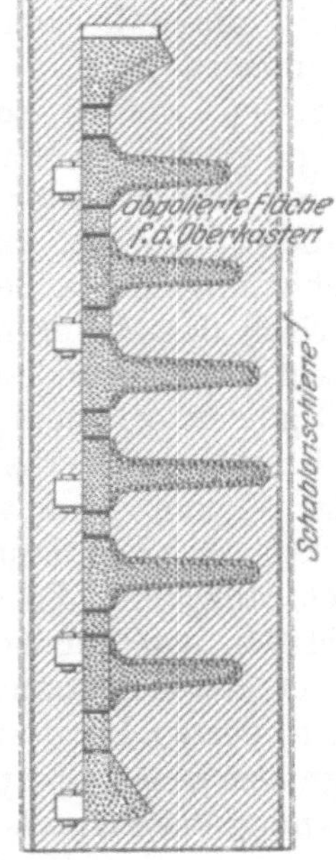

Abb. 994. Das fertige Sandmodell.

[1]) Nach L. Treuheit, Stahleisen 1909, S. 902/905.

werden, so sind an den Stellen, wo sie eingeformt werden sollen, entsprechende Aussparungen vorzusehen. Diese Arbeit wiederholt sich, wie die Abb. 981 erkennen läßt, an jeder Anschlußstelle eines Ruderarmes. Zur Gestaltung des Schaftes dienen Steine aus Formmasse. Die Formgebung der zu den Ruderarmen auslaufenden Köpfe ist den Abb. 982 und 983 zu entnehmen. Für die verschiedenen Flanschen des Schaftes verwendet man wiederum Holzmodelle. Da das Bett stets die Mitte der zu formenden Stärke des Ruderrahmens bildet, werden zunächst diejenigen Arme hergestellt, welche oberhalb der Rahmenmitte liegen. Die Abb. 984—988 lassen den Verlauf dieser Arbeiten erkennen. Mit Hilfe einer Lehre a und einer Leiste b werden die geraden Armflächen gestaltet. Danach trägt man außerhalb der Aufrisse der Arme Massestreifen auf und stellt unter Zuhilfenahme einer Abstreiflehre f und von Profilbrettern c und d die Armstärke her. Die Formen werden leicht angetrocknet, worauf man durch Einfüllen von frischen Sand das Modell zum Aufstampfen des Oberteiles bildet. Die Ausführung der unterhalb Rahmenmitte liegenden Ruderarme erfolgt in ähnlicher Weise, sie ist den Abb. 989—993 zu entnehmen. Nach Einformung sämtlicher Ruderrahmenarme und Herstellung ihres Sandmodells werden die Nocken und Flanschen nach Holzmodellen eingeformt. Der noch hohle Schaft wird zwecks Gewinnung des Modells mit grünem Formsand gefüllt, worauf ein Oberteil aufgebracht und in üblicher Weise aufgestampft wird. Die Abb. 994 zeigt das fertige Sandmodell.

F. Glockenguß.

(Lehrenarbeit.)

Ungefähr um die Mitte des vergangenen Jahrhunderts erstand den Bronze- und Graugußglocken ein mächtig vorwärts drängender Wettbewerber in der Stahlgußglocke. Damals gelang es Jakob Mayer, dem verdienstvollen Gründer des Bochumer Vereins, große Glocken aus Stahlguß in vorbildlicher Güte herzustellen. Seine Glocken erregten bereits auf der Pariser Weltausstellung im Jahre 1855 solches Aufsehen, daß ein eigener Ausschuß eingesetzt wurde, um zu untersuchen, ob sie tatsächlich aus Stahl und nicht etwa aus Gußeisen bestanden. Die angestellte Untersuchung führte zur Verleihung der goldenen Medaille an den Bochumer Verein. Spätere Versuche ergaben die Unmöglichkeit, diese Glocken durch menschliche Kraft mit schweren Schmiedehämmern zu zertrümmern [1]).

Seither wurden, sowohl nach den Bochumer Patenten, wie später ohne dieselben, Stahlgußglocken in verhältnismäßig großer Menge hergestellt, ihr Ton stetig verfeinert und demjenigen bester Bronzeglocken immer mehr angepaßt. In jüngster Zeit hat sich auf diesem Gebiete insbesondere auch das Stahlwerk Torgau der Linke-Hofmann-Lauchhammer-A. G. hervorgetan.

Nach dem ursprünglichen Formverfahren wurde zunächst eine Grube ausgehoben und auf ihrem Grunde ein hölzerner, später ein eiserner Rost hergerichtet, auf dem man den Spindelstock zum Aufdrehen des in Lehm auszuführenden Kernes unterbrachte. Der Körper des Kerns bestand aus Ziegeln. Nach dem Abdrehen einer Grundschicht trocknete man sie mit Holzkohlenfeuer, in jüngerer Zeit wohl auch mit eingehängten Kokskörben, trug dann eine zweite, aus einem Sand- und Lehmgemisch bestehende Schicht auf, deren Form mit der äußeren Gestalt der Glocke übereinstimmte. Etwaige Inschriften und Verzierungen wurden in Wachs ausgeführt und sorgfältig an den Kern geheftet. Danach konnte auf einem eisernen Ringe der Mantel (das Oberteil) aufgemauert werden, dessen Innenwand aus Lehm bestand, der je nach Umständen durch Sandbeimengungen gemagert wurde. Nach gründlicher, ziemlich lange Zeit in Anspruch nehmender Trocknung des Mantels von außen wurde er abgehoben, von innen mit Holzkohlenfeuer nachgetrocknet und mit einer Holzkohlen-Lehmschwärze angestrichen. Nach Entfernung der zweiten Lehmschicht, des Hemdes, vom Kern konnte auch dieser fertig gemacht und die Form zum Gusse zusammengesetzt werden. Die gesamte Form wurde dann

---

[1]) Nach Gieß.-Zg. 1925, S. 350.

eingestampft und beschwert [1]). Dieses Formverfahren ist in seinen Grundlagen bis heute dasselbe geblieben, hat aber doch in seinen Einzelheiten recht bemerkenswerte Vervollkommnungen erfahren. Da neuzeitliche Stahlgießereien über ausreichende Hebezeuge verfügen, ist man nicht mehr darauf angewiesen, in engen Gießgruben zu arbeiten.

Abb. 995. Kerneisen und Formkasten zum Glockenguß.

Abb. 996. Glockenkern mit wenig abgesetztem Rand.

Abb. 996a. Glockenkern mit stark abgesetztem Rand.

Abb. 997. Zusammensetzen einer Glockenform.

Abb. 998. Gießfertige, eingestampfte Glockenform.

Man kann die Form auf Hüttensohle anfertigen und sie erst zum Gusse in die Gießgrube absetzen. Die Formen sowohl für den Kern wie für den Mantel werden häufig aufgemauert — bei größten Glocken ist dieses Verfahren auch heute noch die Regel —, in vielen Fällen aber auf glockenförmige, gußeiserne, zwecks Entlüftung reichlich durchlochte Kerneisen aufgezogen. Die Abb. 995 läßt links ein auf drei Stützen abgesetztes

Abb. 999. Abgießen einer Glockenform.

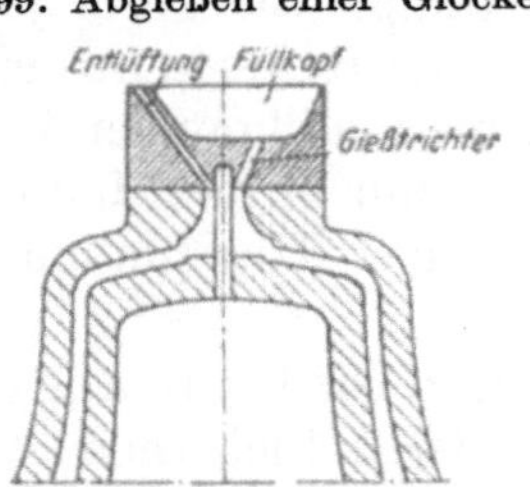

Abb. 1000. Anordnung des Eingusses und der Entlüftung einer Form.

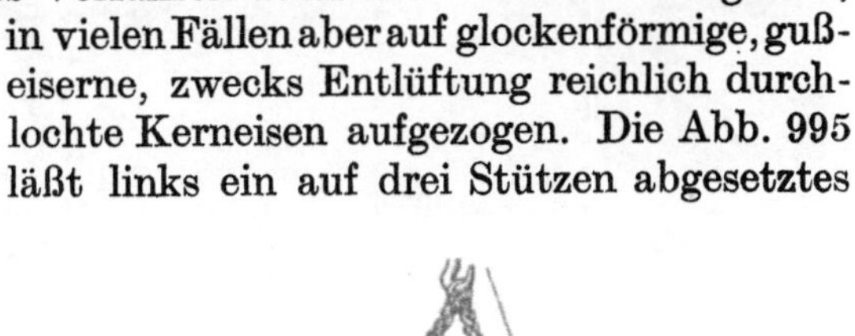

Abb. 1001. Aus mehreren Teilen zusammengesetzter Glockenformkasten.

Kerneisen, in der Mitte einen fertig abgedrehten Kern und rechts das Trageisen, bzw. den mit Drehzapfen versehenen Formkasten für das Oberteil erkennen. Auf das Kerneisen werden 2—4 Lehmschichten aufgetragen, deren jede vor dem Aufbringen der nächsten gründlich getrocknet werden muß, was noch vielfach mit Holzkohlenfeuer geschieht.

[1]) Die Arbeit mit einem Wachshemd, die für Bronzeglocken noch immer gebräuchlich ist, kam für Stahlgußglocken schon nicht mehr in Frage.

Nach dem Trocknen wird die Form geschwärzt, etwaige Inschriften werden in die getrocknete Fläche eingeschnitten oder auch in Form besonders angefertigter Kerne in Ausschnitte derselben eingesetzt.

Das Oberteil wird in umgekehrter Lage, d. h. mit nach oben gerichtetem, weitem Ende des um etwa 150 mm größer als die Glocke bemessenen Formkastens gleich dem Unterteil in mehreren Lehmschichten aufgedreht, wobei die Drehspindel im Kopf des Formkastens und in einem über die offene Seite gespannten Querbalken, besser aber in einem Wandbalken Halt und Stütze findet. Die Übereinstimmung zwischen Kern- und Mantel-(Ober-)teil wird durch einen an beiden Teilen gleichmäßig abgedrehten Ring gewährleistet, den die Abb. 996 und 996a in zwei verschiedenen Ausführungen erkennen lassen.

Das Zusammenstellen der Form ist einfach; man hebt das Oberteil an seinen Drehzapfen mit Hilfe eines Kranen hoch, wendet und senkt es vorsichtig auf den Kern (Abb. 997).

Abb. 1002. Blick in eine amerikanische Glockengießerei.

Je nach Größe der Form verklammert man den Kernflansch und das Oberteil mit vier bis acht Klammern, verkittet die Fuge mit Lehm und stampft die Form je nach ihrer Größe mehr oder weniger tief im Boden oder in einem runden Rahmen gut ein. Größere Glocken, etwa im Gewichte von 1200 kg aufwärts, pflegt man vollkommen in eine Grube zu setzen und sie vollständig einzustampfen (Abb. 998). Man ordnet dann eine Rinne an, in die der Stahl mittels einer Stopfenpfanne oder einer Kipppfanne (Abb. 999) gegossen wird.

Der Guß erfolgt stets von oben mittels eines aufgesetzten Gießkästchens (Abb. 1000), durch das auch die verdrängte Luft entweicht. Zur größeren Sicherheit stampft man in das Gießkästchen sowohl für den Einguß als auch für den Luftabzug (die Windpfeife) gebrannte Ton- oder Lehmrohre ein. In deutschen Glockengießereien ist es vielfach üblich, rechts und links vom Eingusse starke Steiger anzuordnen.

Kleinere Oberteil-(Mantel-)Formkasten fertigt man in einem Stücke, größere Kasten werden, um der Bruchgefahr zu begegnen, nach Abb. 1001 aus mehreren Stücken zusammengesetzt. Abb. 1002 gewährt einen Blick in eine neuzeitliche Glockengießerei und läßt zugleich eine Anzahl von Kernen und Formober-(Mantel-)teilen in verschiedenen Ausführungszuständen erkennen.

G. Großguß aus der Kleinbessemerei[1]).

Es ist in Kleinbessemer Stahlgießereien vielfach üblich, Stücke zu gießen, für die der Stahl von mehreren Hitzen zusammengezogen werden muß. Wenn das häufiger oder gar regelmäßig der Fall ist, so wird es erforderlich, Mischer, bzw. Sammelgefäße zu verwenden. Abb. 1003 zeigt zwei solcher Mischer einer oberitalienischen Kleinbessemerei von 15 und 20 t Fassungsraum. Die Erfahrung hat gelehrt, daß mit der Menge des aufgespeicherten Stahls auch die Zeit wächst, die der Stahl im Mischer zubringen kann, ohne Gefahr zu laufen, daß seine Dünnflüssigkeit zu große Einbuße erleidet. Die zulässige Abnahme der Temperatur kann durch Eintauchen eines 12 mm starken Eisenstabes festgestellt werden. Je nach der Zeit, die erforderlich ist, um den Stab im Bade aufzulösen, wird auf dessen Temperatur ge-

Abb. 1003. Mischer oder Sammelgefäße für Kleinbessemereien.

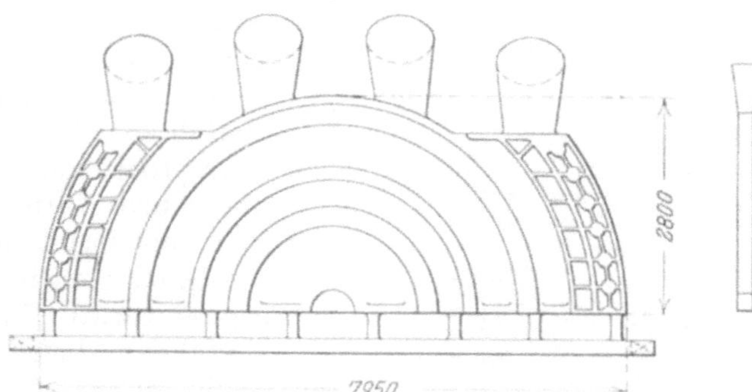

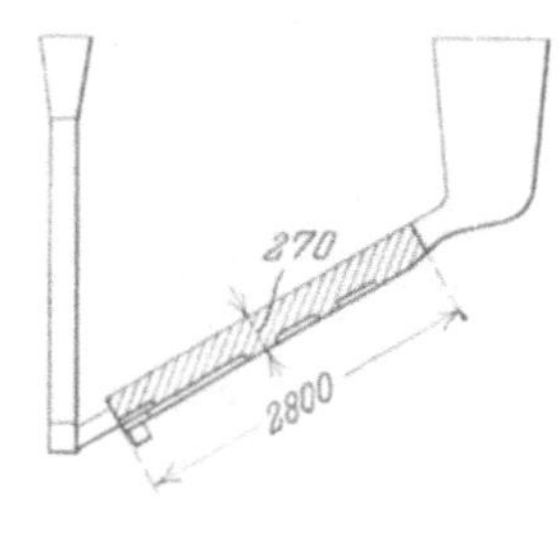

Abb. 1004. 30 t schweres Gußstück aus Bessemerstahl.

schlossen. Je nach der Wandstärke und der Größe des abzugießenden Stückes gilt eine Abschmelzzeit von 15 bis 25 Minuten als Maßstab für die bestgeeignete Gießwärme.

Mit diesen Behelfen wird es möglich, Stücke von 30 t Fertiggewicht nach Abb. 1005 durchaus befriedigend abzugießen. Abb. 1004 läßt die Anordnung des Eingusses erkennen: schräg geneigte Lage, Guß von unten auf einen langen Lauf, von dem aus acht kräftige, in gleichen Abständen verteilte Anschnitte die Verbindung mit der Form herstellen. Am oberen Ende der Form sind vier mächtige Füllköpfe vorgesehen, deren Beseitigung, gleich derjenigen der Angüsse mittels autogenen Schneidapparates erfolgt.

Abb. 1005. Das Gußstück nach dem Putzen.

[1]) Nach Génie Civil. 1914, S. 498/503; s. auch Stahleisen 1914, S. 1766.

Die Verwendung eines Sammlers in Kleinbessemereien kann aber nur dann von wirtschaftlichem Vorteil sein, wenn große Stahlgießereien in der Gegend fehlen und ab und zu Stücke zu bewältigen sind, die über die gewöhnliche Leistungsfähigkeit hinausgehen.

H. Ankerketten.

(Kernformerei [1]).

Als es mit Hilfe des Elektro-Ofens gelungen war, einen Stahl herzustellen, der mit 0,3 % Kohlenstoff und höchstens 0,04 % Schwefel und Phosphor gegenüber bestem Siemens-Martinstahl eine Erhöhung der Elastizitätsgrenze um 225 % und des Stoßwiderstandes um 100 % auswies, war die Möglichkeit gegeben, höchst beanspruchte schwere Ketten statt auf Grund der bisherigen, kostspieligen Schweiß- und Schmiedeverfahren durch Gießen herzustellen. Heute werden in großem Umfange und im regelmäßigen Betriebe wirtschaftlich wie technisch durchaus befriedigende, hoch beanspruchte gegossene Ketten erzeugt. In der Hauptsache kommen zwei Ausführungsverfahren in Betracht. Nach dem einen, dem „unterbrochenen" Verfahren wird eine entsprechende Anzahl von Kettengliedern einzeln angefertigt und danach durch Verbindungsglieder zur Kette vereinigt, während nach dem anderen Verfahren, der sog. „ununterbrochenen Formerei", die ganze Kette auf einmal eingeformt und Glied um Glied nacheinander abgegossen wird. Das zweite Verfahren liefert gleichmäßigere Ergebnisse, da sämtliche Glieder aus Eisen einer Schmelzung gegossen werden, wogegen bei nach dem ersten Verfahren hergestellten Ketten die Glieder abwechselnd aus Stahl von zwei verschiedenen Schmelzungen bestehen. Da aber das unterbrochene Verfahren beträchtlich billiger ist und bei gewissenhaftem Betriebe die Unterschiede in der Güte beider Schmelzungen nur sehr wenig belangreich gehalten werden können, und man es weiter in der Hand hat, die Ketten durch das dem Guß folgende Glühverfahren weitgehend zu vergüten, hat dieses Verfahren im allgemeinen den Sieg davongetragen. Die eine Hälfte der Glieder kann dabei von ungeübten Arbeitern auf Formmaschinen als Massenware hergestellt werden, so daß nur für die zweite Hälfte die teuere Arbeit besonders geschulter und geschickter Former erforderlich wird.

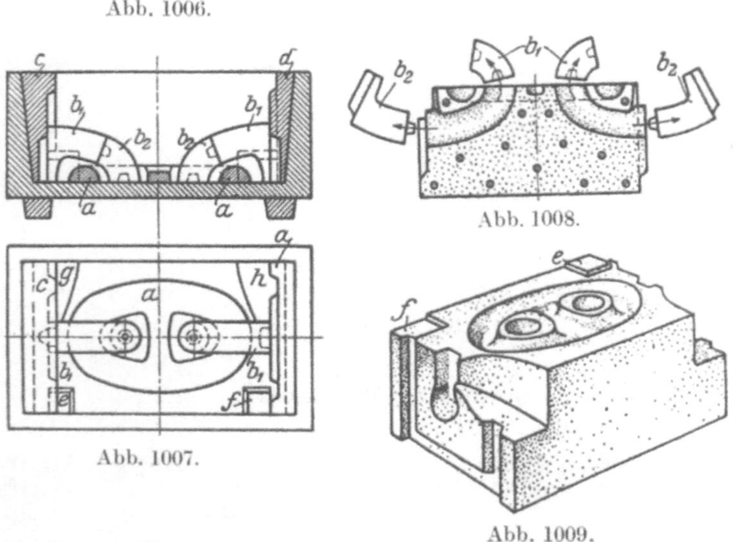

Abb. 1006—1009. Ununterbrochenes Verfahren zur Herstellung von Stahlgußketten.

Die Abb. 1006—1009 veranschaulichen das ununterbrochene Verfahren. Die Form jedes einzelnen Gliedes, bzw. je zweier Gliedhälften wird in einer Kernbüchse nach Abb. 1006 und 1007 hergestellt. Die Büchse besteht aus einem zerlegbaren Gehäuse mit dem in Dübeln lose geführten, der Länge nach in zwei Hälften geteilten Gliedmodell, das zur Ermöglichung des aus dem Sandebringens noch weiter in die Teile b_1 und b_2 zerfällt, den Einlagen c und d zur Gestaltung der Stirnflächen der aneinander zu reihenden Kerne, dem Plättchen e und der ihm

[1]) Nach Gieß.-Zg. 1919, S. 132.

entsprechenden Vertiefung f zur gegenseitigen Führung der eine Form bildenden zwei Kernhälften und den Klötzen g und h zur Gestaltung der Eingüsse für die eine Reihe von Kettengliedern. Das Ausbringen der quergeteilten Modelle b_1, b_2 aus dem Sande ist der Abb. 1008 zu entnehmen. Das längsgespaltene Modell a kommt zugleich mit dem Kern aus der gewendeten Büchse und wird dann einfach vom Kern weggehoben. Ebenso werden die Einlagen c und d von Hand vom Kern abgezogen. Abb. 1009 zeigt eine fertige Kernhälfte; zwei solcher halben Kerne bilden eine Form. Das Zusammensetzen der Kerne für ein längeres Kettenstück erfordert große Sorgfalt, da Nähte möglichst zu verhüten sind, und man zugleich Sorge zu tragen hat, daß während des Gusses kein Eisen von einer Form in die andere dringt.

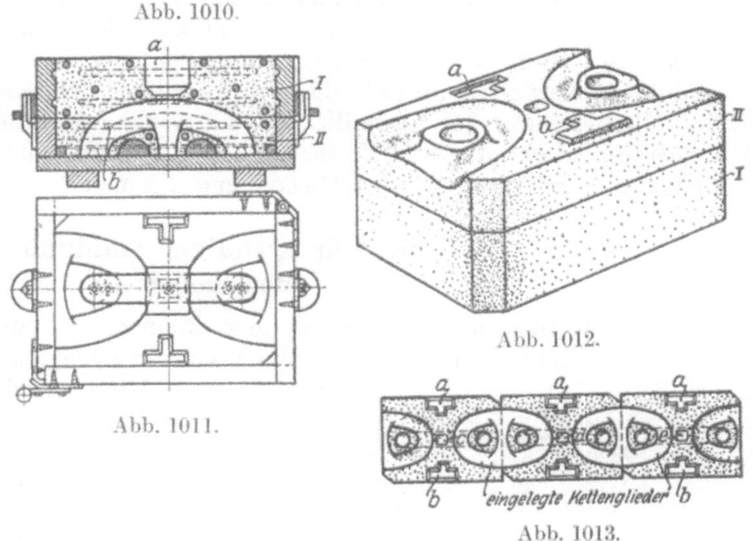

Abb. 1010—1013. Unterbrochenes Verfahren zur Herstellung von Stahlgußketten.

Bei dem „unterbrochenen Formverfahren“ bestehen Ober- und Unterteil aus je zwei durch wagerechte Teilung entstandenen Hälften I und II (Abb. 1012 und 1013). Die Art der Teilung von Modell und Form ist der Abb. 1011 zu entnehmen. Nach dem Aufstampfen des aufklappbaren Kernkastens (Abb. 1010 zeigt seine Bauart) wird das Eingußmodell a ausgehoben, die obere Hälfte der Form abgehoben, das Kettengliedmodell aus dem Sand gezogen, die abgehobene Formhälfte wieder aufgesetzt, gewendet und der Rest des Modells zugleich mit dem Bodenbrett abgehoben, so daß sich schließlich eine halbe Form nach Abb. 1012 ergibt. Die Marken a und b dienen zur Sicherung genauen Übereinstimmens der beiden zusammengehörigen Kernstücke. Abb. 1013 zeigt drei aneinander gereihte untere Kernteile mit eingelegten abgegossenen Kettengliedern. Nach Auflegung und Beschwerung der zugehörigen Oberteile werden die Verbindungsglieder durch die Eingüsse c, d, e abgegossen.

Die fertig geputzten Ketten werden schließlich einem Vergütungsverfahren unterworfen, indem man sie langsam durch einen Glühofen zieht, wobei sie eine genau vorgeschriebene Erhitzung erfahren. Beim Austritt aus dem Ofen tauchen sie in einen Behälter mit kaltem Wasser, um danach nochmals langsam in einem zweiten Glühofen angewärmt zu werden, worauf man sie in freier Luft abkühlen läßt.

J. Amerikanischer Stahl-Kleinguß.

(Formmaschinen-Arbeit.)

Seit etwa zwei Jahrzehnten findet in Amerika ein Erzeugnis der Kleinbessemerei weitgehende Verwendung, das auf Grund seiner chemischen Zusammensetzung als eine eigene Art von Stahlguß gelten kann. Es enthält 0,25—0,33% geb. Kohlenstoff, weder Graphit noch Temperkohle, 0,5—0,75% Mangan, 0,25—0,30% Silizium, 0,045—0,060% Schwefel, 0,035—0,045% Phosphor und, wodurch es besonders gekennzeichnet ist, 1,0% Kupfer. Der hohe Kupfergehalt bildet den Hauptunterschied gegenüber gewöhnlichem Stahlguß, das Fehlen von Temperkohle gegenüber Temperguß, der niedrige Kohlenstoff- und Siliziumgehalt sowie der geringe Gesamtgehalt an Fremdstoffen den kennzeichnenden Unterschied gegenüber Grauguß. — Dieser Stahl erreicht eine Durchschnitts-

Zugfestigkeit von 49,5 kg/qmm, eine Elastizitätsgrenze von 30,0 kg/qmm, im 50 mm langen Stabe eine Dehnung von 33,5%, eine Querschnittsminderung von 53% und ein Elastizitätsverhältnis von gut 60%. Das Verfahren wird im großen ausgeübt. Die Reading Steel Castings Co. in Reading, V. St. v. A. erzeugt danach mit vier Kleinbirnen monatlich 600 t gute Gußwaren im durchschnittlichen Einzelgewichte von 15 kg.

Die Formen werden auf Formplatten zum geringen Teile von Hand, zum größten auf Formmaschinen, nach beiden Arbeitsarten in Abschlagformkasten hergestellt. Man setzt sie auf Gestelle ab, auf denen sie mittels einer Hängebahn in die Trockenkammern gelangen, um dort scharf getrocknet zu werden. Das Abgießen erfolgt unmittelbar vor den Trockenkammern, wo die Kasten reihenweise in Sand eingebettet werden. Größere Formen führt man auf einer Rüttelformmaschine aus.

Größter Wert wird auf gründlichstes Ausglühen der Ware gelegt, das in ölgefeuerten Öfen vollzogen wird. Die Gründlichkeit der Nachbehandlung in der Glüherei und in der Gußputzerei erhellt aus der Tatsache, daß die Glüh- und Putzerlöhne einen höheren Lohnaufwand erfordern als das Gießen und Formen [1]).

K. Dünnwandiger Stahlguß [2]).

(Modellformerei.)

Mittels Kernen ausgehöhlte Abgüsse können bis auf Wandstärken von 10 mm herab in Trockenguß unter Verwendung von Siemens-Martinstahl hergestellt werden. Bei noch schwächeren Wandstärken muß man zum Naßguß übergehen, der infolge Nachgiebigkeit der Formmasse das Reißen der Abgüsse verhindert und zugleich den Vorteil geringerer Formerlöhne bietet. Auf Verwendung des Siemens-Martineisens muß aber verzichtet und dafür in einer Kleinbirne erzeugter Bessemerstahl verwendet werden, der infolge seiner wesentlich höheren Wärme ein gutes Auslaufen geringster Wandstärken ermöglicht. Abb. 1014 zeigt ein großes doppelwandiges Ventilgehäuse mit einer Wandstärke von 13 mm. Es kann noch mit Siemens-Martinstahl gegossen und für Trockenguß eingeformt werden. Erheblich größere Schwierigkeit als die Ausführung der Form bietet die Herstellung der

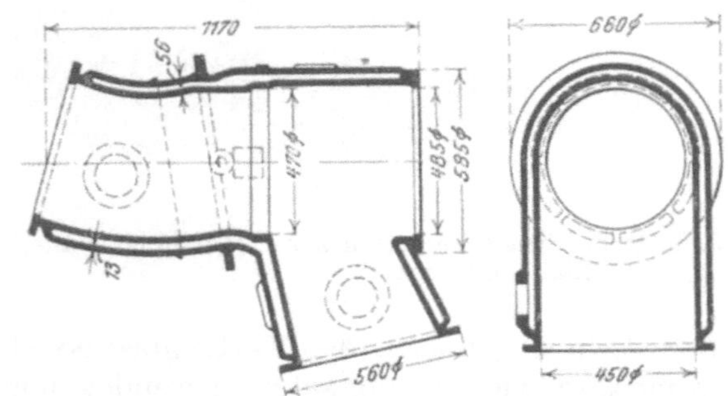

Abb. 1014. Doppelwandiges Stahlguß-Ventilgehäuse von 13 mm Wandstärke.

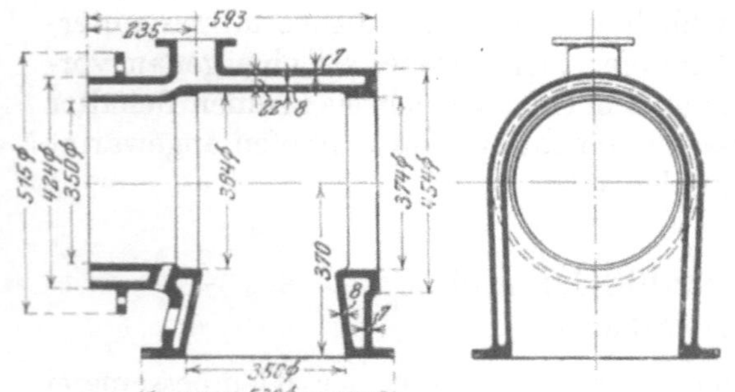

Abb. 1015. Doppelwandiges Temperguß-Ventilgehäuse von 7 und 8 mm Wandstärke.

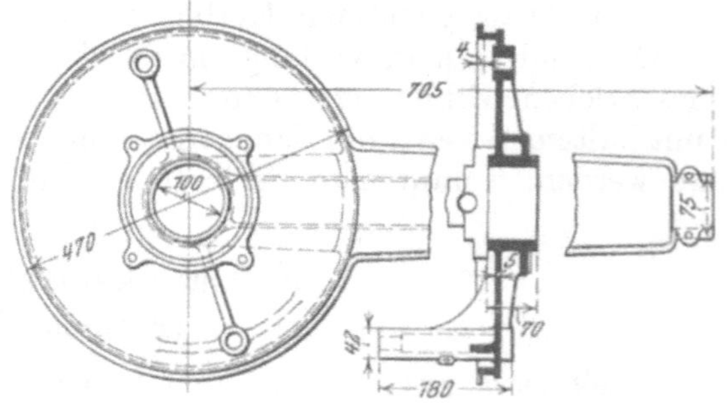

Abb. 1016. Kettenspanner für Lastkraftwagen aus Stahlguß von 5 mm Wandstärke.

Kerne, besonders derjenigen der größeren Hohlräume. Ihre Formmasse muß so beschaffen sein, daß sie sich aus dem abgegossenen Stücke durch einfaches Abklopfen

[1]) Nähere Angaben über diese Gußart und ihre Herstellung sind in „Iron Age" 1915, S. 672 u. f. zu finden.

[2]) Nach Kruppsche Monatshefte 1921, April, S. 69.

der Außenwand entfernen läßt. Anderseits müssen die Kerne trocken und fest genug sein, um dem Auftrieb genügend Widerstand zu bieten und den Stahl ruhig hochsteigen zu lassen. Das Kerngerippe besteht nur aus Draht von 4—5 mm Durchmesser, sonst hätte seine Entfernung schier unüberwindliche Schwierigkeiten geboten. Man muß sich zu künstlichen Kernbindern entschließen und die Luft mit Wachsschnüren abführen. Das Einlegen der Schnüre und die genau maßliche Ausführung der Kerne erfordern genaueste Arbeit, da nach dem Einlegen des Mantelkerns ein Nachprüfen der Wandstärken fast unmöglich ist.

Abb. 1015 stellt ein dem vorstehend erörterten ähnliches Gehäuse dar, dessen Wandstärken aber nur 8 bzw. 7 mm betragen. Es muß in Temperguß hergestellt werden, verträgt aber noch eine getrocknete Form. Abb. 1016 zeigt einen Kettenspanner für Lastkraftwagen, dessen Wandstärke fast durchwegs nur 5 mm beträgt. Das Stück wurde nur mit Bessemerstahl in Naßguß hergestellt. Sein Fertiggewicht beträgt 38 kg.

L. Manganstahlguß [1]).

(Verschiedene Formverfahren.)

Manganstahl schwindet beim Erstarren beträchtlich stärker (2,5 %) als gewöhnlicher Stahlguß (2 %) und wird dabei zugleich glashart und spröde [2]). Diese Eigenschaften erschweren das gute Gelingen der Güsse recht beträchtlich und erfordern eine Reihe besonderer Vorsichtsmaßregeln. Schon beim Entwurf der Modelle ist auf sie besondere Rücksicht zu nehmen. Schroffe Querschnittsübergänge, scharfe Ecken und Kanten müssen unbedingt vermieden werden; sie würden stets Ausgangstellen von Rissen abgeben. Man ist auch viel häufiger als bei gewöhnlichen Stahlgüssen gezwungen, schwache Stellen und Übergänge am Modell zu verstärken und das Zuviel später durch Bearbeitung der Abgüsse zu entfernen.

Abb. 1017. Ausschließlich aus Kernen bestehende Form für Manganstahl-Förderwerksflügel.

Die Art und Größe der herzustellenden Abgüsse hängt, abgesehen von den Widerständen, die sich dem regelmäßigen Schwinden entgegensetzen, hauptsächlich von ihrer Wandstärke ab. Diese darf in Hinsicht auf die Glühwirkung, die unbedingt bis ins Innerste eines jeden Querschnittes dringen muß, ein gewisses Maß nicht überschritten. Man stellte hauptsächlich aus diesem Grunde ursprünglich nur Abgüsse mit geringen Wandstärken her, ist aber auf Grund andauernder Versuche und Untersuchungen heute schon dahin gelangt, Stücke mit Wandstärken von 125 mm sicher erzeugen zu können. Abgüsse von größeren Wandstärken müssen bis auf dieses Maß ausgekernt werden. Dadurch werden nicht nur bedenkliche Spannungen verhütet, sondern es wird zugleich das Gewicht der Abgüsse verringert, was insbesondere bei bewegten Maschinenteilen nicht zu unterschätzen ist.

Die Formen werden in Naß- und in Trockensand durch Handarbeit und mittels Formmaschinen hergestellt. Manchmal wird es auch möglich, Formen vollständig aus Kernen zusammenzusetzen. Ein kennzeichnendes Beispiel des letztgenannten Verfahrens bietet die Formerei größerer Förderwerksflügel nach Abb. 1017. Die Form bleibt völlig kastenlos und besteht nur aus drei Kernen, je einem Ober- und Unterteilkerne und einem zylindrischen, die Nabe bildenden, lotrecht in die beiden Hauptkerne einzuschiebenden Hilfskern. Nach dem Zusammensetzen einer Reihe von Formen belegt man sie mit zwei langen Schienen, die an beiden Enden auf festen Unterlagen ruhen und durch Klammern mit zwei anderen unterhalb der Kernformen angeordneten Schienen verbunden werden. Der Druck auf die Formen wird durch Keile hergestellt, die zwischen Form und obere Schienen geschoben werden — Abb. 1018 läßt eine Einrichtung zur Formerei von langen

[1]) Nach Stahleisen 1924, S. 1779. [2]) Vgl. Bd. 1, S. 244.

Schienen-Weichenteilen erkennen. Die Unterteile dieser trocken zum Abgusse gelangenden Formen werden auf einer Rüttelmaschine mit Umlegevorrichtung, die Oberteile auf einer glatten Rüttelmaschine hergestellt. Bemerkenswert sind die leistungsfähige dreigeteilte Sandzuführung und der mit eigenartigen Sandleisten versehene Oberteilformkasten im Vordergrunde der Abbildung.

Die zu verwendende Formmasse muß, abgesehen von der hohen Wärmebeanspruchung, auch den sehr gefährlichen chemischen Beanspruchungen durch den Manganstahl gewachsen sein. Am besten eignen sich gute Schamotte-Graphitmischungen, z. B. 20 Teile beste gebrannte Schamotte, 8 Teile Rohton, 4 Teile bester Graphit, 3 Teile gemahlener Koks, 2 Teile Silbersand oder 6 Teile gebrannte Schamotte, 1 Teil Rohton, 1 Teil Koks, 2 Teile von Schlacke gründlich gereinigtes Tiegelmehl, auch eine Mischung aus 1 Schiebkarre Silbersand, $^1/_2$ Eimer Rohton und 2—3 l Melasse hat sich gut bewährt. Zur Schamotte-Graphitmasse verwendet man eine Schlichte aus 2 Teilen gesiebtem Schamottemehl, 1 Teil Rohton und 2 Teilen bestem Graphit, zur zweiten Masse eine Schlichte aus scharf gebranntem und feinst gemahlenem Magnesit, die mit Melasse oder Quelline angerührt und nicht zu dünn aufgetragen wird.

Abb. 1018. Trockenform für lange Weichenteile.

Je nach der Wandstärke des Abgusses wird die Masse 2—3 cm stark am Modell aufgetragen und dann mit gebrauchtem Formsand hinterstampft. Formen aus Schamotte-Graphitmasse sind so scharf zu trocknen, daß sie schließlich einen leichten weißen Überzug erlangen, die zweite Masse dagegen verträgt gleich der angegebenen Sandmischung nur die auch bei Grauguß übliche Trocknung. Der erste Schlichteauftrag erfolgt auf die noch nasse Form, ein zweiter Auftrag wird auf die bereits getrocknete Form gemacht, solange sie noch warm genug ist, um von selbst genügend nachzutrocknen. Nachschlichten auf bereits erkaltete Formen bewirkt infolge der beim Gusse entweichenden Wasserdämpfe Schülpen, während das Schlichten auf noch allzu heiße Formen zu Abblätterungen der Kruste führt.

Große Stücke werden unmittelbar aus der Mischpfanne gegossen, kleinere Stücke aus Kran- oder aus Gabelpfannen. Für Stücke von mehr als 3 t Gewicht sammelt man den Stahl mehrerer Hitzen, was bei der kurzen Frischzeit keinen Schwierigkeiten begegnet. Der Guß erfolgt ausnahmslos über die Schnauze am oberen Pfannenrande; Gießen mittels Stopfen ist vollständig ausgeschlossen. Vor dem Gusse muß gründlich abgeschlackt werden. Die im Mischer abgeschiedene basische Schlacke ist sehr dünnflüssig und in diesem Zustande kaum gründlich genug zu entfernen. Sie läßt sich aber durch Zusatz von getrocknetem Formsand verdicken, worauf sie von der etwas geneigten Pfanne leicht abgezogen werden kann. Streut man dann noch etwas Sand auf das Stahlbad, so läßt sich neu auftauchende Schlacke beim Gießen mit dem Krampstocke leicht abwehren.

Eingüsse, Trichter und Füllköpfe werden möglichst noch in der Form unmittelbar nach dem Erstarren des Stahles mittels Vorschlaghammers abgebrochen. Teile, die sich auf diese Weise nicht ohne Gefahr für den Abguß abschlagen lassen, müssen mit autogenem Brenner abgeschnitten werden, was aber doch nur ziemlich selten notwendig wird. Stücke, die noch rotglühend der Form entnommen werden können, gelangen unmittelbar in eine Glühkammer; kleinere und sperrige Teile, die in der Zwischenzeit zu rasch abkühlen würden oder die, in der Form belassen, Gefahr liefen, im Sande anzubrennen, werden in Zwischenöfen oder in Ausgleichgruben gegeben, woselbst sie langsam und gleichmäßig bis auf etwa 100° abkühlen können. Von den so abgekühlten Abgüssen werden noch anhaftende Eingüsse und Trichter abgeschlagen, Kerne ausgeräumt und der anhaftende Formsand grob beseitigt. Jede Manganstahlgießerei bedarf zweier Gußputzereien, eine für den noch ungeglühten und eine zweite für den bereits geglühten und abgeschreckten Guß.

Die Glühkammern werden auf 1000—1060° erwärmt und die Abgüsse so lange in der Kammer belassen, bis sie bis ins Innerste des stärksten Querschnittes gleichmäßig die angegebene Wärme angenommen haben. Auf zuverlässig gleichmäßige Wärmehaltung kommt viel an, weshalb man schon manchen Ortes zu elektrisch geheizten Kammern übergegangen ist, die dieser Anforderung am besten entsprechen.

Nach ausreichender Glühdauer gelangen die Abgüsse in mit Wasser gefüllte Abschreckwannen. Zur Erprobung der bestgeeigneten Wärme des Abschreckwassers wurden Versuche bei Wärmegraden von 100° bis herab nahezu zum Gefrierpunkte angestellt, wobei eine Wasserwärme von etwa 16° die besten Ergebnisse lieferte.

Größere Abgüsse werden mittels eines Kranen einzeln in das Wasserbad versenkt und aus demselben gehoben. Mittlere und kleinere Stücke werden mitsamt der Unterlage, auf der sie sich in der Glühkammer befanden, gemeinsam in das Bad getaucht. Bereits im Wasserbade springt ein Großteil des noch anhaftenden Sandes ab, wodurch die Arbeit des Fertigputzens beträchtlich erleichtert wird. Die Abgüsse kommen unter ihrer Form und Größe angepaßte Sandstrahlgebläse, worauf mittels Schmirgelscheiben die letzten Spuren von Trichtern, Gußfedern und sonstigen Unebenheiten beseitigt werden. Zur erfolgreichen Abwicklung dieser Arbeiten sind für gewisse Massenwaren, z. B. Weichenteile, besondere maschinelle Einrichtungen in Tätigkeit. Etwaige Risse werden durch elektrische Schweißung beseitigt.

Abb. 1019. Form eines langen Herzstückes mit eingelegten Kernen aus mit Masse gefülltem Stahlrohr.

Die Bearbeitung ist, wie schon an anderer Stelle gesagt [2]), nur durch Schleifen mit härtesten Schmirgelscheiben möglich. Löcher über 6 mm Durchmesser werden ausgekernt und auf Maß fertig geschliffen. Manchmal kann man sich auch durch Einlagen aus weichem Eisen helfen, wie bei der Formerei eines Herzstücks nach Abb. 1019. Die Kerne bestehen aus stählernen Zylindern, die mit Formmasse gefüllt und zur Trocknung der Masse entsprechend erhitzt werden. Die beiden größeren, in der Abbildung hell erscheinenden Kerne schaffen Vertiefungen zur Aufnahme der Anschlußschienen. Die Enden der Schienen werden mit Graueisen umgossen, das ihre richtige Lage sichert. Die Graugußhülle bildet zugleich die Unterlage für das Manganstahlstück. Dieses wird eingelegt und der Raum zwischen ihm und dem Gußeisen mit Zink ausgegossen. Damit wird eine verhältnismäßig bequeme Auswechselbarkeit des Herzstückes erreicht, da das Zink infolge seines niedrigen Schmelzpunkts unschwer zum Auslaufen gebracht werden kann.

Viele Abgüsse bedürfen vor ihrer Weitergabe verschiedentlichen Ausrichtens. Solche Ausrichtarbeit wird stets am kalten Stück vorgenommen. Für kleinere Teile genügt ein Druckluft-Gleishammer, mittlere Stücke werden mit Schraubenpressen, größere sperrige Teile und sehr schwere Stücke mit hydraulischen Pressen ausgerichtet.

M. Trichterloser Stahlguß.

(Großguß.)

Bei schweren Stahlgußstücken kann man einen größeren Eingußtrichter bzw. Überkopf durch Warmhalten eines kleinen Überkopfes nach dem Verfahren von Seesemann

[1]) S. Bd. 1, S. 244.

ersparen [1]). Abb. 1020 zeigt den hierfür benutzten elektrischen Heizapparat. Durch einen in der Nähe der Form aufgestellten Transformator wird der Strom auf 50—60 Volt umgeformt, um dann zu einem mit drei Ampèremetern ausgestatteten Schaltbrett und weiter zu den Kohleelektroden des Heizapparates geleitet zu werden. Die Handhabung des Verfahrens ist einfach. Bei einer großen Stahlgußwalze z. B. wird ein Eingußtrichter von nur $^1/_4$ der üblichen Höhe vorgesehen. Nach dem Guß wird er durch einen Deckel mit drei Öffnungen zur Einführung der Kohleelektroden abgeschlossen. Nach Einführung der Elektroden wird der Strom — etwa 120—150 Ampère, je nach Stärke des Walzenzapfens — eingeschaltet und darauf die Regulierung gekoppelt, so daß nur mehr ein Handgriff zu bedienen ist. So läßt sich der Kopf warm halten und der Lunkerbildung vorbeugen, wobei aber von Zeit zu Zeit frischer Stahl nachgegossen werden muß. Eine 25 t-Walze muß je nach Durchmesser 8—12 Stunden warm gehalten werden, wozu 200—210 kWh benötigt werden. Dazu kommen noch der Aufwand für den Elektrodenverschleiß und der Lohn für den Bedienungsmann. Diesen Ausgaben stehen die Ersparnisse an Überkopfgewicht gegenüber.

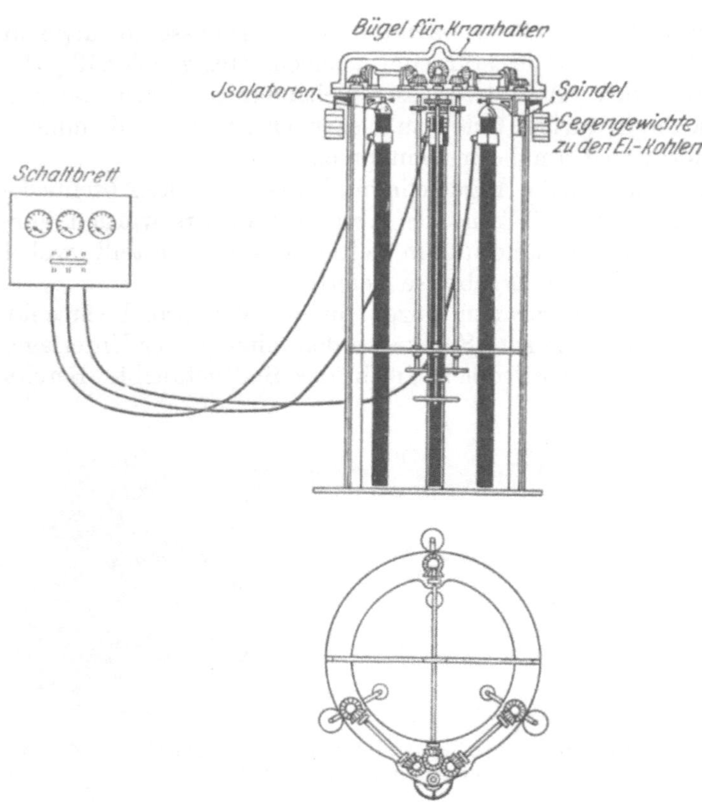

Abb. 1020. Elektrischer Heizapparat für trichterlosen Stahlguß nach Seesemann.

Der Apparat eignet sich auch zum Flüssighalten kleinerer Stahlmengen bei geringer Leistung des Ofens.

Literatur.

Asthöwer, F.: Über Stahlfassonguß. Stahleisen 1881, S. 109/112, 199/201.
Ledebur, A.: Stahlformguß. Stahleisen 1891, S. 451; 1902, S. 854.
Osann, B.: Stahlformguß und Stahlformgußtechnik. Stahleisen 1904, S. 650, 717, 776, 836 u. 892.
Treuheit, L.: Über die Mittel zur Erzielung dichter und spannungsfreier Stahlformgußstücke. Stahleisen 1905, S. 715, 779.
Friem, P.: Gußfehler an Stahlgußstücken, ihre Ursachen und die Mittel zu ihrer Vermeidung. Stahleisen 1905, S. 34/38.
Osann, B.: Stahlformguß aus dem elektrischen Ofen. Stahleisen 1908, S. 654/661.
Treuheit, L.: Die Schablonenformerei in Stahlformgießereien. Stahleisen 1909, S. 824/830 u. 902/905.
Veronelli: Tiegelstahlguß. Z. V. d. I. 1910, S. 1551 u. f.
Oberhoffer, P.: Die Bedeutung des Glühens von Stahlformguß. Stahleisen 1912, S. 889/893; 1913, S. 891/896; 1915, S. 93/162; 1920, S. 1433/1442.
Goltze, Fr.: Gußeisen und Stahlformguß im Elektromaschinenbau. Gieß.-Zg. 1913, S. 461/465.
Geilenkirchen, Th.: Über Stahlformguß. Gieß.-Zg. 1913, S. 365/369, 411/414, 435/438, 478/480.
Müller, A.: Stahlguß aus dem Elektro-Ofen. Stahleisen 1914, S. 536/537.
Lohse, U.: Die Erzeugung von Elektrostahlformguß. Z. V. d. I. 1914, S. 593/596.
Irresberger, C.: Manganstahlformguß. Gieß.-Zg. 1917, S. 304/308.

[1]) Nach Gieß. 1925, S. 757.

Krieger, R.: Stahlformguß als Konstruktionsmaterial. Stahleisen 1918, S. 349/356, 410/417, 440/444, 485/489.
Irresberger, C.: Entwicklung und gegenwärtiger Stand des Stahlformgusses und seiner Herstellungsverfahren. Stahleisen 1918, S. 356/360.
Müller, W. R.: Herstellung von Stahlguß in Amerika. Stahleisen 1918, S. 894/895.
Irresberger, C.: Erzeugung hochwertiger Stahlgüsse in Amerika. Stahleisen 1918, S. 686/688.
Osann, B.: Stahlformguß aus dem Martinofen. Gieß.-Zg. 1918, S. 65/70, 81/84, 100/104.
Erbreich, F.: Die Formgebung des Stahlgusses. Gieß. 1918, S. 29/31.
Kothny, E.: Untersuchung über den Einfluß der Wärmebehandlung auf die Qualität des Stahlgusses. Gieß.-Zg. 1919, S. 357/361, 373/379.
Krieger, R.: Stahlgußketten. Stahleisen 1919, S. 317/320, 433/436.
Irresberger, C.: Gegossene Ankerketten. Gieß.-Zg. 1919, S. 132/134.
Eckhardt, P.: Formstücke aus Hartstahl (Manganstahl). Gieß. 1919, S. 144 u. f.
Erbreich, F.: Das Glühen des Stahlformgusses. Gieß. 1919, S. 99/101, 111/113.
Geilenkirchen, Th.: Über Elektrostahlguß. Gieß. 1919, S. 127/129; 159/161.
Mehrtens, J.: Eisenguß — Schmiedbarer Guß — Flußeisenguß. Gieß.-Zg. 1919, S. 65/68, 83/87, 101/105.
Werner, S.: Dünnwandiger Stahlguß. Jahrb. Schiffsbaut. Ges. 1919, S. 803/805.
Irresberger, C.: Stahlgußstücke für den Schiffbau. Stahleisen 1920, S. 1138/1144, 1704/1707.
— Dünnwandiger Stahlguß. Kruppsche Monatshefte 1921, S. 69/72.
— Die Vergütung von Stahlformguß. Gieß.-Zg. 1921, S. 60/62.
Treuheit, L.: Das Verschweißen von Stahlguß. Stahleisen 1921, S. 1361/1366.
Schäfer, R.: Der Stahlguß als Werkstoff. Gieß.-Zg. 1922, S. 463/472, 475/482.
Oeking d. Ae., H.: Konstruktion von Stahlgußstücken. Stahleisen 1923, S. 841/845.
Irresberger, C.: Manganstahlformguß. Stahleisen 1924, S. 1779/1781.
Biehle: Entstehung und wissenschaftliche Prüfung der Glocken aus Stahlguß. Stahleisen 1923, S. 1253.
Körber, F.: Einfluß der Temperatur auf die Festigkeitseigenschaften von Stahlguß. Stahleisen 1924, S. 1765/1770.
Seesemann, K.: Trichterloser Stahlformguß. Gieß. 1925, S. 757/758.
Krieger, R.: Die Entwicklung der deutschen Stahlformguß-Industrie in den letzten 25 Jahren. Stahleisen 1926, S. 697/706, 865/869.

XXIII. Temperguß.

Allgemeines.

Bei der Herstellung von Tempergußstücken handelt es sich um den Guß von weißem Eisen, das nochmals so stark schwindet wie graues Eisen, das daher in entsprechend höherem Maße zu Nachsaugungen (Lunkern) neigt [1]). Weitere Schwierigkeiten ergeben sich durch den geringen Phosphorgehalt des Eisens, wodurch sein Flüssigkeitsgrad un-

Abb. 1021.

Abb. 1022.

Abb. 1023.

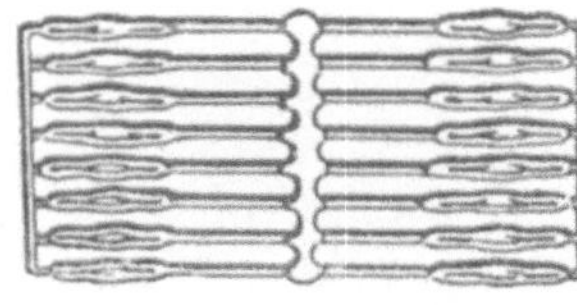
Abb. 1024.

Abb. 1021—1024. Tempergußteile mit Anguß.

günstig beeinflußt wird, so daß man genötigt ist, bei höheren Wärmegraden als beim Graueisen zu gießen, wodurch wiederum Schwindung und Neigung zu Lunkerungen ungünstig beeinflußt werden. Das Schwindmaß von Abgüssen aus Tempereisen beträgt je nach dessen Zusammensetzung und nach der Gestalt der Abgüsse 1,6—2,1 %. Ein Teil dieser Schwindung wird zwar durch das nachfolgende Glühen wieder hereingebracht, was aber natürlich ohne Einfluß auf das anzuwendende Form- und Gießverfahren ist.

[1]) Vgl. Bd. 1, S. 263.

Das Stückgewicht der überwiegenden Menge der bei uns erzeugten Tempergußstücke liegt zwischen 3 und 12 kg, es kommen aber auch Abgüsse bis herab auf etwa 10 g vor, und anderseits werden ausnahmsweise auch Stücke im Einzelgewicht von 400 kg ausgeführt.

Meistens werden kleine Stücke nach Modellplatten geformt. Bei Aufbringung der Modelle und Anschnitte auf die Formplatten kommt sehr viel auf die richtige Verteilung

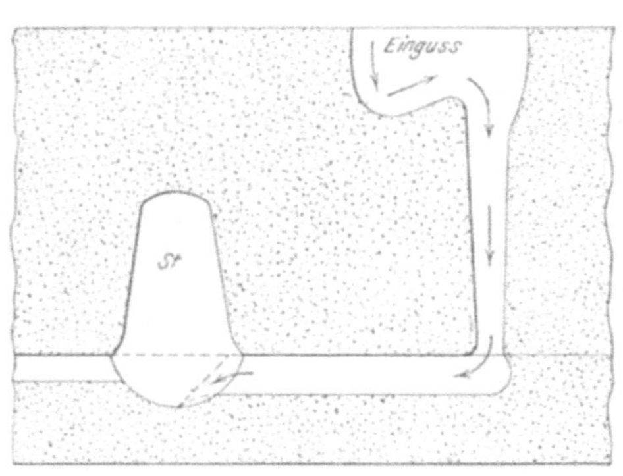

Abb. 1025. Einguß mit Saugkopf.

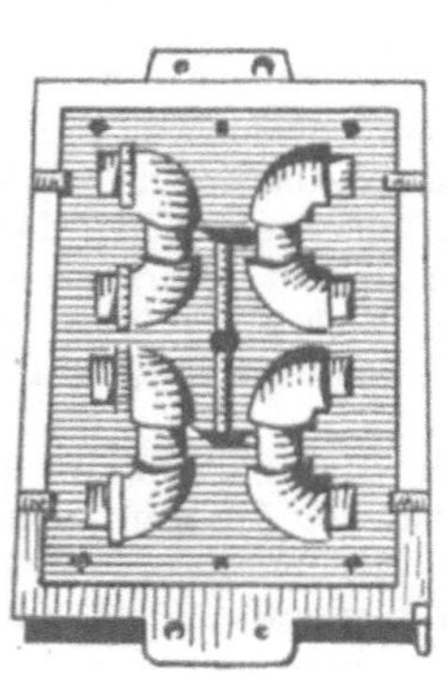

Abb. 1026.

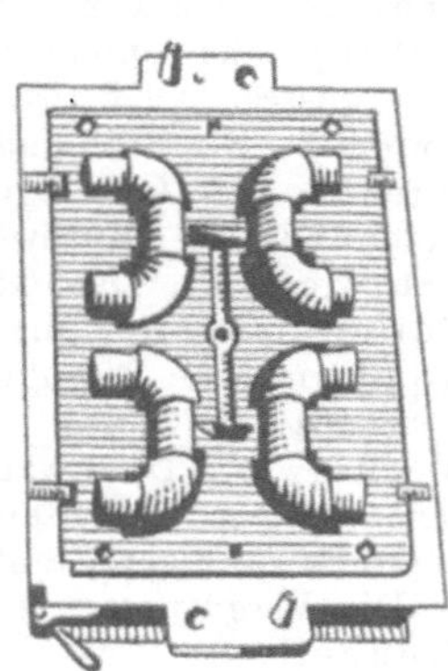

Abb. 1027.

Abb. 1026 u. 1027. Fittings mit Einguß.

der Modelle und auf die Verzweigung und Bemessung der Läufe und Anschnitte an. Es fällt hier oft den Einläufen dieselbe Aufgabe zu, wie sonst dem Eingusse oder dem Überkopfe. Die Verbindung zwischen Einlauf und Form muß so dünn sein, daß der Abguß ohne Schaden zu leiden, leicht abgetrennt werden kann. Die Abb. 1021—1024 zeigen einige kennzeichnende Anordnungen für kleinste Tempergußteile: Abb. 1021 48 Muttern, je 28 g wiegend, Abb. 1022 8 anderthalbzöllige Fittings an einem gemein-

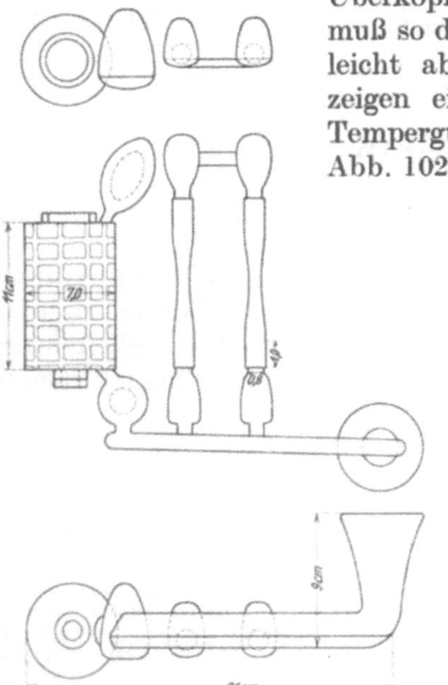

Abb. 1028. Handgranaten als Tempergußstücke geformt.

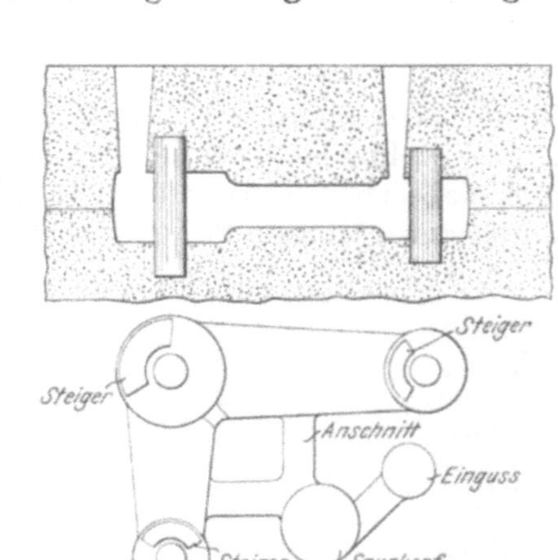

Abb. 1029. Form und Abguß eines Kniehebels mit Saugkopf und Steiger.

samen Anschnitt und Trichter, Abb. 1023 80 kleine Muffen im Gewicht von je 14 g; in Abb. 1024 sind 16 Sägegriffe wiedergegeben, von denen jeder 84 g wiegt [1]).

Für größere Formen wird, wo immer es angeht, ein Zwischenbehälter zwischen dem Einguß und der Form eingeschaltet (Abb. 1025), aus dem sich die Form vollsaugen kann. Diese Behälter werden als „Saugköpfe“, „Füllköpfe“, „Schäumer“ oder „Masseln“

[1]) Die Abb. 1021—1046 entstammen dem Werk von E. Leber „Die Herstellung des Tempergusses und die Theorie des Glühfrischens“. Berlin 1919.

bezeichnet. Der Saugkopf darf nicht zu weit von der Form angebracht werden, da er sonst wirkungslos bleibt. Wo das nicht gut angeht und Gestalt und Wandstärke des Abgusses Lunkerungen weniger befürchten lassen, kann auf einen Saugkopf verzichtet werden, man muß dann den Verteilungslauf samt dem Anschnitt stark genug bemessen, um das Eisen genügend heiß in die Form

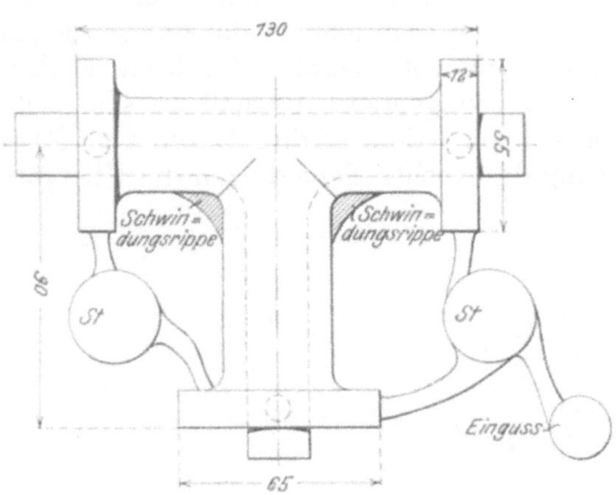

Abb. 1030. Tempergußstück mit mehreren Saugnäpfen.

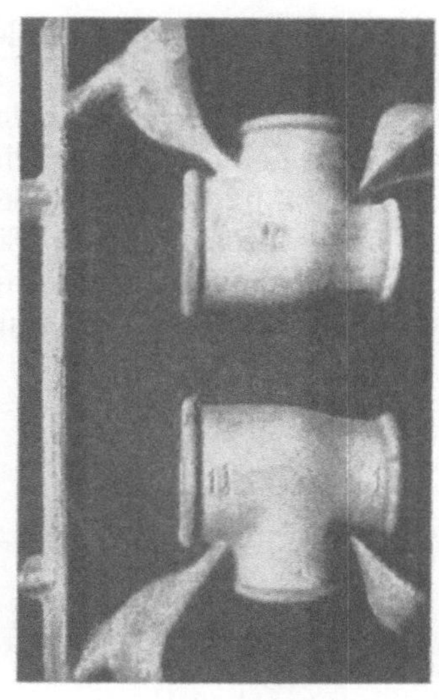

Abb. 1031. Rohrverbindungstücke mit mehreren Saugnäpfen.

gelangen zu lassen. Die Abb. 1026 und 1027 zeigen ein Beispiel (8 Fittings in einem Kasten) solcher Gießanordnung. Ein Musterbeispiel für die Anordnung von Gießtümpeln in Fällen, wo Probestäbe zugleich mit dem Abgusse zu liefern sind, zeigt

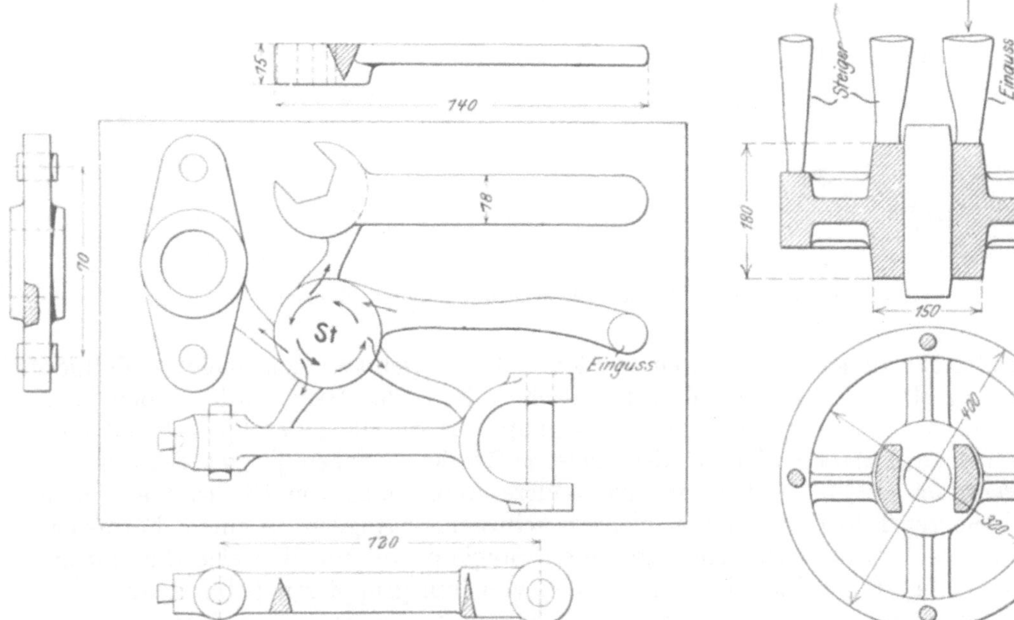

Abb. 1032. Einformen mehrerer Gußstücke im Kasten.

Abb. 1033. Rad mit Einguß und Steiger.

Abb. 1028. An einem gemeinsamen Einlaufe hängen zwei Probestäbe und der Abguß. Zwischen dem annähernd eiförmigen Einlauf und jeder Form ist ein der Größe der Abgüsse entsprechender Saugtümpel eingeschoben, dessen Höhe in allen Fällen größer ist als die des zugehörigen Abgusses. Der Abguß — eine Handgranate — erhält außerdem an der dem Anschnitte gegenüberliegenden Seite einen zweiten Saugkopf.

Unter Umständen kann der Saugkopf mit dem Eingusse vereinigt werden (Abb. 1029). Dieser Kniehebel ist in der Mitte eines jeden Armes angeschnitten und der Saugkopf den beiden Abzweigungen vorgelegt; an den drei Naben sorgen Steiger für ausreichenden Eisenersatz.

Eingüsse und Saugköpfe sollen nicht unmittelbar an Stellen größter Eisenanhäufung gesetzt werden, da sie dort ebenso leicht schädlich wie nützlich sein können; es entstehen bei unmittelbar an solchen Stellen aufgesetzten Saugtümpeln häufig unterhalb des Kopfes hohle Stellen. Die Köpfe müssen auch groß genug sein, um den ganzen Eisenbedarf des Abgusses zu decken, und müssen, um volle Gewähr für beste Wirkung zu bieten, auch ihrerseits vom Eingusse Eisen in genügendem Ausmaß an sich ziehen können. Ein zu kleiner Kopf kann gefährlich werden, indem er den Abguß zum Eisenbehälter für sich selbst macht. Zur Erleichterung des Nachfließens dürfen die Übergänge

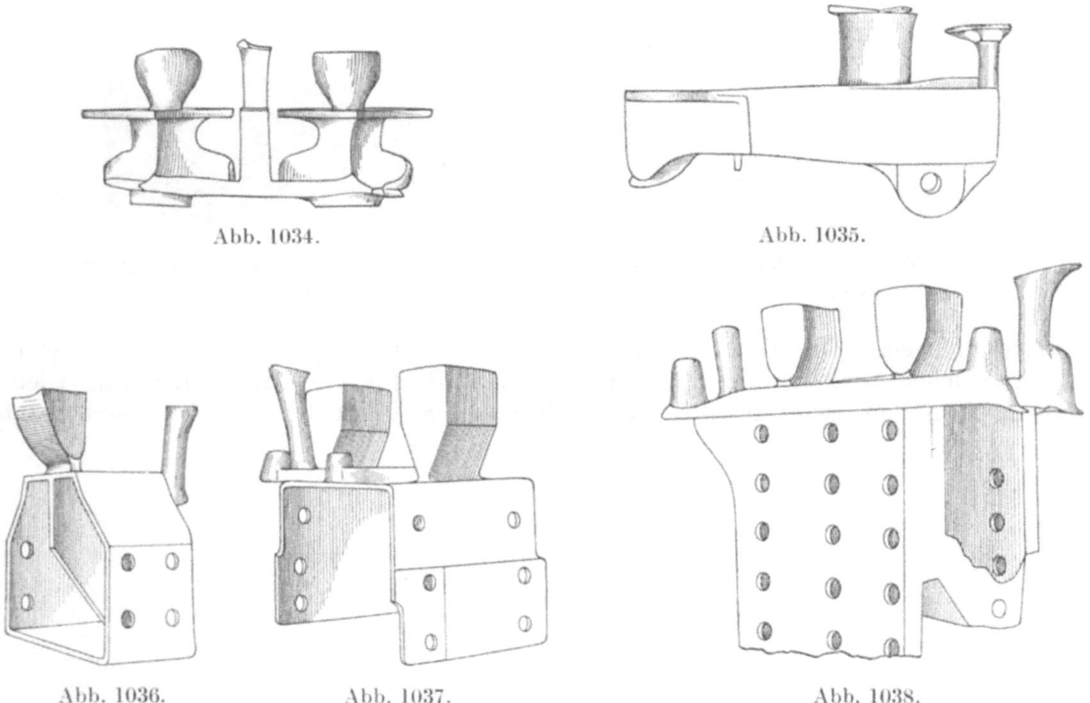

Abb. 1034. Abb. 1035. Abb. 1036. Abb. 1037. Abb. 1038.

Abb. 1034—1038. Tempergußstücke mit verlorenem Kopf.

zum Abguß nicht zu schroff gehalten werden. Oft empfiehlt es sich, mehrere Füllköpfe anzuordnen, z. B. im Falle des T-Stücks nach Abb. 1030. Hier wurde in den beiden Winkeln zwischen den Flanschen je ein Saugkopf vorgesehen, jeder Flansch mit einem Steiger versehen und außerdem in den meist gefährdeten Ecken je eine Schwindungsrippe angeordnet. Abb. 1031 zeigt eine andere Anordnung von Gießtümpeln in den Winkeln kleinerer T-Fittings. Wenn mehrere schwächere Abgüsse in einem Formkasten vereinigt werden, ordnet man einen größeren Saugkopf an, um den sich die einzelnen Stücke in möglichst gleichmäßigen Abständen von ihm gruppieren (Abb. 1032).

Die Gestalt vieler Abgüsse macht es unmöglich, die Gießform mit wirksamen Fülltümpeln zu versehen. Man ist dann darauf angewiesen, sich mit Steigern oder verlorenen Köpfen zu helfen. Das schwere Rad nach Abb. 1033 bildet einen solchen recht kennzeichnenden Fall. Man ordnet auf der Nabe den Einguß und einen starken Steiger und am Radkranz vier etwas schwächere Steiger an. Weitere, näherer Erläuterung nicht bedürfende Ausführungsbeispiele zeigen die Abb. 1034—1038.

Abb. 1039 läßt die Anordnung der Formen und das Gießverfahren von Schlüsseln erkennen. Die einzelnen Formen liegen etwas schräg zu den Einläufen. Der Kasten wird zum Guß hochkant aufgestellt, so daß die Formen der Reihe nach von unten bis oben vollaufen.

In vielen Fällen muß man sich zur Erzielung dichter Abgüsse und zur Vermeidung von Rissen mit Schreckschalen behelfen. Die Abb. 1040—1046 zeigen einige Anwendungs-

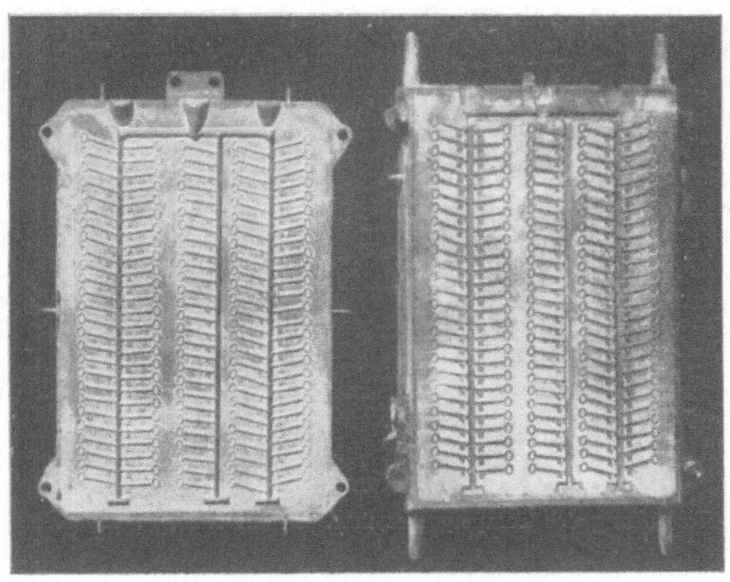

Abb. 1039. Form für Schlüssel.

arten. Beim Hebel, Abb. 1040, wurden an die Endflächen des verstärkten Mittelzapfens Schreckschalen angelegt und außerdem Schwindrippen an den besonders gefährdeten

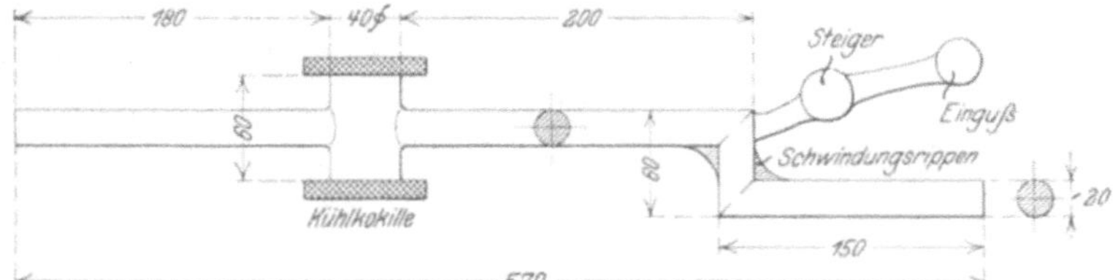

Abb. 1040. Tempergußstück mit Schreckplatten.

Beugungswinkeln vorgesehen. Solche Rippen haben den doppelten Zweck, die Wärme rascher abzuleiten und eine Verstärkung zur Hintanhaltung von Rippen zu bilden.

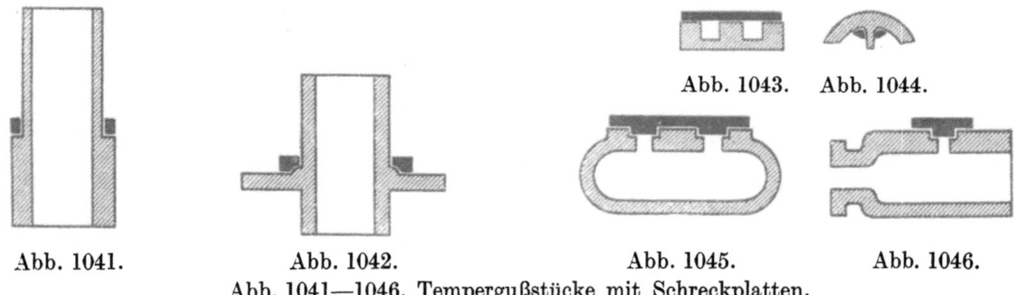

Abb. 1043. Abb. 1044.

Abb. 1041. Abb. 1042. Abb. 1045. Abb. 1046.

Abb. 1041—1046. Tempergußstücke mit Schreckplatten.

Sie werden nach dem Ausglühen mit dem Meißel oder durch sonstige Bearbeitung entfernt. Bei der Büchse, Abb. 1042, die stehend mit dem schwächeren Teil nach oben gegossen wird, soll die von der Schreckschale berührte Stelle bearbeitet werden, ähnlich verhält es sich bei den anderen Ausführungsbeispielen.

Schreckschalen dürfen zur Erzielung guter Wirkung weder zu stark noch zu schwach sein. Zu schwere Schalen behindern den glatten Durchfluß des Eisens oder bewirken Spannungen, die schließlich zu Rissen führen. Unrichtig angeordnete Schreckschalen können Lunkerungen an benachbarten Stellen veranlassen. Große Schreckschalen werden mitunter zur Milderung ihrer Wirkung mit Formstoff überzogen. Form und Abmessung jeder Schreckschale muß genau der beabsichtigten Wirkung angepaßt werden. Diesbezüglich lassen sich allgemein gültige Abmessungen nicht angeben, in jedem Einzelfalle kann nur auf Grund persönlicher Erfahrung das richtige Maß bestimmt werden. In vielen Fällen, insbesondere bei kleineren Stücken, genügt schon das Eingießen von Nägeln mit gewöhnlichen oder mit besonders gestalteten Köpfen (Abb. 1044) zur Erzielung schreckschalenartiger Wirkungen. Alle Schreckschalen müssen beim Gusse vollkommen trocken sein.

Der Guß erfolgt im allgemeinen so heiß wie möglich, doch hat man bei Bemessung der Gießwärme nicht nur auf Gestalt und Wandstärke des Abgusses, sondern auch auf das Schmelzverfahren zur Verflüssigung des Eisens zu achten. Kuppelofen- und Flammofeneisen wird im allgemeinen weniger heiß vergossen als Eisen aus Siemens-Martin-, Bessemer- oder Elektro-Öfen. Für Eisen erstgenannter Herkunft gelten als geeignete Gießtemperaturen 1350—1400°, während Eisen aus den letztgenannten Öfen mit Temperaturen von 1400—1470° vergossen wird.

Literatur.

Leber, E.: Die Herstellung des Tempergusses usw. Berlin 1919, S. 198 u. ff.

Vierter Hauptteil.

Formplatten und Formmaschinen.

XXIV. Form- oder Modellplattenformerei.

Allgemeines.

Eines der wichtigsten Hilfsmittel zur Verbesserung und Vereinfachung der Formerarbeit ist die im Jahre 1827 auf dem Eisenwerk Rote-Hütte im Harz von Oberfaktor Frankenfeld, Modellmeister Heyder und Formermeister Flentje [1]) erfundene und in Gebrauch genommene Form- oder Modellplatte. Ihre Urform ist der Aufstampfboden, auf den Modell und Formkasten zum Aufstampfen gesetzt werden. Verbindet man ein oder mehrere Modelle dauernd mit einem Aufstampfboden und gibt ihm Führungen, die eine stets gleiche Lage des Formkastens zum Modell und gleichmäßiges Abheben sichern, so entsteht eine Form- oder Modellplatte im gewöhnlichen Wortsinne, die durch Anbringen von Einguß- und Anschnittmodellen, von Steigern und Windpfeifen vervollkommnet werden kann. Eine solche Formplatte erspart dem Former die örtliche Modellanordnung, die Herstellung einer Teilungsfläche (des „Standes"), das Anschneiden der Anschnitte und, was meistens das Wichtigste ist, sie macht das Ausheben der Modelle zu einer sehr einfachen Verrichtung. Ein weiterer Vorteil ist der Wegfall des Anfeuchtens der Formränder vor dem Modellausheben, wodurch eine Härtung des Gußstücks vermieden wird. Damit aber das Ausheben tadellos vor sich geht, müssen die Modelle völlig dicht („luftdicht" nennt es der Fachmann) auf der Platte sitzen, denn schon die geringste Fuge hat Abbröckelungen der Sandkanten der Form zur unausbleiblichen Folge.

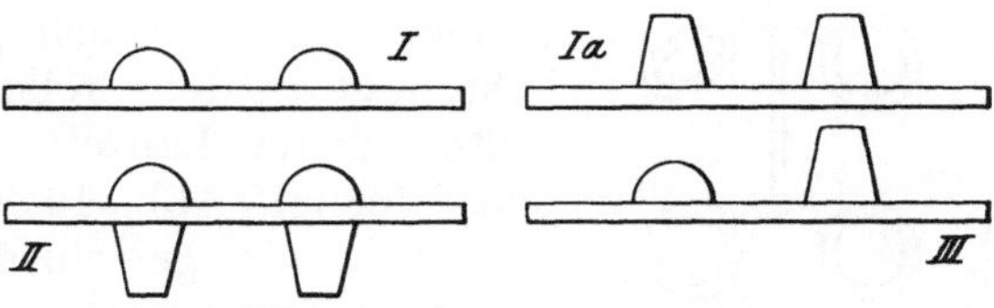

Abb. 1047. Arten der Formplatten.

Für Modelle, die ober- und unterhalb ihrer Teilungsebene gleich gestaltet sind, genügt häufig eine einfache Formplatte zur Erstellung von Ober- und Unterteil; es muß nur für die richtigen Abstände von den Formkastenmittellinien gesorgt werden. Alle anderen Modelle bedürfen doppelter Formplatten. Die Doppelung kann auf verschiedene Art erfolgen, durch Anbringen der Modellhälften auf zwei gesonderten Platten I und Ia (Abb. 1047) oder durch Anbringen der Modelle auf beiden Seiten der Formplatte wie bei II, oder auch durch Anbringen je eines Ober- und Unterteilmodells auf einer Plattenseite wie bei III, so daß sich zwei Formhälften nach Verdrehung einer Hälfte um 180° zur ganzen Form ergänzen (Abb. 1048). Formplatten, die auf beiden Seiten Modelle tragen, bezeichnet man als Doppelplatten, und solche mit je einem oder mehreren sich

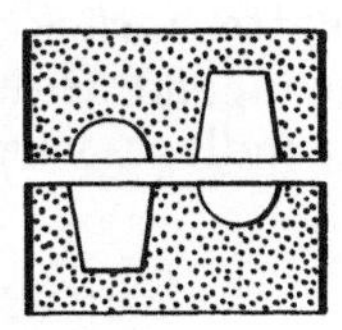
Abb. 1048. Umschlagplattenformerei.

[1]) H. Fischer, Die Werkzeugmaschinen. 2. Aufl., Berlin 1905. S. 764; vgl. auch Bd. I. S. 24.

ergänzenden Ober- und Unterteilmodellen auf einer Seite als Reversier- oder Umschlagplatten. Man unterscheidet gegossene Formplatten, die mit dem Modell in einem Stücke gegossen werden, und montierte oder zusammengesetzte Formplatten, auf denen die Modelle nachträglich befestigt werden.

Außer den Formplatten mit unbeweglichen gibt es solche mit beweglichen Modellen. Zu den letzteren sind die Durchziehplatten, Platten mit Abstreifkämmen und Platten mit anderen Vorrichtungen zum gänzlichen oder teilweisen Ausbringen des Modelles zu zählen. Die Führung zwischen Formplatte und Formkasten wird durch Dübel oder durch Gelenke (Scharniere) bewirkt, dementsprechend erfolgt die Trennung zwischen Form und Modell in geradliniger oder in bogenförmiger Richtung. Man stattet die Formplatten für Ober- und Unterteil abwechselnd mit Dübelbolzen und Dübellöchern aus, oder man sieht auch nur Dübelbolzen vor und fügt dann die einzelnen Formkastenteile mit besonderen Vorrichtungen, den Zusammensetzmaschinen, zusammen.

Falsche Teile oder Sandformplatten.

Wenn es sich um die Anfertigung nur geringer Stückzahlen von Abgüssen nach kleinen und niedrigen Modellen handelt, wobei sich die Herstellung einer vollständigen Formplatte nicht lohnen würde, bedient man sich mit Vorteil eines sog. „falschen Teils", d. h. einer zum Teil aus hartgebranntem Formsand bestehenden Formplatte. Zur Herstellung einer solchen Platte werden die hölzernen Urmodelle zusammen mit Modellen der Eingüsse in einer Sandform abgegossen, so daß ein zusammenhängendes Eisen- oder Metallmodell der Abgüsse und der Einläufe gewonnen wird. Diese Modelle werden auf einen Stampfboden gelegt, ein Holzrahmen darüber gesetzt und mit fettem Sande vollgestampft. Das Ganze wird schließlich gewendet und gründlich getrocknet, worauf man die Modelle aushebt, und an den Stellen, wo das nicht ganz glatt vor sich gehen sollte, mit der Lanzette etwas nachhilft. Damit ist die Sandformplatte fertig. Abb. 1049 zeigt sechs Einzelmodelle, die mit den Eingüssen ein gemeinsames Modell zur Unterbringung in einer Sandformplatte bilden.

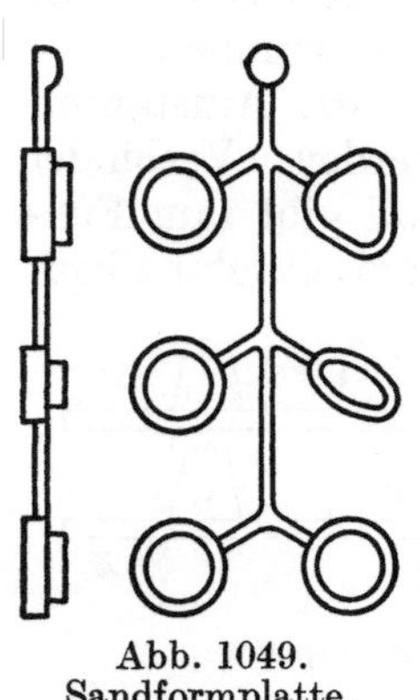

Abb. 1049. Sandformplatte.

Die Formarbeit ist sehr einfach. Über der Formsandplatte wird ein Formkastenunterteil aufgestampft und mitsamt der Platte um 180° gewendet; dann wird die Platte abgehoben, so daß die Modelle im Unterkasten liegen. Aufsetzen, Vollstampfen und Abheben eines Oberteils, Ausheben der Modelle und Zusammensetzen der beiden Formteile. Die Modelle werden in die Formsandplatte zurückgelegt und der Arbeitsgang wiederholt. Bei Modellen, die auch im Oberteil genügend Halt finden, kann abwechselnd das Ober- und das Unterteil als Aufstampfgrundlage verwendet werden, wodurch sich eine weitere Vereinfachung ergibt.

Gegossene Formplatten für geradliniges Modellausheben.

Zum Guß von Formplatten dienen Steinmassen, Gips, Gußeisen, Zinn-, Zinklegierungen, Aluminium, Aluminium-Zink-Legierungen, seltener Bronze und ausnahmsweise auch andere Metallegierungen. Im allgemeinen werden gegossene Formplatten nur für flache, insbesondere verzierte Modelle, wie sie beispielsweise der Ofenguß erfordert, verwendet. Man fertigt sie in den meisten Fällen als Doppel- oder als Umschlag- (Reservier-) Platten an. Sie werden am besten in einem dreiteiligen, genau bearbeiteten Formkasten, dessen Mittelteil so hoch ist, wie die Formplatte stark werden soll, eingeformt. Die Umrisse der Formplatte werden auf einem Aufstampfboden vorgezeichnet, die einzelnen Modelle innerhalb des Umrisses zusammengestellt, das Unterteil aufgestampft, gewendet, nach Entfernung des Aufstampfbodens die zweiten Modellhälften auf die ersten gesetzt, das Oberteil aufgestampft, abgehoben, Angüsse ausgeschnitten, die Modelle aus dem

Sande gebracht, in Staub nachgedrückt (was sehr sorgsam geschehen muß, damit die Abgüsse nicht zu stark ausfallen), wieder ausgehoben und die Eingüsse glatt poliert. Bei Modellen mit größeren ebenen Flächen poliert man oft die ganze Form aus, um das „in den Staub klopfen" zu vermeiden. Das bisher unbenutzte Formkastenmittelstück M (Abb. 1050) wird auf das Unterteil gesetzt, das glatte Formplattenmodell oder ein Rahmen F, der dem äußeren Umfang des Formplattenmodells entspricht, auf die Teilfläche gelegt, der Raum a zwischen dem Formplattenmodell und den Wänden des Formkastenmittelstücks vollgestampft, genau glatt abgestrichen, worauf Angüsse und Steiger ausgeschnitten, das Formplattenmodell aus dem Sande gebracht, das Oberteil aufgesetzt, der Kasten beschwert und die Form abgegossen wird.

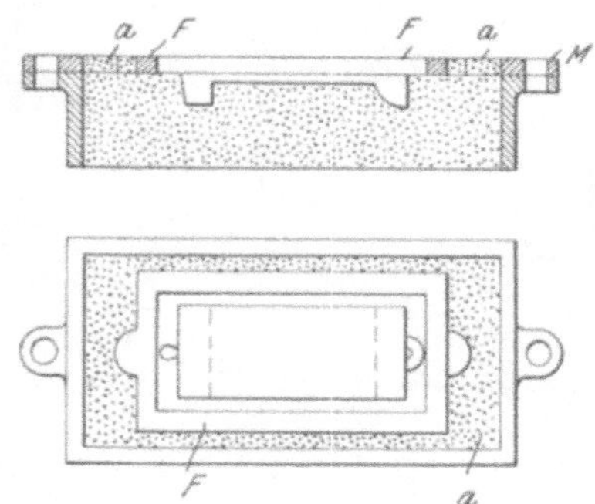

Abb. 1050. Herstellung gegossener Formplatten.

Nach einem vervollkommneteren Verfahren bildet man zweiseitige Formplatten durch Ausgießen eines bearbeiteten Rahmens mit einer geeigneten Metalllegierung und geht dabei folgendermaßen vor:

Das Modell (Abb. 1051a) wird in üblicher Weise eingeformt (b), worauf man die beiden Teile auseinandernimmt und einen gußeisernen Rahmen z zwischen sie legt (c), dessen innerer Rand gezahnt ausgeschnitten ist, um dem später einzugießenden Metall Halt zu verleihen. Es empfiehlt sich, den ausgeschnittenen Zacken abwechselnd nach oben und nach unten etwas Anzug zu geben, um das gute Zusammenhalten von Rahmen und eingegossenem Metall in allen Lagen der Platte noch weiter zu sichern. Bei d ist die fertige Formplatte im Schnitt gezeigt. Als Ausgußmetall hat sich eine Legierung von 84% Blei, 4% Zinn und 12% Antimon gut bewährt. Sie gießt sich leicht, füllt selbst die feinsten Kanten und Formen gut aus, widersteht der Beanspruchung durch den eingestampften Sand recht gut, hat fast keine Schwindung und ist verhältnismäßig billig. Noch größere Widerstandsfähigkeit bietet eine Legierung aus 42% Blei, 42% Zinn und 16% Antimon, die aber entsprechend dem höheren Zinngehalte auch wesentlich teurer ist.

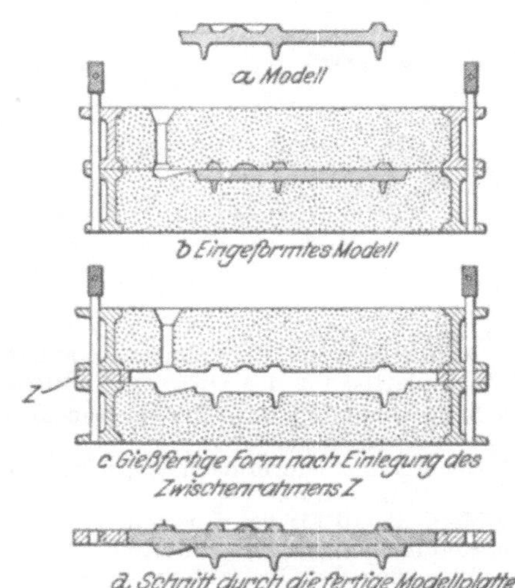

Abb. 1051a—d. Herstellung doppelseitiger Formplatten.

Es lohnt sich im allgemeinen nicht, auf **gußeiserne** Formplatten nennenswerte Nacharbeiten zu verwenden. Wo solche notwendig würden, ist es fast immer billiger und besser, eine neue Platte zu gießen.

Gesonderte Platten für das Ober- und Unterteil.

Das Modell (Abb. 1052a) wird wieder in üblicher Weise eingeformt (Abb. 1052b), die Form auseinandergenommen und sowohl auf das Ober- als auch auf das Unterteil ein neues Formkastenteil aufgestampft (c und d) [1]. Nach dem Abnehmen und Wenden dieser neuen Teile schneidet man von der Oberfläche ihrer Oberseite die etwa 10 mm betragende Wandstärke des metallischen Teils der künftigen Modellplatte weg (e und f). Hierzu bedient man sich eines Hilfswerkzeugs nach n, dessen Zapfen f genau so hoch ist, wie der metallische Teil der Formplatte stark werden soll. Die runde Endscheibe des Werkzeugs wird mit Kreide weiß gefärbt und in die Form gedrückt, bis der vierkantige Teil des Holzes die Sandoberfläche berührt. Es wird so die Fläche, bis zu der

[1] Vgl. Stahleisen 1926, S. 397/400.

der Sand wegzuschneiden ist, so genau gekennzeichnet, daß danach die Ausführung keine Schwierigkeiten bereitet. Nach dem Ausschneiden drückt man mit einem Knopfe halbkugelige Vertiefungen in den Sand, in die man nach verschiedenen Richtungen Nägel treibt, deren Kopf man um etwa 6 mm über den Sand vorstehen läßt. Diese Nägel (e und f) sollen beim späteren Ausgießen des Metallteils mit Gips oder Zement den Zusammenhalt des Gips- und des Metallteils sichern. Die dergestalt vorbereiteten Kastenteile werden gewendet, auf die ursprünglichen Ober- bzw. Unterteile gesetzt und die entstandene Form mit Metall ausgegossen (g und h). Die Oberteile dieser Metallabgüsse hebt man mitsamt den Abgüssen so vorsichtig ab, daß Beschädigungen der Unterteilformen möglichst vermieden werden. Die gereinigten Abgüsse legt man wieder in das Unterteil zurück, setzt einen gußeisernen Rahmen g′ von derselben Bohrung wie diejenige des Kastens auf und gießt den Raum unter der Modellschale mit Gips oder Modellzement aus. Nach dem Erstarren der eingegossenen Masse (i und k) wird abgehoben und die aus dem gußeisernen Rahmen g′, der dünnen

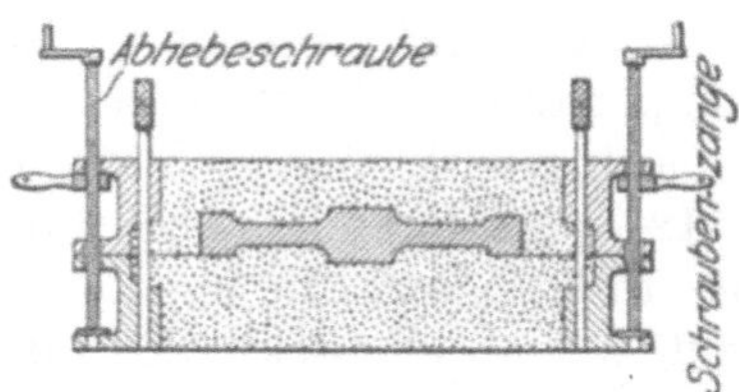

Abb. 1053. Schrauben-Abhebevorrichtung.

Metallplatte c′ und der Ausgußmasse e′ bestehende Modellplatte (l und m) mit feinem Schmirgelpapier abgeschliffen, worauf sie ohne weiteres in Arbeit genommen werden kann.

Abb. 1052 a—o. Herstellung gesonderter Formplatten für das Ober- und Unterteil.
e Neue Oberteilform nach Wegschneiden der Wandstärke.
f Neue Unterteilform nach Wegschneiden der Wandstärke.
g Metallabguß für das Oberteil.
h Metallabguß für das Unterteil.
i Ausgießen der Oberteilformplatte.
k Ausgießen der Unterteilformplatte.
l Fertige Oberteilformplatte.
m Fertige Unterteilformplatte.
n Werkzeug zur Kennzeichnung der wegzuschneidenden Wandstärke.
o Anordnung eines kleinen schrägen Standes.

Es empfiehlt sich, die Modelle mit den lotrechten Kanten nicht unmittelbar auf die Platte zu setzen, sondern einen kleinen „Stand“ mit etwa 45° Anzug zwischen Modell und Platte vorzusehen, wie es o erkennen läßt. Dadurch werden die weniger standsicheren Kanten vermieden, das Abheben erleichtert und sauberere Abgüsse gewährleistet.

Zum genauen Abheben der Oberteile wird vorteilhaft eine Schraubenhebevorrichtung nach Abb. 1053 benutzt. Durch Löcher in den äußeren Flanschen werden Schraubenspindeln geschoben, unterhalb des Flansches wird eine Schraubenklemmzange angelegt, so daß durch gleichzeitiges und vorsichtiges Drehen der Spindeln der Formkasten durchaus gleichmäßig angehoben werden kann. Nach Freilegung des Modells schiebt man zwischen die beiden Kastenteile Holzpflöcke, worauf nach Lösung der Klemmen das Kastenteil vollends von Hand abgehoben werden kann.

Umschlag-Formplatten nach dem Verfahren von Bonvillain-Ronceray und Zimmermann.

Es ist oft von Vorteil, die Ober- und Unterteile mit der gleichen Formplatte anzufertigen [1]). Diesem Bedürfnis entsprechen die Umschlag- oder Reversierformplatten. Zu ihrer Ausführung ist eine Einrichtung nach den Abb. 1054—1063 erforderlich. Die Abb. 1054 und 1055 zeigen die beiden, den Hauptbestandteil bildenden Umschlagformkasten, während Abb. 1056 einen Schnitt durch einen der beiden Kästen wiedergibt.

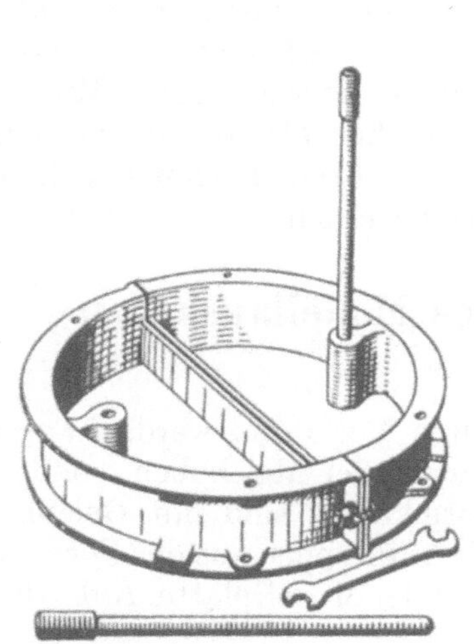

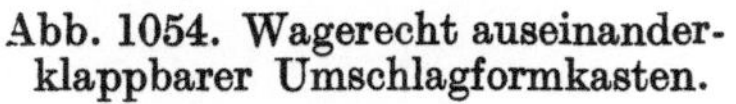

Abb. 1054. Wagerecht auseinanderklappbarer Umschlagformkasten.

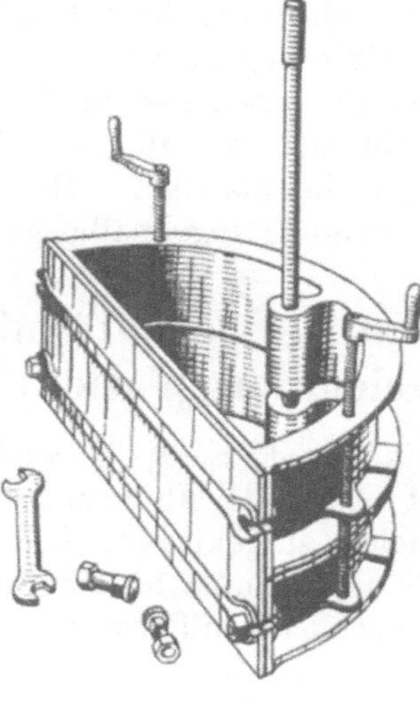

Abb. 1055. Geschlossener Umschlagformkasten.

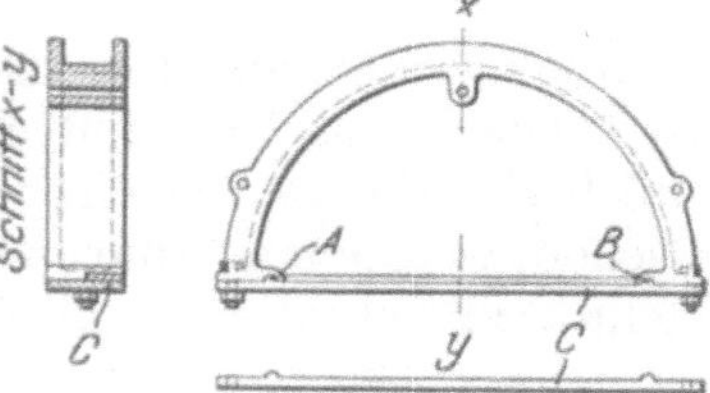

Abb. 1056. Umschlagformkastenteil mit abnehmbarer Abschlußschore.

Zur Ausführung einer Formplatte für Abgüsse nach Abb. 1057d wird in den übereinandergeschlagenen Kastenteilen eine Form e hergestellt, das Oberteil b abgehoben, in Richtung des Pfeils in f geschwenkt und derart neben das Teil a gelegt, daß die halbrunden Führungslöcher A und B der Abb. 1056 genau aneinander passen. Selbstredend mußten vor dem Zusammenlegen der beiden Kastenteile die Schoren abgenommen werden, so daß nunmehr im Raume oberhalb der Schoren die Sandflächen unmittelbar aneinanderstoßen (f). Man hat nun ein die beiden Formkasten abdeckendes und in der Bohrung mit ihnen übereinstimmendes Oberteil D (g) aufzusetzen, entsprechend h und i fertig zu machen und zum Abgusse zu bringen. k zeigt den Schnitt durch eine mit der beschriebenen Platte ausgeführte Form.

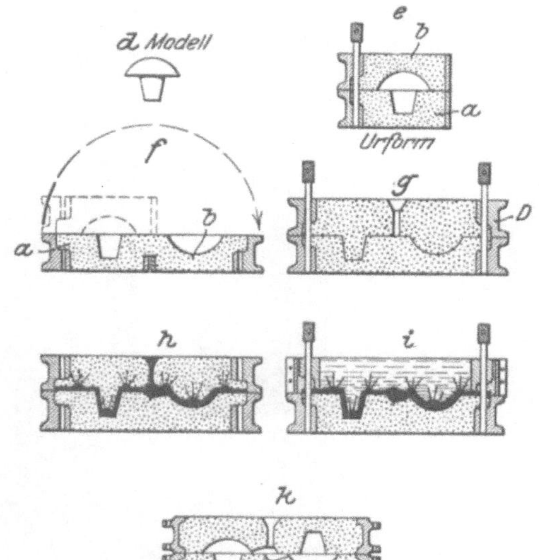

Abb. 1057 a—k. Herstellung einer Umschlag-(Reversier-)Formplatte.

f Umgeschlagene Form.
g Neues Oberteil.
h Metallabguß für die ganze Platte.
i Mit Gips oder Zement ausgegossene Formplatte.
k Schnitt durch eine mit der Umschlagplatte hergestellte Form.

Stein-Formplatten.

Seit etwa drei oder vier Jahren stellt man in Deutschland Formplatten aus gegossener Steinmasse her, die sich vielfach gut bewährt haben. Die Anfertigung erfolgt in gleicher Weise wie die von gegossenen Eisen-, Metall- oder Gipsplatten. Die von verschiedenen Firmen gelieferte Masse erhärtet in 4—6 Stunden. Sie läuft bis in die feinsten Kanten scharf aus, hat keinen Schwund und erlangt nach dem Erstarren marmorähnliche Härte und Glätte. Die Masse wird fest genug, um den Beanspruchungen auf einer Rüttel-

[1]) Vgl. Stahleisen 1926, S. 399.

maschine dauernd standzuhalten. Der Stein läßt sich drehen, hobeln, feilen und schaben und gewährt so weitergehende Möglichkeiten als irgend ein anderer der bisher für Formplatten verwendeten Stoffe. Diese leichte Bearbeitbarkeit kommt auch bei etwaigen Abänderungen vorteilhaft zur Geltung, da ebensogut größere und kleinere Teile der Modelle entfernt, wie aufgetragen werden können.

Man kann sich solche Platten nach Bezug der rohen Masse selbst anfertigen oder aber fertige Platten beziehen. Für fertig bezogene Platten wird eine Gewähr von mindestens 15 000 Abgüssen vor Eintritt einer nennenswerten Abnützung übernommen. Mit der gegossenen Stein-Formplatte ergibt sich die Möglichkeit, rascher als auf irgend eine andere Art gute Dauerformplatten herzustellen. Mit einer großen Formplatte kann schon 24 Stunden nach ihrer Anfertigung regelmäßig geformt werden.

Gegossene Formplatten für bogenförmiges Modellausheben (Gelenkformplatten)[1].

Nach einem von dem Amerikaner J. Keep entwickelten Verfahren werden Formkasten-Ober- und Unterteil nicht in gerader Richtung voneinander abgehoben, sondern ähnlich wie die Deckel eines Buches aufgeklappt. Die Formkasten sind mit Gelenken versehen, welche eine Führung für die Formplatte, die durch Aufklappen aus der Form gebracht wird, enthalten. Abb. 1058 zeigt einen Formkasten mit der Modellplatte, Abb. 1059

Abb. 1058. Formkasten mit Gelenkplatte.

mit ausgehobener Modellplatte, fertig, um zum Gusse geschlossen zu werden. Die Gelenke bestehen aus Doppelkegeln, das Formkastenoberteil hat die positiven, das Unterteil die dazu passenden negativen Kegelflächen, zwischen beiden ist die doppelkegelförmige Grube a (Abb. 1060) zur Aufnahme des ebenfalls doppelkegelförmigen Dübels d (Abb. 1062) der Formplatte angeordnet. Die Abb. 1063—1065 zeigen das Ineinandergreifen der einzelnen Teile. Bei A (Abb. 1063) ist das Gelenk mit dazwischenliegender Formplatte, bei B (Abb. 1064) mit der Formplatte im Augenblick ihrer Aushebung und bei C (Abb. 1065) nach Entfernung der Formplatte im geschlossenen, gußbereiten Zustande zu sehen,

[1]) Nach Stahleisen 1910, S. 1558 bzw. Foundry 1910, S. 1.

während in den Abb. 1066—1068 ein ganzer Formkasten mit den gebogenen Dübeln s und den zugehörigen Ösen k, welche die Führung der Kasten vervollständigen, abgebildet ist.

Der Vorteil des Verfahrens liegt in der Ersparnis einer Reihe von Handgriffen gegenüber der Formerei mit gerade abhebbaren Formplatten, die besonders wirksam

Abb. 1059. Aufgeklappter Formkasten mit ausgehobener Formplatte.

wird, wenn es sich um verzierte Modelle, z. B. für Ofenguß handelt, die nach dem Stauben nochmals in die Form gedrückt werden müssen. Ein weiterer Vorteil liegt in der Möglichkeit, die Formplatten sehr rasch und ohne jede Bearbeitung herzustellen, da sie keiner Bohrung oder sonstigen Bearbeitung bedürfen und unmittelbar nach dem Putzen in Gebrauch genommen werden können.

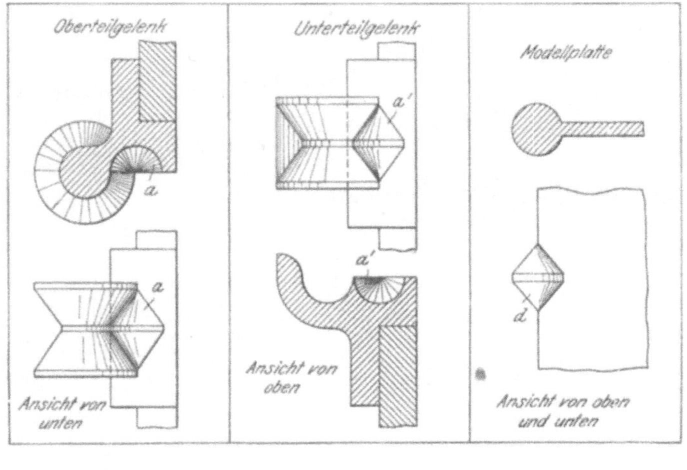

Abb. 1060. Abb. 1061. Abb. 1062.
Abb. 1060—1062. Einzelheiten der Gelenke.

Man gießt sie mit einer Legierung von zwei Teilen Aluminium und einem Teil Zink, die es ermöglicht, die Platten bei gleicher Widerstandsfähigkeit um die Hälfte leichter als bei Verwendung von Gußeisen zu machen. Die kleinen Lagerdoppelkegel der Platten (d in Abb. 1069) bestehen aus Temperguß und werden mit eingegossen.

Zum Einformen einer Gelenkplatte werden die Modelle mit ebener Rückseite auf ein gehobeltes Brett gelegt, festgeklebt oder mit Drahtstiften, die man rings um das Modell in das Brett schlägt und dann über das Modell biegt, befestigt. Modelle mit unebener

Rückseite werden auf Keilen zurecht gelegt oder, wenn auch das nicht angeht, in Gips gepackt. Zu diesem Zweck stellt man sie einzeln mit der Vorderseite nach oben auf das Brett, unterfüttert sie mit Formsand und stellt einen Stand her, über den ein Holzrahmen gelegt wird. Der Raum zwischen dem Modell und dem Rahmen wird dann mit Gips ausgegossen. Es empfiehlt sich, die Modelle vorher mit Speck oder Maschinenöl einzureiben, damit sie sich später gut vom Gips ablösen. Die Abb. 1070 zeigt zwei auf diese Weise mit Gips ummantelte Modelle. Man ordnet die für eine Platte bestimmten Modelle auf einem Stampfboden zurecht und prüft mit einem Dreispitztaster (Abb. 1071) in der aus Abb. 1070 zu entnehmenden Weise den Anzug etwa verdächtiger Kanten. Zu dem Zwecke wird ein genau prismatisch gehobeltes Brett so auf den Stampfboden gesetzt, daß eine auf seiner Ober-

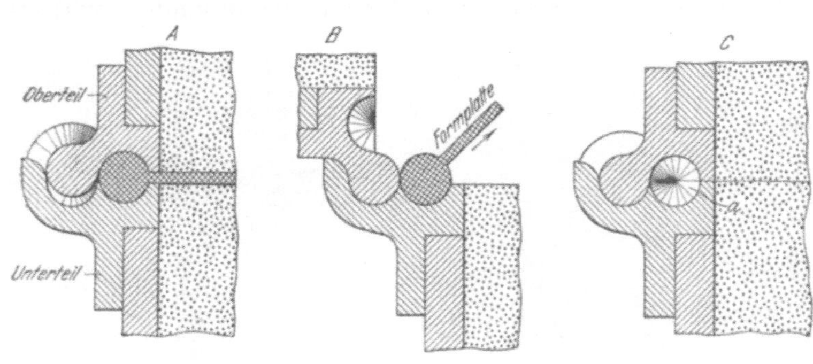

Abb. 1063. Abb. 1064. Abb. 1065.

Abb. 1063—1065. Ausheben der Formplatte.

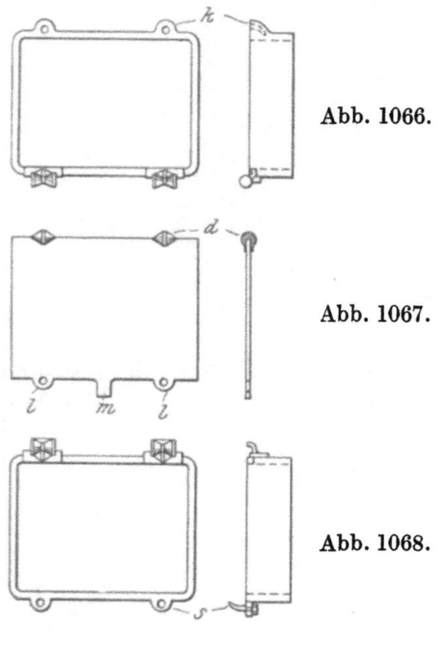

Abb. 1066.

Abb. 1067.

Abb. 1068.

Abb. 1066—1068. Formkastensatz mit Gelenkplatte.

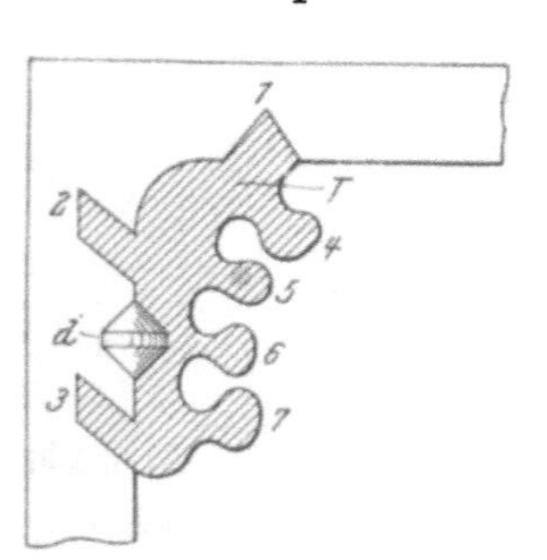

Abb. 1069. Verzahnung an den Ecken des Rahmens.

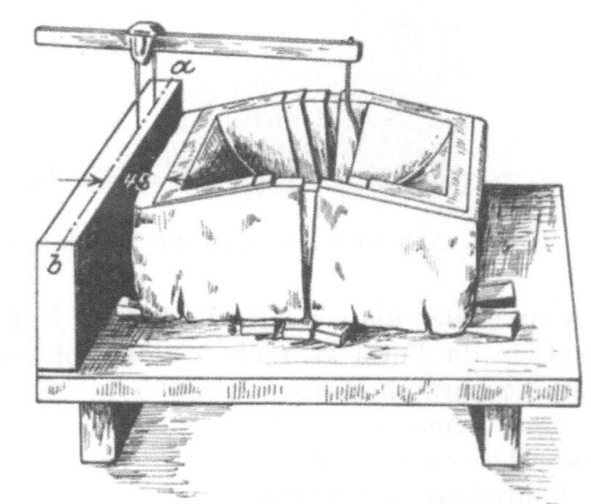

Abb. 1070. Mit Gips ummantelte Modelle.

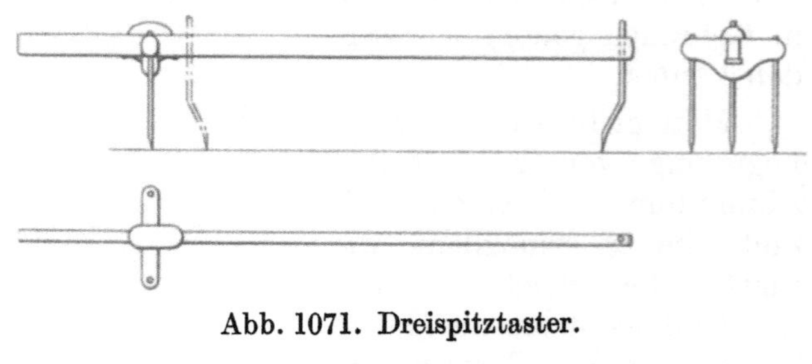

Abb. 1071. Dreispitztaster.

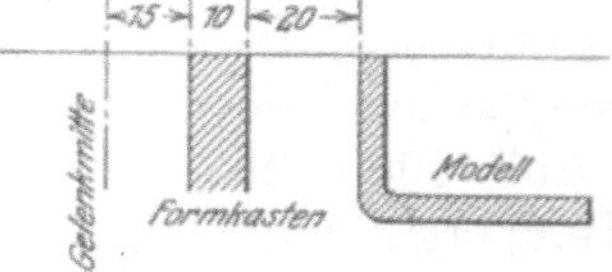

Abb. 1072.

fläche gezogene Gerade a b die Drehungsachse der Formkastengelenke darstellt. Der richtige Abstand dieser Geraden von den Modellen ist aus dem Maße der Summe der Entfernung des Modells vom Kastenrand, der Stärke des Kastenrandes und der Entfernung des Kastenrandes von Gelenkmitte zu bestimmen. Soll z. B. die äußerste Modellkante

Abb. 1073. Form für Anfertigung von Gelenkformplatten.

20 mm vom Rande des Formkastens entfernt bleiben und beträgt die Wandstärke des Kastens 10 mm, die Entfernung des Gelenkmittels vom Kastenrande 15 mm, so muß die Gerade a b (Abb. 1070) 20 + 10 + 15 = 45 mm (Abb. 1072) vom äußersten Modellrand entfernt sein. Auf diese Gerade werden die Doppelstützen des Tasters gestellt, die einfache Spitze zurecht gerückt und der zu untersuchenden Kante entlang gedreht, wobei die Doppelspitzen natürlich auf a b ruhen bleiben. Die Lage der Modelle wird durch untergelegte Keile so lange geändert, bis sämtliche Kanten genügenden Anzug haben; darauf legt man einen Rahmen auf das Stampfbrett, stampft den Raum zwischen ihm und den Modellen mit Formsand voll und stellt einen Stand her. Auf das so gewonnene falsche Teil — bei Modellen mit glattem Rücken unmittelbar auf das Stampfbrett — wird ein Kastenteil gesetzt, aufgestampft und gewendet, worauf man das Brett mit den Modellen abhebt, die Modelle einzeln wieder in das Unterteil bringt und darüber ein Oberteil hochstampft. Nachdem dieses abgehoben und die Modelle aus der Form entfernt sind, wird der dem Verfahren eigentümliche Formplattenrahmen zwischen Ober- und Unterteil gelegt, der Formkasten geschlossen und die Formplatte mit der Aluminium-Zinklegierung abgegossen.

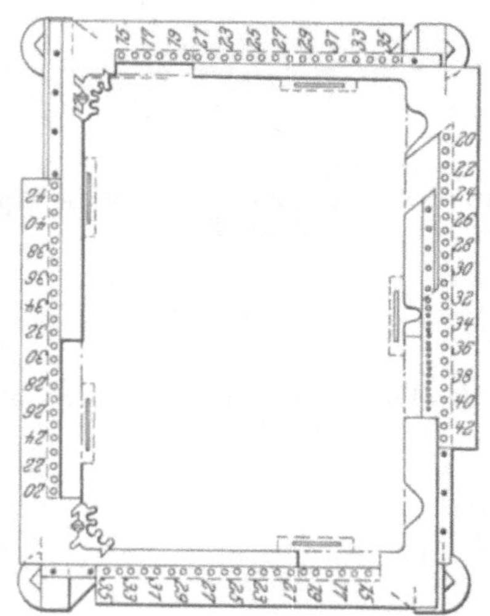

Abb. 1074. Verstellbarer Rahmen.

Der innere Ausschnitt des Formplattenrahmens entspricht den äußeren Umrissen der zu erstellenden Formplatte, wie auch seine Dicke mit der der Formplatte übereinstimmt. In zwei seiner Ecken sind Aussparungen 1, 2, 3 (Abb. 1069) vorgesehen, in welche Beschlagteile T aus Temperguß gesteckt werden, die gegen die Form zu mit taubenschwanzförmigen Windungen 4, 5, 6, 7 versehen sind und außerdem den Führungsdoppelkegel d enthalten. Beim Guß schweißen die Windungen 4, 5, 6 und 7 in die Formplatte ein, wodurch die Platte schon von vornherein mit genau passenden Führungen ausgestattet wird. Sobald die gegossene Platte aus der Form kommt, werden die Zacken 1, 2 und 3 abgehauen, worauf sie geputzt wird und dann ohne weiteres in Gebrauch genommen werden kann.

Abb. 1073 zeigt bei B ein gußfertiges Oberteil, bei A ein Unterteil mit eingelegtem Rahmen E, bei C eine noch ungeputzte Formplatte mit anhaftenden Eingüssen und bei D eine geputzte gebrauchsfertige Platte.

Das bei manchen Modellen notwendige Umgießen mit Gips erscheint umständlicher, als es tatsächlich ist; ein geübter Mann braucht z. B. zur Umkleidung der in Abb. 1070 ersichtlichen Modelle noch keine Stunde. Jeder andere Weg zur genauen Lagerung solcher Modelle würde umständlicher sein. Die meisten Modelle bedürfen aber keines Umkleidens und können in der angegebenen Weise durch Ankleben oder Festnageln auf dem Stampfboden mit ausreichender Genauigkeit gesichert werden. Die Anfertigung einer Modellplatte geht dann so rasch vor sich, daß mit ihr schon wenig Stunden nach der Inangriffnahme geformt werden kann. Steht nur ein Holzmodell zur Verfügung, so fertigt man die erforderliche Zahl von Modellabgüssen in Weißmetall an und formt damit die Modellplatte. Für die Gesamtschwindung vom Holzmodell bis zum fertigen Abgusse sind dann 2,5% in Rechnung zu ziehen und zwar 0,5% für das Weißmetall, 1,2% für die Aluminium-Zink-Legierung der Formplatte und 1% für das Gußeisen.

Um nicht für jede Plattengröße besondere Rahmen anfertigen zu müssen, verwendet man verstellbare Rahmen nach Abb. 1074, die in der Länge und Breite um je 25 mm verschoben werden können.

Zusammengesetzte (montierte) Formplatten.

Gegossenen Formplatten kann ohne Aufwand außerordentlicher Kosten keine so glatte Oberfläche verliehen werden, wie gehobelten Platten mit aufgesetzten, bearbeiteten Modellen. Da dieser Umstand im Aussehen, im Gewicht und in der Paßfähigkeit der Gußstücke zum Ausdruck kommt, fertigt man, wo immer es angeht, zusammengesetzte Platten an. Verzierter Guß, insbesondere Ofenteile, bildet das hauptsächliche Anwendungsgebiet der gegossenen Formplatten, Maschinenteile aller Art, Armaturen, Rohrformstücke und Geschirrguß werden vorzugsweise auf zusammengesetzten Formplatten hergestellt.

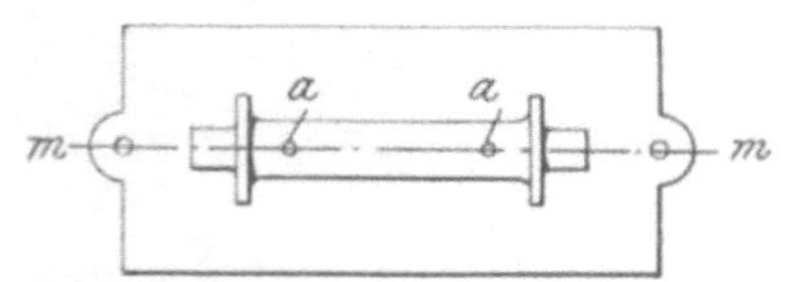

Abb. 1075. Anordnung einer Modellkapsel auf der Platte.

Abb. 1076. Anbringen eines Modells auf einer Doppelplatte.

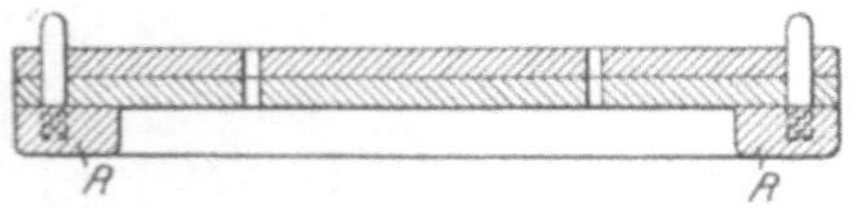

Abb. 1077. Anbringen eines Modells auf zwei Formplatten.

Das Aufbringen der Modelle auf die Formplatten wäre an und für sich eine einfache Sache, es wird aber infolge des hohen Maßes von Genauigkeit und Gewissenhaftigkeit, die ihre Ausführung erfordert, zu einer Arbeit, die nur ganz zuverlässige Kräfte tadellos bewirken können. Handelt es sich darum, nur ein Modell auf eine Platte zu bringen, dergestalt, daß beide Seiten der Platte zum Formen benutzt werden, so kann in folgender Weise vorgegangen werden. Die beiden Modellhälften werden gemeinsam durchbohrt, die eine Hälfte in der Richtung der Längsachse m m (Abb. 1075) auf die Platte gelegt und die Löcher a auf der Platte vorgerissen. Dann bohrt man die vorgerissenen Löcher und befestigt beide Modellhälften durch gemeinschaftliche Bolzen a' (Abb. 1076) auf beiden Seiten der Formplatte. Soll das Modell auf zwei gesonderten Formplatten angebracht werden, so bringt man beide Platten auf einen Rahmen R (Abb. 1077) mit Führungsbolzen, oder man verdübelt die Platten miteinander, wenn sie mit zusammenpassenden Dübeln und Dübellöchern versehen sind, reißt die Modellöcher auf der obenauf liegenden Platte vor und bohrt beide Platten gemeinschaftlich.

Umständlicher ist das Verfahren, wenn mehrere Modelle auf eine Formplatte zu bringen sind. Zur Herstellung der in Abb. 1078 ersichtlichen Formplatte sind drei Paar halbe Modelle erforderlich, die paarweise mit den Löchern a a′, b b′ und c c′ versehen wurden. Die Modellhälften der Reihe I werden in der gewünschten Anordnung auf die Platte gelegt und die Löcher a, b, c auf ihr vorgerissen. Dann entfernt man die Modelle, bringt eine Lehrplatte (Abb. 1079), die mit den gleichen Dübellöchern wie die Formplatte versehen ist, mittels genau passender Führungsbolzen unter die letztere und bohrt die angerissenen Löcher durch beide Platten. Nach Lösung der Führungsbolzen wird die Lehrplatte um ihre Längsachse gewendet und auf die Formplatte gelegt. (Die Nummern der Dübellappen in den Abb. 1079 und 1080 kennzeichnen die Wendung der Lehrplatte.) Man befestigt sie an der Formplatte, bohrt letztere unter Benutzung der in der Lehrplatte angebrachten Löcher fertig, löst die Verbindung, entfernt die Lehrplatte und kann nun die Modelle mit Schraubenbolzen oder anderen jedes Spiel ausschließenden Stiften dauernd auf der Platte befestigen. Nach diesem Verfahren hergestellte Formplatten sind im allgemeinen genauer und bedürfen seltener wegen der richtigen Modellage einer Nachhilfe als Platten, die nach anderen Verfahren zusammengesetzt wurden. Die Lehrplatten brauchen nur aus einer glatten rechteckigen Blechtafel zu bestehen — die in den Abb. 1079 und 1080 zu sehenden Lappen wurden nur zur größeren Deutlichkeit eingezeichnet — und können oft benutzt werden, ehe sie infolge zu reichlicher Durchbohrung unbrauchbar werden.

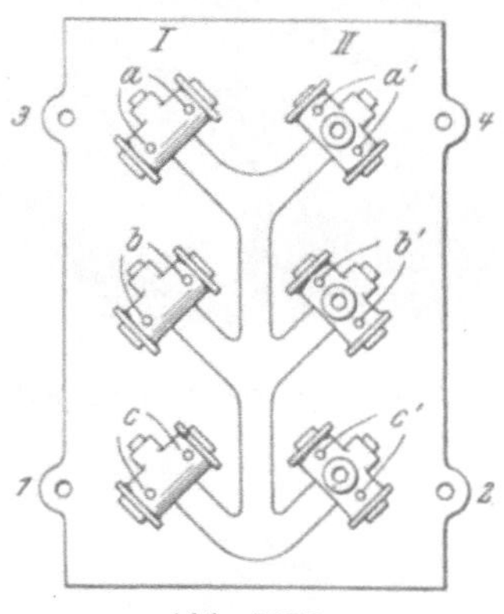

Abb. 1078.

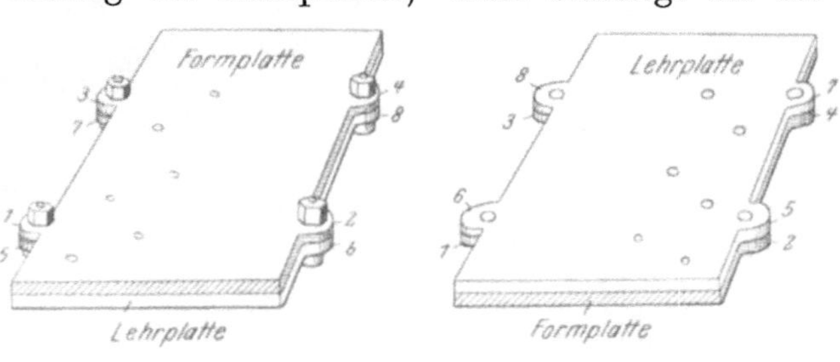

Abb. 1079. Abb. 1080.

Abb. 1078—1080. Anbringen mehrerer Modelle auf einer Platte.

Sammel- oder Klischee-Formplatten nach dem Verfahren von Bonvillain-Ronceray und Zimmermann.

Zur Herstellung von Sammelplatten müssen erst dafür geeignete Umschlagplatten angefertigt werden, die dann zur Sammelplatte vereinigt werden [1]). Abb. 1081 zeigt bei b und c eine auseinandergeklappte und ordnungsmäßig zusammengeschobene Form für eine zum Zusammenbau der Sammelplatte geeignete Umschlagplatte des Modells nach Abb. 1081 a. Diese Umschlagplatten sind aus Metall und haben, da es sich hierbei stets nur um kleine Abgüsse handelt, meist eine Wandstärke von etwa 10 mm. Auf die Doppelform (c) wird ein Rahmen nach d gelegt (Abb. e), der mit Falzen zur Aufnahme von Begrenzungsplättchen nach g, sowie zur Schaffung einer Klemmleiste dient, mittels der das Sammelplättchen im Formrahmen A festgeklemmt wird (Abb. k). Abb. f zeigt eine Form mit zwei Begrenzungsplättchen B und C. Das Oberteil der Form wird für sich angefertigt (Abb. h), indem man über einer genau bearbeiteten Unterlagsplatte aus Eisen oder Stein einen Formkasten vollstampft. Dieser mit Führungsflanschen D versehene Kasten hat eine Mittelschore E, in deren Mitte ein Falz eingefräst wurde, um dem Umschlagplättchen eine Leiste anzugießen, die ihm zur Führung im Rahmen der endgültigen Sammelformplatte dient. Abb. i läßt in einem Schnitte ein gegossenes Umschlagplättchen mit den beiden Seitenfalzen und der Mittelleiste erkennen, und

[1]) Stahleisen 1926, S. 399.

Abb. 1082 zeigt die gesamten Einrichtungsbehelfe zur Herstellung der Sammelformplatten. Der letzten Abbildung ist insbesondere die Anordnung des Sammelrahmens mit seinem durchlaufenden Stege zu entnehmen, in dem die einzelnen Umschlagplättchen zentrierende Führung finden. Nach einer anderen Anordnung erhält der Sammelrahmen

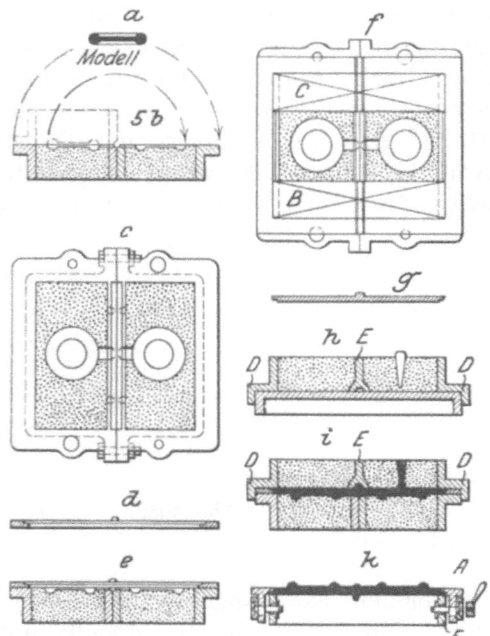

Abb. 1081 a—k. Herstellung einer Sammelplatte.
b Zurecht gelegte Urform.
c Blick auf die zurecht gelegte Urform.
d Wandstärke-Rahmen.
e Schnitt durch die Form mit aufgelegtem Rahmen.
f Form mit Begrenzungsplatte.
g Schnitt durch eine Begrenzungsplatte.
h Auf Metall- oder Steinplatte gestampftes Oberteil.
i Abguß eines kleinen Umschlagplättchens.
k Querschnitt durch eine fertige Sammelplatte.

Abb. 1082. Werkzeug zur Herstellung von Sammelplatten.

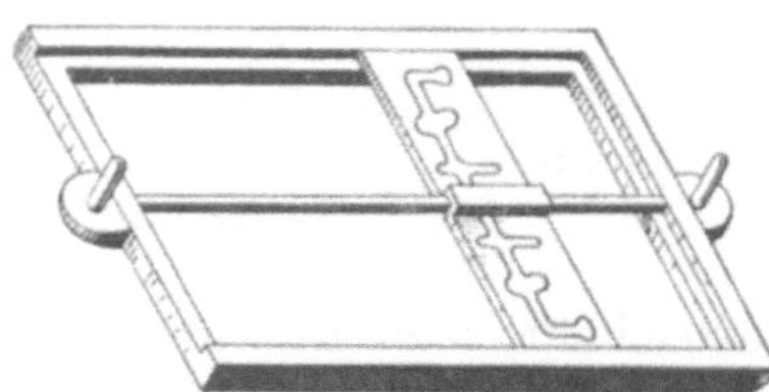

Abb. 1083. Sammelrahmen mit Steg.

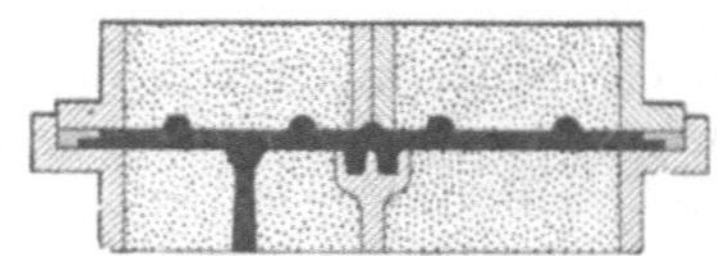

Abb. 1084. Umschlagplättchen mit Mittelrippe.

an Stelle einer Furche einen Steg, Abb. 1083, auf dem die Umschlagplättchen reiten, in welchem Falle die Mittelrippe des Umschlagplättchenoberteils nach Abb. 1084 auszubilden ist. Die Befestigung der eingeschobenen Plättchen erfolgt in beiden Fällen mit Hilfe eines Klemmrahmens (Abb. 1081 k) und einiger Schrauben. Abb. 1085 zeigt in einem Schnitte die zusammengesetzte Form vor dem Guß einer Sammelplatte.

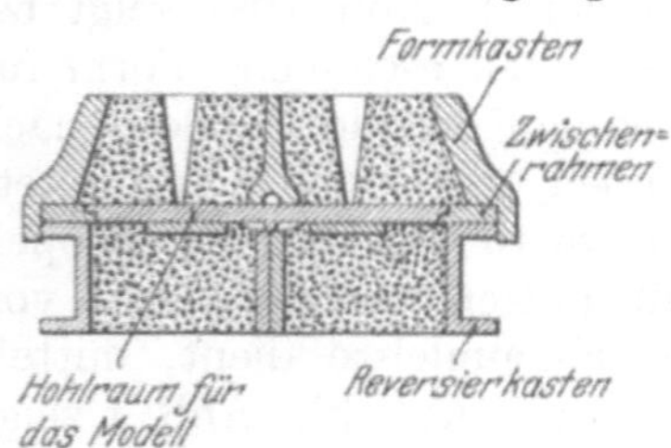

Abb. 1085. Zusammengesetzte Form vor dem Guß einer Sammelplatte.

Sammelplatten sind besonders für Temper- und Metallgießereien geeignet, die viele kleine Abgüsse in mitunter stark wechselnden Stückzahlen herzustellen haben. Man fertigt zunächst so viel Formen an, wie der geringsten Zahl der benötigten Abgüsse der einzelnen im Sammelrahmen vereinigten Umschlagplättchen entspricht, und wechselt dann das erledigte Plättchen gegen ein anderes aus, was in wenigen Minuten mit einigen Handgriffen geschehen kann. Abb. 1086 zeigt eine mit verschiedenen kleinen Modellen besetzte, aus vier Umschlagplättchen zusammengesetzte Sammelplatte und Abb. 1087 die damit hergestellten, noch am gemeinsamen Eingusse hängenden Abgüsse.

Eiserne Formplatten mit Weißmetalldecke.

Zum Formen von Zierguß mannigfacher Art kann es erwünscht sein, gußeiserne Platten mit einer Decke aus Weißmetall zu versehen, um die Vorzüge beider Metalle,

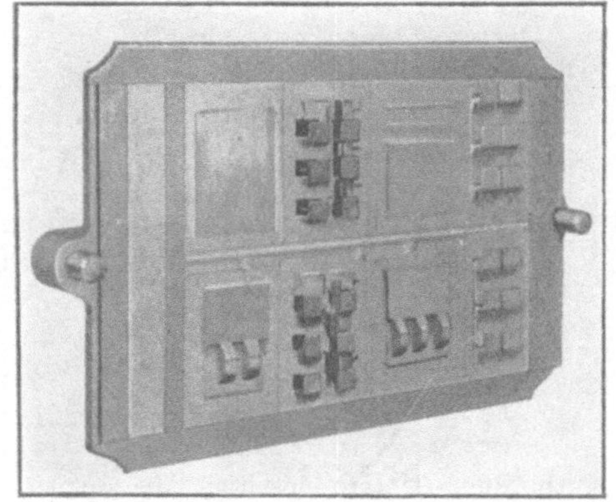

Abb. 1086. Sammelplatte mit vier Umschlagplättchen.

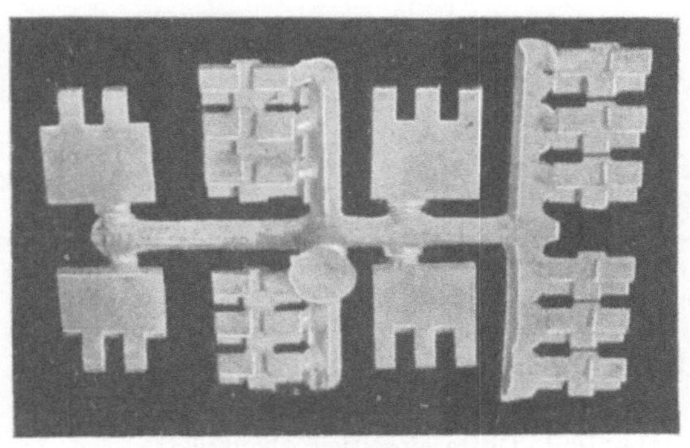

Abb. 1087. Ein vollständiger Abguß nach der Umschlagplatte.

die Festigkeit des Gußeisens und die leichte Bearbeitbarkeit des Weißmetalls, zu vereinigen und zugleich des Vorzugs des Nichtrostens teilhaft zu werden. Zu dem Zwecke

Abb. 1088. Zweiseitige Modellplatte aus Gips im Holzrahmen von oben.

Abb. 1089. Zweiseitige Modellplatte aus Gips im Holzrahmen von unten.

werden die Urmodelle in üblicher Weise eingeformt, zwischen Oberteil und Unterteil wird ein Rähmchen von 15 mm Stärke eingelegt und der ganze Hohlraum mit Gips ausgegossen [1]). An den lotrechten Flächen der gut abgebundenen Gipsplatte wird der Gips um 2—4 mm zurückgeschnitten (Abb. 1088 und 1089), danach wird die Platte mit einem Schellackanstrich versehen, in einen Gußeisenrahmen (Abb. 1090) eingefügt und nach jeder Seite einmal eingeformt. Die entstandenen Formhälften werden jede für sich mit Eisen abgegossen, nachdem man sie mit einer Anzahl zylindrischer Kerne besetzt hat, die den Abguß siebartig durchlöchern. Die durchlöcherten Abgüsse (Abb. 1091 und 1092) dienen als Unterlage für den die eigentliche Formfläche bildenden Metallbezug. Zur Anbringung desselben wird über dem Urmodell eine neue Form angefertigt, worauf man jede ihrer Hälften mit dem zugehörigen Eisenabguß abdeckt und derart in einen

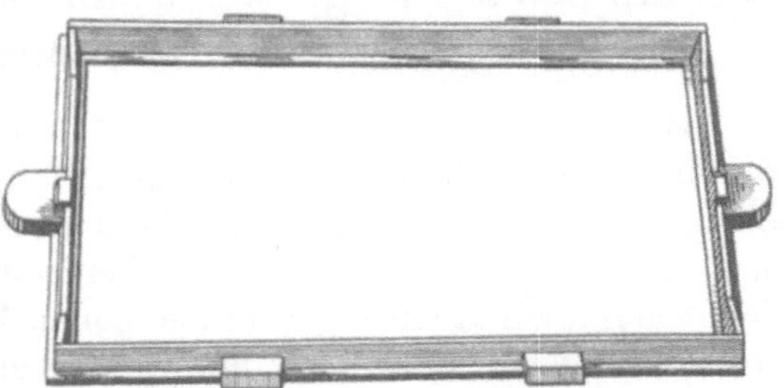

Abb. 1090. Gußeisenrahmen zur Herstellung einer Eisenabgußplatte.

[1]) Stahleisen 1913, S. 690.

Führungsrahmen spannt, daß die Platte einen Abstand von 4 mm von der Form behält. Dann erwärmt man die eisernen Abdeckmodelle durch aufgelegte heiße Eingüsse oder mittels eines Ölbrenners und gießt durch eines oder mehrere ihrer Löcher Weißmetall in die unter ihnen entstandenen 4 mm starken Formen. Das flüssige Metall füllt zugleich die Löcher in den Eisenabgüssen aus und bildet so einen dauerhaften Ver-

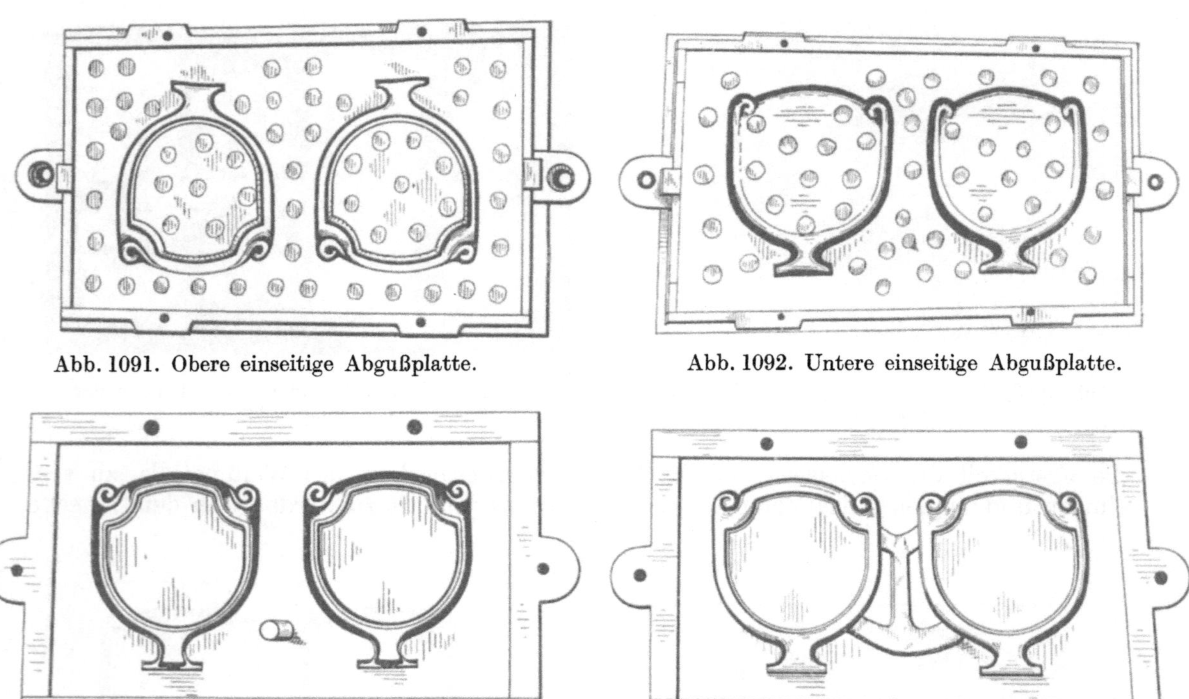

Abb. 1091. Obere einseitige Abgußplatte.

Abb. 1092. Untere einseitige Abgußplatte.

Abb. 1093. Fertige einseitige Modellplatte mit Zinküberzug (Oberplatte).

Abb. 1094. Fertige einseitige Modellplatte mit Zinküberzug (Unterplatte).

band mit dem Eisen. Durch das einfließende Metall werden die Eisenplatten nahezu rotwarm, und schwinden annähernd gleichmäßig mit der Weißmetalldecke, die später nach Bedarf ziseliert werden kann. Die Abb. 1093 und 1094 zeigen die fertigen mit Eingüssen versehenen Modellplatten.

Formplatten für große, dünnwandige Abgüsse von ganz genauen Abmessungen.

Es kann oft recht schwierig sein, die richtigen Abmessungen einer Formplatte zu treffen, wenn größere dünnwandige Abgüsse mit Musterstücken völlig übereinstimmen sollen. Die Entwurfzeichnungen sind meistens zur Erlangung genauester Abmessungen nicht maßgebend, weil schon bei Bemessung der ersten Holzmodelle das Schwindmaß nicht nach allen Richtungen hin so genau bestimmt werden kann, daß eine völlige Übereinstimmung von Zeichnung und Modell erreicht würde. Man hat darum nur die Wahl, als Grundlage für die Formplatte entweder das letzte Handmodell oder einen Abguß zu wählen. Bei der Handarbeit entsprechen die Abmessungen der Abgüsse denen des Modells, vermehrt um die Vergrößerung, die beim Losklopfen entsteht, und vermindert um die Verkleinerung, die das Schwinden mit sich bringt. Beim Arbeiten mit Formplatten fällt dagegen die vom Losklopfen abhängige Vergrößerung praktisch fort; darum müßte bei Verwendung des Handmodells ein Wert in Rechnung gestellt werden, der kaum genau genug bestimmt werden kann. Darum ist es oft besser, der Formplatte an Stelle des Modells einen Abguß zugrunde zu legen.

Nach dem Abgusse einer Ofenplatte, Abb. 1095 und 1096, waren Abgüsse herzustellen, die mit dem Musterstück auf das genaueste übereinstimmen sollten, und bei denen es besonders auch auf Einhaltung der genau vorgeschriebenen Abstände der Öffnungen a und b und der Löcher in der Nähe der Außenränder von- und untereinander ankam [1]). Man benutzte nun den Abguß als Modell zum Gusse eines zweiten Abgusses mit einer möglichst wenig schwindenden Legierung aus Zinn, Blei, Antimon und Wismut. Das Losklopfen wurde dabei auf das äußerste beschränkt, damit die Abmessungen des Legierungsabgusses denen des Musterstückes möglichst gleich wurden. Der gründlich gereinigte Metallabguß wurde dann in ein Unterteil gebettet und mit einem Rahmen abgedeckt, den man mit Gips ausgoß. Die Wandstärke des Gipsblocks betrug an der dünnsten Stelle

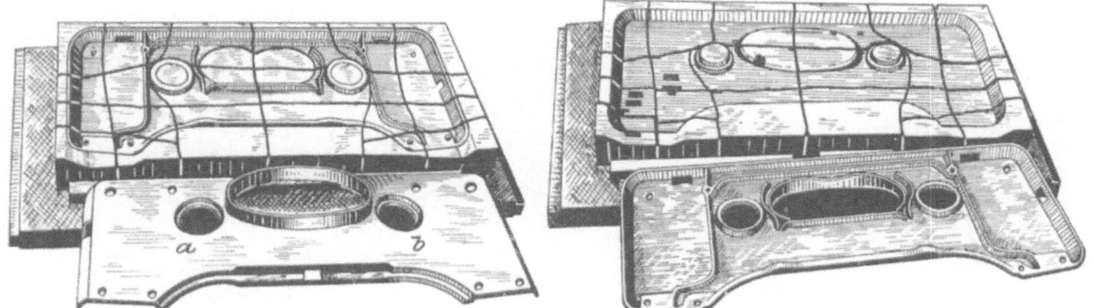

Abb. 1095. Zerschneiden der Formplatte. Abb. 1096. Wiederverlötete Formplatte.

25 mm. Nach gehöriger Trocknung des Gipses wurde das Ganze gewendet, der Rahmen entfernt und das Modell gründlich gereinigt. Nun zerschnitt man das Modell mitsamt dem Gipsblocke (Abb. 1095). Die Richtung der Schnitte und das Maß, um das die einzelnen Teile auseinander gerückt werden mußten, wurde vorher auf Grund des Schwindmaßes des Eisens (1 %) und desjenigen der Legierung — 6 Teile Aluminium, 1 Teil Zink und $1^1/_2$ Teile Wismut (1,3 %) — mit zusammen 2,3 % bestimmt. Die Schnitte erfolgten nicht unmittelbar hintereinander. Man vollzog erst einen Schnitt, rückte die getrennten Teile um das festgestellte Maß auseinander, und lötete sie sofort mit einem gewöhnlichen Lötkolben zusammen. So wurde ein Schnitt nach dem anderen vollzogen, bis schließlich das Modell wieder völlig zusammengefügt erschien (Abb. 1096). In diesem Zustand war es geeignet, zum Abguß der Formplatte in gewöhnlicher Weise eingeformt zu werden. — Die ganze Arbeit erfordert ein hohes Maß von Geschicklichkeit und kann nur von einem bestens geschulten Arbeiter erfolgreich bewirkt werden.

Mit Gips oder Modellzement ausgegossene Formplatten.

Nach einem von Savy und Guinot entwickelten Verfahren zur Herstellung einfacher und doppelseitiger Formplatten [2]) bedarf es nur eines verhältnismäßig einfachen gußeisernen, beiderseits sauber bearbeiteten Rahmens, um in kürzester Zeit völlig zuverlässige, genaue Formplatten mit geringstem Kostenaufwande herzustellen.

Der Rahmen (Abb. 1097—1100) hat genau den Umfang der zu verwendenden Formkasten; er ist an drei Seiten ausgespart, hat an der vierten offenen Seite Schlitze 1, ist mit einstellbaren Kastenführungen 2, 3, 4, sowie mit einem Schraubenbolzen 5 zur Anbringung eines Losklopfers versehen.

Zur Anfertigung einer Platte werden die Modelle in der üblichen Weise eingeformt, die Form auseinandergenommen, die Modelle ausgehoben und die beiden Formhälften (Oberteil und Unterteil) auf den Rahmen gesetzt und mittels der Teile 3 und 2 genau mit dem letzteren zusammengespannt. Nun stellt man das Ganze hochkant auf und gießt durch die Schlitze 1 Kitt, Zement oder Gips in den Rahmen. Nach Erstarrung der

[1]) Stahleisen 1913, S. 691.

[2]) Fonderie mod. 1925, S. 31/2. Auszugsweise: Stahleisen 1925, S. 1673.

eingegossenen Masse werden die Formkasten abgehoben, die entstandene Formplatte wird gereinigt, worauf sie ohne weiteres in Arbeit genommen werden kann. Wenn es sich nur um eine geringe Anzahl von Abgüssen handelt, beläßt man die Modelle in der Form — die Modelle müssen selbstredend zweigeteilt sein — und sorgt in irgendeiner Weise für ihr gutes Haften in der eingegossenen Masse. Für größere Mengen von Abgüssen verwendet man in gleicher Weise Metallmodelle. Kundengießereien mit häufig wechseln-

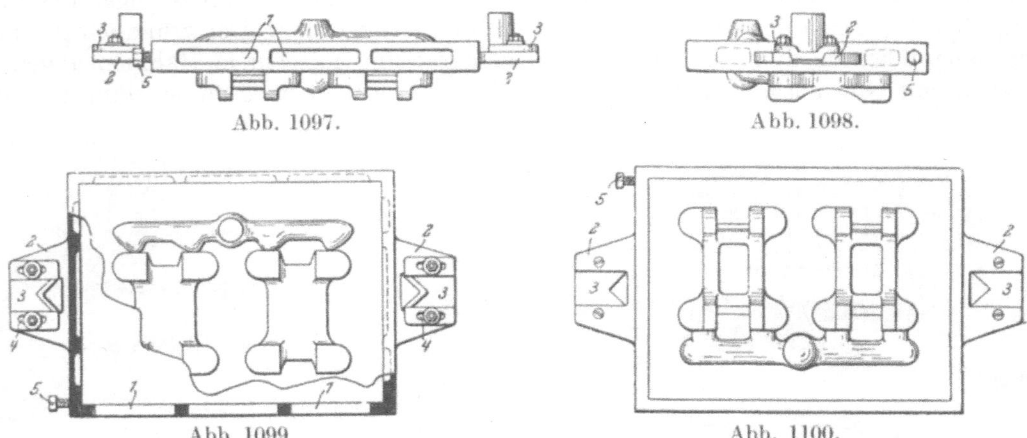

Abb. 1097. Abb. 1098.

Abb. 1099. Abb. 1100.

Abb. 1097—1100. Verfahren von Savy und Guinot zur Herstellung von Formplatten aus Gips.

den Modellen können nach Erledigung eines Auftrags den Rahmen wieder ausstoßen und benötigen so nur eine verhältnismäßig geringe Zahl von Modellrahmen.

Eine wesentlich andere Ausführungsform mit Gips ausgegossener Formplatten zeigt die Abb. 1101. Die Platte bildet weiter ein Beispiel der Formerei von Modellen in

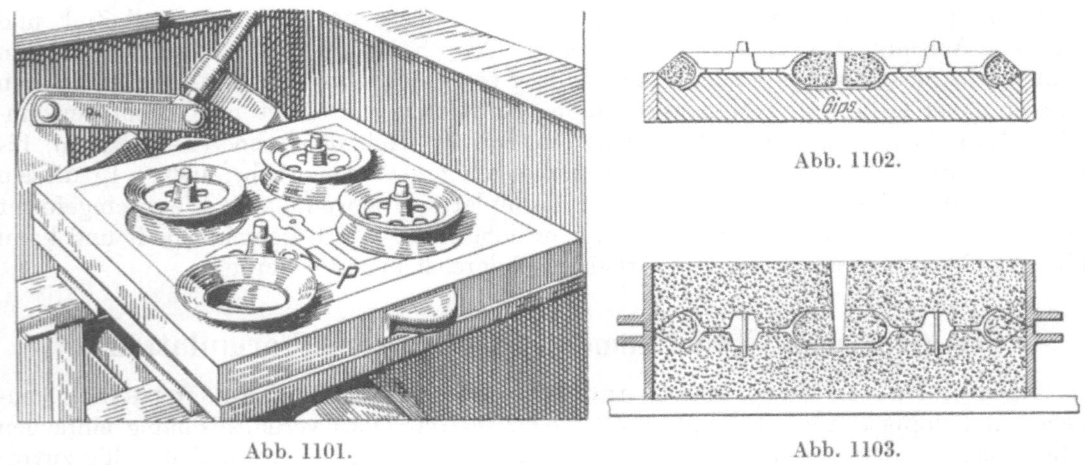

Abb. 1101. Abb. 1102. Abb. 1103.

Abb. 1101—1103. Einfaches Verfahren zur Herstellung von Formplatten aus Gips.

zweiteiliger Form, die eigentlich einen dreiteiligen Kasten bedingen würden. Wie die Abbildung erkennen läßt, besteht die Platte aus einem Holzrahmen, der mit eisernen Führungslappen versehen ist. Die Modelle sind mit Gips untergossen und von ihren Gipsunterlagen leicht abhebbar. Die oberen losen Modellscheiben werden mittels Nut und Feder (bei P) an den unteren geführt. Die Formerei geht in folgender Weise vor sich:

Man drückt die Schnurrillen voll Sand und umstampft die ganzen Modelle mit Sand, den man gegen die vier Ränder der Formplatte zu schneidenartig auslaufen läßt. Die so entstandene Sandoberfläche wird sauber geebnet und mit Streusand behandelt, so daß sich eine gute Teilfläche ergibt (Abb. 1102). Nach dem Aufsetzen und Hochstampfen des Oberteils wird gewendet, und die Modellplatte abgehoben, wobei die sämtlichen Modellteile im Oberteile stecken bleiben. Nach dem Aufbringen und Vollstampfen des Unterteils wird wieder gewendet. Hebt man nun das Oberteil ab, so kann die eine Hälfte der Scheibenmodelle aus dem Sande gezogen werden, worauf das Kastenteil wieder aufgesetzt und das Ganze zum drittenmal gewendet wird. Jetzt sind auch die anderen Modellhälften dem Ausheben zugänglich, so daß die Form vollends fertig gemacht werden kann (Abb. 1103).

Durchziehplatten.

Modelle, die wenig oder gar keinen Anzug (Verjüngung) haben, sind schwer aus dem Sande zu bringen, um so schwieriger, je weniger ihre Form ausgiebiges Losklopfen zuläßt. Das freihändige Ausheben von Stirnrädern mit feiner Teilung z. B. ist ein kleines Kunststück, wogegen der gleiche Vorgang bei Verwendung einer Durchziehplatte oder eines Abstreifkammes zu einer Arbeit wird, die ein Lehrling verrichten kann. Durchziehplatten sollen das Abbröckeln von Formsand während des Modellabhebens verhindern und müssen daher den äußeren Umrissen des Modells genau angepaßt sein.

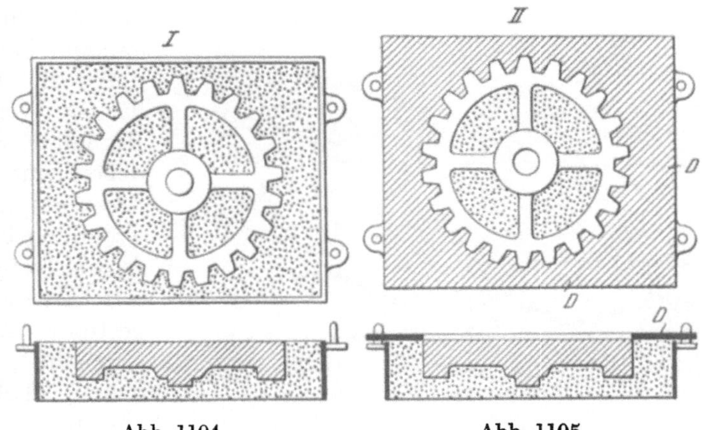

Abb. 1104. Abb. 1105.

Abb. 1104 u. 1105. Verwendung einer Durchziehplatte.

Abb. 1104 und 1105 zeigen die Verwendung einer Durchziehplatte beim Ausheben eines Zahnradmodells. Nach dem Abheben der über einer Formplatte erstellten Form (Abb. 1104) wird die in den Formkastendübeln geführte Durchziehplatte D auf das offene Unterteil gelegt (Abb. 1105) und beschwert und dann das Modell durch sie aus der Form gezogen. Solche Durchziehplatten können aus leichtem, 1—2 mm starkem Blech gefertigt werden.

Abstreifkämme.

An Stelle von Durchziehplatten werden häufig in der Formplatte sitzende Abstreifplatten oder Abstreifkämme verwendet, die den Vorzug haben, sich auch allen Krümmungen des Modells genau anzupassen. Die Abb. 1106a—k zeigt das Herstellungsverfahren und die Wirkungsweise eines Abstreifkammes: Das Modell a, wird in üblicher Weise eingeformt (Abb. b), dann wird die Form auseinander genommen, das Modell ausgehoben und auf das Unterteil ein Oberteil gestampft, wobei zwei Eingüsse, einer für das Modell und einer für den Abstreifkamm vorzusehen sind (Abb. c). Bei dem nach Zerlegen der Form folgenden Wegschneiden der Wandstärke für das Metallmodell[1]) wird zugleich die Wandstärke für den Abstreifkamm mit ausgeschnitten (Abb. d und e). Die Wandstärke der Abstreifplatte wird gewöhnlich um einige Millimeter größer als diejenige der Modellplatte bemessen, womit man gleichmäßigeres Schwinden beider Teile bezweckt. Es ist nicht gut, die Abstreifplatte unmittelbar auf der Unterlage der Modellplatte teilweise mitaufsitzen zu lassen, da sich dann fast bei jedem Hube etwas Sand an der Trennungsstelle findet, der regelmäßig ein Abwischen der Formplatte nötig macht. Schafft man dagegen unterhalb der Formplatte einen kleinen freien Raum, in dem sich dieser Sand sammeln kann — es handelt sich nur um ganz geringe Mengen —, so wird ein Reinigen der Platte erst in größeren Zwischenzeiten nötig. Ein solcher Raum

[1]) Die Ausführung des Wegschneidens wurde auf S. 206 eingehend beschrieben.

wird geschaffen, wenn man die Abstreifplatte auf eisernen Reitern ruhen läßt. Zu dem Zwecke werden auf die zum Ausgießen mit Zement bereitgelegten und bereits von einander getrennten Abgüsse (Abb. f) längs der oberen Kante der Abstreifplatte Tonstreifen A gelegt, in die man mit einem leichten Hammerschlage die als Stützen dienenden eisernen Reiter B, Abb. h, soweit in den Ton treibt, daß sie nicht nur fest an die Abstreifplatte gepreßt werden, sondern auch ein weniges in sie eindringen. Abb. i zeigt diese Anordnung in größerer Deutlichkeit. Nach dem Ausgießen der Platte wird der Tonstreifen wieder entfernt.

Die Abtrennung der Abstreifplatte von der Modellplatte ist gewöhnlich eine sehr einfache Sache. Wo das nicht der Fall ist, muß die Trennung mit einem scharfen, dünnen Werkzeuge, etwa mit einem feinen Sägeblatt S erfolgen (Abb. k). Bei Modellen mit besonders schwierigen Grenzlinien empfiehlt es sich, erst die einfacheren Trennungslinien auszuschneiden, dann die schwierigeren Stellen längs der Modellkante mit Kreide anzuzeichnen, um schließlich, gestützt auf die sich ergebende weiße Grenzlinie, den Trennungschnitt zu vollenden. Abb. g zeigt den Schnitt durch eine fertige Platte mit loser, zum Teil am Plattenrande, zum Teil auf Reitern sitzender Abstreifplatte.

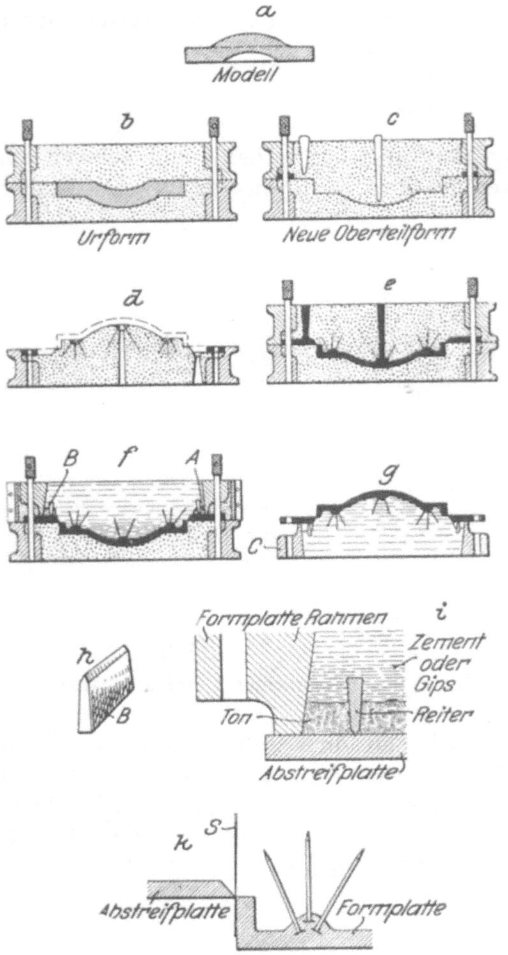

Abb. 1106 a—k. Herstellung einer Formplatte mit Abstreifkamm.

d Neue Oberteilform nach dem Wegschneiden der Wandstärke.
e Metallabguß für das Modell und für die Abstreifplatte.
f Ausgießen des Metallabgusses, nachdem auf die Abstreifplatte Reiter B gesetzt worden sind.
g Fertige Platte mit loser, zum Teil auf dem Plattenrahmen C, zum Teil auf Reitern ruhender Abstreifplatte.
h Reiter zur Stützung der Abstreifplatte.
i Anordnung eines Reiters.
k Abtrennung des Kammes mit einem Sägeblattstreifen S.

Grünkern-Formplatten.

Der Verwendung von grünen, d. h. ungetrockneten Kernen steht häufig die Schwierigkeit im Wege, sie bequem und sicher in die Form einzulegen. Weiter sind grüne Kerne, sobald sie die Kernbüchse verlassen haben, in steter Gefahr, während ihrer Handhabung irgendwie beschädigt zu werden. Diese Schwierigkeiten werden von der Grünkernformplatte vollkommen überwunden, da sie es ermöglicht, die Kerne unmittelbar aus der Kernformbüchse in die Gießform einzulegen, ohne daß der Former die Kerne auch nur zu berühren braucht.

Die Grünkernformplatte[1]) besteht in der Hauptsache aus zwei Hälften, einer unteren oder ,,Stifthälfte" und einer oberen oder ,,Lochhälfte" (Abb. 1107). Man fertigt beide Hälften am besten aus Aluminiumguß an, versieht sie mit Führungsbolzen, die mit den Formkastenführungen übereinstimmen, und schützt sie mit einer festgeschraubten hölzernen Abklopfplatte. Abb. 1108 läßt eine Plattenhälfte in der Draufsicht erkennen, die Form der den Kernen entsprechenden Abgüsse ist punktiert eingezeichnet.

[1]) Stahleisen 1918, S. 360.

Der Arbeitsvorgang ist folgender: Die beiden Hälften der Grünkernformplatte liegen mit den Kernformen nach oben auf einem Tische in unmittelbarer Nähe der Stelle, an der die Formen abgesetzt werden. Die Kernformen beider Hälften werden mit Sand gefüllt, in die Unterteilform wird ein leichter Draht eingelegt, der Sand festgedrückt, sauber abgestrichen und die beiden Hälften hochkant einander gegenüber derart aufgestellt, daß sie ohne Schwierigkeit zusammengeschoben werden können. Danach wird das Ganze auf den Tisch umgelegt, die obere Platte mit einem Holzhammer leicht abgeklopft und abgehoben. An ihrer Stelle setzt der Former das eben fertig gewordene Unterteil der Gießform auf die Grünkernformplatte mit den Kernen und wendet das Ganze, worauf der Kernmacher seine Formplatte vorsichtig abklopft, sie weghebt und das Gießformunterteil mit eingelegten Kernen liegen läßt. Der Former hat nur noch das Gießformoberteil aufzusetzen und zu beschweren, um die Form abgießen zu können. Die zur Ausübung des Verfahrens nötige Handfertigkeit läßt sich rasch erlangen.

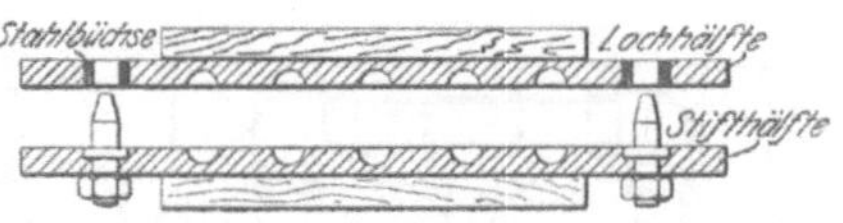

Abb. 1107. Grünkern-Formplatte.

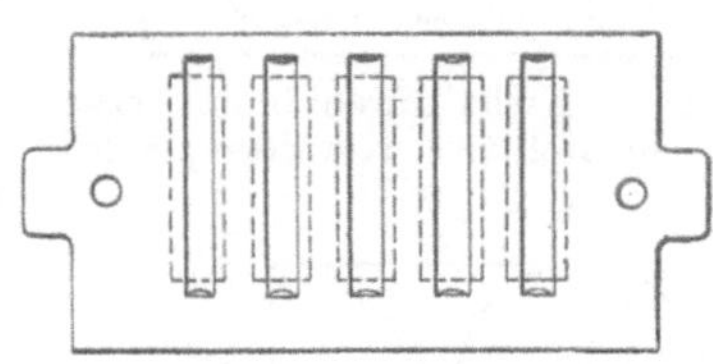
Abb. 1108. Fertige Grünkern-Formplatte.

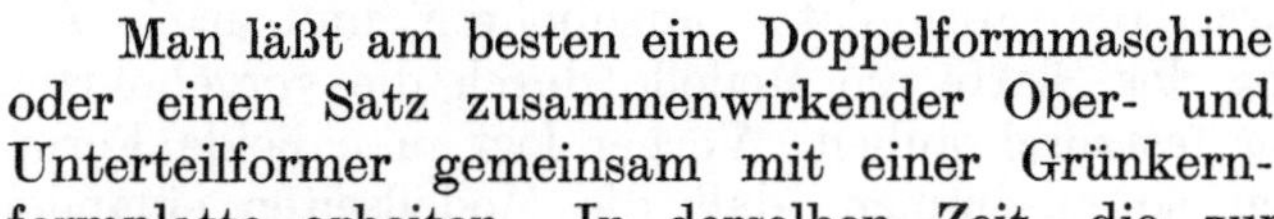

Man läßt am besten eine Doppelformmaschine oder einen Satz zusammenwirkender Ober- und Unterteilformer gemeinsam mit einer Grünkernformplatte arbeiten. In derselben Zeit, die zur Herstellung eines Kastenteils (des Unterteils) gebraucht wird, vermag eine schwächere Arbeitskraft, z. B. ein Mädchen, leicht den zugehörenden Satz grüner Kerne fertig zur Aufnahme in die Form herzustellen. Der Aufbereitung des Formsandes muß selbstredend gewissenhafte Sorgfalt gewidmet werden, diese braucht aber keineswegs über diejenige hinauszugehen, wie sie aller Form- oder Kernsand für grüne Kerne erfordert. Damit aber die Vorteile des Verfahrens — Verbilligung und Beschleunigung der Kernarbeit unter gleichzeitiger Verbesserung der Genauigkeit der Abgüsse — voll erreicht werden, müssen die Platten mit größter Genauigkeit hergestellt werden, wozu je nach Art der Formen und Kerne, die im nachfolgenden angegebenen Wege einzuschlagen sind.

Abb. 1109. Angefräste Kernplatte.

1. Durch reine Fräsarbeit herzustellende Platten. Man fertigt ein Holzmodell an und gießt danach zwei Platten ab, die auf beiden Seiten bearbeitet und genau abgerichtet werden. Dann wird eine der Platten nach der Formkasten-Bohrlehre gebohrt und über ihr durch die Lehre hindurch die zweite Platte gleichfalls mit Löchern versehen. Die erste Platte erhält die Führungsbolzen, worauf beide Platten ohne erhebliche Anstände zur genauen Ineinanderführung zusammengepaßt werden können. Nun reißt man auf einer Platte die Kernumrisse vor, spannt die Platte auf eine Fräsmaschine und fräst die Kernstärke in der ganzen Breite der Platte (Abb. 1109) auf, worauf man die zweite Platte über die erste legt, die Frässchnitte genau vorreißt und sie ebenso wie bei der ersten Platte glatt durchfräst. Zur Begrenzung der Kernlänge, die etwas kürzer zu bemessen ist, als es die Kernmarken angeben, werden in die gefrästen Rinnen entsprechend lange, vorher zusammengeschraubte, abgedrehte und an den die Kernbegrenzung ergebenden Enden mit einem gelinden Anzug versehene Metallstücke festgeschraubt (Abb. 1110). Zur Fertigstellung der Platte braucht dann nur noch der hölzerne Losklopfboden aufgeschraubt zu werden.

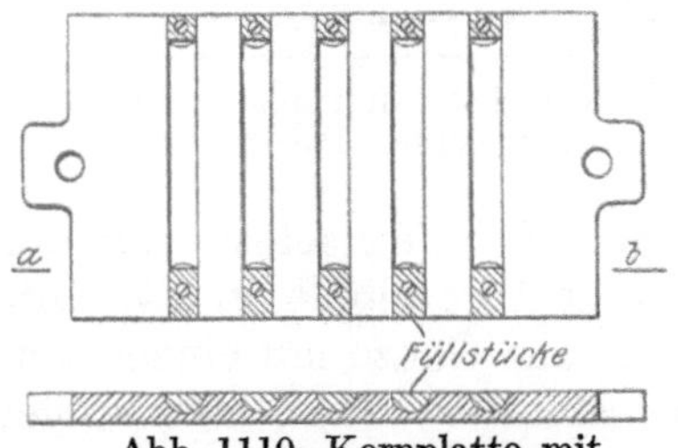

Abb. 1110. Kernplatte mit eingeschraubten Füllstücken.

Die Modellplatte ist erst nach Herstellung der Kernformplatte mit Modellen zu versehen; das Aufbringen der Modelle wird dadurch wesentlich genauer und zuverlässiger. Dabei ist folgender Arbeitsgang von Vorteil: Die Kernhöhlungen der Kernformplatte werden geölt und mit Gips ausgegossen, worauf man die so entstandenen Gipsmodelle aushebt, mit Schellack anstreicht und sie entsprechend den Kernmarken auf die halben Modelle klebt. Legt man nun die mit den Modellhälften fest verbundenen Kernmarken wieder in die Höhlungen der Kernformplatte zurück, so hat man das genaue Modell der werdenden Gießformplatte vor sich. Modelle und Kernformplatte werden leicht mit Öl bestrichen, ein genau passender Formkasten über die Führungstifte geschoben, etwa vorhandene Fugen mit Ton verstrichen und das Ganze so mit Gips ausgegossen, daß sich über der obersten Modellstelle noch eine Gipsschicht von 15—20 mm ergibt. Nach gehörigem Erstarren wird gewendet und die Kernformplatte vom Formkasten mit der Gipsform abgehoben. Man hat dann nur noch die Modellplatte auf die Gipsform zu legen (die Kastenführungen sichern die erforderliche Genauigkeit), nochmals zu wenden, durch die Modelle hindurch die Formplatte anzubohren und nach Abhebung der Platte die Modelle durch die vorgebohrten Löcher festzuschrauben. Vorher legt man beide Formplatten so zusammen, daß die Modellseiten einander berühren, und bohrt nun durch die Löcher der ersten Platte die Stiftlöcher für die zweite. Schließlich werden der Lauf und die Eingüsse aufgeschraubt. Diese Herstellungsweise ist aber nur bei glatt durchgehenden ausfräsbaren Kernen ausführbar.

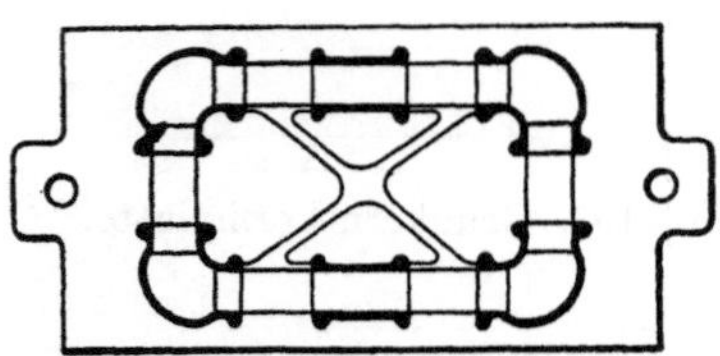

Abb. 1111. Nicht durch reine Fräsarbeit herstellbare Kernformplatte.

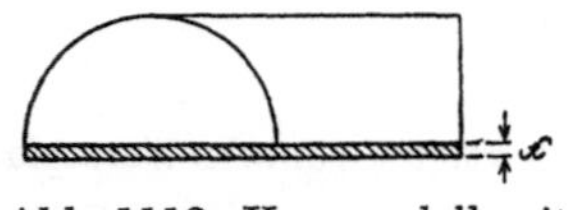

Abb. 1112. Kernmodell mit Bearbeitungszugabe.

2. Durch reine Fräsarbeit nicht herstellbare Platten. Zur Herstellung einer Kernformplatte für Modelle etwa nach Abb. 1111 muß man erst eine oder zwei Kernmodellhälften, je nach Art des Modells und Kerns, mit einer Bearbeitungszugabe von einigen Millimetern in der Teilungsebene (x in Abb. 1112) und mit 2% Schwindmaßzugabe anfertigen. Dieses halbe Kernmodell wird auf eine Eisenplatte gelegt, ein Holzrahmen darüber gebracht und mit Gips ausgegossen. Der gereinigte und lackierte Gipsabguß dient dann als Form zur Herstellung der notwendigen Anzahl von Gipskernen, die auf einer Modellplatte unter Berücksichtigung von Lauf und Eingüssen festgeklebt werden. Darüber bringt man einen Formkasten und stellt wieder in der oben beschriebenen Weise eine ganze Gipsplatte her. Die Gipskerne, deren Lackanstrich gutes Loslösen gewährleistet, werden aus der Gipsplatte unter vorsichtigem Klopfen gelöst, mit der zweiten Kernhälfte zusammengeklebt und so wieder an die frühere Stelle in die Gipsplatte zurückgelegt. Wenn das geschehen ist, versieht man das Ganze mit einem Schellackanstrich, ölt leicht ab und gießt darüber die Gegen-Gipsplatte. Die beiden so gewonnenen Gipsteile dienen dann als Modell zum Abgusse der endgültigen Aluminiumplatten. Die rohen Aluminiumplatten werden mit einem Holzhammer gerade gerichtet und zuerst auf der Rückseite, danach auch auf der Kernseite abgedreht. Auf der letzteren Seite muß genau so viel abgedreht werden, wie am Urkernmodell zur Bearbeitung (meist 2—3 mm) zugegeben worden ist. Besonders ist dabei darauf zu achten, daß die Kerne an allen vier Ecken der Platte gleich tief in ihr stecken. Zum genauen Zusammenpassen der Platten legt man gut passende runde Stäbe in die Kernhöhlungen der einen Platte ein (Abb. 1113), legt die zweite Platte darüber, bohrt mit Hilfe der Formkasten-Bohrlehre beide Platten gemeinschaftlich und versieht eine Hälfte mit Führungstiften. Das Aufbringen der Modelle erfolgt dann nach dem gleichen Verfahren wie bei den mit reiner Fräsarbeit hergestellten Platten.

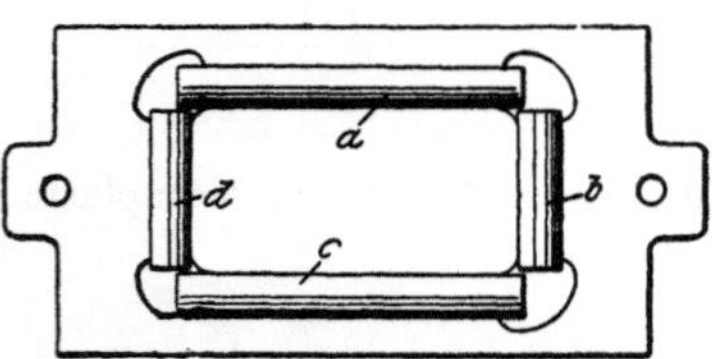

Abb. 1113. Kernplatte mit eingelegten Paßstäben.

Das Anwärmen metallener Formplatten.

Beim Aufstampfen von feuchtem Formsand auf kalte metallene Modelle schlägt sich auf der Oberfläche des Modelles etwas Feuchtigkeit nieder, wodurch der Formsand klebrig und eine saubere Trennung von Modell und Form unmöglich wird. Zur Beseitigung dieses Übelstandes gibt es zwei Hilfsmittel: Einstauben des Modelles mit einem die Feuchtigkeit an sich ziehenden Mittel oder ausreichende Erwärmung der Modelle bzw. der Formplatten.

Beim Einstauben muß das Mittel — Bärlappsamen und seine Ersatzstoffe [1]) — recht freigebig angewendet werden; es ist mindestens vor jedem zweiten oder dritten, in vielen Fällen selbst vor jedem neuen Aufstampfen frisch aufzutragen. Das erfordert jedesmal einen gewissen Zeitaufwand und muß auch einigermaßen sorgfältig geschehen, damit sämtliche Formflächen gleichmäßig mit dem Schutzmittel bestäubt werden. Geschieht das Einstauben nachlässig, so sind mangelhaft aussehende Abgüsse die unvermeidliche Folge. Ungleichmäßige Bestaubung tritt insbesondere bei verwickelt gestalteten Modellen und an nahezu lotrechten Flächen leicht ein.

Das Anwärmen der Formplatten erfolgt noch immer da und dort in rohester Form durch Abdecken der Platte mit einem Bleche, auf das man glühende Eingüsse legt. Häufiger werden Gasflammen und Petroleum- oder Benzindüsen benützt.

Gasflammen kommen hauptsächlich bei feststehenden Formmaschinen in Frage, sie sind für Maschinen, die sich dem Arbeitsfortschritte entsprechend weiter bewegen, weniger gut geeignet. In Fällen der letztgenannten Art ist ein Petroleum- oder ein Benzinbrenner, unter Umständen auch eine mit Sand und Petroleum gefüllte Kanne zur Erreichung des Zweckes ganz gut geeignet. Beim Anwärmen mit Gas muß die Flamme im Raume des Maschinengrundgestells unterhalb der Modellplatte angeordnet werden. Dabei ist es immer schwierig, sie so schwach brennen zu lassen, daß keine Überhitzung der Platte erfolgt. Die Flamme wirkt ununterbrochen auf dieselbe Stelle der Platte, während es darauf ankommt, diese an allen Teilen gleichmäßig warm zu machen, bzw. warm zu erhalten. Zur Erreichung dieses Zieles wird es notwendig, mit einer größeren Flamme zu arbeiten, als zur Lieferung der erforderlichen Wärme nötig wäre, und sie in größerer Entfernung von der Platte anzuordnen, wodurch die Kosten des Anwärmens nicht unbeträchtlich erhöht werden. Zur geringen Wirtschaftlichkeit kommen noch Belästigungen der Former durch Abgase, die allgemein recht unangenehm empfunden werden.

Noch wesentlich lästiger als eine Gasflamme ist für die Mannschaft das Anwärmen mit Petroleum- oder Benzindüsen. Die Leute werden nicht nur von einer beträchtlich größeren Menge übelriechender Gase behelligt; sie sind während des Anwärmens an der Formarbeit auch aufgehalten und haben außerdem für die Instandhaltung und Füllung der Anwärmevorrichtung zu sorgen.

Diesen auf sehr ursprünglicher Stufe stehenden Anwärmeverfahren gegenüber bedeutet die Anwärmung oder Warmhaltung durch elektrische Wirkung wie sie von der U. S. Radiator Corp. auf dem Werke in West-Newton ausgeführt wird, einen ganz wesentlichen Fortschritt. Der Strom wird der Formmaschine mittels eines biegsamen Kabels von einem Steckkontakte aus zugeführt, das unterhalb der Formplatte an den Heizelementen mündet. Die Heizkörper haben ungefähr die Länge der Formplatte und sind 28 mm breit und 3 mm stark. Sie bestehen aus je einem geschlitzten dünnen Bande aus hochwärmewiderstandsfähiger Legierung, das zunächst in eine Glimmerhülse gepackt und dann unter 70 at Druck in eine feine Stahlhülse gepreßt wurde. An jedem Ende der Stahlhülse befindet sich ein kleiner Ansatz, der mit zwei gestanzten Löchern zur Aufnahme der Klemmschrauben versehen ist. Diese Ansätze ragen durch die obere Abschlußplatte der Formmaschine, an der entsprechende Ausspannungen vorgesehen sind. Beim Aufbringen und Festschrauben der an ihrer unteren Fläche glatt bearbeiteten Formplatte kommt diese in dauernde Berührung mit dem Heizkörper, wodurch die bei den elektrischen

[1]) Vgl. Bd. 1, S. 615.

Heizöfen jüngster Bauart erfolgende Heizwirkung zustande kommt. Bei mäßig kaltem Wetter braucht der Strom nur zeitweilig eingerückt zu werden, wogegen man ihn bei kaltem Wetter ständig wirken läßt. Die Elemente verbrauchen wenig Strom und halten die Platten gleichmäßig auf 30—40°, so daß die Formen sich in glatter Weise von der Metalloberfläche ablösen.

Eine sehr befriedigende Warmhaltung der Formplatten ergibt sich auch bei Verwendung einer Heizung mit Grudekoks[1]).

Literatur.

Berry, E. H.: Modellformerei für Massengegenstände. Proc. Am. Soc. Mechan. Engs. Vol. 29, Nr. 3; auszugsw. Stahleisen 1908, S. 994/997 u. 1065/1067.

Kolbe, A.: Einiges über die Herstellung der Modellplatten. Gieß.-Zg. 1914, S. 290/4.

Die Grünkernplatte. Eisenzeitung, Z. Gieß. Pr. 1917, S. 441/3.

Lohse, U.: Herstellung von Modellplatten mittels besonderer Werkzeuge. Gieß. 1922, S. 157/61.

Haug, A.: Die Modellplatte. Stahleisen 1925, S. 1301/6.

Irresberger, C.: Die jüngsten Vervollkommnungen des Bonvillainschen Verfahrens zur Herstellung gegossener Formplatten. Stahleisen 1926, S. 397/400.

Freytag, F.: Die Modellplatten und ihre Handhabung in Verbindung mit Formmaschinen. Gieß.-Zg. 1926, S. 231/243.

XXV. Maschinenformerei.

Allgemeines.

Die hauptsächlichsten Arbeiten zur Herstellung einer Gußform bestehen in der Verdichtung des Formsandes, der Herstellung von Teilungsflächen zwischen den einzelnen Formteilen, dem Ausheben der Modelle, der Anfertigung der Kerne, dem Einsetzen von Kernen und dem Zusammensetzen der einzelnen Formteile. Jede Vorrichtung zur mechanischen Erledigung einer oder mehrerer dieser Arbeiten wird „Formmaschine" genannt. Dementsprechend sind die Arten, Formen und Zwecke der Formmaschinen außerordentlich verschieden.

Formmaschinen bewirken große Genauigkeit der Formen und weitgehende Übereinstimmung der einzelnen Abgüsse, wodurch oft die bei Handarbeit unvermeidliche Bearbeitung des fertigen Gusses erübrigt wird. Sie ermöglichen eine wesentlich nutzbringendere Wirkung menschlicher Arbeitskraft. An vielen nur von Hand betriebenen Formmaschinen kann ein Mann bei gleichem Kraftaufwande das Vielfache gegenüber der Handarbeit leisten. Sie ersetzen in vielen Fällen den teuren Handformer von hoher persönlicher Schulung und befähigen ungeschulte Arbeiter nach kurzer Lehrzeit sowohl nach Güte wie Menge mehr zu leisten als jener. Der Mangel an tüchtigen Formern und die Schwierigkeiten bei der Heranbildung eines zuverlässigen Nachwuchses bildeten den wirksamsten Ansporn zur Entwicklung des Formmaschinenbetriebs. Formmaschinen ersetzen einen großen Teil sonst benötigter menschlicher Arbeitskraft und machen die Betriebe weniger abhängig von ihrer Mannschaft. Sie ermöglichen große Leistungen auf kleinem Raume und in kurzer Zeit und bewirken so eine bessere Ausnutzung aller Betriebseinrichtungen. Sie bedingen infolgedessen wesentliche Verminderungen der Betriebskosten, nicht am wenigsten durch sehr beträchtliche Erniedrigung des Prozentsatzes an Fehlgüssen.

Die weit verbreitete Meinung, Formmaschinen können ohne weiteres von gänzlich ungeschulten Leuten bedient werden, ist nicht zutreffend. Die Bedienung jeder Formmaschine, sei es der allereinfachsten oder einer vielgestaltigen, völlig „selbsttätig"

---

[1]) Vgl. S. 383.

arbeitenden, bedarf geschulter Leute. Durch die allgemeine Einführung von Formmaschinen ist eine neue Berufsklasse — die der Formmaschinenformer oder kurz Maschinenformer — entstanden. Der hauptsächlichste Unterschied zwischen Hand- und Maschinenformern liegt in der Art und Zeit ihrer Ausbildung; der Maschinenformer braucht nur einen verhältnismäßig kleinen Teil der Kenntnisse, Erfahrungen und Fertigkeiten sich anzueignen, die für einen Handformer unentbehrlich sind. Maschinenformer bedürfen zur genügenden Ausbildung kaum so viel Monate wie Handformer Jahre, doch sind nicht alle Arbeiter, die an der Formmaschine zu arbeiten beginnen, fähig und dauernd gewillt, beim neuen Berufe auszuharren. Er birgt einen großen Teil der dem Handformer und Gießer unvermeidlichen Fährnisse und erfordert fast immer ungleich größeren Aufwand körperlicher Arbeitsleistung als die Handformerei. Man rechnet in vielen Gießereien, daß von drei an die Formmaschine gestellten Leuten durchschnittlich nur einer ihr auf die Dauer treu bleibt.

Um die Entwicklung des Formmaschinenbaues hat sich in erster Linie Deutschland, in zweiter Amerika verdient gemacht. Die anderen Länder, auch England und Frankreich, folgen erst in einem gewissen Abstande, doch ist anzuerkennen, daß viele grundlegende Gedanken und Patente von Angehörigen der letztgenannten Länder herrühren. Auf die wichtigsten geschichtlichen Tatsachen wird, soweit es der Umfang des Buches erlaubt, bei der Besprechung der einzelnen Arten von Formmaschinen verwiesen [1]).

Man hat die Formmaschinen nach sehr verschiedenen Gesichtspunkten einzuteilen versucht, je nachdem man ihren Verwendungszweck, ihre Kraftquellen oder Einzelheiten ihrer Bauart mehr oder weniger in den Vordergrund rückte. Allgemeine Geltung hat heute die Unterscheidung in Form-Formmaschinen, Kern-Formmaschinen und Kern-Einsetzmaschinen (Zahnrad-Formmaschinen) gefunden. Bei den Form-Formmaschinen sind Handstampf-, Handpreß-, Kraftpreß-, Rüttel-, Stampf-, Schleuder- und Ziehformmaschinen, bei den Kern-Formmaschinen Ausstoß-, Abzieh-, Stopf-, Preß- und Rüttelmaschinen und bei den Kern-Einsetzmaschinen solche mit drehbarer und mit fester Säule zu unterscheiden.

Diese Einteilung gibt ein übersichtliches Bild des gesamten deutschen Formmaschinenbaues und gestattet zugleich zwanglos die Einreihung auch aller ausländischen Bauarten. Bei der außerordentlichen Entwicklung und Mannigfaltigkeit der heutigen Formmaschinen ist es ausgeschlossen, im Rahmen des Buches jede Spielart zu erwähnen, es werden im folgenden nur die bezeichnendsten Vertreter der verschiedenen Abteilungen, Arten und Unterarten angeführt werden [2]).

1. Form-Formmaschinen.

a) Handstampfmaschinen.
- α) Aussenkmaschinen.
- β) Abhebemaschinen mit lotrechtem Hub.
- γ) Abhebemaschinen mit seitlicher Modellabziehung.
  - Gesonderte Herstellung von Kern und Mantelteil.
  - Gleichzeitige Herstellung von Kern und Mantelteil.
- δ) Wendeplattenmaschinen.
  - Hub der Wendeplatte von Hand.
  - Hub der Wendeplatte durch Druckmittel.
  - Senkung der Form von Hand.
  - Senkung der Form durch Druckmittel.
- ε) Umlege- oder Kippmaschinen.
- ζ) Durchziehmaschinen.
  - Handhub.
  - Druckmittelhub.

b) Handpreßmaschinen.
- α) Maschinen ohne Modellaushebung.
- β) Stiftabhebemaschinen.
  - Einseitige Pressung.
  - Doppelseitige Pressung.
- γ) Wendeplattenmaschinen.
- δ) Wendeformmaschinen.
- ε) Durchziehmaschinen.

---

[1]) Vgl. auch Bd. 1, S. 25ff.

[2]) Viele der nachstehend in Abbildungen wiedergegebenen älteren Formmaschinen sind in den letzten Jahren nicht bloß konstruktiv vervollkommnet worden, sondern haben auch dank dem ästhetischen Empfinden der Konstrukteure ein gefälligeres Aussehen erhalten, ohne daß dabei aber grundsätzlich ihre Arbeitsweise geändert wurde. Wenn trotzdem noch manche älteren Abbildungen in diesen Abschnitten wiedergegeben sind, so geschah dies, um daran die Entwicklung des Formmaschinenbaues zu zeigen.

c) Kraftpreßmaschinen.
  α) Abhebemaschinen.
    Einseitige Pressung.
      Einfache Maschinen.
      Doppelte Maschinen.
    Doppelte Pressung.
    Zweiseitige Pressung.
  β) Wendeplattenmaschinen.
  γ) Wendeformmaschinen.
  δ) Durchziehmaschinen.

d) Rüttelmaschinen.
e) Stampfmaschinen.
f) Ziehformmaschinen.
g) Schleuderformmaschinen.
h) Walzformmaschinen.
i) Dauerformmaschinen.
k) Zusammsetzmaschinen und ähnliche Behelfe.

2. Kern-Formmaschinen.

a) Ausdrückmaschinen.
b) Abziehmaschinen.
c) Stopfmaschinen.
d) Preßmaschinen.
e) Rüttelmaschinen.

3. Kern-Einsetzmaschinen.

a) Maschinen mit drehbarer Säule.
b) Maschinen mit fester Säule.

Form-Formmaschinen.

XXVI. Handstampfmaschinen.

Allgemeines.

Die Wirkungsweise der Handstampfmaschinen kommt schon in ihrer Bezeichnung zum vollen Ausdruck. Auf ihnen wird die Form von Hand oder mit Handwerkzeugen aufgestampft und dann mechanisch vom Modell getrennt. Die Trennung wird als Abheben bezeichnet. Sie erfolgt in grundsätzlich verschiedener Art, je nachdem sich während ihrer Betätigung die Form über, unter oder neben der Modellplatte befindet. Eine besondere Art besteht im Ausziehen des Modells, solange noch Formkasten und Formplatte miteinander fest verbunden sind, wobei die Form über oder unter der Formplatte liegen kann. Die Abb. 1114 und 1115 zeigen zwei Abhebarten, bei denen der Formkasten über der Formplatte angeordnet ist. Im ersten Falle (Abb. 1114) sitzt der Formkasten K auf der Fuge zwischen Rahmen und Formplatte F, letztere ist in lotrechter Richtung bewegbar und durch geeignete Vorkehrungen genau geführt. Sie wird nach dem Aufstampfen gesenkt, worauf der Formkasten abgehoben werden kann (Aussenkverfahren). Im anderen Falle (Abb. 1115) ist die Formplatte F fest in den Rahmen R eingelassen. Vier Stifte S berühren die untere Kante des Formkastens und heben ihn nach dem Aufstampfen so hoch über die Formplatte, daß er ohne Schwierigkeit abgenommen werden kann (Abhebeverfahren). Beide Verfahren sind in ihrer Wirkung gleich mangelhaft, da der Formsand infolge seines Eigengewichts die Gefahr einer Beschädigung der Form vergrößert.

Abb. 1116 zeigt eine bessere Trennungsart. Der Formkasten wird mit der Formplatte nach dem Aufstampfen um 180° gewendet, so daß sich die Formplatte F über der Form befindet (Wendeverfahren). Die Trennung kann dann entweder durch Senken des Formkastens oder durch Heben der Formplatte erfolgen, immer wird aber der Formsand infolge seines Eigengewichts dazu beitragen, die Form unbeschädigt von der Platte zu lösen.

Eine Anordnung zur seitlichen Trennung ist in Abb. 1117 angedeutet, wo die Formkastenteile K_1 und K_2 in der Richtung der Pfeile seitlich vom Modell M abgezogen werden. Die Bewegung kann geradlinig mit Hilfe von Schnecke und Schneckenrad oder in einer Kreislinie durch Ausschwenken beider Kastenteile um einen gemeinsamen Gelenkbolzen erfolgen.

Am zuverlässigsten ist ein viertes, „Durchziehen" genanntes Verfahren, bei dem das Modell durch einen Ausschnitt der Formplatte aus der Form gezogen wird, solange die Platte noch in fester Verbindung mit dem Formkasten ist. Abb. 1118 zeigt eine solche Anordnung. Die Formplatte besteht aus den beiden, durch einen ringförmigen Schlitz voneinander getrennten Teilen F und F_1. Der am Durchziehkörper D befestigte Modellring R füllt den Schlitz zwischen den beiden Formplattenteilen genau aus und kann

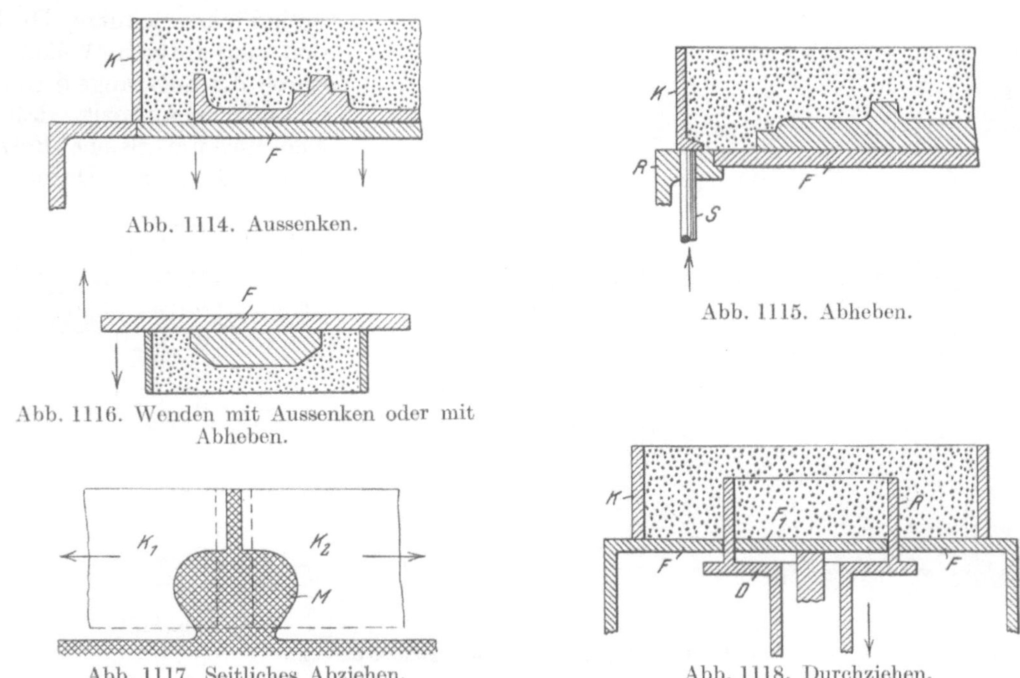

Abb. 1114. Aussenken.

Abb. 1115. Abheben.

Abb. 1116. Wenden mit Aussenken oder mit Abheben.

Abb. 1117. Seitliches Abziehen.

Abb. 1118. Durchziehen.

Abb. 1114—1118. Schematische Darstellung der Trennung von Modellen und Form.

lotrecht auf- und abbewegt werden. Nach dem Aufstampfen wird der Körper D gesenkt, wodurch der Ring R aus der Form gezogen wird. Da die Sandränder von den Plattenteilen F und F_1 gestützt werden, fehlt jede Möglichkeit einer Beschädigung der Form.

Die Handstampfmaschinen können nach den verschiedenen Trennungsarten in vier Gruppen eingeteilt werden [1]:

Abhebemaschinen mit lotrechtem Hub,

Wendeplattenmaschinen,

Maschinen mit seitlichem Modell- oder Formkastenabzug,

Durchziehmaschinen.

Abhebemaschinen mit lotrechtem Hub.

Einfache Abhebemaschinen, insbesondere Stiftabhebemaschinen, wurden als erste Formmaschinen etwa in der Mitte der siebziger Jahre des vergangenen Jahrhunderts in einigen deutschen Gießereien eingeführt und fanden rasch allgemeine Verbreitung.

[1] Aussenkmaschinen werden nur für Sonderzwecke gebaut.

Die Abb. 1119—1121 zeigen eine der Urformen dieser Maschinen [1]). Ein auf zwei Böcken ruhender Rahmen trägt die auswechselbare Formplatte p, in die vier Löcher gebohrt sind, die sich mit gleichen Löchern im Gestellrahmen decken. In den Löchern sind vier Stifte s genau passend verschiebbar. Kurze, auf den beiden vierkantigen Wellen a festsitzende Hebel greifen in die am unteren Ende der Stifte befindlichen Schlitze. Die beiden vierkantigen Wellen sind durch die Zugstange d so miteinander gekuppelt, daß sie sich nur um gleiche Beträge drehen können. Durch Betätigung des Handhebels b werden die Stifte s gleichmäßig gehoben und gesenkt und der Formkasten k von der Formplatte abgehoben.

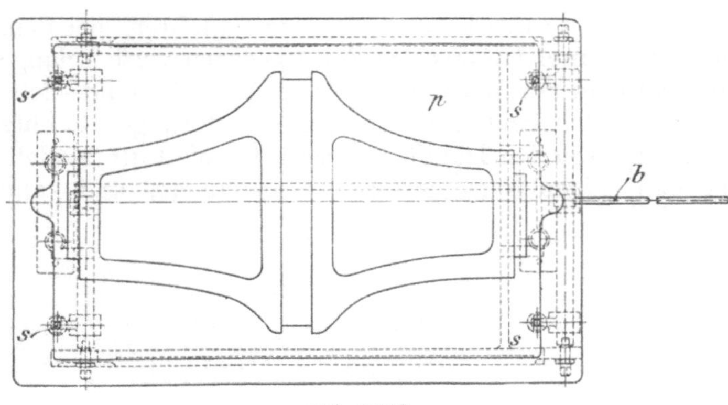

Abb. 1119.

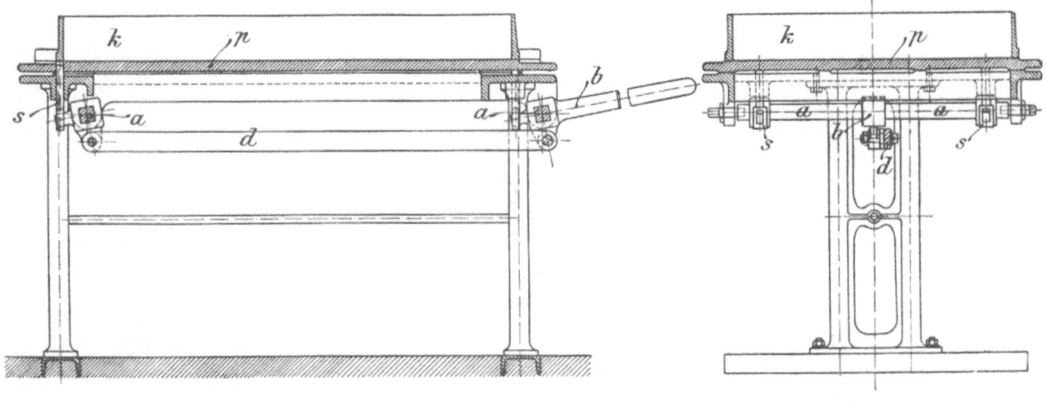

Abb. 1120. Abb. 1121.

Abb. 1119—1121. Urform der Abhebemaschine.

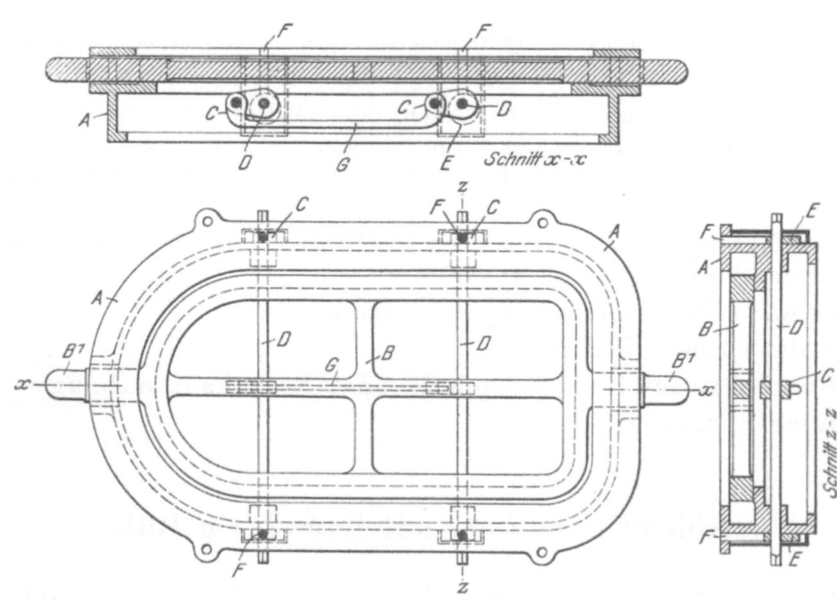

Abb. 1122. Badewannen-Formmaschine.

[1]) Nach H. Fischer, Die Werkzeugmaschinen. 2. Aufl. Berlin 1905. S. 776.

Auf dem gleichen Grundgedanken beruht eine Formmaschine für Badewannenoberteile[1]) (Abb. 1122). Ihre wesentlichen Bestandteile sind das Gestell A, der Modellträger B und die Hebevorrichtung C. Der Modellträger B, auf dem das Modell mit versenkten Schrauben festgemacht ist, sitzt lose in der Maschine und ragt an den beiden kurzen Seiten aus ihr heraus. Die Hebevorrichtung wird durch zwei übers Kreuz angesetzte Kurbelhebel, mit denen die Achsen D um 180° gedreht werden, in Tätigkeit gesetzt, wobei die Bolzen F durch die Exzenter C in die Höhe gehoben werden. Ein Verbindungsgelenk G sichert das gleichmäßige Heben aller vier Bolzen.

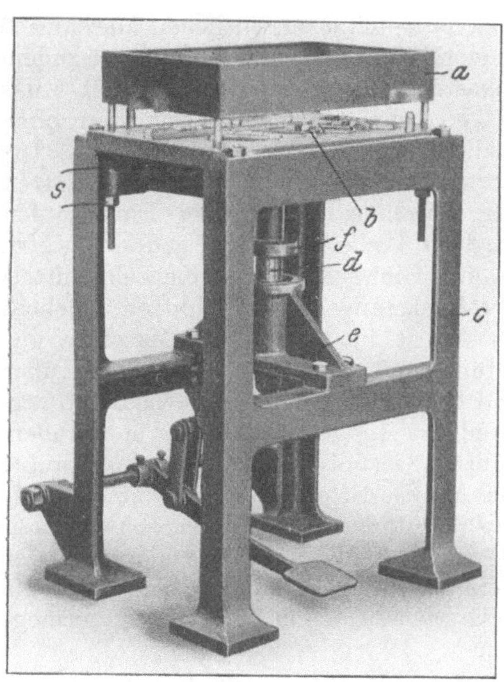

Abb. 1123. Kleine Abhebemaschine mit Fußhebel.

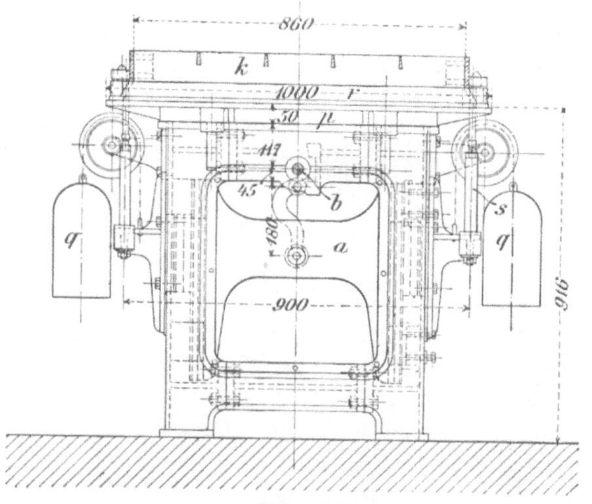

Abb. 1124.

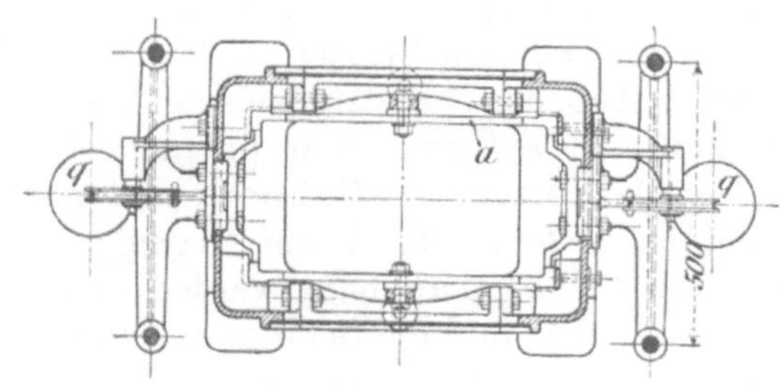

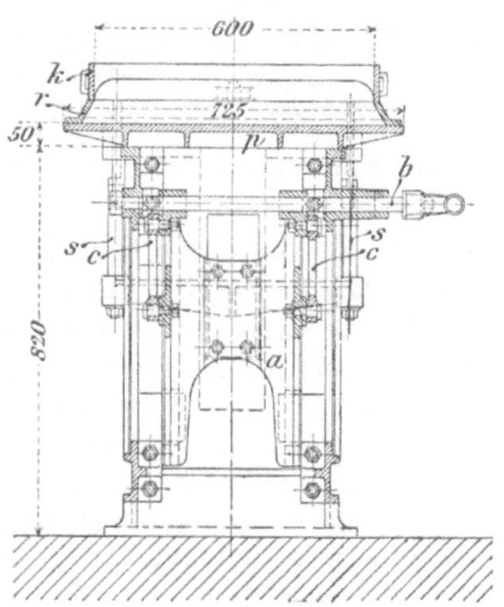

Abb. 1125. Abb. 1126.

Abb. 1124—1126. Größere Abhebemaschine mit Handhebel.

Der Arbeitsvorgang ist sehr einfach. Das Oberteil wird auf die Maschine gebracht und vollgestampft, worauf durch Schläge mit einem Holzhammer gegen die vorstehenden Enden B^1 des Modellträgers B das Modell losgeklopft wird. Die Kurbeln werden angesetzt, das Oberteil wird gehoben, mit dem Kranen weggesetzt und freischwebend oder auf Böcken abgesetzt fertig gemacht.

Bei den beschriebenen Formmaschinen ist die Führung der Abhebestifte mangelhaft und baldigem Verschleiße ausgesetzt. Es ist besser, die Stifte fest mit einem starren Rahmen zu verbinden und diesem eine gesonderte und zuverlässigere Führung zu geben.

[1]) Stahleisen 1910, S. 581.

Das ist bei der in Abb. 1123 dargestellten älteren Abhebeformmaschine [1]) der Fall. Die vier Abhebestifte sitzen auf einem gußeisernen Kreuze, das nach unten zum Kolben d ausgebildet ist, der im Stege e Führung findet. Der Ring f begrenzt das Sinken des Kolbens. Die Abhebestifte werden außerdem noch durch Bohrungen in der Modellplatte b geführt und können durch die Schrauben s einzeln genau eingestellt werden. Heben und Senken des Formkastens a wird durch den Fußhebel und ein von diesem in Bewegung gesetztes Hebelwerk bewirkt. Da der Arbeiter mit dem Fuß die Abhebung nicht gleichmäßig betätigen kann, erfolgt diese rasch oder langsam. Bei den Neuausführungen dieser Maschine wird daher mittels Handhebels abgehoben.

Weitere Fortschritte sind in der in den Abb. 1124—1126 ersichtlichen Maschine [2]) verwirklicht. Vor allem ist die Führung noch zuverlässiger und dauerhafter und zudem das Gewicht der Hebevorrichtung und des Formkastens ausgeglichen, so daß selbst das Heben sehr schwerer Formkasten ohne Mühe bewerkstelligt werden kann. Die Formplatte p sitzt fest auf dem Gestell der Maschine. Nach dem Einstampfen wird die Welle b um 180° gedreht, wobei zwei auf ihr festsitzende Kurbeln mittels der Lenkstange c den Schlitten a heben. Dieser ist im Gestell der Maschine gut geführt und mittels zweier Stahlseile über den Rollen mit den Gegengewichten q verbunden. An den Schlitten a sind außerhalb des Gestells Stiftträger angeschraubt. Die Abhebestifte bestehen aus einem kräftigen unteren und einem schwächeren oberen Teile, die mit ineinandergreifender Verschraubung verbunden sind und eine ganz genaue Höheneinstellung ermöglichen.

Abb. 1127. Klavierplatten-Absenkmaschine.

Beim Abheben mit Hebelmechanismus kommt es immer auf eine gewisse Behutsamkeit des die Maschine bedienenden Mannes an, ein plötzlicher Ruck kann die Form beschädigen. Dieser Gefahr, die aber in vielen Fällen durch den Vorzug rascherer Handhabung mehr als ausgeglichen wird, begegnet die in Abb. 1127 wiedergegebene Aussenkmaschine für Klavierplatten [3]). Der Formkasten ruht auf den genau prismatisch gehobelten Leisten A, die zugleich als Führung für die Formplatte F dienen und nachgestellt werden können. Das Gewicht der bewegten Teile ist durch ein Gegengewicht G ausgeglichen, so daß auch sehr große Formkasten leicht gehandhabt werden können. Die Bewegung der Formplatte erfolgt durch das Handrad H und die Schraubenspindel S; die Formplatte F wird während des Aufstampfens durch eine Verriegelung unterstützt. Die Lösung des Modells von der Form vollzieht sich sanfter als bei gewöhnlichen Hebelmechanismen, wodurch eine größere Gewähr für tadellosen Abhub gegeben wird.

Abhebemaschinen mit seitlicher Formkastenabziehung.

Gußstücke, die von Hand in senkrecht geteilten Formkasten eingeformt werden, z. B. Bauchtöpfe, Ringhäfen, Spülbecken und Ausgußkasten, bedürfen auch bei maschineller Formarbeit Vorkehrungen zum seitlichen Abhub. Man unterscheidet Maschinen, auf denen Kern- und Mantelteil gesondert geformt werden, und solche, welche Kern und Mantel gleichzeitig liefern.

[1]) Ausgeführt von Bad. Maschinenfabrik in Durlach.
[2]) Ausgeführt von Ver. Schmirgel- und Maschinenfabriken in Hannover-Hainholz.
[3]) Ausgeführt von Bad. Maschinenfabrik in Durlach.

Gesonderte Herstellung von Kern- und Mantelteil.

Maschinen zur gesonderten Herstellung von Kern und Mantel beruhen durchweg auf dem im Jahre 1880 der Marienhütte in Kotzenau erteilten D.R.-Patente Nr. 11748. Auf der in Abb. 1128 dargestellten Maschine[1]) werden die Mantelteile von Bauchtöpfen abgeformt. Die Modelle sind so auf der Formplatte angebracht, daß die Teilungsebene mitten durch die senkrecht gestellten Ösengriffe der Töpfe geht, so daß deren Abformung keine

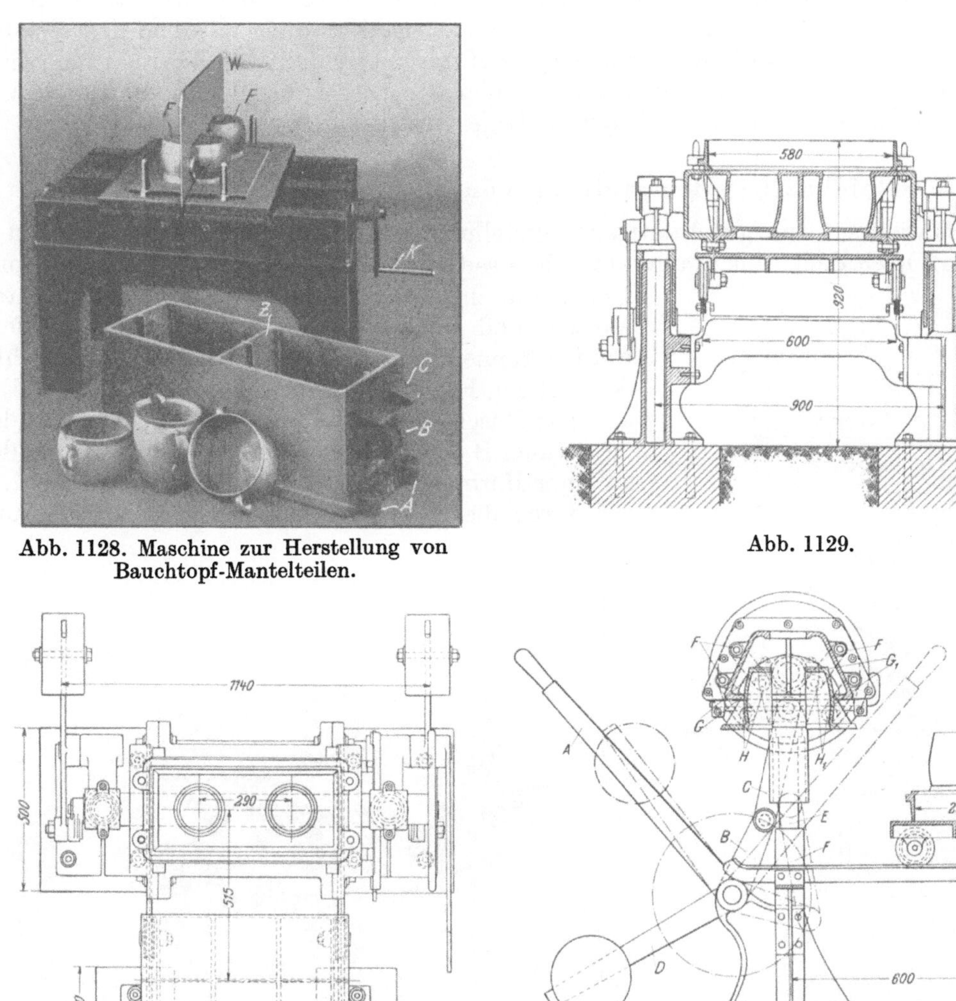

Abb. 1128. Maschine zur Herstellung von Bauchtopf-Mantelteilen.

Abb. 1129.

Abb. 1130.

Abb. 1131.

Abb. 1129—1131. Maschine zur Herstellung des Kernteils von Bauchtöpfen.

Schwierigkeit bietet. Beide Modellhälften ruhen mit der Trennungswand W unverrückbar auf einer eigenen Unterlage, während die Formplattenhälften F mit Hilfe einer links- und rechtsgängig geschnittenen Schraubenspindel und der Kurbel K zugleich mit den aufgestampften Formkastenteilen von den Modellen und der Scheidewand W abgezogen werden können. Der vor der Maschine liegende Formkasten läßt die Dübelösen A, die Verbindungslappen B und die Traggriffe C deutlich erkennen. Jeder Topf muß für sich abgegossen werden, weshalb die Anbringung der Formkastenzwischenwand Z zur Verhinderung des Übertritts von Gießgasen aus der abgegossenen Form erforderlich ist.

---

[1]) Ausgeführt von Bad. Maschinenfabrik in Durlach.

Die Abb. 1129—1131 zeigen die zugehörige Maschine zum Formen der Kernteile. Sie ist als Wendeplattenmaschine (vgl. S. 353) gebaut, deren kastenförmig entwickelte Wendeplatte durch den Gelenkhebel A B C gehoben wird, wobei der Hebel D dem Gewichtsausgleiche und der Kolben E mit dem Zylinder F einer genauen Führung dienen. Der Formkasten wird in der tiefsten Stellung der Wendeplatte auf die Platte gebracht, durch Keile befestigt, aufgestampft, gehoben, gewendet und auf den Wagen niedergelassen. Nach Lösung der Verbindungskeile wird die Wendeplatte wieder angehoben, wobei sich die beiden, in den Gelenken F, G, H und F_1, G_1, H_1 hängenden Modellhälften infolge ihres Gewichts von der Form trennen. Eine vorzeitige Trennung während des Wendens wird durch den festgekeilten Formkasten, der als Verschluß der Vorrichtung wirkt, ausgeschlossen. Beim Rückwenden der Wendeplatte treten die Modellteile durch Wirkung ihres Gewichts in die ursprüngliche Lage zurück.

Gleichzeitige Herstellung von Kern- und Mantelteil.

Die Maschinen zur gleichzeitigen Herstellung von Kern- und Mantelteil sind so gebaut, daß nach dem Aufstampfen und dem seitlichen Abziehen der Modelle und Formkasten die einzelnen Modell-, Form- und Kastenteile lotrecht und wagerecht so weit voneinander entfernt werden können, daß die Modelle dem Zusammenschluß der fertigen Formteile nicht mehr im Wege sind[1]).

Die Maschine Abb. 1132—1135[2]) besteht aus dem die Säulen B und e tragenden Grundrahmen a, dem halbmondförmigen Oberrahmen K und dem Tisch E, der durch die Führung D auf der Säule B und durch

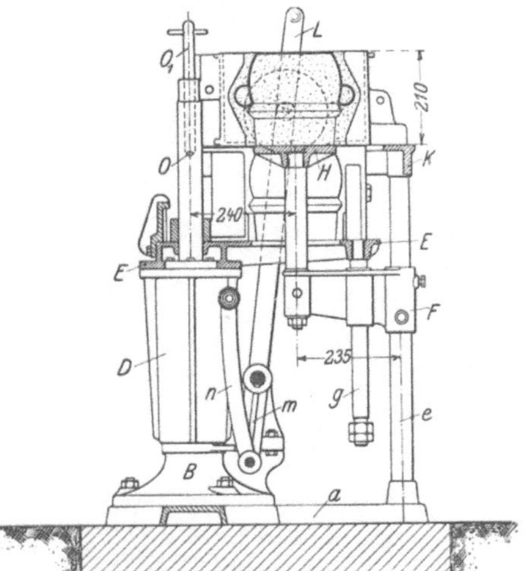

Abb. 1132.

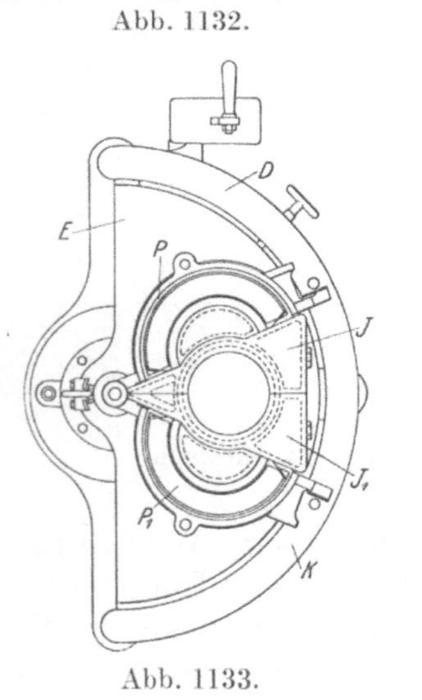

Abb. 1133.

Abb. 1134.

Abb. 1132—1135. Maschine zur gleichzeitigen Herstellung von Kern- und Mantelteil von Bauchtöpfen.

[1]) Für die Ausführung kommen die Patente Nr. 177 836 der Ver. Schmirgel- und Maschinenfabriken in Hannover-Hainholz und Nr. 206 543 der Bad. Maschinenfabrik in Durlach vorzugsweise in Betracht.

[2]) Ausgeführt von Ver. Schmirgel- und Maschinenfabriken in Hannover-Hainholz.

den Bolzen g in dem fest mit der Säule e verbundenen Querstück F geführt wird. Der Tisch kann durch den Gelenkhebel L m n gehoben und gesenkt werden. In der Mitte der Tischplatte ist eine der Form der Unterfläche des Topfes nachgebildete Platte H eingesetzt, die durch einen Arm fest und unverrückbar mit dem Querstück F verbunden ist. Die beiden Modellteile J und J_1 sind um die Achse O, die eine Verlängerung der Säule B bildet, drehbar. Ihr Hohlraum entspricht der Innen- oder Kernseite und ihre äußere Form der Außen- oder Mantelseite des Topfes. Beide Formkastenhälften drehen sich um die Achse O_1.

Arbeitsgang: Zunächst werden die Formkastenhälften auf die Maschine gebracht (Abb. 1134), dann die Modelle gehoben und mit den Formkastenteilen verriegelt (Abb. 1135). Es folgt das Aufstampfen des Außen- und des Innenteils, wobei der kegelförmige Bolzen Q den zur Elastizität und Entlüftung des Kernstücks nötigen Hohlraum schafft. Nach dem Aufstampfen werden nacheinander die Formkastenteile P und P_1 einschließlich der Modelle so weit vom Kernstück weggeschwenkt, daß es gesenkt werden kann, ohne sie zu berühren, worauf die Tischplatte mit den Modellen mittels des Gelenkhebels gesenkt wird, so daß die beiden Formhälften an den Kern gebracht und miteinander verriegelt werden können. Es ist nun noch der Bolzen O_1 (Abb. 1132) aus der Säule O zu ziehen, worauf die fertige Form weggehoben werden kann. Die eigenartige Gestalt des Kerns — ein Konus mit anschließender großer Kernmarke — sichert seine richtige Lage und gewährleistet genau gleichmäßige Wandstärken des Topfes. Das noch fehlende kleine Oberteil wird auf der in den Abb. 1134 und 1135 rechts dargestellten kleinen Zusatzmaschine, die nach dem Aufstampfen das Eingußmodell aus der Form zieht, fertig gemacht.

Abb. 1135.

Die sehr leistungsfähige Maschine ist nur für kleinere Töpfe und sonstigen nicht zu großen Guß, z. B. für Bügeleisen, geeignet, nicht aber für größere Formen, die dem Auf- und Zuklappen zu große Reibungswiderstände entgegensetzen würden. Für große Formen müssen Vorkehrungen zur mechanischen Bewegung der einzelnen Teile getroffen werden, wie es bei der in den Abb. 1136—1140 dargestellten Maschine[1]) der Fall ist. Sie besteht aus einem von vier Platten gebildeten Gehäuse, in dem ein von den Leisten a geführter Tisch e mittels des Handrades l, eines Ketten- und Kegelradantriebes und der Schraubenspindel m auf und ab bewegt wird. Der Tisch e trägt die Modelle c und c_1, deren Inneres zur Herstellung des Kernteils dient, während ihre Außenflächen die Mantelform bilden. Beide Modellhälften sind auf Schlitten d und d_1 seitlich verschiebbar angeordnet. Die Formkastenhälften f und f_1 sind mittels der Schlitten g und g_1, dem Zahnstangenantrieb h_1, i_1, der Kurbel k und dem Kettenantrieb in der Längsrichtung der Maschine verschiebbar. Das Gewicht des Tisches ist durch Gegengewichte ausgeglichen.

Der Arbeitsgang ist gleich dem der vorher beschriebenen Maschine. Nach dem Zusammensetzen der Modelle und Formkasten werden der Kern und das Mantelteil

[1]) Ausgeführt von Ver. Schmirgel- und Maschinenfabriken in Hannover-Hainholz.

aufgestampft und die Verriegelung der Modellhälften gelöst, worauf die Modelle einschließlich beider Formkastenteile mittels der von der Kurbel k bedienten Vorrichtung vom Kern abgezogen werden. Sind die Modellhälften genügend weit vom Kern entfernt, um ihre Versenkung zu ermöglichen, so löst man die Verriegelung zwischen Formkasten und Modell

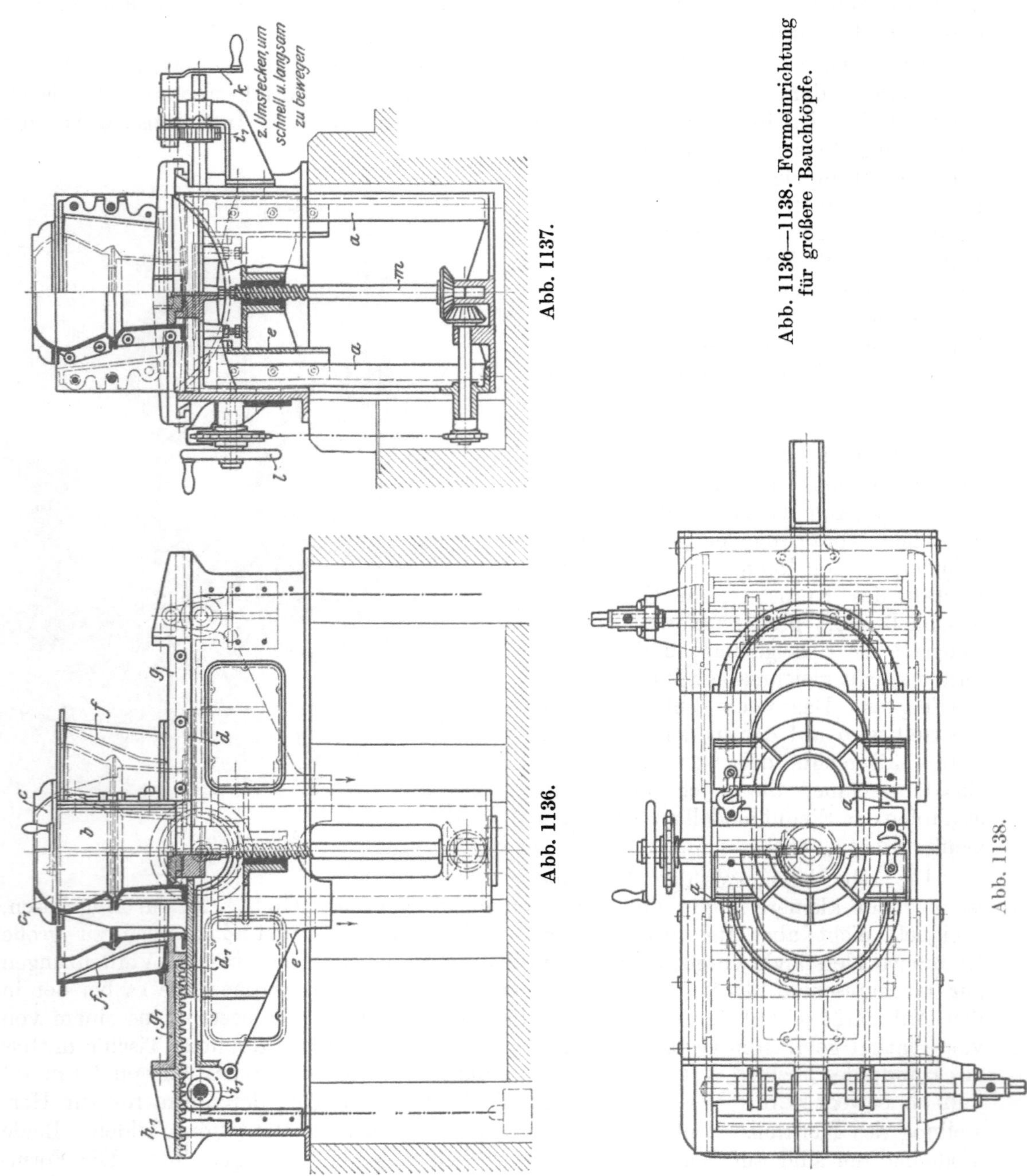

Abb. 1137.

Abb. 1136.

Abb. 1138.

Abb. 1136—1138. Formeinrichtung für größere Bauchtöpfe.

und zieht die Formkastenhälften durch weitere Betätigung des Mechanismus von den stehenbleibenden Modellen ab (Abb. 1139). Nach Versenkung der Modelle vom Handrad l aus werden die Formkastenhälften zum Kern zurückgezogen, miteinander verriegelt (Abb. 1140) und gemeinschaftlich mit dem Kern abgehoben. Die Kernmarke ist nach den bei der vorher beschriebenen Maschine beobachteten Grundsätzen bemessen und sichert in gleicher Weise genaue Lage des Kerns und gleichmäßige Wandstärken des Gußstücks. Das einfache, den keilförmigen Einguß enthaltende Oberteil wird auf der in Abb. 1139 und 1140 rechts ersichtlichen Stift-Abhebemaschine hergestellt.

Abb. 1139. Bauchtopf-Formmaschine, geöffnet.

Abb. 1140. Desgl., geschlossen.

Wendeplattenmaschinen.

Im Jahre 1851 erhielten Fairbairn und Hetherington ein englisches Patent auf die Befestigung von Modellen auf beiden Seiten einer Formplatte, um Ober- und Unterteil mit einer Platte formen zu können [1]) und sechs Jahre später, 1857, M. A. Muir und J. M'Ilwham auf eine Wendeplatte, d. h. auf eine mit zwei Zapfen drehbar in Lagern ruhende Formplatte [2]). Man stellt die Wendeplatte wagerecht ein, formt die oben befindlichen Modelle ab, klammert den Formkasten fest, dreht die Platte mit dem Formkasten um 180° und bringt unter ihn eine feste Unterlage. Nach Lösung der Klammern kann

[1]) Mechanics Magazine 1851, August, S. 139.

[2]) H. Fischer, Die Werkzeugmaschinen. 2. Aufl. Berlin 1905. S. 765.

die Trennung von Modell und Form entweder durch Heben der Wendeplatte oder durch Senken der Unterlage mit dem Formkasten erfolgen. Vor dem abermaligen Wenden wird auf der anderen Seite der Formplatte das zweite Formkastenteil aufgestampft,

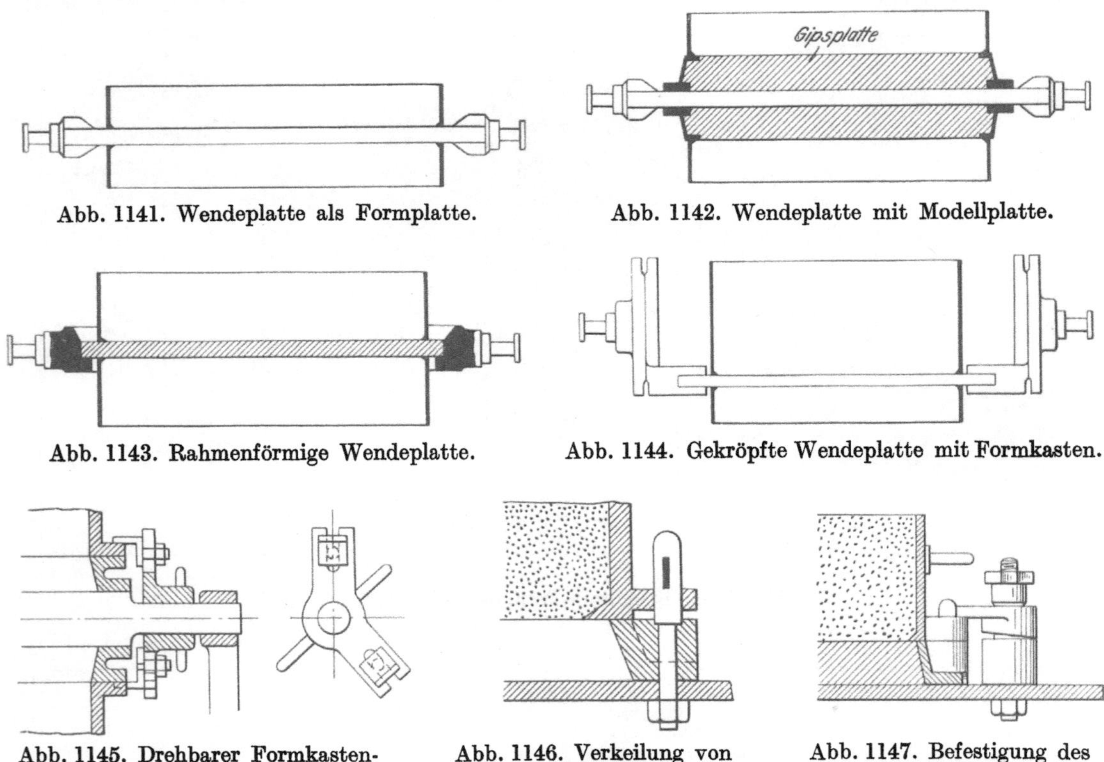

Abb. 1141. Wendeplatte als Formplatte.

Abb. 1142. Wendeplatte mit Modellplatte.

Abb. 1143. Rahmenförmige Wendeplatte.

Abb. 1144. Gekröpfte Wendeplatte mit Formkasten.

Abb. 1145. Drehbarer Formkastenhalter.

Abb. 1146. Verkeilung von Formkasten und Wendeplatte.

Abb. 1147. Befestigung des Formkastens durch Druckschrauben.

wodurch sich ein ununterbrochener Betrieb ergibt. Der wesentlichste Vorteil des Verfahrens liegt darin, daß hohe Modelle mit wenig Anzug tadellos aus der Form gehoben werden können, da das Eigengewicht des Formsandes wesentlich dazu beiträgt, unbeschädigte Formen zu erhalten. Ein weiterer Vorzug liegt in der Möglichkeit, Ober- und Unterteil auf einer Maschine herzustellen, ohne die Formplatte auswechseln zu müssen. Beim Arbeiten auf Abhebemaschinen ohne Wendeplatte muß der Former entweder zuerst die für einen Guß erforderlichen Unterteile anfertigen, die Formplatte auswechseln und dann die Oberteile formen oder er arbeitet an zwei Maschinen und stampft abwechselnd ein Oberteil und ein Unterteil auf. Das Auswechseln der Formplatte erfordert Zeit und Lohn, während die Arbeit nur eines Mannes an zwei Maschinen wenig wirtschaftlich ist. Zwei Former arbeiten selten dauernd gleichmäßig. Arbeitet der eine schlecht, so verdirbt er auch die Arbeit des anderen. Arbeitet einer langsam, so hemmt er den zweiten, denn es ist eine alte Erfahrung, daß nur in den seltensten Fällen der Flinke den Langsamen mit sich fortreißt. Diese Übelstände werden von den Wendeplattenmaschinen beseitigt. Der Former stellt die ganzen Formen hintereinander allein fertig.

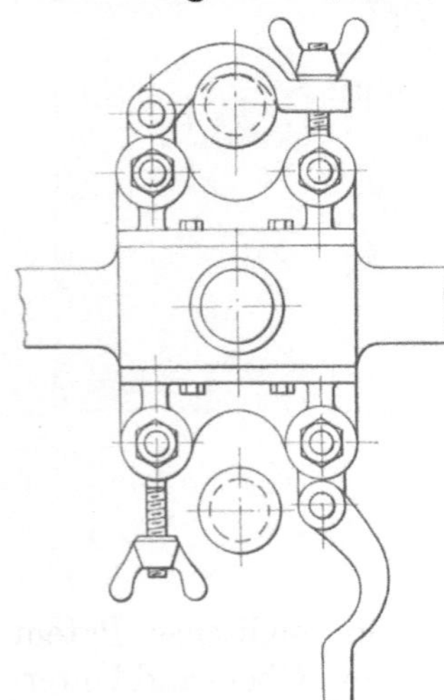

Abb. 1148. Flügelschrauben für die Befestigung des Formkastens.

Allen Wendeplattenmaschinen ist die um eine wagerechte Achse drehbare Formplatte, die Wendeplatte, eigen, deren Einzelausführungen in wesentlichen Punkten voneinander abweichen. Der Hub, d. h. die Trennung von Modell und Form, kann durch

Hand- oder Druckmechanismus erfolgen, es kann die Wendeplatte gehoben oder die Form gesenkt werden. Danach sind folgende Hauptausführungsarten zu unterscheiden:

Hub der Wendeplatte von Hand,
Hub der Wendeplatte durch Druckwasser oder Preßluft,
Hub der Wendeplatte durch Elektrizität,
Senkung der Form von Hand,
Senkung der Form durch Druckwasser oder Preßluft.

Die Wendeplatte kann unmittelbar als Formplatte zur Aufnahme von Modellen (Abbildung 1141) oder von Gipsrahmen (Abb. 1142) eingerichtet sein, oder nur aus einem Rahmen bestehen, in den verschiedene Modellplatten eingelegt werden können (Abb. 1143). Die Mitte der Drehzapfen kann in der Plattenmittelebene liegen, wie in den Abb. 1141 bis 1143 oder außerhalb, wie in Abb. 1144. Platten letzterer Art werden gekröpfte Wendeplatten genannt. Sie finden bei Formen mit ungleich hohen Ober- und Unterteilen und bei besonders hohen Modellen Verwendung. Die beim Modellausheben unerläßliche, genau wagerechte Lage der Platte wird durch Druckschrauben, Feststellstifte oder durch Riegelschienen bewirkt. Die Befestigung der Formkasten auf der Maschine erfolgt durch drehbare Kastenhalter (Abb. 1145), durch Keile (Abb. 1146), durch Spannbügel und Druckschrauben (Abb. 1147) und für große, mittels Hebezeugen zu bewegende Formkasten durch Gelenkbügel und Flügelschrauben (Abb. 1148) und andere, weniger verbreitete Einrichtungen.

Hub der Wendeplatte von Hand.

Abb. 1149 zeigt eine der ältesten, heute nicht mehr gebauten Ausführungsformen einfacher Wendeplattenmaschinen für kleine Formkasten. Sie ist entstanden aus dem Bestreben, für einfache Modelle eine allereinfachste, billige und zugleich zuverlässige Maschine zu schaffen. Die Wendeplatte wird durch Drehung des Handrades mittels Zahnrad und Zahnstange gehoben und durch eine in ihre Randleiste eingreifende, vom Hebel H bewegte Nase wagerecht eingestellt. Ein Gegengewicht G gleicht das Gewicht der bewegten Teile aus, wodurch die Handhabung der Maschine wesentlich erleichtert wurde. Alle reibenden Teile sind durch Schutzkappen gegen Staub und Schmutz geschützt.

Abb. 1149. Alte kleine Wendeplattenmaschine mit Zahnstangenantrieb.

Die in Abb. 1150 und 1151 gezeigte Maschine [1]) weist eine Reihe von Verbesserungen der ursprünglichen Form auf. An Stelle von Zahnstangen sind Schraubenspindeln als Träger der Wendeplattenlager vorgesehen, in die an der wagerechten, vom Hebel H in Tätigkeit gesetzten Achse A sitzende Schneckenräder eingreifen. Dadurch wird ein gleichmäßigeres, stoßfreies Anheben bewirkt und zugleich die Möglichkeit geboten, durch geringe Verdrehung einer sich vorzeitig abnutzenden Spindel stets für genau parallele Bewegung beider Lager zu sorgen. Durch Bearbeiten der Spindeln auf der Drehbank und Fräsen der Zahnräder kann eine sehr weitgehende Arbeitsgenauigkeit erreicht werden, die durch

[1]) Ausgeführt von Bopp und Reuther in Mannheim.

gründlichen Schutz der bewegten Teile gegen Sand und Staub auf die Dauer gewahrt bleibt. Die Formplatte stellt sich, sobald der an ihr hängende Formkasten die Unterlagsplatte berührt hat, selbsttätig wagerecht ein und wird durch Anziehen der Schrauben S in dieser Lage erhalten. Die Tischträger W sind lotrecht verstellbar, wodurch es möglich wird, die Maschine für sehr verschieden hohe Formkasten zu verwenden. Nach dem Abheben wird die auf Rollen gelagerte Unterlagsplatte P vorgezogen und der Formkasten abgesetzt.

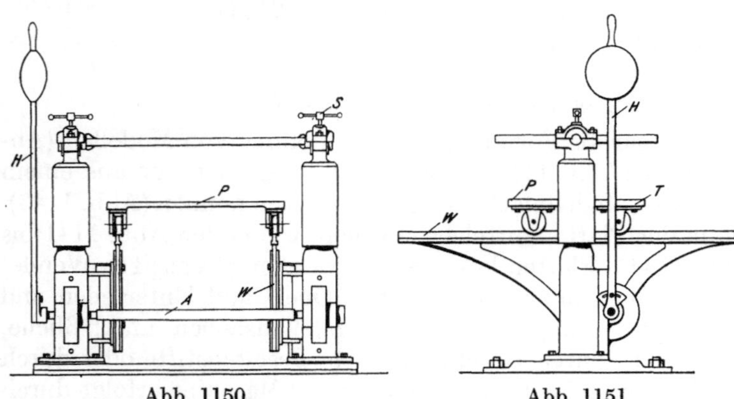

Abb. 1150. Abb. 1151.
Abb. 1150 u. 1151. Einfache Wendeplattenmaschine mit Schraubenspindeln.

Ein Ausgleich des Gewichts der bewegten Teile kann durch je eine an der Achse A und an einem Wandlager oder einem Deckenbalken angebrachte Rolle nach Abb. 1152 oder noch besser, durch am Maschinengestell unmittelbar angebrachte Gewichtsträger geschehen, wie es bei der in Abb. 1153 erkenntlichen Anordnung [1]) der Fall ist. Der Gewichtsausgleich erleichtert die Arbeit und schont durch Minderung des Reibungsdrucks die bewegten Teile der Maschine.

Anstatt mit Zahnstangen oder Schraubenspindeln kann der Hub auch mit einem Hebelwerk ausgeführt werden. Abb. 1154 zeigt eine mit einem Gelenkhebelmechanismus betätigte Maschine [1]), die außerdem mit vier Rollen versehen ist, um bequem fortbewegt werden zu können. An der Maschine ist der eigenartige Winkelhebel zur Befestigung der Formkasten bemerkenswert.

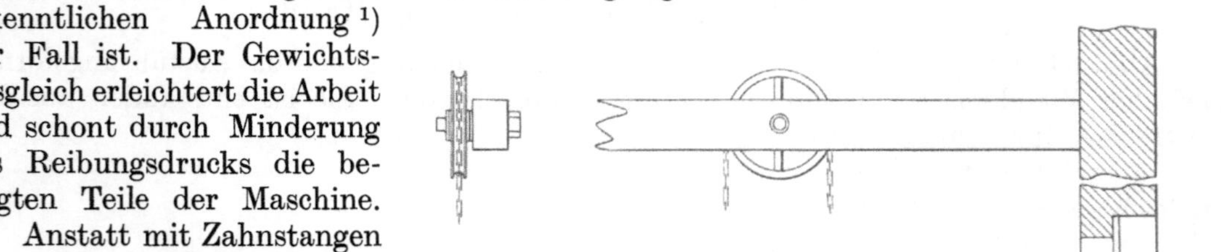

Abb. 1152. Einfache Wendeplattenmaschine mit Wandlager für das Ausgleichsgewicht.

---

[1]) Ausgeführt von Ver. Schmirgel- und Maschinenfabriken, A.-G., in Hannover-Hainholz.

Seine Klemmbügel K sind mit Hilfe von Schrauben in Schlitzen der beiden Hebel H verstellbar.

Die Maschine[1]) für geringe Hubhöhen Abb. 1155 und 1156 besitzt zum Heben und Senken der Wendeplatte einen Hebelmechanismus, der mit einem Gewichtsausgleichhebel H

Abb. 1153. Gewichtsträger an der Wendeplattenmaschine.

Abb. 1154. Wendeplattenmaschine mit Gelenkhebel.

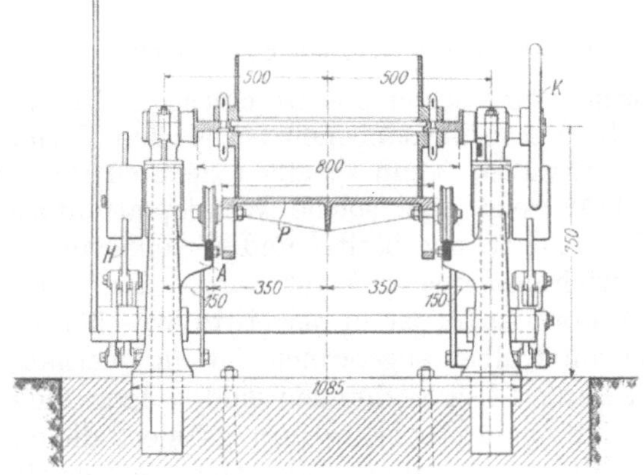

Abb. 1155.

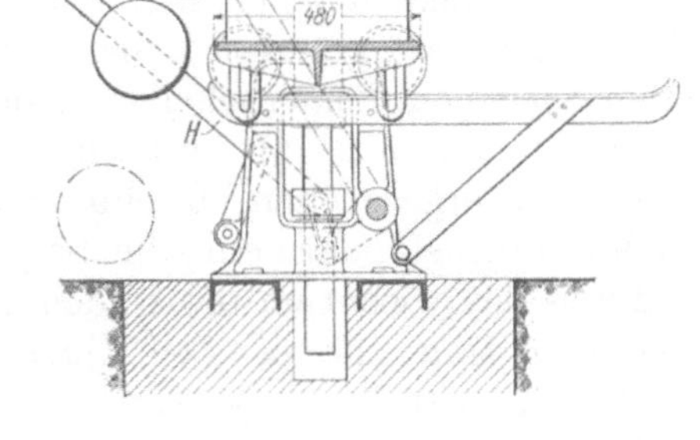

Abb. 1156.

Abb. 1155 u. 1156. Wendeplattenmaschine für geringe Hubhöhen mit Hebelmechanismus.

zur Erleichterung des Hubs ausgestattet ist. Das Wenden der Formplatte erfolgt durch das Handrad K, durch die Riegelschiene R wird sie während des Abhebens in wagerechter Lage erhalten. Die Rollenlagerböcke A der fahrbaren Tischplatte P sind mit Schlitzen

[1]) Ausgeführt von Bad. Maschinenfabrik in Durlach.

versehen, die es ermöglichen, den Abhebetisch je nach der Höhe des Formkastens höher oder niedriger einzustellen.

Eine sehr genau arbeitende, für schwierig aus dem Sande zu bringende Modelle hervorragend geeignete Maschine zeigt Abb. 1157 [1]). Sowohl das Heben und Senken, als auch das Wenden der Formplatte geschehen mit Schneckenradgetrieben. Alle reibenden Teile sind gegen Staub und Formsand durch Kapselung geschützt. Die Laufbahnen

Abb. 1157. Wendeplattenmaschine mit Schneckenradgetriebe.

für den Wagen liegen fest, dagegen sind die Rollenträger für verschiedene Formkastenhöhen verstellbar ausgeführt. Die Maschine ist nur für besonders hohe und schwere Formen geeignet, für niedrige und leichtere Formen ist ihre Handhabung zu zeitraubend.

Hub der Wendeplatte durch Druckwasser und Preßluft.

Das Abheben sehr hoher oder großer Formen wird besser mit Druckwasser, Preßluft oder Elektrizität bewirkt als von Hand, da die Hand-Mechanismen bei großen Formen schwer zu bedienen sind und sehr schwerfällig ausfallen, wenn sie einen sicheren Betrieb auf die Dauer gewährleisten sollen. Abb. 1158 zeigt eine solche Wendeplattenformmaschine mit einem Stufenscheibenmodell, das hohe Wände besitzt und vorteilhafter mit einer solchen Maschine als mit einer Durchziehmaschine geformt wird. Bei der in Abb. 1159 wiedergegebenen Maschine [2]) für Motorzylinder ist in der Mitte zwischen den beiden Maschinenständern ein Abhebezylinder mit Kolben angeordnet, der ein Querhaupt trägt, durch das wiederum die beiden Abhebesäulen fest verbunden sind. Jede dieser Abhebesäulen trägt ihrerseits ein Querhaupt mit zwei seitlichen Führungssäulen, die eine genaue und gleichmäßige Bewegung der Modellplatte bewirken. Die Querhäupter sind mit Vorrichtungen zum Feststellen der Wendeplatte in wagerechter Lage versehen. Mit Hilfe eines Handrades in Verbindung mit Schnecke und Schneckenrad kann die Wendeplatte geschwenkt werden. Die Maschine muß bis zu Schienenhöhe unterhalb Gießereisohle stehen. Die Bauhöhe über Gießereisohle ist geringer, als wenn Modell und Form durch Senken der letzteren getrennt werden. Derartige Maschinen sind größtenteils durch Rüttelformmaschinen verdrängt worden.

[1]) Ausgeführt von Ver. Schmirgel- und Maschinenfabriken, A.-G., in Hannover-Hainholz.
[2]) Ausgeführt von Bad. Maschinenfabrik in Durlach.

Hub der Wendeplatte durch Elektrizität.

Eine in manchen Fällen verwendbare Kraftquelle zum Heben der Wendeplatte ist die Elektrizität. Abb. 1160 zeigt eine damit betriebene Wendeplattenformmaschine [1]). Die Wendeplatte wird von den Lagern b getragen, die auf zwei senkrechten Spindeln c

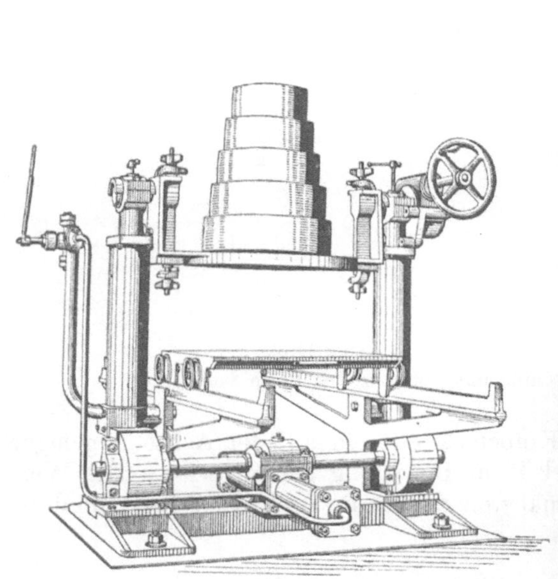

Abb. 1158. Wendeplattenmaschine mit hohem Modell.

Abb. 1159. Große Wendeplattenmaschine mit Druckwasserabhebung.

sitzen, deren eine unten mit einem Rechts- und deren andere mit einem Linksgewinde versehen ist. Jede Spindel trägt ein Schneckenrad d, dessen Nabe als Spindelmutter ausgebildet ist. Auf der gemeinsamen Welle e sitzen zwei Schnecken, die eine mit rechtem,

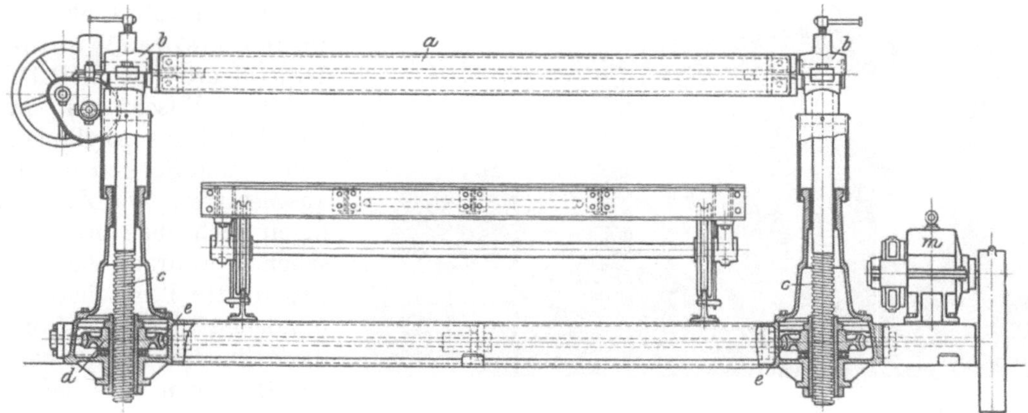

Abb. 1160. Wendeplattenmaschine mit Abhebung durch Elektrizität.

die andere mit linkem Gange, die in die Schneckenräder d eingreifen. Der Antriebmotor m treibt die Schnecken mittels eines Stirnradvorgeleges an und bewirkt so das Heben und Senken der Wendeplatte. Die Drehung der Wendeplatte kann durch ein Stirnradvorgelege von Hand, wie in der Abbildung, oder durch einen zweiten Motor erfolgen.

[1]) Früher ausgeführt von Gießereimaschinenfabrik G. m. b. H. Kirchheim-Teck, jetzt von Münchener Vulkan in München-Milbertshofen.

Senkung der Form von Hand.

Die Abb. 1161 und 1162 zeigen eine ältere Maschine [1]), die bei feststehender Wendeplatte die Form sinken läßt. Ihre Hubvorrichtung besteht aus dem fahrbaren Tisch T, der auf einem zylindrisch geführten, in seinem unteren Teile als Zahnstange ausgebildeten

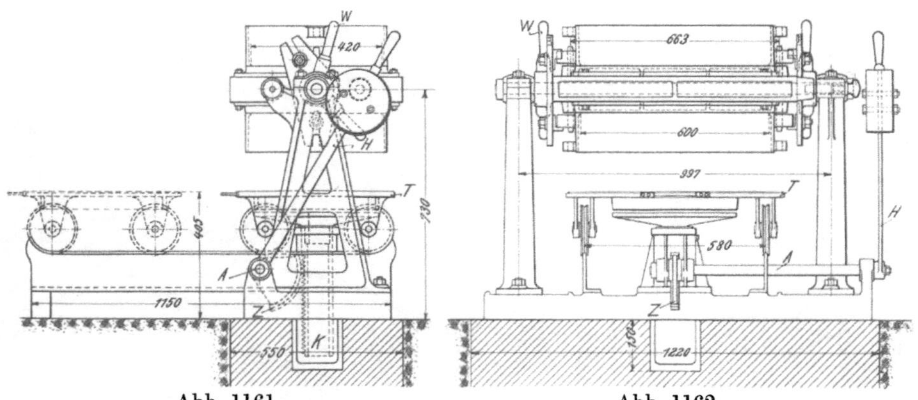

Abb. 1161. Abb. 1162.

Abb. 1161 u. 1162. Wendeplattenmaschine mit Senkung der Form von Hand.

Kolben K ruht. In die Verzahnung des Kolbens greift ein auf der Achse A gelagerter Zahnradabschnitt Z, der durch den Hebel H in Bewegung gesetzt wird. Die Wendeplatte wird durch einen Bolzen, der Formkasten durch die drehbaren Kastenhalter W festgehalten.

Senkung der Form durch Druckwasser.

Zum Senken der Form, wie zum Heben der leeren Tischplatte ist so wenig Kraft nötig, daß dazu der Druck einer gewöhnlichen Wasserleitung oder einer Handpumpe mit einem kleinen Wasserbehälter ausreicht. Maschinen dieser Bauart können daher auch in Gießereien, die über keine Druckwasseranlage verfügen, betrieben werden.

Abb. 1163. Ältere Wendeplattenmaschine mit Handpumpe.

Die in Abb. 1163 nach dem im Jahre 1878 an Woolnough-Dehne erteilten D.R.P. 5617 erstellte Maschine [2]) ist mit zwei Druckwasserzylindern zum Heben und Senken des Tisches ausgestattet. Die Zylinder endigen nach oben mit den Flanschen A, während die durch die Tischplatte T miteinander verbundenen Kolben frei über die Zylinderflanschen vorragen. Auf der einen Seite der Grundplatte ist ein rechteckiger, gußeiserner Kasten angebracht, der eine doppelt wirkende Handdruckpumpe, ein Absperrventil und einen dicht schließenden Wasserbehälter enthält. Letzterer ist durch eine Rohrleitung mit den beiden Druckzylindern verbunden.

Nach dem Feststellen der Formplatte mittels der Druckschrauben S bringt man ein Formkastenteil auf die Maschine, stampft auf, löst die Schrauben S und wendet die

[1]) Ausgeführt vom kgl. Württembergischen Hüttenwerk Wasseralfingen (jetzt Schwäbische Hüttenwerke G. m. b. H.).

[2]) Ausgeführt von Fr. Dehne in Halberstadt.

Formplatte. Dann wird das Ventil der Druckpumpe durch Rechtsdrehen des Handrades R geschlossen und die Pumpe durch den Hebel H so lange in Tätigkeit gehalten, bis der Tisch T den Formkasten mit der Wendeplatte um einige Zentimeter in die Höhe gehoben hat. Nun löst man die den Formkasten mit der Formplatte verbindenden Schrauben, zieht die Stellschrauben S an und öffnet das Ventil durch Linksdrehen des Handrades R ein wenig, wodurch der Tisch mit dem Formkasten allmählich niedersinkt. Während eine Hand das Ventil öffnet, klopft die andere den Wenderahmen erst kräftig, dann schwächer mit einem Holzhammer ab. Das Ventil kann, sobald das Modell ganz aus dem Sande ist, völlig geöffnet werden, um ein schnelleres Sinken des Kastens zu bewirken.

Abb. 1164. Wendeplattenmaschine mit Hubbegrenzung durch Führungstangen.

Um den Hub zu begrenzen und jede Drehung des Kolbens zu verhüten, werden bei einzylindrigen Maschinen mitunter seitliche Führungstangen angeordnet, wie bei der Maschine (Abb. 1164)[1]). Zwischen dem Zylinder G und der Tischtragplatte T ist ein Führungstück E eingeschaltet, dessen zwei Hülsen H den Stangen F des Tisches genaue Führung geben. Die Führungstangen F sind an ihren unteren Enden mit Verstärkungen V versehen, die an die Hülsen H anschlagen und so den Hub begrenzen. Das Rollwagenlager A ist etwas verlängert, um beim Ausfahren des Tisches mittels der Nase B der Laufschiene die Fahrt des Wagens zu begrenzen.

Bei verhältnismäßig langen Maschinen rückt man die seitlichen Führungskolben möglichst weit auseinander und setzt ihre Hülsen auf die Maschinengrundplatte, wie bei der in Abb. 1165 abgebildeten Maschine[2]), die auch mit einem Schneckengetriebe zum Wenden des Modellrahmens versehen ist.

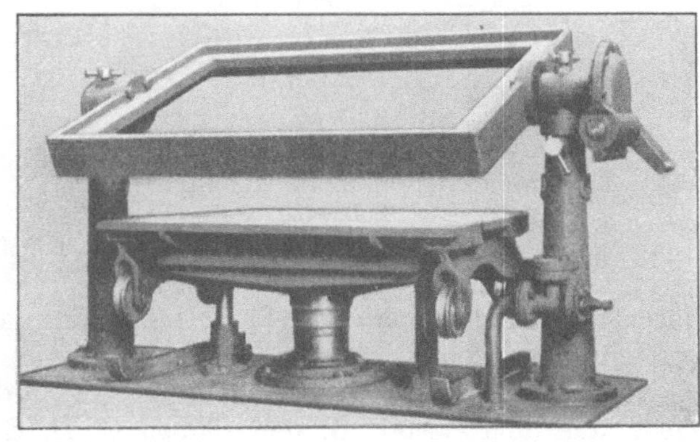
Abb. 1165. Wendeplattenmaschine für lange Formen.

Im allgemeinen sind die zum Heben der Wendeplatte eingerichteten Formmaschinen auf die Dauer zuverlässiger als die den Formkasten senkenden. Man findet Maschinen letzterer Art, deren Kolben keinen größeren Durchmesser hat als der Kolben in einer der beiden Säulen einer Wendeplattenhubmaschine von gleicher Tischgröße und gleicher Hubhöhe. Es ist leicht einzusehen, daß ein solcher Kolben ungleich rascherer Abnutzung ausgesetzt ist, einmal wegen der größeren Beanspruchung auf die Oberflächeneinheit und dann wegen der ungünstigeren Art der Beanspruchung. Man hat versucht, durch Anordnung von Hilfsführungen oder von

---

[1]) Ausgeführt von Ver. Schmirgel- und Maschinenfabriken, A.-G., in Hannover-Hainholz.

[2]) Ausgeführt von Alfred Gutmann, A.-G. in Ottensen-Hamburg.

zwei, ja sogar von drei Druckzylindern größere Sicherheit zu erzielen. Um eine gute Wirkung zu erreichen, müssen solche Zylinder möglichst weit auseinander gesetzt werden. Die günstigste Lage der Zylinder einer zweizylindrigen Maschine wäre unmittelbar unter den Wendeplattenlagern die Lage also, welche den Kolben der Maschinen zum Heben der Wendeplatte eigentümlich ist.

Die Arbeitsgenauigkeit einzylindriger Maschinen wird dauerhafter durch ausgiebige Vergrößerung des Kolbendurchmessers. Die Maschinen werden dann aber ebenso kostspielig wie mehrzylindrige. Maschinen mit lotrecht etwas bewegbaren Wendeplattenlagern sind den mit starren Lagern vorzuziehen, sie arbeiten elastischer und sind infolgedessen geringerem Verschleiße ausgesetzt.

Mit Ausnahme der kleinsten Maschinen werden fast alle Wendeplattenformmaschinen mit fahrbaren Tischen versehen. Die Fahrbahnen bestehen aus Guß- oder Schmiedeisen und sind fest oder verstellbar an den Maschinen befestigt. Schmiedeiserne Fahrbahnen haben den Vorzug fast völliger Unzerbrechlichkeit, gußeiserne den Vorteil geringeren Verschleißes. Im allgemeinen sind die Fahrbahnen am betriebsichersten, welche unverstellbar am Maschinenrahmen angebracht sind. Verstellungen zur Verwendung verschieden hoher Formkasten werden am besten durch entsprechende Gestaltung der Rollenträger der fahrbaren Tische bewirkt. Dabei ist die freie Einstellung in Schlitzen (Abb. 1155) der mit vorgebohrten Löchern (Abb. 1157) vorzuziehen, da letztere nicht so leicht zur genauen Übereinstimmung gebracht werden können.

Umlege- oder Kippformmaschinen[1].

Die zum Bau der Wendeplattenmaschinen führenden Erwägungen ließen auch die Kippmaschinen entstehen. Sie unterscheiden sich von den ersteren dadurch, daß das Wenden der Formplatte nicht um eine durch ihre Mitte gehende, sondern um eine außerhalb ihrer Mitte liegende Achse erfolgt. Je nachdem das Abheben durch Senken des Formkastens oder durch Heben der Modellplatte erfolgt, sind zwei Hauptarten zu

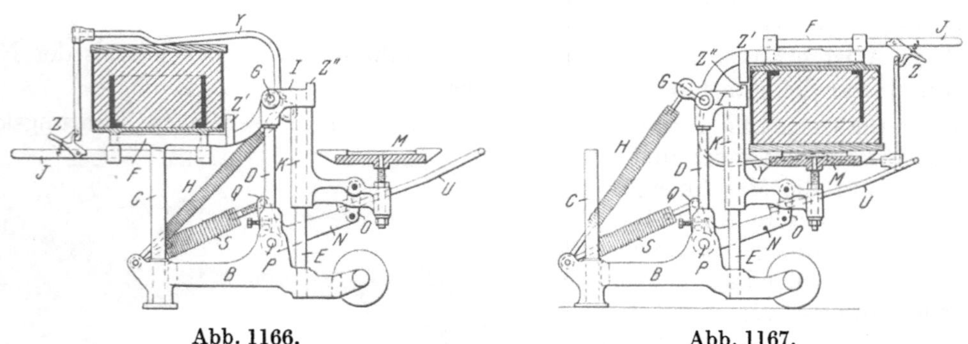

Abb. 1166. Abb. 1167.
Abb. 1166 u. 1167. Kippformmaschine.

unterscheiden, die nach ihren ersten Herstellern als Pridmore- und als Tabormaschinen bezeichnet werden.

Die in den Abb. 1166 und 1167 gezeigte Pridmoremaschine besteht in der Hauptsache aus dem Gestell B, den Säulen C, D, E, dem um die Achse G schwingbaren Modellplattenträger F Z und dem Abhebemechanismus S N O K M. Bei Beginn der Arbeit wird ein Formkasten auf die an F befestigte Modellplatte gesetzt, aufgestampft, abgestrichen, mit einem glatten Brette abgedeckt, der etwas federnde Bügel Y darüber geschwungen und durch den Haken Z und den Hebel J mit F verbunden (Abb. 1166). Dann wird F angehoben und mit dem Formkasten um die Achse G auf die Stützen M geschwungen, wobei die Federn H dauernd Widerstand leisten (Abb. 1167). Der Modellträger F ruht mit den Zapfen Z′ auf Vorsprüngen Z″ der Querhäupter I, welche die

[1]) Roll-over Machines.

Säulen D und E verbinden und damit der Maschine Halt verleihen. Das Gewicht des Formkastens reicht zur Überwindung der Spannung der Federn H eben aus. Die linke Hand hält nun die Stange J nieder, während die rechte den Haken Z löst und durch Niederdrücken des Bügels U den Formkasten senkt. Der Bügel U ist durch das Gelenk O mit dem um die Achse P drehbaren Winkelhebel N Q und mit den Tischträgern K verbunden. Da diese in langen Führungen an den Säulen E gleiten, wird der gerade Hub beim Ausheben gewährleistet, während ihn die Feder S sehr sanft gestaltet. Sobald das Modell aus dem Sande ist, läßt man durch Freigabe der Stange J den Modellplattenträger F mit der Modellplatte zurückschnellen, worauf die fertige Form von dem Tische M abgehoben wird.

Die Maschine hat wesentliche Schwächen; vor allem ist die Lage des Modells während des Aushebens nicht genügend gesichert, so daß der die Maschine bedienende Mann beträchtlicher Übung bedarf, ehe er im raschen Arbeitsgange sicher aushebt. Die Stützen M müssen in ihrer Höhenlage genau miteinander übereinstimmen, was oft schon von Anfang an schwierig zu erzielen ist. Schon ein sehr geringes Spiel in einer der beiden Führungen von K bewirkt ungleichen Niedergang der Tische und damit schlechtes Ausheben der Modelle. Da zur Erstellung einer Form zwei Maschinen zusammenarbeiten müssen. ist der Anschaffungspreis nicht geringer als der einer guten Wendeplattenmaschine. Es ist nicht verwunderlich, daß die auf den ersten Blick manches Bestechende bietende, in Amerika ziemlich verbreitete Maschine in Deutschland keinen Eingang finden konnte.

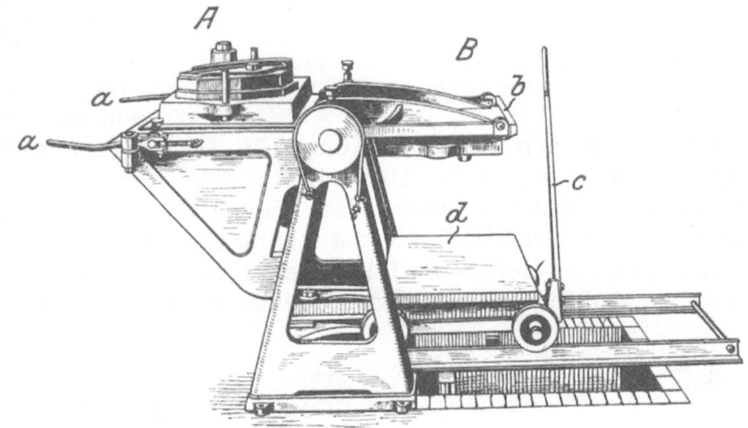

Abb. 1168. Ursprüngliche Ausführung der Rolffschen Umlegemaschine.

Die ähnlich gebaute, jedoch den Formkasten nach oben abhebende Tabormaschine hat dieselben Mängel [1]).

Eine brauchbare Handumlegemaschine liegt in der Rolffschen Schnellhandformmaschine [2]) vor, die zugleich ein Musterbeispiel dafür ist, wie durch zähe Ausdauer und liebevolles Eingehen auf die Bedürfnisse der Praxis ein guter Gedanke allmählich zu gewisser bestimmter Vollkommenheit entwickelt werden kann.

Diese Maschine beruht auf dem Gedanken, eine zweiseitige Modellplatte gewissermaßen zu spalten, die so gewonnenen Hälften auseinanderzuziehen und dann dergestalt mittels einer Drehachse zu verbinden, daß bei jeder Drehung um 180° abwechselnd die eine und die andere Platte obenauf oder nach unten gerichtet zu liegen kommt. Es ergibt sich so die Möglichkeit gleichzeitiger Arbeit an beiden Plattenhälften, wodurch eine weitgehende Ausnutzung der Maschine und der an ihr beschäftigten Arbeitskräfte ermöglicht wird. Abb. 1168 zeigt die ursprüngliche Ausführung der Maschine. Sie hat zwei Arbeitstände, die so liegen, daß sich die Former bei der Arbeit nicht gegenseitig hindern. Dem am Stande A beschäftigten Arbeiter liegt es ob, den Formkasten aufzulegen, ihn mit Sand zu füllen und aufzustampfen, durch Auseinanderdrücken der Hebel a a den Verschluß zu lösen, der die Platte am Gestell der Maschine festhielt, die durch ihr Eigengewicht nach unten strebende Platte sinken zu lassen und durch rechtzeitiges Erfassen der Leiste b an der Stirnseite der Gegenplatte diese Platte vollends zu sich herüber zu legen, worauf

[1]) Ihre Bauart ist der D.R.-Patentschrift Nr. 85 430 v. 30. Jan. 1895 zu entnehmen; vgl. auch U. Lohse: Die Umrollformmaschine. Gieß. 1922. S. 18.

[2]) Ausgeführt von Moellmann und Sonnet, G. m. b. H. in Berlin SW 47.

derselbe Arbeitslauf aufs neue beginnt. Der Arbeiter am Stande B schiebt die Abnahmeplatte d in die Maschine, drückt sie mittels des Hebels c, der auf Grund einer Zahnradübersetzung in die Zahnstange des Hebetisches greift, gegen den an der Unterseite der Platte B hängenden Formkasten, löst die Verbindung zwischen Platte und Formkasten und senkt durch weitere Betätigung des Hebels c die Form von der Platte ab. Es ergibt sich so eine Arbeitsweise, bei der die beiden Arbeiter fast ununterbrochen mit reiner Formerarbeit beschäftigt sind.

Abb. 1169. Ein-Hebelschaltung zum Auslösen der Sperrvorrichtung.

Am Stampfstand wird die Maschine mit Hilfe von zwei federnden Klinken gehalten, die beide mit nur einem Hebel geschaltet werden (Abb. 1169). Zur Regelung der Umlegegeschwindigkeit der Modellplatten wurde am Stumpf der Mittelachse eine Bandbremse aufgefedert, die vom Stampferstande aus bedient werden kann. Von wesentlicherem Belange ist die Verbesserung der Absenkvorrichtung. Das Anheben des Abhebetisches erfolgt nicht mehr durch Betätigung eines Zahnradhebels (Abb. 1170), sondern mittels eines sich selbsttätig sperrenden Steuerrades nach Abb. 1171. Dieses Rad ist durch gefräste Stirnräder mit der Säulenzahnstange des Abhebetisches gekuppelt. Abb. 1172 läßt den Steuermechanismus etwas genauer erkennen. Das Absenken erfolgt nicht durch das Steuerrad, sondern mittels eines gleichfalls mit der Zahnstange gekuppelten Bremshebels. Durch kurzes Anziehen dieses Hebels wird das Sperrad des Steuerrades ausgeschaltet, zu gleicher Zeit aber der Abhebetisch mit dem Formkasten durch die Bandbremse in bisheriger Höhen-

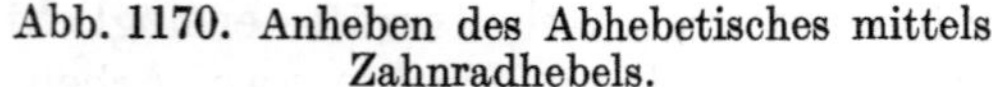

Abb. 1170. Anheben des Abhebetisches mittels Zahnradhebels.

Abb. 1171. Anheben des Abhebetisches mittels sich selbsttätig sperrenden Steuerrads.

lage festgehalten. Durch allmähliches Nachlassen des Bremshebels wird dann ein langsames, stoß- und erschütterungsfreies Senken des Abhebetisches mit dem fertigen Formkasten bewirkt.

Die Säulenzahnstange trägt am oberen Ende ein Abnahmekreuz mit weiter Ausladung, Abb. 1173, und verstellbaren Bolzen. Durch dieses Kreuz wird einem Kippen oder Schaukeln der Tischplatte während des Absenkens wirksam vorgebeugt, während die verstellbaren Bolzen genaue Parallelstellung von Tisch und Formplatte ermöglichen.

In allerjüngster Zeit wird die Maschine auch mit einem kleinen eingekapselten Motor geliefert, der den Abhebetisch mit oder ohne Formkasten elektrisch hebt. Solche Maschinen werden weiter mit einem Hammerschlagwerk ausgestattet, das gleich einem Vibrator wirkt und dem Manne die Losklopfarbeit abnimmt. Das Schlagwerk wird vom Abhebemotor mitbedient, was leicht durchführbar ist, da beide Aufgaben nur im Wechsel erfüllt werden können. Zum Absenken dient auch bei den so vervollkommneten Maschinen

Abb. 1172. Steuermechanismus.

Abb. 1173. Abnahmekreuz an der Säulenzahnstange.

der von Hand zu bedienende Bremshebel, da die Motorkraft nicht so genau abgestuft werden kann, wie es zum tadellosen Ausheben der Modelle aus dem Sande erforderlich ist. Die Abb. 1174 zeigt die nach außen wesentlich vereinfachte Gestalt einer mit dem

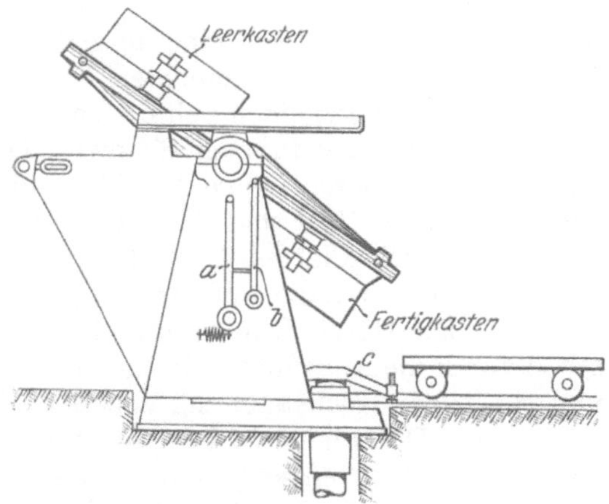

Abb. 1174. Maschine mit Absenkmotor.

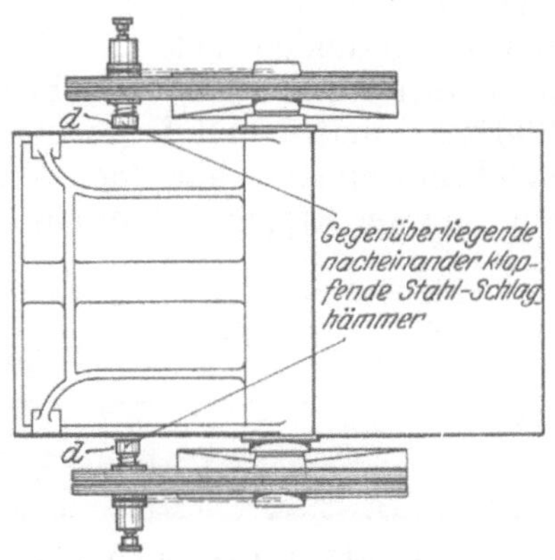

Abb. 1175. Schlaghämmer zum Losklopfen.

Absenkmotor ausgestatteten Maschine mit Schalthebel a für den Elektromotor zum Heben des Tisches, dem Bremshebel b zum Senken desselben und dem Abhebekreuze c. Der Abb. 1175 ist die Anordnung der als Losklopfer wirkenden Schlaghämmer d zu entnehmen [1]).

Durchziehmaschinen.

Der den Durchziehmaschinen zugrunde liegende Gedanke wurde erstmals von dem Amerikaner Brown [2]) für die Praxis verwirklicht, der im Jahre 1854/55 ein Patent auf ein Verfahren erwirkte, wonach nach dem Aufstampfen das Modell durch eine Öffnung der Formplatte zurückgezogen und erst hernach der Formkasten abgehoben werden

[1]) Ausführungen derselben Maschine mit Hand-Preßeinrichtung s. S. 379.

[2]) H. Fischer, Die Werkzeugmaschinen. 2. Aufl. Berlin 1905. S. 766.

sollte. Einige Ausführungsformen wurden schon im Abschnitt über die Formplatten (S. 337) besprochen, andere werden bei Behandlung der einzelnen Maschinen erörtert werden. Man unterscheidet, je nachdem das Durchziehen von Hand oder durch Druckwasser geschieht, Maschinen mit Hand- und mit Druckwasserhub.

Handhub.

Das Heben und Senken der Durchziehplatte kann mit verschiedenen Mitteln bewirkt werden. Am gebräuchlichsten sind Zahnstangen-, Exzenter- und Schraubenspindel-Hubwerke. Letztere haben insbesondere für Zahnräder- und Riemenscheibenformmaschinen fast allgemeine Verbreitung gefunden.

Die Abb. 1176 I—V zeigt eine nach dem (am 27. Okt. 1885) an Fritz Kaeferle erteilten D.R.P. Nr. 36 139 ausgeführte Rippenrohr-Formmaschine [1]), die sowohl in der

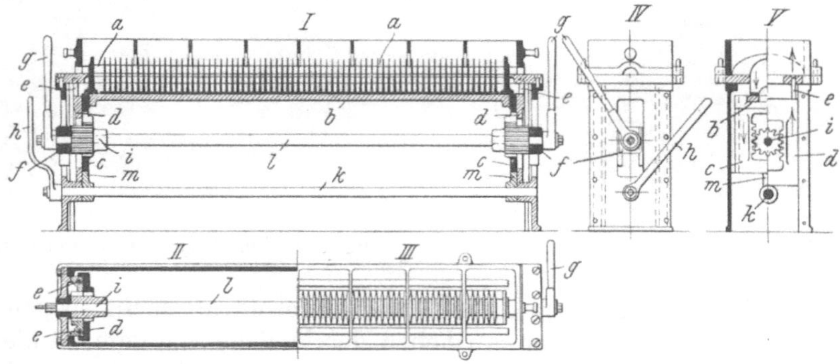

Abb. 1176. Rippenrohrformmaschine (Durchziehmaschine).

ursprünglichen Ausführung als auch in mannigfaltigen Veränderungen eine ausgedehnte Verbreitung gefunden hat. I gibt einen Längsschnitt, II einen wagerechten Schnitt, III einen Grundriß, IV eine Ansicht von der Schmalseite, V (links) einen Schnitt zwischen den Platten e und d und V (rechts) einen etwas weiter außen geführten Schnitt. Das halbe Rohrmodell ist in einzelnen Abschnitten 1, 2, 3, 4 usw., deren Länge den Abständen zwischen je zwei Rippen entspricht, auf der Platte a (Abb. 1176, I und Abb. 1177) festgeschraubt. Die Platte a (Abb. 1177) ist so ausgeschnitten, daß die, auf der beweglichen Platte b befestigten Rippen und Endflanschen durch die Ausschnitte dringen können und sie in der Höchststellung von b völlig ausfüllen. Die Platte b ist mit den im Rahmen d geführten senkrechten Platten c fest verbunden. In den Flanschen des Rahmens sind die Formkasten-Abhebestifte e, die durch Bohrungen des oberen Maschinenrahmens gleiten, festgeschraubt. Nachdem die Platte b in ihre höchste Stellung gebracht ist, wird ein Formkasten auf die Maschine gesetzt, aufgestampft und glatt abgestrichen, und die Platte nach reichlichem Luftstechen gesenkt. Zu dem Zwecke wird der Hebel h um 90° gedreht und dadurch den Platten c, die auf dem auf der Achse k sitzenden Daumen m ruhen, der Stützpunkt entzogen. Die Rahmen d ruhen beim Arbeitsbeginne in ihrer tiefsten Stellung auf den Naben von k am Maschinengestell. Die Seitenplatten c mit der Rippenplatte b müßten nach Drehung des Daumens m plötzlich herabfallen, wenn sie daran nicht durch die auf der Welle l sitzenden Zahnräder, die in die Verzahnung von d greifen, verhindert würden. Sie können sich daher erst senken, wenn ihre Bewegung durch Drehen des Handhebels h ausgelöst wird. Nachdem die Rippenmodelle aus der Form gezogen sind und die Platten c auf den Naben von m ruhen, wird der Hebel g in der bisherigen Richtung (links in Abb. IV) weiter

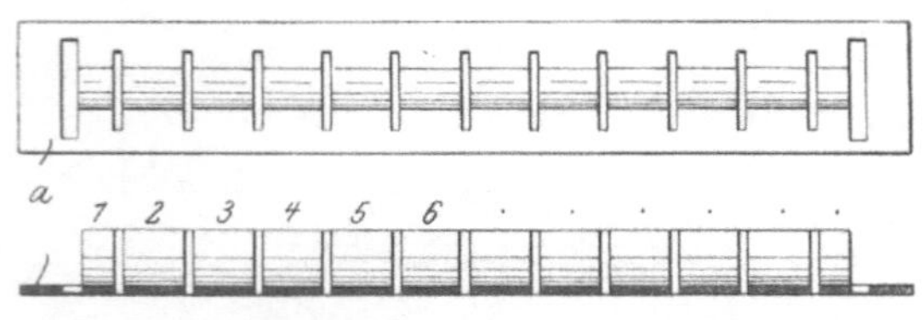

Abb. 1177. Durchziehplatte mit Rohrmodell.

[1]) Z. V. d. I. 1886. S. 449.

gedreht, wodurch die Räder i gezwungen werden, an der Zahnung von c emporzuklettern. Gleichzeitig mit der in lotrechten Lagern geführten Welle l heben sich die Rahmen d, in deren Verzahnungen die Räder i greifen. Die Stifte e werden in die Höhe getrieben, dadurch wird die Form von den noch im Sande steckenden Modellteilen abgezogen.

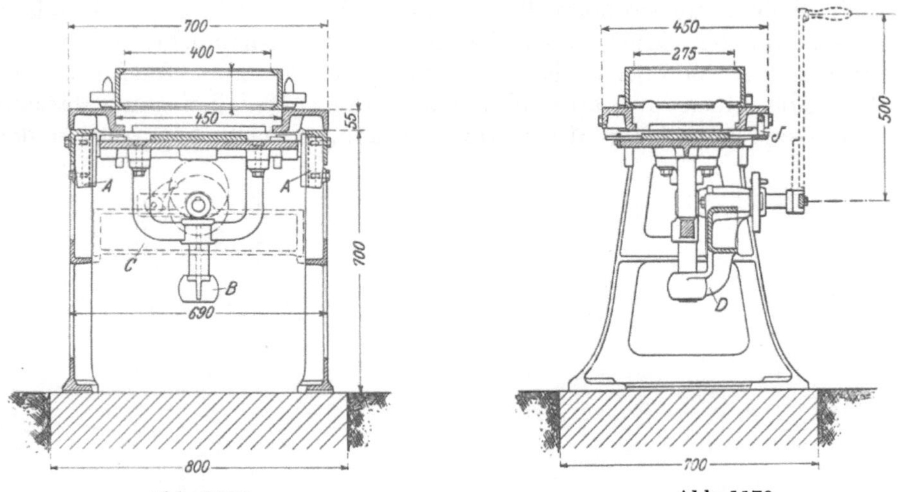

Abb. 1178. Abb. 1179.

Abb. 1178—1179. Durchziehmaschine mit Exzenter-Hubmechanismus.

Andere bemerkenswerte Rippenrohrmaschinen wurden unter Nr. 83 009 (am 3. Juni 1894) der Société Anonyme des Aciéries, Forges et Ateliers de la Biesme in Bouffioult (Belgien) und unter Nr. 105 305 (am 10. Sept. 1898) den Vereinigten Schmirgel- und Maschinenfabriken in Hannover-Hainholz patentiert.

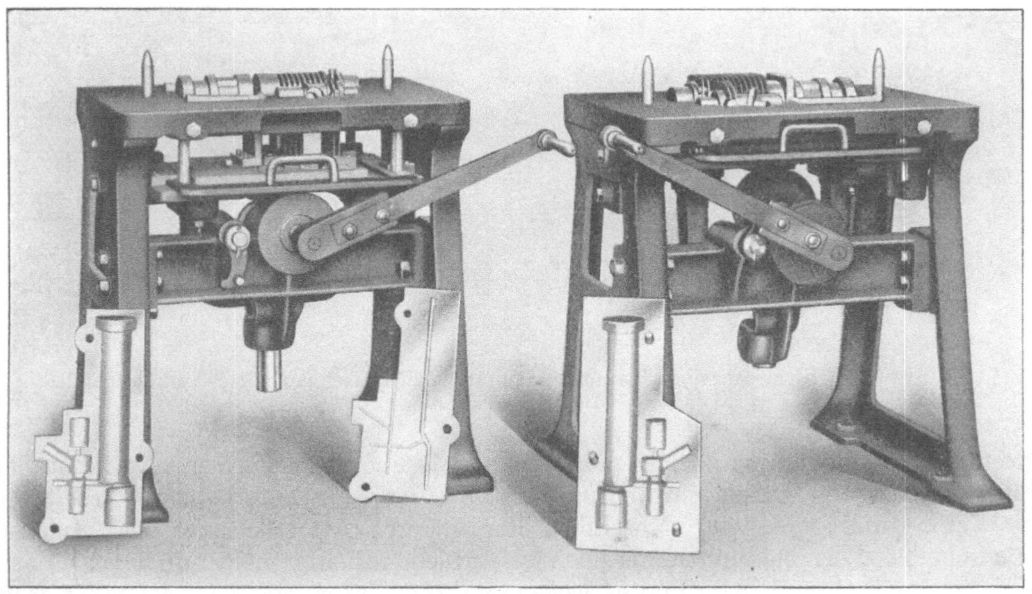

Abb. 1180. Durchziehmaschine für Motorenzylinder.

Die Abb. 1178 und 1179 zeigen eine mit Exzenter-Hubmechanismus arbeitende Maschine [1]. Der Mechanismus bedarf kaum einer Erläuterung. Nach dem Aufstampfen des Formkastens werden die Modelle mittels des Handhebels und des Exzenters durchgezogen, wobei die Durchziehplatte an den beiden Schmalseiten der Maschine durch die Leisten A und in der Mitte bei B durch den an den Querbalken C geschraubten Arm J

[1]) Ausgeführt von Bad. Maschinenfabrik in Durlach.

geführt wird. Dann wird die schmiedeiserne Riegelschiene D um die Lochbreite der Abhebestifte verschoben, so daß beim Hochheben des Modells die Führungstifte unter die Riegelschiene greifen und den Kasten nach oben abheben. Abb. 1180 verdeutlicht vollends die Anordnung und Wirkung der Durchzieh- und Abhebeeinrichtung.

Für runde Modelle, insbesondere Riemenscheiben, Zahnräder und andere Räder, sind (abgesehen von den Druckwasser-Maschinen) fast ausnahmslos Schraubenspindel-Hubmechanismen in Gebrauch. Es sind hauptsächlich zwei Ausführungsarten zu unterscheiden: Maschinen mit auswechselbaren, losen Modellen und Maschinen mit festen Modellsätzen. Maschinen der ersten Art können nach Auswechseln der Tisch-

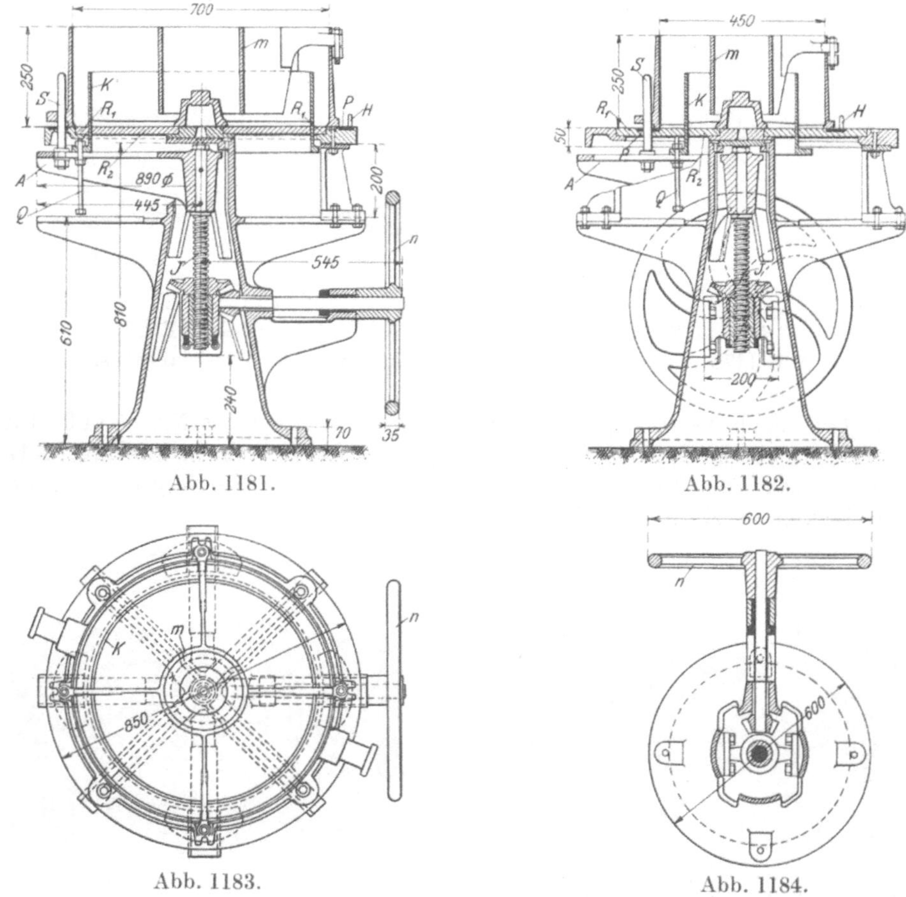

Abb. 1181. Abb. 1182.

Abb. 1183. Abb. 1184.

Abb. 1181—1184. Riemenscheiben-Formmaschine (Durchziehmaschine) mit Schraubenspindel-Hubmechanismus.

platte und der Modelle für verschiedene Zwecke, z. B. auch zum Formen von Zahnrädern, benutzt werden und haben darum und infolge ihrer sehr zuverlässigen Arbeitsweise weite Verbreitung gefunden. Maschinen der anderen Art, die auch als „Teleskop-Riemenscheiben-Formmaschinen“ bezeichnet werden, arbeiten nicht minder zuverlässig, eignen sich aber ihres hohen Preises wegen nur für Gießereien, die regelmäßig großen Bedarf an Riemenscheiben wechselnder Abmessungen haben [1]).

Die in Abb. 1181—1184 gezeigte Riemenscheiben-Formmaschine für auswechselbare Modelle sei als Beispiel beschrieben. Die Schnitte Abb. 1181 und 1183 zeigen die

[1]) Von den vielen, für verschiedene Ausführungsformen beider Maschinenarten erteilten D.R.P. sind die folgenden am bemerkenswertesten: Nr. 25 250 v. 23. Jan. 1883 (Hertzog), Nr. 29 457 v. 2. Mai 1884 (Würmbach), Nr. 35 364 v. 14. Mai 1885 (Piat), Nr. 43 347 v. 4. Sept. 1887 (Anthon u. Söhne), Nr. 49 776 v. 28. Aug. 1888 (Laißle), Nr. 71 827 v. 23. Febr. 1893 (Fliegel), Nr. 91 678 v. 15. Okt. 1896 (Sperling), Nr. 101 433 v. 15. Okt. 1896 (Gut), Nr. 119 066 v. 11. Aug. 1899 (J. Anthon), Nr. 143779 v. 18. Febr. 1902 (Gut).

Anordnung des größten und Abb. 1182 und 1184 die des kleinsten zulässigen Modells[1]) Die Formplatte besteht aus den Ringen R_1 und R_2, zwischen deren Spalt sich das auf dem Armkreuz A festgeschraubte Kranzmodell K dicht anschließend bewegen kann. Der Ring R_2 ist unmittelbar auf dem Ständer der Maschine gelagert, während der äußere Ring R_1 in einem Falze des oberen Maschinenrahmens ruht. In den Schlitzen des Armkreuzes A sind vier Stifte S in einer dem Abstande der Führungslappen des Formkastens entsprechenden Entfernung von der Mittelachse der Maschine festgeschraubt. In den Tischrahmen (Abb. 1181) oder den äußeren Formplattenring R_1 (Abb. 1182) ist eine Ringplatte P eingelassen, die mittels eines Griffes H verschoben werden kann. Der Tischrahmen oder der Formplattenring sowie die Ringplatte P sind entsprechend der Lage der Stifte S und in Übereinstimmung mit den Dübellöchern des Formkastens durchbohrt. Die Schraubenbolzen Q dienen zur Einstellung der gewünschten Modellhöhe; je weiter ihr oberes Ende vorragt, desto eher stößt es beim Anhube des Armkreuzes A gegen den oberen Formmaschinenrahmen (Abb. 1181) oder gegen den Ring R_1 (Abb. 1182) und bestimmt so die Höhe des in die Form ragenden Kranzmodellteils.

Abb. 1185. Zahnradformmaschine (Durchziehmaschine).

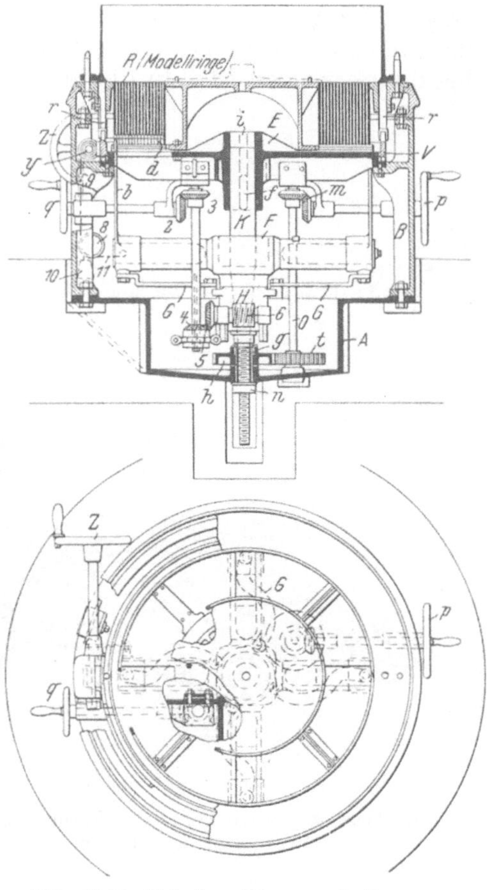

Abb. 1186. Teleskop-Riemenscheiben-Formmaschine.

Arbeitsgang: Man bringt den Formkasten, der zur besseren Stützung des Formsandes mit einem ringförmigen, durch ein Armkreuz mit ihm zusammenhängenden Tragkörper m versehen ist, auf die Maschine, hebt durch Drehen des Handrades n das am oberen Teile der Schraubenspindel J sitzende Armkreuz A und mit ihm das Kranzmodell und die Stifte S hoch, stampft den Formkasten auf und senkt das Kranzmodell durch Drehen des Handrades im entgegengesetzten Sinne aus der Form. Dann wird die Ringplatte um so viel verschoben, daß sie die Stiftlöcher im Maschinenrahmen (Abb. 1181) oder im Ringe R_1 (Abb. 1182) bedeckt und nochmals angehoben. Jetzt wirken die Stifte S als Abhebestifte, sie heben die Ringplatte P und mit ihr den Formkasten von dem am Formplattenring R_2 festsitzenden Naben- und Armkreuzmodell ab. Damit sich am Schlusse des Abhebens der Formkasten vollständig über dem Kranzmodelle befindet, müssen die Abhebestifte ein wenig über das Kranzmodell hervorragen.

Abb. 1185 zeigt eine nach den gleichen Grundsätzen gebaute Maschine[1]) zum Formen

[1]) Ausgeführt von Bad. Maschinenfabrik in Durlach.

von Zahnrädern. Nach Ersatz der Durchziehplatte und des Zahnradmodells durch einen glatten Formplattenring und die entsprechenden Riemenscheibenmodelle lassen sich ohne weiteres auch Riemenscheibenformen herstellen. In der gleichen Weise kann die Maschine (Abb. 1181—1184) zum Formen von Zahnrädern hergerichtet werden. Die Triebwerksteile werden durch einen die ganze Maschine umgebenden Blechmantel, der in den Abbildungen fehlt, gegen Staub und Schmutz geschützt.

Abb. 1186 zeigt zwei Schnitte durch eine Teleskop-Riemenscheiben-Formmaschine[1]). Die Maschine ist in ein dreiteiliges gußeisernes Gehäuse eingebaut und gewinnt ihre Hauptstütze durch das kreuzförmige, fest in einem Ringfalz des Mantelteils B gelagerte Mittelstück E, das etwa 20—30 genau ineinander passende Reifen R trägt, die am besten abwechselnd aus Eisen und Rotguß bestehen. An der unteren Fläche des Reifenbündels sind vier schwalbenschwanzförmige Schlitze ausgefräst, deren einer bei d zu erkennen ist. In die Schlitze greifen vier Mitnehmer b, die mit ihren unteren,

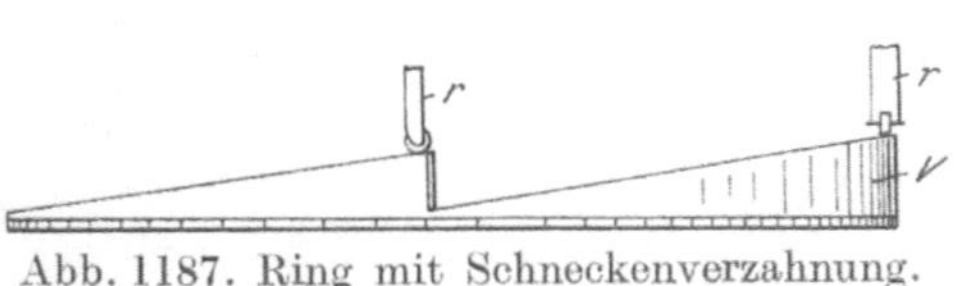

Abb. 1187. Ring mit Schneckenverzahnung.

Abb. 1188. Kippbare Durchzieh-Formmaschine für Ofenplatten und Rahmen.

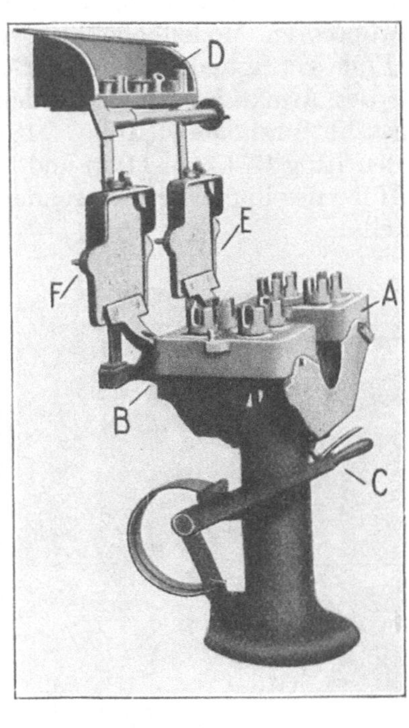

Abb. 1189. Doppeltwirkende Durchziehformmaschine für vierteilige Formen.

hülsenförmig ausgebildeten Enden auf dem starr mit der Achse K verbundenen Kreuzstücke F gleiten. Die Endhülsen sind durch Gelenkarme G mit der Ringhülse H verbunden, die sich wohl um die Achse K drehen kann, ihrer Auf- und Abbewegung aber folgen muß.

Der untere Rand des Ringes H ist mit einer Schneckenverzahnung versehen, in die die Schnecke 6 greift. Sobald das Handrad q und mit ihm die Kegelradpaare 2, 3 und 4, 5 in Bewegung gesetzt werden, dreht die Schnecke 6 die Hülse H um die Achse K. Die Drehung zwingt die auf den Armen des Kreuzstücks F gleitenden Mitnehmer, sich je nach der Drehungsrichtung nach außen oder nach innen zu verschieben und so unter den jeweils gewünschten Ring zu gelangen[2]).

Um den Stand der Mitnehmer von außen erkennbar zu machen, ist an einem von ihnen ein Drahtseil 11 angebracht, das über die Seilrollen 8 und 9 geführt wird und an seinem anderen Ende das Gewicht 10 trägt. An der Achse der oberen Seilrolle ist ein Zeiger befestigt, der sich vor einem Bogen mit den Nummern der Reifen bewegt. Zum

[1]) Ausgeführt von Bad. Maschinenfabrik in Durlach.

[2]) Der Mechanismus ist durch D.R.P. O. Gaiser Nr. 167 935 v. 7. Jan. 1905 geschützt.

Einstellen des richtigen Reifens braucht dann nur das Handrad q so lange gedreht zu werden, bis der Zeiger vor der entsprechenden Ziffer steht, worauf der gewünschte Reifen durch Drehen des Handrades p gehoben wird. Die Achse K soll sich nur auf- und abwärts bewegen, nicht aber drehen. Sie wird deshalb oben in einer Nabe des Mittelstücks E gelagert, die mit einem Schlitze i versehen ist, der dem Ansatze f der Achse und mithin ihr selbst nur eine Bewegung in lotrechter Richtung gestattet. Unten endigt sie in einer in der Büchse g geführten Schraubenspindel. Eine unter der Schraubenbüchse g angebrachte Mutter n, die sich gegen das Gehäuse A stützt, verhindert jede lotrechte Verschiebung. Durch das Handrad p wird mittels der Kegelräder m, der Achse O und des Stirnradgetriebes t h die Schraubenbüchse g gedreht, wodurch die Achse K gehoben oder gesenkt wird. Das Kreuzstück F und der eingestellte Reifen sind gezwungen, der Bewegung zu folgen.

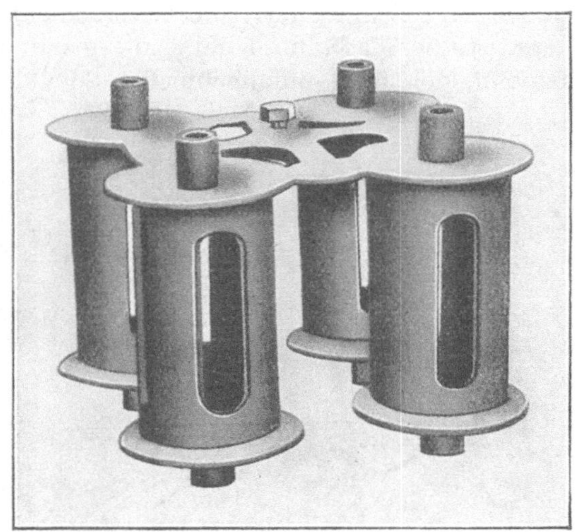

Abb. 1190. Vierteilig mit grünem Kern geformte Spulen.

Das Abheben des Formkastens erfolgt durch Drehen des Handrades Z, das mittels der Schnecke y den mit Schneckenverzahnung versehenen Ring V in Bewegung setzt. Er ist an seiner Oberkante mit vier ansteigenden Gleitflächen ausgestattet, auf denen die am unteren Ende mit Röllchen versehenen Abhebestifte r gleiten (Abb. 1187). Das Auswechseln der Modelle erfordert nur einen kleinen Bruchteil der hierfür bei gewöhnlichen Durchziehmaschinen erforderlichen Zeit und Arbeit. Anderseits ist aber auch gerade der Modellauswechsel-Mechanismus empfindlich und rascher Abnutzung unterworfen.

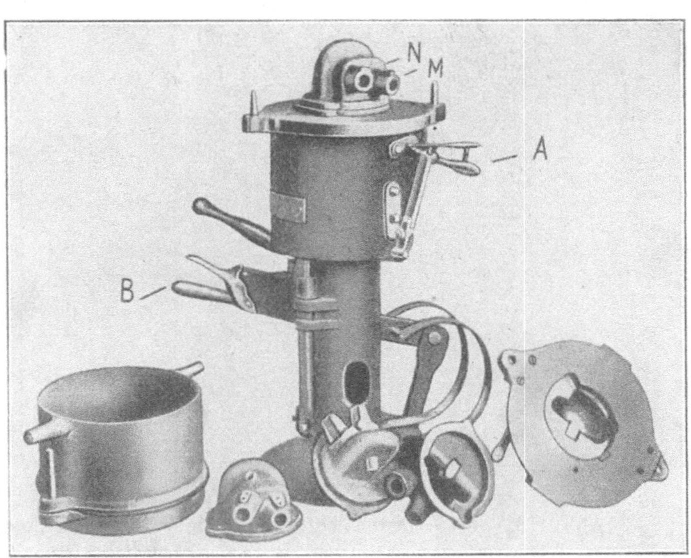

Abb. 1191. Formmaschine mit wagerechter und senkrechter Durchzieheinrichtung.

Abb. 1188 [1]) zeigt eine amerikanische Durchzieh-Kippmaschine für Ofenrahmen mit Abmessungen von 762 auf 1016 mm. Die flachen Formen werden auf der einen Unterlage aufgestampft, worauf man sie um 180° auf die zweite Unterlage kippt, um mittels der Durchziehvorrichtung von 100 mm Senkungsvermögen das Modell aus der Form zu bringen.

Auf einer anderen, doppeltwirkenden Durchziehmaschine (Abb. 1189) werden Spulen nach Abb. 1190 mit grünen, auf der Formmaschine gleichzeitig mit der Form hergestellten Kernen erzeugt. Die Formerei ist hier nur mittels vierteiliger Formkasten ausführbar; alle vier Teile werden auf der Maschine (Abb. 1189)

[1]) Gebaut von S. Freeman & Sons Mfg. Co. in Racine, Wisc.; Stahleisen 1919, S. 442, nach Ir. Tr. Rev. 1916, S. 730/732.

geformt. Jeder Formkasten enthält acht Stück zu Gruppen von je vier Stück zusammengezogene Spulen. Abb. 1190 zeigt die Anordnung des Eingusses und die Art, wie von ihm aus zwei Anschnitte das flüssige Eisen jeder Form zuführen. Die Maschine hat zwei Köpfe, A und B, die von einem gemeinsamen Durchziehmechanismus durch Heben und Senken des Hebels C bedient werden. In der in Abb. 1189 dargestellten Lage ist die Maschine bereit, auf jedem ihrer beiden Köpfe eines der beiden Formkastenmittelstücke aufzunehmen. Sobald diese Kastenteile aufgestampft sind, wobei

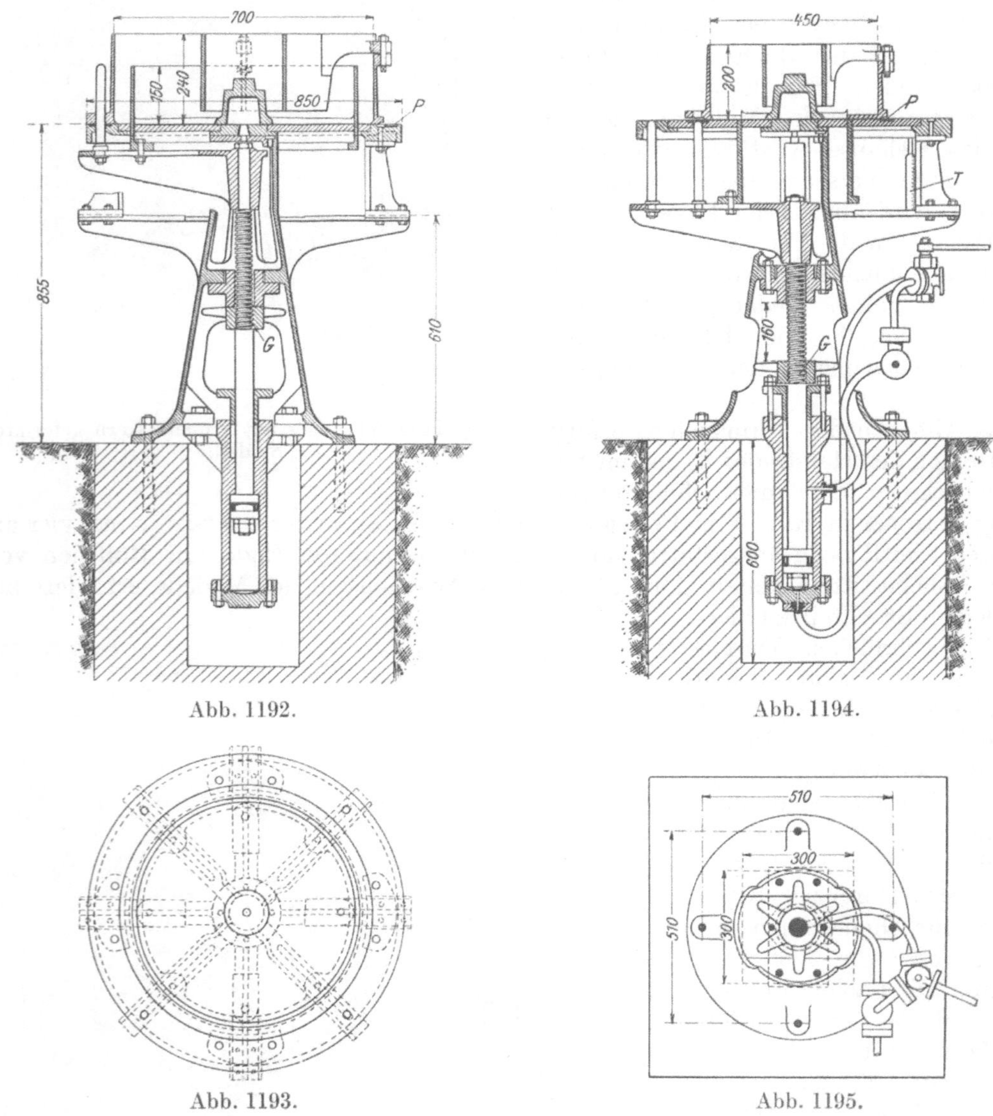

Abb. 1192. Abb. 1194.

Abb. 1193. Abb. 1195.

Abb. 1192—1195. Durchziehformmaschine mit Druckwasserhub für Riemenscheiben u. a.

natürlich dem Festdrücken des Formsandes in den Kernhöhlungen besondere Sorgfalt gewidmet werden muß, die Modelle durchgezogen und die nun fertigen Teile abgehoben sind, werden die beiden bis dahin lotrecht hochgestellten Formplatten E und F wagerecht niedergeklappt, und über ihnen je ein Ober- und Unterteil mit den Flanschen- und Zapfenmodellen geformt. Die Modelle der Flanschen befinden sich dauernd und fest auf den herabklappbaren Formplatten, während die Zapfenmodelle im kleinen Behälter D oberhalb der Maschine aufbewahrt werden. Der Former steckt sie jeweils in entsprechende Vertiefungen der Formplatten, um sie nach dem Aufstampfen und Wenden des Ober- und Unterteils von Hand aus dem Sande zu ziehen.

Abb. 1191 veranschaulicht eine Maschine mit einem Modell, dessen mechanische Entfernung aus der Form Schwierigkeiten bot, die nur mittels zweier gesonderter Durchziehvorrichtungen überwunden werden konnten. Nach dem Aufstampfen des Formkastens werden durch Betätigung des Hebels A die beiden zapfenförmigen Ansätze M und N wagerecht in den Hauptkörper zurückgezogen, worauf dieser selbst durch die vom Hebel B bediente Hauptdurchziehvorrichtung nach unten aus der Form gezogen wird. Diese Durchziehmaschinen sind mit auswechselbaren Köpfen versehen, so daß ein Untergestell mit der Durchziehvorrichtung bis zu zehn verschiedene Köpfe abwechselnd aufzunehmen hat. Die Verbindung zwischen dem Untergestell und dem jeweils benutzten Kopf wird durch einen mit einem auswechselbaren Bronzefutter versehenen Zylinder bewirkt, in dem das kolbenartig ausgebildete Anschlußstück des anderen Teils genau geführt wird.

Druckwasserhub.

Bei der in Abb. 1192—1195 in vier Schnitten wiedergegebenen Maschine [1]) wird das Kranzmodell mittels Differentialkolben durchgezogen. Die Hubhöhe des Kolbens wird der Riemenscheibenbreite entsprechend durch die Griffmutter G eingestellt; zur Bemessung der richtigen Höhe ist am Tische eine Teilleiste T (Abb. 1194) angebracht. Das Abheben des Formkastens erfolgt nach Verschiebung des schmiedeisernen Rings P in der bei der Handmaschine (Abb. 1181—1184) beschriebenen Weise.

Die Druckwassermaschine ist infolge ihrer einfachen Bauart geringerer Abnutzung ausgesetzt und infolge ihrer einfacheren Handhabung beträchtlich leistungsfähiger als eine gleich große Handmaschine. Der Druckwasserverbrauch ist gering, der Druck braucht nicht hoch zu sein, zur Not reichen 4—5 Atmosphären aus, so daß oft eine gewöhnliche Wasserleitung zum Betrieb genügt.

Literatur.

s. S. 420/421.

XXVII. Handpreßmaschinen.

Allgemeines.

Schon frühzeitig wurde versucht, die Verdichtung des Formsandes in einer den Arbeiter entlastenden und den Erfolg mehr als die gewöhnliche Handstampferei sichernden Weise zu bewirken [2]). Im Jahre 1846 wurde dem Engländer Steward das erste Patent auf ein solches Verfahren erteilt. Es bezweckte die Verdichtung des Formsandes in aufrecht stehenden röhrenförmigen Formkasten mittels einer aufsteigenden Flügelschraube. Der Gedanke wurde in der Folge verschiedentlich verwertet [3]), vermochte aber keine bisher in nennenswertem Umfange praktisch verwertbare Ausführung zu schaffen. Erst das 1849 A. Newton erteilte englische Patent [4]) auf Verdichtung des Formsandes mittels eines Preßstempels schuf die Grundlage zur Entwicklung der heutigen Preßformmaschinen. Auf einen Formkasten, dessen innere Bodenform beiläufig den Umrissen des am Preßstempel P (Abb. 1196) befestigten Modells M entspricht, wird ein Füll- oder Aufsetzrahmen A gesetzt. Kasten und Rahmen werden mit Formsand gefüllt, und der Stempel wird lotrecht von oben nach unten in den Sand gepreßt, bis seine Unterkante c d sich mit der Formkasten-Oberkante a b deckt. Das Füllen des Formkastens und des Aufsetzrahmens erfolgt aus einem über dem Formkasten befindlichen Sandbehälter, der unten durch einen Flachschieber abgeschlossen ist. Auf dem Newtonschen Verfahren

[1]) Ausgeführt von Bad. Maschinenfabrik in Durlach.
[2]) Prechtl, Technische Enzyklopädie, 1838, (9), S. 595.
[3]) Sheriff, Practical Mechanics Journal. 1855, April, S. 31.
[4]) Dinglers Polytechn. Journal. 1859, (152), S. 9.

beruhen im Grunde unsere gesamten heutigen Preßformmaschinen, denn etwas wesentlich anderes ist es nicht, wenn man dem Formkasten den Boden nimmt und ihn dafür mit einer anderen festen Unterlage versieht, oder wenn man anstatt den Stempel in den Formkasten zu drücken, den Formkasten gegen den Stempel drückt, oder wenn man Anordnungen trifft, die das gleichzeitige Pressen von Ober- und Unterteil von oben und unten ermöglichen.

Die irrige Meinung, die Druckwirkung auf Formsand, der ringsum eingeschlossen und am Entweichen verhindert ist, müsse nach hydrostatischen Gesetzen verlaufen, hat zu vielen aussichtslosen Versuchen geführt und Maschinen entstehen lassen, die ihrem Zwecke nur teilweise oder gar nicht entsprechen konnten. Heute ist die Erkenntnis allgemein, daß ein auf eine Sandbettung ausgeübter Druck den Sand praktisch nur in der Druckrichtung beeinflußt, ferner, daß die Verdichtung unmittelbar unter der drückenden Fläche am größten ist und mit der Entfernung von ihr rasch abnimmt. Wird z. B. in den mit Formsand gleichmäßig gefüllten und mit seiner Unterlage fest verbundenen Formkasten F (Abb. 1197) ein Stempel K eingeführt, so erfährt der Formsand im Raume acdb

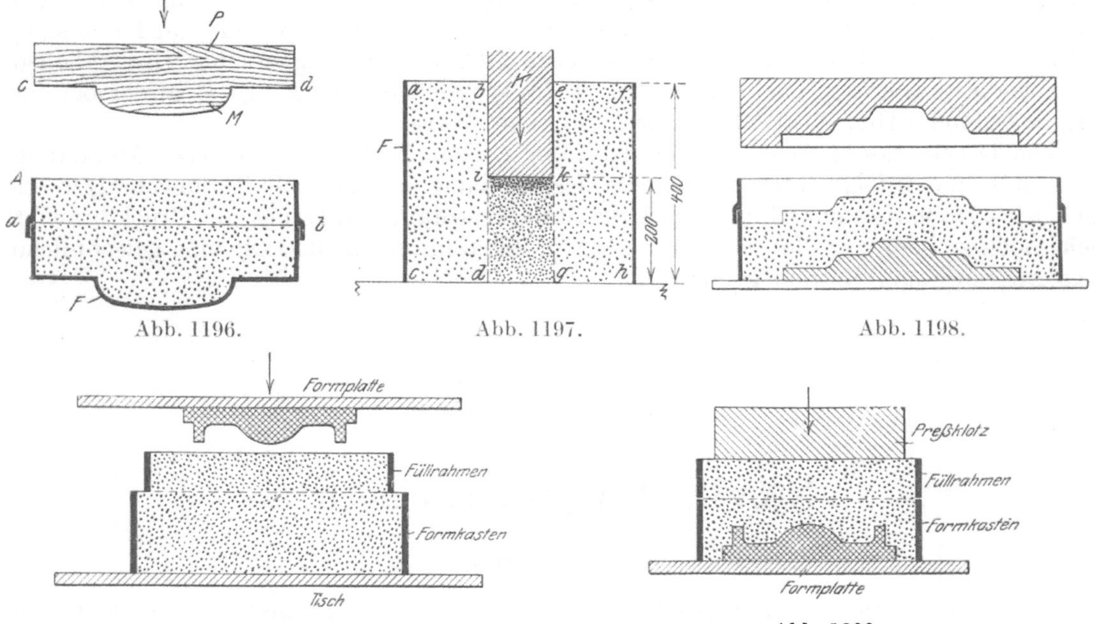

Abb. 1196. Abb. 1197. Abb. 1198.

Abb. 1199. Abb. 1200.

Abb. 1196—1200. Schematische Darstellung der Vorgänge beim Verdichten des Formsandes durch Pressen.

und eghf praktisch überhaupt keine Verdichtung. Innerhalb der Säule idgk erfolgt dagegen die Verdichtung so, daß der Sand unmittelbar unter ik stark verdichtet und gegen dg fortschreitend immer weniger zusammengedrückt wird, bis er unmittelbar über dg vielleicht nur noch die ursprüngliche Dichtigkeit hat. Eine annähernd gleichmäßige Pressung unebener Formen kann nur erzielt werden, wenn die Form des Preßstempels sich mit der Form des Modells deckt, und wenn vor dem Pressen eine gleichmäßig hohe Sandschicht auf das Modell gebracht wird (Abb. 1198). Diese theoretisch richtigste Pressungsart ist praktisch undurchführbar, da das Auftragen einer über jeden Punkt des Modells gleich hoch aufragenden Sandschicht Schwierigkeiten bereitet und weil im allgemeinen jede Form an der Rückseite eben abschneiden muß, um nicht bei ihrer Handhabung und beim Guß Schwierigkeiten zu bieten.

Die Möglichkeit, trotzdem gute Gießformen durch Pressung zu gewinnen, beruht darauf, daß zum richtigen Abformen irgend eines Modells nicht eine ganz genau einzuhaltende Dichte des Formsandes erforderlich ist. Man kann z. B. zum Abformen eines bestimmten Modells den gleichen Formsand auf $^{5}/_{20}$, $^{6}/_{20}$ oder $^{7}/_{20}$ des von ihm im losen Zustande eingenommenen Raumes einstampfen oder zusammenpressen und erhält jedesmal brauchbare Abgüsse. Es handelt sich nur darum, die für ein bestimmtes Modell und einen bestimmten Formsand zulässigen Grenzwerte nicht zu überschreiten. Zur Einhaltung der Grenzwerte genügt für flache Modelle ein Preßstempel mit ebener Druckfläche. Formen höherer Modelle, die bei Verwendung eines ebenen Preßstempels gefährliche Dichtigkeitsunterschiede erlangen würden, müssen mit einem den Modellumrissen mehr oder weniger angepaßten Stempel vorgepreßt und dann, nach Auffüllung weiteren Formsandes, mit einem Flachstempel fertig gepreßt werden. In manchen Fällen kommt man durch Auftragen oder Wegnahme von Formsand an geeigneten Stellen dem in Abb. 1198 angedeuteten, theoretisch richtigen Verfahren ziemlich nahe. Die Preßwirkung ist wesentlich verschieden, je nachdem ob das Modell in den Sand gedrückt (Abb. 1199) oder ob der Sand von der Rückseite des Formkastens aus gegen das Modell gedrückt wird (Abb. 1200). Im ersteren Fall wird die Form unmittelbar am Modell am festesten, im letzteren aber am losesten werden. Da es zur Vermeidung des Schülpens erwünscht ist, die vom flüssigen Metall berührte Oberfläche der Form verhältnismäßig locker zu halten, wird häufig die zweite Pressungsart vorgezogen, doch wird auch die erste Art mit gutem Erfolge angewandt, weil sie die rasche Gasabfuhr beim Gießen befördert. Beide Verfahren fanden ausgedehnte, vielseitige, zum großen Teil durch Patente geschützte Entwicklung und Ausführung [1]).

Je nach den zum Modellausheben vorgesehenen Vorkehrungen und nach ihrer Art lassen sich die Preßmaschinen einteilen in:

Maschinen ohne Modellaushebung,
Stiftabhebemaschinen,
Maschinen mit drehbarer Modellplatte (Wendeplatten-Formmaschinen),
Maschinen mit drehbarem Körper (Wende-Formmaschinen),
Maschinen mit Durchzieheinrichtung.

Maschinen ohne Modellaushebung.

Maschinen, welche die Form nur pressen und das Ausheben der auf einer Formplatte befindlichen Modelle vollständig der Geschicklichkeit des Formers überlassen, sind in Deutschland nur ganz vereinzelt im Gebrauch, dagegen in Amerika sehr verbreitet. Die Abb. 1201 und 1202 zeigen eine solche, „Squeezer“ (Drücker) genannte Maschine, auf der meistens mit doppelseitigen Formplatten gearbeitet wird. Auf den Tisch A wird ein Preßboden E_1 gesetzt, dessen Umfang sein Eindringen in den Formkasten B ermöglicht. Nach Füllung des Formkastens mit Formsand wird die Modellplatte C aufgelegt, das Oberteil D aufgesetzt, mit Sand gefüllt und mit dem Preßboden E, der in das Oberteil eindringen kann, abgeschlossen. Dann faßt man

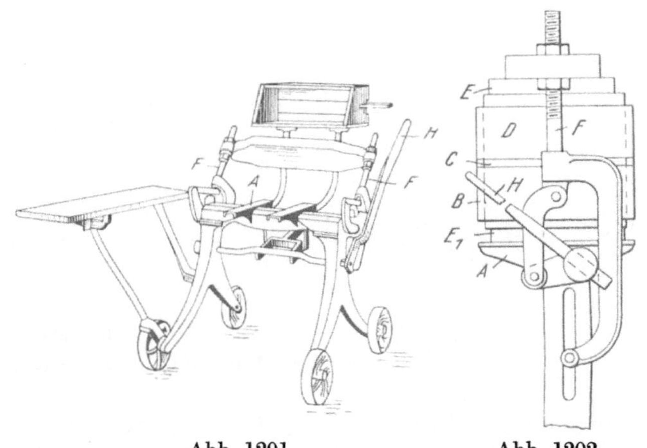

Abb. 1201. Abb. 1202.

Abb. 1201 u. 1202. Amerikanische Formpresse (Squeezer).

[1]) Das erste deutsche Patent auf eine Formpresse wurde am 9. April 1878 an A. Wertheim erteilt, ihm folgten u. a. am 26. Juli 1879 Nr. 8390 (Sebold u. Neff), am 16. Jan. 1881 Nr. 15 570 (W. Ugé, Zahnstangenmechanismus und ausschwenkbarer Preßholm), am 8. April 1881 Nr. 18 734 (Chr. Laißle), am 28. Dez. 1880 Nr. 19 572 (Aufderheide), am 23. Jan. 1885 Nr. 32 580 (Hahn), am 12. Sept. 1884 Nr. 33 518 (Sack, Wendeplatte, ein Hub preßt, der andere hebt ab), am 12. Jan. 1886 Nr. 36 835 (Stumpf), am 2. Sept. 1888 Nr. 50 453 (Hahn), am 28. Juni 1891 Nr. 60 204 (Bad. Maschinenfabrik, Kniehebelpresse), am 29. Juli 1891 Nr. 62 032 (Rolle, von Transmission getriebene Exzenterpresse), am 23. Dez. 1893 Nr. 78 513 (Hillerscheidt, Vereinigte Fuß- und Handhebelpresse), am 9. März 1897 Nr. 94 226 (Badische Maschinenfabrik), am 24. Juli 1908 Nr. 216 762 (Geiger, elektrischer Antrieb).

den Preßholm beim Bolzen F, kippt ihn über die Form und treibt mittels des Hebels H die beiden Preßböden E und E_1 in die Formkastenteile, wodurch der Sand verdichtet wird. Nach dem Zurückwerfen des Preßholms wird der Preßboden E aus dem Kasten genommen, der Einguß durch Ausstechen mittels eines Rohres hergestellt und die Form wie bei der Modellplatten-Handformerei auseinander genommen.

Die Maschinen ermöglichen ein sehr flinkes Arbeiten, eignen sich aber infolge ihrer geringen Druckwirkungen nur für kleine Formkasten und flache Modelle.

Stiftabhebemaschinen.

Stiftabhebemaschinen werden für einfache und doppelseitige Pressung ausgeführt.

Einseitige Pressung.

Eine der verbreitetsten Maschinen dieser Art ist die nach dem Hillerscheidtschen D.R.P. Nr. 78513 ausgeführte Hebelpresse (Abb. 1203—1205)[1]. In dem auf Fußplatten a befestigten gußeisernen Ständer b werden die mit dem Preßtisch c verschraubten Führungstangen d geführt. Der Daumen e des auf Schneiden f ruhenden Schlaghebels bewirkt beim Senken des Hebels h in der Pfeilrichtung den Hub der Druckstange g, wodurch der Preßtisch c gegen den um Zapfen i schwenkbaren Preßholm k gedrückt wird. Das Abheben der gepreßten Form geschieht durch Drehen des Handhebels m, der die Kurbelscheibe n und das an der Führungschiene o befestigte Armkreuz p in Bewegung setzt. Das Armkreuz p trägt vier unter den Formkasten r greifende Abhebestifte q, die den Formkasten von der auf dem Preßtisch c liegenden Modellplatte abheben. Auf der den Handhebel mit der Kurbelscheibe verbindenden Welle sitzt noch die Losklopfvorrichtung w, die gegen zwei am Preßtisch c angegossene Nasen x geschlagen wird. Zur Herstellung einer ganzen Form muß die Modellplatte ausgewechselt werden, was durch Verwendung zweier gesonderter Maschinen für das Oberteil und Unterteil vermieden wird, falls es nicht angängig ist, mit Umschlagplatten (S. 321) zu arbeiten.

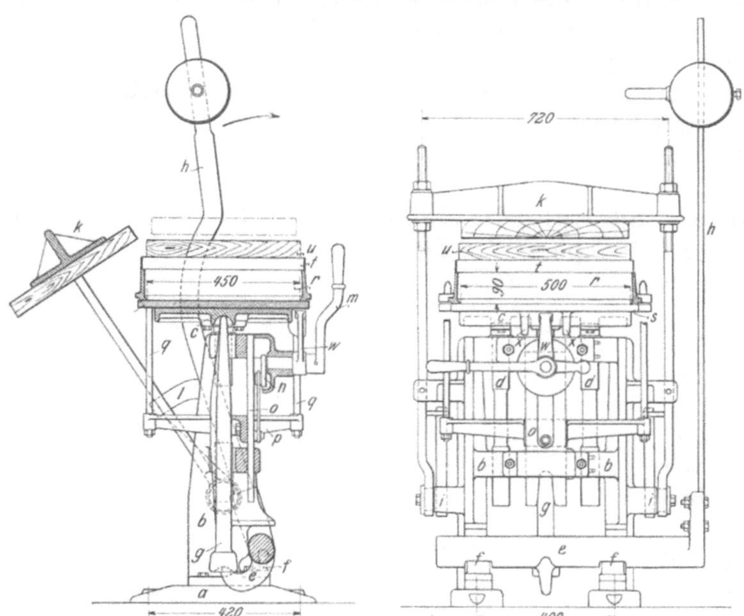

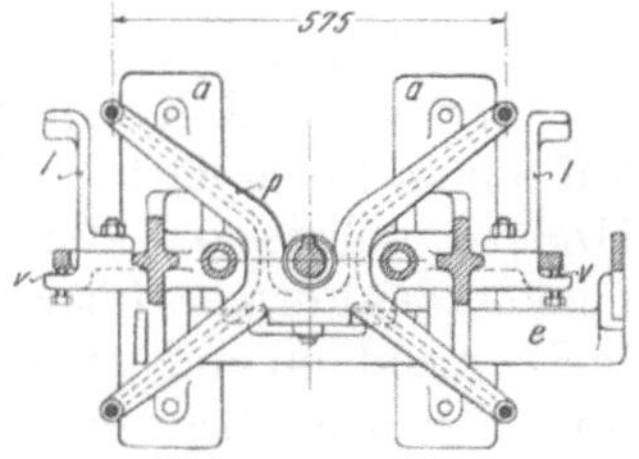

Abb. 1203. Abb. 1204. Abb. 1205.

Abb. 1203—1205. Hillerscheidtsche Preßformmaschine.

Ein Nachteil dieser Maschine ist, daß beim Pressen das ganze Gewicht gehoben und gegen den Preßholm gedrückt werden muß. Die Bedienung wird leichter und die Leistung größer, wenn wie bei neueren Ausführungen der Preßholm mittels des Handhebels nach unten auf den Formkasten gedrückt wird.

[1]) Wird heute von den meisten Formmaschinenfabriken ausgeführt.

Zweiseitige Pressung.

Die zweiseitige Pressung vereint die beiden früher erwähnten einfachen Preßverfahren. Die Sandfüllung eines auf einer Formplatte A (Abb. 1206) ruhenden Formkastens B wird dabei durch eine unter dem Preßholm liegende Formplatte C zusammengedrückt. Die untere Seite der Form wird demnach durch Rückenpressung, die obere durch unmittelbares Eindrücken des Modells verdichtet. Die obere Seite fällt stets fester aus, was von Vorteil ist, denn sie bildet beim Guß

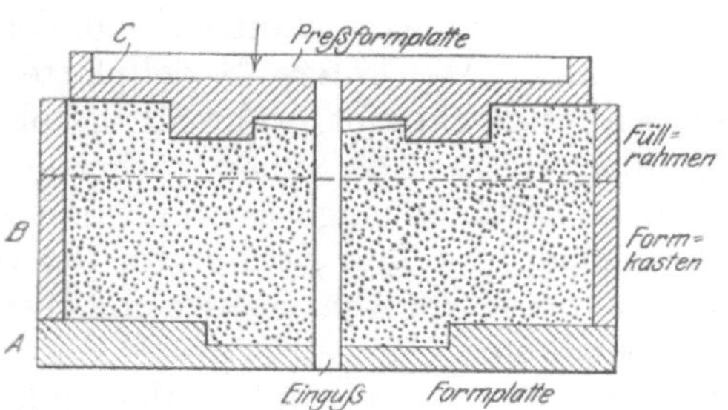

Abb. 1206. Schematische Darstellung der zweiseitigen Pressung.

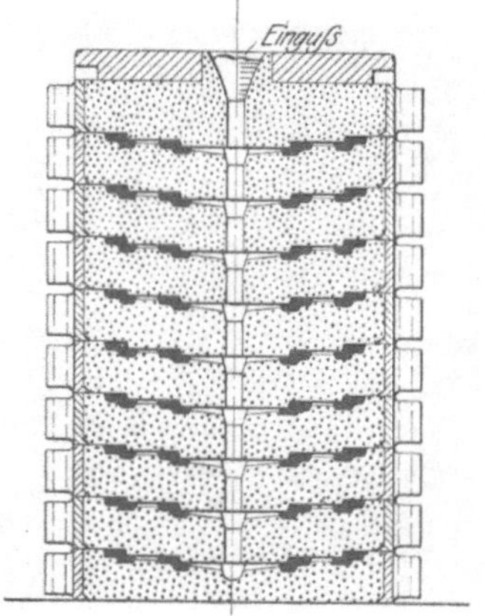

Abb. 1207. Stapelguß.

das Unterteil. Zweiseitig gepreßte Formen werden im allgemeinen nur für **Stapelguß** verwendet, wobei ein Formkasten über den anderen gesetzt wird, und alle Teile von einem Einguß aus gegossen werden können. Die Vorteile des Verfahrens gegenüber der einfachen Pressung sind unter Umständen belangreich. Zur Herstellung der in Abb. 1207 abgebildeten Form für 9 Abgüsse sind nur 10 Formkastenteile erforderlich, gegen 18 Teilen bei einfacher Pressung. Da die Herstellung eines Formteils bei einfacher und bei zweiseitiger Pressung die gleiche Arbeitsleistung erfordert, ergibt letztere eine Arbeitsersparnis von fast 50% und zudem eine fast ebenso große Ersparnis an Formsand. Weitere Ersparnisse bringen das vereinfachte Abgießen und die Verminderung der Eingüsse. Schließlich fällt noch schwer ins Gewicht die große Ersparnis an Arbeitsfläche infolge des Aufeinanderstapelns einer größeren Zahl von Formkasten, die sonst nebeneinander verteilt werden müssen. Der dem Stapelgußverfahren gemachte Vorwurf, daß die untersten Formen zum Treiben neigen, ist nicht allgemein zutreffend (vgl. S. 626).

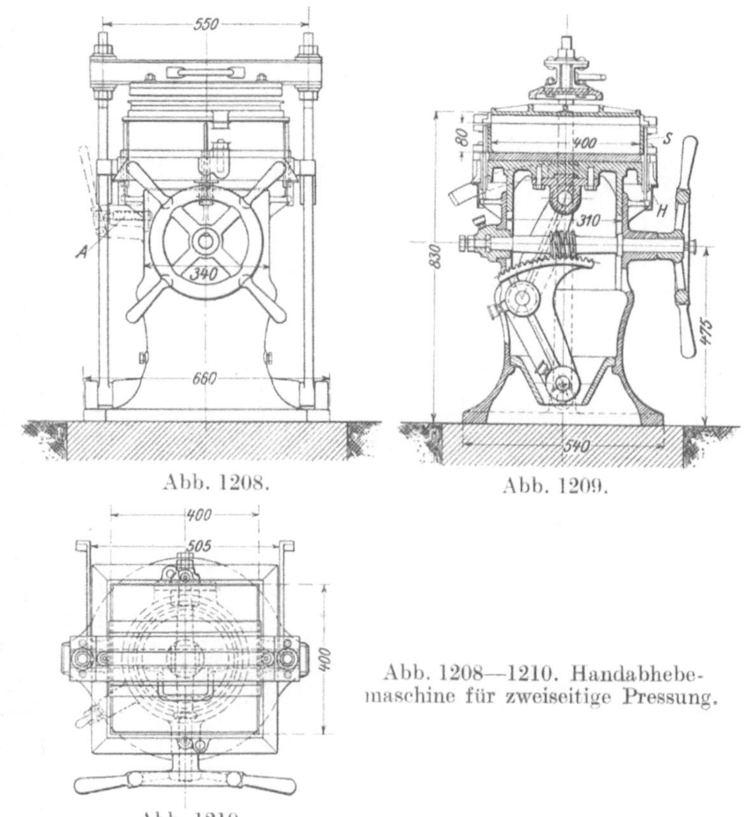

Abb. 1208. Abb. 1209. Abb. 1210.

Abb. 1208—1210. Handabhebemaschine für zweiseitige Pressung.

Auf eine Ausführungsform zweiseitiger Pressung wurde 1881 unter Nr. 16 637 an Jules Demogeot das erste deutsche Patent erteilt, nach dem das frühere kgl. Württemb. Hüttenwerk Wasseralfingen (jetzt Schwäbische Hüttenwerke G. m. b. H.) die ersten Maschinen auf den Markt brachte. Bei der in Abb. 1208 bis 1210 abgebildeten Maschine[1]) ist der Preßholm mit der oberen Modellplatte nach rückwärts ausschwenkbar. Das Pressen der Form und ihr Abheben von der Modellplatte erfolgt von einem Handrade aus, das durch eine Schnecke auf einen mit einem Zahnradausschnitte verbundenen Kniehebel wirkt. Die untere Modellplatte ist am Preßtisch festgeschraubt, während die obere im Preßrahmen liegt. Die Preßvorrichtung ist in ein rundes Gehäuse eingebaut und dadurch gegen Staub und Formsand geschützt. Das Abheben erfolgt durch vier Abhebestifte und ebenso viele Abhebehülsen.

Abb. 1211. Handabhebemaschine für zweiseitige Pressung mit Kniehebelsegment.

Arbeitsgang: Auf die untere Modellplatte wird ein Formkasten und darauf ein Preß-(Füll-) Rahmen gesetzt. Nach Aufstellung eines Eingußbolzens werden Formkasten und Preßrahmen mit Formsand gefüllt, die obere Modellplatte in den Preßrahmen gelegt, der Preßholm darüber gezogen und der Preßtisch durch Drehen des Handrades gehoben, bis die obere Modellplatte völlig in den Preßrahmen gedrückt ist und der Preßklotz den oberen Flansch des Preßrahmens berührt. Nun wird der Preßtisch mit der gepreßten Form durch entgegengesetztes Drehen des Handrades gesenkt, bis ein seitlich im Gehäuse der Maschine sitzender Stift A die Bewegung hemmt, worauf der Preßholm zurückgeworfen und das Eingußmodell (der „Eingußbolzen") durch die obere Modellplatte aus der Form gezogen wird. Nach Zurückziehen des Begrenzungstifts wird der Preßtisch in seine tiefste Lage niedergelassen, wobei die obere Modellplatte mit dem Füllrahmen auf den Abhebestiften und die Form auf den Abhebehülsen H sitzen bleiben. Modellplatte und Preßrahmen werden beiseite gestellt, der Formkasten weggetragen und der Preßtisch für die nächste Form so hoch gehoben, daß der Begrenzungstift darunter geschoben werden kann.

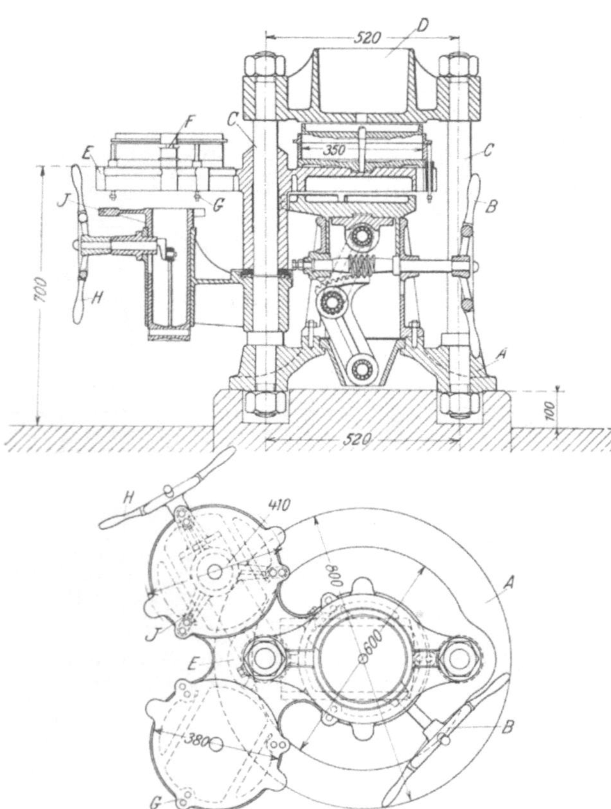

Abb. 1212 u. 1213. Drehtisch-Formmaschine.

Eine andere Bauart ist in Abb. 1211 ersichtlich[2]). Das Pressen erfolgt durch den Handhebel A in Verbindung mit einem Kniehebel-

[1]) Ausgeführt vom früheren königl. Württemb. Hüttenwerk in Wasseralfingen (jetzt Schwäbische Hüttenwerke G. m. b. H.).

[2]) Ausgeführt von Bad. Maschinenfabrik in Durlach.

segment und mehreren Gelenkbügeln. Die obere Modellplatte ist fest mit dem fahrbaren Preßholm, die untere mit dem Preßtisch verbunden. Nach dem Pressen wird die Form von der oberen Modellplatte durch Senken des Preßtisches mittels des Hebels A und von der unteren Modellplatte durch Betätigung des Hebels B, der zwei Abhebearme mit einstellbaren Abhebestiften bewegt, getrennt.

Die Abb. 1212 und 1213 zeigen eine weitere, als Drehtisch-Formmaschine[1]) bezeichnete Bauart. Auf dem Fuße A ist die Preßvorrichtung aufgebaut, die aus einem vom Handrad B betätigten Kniehebelmechanismus besteht. Eine der beiden, das Querhaupt D tragenden Säulen C dient als Achse für den auf Kugeln gelagerten Drehtisch E und zugleich als dessen Führung während des Pressens. Die drei unteren Modellplatten sind auf den Drehtischen befestigt, während die oberen Modellplatten in die Preßrahmen gelegt werden, deren genaue Höhe sie haben müssen. Führungsbolzen F sichern die dauernd genau übereinstimmende Lage des Formkastens und der beiden Modellplatten; außer mit den Führungsbolzen ist jedes Drehtischteil mit vier in Abhebehülsen gleitenden Abhebestiften G versehen. Die Abhebevorrichtung ist starr mit der Drehachse C verbunden und besteht aus einem vom Handrade H bewegten Armkreuze J, das zuerst die Stifte G in die Höhe treibt und damit die obere Modellplatte von der Form abhebt. Beim weiteren Heben stoßen die unteren Bünde der Stifte G auf die im Drehtische steckenden Abhebehülsen, die nun den Formkasten von der unteren Modellplatte abheben. An der Maschine können zwei Mann zu gleicher Zeit arbeiten. Ein Mann setzt auf die vor der Preßvorrichtung stehende Modellplatte Formkasten und Preßrahmen auf, füllt beide mit Sand, legt die obere Modellplatte darüber, dreht das Ganze unter die Preßvorrichtung und preßt. Ein zweiter Arbeiter nimmt die aus der Presse kommende Form in Empfang, dreht sie über die Abhebevorrichtung, hebt ab, und setzt die einzelnen Formen zum Guß aufeinander.

Abb. 1214. Rolffsche Handpreßformmaschine.

Die von Rud. Nuß entworfene Maschine bietet einfachen Formmaschinen gegenüber wesentliche Vorteile. Zwei Former können gleichzeitig an einer Maschine arbeiten, wodurch die Wirtschaftlichkeit sehr vorteilhaft beeinflußt wird. Dann ist es möglich, bis zu drei verschiedene Formen, innerhalb bestimmter Grenzen sogar drei verschieden hohe Formkasten, zu gleicher Zeit in Arbeit zu nehmen, was ins Gewicht fällt, wenn einzelne Modellplatten nur in geringer Zahl abzuformen sind. Schwierig ist es dagegen meistens, zwei Arbeitskräfte dauernd so in gleicher Arbeitsfreudigkeit und Leistungsfähigkeit zu erhalten, daß nicht einer den anderen behindert.

Die Preßvorrichtung der Rolffschen Handpreß-Formmaschine[2]).

Eine eigenartige Handpreßvorrichtung wird bei den Rolffschen Umlege-Wendeplattenformmaschinen (S. 363) verwendet. Die Preßvorrichtung (Abb. 1214) ruht auf Säulen, die im Lagerständer der Maschine eingelassen sind. Diese Säulen sind oben durch ein Querhaupt verbunden, in dem die Hauptwelle für den beweglichen Preßapparat gelagert ist. Die Hauptwelle trägt am einen Ende ein Stahlradvorgelege für den Antrieb und in der Mitte zwei Exzenterscheiben, die die Abwärtsbewegung des Preßhauptes

[1]) Ausgeführt vom früheren königl. Württemb. Hüttenwerk in Wasseralfingen (jetzt Schwäbische Hüttenwerke G. m. b. H.).

[2]) Ausgeführt von Moellmann und Sonnet, G. m. b. H. in Berlin SW 47.

bewirken. Das Stahlradgetriebe wird durch Links- und Rechtsanwerfen des Schwungrades in Tätigkeit gebracht oder mit Hilfe eines lose auf der Schwungradwelle sitzenden Handhebels bewegt, wobei ein Sperrad mit ausschaltbarer Klinke die Drehung der Stahlwelle bewirkt. Zwei Lager an den beiden vorderen Stahlsäulen dienen zur Führung der Preßplatte. Das rechte Lager (das Lager der Preßvorrichtung) ist geschlossen und besonders lang und kräftig ausgeführt, während das linke Lager geteilt ist und auf einer geschlossenen Lagerbüchse aufsitzt. Die Abwärtsbewegung der Preßplatte wird durch den Druck der Exzenter auf die Rollen an ihrem Kopfe bewirkt. Ihr Steigen erfolgt durch Exzenterstangen, die von der Preßwelle aus betätigt werden. Nach vollzogener Pressung wird das Preßhaupt seitlich ausgeschwenkt.

Durch entsprechende Bemessung des Stahlradvorgeleges wird die menschliche Druckkraft derart vergrößert, daß der Kraftaufwand eines Mannes von durchschnittlicher Kraft zu einer Preßwirkung von etwa 6 kg/qcm gebracht werden kann [1]).

Handhebelpressen für kastenlosen Guß.

Mit diesen Maschinen werden nacheinander Ober- und Unterteilformen hergestellt, die derart zusammengestellt werden können, daß sie sich zum Gusse ohne Formkasten eignen. Um ein Durchgehen der Form, namentlich bei schwereren Teilen zu vermeiden, müssen kastenlose Formen einen Sandrand von mindestens 30–50 mm Breite erhalten. Dadurch wird häufig die Ausnutzung der Kastenfläche ungünstig und die Leistung infolge Mehrverbrauchs an Formsand bzw. dessen Beförderung herabgesetzt (s. a. S. 526).

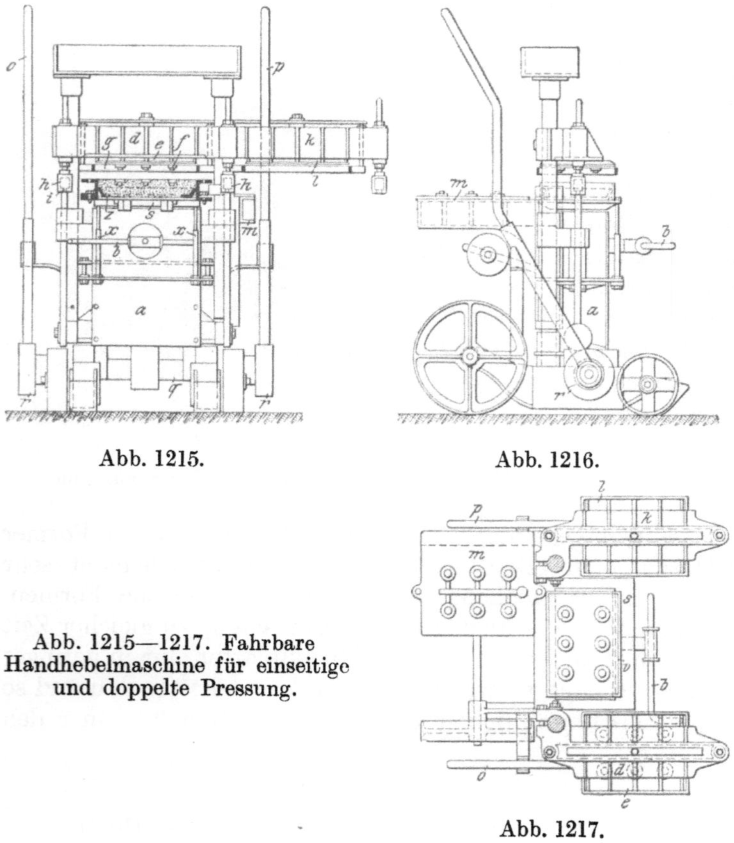
Abb. 1215. Abb. 1216. Abb. 1217.

Abb. 1215—1217. Fahrbare Handhebelmaschine für einseitige und doppelte Pressung.

Die fahrbare Handhebelpresse nach den Abb. 1215 bis 1217 [2]) mit dem in einem Ständer a untergebrachten, durch den Handhebel b zu betätigenden Abhebemechanismus erscheint durch zwei ausschwenkbare Preßbalken d und k und eine ebensolche Modellplatte m gekennzeichnet. An der unteren Fläche des einen Preßbalkens d ist eine Modellplatte e befestigt. Zwei Klauen h des Preßbalkens greifen beim Einschwenken in die mit Muttern i versehenen Zugstangen ein. Der zweite, ebenso ausgestattete Preßbalken k trägt an seiner unteren Fläche nur eine glatte Platte l. Der Hebelmechanismus ist mit zwei Preßhebeln o und p ausgestattet; o preßt den Unterkasten, p das Oberteil. Beide Hebel sitzen auf der gemeinsamen Welle q, und jeder übt seine Wirkung auf den Preßmechanismus durch einen Mitnehmer r aus, so daß bei Betätigung des einen Hebels der andere im Ruhezustande verharrt.

[1]) Nähere Angaben über die Grundlagen der Rolffschen Umlege-Wendeplattenformmaschinen s. S. 363.

[2]) Ausgeführt von Ver. Schmirgel- und Maschinenfabriken A.G. in Hannover-Hainholz.

Arbeitsweise: Auf die Tischplatte s wird bei ausgeschwenkten Preßplatten ein Formkasten v und ein hölzerner Füllrahmen gesetzt, Sand eingefüllt, der Füllrahmen abgehoben, die Preßplatte d eingeschwenkt und mit dem Hebel o gepreßt. Nach vollzogener Pressung schneidet die untere Fläche der am Preßbalken d befestigten Modellplatte e mit der Oberkante des Formkastens v glatt ab, während die Modelle f im Sande stecken. Nun wird der Hebel o zurückgelegt, der Preßbalken d ausgeschwenkt und der fertige Formkasten mittels Hebel b und Abhebestifte x abgehoben und fortgetragen. Zur Herstellung der oberen Formhälfte werden die Modellplatte m eingeschwenkt, ein Formkasten und Füllrahmen aufgesetzt, Sand eingefüllt, der Preßbalken k eingeschwenkt und, wie oben beschrieben, jedoch unter Verwendung des Preßhebels p, die Pressung vollzogen, worauf der Oberkasten abgehoben und auf das Unterteil gesetzt werden kann.

Die Maschine eignet sich sowohl zur einseitigen als auch zur doppelten und zur zweiseitigen Pressung, für Kastenguß und für kastenlosen Guß und zur Herstellung von Stapelguß. Bei der Ausführung von kastenlosen Formen wird zweckmäßig in den Unterkasten ein Rahmen z mit eingeformt, an dem die vom Kasten befreite Form angehoben werden kann. Man bedient sich dann zum Zusammensetzen der Formen der von Hand zu bedienenden Ausstoßmaschine (Abb. 1218 und 1219), die gleich der Hauptmaschine fahrbar angeordnet ist. In einem Gehäuse a befindet sich eine, die Ausstoßplatte c tragende Führung b. Mittels Drehung des Handhebels d um 180° wird die Führung b durch Vermittlung der Exzenter e und der gekröpften Zugstange i auf und ab bewegt. Die Böckchen f dienen zur Aufnahme der auszustoßenden Formkasten g und h. Durch das Ausstoßen gelangt die Platte c oberhalb des Formkastens h, so daß nun die ausgestoßene Form ohne weiteres abgehoben werden kann.

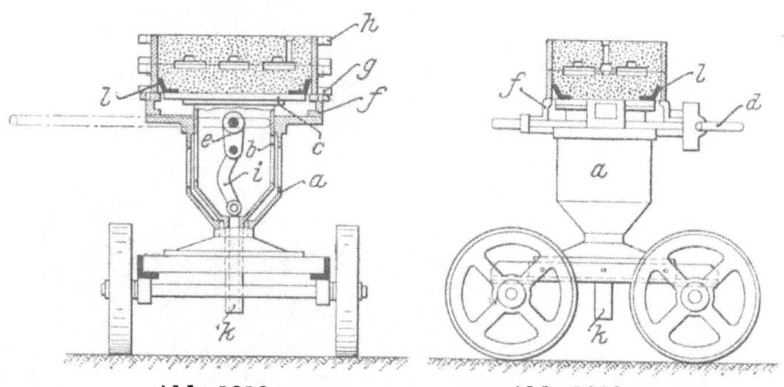

Abb. 1218. Abb. 1219.
Abb. 1218 u. 1219. Ausstoßmaschine.

Die Voßsche Hand-Formmaschine für kastenlosen Guß.

Gute Wirtschaftlichkeit wird bei geeigneter Gußware mittels der Voßschen kastenlos arbeitenden Handpreßvorrichtung erzielt [1]). Sie besteht aus einer Handpreß-Formmaschine und einem Gerätewagen, die beide fahrbar angeordnet sind (Abb. 1220). Abb. 1221 gibt ein etwas genaueres Bild der Formpresse und zeigt zugleich am Boden der Maschine eine Formplatte mit verschiedenen Ansätzen zur Führung der Kastenteile. Die über dem Tisch angeordnete Preßvorrichtung ist an den beiden seitlichen Schwingen nach hinten umlegbar. Der Preßdruck wird mittels eines Handhebels und durch Kniehebel erzeugt. Die Hubhöhe des Preßbalkens beträgt 120 mm, die ganze Preßvorrichtung ist in der Höhe verstellbar, so daß die lichte Höhe zwischen Tisch und Preßbalken und damit der Endpreßdruck nach Bedarf eingestellt werden können. Das Gewicht des Preßbalkens und dasjenige der nach rückwärts umlegbaren Preßvorrichtung ist durch ein auf einem Hebel verschiebbares Gegengewicht ausgeglichen. Beim Umlegen wird die Preßvorrichtung selbsttätig mit dem Gegengewicht gekuppelt, wobei eine Energieaufspeicherung stattfindet, die dazu benutzt wird, die Preßvorrichtung wieder über den Arbeitstisch zu bringen, eine Anordnung, die zum ruhigen Arbeiten an der Maschine erheblich beiträgt. Ober- und Unterteil werden zu gleicher Zeit gepreßt. Die Abb. 1222c—l veranschaulicht den Preßvorgang. Auf die doppelseitige Formplatte A wird ein Unterkasten (Abschlagrahmen) B aufgesetzt, mit Sand gefüllt, glatt abgestrichen und darüber ein Unterboden (gußeiserner Rost) C gesetzt, der bis zu einer gewissen Tiefe

[1]) Ausgeführt von Voßwerke A.-G. in Sarstedt b. Hannover.

glatt in den noch losen Sand eindringt (Abb. c). Das Ganze wird nun mit Hilfe zweier am Wenderahmen angeordneter Griffe verklammert und gewendet, wobei der Unter-

Abb. 1220.

Abb. 1220 u. 1221. Voßsche Handpreß-Formmaschine mit Gerätewagen.

Abb. 1221.

kasten noch nicht gepreßt wird. Nach dem Wenden (Abb. d), das infolge der kugelartigen Ausbildung der Wendegriffe ohne Anstrengung geschieht, wird der Wenderahmen abgehoben und auf dem obersten Fach des Gerätewagens abgesetzt. An Stelle des Wenderahmens kommt der Oberkasten (Abschlagrahmen-Oberteil) E auf die Rückseite der Formplatte (Abb. e). Modellsand wird eingesiebt, Haufensand eingeschaufelt und glatt abgestrichen. Durch einen Handgriff am Preßbalken klinkt man die Preßvorrichtung aus, die dann infolge der beim Rücklegen aufgespeicherten Energie sofort selbsttätig nach vorne kommt. Durch Senken des Druckhebels wird der Preßklotz G in den Oberteilrahmen gedrückt, bis der Hebel an einen Anschlag des Tisches stößt. Da zugleich mit dem Eindringen des Preßklotzes in das Oberteil der Unterboden (der gußeiserne Rost C) vollends in das Unterteil eindringt, werden auf diese Weise Ober- und Unterteil zugleich verdichtet. Am Ende des Vorganges ergibt sich die Stellung nach Abb. f. Nach dem Pressen bringt man den Druckhebel ohne nennenswerten Kraftaufwand — sein Gewicht ist durch ein Gegengewicht ausgeglichen — wieder in die Ausgangsstellung und wirft durch einen Druck gegen den Handgriff das Preßhaupt zurück, das dann von einer Fangvorrichtung erfaßt und festgehalten wird.

Die Abhebevorrichtung befindet sich geschützt im Tische der Maschine. Sie wird in zwei Zylindern geführt und ist mit einer Kurbelscheibe versehen. Durch Umlegen der Kurbel an der Vorderseite der Maschine um 180° treten 4 Abhebestifte durch die Tischplatte. Die oberen Enden der beiden rückwärtigen Stifte sind zu Scharnieren

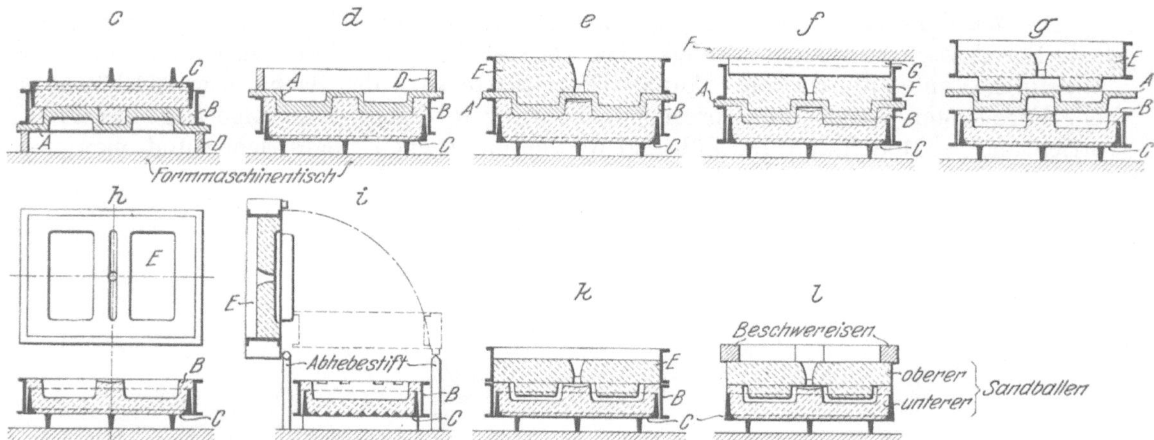

Abb. 1222. Schematische Darstellung des Preßvorgangs bei der Voßmaschine.

ausgebildet, die ein Hochklappen des abgehobenen Formkastens um 90° ermöglichen. Die Abhebevorrichtung ist durch ein Gegengewicht ausgeglichen, so daß auch das Abheben ohne erhebliche Anstrengung bewirkt werden kann. Beim Umlegen der Kurbel fassen die Stifte zunächst den Oberkasten an und heben ihn von der Formplatte ab. Im weiteren Ansteigen greifen sie unter die Formplatte und heben sie aus der Form aus. Nach Drehung der Kurbel um 180° ist das Modell vollkommen aus dem Sande gelöst, und es ergeben sich zwischen Oberteil und Formplatte und zwischen dieser und dem Unterteil die in Abb. g erkennbaren Zwischenräume. Nun wird das Oberteil hochgeklappt (Abb. h und i), worauf die Formplatte abgehoben und auf die Wärmevorrichtung am Gerätewagen (Abb. 1223—1225) abgelegt werden kann. Diese Vorrichtung wird mit Grudekoks, Holzkohlenbriketts oder Holzkohle beheizt. Der vordere Teil H_1 (Abb. 1225) bildet die Heizplatte, während der rückwärtige Teil H als Behälter für den Brennstoff ausgebildet ist. Die Schublade H_2 dient zum Ausleeren von Asche und Schlacke.

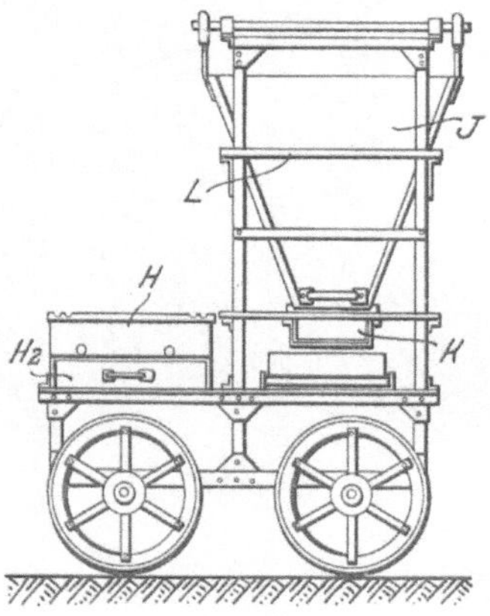

Abb. 1223. 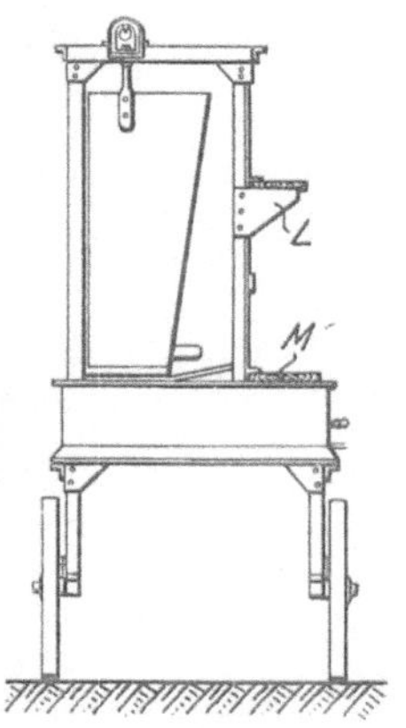 Abb. 1224.

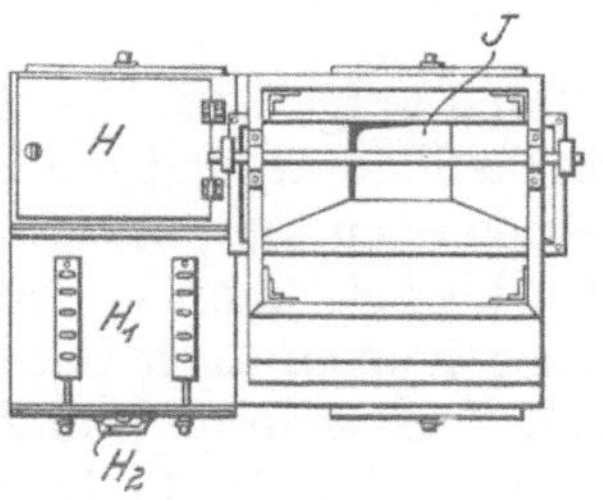

Abb. 1225.

Abb. 1223—1225. Gerätewagen zur Voßmaschine.

An der Rückseite des Arbeitstisches der Maschine ist ein Vibrator verstellbar angebracht. Er erfordert Druckluft von 3 at Pressung und wirkt unmittelbar auf die Preßplatte. Sein Einschaltventil befindet sich an der linken Seite des Arbeitstisches. Zum Abblasen der Formplatte ist ein Handschlauch mit Ventil vorgesehen.

In die in diesem Arbeitsabschnitt frei vor dem Former liegende Form können nach Bedarf Kerne eingelegt werden, worauf man sie durch Niederklappen des Oberteils schließt, was durch Zurücklegen der Kurbel geschieht. Die Verschlüsse der Abschlagkasten werden geöffnet und die Kasten weggehoben, worauf der nun völlig frei gemachte Sandballen auf seinem Roste von der Maschine weggehoben und zum Guß abgesetzt wird (Abb. k und l). Der ganze Arbeitsvorgang nimmt je nach der Geschicklichkeit des Arbeiters und der Größe der Form zwei bis höchstens vier Minuten in Anspruch.

Die Maschine eignet sich auch gut zur Herstellung von Stapelguß[1]), doch müssen dann Formkasten verwendet werden. Die Herstellung einer Form wird dann einfacher als beim kastenlosen Arbeiten. Auf die Formplatte wird der flache, etwa 60—70 mm hohe Formkasten gelegt — entsprechende Führungen sorgen für richtige Lage zur Preßvorrichtung —, Modellsand und Füllsand werden aufgegeben, abgestrichen und oben eine

Abb. 1226. Voßmaschine mit Wendevorrichtung.

zweite Schicht Modellsand aufgesiebt. Vorziehen der Preßvorrichtung, Pressen. Da die eine Modellplatte am Preßhaupte und die andere unter dem Formkasten sich befinden, erhält das Formkastenteil oben und unten die erforderlichen Modellabdrücke. Nach dem Zurückwerfen des Druckhebels kann die Form abgesetzt werden.

Mit der Einrichtung können auch flache Gegenstände, wie Herdringe, Einlagen für Gasherde und ähnliche Teile geformt werden.

Der Gerätewagen (Abb. 1223—1225) trägt wesentlich dazu bei, die Maschine zur vollen Leistungsfähigkeit zu bringen. Er ist hoch genug gebaut, um über die aufgestapelten Unterböden hinwegfahren zu können und umfaßt eine Anwärmvorrichtung H für die Formplatte, einen Sandbehälter J mit genau einstellbarer Zuteilvorrichtung K, ein Fach L zum Absetzen des Wenderahmens und ein weiteres Fach M für andere Einzelteile der Formeinrichtung.

[1]) Näheres vgl. S. 377.

Bei der Zusammenstellung von Maschine und Gerätewagen war der Gedanke maßgebend, den ganzen Arbeitsgang bis zum Absetzen des gießfertigen Sandballens von einem Platze aus zu ermöglichen. Der Arbeitende soll sich während der Ausführung einer Form von seinem Platze nicht wegbegeben müssen. Es obliegen ihm nur einige Wendungen, um die verschiedenen Behelfe zu ergreifen und richtig zu benutzen. Zu Beginn der Schicht wird an einem Ende der Arbeitstelle mit der Formerei begonnen und an dieser Stelle so lange weiter gearbeitet, bis das Absetzen der Formen mehr als einen Schritt notwendig macht. Sobald dies der Fall ist, schiebt der Mann Maschine und Gerätewagen um ein entsprechendes Stück vorwärts, so daß er sich am Schlusse des Arbeitstags mitsamt seinen Geräten am anderen Ende des Arbeitsplatzes befindet (Abb. 1227 und 1228).

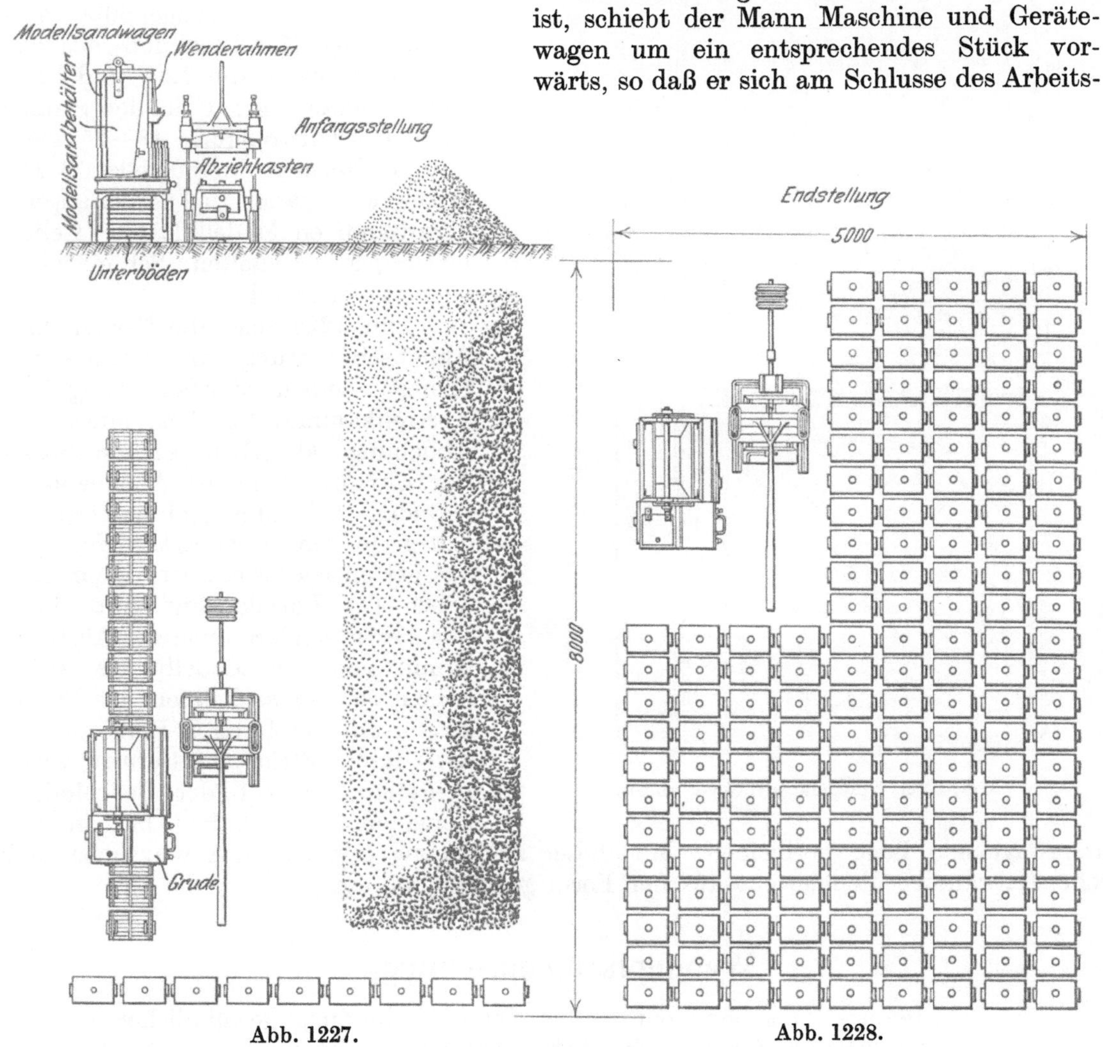

Abb. 1227. Abb. 1228.

Abb. 1227 u. 1228. Darstellung der Arbeitsweise der Voßmaschine.

Das Hochklappen des Oberteils auf den rückwärtigen Abhebestiften zum Zwecke des Aufhebens der Formplatte ist nur bei kleinen Formkasten angängig. Formkasten von etwa 450×575 mm aufwärts bedürfen für diese Handhabung der besonderen Wendevorrichtung nach Abb. 1226. Der an den Seitenteilen drehbar gelagerte Wenderahmen ruht auf einem beweglichen Gestänge. Beim Eindrücken des Unterbodens verklammern zwei Haken den Unterkasten selbsttätig mit dem Absetzboden und der Formplatte. Der Former zieht dann das Ganze nach vorn. Der Unterkasten kippt, sobald er vom Tisch der Formmaschine frei wird, in den beiden seitlichen Lagern um. Die Federbolzen drücken das Gestänge wieder in seine Ruhestellung zurück. Der Absetzboden berührt die Anschläge an den Führungsleisten und kommt dadurch in paßrechte Stellung zur Preßvorrichtung. Die Verklammerung wird durch Anheben der Griffe am Wenderahmen gelöst, worauf der Rahmen abgenommen, der Oberkasten aufgesetzt und die Form fertig gemacht werden können.

Ein Mann vermag auf einer Voßmaschine annähernd die dreifache Leistung gegenüber gewöhnlicher Formerei auf der Bank oder mit einer Handstampfmaschine zu erzielen. Voraussetzung für diese Leistung ist die sachgemäße Aufstellung der Maschine und des Gerätewagens nach Abb. 1227 und 1228. Ein Arbeiter vermag in der Stunde ohne Überanstrengung 18—25 gießfertige Formen herzustellen. Die Maschine verlangt das Arbeiten mit dünnwandigen Modellplatten (Reliefplatten) aus Gußeisen, Schmiedeisen oder Leichtmetall.

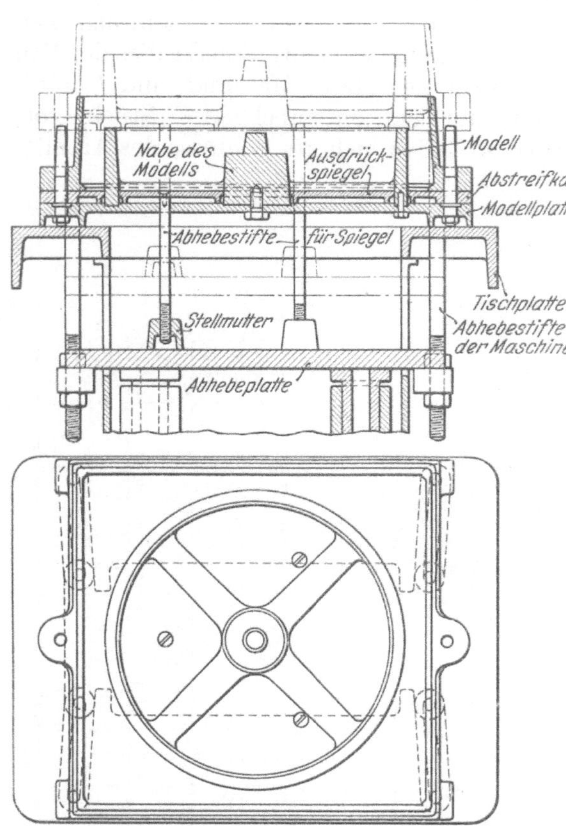

Abb. 1229. Spiegelausdrückverfahren.

Abb. 1229 zeigt die Modell- und Abhebeeinrichtung zur Formerei von Riemenscheiben unter Benutzung eines Abstreifkammes. Voß bezeichnet diese Abhebung als Spiegelausdrückverfahren. Auf der Abhebeplatte befinden sich drei Stellmuttern, in denen je ein Abhebestift für den Spiegel eingeschraubt ist. Beim Anheben des Formkastens wird nicht nur dieser, sondern auch der Abstreifkamm von der Modellplatte abgehoben, so daß schließlich der Formkasten mit der fertigen Form sich in der durch Strichpunktierung angedeuteten Lage befindet, der Modellkranz und die Nabe aber in der ursprünglichen Lage verbleiben. Mit dieser Anordnung können auch sehr hohe und sehr steilwandige Modelle gut aus der Form gebracht werden.

Wendeplattenmaschinen.

Wendeplattenmaschinen sind entstanden durch Verbindung gewöhnlicher Wendeplatten- und Handpreßmaschinen. Die Abb. 1230 zeigt an einer älteren Maschine die Vereinigung einer Kniehebelpresse mit einer einfachen Wendeplattenmaschine [1]). Der Arbeitsgang ist ganz einfach. Auf beiden Seiten der mit Modellplatten belegten Wendeplatte wird je ein Formkastenteil befestigt. Der obere Formkasten wird bis zur Höhe des Aufsetzrahmens mit Sand gefüllt, worauf man den Preßklotz auflegt, den Preßholm vorfährt und mit dem Hebel H preßt. Nach dem Pressen wird die Wendeplatte geschwenkt und die obenauf gekommene Formkastenhälfte in gleicher Weise fertig gemacht. Danach löst man die Haltekeile des unten hängenden Kastens, hebt mit dem Hebel H_1 die Wendeplatte nach oben ab, zieht die Form vor, wendet, setzt einen neuen Kasten auf und formt so abwechselnd Ober- und Unterteil.

Die nach ihren bockförmigen Seitenständern Bockformmaschine genannte, in den Abb. 1231 und 1232 in zwei Schnitten wiedergegebene alte Seboldsche Wende-

[1]) Ausgeführt von Bad. Maschinenfabrik in Durlach.

plattenpresse[1]) zeigt eine recht zuverlässige und dauerhafte Bauart. Obgleich sie den neuzeitlichen Ansprüchen an Zugänglichkeit und rasches Arbeiten nicht mehr nachkommt, trifft man sie doch noch da und dort an. Die Pressung des Formkastens gegen den fahrbaren Preßholm erfolgt mittels der Handkurbel A, des Schneckentriebes B und der gekröpften Achse C, während das Abheben der Wendeplatte mittels des Handrades D, eines Stirntriebes und der Gelenke E bewirkt wird. Die Wendeplatte ist durch nachstellbare Prismenführung während des Abhebens sehr genau geführt und ihre Last durch Gegengewichte ausgeglichen. Von der Handkurbel F aus wird mittels des Stirnradvorgeleges G und G_1 die Wendeplatte gedreht, während der wagerecht verschiebbare keilförmige Bolzen H ihre wagerechte Lage gewährleistet.

Zur Erstellung einer vollständigen Form muß entweder die Formplatte ausgewechselt werden, oder es müssen zwei Maschinen gleichzeitig betrieben werden.

Abb. 1230. Ältere Kniehebelpresse mit Wendeplatteneinrichtung.

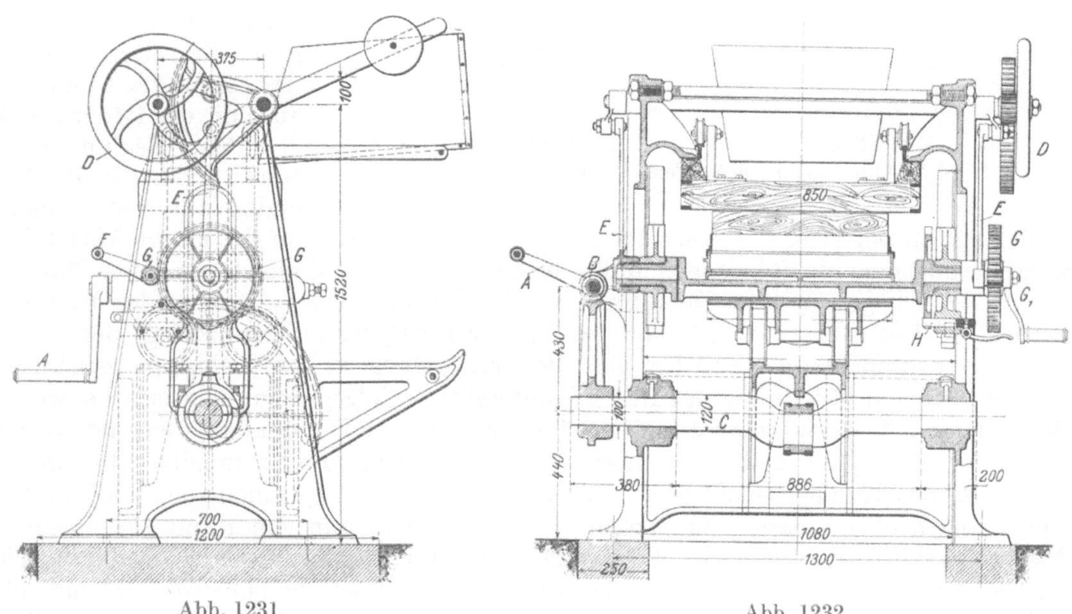

Abb. 1231. Abb. 1232.

Abb. 1231 u. 1232. Alte Seboldsche Bockformmaschine.

[1]) Ausgeführt von Bad. Maschinenfabrik in Durlach.

Wendeformmaschinen.

Wendeformmaschinen sind Maschinen, bei denen das Pressen, Wenden und Abheben der Form nacheinander durch Drehen einer Welle von Hand oder durch mechanische Kraft bewirkt wird. Sie bieten einen Teil der Vorteile von Druckwassermaschinen, ohne deren kostspielige Nebeneinrichtungen, wie Preßpumpen, Druckwassersammler und Hochdruckleitungen zu erfordern.

Die in den Abb. 1233 und 1234 in zwei Schnitten wiedergegebene Maschine [1]) besteht aus einem geschlossenen Rahmen a, in dem mit den Achsen d und d_1 der Wendekörper c ruht. Im Wendekörper sind zwei doppelt gekröpfte Wellen e und e_1 miteinander übereinstimmend gelagert. Die Wellen tragen mittels der Gelenke f und f_1 die im Drehkörper seitlich geführten Tische g und g_1. In jedem Tisch ist eine vor- und rückwärts verschiebbare Platte h (h_1) untergebracht, an der die Modellplatte i (i_1) und der Preßklotz k (k_1) befestigt sind. Auf der Achse d sitzt das Handrad l, dessen Bewegung durch das Getriebe m n auf die Achse o übertragen wird. Von o aus wird mittels des Rades p das Stirnrad q angetrieben, das mit dem Rad r fest verbunden ist und gleich diesem lose auf der Büchse s sitzt.

Das Zahnrad r treibt die auf den Wellen e und e_1 sitzenden Stirnräder t und u. Durch die Verriegelung w wird der Wendekörper e mit dem Rahmen a fest verbunden, sobald die gekröpften Wellen ihre äußere Totlage erreicht haben, die Tische g und g_1 also in lotrechter Richtung am weitesten voneinander entfernt sind. Die Verriegelung löst sich wieder, wenn die Kurbeln ihre innere Totlage erreichen und die Tische g und g_1 einander am nächsten sind. Bei dieser Kurbelstellung verhindert der Riegel zugleich die weitere Bewegung des Zahnrades t und damit auch die der Räder r und u.

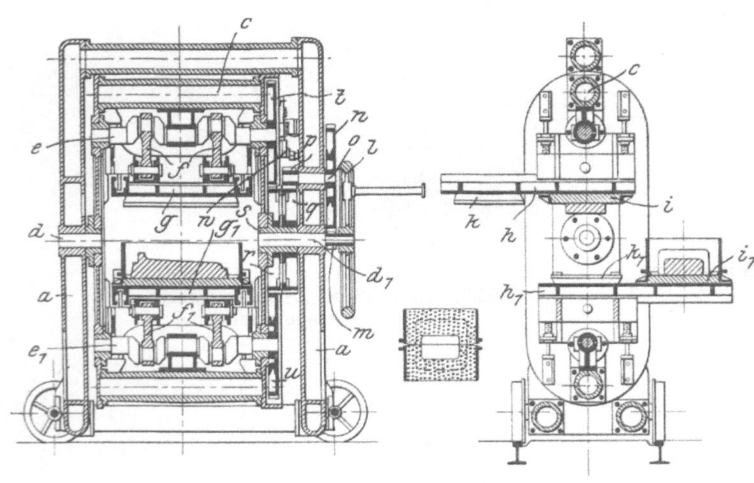

Abb. 1233. Abb. 1234.

Abb. 1233 u. 1234. Wendeformmaschine.

Beim Beginn der Arbeit werden die Platten h und h_1 so eingestellt, daß die Modellplatten auf beiden Seiten vorstehen. Dann setzt man auf die untere Modellplatte einen Formkasten mit Füllrahmen, füllt ihn mit Formsand und schiebt ihn in die Maschine, so daß er sich genau unter dem Preßklotz i befindet. Durch Drehen des Handrades werden die Tische einander genähert, bis beim Eintritt der inneren Totlage der Kurbeln das Pressen beendet ist. Nun löst sich die Verriegelung w, der Drehkörper e wird vom Rahmen frei und gleichzeitig das Rad t festgestellt. Infolgedessen dreht sich bei weiterer Bewegung des Handrades der Drehkörper, bis nach seiner Drehung um 180° der Riegel w wieder einschnappt, a und c aufs neue verbindet und das Rad t freigibt. Bei weiterer Bewegung des Handrades entfernen sich die Tische g und g_1 voneinander, wodurch die Modelle nach oben ausgehoben werden. Die Form wird nun von Hand abgehoben und ihre zweite Hälfte in der gleichen Weise hergestellt. Da der ganze Arbeitsgang durch gleichmäßiges Drehen des Handrades bewirkt wird, kann die Maschine ohne weiteres auch elektrisch angetrieben werden. Elektrischer Antrieb ist für größere Formkasten die Regel, da dann die zum Pressen nötige Arbeit von einem oder zwei Mann kaum mehr geleistet werden kann [2]).

---

[1]) Ausgeführt von Ver. Schmirgel- und Maschinenfabriken, A.-G., in Hannover-Hainholz.

[2]) Siehe S. 414.

Durchziehmaschinen.

Preß-Durchziehmaschinen werden nur selten für Handbetrieb ausgeführt, weil die Verdichtung der für Durchziehmaschinen zumeist in Frage kommenden höheren Formen einen Druck erfordert, dem die Handarbeit nur bei kleineren Modellen gewachsen ist.

XXVIII. Kraftpreßmaschinen [1]).

Allgemeines.

Die Leistungsfähigkeit jeder Handpreß-Formmaschine wird begrenzt durch die Menge Formsand, die ein Durchschnittsarbeiter in einem bestimmten Zeitraum zu pressen vermag. Wird dem Manne die Preßarbeit abgenommen, so vermag er in den meisten Fällen auf der im übrigen gleich gebauten Maschine eine mehrfache Zahl von Formen zu liefern. Das mechanische Pressen des Formsandes kann durch Preßluft, Druckwasser, Dampf und durch Elektrizität mittelbar oder unmittelbar erfolgen. Der erforderliche Preßdruck stellt sich bei Eisenguß auf etwa 2,5 kg/qcm, bei Stahlguß auf etwa 5 kg/qcm und bei Metallguß auf etwa 4 kg/qcm.

Der Preßluftbetrieb erfordert infolge des geringen Druckes — höchstens 8 at —, mit dem gearbeitet werden kann, verhältnismäßig große Preßzylinder und weite Leitungen. Er ist in Nord-Amerika sehr verbreitet, hat aber bei uns fast nur für Rüttelmaschinen [2]), abgesehen von sonstigen Gießereibehelfen, wie Hebezeugen, Stampfer und Meißel, Eingang gefunden. Die Ausgaben für Kraftbeschaffung stellen sich bei Preßluftantrieb von Formmaschinen höher als bei Verwendung von Druckwasser. Sie fallen aber gegenüber allen anderen Unkosten kaum ins Gewicht, betragen sie doch für einen mittelgroßen Formkasten nicht mehr als etwa 0,2 Pf. Preßluftformmaschinen werden häufig auch da bevorzugt, wo wegen strenger Winterkälte die Gefahr des Einfrierens einer Druckwasseranlage nahe liegt und kein elektrischer Strom zur Verfügung steht [3]).

Mit Dampf betriebene Formpressen erfordern ähnlich große Zylinder wie Preßluftmaschinen und leiden außerdem an großer Unzuverlässigkeit, da das Betriebsmittel während der naturgemäß immer etwas unregelmäßigen Arbeits- und Ruhezeiten sich in den Leitungen abkühlt und zu Wasser verdichtet. Diese Maschinen sind ganz verschwunden.

Das Druckwasser herrscht bei uns heute noch vor. Es hat sich durch große Zuverlässigkeit, vollkommen gleichmäßiges Abheben und einfache Anordnung bewährt. Man arbeitet jetzt für Graugußformen meist mit 50 at Druck, während früher nicht selten auf 25 at herabgegangen wurde. Stahl- und Metallgußformen benötigen stärkere Pressung, die bis zu 100 at steigt. Druckwasserformmaschinen sind im Gegensatz zu Preßluft- und elektrischen Formmaschinen immer ortsfest, da zur Zuleitung des Druckmittels feste Rohrleitungen unentbehrlich sind. Zur Erlangung der Kraft wird stets eine eigene Anlage, Pumpe, Kraftspeicher (Akkumulator), Hochdruckleitung und Armatur erforderlich, deren Einrichtung kostspielig ist und deren Betrieb eine Reihe von Fährlichkeiten birgt.

Will man mittels Elektrizität pressen, so kommt es auf die Stromart wenig an; man kann ebensogut mit Gleichstrom wie mit Drehstrom oder einphasigem Wechselstrom arbeiten, es müssen nur die Maschinen der Stromart angepaßt sein. Wo eine elektrische Kraftanlage vorhanden oder wo Strom billig zu haben ist, kann der elektrische

[1]) Das Wesen der Verdichtung des Formsandes durch Pressen wurde auf Seite 373 u. f. behandelt.

[2]) Eine sehr leistungsfähige, fahrbare Preßluftformmaschine wurde in jüngster Zeit von den Schwäb. Hüttenwerken, G. m. b. H. in Wasseralfingen ausgeführt (s. S. 394).

[3]) Der Gefahr des Einfrierens einer Druckwasseranlage begegnet man durch Mischen des Wassers mit Glyzerin. Ferner ist schon bei der Einrichtung einer Druckwasseranlage darauf zu achten, daß die Leitungen nach Möglichkeit im Erdboden verlegt werden.

Betrieb wirtschaftlich sein, denn der Wirkungsgrad selbst kleiner Elektromotore beträgt etwa 90% und der Stromverbrauch paßt sich dem jeweiligen Kraftbedarf des Motors an [1]). Für die Elektrizität wird die einfache Bedienung der Motore und die Sicherheit, mit der sie staubdicht eingebaut werden können, ins Feld geführt. Etwaiger Überlastung kann durch selbsttätige Ausschalter und zu großer Empfindlichkeit gegen Stöße durch Umkehrmotore einfach und billig begegnet werden. Die Lebensdauer elektrischer Formmaschinen soll kaum geringer sein als diejenige von Druckwassermaschinen [2]). Im allgemeinen hat aber elektrischer Antrieb für Formmaschinen sich nur unter besonderen Verhältnissen bewährt.

Man unterscheidet vier voneinander wesentlich verschiedene Gruppen von Kraftpreßmaschinen, je nachdem sie

mit nicht drehbarer Modellplatte (Abhebemaschinen),
mit drehbarer Modellplatte (Wendeplattenmaschinen),
mit drehbarem Körper (Wendeformmaschinen),
oder mit Durchzieheinrichtung (Durchziehmaschinen)

ausgestattet sind.

Abhebemaschinen.

Diese Gruppe zerfällt in drei Unterabteilungen, in Maschinen mit einfacher, doppelter und mit zweiseitiger Pressung. Bei einfacher Pressung wird in einem Arbeitsgang ein Formkastenteil gepreßt und auf einer Seite mit Modellabdrücken versehen. Das Verfahren dient für gewöhnliche Formkastenformen. Bei doppelter Pressung werden in einem Arbeitsgang zwei Formkastenteile, Ober- und Unterteil, gepreßt und auf je einer Seite mit Modellabdrücken versehen; die Arbeitsweise dient vorzugsweise zur Herstellung kastenloser Formen. Bei zweiseitiger Pressung wird ein Formkastenteil auf beiden Seiten gepreßt und mit Modellabdrücken versehen. Das Verfahren wird auch als Stapel- oder Etagenguß bezeichnet [3]).

A. Einseitige Pressung.

Einfache Maschinen. Die Abb. 1235 und 1236 zeigen eine einfache, früher viel benutzte Druckwasser-Preßmaschine [4]) für kleinere Massenwaren. Sie wurde meist von jugendlichen Arbeitern bedient, da die Handhabung der kleinen Formkasten keine große Kraft erfordert und sämtliche erforderlichen Verrichtungen sehr einfach sind. Mehrere Maschinen werden der Reihe nach nebeneinander auf gewöhnlichen Arbeitstischen w festgemacht und mit je einem Modellsandkasten s ausgerüstet. Die Modellplatte liegt auf dem Preßtisch p. Man setzt den Formkasten über die Modellplatte, bringt über den Kasten einen Füllrahmen, füllt beide mit Sand, streicht glatt ab, zieht den unter dem Sandkasten befindlichen Preßholm t vor, läßt durch Drehen der Steuerungsräder Druckwasser unter den Kolben des Preßzylinders c treten, so daß der Preßtisch mit der Modellplatte und dem Formkasten gegen t gedrückt und der Formsand

[1]) Um eine Halbform von 400 × 500 × 130 mm Kastenabmessung auf einer Wendeplatten-Formmaschine mit Hauptstrommotor herzustellen, werden nach Lohse (Gieß.-Zg. 1913, S. 477) im Mittel etwa 4 Ampère bei 220 Volt erfordert. Da in der Stunde leicht 30 Hälften hergestellt werden können, so ergibt sich ein stündlicher Stromverbrauch von 330 × 4 × 220 = 290 400 Watt-Sekunden oder 80,7 Watt-Stunden. Bei zehnstündigem Tagesbetrieb wird ein Stromaufwand von 0,807 KW-Stunden nötig. Bei Maschinen mit ständig in gleicher Richtung laufenden Nebenschlußmotoren ist der Stromverbrauch erheblich höher. Der Mehraufwand wird aber durch schnellere Arbeit ausgeglichen.

[2]) Nach einem Berichte von Lohse (Gieß.-Zg. 1913, S. 373) haben ständig benutzte elektrische Formmaschinen in 5 Jahren keine wesentliche Ausbesserung erfordert, und der Verschleiß während dieser Zeit war so geringfügig, daß auf Grund des allgemeinen Zustandes noch auf lange Jahre hinaus ein tadelloses Arbeiten zu erwarten war. Dahlmeyer empfiehlt dagegen die Verwendung elektrischer Formmaschinen nur, wenn es sich um kleinere Betriebe bzw. einzelne Maschinen handelt. Bei größeren Anlagen muß stets eine Berechnung ergeben, ob nicht eine Druckwasseranlage billiger zu stehen kommt. (Gieß.-Zg. 1913, S. 166, vgl. auch S. 527 des vorliegenden Bandes.)

[3]) Vgl. S. 377.

[4]) Ausgeführt von Bad. Maschinenfabrik in Durlach.

gepreßt wird. Nach dem Pressen wird das Drehkreuz d um die Stärke eines der vier einstellbaren Abhebestifte a verdreht, wodurch sich bei dem durch Ablassen des Druckwassers bewirkten Senken die Stifte auf das Drehkreuz aufsetzen. Der Formkasten bleibt auf den Stiften stehen, während die Formplatte nach unten aus der Form gezogen wird.

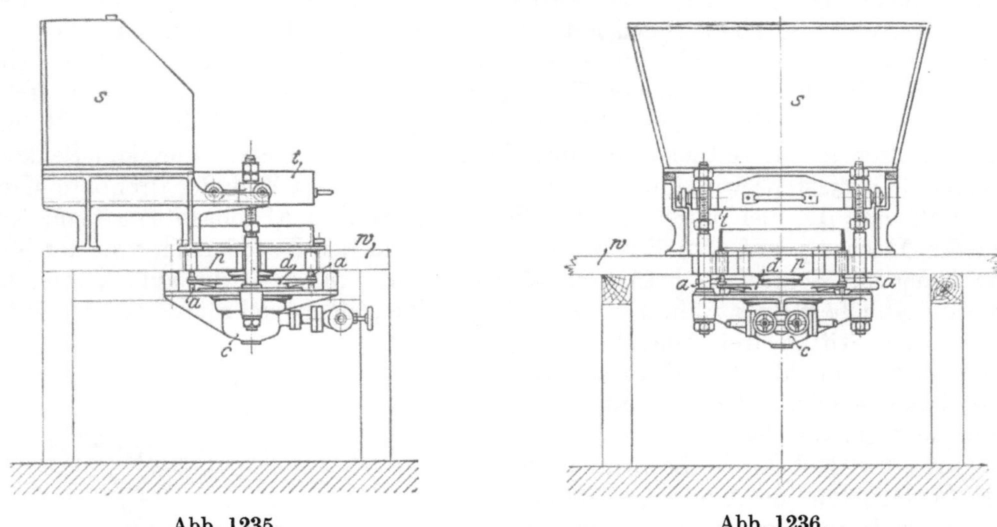

Abb. 1235. Abb. 1236.

Abb. 1235 u. 1236. Einfache Druckwasser-Preßmaschine für kleinere Massenwaren.

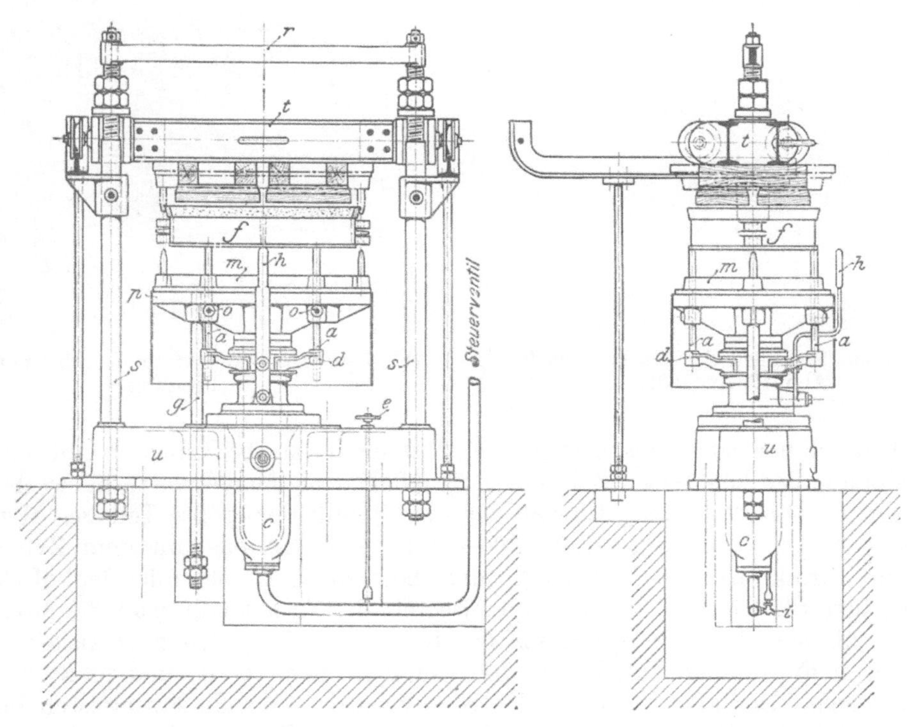

Abb. 1237. Abb. 1238.

Abb. 1237 u. 1238. Druckwasserformmaschine mit unterer Pressung.

Zweckmäßigerweise arbeiten stets zwei Maschinen zusammen, um das Auswechseln der Modellplatten, das zwar nicht viel Umstände beansprucht, zu vermeiden. Ein kräftiger, junger Arbeiter kann stündlich bis zu 25 Kastenteile formen; im Durchschnitt können regelmäßig etwa 15 Formkastenteile 300 × 300 × 60 mm in der Stunde fertig werden. Die Maschine ist durch neuere Bauarten überholt.

Die in den Abb. 1237 und 1238 in zwei Schnitten dargestellte Maschine [1]) zeigt die Entwicklung der Tischmaschine zur freistehenden Maschine. Sie besteht aus dem gußeisernen Grundrahmen u, mit dem der Preßzylinder c und die den Preßholm t tragenden Säulen s fest verbunden sind. Der Preßholm ist fahrbar, so daß der Formkasten während des Sandfüllens bequem zugänglich ist. Die Fahrbahn wird durch zwei Streben gestützt. Der die Säulen s verbindende obere Bügel r dient der Versteifung des ganzen Aufbaues. Nach Füllung des Formkastens und Auffüllrahmens wird das Steuerventil geöffnet, der Kolben hebt den mit ihm fest verbundenen Tisch p mit der Modellplatte, dem Formkasten und dem Auffüllrahmen hoch und preßt das Ganze gegen den Preßklotz, wobei der im Rahmen u geführte Bolzen g eine seitliche Drehung des Tisches verhindert. Vor dem Senken des gepreßten Formkastens wird mit dem Handhebel h das am Zylinder drehbare Kreuz d so verstellt, daß die vier durch die Modellplatte gleitenden Abhebestifte a beim Niedergehen des Tisches p auf dem Kreuze d aufsitzen und den Formkasten von der Modellplatte abheben. Schrauben o (Abb. 1237 und 1239) verhindern die auf $^2/_3$ ihrer Länge genuteten Abhebestifte s während der Anfangstellung des Armkreuzes am Durchfallen. Der auf den Stiften frei ruhende Formkasten wird, sobald der Kolben seine tiefste Lage erreicht hat, weggehoben, worauf nach Senken der Stifte s, was eine Bewegung des Hebels h bewirkte, ein neuer Formkasten in Arbeit genommen wird. Auch diese Maschine formt nur eine Kastenhälfte, daher sind gleichzeitig zwei Maschinen zu betreiben, wenn man nicht nach Erstellung der benötigten Zahl einer Formhälfte die Modellplatte auswechseln will.

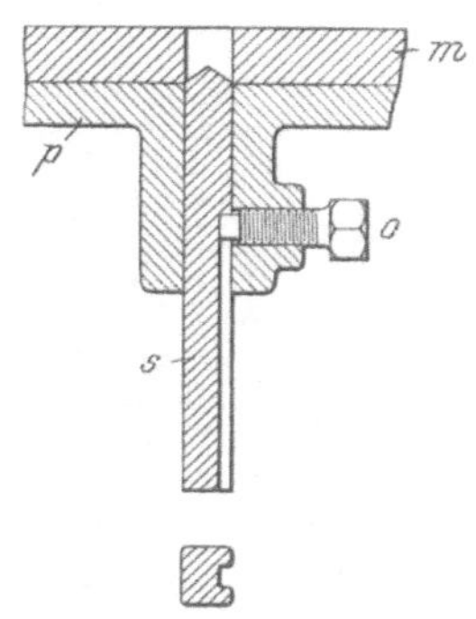

Abb. 1239. Einzelheit der Maschine nach Abb. 1237 u. 1238.

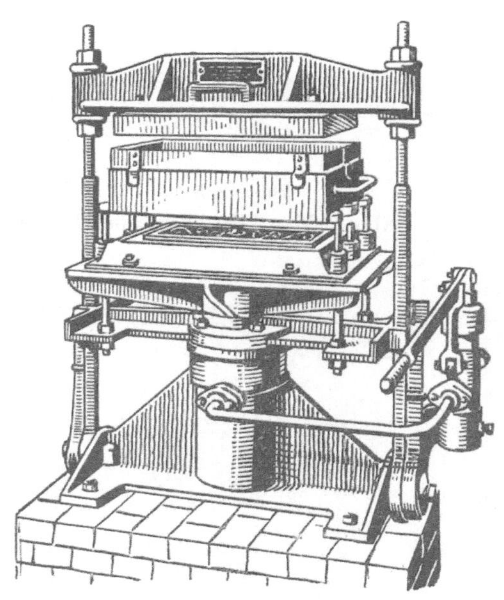

Abb. 1240. Druckwasserformmaschine mit unterer Pressung.

Bei der in Abb. 1240 ersichtlichen Maschine [2]) fällt der größte Teil des Hebelwerks zum Abheben der Form weg. Die Abhebestifte sind an das mit dem Zylinder fest verbundene Armkreuz festgeschraubt, der bewegliche Tisch mit der Modellplatte gleitet an den Stiften auf und ab. Bei Beginn der Arbeit läßt man die Modellplatte hochgehen, bis sie über den Abhebestiften steht, setzt dann den Formkasten mit dem dazugehörigen Füllrahmen auf, bringt den Preßholm nach vorne und preßt den Formkasten dagegen. Der nach Öffnung des Steuerventils sinkende Formkasten bleibt auf den Stiften stehen, während der Preßtisch mit der Modellplatte bis zum tiefsten Stande des Preßkolbens sinkt. Der einfachen Bauart der Maschine steht ein beträchtlich größerer Verbrauch von Druckwasser gegenüber.

Die in Abb. 1241—1243 wiedergegebenen Maschinen [3]) arbeiten mit Pressung von oben. Dem der Pressung von oben anhaftenden Nachteil, daß bei einem Schadhaftwerden

[1]) Ausgeführt von Bopp u. Reuther in Mannheim.
[2]) Ausgeführt von Ver. Schmirgel- und Maschinenfabriken, A.-G., in Hannover-Hainholz.
[3]) Ausgeführt von Bad. Maschinenfabrik in Durlach.

der Rohrleitung leicht Wasser in die Form gelangt, ist durch einen starken Rand des Preßkolbens etwas vorgebeugt. Die Preßvorrichtung selbst ist ausschwenkbar (Abb. 1241) oder ausfahrbar (Abb. 1242 und 1243). Der Rückgang des Kolbens nach dem Pressen wird durch zwei in das Querhaupt eingebaute starke Federn (s. Abb. 1258) bewirkt. Das Abheben geschieht von Hand oder mittels Druckwasser, je nach Größe der Maschine. Ferner kann auch die Höhenlage der

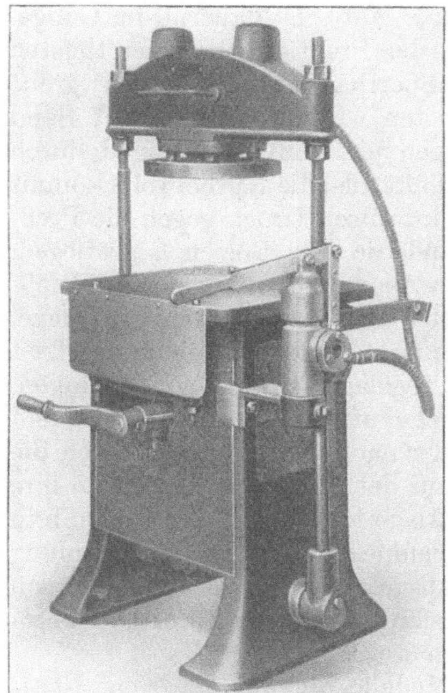

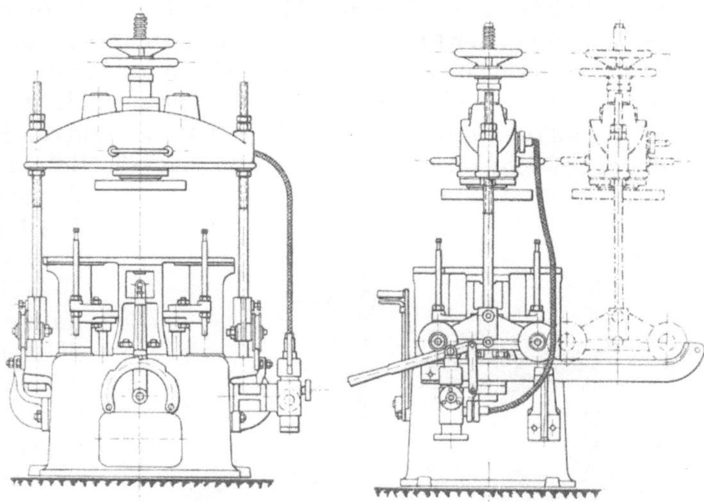

Abb. 1241. Abb. 1242. Abb. 1243.

Abb. 1241—1243. Druckwasserformmaschinen mit oberer Pressung.

Preßvorrichtung verstellt werden. Die Maschinen haben in den letzten Jahren eine zeitgemäßere äußere Ausbildung erfahren.

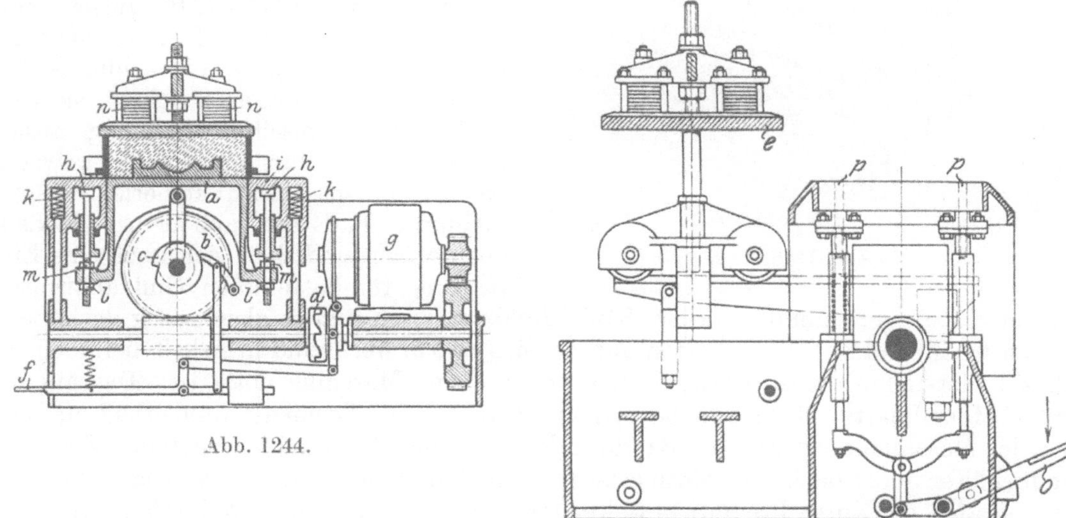

Abb. 1244. Abb. 1245.

Abb. 1244—1246. Fahrbare elektrische Formmaschine mit unterer Pressung.

Die in den Abb. 1244—1246 in zwei etwas schematisierten Schnitten und einer Ansicht dargestellte fahrbare Formmaschine[1]) wird durch Elektrizität angetrieben. Im kräftigen Unterbau sind der Antriebsmotor und das Getriebe staubsicher unter-

[1]) Ausgeführt von Ver. Schmirgel- und Maschinenfabriken, A.-G., in Hannover-Hainholz.

gebracht. Der federnd gelagerte Formtisch k dient auch als Füllrahmen und umschließt die Modellplatte in ihrer tiefsten Lage von allen Seiten (Abb. 1246). Der fahrbare Preßholm e (Abb. 1245) läuft auf wagerechten Schienen, die seitlich am Untergestell festgeschraubt sind. Der mit einem Schwungrad ausgestattete Motor ist dauernd im Gange.

Arbeitsgang: In der Anfangstellung befindet sich der Preßtisch in seiner tiefsten Lage (Abb. 1246), die Kupplung ist ausgerückt und der Sperrhaken b (Abb. 1244) greift in die Lücke am Umfang der Scheibe c. Ein Formkasten wird aufgesetzt, mit Sand gefüllt und abgestreift, die Preßplatte e über ihn gezogen und die Kupplung d durch einen Fußdruck auf den Hebel f eingerückt. Der Hebel klinkt aus, die Kurbelwelle kommt in Bewegung, der Preßtisch a geht hoch, und der Sand wird durch Druck gegen die Preßplatte e verdichtet (Abb. 1244). Mit dem Preßtisch sind die vier Bolzen h gestiegen, bis sie die Fläche i des Rahmens k berühren [1]). In diesem Augenblick schneidet der Preßtisch a mit der unteren Kastenebene glatt ab, und die Kurbel befindet sich in ihrer Totlage, die aber leicht überwunden wird, da jetzt die Bolzen h einen Augenblick die ganze Last des federnd gelagerten Rahmens k tragen. Die Kurbel läuft weiter, zieht den Preßtisch wieder nach unten, und zugleich die Modelle aus der Form. Sobald sie in ihre untere Totlage tritt, klinkt der Hebel b in die Scheibenlücke c ein und die Kupplung d wird ausgelöst. Der Preßholm kann zurückgeschoben und die fertige Form abgehoben werden.

Abb. 1246.

Für Modelle, deren Höhe größer ist als der Durchmesser des Kurbelkreises, wird eine Stiftabhebung nach Abb. 1245/1246 angeordnet, bei der vier besondere Abhebestifte p (Abb. 1245) durch einen Fußhebel o hoch genug gehoben werden, um die Form vollständig vom Modell zu entfernen.

Die Abb. 1247—1249 zeigen eine fahrbare Preßluft-Formmaschine mit Drehtisch [2]). Die Maschine ist für Pressung von unten eingerichtet, sie wird auch für doppelseitige Pressung ausgeführt, die aber nur für Formen anwendbar ist, deren Kasten keinerlei Schoren bedürfen. Falls nur ganz niedrige Modelle abzuformen sind, läßt sich auch eine Einrichtung für kastenlosen Guß anbringen. Der auf Kugellagern um die vordere Säule drehbare Tisch nimmt gleichzeitig das Modell für den Ober- und den Unterkasten auf, die sich also abwechselnd in Arbeit befinden, so daß zur Herstellung einer zweiteiligen Form nur eine Maschine nötig ist. Das auf die vordere Modellplatte bei der Abhebevorrichtung aufgesetzte Formkastenteil erhält aus dem über der Maschine angeordneten Sandbehälter zunächst Modellsand zugeteilt. Zwischen Sandbehälter und Abhebevorrichtung ist an dem Preßholm ein ausschwenkbares Formersieb befestigt, das durch Preßluft in Bewegung gesetzt werden kann, wodurch der Arbeiter vom Siebschütteln entlastet wird. Außer dem Heranholen der Formkasten und Absetzen der fertigen Teile braucht der Arbeiter weder seinen Platz zu verlassen, noch sich tief zu bücken, da, wie die Abbildungen erkennen lassen, sämtliche Hebel, Steuervorrichtungen und Werkzeuge, wie Staubbeutel, Abblaseventil zum Reinigen der Modellplatten, Füll-

[1]) Die Bolzen h liegen zu zwei und zwei seitlich und würden in einem genauen Mittelschnitt nicht sichtbar sein.

[2]) Nach C. Geiger, Stahleisen 1926, S. 872, ausgeführt von Schwäb. Hüttenwerke G. m. b. H. in Wasseralfingen.

rahmen, Modellsandsieb usw., leicht greifbar teils seitlich an dem Sandbehälter, teils vor diesem abgestellt oder aufgehängt werden können. Ein Auslegerarm mit Tisch gestattet das Hochstellen und leichte Fertigmachen der Kastenteile. Der Füllsand wird vom

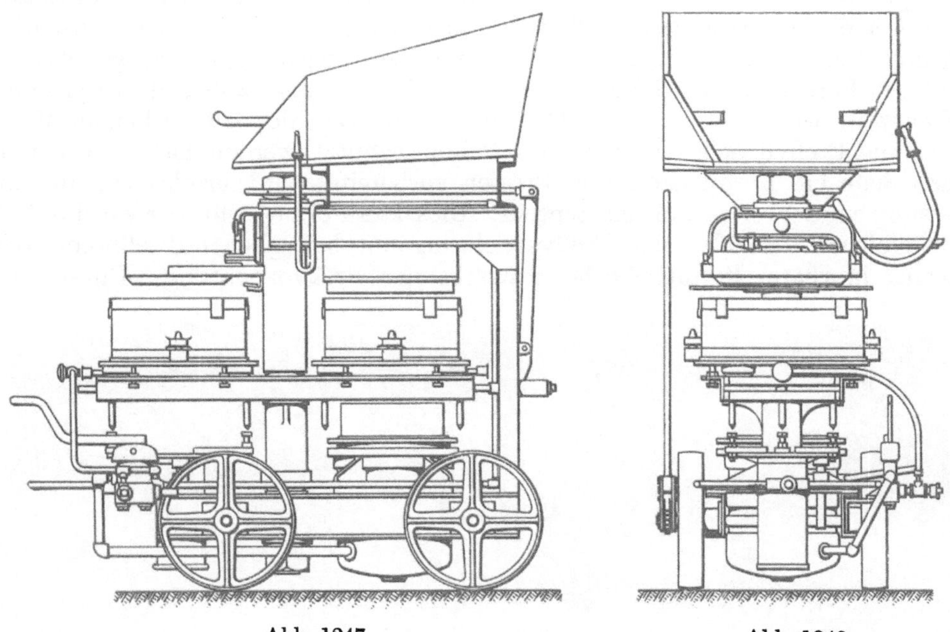

Abb. 1247. Abb. 1248.

Abb. 1247—1249. Fahrbare Drehtisch-Formmaschine mit Preßluftantrieb.

Arbeiter dem neben der Maschine liegenden Haufen entnommen. Nach dem Einschwenken des Kastens über den Preßzylinder erfolgt die Verdichtung des Sandes durch Hochheben und Drücken des Kastens gegen den Preßklotz mittels Preßluft von 6—8 at Spannung. Abb. 1249 läßt die Abhebung mittels Handhebels erkennen, bei welcher Arbeit gleichzeitig ein Preßluftklopfer in Tätigkeit gesetzt wird. Die Geschwindigkeit beim Abheben ist damit in das Gefühl des Bedienungsmannes gelegt. Die Abhebestifte sind wagerecht und senkrecht verstellbar, wodurch die Verwendung von Formkasten beliebiger Größe zwischen 300 × 400 mm bis 400 × 500 mm lichter Weite und beliebiger Höhe auf der abgebildeten Maschine ermöglicht wird. Für hohe Modelle lassen sich ohne weiteres auch Abstreifkämme anwenden.

Abb. 1249.

Die Maschine wird während der Arbeit entlang dem Sandhaufen gefahren. Dementsprechend bleibt sich auch der Weg zum Absetzen der fertigen Formen gleich kurz. Abb. 1250 zeigt die Maschine mit dem Ausbringen einer achtstündigen Tätigkeit (100 Kasten). Ein großer Vorzug der Maschine liegt in der Möglichkeit, vorhandene Formplatten fast jeder Art ohne weiteres benutzen zu können. Gehobelte

Platten mit aufgesetzten Modellen, Rahmen mit eingegipsten Modellen oder Platten aus Modellsteinmasse können gleich gut verwendet werden, da sie nicht in Gefahr kommen, durch vielfaches Herausnehmen vorzeitig Schaden zu leiden.

Doppelte Maschinen. Die gewöhnlichen, einfach wirkenden Formmaschinen gestatten keine volle Ausnutzung all ihrer Einrichtungen. Insbesondere wird die Preßvorrichtung nur zu einem kleinen Teil ihrer Leistungsfähigkeit ausgenutzt, da sie während des Formkastenvorrichtens und des Abhebens, also während des größten Teils der Arbeitszeit, außer Tätigkeit ist. Das führte zum Bau doppelt wirkender Maschinen, bei denen die Preßvorrichtung von zwei Seiten benutzt werden kann. Während von der einen Seite ein Formkasten zum Pressen vorbereitet wird, erfolgt von der anderen die Pressung eines zweiten Formkastenteils. Dies kann ermöglicht werden durch Anordnung feststehender Abhebe- und Preßvorrichtung mit beweglichem Preßholm oder auch Ausführung fahrbarer Formtische bei feststehender Preßvorrichtung. Unter günstigen

Abb. 1250. Achtstündiges Ausbringen der Maschine nach Abb. 1247—1249.

Umständen kann annähernd die Leistung zweier Maschinen erzielt werden mit Anlagekosten, die beträchtlich geringer sind als bei Beschaffung zweier einzelner Maschinen. Die Vorbereitung, das Abheben und Fortschaffen der Formkasten erfordern mehr Zeit als der Preßvorgang. Es sei aber ausdrücklich bemerkt, daß sich Doppelformmaschinen nicht überall bewährt haben. Häufig ist mit zwei Einzelmaschinen eine größere Leistung zu erzielen. Der flinkere Arbeiter reißt kaum jemals den langsameren zu größerer Leistung mit.

Das erste deutsche Patent auf eine Doppelformmaschine wurde 1882 unter Nr. 22 766 an die Firma Sebold und Neff[1]) erteilt. Die Abb. 1251—1253 zeigen eine danach ausgeführte Maschine. Zwei voneinander völlig unabhängige, feststehende Abhebe- und Preßvorrichtungen werden von einem Preßholm bedient, der auf einer aus Formeisen gebildeten Fahrbahn hin und her geschoben werden kann.

Arbeitsgang: Der Formkasten b mit dem Füllrahmen wird auf die Modellplatte m gebracht, durch den Kolben f mittels des Preßtisches p samt der Modellplatte m über die vier Abhebestifte g gehoben und mit Formsand gefüllt. Die einstellbaren Abhebestifte sind an Gußträger s des Untergestells geschraubt. Nachdem der Preßholm über den Formkasten gefahren wurde, gibt man dem Kolben f Druck, worauf sich die untere

[1]) Jetzt Badische Maschinenfabrik in Durlach.

Leiste l des Preßholms t gegen die am Untergestell sitzenden Knaggen k legt und der Formkasten gegen das Querhaupt t gepreßt wird. Nun senkt man durch Ablassen des Druckwassers den Preßtisch p mit der Modellplatte m, der Kasten bleibt auf den Ab-

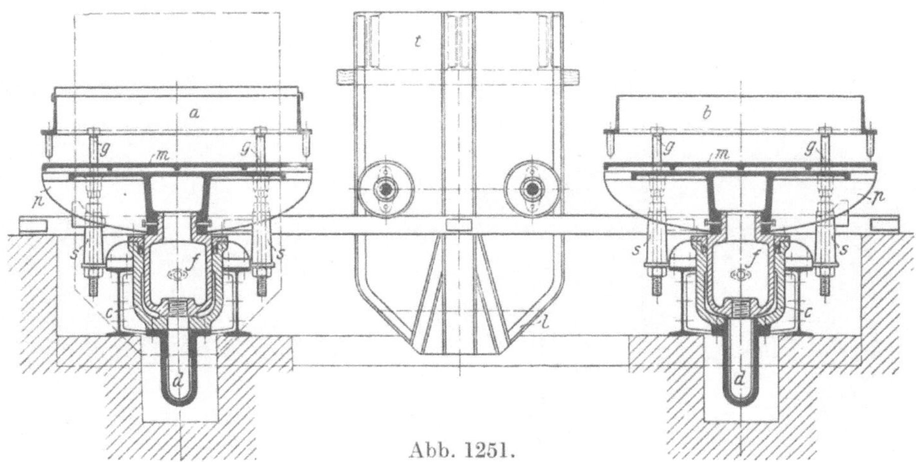

Abb. 1251.

hebestiften liegen, während die sich weiter senkende Modellplatte das Modell aus der Form zieht. Der kleine Kolben d dient zur besseren Führung des großen Kolbens f. Da die Modelle nach unten ausgezogen werden, eignet sich die Maschine nur für flache Modelle, die aber ziemlich stark profiliert sein dürfen, z. B. Klavier- und Filterplatten, Nähmaschinen-, Druckmaschinen-, Webstuhlgestelle und Ofenplatten.

Die Abb. 1254—1256 zeigen in Ansicht und zwei Schnitten eine Doppelpreßmaschine mit feststehenden Abhebe- und Preßvorrichtungen, feststehendem Preßholm und beweglichem Preßklotz[1]). Die beiden Preßzylinder a ruhen in einem gemeinschaftlichen Rahmen, der auf vier kräftigen Säulen den feststehenden Preßholm n

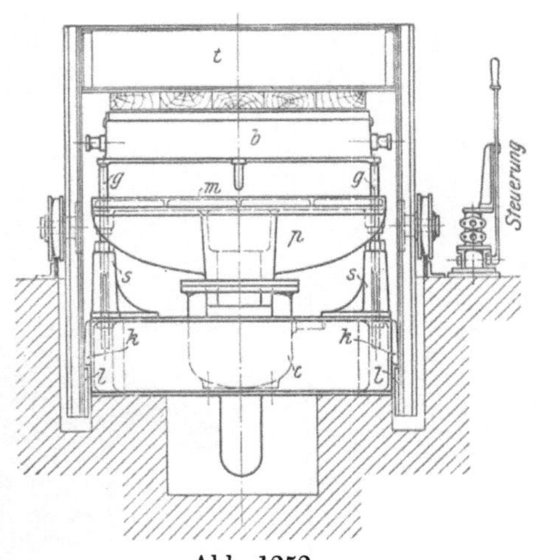

Abb. 1252.

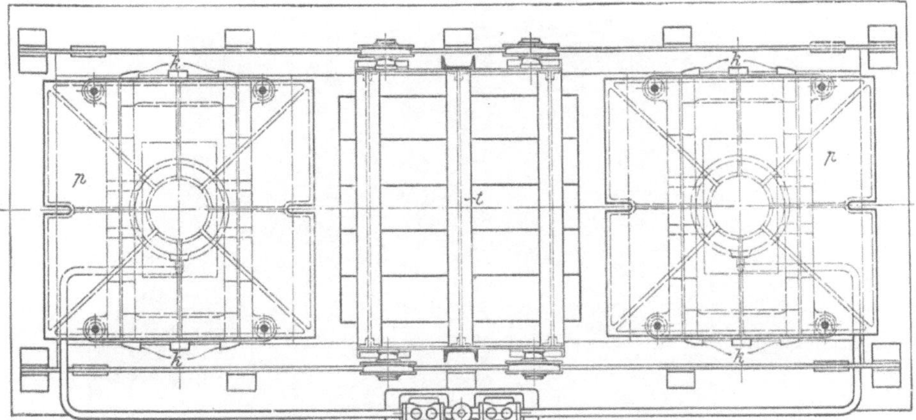

Abb. 1253.

Abb. 1251—1253. Ursprüngliche Doppelformmaschine mit Druckwasserantrieb, unterer Pressung und fahrbarem Preßholm.

[1]) Ausgeführt von Ver. Schmirgel- und Maschinenfabriken, A.-G., in Hannover-Hainholz.

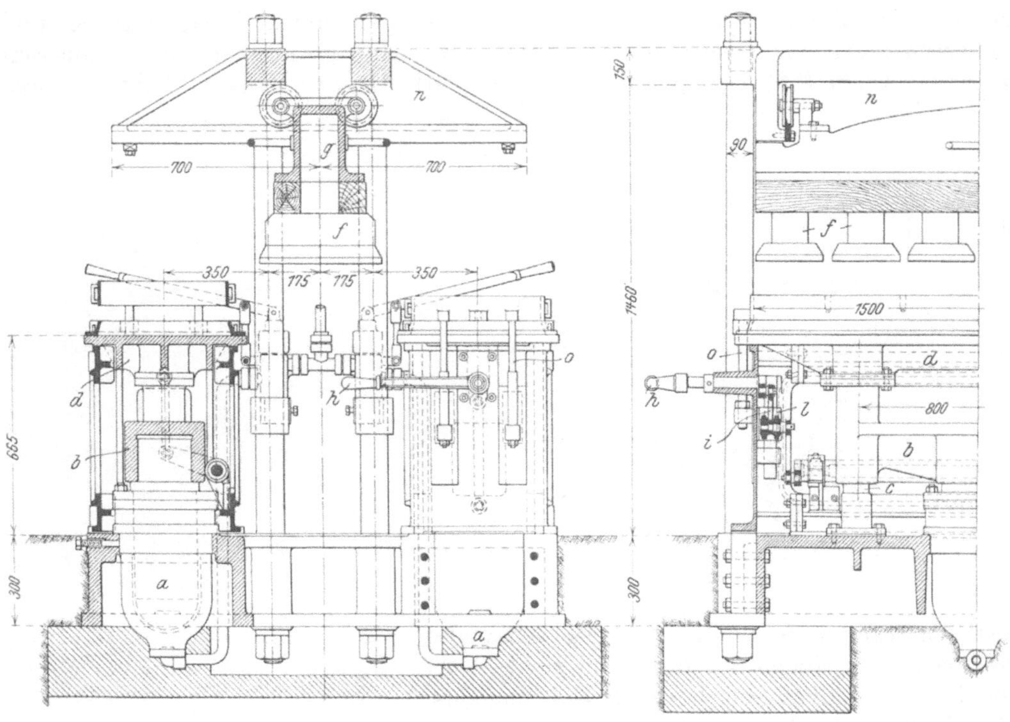

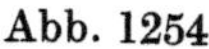
Abb. 1254. Abb. 1255.

Abb. 1256.

Abb. 1254—1256. Doppelpreßmaschine mit beweglichem Preßklotz.

mit dem auf vier Rädern verschiebbaren Preßklotz g f trägt. Die Preßkolben sind mit einem an der Säule c geführten Querstück verbunden, an dem die Preßplatte d fest-

Abb. 1257. Ältere Doppelformmaschine mit fahrbaren Formtischen und unterer Pressung.

Abb. 1258. Doppelformmaschine mit Druckwasserantrieb, oberer Pressung und fahrbarem Preßholm.

geschraubt ist. Das Abheben des fertigen Formkastens erfolgt durch einen Handhebel h, der mittels der Lenkstange i den Schlitten l auf und ab bewegt. Die Schlittenführung ist an den Schmalseiten der Maschine angebracht und durch eine Welle mit zwei Hebeln so verbunden, daß jede ungleiche Bewegung ausgeschlossen ist. Auf dem Schlitten l sitzen die Ahebbestifte o.

Eine ältere Maschine der zweiten Hauptausführungsform ist in Abb. 1257 wiedergegeben [1]). Ein starkes, gußeisernes Grundgestell nimmt den Preßzylinder auf und trägt auf schmiedeisernen Säulen den feststehenden Preßholm mit dem gleichfalls unverrückbaren Preßklotz. Die Formplatten sind in fahrbaren Rahmen gelagert und werden mit ihnen abwechselnd unter den Preßholm geschoben. Die Pressung erfolgt von unten durch Druckwasser, während die Kasten von Hand abgehoben werden. Es kann auch Modellaushebung durch Druckwasser vorgesehen werden. Der Kasten bleibt dann nach dem Pressen und Senken auf zwei seitlichen Schienen liegen, während die Modellplatte weiter sinkt. Nach dem Niedergang des Kolbens liegt der Kasten frei und kann ohne Gefahr abgenommen werden. Die Maschine eignet sich, weil die Modelle nach unten ausgezogen werden, gleich den anderen bisher erörterten Doppelformmaschinen nur für flache Abgüsse.

Die in Abb. 1258 dargestellte Doppelformmaschine [1]) mit Druckwasserantrieb entspricht in Bauart und Arbeitsweise den in Abb. 1241—1243 wiedergegebenen einfachen Maschinen. Das Querhaupt ist aus Walzeisen zusammengebaut. Die Arbeitsweise ist auf Grund des früheren Gesagten ohne weiteres klar. Für Sonderzwecke kann ein Tisch auch mit Durchzieheinrichtung ausgestattet werden.

B. Zweiseitige Pressung.

Die doppelte Pressung (Abb. 1259) ist eine Verdoppelung der einfachen, von der Rückseite des Formkastens aus wirkenden Sandverdichtung und dient fast ausschließlich der Herstellung kastenloser Formen [2]). Das erste D.R.-Patent auf ein solches Verfahren wurde 1880 unter Nr. 1522 an Herm. Reusch erteilt. Seither wurden drei Ausführungsarten entwickelt: Maschinen mit einem einfachen Kolben [3]), mit Doppelkolben [4]) und mit drei Kolben, einem einfachen Preß- und zwei Abhebekolben [5]).

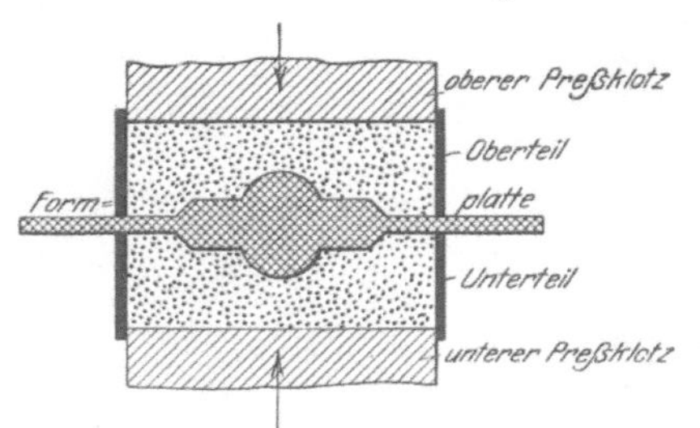

Abb. 1259. Schematische Darstellung der doppelten Pressung.

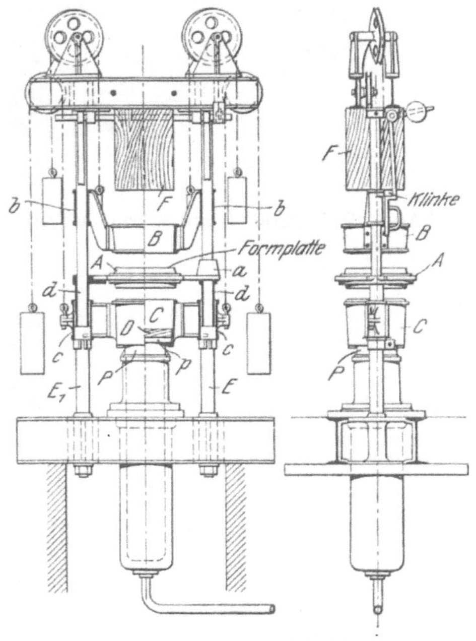

Abb. 1260. Druckwasserformmaschine für doppelte Pressung mit einfachem Kolben.

Abb. 1260 zeigt eine Maschine mit einem einfachen Kolben [6]). In einem Rahmen aus I-Eisen sind zwei Querstücke, welche die Säulen E, E_1 tragen, und ein Preßzylinder P

[1]) Ausgeführt von Bad. Maschinenfabrik in Durlach.

[2]) Vgl. hierzu S. 380.

[3]) D.R.P. Nr. 95 691 vom 15. Nov. 1896 (C. Reuther) und Nr. 102 223 vom 2. Sept. 1898 (C. Reuther).

[4]) D.R.P. Nr. 50 223 vom 2. Juni 1889 (Leeder, England), Nr. 82 683 vom 25. Nov. 1894 (Murray und Fairweather, England) und Nr. 106 821 vom 18. Sept. 1898 (Ver. Schmirgel- und Maschinenfabriken, A.-G., in Hannover-Hainholz).

[5]) Außer den angeführten Patenten gibt es noch das D.R.P. Nr. 211 738 vom 25. Febr. 1906 (Janiot, Vinçennes) für ein Verfahren zur kastenlosen Formerei mittels Doppelpressung.

[6]) Ausgeführt von Bopp u. Reuther in Mannheim.

fest eingebaut. Die Säulen sind oben mit einem Formeisenquerhaupt verbunden. Der untere Formkastenrahmen C greift mit Falzen unter den Kolbenflansch und muß dessen Abwärtsbewegung folgen. Anderseits hängt er an Gegengewichten, die ihn hochziehen, sobald der Kolben in die Höhe geht. Der obere Formkastenrahmen B hängt an den Säulen gleitend so an Gegengewichten, daß ihn ein geringes Übergewicht selbsttätig nach unten sinken läßt. Der Formtisch A ist um eine der Säulen ausschwenkbar. Das Querhaupt trägt einen Preßklotz und eine Welle mit daranhängenden Klinken, die je nach ihrer Einstellung den oberen Formkastenrahmen beim Ausdrücken der Form abstützen oder während des Modellausziehens abfangen.

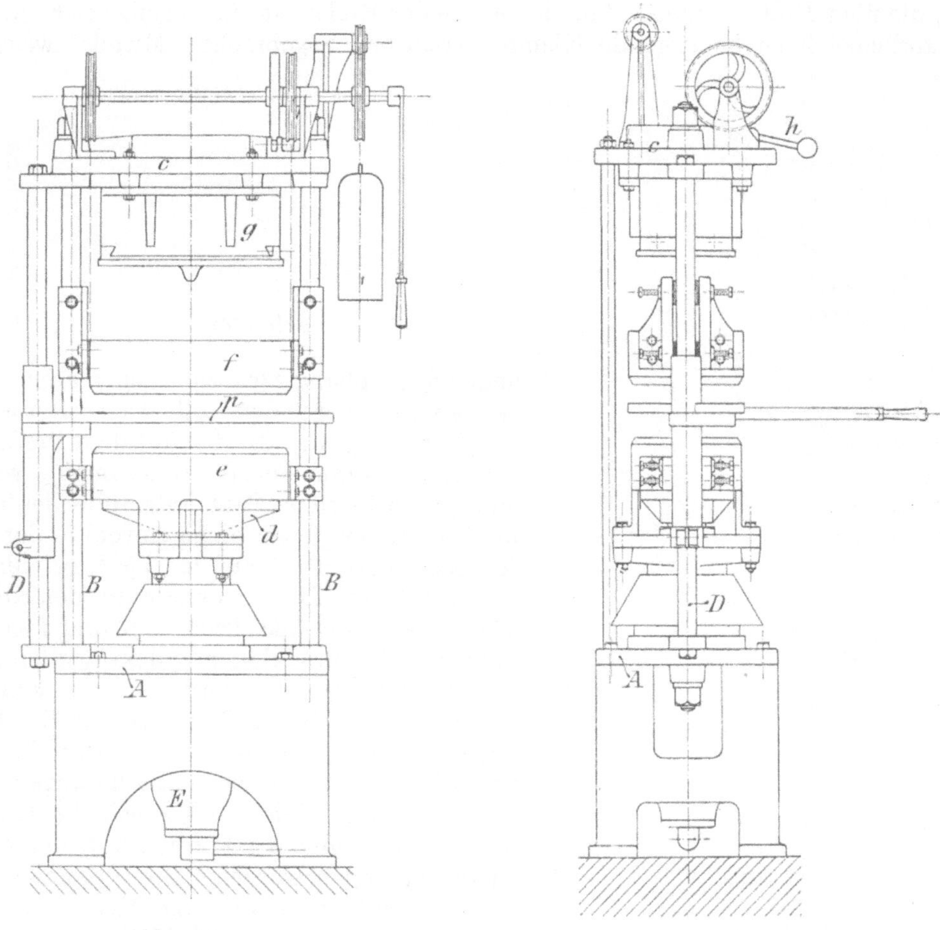

Abb. 1261. Abb. 1262.

Abb. 1261—1264. Druckwasserformmaschine für doppelte Pressung mit Doppelkolben.

Arbeitsgang: Der untere Formkastenrahmen C wird bei ausgeschwenktem Formtisch A mit Sand gefüllt, der Tisch eingeschwenkt, der obere Formkastenrahmen B auf den Tisch herabgezogen und ebenfalls mit Sand gefüllt. Dann läßt man Druckwasser unter den Kolben, der sich gleich dem unter der Wirkung seiner Gegengewichte stehenden unteren Formkastenrahmen hebt, so daß schließlich Ober- und Unterteil mit dem Formtisch gegen den Preßklotz F gedrückt werden. Nach Wegnahme des Druckwassers nimmt der sinkende Preßkolben den unteren Formkastenrahmen mit und trennt ihn vom Tisch A, der stehen bleibt, sobald seine Hülsen d auf die Stellringe c stoßen. Der obere Formkastenrahmen B bleibt nach kurzer Abwärtsbewegung an den Klinken hängen und wird so vom noch in Bewegung befindlichen Tisch A getrennt. Nun schwingt man den Tisch aus, zieht nach Lösung der Klinken den oberen Formkastenrahmen B auf den unteren Rahmen C herab, gibt dem Kolben wieder Druck und hebt die ganze auf dem

Abhebebrett D ruhende Form aus den beiden Rahmen nach oben, wobei die inzwischen oberhalb der Hülsen b eingeschnappten Klinken das Mitgehen der Formkastenrahmen verhindern.

Die Abb. 1261—1264 zeigen eine Maschine mit Doppelkolben [1]). Sie besteht in der Hauptsache aus dem gußeisernen Kasten A, den Säulen B und D, dem Querhaupte c, dem im Kasten A eingebauten Preßzylinder E mit dem den inneren Kolben b bergenden Kolben a. Der untere Formkastenrahmen e sitzt fest auf dem gußeisernen Zwischenstück, das mit dem Kolben b verbunden ist, der Preßtisch d dagegen ruht unmittelbar auf dem inneren Kolben a. Der Tisch p gleitet an der Säule D und kann zur Seite geschwenkt werden. Beide Formkastenrahmen werden an den Säulen B geführt, der obere hängt an Ketten, die über Rollen laufen. Auf der Achse der Rollen ist ein Gegengewicht und eine vom Handhebel h zu betätigende Klemmvorrichtung angebracht. Mittels zweier voneinander unabhängiger Steuerungen kann Druckwasser unter oder in den Kolben a geleitet werden.

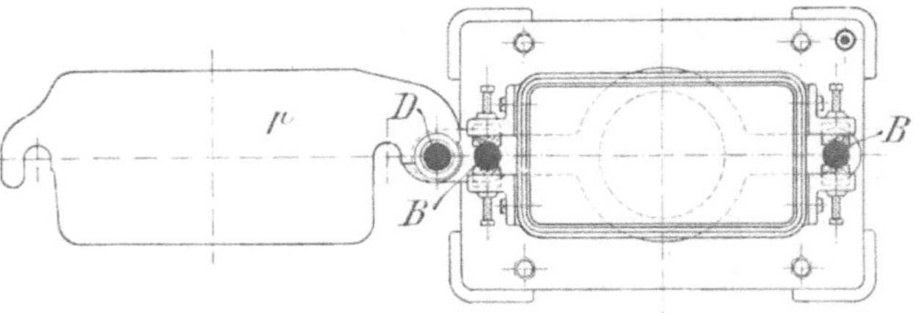

Abb. 1264.

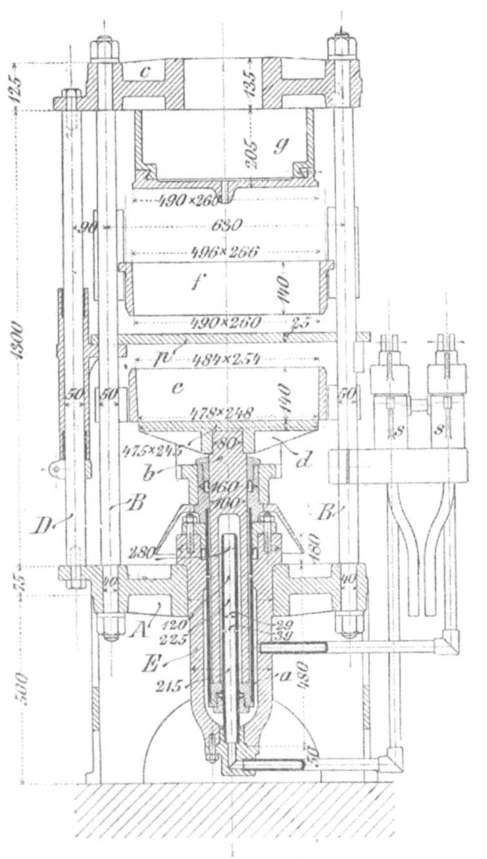

Abb. 1263.

Arbeitsgang: In den auf dem Preßtisch d ruhenden unteren Formkastenrahmen e wird ein Brett gelegt, darüber Sand aufgefüllt, der Tisch p mit der Modellplatte eingeschwenkt, der obere Formkastenrahmen f auf den Tisch gesenkt, mit Sand gefüllt und Druckwasser unter den Kolben a geleitet, wodurch die Teile e, p und f gehoben und gegen den Preßklotz gedrückt werden und so das Oberteil gepreßt wird. Dann läßt man Druckwasser in den Kolben a treten, der Innenkolben b steigt und preßt das Unterteil. Nach dem Pressen werden beide Steuerungen umgestellt, wodurch nacheinander sich die Kolben a und b senken und die Formen von der Modellplatte abgezogen werden. Zur Vereinigung der beiden Formhälften wird die Modellplatte ausgeschwenkt (Abb. 1264), die Verklammerung des Oberteils gelöst, der obere Formkastenrahmen auf den unteren gesenkt, beide Teile werden verklammert, der innere Kolben b in die Höhe getrieben und so der vollständige Sandklotz mit dem Einlagebrett aus den Rahmen e und f herausgedrückt.

Die in Abb. 1265 und 1266 in zwei Schnitten wiedergegebene Preßformmaschine [2]) ist nach der dreizylindrigen Anordnung gebaut. Der den Preßtisch tragende Hauptkolben a preßt beide Formrahmen b, b zu gleicher Zeit und drückt nach dem Ausschwenken der Formplatte e die fertig gepreßten Sandballen aus den Formrahmen. Die kleineren seitlichen Kolben c bewegen die Formrahmen b und werden vom Preßtisch des großen Kolbens a bei dessen Niedergang abwärts gedrückt. Der Hauptkolben a wird durch die Steuerung d betätigt, wogegen die Seitenkolben ständig unter Druck stehen. Die Formrahmen b, b sind durch Ketten, die über ein Rollenpaar oberhalb des Maschinenhauptes

[1]) Ausgeführt von Ver. Schmirgel- und Maschinenfabriken, A.-G., in Hannover-Hainholz.
[2]) Ausgeführt von Bad. Maschinenfabrik in Durlach.

laufen, miteinander verbunden, so daß sie sich gleichmäßig zu- und auseinander bewegen. Der Tisch e mit der Formplatte ist fahrbar und kann zum Zwecke rascher Reinigung ausgeschwenkt werden. Er erhält die zum Pressen notwendige wagerechte Lage durch die Keilflächen f, f.

Arbeitsgang: Nach dem Ausfahren der Formplatte e wird der untere Rahmen b mit Sand gefüllt, die Formplatte wieder über den Rahmen geschoben, der obere Rahmen b durch Verstellen des Steuerhebels auf die Formplatte gesenkt und auch mit Sand gefüllt.

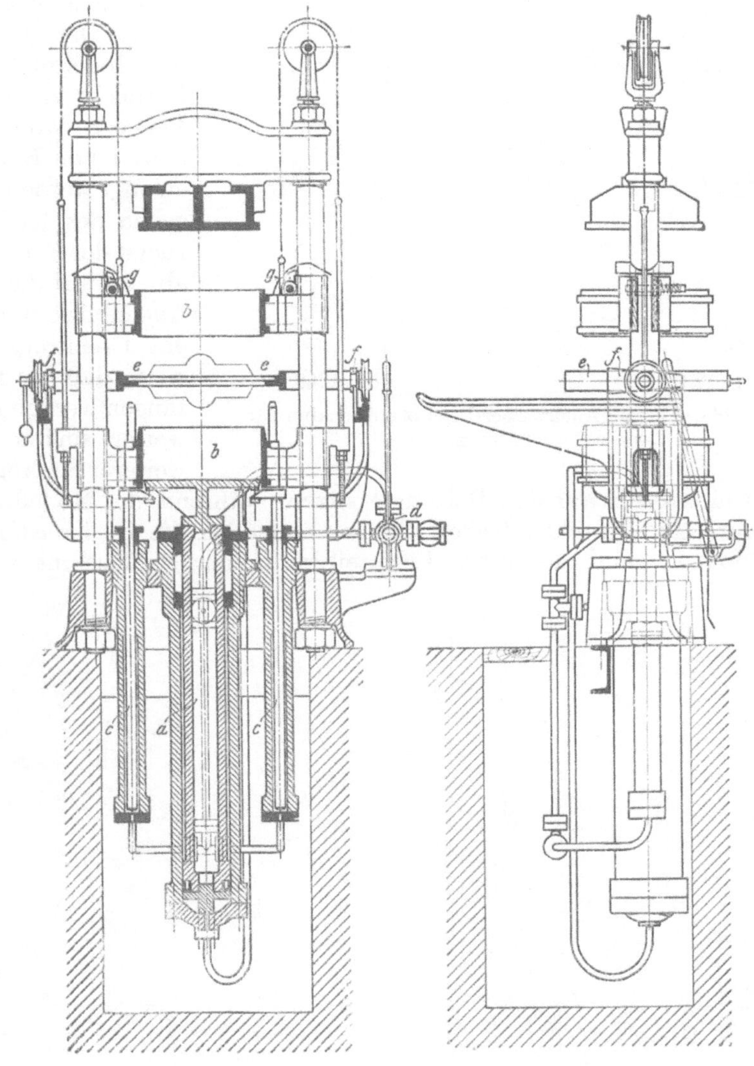

Abb. 1265. Abb. 1266.

Abb. 1265 u. 1266. Preßformmaschine mit drei Zylindern.

Beim weiteren Verstellen des Steuerhebels hebt der Kolben a beide Rahmen b mitsamt dem dazwischenliegenden Tisch e bis zum Preßklotz und bewirkt so die Pressung beider Formhälften. Dann läßt man Druckwasser austreten, wodurch der Kolben a sinkt und die beiden Formrahmen von der Formplatte abgehoben werden. Der Tisch e wird ausgefahren und der obere Rahmen b auf den unteren gesenkt, so daß sich beide Sandfüllungen berühren. Der durch Einlassen von etwas Druckwasser nach oben getriebene Kolben a schiebt dann beide Formen zugleich aus den Rahmen, wobei sie sich mit den Federknaggen g, g gegen entsprechende Kerben in den beiden Säulen stützen.

An Stelle der drei nebeneinander liegenden Zylinder besitzen die neueren Ausführungen dieser Maschine zwei ineinander angeordnete Zylinder.

C. Zweiseitige Pressung[1]).

Die Abb. 1267 und 1268 zeigen eine ältere, heute nicht mehr gebaute Maschine für zweiseitige Pressung[2]). Die untere Modellplatte A sitzt auf dem Flansch des Preßkolbens, die obere B unter dem Preßholm. Der innen abgeschrägte Füllrahmen C — die Abschrägung begegnet dem Abbröckeln des während des Pressens ohne eine Umfassung frei stehenden Sandballens — wird mit Formsand gefüllt und abgehoben, worauf man Druck gibt. Der Kolben D drückt die Modellplatte A mit dem Formkasten E gegen die Platte B, wodurch auf beiden Seiten von E Modellabdrücke erzeugt werden. Beim Niedergehen des Kolbens hebt sich zuerst der Formkasten E von B ab, worauf die Senkung einen Augenblick unterbrochen und das Drehkreuz F so gedreht wird, daß die Bolzen G abgefangen werden und nicht mehr weiter sinken können. Bei weiterer Senkung des Kolbens bleibt der Formkasten E auf den Bolzen G sitzen, während die Modellplatte A weiter nach unten geht. Die einzelnen Teile nehmen schließlich die in der Abbildung wiedergegebene Stellung ein, und das fertige Formteil kann von der Maschine gehoben werden.

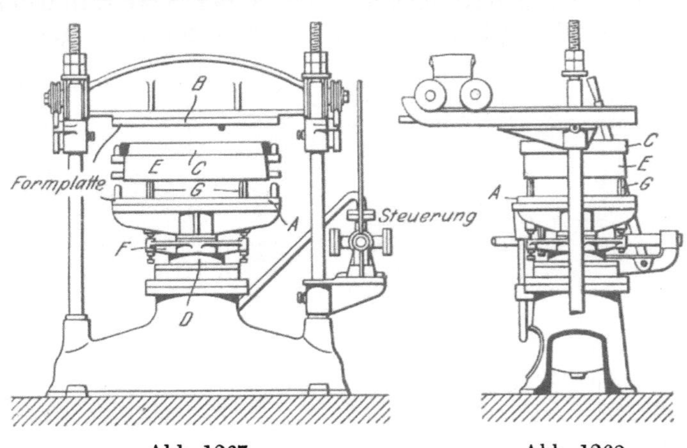

Abb. 1267. Abb. 1268.

Abb. 1267 u. 1268. Ältere Druckwasser-Preßformmaschine für zweiseitige Pressung.

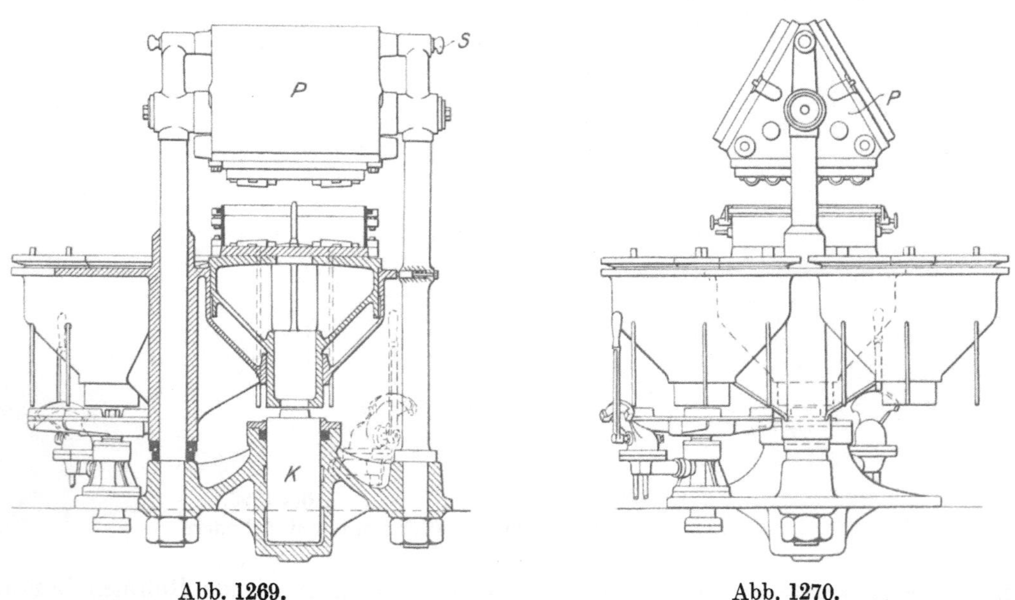

Abb. 1269. Abb. 1270.

Abb. 1269 u. 1270. Drehtischformmaschine mit Druckwasserantrieb für zweiseitige Pressung.

Die in den Abb. 1269 und 1270 in einem Schnitte und einer Ansicht gezeigte Drehtischmaschine[3]) hat einen dreifachen Preßtisch und ein dreifaches Preßhaupt. Der Gedanke des dreifachen Preßtisches wurde erstmals von Dalifol verwirklicht[4]) und von Rud. Nuß

[1]) Das Wesen der zweiseitigen Pressung wurde auf S. 377 behandelt.

[2]) Ausgeführt von Bad. Maschinenfabrik in Durlach.

[3]) Ausgeführt vom königl. Württemb. Hüttenamt, jetzt Schwäb. Hüttenwerke, G. m. b. H., in Wasseralfingen.

[4]) D.R.P. Nr. 64 628 vom 16. Mai 1891.

durch die Maschinen des früheren königl. Württemb. Hüttenamts Wasseralfingen verbessert [1]). Die Drehkreuzabhebevorrichtung ist geteilt, das Drehkreuz sitzt am feststehenden Ausleger der einen Säule, während die Abhebestifte an jeder Trommel angebracht sind. Zur Vermeidung des jedesmaligen Einlegens und Auswechselns der oberen Modellplatte ist der Preßkopf P als dreiseitiges, um eine wagerechte Achse drehbares Prisma ausgebildet. Auf jeder Prismenseite ist eine Modellplatte befestigt, so daß drei verschiedene Plattenpaare gleichzeitig in Arbeit genommen werden können. Der Drehtisch ist in seiner Höhenlage nicht verstellbar, dagegen umfaßt er drei im unteren Teil als Kolben ausgeführte Preßtische, auf denen die unteren Modellplatten ruhen. Durch Drehen des Preßtisches wird ein Tischkolben nach dem anderen über den zwischen den Säulen angeordneten Druckwasserkolben K gebracht, der ihn gegen das durch die Stellstifte S genau wagerecht gehaltene Preßhaupt P drückt. Da der Drehtisch seine Höhenlage nicht ändert, kann an einem Tisch abgehoben werden, während ein anderer sich unter der Presse befindet. Es können daher drei Arbeiter gleichzeitig voll beschäftigt werden, der erste setzt Formkasten und Preßrahmen auf und füllt beide mit Formsand, der zweite stellt das Preßhaupt richtig ein und bewirkt die Pressung und Trennung der Form von der oberen Modellplatte, während der dritte den Formkasten mittels der Druckwasservorrichtung von der unteren Modellplatte abhebt und zur Gießstelle bringt. Die Maschine ist bei gut ineinander arbeitenden Mannschaften, am besten ein führender Former mit zwei jüngeren Hilfsarbeitern, von hervorragender Leistungsfähigkeit.

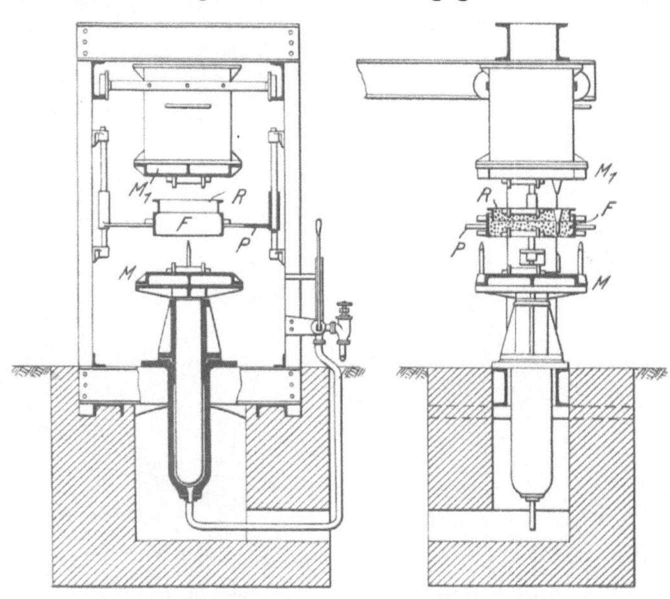

Abb. 1271. Druckwasserformmaschine für zweiseitige Pressung.

Eine eigenartige, den Maschinen für zweiseitige Pressung verwandte Bauart zeigt die in Abb. 1271 in zwei Schnitten ersichtliche Maschine [2]). Der Formkasten F wird auf den Rahmen P gesetzt und der Preßtisch M durch Betätigung der Steuerung so hoch gebracht, daß er den Formkastenrahmen P etwas anhebt. Nach Füllung des Formkastens und des Aufsetzrahmens mit Formsand erhält der Kolben aufs neue Druck, so daß er M, F und R gegen M_1 preßt und schließlich den Rahmen R in den Kasten F drückt, wodurch eine gleichmäßige Pressung der oberen Seite des Formkastens erreicht werden soll. Bei sinkendem Kolben löst sich zunächst der Formkasten F von M_1 und dann, sobald der Rahmen P auf der unteren Begrenzung seiner Führung aufstößt, auch von M, worauf das fertige Formteil fortgenommen und auf den zugehörigen Stapel gesetzt wird.

Wendeplattenmaschinen.

Die Wendeplatte [3]) spielt bei den Kraftmaschinen eine gleich wichtige Rolle, wie bei den Handmaschinen. Die Ausführungsformen sind außerordentlich mannigfaltig und weichen besonders im Aufbau des Maschinengestells und der Anordnung des Preßholms weit voneinander ab. Man unterscheidet Maschinen mit gesonderter Lagerung des

---

[1]) D.R.P. Nr. 165 953 vom 10. Nov. 1904.
[2]) Ausgeführt von Bopp u. Reuther in Mannheim.
[3]) Das Wesen der Wendeplattenmaschinen wurde auf Seite 352 u. 386 behandelt.

Preßholms und der Wendeplatte, wobei der Preßholm feststehend oder fahrbar sein kann, Maschinen mit gemeinschaftlicher Lagerung von Preßholm und Wendeplatte, Maschinen,

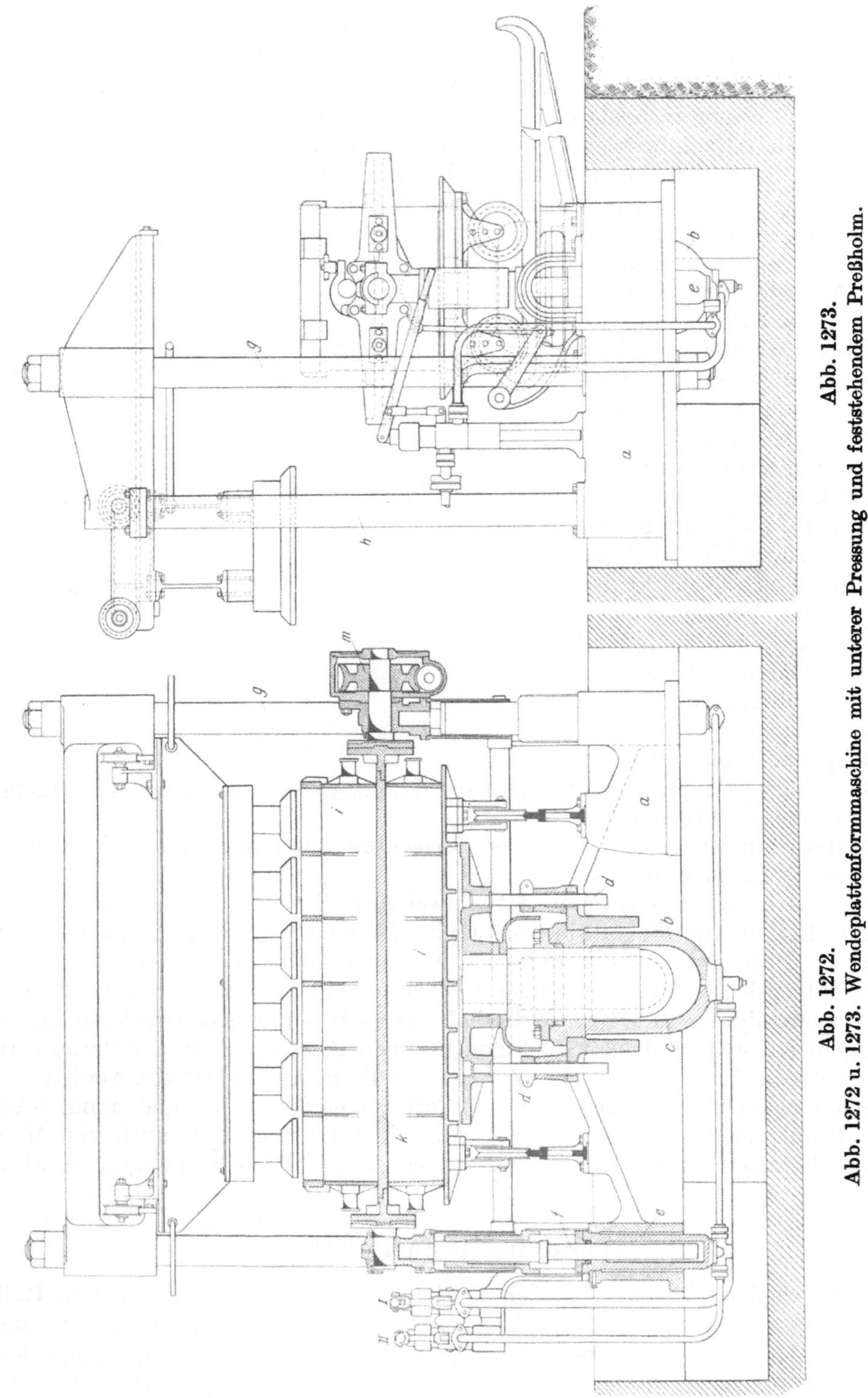

Abb. 1272.

Abb. 1273.

Abb. 1272 u. 1273. Wendeplattenformmaschine mit unterer Pressung und feststehendem Preßholm.

deren Wendeplatte als Preßholm ausgebildet ist, und endlich Maschinen mit mehreren, um eine Säule drehbaren Wendeplatten. Jede dieser Ausführungsarten ist durch eine

Reihe von Patenten geschützt [1]). Im allgemeinen ermöglicht die gemeinsame Lagerung von Preßholm und Wendeplatte die einfachste Bauart und den bequemsten Betrieb und verbürgt, da die Wendeplatte nicht aus ihren Führungen gehoben wird, die längste Gebrauchsfähigkeit der Maschine. Doppelformmaschinen werden verhältnismäßig selten ausgeführt.

Die Abb. 1272 und 1273 zeigen eine ältere Maschine [2]) mit gesonderter Lagerung des feststehenden Preßholms und der Wendeplatte. Der Grundrahmen a vereinigt alle Teile zu einem Ganzen. In ihm sind der mittlere Druckzylinder b mit dem Kolben c, die eine Verdrehung ausschließenden Bolzen d, die beiden Seitenzylinder e mit den als Wendeplattenlager ausgebildeten Kolben f, die Preßholmsäulen g und die Stützen h der Preßklotzlaufbahn eingebaut. Der mittlere Kolben c dient zum Pressen und wird von der Steuerung I bedient, während mit den beiden seitlichen Kolben das Modell ausgehoben wird. Nach dem Pressen läßt man den Kolben c mit den beiden Formkasten i und der Wendeplatte k in die tiefste Stellung sinken, gibt mit der Steuerung II Druck unter den Kolben f und hebt so die Modelle aus der Form, wonach der fertige Formkasten auf dem Wagen ausgefahren und abgehoben wird. Die Wendeplatte wird mit Hilfe des Schneckengetriebes m von Hand gedreht.

Abb. 1274 gibt in einem Hauptschnitt eine Wendeplattenmaschine mit **elektrischem** Antrieb wieder [3]). Eine starke Preßschraube f ist in der

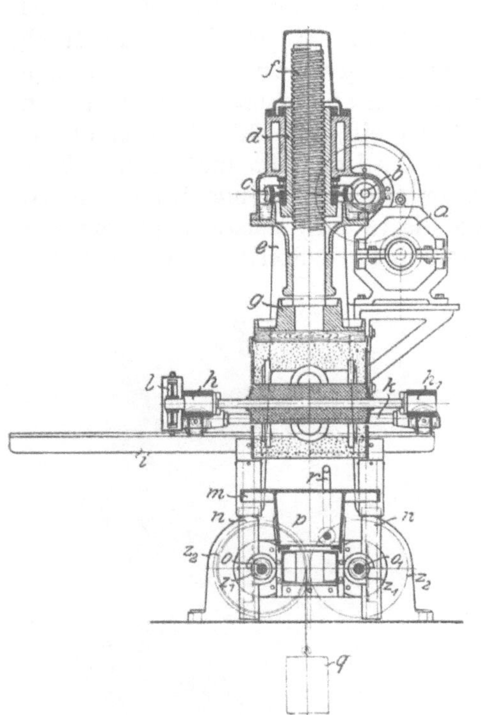

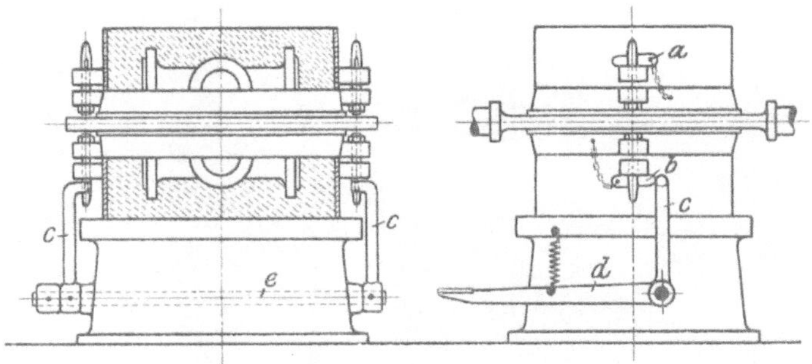

Abb. 1274. Abb. 1275. Abb. 1276.

Abb. 1274—1276. Elektrische Wendeplattenformmaschine.

Mittelachse des Maschinenrahmens e so eingebaut, daß ihr Achsendruck von einem Kugellager aufgenommen wird. Die Arbeit des Umkehrmotors a wird mittels eines Stirnradvorgeleges auf die Schnecke b und von ihr durch das Schneckenrad c auf die Bronzebüchse d übertragen, die die Hauptspindel f auf und ab bewegt. Die Wendeplatte lagert mit den Drehzapfen h und h_1 in einem auf Schienen i laufenden Rahmen und wird mittels des Kurbel- und Zahnradantriebes l gewendet. Die Schienen i ruhen auf vier langen, unten verzahnten Stangen n, die mit kleinen Zahnrädern z_1 in Eingriff stehen. Auf die Achsen o ist neben den Rädern z_1 und z_2 je ein Rad p gekeilt, das ein Drahtseil mit dem im Fundament untergebrachten Gewicht q trägt. Durch diese Anordnung wird jede Bewegung der Stangen n auf das Gewicht q übertragen, wodurch

[1]) Beachtenswert sind folgende Patente aus den letzten Jahren (alle Kl. 31): Nr. 340 324 (1920) in einer Schwinge gelagerte Wendeplatte (Eisenhütte Westfalia); Nr. 354 971 (1920) lotrecht verschiebbare Wendeplatte (H. Nicholls); Nr. 356 705 (1921) Eigenartige Schwenkvorrichtung der Modellplatte (A. Eberhard); Nr. 362 560 (1922) Wendeplatte mit eigenartigen Formkastenhalter (E. A. Müller); Nr. 374 280 (1922) Heben und Wenden mit nur einem Kolben (W. Boenigk).

[2]) Ausgeführt von Ver. Schmirgel- und Maschinenfabriken, A.-G., in Hannover-Hainholz.

[3]) Früher ausgeführt von Gießereimaschinenfabrik, G. m. b. H. in Kirchheim-Teck, jetzt von Münchener Vulkan in München-Milbertshofen.

eine genau senkrechte und elastische Bewegung der Schienen i und mit ihnen des Formplattenrahmens gewährleistet wird. Der Hebel r dient zum Entklammern des auf dem Tisch m ruhenden fertigen Kastens von der Wendeplatte. Abb. 1275 und 1276 zeigen die Entklammerungsvorrichtung in etwas größerem Maßstabe. Die Befestigung der Kasten an der Wendeplatte wird durch Keile a und b, die durch die Führungsbolzen reichen, bewirkt. Eine Welle e im Maschinensockel trägt rechts und links je einen Schlaghebel c, auf einer Seite außerdem einen Fußhebel d, auf dem eine Zugfeder so angebracht ist, daß die Welle für gewöhnlich in einer Lage festgehalten wird, bei der die Hebel c etwas von den Keilen b abstehen. Erfolgt ein kräftiger Tritt auf den Fußhebel d, so schlagen die Hebel c die Keile aus den Schlitzen der Führungsbolzen, und der Formkasten wird von der Wendeplatte frei.

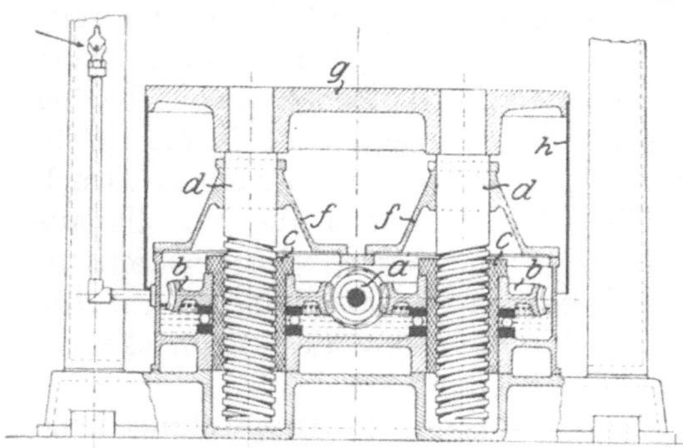

Abb. 1277.

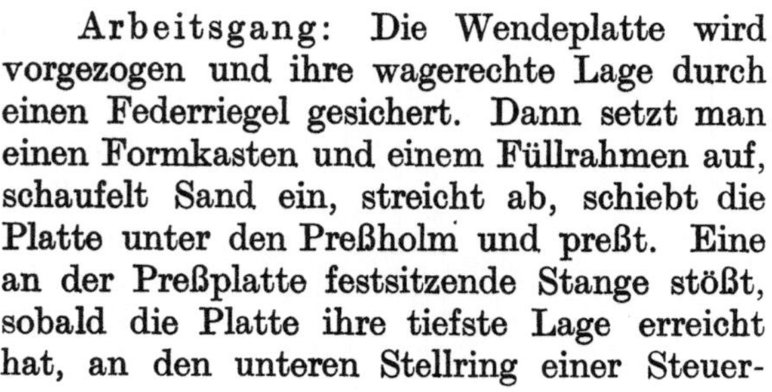

Arbeitsgang: Die Wendeplatte wird vorgezogen und ihre wagerechte Lage durch einen Federriegel gesichert. Dann setzt man einen Formkasten und einem Füllrahmen auf, schaufelt Sand ein, streicht ab, schiebt die Platte unter den Preßholm und preßt. Eine an der Preßplatte festsitzende Stange stößt, sobald die Platte ihre tiefste Lage erreicht hat, an den unteren Stellring einer Steuer-

Abb. 1278.

Abb. 1279.

Abb. 1277—1279. Elektrische Wendeplatten-Formmaschine mit unterer Pressung.

stange und rückt selbsttätig den Motor aus, worauf ein Tritt auf den Fußhebel die Entklammerung des unteren Formkastens bewirkt. Mittels des Handschalters wird nun der Motor in entgegengesetzte Drehung gebracht, die Wendeplatte geht mit dem gepreßten Kasten hoch, und die Modelle werden aus der unteren Form gezogen, worauf man die Wendeplatte wieder vorzieht, den fertigen Formkasten abhebt und wendet.

Bei der in manchen Einzelheiten der vorher beschriebenen Maschine ähnlichen Ausführung, Abb. 1277—1279, ist der Motor und das Hubwerk unter dem Formtische angeordnet, wodurch eine so tiefe Schwerpunktslage erreicht wird, daß sich bei ortsfester Anlage Fundamente erübrigen und daß anderseits nichts im Wege ist, die Maschine durch Anbringen von Rädern fahrbar zu machen. Abb. 1277 zeigt einen Schnitt durch das Getriebeunterteil. Die beiden Preßspindeln d werden ähnlich wie bei der Maschine Abb. 1274 durch ein Schneckengetriebe a b c vom seitlich eingebauten Umkehrmotor aus angetrieben, die Drucklager sind als Kugellager ausgebildet, und das ganze Triebwerk läuft in Öl. Die Preßspindeln werden durch Hülsen f, die auf den Getriebekasten geschraubt sind, so geführt, daß ihr Gewinde selbst bei höchster Lage des Preßtisches g nicht aus dem Gehäuse-Innern tritt. Außerdem ist zum Schutze gegen herabfallenden Sand rings um den Rand des Preßtisches g eine Verkleidung h angebracht. Das Gewicht der Preß- und Abhebeteile wird durch ein Gegengewicht ausgeglichen, der Motor läuft darum ohne Belastung. Die Leistung der Maschine beträgt bei zwei Mann Bedienung 15 vollständige Formen in Kasten von 500 × 400 × 260 mm mit einem mittleren Stromverbrauch von 4 Ampère Gleichstrom und 400 Volt Spannung. Der Arbeitsgang ist gleich dem der Maschine Abb. 1274.

Bei der in den Abb. 1280 und 1281 ersichtlichen älteren Maschine [1]) sind ebenfalls Wendeplatte und Preßholm besonders gelagert, letzterer aber ist fahrbar angeordnet. Die Wendeplatte w ist mittels des Hebels h auf Keilflächen genau wagerecht einstellbar und wird durch das Handrad r gedreht. Der Gegendruck während des Pressens wird

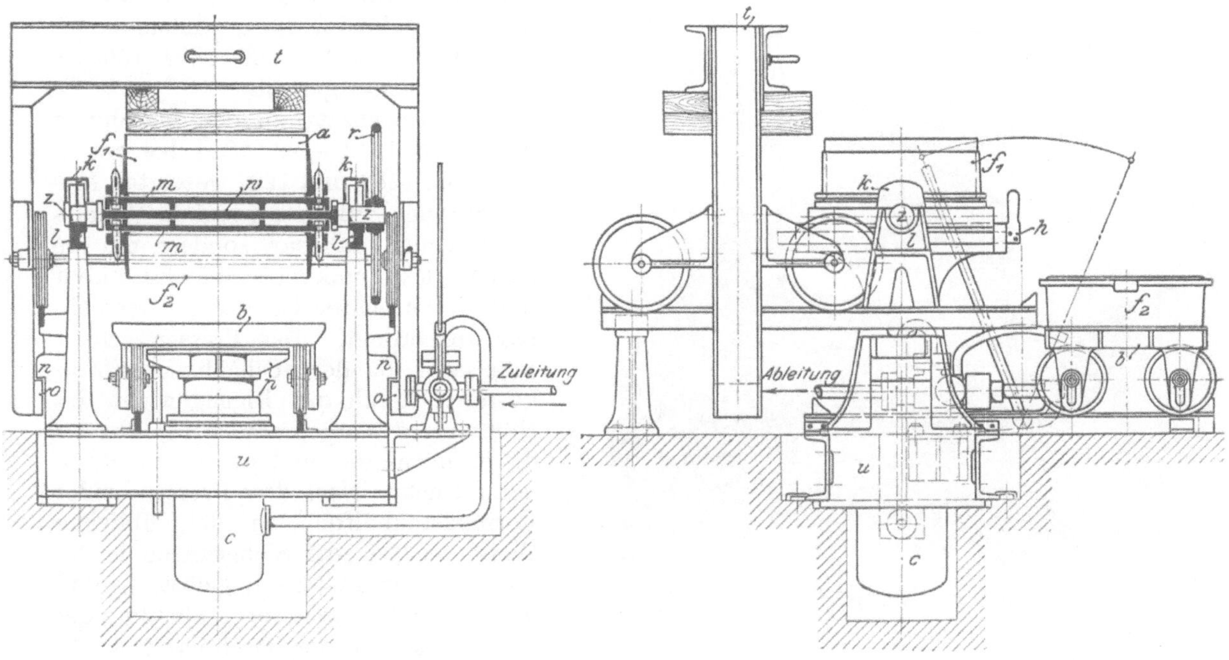

Abb. 1280. Abb. 1281.

Abb. 1280 u. 1281. Ältere Wendeplattenmaschine mit Druckwasserantrieb und fahrbarem Preßholm.

von den Leisten o aufgenommen, die sich an Vorsprünge n des Hauptmaschinenrahmens anlegen.

Arbeitsweise: Auf der oberen und unteren Seite der Wendeplatte werden die Formkasten f_1 und f_2 befestigt, der obere einschließlich des Aufsatzrahmens a mit Sand gefüllt, Wagen b und Preßholm t eingefahren und Druckwasser angestellt. Der aufsteigende Kolben preßt den Tisch b mit dem Wagen und den Formkasten gegen den Preßholm. Das Ganze wird durch Ablassen des Druckwassers gesenkt, der Holm ausgefahren, die Wendeplatte gedreht, der zweite Formkasten mit Sand gefüllt und wie der erste gepreßt. Nach Lösung der Haltekeile läßt man den unteren Kasten sinken, bis der Wagen auf die Schienen stößt und die Form ausgefahren werden kann. Dann wird die Platte geschwenkt, ein neuer Kasten aufgesetzt und der Arbeitsgang in gleicher Weise wiederholt. Die dauernd gute Arbeit der Maschine hängt ganz besonders von der genauen Instandhaltung der vom Handhebel h bedienten Keilflächen ab.

Eine heute ebenfalls überholte Ausführung solcher Maschinen [1]) ist in Abb. 1282 wiedergegeben. Das Pressen erfolgt von oben wie bei der Maschine nach Abb. 1241,

[1]) Ausgeführt von Bad. Maschinenfabrik in Durlach.

worauf die Wendeplatte nebst Modellplatte geschwenkt, das Modell mit Hilfe eines Handhebels aus dem Sande gehoben und der Formkasten ausgefahren wird.

Die in den Abb. 1283—1285 in einer Ansicht, einer Draufsicht und einem Schnitte ersichtliche ältere Doppelmaschine [1]) hat neben einer feststehenden Preßvorrichtung t zwei völlig unabhängige Abhebevorrichtungen. Eine Fahrbahn verbindet die einzelnen Teile. Zwei Wagen b und c, welche die Kasten von der Presse zu den Abhebevorrichtungen bringen, sind mit Wendevorrichtungen ausgestattet, die von den Handrädern h bedient werden.

Die Formkastenteile f_1 und f_2 werden nach dem Pressen um 180° gedreht und dann über die von Druckwasser betätigten Abhebevorrichtungen d gefahren, woselbst sie durch Heben und Senken des Kolbens von der Modellplatte abgezogen werden. Ein durch Druckwasser betriebener Schwenkkran g sorgt für das Abheben und Aufsetzen der fertigen Formen. Die Maschine eignet sich besonders für hohe und schwierige Modelle und wird für Formkasten bis zu 1200 × 1200 × 400 oder 1500 × 600 × 350 mm gebaut.

Abb. 1282. Wendeplattenformmaschine mit Druckwasserantrieb und oberer Pressung.

Im Gegensatz zu den Maschinen nach Abb. 1272—1282 sind bei der in den Abb. 1286 und 1287 gezeigten Maschine [2]) der Preßklotz g und die Wendeplatte t nicht fahrbar, sondern um die Säulen des Preßkopfes ausschwenkbar und in lotrechter Richtung verschiebbar angeordnet. Das Pressen erfolgt sehr sanft, da der hochgehende Formkasten f durch das Eigengewicht des Preßklotzes vorgepreßt wird, ehe er diesen mitnimmt und gegen den Preßholm drückt. Nach dem Pressen beider Formkastenhälften in der üblichen Weise werden die Sicherungen h des unteren Formkastens f_1 gelöst, so daß dieser beim weiteren Sinken des Kolbens k mit der Tischplatte w abwärts geht, während die Wendeplatte auf den Stellringen r sitzen bleibt. Nach dem Wenden wird ein neuer Kasten aufgesetzt und gepreßt, so daß im laufenden Betriebe bei jedem Hochgang eines Kolbens ein Formkastenteil gepreßt, beim Niedergange eines abgehoben wird.

Bei der in Abb. 1288 ersichtlichen, nach dem D.R.P. Nr. 84 541 (1895) gebauten Maschine [3]) fehlt ein besonderer Oberbau, die Wendeplatte dient zugleich als Preßholm.

Arbeitsweise: Der Formkasten k_1 mit dem Füllrahmen r wird auf die Modellplatte gelegt, mit Sand gefüllt und mit einer Blechplatte p, die mit Federbolzen festgehalten wird, abgeschlossen. Nach Verriegelung des Formkastens mit dem drehbaren Kastenhalter h [4]) wird die Platte gewendet, durch den Stift s in wagerechter Lage festgestellt, der Kolben unter Druck gesetzt und die Form gepreßt. Die Kolbenplatte dringt dabei in den Füllrahmen ein und preßt den Formsand um die Höhe des Rahmens zusammen. In gleicher Weise wird dann auf der oberen Seite der Wendeplatte ein Formkasten k_2 gefüllt, mit der Modellplatte gewendet und dann gepreßt. Der zuerst fertig gemachte

[1]) Ausgeführt von Bad. Maschinenfabrik in Durlach.

[2]) Ausgeführt von Bopp u. Reuther in Mannheim.

[3]) Ausgeführt vom früher. königl. Württemb. Hüttenamt, jetzt Schwäb. Hüttenwerke, G. m. b. H., in Wasseralfingen.

[4]) Siehe auch Abb. 1145, Seite 354.

Formkasten gelangt dabei nach oben, wo der Füllrahmen mit der Verschlußplatte abgenommen und der überstehende Sand abgestrichen wird. Nach nochmaligem Wenden

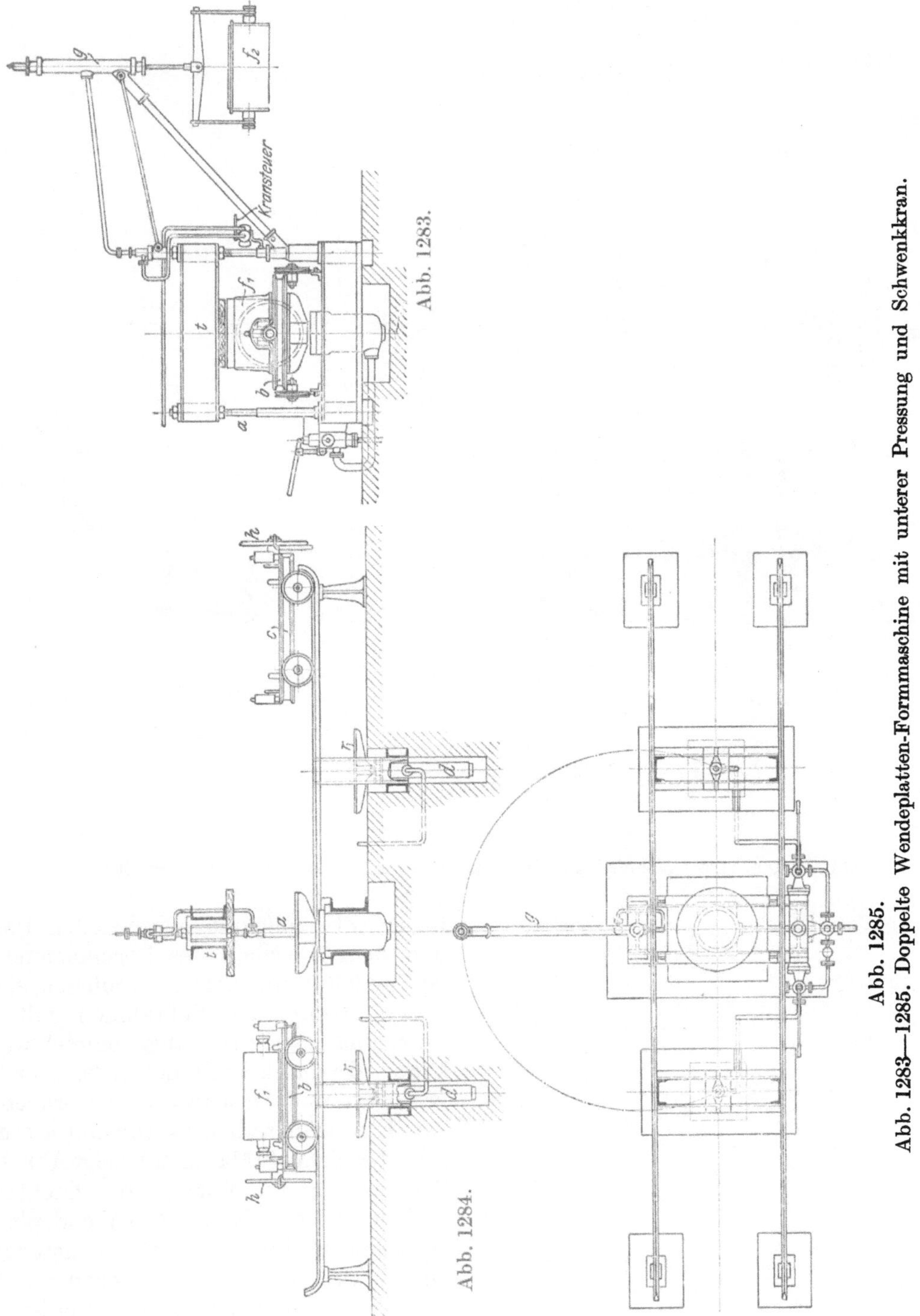

Abb. 1283—1285. Doppelte Wendeplatten-Formmaschine mit unterer Pressung und Schwenkkran.

wird der Formkasten durch den Preßkolben K von der Modellplatte abgezogen und mit dem Wagen W aus der Maschine gefahren.

Die Bauart der Maschine ist sehr einfach, sie ist aber trotzdem den Maschinen mit eigenem Preßholm nicht überlegen, da die Wendeplattenlager beim Pressen regelmäßig stark beansprucht werden und bald verschleißen. Die Handhabung des Abschlußbleches ist an sich recht einfach, bedingt aber für jedes Formkastenteil einige Handgriffe, die bei anderen Wendeplattenmaschinen sich erübrigen. Der schwerstwiegende Nachteil liegt

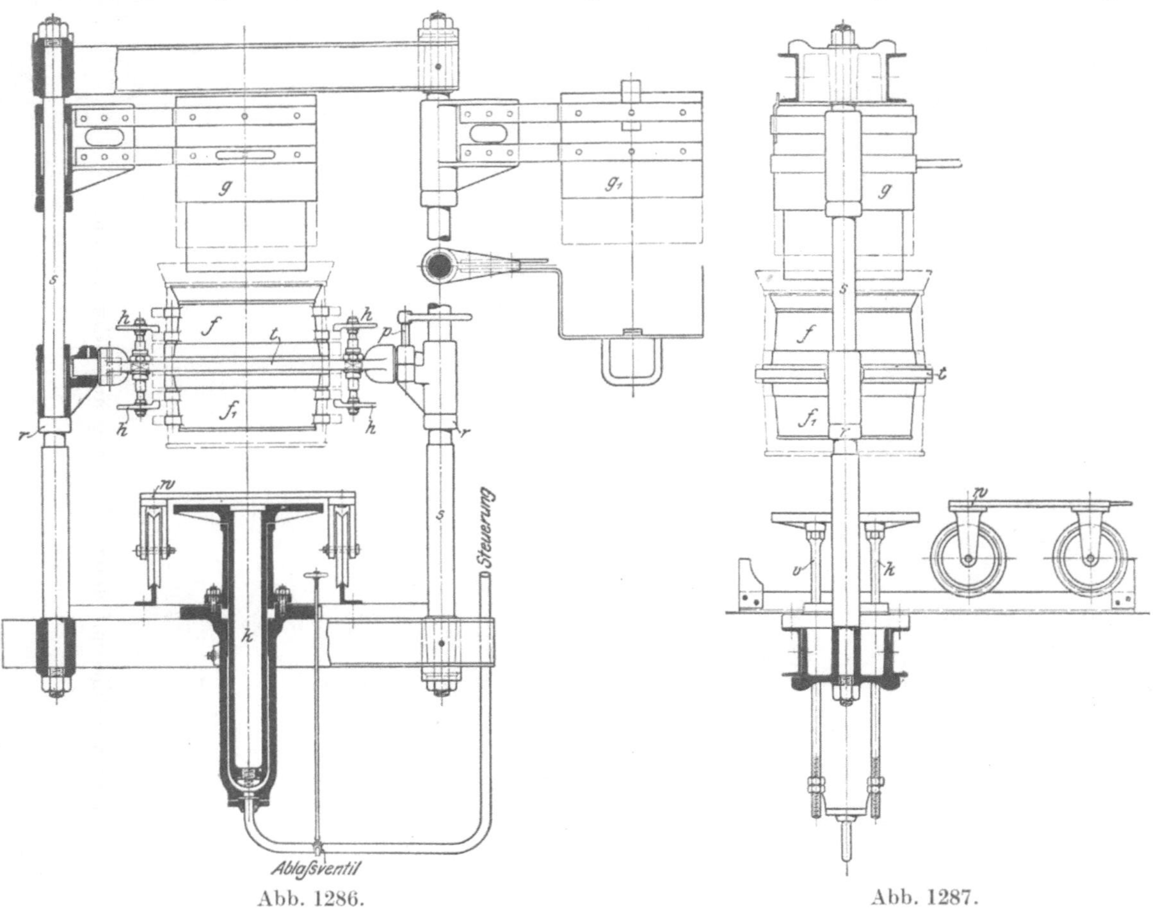

Abb. 1286. Abb. 1287.

Abb. 1286 u. 1287. Wendeplatten-Formmaschine mit ausschwenkbarem Preßklotz.

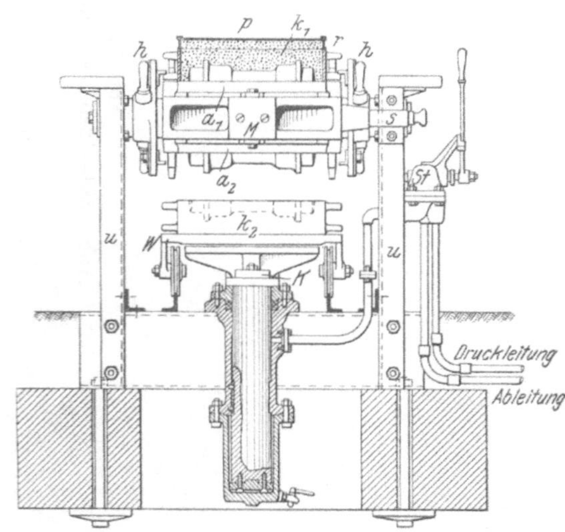

Abb. 1288. Wendeformmaschine mit unterer Pressung ohne Oberbau.

in der Notwendigkeit, zwischen dem Pressen und dem Abziehen des Formkastens von der Modellplatte wenden zu müssen, da auf andere Weise der Füllrahmen mit dem Verschlußdeckel nicht abgenommen werden kann. Dadurch wird der Arbeitsfortgang verzögert und Druckwasser verbraucht.

Eine früher als hervorragend leistungsfähig bezeichnete Maschine[1]) zeigt Abb. 1289. Sie vereinigt die Vorzüge des Drehtisches und der Wendeplatte. Die Wendeplattenlager sind nach unten zu Führungstangen F ausgebildet, die in entsprechenden Bohrungen der Preßtische geführt werden, wodurch die Bewegung der Wendeplatten in lotrechter Richtung ermöglicht wird. Der Druckkolben wirkt mittels des Querhauptes Q auf die Stangen F und preßt die

[1]) Ausgeführt vom früheren königl. Württemb. Hüttenamt, jetzt Schwäb. Hüttenwerke, G. m. b. H., in Wasseralfingen.

Formkasten gegen den Preßholm P. Die ganz von der Maschine getrennte Abhebevorrichtung besteht aus einem Druckzylinder mit Kolben und einem auf Schienen fahrbaren Wagen W. Sie wird von der Steuerung II aus bedient.

Abb. 1289. Drehtisch-Formmaschine mit Wendeplatte und Druckwasserantrieb.

Die Maschine diente u. a. zur Herstellung von Laufrädern. Für eine vollständige Form (Abb. 1290) sind drei verschiedene Formkastenteile, von denen das mittlere zweiseitige Pressung erfordert, herzustellen. Da jede Wendeplatte zwei Modellplatten tragen kann, ist es möglich, auf der Maschine zwei verschiedene Größen von Laufrollen in einem Arbeitsgange herzustellen.

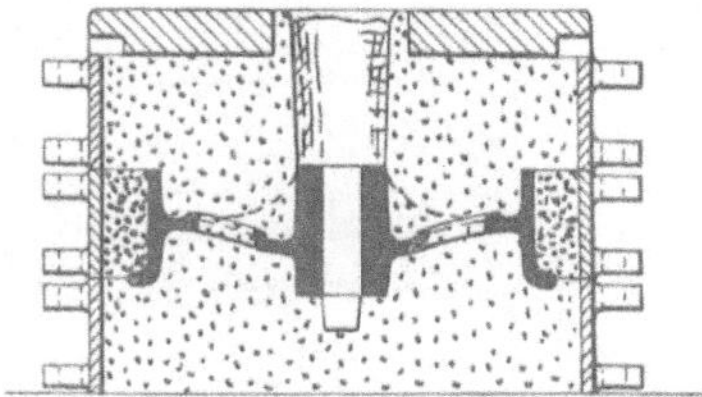

Abb. 1290. Vollständige Laufradform.

Arbeitsweise: Ein Arbeiter setzt auf die ihm von der Abhebevorrichtung her zu geschobene Wendeplatte einen Formkasten samt Füllrahmen auf, füllt ihn mit Formsand und legt die obere Modellplatte in den Preßrahmen ein. Ein zweiter hat unterdessen die vorher zugerichtete Form über die Preßvorrichtung gebracht und gepreßt. Ein dritter wendet die über die Abhebevorrichtung gebrachte Form, läßt sie auf den Wagen ab und bringt sie zur Gießstelle. Auf diese Art stellen drei Arbeiter in zehn Stunden im regelmäßigen Betriebe 120 vollständige Formen in Kasten von 425 mm l. W. und 100 mm Höhe her.

Wendeformmaschinen[1]).

Die Abb. 1291—1293 zeigen eine fahrbare Wendeformmaschine für geschlossene Formkasten[2]) in Ansicht und Schnitt. Geschlossene Formkasten haben eine feste Rückwand, die nur Öffnungen für den Einguß und Steiger und kleine Löcher zum Abzug der Gießgase hat. Sie bieten den gewöhnlichen offenen Kasten gegenüber manche Vorteile. Sie können in der Höhe sehr knapp bemessen, unter Umständen sogar wechselnden Modellhöhen angepaßt werden. Das Beschweren zum Gießen fällt fort, da eine Verklammerung zur völligen Sicherung genügt, und der Guß kann nach Bedarf liegend, stehend oder geneigt erfolgen.

Abb. 1291.

Die Maschine besteht aus einem kräftigen gußeisernen Rahmen, in dem der aus zwei seitlichen, mittels Querstücken verbundenen Führungstücken gebildete Drehkörper gelagert ist. Der durch den Anlasser k in Tätigkeit zu setzende Elektromotor treibt das Schneckengetriebe i und durch dieses die ganze Maschine. Die Bauart gleicht derjenigen in den Abb. 1233 und 1234, nur daß ihr die ausschiebbaren Tische fehlen, wofür sie einen während der Pressung über die Modellplatte c gleitenden Rahmen d hat, der durch die Federn g und den Kniehebel f beim Nachlassen des Preßdrucks wieder in seine ursprüngliche Lage zurückkehrt. An Stelle des Handrades der Maschine in Abb. 1233 sitzt hier ein Kettenrad auf der Drehachse, das vom Motor h mittels des Schneckenradgetriebes i angetrieben wird.

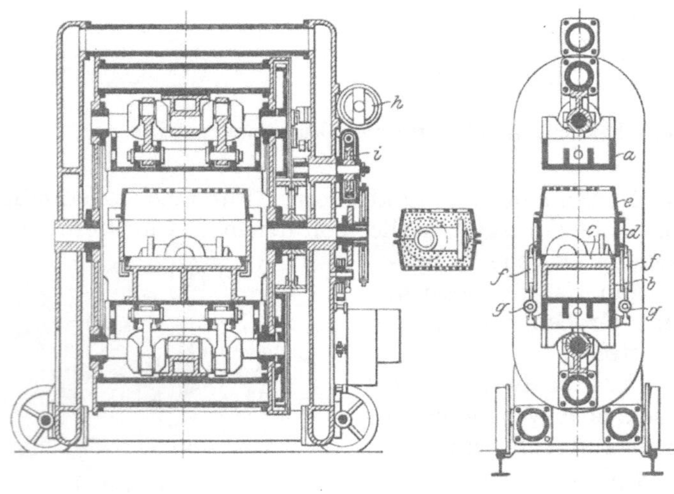

Abb. 1292. Abb. 1293.

Abb. 1291—1293. Fahrbare elektrische Wendeformmaschine für geschlossene Formkasten.

Bei Gleich- und Drehstrom wird der Motor wie im vorliegenden Falle mittels eines Anlassers angestellt und nach dem Pressen durch elektrische Unterbrechung selbständig stillgesetzt. Bei einphasigem Wechselstrom läuft der Motor dauernd, und seine Arbeit muß durch eine ausrückbare Kupplung auf die Maschine übertragen werden. Das Ausschalten der Kurbelbewegung erfolgt dann selbsttätig durch eine auf der Welle sitzende Kurvenscheibe.

Arbeitsgang: Beim Arbeitsbeginn ist der Drehkörper mit dem äußeren Rahmen verriegelt. Der Füllrahmen d wird mit Formsand gefüllt — seine Höhe ist so bemessen, daß eine Füllung gerade für eine Formhälfte ausreicht — und der Formkasten e aufgesetzt. Man schaltet den elektrischen Strom ein, das Getriebe kommt in Bewegung,

[1]) Das Wesen der Wendeformmaschinen wurde auf Seite 388 behandelt.

[2]) Ausgeführt von Ver. Schmirgel- und Maschinenfabriken, A.-G., in Hannover-Hainholz.

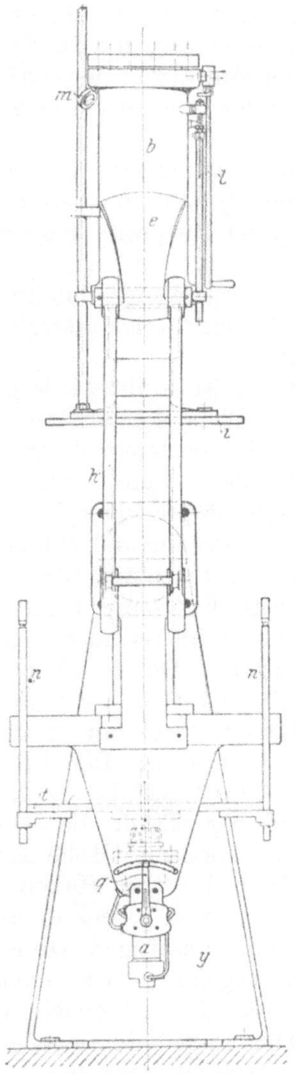

Abb. 1294.

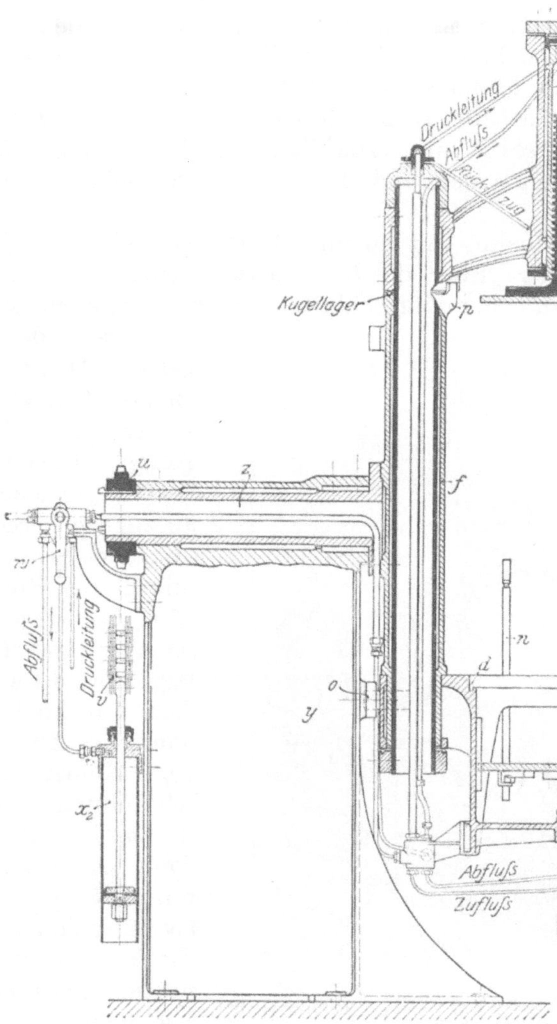

Abb. 1295.

Abb. 1294—1296. Wendeformmaschine mit Druckwasserantrieb.

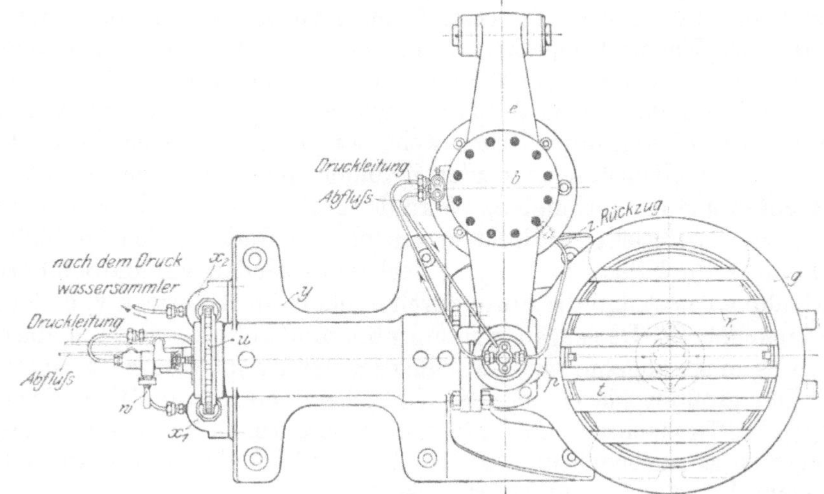

Abb. 1296.

die beiden Tische a nähern sich einander, die Form wird gepreßt, und der Füllrahmen d weicht unter der Wirkung des Drucks zurück. Der innere Drehkörper wird um 180° gewendet, die Tische trennen sich, heben zugleich das Modell aus der Form, und der fertige Formkasten liegt schließlich mit der Teilungsfläche nach oben auf der Gegendruckplatte, von der er leicht abgehoben werden kann.

Die Maschine arbeitet demnach nach einfachem Preßverfahren mit Druckwirkung von der Modellseite aus. Die Gefahren dieses Preßverfahrens [1]) werden aber ausgeglichen durch den Widerstand, den die Formkastenböden den an der Rückseite lockeren Formen gewähren.

Der Motor arbeitet mit einem selbsttätigen Geschwindigkeitsregler, der ihn auch selbsttätig ausrückt. Statt des beim Modellausheben wichtigen Geschwindigkeitsreglers kann auch ein einfacher Kurzschlußausschalter eingebaut werden.

Abb. 1297. Große Druckwasser-Wendeformmaschine mit doppelter Drehachse.

Die in den Abb. 1294—1296 wiedergegebene Druckwasser-Wendeformmaschine, Bauart Bonvillain [2]), verdankt ihr Entstehen dem Bedürfnisse, hohe, schwere Kerne, z. B. von Kondenstöpfen oder Waschkesseln, hängend zu pressen und stehend auszuheben. Sie besteht aus einem Ständer mit dem dreiteiligen Drehkörper e, f, g, der mittels der Hohlachse z im Ständer y um 180° drehbar gelagert ist. Der Drehkörper setzt sich aus der Säule f, dem auf Kugellagern ausschwenkbaren Preßholm e und dem Unterteil g zusammen. Der Preßholm enthält den Druckzylinder b mit dem Kolben k und der durch die Verschraubung c in verschiedener Höhe einstellbaren Druckplatte i. Der Haken h dient zur Verspannung von g und e, um während des Pressens einseitigen Druckbeanspruchungen zu begegnen. Die innere Einrichtung des Unterteils g ist gleich der bei der Maschine Abb. 1306 beschriebenen. Sie dient zum Nachpressen besonders gefährdeter Teile der Form.

Arbeitsgang: Die Modellplatte wird im Falze d von g festgeschraubt, ein Formkasten mit Füllrahmen aufgesetzt, Formsand eingefüllt und durch Betätigung des Kolbens k mittels des Hebels l gepreßt. Dann wird der Drehkörper gewendet, was bei kleineren Maschinen von Hand, bei größeren mit Druckwasser durch folgende Einrichtung bewirkt wird: Am Ständer y sind die zwei ungleichen Zylinder x_1 und x_2 angebracht, von denen der kleinere ständig unter Druck steht, während der größere durch den Hebel w gesteuert wird. Die Kolbenstangen beider Zylinder sind durch die Gelenkkette v, die über das Kettenrad u läuft, verbunden. Wird der größere Kolben durch den Einfluß der Steuerung nach unten gedrückt, so dreht er mittels des Rades u den Drehkörper um 180° bis zur Hemmung durch den Anschlag o. Nach dem Wenden wird die den Formkasten festhaltende Verkeilung gelöst und die Form durch Senken des Kolbens k von der Formplatte getrennt und abgehoben. Das zugehörige Formteil muß auf einer zweiten Maschine erstellt werden, wenn es nicht angeht, mit Umschlag-(Reversier-)platten zu arbeiten.

Die größten Maschinen des vorstehend erörterten Wendeformverfahrens erhalten doppelte Drehachsen (Abb. 1297), eine wesentliche Verbesserung gegenüber der einseitig gelagerten Drehvorrichtung, die infolge der besonderen einseitigen Beanspruchung frühzeitigem Verschleiße unterworfen ist.

---

[1]) S. S. 375. [2]) Ausgeführt von Maschinenfabrik Gustav Zimmermann in Rath bei Düsseldorf.

Durchziehmaschinen[1]).

Ohne Vorpressung. Die in den Abb. 1298 und 1299 im Schnitt und einer Draufsicht dargestellte ältere Maschine [2]) ist aus der Maschine Abb. 1267 und 1268 für zweiseitige Pressung entwickelt worden. Sie unterscheidet sich von ihr durch die Ausbildung der Modelltischplatte m zur Durchziehplatte und durch eine kleine Veränderung der Abhebevorrichtung.

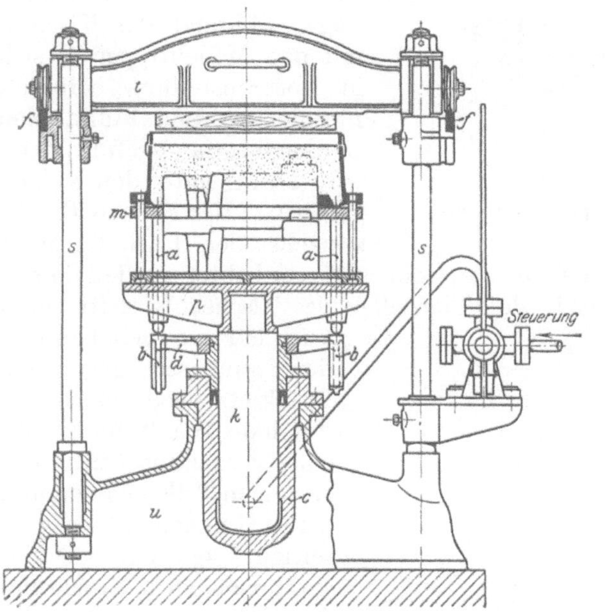

Durch Senkung des Druckkolbens k wird das auf dem Preßtisch sitzende Modell durch die Platte m gezogen, während bei steigendem Kolben der Tisch p die Platte m hochführt und mit dem Formkasten gegen den Preßklotz drückt. Das Drehkreuz hat vier schräge Gleitflächen b (Abb. 1300), die beim Abheben des Kastens das plötzliche Fallen der auf den Stiften a ruhenden Platte m verhindern und sie langsam niedergleiten lassen.

Abb. 1298.

Maschinen mit Vorpressung. Beim Pressen von Rippenrohrformen bietet der Reibungswiderstand, den die Rippen dem Sand entgegensetzen, ein Hindernis, das bei gewöhnlichen Preßmaschinen nur durch Vorstampfen von Hand überwunden werden kann. Diese zeitraubende und von der Zuverlässigkeit des Arbeiters

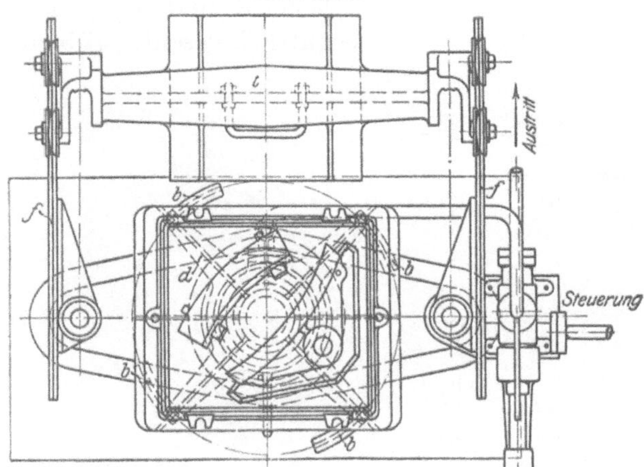

Abb. 1299.

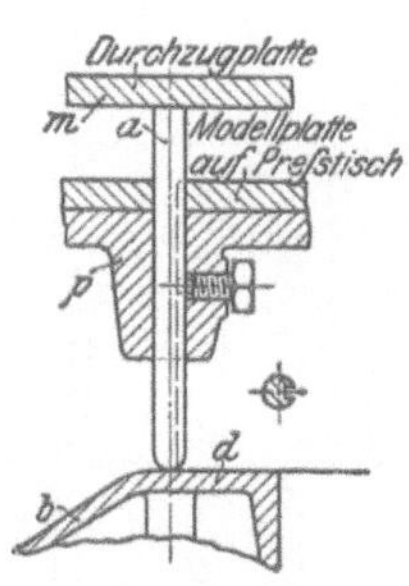

Abb. 1300.

Abb. 1298—1300. Ältere Durchziehformmaschine mit Druckwasserantrieb.

abhängige Verrichtung soll durch das unter Nr. 150 556 patentierte Verfahren [3]) einer mechanischen Vorpressung in Fortfall kommen.

Auf dem feststehenden Maschinenrahmen A, Abb. 1301, sitzt der den Formkasten tragende Tisch B, auf dem Preßkolben F der Tisch D mit dem zwischen den Modellrippen G befindlichen Rohrkörpermodell H und auf zwei durch den Tisch D reichenden, an den Enden der Maschine untergebrachten Kolben E die Tisch-

[1]) Das Wesen der Durchzieheinrichtungen wurde auf Seite 365 u. f., u. 416 behandelt.

[2]) Ausgeführt von Bad. Maschinenfabrik in Durlach.

[3]) Im Besitze der Bad. Maschinenfabrik in Durlach.

platte C mit den Rippen G. Es sind also drei Tische vorhanden, die ineinander verschoben werden können. Beim Beginn der Arbeit nehmen sie die in I ersichtliche gegenseitige Stellung ein. Der Formkastentisch B ruht auf dem Maschinenrahmen A, der Tisch D ist in seiner tiefsten Lage, während der Tisch C mit den Modellrippen G sich in Vorpreßstellung befindet. Formkasten und Füllrahmen werden mit Sand gefüllt, dann wird Druck unter den Kolben gegeben. Der Kolben F hebt zunächst den Tisch D, preßt die Modellkörper H zwischen den Rippen G in die Höhe und verdichtet so den Formsand. Sobald der Flansch a des Tisches D den Flansch b des Tisches B trifft, wird auch letzterer gehoben und der Formkasten gegen den Preßklotz gedrückt, wodurch die Sandfüllung vollends verdichtet wird. Die einzelnen Teile nehmen nun die in II ersichtliche gegenseitige Lage ein. Durch entsprechende Steuerung des Kolbens F werden die Tische B und D gemeinschaftlich gesenkt, B bleibt auf A sitzen, D sinkt weiter und zieht die Modellkörper aus dem Sand, worauf durch Senken der beiden Kolben E auch die Rippen ausgezogen werden.

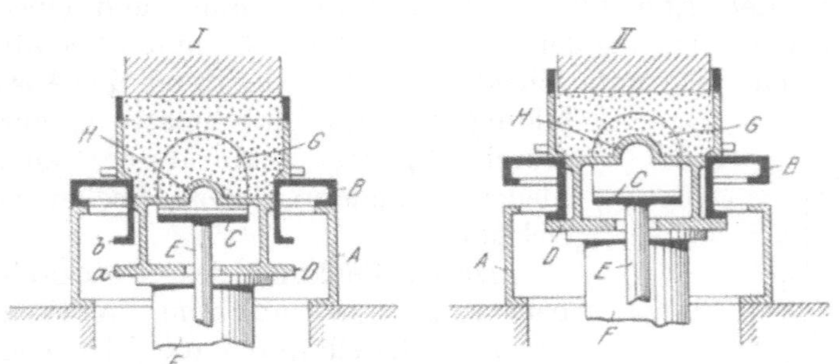

Abb. 1301. Schematische Darstellung des Vorpreßverfahrens.

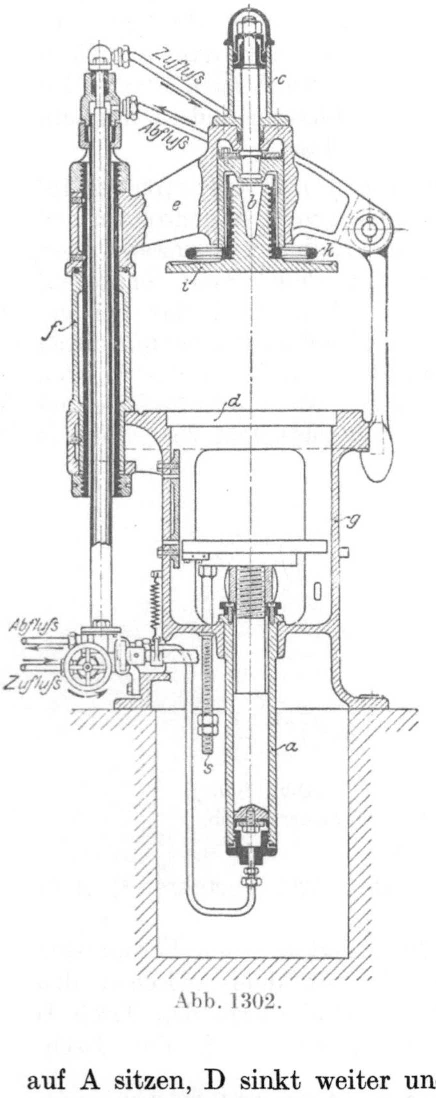

Abb. 1302.

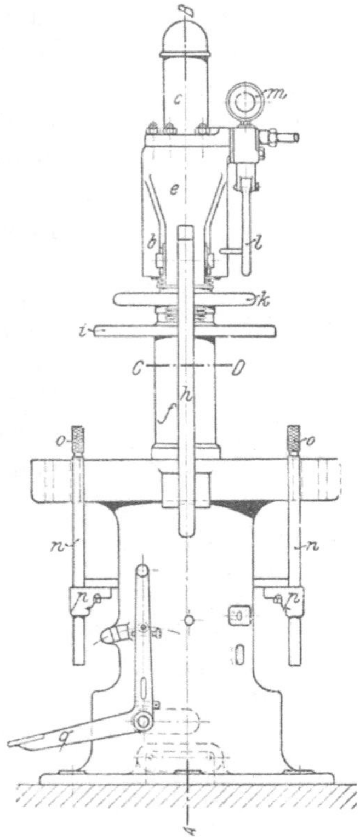

Abb. 1303.

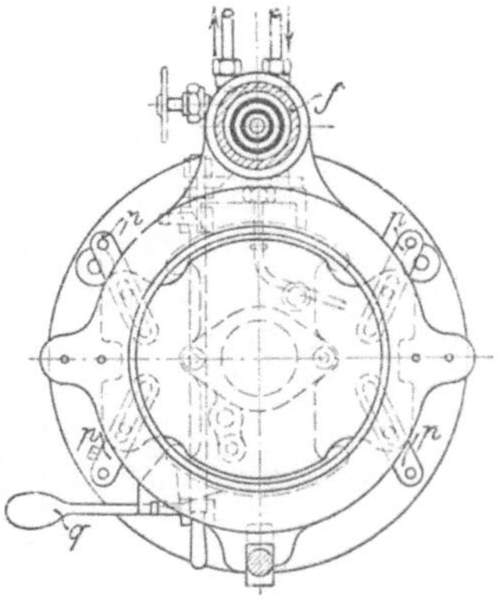

Abb. 1304.

Abb. 1302—1304. Druckwasserformmaschine mit Abstreifkamm.

Die ersten nach dem Vorpreßverfahren gebauten Maschinen haben sich nicht sonderlich bewährt, vermutlich infolge ungenügender Durchprobung und Bemessung der einzelnen

Druckwirkungen. Spätere Ausführungen brachten zwar einige Besserung, sie waren aber nicht ausreichend, den Maschinen weitere Verbreitung zu ermöglichen.

Die in den Abb. 1302—1304 wiedergegebene Maschine [1]) zeigt eine von den bisher erörterten Bauarten wesentlich abweichende Ausführung. Sie besteht aus zwei Druckwasserpressen: einer unteren a, die dem Abheben der Form von der Formplatte und dem Vorpressen einzelner Teile der Form, insbesondere lotrecht stehender, gerader Kerne dient, und einer oberen b, die mit einem Rückzugzylinder c versehen ist und die hauptsächliche Verdichtung des Formsandes bewirkt. Niedrige Formen mit ausreichendem Anzug werden mit Abhebestiften von der Formplatte gehoben, alle anderen nach dem Durchziehverfahren mit Hilfe von Abstreifkämmen.

Dabei wird aber nicht wie beim gewöhnlichen Durchziehverfahren das Modell durch eine ausgeschnittene, festliegende Platte gezogen, sondern es bleibt unbeweglich, und die Form wird mit Hilfe einer Zwischenplatte, deren Ausschnitt der Begrenzungslinie zwischen Formsand und Modell in der Formteilungsebene entspricht, nach oben gehoben; die Form wird vom Modell abgestreift, wonach die ausgeschnittene Platte „Abstreifkamm" genannt worden ist. Die Herstellung der Abstreifkämme bietet keine nennenswerten Schwierigkeiten. Sie bestehen aus demselben Metall wie die Modellplatte und werden entweder mit ihr zugleich gegossen — die Form wird dann durch Beilegen anschmiegender Streifen aus Gummistoff an das Urgipsmodell gewonnen — oder nachträglich um die fertige Modellplatte herumgegossen [2]).

Abb. 1305. Umschlagplatte mit Abstreifkamm.

Abb. 1305 zeigt eine Umschlag- (Reversier-) platte mit Abstreifkamm für den Zylinder eines Motorfahrrades. Links befinden sich zwei fertige Abgüsse, in der Mitte der Abstreifkamm, der genau den Umrissen der Zylinder folgt und die zwischen jeder Rippe befindlichen wenige Millimeter starken Sandstreifen von den Rippenmodellen abhebt, rechts die Modellplatte, die mit dem Abstreifkamm in einem Stücke hergestellt wurde.

Die obere Preßvorrichtung b ist in einen Preßholm e eingebaut, der um die Säule f ausgeschwenkt werden kann. Zur Vermeidung einseitiger Biegungsbeanspruchung der Säule f wird das freie Ende des Holms e vor dem Pressen mittels des Hakens h mit dem Unterteil g der Formmaschine verklammert. Das Handrad k bewegt gleichzeitig zwei ineinander verschiebbare, mit flachen Schraubengewinden versehene Kolben, so daß die Druckplatte i entsprechend den wechselnden Formkastenhöhen schnell in verschiedener Höhe eingestellt werden kann, wodurch unnützem Verbrauch von Druckwasser vorgebeugt wird. Der Handhebel l setzt den Rückzugkolben c mit dem Preßzylinder b gemeinsam unter Druck; nach vollendeter Pressung und Abschließung des Einlaßventils zieht der Rückzugkolben den Preßzylinder wieder hoch [3]). Durch entsprechende Handhabung des Hebels l kann der Druck nach Bedarf zwischen 20 und 50 at eingestellt werden, das Manometer m gestattet es, ihn fortlaufend zu beobachten. Die Formplatte ruht auf Stäben w von rechteckigem Querschnitte, die in dem Falz d des Untergestells g liegen (vgl. Abb. 1306).

[1]) Ausgeführt nach Bonvillainschen Patenten von Maschinenfabrik Gustav Zimmermann in Rath bei Düsseldorf.

[2]) Vgl. S. 337.

[3]) Die D.R.-Patentschrift Nr. 159 945 enthält eine Zeichnung des Preß- und Rückzugkolbens nebst eingehender Beschreibung seiner Wirkungsweise.

Arbeitsweise: Nach dem Ausschwenken des Preßholms wird ein Formkasten mit dazugehörigem Füllrahmen auf die Maschine gebracht, Sand eingefüllt, abgestrichen, der Preßholm eingeschwenkt und festgehakt. Der Former rückt mit der rechten Hand den Hebel l ein, bewirkt so durch Senkung des Kolbens b das Pressen, läßt den Kolben wieder steigen und drückt dann mit dem linken Fuße auf den Hebel q. Der Zylinder a erhält Druck, sein Kolben geht hoch, drückt den Tisch empor, die Stäbe n greifen unter Vorsprünge des Formkastens oder eines Abstreifkammes und bewirken die Trennung der Form von der Modellplatte. Die Stäbe n sind durch Schrauben o einstellbar, so daß die genau wagerechte Lage des Formkastens während des Abhebens vollkommen gesichert ist, was bei hohen Modellen oder bei Modellen mit wenig Anzug von großer Wichtigkeit ist. Eine Führungstange s mit Stellmuttern begrenzt den Hub.

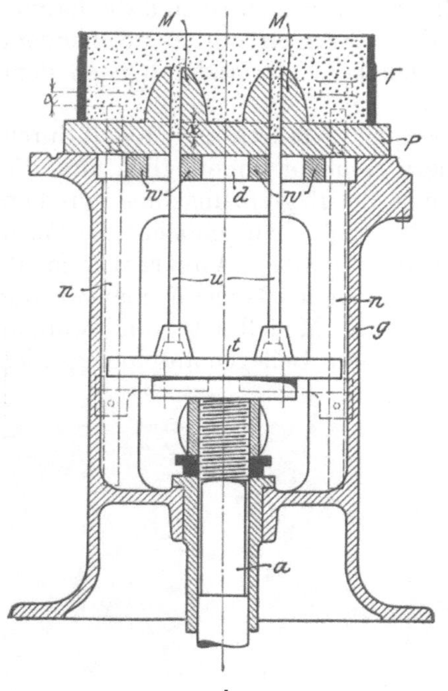

Abb. 1306. Darstellung des Vorpreßverfahrens für Kerne.

Lange, dünne Kerne erfordern eine Vorpressung, ehe sie ausgedrückt werden, da der von oben auf die Sandfüllung des Formkastens ausgeübte Druck sich in den engen Kernlöchern nicht genügend weit nach unten fortpflanzen kann [1]).

Das Verfahren beim Vorpressen ist aus der Abb. 1306 zu ersehen. Auf der Modellplatte P ruht der mit Ausnahme der Kerne fertig gepreßte Formkasten F. Die Modelle M haben an Stelle von Kernmarken Höhlungen, die genau der am Gußstück herzustellenden Aussparung entsprechen. Auf der Abhebeplatte t sitzen außer den Formabhebestäben n die Kernpreß- und -ausdrückstäbe u, deren oberer Querschnitt der Aussparung in den Modellen entspricht, und die mit ihrer Oberkante um das Maß a, das der beabsichtigten Verdichtung des Sandes in der Kernaussparung entspricht, zurückstehen. Um eben so viel steht die Oberkante der Formabhebestäbe n unter den Lappen des Formkastens oder des Abstreifkammes. Wenn nun der Kolben a hochgeht, so werden zunächst die Kerne durch die Preß- und Abhebestäbe u vorgepreßt, dann stoßen, wenn die Platte t um das Maß a gestiegen ist, die Formabhebestäbe n unter die Vorsprünge des Formkastens oder des Abstreifkammes. Bei weiterem Hochgehen des Kolbens a wird der Formkasten abgehoben, gleichzeitig werden die Kerne aus den Modellen gedrückt ohne Gefahr, beschädigt zu werden.

Literatur.

a) Einzelne Werke.

Dürre, E. F.: Handbuch des Eisengießereibetriebes. 3. Aufl. Leipzig 1896, S. 299—422.
Ledebur, A.: Handbuch der Eisen- und Stahlgießerei. 3. Aufl. Leipzig 1901, S. 260—279.
Fischer, H.: Die Werkzeugmaschinen. 2. Aufl. Berlin 1905. S. 764—818.

b) Abhandlungen.

Huth, F.: Formmaschine und Handarbeit. Gieß.-Zg. 1904, S. 29 u. f.
Wüst, F.: Herstellung komplizierter Gegenstände auf Formmaschinen. Stahleisen 1904, S. 175 u. f.
— Allgemeine Gesichtspunkte zur Beurteilung der Formmaschinen. Stahleisen 1904, S. 36 u. f.
Zöller, W.: Poterieformmaschinen und deren Rentabilität. Gieß.-Zg. 1906, S. 260 u. f.
Fischer, R.: Formmaschinen für Topfguß. Gieß.-Zg. 1907, S. 331 u. f.

[1]) Eine eingehende Beschreibung und bildliche Darstellung der wichtigsten Bonvillainschen Formmaschinen und Patente ist den D.R.P. Nr. 179 773, Nr. 204 216 und Nr. 169 954 zu entnehmen. Nr. 179 773 betrifft die Kernvorpressung, Nr. 204 216 die gleichzeitige Pressung durch zwei einander gegenüberstehende Kolben und Nr. 169 954 die Hubbegrenzung einer von unten wirkenden Vorpreßvorrichtung.

Avaurieu, M.: Les machines à mouler. Revue de Méchanique 1908, 31. August, S. 113; 30. Sept. S. 265; 1909, 31. Jan. S. 22; 31. Juli S. 26; 31. Aug. S. 153.
Lohse, U.: Neuere Formmaschinen mit Druckwasserbetrieb. Z. V. d. I. 1909, S. 1355 u. f., S. 1411 u. f., S. 1629 u. f., S. 1675 u. f.
Lüssenhop, R.: Neuere Sonderformmaschinen. Z. V. d. I. 1910, S. 877 u. f.
Irresberger, C.: Entwicklung der Formmaschinenarbeit und des Formmaschinenbaues. Stahleisen 1910, S. 1743/1759.
Lohse, U.: Neuerungen an Bonvillainschen Formmaschinen. Stahleisen 1912, S. 689/695.
— Neuere Bauarten Bonvillainscher Formmaschinen. Stahleisen 1915, S. 1193/1197, 1313/1323.
Schetelig, H.: Neue hydraulische Abhebe- und Abstreifmaschine. Gieß.-Zg. 1920, S. 178/181.
Nicolai, G.: Moderne Gießereimaschinen. (Elektr. Antrieb.) Eisen-Zg. 1920, S. 313/315.
Schmidt, R.: Der Formmaschinen-Betrieb in seiner vielseitigen und zweckmäßigen Verwendung. Gieß. 1921, S. 162/164, 177/179, 195/198, 215/217, 231/237.
Hoffmann, G.: Die Entwicklung des Formmaschinenwesens in den letzten 40 Jahren. Gieß.-Zg. 1921, S. 155/159, 174/178.
Lohse, U.: Der heutige Stand des Formmaschinenbaues. Z. V. d. I. 1921, S. 1229/1233; 1922, S. 4/7; 1923, S. 273/277.
— Fortschritte im deutschen Formmaschinenbau. Gieß.-Zg. 1925, S. 349/353, 675/682.
Irresberger, C.: Die Formmaschinen auf der vierten Gießereiausstellung in Düsseldorf. Stahleisen 1925, S. 1811/1815.
Tillmann, H.: Beitrag zum rationellen Studium der Handarbeit im Formmaschinenbetriebe. Gieß. 1925, S. 218.

XXIX. Rüttelmaschinen.

Allgemeines.

Die Tatsache, daß klein- und grobkörnige Körper durch Rütteln in ein dichteres Gefüge gebracht werden können, ist allbekannt. Der Gedanke, Gußformen durch Rütteln zu verdichten, ist daher nicht so fernliegend, und solche Versuche reichen tatsächlich weit zurück. Sie blieben aber infolge der bis vor kurzem mangelnden wissenschaftlichen Erkenntnis der Rüttelvorgänge und ihrer Wirkung lange Zeit erfolglos. Schon im Jahre 1869 wurde an M. Hainsworth ein amerikanisches Patent auf ein Rüttel-Formverfahren erteilt, das im Jahre 1878 durch ein zweites, an Jarvis Adams verliehenes Patent vervollkommnet wurde. Es währte aber immerhin noch 20 Jahre, bis nach dem Verfahren gebaute Maschinen in Amerika nennenswerte Verbreitung fanden und erst das erste Jahrzehnt dieses Jahrhunderts brachte mit der stoßfreien Rüttelmaschine („Shockless Jarring Machine"), und den Rüttelmaschinen mit Stoßfang Ausführungen, die berechtigten Ansprüchen an eine neuzeitliche Formmaschine genügen, ohne Übelstände im Gefolge zu haben, die ihren Nutzen wieder hinfällig machen.

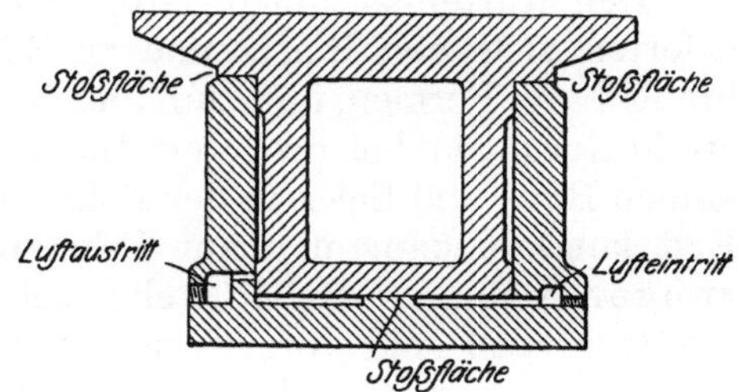

Abb. 1307. Preßluftrüttler, schematisch gezeichnet.

Abb. 1307 verdeutlicht den Grundgedanken aller mit Preßluft arbeitenden Rüttelmaschinen. In einem kräftigen Zylinder, der mit je einer Luft-ein- und -austrittöffnung versehen ist, ist ein schwerer Kolben frei beweglich angeordnet. Auf dem tischförmigen Oberteil des Kolbens wird die Modellplatte befestigt, darauf ein Formkasten gesetzt und mit Sand gefüllt. Durch Zuleitung von Preßluft hebt sich der Kolben, bis seine Unterkante die Luftaustrittsöffnung erreicht. In diesem Augenblick wird die Preßluft umgesteuert, so daß der Kolben infolge des Drucknachlasses und seines Eigengewichts auf die Stoßflächen zurückfällt, worauf ihn ein neuer Luftstoß wieder in die Höhe treibt. Durch den Anprall auf die Stoßflächen wird die Tischfläche erschüttert und der auf ihr ruhende Formsand verdichtet. Man arbeitet im allgemeinen mit Pressungen von 4—6 at und es erfolgen in der Minute meistens 120—150 Stöße, da ein Stoß einschließlich des Rückschlags etwa $^1/_2$ Sekunde währt. Je nach der Formkastenhöhe und der Art des

Formsandes sind 30—60, ausnahmsweise auch mehr Stöße nötig, um eine Form zu verdichten. Die Wirkung eines Stoßes auf den Formsand hängt von der Wucht des Anpralls des Tischkolbens auf seine Unterlage ab. In den meisten Fällen dient der Zylinder selbst als Unterlage, als Amboß. Die Wucht des Anpralls wird um so größer, je größer die Gewichte des Kolbens und Zylinders sind und je plötzlicher die Geschwindigkeit des niederfallenden Tisches im Augenblick des Anpralls wechselt. Bei gegebenem Zylinder- und Kolbengewicht hängt der Geschwindigkeitswechsel von der Fallhöhe des Tisches oder, was dasselbe ist, von der Hubhöhe ab. Die Hubhöhe schwankt zwischen 10 und 100 mm und kann bei fast allen Maschinen nach Bedarf eingestellt werden. Der erste Stoß ist der wirksamste. Er verdichtet je nach dem Gewichte der Maschine und nach der Hubhöhe eine 10—20 mm hohe Sandschicht auf der Formplatte und rings um das Modell. Der nächste Stoß ist schon weniger wirksam, da die bereits zusammengerüttelte Schicht als Puffer wirkt. Aus dem Grunde nimmt die Dichtigkeit der Form von der Formplatte bis zur Formkastenrückseite allmählich ab.

Rüttelmaschinen sind nicht für alle Modelle gleich vorteilhaft anwendbar. Das Modell muß imstande sein, den sehr beträchtlichen Wirkungen der Erschütterungen auf die Dauer Widerstand zu leisten, und seine Form soll ein möglichst gleichmäßiges Nachfließen des Formsandes während des Rüttelns zulassen. An Stellen, wo der Sand nicht gleichmäßig nachfließen kann, muß man durch Unterstampfen nachhelfen. Da eine Rüttelmaschine den Kolben mit dem Rütteltisch, der Formplatte, dem Formkasten und dem Formsande wiederholt anheben muß, ist sie bei einfachen, flachen, der Pressung leicht zugänglichen Modellen weniger wirtschaftlich als eine gewöhnliche Preßmaschine. Sie ist dagegen am Platz, wo Preßmaschinen wegen der Höhe des Modells oder der Größe der Form versagen, und wo das Stampfen von Hand einen großen Zeitaufwand und damit hohe Kosten verursachen würde. Sie ist ferner wertvoll, wo viele Sandleisten des Formkastens und rippenartige Modellerhöhungen das Pressen erschweren und an das Stampfen von Hand höhere Anforderungen stellen. Der Hauptvorteil der Rüttelmaschinen liegt in der Tatsache, daß sie das Einstampfen großer Formen als eine zeitraubende Arbeit überhaupt ausschalten und doch die Sandverdichtung besser und gleichmäßiger bewirken, als Pressung oder Stampfung es tun können.

Den Rüttelmaschinen hafteten lange Zeit zwei schwerwiegende Fehler an. Einmal lieferten viele von ihnen, und zu Zeiten auch die besten, einen hohen Prozentsatz unbrauchbarer Formen, und zum anderen verursachten die scheinbar unvermeidlichen Bodenerschütterungen bei größeren Maschinen große Unzuträglichkeiten. Viele Formen bekamen Risse und fielen in der Folge beim Wenden aus oder hielten beim Guß nicht stand. Erst langsam kam man zur Erkenntnis, daß die geringsten seitlichen Erschütterungen während des Rüttelns solche Risse unausbleiblich bedingen. Seitliche Erschütterungen sind vorzugsweise auf drei Fehlerquellen zurückzuführen:

1. auf ungenügende Fundamentierung,
2. auf zu leichte Ausführung der Maschine oder auch nur einzelner Teile und
3. auf ungenügende Befestigung der Formplatte, des Modells, des Formkastens oder auch nur einer Formkastenzwischenwand.

Erwägt man, daß schon Maschinen von 45 t Eigengewicht gebaut wurden, die bei 100 mm Hub Formen bis zum Gewicht von 25 t herstellen, so wird man die Wucht des Anpralls einigermaßen beurteilen können. Da wird manches locker, was bei einer Druckwasserpresse als unbedingt sicher gelten kann. Immerhin genügt es aber, diese Fehlerquellen zu erkennen, um ihnen erfolgreich entgegentreten zu können.

Weitaus gefährlicher sind die durch den Rüttelvorgang bewirkten Bodenerschütterungen. Sie bringen die von der Maschine erzeugten und alle anderen noch nicht abgegossenen Formen in Gefahr und belästigen die Nachbarschaft ähnlich wie ein Dampfhammer. Man hat auf verschiedene Weise versucht, der Schwierigkeit Herr zu werden, z. B. durch elastische Unterlagen zwischen dem Rütteltisch und dem als Amboß dienenden Zylinder oder durch elastische Lagerung der Maschine selbst. Durch elastische Puffer zwischen dem Rütteltisch und seinem Widerlager kann nur ein geringer Teil des Stoßes ausgeglichen werden, da sonst die Wirkung der Maschine mehr oder weniger aufgehoben würde. Das gleiche gilt von nachgiebigen Fundamenten; je wirksamer sie den Boden vor Erschütterungen schützen, desto mehr beeinträchtigen sie die Wirkung der Maschine. Die in der Verdichtung des Formsandes zum Ausdruck kommende Arbeitsleistung steigt und fällt mit dem Maß des Geschwindigkeitswechsel im Augenblick des Aufpralls. Die vollkommenste Kraftverwertung würde ein unendlich schwerer Amboß ermöglichen, der die ganze Wucht des Aufpralls zurückgibt. Ungefähr die gleiche Wirkung hat ein Amboß, der starr auf einer Felsunterlage ruht. Ist der Amboß dagegen auf einer nachgiebigen Unterlage, z. B. auf einer Schabotte aus Gerüstholz befestigt, so gibt er nur einen Teil der auf ihn im Augenblick des Aufpralls wirkenden Wucht zurück, einen anderen Teil überträgt er auf seine Unterlage. Bei gleichem Gewichte von Tisch und Amboß würde letzterer die Hälfte der lebendigen Kraft des auf ihn fallenden Tisches auf seine Unterlage übertragen, und nur ein kleiner Teil davon käme durch die rückwirkende Elastizität der Holzschabotte der Sandverdichtung wieder zugute. Trotzdem mußte man sich bis vor etwa 15 Jahren bei großen Rüttelmaschinen mit solchen Unterlagen helfen, da die Stöße sonst unerträglich geworden wären. Seither hat man es aber verstanden, Stoßausgleiche zu schaffen, die schädigende Wirkungen vollständig hintanhalten, ohne die Nutzwirkung irgendwie zu beeinträchtigen.

Die Rüttelmaschinen können darum jetzt in zwei Hauptgruppen eingeteilt werden:

Maschinen ohne Stoßausgleich und

Maschinen mit Stoßausgleich.

Nach der Ausstattung unterscheidet man ebenfalls zwei Arten:

Rüttler, d. s. Rüttelmaschinen ohne jede Ausrüstung zum Modellausheben, Nachpressen oder anderen Behelfen, und

Rüttelformmaschinen, d. s. Rüttelmaschinen mit irgendwelchen Behelfen zum Ausheben der Modelle oder zur Verdichtung des Rückens der Formen.

Nach der durch das Hubvermögen zum Ausdruck kommenden Leistungsfähigkeit gliedern sich beide Arten in:

Kleinrüttler und Kleinrüttelformmaschinen mit einem Hubvermögen von 100 bis etwa 750 kg und in

Großrüttler und Großrüttelformmaschinen mit einem Hubvermögen von 750 kg bis zu unbegrenzten Werten aufwärts. Es wurden schon Rüttelformmaschinen mit 25 t und mehr Hubvermögen ausgeführt.

Nach dem Antriebsmittel sind zu unterscheiden:

Handbetriebene
Mechanisch betätigte
Durch Preßluft betriebene } Rüttler und Rüttelformmaschinen.

Bei den Rüttelformmaschinen handelt es sich in der Hauptsache um Maschinen mit einfacher Abhebung, mit Wendeplatte ohne Pressung, mit Wendeplatte und Pressung, und um Maschinen mit Umlege- (Kipp- oder Umroll-) vorrichtungen. Bezüglich dieser Maschinen ist es kaum möglich ganz genau zu unterscheiden, da die genannten Hilfseinrichtungen in recht mannigfachen Zusammenstellungen vorkommen. In den folgenden Ausführungen und Beispielen werden drei Hauptgruppen mit einigen Unterabteilungen unterschieden werden.

1. Handrüttler.
2. Mechanisch betriebene Rüttler und Rüttelformmaschinen.
   a) Maschinen ohne Stoßfang.
   b) Maschinen mit Stoßfang.
3. Mit Preßluft betriebene Rüttler und Rüttelformmaschinen.
   a) Kleinrüttler und Kleinrüttelformmaschinen.
   b) Rüttler und Rüttelformmaschinen ohne Stoßfang.
   c) Großrüttler mit Stoßfang.
   d) Rüttelformmaschinen mit Stoßfang.
      α) Wendeplattenmaschinen.
      β) Umlegemaschinen.

Berechnung der Rüttelmaschinen.

Die Berechnung der Rüttelmaschinen liegt noch sehr im argen. Die Abmessungen werden vielfach nach dem Gefühle, im günstigsten Falle auf Grund praktischer Erfahrungen bestimmt. Von bestimmten wissenschaftlichen Ermittlungen ist auf diesem Gebiete noch nichts bekannt geworden. Man ist darum nur in der Lage, die in verschiedenen Gießereimaschinen-Fabriken gewonnenen Erfahrungswerte auf ein Mittelmaß zu bringen, und danach mit Änderungen, wie sie der Einzelfall bedingt, vorzugehen. Diesbezüglich wurde erstmals einiges Licht in das Dunkel durch einen leider ungenannten Fachmann gebracht [1]). Es kommt danach in erster Linie darauf an, die Nutzlast richtig zu bewerten. Zu diesem Zweck werden in der Zahlentafel 3 für verschiedene Tischgrößen die Gewichte

Zahlentafel 3
Ermittlung der Nutzlast.

Nr.	Tischgröße	Gewichte von				Nutzlast	Nutzlast auf 1 qm Tischfläche
		Kasten	Modell	Sand	Zuschlag		
	mm	kg	kg	kg	kg	kg	kg/qcm
1	300 × 300	10	10	70	10	100	0,111
2	500 × 500	75	40	160	25	300	0,12
3	700 × 750	225	125	300	50	700	0,124
4	1000 × 1000	500	200	500	150	1350	0,135
5	1200 × 1200	650	350	1000	200	2200	0,153
6	1500 × 1500	850	450	1700	300	3300	0,146
7	1800 × 1800	1000	700	2500	450	4650	0,144
8	2000 × 2000	1500	1000	3500	600	6600	0,165

von Formkasten, Formsand und Modell mit Modellplatte angegeben, woraus unter Berücksichtigung eines erfahrungsgemäß ausreichenden Zuschlags das Nutzgewicht für 1 qcm Tischfläche berechnet wurde. Mit diesen Nutzgewichten — 0,10—0,15 kg/qcm für Tische bis zu 1 qm Oberfläche und 0,15—0,20 kg/qcm für größere Tische — kommt man im allgemeinen gut zurecht, nur in ganz besonderen Fällen kann es nützlich werden, höhere Belastungen vorzusehen. Bei Annahme dieser Belastungen für die Tischfläche wäre für die Berechnung der Zylinderfläche eine Nutzlast von 2,5—3 kg/qcm zugrunde zu legen, welch letztere auch schon alle notwendigen Zuschläge für das Eigengewicht, die Reibung und die Plunger-Kolbenbeschleunigung umfaßt.

Zum Betrieb eines jeden Rüttlers ist eine Kraft P erforderlich, die imstande ist, nicht nur die Nutzlast G, das Eigengewicht G_1 und den Reibungswiderstand R zu überwinden, sondern die auch dem Plunger eine gewisse Geschwindigkeit verleiht. Wenn die Antriebskraft nur eben ausreicht, den Plunger auf die erforderliche Höhe zu heben, so würde bei gesteuerten Maschinen die Luftauslaßöffnung nicht weit genug geöffnet werden, um ein plötzliches Zurückfallen des Zylinders zu bewirken. Infolgedessen bliebe ein kräftiger Rückschlag aus, und die Rüttelwirkung wäre gleich null. Ganz ähnlich wäre die Wirkung bei ungesteuerten Maschinen; der Plunger bliebe in der Höchststellung einfach stecken, um dann infolge unvermeidlicher Undichtigkeit allmählich zurückzugehen. Darum ist ein gewisser Kraftüberschuß Z zur Beschleunigung der Plungerbewegung unbedingt erforderlich. Dieser Überschuß darf erfahrungsgemäß nicht kleiner sein als die zur Überwindung der Reibungswiderstände aufzuwendende Kraft. Nach den angeführten Erwägungen, wie auf Grund langjähriger Erfahrungen ergeben sich folgende Formeln:

$$1)\ R = \tfrac{1}{4}(G + G_1),$$
$$2)\ R \leqq Z,$$
$$3)\ P \leqq G + G_1 + 2R.$$

Nach diesen Formeln und mit Hilfe der Werte aus der Zahlentafel 3, wonach man für Rüttler bis 1000 qcm Tischfläche 0,1—0,15 kg/qcm, für größere Tische 0,15—0,20 kg/qcm

[1]) Gieß. 1917, S. 71/74. Auszugsw. Stahleisen 1918, S. 804/806.

Nutzlast und 2,5—3 kg/qcm Nutzlast für die Zylinderfläche zu rechnen hat, lassen sich unter Zuhilfenahme der folgenden Formeln 4)—6) alle Hauptabmessungen eines Rüttlers feststellen. Bezeichnet man mit F die Tischfläche in Quadratzentimeter, mit F_1 die Zylinderfläche in Quadratzentimeter und mit D den Zylinderdurchmesser in Zentimeter, so ist:

$$4)\ F = \frac{G}{0{,}1-0{,}2},$$

$$5)\ F_1 = \frac{G}{2{,}5-3{,}0}$$

$$\text{und } 6)\ D = \sqrt{\frac{F_1 \cdot 4}{\pi}}\ \text{cm}.$$

Im bestimmten Falle, z. B. bei einer Nutzlast von 2500 kg, einer Beanspruchung des Tisches mit 0,16 kg/qcm Nutzlast und 2,5 kg/qcm Nutzlast für die Zylinderfläche wird demnach

$$F = \frac{2500}{0{,}16} = \text{rd. } 15600 \text{ qcm} = 1250 \times 1250 \text{ mm},$$

$$F_1 = 1000 \text{ qcm und } D = 357 \text{ oder rd. } 350 \text{ mm}.$$

Von großer Wichtigkeit ist die richtige Ausbildung des Rütteltisches. Er soll stets so groß bemessen werden, daß die Modellplatte nicht über ihn hinausragt. Ist die Modellplatte nennenswert größer als der Tisch, so kommt sie beim Rütteln in Eigenschwingungen, die den Sand eher lockern als verdichten. Das Eigengewicht des Tisches mitsamt dem Plunger muß groß genug sein, um beim Rückpralle einen kräftigen Aufschlag zu bewirken, und zugleich ist der Rütteltisch reichlich kräftig auszubilden, um die vielen kurzen Erschütterungen auszuhalten, ohne zu zittern. Wenn das Eigengewicht eines Tisches mit seinem Plunger für eine bestimmte hohe Nutzlast festgestellt worden ist, so reicht dieses Gewicht für kleinere Nutzlasten nicht aus. Will man mit gutem Erfolge auf derselben Maschine auch mit geringeren Nutzlasten arbeiten, so muß das für die höhere Nutzlast ermittelte Eigengewicht von Tisch und Plunger um den Unterschied beider Nutzlasten vergrößert werden.

Als allgemeiner Anhalt können folgende Werte dienen:

G bis 250 kg	$G_1 \leqq 1{,}5\ G$,
G = 250— 500 kg	$G_1 \leqq 1{,}2\ G$,
G = 500—1000 kg	$G_1 \leqq G$,
G = 1000—2500 kg	$G_1 \leqq 0{,}75\ G$,
G über 2500 kg	$G_1 \leqq 0{,}5\ G$.

Bei richtiger Durchbildung der Rütteltische und Plunger, insbesondere durch Anordnung kräftiger Rippen und guter Übergänge, sind die angegebenen Werte leicht zu erreichen. Die einzelnen Plungerabmessungen sind nach den allgemeinen Festigkeitsformeln zu berechnen, wobei der Plunger als exzentrisch belastete Säule behandelt wird.

Bei Maschinen ohne Stoßausgleich muß eine sehr kräftige Grundplatte vorgesehen werden, um den Schlägen genügend Widerstand zu bieten und sie durchaus gleichmäßig auf das Fundament zu übertragen. Ferner soll, um die Erschütterungen möglichst von der Umgebung fernzuhalten, in die Grundplatte oder in den Unterbau möglichst viel Gewicht gebracht werden. Erfahrungsgemäß kommt man mit folgendem Gewichte M der Grundplatte gut zurecht:

$$7)\ M = 0{,}8-1{,}2\ (G + G_1)\ \text{kg},$$

vorausgesetzt, daß die Platte auf gutem, eisenverstärktem Betonunterbau verankert ist.

Der Zylinder ist gleich dem Plunger auf Knickung zu berechnen, wobei der höchste Hub und die ungünstigst verteilte Nutzlast zugrunde zu legen sind. Die Länge l des Zylinders für Maschinen, die nur rütteln, bestimmt sich nach Formel 8:

$$8)\ l = 1{,}75-2{,}25\ D,$$

während für Maschinen, bei denen der Plunger auch den Formkasten oder die Formplatte zu heben und zu senken hat,

$$9)\ l = H + 2{,}0-2{,}25\ D \text{ wird,}$$

wobei H die verlangte Hubhöhe bedeutet. Für die Hubbegrenzungsbolzen kann die Formel

$$10)\ d = 0{,}1\ \sqrt{P} \text{ gelten,}$$

worin d dem Kerndurchmesser des Bolzens in Zentimeter und P der Hubkraft in Kilogramm entspricht. Bei Begrenzung des Hubes durch Muttern mache man die Mutterhöhe

$$11)\ h = d.$$

Für stoßfreie Rüttelmaschinen kann die Grundplatte schwächer bemessen werden, man hat nur etwaigen Verspannungen vorzubeugen. Dagegen muß der stoßauffangende Teil, der Amboß, ein recht reichliches Gewicht erhalten. Sein Gewicht M_1 beträgt:

$$12)\ M_1 = 2-2{,}5\ (G + G_1)\ \text{kg}.$$

Bei den Steuerungskanälen sind scharfe Krümmungen und Einschnürungen zu vermeiden, und es ist auf recht saubere und glatte Innenflächen ganz besonders zu achten. Man sieht für die Einlaßöffnungen Luftgeschwindigkeiten von 15—25 m/sek, für die Auslaßöffnungen von 10—20 m/sek vor und rechnet im groben Durchschnitt für jede Richtungsänderung der Kanäle mit einem Druckverlust von 0,025—0,05 kg/qcm. Der Hubraum ist etwas größer anzunehmen, als die Berechnung nach dem angenommenen Hub ergeben würde, denn der wirkliche Hub ist stets um 10—15% höher als der eingestellte oder vorgesehene. Bezeichnet V den Hubraum in Kubikmeter, H den Hub in Meter und d den Zylinderdurchmesser, so ist:

$$13)\ V = H\frac{\pi d^2}{4}\ \text{cbm}$$

und die minutliche Luftmenge L_v bei n Hüben je min:

$$14)\ L_v = n\frac{\pi d^2}{4}\ 1{,}1\ H\ \text{cbm/min Preßluft.}$$

Die Luft entweicht mit einem Druck von 2—2,5 kg/qcm, es läßt sich demnach durch Umrechnung der Luftmenge L_v auf 2 kg/qcm Druck die in der Minute durch die Auslaßkanäle strömende Luftmenge ermitteln, wonach dann die Steuerkanäle berechnet werden können.

Die vorstehenden Darlegungen erheben, wie ihr ungenannter Verfasser ausdrücklich betont, keinen Anspruch auf Wissenschaftlichkeit. Sie bezwecken nur — und das haben sie unzweifelhaft in dankenswerter Weise getan —, die bisher gewonnenen Erfahrungen in eine für die Praxis leicht verwendbare, übersichtliche Form zu bringen und Grundlagen für weitere, wissenschaftlich unanfechtbare Forschungen zu schaffen.

Die Formkasten für die Rüttelarbeit.

Die Formkasten zur Benutzung auf Rüttelmaschinen müssen im allgemeinen kräftiger gehalten werden als die Kasten für Preßformmaschinen [1]).

Für Formkasten bis zu etwa 610 × 1220 mm lichter Weite reichen Wandstärken von 6—10 mm gut aus. Niedrigere Kasten erhalten 6 mm, höhere 10 mm Wandstärke mehr der für ausreichenden Anzug erforderlichen Verstärkung. Jeder Formkasten ist an der Teilungsfläche mit einem Verstärkungsflansch zu versehen, so daß dort die Gesamtwandstärke 22—32 mm beträgt, je nachdem das betreffende Kastenteil verstärkt werden soll.

Die Handhabung der Formkasten ist wesentlich bequemer, wenn die Führungen in der Längsmittelachse des Kastens angebracht werden im Gegensatze zu deren Anbringen an den Kastenseiten. Bei Formkasten, die mit einem Hebezeuge gehandhabt werden, könnten Drehzapfen und Führungsstift einander im Wege sein. Darüber läßt sich durch Anordnung beider Teile nach Abb. 1308 gut hinwegkommen. Der in dieser Abbildung rechts oben eingezeichnete Drehzapfen dient für federnde Steckbügel, während der unten

[1]) Vgl. Stahleisen 1923, S. 725.

gezeichnete Drehzapfen zum Anheben mittels einer Schlinge oder eines Hakenbügels geeignet ist. Federnde Steckbügel werden ihrer einfacheren Handhabung halber immer mehr den anderen Bügelformen vorgezogen.

Beim Arbeiten auf Rüttelformmaschinen entstehen die größten Zeitverluste durch das Einlegen von Sandhaken, die sich durch sachgemäße Anordnung von Zwischenwänden (Schoren) in den allermeisten Fällen vollständig, sonst aber zum größten Teile vermeiden lassen. Während bei der Verdichtung des Formsandes durch Handstampfung der Sand fest an die Flächen des Formkastens und der Zwischenwände gepreßt wird, bildet sich beim Rütteln infolge der Erschütterung des Formkastens eine feine Fuge zwischen dem Sande und den Wänden. Genaue Untersuchungen weisen das einwandfrei nach. Gute Befestigung des Kastens auf der Modellplatte und genaue Regelung der Wucht und der Anzahl der Rüttelstöße, entsprechend dem Gewicht der Form, vermögen diese Fugen einzuschränken; völlig ungefährlich werden sie aber erst durch besondere Gestaltung der Zwischenwände, wodurch man zugleich der Notwendigkeit enthoben wird, den Sand unterhalb derselben von Hand zu verdichten.

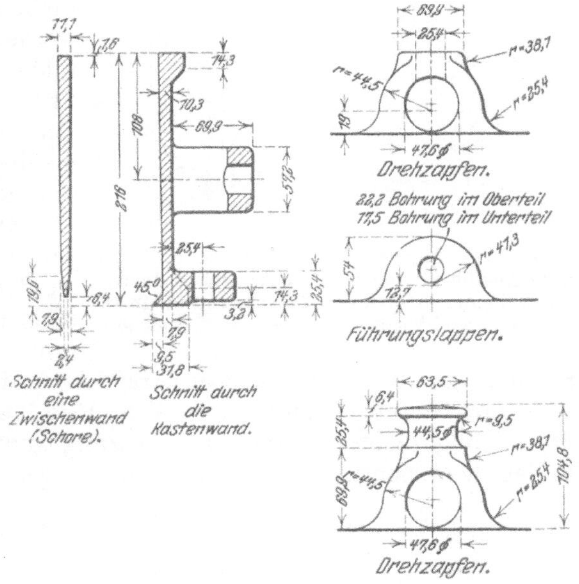

Abb. 1308. Anordnung der Kastendrehzapfen für die Rüttelarbeit.

Vor allem ist es wichtig, den Zwischenwänden nach unten und nach dem Modell zu eine gewisse Verjüngung zu geben. Bei Ausführung einer etwa 8 mm starken Zwischenwand nach Abb. 1309 wird sich der Formsand unter ihr völlig ausreichend verdichten, wenn sie bis auf etwa 3 mm Stärke verjüngt wird und mindestens 6 mm vom Modell entfernt bleibt. Bei Verringerung des Abstandes auf 4,7 mm erfolgt noch eine Verdichtung, die für Formflächen oberhalb von Kernmarken oder von Teilungsflächen ausreicht, nicht aber für unmittelbar dem flüssigen Eisen ausgesetzte Teile der Form. Um gutes Haften des Sandes an den unteren seitlichen Flächen der Zwischenwand zu sichern, muß der Anzug von etwa 8 mm auf etwa 3 mm mindestens 19 mm lang sein. Die untere Zwischenwandkante muß mindestens 6 mm vom Modell abstehen.

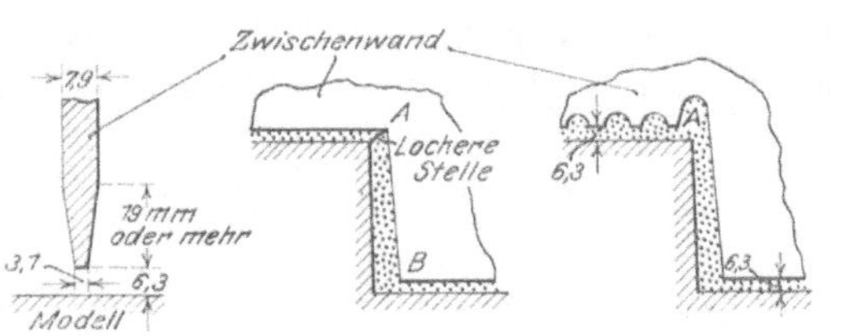

Abb. 1309. Richtig bemessene Formkastenzwischenwand. Abb. 1310. Mangelhafte Ausführung einer Zwischenwand in scharfer Ecke. Abb. 1311. Richtig angeordnete Zwischenwand in scharfer Ecke.

Die Abb. 1310 und 1311 zeigen die Anordnung einer Zwischenwand in einer nahezu rechtwinkligen Modellecke. Um Abbröckelungen bei B zu vermeiden, muß die Zwischenwand möglichst knapp an das Modell herangeführt werden. 6,3 mm haben sich als ausreichend erwiesen, um den Sand zu sichern und zugleich Schwierigkeiten beim Ausleeren der Form zu vermeiden. Bei Anordnung der Zwischenwand nach Abb. 1310 entsteht bei A eine lockere Stelle in der Form, wenn nicht der Sand dort besonders festgedrückt wird. Der Sand setzt sich infolge der Rüttelwirkung von A nach B zusammen, so daß schließlich unterhalb A nicht mehr genügend Sand zur vollen Raumausfüllung zur Verfügung steht. Die Lockerstelle läßt sich durch Ausrundung bei A, wie es Abb. 1311 zeigt, vermeiden. Es bleiben zwar die gleichen Vorbedingungen bestehen, die lose Stelle bildet sich aber im oberen Teile der Ausbuchtung von A, wo sie unschädlich ist. Die Ausbogung der Zwischenwand kann bei flachen Modellen mit 12 mm, bei höheren mit 25 mm bemessen werden.

Ähnliche Vorbedingungen treten bei der Anordnung einer Zwischenwand parallel mit einer Modellkrümmung auf (Abb. 1312). Hier besteht aber keine Gefahr, durch Näherbringen der Zwischenwand an das Modell das Ausleeren zu erschweren, weshalb man unbesorgt auf 6—9 mm an das Modell herankommen kann. Die Zwischenwand braucht nicht genau der Modellkrümmung angepaßt zu werden (Abb. 1313), da die Form ein Gewölbe bildet, das an den Kanten bei C genügend Stützung findet. Man kann darum zur Verhütung der bei Anordnung nach Abb. 1312 unvermeidlichen Lockerstelle von der Modellkrümmung abweichen, wie es Abb. 1313 erkennen läßt.

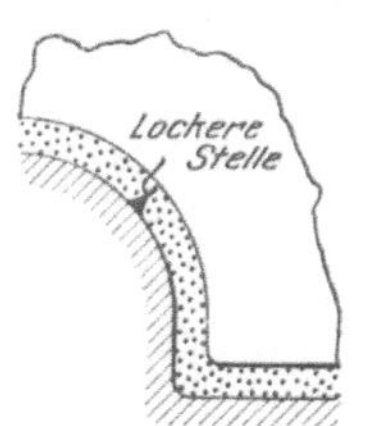

Abb. 1312. Mangelhafte Ausführung einer Zwischenwand über einem Modellbogen.

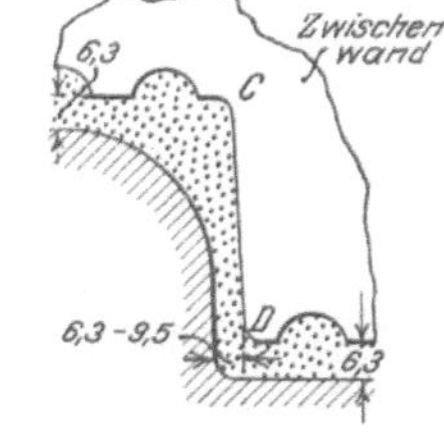

Abb. 1313. Richtig angeordnete Zwischenwand über einem Modellbogen.

Quer zu einer Modellwölbung verlaufende Zwischenwände sollten möglichst vermieden werden, da man sie, um ausreichende Sandverdichtung zu sichern, so weit vom Modell abrücken muß, daß ihre Wirksamkeit, als Stütze eines Sandballens zu dienen, sehr in Frage kommt. Wo sie aber unvermeidlich sind, boge man ihre untere Kante nach Abb. 1314 aus und gebe ihr zugleich eine ausgiebige Verjüngung. Unter dieser Voraussetzung kann die Kante bis auf etwa 13 mm an das Modell herangebracht werden, da die bogenförmigen Ausschnitte genügend Sand aus den höheren Teilen der Form niederrieseln lassen.

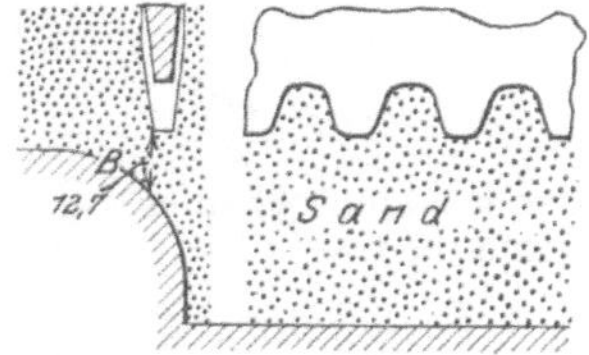

Abb. 1314. Zwischenwand, quer zu einer Modelkrümmung angeordnet.

Abb. 1315 u. 1316. Falsch und richtig angeordnete Zwischenwand in einem hohen Sandballen.

Sämtliche Zwischenwände sollten stets ihrer ganzen unteren Länge nach ausgebogen und verjüngt werden. Die dadurch erwachsenden Vorteile treten bei dem Ausführungsbeispiel nach den Abb. 1315 und 1316, wobei es sich um einen großen hängenden Sandballen handelt, deutlich zutage. Läßt man eine volle Zwischenwand bis zu 6 mm an das Modell herantreten, so entsteht leicht bei E eine Art Spalt im Sand, der Abbröckelungen zur Folge haben kann. Bogt man dagegen die Zwischenwand-Unterkante nach Abb. 1316 aus, so schließt sich der Sand bei F von beiden Seiten zusammen und gewinnt auch unterhalb der Bogenspitzen

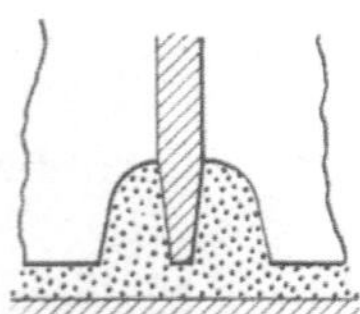
Abb. 1317. Aussparung an einer Kreuzungstelle.

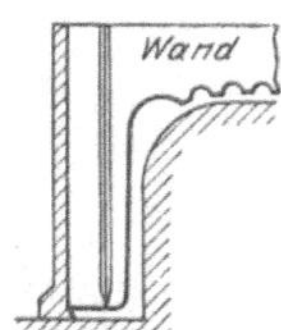

Abb. 1318. Zwischenwand mit Seitenleiste.

Abb. 1319. Zwischenwand mit Rille und mit gerader Seitenleiste.

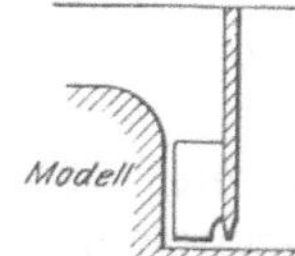

Abb. 1320. Zwischenwand mit teilweise ausgesparter Seitenleiste.

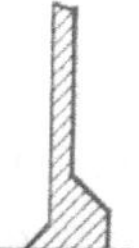
Abb. 1321. Bearbeitungszugabe für die Sandleiste.

genügend Halt. An der Kreuzungstelle zweier Zwischenwände (Abb. 1317) ist stets eine der beiden Wände auszubogen, sonst bildet sich unterhalb der Kreuzung ganz unvermeidlich eine lockere Stelle.

Bei recht hohen Formen, die während des Wendens zu Abbröckelungen neigen, werden oft an die Zwischenwände dreikantige Seitenleisten (Abb. 1318) angegossen. Man hat sich davor zu hüten, diese Seitenleisten allzu nahe an das Modell zu rücken, da sie sonst eher trennend als stützend wirken würden. An Stelle der Seitenleisten können

Rinnen in den Zwischenwänden angebracht werden (Abb. 1319 links), die wesentlich besser wirken und der guten Verdichtung des Sandes weniger im Wege sind als dreieckige oder gar noch weiter ausladende Leisten (Abb. 1319 rechts). Solche Rinnen bieten auch den Vorteil einer Verminderung des Kastengewichts.

Mitunter ist es nicht nötig, eine solche Seitenleiste der ganzen Zwischenwandhöhe entlang verlaufen zu lassen. Man kann sie oft im oberen Teile weglassen (Abb. 1320) und stellt beim Einformen des Formkastens die Aussparung durch Auskernung her. Dadurch lassen sich gleichfalls erhebliche Gewichtsersparnisse erzielen.

Rings um den inneren Formkastenrand laufende Sandleisten sind von bester Wirksamkeit, wenn sie möglichst scharf auslaufen. Um sie dadurch nicht in einem ihre Bearbeitbarkeit schädigenden Maße hart werden zu lassen, empfiehlt es sich, sie zunächst etwas stärker zu gießen (Abb. 1321) und das überschießende Eisen später abzuarbeiten.

Das Aufbringen der Modelle auf der Rüttelformplatte.

Die Modelle für Rüttelmaschinen ohne Stoßausgleich bedürfen sehr zuverlässiger, guter Ausführung und kräftiger Befestigung auf der Formplatte, bzw. dem Rütteltisch. Bei Holzmodellen sind die Leimfugen mit Rücksicht auf die lotrecht wirkenden harten Stöße anzuordnen.

Dagegen erleiden die Modelle auf Rüttelformmaschinen mit Stoßausgleich keine sonderlich scharfe Beanspruchung, sie halten im allgemeinen länger stand als gleiche zur Handformerei verwendete Modelle. Selbst recht dünnwandige Modelle können, ohne nennenswerte Schädigungen aufzuweisen, jahrelang ununterbrochen benutzt werden[1]). Man schraubt solche Modelle auf etwa 50 mm starke hölzerne Formplatten fest. Die einzelnen Bohlen der Modellplatte werden durch Nut und Feder ineinander geführt und zusammengehalten und sind gegen Verziehungen durch einen ringsum laufenden Rahmen geschützt. Flacheisenauflagen an den mit den Formkastenrändern in Berührung kommenden Stellen der Holzplatte schützen sie gegen vorzeitige Abnutzung. Abb. 1322 zeigt eine derartige Modellplatte aus Holz mit einem sehr schwachwandigen, dünnen, reifenartigen Holzmodell. Die Holzplatte wird unmittelbar auf die Rüttelplatte gelegt, wenn es sich um eine Maschine ohne Wendeeinrichtung handelt, sie bedarf aber einer gußeisernen Unterlagsplatte, wenn sie für eine Wendeplattenmaschine benutzt werden soll. Eine Ausführung der letzteren Art ist der Abb. 1323 zu entnehmen. Der Wende-

Abb. 1322. Modellplatte aus Holz mit schwachwandigem Modell.

Abb. 1323. Modell auf einer Holzplatte mit gußeiserner Unterlage befestigt.

[1]) Nach Stahleisen 1925, S. 658.

rahmen a trägt an vier Bolzen die eiserne Unterlagsplatte b, auf der die Holzmodellplatte c ruht. In der Holzplatte sind zur Aufnahme der Zentrierstifte d und der Keilbolzen e und f ausgebüchste Löcher vorgesehen. Die Holzplatte ruht lose auf der Eisenplatte und wird an ihr nur durch die Bolzen festgehalten.

Zur unmittelbaren Befestigung der Modelle an der Eisenplatte des Wenderahmens wird diese in regelmäßigen Abständen von etwa 50 mm mit Dübellöchern versehen, es empfiehlt sich, in der Modelltischlerei eine zweite Platte mit genau denselben Löchern

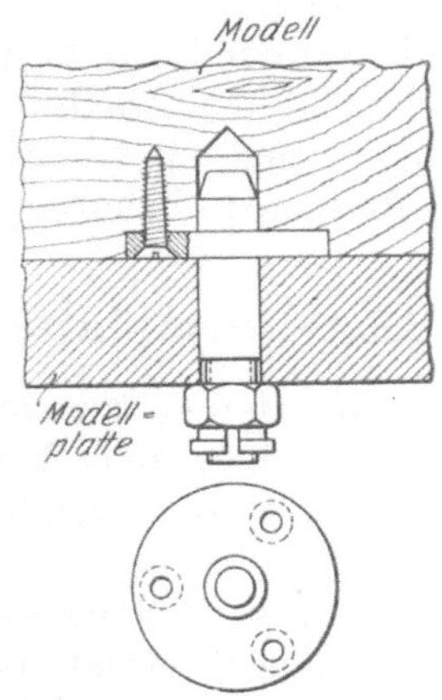

Abb. 1324. Befestigung der Dübel.

Abb. 1325. Mit Modellen besetzte Wendeformplatte.

bereit zu halten. Der Tischler hat dann nur die Dübel am Modell nach seiner als Lehre dienenden Platte anzubringen, worauf sie in der Formerei durch die an ihrem Ende mit Gewinde versehenen Dübel (Abb. 1324) hindurch an die Platte geschraubt werden. Abb. 1325 zeigt eine derartig mit Modellen besetzte Wendeformplatte [1]). Diese Einrichtung ermöglicht es, auf demselben Wenderahmen Formkasten verschiedener Größe zu benutzen, da hierzu nur die Bolzen in den Platten entsprechend zu verstellen sind.

Die Tische großer, für schweren Guß bestimmter Rüttelmaschinen werden mitunter auch mit schwalbenschwanzförmigen, reihenweise in rechten Winkeln verteilten Schlitzen versehen, in denen die mit entsprechenden Schwalbenschwanzkeilen ausgestatteten Modelle Führung finden.

Die Verdichtung der Rückseite gerüttelter Formen.

Die Dichte des Formsandes nimmt bei gerüttelten Formen vom Modell bis zum Rücken der Form gleichmäßig ab, sie ist am Rücken so gering, daß beim Wenden der Form oft ein Teil des Sandes ausfallen würde, wenn nicht auf irgendeine Weise für seine weitere Verdichtung gesorgt wird. Die Verdichtung ist also, wie Abb. 1326 [2]) zeigt, gerade entgegengesetzt derjenigen bei Formen, welche durch Pressen des Rückens verdichtet wurden. Die Verdichtung durch Rütteln ähnelt demnach der durch Handstampfung erzielten mit dem Unterschiede, daß bei letzterer der Rücken der Form ohne weiteres fest genug gehalten werden kann, um beim Wenden des Kastens stand zu halten. Die vom Eisen bespülte Formoberfläche wird am festesten, und die von ihr weiter abliegenden Schichten werden zunehmend lockerer, so daß die beim Gießen entstehenden Gase ungehemmt entweichen können. Infolgedessen erübrigt sich bei Rüttelformen die Anwendung eines Luftspießes. Wo ein solcher dennoch angewendet wird oder angewendet werden muß, handelt es sich um Fehler in der Sandzusammensetzung oder beim Rüttelverfahren. Ein Rüttelfehler liegt insbesondere dann vor, wenn unter Aufgabe allzu dünner Sandschichten zu lange oder zu hart gerüttelt

[1]) Abb. 1323 und 1325 nach einer Ausführung der Bad. Maschinenfabrik. Vgl. Stahleisen 1925, S. 658/659.

[2]) Nach U. Lohse, Stahleisen 1921, S. 1210.

worden ist. Zur ausreichenden Verdichtung des Rückens der Rüttelformen gibt es drei Möglichkeiten: Die Verwendung ausgiebiger Füllrahmen, das Nachstampfen und das Nachpressen.

Die Benutzung von Füllrahmen hat den Nachteil, daß das Abstreifen der überschüssig gerüttelten und ziemlich fest gewordenen Sandmenge beträchtlichen Arbeits- und Zeitaufwand bedingt; was um so unerwünschter ist, als gerade bei der Formmaschinenarbeit jede nicht unbedingt notwendige Entfaltung menschlicher Kraft vermieden und jeder Handgriff in möglichst kurzer Zeit erledigt werden soll.

Man wird in den meisten Fällen mit dem Nachstampfen besser zurechtkommen. Eine während des Rüttelns sich selbst überlassene Form,

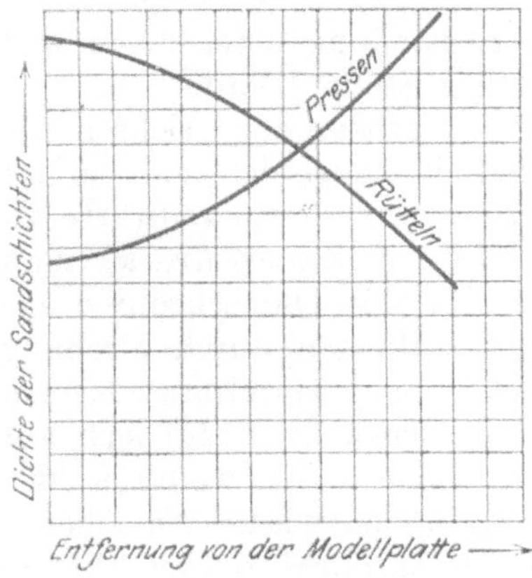

Abb. 1326. Verdichtung des Formsandes beim Pressen und beim Rütteln.

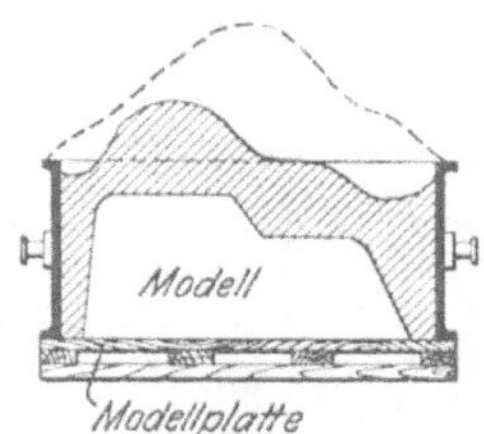

Abb. 1327. Natürliche Lagerung des Formsandes beim Rütteln.

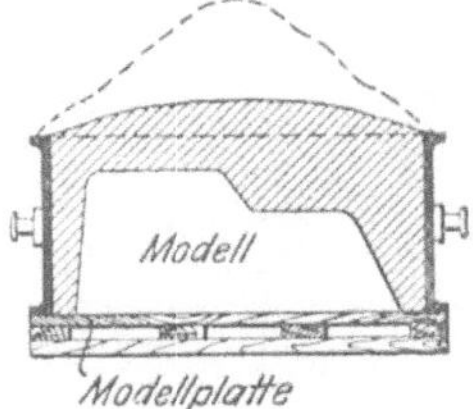

Abb. 1328. Zweckmäßige Verteilung des Sandes beim Rütteln.

bei der der Sand ursprünglich nach der gestrichelten Linie der Abb. 1327 aufgehäuft war, hat nach der Rüttelung eine etwa der schraffierten Fläche entsprechende Gestalt. Da dem Nachstampfen ein beiläufiges Ausgleichen der Sandoberfläche vorangehen muß, hilft man schon während des Rüttelns durch Verteilen des Sandes mit der Hand so weit nach, daß sich eine Oberfläche nach Abb. 1328 ergibt, die ein sofortiges Nachstampfen ohne irgendeinen Zwischengriff ermöglicht.

In den letzten Jahren ist man dazu übergegangen, die Rüttelmaschinen mit Vorrichtungen zu versehen, die den losen Rücken der Formen nachpressen. Die Maschinen fallen dadurch natürlich weniger einfach aus und werden auch teurer, doch werden diese Übelstände durch raschere und genauere Arbeit aufgewogen. Insbesondere in Fällen, wo es auf genaueste Übereinstimmung der Abgüsse, etwa in Rücksicht auf deren Bearbeitung durch Maschinen (Automaten) ankommt, leistet das Nachpressen wertvolle Dienste.

Handrüttler.

Bis zum Erscheinen des Denbigh-Handrüttlers beruhten alle Handrüttelmaschinen auf der Hubwirkung einer Daumenwelle, mittels der die Formplatte in verhältnismäßig großen Zeitabschnitten einer Stoßwirkung unterworfen wurde. Alle diese Maschinen krankten an hohem Kraftbedarf. Erst der aus der Vereinigung einer Handrüttelvorrichtung und einer Abhebeeinrichtung entstandene Denbigh-Rüttler [1]) vermochte praktische Bedeutung zu erlangen. Die Abb. 1329 läßt die Ausführung im einzelnen erkennen [2]). Das Gewicht des Modells, des Formkastens, der Modellplatte und des Sandes wird durch die Spannkraft der Feder a ausgeglichen. Je nach den in Frage kommenden Gewichten kann die Feder mittels Drucköl besonders eingestellt werden. Sie ruht auf dem Flansch des oben geschlossenen Zylinders b, in dessen Innerem sich der Kolben c befindet. Eine Ledermanschette d dichtet den Kolben c gegen das Öl im Rohr e ab; der Kolben schwimmt gewissermaßen auf der Ölschicht. Der Rütteltisch f mit der an ihm festgeschraubten Hülse ruht unmittelbar auf der Feder a. Da die Feder unten um den Einstellzylinder b geschlungen ist, so ist ein

[1]) Ausgeführt von der Barsonator-Werkzeug G. m. b. H. in Hamburg.
[2]) Nach Gieß.-Zg. 1924, S. 110.

seitliches Ausbiegen ausgeschlossen. Mittels des Handhebels i und eines fest auf seiner Drehachse sitzenden Zahnrades, das in die Zahnung der Hülse g greift, kann diese gehoben oder gesenkt werden. Wird der Hebel mit kurzem Rucke nach oben gedrückt, so schlägt die Rütteltischnabe gegen den oberen Rand des Maschinenkörpers k, wodurch infolge des Gleichgewichts zwischen Feder und Belastung ein wirksamer Rüttelstoß erzeugt wird. Läßt der Hebeldruck nach, so kommt der Rütteltisch infolge der Federentspannung wieder in Gleichgewichtslage. Zur Herstellung einer Form sind etwa 6 solcher Stöße erforderlich.

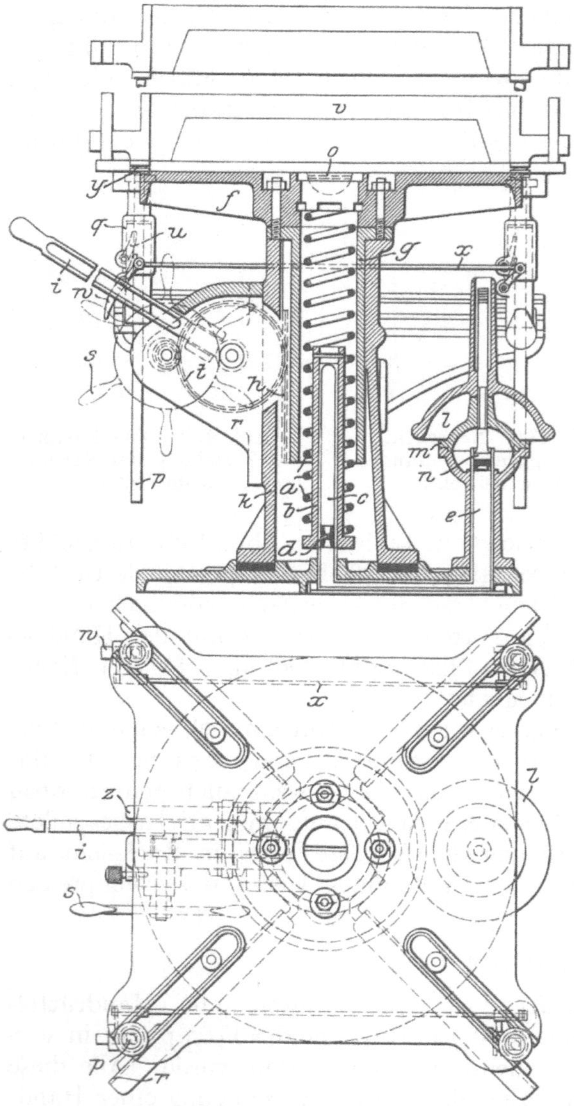

Abb. 1329. Denbigh-Rüttler.

Wenn bei größeren Gewichten die Feder nachgespannt werden muß, so hat man den Kolben c etwas aufwärts zu bewegen. Zu dem Zweck drückt man den im Ölgefäß das Öldruckrohr e abschließenden Kolben n durch Drehung des glockenförmigen Handrades l nach abwärts. Der Druck überträgt sich auf die Ledermanschette d, wodurch der Kolben c angehoben wird. Am oberen Ende des Druckrohres e sind kleine Löcher angebracht, durch die ein Teil des Öls nach e zurückfluten kann, wenn die Feder a entlastet werden soll.

Das Abheben von der Rüttelplatte erfolgt mittels der vier Stangen p, die in den Führungen q gleiten und in den Armen r entsprechend der Formkastengröße verschoben werden können. Zum Abheben wird erst der Rüttelhebel mittels des zweiten Hebels z außer Wirkung gesetzt und zugleich das auf der Welle des Handrades s sitzende Stirnrad zum Eingriff mit dem Zahnrade t gebracht. Die Form wird nun mitsamt dem Rütteltisch und den Stangen p durch Betätigung des Handrades s gehoben, worauf man das Handrad in entgegengesetztem Sinn dreht und so die Klinken u zum Eingriff in die Verzahnung der Stangen p bringt, wodurch diese festgehalten und beim weiteren Drehen die Modelle aus der Form abgesenkt werden. Nach dem Absetzen der Form genügt ein Druck auf die beiden kleinen, mittels Kettenzügen mit den gegenüberliegenden Klinken w in Verbindung stehenden Hebel zur Lösung sämtlicher Klinken u, so daß nun die Stangen p in ihre ursprüngliche Stellung zurückfallen, wobei der Aufschlag durch die kleinen Federn y gemildert wird.

Da infolge der Federwirkung der Kraftaufwand zur Ausführung einer Rüttelung gering ist, wird es dem die Maschine bedienenden Manne möglich, auf ihr wesentlich größere Leistungen als beim Handstampfen zu erzielen.

Die Maschine bedarf keiner weiteren Kraftquelle und benötigt keinerlei Unterbau, sie kann daher an jeder Stelle der Gießerei aufgestellt werden. Man führt diese Maschinen für Nutzlasten von 50—500 kg aus und stattet sie mit verschiedenen kräftigen, den vorgesehenen Arbeitsgewichten entsprechenden Federn aus.

Mechanisch betätigte Rüttler.

A. Maschinen ohne Stoßausgleich.

Abb. 1330 zeigt einen Rüttler einfachster Ausführung mit feststehendem Zylinder und mit von einer Transmission aus betätigtem Riemenscheibenvorgelege [1]). Die Maschine besteht in der Hauptsache aus einem mit dem Fundament in einem Stück gegossenen Zylinder a, einem mit dem Kolben verbundenen Rütteltisch b und einer den Hubnocken c tragenden Antriebswelle f. Der durch den Hubnocken emporgehobene Rütteltisch fällt nach Überschreitung des höchsten Hubpunktes frei zurück und prallt dabei auf die Stoßflächen d des Zylinders, wodurch der Rüttelstoß zustande kommt. Zwei in den Rütteltisch geschraubte Bolzen e sind im oberen Flansch des Zylinders geführt und verhindern ein Verdrehen des Tisches. Der Hubnocken c läuft in Öl, wodurch seiner raschen

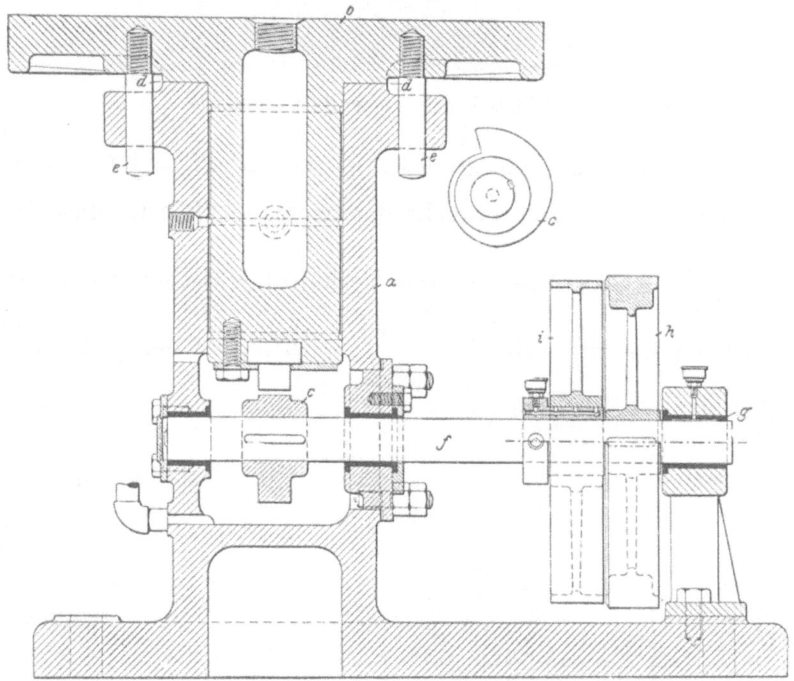

Abb. 1330. Kleinrüttler 500 × 500 mm mit Riemenantrieb.

Abnutzung vorgebeugt wird. Das Vorgelege besteht aus einer Leerlaufscheibe i und einer Schwungradscheibe h. Der Antrieb durch Transmission bietet dem elektrischen gegenüber den Vorteil, daß eine Zahnradzwischenschaltung sich erübrigt, die zur Erzielung einer niedrigeren Umdrehungszahl erforderlich wäre.

Der in Abb. 1331 wiedergegebene Rüttler [2]) wird elektrisch angetrieben. Die Welle des ständig in gleicher Richtung laufenden, mit Wechsel- oder Gleichstrom arbeitenden Motors bewegt ein eingekapseltes Verzögerungszahnradgetriebe, das mit einer Reibungskupplung zum Anlassen des Rüttlers versehen ist. Der Rütteltisch wird durch einen Daumen der Antriebswelle gehoben, der in Verbindung mit einem am Ende eines Winkelhebels angeordneten Rollenmitnehmer arbeitet. Sämtliche Getriebeteile sind staubdicht eingekapselt, aus hochwertigem Stahl angefertigt und reichlich genug bemessen, um den regelmäßigen Stoßbeanspruchungen dauernd zu widerstehen. Am Rütteltisch sind mit flachköpfigen Schrauben verschließbare Löcher vorgesehen, durch die die inneren Teile täglich mindestens einmal geschmiert werden müssen. Das

[1]) Ausgeführt von Leber u. Bröse G. m. b. H. in Coblenz; vgl. Stahleisen 1921, S. 1211.
[2]) Ausgeführt von Henry E. Pridmore in Chicago.

Zahnradgehäuse hat eine eigene Ölkammer, die wöchentlich nur einmal nachgefüllt werden muß. Die Aufstellung erfolgt unter Flur, wobei eine Zwischenwand Motor und Getriebeteile vor dem etwa vom Rütteltisch fallenden Sand schützt. Die Maschine wird in sieben Größen mit Tischflächen von etwa 760 × 910 bis 1830 × 1830 mm und einer Hubkraft von 1400—10 000 kg gebaut. Die kleinste Ausführung benötigt einen Motor von

Abb. 1331. Elektrisch angetriebener Kleinrüttler.

2,5 PS = 2,5 . 736 = 1840 Watt, die größte einen von 20 PS = 20 . 736 = 14720 Watt. Bei einer Spannung von 220 Volt braucht demnach die kleinste Maschine $\frac{1840}{220} = 8{,}4$ und die größte $\frac{14\,740}{220} = 66{,}9$ Ampere. Das Verhältnis zwischen Hubkraft und Stromstärke beträgt bei der kleinsten Maschine $\frac{1360}{8{,}4} = 161{,}9$, bei der größten $\frac{9080}{66{,}9} = 135{,}7$,

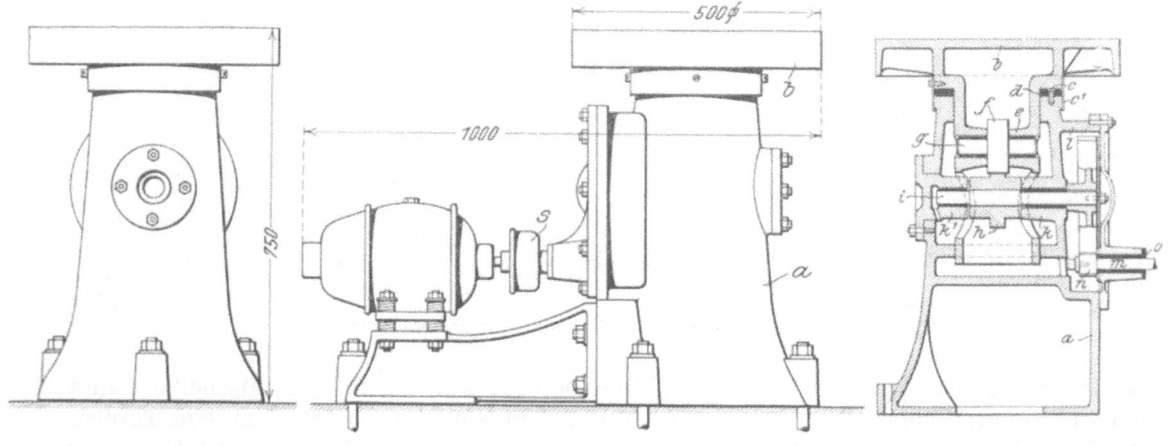

Abb. 1332. Abb. 1333. Abb. 1334.

Abb. 1332—1334. Rüttler mit elektrischem oder Riemen-Antrieb.

ist also bei der kleinen günstiger. Die Motore sämtlicher Maschinen laufen mit 1200 Umdrehungen in der Minute. Der elektrische Betrieb soll billiger sein als der mit Preßluft [1]).

[1]) Die General Electric Company in Chicago stellte, wie Lohse in Gieß.-Zg. 1913, S. 507 berichtet, Versuche an, um den Kostenunterschied der beiden Antriebsmittel zu vergleichen. Man benutzte dazu eine Pridmore-Maschine von 5000 kg Hubkraft, die durch einen General-Electric-Gleichstrommotor von 10 PS betrieben wurde und eine Norcross-Rüttelmaschine von 500 mm Kolbendurchmesser, die bei nicht ganz 6 at Druck die gleiche Hubkraft besitzt. Die Versuche ergaben einen fünffachen Energieverbrauch der Preßluftmaschine gegenüber der elektrisch betriebenen. Der Strompreis betrug 3,4 Pfennig für die Kilowattstunde, während 1 cbm Preßluft von 6 at 0,7 Pfennig kostete. Die wirtschaftliche Überlegenheit der elektrischen Maschinen wäre demnach ganz außerordentlich, doch müssen erst umfangreiche, im Dauerbetrieb durchgeführte Versuche dartun, wie lange diese Überlegenheit standhält, wie lange insbesondere das hart beanspruchte Räderwerk gut tut.

Der in den Abb. 1332—1334 dargestellte Rüttler [1]) wird von einem Elektromotor angetrieben, der im Bedarfsfall auch durch ein Riemenvorgelege ersetzt werden kann. Der Rüttler besteht aus dem Hohlgußständer a, in dessen obere Öffnung der Tisch b eingreift. Der Tisch ist in starrer Verbindung mit der Rüttelvorrichtung und ruht mit der ringförmigen Tragfläche c auf einem Ring d des Gestells, der den niedergehenden Schlag des Tisches auffängt. Ein Schutzring c^1 (Abb. 1334) bewahrt die Schlagflächen vor eindringendem Staub. Am unteren, in den Ständer reichenden Teil des Tisches ist ein Traglager ausgebildet, das den Bolzen g mit der Rolle f trägt. Die Rolle steht im Eingriff mit dem auf der Nockenwelle i befestigten Hebenocken h. Die Nockenwelle i ruht in den Lagern k und k^1 des Ständers. In Bewegung gesetzt dreht sie den Hebenocken h, der bei jedem Umlauf den Tisch b anhebt und wieder fallen läßt.

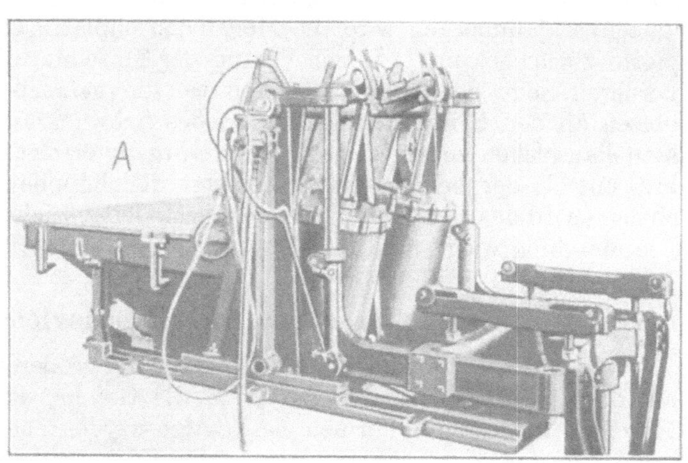

Abb. 1335.

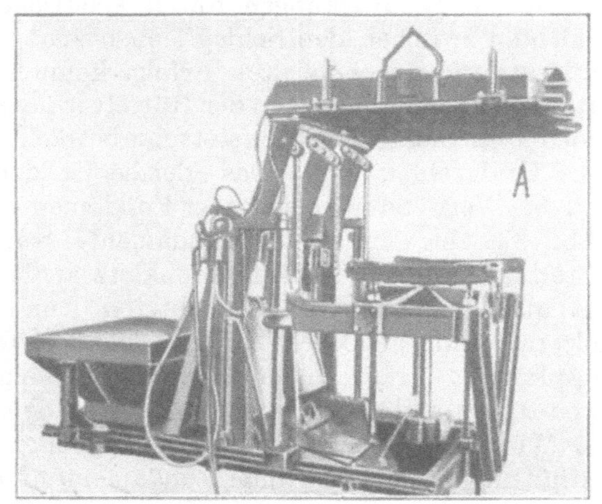

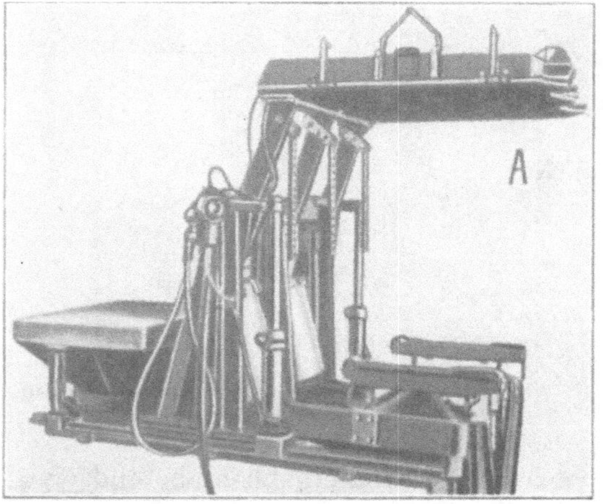

Abb. 1336. Abb. 1337.

Abb. 1335—1337. Kipp-Rüttelformmaschine.

In der am Ständer ausgebildeten Kammer l arbeitet das Vorgelege, das von der Welle m angetrieben wird. Diese Antriebswelle trägt ein Ritzel n, das mit dem Zahnrad o auf der Nockenwelle in Eingriff steht. Eine Kupplung s, an deren Stelle eine Riemenscheibe treten kann, stellt die Verbindung mit dem Elektromotor her.

Das Bestreben, auch bei umfangreichen Formen alle Handarbeit möglichst weitgehend auszuschalten, hat die neue Pridmoresche Formmaschine (Abb. 1335—1337) entstehen lassen [2]). Ein Mann bewirkt auf ihr durch einfache Betätigung einiger Hebel der Reihe nach das Rütteln, Kippen, das Modellausziehen und die Rückkippung der Formplatte für Formen, die einen Kasten von 1728 × 915 × 1000 mm Umfang erfordern. Die Maschine besteht in der Hauptsache aus einer Vereinigung der alten elektrischen Pridmoreschen Rüttelmaschine für Kasten von 1728 × 915 mm Grundfläche und einer Preßluft-Kipp- und Modellaushebemaschine mit 864 mm Hub-(Auszieh-)vermögen [3]). Abb.1335

[1]) Ausgeführt von Vereinigte Modellfabriken G. m. b. H. in Landsberg a. W.

[2]) Stahleisen 1919, S. 449.

[3]) Kippformmaschinen sind beschrieben auf S. 362 u. f.

zeigt die Maschine bereit zur Aufnahme des Formkastens, Abb. 1336 die Stellung nach dem Rütteln und Kippen des Kastens. Leider sind beide Aufnahmen ohne den Formkasten gemacht worden, wodurch die Bilder auf den ersten Blick nicht ganz deutlich wirken. Stellt man sich aber in Abb. 1336 an der Formplatte A festgeklammert einen bis auf die Modellausziehplatte reichenden Formkasten vor, so wird auch die gegebene Darstellung der Maschine durchaus sinnfällig. Nach Lösung der Formkastenverklammerung wird die Modellausziehplatte gesenkt (Abb. 1337) und die Formplatte zurückgekippt. Einen Vorzug der Maschine bildet die V-förmige Stütze an der vorderen Seite der Modellausziehplatte, die gemeinschaftlich mit den zwei Führungsbolzen an den Seiten dieser Platte jedes Schwanken und jede einseitige Neigung beim Modellausziehen verhütet. Der Rüttelvorgang erfolgt elektrisch, das Kippen durch Preßluft mittels der beiden entgegengesetzt der Kippbewegung mitschwingenden Zylinder, ebenso wird das Heben und Senken der Modellausziehvorrichtung durch Preßluft bewirkt. Die Maschine wiegt rund 7000 kg.

B. Maschinen mit Stoßausgleich (Stoßfang).

Wie auf S. 422 erwähnt wurde, besteht bei größeren Rüttlern, deren Stoß ungehemmt auf das Fundament übertragen wird, die Gefahr, daß bereits fertige, in der Nähe der Maschine aufgestellte Formen beschädigt werden; bei sehr großen Rüttlern kann sogar das Gießereigebäude selbst in Mitleidenschaft gezogen werden. Man hat versucht, diese schädlichen Stoßwirkungen durch elastische Schichten zwischen den Schlagflächen zu beseitigen. Die dabei erzielten Erfolge konnten naturgemäß nur auf Kosten der Rüttelwirkung erzielt werden, sie bedeuteten stets eine beträchtliche Kraftvergeudung. Das gleiche ist der Fall bei Verwendung elastischer Fundamente. Abb. 1338 zeigt ein solches Fundament. Sein Unterbau besteht aus dem Betonklotz a, der mit quer übereinander geschichteten Rundhölzern e und f abgedeckt ist und eine Unterlagsplatte g trägt: über letzterer ist ein zweiter Betonklotz b aufgetragen, auf dem die Maschine ruht. Die Rundholzschichten federn den Stoß erheblich ab, und eine Kiesschüttung c zwischen dem Fundament und der Ziegelmauer d der Fundamentgrube dichtet den Bau ab, ohne die Seitenwände in Mitleidenschaft zu ziehen. Eine derartige Anlage vermag zwar die Rüttelstöße für die Umgebung praktisch unschädlich zu machen, dies geschieht aber nur auf Kosten eines recht beträchtlichen Kraftverlusts.

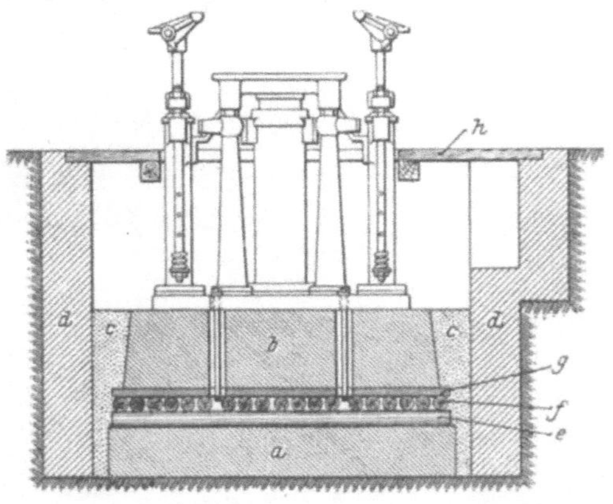

Abb. 1338. Aufstellung eines Großrüttlers auf elastischem Fundament.

Für die Größe der Unterbau-Grundfläche ist natürlich auch die Art des Bodens maßgebend. Weicher Lehmboden darf nicht mit mehr als 150 kg/qdm belastet werden, während harter Ton bis zu 250 kg gut trägt. Trockener Sand oder ein Gemenge von trockenem Sand und Kies kann mit 200—400 kg/qdm, trockener grober Schotter mit 300—400 kg/qdm belastet werden. Auf gewachsenem Felsen können die Maschinen fast ohne Unterbau aufgestellt werden. Beim Bau auf Lehmgrund oder auf aufgefülltem Boden ist es besser, mit dem Unterbau mehr in die Länge und Breite als in die Tiefe zu gehen.

Kleine Maschinen können ohne weiteres auf einen Betonklotz gesetzt werden. Große Rüttler erfordern dagegen Unterbauten, die ihnen nicht nur eine zuverlässige und die Nachbarschaft sichernde Unterlage gewähren, sondern auch die unter Gießereisohle befindlichen Maschinenteile bequem zugänglich machen. Man stellt zu dem Zweck eine ausgemauerte Grube her, auf deren Grund der eigentliche Fundamentklotz sitzt, und die mit starken, in Falzen ruhenden Bohlen abgedeckt wird. Eine kleine Leiter führt in die mit elektrischem Licht ausgestattete Grube. Betriebe mit einer größeren

Anzahl großer Rüttler stellen am besten die Maschinen in einer Reihe auf und legen einen gemeinsamen Unterbaukeller nach Abb. 1339 an.

Bei schlechtem Baugrunde genügen diese Schutzmaßnahmen gegen schädliche Stoßwirkung nicht. Man versieht dann die Rüttler nicht mit Stoßdämpfungen, sondern mit Stoßfängen, die den Stoß innerhalb der Maschine unschädlich machen. Bei den mechanisch betätigten Rüttlern geschieht das durchweg durch federnde Lagerung entweder des Kolbens oder des Zylinders oder beider Teile. Bei der in Abb. 1340 dargestellten, mechanisch betriebenen Maschine mit Stoßfang [1]) wird der Stoßfang durch einen auf Federn ruhenden Teller bewirkt, der mit dem Amboß durch ein Kugelgelenk verbunden ist. Der Formkasten a ist auf der auf dem Tische t ruhenden Wendeplatte b befestigt. Der Tisch ist mit Schlagflächen c versehen, die sich im Ruhezustande mit den Schlagflächen d des Ambosses e berühren. Der schwere eiserne Amboß ist in der Mitte zur Aufnahme der Antriebvorrichtung ausgehöhlt. Letztere besteht aus der Welle f mit dem Hebedaumen g und der Rolle h. Der Antrieb der Welle f erfolgt von außen durch einen Elektromotor. Der Daumen g hebt die Rolle h und mit ihr den Tisch t.

Der Stoßausgleich kommt durch folgende Anordnung zustande: Auf der

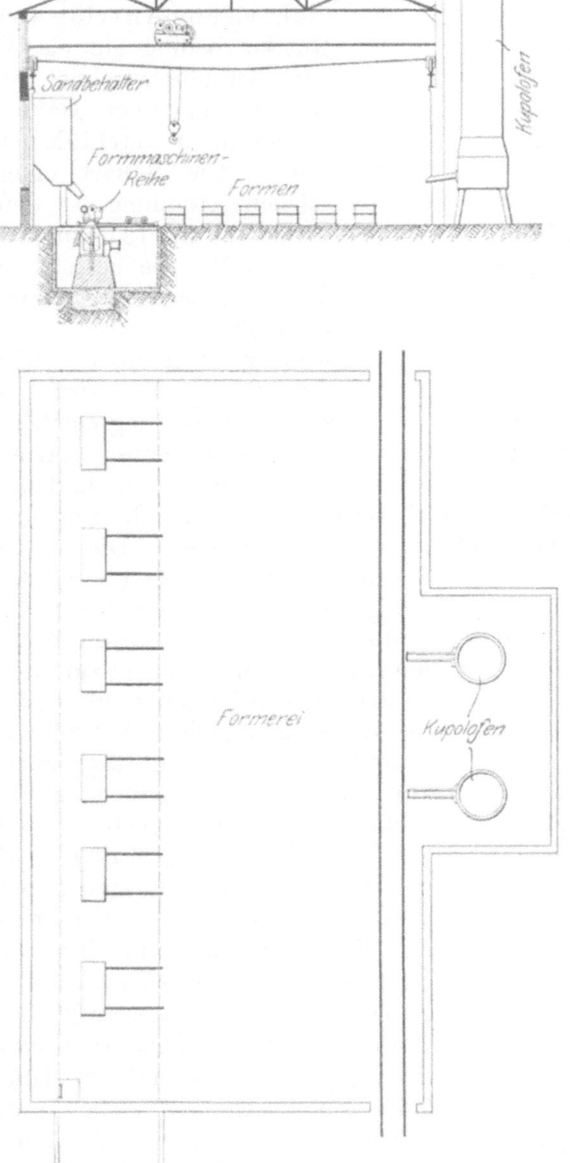

Abb. 1339. Anordnung mehrerer Großrüttler in gemeinsamem Unterbaukeller.

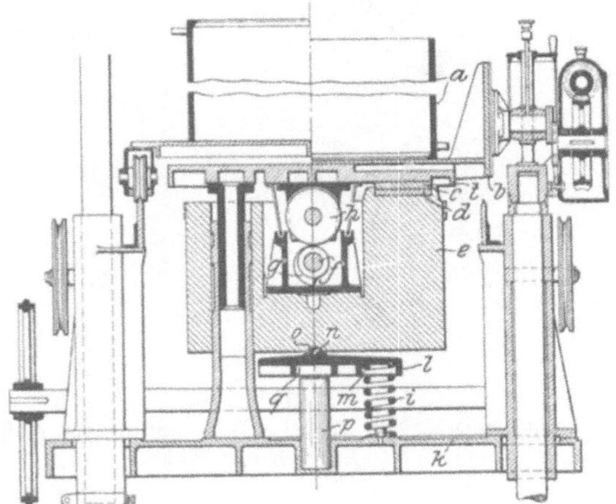

Abb. 1340. Mechanisch betriebene Rüttelmaschine mit Stoßfang.

Grundplatte k sitzen Federn i in gleichmäßigen Abständen. Die oberen Enden der Federn werden von einem Teller l zusammengefaßt, der mit ringförmigen Rippen m versehen ist, die die Federn am Abgleiten hindern. Die untere Fläche des Ambosses und die Oberseite des Tellers sind zu einem ineinandergreifenden Kugelgelenk n o

[1]) Ausgeführt von Vereinigte Modellfabriken G. m. b. H. in Landsberg a. W.

ausgebildet. Ein starker in einer Büchse des Unterteils k geführter Holzzapfen p dient als Sicherheitsvorrichtung bei etwaigem Bruch des Tellers. Sobald der Amboß vom Tisch getroffen wird, pflanzt sich der Schlag über das Kugelgelenk n o auf die Federn i weiter, die ihn in einem gewissen Grade zurückgeben und so die Rüttelwirkung vervollkommnen und zugleich das Fundament entlasten, bzw. vor einer scharfen Stoßwirkung bewahren. — Diese Anordnung macht nahezu den ganzen Kraftaufwand der Rüttelwirkung zunutze.

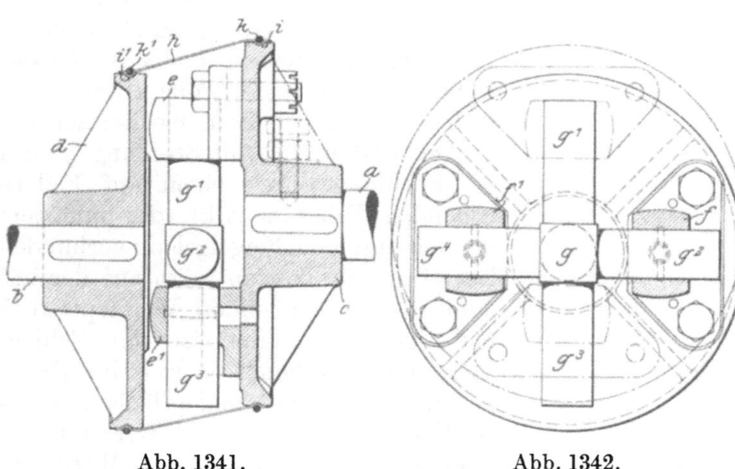

Abb. 1341. Abb. 1342.

Der unmittelbare elektrische Antrieb von Rüttlern bedingt eine elastische Kupplung, ohne die ein störungsfreier Dauerbetrieb nicht durchführbar wäre. Die Bauart einer solchen Kupplung ist den Abb. 1341 und 1343 zu entnehmen [1]). Sie besteht in der Hauptsache aus einem Zapfenkreuze mit rechtwinklig zueinander angeordneten Armen und aus zwei Kupplungscheiben. Die wagerechten Arme greifen in die eine und die lotrechten Arme in die andere Kupplungscheibe axial verschiebbar ein. Je eine der beiden Scheiben sitzt auf der Antriebwelle a und auf der getriebenen Welle b. Die beiden Scheiben c und d sind einander völlig gleich, die erste trägt die Muffen e, e^1, die andere die Muffen f, f^1. Die Muffen sind zur Aufnahme der vier Zapfen g^1, g^2, g^3, g^4, die zu zweit im rechten Winkel zueinander stehen, radial ausgebohrt. Die Zapfen g^1, g^3 greifen in die Muffen e, e^1 der Scheibe c, die Zapfen g^2, g^4 in die Muffen f, f^1 der Scheibe d ein und sind innen radial verschiebbar. Dreht man die Welle b und mit ihr die Scheibe d, so dreht sich auch das Zapfenkreuz g und überträgt die Bewegung auf die Scheibe c und die Welle a. Während des Umlaufs kann sich die Welle b in radialer Richtung innerhalb weiter Grenzen gegen die Welle a verschieben, wobei die Muffen f, f^1 auf den Zapfen g^2, g^4 und die Muffen e, e^1 auf den Zapfen g^1, g^3 in radialer Richtung hin- und hergleiten. Beim taktmäßigen Auf- und Abschwingen des federnd gelagerten Ambosses muß die in ihm gelagerte Welle Schwingungen bis zu 20 mm machen, woran sie von der besprochenen Kupplung nicht behindert wird. Zum Schutze der Lagerflächen gegen Staub und Schmutz schließt man den Raum zwischen den beiden Kupplungscheiben c und d durch eine nachgiebige Hülle h aus Leder oder festem Gewebe, die mit Federringen k k^1 in Nuten i, i^1 der beiden Kupplungsscheiben festgehalten wird, ab.

Abb. 1343.

Abb. 1341—1343. Elastische Kupplung für elektrischen Antrieb der Rüttler.

[1]) Ausgeführt von Vereinigte Modellfabriken G. m. b. H. in Landsberg a. W.

Für Rüttelformmaschinen, bei denen es außer der Rüttelung auch auf das Heben und Senken der Formplatte ankommt, verwendet man mitunter zwei Motore, den einen zum Rütteln, den anderen zum Heben und Senken. Das ist unwirtschaftlich, denn es ist billiger, nur einen Motor anzuschaffen, der möglichst wenig stillsteht, als mit zwei Motoren zu arbeiten, deren einer doch immer ruhen muß, während der andere in Tätigkeit ist. Eine Einrichtung, die es ermöglicht, mit nur einem Motor beide Arbeiten zu leisten, ist in Abb. 1344 zu ersehen.

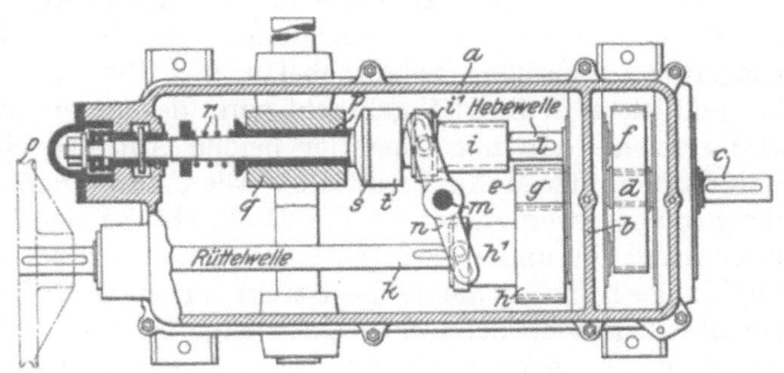

Abb. 1344. Verwendung nur eines Motors zum Rütteln und zum Heben und Senken.

Das Getriebe ist hier in einem geschlossenen Gehäuse a staubsicher untergebracht. Von der Hauptwelle wird ein Ritzel angetrieben, das mittels eines Hebelwerks wechselweise mit einem die Rüttelvorrichtung und einem die Hebevorrichtung betätigenden Zahnrade in Eingriff gelangt.

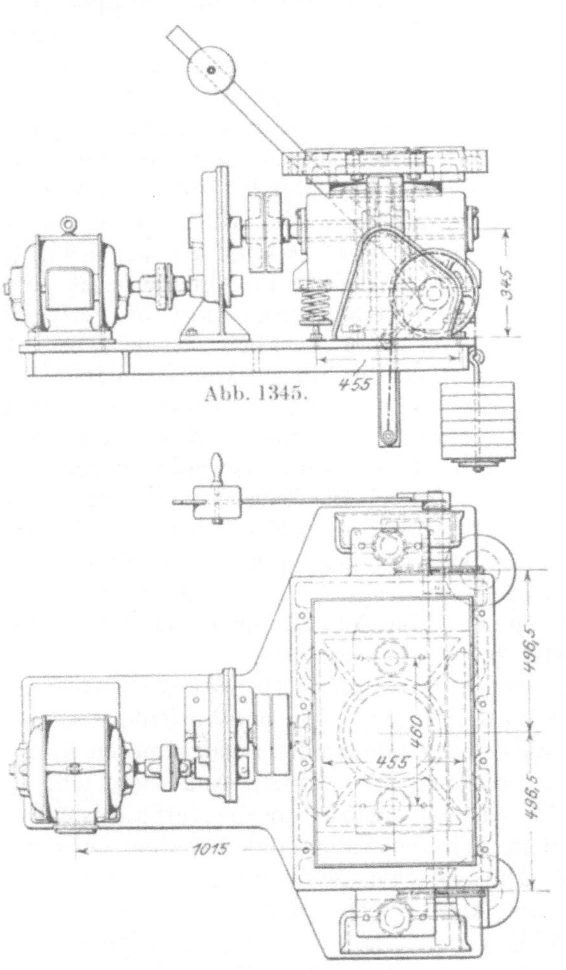

Abb. 1345.

Abb. 1346.

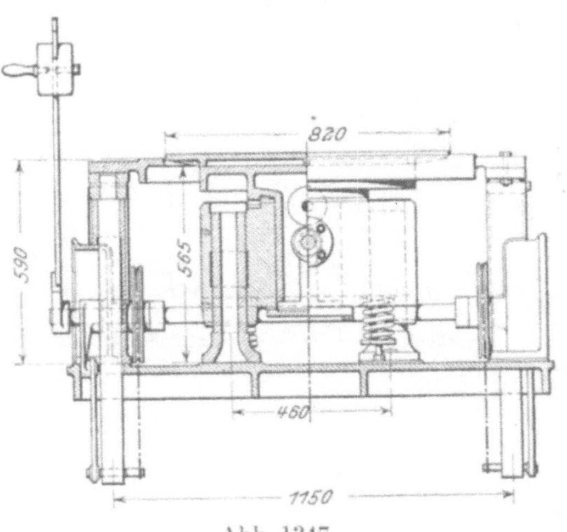

Abb. 1347.

Abb. 1345—1347. Rüttelmaschine mit elektrischem Antrieb und Stoßfang.

Das Gehäuse hat nahe dem einen Schmalende eine Wand b, die zur Lagerung der Welle dient. In dieser Wand b und der benachbarten Gehäusestirnwand ist der Wellenstumpf c gelagert, der vom Antriebsmotor in Umlauf gesetzt wird. Auf dem Wellenstumpf c sitzt, in der Zeichnung punktiert dargestellt, ein Ritzel d. Über dem Wellenstumpf c ist ferner ein zweiter Wellenstumpf e ebenfalls in den beiden genannten Wänden gelagert, der jedoch nicht aus dem Gehäuse heraus, sondern über die Wand b hindurch in das Gehäuse ragt. Der Wellenstumpf e trägt zwischen der Stirnwand und der Wand b ein Zahnrad f, das mit dem Ritzel d in Eingriff steht. Auf dem inneren Ende des Wellenstumpfes e ist ein Rad g befestigt. In das Rad g können zwei Ritzel h und i eingreifen, die auf den

Wellen k und l in axialer Richtung verschiebbar angeordnet sind und durch Federn beim Umlauf die Wellen mitnehmen. Die Welle k dient zum Antrieb der Rüttelvorrichtung, die Welle l zum Antrieb der Hebebewegung. Die beiden Ritzel h und i sind je mit einer Muffe h′ und i′ verbunden. An diesen Muffen greift ein auf der Spindel m gelagerter zweiarmiger Schalthebel n an. Die Einstellung ist so getroffen, daß, wenn das eine Ritzel in Eingriff gebracht wird, das andere ausgerückt werden muß. Hierdurch wird erreicht, daß nur einer der beiden Antriebe eingeschaltet sein kann. Zum Umschalten muß der Motor abgestellt werden. Soll vom Heben zum Senken der Formplatte übergegangen werden, so ist die Drehrichtung des Motors umzuschalten. Die Welle k durchdringt die andere Stirnseite des Gehäuses und trägt am außenliegenden Ende eine Kupplungscheibe o; die Welle l trägt auf einer Muffe p eine Schnecke q, die mit einem darunter liegenden Schneckenrad in Eingriff steht. Die Muffe p ist in axialer Richtung auf der Welle verschiebbar, wird aber an der Verschiebung durch eine Feder r gehindert, die sie mit einem Flansch s gegen einen auf der Welle l befestigten Ring t drückt. Die Berührungsflächen des Flansches s und des Ringes t sind mit zahnartigen flachen Wellen besetzt, wodurch die Muffe p mit der Welle l gekuppelt wird. Sobald das Hubende erreicht ist, wird die Verbindung selbsttätig ausgekuppelt und so ein Durchbrennen der elektrischen Sicherungen verhindert [1]).

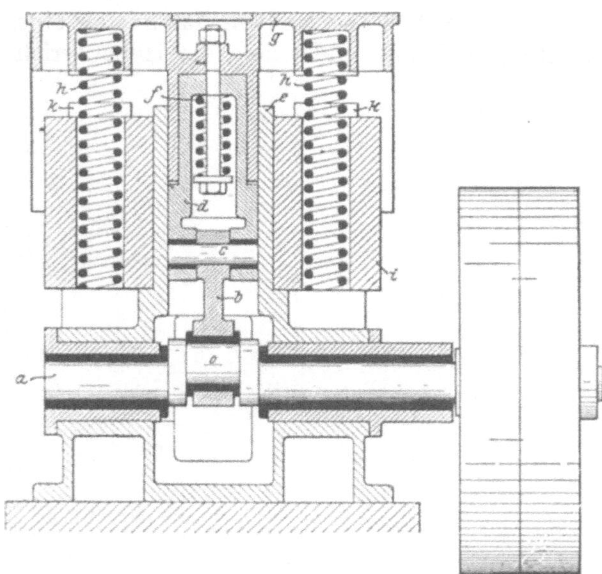

Abb. 1348. Zugrüttler mit Riemenantrieb.

Die in den Abb. 1345—1347 [2]) gezeigte **Rüttelmaschine** hat elektrischen Antrieb und arbeitet mit einem im Ölbade laufenden Rädervorgelege. Die Hubbewegung wird durch eine Daumenscheibe bewirkt, die gleichfalls im Ölbade läuft und stark genug bemessen ist, um geringen Verschleiß zu haben. Bemerkenswert ist der Stoßfang. Der Tisch fällt auf einen auf starken Federn ruhenden Amboß, wodurch Erschütterungen des Unterbaues fast völlig vermieden werden. Die Maschine wird für Hubgewichte von 500—2000 kg ausgeführt, sie ist ebenso einfach in der Bauart wie in der Bedienung. Die kleineren Maschinen arbeiten gleich der in der Abbildung dargestellten mit Handhebelabhebung, die größeren mit Abhebung durch Druckwasser; die Einrichtung einer Durchziehvorrichtung bietet keine Schwierigkeit.

Einen wesentlich anderen Weg zur Ausgleichung des Stoßes beschritt Oettling mit seiner **Zug-Rüttelmaschine** nach Abb. 1348 [3]). Er ging von der Ansicht aus, daß die beträchtliche, zum Heben der Nutzlast aufzuwendende Kraft erspart werden kann, wenn die toten Gewichte durch Federwirkung ausgeglichen werden. Außerdem läßt er den Tisch nicht frei fallen, sondern zieht ihn abwärts, wozu nur die verhältnismäßig belanglose Kraft nötig ist, welche sich aus dem Reibungswiderstand und dem geringen Drucküberschuß der Federn zusammensetzt. Die Aufschlaggeschwindigkeit hängt dann nicht mehr von der Fallgeschwindigkeit ab und kann durch entsprechende Bemessung der Umdrehungszahl der Antriebswelle beliebig geregelt werden. Der Antrieb erfolgt von der Kurbelwelle a aus, die eine Schubstange b bewegt, deren oberes Ende mittels eines Kurbelzapfens c an den in der Büchse e auf- und abgleitenden Rüttelkolben d angeschlossen ist. Die Bewegung des Rüttelkolbens wird dadurch völlig zwangläufig. Eine

[1]) Ausgeführt von Vereinigte Modellfabriken G. m. b. H. in Landsberg a. W.
[2]) Ausgeführt von Schwäbische Hüttenwerke G. m. b. H. in Wasseralfingen.
[3]) Ausgeführt von Ver. Schmirgel- und Maschinenfabriken in Hannover-Hainholz.

Feder f verbindet den Kolben elastisch mit dem Rütteltisch g, dessen Anschlußzylinder zwischen der Büchse e und dem Kolben d geführt wird. Der Rütteltisch wird weiter durch die langen Federn h gestützt, die für die gesamte Nutzlast gewichtsausgleichend wirken. Die obere Abschlußebene des Kolbens i bildet die wirksame Schlagfläche.

Arbeitsgang: Durch Drehung der Kurbelwelle a wird die Schubstange b nach abwärts gezogen, der mit der Schubstange b gekuppelte Kolben d muß der Bewegung folgen. Bevor aber die Kurbel o in die untere Totlage gelangt, schlägt schon der Rütteltisch g auf die Zwischenklötze k auf, so daß die Feder f so lange zusammengedrückt wird, bis die Kurbel o die untere Totlage überwunden hat. Da sich dann der Kolben wieder aufwärts bewegt, wobei er von den Federn h unterstützt wird, erfolgt zugleich die Entspannung der Feder f. Demnach ist bei der Abwärtsbewegung nur jener Kraftüberschuß zu überwinden, der nötig ist, um die Feder f zu spannen und den Rütteltisch mitsamt seiner Nutzlast sicher in Schwebe zu erhalten. Der Gesamtkraftverbrauch ist gering, da bei der Aufwärtsbewegung diese Kräfte wieder entspannend wirken. Auch der Verschleiß der Einzelteile des Kurbelantriebs ist wesentlich geringer als der beim Antrieb durch Hubnocken.

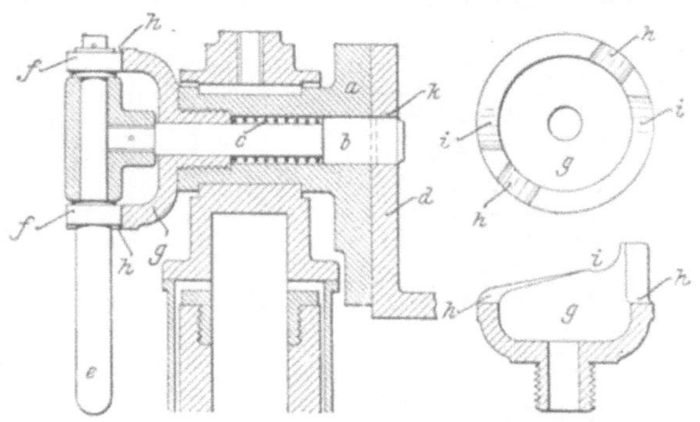

Abb. 1349. Neue Verbindung des Drehzapfens mit der Wendeplatte.

Die Maschine kann mit verschiedenen Abhebevorrichtungen versehen werden. Bei der Ausstattung mit einer Wendeplatte kommt eine neue Verbindung der Drehzapfen mit der Wendeplatte zur Ausführung. Bisher erfolgte diese Verbindung durch Einschieben eines zylindrischen Bolzens von Hand, was ebenso zeitraubend wie kraftbeanspruchend ist. Nach der neuen, gesetzlich geschützten[1]) Ausführung (Abb. 1349) wird ein durch den Drehzapfen a gehender Verbindungsbolzen b durch eine Feder c gegen die Wendeplatte d gedrückt. Der Bolzen b ist an seinem äußeren Ende mit einem Hebel e versehen, an dem zwei Rollen f angebracht sind, die sich auf je einer schraubenförmigen Kurve des offenen Glockengehäuses g bewegen. Zur Herstellung der Verbindung zwischen Zapfen und Drehplatte genügt eine kleine Bewegung des Hebels e, durch die die Rollen f, f aus ihrer Ruhelage i, i an die Stellen h, h des Gehäuses g gewälzt werden. Dabei wird der Bolzen b durch die Feder c in die Öffnung k der Wendeplatte gedrückt. Zur Lösung der Verbindung ist der Hebel e in entgegengesetzter Richtung zu bewegen.

Preßluftrüttelmaschinen.

A. Kleinrüttler und Kleinrüttelmaschinen.

Bei dem Kleinrüttler nach den Abb. 1350—1352 [2]) erfolgt die Steuerung ganz ähnlich derjenigen bei den Preßluftwerkzeugen. Die Maschine besteht in der Hauptsache nur aus zwei Teilen; dem mit dem Grundgestell ein Stück bildenden Rüttelzylinder b und dem mit dem Rütteltisch in einem gegossenen Kolben a. Die Preßluft tritt durch eine Bohrung des Kolbens a in den unteren Raum des Zylinders b und bewirkt den Anhub des Tisches mitsamt der auf ihm befindlichen Form. Dabei verschließt der hochgehende Kolben den Lufteinlaß bei c und öffnet kurz danach den Luftauslaß bei d. Die im Zylinder eingeschlossene Luft entweicht, der Kolben fällt zurück, beim Aufeinanderprallen der Stoßflächen bei e kommt der Rüttelstoß zustande, der Lufteinlaßkanal wird wieder geöffnet, und das Spiel kann von neuem beginnen. Die beiden Bolzen f verhindern eine Verdrehung des Rütteltisches und das Auswerfen des Kolbens aus dem Zylinder. In der Minute

[1]) D.R.G.M. 792 490. [2]) Ausgeführt von Leber u. Bröse, G. m. b. H. in Coblenz.

erfolgen etwa 100 Stöße, zur Verdichtung einer nicht allzu hohen Form ist aber nur ein Bruchteil dieser Stoßzahl erforderlich.

Kleinrüttler mit Kolbenschiebersteuerung arbeiten in ähnlicher Weise. Der Tisch bewegt sich aber nicht in einer Ausbohrung des Kolbens, sondern er ist selbst ausgebohrt, um sich glatt am Kolben auf- und abbewegen zu können. Das verschiedene Einstellungen ermöglichende Steuerventil ist an dem wiederum mit dem Kolben in einem Stücke gegossenen Untersatze angebracht. Es ermöglicht die Regelung des Hubes und damit auch die der minutlichen Schlagzahl. Solche Rüttler eignen sich insbesondere zur Herstellung von Kernen. Abb. 1353 zeigt einen darauf gerüttelten Kern von etwa 500 mm Durchmesser und 700 mm Höhe [1]).

Zur Erleichterung des Festhaltens größerer Kernkasten auf dem Rütteltische kann dieser mit einer einfachen Spannvorrichtung nach Abb. 1354 [2]) versehen werden. Zur Ausführung eines Kerns wird seine Büchse auf den Tisch gesetzt, zwischen die beiden Spannbacken geklemmt, worauf man Sand einfüllt und rüttelt. Nach dem Rütteln wird der unterhalb des Tisches angeordnete Vibrator in Tätigkeit gesetzt, dessen Erschütterungen glatte Loslösung des Sandes von der Büchse sichern, danach werden die Spannbacken gelöst, die Büchse abgezogen und der Kern abgehoben.

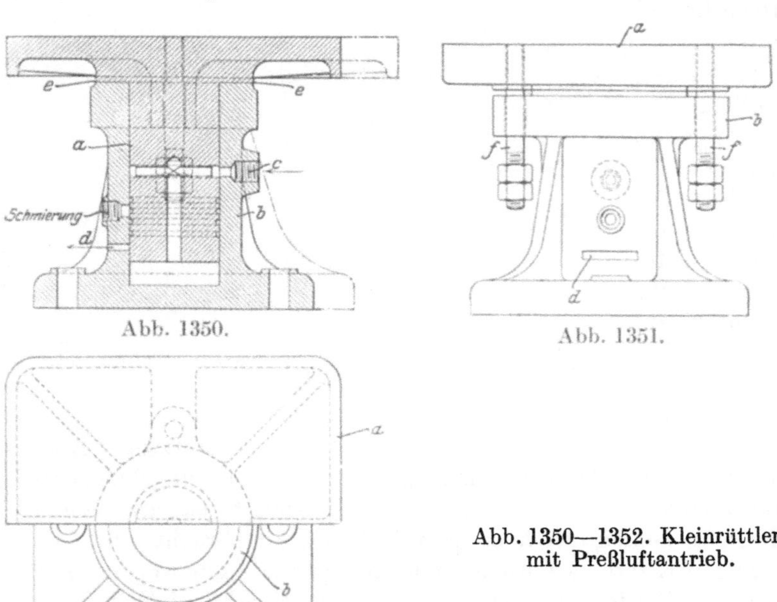

Abb. 1350—1352. Kleinrüttler mit Preßluftantrieb.

Abb. 1355 [2]) zeigt die Arbeitstelle einer mit zwei Rüttlern nach Abb. 1354 ausgestatteten Kernmacherei. Ihr ist besonders zu entnehmen, wie wenig Raum diese Maschinen einnehmen. Die üblichen Arbeitstische brauchen nur wenig verbreitert zu werden, um den Maschinen ausreichenden Platz zu liefern. Abgesehen von der Verbesserung der Gleichmäßigkeit der Kerne bewirken derartige Anlagen ein Vielfaches der Leistung auf gleichem Raume und mit den gleichen Arbeitern gegenüber Handarbeit.

Einfache Kleinrüttler werden auch zum Einbau in andere Formmaschinen geeignet ausgeführt. Abb. 1356 [1]) zeigt einen selbstgesteuerten Rüttler, der in eine Preßformmaschine eingebaut wurde. Dabei ergibt sich eine wesentliche Verkürzung des Unterteils, dem nun nur die Aufgabe zufällt, als Führung für den Kolben des Rütteltisches zu dienen, während die Aufgaben des Fundaments von der Hauptmaschine übernommen werden.

Der Kleinrüttler nach Abb. 1357—1359 [2]) ist mit von Hand zu betätigender Wendeplatte und mit Abhebevorrichtung ausgestattet, und zählt demnach schon als Klein-Rüttelformmaschine. Die beiden Grundeinheiten der Maschine, der Rüttler und die Abhebevorrichtung, befinden sich auf einem gemeinsamen Sockel. Die Verdichtung des Sandes erfolgt mittels Preßluft, die Trennung von Modell und Form

---

[1]) Ausgeführt von Maschinenfabrik Gustav Zimmermann in Düsseldorf-Rath.

[2]) Ausgeführt von Bad. Maschinenfabrik in Durlach.

mittels Handhebel. Die Aushebung von Hand hat gegenüber rein mechanischer Aushebung gewisse Nachteile und Vorzüge. Sie kann von Hand langsam begonnen und rasch

Abb. 1353. Kleinrüttler mit Preßluftantrieb für Kernanfertigung.

Abb. 1354. Kleinrüttler mit Spannvorrichtung.

zu Ende geführt, es kann also mit „Gefühl“ gearbeitet werden, nötig ist aber einiges Geschick des Arbeiters. Beim mechanischen Ausheben kommt dieses Gefühl weniger in Frage.

Abb. 1355. Kernmacherei mit zwei Kleinrüttlern.

Die abzuhebenden Lasten sind durch Gegengewichte ausgeglichen. Der Wenderahmen (Abb. 1360) ist durchbrochen und die Modellplatte (Abb. 1361) lose in ihm gelagert. In den Wenderahmen kann auch eine Durchziehplatte gelegt und dann mit der Abhebevorrichtung, ohne zu wenden, unmittelbar abgehoben oder durchgezogen werden. Da auch die Formwagenplatte durchbrochen ist, wird ein Mitrütteln des Formwagens und der Wendeplatte, sowie das Heben toter Lasten vermieden, das Arbeitsvermögen der Preßluft also in weitem Maße zur Verdichtung des Sandes ausgenutzt. Sobald der Wenderahmen zwecks Wendens hochgeht, wird selbsttätig die Modellplatte im Wenderahmen verriegelt; die Verrieglung löst sich wieder selbsttätig, sobald ein neuer Formkasten zum Rütteln bereit ist.

Arbeitsweise: Aufsetzen eines Formkastens und eines Füllrahmens, Einfüllen des Formsandes und Betätigung des Rüttlers während einiger

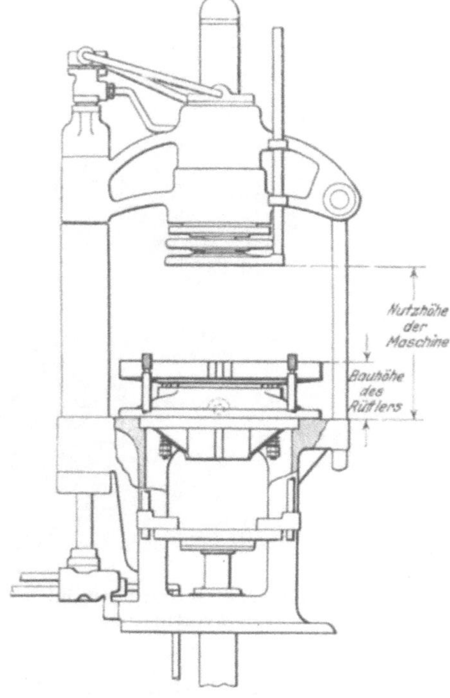

Abb. 1356. Selbstgesteuerter Kleinrüttler in eine Preßformmaschine eingebaut.

Abb. 1357.

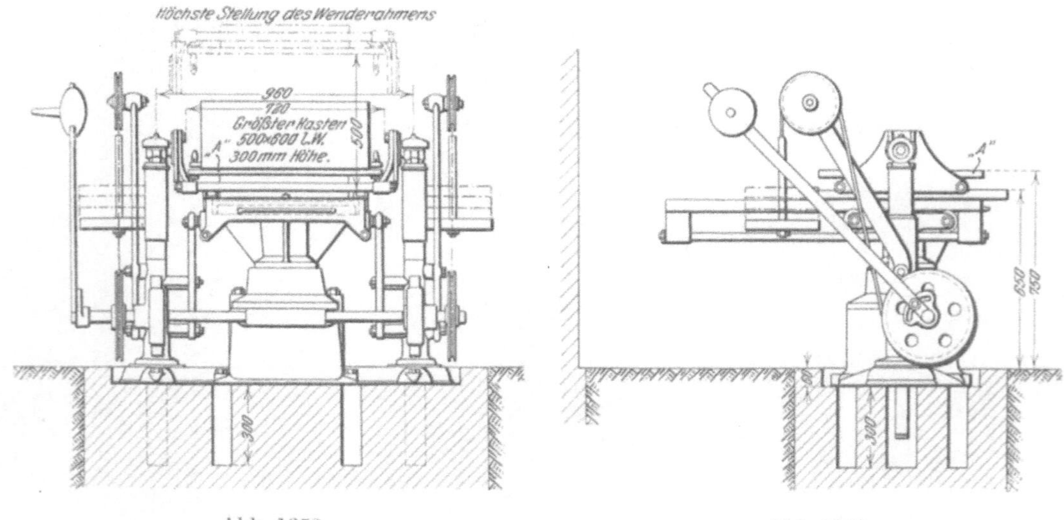

Abb. 1358. Abb. 1359.

Abb. 1357—1359. Klein-Rüttelformmaschine.

Sekunden, Nachstampfen des Rückens der Form mit dem Flachstampfer, Abstreichen, Wenden, Betätigung des Losklopfers bei gleichzeitigem Ausziehen des Modells, Vorziehen der fertigen Form, Abheben und Wegtragen derselben. Nach dem Abblasen der Formplatte mit einer Preßluftdüse Wiederholung des Vorganges. Bemerkenswert ist die Unterbringung des Losklopfers unterhalb der Formplatte (Abb. 1361).

Der Kleinrüttler nach Abb. 1362—1364 [1]) unterscheidet sich von dem eben beschriebenen durch die Anordnung eines Hubkolbens um den Rüttelkolben und eines ausfahrbaren Preßholms zum Nachpressen der Form [2]), wodurch sich ein Nachstampfen nach vollzogener Rüttelung erübrigt. Niedrige Formkasten können ohne Benutzung der Rüttelvorrichtung gepreßt werden, so daß die Maschine auch als einfache Preßformmaschine verwendet werden kann. Der Preßholm kann durch einfache Betätigung eines Handrades an seiner Schraubenspindel höher oder niedriger gestellt werden.

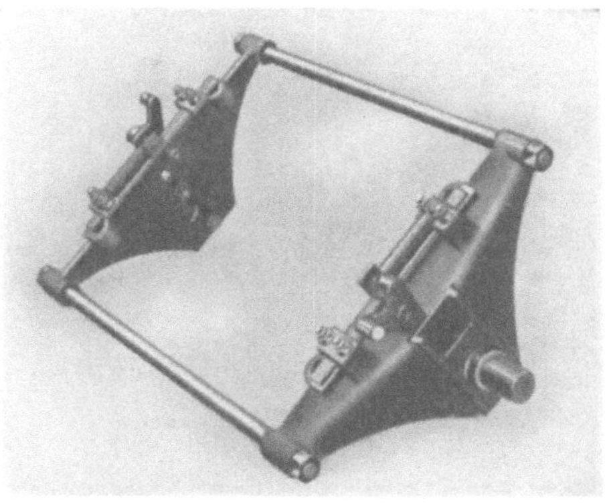

Abb. 1360. Wenderahmen.

Abb. 1361. Modellplatte mit eingebautem Preßluft-Vibrator.

Die Ausfahrbarkeit des Preßholms nach rückwärts gestattet bequemes Auflegen, Füllen und Handhaben der Formkasten.

Arbeitsweise: Ausfahren des Preßholms nach rückwärts, Aufsetzen, Füllen des Formkastens und Füllrahmens, Öffnen des Luftzuleitungshahns, Rütteln durch einige Sekunden, Abnehmen des Füllrahmens, Einfahren des Preßholms, Öffnen der Steuerung des Hubkolbens und Drücken des Formkastens gegen den Preßholm, Ausfahren des Preßholms, Heben des Wenderahmens, wobei sich zwischen Modellplatte und Wenderahmen Riegel schieben und beide Teile fest miteinander verbinden. Nun schiebt man die beiden Auflage-U-Eisen a zusammen (Abb. 1362), setzt den Formkasten darauf, läßt den Vibrator spielen, hebt das Modell mittels des seitlichen Handhebels aus und zieht den Formkastentisch zum Abheben des fertigen Kastens nach vorne aus.

Abb. 1362. Wenden der Form.

Für Gußstücke, deren Formen ohne Wenden abgehoben werden können, benutzt man Rüttelmaschinen mit einfacher Stiftabhebung, auf denen rascher und billiger als auf Wendeplattenmaschinen gearbeitet werden kann, da hier eine Reihe von Handgriffen, wie das Festklammern der Kasten, das Wenden usw. wegfällt. Bei Modellen mit hohen, steilen Wänden wird die Modellplatte mit einem Abstreifkamm versehen, der lose auf die Formplatte gelegt wird. Der Formkasten ruht dann auf dem Abstreifkamm.

[1]) Ausgeführt von Bad. Maschinenfabrik in Durlach.

[2]) Näheres über das Nachpressen siehe S. 431.

Bei manchen Ausführungen kommt das Umlege-, Kipp- oder Umrollverfahren zur Anwendung, demzufolge der Formkasten nach dem Stampfen um 180° umgelegt (gewendet) wird [1]).

Einer der ersten, in Amerika sehr verbreiteten Preßluft-Umleger, der fahrbare Adams-Rüttler, ist mit zwei zugleich als Amboß dienenden eisernen Fahrrädern ausgestattet (Abb. 1365) [2]). Der Kolben ist fest mit dem Maschinengestell verbunden, während der Zylinder E mittels Preßluft gehoben wird. Auch alle anderen Bewegungen der Maschine erfolgen mittels Preßluft. Mit dem Zylinder ist ein Rahmen zur Aufnahme der Modellplatte und des Formkastens drehbar verbunden. Der Hub des Zylinders wird an seinem unteren Ende durch eine Schelle F begrenzt, deren Nase an den Steckbolzen G anstößt. Für die kurzen Hübe beim Rütteln wird der Bolzen in das unterste Loch des festen Flacheisens gesteckt, für die längeren beim Ausheben der Form entsprechend der Modellhöhe in eines der oberen Löcher. Nach dem Aufbringen der Modellplatte und des Formkastens wird Sand eingefüllt und gerüttelt. Der Modellträgerrahmen ist gezwungen, der Auf- und Abbewegung des Zylinders zu folgen. Beim Rückschlage (Abb. 1365) stoßen die Klötze A kräftig auf die vollen Räder und bewirken so die Rüttlung des Formsandes. Nach dem Rütteln (Abb. 1366) wird der überschüssige Formsand abgestrichen und ein Bodenbrett mittels

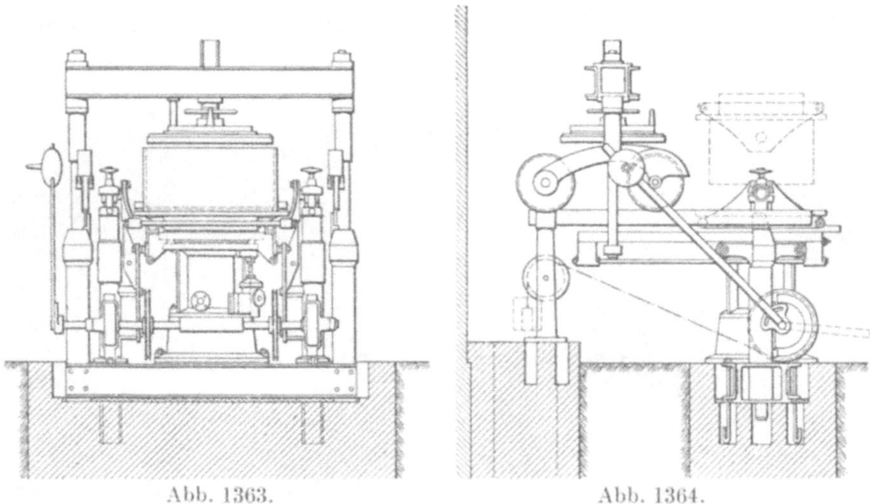

Abb. 1363. Abb. 1364.

Abb. 1363 u. 1364. Durch Preßluft angetriebene Kleinrüttelmaschine mit ausfahrbarem Preßholm.

Abb. 1365.

Abb. 1365—1367. Fahrbarer, durch Preßluft angetriebener Umlege-Rüttler.

---

[1]) Die Pridmore-Umlegerüttler werden von Henry E. Pridmore in Chicago ausgeführt. Die ersten deutschen Tabor-Umleger baute die Firma F. G. Kretschmer & Co. in Frankfurt a. M. Die ersten selbständigen deutschen Bauarten stammen von der Alfred Gutmann A.-G. in Ottensen und den Ver. Schmirgel- und Maschinenfabriken A.-G. in Hannover-Hainholz.

[2]) Ausgeführt von Adams Co. in Dubuque, Iowa.

der seitlichen Schraubenbügel auf dem Formkasten befestigt (Abb. 1367). Der Zylinder ist so eingerichtet, daß er bei offenem Auslaß rüttelt, bei geschlossenem hochgeht. Durch eine Bewegung des Steuerhebels wird der Auslaß geschlossen, durch eine zweite der Zylinder gehoben. Mit ihm steigt die Schelle F bis zur Begrenzung ihres Hubes durch den Steckbolzen G. Während nun die Schelle mit den an ihr drehbar befestigten Zugstangen stehen bleibt, geht der Zylinder weiter in die Höhe und zwingt schließlich den Modellplattenrahmen, sich um die Bolzen H der Zugstangen als Achse zu drehen. Sobald der Formkasten um 90° hochgedreht ist, läßt man ihn durch Wegnahme der Preßluft vollends nach der anderen Seite wenden. Die Geschwindigkeit des Niedergangs kann durch entsprechende Öffnung des Luftaustritts geregelt werden. Nach Erreichung der tiefsten Lage werden die Querhölzer B, die auf Kolben C ruhen, mittels des Fußhebels D und von ihm betätigter Sperrklinken fest gegen das Bodenbrett gedrückt, bis es satt aufsitzt. Nun löst man die Schraubenbügel, hebt durch Betätigung des Steuerventils mit der rechten Hand den Zylinder, öffnet mit der linken das Ventil des Abklopfers und zieht so das Modell aus dem Sande. Das Modell wird genau wagerecht aus der Form gezogen, bis die Schelle F wieder an den Stift G stößt und das Rückumlegen einsetzt. Da der Bolzen G entsprechend der Modellhöhe eingestellt werden kann, ist der Vergeudung von Preßluft vorgebeugt.

Abb. 1366.

Abb. 1367.

Die Maschine eignet sich gleich allen Rüttelmaschinen vorzugsweise für hohe, der Pressung nicht mehr zugängliche Modelle. Nach Angaben aus der Praxis soll die Abnutzung ihrer einzelnen Teile unerheblich sein bis auf die billig zu beschaffenden Rollen um die Bolzen H. Es ist aber kaum anzunehmen, daß das Modellausheben dauernd höheren Anforderungen entspricht. Die Maschine teilt in dieser Hinsicht die Mängel der Umlegemaschinen für Handbetrieb [1]), doch gibt es genug Modelle, bei denen das Arbeiten mit dieser billigen Maschine auch auf die Dauer gegenüber der Handarbeit Vorteile bieten kann.

[1]) S. S. 362.

B. Mittel- und Großrüttler ohne Stoßfang.

Abb. 1368 zeigt den in Amerika sehr verbreiteten Hermanrüttler in einem Schnitt[1]). Er besteht aus einem starken Kasten a, in dem der Arbeitszylinder d mittels der Rippen c befestigt ist, und dem mit dem Rütteltisch k starr verbundenem Kolben l. Der Tisch wird mittels Winkelrippen und auswechselbaren Leisten i in den vier Ecken bei b geführt. Er ist auf der Unterseite mit 14 angegossenen Dübeln o versehen, während an den Rippen und den Wänden des Kastens 14 Pfannen e angegossen sind. In den Höhlungen der

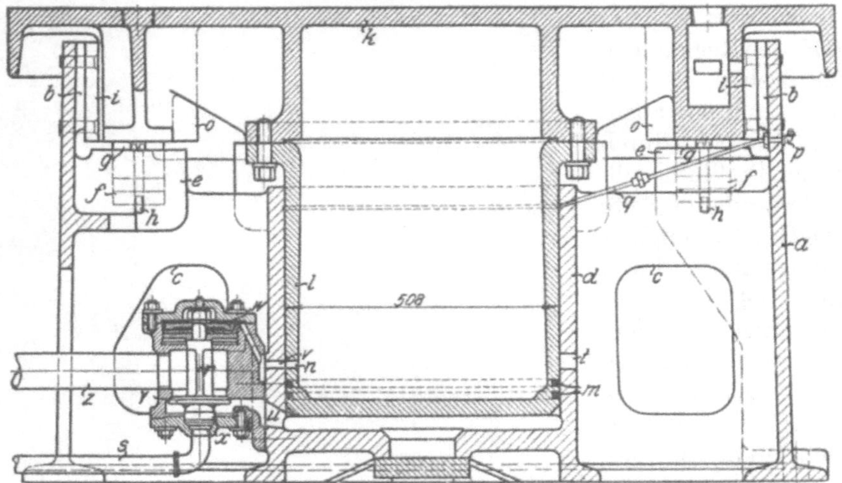

Abb. 1368. Amerikanischer Rüttler.

Pfannen werden durch Stahlscheiben g und versenkte Schrauben h Gummiplatten f festgehalten, die einen elastischen Stoß gewährleisten. Abb. 1369 zeigt die Verteilung der Pufferdübel auf der Unterseite des Tisches. Der Kolben ist mit Liderungsringen versehen und unterstützt durch seine Länge die Führung des Tisches. Durch ein Röhrchen p kann der Kolben von außen geschmiert werden. Das am Zylinder d angeschraubte

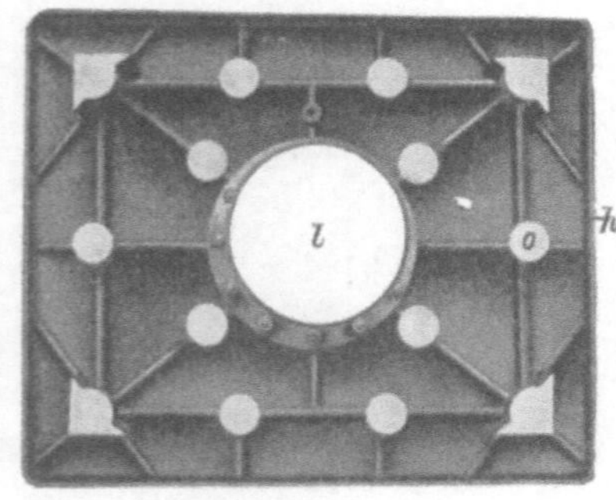

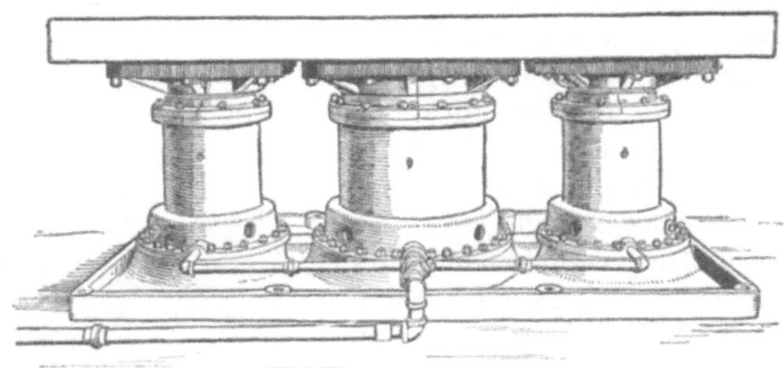

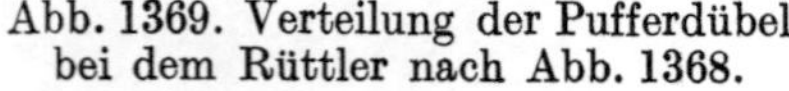

Abb. 1369. Verteilung der Pufferdübel bei dem Rüttler nach Abb. 1368.

Abb. 1370. Großrüttler mit 3 Zylindern.

Steuerventil wirkt folgendermaßen: Durch das Rohr s tritt Luft unter den Ventilsitz x und von da durch die Öffnung u unter den Kolben l, der gehoben wird, bis der Austritt n frei wird, wodurch die Luft über den Kolben w gelangt. Seine Fläche ist größer als die des Ventilsitzes bei x, er wird nach unten gedrückt, wodurch sich das Auslaßventil y öffnet, die Luft aus dem Zylinder d unmittelbar in das Auspuffrohr z treten kann und der Kolben l zurückfallen muß. Gleichzeitig tritt die über dem Ventilkolben befindliche Steuerluft in den inneren Kolbenraum und von hier ins Freie, und das Spiel kann aufs neue beginnen. Die Öffnung bei t bildet einen Sicherheitsauslaß, der verhindert, daß beim etwaigen Versagen der Steuerung der Kolben allzu hoch steigt.

[1]) Ausgeführt von Herman Pneumatic Machine Co. in Zelienople, Pa.

Die Fundamente dieser Rüttler bestehen gewöhnlich aus mehreren kreuzweise übereinander angeordneten Lagen von Holzbalken, die auf einem Betonklotz ruhen. Sie brauchen nicht übermäßig stark bemessen zu werden, da die federnden Gummiunterlagen einen Teil des Stoßes aufnehmen.

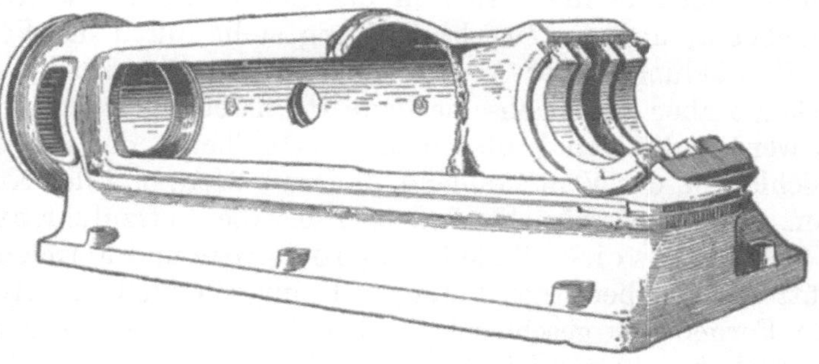

Abb. 1371. Langes, auf Rüttler geformtes Gußstück.

Bei sehr großen Maschinen wird die Führung schwierig, wenn die Länge des Rütteltisches ein Mehrfaches seiner Breite beträgt, besonders wenn die Modelle unregelmäßige Form haben. Man kann dann auf einer Grundplatte bis zu drei Kolben anordnen und mit einer gemeinsamen Rüttelplatte verbinden, wie bei der Norcross-Rüttelmaschine[1]) (Abb. 1370). Die Kolben sollen übereinstimmend arbeiten, die Genauigkeit ihres Laufes soll selbst durch ein auf die äußerste Kante des

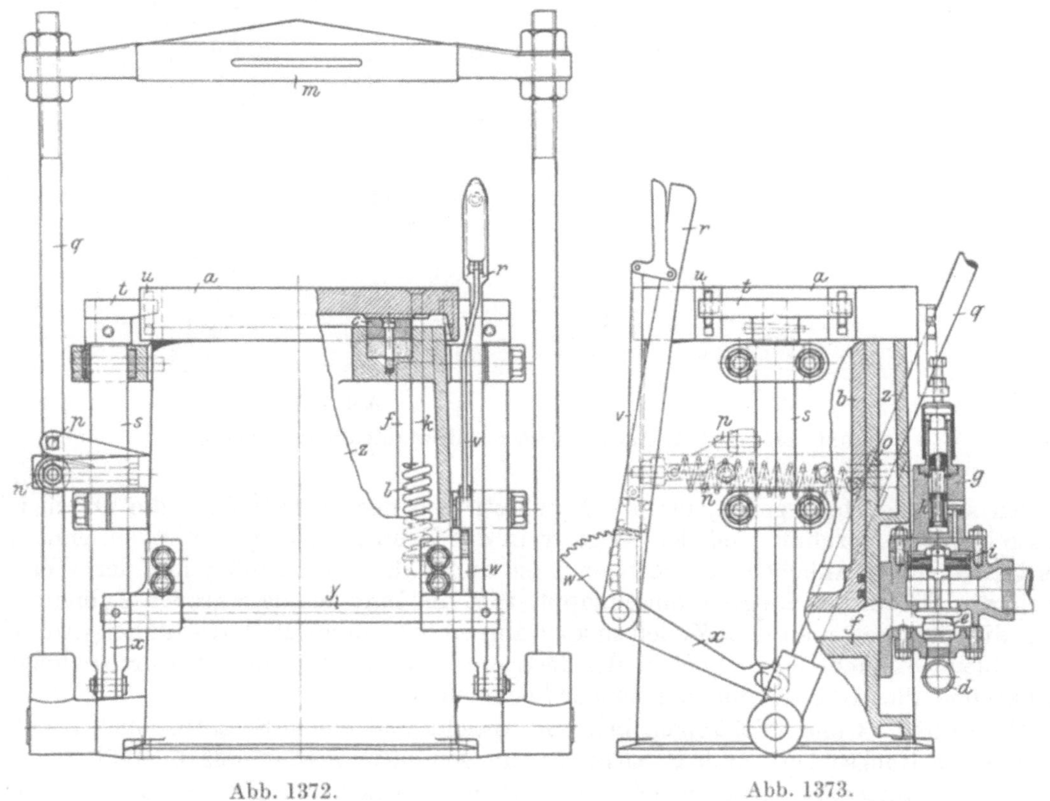

Abb. 1372. Abb. 1373.

Abb. 1372 u. 1373. Amerikanische Rüttelmaschine mit Nachpreß- und Abhebeeinrichtung.

Tisches gelegtes größeres Gewicht nicht beeinträchtigt werden. Abb. 1371 zeigt einen auf einer solchen Maschine geformten Abguß.

Die Abb. 1372 und 1373 zeigen eine Maschine mit Nachpreß- und Abhebeeinrichtung[2]). (Bezüglich des Nachpressens s. S. 431.) Der Rückschlag der mit dem Kolben in einem Stück gegossenen Tischplatte wird bei der oben beschriebenen Herman-Rüttelmaschine durch Gummipuffer gemildert, auch die Steuerung beruht in der Hauptsache

[1]) Ausgeführt von Adams Co. in Dubuque, Iowa.

[2]) Ausgeführt von Herman Pneumatic Machine Co. in Zelienople, Pa.

auf der gleichen Anordnung. Sie wird hier nur durch einen in den Ventildeckel eingebauten Flachschieber ergänzt, der die Aufgabe hat, während des Abhebens Luft unter den großen Kolben treten zu lassen und zugleich die Rüttelwirkung auszuschalten. Der Rüttelkolben befindet sich in der Zeichnung in tiefster Stellung, ebenso der Flachschieber h, und die Druckluftleitung steht durch das Ventil e mit dem Zylinderinnern in Verbindung. Der Ventilkolben i hat Oberdruck, die Rüttelarbeit ist im Gang. Gelangt aber der Flachschieber in Hochstellung — was durch Preßluft bewirkt wird —, so werden die Kanäle über dem Ventilkolben i, der nun keinen Oberdruck mehr erhält, geschlossen, das Ventil e bleibt dauernd offen, und der Kolben b steigt, bis die Federn l ganz zusammengedrückt sind oder bis die Luftzufuhr aufhört.

Arbeitsweise: Modell, Durchziehplatte und Formkasten werden zusammen auf dem Rütteltisch a befestigt, Sand wird eingeschaufelt, gerüttelt und der Preßholm m über den Formkasten geschwenkt. Eine Feder n und die gegen die Stahlplatte o stoßende Einstellschraube p erleichtern das Einschwenken des Holms und sichern die genau senkrechte Lage der Querhauptstangen q. Auf den Rücken der Form wird eine Holzplatte gelegt, der Kolben b hoch geführt und die Form gegen den Holm gedrückt. Zum Durchziehen wird der Preßholm m zurück- und der Handhebel r vorgezogen, wodurch die Hub-

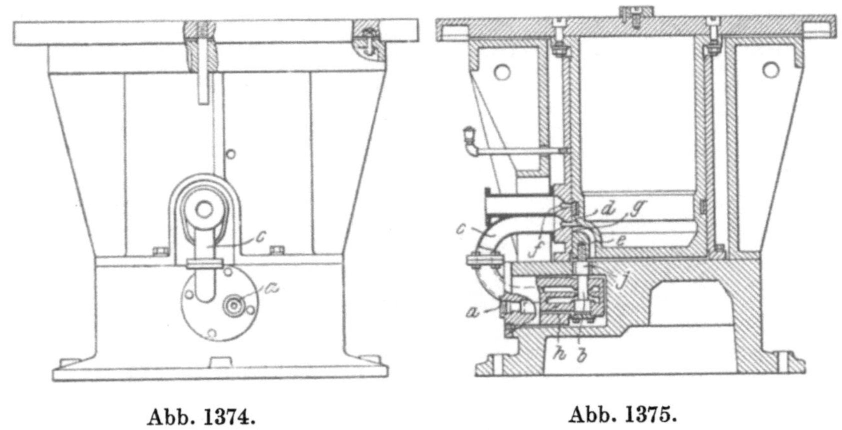

Abb. 1374. Abb. 1375.

Abb. 1374 u. 1375. Amerikanischer Rüttler mit Staupressung.

stangen s in die Höhe gehen, bis die Abhebestifte u der Querstücke t die Durchzieh-(Abstreif-)platte berühren und der Riegel v in das Zahnstangensegment w einschnappt. Das gleichmäßige Anheben der Stangen s ist durch ihre Verbindung mit der Welle y gesichert. Sobald der Riegel v einschnappt, tritt die Luft aus dem großen Zylinder ins Freie, die Tischplatte mit dem Modell sinkt, während die Durchziehplatte auf den Stiften u liegen bleibt. Nach dem Abheben der fertigen Form wird auch die Durchziehplatte gesenkt und die Arbeit kann von neuem beginnen.

Die Abb. 1374 und 1375 zeigen in einer Ansicht und einem Schnitte einen Rüttler, bei dem der Rückschlag durch Staupressung gemildert werden soll[1]). Während bei den meisten Rüttelmaschinen, je nach der Art der Formen, der Hub des Kolbens oder Zylinders verschieden eingestellt werden muß, kann er hier von vornherein aufs äußerste bemessen werden, weil der Rückschlag durch die eigentümliche Steuerungsart gemildert wird. Der Rüttler hat eine Tischgröße von 1800 × 1800 mm, einen Zylinder von 600 mm lichtem Durchmesser und eine Hubkraft von 11 t. Bei a tritt die Preßluft ein und gelangt um die Ventilspindel b durch den Krümmer c und die Einströmöffnung d in die Zylinderwand, von wo sie der Kanal e unter den Kolben führt. Oberhalb der Einströmung bei d ist bei f die Ausströmung vorgesehen. Der Kolben geht unter der Preßluftwirkung hoch, bis die Unterkante seiner Dichtungsringe die Ausströmöffnung f frei gibt und gleichzeitig seine Kante g den Lufteintritt absperrt. Durch den entstehenden plötzlichen Spannungs-

[1]) Ausgeführt von Mumford Molding Machine Co. in Plainfield, N.-Y.

abfall beginnt der Kolben zu fallen, zugleich schnellt die Ventilspindel b in die Höhe und sperrt den Luftzutritt ganz ab. Ihre Bewegung wird durch Preßluft hervorgerufen, die durch den Abzweig h aus dem Einströmkanal unter sie geführt wird und im Augenblick des Öffnens des Luftaustrittes wirkt. Der niedergehende Kolben trifft das Ende j der Ventilspindel b, schlägt sie zurück und öffnet damit wieder den Luftzutritt.

Bei der Maschine nach Abb. 1376 und 1377 ist eine nur durch Preßluft betätigte Abhebevorrichtung vorgesehen[1]). Eine Grundplatte a vereinigt den Rüttelzylinder b mit den Führungszylindern c der Abhebevorrichtung. Die Abhebekolben d sind oben zu Tragstützen e ausgebildet, die nach dem Rütteln bei weiterem Hochgehen des Rüttelkolbens mitgenommen werden. Sie können entsprechend der Formkastenhöhe durch in die Außenstangen f geschobene Bolzen verschieden eingestellt werden. Der Rütteltisch g wird durch die mit Pufferfedern und Endschrauben versehenen Stangen h gesichert.

Arbeitsweise: Aufbringen und Füllen des Formkastens, Zuführen von Preßluft in den Rüttelzylinder durch Öffnen des Dreiwegehahnes k mittels des Handgriffes i bei gleichzeitiger Freigabe des Luftaustrittes n der Auspuffleitung m, wodurch die Rüttlung in derselben Weise wie bei der Maschine (Abb. 1350—1352) zustande kommt. Nach Beendigung derselben wird der Hahn so umgestellt, daß sowohl die Luftzuleitung als auch der Austritt m geschlossen werden, während die unterhalb des Kolbens in den Zylinder b mündende Hubleitung o Preßluft eintreten läßt. Der Tisch g geht mit der gerüttelten Form hoch und nimmt die Abhebekolben, deren Aufwärtsbewegung durch Steckstifte begrenzt wird, ein Stück mit. Durch neuerliche Umstellung des Hahns k wird der Luftaustritt freigegeben, so daß nun die Formplatte mitsamt der Form nach unten gleitet, bis der Kasten auf den Tragstützen sitzen bleibt, während die Formplatte weiter sinkt und dabei von der Form frei wird.

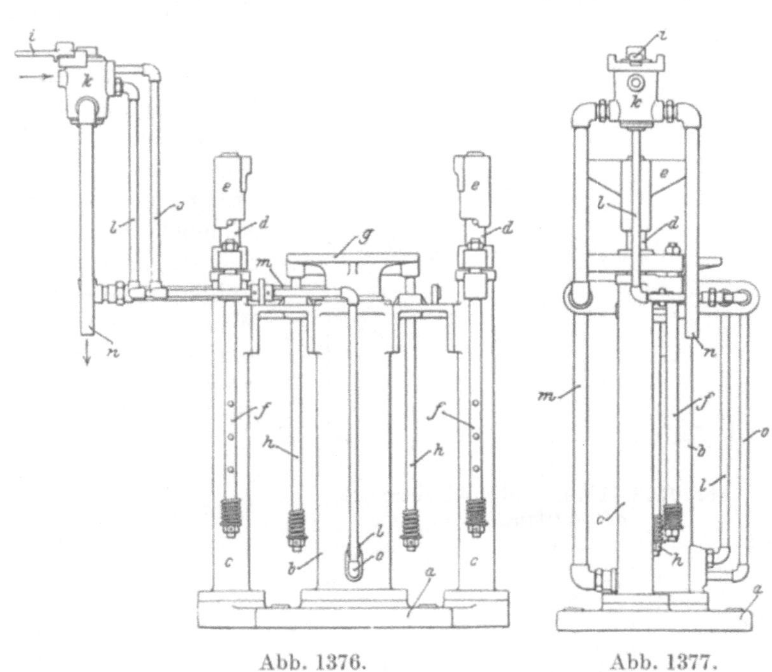

Abb. 1376 u. 1377. Rüttelmaschine mit Preßluft-Abhebevorrichtung.

Der Kolbenschieber-Rüttler mit Auffangsäulen (Schlagpfosten) nach Abb. 1378 und 1379[1]) besteht aus einem mit einer Grundplatte b in einem Stück gegossenen Kolben a, einem mit dem Rütteltisch d verbundenen Zylinder c und vier Auffangsäulen g. Die Hubregelung erfolgt durch eine besondere Kolbensteuerung bei e. Sie läßt unterhalb des Hauptkolbens a Preßluft in den Zylinder treten. Der in der Folge hochgehende Tisch nimmt die Steuerstange f mit dem an ihrem unteren Ende sitzenden Steuerkolben hoch, wodurch im Steuerzylinder der Luftzutritt abgeschlossen und der Auspuff geöffnet wird. Der Tisch d fällt auf die Säulen g frei herab, wodurch der Rüttelstoß bewirkt wird. Die Zahl der Auffangsäulen hängt von der Größe des Rütteltisches ab. Diese Säulen bewirken einen gleichmäßigen, von Schwankungen freien Aufschlag und erlauben, den Rütteltisch mitsamt seinem Zylinder verhältnismäßig leicht im Gewichte zu bemessen. Zwei Führungstifte h verhindern eine Verdrehung, sowie ein Auswerfen des Zylinders.

[1]) Ausgeführt von Leber und Bröse, G. m. b. H. in Coblenz.

Die in den Abb. 1380—1382 [1]) in einem Schnitte und zwei Ansichten dargestellte Wendeplatten-Rüttelmaschine ist aus einer Vereinigung der beiden vorgehend beschriebenen Rüttler und durch Zugabe einer Wendeplatte entstanden. Auf einer gemeinsamen Grundplatte w ist ein langer Rüttelzylinder a nebst zwei Abhebezylindern p und einer Anzahl von Auffangsäulen g untergebracht. Das Abheben erfolgt wie beim Rüttler nach Abb. 1376 und 1377. Die Steuerstange d wird beim Rütteln mittels des Schalthebels e mit dem Rütteltisch f fest verbunden, so daß während dieses Vorganges der Steuerschieber außer Tätigkeit bleibt. An den Führungstangen i sitzende Pufferfedern mit Muttern begrenzen den Hub des Kolbens b. Die Schlagwirkung kommt wie bei dem Rüttler nach Abb. 1378 und 1379 durch den Anprall des Rütteltisches auf die Auffangsäulen g zustande, die zur Milderung des Schlages mit auf Gummiunterlagen gebetteten Hartholzpuffern versehen sind. Die Wendeplatte k wird durch die feststellbare Stange m in wagerechter Lage erhalten. Die Abhebekolben q bewegen sich in den Zylindern p und tragen die in verschiedener Höhenlage einstellbaren Wendeplattenlager n und o. Die Wendeplatte wird von Hand mittels der Kurbel s gedreht, die das Schneckenrad r bewegt. Führungstangen t mit Einschublöchern ermöglichen die Feststellung der Hebekolben q in verschiedenen Höhenlagen. Die Preßluftverteilung wird vom Steuerventil u aus bewirkt. Ein in der Abbildung nicht ersichtlich gemachter Abhebewagen läuft auf Schienen v.

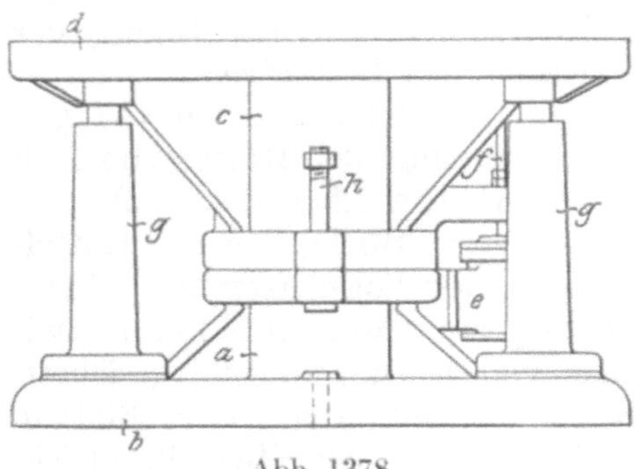

Abb. 1378.

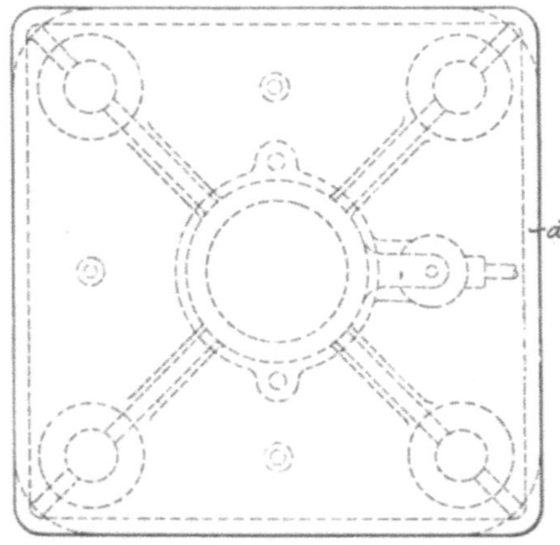

Abb. 1379.

Abb. 1378—1379. Kolbenschieberrüttler mit Auffangsäulen.

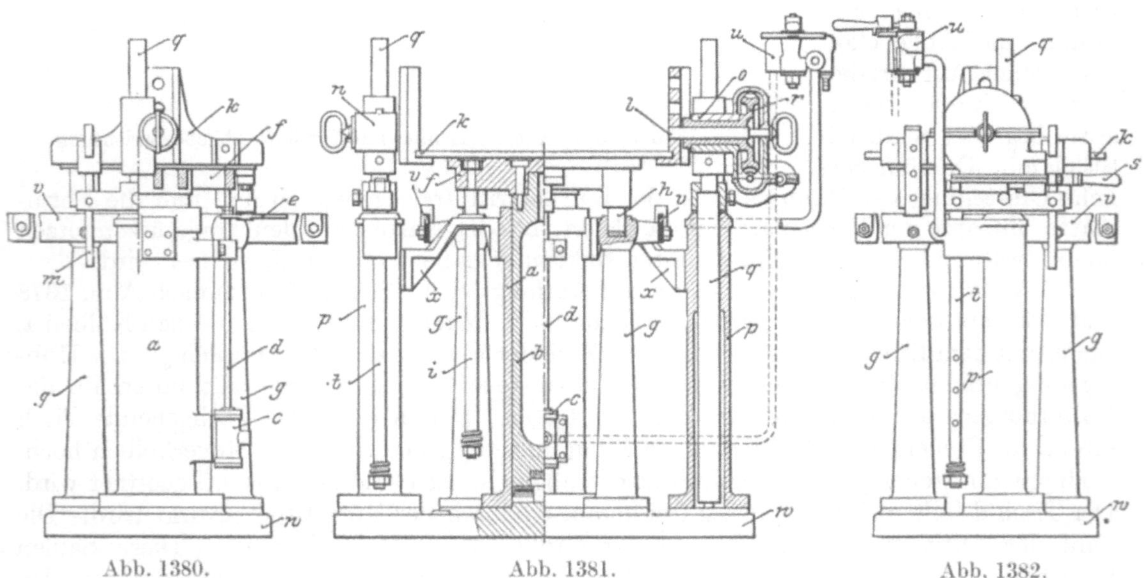

Abb. 1380. Abb. 1381. Abb. 1382.

Abb. 1380—1382. Rüttelformmaschine mit Wendeqlatte.

Arbeitsweise: Aufbringen und Verkeilen der Formplatte und eines Formkastens auf der Wendeplatte k, Einfüllen des Sandes, Ausziehen der Einsteckbolzen l bis zur

[1]) Ausgeführt von Leber und Bröse, G. m. b. H., in Coblenz.

Freigabe der Wendeplatte, Einrücken des Steuerhebels e zur Rüttlung, Rütteln, Feststellung der Wendeplatte durch Vorschieben der Bolzen l, Umsteuern auf die Abhebekolben und Hochheben der Wendeplatte mitsamt der Form und den Stangen t, bis letztere an den eingesteckten Bolzen festgehalten werden, Öffnen des Luftauslasses und dadurch bewirktes Sinken des Kolbens, Drehen der Wendeplatte um 180°, Einfahren des Abhebewagens. Nochmaliges Steigenlassen des Kolbens, wodurch der Abhebewagen an den Formkasten gedrückt wird. Lösen der den Formkasten mit der Wendeplatte verbindenden Keile und Senken des Abhebewagens mit der Form auf die Schienen v durch wiederholten Luftauslaß.

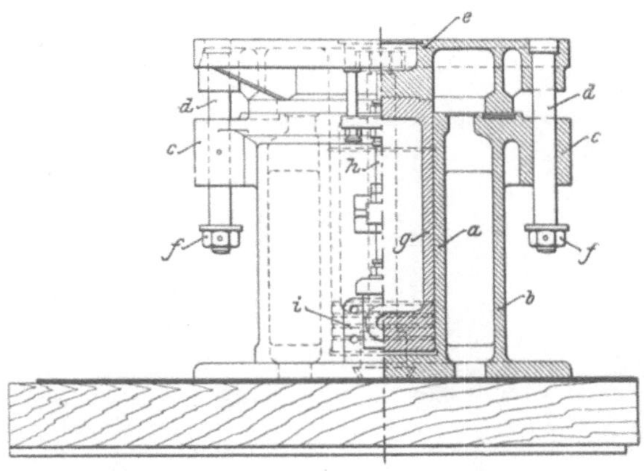

Abb. 1383. Einfacher Rüttler mit Schiebersteuerung.

Zur Vorbereitung des nächsten Formvorganges wird die Wendeplatte zurückgedreht, der Rütteltisch durch Preßluft an die Wendeplatte gedrückt, die Haltestifte werden aus den Stangen t gezogen und durch Öffnen des Luftauslasses die ursprüngliche Lage wieder hergestellt. Zurückziehen der Einsteckbolzen l, Kuppeln des Rütteltisches f mit der Steuerstange d durch Drehen des Hebels e und Abblasen der Formplatte.

Bei dem Rüttler nach Abb. 1383 [1]) bleibt der Rüttelzylinder von der Schlagwirkung verschont. Um den Rüttelzylinder a ist ein mit ihm durch Rippen verbundener Außenzylinder b angeordnet, der den Schlag des niederfallenden Tisches aufnimmt. In den Führungen c des Außenzylinders bewegen sich sehr kräftig bemessene, mit Endschrauben f versehene Stangen d, die wiederum ein unerwünscht hohes Ansteigen des Tisches verhüten. Kolben g und Tisch e sind durch Schrauben starr miteinander verbunden. Eine am Rütteltisch einstellbare Steuerstange h dient zur Verstellung des Mittels des im Gehäuse i laufenden Steuerschiebers entsprechend der beabsichtigten Hubhöhe.

C. Rüttler mit Stoßfang (Stoßausgleich).

Die Gefahren und Schädigungen von Rüttelmaschinen ohne Stoßausgleich wurden auf S. 422 erörtert. Mit zunehmender Steigerung der Nutzlast und damit zusammenhängender Größe der Maschinen nehmen diese Übelstände bis zur Unerträglichkeit zu. Die Notwendigkeit eines Stoßausgleiches hängt, abgesehen von diesen Umständen, auch von der Bodenbeschaffenheit der Gießerei ab. Bei lockerem, sandigem oder sonstwie schlechtem Baugrund muß schon bei mittleren Nutzlasten ein wirksamer Stoßausgleich vorgesehen werden, sonst kommt man aus den Schwierigkeiten nicht heraus. Bei hartem und steinigem Baugrund, der infolge seiner natürlichen Beschaffenheit Erschütterungen weniger gut weiterleitet, können auch noch mittelgroße einfache Rüttelmaschinen ohne nennenswerte Gefahren betrieben werden [2]).

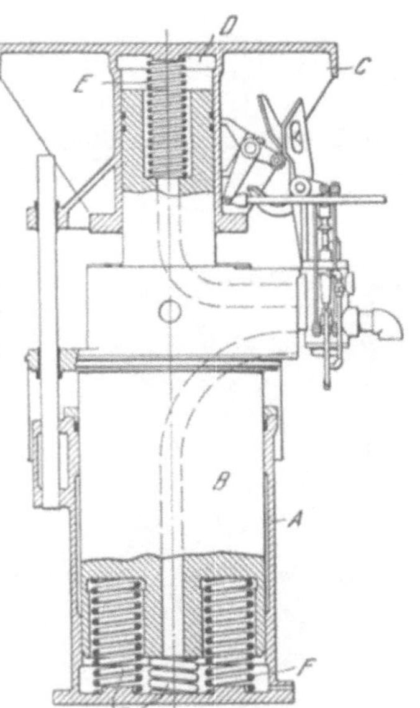

Abb. 1384. Amerikanischer stoßfreier Rüttler.

Während die Maschinen ohne Stoßausgleich, abgesehen von den Einrichtungen zum Modellausheben, Nachpressen und ähnlichen Behelfen, in der Hauptsache aus zwei Teilen, einem Rüttelzylinder und einem Rüttelkolben bestehen, tritt bei den Maschinen mit Stoßfang als drittes Grundelement noch ein den Stoß ausgleichender Teil, der Amboß,

[1]) Ausgeführt von Bad. Maschinenfabrik in Durlach. [2]) Vgl. S. 436.

hinzu. Ausführung und Wirkungsweise dieser drei Grundelemente sind sehr verschieden und vielfach durch deutsche und ausländische Patente geschützt. Der Rüttler (Abb. 1384)[1]) ist aus diesen drei Hauptteilen zusammengesetzt. Er besitzt einen Zylinder A, einen beweglichen, auf Federn ruhenden Amboßkolben B und einen mit zylindrischer Führungshülse ausgestatteten Rütteltisch C. In den Hohlraum D wird Preßluft geleitet, die den Tisch C in die Höhe treibt. Sobald er seinen höchsten Stand erreicht hat, die ihn hebende Preßluft ins Freie tritt und er zu fallen beginnt, wird der Amboßkolben B um das Gewicht des Tisches erleichtert, so daß er unter dem aufwärts gerichteten Drucke der Federn F zu steigen beginnt und etwa auf halber Hubhöhe mit dem fallenden Tisch zusammenstößt. Im Augenblick des Zusammenpralls ist das Moment des fallenden Tisches gleich dem des steigenden Amboßkolbens, beide Momente heben einander auf, die volle Wucht des Anpralls kommt der Sandverdichtung zugute, während der Untergrund der Maschine von jedem Stoße frei bleibt. Um diese Wirkung zu erreichen, muß die Spannung der Federn so bemessen sein, daß sie dem steigenden Amboßkolben keine Beschleunigung verleiht. Die obere Feder E trägt einen Teil des Tischgewichtes. Sie hilft den Tisch anheben und mäßigt etwas seinen Fall, wodurch die Modellplatte, der Formkasten und der Formsand weniger Neigung bekommen, sich während des Falls vom Tisch zu trennen. Die entstehende belanglose Bremsung der Fallwirkung kann durch entsprechende geringe Vergrößerung der Hubhöhe ausgeglichen werden.

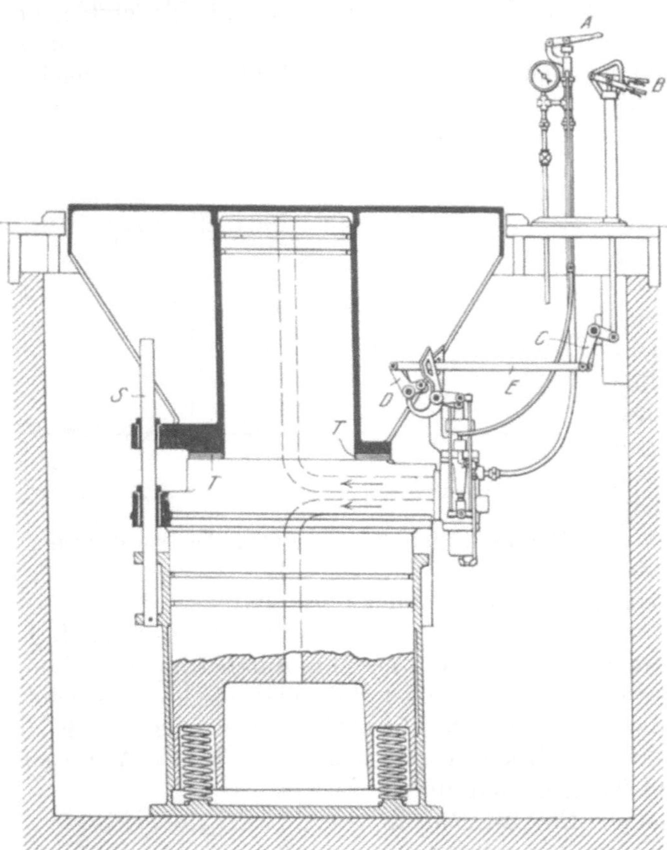

Abb. 1385. Amerikanischer stoßfreier Rüttler ohne obere Verzögerungsfeder.

Bei großen Maschinen leitet man die Luft im Augenblick des Umsteuerns nicht ins Freie, sondern unter den Amboßkolben, wo sie nochmals expandiert. Der verlangsamte Austritt aus dem oberen Kolben hat die gleiche

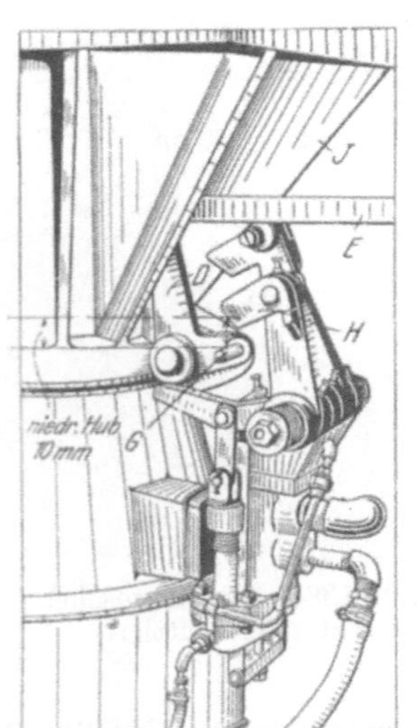

Abb. 1386.

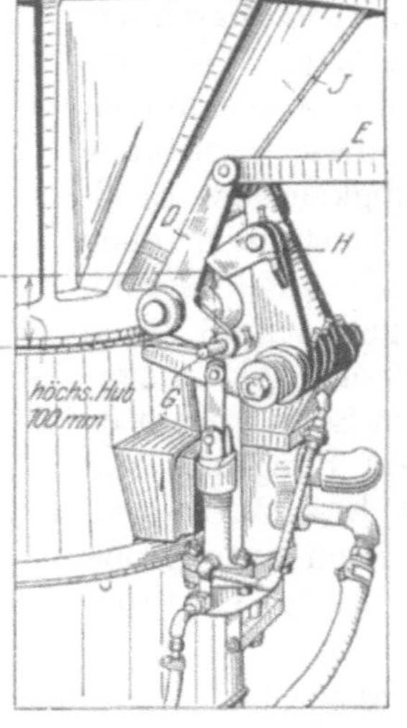

Abb. 1387.

Abb. 1386 u. 1387. Hubregulierung an amerikanischen stoßfreien Rüttlern.

[1]) Ausgeführt von Tabor Mfg. Co. in Philadelphia.

Wirkung wie die Feder E, zugleich wird aber dem Amboßkolben ein vermehrter Auftrieb gegeben, und die Wucht des Zusammenpralls vergrößert.

Die Abb. 1385 zeigt die Aufstellungsart einer Maschine ohne obere Verzögerungsfeder, bei der die Preßluft im Augenblick der Umsteuerung in den unteren Zylinder geleitet wird. Die Stange S verhütet jede Drehung der einzelnen bewegten Teile, die Stoßflächen T sind mit Leder bezogen. Mittels des Hebels A wird die Maschine durch Öffnen des Luftzutritts in Gang gesetzt. Der Hebel B regelt die Hubhöhe. Seine Wirkung ist der etwas anders getroffenen Anordnung der Abb. 1386 und 1387 zu entnehmen. Durch den doppelten Winkelhebel C E D (Abb. 1385) wird der Stift G (1386 und 1387) in verschiedener Höhe eingestellt, so daß er den Mitnehmer H beim Hube des Rütteltisches J früher oder später trifft. Im Augenblicke des Anstoßes von G an H wird die Steuerung umgestellt und zugleich die Luft aus dem oberen in den unteren Zylinder geleitet. Abb. 1386 zeigt die Stellung des Hebels D beim geringsten Hub von 10 mm, Abb. 1387 beim höchsten Hub von 100 mm. Bei diesen Maschinen ist angeblich der Rückstoß auf den Unterbau so gering, daß sie auch in oberen Stockwerken sollen betrieben werden können.

Abb. 1388. Fahrbarer stoßfreier Rüttler.

Die Tabor Mfg. Co. hat auch fahrbare, stoßfreie Rüttler auf den Markt gebracht (Abb. 1388), deren kräftige Federung im Vereine mit einer geringfügigen Reibung

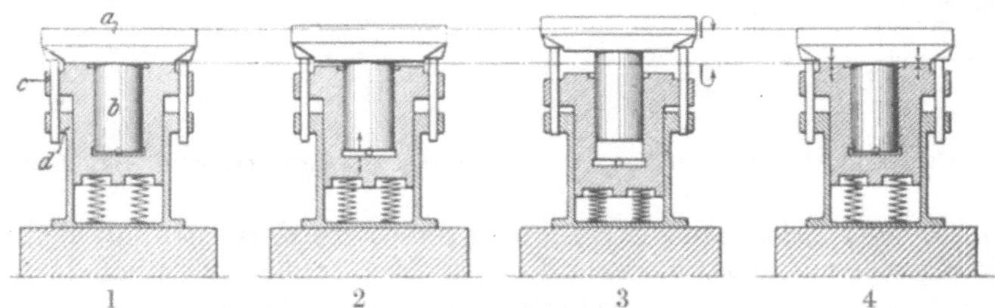

Abb. 1389. Arbeitsweise des stoßfreien Rüttlers.

1 = Ruhelage. Der Tisch liegt auf dem Amboß, dieser ruht auf den Federn.
2 = Eintritt der Druckluft. Kolben und Tisch steigen, Amboß wird heruntergedrückt, Federn spannen sich.
3 = Größter Hub. Kolben und Tisch sind in der höchsten Lage, der Amboß ist in der tiefsten Stellung angelangt, die Federn sind gespannt. Der Hub ist vergrößert dargestellt. In diesem Augenblick erfolgt
4 = Luftaustritt und dadurch Bewegungsumkehr. Der Amboß schnellt hoch, der Tisch fällt. Beide stoßen in freier Luft zusammen, wobei die Verdichtung des Sandes bei entlasteten Federn erfolgt.

zwischen Amboß und Radblöcken den Rückstoß für den Untergrund ganz unmerkbar machen soll. Die Maschine wiegt rund 1000 kg und liefert Halbformen bis zu 500 kg Gewicht. Die Tabor Co. hat stoßfreie Rüttelmaschinen von 900 mm Zylinderdurchmesser mit Stahlgußrütteltischen von 2400 mm Durchmesser ausgeführt. Der Amboßkolben solcher Ausführungen besteht aus einem vollen Graugußstück und wiegt 30 t. Die ganze Maschine wiegt 52 t und vermag Formhälften im Gewicht bis zu 25 t herzustellen.

Der Rüttler mit Stoßfang nach Abb. 1389 [1]) besteht aus einem Tisch a, einem Rüttelkolben b, einem Amboß c und einem Gestelle d, in dem der Amboß auf starken Federn

[1]) Ausgeführt von Bad. Maschinenfabrik in Durlach. Vgl. auch Paul Frech, Stahleisen 1924, S. 1049.

gelagert ist. Im Amboß bewegt sich der Rüttelkolben b, der Tisch a ist mit dem Rüttelkolben b verbunden. Läßt man mittels der Steuerung unter den Rüttelkolben Preßluft treten, so hebt sich der Kolben mit dem Tisch, während der Amboß nach abwärts gedrückt wird. Sobald der größte Abstand zwischen Tisch und Amboß erreicht ist, wird der Luftaustritt geöffnet. Infolge des plötzlichen Luftaustritts fällt der Tisch, und der durch seine zusammengepreßten Federn nach oben gespannte Amboß schnellt, des Druckes entledigt, plötzlich und energisch in die Höhe, Tisch und Amboß prallen mit starkem Schlage aneinander. Dadurch tritt die den Sand verdichtende Rüttelwirkung ein. Der entstehende Stoß wird, da beide Körper in keiner festen Verbindung mit dem Gestell und dem Unterbau der Maschine stehen, nicht auf diese Bestandteile übertragen, sondern kommt vollständig der Sandverdichtung zugute. Es wird ein kurzer Schlag bewirkt, der den Sand auch in unterschnittene Räume verhältnismäßig gut einfließen läßt und entsprechend verdichtet.

Die den Amboß tragenden Federn müssen keineswegs an seiner tiefsten Stelle angesetzt werden, man erreicht im Gegenteil größere Gleichmäßigkeit des Maschinengangs, wenn man sie an dem vorstehenden Rand des Ambosses derart anbringt, daß der Amboß auf den Federn ruht, wie

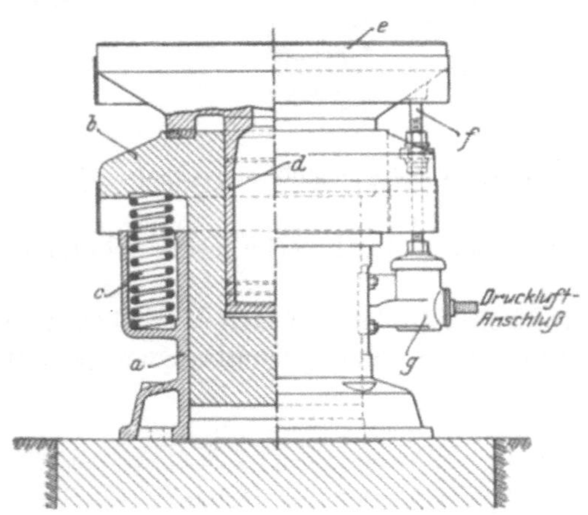

Abb. 1390. Großer Rüttler mit Stoßfang.

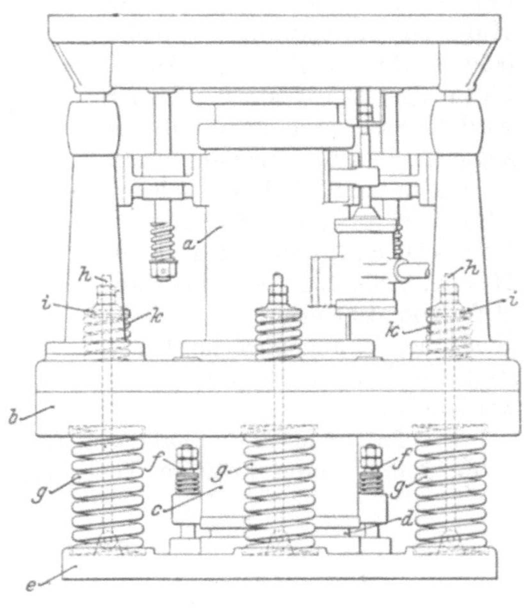

Abb. 1391. Großrüttler mit Stoßfangvorrichtung.

Abb. 1390[1]) erkennen läßt. Die Bestandteile dieses Rüttlers, der mit dem Gestell in einem Stück gegossene Zylinder a, der auf den Federn c ruhende Amboß b und der den Rütteltisch e tragende Kolben d bedürfen nach dem Gesagten keiner Erläuterung. Die einstellbare Steuerstange f am Rütteltische betätigt den in dem Gehäuse g untergebrachten Schieber zur Regelung des Preßluft-Ein- und -Austritts. Derartige Rüttler werden mit Hubvermögen von 500—25000 kg gebaut. Der Aufwand an Preßluft von 6—7 at Spannung beträgt innerhalb dieser Beanspruchungen 0,2—4,7 cbm.

Ein anderes Mittel zum Abfangen (Ausgleichen) des Rüttelstoßes besteht in der Aufstellung eines gewöhnlichen Rüttlers auf einen mit Federn und einem Preßluftzylinder ausgestatteten Untersatz nach Abb. 1391 [2]). Ein Rüttler, etwa nach Abb. 1378 und 1379, wird auf die Kopfplatte b eines Druckzylinders c gesetzt, dessen hohler Kolben d mit der Grundplatte e ein Stück bildet. Anderseits ist auch der Zylinder c mit der Kopfplatte zu einem Gußstück vereinigt. Die seitlichen Führungsbolzen f mit Schraubenfeder-Puffern verhindern allzuhohes Ansteigen des Zylinders c. Vier starke Schraubenfedern g schaffen ein elastisches Kissen zwischen den beiden Platten e und b. Der Abfederung der Kopfplatte d nach oben dienen die um die Bolzen h geschlungenen Federn k mit den Scheiben i.

[1]) Ausgeführt von der Bad. Maschinenfabrik in Durlach.

[2]) Ausgeführt von Leber und Bröse, G. m. b. H. in Coblenz.

Arbeitsweise: Nach Zuführung von Preßluft unter den Zylinder c des Untersatzes hebt sich die Maschine etwas an und die Tragfedern g werden entlastet. Danach wird der Rüttler in der im Ausführungsbeispiele nach Abb. 1378 und 1379 (auf S. 451) angegebenen Weise in Gang gesetzt. Beim jedesmaligen Luftaustritt fällt der Rüttelkolben frei herab, worauf das um das gesamte Nutzgewicht entlastete Unterteil b durch die im Zylinder c enthaltene Preßluft und die Wirkung der Federn g nach oben gedrückt wird. Der Zusammenprall erfolgt in der Luft und der Unterbau der Maschine bleibt von der Stoßwirkung verschont.

Ein weiterer Weg zur Erzielung weitgehender Beseitigung störender Stoßwirkung wurde mit dem Bau des einfachen Rüttlers nach Abb. 1392 [1]) beschritten. Hier fehlen alle irgendwie empfindlichen Teile. Diese Bauart beruht auf patentierten Stoßrippen, die es ermöglichen, die Aufschlagebene beliebig groß zu machen, so daß auch bei großen Tischflächen eine Ausladung nach oben vermieden werden kann. Die Maschinengrube wird selbst bei Rüttlern von 5 t Tragkraft kaum tiefer als 1 m. Der Stoßausgleich erfolgt nicht durch Emporschnellen des Ambosses, dieser bleibt in Ruhe, bis ihn der auffallende Kolben ein wenig nach unten drückt. Der Aufschlag wird infolgedessen beträchtlich milder, und daher wird es möglich, mehrere Formteile aufeinanderzurütteln. Der erste Formteil wird mit größtem Rüttelhube und mit geringster Schlagzahl hergestellt, für jedes weitere Teil wird die Hubhöhe vermindert und die Schlagzahl vergrößert, was durch Einstellung des Lufthahnes geschieht. Durch geeignete Einstellung wird es möglich, auch ohne Modellplatten und ohne besonders vorbereitete Formkasten zu arbeiten und Einzelformen nahezu ebenso rasch wie Serienformen herzustellen.

Abb. 1392. Einfacher Rüttler mit Stoßfang.

Zu beachten ist die glockenförmige Erweiterung des Maschinenunterteils. Sie bildet den Stoßfangzylinder, in den der an der Grundplatte angegossene Kolben greift. Der Stoß wird von zwei miteinander in Verbindung stehenden Luftkissen aufgenommen. Innerhalb gewisser Grenzen kann der Stoßfang als Preßmittel zum Nachpressen an Stelle des Nachstampfens benutzt werden.

D. Rüttelformmaschinen mit Stoßfang.

Wendeplattenmaschinen. Die Rüttelformmaschine nach Abb. 1393—1395 [2]) ist mit einer patentierten Einrichtung ausgestattet, die das Arbeiten sowohl nach dem Wendeplattenverfahren als auch nach dem Abhebe- und Durchziehverfahren gestattet. Mit dem Rüttler a sind zwei Konsolen b fest verbunden, an denen je ein Druckwasserzylinder c starr befestigt ist. Ihre Kolben d sind fest mit den Lagern e des Abhebe- und Wenderahmens f verbunden. Die Stangen h an den Wendelagern e stehen in Eingriff mit den Hebeln i, die auf der Welle l festgekeilt sind. Die Welle l ruht in Lagern der an den beiden Druckwasserzylindern befestigten Konsolen k. Diese Anordnung hat die Zwangläufigkeit der Hubkolben und damit die gleichmäßige Bewegung beider Wenderahmenlager zum Ziele. Das Steuerventil m regelt den Zufluß des unter 50 at stehenden Druckwassers zur Betätigung der Abhebevorrichtungen, während der vom Handrade o bewegte Hahn n dem Schieberkasten p Preßluft zuführt. Ein vom Handrad q abhängiges Schneckengetriebe r vollzieht das Wenden des Rahmens. Die Verbindung

[1]) Ausgeführt von Leber und Bröse, G. m. b. H. in Coblenz.

[2]) Ausgeführt von Bad. Maschinenfabrik in Durlach.

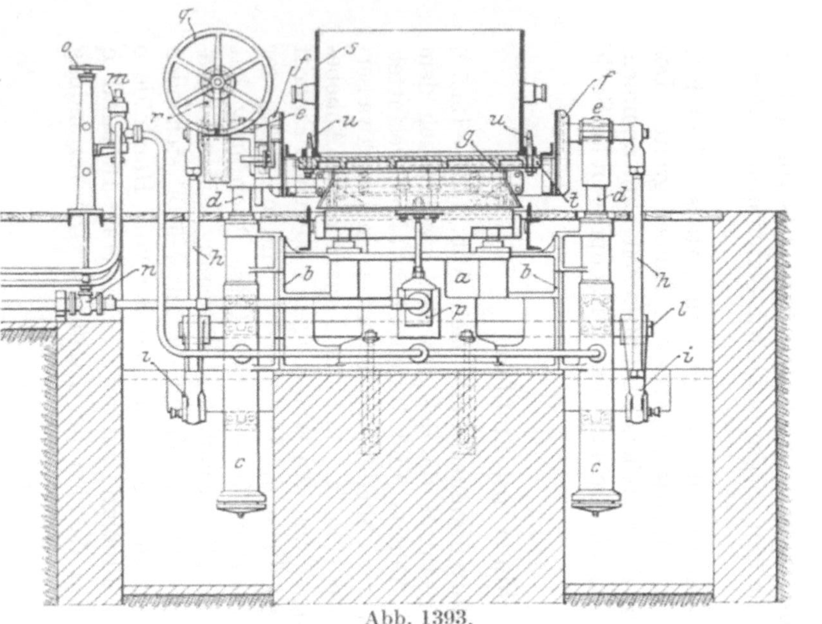

Abb. 1393.

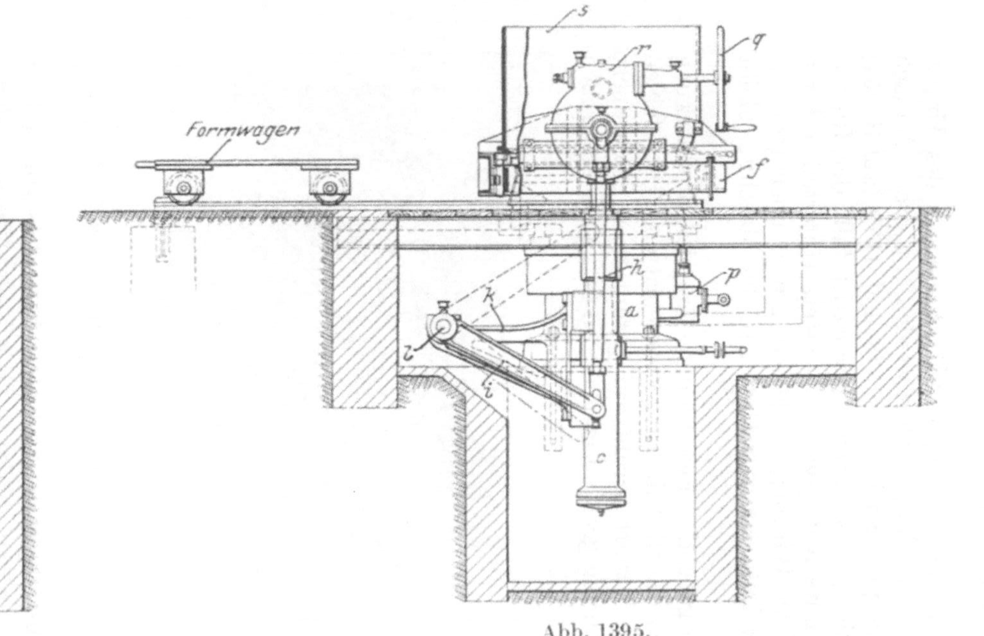

Abb. 1395.

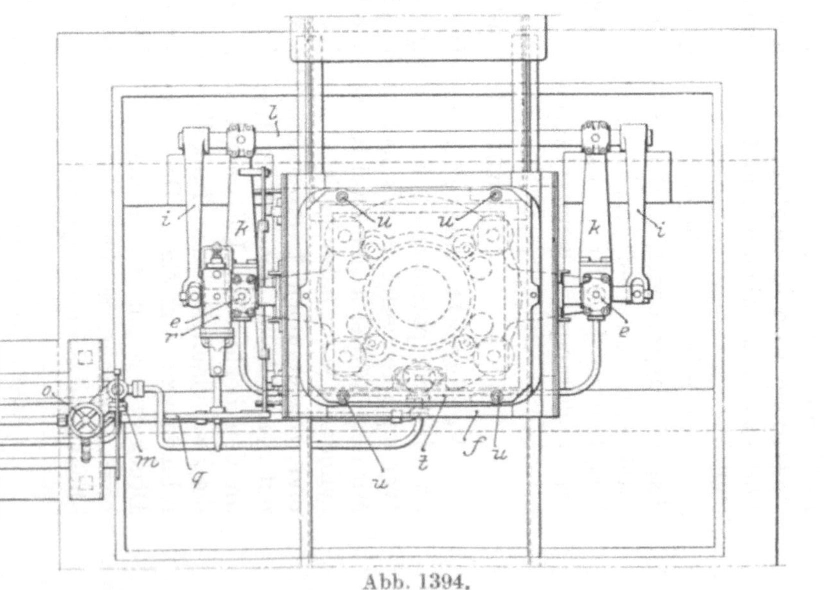

Abb. 1394.

Abb. 1393—1395. Rüttelformmaschine mit kuppelbarem Wenderahmen.

des Formkastens s mit der Modellplatte t wird durch Keile in den Führungstiften u bewirkt.

Die Modellplatte t wird nur zum Wenden mit dem Wenderahmen f gekuppelt. Beim Arbeiten nach dem Abstreifverfahren legt man die Durchziehplatte lose auf die Modellplatte t. Sie ist breit genug bemessen, um über die letztere etwas vorzustehen, so daß sie vom hochgehenden Wenderahmen mitgenommen und die Form vom Modell abgestreift wird. Beim Arbeiten ohne Durchziehplatte trifft der hochgehende Wenderahmen auf Vorsprünge des Formkastens, wodurch die gleiche Wirkung wie mit Abhebestiften erreicht wird.

Die Abb. 1396 zeigt Einzelheiten der zur Verriegelung von Modellplatte und Wendeplatte dienenden Einrichtung. An den vier Ecken der den Formkasten a tragenden Modellplatte b ist unten je ein Bolzen c eingeschraubt, in dessen Schlitz d sich die auf der Riegelstange e befindlichen Riegel f einschieben, sobald der Handgriff g der Riegelstange nach rechts geschoben wird. Die in Führungen h steckenden Bolzen c — die Führungen h sind am Wenderahmen i festgeschraubt — schieben sich während des Rüttelns,

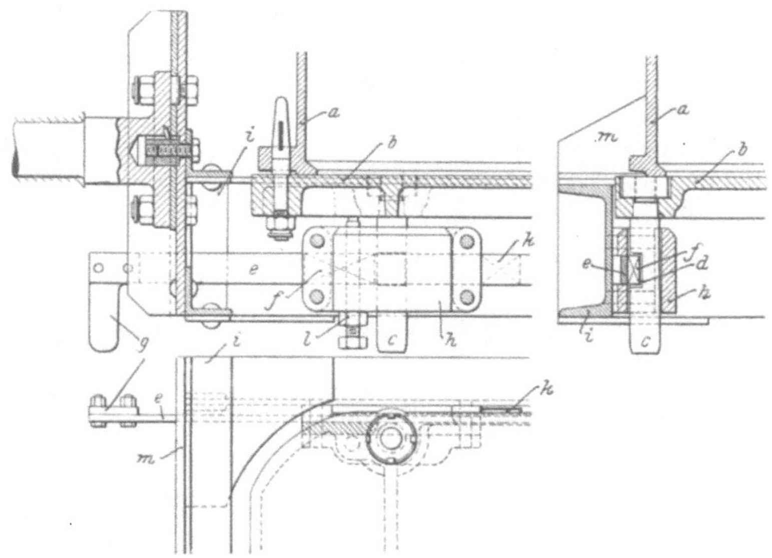

Abb. 1396. Verriegelungsvorrichtung zwischen Wenderahmen und Modellplatte.

wo sie nicht befestigt sind, ungehemmt auf und ab. Beim Entriegeln begrenzen auf der Riegelstange sitzende Anschläge k den Hub der Stange e. An den beiden Längsträgern des Wenderahmens sind zwei Riegelstangen e angeordnet.

Eine andere, der Badischen Maschinenfabrik in Durlach geschützte Kastenverriegelung zeigen die Abb. 1397 und 1398. Vier durch Preßluft betätigte Riegel a, die sich in den Kolben b bewegen, werden durch einfache Betätigung eines Ventils gegen und über die Ansätze c des Formkastens d gepreßt und nach Fertigstellung der Form in gleicher Weise zurückgezogen.

Das Abheben mittels zweier Kolben hat den Nachteil, daß die Kolben sich leicht nicht ganz gleichmäßig bewegen, wodurch des öfteren, insbesondere bei steilen Wänden, Risse in den Formen veranlaßt werden. Die Ursachen ungleichmäßiger Abhebung liegen mitunter in der Ausgleichvorrichtung, falls sich die Welle im Laufe der Zeit etwas verdreht hat, ein Übelstand, dem durch ausreichend kräftige Bemessung der Verbindungswelle ziemlich sicher zu begegnen ist. Bei manchen Ausführungen ist auch der nur schwer zu vermeidende tote Gang im Gestänge die Ursache des Fehlers. Bei Druckwasserantrieb können die Dichtungen, die nur ausnahmsweise vollkommen gleiche Reibung haben — seien es Stopfbüchsen oder Ledermanschetten — ungleich anziehen.

Diesen Gefahren begegnet die Rüttelformmaschine mit Einpfeiler-Abhebung nach Abb. 1399 und 1400 [1]). Der Rüttler besteht aus einem Untersatz, in dem der auf Federn gelagerte Amboß geführt wird, einer Rüttelplatte mit angeschraubtem Zylinder und einem im Amboß sitzenden Kolben. Der Stoß kommt in üblicher Weise zwischen den freischwebenden Teilen zustande, so daß die Grundplatte von ihm nicht in Mitleidenschaft gezogen wird.

Zum Abheben ist nur ein hinter der Maschine angeordneter Abhebekolben tätig. Dieser trägt einen starken Stahlbügel von U-förmigem Querschnitt, in dem der Wende- und Durchziehrahmen gelagert ist. Starke Führungstangen sichern den Bügel gegen seitliche Verdrehungen.

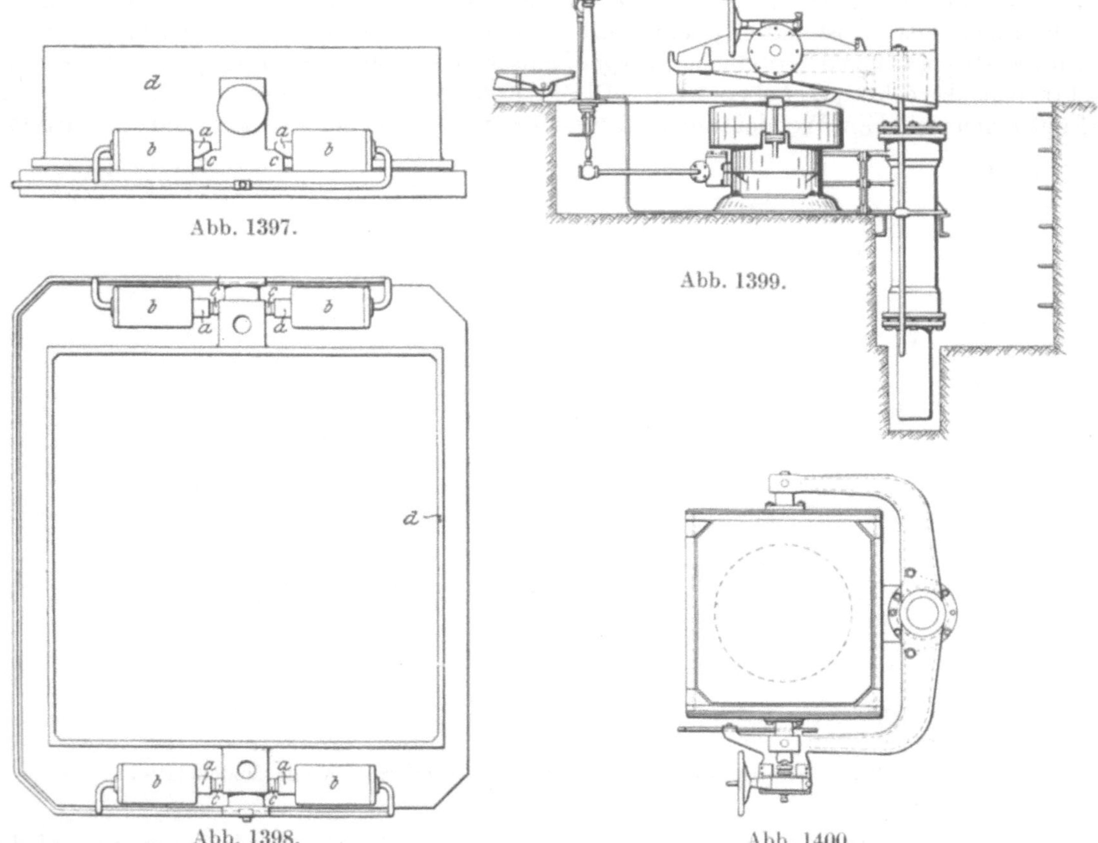

Abb. 1397 u. 1398. Kastenverriegelung.

Abb. 1399 u. 1400. Stoßfreie Rüttelformmaschine mit Einpfeilerabhebung.

Als Treibmittel zum Abheben und Wenden dient Druckwasser, das gegenüber Preßluft größere Gleichmäßigkeit des Anhubs gewährleistet. Zum Wenden sind am Aushebebügel wie am Wenderahmen nachstellbare Anschläge vorgesehen, die den Rahmen parallel zur Tischfläche festhalten. Die Steuerventile sind hinter der Maschine angebracht. Die Rüttelplatte bewegt sich lose in dem Wenderahmen. Sie ist durch besondere Führungen sowohl während des Rüttelns auf dem Rütteltisch, als auch während des Wendens im Wenderahmen gegen Verschiebung gesichert. Nach vollständigem Rütteln wird während des Hochgehens des Aushebebügels die Rüttelplatte mit dem Wenderahmen durch Vorziehen je einer an jeder Seite des Wenderahmens sitzenden Schieberstange verklammert, deren Verlängerung, solange die Platte nicht mit dem Rahmen geklammert ist, in die Rückwand des Aushebebügels hineinragt und so ein Wenden der Form unmöglich macht. Durch das Vorziehen der beiden Schieberstangen, was

[1]) Ausgeführt von der Maschinenfabrik Gustav Zimmermann in Düsseldorf-Rath.

mit einem Griff zu bewerkstelligen ist, wird die Rüttelplatte mit dem Wenderahmen verklammert und letzterer gleichzeitig zum Wenden freigegeben. Ein Wenden bei unverklammerter Rüttelplatte ist ausgeschlossen. Diese Aushebevorrichtung bietet den Vorteil, den Kasten von allen Seiten frei zugänglich zu lassen. Der Ausfahrwagen ist so niedrig bemessen, daß durch ihn nur 75 mm des nutzbaren Aushebehubs verloren gehen.

Arbeitsgang: Aufsetzen und Füllen des Formkastens, Rütteln, Glattstampfen des Formrückens, Hochgehen des Abhebebügels durch Betätigung des Druckwasserventils mit der einen Hand, während die andere Hand das Wendeventil bedient, Wenden und Einschieben des Ausfahrwagens. Zur Bedienung der Ventile und des Ausfahrwagens ist je ein Mann nötig. Absenken des Wagens und seine Lösung von der Rüttelplatte, worauf durch neuerliches Hochgehenlassen des Aushebebügels der Kasten von der Modellplatte abgehoben wird. Ausfahren des Wagens, Abheben der Form, Senken des Bügels, Lösen der Wendeplatte von der Rüttelplatte durch Zurückziehen der Verschlußbügel und Blockieren der Wendevorrichtung.

Umlege-Rüttelformmaschinen (auch Kipp- oder Umrollmaschinen genannt). Während bei den schon an anderer Stelle (S. 446) besprochenen amerikanischen Umlege-Rüttelmaschinen für das Rütteln und Umlegen, mitunter auch für das Absenken der Form besondere Preßluftzylinder vorgesehen sind, deren jeder sein eigenes Steuerventil hat — wodurch die Gesamtanordnung ziemlich verwickelt und der Betrieb umständlich wird — zeigen die Abb. 1401—1405 einen Umlegerüttler mit nur einem Preßluftzylinder und nur einem Steuerzylinder[1]). Die Steuerung erfolgt ohne jedes Ventil durch Betätigung eines Mehrweghahnes. Sowohl die Rüttel- als auch die Umlegebewegung und das Ausheben des Modells werden mittels desselben Preßluftzylinders bewirkt. Der Kolben ist zweigeteilt, in den oben liegenden Rüttelkolben a und den unter diesem angeordneten Abhebekolben b (Abb. 1402). Der als Differentialkolben ausgebildete Rüttelkolben a steckt mit dem Zapfen a_1 derart im Abhebekolben b, daß beide Teile beim Anheben des unteren Kolbens ein gemeinsames Druckelement bilden. Die auf dem Rüttelkolben ruhende Tischplatte d trägt an der vorderen Seite die Umlegewelle e und an der rückwärtigen Seite eine Drehwelle f, auf der die dreieckigen Steuerschilde g sitzen. In den beiden äußeren Winkeln der Steuerschilde sind einerseits die Stangen i und anderseits die Zughebel h angelenkt. Das zweite Ende der Zughebel h

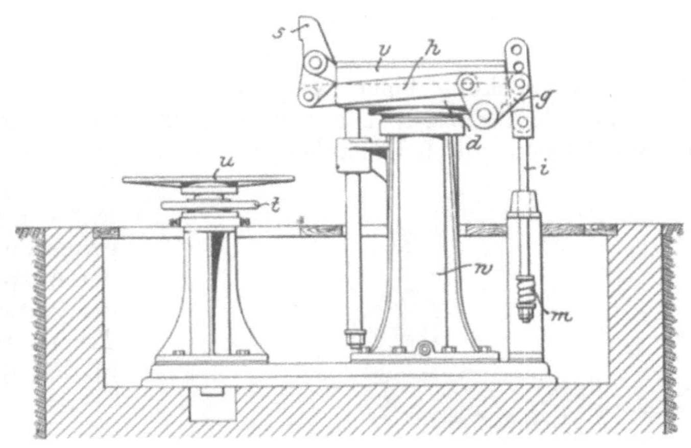

Abb. 1401.

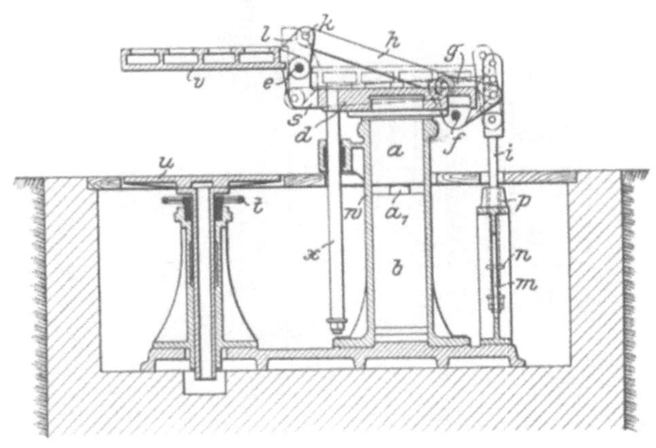

Abb. 1402.

Abb. 1401—1405. Deutscher Umlegerüttler in verschiedenen Arbeitsstellungen.

[1]) Ausgeführt von Alfred Gutmann A.G. in Hamburg-Ottensen; vgl. Gieß. 1920, S. 45.

ist mittels der Welle k und dem an der umlegbaren Modellplatte v angegossenen Lappen l mit der Umlegewelle e verbunden. Die Anschlagbügel s sind gleichfalls an der Modellplatte v angegossen. In der Abb. 1402 erscheint die Verbindung dieser Teile untereinander ganz deutlich. Die Stangen i werden in Büchsen p eines hinter der Maschine angeordneten Ständers geführt und sind mit je einer Anschlagplatte n und einer Schraubenfeder m versehen.

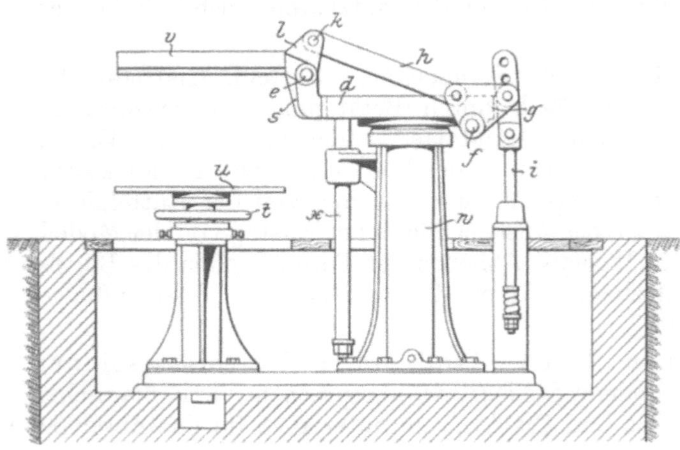

Abb. 1403.

Beim Arbeitsbeginn befindet sich die Maschine in der Stellung der Abb. 1401. Die Umlegemodellplatte v ruht auf der Tischplatte d, die Anschlagböckchen s sind nach aufwärts gerichtet, die Stangen i hängen frei in ihren Führungen und folgen den Rüttelstößen, die durch Eintritt von Preßluft in den Raum zwischen den Kolben a und b ausgelöst werden. Die Steuerung erfolgt selbsttätig in üblicher Weise durch die Wirkung einer Auspuffdüse am Zylinder w.

Nach dem Rütteln, Überstampfen und Abstreichen des Formkastens wird die Umlegevorrichtung durch Umstellen des Mehrweghahnes, so daß unter den Kolben b Preßluft tritt, in Tätigkeit gesetzt. Der Kolben b legt sich gegen den Kolben a, beide Kolben gehen hoch, da nunmehr das Überschreiten der Auspufföffnung durch den Kolben a für die Aufwärtsbewegung belanglos ist. Der Tisch d steigt so lange mit der Modellplatte v, bis die Stangen i von den Büchsen p fest-

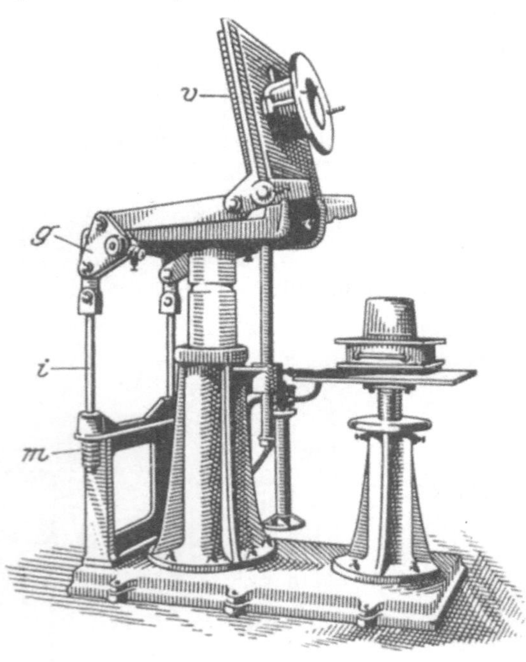

Abb. 1404.

Abb. 1405.

gehalten werden. Der durch die Federn n sanft gemachte Anschlag bewirkt die Drehung der Schilder g, wodurch die Zugstangen h die Umlegeplatte v anheben, hochkant stellen und sie schließlich etwas über 90° vornüber neigen (Abb. 1404). Läßt man nun den Kolben durch Wegnahme der Preßluft sinken, so legt sich die Platte v vollends um, bis ihre Anschläge s sich an die Kante des Tisches d anlegen (Abb. 1402, 1403 und 1405). Nach Eintritt dieser Lage wird der Abhebetisch u durch Drehung des Handrades t so weit gehoben, daß er sich an den Formkasten preßt, worauf man die Verklammerung zwischen Kasten und Modellplatte löst. Dadurch wird zunächst die Platte v mit den Modellen von der Form abgehoben und schließlich so weit nach rechts umgelegt (Abb. 1404), daß sie sich bei sinkendem Kolben selbsttätig wieder auf den Tisch d in ihre Ausgangstellung zurücklegt.

Während des ganzen Arbeitsganges findet keine Verriegelung statt, die Umstellung des Mehrweghahnes reicht zur Einleitung und Durchführung der verschiedenen Arbeitsleistungen vollständig aus. Verdrehungen des Arbeitstisches werden durch die in einer kräftigen Büchse geführte Stütze x hintangehalten.

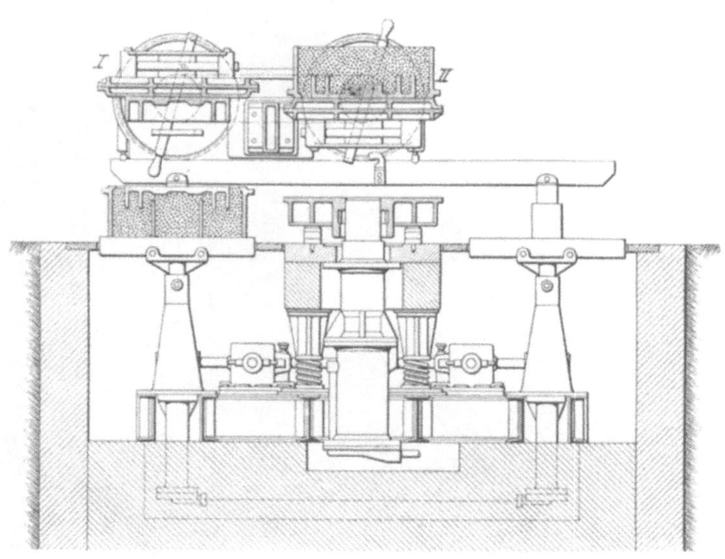

Abb. 1406.

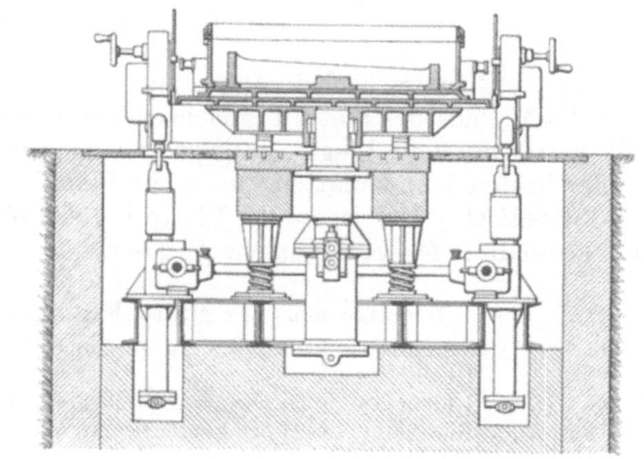

Abb. 1407.

Abb. 1406—1408. Umlege-Rüttelmaschine mit zwei Wendeplatten.

Beim ersten Ausprobieren der Maschine traten Störungen durch ruckweises Anheben beim Modellausziehen infolge von Expansionswirkungen der im Zylinder gespannten Preßluft ein. Diesem Übelstande konnte durch Einschaltung einer Ölbremse — man ließ einfach in den Raum unter dem Zylinder b etwas Öl einlaufen und erst auf dieses die Preßluft wirken — begegnet werden. Die Lösung der Modelle aus dem Sand erfolgt ähnlich wie beim ersten Umlegerüttler der Adams Co. (S. 446) durch Abheben der Modellplatte vom feststehenden Formkasten. Man kommt so darüber hinweg, das ziemlich beträchtliche Gewicht des Formkastens neuerdings heben zu müssen, und gewinnt überhaupt gegenüber dem Verfahren mit unten ruhender Modellplatte größere Sicherheit.

Eine Umlege-Rüttelmaschine mit zwei nebeneinander angeordneten Wendeplatten, die in verschiedener Hinsicht Vorteile bietet, zeigen Abb. 1406 und 1407 [1]). Sie besteht in der Hauptsache aus dem Rüttler, den vier Abhebezylindern, dem Umrollwagen und den zwei Wendeplatten. Der Rüttler, ein Zugrüttelapparat, ruht auf einem schmiedeisernen Gestell, das die vier Abhebezylinder mit den zugehörigen Laufschienen trägt. Beim Aus- und Einfahren des Wagens erfolgt selbsttätig das Umrollen der Wendeplatten. Alle Arbeitsvorgänge werden durch Preßluft ausgelöst. Ein den Abhebezylindern vorgeschalteter Ölbehälter bewirkt sanftes Abheben. Die Maschine kann sowohl mit einer als auch mit beiden Wendeplatten betrieben werden. Im letzteren Falle ergibt sich die Möglichkeit, in rascher Aufeinanderfolge Ober- und Unterkasten abwechselnd herzustellen. — Abb. 1408 verdeutlicht eine Ausführung dieser Maschine.

[1]) Ausgeführt von Ver. Schmirgel- und Maschinenfabriken A.G. in Hannover-Hainholz.

Arbeitsgang: Formkasten I aufsetzen. Sand einfüllen. Rütteln, nachstampfen und abstreichen. Formkasten I verklammern. Platte I heben, verriegeln. (Hierdurch gleichzeitiges Ausheben des Modells der Platte II.) Wagen verschieben. (Hierdurch selbsttätiges Wenden der beiden Wendeplatten, und zwar Platte I über die Ablegeschienen, Platte II über den Rütteltisch.) Entriegeln der Platte II, gleichzeitiges Absenken der beiden Wendeplatten. Festhalter des Formkastens I lösen. Formkasten II aufsetzen.

Abb. 1408. Umlege-Rüttelmaschine.

Sand einfüllen. Rütteln, nachstampfen und abstreichen. Formkasten II verklammern. Ausheben des Modells der Platte I (gleichzeitiges Abheben der Platte II vom Rütteltisch). Platte II verriegeln und Wagen entgegengesetzt verschieben. (Hierdurch selbsttätiges Wenden der beiden Wendeplatten, und zwar Platte II über die Ablegeschienen, Platte I über den Rütteltisch.) Entriegeln der Platte I, gleichzeitiges Absenken der beiden Wendeplatten. Festhalter des Formkastens II lösen.

Wichtige deutsche Rüttel-Formmaschinen-Patente.

Nr.	258 659	(1913).	Stoßausgleich durch entgegen dem fallenden Tische bewegte Auffangkolben (B. Keller).
„	261 887	„	Heben des Formtisches mittels Schlagdaumen (E. u. H. Pridmore).
„	264 164	„	Bewegung des Formkastentisches durch Druckluftkolben (E. Killing).
„	265 063	„	Mit Schwungmasse mechanisch angetriebenes Hubmittel (R. Geiger).
„	271 795	(1914).	Verfahren zum Antrieb von Rüttelmaschinen (Badische Maschinenfabrik).
„	271 903	„	Verfahren und Rahmen zur Formsandverdichtung. (Ver. Schmirgel- u. Maschinenfabrik).
„	341 764	„	Senkrecht übereinander angeordneter Formträger und Amboß (A. Piat & Co).
„	274 494	(1915).	Auf Federn ruhender Amboß (Thyssen & Co.).
„	275 629	„	Rüttelformmaschine (A. Schulze).
„	277 025	„	Niederpressen eines Hammers gegen das Spannmittel (B. Keller).
„	277 026	„	Rüttelformmaschine (Badische Maschinenfabrik).
„	280 885	„	Mechanischer Antrieb (Badische Maschinenfabrik).
„	345 889	„	Maschine mit mehreren Rütteltischen (A. Schwarze).
„	346 917	„	Formkastenabsenkvorrichtung (A. Schwarze).
„	287 908	(1916).	Rüttelmaschine für Rohrformen (A. Schwarze).
„	288 201	„	Auslösen des Modelles durch Schlagwirkung (Thyssen & Co.).
„	288 314	„	Von Anfang an wirkt volle Kraftentfaltung des den Hammer bewegenden Mittels (Thyssen & Co.).
„	288 315	„	Verdichtung des Formguts durch Hämmern gegen den Formträger (Thyssen & Co.).

Nr. 289 621 (1916). Heb- und senkbare Wendevorrichtung (Mertens & Frowein).
„ 290 376 „ Gegeneinanderbewegung von Amboß und Formtisch (Ver. Schmirgel- u. Maschinenfabrik).
„ 290 564 „ Antrieb mit elektrisch betätigter Hebedaumenwelle (Ardeltwerke).
„ 291 450 „ Rüttelmaschine mit doppelseitiger Wendeplatte (Leber & Bröse).
„ 289 753 (1917). Wenden und Rütteln mittels eines am feststehenden Kolben beweglichen Zylinders (Osborn Mfg. Co.).
„ 293 869 „ Abhebevorrichtung für mechanisch betätigte Rüttler (Badische Maschinenfabrik).
„ 294 580 „ Rüttelformmaschine (F. Frielingsdorf).
„ 296 634 „ Lösbare Wendeplatte (Badische Maschinenfabrik).
„ 303 625 (1918). Antrieb der Abhebevorrichtung bei mechanisch betätigten Rüttlern (Badische Maschinenfabrik).
„ 313 410 „ Entlastete Doppelrüttelmaschine (J. Halfen).
„ 318 109 „ Mehrfach verwendbarer Rüttler (B. Keller).
„ 330 473 „ Abgefederte Ventilsteuerung (H. Maag & F. Spernagel).
„ 338 570 „ Steuerkolben im Hubzylinder (B. Keller).
„ 340 487 (1920). Seitlich im Kolben federndes Schieberventil (W. Ch. Norcross).
„ 357 245 (1921). Axial übereinander angeordnete Kolben (A. Gutmann).
„ 361 209 „ Elektromagnetische Festhaltung der Modelle (W. H. Nicholls).
„ 380 063 (1922). Rütteltisch mit mindestens zwei Formkastentischen. (New Process Multi-Castings Co.).
„ 383 934 (1923). Der mit einem Stoßkopf versehene Rüttelkolben umschließt den Innenzylinder (J. Macdonald & Sohn).
„ 403 621 (1924). Amboß und Rüttelkolben mit einem Netz von Rippen (W. L. Lewis).

Literatur.

Irresberger, C.: Rüttelmaschinen. Stahleisen 1910, S. 1750/1757.
Lohse, U.: Neuere amerikanische Rüttelmaschinen. Gieß.-Ztg. 1912, S. 650/658, 689/695.
Irresberger, C.: Universalmodellboden für Rüttelmaschinen von W. M. Sellers. Stahleisen 1913, S. 194/195.
Leber, Jacob: Eine neue deutsche Rüttelmaschine. Stahleisen 1913, S. 501/512.
Irresberger, C.: Die Lewissche Rüttelformmaschine. Stahleisen 1916, S. 1229.
Lohse, U.: Neuere Rüttelmaschinen. Stahleisen 1921, S. 1209/1214, 1367/2375.
Irresberger, C.: Die neue Gutmannsche Rüttelformmaschine. Gieß. 1922, S. 45/70.
Lohse, U.: Die Umrollmaschine. Gieß. 1922, S. 17/21.
— Denbigh-Handrüttler. Gieß.-Ztg. 1924, S. 109/111.
Irresberger, C.: Eine Handrüttelformmaschine (Denbigh-Marvel) mit Wendeplatte bzw. mit Fahreinrichtung. Stahleisen 1925, S. 661/662.

XXX. Stampfformmaschinen.

Die Versuche, Gießformen mechanisch zu stampfen, reichen bis in die Mitte des vorigen Jahrhunderts zurück, haben aber erst in den letzten Jahrzehnten zu brauchbaren Ergebnissen geführt. Den Antrieb, allen Fehlschlägen zum Trotz immer wieder neue Verfahren zu ersinnen und zu erproben, gab hauptsächlich die Rohrgießerei (S. 154). Ihre hohen und gleichartigen Gießformen erwiesen sich zwar anderen mechanischen Formverfahren wenig zugänglich, forderten aber infolge ihrer stets wiederkehrenden Gleichmäßigkeit zur mechanischen Bearbeitung geradezu heraus.

Im Jahre 1850 erhielten die Engländer Cochrane und Slate in Dudley ein Patent auf die in Abb. 1409 ersichtliche, aus dem Gestell a, dem Mechanismus b, dem Modell c und dem Stampfer d bestehende Maschine. Der vollzustampfende Formkasten wurde unter die feststehende Maschine gebracht und das Vorgelege f in Gang gesetzt, worauf durch Vermittlung der Kegelräderpaare m—n und o—p, des Exzenters q und des Gelenks r der Stampfer auf und ab bewegt wurde. Ein Schraubengewinde, ein Sperrad und eine Sperrklinke bewirkten das Drehen und Emporsteigen von Modell und Stampfer, wobei die Stangen g als Führung dienten. Die Maschine erfüllte gleich einer im Jahre 1861 Samuel Fulton in Conshohocken in Pennsylvanien patentierten [1]) ihren Zweck nur in

[1]) Abbildung und Beschreibung siehe Ardelt, Stahleisen 1910, S. 187.

sehr unvollkommener Weise, vor allem weil ihr die zur gleichmäßigen Sandverteilung unerläßliche Drehung des Stampfers fehlte.

Die ersten brauchbaren Ergebnisse lieferte die im Jahre 1865 Arthur Deslandes aus Manchester patentierte Stampfmaschine (Abb. 1410 und 1411), die bis in die jüngste Zeit in Deutschland, England und Amerika vereinzelt in Betrieb war. Sie besteht aus dem Gestell a, einem Deckenvorgelege und einer von diesem betätigten Stampfvorrichtung. Der aufgeschüttete Formsand fällt auf den Kegel c des Stampfers und gleitet von da zwischen Modell und Formkasten. Das gewichtsausgeglichen aufgehängte Modell d sitzt

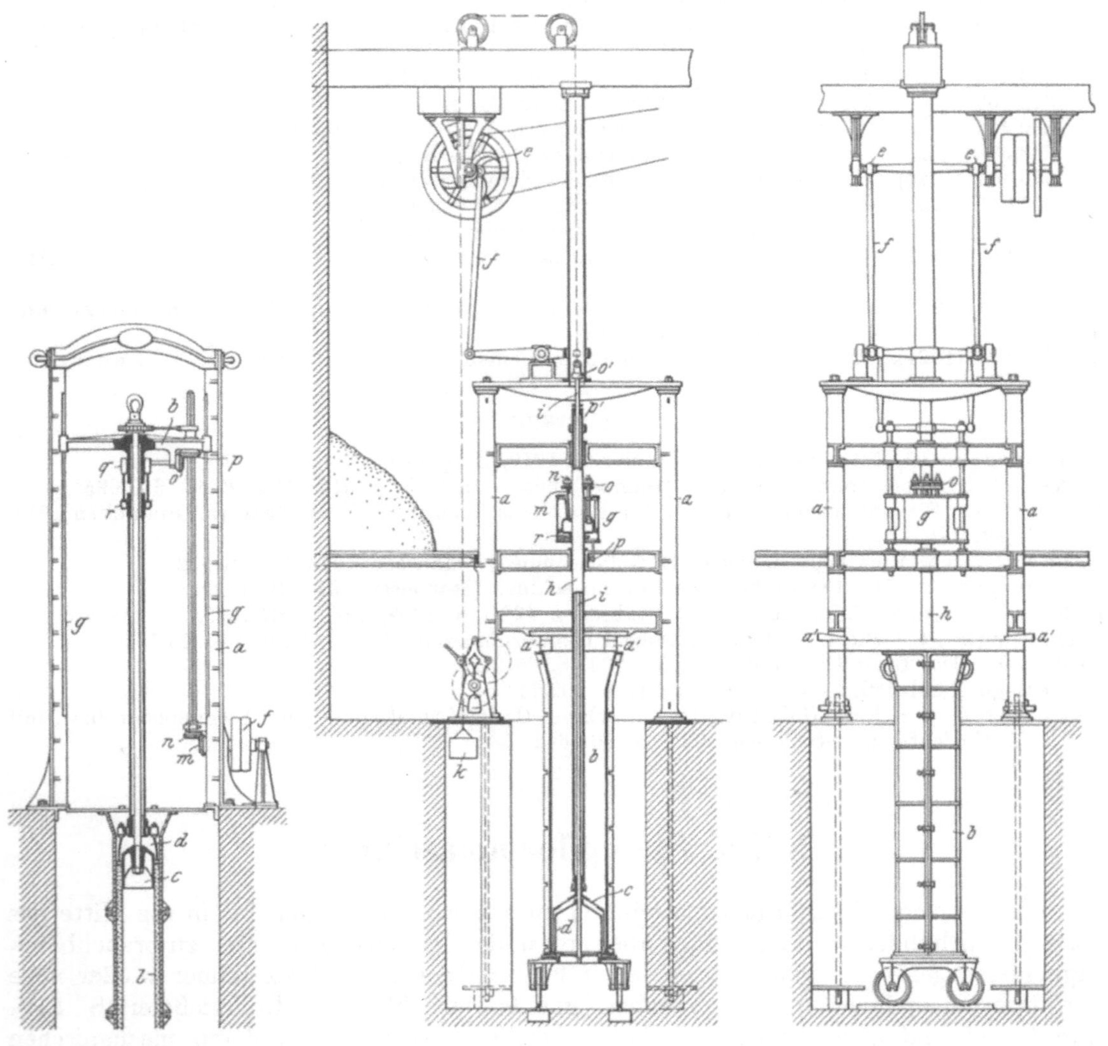

Abb. 1409. Älteste Rohrstampfmaschine.

Abb. 1410. Abb. 1411. Abb. 1410 u. 1411. Deslandessche Rohrstampfmaschine.

auf der Spindel i. Der Puffer p^1 schlägt bei jedem Hub gegen den Bund o′ und hebt dadurch das Modell allmählich hoch. Der an der hohlen Stange h befestigte Stampfer c ist mittels der Keile m mit dem Kupplungsgehäuse g verbunden, das durch ein doppeltes Gestänge und den Winkelhebel f vom Exzenter e abhängig ist. Die Keile m können mittels der untereinander durch Stirnräder o verbundenen Bolzenschrauben n angezogen und gelockert werden. Der Keildruck wird so bemessen, daß der Widerstand, den die genügend festgestampfte Form dem Druck des Stampfers c bietet, eben ausreicht, um die Keilkupplung zu lösen. Das Gehäuse g gleitet dann um das Maß der festgestampften Sandschicht an der Stange h herunter, bis es beim nächsten Hub wieder angehoben wird. Durch entsprechende Einstellung der Keile kann demnach die zu erreichende Festigkeit der Form geregelt werden. Eine im Kasten g angebrachte, nach unten gerichtete Kulissenschleife bewirkt zusammen mit einer Sperrklinke, einem Sperrade und den am Maschinengestell festsitzenden Bolzen p bei jedem Niedergang eine kleine Drehung des Stampfers.

Die Deslandessche Maschine brachte im Verein mit einer vorteilhaften Anordnung der Formkasten und Drehkranen[1]) nicht unbeträchtliche Vorteile gegenüber der ge-

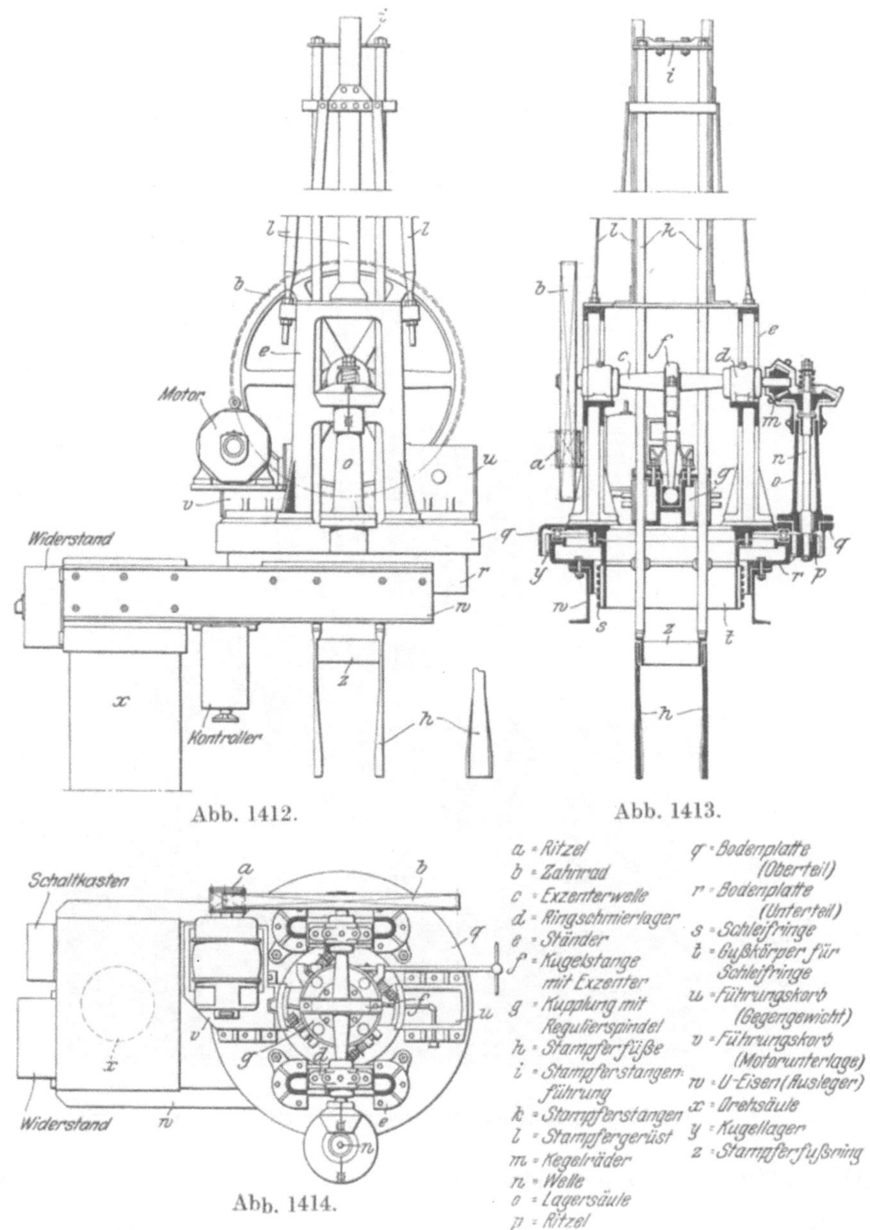

Abb. 1412—1414. Ardeltsche Stampfmaschine für enge Rohre.

wöhnlichen Handarbeit. Sie ist aber nur für Formen größeren Durchmessers geeignet, da der Durchmesser der Antriebstangen h und i bei Wahrung der notwendigen Steifheit nicht unter ein bestimmtes Maß sinken darf. Ungünstig ist auch die Belastung durch den Anhub des kurzen Modellstücks. Die Maschine wurde daher nur für Rohre von mehr als 250 mm lichten Durchmesser ausgeführt. Ihre Mängel gaben zu vielen Verbesserungs-

[1]) Eine Beschreibung dieser Anordnung bringt R. Ardelt in Stahleisen 1910, S. 188.

versuchen Anlaß, deren Ausführungen aber auf den Wirkungskreis ihrer Erfinder beschränkt blieben und bald wieder verschwanden [1]).

Erst die nach den Patenten von R. Ardelt ausgeführten Stampfmaschinen vermochten allgemeine Anerkennung zu finden und sich in den meisten Rohrgießereien des In- und Auslandes einzuführen.

Abb. 1415. Ardeltsche Rohrstampfmaschine, schwenkbar um eine Säule.

Die Abb. 1412—1414 zeigen eine nach den Ardeltschen Patenten [2]) ausgeführte

[1]) Die nennenswertesten Ausführungen, insbesondere diejenigen von Shepherd und Leigh, Sack, Giles, Ingham, Poulson und Moore und von Hemscheidt sind von R. Ardelt in Stahleisen 1910, S. 190/191 erörtert und durch Abbildungen veranschaulicht. Außer diesen sind noch zu erwähnen die D.R.P. Nr. 9724 v. 11. Sept. 1879 (Granatenstampfmaschine), Nr. 10185 v. 6. Jan. 1880 (siebartig durchlochter Stampfer, durch den Formsand nachfließt), Nr. 12 162 v. 5. Juni 1880 (nach jeder Richtung beweglicher Preßstempel), Nr. 12 450 v. 22. Juli 1880 (hohler Stampfer zum Nachfüllen von Formsand), Nr. 42 009 v. 27. Juli 1886 und Nr. 43 497 v. 10. Juni 1887 (unabhängig voneinander wirkende Stampfer), Nr. 71 830 v. 5. April 1893 (Stampfmaschine von Riemer), Nr. 75 058 v. 14. Juli 1893 (Stampfer auf gekröpfter Welle sitzend), Nr. 83 665 v. 24. April 1895 (Stampfmaschine von Seidemann), Nr. 178 693 v. 19. Nov. 1905 (mehrere in einem Rahmen bewegliche Stampfer).

[2]) D.R.P. Nr. 177 353 v. 5. März 1905 und Nr. 222 626 v. 12. Febr. 1907.

Stampfmaschine zum Aufstampfen von Rohrformen von 40—300 mm lichtem Durchmesser. Die an einem Drehgestell hängenden oder reihenweise angeordneten Formkasten werden mit etwa 150—200 Schlägen in der Minute aufgestampft. Bei Anordnung der Kasten auf einem Drehgestell wird die Maschine an einem Konsolausleger um eine Säule schwenkbar aufgebaut, im anderen Falle setzt man sie auf einen über

Abb. 1416. Ardeltsche Rohrstampfmaschine auf einen Gleiswagen.

den Formkasten hinwegfahrenden Gleiswagen. Abb. 1415 zeigt die erste und Abb. 1416 eine Anordnung der zweiten Aufstellungsart, und Abb. 1417 läßt in einem Schnitt die genaue, gegenseitige Lage der Rohrtrommel, des Formkastens, der Tragsäule, des Konsolauslegers und der Stampfmaschine erkennen.

Zur Maschine gehören außer den Stampferstangen und dem Stampfergerüst noch eine Stampferkupplung und ein Stampferfuß. Die beiden letzten Teile werden, der Verschiedenheit der vorkommenden Rohrformkasten entsprechend, auch verschieden groß gebaut und können in kürzester Zeit bei einem Formkastenwechsel gegen andere ausgewechselt werden.

Der Antrieb der Maschine erfolgt unmittelbar durch einen Motor von etwa 2,5 PS. Von dem Ritzel a der Motorwelle aus (Abb. 1412—1414) wird durch ein Stirnrad b die

Exzenterwelle c angetrieben, die in zwei Ringschmierlagern d auf zwei kräftigen Lagerständern e gelagert ist. Auf dieser Kurbelwelle ist das Exzenter fest aufgekeilt. Durch das Exzentergetriebe wird der Kupplungskorb g, der die vier miteinander verbundenen Stampferstangen k umfaßt, in zwei sich gegenüberliegenden Führungskörpern auf- und abbewegt und so der Formsand in der Form festgestampft. Beide Führungskörper dienen gleichzeitig als Motorunterlagen, bzw. zur Aufnahme des Gegengewichts für den Motor. Die Kupplung ist so gebaut, daß die Stampferstangen erst dann freigegeben werden, wenn die Sandschicht fest genug geworden ist, um den Anpressungsdruck, mit dem die Stangen in der Kupplung festgehalten werden, zu überwinden. Sobald dies eintritt, läßt die Kupplung die Stangen frei, geht selbst aber weiter nach unten und nimmt sie beim Rückgang wieder mit in die Höhe, womit das Spiel von neuem beginnt. Der auswechselbare Stampferfuß besteht aus 4 kräftigen, aus Federstahl gefertigten Stampfern h, die durch einen Ring z fest miteinander verbunden sind. Die 4 Stampferstangen aus Stahlrohr, die oben von einer Platte i zusammengehalten und damit in besonderen Führungen des Stampferstangengerüstes angeordnet werden, sind mit dem Stampferfußring z leicht lösbar verschraubt.

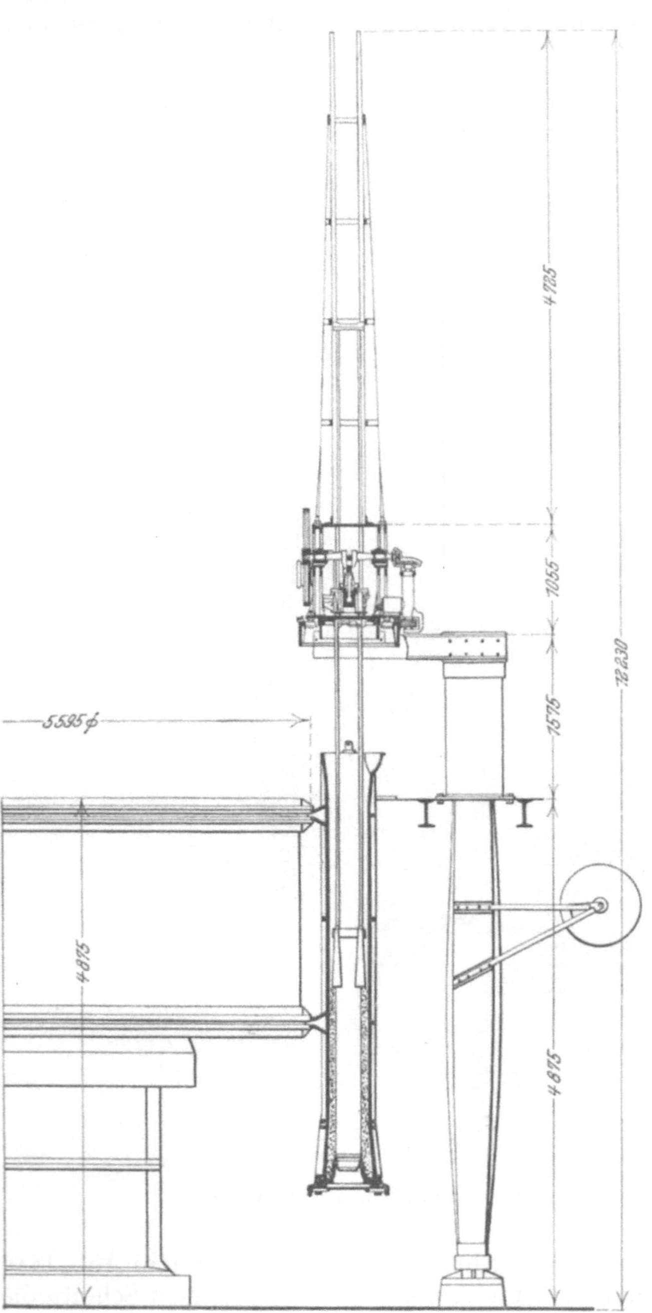

Abb. 1417. Schnitt durch eine Ardeltsche Rohrstampfmaschine.

Alle diese Teile ruhen auf einer drehbaren, auf Kugeln y gelagerten Bodenplatte q, die von der Exzenterwelle c aus durch ein Kegelräderpaar m und dem auf einer senkrechten Welle sitzenden Ritzel p, das in die als Radkörper ausgebildete Bodenplatte r eingreift, angetrieben wird. Durch diese Drehung der Bodenplatte wird bei jedem Schlage von jedem Stampfer stets die gleiche Sandmenge festgestampft und damit die erforderliche Gleichmäßigkeit der Formsandverdichtung an jeder Stelle der Form gewährleistet. Die Größe des bei dieser Drehung erfolgenden Vorschubs der Stampfer wurde für jede Rohrgröße auf Grund praktischer Erfahrung bestimmt. Mit der sich drehenden Bodenplatte q ist ein Gußkörper t mit Schleifringen für die Stromzuführung fest verbunden. Mittels der unteren Bodenplatte r ruht die Maschine auf U-Eisen w des Säulenauslegers bzw. des verschiebbaren Wagens.

Die eigentliche Stampferkupplung besteht in der Hauptsache aus einem gußeisernen oberen und unteren Teil, die durch eine zweiteilige Lagerschale zur Aufnahme der Kugelstange und einer abschließenden Büchse mit 4 Stiftschrauben zusammengehalten werden, jedoch so, daß der Oberteil um die Büchse drehbar ist. Die zwei Gleitbacken am oberen Teil, die sich in den zwei Führungskörben u und v der Stampfmaschine senkrecht auf- und abbewegen, bewirken die Geradführung der Kupplung. Die besondere Klemmvorrichtung für die Stampferstangen besteht aus Gelenkschrauben mit Federunterlagen zum Abspreizen der Klemmbacken, wenn die Stangen frei durch die zweiteiligen Backen aus Vulkanfiber gleiten sollen. Diese Druckregulierung erfolgt in einfacher Weise durch eine im unteren Teil gelagerte Druckspindel.

Zum Stampfen der Formen für Rohre über 300 mm Durchmesser dient die in den Abb. 1418—1420 dargestellte Maschine, die in 2 Größen gebaut wird, und zwar für Rohre von 300—600 mm Durchmesser und von 600—1200 mm Durchmesser. Im Gegensatz zur Stampfmaschine Größe I für Rohre von 40—300 mm Durchmesser erfolgt hier die Umstellung auf eine andere Kastengröße nicht durch Einsetzen einer anderen Kupplung, sondern durch ein wagerechtes Verschieben zweier bereits eingebauter Kupplungen zueinander, wozu noch das normale Auswechseln des Stampferfußes kommt, der im übrigen gleichartig wie bei der Stampfmaschine Größe I gebaut ist.

Weiter sind die bei letzterer vorgesehenen 4 Stampferstangen aus Stahlrohr durch zwei starke Schienenstangen besonderer Form ersetzt, die in den beiden oben erwähnten, sich gegenüber liegenden Kupplungen geführt werden.

Die Maschine stampft mit etwa 100—120 Schlägen in der Minute. Zu ihr gehören außer den beiden genannten Stampferstangen mit dem Stampferfuß noch das Stampferstangengerüst aus Eisenkonstruktion — das gleichzeitig als Leiter ausgebildet ist — und eine Handwinde zum etwaigen Hochwinden der Stampferstangen aus den Formkasten, wenn dies infolge irgendeiner Störung ausnahmsweise notwendig werden sollte. Der Antrieb der Maschine erfolgt unmittelbar durch einen Motor von etwa 5,5 PS. bzw. 11 PS.

Von der Motorwelle aus wird die Hauptwelle w durch das gefräste Stirnradpaar a angetrieben, das in zwei staubsicheren Ringschmierlagern gelagert die Drehbewegung durch je ein Ritzel d und ein Stirnrad e auf die beiden Exzenterwellen h überträgt. Mit letzteren fest verkeilt sind die Exzenter x, die mit den beiden Reibungskupplungen i in der Weise verbunden sind, daß sich diese in besonderen Führungen der Hauptlager g geradlinig auf- und abbewegen. Diese Hauptlager g mit den Exzenterwellen h sind verschiebbar auf einer Gleitbahn der oberen Bodenplatte q derart angeordnet, daß eine durchgehende Spindel u mit Rechts- und Linksgewinde beide Hauptlager g gegeneinander verschieben kann. Dabei bleiben die Stirnräder e mit den Ritzeln d immer im Eingriff, da deren Breite dem halben Unterschied zwischen dem kleinsten und größten Stampferstangen-Mittendurchmesser entspricht. Die beiden profilierten Stampferstangen k, die von den Reibungskupplungen i umfaßt an deren Auf- und Abbewegung in den Führungen der Hauptlager teilnehmen, tragen unten den leicht auswechselbaren Stampferfuß l. Dieser besteht je nach Rohrgröße aus 6—8 Stampfern aus Federstahl, die infolge ihrer elastischen Gestaltung den Sand auch in der Muffe gut feststampfen. Unterhalb der Kupplungen i werden die Stangen k in Rollen t geführt, die lose und verschiebbar auf besonderen Wellen o im zylindrischen Gußkörper mit Schleifringen s für die Stromzuführung angeordnet sind, während die Stangen oben in den beiden Gerüsthälften mittels der Führungsstücke m geführt werden.

Die Reibungskupplungen i bestehen aus je 2 Hälften, die durch einstellbare kräftige Federn die Stampferstangen k zwischen zwei Reibungsbacken aus Vulkanfiber festpressen. Diese Backen geben die Stangen beim Niedergange erst dann frei, wenn die vorgesehene Sandfestigkeit in der Form erreicht und damit der dieser entsprechende Anpressungsdruck zwischen den Backen überwunden ist. Die Stangen bleiben dann stehen, bzw. die Kupplungen gehen ohne die Stangen weiter nach unten, nehmen sie aber beim Hochgang wieder mit hoch, und das Spiel kann von neuem beginnen. Mittels kleiner Spindeln v läßt sich der Anpressungsdruck in der Kupplung durch eine kleine Drehung so weit ermäßigen, daß bei Beginn des Aufstampfens das Einsetzen der Stangen in den Formkasten rasch erfolgen kann.

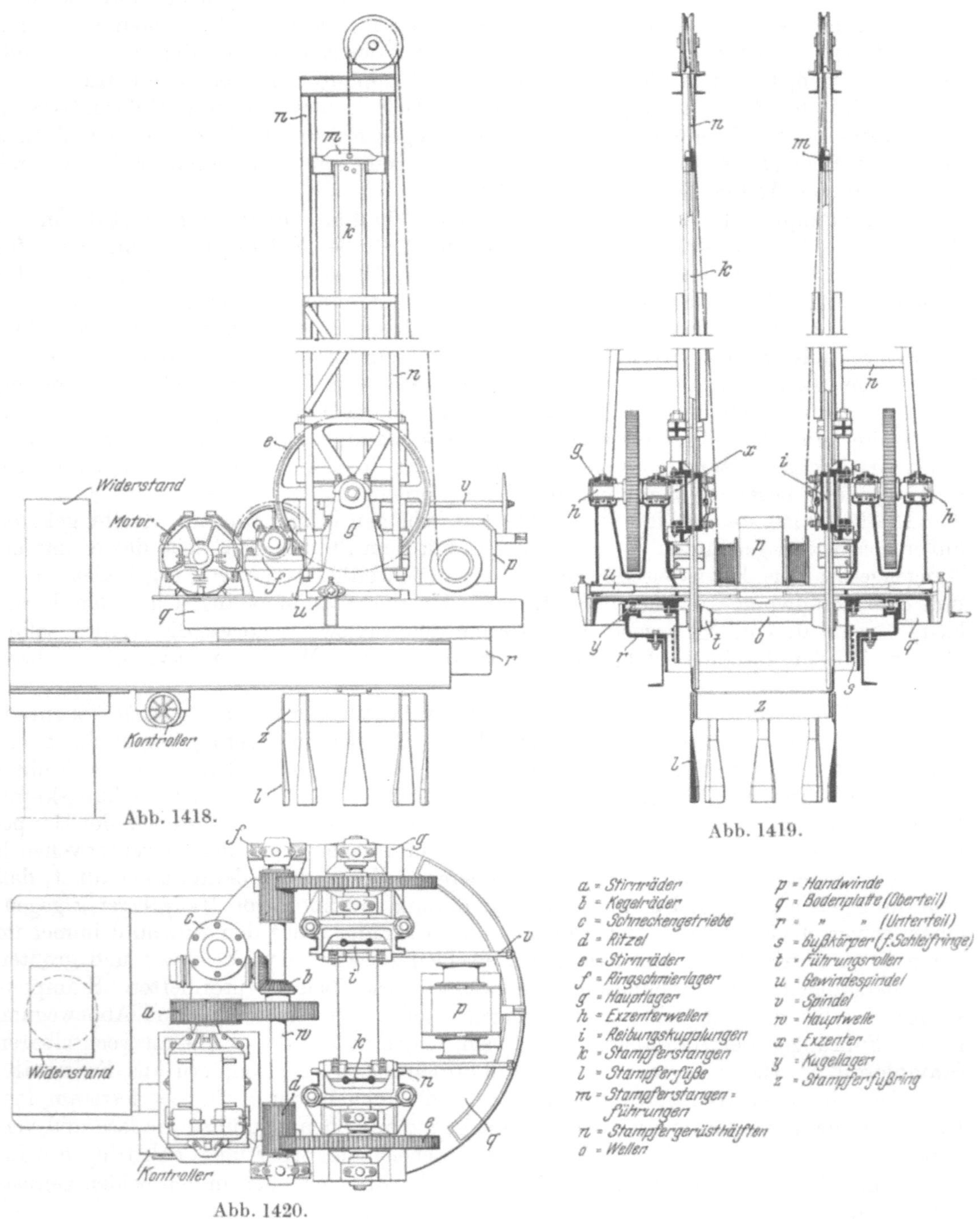

Abb. 1418—1420. Ardeltsche Stampfmaschine für weite Rohre.

Um den Formsand an allen Stellen der Form gleichmäßig festzustampfen, findet gleichzeitig mit dem Stampfen eine Drehbewegung sämtlicher genannter Teile statt. Diese wird erreicht durch Lagerung der oberen Bodenplatte q mittels des Kugellagers y auf der mit Zahnkranz versehenen unteren Bodenplatte r. Der Antrieb erfolgt mittels eines Ritzels von der Hauptwelle w aus durch ein Kegelräderpaar b mit Schneckengetriebe c. Auf diese Weise erhält jeder Stampferfuß noch eine fortschreitende bzw. drehende Bewegung, deren Größe für jede Rohrsorte auf Grund von Versuchen ermittelt wurde. Durch diese gleichförmige Wanderung der Stampfer um das Schaftmodell kommt stets die gleiche Sandmenge unter die Stampfer, womit die unbedingt erforderliche Gleichmäßigkeit der Formsandverdichtung zuverlässig gesichert wird.

Die ganze Maschine ruht mit der unteren Bodenplatte r auf den starken U-Eisen des Säulenauslegers bzw. des verschiebbaren Wagens.

Mit der Stampfmaschine nach Abb. 1412—1414 lassen sich auch Formen für Rohre von mehr als 300 mm Durchmesser anfertigen. Da aber das Auswechseln des Stampferkorbes etwas umständlich ist, wird man auf ihr nur dann größere Formen herstellen, wenn es sich um größere Mengen von demselben Durchmesser handelt.

Zur Fertigstampfung einer Form mit den Ardeltschen Maschinen sind nach den Angaben des Erfinders folgende auch in der Praxis vielfach bestätigten Zeiten erforderlich:

Eine Form für lichten Rohrdurchmesser von	Rohre von	Zeitdauer
40,50 und 60 mm	3 m Länge	1 Min. 15 Sek.
70 „ 80 „	3,5 „ „	1 „ 20 „
90 „ 100 „	3,5 „ „	1 „ 25 „
152 „ 150 „	4 „ „	1 „ 45 „
175 „ 225 „	4 „ „	1 „ 55 „
250 „ 300 „	4 „ „	2 „ 5 „
325 „ 375 „	4 „ „	2 „ 15 „
400 „ 500 „	4 „ „	2 „ 30 „
550 „ 650 „	5 „ „	3 „ — „
700 „ 800 „	5 „ „	4 „ — „
900 „ 1000 „	5 „ „	5 „ — „
1100 „ 1200 „	5 „ „	6 „ — „

Für die Erreichung dieser Leistungen ist zum Einschaufeln des Formsandes bei den kleinsten Formen ein Mann nötig, während die größte Form sechs Einschaufler erfordert.

XXXI. Ziehformmaschinen.

Allgemeines.

Ziehformmaschinen stellen eine Gießform in der Weise her, daß durch den vorher mit Sand gefüllten Formkasten ein den äußeren Umrissen des zu formenden Abgusses entsprechendes, mehr oder weniger verjüngtes Modell gezogen wird. Der Sand kann lose oder etwas vorgestampft sein und das Modell einen glatten, der äußeren Form des Abgusses genau entsprechenden Umfang haben oder mit Vorsprüngen versehen sein.

Nach dem Rohrformverfahren von F. J. Fritz (Abb. 1421) erhält das Modell Preßwulste, deren äußerste Kanten die Form des Abgusses ergeben, zu welchem Zweck es während des Durchziehens allmählich mehrmals um seine Längsachse gedreht wird. Die Maschine fand in der Praxis keinen Eingang, vor allem weil die gesonderte Herstellung der Muffe zu umständlich war. Dagegen hat eine Zieh-Rohrformmaschine von Fred Herbert [1]) im Großbetriebe vereinzelt Anwendung gefunden [2]). Abb. 1422 läßt in einem Längschnitt ihre Bauart und Wirkungsweise erkennen. Jeder der beiden gemeinschaftlich in ein gußeisernes Gehäuse eingebauten Druckwasserzylinder A dient mit dem zugehörigen Kolben B, dem Rohrkörpermodell C, dem Muffenmodell D und dem Abschlußkopf E zur selbständigen Herstellung einer Form.

[1]) D.R.P. Nr. 204 413 v. 27. Nov. 1906.

[2]) Vgl. C. Irresberger, Die Zieh-Formmaschine, Bauart Herbert, Stahleisen 1911, 1221/24.

Arbeitsweise: Man bringt einen Formkasten auf die Maschine, hebt das Modell in die links ersichtliche Anfangstellung, setzt auf dasselbe ein Rohr, das genau über seinen oberen Abschlußkegel a b paßt, füllt den Raum zwischen Rohr und Formkasten mit Formsand, gibt Druck unter den Kolben und läßt das Modell steigen. Dabei wird

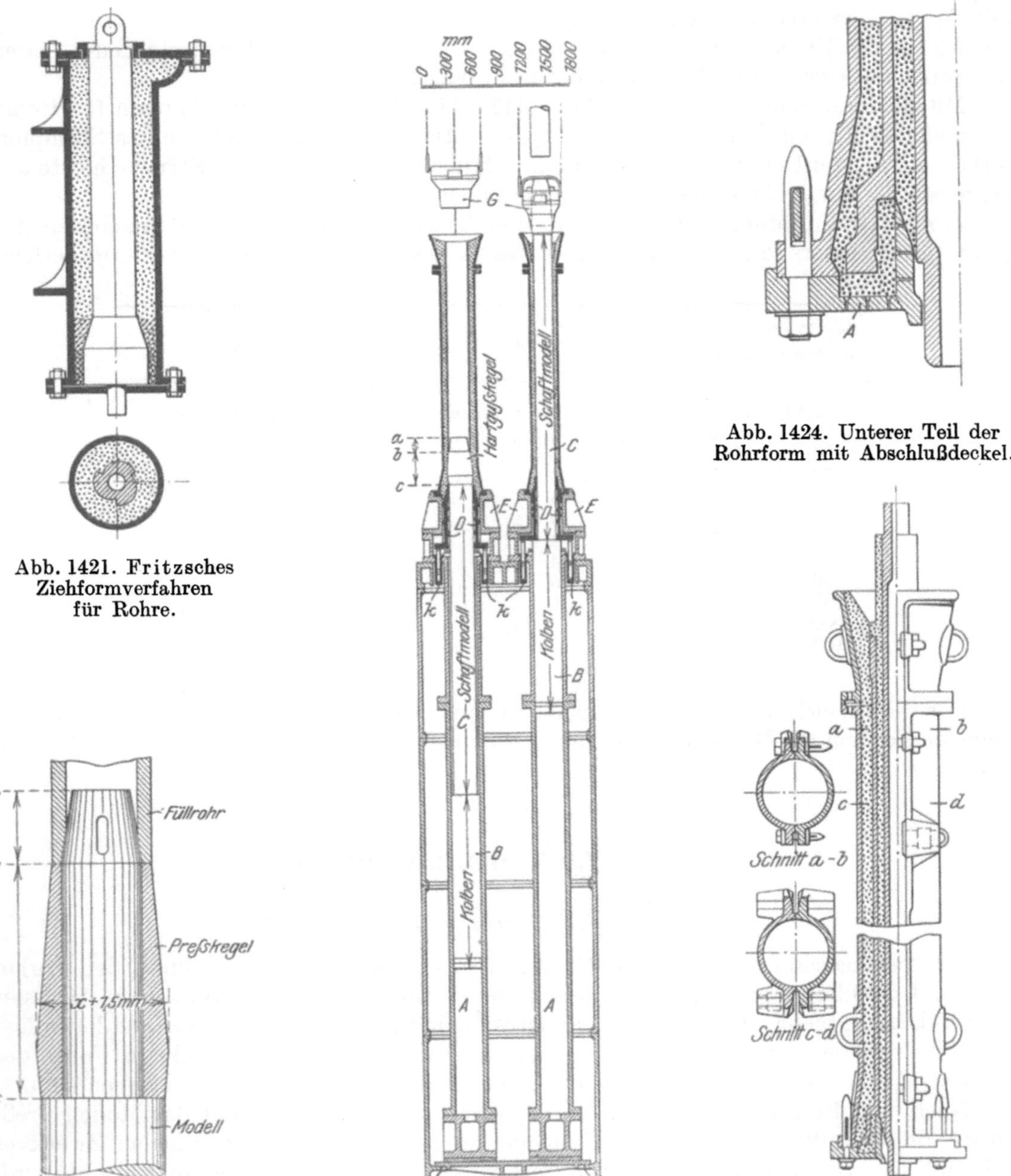

Abb. 1421. Fritzsches Ziehformverfahren für Rohre.

Abb. 1422. Herbertsche Ziehformmaschine für Rohre.

Abb. 1423. Preßkegel.

Abb. 1424. Unterer Teil der Rohrform mit Abschlußdeckel.

Abb. 1425. Fertige Gießform.

das annähernd gewichtsausgeglichen aufgehängte Füllrohr mit emporgehoben und gleichzeitig der Formsand vom Preßkegel b c (Abb. 1423) verdichtet. Der stärkste Teil des Preßkegels hat einen um etwa $1^1/_2$ mm größeren Durchmesser als das Modell; die Form fällt aber infolge der Elastizität des Formsandes dennoch genau nach dem Durchmesser x des Modells aus. Die äußere Schale des Preßkegels besteht aus Hartguß und kann ohne zu große Kosten erneuert werden. Der Kolben B trifft im letzten Abschnitt seiner Bewegung das Muffenmodell D, preßt es in den Sand und stellt so die Muffenform her, wobei das Modell D durch die kleinen Druckkolben in seiner Höchststellung erhalten wird. Nach Entfernung des Füllrohrs wird ein Eingußkopf G (Abb. 1422 oben) auf das Modell gebracht und mit ihm verkeilt, worauf durch Abwärtsbewegung des Kolbens B die Formen des Röhrenhalses, des Eingusses und der Anschlußfläche des Rohrkernes hergestellt werden. Nach Anheben des Kolbens und Abnahme des Kopfmodells senkt man ihn so weit, daß zunächst das Rohrmodell und dann durch die Verstärkung des Preßkegels das Muffenmodell aus der Form gezogen werden. Damit ist die Formarbeit erledigt, und es bedarf nach dem Trocknen nur noch des Einsetzens eines unteren Abschlußdeckels A (Abb. 1424) und des Kerns (Abb. 1425), um die Form gußfertig zu machen.

XXXII. Schleuderformmaschinen.

Allgemeines.

Abgesehen von den Stampf-, Zieh-, Schwerkraft- und Walzformmaschinen, die nur für engbegrenzte Arbeitsgebiete in Frage kommen, wurden für die mechanische Verdichtung des Formsandes bis vor etwa 5 Jahren nur Preß- und Rüttelformmaschinen in ausgedehntem Maße verwendet. Beide Verfahren, das Rütteln und das Pressen, lassen eine willkürliche Regelung der Dichte des Sandes in verschiedenen Höhenlagen nicht zu. Diese Lücke wurde durch die Sandschleudermaschine von Elmer Oscar Beardsley und Walter Francis Piper in Chicago geschlossen. Als ihr Vorläufer kann die sog. Schwerkraftformmaschine angesehen werden.

Schwerkraft-Formmaschine[1]).

Die in Abb. 1426—1430 in verschiedenen Arbeitslagen und Ansichten wiedergegebene Formmaschine[2]) beruht auf der Wirkung der Schwerkraft als Mittel zur Verdichtung des Formsandes. Sie besteht aus drei Hauptstücken, einem schwingenden Formtische, einem Sandzuteiler und einem Sandheber, die durch ein Gestell aus Stahlröhren und Schmiedeisen zu gemeinsamer Arbeit vereinigt sind.

Der die Modellplatte c und den Formkasten tragende Formtisch b ist mittels des Gestänges a schaukelartig am Scheitel des Maschinengestells aufgehängt (Abb. 1426 und 1427). Die Schaukelbewegung wird durch ein Gewicht g ausgelöst und durch die vier Pendelhebel m und n unterstützt und begrenzt. Die Schaukel ist beim Füllen des Formkastens in Bewegung, beim Modellausheben wird sie genau senkrecht eingestellt und festgehalten. Der Tisch b ist als Wendeplatte ausgebildet, an seitlichen Zapfen drehbar und kann mittels der fernrohrartig ausziehbaren Stangen a von Gegengewichten und der Bremse x gehoben und gesenkt werden. Der Rahmen e (Abb. 1429) dient dem Formkasten beim Modellausheben als feste Unterlage. Zum Abstreifen des überschüssigen Formsandes vom Rücken der Form ist an einem umlegbaren Rahmen r ein sägeblattartig gezacktes Flacheisen s angebracht.

Der Sandzuteiler umfaßt einen trichterförmigen Sandbehälter h mit eigenartigem Einlaßsieb (Abb. 1429 und 1430) und einer einstellbaren Auslaß- oder Speisewalze i, die den Sand in genau bestimmter Menge in den Raum k (Abb. 1426) treten läßt. Auf dem Einlaßsieb l (Abb. 1429), das etwa in Flurhöhe über h liegt, liegen grätenartige Stäbe von dreieckigem Querschnitt (Abb. 1431). Nach dem Einschaufeln des Formsandes wird durch den Exzenterantrieb z (Abb. 1426) das Sieb hin- und hergezogen, wodurch die Stäbe gerüttelt, der Sand aufgewühlt und in kürzester Zeit durch das Sieb getrieben wird.

[1]) Ausgeführt von der A. Buch Sons Co. in Elizabethtown, Pa.

[2]) Amerikanische Patente Nr. 1 309 833 bis 1 309 836, Serie 273 265, 273 862, 273 863 und 274 190 (Kl. 22—36).

Der gesiebte Sand wird im Behälter k vom Becherwerk p erfaßt und an den Scheitel des Maschinengestells gebracht, von dem er in den unten hin- und herschaukelnden Formkasten fällt. Da die völlig ausreichende Verdichtung des Formsandes allein durch die Schwerkraft eine zu große Fallhöhe bedingen würde, drückt man ihn schon in den Bechern des Hebers bei t zu festen länglichen Klumpen zusammen, die in wenig veränderter Form (w in Abb. 1426) aus den Bechern fallen. Die Schwingungsdauer des Formtisches ist

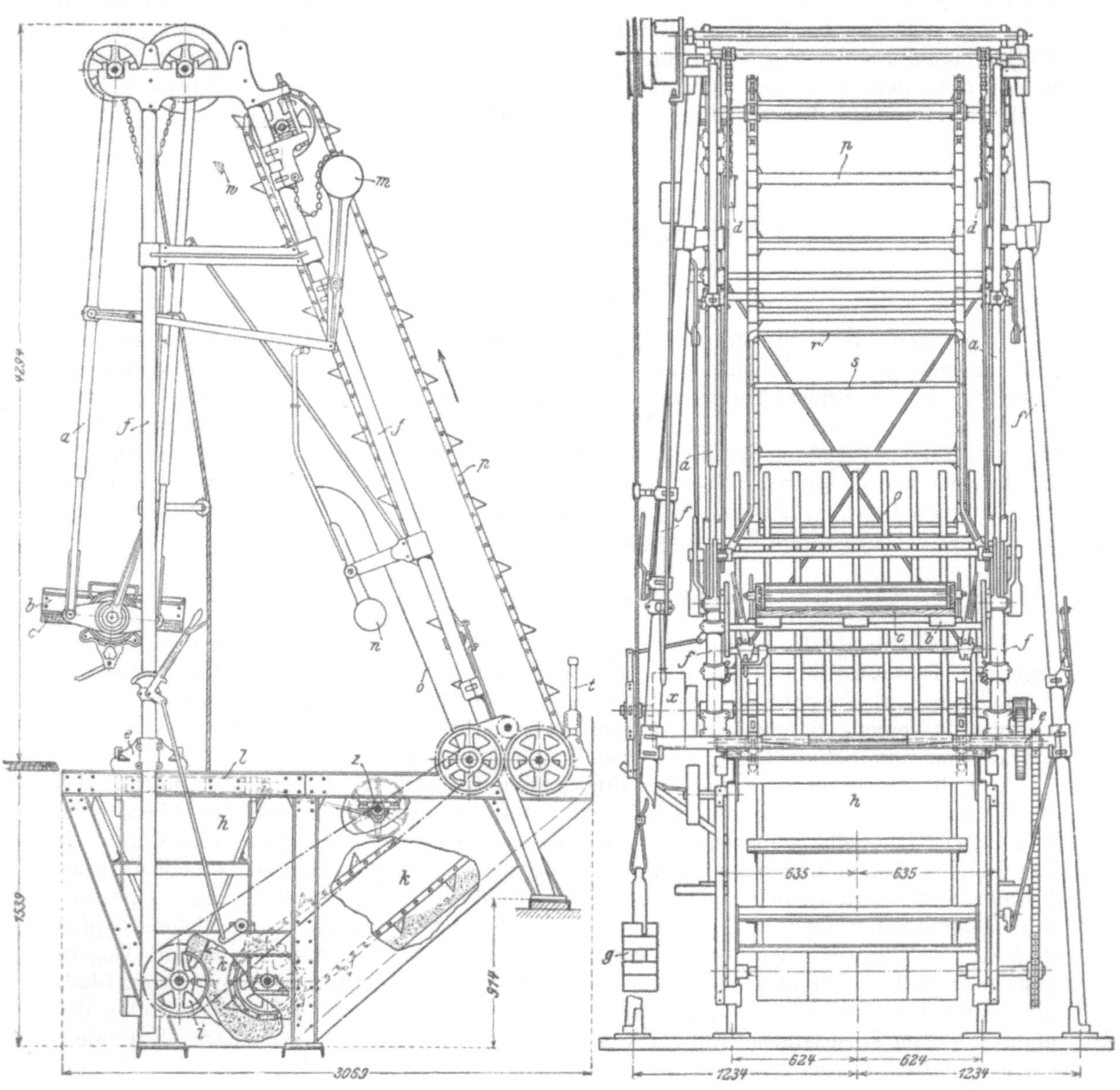

Abb. 1426. Abb. 1427.

Abb. 1426, 1427, 1429 u. 1430. Schwerkraft-Formmaschine.

so mit der Geschwindigkeit des Becherwerks abgestimmt, daß sich im Formkasten ein Sandstreifen an den anderen legt. Bei jedem Arbeitsgange wird eine mehrere Zentimeter starke Sandschicht in guter Verdichtung in den Formkasten gebracht; beide Bewegungen wirken so lange, bis der ganze Kasten reichlich gefüllt ist. Sobald das erreicht ist, wird das Becherwerk abgestellt und der überschüssige Sand mittels des Abstreifers r s abgestrichen. Um die verschiedenen Modellen entsprechenden Verdichtungsgrade zu erreichen, wird der Presser t verschieden hoch eingestellt.

Die langen Führungen im unteren Teil der Schaukelarme sichern ein genaues und gleichmäßiges Ausziehen der Modelle. Abb. 1432 zeigt ein ziemlich hohes, steil- und dünnwandiges Modell, das ohne jede Schwierigkeit auf der Maschine abgeformt wurde. Die Formkasten (Abb. 1428) bestehen aus gußeisernen Kopfstücken und Seitenteilen aus [-Eisen. Der Unterkasten ist schorenfrei, er wird stets mit dem Bodenbrett abgesetzt, so daß kein Sand ausfallen kann. Der Oberkasten ist mit schmalen Querwänden c aus Stahlblech versehen, in die nagelartige Stifte d entsprechend der Modellform geschoben werden, die dem Sande Halt geben, ohne seiner Verdichtung hinderlich zu sein.

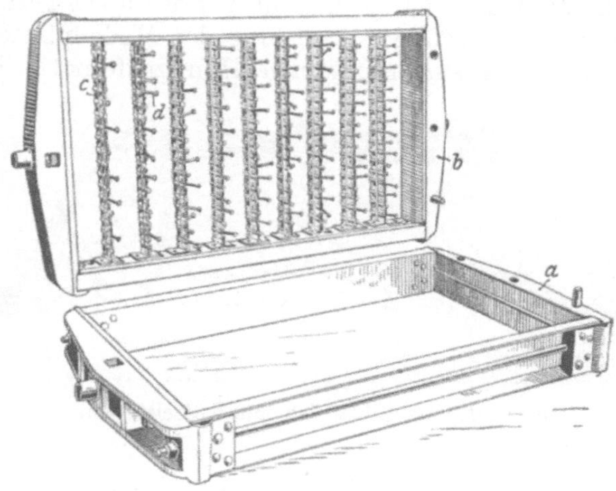

Abb. 1428. Formkasten für Schwerkraftformmaschine.

Arbeitsweise: Nach Befestigung der Modellplatte auf dem Formtisch setzt man den Formkasten auf, befestigt ihn am Formbrett und setzt die Maschine in Gang. Der Formkasten wird in wenigen Sekunden von den herabfallenden walzenförmigen Sandballen gefüllt, worauf man das Becherwerk stillsetzt, das Abstreifeisen

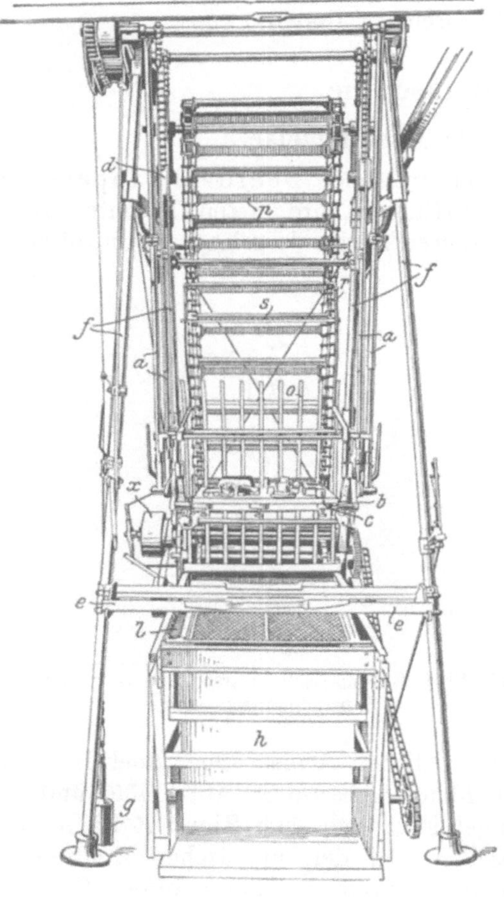

Abb. 1429.

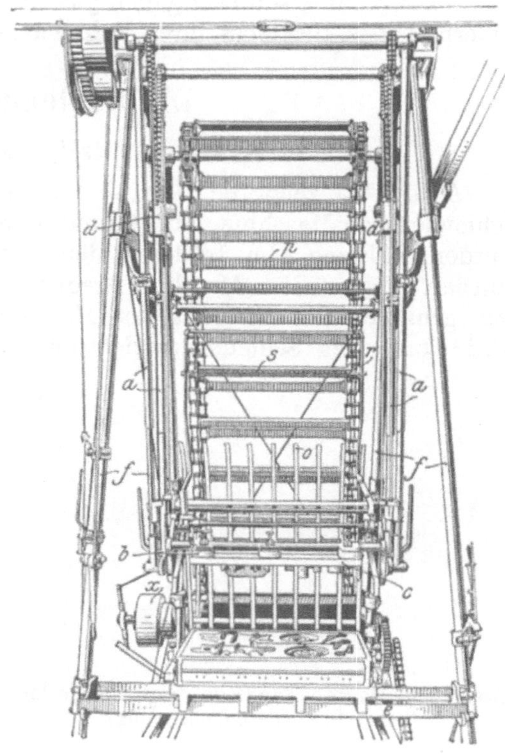

Abb. 1430.

herunterzieht und den überflüssigen Sand abstreift. Ein Hebeldruck läßt die Schaukel in genau senkrechter Lage stillstehen, in der, nach Befestigung eines Bodenbrettes auf der Rückseite der Form, der Formtisch mit der Modellplatte und dem Formkasten um 180° gedreht wird. Die Form sinkt dann selbsttätig auf den Rahmen e (Abb. 1426,

1427 und 1429, 1430), worauf man nach Lösen der Verbindung zwischen Modellplatte und Formkasten die Modellplatte mit Hilfe des Bremshebels x hochgehen läßt, so daß die Modelle genau senkrecht aus der Form gezogen werden. Zunächst werden alle Unterteile und nach Auswechslung der Modellplatte alle Oberteile geformt. Zum Herstellen einer Form sind nur wenige Handgriffe nötig, ein Stoß setzt die Schaukel in Gang, und

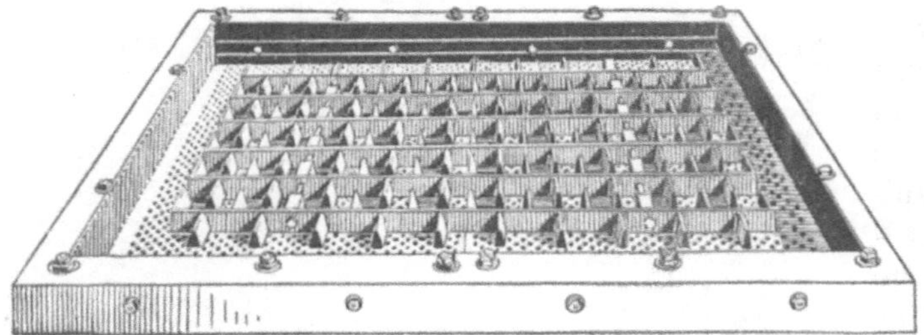

Abb. 1431. Das Einlaßsieb mit Rüttelstäben.

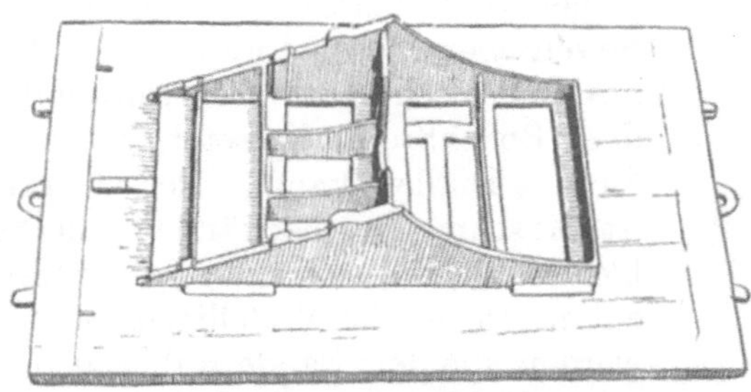

Abb. 1432. Steilwandiges Modell, geeignet zum Formen mit der Schwerkraftformmaschine.

zur Betätigung aller übrigen Arbeitsleistungen der Maschine ist nur jeweils die Bewegung eines Hebels nötig. Der Former hat nur das Einlaßsieb ausreichend mit Sand zu versehen, alle übrige ermüdende Arbeit ist ihm abgenommen. Das An- und Abheben der Formkasten geschieht in der Regel mit einem Preßlufthebezeug.

Die Maschine soll sich gleich gut für hohe und niedrige Modelle eignen, konnte aber außerhalb des Betriebes ihres Erfinders keine Verbreitung finden.

Die Schleuderformmaschine.

A. Grundsätzliches über die Arbeitsweise.

Abb. 1433 zeigt die Umrisse der Hauptbestandteile der Beardsley-Piperschen Schleuderform-Maschine, auf Grund deren den Erfindern ihre ersten Patente erteilt wurden, während Abb. 1434 den den weiteren Patenten zugrunde gelegenen Umriß einer fahrbar angeordneten Maschine wiedergibt. Das grundlegende Element der Maschine wird von einer Schleudervorrichtung ge-

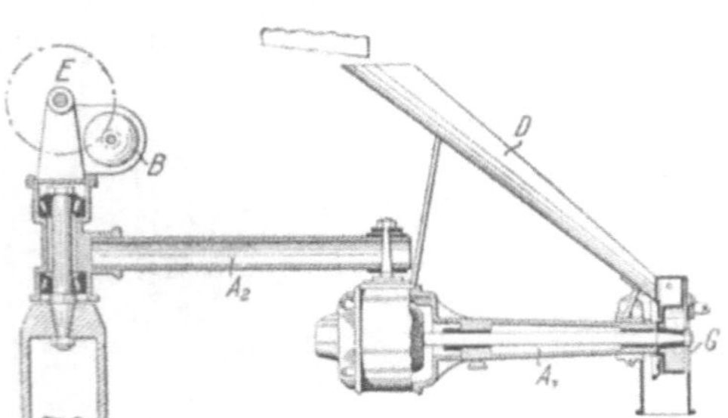

Abb. 1433. Hauptbestandteile der Schleuderformmaschine (Patentzeichnung).

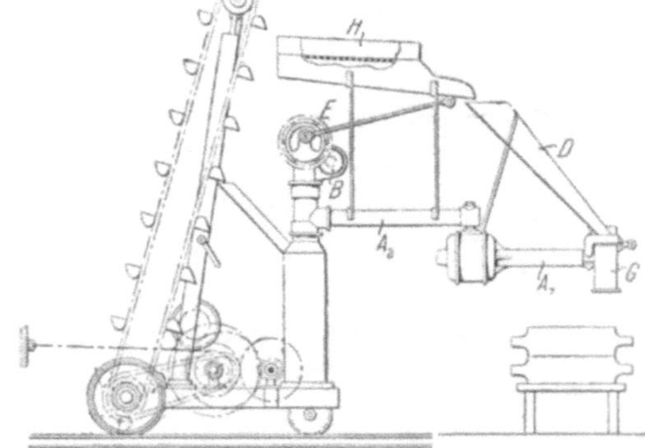

Abb. 1434. Schematische Darstellung der fahrbaren Sandschleudermaschine.

bildet, die am Ende eines in zwei Gelenken beweglichen Armes angeordnet ist. Sie besteht aus einem am Gelenkarm festsitzenden Schleudergehäuse G (Abb. 1435) und aus einem Schleuderkopfe K mit dem Schleuderflügel F. Durch eine Rinne R fließt dem Gehäuse stetig Sand zu, fällt innerhalb desselben auf den in rascher Umdrehung befindlichen Schleuderkopf und wird vom Flügel F durch das unten offene Gehäuse ausgeworfen. Die Umdrehungsgeschwindigkeit des Schleuderkopfes ist so hoch bemessen, daß die nacheinander ausgeschleuderten Sandmengen einen ununterbrochenen Strahl bilden, der gleich dem einer Hochdruckleitung entspringenden Wasserstrahle ein entgegenstehendes Hindernis wuchtig trifft. Infolgedessen wird der in den Formkasten strömende Sand verdichtet. Der Verdichtungsgrad des Sandes hängt von der Umdrehungszahl des Schleuderkopfes ab; je größer diese wird, um so dichter wird auch die Form. Man gibt dem Kopfe für Graugußformen in der Minute 1200 bis 1400 und für Stahlgußformen 1800 Umdrehungen. Die Verdichtungswirkung hängt weiter von dem Winkel ab, unter dem der Flügel F gegen den Schleuderkopf ausgerichtet ist, weshalb er verstellbar angebracht ist[1]). Selbstredend ließe sich der Verdichtungsgrad auch durch Vergrößerung des Schleuderkopfes und eine damit gesteigerte Umfangsgeschwindigkeit erhöhen. Eine Steigerung der Schleuderwirkung war dagegen durch Vermehrung der Schleuderflügel auf zwei, vier und sechs Stück nicht zu erreichen, die Verdichtungswirkung ging im Gegenteil mit der Vermehrung der Flügel ganz beträchtlich zurück.

Der aus dem Schleudergehäuse tretende Sandstrahl füllt und verdichtet die Form für den die Maschine bedienenden Mann fast ebenso mühelos, wie wenn er irgendein Gefäß unter dem Auslauf einer Wasserleitung voll Wasser laufen ließe. Seine ganze Aufgabe besteht darin, den Schleuderkopf so lange über dem Formkasten hin und her zu bewegen, bis dieser völlig mit Sand gefüllt ist, worauf er den überschüssigen Sand mit einem Abstreichholz entfernt. Die beiden Teile A_1 und A_2 (Abb. 1434) des Gelenkarmes sichern freie Beweglichkeit des Schleudergehäuses und ermöglichen, eine breite Ringfläche rings

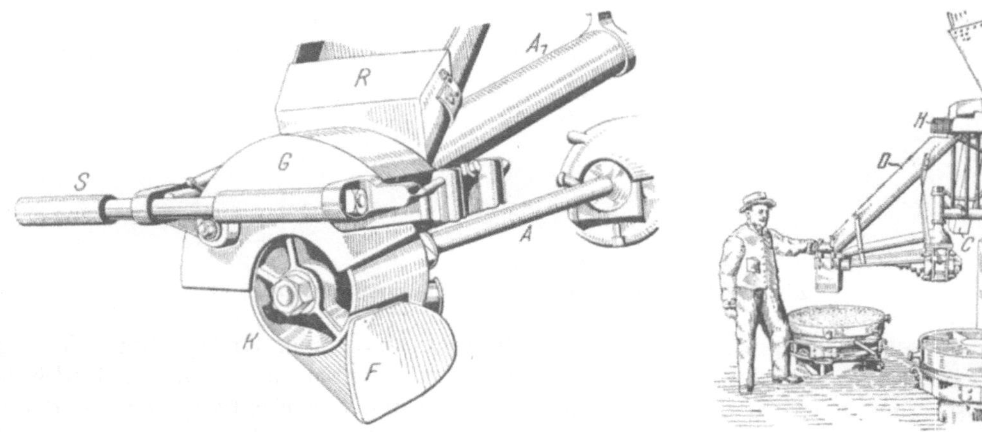

Abb. 1435. Schleudervorrichtung.

Abb. 1436. Ortsfeste Schleuderformmaschine.

um den Mittelständer der Maschine zu bestreichen. Der Motor für die Drehung des Schleuderkopfes ist unterhalb des Zwischengelenks angeordnet, er macht demnach jede seitliche Bewegung des Kopfes mit. Entgegen der in der Patentzeichnung vorgesehenen Anordnung der Drehachse innerhalb des äußeren Gelenkarmes wurden bei Ausführung der Maschine der Gelenkarm A_1 und die Drehachse A voneinander getrennt (Abb. 1435) angeordnet.

Das zweite Hauptglied der Maschine besteht aus einem Schüttelsiebe H (Abb. 1434 und 1436), das federnd auf am inneren Gelenkarm A_2 angebrachten Stützen gelagert ist und von einem Exzentermechanismus E bewegt wird. Der Motor für diesen Mechanismus befindet sich unmittelbar am Kopf des Maschinenhauptständers. Dem Sieb wird der gut aufbereitete Formsand entweder mittels eines beliebigen, von der Maschine unabhängigen Sandförderers oder von einer zur Maschine gehörenden Fördereinrichtung zugeführt. Am Rüttelsieb werden etwaige Fremdkörper abgesondert und durch die Rinne C beseitigt, während der gute Sand über die Rutsche D in das Schleudergehäuse gelangt.

B. Ausführungen.

Die Schleuderformmaschinen werden in Amerika [2]) und in Deutschland [3]) in fünf Hauptformen ausgeführt: 1. als ortsfeste, 2. als ortsbewegliche, versetzbare Maschinen,

[1]) Abb. 1435 ist perspektivisch nicht ganz genau. Das Gehäuse G ladet in Wirklichkeit nach rechts etwas weiter aus, so daß der Flügel ungehemmt in dasselbe eintreten kann. Vgl. auch Stahleisen 1920, S. 1302/4; 1921, S. 723/4.

[2]) The Birdley and Piper Company in Chicago-Illinois.

[3]) Graue, A. G. in Langenhagen-Hannover.

3. als Selbstfahrer mit Sandmischer, 4. als Triebwagenmaschinen mit Sandaufbereitung und 5. als Triebwagenmaschinen mit einfachem Sandbehälter.

1. Die ortsfeste Ausführung kommt für Gießereien in Betracht, die eine feste Sandaufbereitung besitzen und in der Lage sind, formfertigen Sand der Maschine mechanisch zuzuführen. Abb. 1437 zeigt die Anordnung der Maschine im Schnitt, während

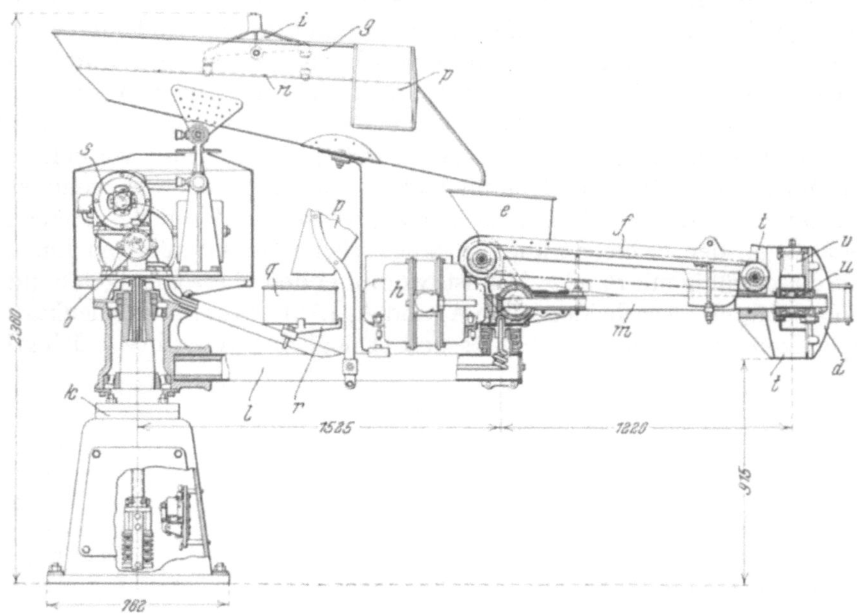

Abb. 1437.

Abb. 1437 u. 1438. Ortsfeste Schleuderformmaschine.

Abb. 1438 eine Ansicht gibt. Die Maschine besteht aus einem Grundgehäuse k, um dessen oberes Ende sich der zweigliedrige Gelenkarm l—m dreht. Auf der Endsäule des Gehäuses sind in einem dicht abgeschlossenen Kasten der Elektromotor s und ein Antrieb o untergebracht. Von hier aus wird das auf zwei kleinen Lagerböckchen und zwei schmiedeisernen Stützen ruhende Schüttelsieb n in Bewegung gebracht. Am tiefergelegenen Ende des Schüttelsiebes ist eine seitliche Rutsche p vorgesehen, durch die alle nicht durch das Sieb fallenden Verunreinigungen des Formsandes seitlich abgeführt werden, um in den lose auf der Unterlage r ruhenden Behälter q zu gleiten, der von Zeit zu Zeit entleert wird. Zur Klarhaltung der Maschen des Schüttelsiebes ist ein Klopfer i vorgesehen. Der Schleuderkopf (Abb. 1439) befindet sich am Ende des Armgelenkteils m. Er bildet den wichtigsten Teil der Maschine und besteht aus einem gußeisernen, fest am Dreharm sitzenden Gehäuse t, in dem sich die Umlaufscheibe u dreht. Auf dieser Scheibe befindet sich der nach innen zu offene Wurfbecher v. Der Becher schlägt gegen den eintretenden Sandstrahl, wodurch der Sand zu faustgroßen Klumpen verdichtet wird, die dann mit einer Geschwindigkeit von 13—29 m/sek durch die untere Öffnung t_1 des Gehäuses t ins Freie, bzw. in den Formkasten geschleudert werden. Die Geschwindigkeit wird innerhalb der angegebenen Grenzwerte je nach der Art des Formsandes und dem zu vergießenden Metall verschieden eingestellt; Formen

Abb. 1438[1]).

[1]) Nach Lohse, Amerikas Gießereiwesen.

für Stahlguß erfordern die größte Geschwindigkeit. Die Sandklümpchen folgen einander so rasch, daß sie dem Auge wie ein ununterbrochener Sandstrahl erscheinen. Der Becher v ist der der raschesten Abnutzung unterliegende Teil der Maschine. Es handelt sich aber nur um ein kleines, billiges Gußstück, das nach Öffnung des Deckels ohne weiteres in Schlitze der am Schleuderringe angegossenen Nase v_1 eingeschoben wird. Der Schleuderkopf wird mit einem Blechdeckel (Abb. 1440) abgeschlossen. Am Deckel befinden sich Handgriffe w, mittels der der Schleuderkopf oberhalb des Formkastens hin- und hergeführt wird. Die Abb. 1440 läßt links auch einen der Druckknöpfe x zur Einschaltung der Motore erkennen. Das Gehäuse t des Schleuderkopfs ist mit einem kräftigen Stahlband t_2 (Abb. 1439) ausgefüttert, das den Beanspruchungen des aufschlagenden Formsandes länger Widerstand leistet als das Blech des Gehäuses, und das zudem ausgewechselt werden kann, was aber nur in großen Zeitabschnitten erforderlich wird.

Über dem Armgelenk befindet sich der Sandaufnehmer e, der den durch das Rüttelsieb gefallenen Sand dem Riemen f zuführt, von dem er in den Bereich des Wurfbechers v gelangt. Zur Betätigung der Förderriemens f und der Umlaufscheibe u ist am inneren Armgelenk m ein Motor h vorgesehen. Der Gelenkarm ist leicht beweglich, da alle drehbaren Teile auf Kugel- und Rollenlagern laufen und gut ausbalanciert sind.

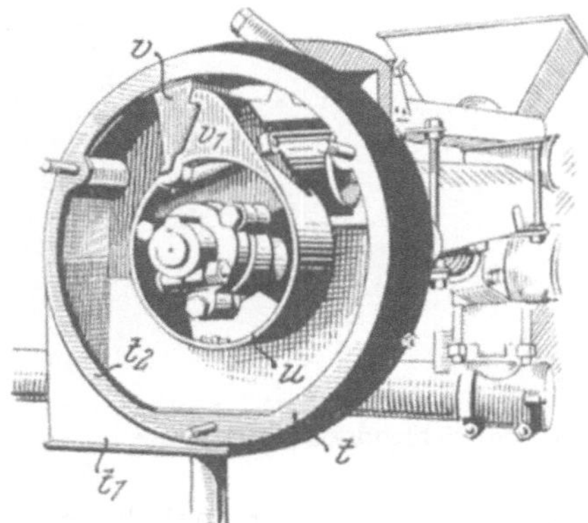

Abb. 1439. Schleuderkopf.

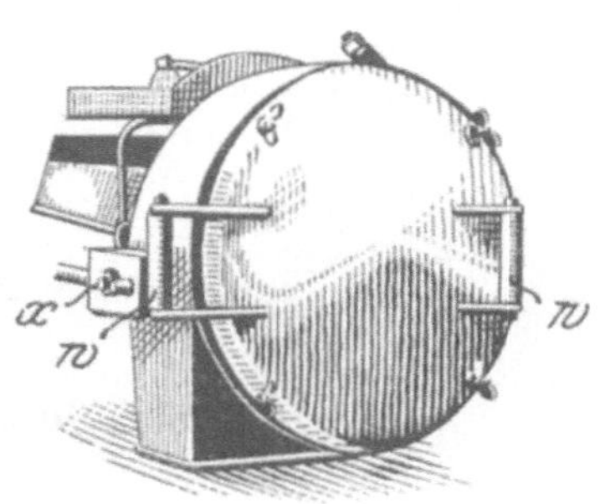

Abb. 1440. Blechdeckel zum Abschluß des Schleuderkopfes.

Es empfiehlt sich, die Maschine an einer Drehscheibe arbeiten zu lassen, wie es Abb. 1438 zeigt. Auf der Scheibe ist eine Anzahl Formmaschinen verschiedener Art dauernd befestigt, die nacheinander unter die Schleudermaschine kommen. Da der Verdichtungsgrad des Formsandes von der Geschwindigkeit abhängt, mit der der Schleuderkopf über dem Formkasten geführt wird, hat der Former es in der Hand, seine Formen mehr oder weniger stark zu verdichten. Nach Füllung eines Kastens wird der Sand eben abgestrichen, eine Nachverdichtung ist nicht notwendig, da bei entsprechender Handhabung des Schleuderkopfes der Verdichtungsgrad am Rücken der Form gleich demjenigen unmittelbar am Modell ist. Dagegen ist fast immer ausgiebiges Luftstechen nötig.

Mit einer Anordnung nach Abb. 1438 werden nach amerikanischen Angaben in einer dortigen Zylinderblockgießerei in 8 Stunden 1500 Oberteile und mit einer zweiten Maschine unter denselben Bedingungen 1500 Unterteile fertig gebracht. Der Modellverbrauch sank während der drei Jahre, seit diese Maschinen in Betrieb sind, um 75⁰/₀ und die Leistung je Arbeitskraft konnte um 100⁰/₀ verbessert werden.

2. Die ortsbewegliche oder versetzbare Ausführung (Abb. 1441 und 1442) unterscheidet sich von der vorhergehenden durch die Ausstattung mit einem breiten Untergehäuse y, das zwei Öldruckpumpen zur genau senkrechten Einstellung der Maschine und den Antriebmechanismus eines Becherhebers umschließt. Vor allem muß der Schleuderarm genau wagerecht ausgerichtet sein. Zu dem Zwecke ruht die eine Hälfte des Untergestells auf zwei Öldruckkolben, die mittels einer Handdruckpumpe gehoben und gesenkt werden können. Eine am Gestell angebrachte Wasserwage ermöglicht

die ganz genaue Bedienung der Einrichtung. Der Sand wird dem Becherwerke bei y zugeschaufelt, er gelangt dann fast 4 m hoch zum Punkte z und wird von dort auf das Rüttelsieb g geschüttet, worauf er denselben Weg wie bei der feststehenden Maschine (Abb. 1437) nimmt. Zur Spannung der Becherkette ist eine Zugfedervorrichtung y_1 mit dem Sperrad z_1 vorgesehen. Der Schleuder-

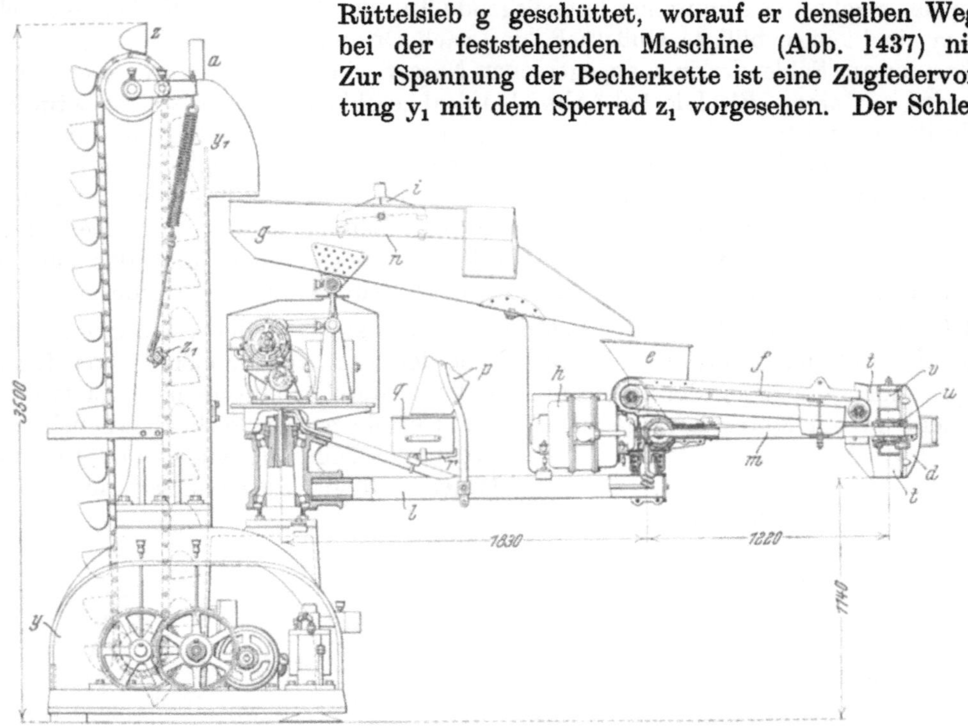

Abb. 1441.

Abb. 1441 u. 1442. Ortsbewegliche (versetzbare) Schleuderformmaschine.

arm ist etwa $^1/_2$ m länger als bei der ortsfesten Ausführung und ermöglicht die Ausführung entsprechend breiterer Formen. Bezüglich der Länge der herzustellenden Formen unterliegt man überhaupt keiner Beschränkung, da bei mehr als 3 m langen Formen die Maschine nur entsprechend zu versetzen ist. Zu dem Zwecke ist sie mit einer Öse a versehen, an der sie von einem Kran erfaßt werden kann.

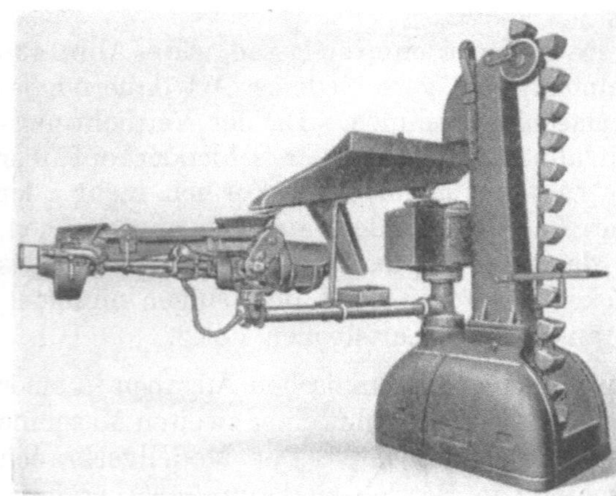

Abb. 1442[1]).

Das Versetzen der Maschine dauert nur kurze Zeit und kann in Fällen, wo es sich um regelmäßig herzustellende lange oder auch große runde Formen handelt, in wenigen Minuten erledigt werden. Abb. 1443 zeigt eine so hergestellte Form für einen großen Lokomotiv-Stahlgußrahmen. Da der Schleuderarm 3 m lang ist, können runde Formen bis zu annähernd 6 m Durchmesser ausgeführt werden. Diese Ausführungsform ist daher den verschiedensten Ansprüchen einer mannigfachen Kundenguß liefernden Gießerei anpassungsfähig. Sie siebt und verdichtet je Minute 0,2—0,28 cbm Formsand.

3. Die mit selbsttätiger Sandmischeinrichtung ausgestattete, selbstfahrende Maschine, „Tractormachine“ d. h. Schlepper-Schleuder, ist gekennzeichnet durch die Vereinigung einer Sandschleudervorrichtung mit der Schleuderformmaschine

[1]) Nach Lohse, Amerikas Gießereiwesen.

und durch ein im gemeinsamen Sockel der beiden Apparate angeordnetes Zahnrad-Triebwerk zur selbsttätigen Weiterbewegung der Maschine auf Zahnradschienen. Sie bedeutet also nichts anderes als eine Vervollständigung der ortsveränderlichen Ausführung nach

Abb. 1443. Mit Schleuderformmaschine hergestellte lange Stahlgußform.

Abb. 1441 und 1442 durch Angliederung des Fahrmechanismus. Ursprünglich wurde die Weiterbewegung mittels eines Drahtseils bewirkt, dessen eines Ende befestigt war, während das andere sich über einer Trommel in der Maschine aufwickelte (Abb. 1444)[1]). Die seitlich aus dem Gehäuse ragende Trommelachse trug ein Sperrad, in das ein exzentrisch bewegter Daumen griff. Bei jedem Hub des Exzenters wurde das Sperrad um einen Zahn weitergedreht, infolgedessen das Seil auf der Trommel ein Stück aufgewickelt und die Maschine um ein entsprechendes Stück vorwärts gezogen. Gemäß dieser Einrichtung bezeichnete man Maschinen dieser Ausführung als „Tractor-Sandslinger“, ein Name, der ihnen auch in der etwas veränderten Ausführung ohne Schleppseil geblieben ist.

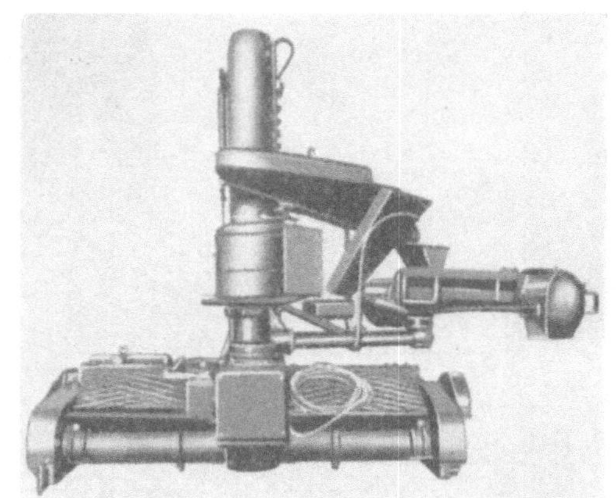

Abb. 1444. Selbstfahrende Schleuderformmaschine mit selbsttätigem Sandmischer älterer Bauart.

Abb. 1445 zeigt eine fahrbare Schleudermaschine neuerer Ausführung, bei der das Schleppseil beseitigt ist und die Fortbewegung ausschließlich durch Zahnräder und Zahnstangen bewirkt wird. Der Grundriß (Abb. 1446) läßt die Anordnung der Räder und Schienen, sowie der Schnecken des Sandschneiders erkennen. Die Maschine ist mit drei Motoren ausgerüstet, einem zum Antrieb des Schleuderkopfes, einem für das Rüttelsieb und einem im Grundgehäuse zur Betätigung des Sandschneiders und des Becherwerks. Die Sandschneide- bzw. Durchschauflungs-Vorrichtung besteht aus einem zweiteiligen, von rechts und links zur Mitte arbeitenden Schneckenförderer, der bei der Vorwärtsbewegung der Maschine den auf einen langgestreckten Haufen von

[1]) Vgl. auch Stahleisen 1920, S. 1303, Abb. 5 u. 6.

gleichmäßiger Höhe vorbereiteten Sand dem Empfangsfuße des Becherwerks zuführt. Die Abb. 1445 läßt diesen Vorgang deutlich erkennen. Bei weniger guten Sandverhältnissen empfiehlt es sich, den Formsandhaufen vorher von Hand oder mittels einer fahrbaren Mischmaschine, einem sog. „Cutter", durcharbeiten zu lassen; meist ist das nicht nötig, da der Sand vom Schneckenförderer wiederholt gewendet wird und dann am Rüttelsieb und im Schleuderkopfe eine weitere, ausgiebige Durcharbeitung erfährt.

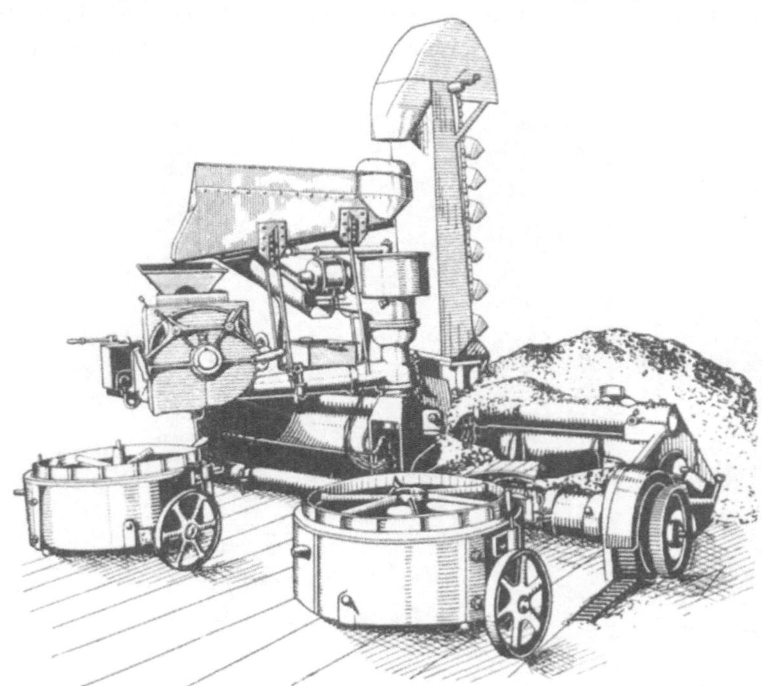

Abb. 1445. Selbstfahrende Schleuderformmaschine neuer Bauart.

Die Ingangsetzung der Maschine erfolgt vom Schleuderkopf aus derart, daß der Schleuderkopfmotor erst dann in Bewegung gebracht werden kann, wenn die beiden anderen Motore bereits angelaufen sind. Man läßt die Maschine an einem Tag in der einen Richtung durch die Gießhalle laufen und am nächsten Tag zurück und kommt so um die Notwendigkeit herum, sie mit einem Kran anheben und an die Ausgangstelle zurückbringen, bzw. sie mit einem eigenen Mechanismus zurückfahren zu müssen. Die Maschine greift den Sandhaufen an einem Ende an und verwandelt ihn in Gießformen, die sie hinter sich zurückläßt. Sie nützt demnach die verfügbare Grundfläche in vollkommener Weise aus.

Da mit den Sandschleudermaschinen keinerlei Vorrichtungen zum Ausheben der Modelle verbunden sind, muß man sie mit Aushebe-, bzw. mit Durchziehmaschinen zusammen arbeiten lassen. Solche Maschinen können an die Schleudermaschine gehängt und von ihr auf Schienen mitgeschleppt werden. Je nach der Formkastengröße werden bis zu sechs solcher Hilfsmaschinen an eine Schleuder-

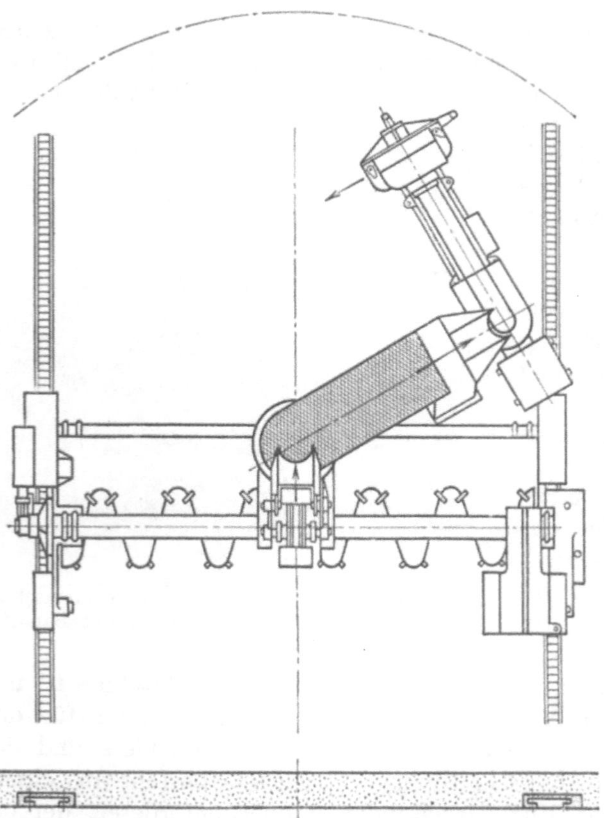

Abb. 1446. Grundriß zur Anordnung der selbstfahrenden Schleuderformmaschine [1]).

[1]) Nach Lohse, Amerikas Gießereiwesen.

maschine gehängt. Abb. 1447 zeigt eine Schleudermaschine mit zwei anhängenden Aushebemaschinen für Badewannenmodelle, Abb. 1448 eine solche mit vier Abhebeformmaschinen für verschiedene Gußwaren und mit einem von der Maschine gleichfalls mitgeschleppten, mit Preßlufthebezeugen ausgestatteten Laufkran. Die Schleppmaschinen werden in drei Breiten mit Spurweiten von 2750, 3350 und 3965 mm ausgeführt. Die

Abb. 1447. Schleudermaschine mit zwei anhängenden Aushebemaschinen für Badewannenmodelle.

Abb. 1448. Schleudermaschine mit vier Abhebeformmaschinen und Laufkran [1]).

2750 mm breite Maschine bedingt zur Erreichung voller Leistungsfähigkeit eine Grundfläche von 6—9 m Breite und 80—100 m Länge, die von 3355 mm Breite eine Grundfläche von 9—10,5 m Breite und 60 m Länge und die 3965 mm breite Maschine eine Grundfläche von etwa 12—15 m Breite bei etwa 50 m Länge. Sie leisten je Minute 0,14—0,28 cbm verdichtete Formen und sind insbesondere für mittelgroße Formen aller Art geeignet.

[1]) Nach Lohse, Amerikas Gießereiwesen.

4. Ausführung als Triebwagenmaschine mit selbsttätiger Sandaufbereitung (Locomotive-Type). Diese Maschine nimmt gleich der vorhergehend

Abb. 1449. Schleuderformmaschine, als Triebwagenmaschine mit Sandaufbereitung ausgebildet[1]).

beschriebenen den Formsand zunächst vom Boden auf, hebt ihn aber dann auf das Empfangsieb einer Aufbereitungsanlage, aus der er einem Behälter zugeführt wird, von

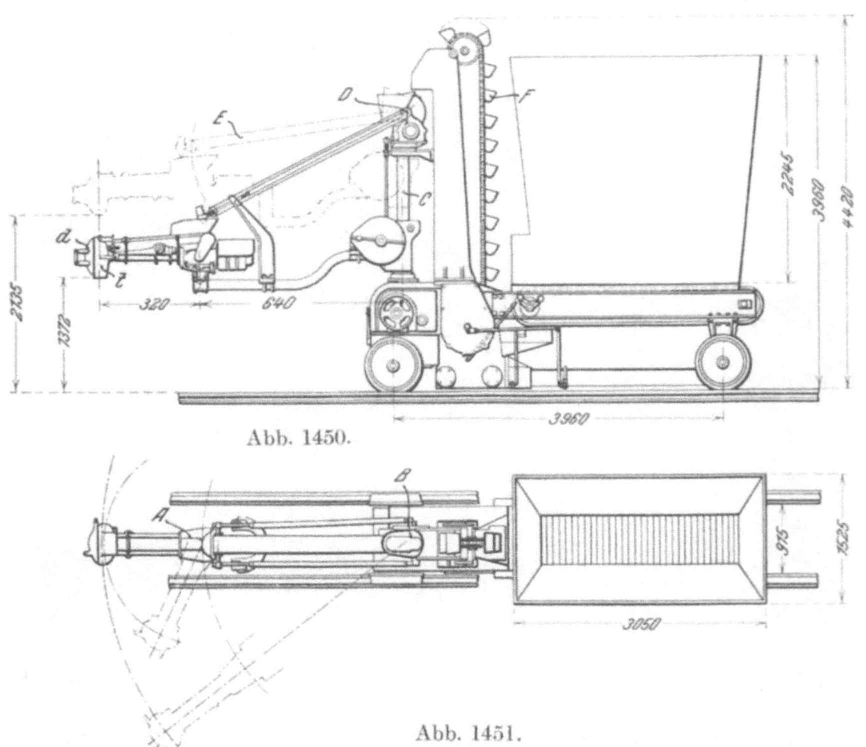

Abb. 1450.

Abb. 1451.

Abb. 1450—1452. Schleuderformmaschine als Triebwagenmaschine mit Sandbehälter.

dem ihn ein zweites Becherwerk der Schüttelrinne des Schleuderapparates überliefert. Die gesamten Vorrichtungen einschließlich des großen Sandbehälters sind auf einem gemeinsamen Wagen untergebracht, der auf einem Gleise der Formgrundfläche entlang

[1]) Nach Lohse, Amerikas Gießereiwesen.

fährt (Abb. 1449). Der Aufnahme-Becherförderer (Abb. 1449 links) mit den wagerechten, von rechts und links zur Mitte arbeitenden Förderschnecken kann abgesenkt werden und ist damit verschieden hohen Sandhaufen gut anpaßbar. Der in verschiedener Höhe einstellbare Schleuderarm ist 3,2 m lang. Die Maschine ist insbesondere für große Formen sehr leistungsfähig. Sie vermag bis zu 2 m über und bis zum selben Maße unter Flur zu arbeiten. Ein Mann reicht zu ihrer Bedienung aus und vermag in der achtstündigen Schicht Formen mit einem Sandaufwande von 150 bis zu 200 t zu fertigen. Sie wiegt 22 t und wird von einer elektrischen Leitung aus angetrieben.

Die 5. Ausführung als Triebwagenmaschine mit einfachem Sandbehälter (Motive-Type) bietet verschiedene weitere Möglichkeiten. Die Maschine (Abb. 1450 bis 1452) läuft auf einem Schmalspurgleise, beansprucht daher wenig Raum, wobei sie auf rechts und links von dem Schmalspurgleise arbeiten kann. Die Schleudermaschine ist mit 2 Gelenken A und B ausgestattet, deren eines A dem äußeren Gelenke der ersten drei Ausführungsformen entspricht, während das zweite B in ein oberes und ein unteres

Abb. 1452.

Glied geteilt ist, das untere Glied dreht sich gleich dem oberen um eine Säule C und kann auf dieser Säule innerhalb gewisser Grenzen auf und ab geschoben werden. Das obere Gelenk macht diese Bewegungen nicht mit, dafür ist es mit einer wagerechten Achse D ausgerüstet, um die sich der Arm E dreht, wenn die Höhe des Schleuderkopfes verändert werden soll. Der Schleuderkopf kann mit dieser Anordnung einen Bogen von 180^0 bestreichen und in beliebiger Höhe zwischen 1372 und 2135 mm über Gießereisohle arbeiten. Der Schleuderarm ist 3660 mm lang.

Sandschneider und Sandaufbereitungseinrichtung sind fortgefallen, die Maschine verfügt nur über einen einfachen Sandbehälter, der von einer beliebigen Sandförderanlage aus mittels Greifer mit ausreichend vorbereitetem Formsand gefüllt wird. An seinem Boden ist eine Zuteilvorrichtung vorgesehen, die dem Becherwerk F den Sand für die Schleudervorrichtung zuführt. Die Maschine leistet je Minute 0,28 cbm fertig verdichteten Sand und ist wie die anderen Ausführungen gleich gut für Eisen-, Stahl- und Metallgußformen geeignet.

C. Allgemeine Leistung der Sandschleuderformmaschinen.

Die Leistung der Sandschleuderformmaschinen ist auf Grundlage des je Minute verdichteten Sandes und der Größe der herzustellenden Formen leicht im voraus zu bestimmen. Formen mit 0,05—0,10 cbm Inhalt werden mit einer Geschwindigkeit von 1,4 cbm je Minute fertig gestellt, und Formen mit 0,1—0,2 cbm Inhalt mit einer solchen von 2,1 cbm je Minute. Bei der Bestimmung des in der Form in Rechnung zu ziehenden Sandes läßt man den vom Modell eingenommenen Raum außer Rechnung, da dieser durch die am Schluß abzustreifende Sandmenge so ziemlich ausgeglichen wird. Die wichtigste Aufgabe für den Gießereileiter liegt in der fortwährenden Beischaffung des von der Maschine zu verarbeitenden Formsandes. Wo diese Aufgabe restlos gelöst ist, kann ein 90%iger Wirkungsgrad der Maschine erreicht werden, d. h. die Maschine ist während 90% der Arbeitszeit mit der unmittelbaren Herstellung der Formen beschäftigt.

In Amerika sind Schleuderformmaschinen nach Birdsley und Piper seit dem Jahre 1920 in Betrieb und haben sich für die mannigfachsten Gußwaren bewährt. Seit etwa Mitte 1924 arbeiten sie auch in deutschen Gießereien. Wie jede neue Formmaschinenart hatten sie während der ersten Einführungszeit mit verschiedenen Schwierigkeiten zu kämpfen, die bei entsprechender Ausdauer auch stets überwunden wurden. Ihre Hauptvorzüge lassen sich wie folgt zusammenfassen:

1. Unabhängigkeit von den Abmessungen vorhandener Modelle und Formkasten.
2. Hohe und niedrige, schmale und breite, kurze und lange Modelle lassen sich gleich vorteilhaft einformen. Auch die Zahl der nach einem Modell herzustellenden Abgüsse beeinflußt die Leistung der Maschine nicht.
3. Der Former hat es in der Hand, den Verdichtungsgrad der Form beliebig zu regeln, ein Nachstampfen des Formrückens ist ausgeschlossen.
4. Die Maschinen bedürfen keiner Fundamente, sie können ohne weiteres sofort nach Anlieferung entsprechend ihrer Verwendungsart auf ein Gleise oder am ebenen Boden abgestellt und in Betrieb genommen werden.
5. Sämtliche Teile der Maschinen liegen über Gießereisohle und sind jederzeit gut zugänglich.
6. Durch die verschiedenen Ausführungsarten kann den Bedürfnissen großer und kleiner Gießereien verschiedener Art weitgehend nachgekommen werden.

Literatur.

Irresberger, C.: Die Schleuderformmaschine von E. O. Beardsley und W. F. Piper. Stahleisen 1920, S. 1302/1304.

— Eine Schleuderformmaschine. Gieß. Zg. 1921, S. 249/250.

Lohse, U.: Sandverdichten durch Schleudern. Gieß. 1924. S. 665/670.

— Amerikas Gießereiwesen, VDI-Verlag, Berlin, 1926, S. 30/41.

Fitting the Foundry for better Business: Werbeschrift der Beardsley & Piper Co., Chicago, Illinois.

XXXIII. Walzformmaschinen.

Streng genommen zählt schon die im Abschnitte über das Herdformen auf S. 44 angeführte Walze zum Eindrücken der Modelle in den Herd zu den Walzformmaschinen, da sie nicht nur eine Verdichtung des Sandes unterhalb der Modelle bewirkt, sondern auch die Modelle aus der Form aushebt. Damit ist auch die Wirkungsweise der Walzformmaschinen ziemlich genau umschrieben. Bei den vervollkommneteren Ausführungen handelt es sich in der Hauptsache um den Ersatz der Handarbeit beim Abrollen der verdichtenden Walze durch mechanische Vorkehrungen und um Einrichtungen zum mechanischen Ausziehen des Modells.

Abb. 1453. Walzformmaschine einfacher Bauart.

Abb. 1453 zeigt eine einfache Ausführung der Maschine[1]) zur Herstellung von Formen für flache Leisten mit U-förmigem Querschnitt für Textilmaschinen. Die Modelle befinden

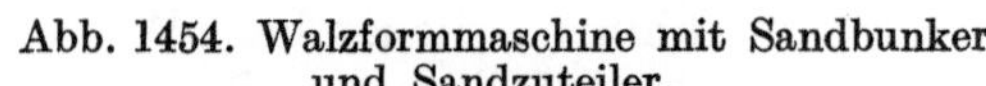

Abb. 1454. Walzformmaschine mit Sandbunker und Sandzuteiler.

Abb. 1455. Desgleichen, Abheben der Form.

sich auf einer Durchziehplatte, die in einem Rahmen eingeschlossen ist, der genau die Sandmenge für eine Form faßt. Zum Beginn der Arbeit wird der Rahmen bei hochgedrückten Modellen mit Sand gefüllt, worauf man glatt abstreicht und durch Betätigung des Elektromotors die Preßwalze einmal vor- und einmal zurück über die ganze Länge des Rahmens laufen läßt. Nach Absenkung der Modelle wird der Rahmen (Formkasten) abgehoben und zwecks etwaiger Nachbesserungen am Kranen hängend gewendet. In der Abb. 1453 sind bei B die Anschnitte und Einläufe zu sehen und bei A Kerne zu erkennen, die zur Erlangung verschiedener Längen der Abgüsse in die Form eingelegt und dort festgenagelt wurden. Die auf der Maschine hergestellten Formen dienen als Oberteile; man setzt sie auf genau ausgerichtete Herdunterlagen ab. Es bedarf dann nur mehr einer leichten Verklammerung der Oberteile mit den unterhalb des Herdes vorgesehenen Schienen, um danach zum Gusse schreiten zu können.

Abb. 1456. Neuere Walzformmaschine mit aufklappbarem Füllrahmen.

Von wesentlichem Vorteil ist es, diese Maschine in Verbindung mit einem Sandbunker und einem Sandzuteilapparat nach Abb. 1454 arbeiten zu lassen. Der Zuteiler

[1]) Nach The Foundry 1923, S. 933.

wird in einer Höhe und in Abmessungen angeordnet, die es ermöglichen, den Kasten durch einfache Betätigung eines Hebels derart mit Sand zu füllen, daß dieser ohne jede andere Beihilfe von der Walze selbst gleichmäßig über den ganzen Kastenraum verteilt werden kann. Abb. 1454 zeigt die Verdichtungswalze in Tätigkeit und Abb. 1455 läßt das Abheben der fertigen Form und unter ihr die Modellplatte mit vier Ablaufrohrmodellen erkennen. Die Modelle sind so auf der Platte angeordnet, daß auf ihr ebenso die Oberteile wie die Unterteile hergestellt werden können.

Neuere Walzformmaschinen werden mit aufklappbaren Füllrahmen nach den Abb. 1456 und 1457 ausgestattet[1]), wodurch die Arbeit eine weitere Vereinfachung erfährt. Im gewählten Beispiele umfaßt die Formplatte 6 Stück parallel liegender Leistenmodelle mit Eingüssen und Abschnitten an beiden Enden. Die Platte befindet sich auf einem festliegenden Rahmen, während der Schienenrahmen, auf dem die Preßwalze läuft, aufklappbar ist. Zu Beginn des Formens wird der Rahmen mit dem Walzengleise aufgeklappt, ein Formkasten auf die Modellplatte gesetzt, mit Sand gefüllt und der Sand mit der Hand in den tieferen und engeren Teilen der Form festgedrückt. Nach dem Niederklappen des zugleich als Füllrahmen dienenden Walzengleises füllt man weiteren Sand nach, streicht glatt ab und läßt die Walze einmal hin- und herlaufen. Diese wird dabei von zwei auf einem Querbügel angebrachten Rollen (Abb. 1457) geführt, die auf wagerechten Seitenleisten der Schienen laufen. Die Formkasten für die hier vorliegenden Abgüsse sind an den querlaufenden, flachen Rückenschoren mit Zapfen versehen (Abb. 1456), die in die Zwischenräume der Modelleisten greifen und so den hängenden Sandkörpern guten Halt sichern. Der Formkasten wird an seinen beiden Schmalenden mittels Zentrierbolzen im Tische der Maschine geführt.

Abb. 1457. Neuere Walzformmaschine in Arbeitstellung.

XXXIV. Kernformmaschinen.

Allgemeines.

Die Versuche, Kerne auf mechanischem Wege herzustellen, mögen gegen 50 Jahre zurückreichen. Bis gegen die Mitte der neunziger Jahre zeitigten sie bei uns nur verschiedene Formen von Ausdrückmaschinen, die von Hand gestampfte Kerne aus der Büchse drückten, und Abziehmaschinen zur seitlichen Entfernung der einzelnen Teile gegliederter Kernbüchsen. Um diese Zeit wurden die in Amerika schon einige Jahre früher aufgekommenen Stopfmaschinen auch in Deutschland eingeführt, die nach dem Grundgedanken der bekannten Wurststopfmaschinen den Formsand in eine Hülse pressen und aus ihr herausdrücken, sobald er genügende Festigkeit erlangt hat.

Angeregt durch die glänzenden Erfolge der Preßformmaschinen setzten etwa zur selben Zeit an verschiedenen Orten Versuche ein, Kerne durch Pressung des Sandes herzustellen. Sie zeitigten nach manchen Fehlschlägen um die Wende des Jahrhunderts das nach seinem Erfinder Albert Knüttel in Remscheid benannte Verfahren, wonach Kerne der mannigfaltigsten Formen billiger und besser als von Hand hergestellt werden

[1]) The Foundry 1924, S. 539.

können. Später erschienen endlich die Rüttelmaschinen, die mit Hilfe von Preßluft oder anderer Antriebmittel gute Leistungen erreichen, sofern die Gestalt des Kerns das Rütteln erlaubt.

Abhebe- und Wendemaschinen.

Eine Vorrichtung, die nur das Abheben von Kernkasten besorgt, zeigt Abb. 1458 schematisch. Der Kernkasten a wird von zwei Klemmbacken b umfaßt, die durch eine Welle c mit Rechts- und Linksgewinde bewegt werden und in einer senkrecht verschiebbaren Stange d gelagert sind. Mittels dieser wird die Abhebevorrichtung bei Nichtgebrauch hochgezogen. Gegenüber der durch Abb. 1459 gekennzeichneten Handarbeit, bei der eine Hilfskraft zum Losklopfen erforderlich ist und das gute Abheben von der Geschicklichkeit des Formers abhängt, genügt an der Maschine nach Abb. 1460 [1]) für dieselbe Arbeit ein Mann, der sie in einem Bruchteile der zur Handarbeit erforderlichen Zeit mit voller Sicherheit guten Gelingens erledigen kann. Vorhandene Holzkernbüchsen können benutzt werden, sie müssen aber meistens mit zwei Holzleisten versehen werden, an denen die Klemmbacken angreifen können, wie Abb. 1460 erkennen läßt. Wo ihre Gestalt es erlaubt, kann die Kernbüchse ohne Zwischenschaltung von Leisten auch unmittelbar eingespannt werden.

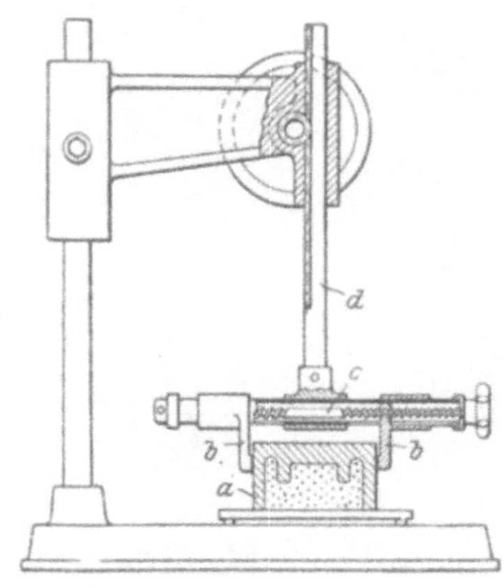

Abb. 1458. Vorrichtung zum Abheben des Kernkastens.

Die in den Abb. 1461—1463 dargestellte Aufklapp- und Aushebemaschine [2]) ist in amerikanischen Gießereien heimisch. Die beiden Kernbüchshälften sind scharnierartig miteinander so verbunden, daß bei wagerechter Lage des einen Teils das andere auf- und zugeklappt werden kann, oder auch,

Abb. 1459. Abheben des Kernkastens von Hand.

Abb. 1460. Abheben des Kernkastens mit Maschine.

daß beide Teile so weit auseinandergeklappt werden können, bis ihre Schlußflächen zusammen in eine Ebene fallen. Die ganze Kernbüchse ist auf einem eisernen Rahmenständer untergebracht und steht mit ihm in mehrfacher Verbindung. Abb. 1461 zeigt die zum Arbeitsbeginn aufgeklappten Kernbüchshälften mit dem auf Ansätzen B des Rahmenständers ruhenden Kerneisen. Man stampft beide Kernbüchshälften voll, streicht glatt ab, befeuchtet die Sandflächen mit Lehmwasser, um den

---

[1]) Ausgeführt unter der Bezeichnung „Rarus" von Geigerwerk A. G. in Ravensburg auf Grund des D.R.P. Nr. 329 009 v. 29. Februar 1920.

[2]) Stahleisen 1919, S. 606.

Kernhälften einen zuverlässigen Verband zu sichern, und klappt beide Kernbüchshälften hoch, bis sie aneinanderschließen. Danach werden sie gemeinsam auf den Rahmen niedergeklappt, so daß das Kerneisen wieder auf den Ansätzen B und das Kernbüchsunterteil samt dem Oberteil auf dem Bolzen A ruht. Nach behutsamem Abklopfen des Kernbüchsoberteils mit einem hölzernen Schlegel wird es vom Unterteil weg in die Höhe geklappt und in die in Abb. 1462 ersichtliche Lage gebracht. Damit ist der Kern von der einen Büchsenhälfte befreit. Zur Lösung von der zweiten Hälfte wird der Bolzen A (Abb. 1461 und 1462) ausgezogen und die untere Kernbüchshälfte vorsichtig nach unten geklappt. Der Kern bleibt auf den Stützen B sitzen (Abb. 1463) und kann nun abgehoben und fortgetragen werden, worauf die Büchse wieder in die in Abb. 1461 dargestellte Lage gebracht wird und ein neuer Kern in Angriff genommen werden kann. Besonders beachtenswert ist die Ausbildung der Kerneisen. Sie sind mit einem zweistufigen Flansch versehen (Abb. 1464 und 1465) dessen größere Scheibe (a a a) im Formkastenausschnitte aufsitzt, während die kleinere Scheibe (b b b) auf den Ansätzen B des Rahmenständers ruht. Die Scheibe a a a schließt zugleich die Kernbüchse ab und überhebt so den Kern-

Abb. 1461.

Abb. 1462.

Abb. 1463.

Abb. 1461—1463. Amerikanische Aufklapp- und Aushebemaschine für Kerne.

macher, sich um einen zuverlässigen Abschluß des Kernes sonderlich zu bemühen. Der Ansatz C dient zum Abheben des fertigen Kerns, zu seiner Handhabung, insbesondere zum Einlegen in die Form. Zur Entlüftung, die infolge der abschließenden Kerneisenflanschen nur durch die obere Kernhälfte erfolgen kann, wird in der oberen Kernhälfte eine kleine Koksbettung vorgesehen und mittels ausziehbaren Schnüren mit dem Kernende verbunden. Abb. 1462 läßt das offene Ende eines solchen Entlüftungskanals bei d erkennen.

In Abb. 1466 und 1467 ist eine ebenso einfache wie wirksame **Wendeformmaschine** zur Herstellung der Kerne für die sog. Quintöfen wiedergegeben [1]). Die mit dieser Kernformmaschine zusammenarbeitende Hand-Durchziehmaschine mit seitlichem Modellabhub läßt Abb. 1468 und 1469 erkennen. Ein Hauptvorzug der Kernmaschine beruht in der Erübrigung jeglichen Hubes, während sonst bei ähnlichen Einrichtungen mit zunehmender Modellhöhe auch der Hub vergrößert werden muß. Der Modellträger ist um 180° drehbar gelagert und mittels eines Schneckengewindes in der Höhe verstellbar. Das dreiteilige Kernmodell, d. h. der Kernkasten, ist mit einem Teile an die Modellplatte geschraubt, die beiden anderen Teile sind durch Scharniere seitlich aufklappbar.

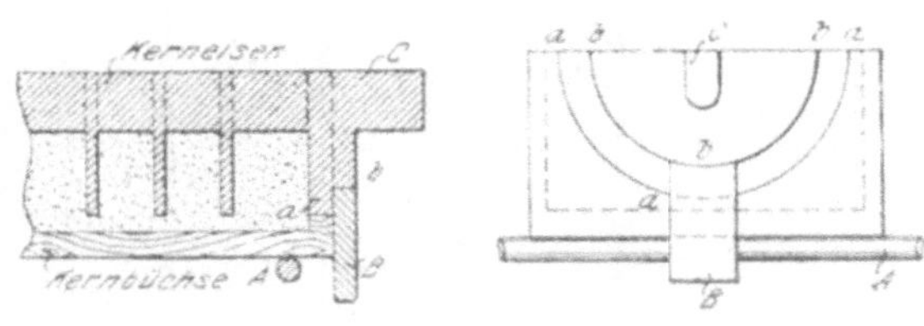

Abb. 1464. Abb. 1465.

a a a Auflageflansch in der Kernbüchse.
b b b Auflageflansch für Stütze B.
c Ansatz zum Abheben des Kerns.

Abb. 1464 u. 1465. Kerneisen mit Doppelflanschen.

Die Abb. 1470 und 1471 zeigen eine amerikanische Kernformmaschine [2]). Sie besteht aus einem leichten eisernen Gestell, in dem ein aufklappbarer Bügelrahmen mit Preßluftzylinder drehbar gelagert ist. In der Stellung nach Abb. 1470 ist die Maschine bereit zum Arbeitsbeginn. In die mit dem Tisch des Preßluftzylinders verklammerte Kernbüchse wird Sand geschaufelt, festgestampft, dann wird die Büchse glatt abgestrichen, ein Abhebeboden aufgelegt, der Verschlußbügel übergeworfen und das Ganze gewendet, was infolge der günstigen Schwerpunktlagerung wenig Anstrengung erfordert. Nun

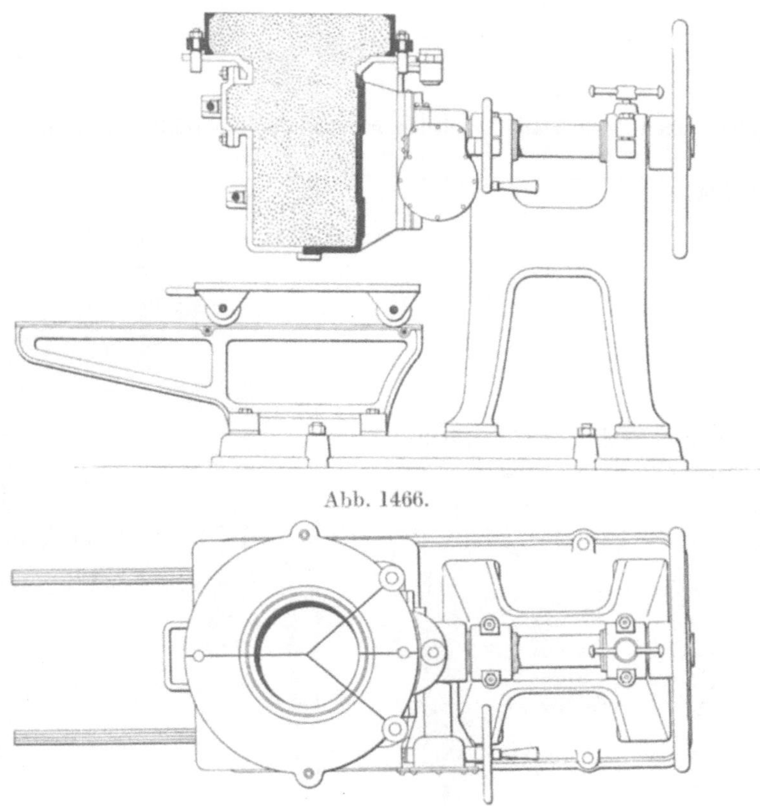

Abb. 1466.

Abb. 1467.

Abb. 1466 u. 1467. Wendeformmaschine für Kerne.

[1]) Ausgeführt von Alfred Gutmann, A.-G. in Hamburg-Ottensen. [2]) Stahleisen 1920, S.153.

stellt man Preßluft an und läßt unter leichtem Abklopfen der Kernbüchse den Zylinderkolben hochgehen. Abb. 1471 zeigt die Lage nach dem Ausheben des Kerns. Die beiden

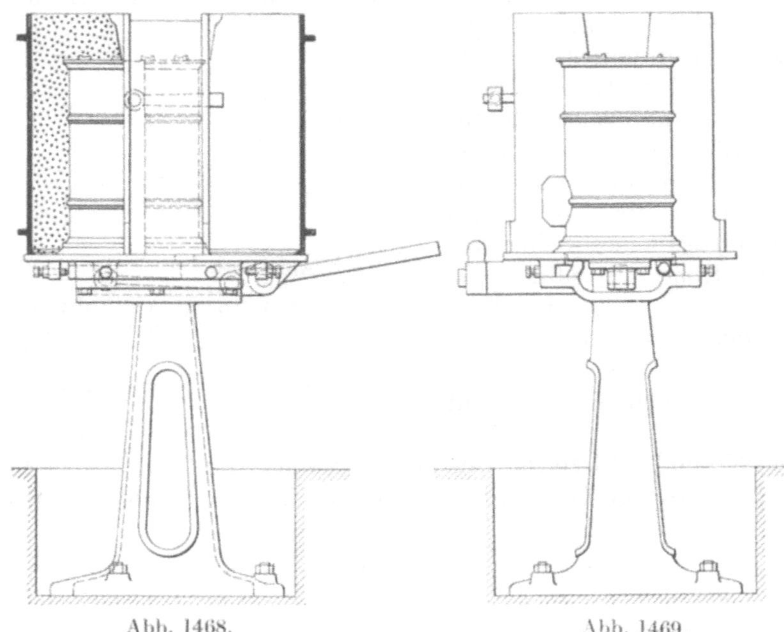

Abb. 1468 u. 1469. Hand-Durchziehformmaschine mit seitlichem Modellabhub.

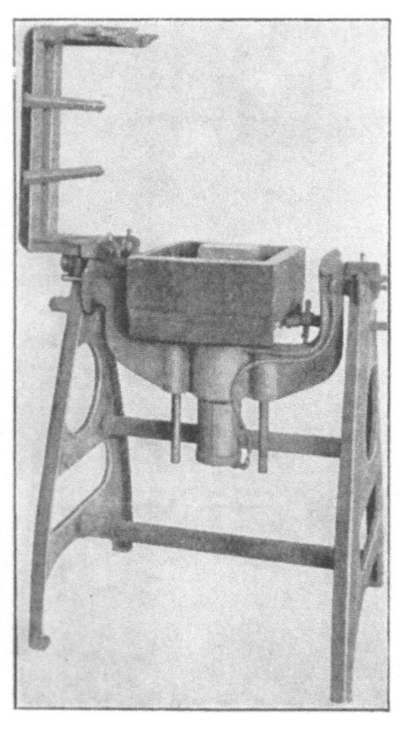

Abb. 1470.

Abb. 1471.

Abb. 1470 u. 1471. Amerikanische Wendeformmaschine mit Preßluftantrieb für Kerne.

Führungsbolzen rechts und links vom Preßluftzylinder gewährleisten ruckfreies, zuverlässiges Abheben der Kernbüchse. — Die Maschine wird in drei Typen ausgeführt, für Handstampfung und Preßluftabhub (entsprechend den Abbildungen), für Handstampfung und Abhebung von Hand und für Preßluftrüttlung und Preßluftabhub.

Ausdrückmaschinen.

Das erste deutsche Patent auf eine Kernausstoßmaschine wurde 1883 an A. Hertzog in Paris erteilt [1]). Danach werden auf einem drehbaren Tisch in feststehenden Büchsen Kerne aufgestampft. Eine Nadel stellt Luftkanäle her, worauf ein durch Hebel betätigter Kolben die Kerne aus den Büchsen drückt. Die Maschine fand infolge ihrer Schwerfälligkeit keinen Eingang in die Praxis [2]).

Abb. 1472. Einfache Kernausdrückmaschine.

Die in Abb. 1472 wiedergegebene Maschine [3]) ist seit etwa 1885 in vielen deutschen Gießereien bekannt. In den Tisch des gußeisernen Gestells können verschiedene Kernbüchseneinsätze eingehängt werden, so daß Kerne von verschiedener Stärke hergestellt werden können. Beim Beginn der Arbeit wird der Kolben in einer Höhe eingestellt, die der Länge des zu fertigenden Kerns entspricht. Das kann mittels des Antriebrades und eines federnden Anschlages, der beim Drehen des Rades in mit Nummern versehenen Einkerbungen des Randkranzes einschnappt, rasch und sicher bewirkt werden. Dann stampft man die Büchse voll Sand, streicht ab, sticht Luft und drückt den Kern durch Drehen des Antriebrades aus.

Die Maschine bewirkt neben sehr beträchtlicher Arbeitsersparung größere Genauigkeit der Kerne, da jede Unstimmigkeit zwischen den beiden Kernbüchsenhälften und das Verputzen des Grates in gewöhnlichen Kernbüchsen hergestellter Kerne in Wegfall kommt. Ein Mann vermag auf ihr ungefähr dreimal so viel zu leisten wie bei Handarbeit.

Erfolge brachte auch die Bollmannsche Maschine [4]) und die ihr verwandte Maschine der Theodorshütte in Bredelar i. W. [5]). Die Kernzylinder nehmen geteilte Kernbüchsen auf, in die der Formsand von Hand gestampft wird. Nach dem Stampfen und Luftstechen werden die Kerne mit den Büchsen aus den Zylindern gedrückt und die Büchsenhälften seitlich vom Kerne abgezogen. Die Maschinen liefern regelmäßig ganz genaue Kerne, weil die Kernbüchsenhälften durchaus satt aneinander sitzen müssen, um in den Zylinder geschoben werden zu können, und während des Stampfens jede Lockerung der beiden Teile völlig ausgeschlossen ist.

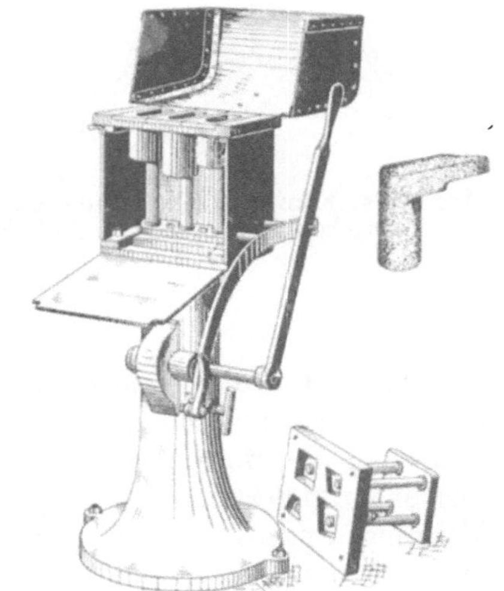

Abb. 1473. Kernausdrückmaschine.

Der der Maschine nach Abb. 1472 zugrunde liegende Gedanke fand in der Maschine, Abb. 1473 [6]), weitere Entwicklung. Ihre Zahnstange trägt ein Querhaupt, das mittels dreier Ausstoßstangen drei Kerne zu gleicher Zeit aus den Büchsen drückt. Die Kernbüchsen können einzeln oder gemeinschaftlich rasch ausgewechselt werden. Wie die Abb. 1473 zeigt, können auch unregelmäßig gestaltete Kerne hergestellt werden, sofern nur jeder höhere Kernquerschnitt alle unter ihm möglichen zum mindesten deckt. Die Maschine ist für kleine Kerne sehr leistungsfähig, es können in einer Stunde mehrere hundert Stück angefertigt werden.

[1]) unter Nr. 27 396.

[2]) Eine eingehendere Beschreibung des Hertzogschen Verfahrens brachte die Z. V. d. I. 1886, S. 449.

[3]) Ausgeführt von B. Röber in Dresden-Neustadt u. a. Firmen.

[4]) D.R.P. Nr. 57 699 v. 21. Dez. 1890. Vgl. Z. V. d. I. 1904, S. 1056.

[5]) D.R.P. Nr. 80 807 vom 9. Juni 1894.

[6]) Ausgeführt von Ver. Schmirgel- und Maschinenfabriken, A.-G. in Hannover-Hainholz.

Die bisher erörterten Kernausdrückmaschinen leiden mit Ausnahme der Bollmannschen an dem Übelstande, daß beim Ausstoßen des Kerns aus der Büchse das untere Ende des Kerns verdichtet und weniger gasdurchlässig wird, wodurch bei etwas längerem Kern leicht Fehlgüsse bewirkt werden. Die Kernlänge darf darum das Vier- oder höchstens Fünffache des Durchmessers nicht überschreiten. Dieser Schwierigkeit begegnet die in Abb. 1474 in einem Schnitte ersichtliche Maschine [1]), bei der eine zweiteilige Kernbüchse in einem Führungszylinder so gelagert und geführt ist, daß sie sich bei hochgehendem Ausdrückkolben selbsttätig seitlich so viel öffnet, daß der Kern nur noch mit ganz loser Reibung an ihr anliegt. Eine federnde Einstellung läßt die beiden Büchsenhälften nach dem Rückzug des Kolbens wieder selbsttätig in ihre frühere Lage zurückkehren.

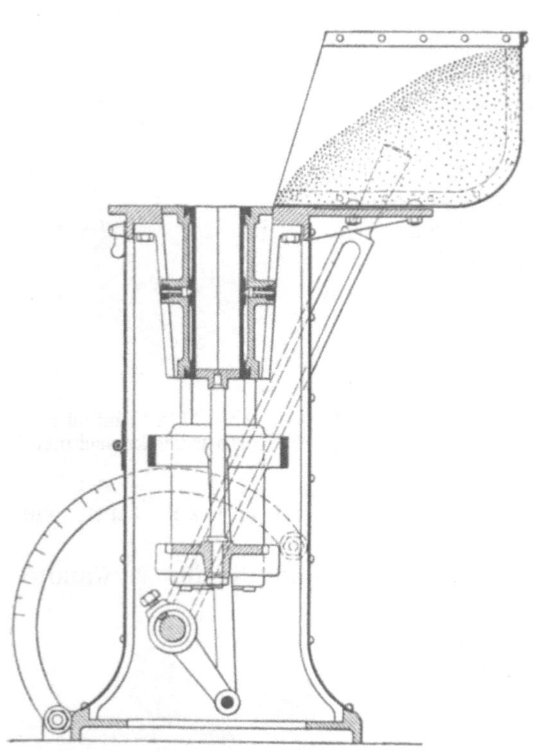

Abb. 1474. Kernausdrückmaschine mit beim Hochgehen sich öffnendem Zylinder.

Abb. 1475. Kernabziehmaschine.

Abziehmaschinen.

Abb. 1475 zeigt eine Kernformmaschine zur Herstellung von Eisenbahn-Achsbüchskernen [2]), die entstanden ist aus der Vereinigung einer Gelenkhebel-Wendeplattenmaschine und einer Kernformmaschine zum seitlichen Abziehen der Kernbüchsteile. Sie besteht aus einer gußeisernen Grundplatte mit seitlichen Führungständern, in denen sich die Führungstangen bewegen, deren oberes Ende als Lager zur Aufnahme der Zapfen eines Wenderahmens ausgebildet ist. Der Rahmen enthält vier Kernbüchsseitenteile, die auf Schlitten beweglich sind und von Handkurbeln K und O mittels Schraubenspindeln hin und herbewegt werden können. Ein vom großen Hebel D in Tätigkeit zu setzendes Gelenkhebelwerk bewirkt das Heben und Senken des Wenderahmens.

Arbeitsweise: Die im Bilde am Boden liegende Platte B wird auf die Kernbüchse gelegt und mit Drehgriffen festgespannt. Dann hebt man den Wenderahmen mit dem Hebel D an, wendet, senkt, füllt Kernsand in die Büchse, stampft voll, streicht glatt ab, bringt die Platte H auf die Kernbüchse und befestigt sie mittels der Schrauben M. Nach neuerlichem Wenden ruht die Platte H mit dem noch in der Büchse befindlichen Kern

[1]) Ausgeführt nach dem D.R.P. Nr. 215 090 v. 19. Jan. 1908 von Ver. Schmirgel- und Maschinenfabriken, A.-G. in Hannover-Hainholz.

[2]) Ausgeführt von Ver. Schmirgel- und Maschinenfabriken, A.-G. in Hannover-Hainholz.

auf den Winkelschienen I. In dieser Lage wird nach Lösung der Drehgriffe die Platte B abgehoben, worauf man nach gehörigem Abklopfen durch Drehen der Kurbeln K und O die Kernbüchsseitenteile vom Kern abzieht. Sobald dann der Wenderahmen wieder hochgehoben ist, kann der Kern auf der Platte H in die Trockenkammer gebracht werden.

Stopfmaschinen.

Abb. 1476 zeigt einen Schnitt durch eine Wadsworthsche Kernstopfmaschine und Abb. 1477 einige darauf hergestellte Kerne. In den Trichter geschütteter Kernsand wird durch eine Schnecke, die ihren Antrieb mittels der Stirnräder vom Handrad erhält, zusammengedrückt und in Form zylindrischer Stangen durch die Hülse nach außen geschoben. Die nassen Kerne werden dort von einem Wellblech aufgenommen, auf dem sie bis zur vollendeten Trocknung liegen bleiben. Ein in der Schnecke sitzender Stift greift mit seinem umgebogenen Ende in eine Kerbe des Maschinenständers und wird so gehindert, der Drehung der Schnecke zu folgen. Infolgedessen ballt sich der Sand um ihn, wodurch der Luftkanal des werdenden Kerns entsteht. Der Kernsand neigt infolge seiner natürlichen Zusammensetzung oder der ihm zugesetzten Bindemittel dazu, sich oberhalb der Schnecke an den Wänden des Einfülltrichters festzuballen; infolgedessen sind häufige Betriebstörungen durch Verstopfen fast unvermeidlich.

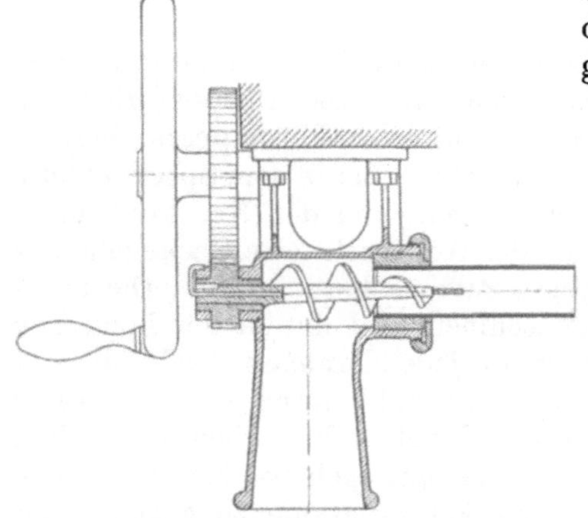

Abb. 1476. Kernstopfmaschine.

Abb. 1477. Auf der Stopfmaschine hergestellte Kerne.

Zur Hintanhaltung von Verstopfungen im Einfülltrichter ist die Maschine von Hammer (Abb. 1478) mit einem Rührwerk ausgestattet, das außerdem eine gleichmäßige Verdichtung des Formsandes bewirkt, weil es in seiner Geschwindigkeit von der Umdrehungszahl der Schnecke abhängig ist und so den Formsand dauernd gleichmäßig zuführt.

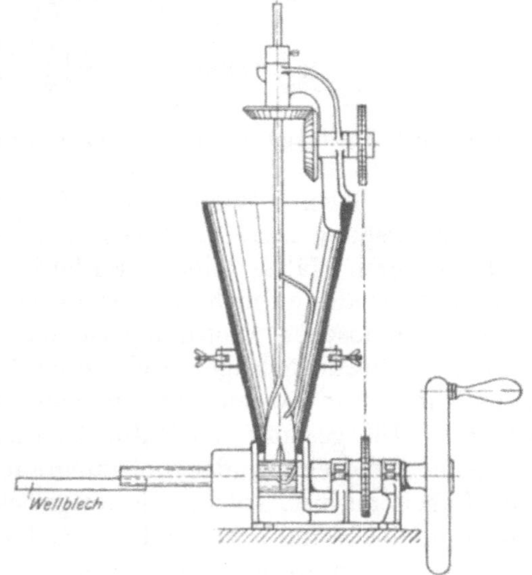

Abb. 1478. Kernstopfmaschine mit Rührwerk.

Beide Maschinen werden in zwei Größen für Kerne von 10—60 mm Durchmesser und von 60—150 mm Durchmesser ausgeführt. Für die verschiedenen von 5 zu 5 mm Durchmesser steigenden Kerngrößen werden die Schnecken und Austreibhülsen ausgewechselt. Die größeren Maschinen werden besser von einer Triebwelle aus, als von Hand betrieben. Je nach der Kerngröße können in der Stunde 40—60 m Kerne hergestellt werden. Meistens werden Kerne von 600 mm Länge angefertigt, von denen nach dem Trocknen die benötigten Längen durch Einfeilen abgetrennt werden. Gewöhnlicher fetter Kernsand ist zur Verarbeitung auf Stopfmaschinen ungeeignet. Man verwendet ganz mageren Sand, der durch Leinöl, Sirup, Melasse oder ein anderes Bindemittel Zusammenhalt erhält. Die Verdichtungschnecken (Abb. 1479) nützen sich rasch ab, und die Leistungsfähigkeit einer Maschine geht schon bei nur wenig abgenutzter Schnecke recht beträchtlich zurück. Am dauerhaftesten haben sich Schnecken aus Temperguß erwiesen, die nur an den später bearbeiteten Lagerstellen getempert waren. Das Abschrägen der Kernenden kann von Hand geschehen, vereinzelt sind dafür auch Abschrägmaschinen mit Schmirgelscheiben (Abb. 1480) im Gebrauch.

Weitere Vervollkommnungen der Stopfmaschinenarbeit brachte die Kernformmaschine „Patent Rolff" (Abb. 1481)[1]).

Die Maschine besteht im wesentlichen aus drei Teilen, dem Speisegehäuse mit dem Formapparat, dem Getriebe und der Empfangsvorrichtung. Die Speisevorrichtung lockert den Sand bis auf den Boden des Speisegehäuses auf. Der Formapparat besteht aus einem Kolben, der in dem Speisegehäuse hin- und hergeht und den Kernsand durch eine an der Außenseite des Speisegehäuses befestigte Patrone hervorpreßt. Die neuesten Maschinen sind mit in der konischen Führung auf jede Kernmasse leicht einstellbaren Kernpatronen ausgestattet. Durch den hohlen Stoßkolben hindurch führt eine Nadel für die Erzeugung des Luftkanales in dem Kern. Diese Nadel ist beweglich angeordnet und wird nach jedesmaligem Preßstoß des Kolbens aus dem Speisegehäuse herausgezogen, um der Speisevorrichtung für die Arbeit der Sandauflockerung Raum zu geben. Erst durch die bewegliche Anordnung der Luftnadel ist die Arbeit mit der Stoßkolbenformmaschine einwandfrei geworden. Die Bewegungen des wagerecht hin- und hergehenden Kolbens und des umlaufenden Mischflügels im Kernsandzufuhrtrichter werden ausgelöst durch das Umdrehen des Handschwungrades (bzw. der Riemenscheibe); das Zusammenspiel der beiden Bewegungen ist derart geordnet, daß, während sich der Kolben in vorwärtiger Stellung innerhalb des Kernsandtrichters befindet, der Mischflügel seinen Weg in der oberen Hälfte des Kreislaufs vollzieht. Während der Kolben in der rückwärtigen Ausgangstellung und in der Vorbewegung zum Mischtrichter sich befindet, vollführt der Mischflügel den Weg in der unteren Hälfte seines Kreislaufes. Der Kolben mit darin vorne sitzender Nadel kommt infolgedessen nicht in Berührung mit der Schaufel des Mischflügels. Der Vorteil dieser mechanischen Anordnung ist, daß der Rührflügel, ohne die Kernstoßtätigkeit des Kolbens zu beeinträchtigen, sich durch die im Kernsand-Zufuhrtrichter befindliche Kernmasse, und zwar jedesmal bis zu seiner Sohle an den Wandungen vorbeigleitend durcharbeitet. Die gesamte im Zufuhrtrichter befindliche Kernmasse wird auf diese Weise bei jeder Umdrehung des Schwungrades, die auch eine jedesmalige Umdrehung des Rührflügels auslöst, vollständig aufgelockert für die Weiterverwendung durch den Stoßkolben und die im Vorderteil des Gehäuses sitzende Kernpatrone zur Kernbildung.

Abb. 1479. Verdichtungschnecke.

Abb. 1480. Abschrägmaschine für gerade Kerne.

Das Auffangen der Kerne erfolgt bei den einfachen von Hand betätigten Maschinen nach Abb. 1482 auf kurzen Blechen, die auf eine am Speisegehäuse befestigte Stange aufgelegt werden. Bei den größeren, mechanisch betätigten Maschinen nach Abb. 1481 besteht die Auffangvorrichtung aus einer an dem Speisegehäuse der Maschine befestigten Achse, auf der eine Lagerbuchse drehbar ruht. Diese Lagerbuchse trägt Hebel, an deren unterem Ende ein durch Stellschrauben in der Höhe verschiebbarer Schlitten aufgelegt ist. Auf diesen Schlitten werden die Wellbleche in beliebiger Länge und einer Breite von

[1]) Ausgeführt von Moellmann und Sonnet, G. m. b. H. in Berlin SW 47.

400 mm so aufgelegt, daß die Oberkante des Bleches mit der unteren Kante der Kernbuchse abschließt. Die einzelnen Furchen des Wellbleches werden der Reihe nach von links nach rechts oder umgekehrt gefüllt, wobei jede Furche des Bleches während des Füllens mit den Sandkernen durch eine in dem Lager eingesetzte Klemmschraube vor der Patrone festgehalten wird. Wechselt die Stärke der Sandkerne, so wird das Fangblech mit dem Schlitten zusammen durch die Schrauben in der Höhe verstellt. Die Flächenbleche sind durch Füße versteift, die ein Werfen des Bleches während des Trocknens verhindern.

Abb. 1481. Größere, mechanisch betätigte Kernformmaschine.

Der Abb. 1483 sind die genauen Entwurfsgrundlagen der Rolffschen Maschine zu entnehmen. Der Stoßkolben a ist innen glatt ausgebohrt und gibt dem konischen Führungstücke b genaue Führung. Das Führungstück ist durchgehend ausgebohrt zur Aufnahme der mit einem verstärkten Kopfe versehenen Luftnadel c. Dieser Kopf trägt ein Gewinde zur Aufnahme der Stange d.

Abb. 1482.

Das hintere Ende der Stange trägt wiederum ein Gewinde mit zwei Muttern, die zum Einstellen des Nadelhubes bestimmt sind. Zwischen dem konischen Führungstück und der Führungsbrücke ist eine Spiraldruckfeder e eingesetzt. Das Führungstück trägt eine Ausnutung, in die der Auslöse-Bolzen f einspringt. Dieser hat die Bestimmung, die Nadel aus dem Speisegehäuse der Maschine bei der Rückwärtsbewegung der Kolbenstange herauszuziehen, und läßt die Nadel im Augenblick der letzten Rückwärtsbewegung der Kolbenstange durch Herausziehen des Auslöse-Bolzens aus der Ausnutung frei, wobei sich die Spiraldruckfeder entspannt und die Luftnadel mit großer Geschwindigkeit in die Preßpatrone des Speisegehäuses hineintreibt.

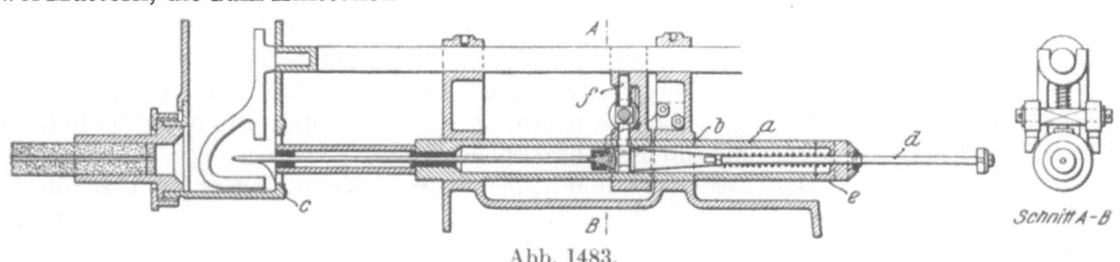

Abb. 1483.

Abb. 1481—1483. Kernformmaschine, Patent Rolff.

Preßmaschinen.

Bei der Herstellung von Kernen durch Pressung wird eine ähnliche Druckwirkung ausgeübt, wie bei doppelseitig gepreßten Formen. Nach dem Knüttelschen Verfahren [1]) wird auf die untere Kernform (Kernbüchsenhälfte) ein Füllrahmen gebracht, der mit ihr zusammen genau die zur Herstellung eines Kerns erforderliche Sandmenge faßt. Nach Füllung mit Sand wird der nach oben enger werdende Rahmen abgehoben und der in und

[1]) D.R.P. 106 688 v. 16. April 1899 und Nr. 111 752 v. 4. Juli 1899.

über der unteren Kernform befindliche Sandhaufen durch Auflegen und Niedersenken der oberen Kernform (Kernbüchsenhälfte) zusammengedrückt, bis die Ränder beider Formen einander berühren. Da der Sandhaufen durch den oben enger werdenden Rahmen ausreichend abgeschrägt ist, besteht nur wenig Gefahr, daß während des Pressens Sand zur Seite gedrückt wird. Um etwa doch zur Seite gedrücktem Sande die Möglichkeit zu geben, vollends wegzufließen, berühren sich die Kernformhälften nur in einer scharfen Kante, hinter der eine Rinne zur Aufnahme des überschüssigen Sandes angeordnet ist. Wenn man das außer acht lassen und die Kernformhälften mit breiten Flächen einander berühren lassen wollte, würde der dazwischen tretende Formsand ungleich starke Kerne bewirken. Nach dem Pressen wird die obere Kernform (Kernbüchsenhälfte) abgehoben und der Kern entweder unmittelbar aus der Form gehoben oder unter Verwendung eines Abheberahmens nach Drehung des Unterteils um 180° aus der Form gebracht.

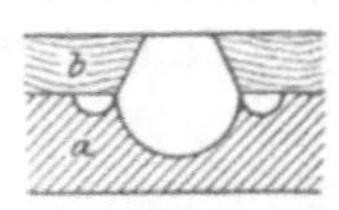

Abb. 1484.

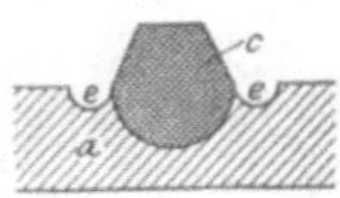

Abb. 1485.

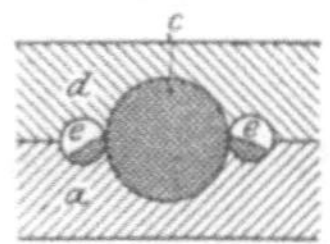

Abb. 1486.

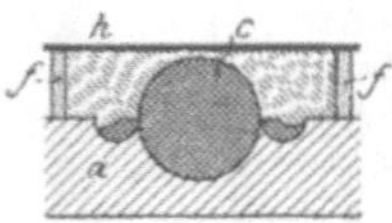

Abb. 1487.

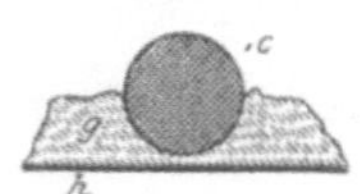

Abb. 1488.

Abb. 1484—1488. Schematische Darstellung des Knüttelschen Kernpreßverfahrens.

Die schematische Darstellung in den Abb. 1484—1488 läßt den Verlauf des Verfahrens klarer erkennen. Auf die untere Kernform a wird der Füllrahmen b gesetzt (Abb. 1484) und mit Formsand gefüllt. Nach Entfernung des Rahmens verbleibt in der unteren Kernform ein Sandhaufen c, der sich nach oben verjüngt (Abb. 1485). Die obere Kernform d wird auf die untere a gebracht, so daß der aufgehäufte Sand ihre Höhlung füllt und zusammengepreßt wird, wobei etwa zuviel vorhandener Sand in die Rinnen e rieselt (Abb. 1486). Nun wird die obere Kernform abgehoben und der in der unteren Form liegende Kern unmittelbar oder mit Hilfe eines Abheberahmens aus der Form gebracht. Letzteres ist bei dünnen oder leicht zerbrechenden Kernen die Regel. Auf die untere Kernformplatte wird ein Rahmen f gesetzt, mit trockenem Sande gefüllt, mit einer Platte h abgedeckt (Abb. 1487) und nach Verklammerung mit a um 180° geschwenkt. Die Platte h liegt jetzt unten und der Kern kann nach dem Abheben der Kernform in guter Bettung auf h (Abb. 1488) in die Trockenkammer gebracht werden.

Das Verfahren liefert genauere, gleichmäßigere und schon bei geringen Stückzahlen wesentlich billigere Kerne als die Handarbeit und gestattet die Anfertigung aller in zweiteiligen Kernkasten irgendwie herstellbaren Kerne.

Größte Sorgfalt muß selbstredend der Anfertigung der Kernformplatten gewidmet werden. Sie werden den hohen an sie gestellten Ansprüchen entsprechend stets aus Metall, meistens aus Gußeisen hergestellt. Ihre empfindlichsten Stellen sind die Sandabschneidkanten, an denen die Platten nur sich berühren, nicht aber aufliegen dürfen. Sie sollen nicht spitz zulaufen wie in Abb. 1489, da sie sich sonst nach innen drücken und den Kern beschädigen würden, sondern sie müssen etwas geschweift wie in Abb. 1490 sein. Die Formplatten für kleine Kerne werden aus einzelnen, für sich bearbeiteten Kernbüchsteilen zusammengesetzt. Die in Abb. 1491 ersichtliche Kernformplatte besteht aus einer Grundplatte a und 12 Einsätzen b, die einzeln mit den zugehörigen Gegenstücken verdübelt wurden. Die zwölf Unterteile werden in die genau bearbeitete untere Kernformplatte eingesetzt und festgeschraubt. Dann setzt man die Oberteile auf, bringt darüber die mit den nötigen Schraubenlöchern versehene obere Kernformplatte und reißt ihre Löcher auf die darunter liegenden einzelnen Oberteile vor. Auf diese Weise gewissenhaft ausgeführte Kernformplatten passen stets aufeinander und liefern dauernd genaue Kerne.

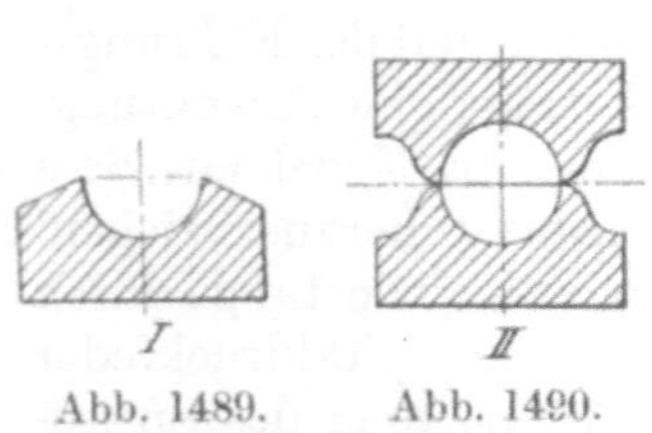

Abb. 1489. Abb. 1490.

Abb. 1489—1490. Falsche und richtige Kantenführung der Kernformplatten.

Zur Ausführung des Knüttelschen Verfahrens werden Abhebe- und Wendeplatten-, Hand- und Kraftpreßmaschinen benutzt. Abb. 1492 zeigt eine Handpreß-Kernformmaschine mit Wendeplatte und ausfahrbarem Preßholm [1]). Das Pressen und Abheben erfolgt von zwei Handhebeln aus genau in der bei den Formmaschinen ähnlicher Bauart beschriebenen Weise. Die beiden Kernformplatten sind an der Wendeplatte und am Preßholm fest angebracht. Nach Zurückschieben des Preßholms wird der Füllrahmen auf die Kernformplatte gebracht, Sand eingefüllt, abgestrichen, der Rahmen entfernt, der Preßholm vorgezogen und die Füllung durch Niederlegen des einen Hebels gepreßt. Nach dem Pressen und Hochheben des Preßhebels schiebt man den Preßholm zurück,

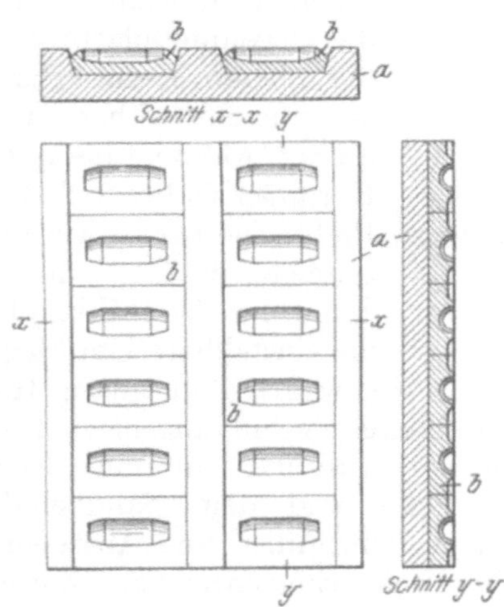

Abb. 1491. Kernformplatte.

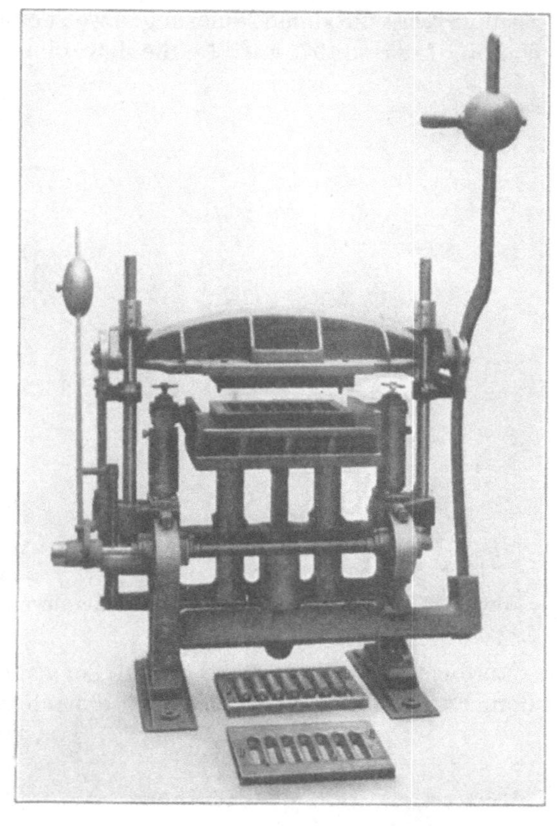

Abb. 1492. Handpreßmaschine zur Kernherstellung.

bringt den Abheberahmen auf die Kernplatte, hebt mit dem zweiten Hebel an, wendet, läßt die Wendeplatte sinken, bis der Abheberahmen aufsitzt, löst den Haken, der die Verbindung des Abheberahmens mit der Kernformplatte bewirkt, und hebt die Kernform mittels des vom zweiten Hebel betätigten Zahnstangengetriebes ab, worauf die fertigen Kerne im Rahmen fortgetragen werden können.

Die in Abb. 1493 und 1494 in einer Vorder- und einer Seitenansicht wiedergegebene Kernformmaschine [1]) bewirkt die Sandverdichtung sowie das Heben und Senken der Wendeplatte durch Druckwasser, während das Abheben der gewendeten Kernformplatte mittels des Hebels a, der Gelenke b und der zylindrischen Führungen c von Hand geschieht. Die

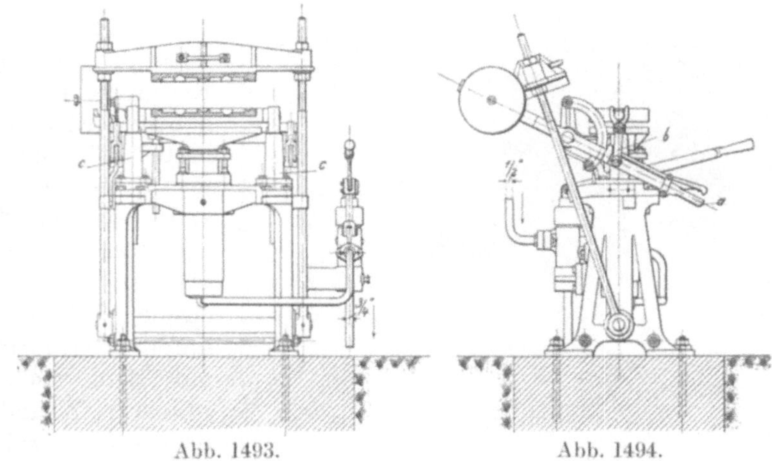

Abb. 1493 u. 1494. Kernpreßmaschine mit Druckwasserantrieb.

[1]) Ausgeführt von Ver. Schmirgel- und Maschinenfabriken, A.-G. in Hannover-Hainholz.

sehr leistungsfähige Maschine wird in zwei Größen, für Kerne bis 60 mm Durchmesser mit 300 × 400 mm großen Kernformplatten und für Kerne bis 120 mm Durchmesser mit 400 × 400 mm großen Formplatten ausgeführt.

Einige recht nützliche Neuerungen weist eine Wendeplatten-Kernformmaschine nach Abb. 1495—1497 auf[1]). Sie hat eine eigenartig ausgebildete Annäherungsform zum Auffüllen des Formsandes und einen mit ihr in dauernder Verbindung stehenden Sandbehälter a (Abb. 1495 und 1496). Der Preß-, Wende- und Abhebemechanismus entspricht der Anordnung der Knüttelschen Kernformmaschinen, die Gegenpreßplatte g mit der oberen Kernbüchse h ist ausschwenkbar angeordnet, während die untere Kernbüchshälfte f fest im Preßtische ruht. Ein Füllrahmen d ist um das Scharnier b aufklappbar, die einstellbare Unterlage c gewährt ihm guten Halt.

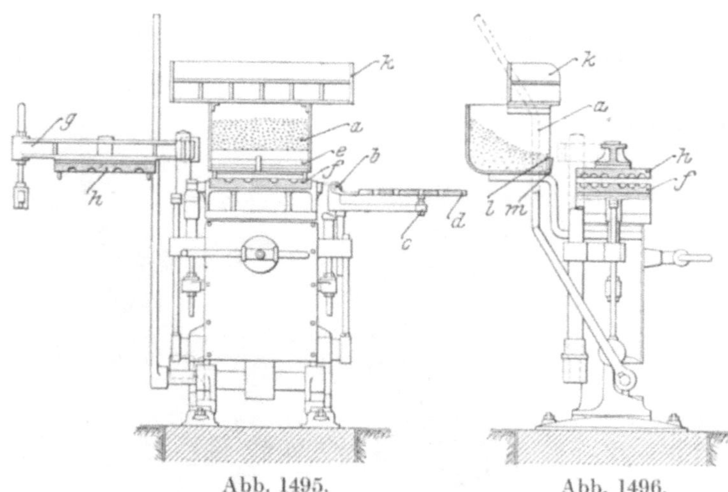

Abb. 1495. Abb. 1496.

Abb. 1495—1497. Neuere Wandplatten-Kernformmaschine.

Der Sandbehälter a hat vorne ein in Scharnieren m drehbares Verbindungsblech l, das vor dem Füllen der Annäherungsform d nach vorne umgelegt wird und somit eine Brücke zwischen dieser und dem Sandbehälter bildet. Nach dem Füllen und Abstreichen nimmt die Annäherungsform beim Zurückklappen in ihre Ausgangstellung die Brücke mit und bringt sie in die ursprüngliche Lage. Ein über dem Sandbehälter a vorgesehener Tisch k dient zur Ablage von Werkzeug, Staubbeutel und ähnlichen Behelfen.

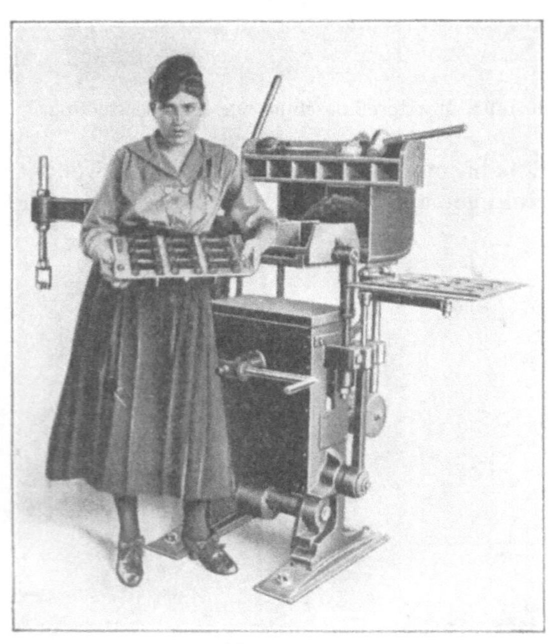

Abb. 1497.

Größere Kerne, die, ohne Gefahr beschädigt zu werden, an ihren vorstehenden Kerneisen aus der unteren Kernform gehoben werden können, formt man vorteilhafter auf Abhebe-, als auf Wendeplattenmaschinen. Abhebemaschinen haben eine einfachere Bauart und ermöglichen wesentlich rascheres Arbeiten. Die Abb. 1498 bis 1500 zeigen das den Abhebemaschinen eigene Verfahren. In Abb. 1498 ist die untere Kernformplatte in Anfangstellung mit dem nach Abheben des Sandfüllrahmens in und auf ihr ruhenden, sich nach oben verjüngenden Sandhaufen dargestellt, Abb. 1499 zeigt den gepreßten Kern nach Abnahme der oberen Kernform in der höchsten Lage des Preßtisches, während Abb. 1500 den auf seinen Abhebestützen ruhenden Kern bei sinkendem Preßtische veranschaulicht.

In gleicher Weise arbeitet die in Abb. 1501 und 1502 in zwei Schnitten gezeigte Maschine[1]). Sie besteht aus einer Grundplatte a, in die der Preßzylinder b und die

[1]) Ausgeführt von Ver. Schmirgel- und Maschinenfabriken, A.-G. in Hannover-Hainholz.

Säulen c und d eingebaut sind. Der mit dem Druckwasserkolben fest verbundene Preßtisch f wird mittels der Stangen g und g_1 in den auf der Grundplatte festgeschraubten Büchsen r und r_1 geführt. Der Preßklotz h ist um die Säule d ausschwenkbar und im Anschlage an die Säule c durch die Mutter k und die Schelle k_1 gesichert. Der fahrbare Rahmen o ermöglicht es, den fertigen Kern aus der Maschine zu ziehen.

Abb. 1498. Abb. 1499. Abb. 1500.

Abb. 1498—1500. Abhebemaschine für größere Kerne.

Arbeitsweise: Die untere Kernform e^1 und ein Vorfüllrahmen werden bei ausgeschwenktem Preßklotz h mit Sand gefüllt. Der Vorfüllrahmen nimmt so viel Sand auf, wie zum Pressen der unteren Kernformhälfte erforderlich ist. Auf die Sandbettung wird das Kerneisen gelegt und dann unter Verwendung eines zweiten Füllrahmens der Rest

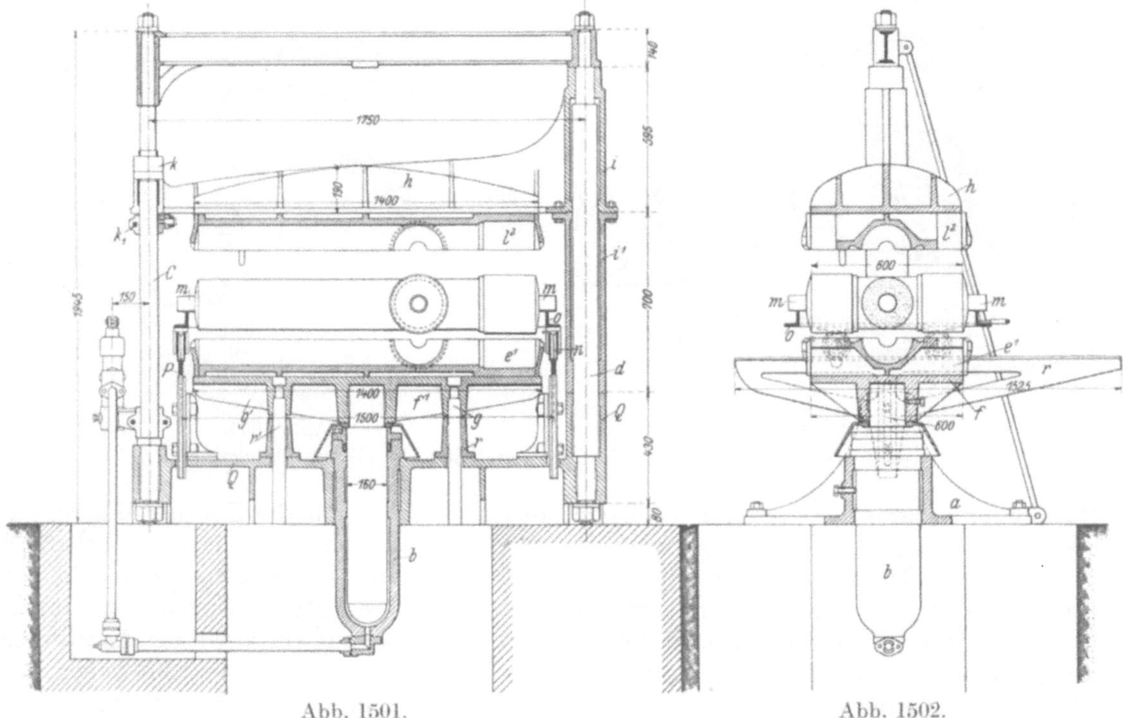

Abb. 1501. Abb. 1502.

Abb. 1501 u. 1502. Abhebemaschine mit Druckwasserantrieb für größere Kerne.

der für den ganzen Kern erforderlichen Sandmenge aufgefüllt. Die Höhe der beiden Füllrahmen wird in jedem Falle durch Versuche festgestellt. Man macht die Rahmen zuerst höher, als sie voraussichtlich sein müssen, und schneidet sie auf Grund der Versuchsergebnisse auf das richtige Maß zurecht. Nach dem Pressen sitzt das Kerneisen an der richtigen Stelle, der Preßholm wird ausgeschwenkt und der Preßtisch gesenkt. Während die untere Preßformplatte abwärts geht, bleibt der Kern mit seinen Kerneisen m auf dem mit Rollen n versehenen Rahmen o sitzen und wird dadurch aus der Form gehoben. Der Rahmen braucht nun nur noch auf den Schienen p vorgezogen zu werden, worauf der Kern je nach seiner Größe von Hand oder mittels eines Krans abgehoben und zum Trocknen gebracht wird.

Die richtige Höhenlage des Kerneisens kann statt durch einen Vorfüllrahmen auch durch genaue Höheneinstellung des Preßtisches bewirkt werden. Hierzu werden auf die Führungsbüchsen r und r^1 Zwischenstücke von entsprechender Höhe gebracht und das Kerneisen beim Beginn der Formarbeit auf den Rahmen o gelegt. Man hat dann beim Auffüllen des Formsandes Sorge zu tragen, daß unterhalb des Kerneisens kein freier Raum bleibt. Die Maschine wird für Kerne bis 250 mm Durchmesser und Kernformplatten von 1400 × 650 mm gebaut.

Auch die fahrbare Voßsche Kniehebelpresse [1]) eignet sich zur Herstellung von Kernen nach dem Knüttelschen Verfahren und hat in den letzten Jahren Eingang in Gießereien für Massenware gefunden. Die Abb. 1503 und 1504 zeigen eine der jüngsten Ausführungen zur Herstellung von Bremsklotzkernen. Die wesentlichsten Vorzüge dieser Maschine liegen in dem hohen Preßdruck, der mit dem Kniehebelmechanismus erreicht wird und den bei anderen

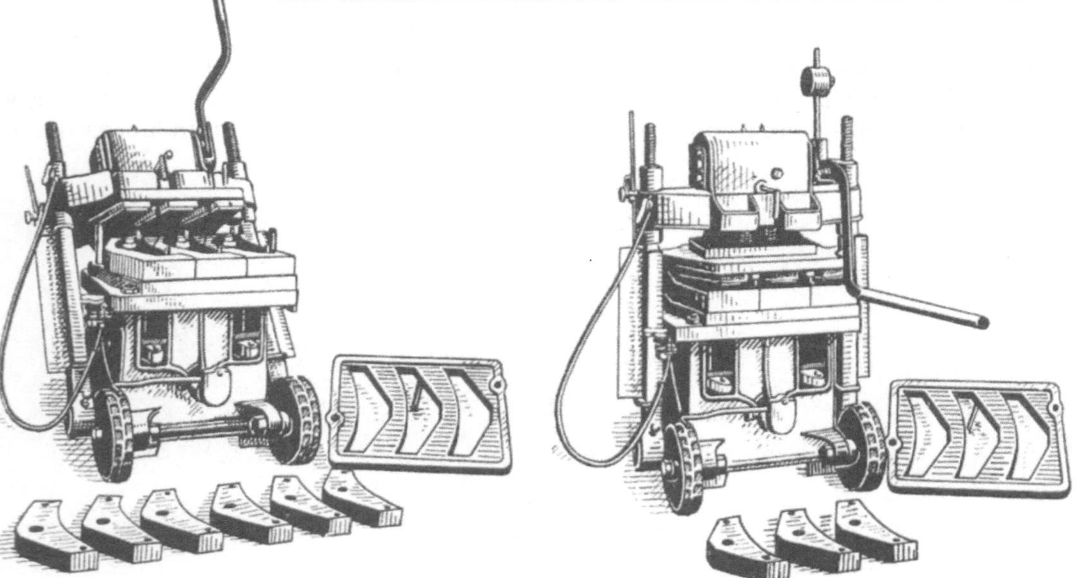

Abb. 1503. Abb. 1504.
Abb. 1503 u. 1504. Voßmaschine zur Herstellung von Bremsklotzkernen.

Handpreßmechanismen erreichbaren Druck übertrifft, in der für die Kernherstellung gut geeigneten Spiegelausdrückvorrichtung [2]) und nicht zum wenigsten in der Fahrbarkeit der Maschine. Die Einzelheiten der Bauart und der Handhabung der Maschine sind den Ausführungen über die zur Herstellung von Formen gebrauchten Voßschen Handpreßformmaschinen [3]) zu entnehmen. Für die Kernmacherei kommt vor allem die Anordnung der Kernformen und des Kernausdrückens in Frage. Die Abb. 1505—1508 zeigen die Einrichtung für die auf der Maschine nach den Abb. 1503 und 1504 hergestellten Bremsklotzkerne. Die einzelnen Arbeitsvorgänge wickeln sich wie folgt ab: Einlegen von 3 Kerntragplatten in die untere Kernpresse (Abb. 1505). Auflegen des Füllrahmens. Füllen der drei Formen mit Kernsand (Abb. 1506). Abstreichen des überschüssigen Sandes, Abnehmen des Füllrahmens, Vorziehen der Preßvorrichtung, Pressen (Abb. 1507), Ausheben der fertigen Kerne (Abb. 1508) durch Herumlegen der Abhebekurbel, Absetzen der Kerne mit ihren Tragplatten. Ein fleißiger Mann vermag in der Stunde 75 Kerne im Dauerbetriebe fertig zu bringen.

[1]) Ausgeführt von Voßwerke A.-G. in Sarstedt-Hannover.

[2]) Siehe S. 386. [3]) Siehe S. 381.

Den Abb. 1509—1513 ist die Einrichtung für Rohrkrümmerkerne zu entnehmen. Abb. 1509 zeigt die Form der beiden Kernbüchshälften. Die Arbeit beginnt wieder mit

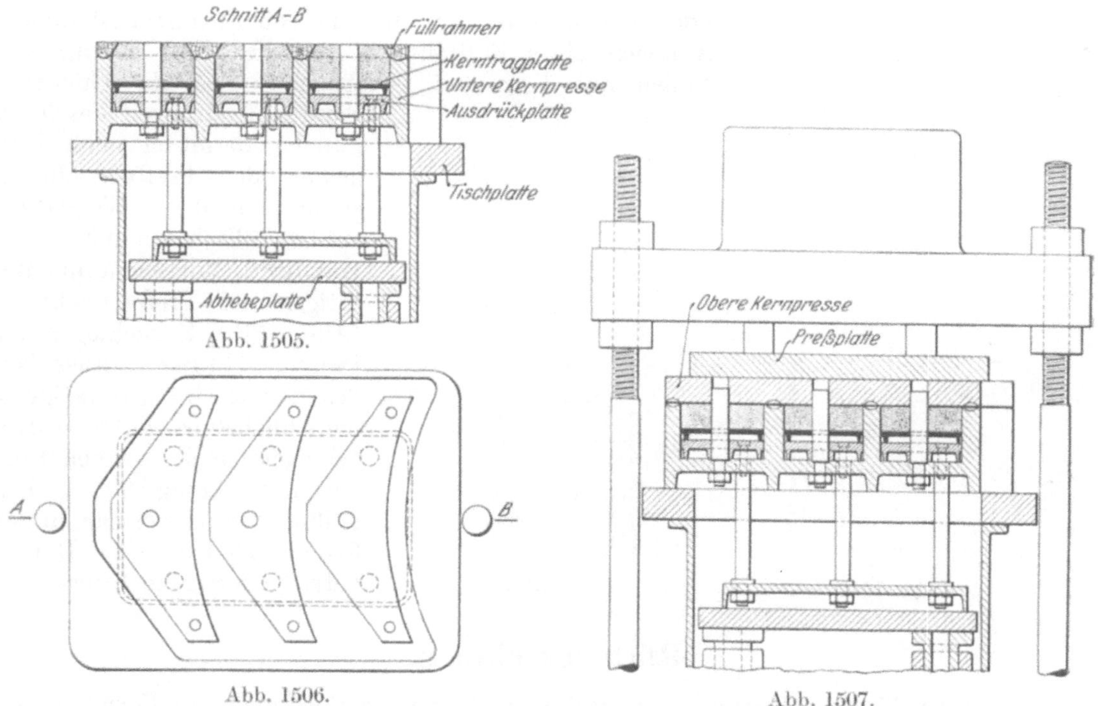

Abb. 1505—1508. Einzelheiten aus der Arbeitsweise der Maschine nach Abb. 1503 u. 1504.

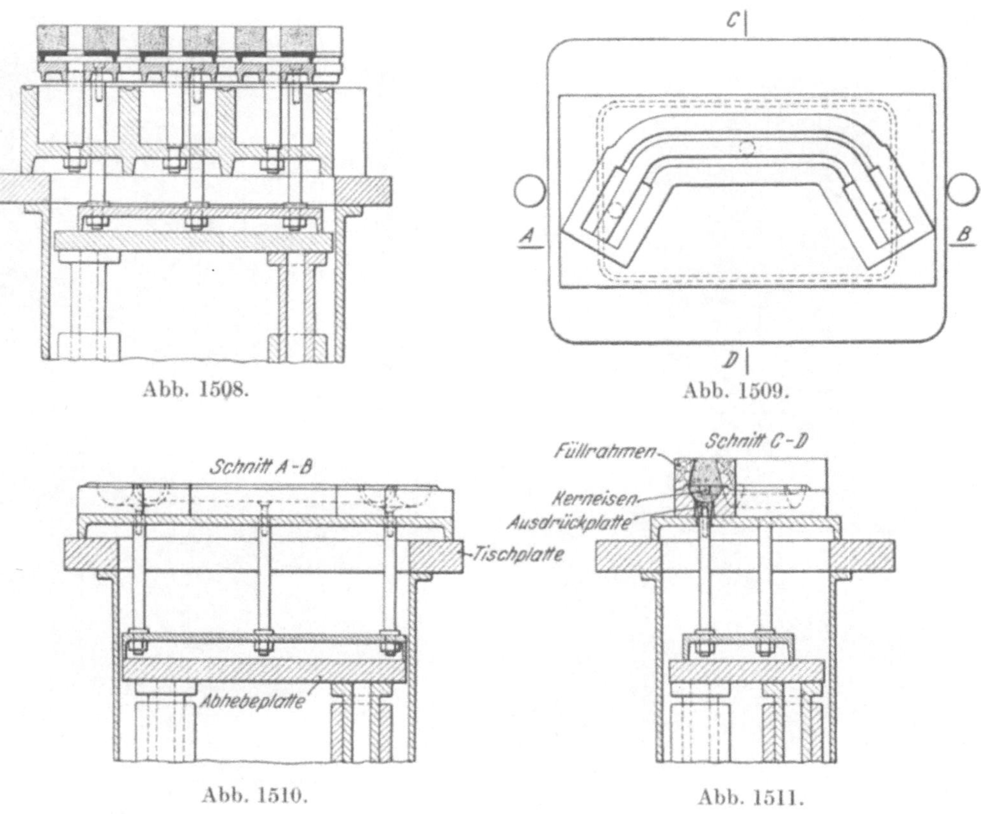

Abb. 1509—1513. Einrichtung zur Herstellung von Rohrkrümmerkernen.

dem Auflegen eines Füllrahmens auf die untere Kernpresse (Abb. 1510), worauf sich folgende Vorgänge abspielen: Auffüllen mit Kernsand, Abstreichen des überschüssigen Sandes, Einlegen des Kerneisens (Abb. 1511), Einlegen von Lederschnüren zur Bildung von Entlüftungskanälen, Auflegen eines Füllrahmens für die obere Kernpresse, Füllen mit Kernsand, Abstreichen des überschüssigen Sandes, Andrücken des losen Sandes, damit er beim Vorziehen der Preßvorrichtung stehen bleibt, Wegnahme beider Füllrahmen mit einem Handgriff, Vorziehen und Betätigen der Preßvorrichtung (Abb. 1512), Zurücklegen der Preßvorrichtung, Ausheben des Kernes durch Betätigung der Abhebekurbel (Abb. 1513), Wegnehmen des grünen Kernes mit Traggriffen. Ein fleißiger Mann vermag in der Stunde 25 Kerne im Dauerbetriebe fertig zu bringen.

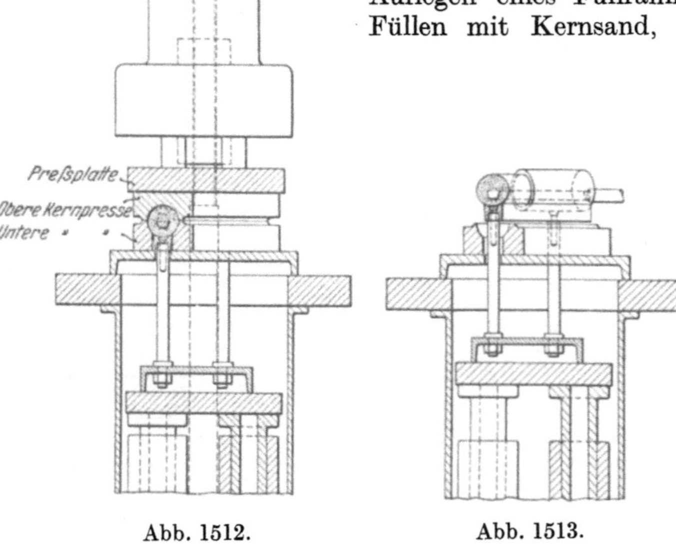

Abb. 1512. Abb. 1513.

Rüttelmaschinen.

Ein großer Teil der Rüttel-Formmaschinen ist ohne weiteres auch zur Formerei von Kernen geeignet, ein anderer Teil bedarf nur geringfügiger Zusatzeinrichtungen, um als

Abb. 1514. Befestigung des Kernkastens auf dem Rüttler mittels Spannvorrichtung.

Abb. 1515. Befestigung des Kernkastens auf der Wendeplatte.

Kernformmaschinen verwendet werden zu können. Es handelt sich im allgemeinen nur darum, am Rütteltisch an Stelle eines Formkastens eine Kernbüchse zu befestigen. Einige solcher Ausführungen sind im Abschnitte über die Rüttelmaschinen auf Seite 443 zu finden. Für größere Kerne von gedrängter Form bilden Rüttelmaschinen in sehr vielen Fällen den bestgeeigneten Formbehelf.

Die Kernkasten werden hierbei, wie die Abb. 1514 und 1515 zeigen [1]), entweder mit einer Spannvorrichtung am Rütteltische festgehalten oder auf der Wendeplatte befestigt. Im ersten Falle dient der Rüttler nur zum Verdichten des Sandes. Der Kernkasten wird dabei auf den Rütteltisch gebracht und durch die beiden Spannbacken festgehalten. Dann füllt man Kernsand ein, bringt etwaige Kerneisen unter und rüttelt. Nach dem Rütteln wird ein durch Preßluft betätigter Losklopfer unterhalb des Rütteltisches angelassen, die Spannvorrichtung gelöst und der Kern von Hand aus der Büchse genommen.

Bei Benutzung eines Rüttlers mit Wendevorrichtung (Abb. 1515) wird der Kernkasten auf der Wendeplatte befestigt, Kernsand eingefüllt, ein Sandsieb eingelegt und gerüttelt. Danach legt man auf den Kernkasten eine Kernplatte, verklammert sie mit dem Kasten, wendet, sodaß der Kernkasten nach unten hängt, setzt am Formwagen ab, löst die Verklammerung, hebt die Wendeplatte mit der Kernbüchse hoch und läßt den auf seiner Unterlagsplatte ruhenden Kern am Wagen stehen. Schließlich wird der Wagen mit dem Kerne vorgezogen und der Kern abgehoben, um in üblicher Weise fertig gemacht zu werden.

Preßluftmaschinen. (Siehe Nachtrag, S. 573.)

XXXV. Kern-Einsetzmaschinen. (Zahnrad-Formmaschinen.)

Allgemeines.

Die Formerei großer Zahnräder nach Modellen begegnet manchen, mit zunehmender Größe immer schwerer überwindbaren Hindernissen. Holzmodelle verziehen und werfen sich, Metallmodelle sind infolge der unbedingt erforderlichen Bearbeitung teuer und zudem in hohem Maße der Gefahr ausgesetzt, bei ihrer Hin- und Herbeförderung und während des Formens an den gefrästen Teilen beschädigt zu werden. Sie haben ferner infolge ihres beim Wenden des Formkastens ungünstig wirkenden Eigengewichtes Ungenauigkeiten der Abgüsse zur Folge, die bei großen Modellen nur durch ganz außergewöhnliche Vorsichtsmaßregeln zu überwinden sind. Diese Übelstände führten zur Formerei mit Lehren, aus der sich die Kerneinsetzmaschinen entwickelten, und weiter zur Ausbildung sonstiger Zahnradformmaschinen, insbesondere der Durchziehmaschinen. Kerneinsetzmaschinen ersparen Modellkosten, und es lassen sich auf ihnen genauere Abgüsse herstellen als durch beste Handarbeit mit Lehren oder Modellen. Sie werden nach ihrem hauptsächlichsten Verwendungszwecke, der Formerei von Zahnrädern, gewöhnlich als Zahnrad-Formmaschinen bezeichnet. Die Anwendungsmöglichkeit der Zahnrad-Formmaschinen ist sehr ausgedehnt, es gibt Maschinen für Räder von 150 mm bis 6000 mm Durchmesser.

Um Kerne in eine Zahnräderform richtig einlegen zu können, stellte man früher um den äußeren Umfang der Form einen Gipsring her (b in Abb. 1516), dessen Ausführung zwar keine Schwierigkeiten bot, aber immerhin einige Zeit in Anspruch nahm und große Gewissenhaftigkeit erforderte. Eine mit einer Lehre ausgedrehte Rille b wurde mit Gips ausgegossen, der erhärtete Gips mit Modellack angestrichen und auf diesem Anstrich die Teilung des Zahnrades vorgerissen, indem man zunächst mit einer an der Lehre l befestigten Nadel c einen Kreis einriß (Abb. 1516), auf diesem mit einem Zirkel die einzelnen Teile auftrug und schließlich mit der als Lineal dienenden Lehre genau radial anriß. Nach Entfernung der Nadel c wurde der Arm e so weit gesenkt, daß seine Unterkante den Ring b

[1]) Nach Ausführungen der Badischen Maschinenfabrik in Durlach.

fast berührte und die Unterkante des Anschlages d noch etwas über dem Boden der Form blieb. Die Kante x x_1 der Lehre (Abb. 1517) mußte dann in genaue Übereinstimmung mit einem Teilstrich gebracht werden, worauf die Stellung des Arms mittels eines Gewichts gesichert wurde, das man an die der Kante x x_1 gegenüber liegenden Seite auf den Rand der Form legte. Nun konnte der erste Kern hart an das Anschlagbrett d in die Form gelegt und dort in irgendeiner Weise gesichert werden. Das Gewicht wurde weggenommen und der Vorgang an jedem nächsten Teilstrich wiederholt, bis alle Kerne richtig in der Form saßen. Da das Abreiben zu breiter Kerne eine umständliche Sache ist, machte man sie um etwa 1 mm zu schmal und verstrich die entstehende Fuge f mit Mehlbrei, ein Verfahren, das oft auch noch heute beim Einsetzen von Kernen von Hand oder mit Maschinen geübt wird.

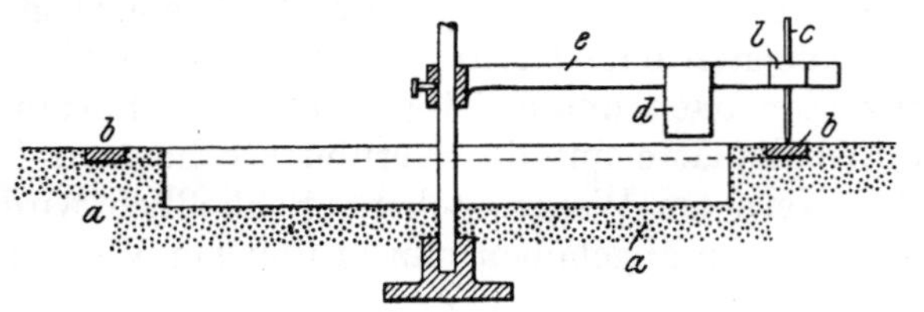

Abb. 1516.

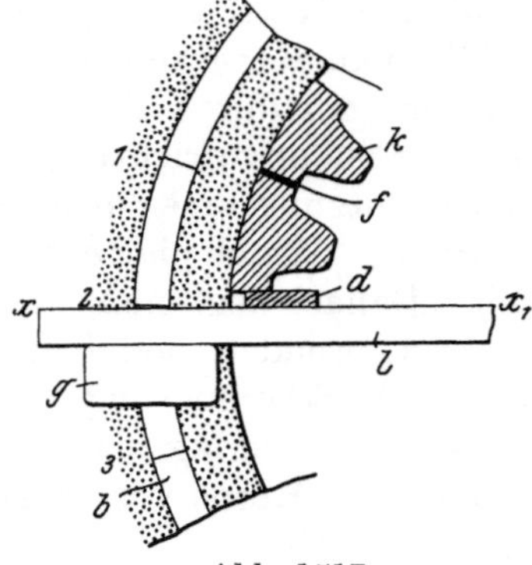

Abb. 1517.

Abb. 1516 u. 1517. Einteilung des Zahnrades mittels Gipsrings.

Diese umständliche und viele Fehlerquellen bergende Arbeitsweise wurde erstmals wesentlich verbessert durch das im Jahre 1839 in Preußen patentierte Verfahren von J. G. Hofmann. Hofmann brachte an der Drehspindel eine gelochte Teilscheibe an, in deren Löcher ein Stift, der mit dem Dreharm durch einen kleinen Gelenkarm verbunden war, gesteckt werden konnte. Statt fertige Kerne in die Form zu setzen, verwendete er das Modell einer Zahnlücke, um die Zahnformen unmittelbar von Hand aufzustampfen. Das Zahnlückenmodell war in einer Führung des Dreharms lotrecht beweglich und konnte nach dem Aufstampfen einer Zahnlücke leicht und sicher mittels Schraube und Spindel aus der Form gezogen werden. Wie bei der Handformerei drehte er einen größeren Raum aus, als dem äußeren Durchmesser des Zahnrades entsprach und stampfte ihn gleichzeitig mit der Zahnlücke voll (Abb. 1518), wodurch die einzelnen Sandkörper guten Halt bekamen und vor gelegentlichem Umfallen geschützt wurden. Zur Begrenzung des Sandes in dem außerhalb des Zahnkopfes ausgedrehten Raum wurde an das Modell m ein Brettchen a geschraubt. Das Ausheben des Zahnlückenmodells bot bei Kegelrädern keine Schwierigkeit, bei Stirnrädern wurde während des Aushebens ein der Zahnlücke genau entsprechendes Brettchen mit der Hand auf der Form festgehalten, bis das Modell vollständig aus dem Sande gezogen war.

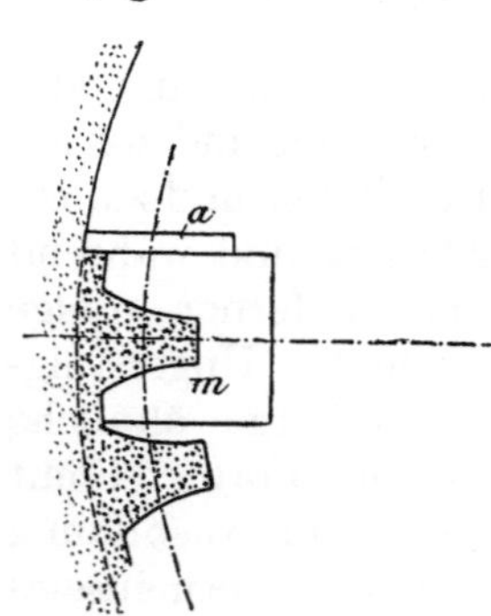

Abb. 1518. Formerei eines Zahns.

Das Hofmannsche Aushebeverfahren ist auch bei den neuesten Maschinen beibehalten worden, nur hat man seither weitere Zahnformen der Ausführung durch Maschinen zugänglich gemacht.

Bei der Formerei von Winkel- und Schneckenrädern wird das Zahnlückenmodell wagerecht aus der Form gezogen, wie Abb. 1519 schematisch zeigt. Etwas umständlicher ist die Herstellung der Verzahnung, d. h. der Lücken und Vertiefungen für Räder mit Holzverzahnung. Man legt entweder Kerne ein oder arbeitet nach dem folgenden, genaueren, durch die Abb. 1520 und 1521 verdeutlichten Verfahren. Der am lotrecht verschiebbaren Schlitten der Maschine sitzende Klotz e ist mit einer Furche versehen, deren Querschnitt dem Keil eines Holzzahns entspricht, während am unteren Ende ein in Nuten verschiebbares Brettchen c angebracht ist. Nach Einstellung von e wird der Raum d vollgestampft bis zur Unterkante des auf Stufen der Seitenwände von e liegenden Brettchens f, das vor dem Stampfen entfernt worden ist. Die richtige Stampfhöhe wird durch Anlegen von f geprüft, f schließlich endgültig eingelegt und der zwischen f und b frei gebliebene Raum vollgestampft. Zum Schluß wird c zurückgezogen, f abgehoben, e entfernt und in die nächste Stellung weiter gerückt.

Das Hofmannsche Verfahren wurde erstmals wesentlich verbessert durch ein an George Lamb Scott 1865 erteiltes englisches Patent [1]), dem zufolge die Teilung nicht

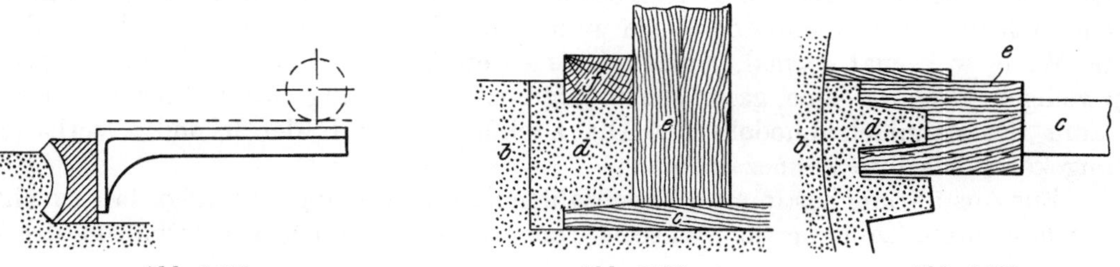

Abb. 1519.
Formerei von Winkel- und Schneckenrädern.

Abb. 1520. Abb. 1521.
Abb. 1520 u. 1521. Herstellung der Verzahnung bei Holzzahn-Rädern.

mehr mit der für größere Genauigkeit unzureichenden Teilscheibe, sondern nach einem von Reichenbach schon vor über hundert Jahren entwickelten Verfahren [2]) mittels Schneckenrad und Schnecke erfolgt. Sämtliche heute gebräuchlichen Kerneinsetzmaschinen beruhen auf den Grundgedanken von Hofmann und Scott, wenn auch ihre weitere Ausbildung recht verschiedene Wege genommen hat [3]). In der Hauptsache sind zwei Ausführungsformen zu unterscheiden, Maschinen mit drehbarem Modellträger ohne Formkastentisch und Maschinen mit feststehendem Modellträger und drehbarem Formkastentisch.

Maschinen mit drehbarem Modellträger ohne Formkastentisch (Säulen- und Wandarmmaschinen).

Die in Abb. 1522 und 1523 wiedergegebene Maschine [4]) besteht in der Hauptsache aus dem Grundbocke A, der Säule C, dem dreh- und verschiebbaren Balken E mit des Schaltvorrichtung und einem Modellträger G H mit der Vorrichtung zum Ausheben der Modells (der Zahnlücke).

Der Grundbock A hat eine konische Büchse p zur Aufnahme der Drehspindel und — nach Entfernung der Spindel — zur Aufnahme des Verbindungsgliedes B, über das die Säule C geschoben wird. Über den oberen, dünner gehaltenen Teil der Säule ist um sie drehbar der Körper D angeordnet, in dessen breiten Führungen der Balken E verschoben werden kann.

An einem Ende von E gleitet der das Zahnlückenmodell M tragende Schlitten H, der vom Handrade e aus mittels Schneckenrad und Schnecke, Zahnrad d und Zahnstange ruhig auf und ab bewegt werden kann. Der Schlitten H läßt sich mit all seinem Zubehör am Kopfende des Balkens ein wenig drehen — Gradbogen und Zeiger gestatten die genaue Einstellung der Drehung —, wodurch es möglich wird, auch Räder mit schrägen

---

[1]) Z. öst. Ing.-V. 1869, S. 93.

[2]) Dinglers Polytechn. Journ. 1821, S. 6, 129.

[3]) Die wichtigsten deutschen Patente sind: Nr. 28 591 (Briegleb, Hansen & Co.) vom 26. Febr. 1884, Nr. 33 108 (Heintzmann u. Dreyer, drehbare Säule mit zwei Formtischen) v. 8. Nov. 1884, Nr. 41 276 (Gut, Gestell zu einer Räderformmaschine) v. 5. Febr. 1887, Nr. 56 028 (Gut, Maschine für ovale und zweiteilige Räder) v. 9. Mai 1890, Nr. 69 686 (Schneider) v. 4. Nov. 1892, Nr. 71 833 (Abel, Teillochscheibe mit Läutwerk) v. 29. April 1893, Nr. 89 684 (Wierich, Teilscheibenmaschine) v. 20. Dez. 1895, Nr. 90 716 (Renk) v. 21. April 1896, Nr. 164 521 (Hasenkamp und Liesen) v. 24. Juni 1904, Nr. 185 108 (Hasenkamp u. Co.) v. 14. Sept. 1906, Nr. 193 938 (G. Müller) v. 28. Dez. 1906.

[4]) Ausgeführt von Wagner & Co. in Dortmund.

Zähnen herzustellen. Der Ring a dient zur Hubbegrenzung. Er wird so eingestellt, daß er an G stößt, sobald das Modell M die Sohle der Form berührt. Der Schlitten H wird während des Aufstampfens mit der Druckschraube b festgeklemmt, wodurch die Maschine geschont und etwaiges Spiel in der Führung minder schädlich gemacht wird. Der Balken E wird mittels einer vom Handrad f betätigten langen Schraube in den Nuten des Körpers D hin und her geschoben. Die Drehung des Körpers D ist von der Bewegung des Schneckenrads F abhängig, das seinen Antrieb durch die vom Stirnradgetriebe i l h betätigte Schnecke v erhält. Das an D festgelagerte Stirnrad i sitzt auf der langgenuteten, mit dem Balken E verschiebbaren Welle w, die vom Handhebel n aus gedreht wird. Wenn die Welle w $^1/_4$ mal, $^1/_2$ mal, 1 mal oder mehrere Male gedreht wird, so entspricht der jeweiligen Drehung eine ganz genau begrenzte Bewegung des Schneckenrades F und damit des Zahnlückenmodells M. Die Drehungen der Räder h und i verhalten sich umgekehrt wie ihre Zähnezahlen.

Zur Ausführung bestimmter Zähnezahlen (Zahneinteilungen) genügt daher nicht allein eine bestimmte Drehung der Achse w, sondern es muß auch das Verhältnis der Zähne-

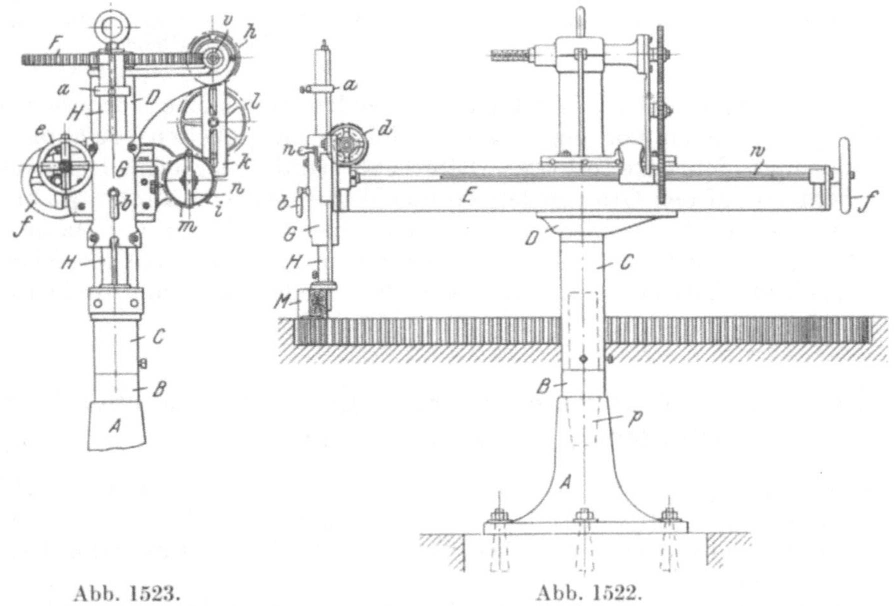

Abb. 1523. Abb. 1522.

Abb. 1522 u. 1523. Zahnrad-Formmaschine mit drehbarem Modellträger für kleinere Räder.

zahlen von h und i zutreffend sein. Um dieses Verhältnis allen Zahnteilungen anpassen zu können, sind die Räder h und l auswechselbar gemacht. Rad l dreht sich um einen im Stelleisen k festsitzenden Bolzen.

Um die genaue Drehung der Welle w zu sichern, ist der mit ihr fest verbundene Handgriff n federnd ausgeführt, so daß er ständig gegen den am Drehbalken E festsitzenden Ring m drückt. Der Ring ist an seinem äußeren Rand mit Einkerbungen versehen, in die eine an der Rückseite des Griffes n sitzende Nase greift. Bei langsamer Drehung von n schnappt die Nase der Reihe nach in die Kerbungen ein und muß jedesmal erst herausgezogen werden, um weiteres Drehen zu ermöglichen. Sind z. B. vier Kerben vorhanden, so muß die Handhabe siebenmal einschnappen, wenn die Welle w $1^3/_4$ mal gedreht werden soll. Eine Zahlentafel schreibt für jede Teilungsziffer die nötigen Wechselräder und die Zahl der Drehungen vor.

Die Maschine vereinigt alle vom Arbeiter regelmäßig zu bedienenden Teile auf so engem Raum, daß er während des fortschreitenden Arbeitens auf seinem Platze bleiben kann. Eine Schwäche liegt in der Art ihrer Lagerung auf dem Sockel A. Bei einseitiger Belastung, insbesondere bei großer Entfernung des Schlittens H vom Maschinenmittel gibt die dreiteilige Mittelstütze A, B, C leicht etwas nach, wodurch Ungenauigkeiten entstehen können. Dem Übelstande begegnet die in Abb. 1524 und 1525 in zwei Ansichten wiedergegebene Maschine [1]) für Räder von 2000—6000 mm Durchmesser. Ein schwerer, sternförmiger Grundrahmen a, der den eigentlichen Maschinenkörper b trägt, ist auf Mauerwerk verankert. Nach dem Ausdrehen der Form und Entfernen der Drehspindel aus der ausgebuchsten Nabe b wird der Ständer c auf den gedrehten Kranz von b

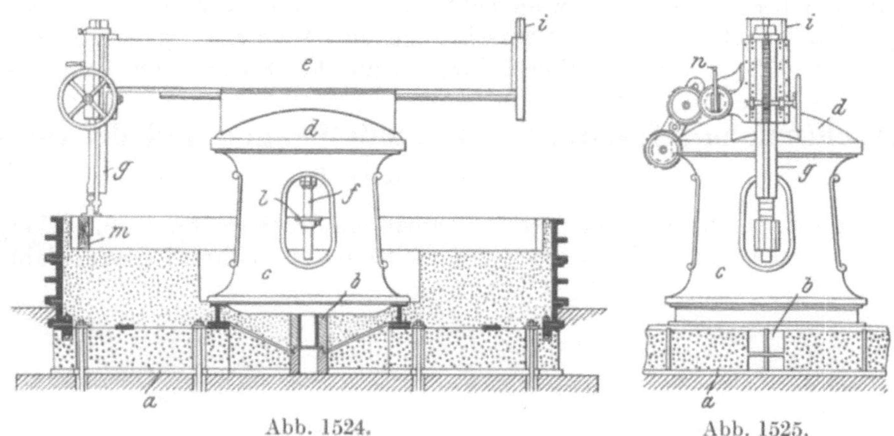

Abb. 1524. Abb. 1525.

Abb. 1524 u. 1525. Zahnrad-Formmaschine mit drehbarem Modellträger für größere Räder.

gesetzt. Auf dem Ständer dreht sich in genauen Führungen das Oberteil d mit dem in Schlittenführungen gleitenden Querbalken e, an dessen einem Ende der Modellträgerschlitten g sitzt. Der Schlitten g ist durch Ketten, die über Rollen im hohlen Querbalken e laufen, mit dem Gewichte i verbunden und dadurch nahezu gewichtsausgeglichen aufgehängt. Das Weiterdrehen des Modells nach den Formen einer Zahnlücke geschieht von der Handkurbel n aus wie bei der vorhergehenden Maschine.

Zur Prüfung der Einstellung des Modells auf den gewünschten Raddurchmesser ist in der Mitte des Ständers c eine Spindel f angebracht, auf der ein auf verschiedene Höhe verstellbarer Ring l sitzt. Durch ein halbrund ausgeschnittenes, mit Teilung versehenes Richtscheit, das auf den Ring l zwischen m und f gelegt wird, läßt sich der Abstand des Modells genau bestimmen.

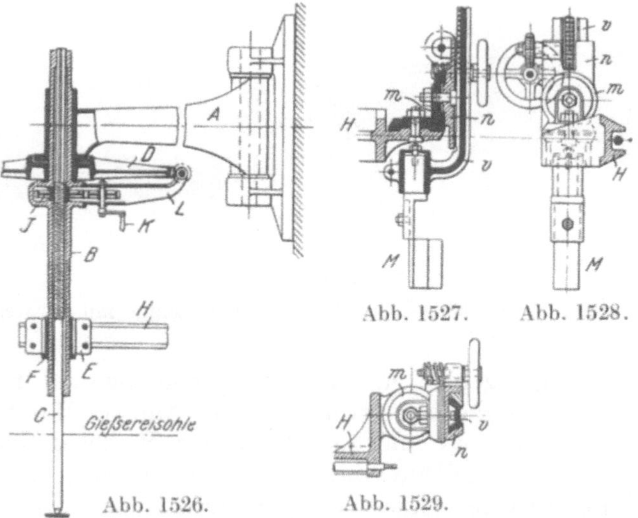

Abb. 1526. Abb. 1527. Abb. 1528. Abb. 1529.

Abb. 1526—1529. An der Wand befestigte Zahnrad-Formmaschine für kleinere Räder.

Die in den Abb. 1526—1529 in verschiedenen Schnitten durch die ganze Maschine und ihre wichtigsten Einzelheiten dargestellte Kerneinsetzmaschine [2]) dient zum Formen kleinerer Räder. Sie hängt an einem Wandgelenkarm A und besteht aus einer gußeisernen Spindel B mit dem Hubwerke, der Teilvorrichtung D, dem Modellträger H und einer Stützspindel C. Die hohle Spindel B ist in A drehbar angeordnet und kann lotrecht nicht verrückt werden. Dagegen ist die Spindel C durch eine Kurbel mittels eines Rädervorgeleges, einer Schraube und eines

[1]) Ausgeführt nach dem D.R.P. Nr. 28 591 von Briegleb, Hansen & Co. in Gotha.

[2]) Ausgeführt von Bockenheimer Eisengießerei u. Maschinenfabrik in Frankfurt-Bockenheim.

Schraubengewindes lotrecht verstellbar, wodurch eine wirksame Abstützung des Armes A erreicht wird. Das Schneckenrad D sitzt unmittelbar auf der Spindel B, während die zugehörige Schnecke mit den Wechselrädern auf einem Ausleger gelagert ist. Das Einteilen geschieht wie bei den vorhergehenden Maschinen. Der Modellträger v gleitet an einem Ende von H in Führungen n und ist mittels der Winkelplatte m so angebracht, daß er um eine lotrechte und eine wagerechte Achse gedreht werden kann. Dadurch wird die Möglichkeit geboten, Räder der verschiedensten Zahnformen herzustellen. Der Hub des Modells erfolgt in üblicher Weise durch Schnecke, Schneckenrad und Zahnstange.

Maschinen mit feststehendem Modellträger und drehbarem Formkastentisch.

Je standfester man die Kerneinsetzmaschinen mit drehbarer Säule durch Vergrößerung des Säulendurchmessers macht, desto engere Grenzen werden ihrer Leistungsfähigkeit nach

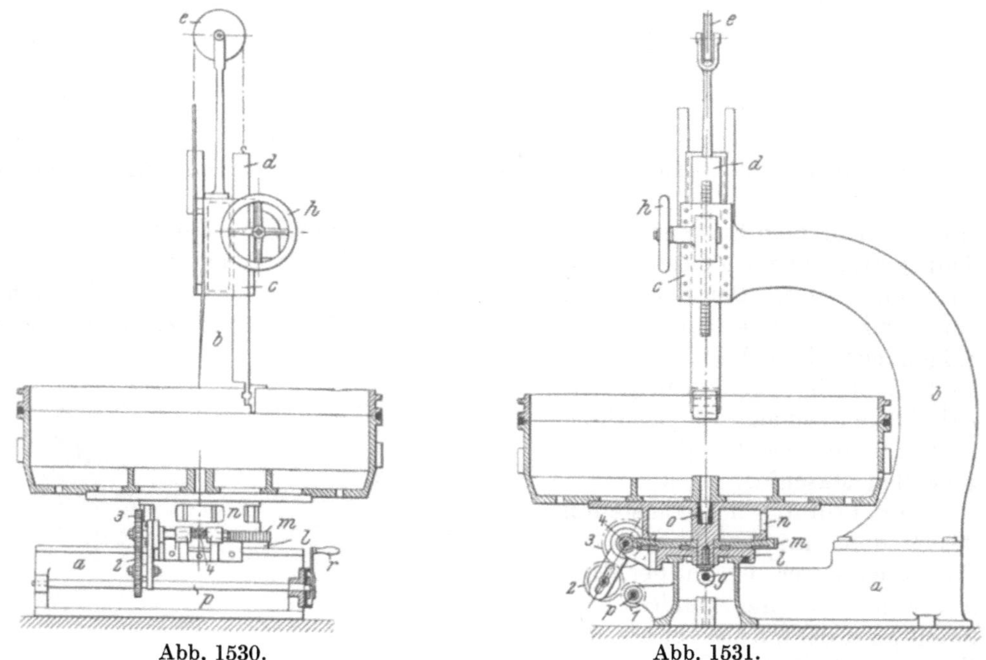

Abb. 1530. Abb. 1531.

Abb. 1530—1532. Zahnradformmaschine mit feststehendem Modellträger und Drehtisch.

unten gezogen, d. h. desto weniger können auf ihnen kleinere Räder abgeformt werden. Auf der Maschine nach Abb. 1524 und 1525 können z. B. keine Räder unter 2000 mm Durchmesser hergestellt werden. Selbst im günstigsten Falle der Aufhängung an einem Wandarm, wie bei der Maschine nach den Abb. 1526—1529 ist ein nicht unbeträchtlicher Abstand zwischen Drehachse und Modellstück unvermeidbar. Dem wird durch Anordnung einer feststehenden Säule und eines die Form tragenden Drehtisches erfolgreich begegnet. Die erste so gebaute Maschine dürfte von Jackson stammen [1]). Der Formkasten ruhte auf einer nach beliebiger Teilungsart drehbaren Planscheibe, während der Schlitten mit dem Modellträger auf einem Bett verschoben wurde. Die Maschine wurde im Laufe der Zeit nach verschiedenen Richtungen verbessert,

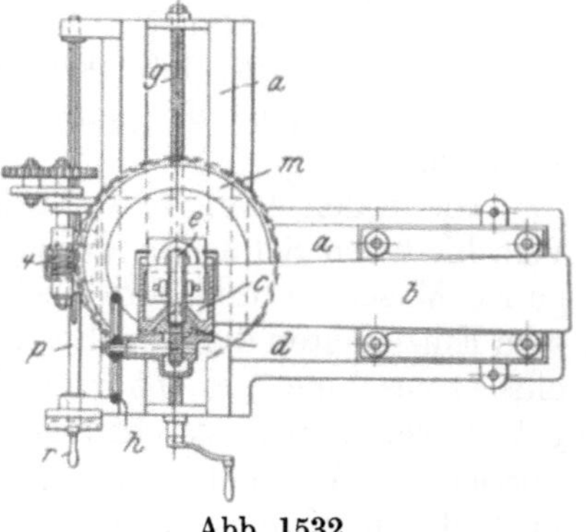

Abb. 1532.

[1]) Wiecks Gewerbezeitung. 1856, S. 346.

insbesondere wurde die lange Spindel der Planscheibe durch eine gedrungene Kegelführung oder durch ebene und zylindrische Flächen ersetzt.

Die Abb. 1530—1532 zeigen in zwei Schnitten und im Grundriß eine Tischmaschine neuerer Bauart [1]). Auf einen Schenkel des einen Winkel bildenden Bettes a ist der Bock b geschraubt, an dessen Kopf c der über der Rolle e gewichtsausgeglichen aufgehängte Modellträgerschlitten d geführt wird. Im Grundriß (Abb. 1532) ist der Kopf c mit dem Schlitten d im Schnitte, die Rolle e mit ihrem Ständer aber in der Draufsicht gezeichnet, der Formkasten mit seinem Unterlagskörper dagegen ganz weggelassen. Die Bewegung des Schlittens d wird vom Handrad h aus mittels Zahnrad und Zahnstange bewirkt. Der den Formtisch n und das Schneckenrad m tragende Grundschlitten l wird durch die Schraube g bewegt. In den Formtisch n ist eine Büchse o eingelassen, die zur Aufnahme der Drehspindel beim Ausdrehen der Zahnrad-Grundform dient. Das Ausdrehen kann aber auch für sich erledigt werden, bevor man den Formkasten auf die Maschine bringt. Der Formkasten erhält dann einen Boden mit einer in der Mitte sitzenden, genau gebohrten Nabe und wird mittels eines die Nabe mit der Büchse verbindenden Bolzens ausgerichtet. Der Bolzen dient zugleich zur Bestimmung des richtigen Abstandes zwischen Formkastenmitte und Zahnlückenmodell. Das Vorrücken der Form um das Maß der Zahnradteilung erfolgt von der Kurbel r aus durch Betätigung der Welle p, der Wechselräder 1, 2, 3, der Schnecke 4 und des Schneckenrades m.

Abb. 1533.

Abb. 1534.

Abb. 1533 u. 1534. Zahnradformmaschine mit Drehtisch.

Die Abb. 1533 und 1534 zeigen eine Maschine [2]) mit Drehtisch und einem geradlinig, wagerecht verschiebbaren Modellträgerarm. Auf die Grundplatte K ist eine Säule M

[1]) Ausgeführt von Briegleb, Hansen u. Co. in Gotha.

[2]) Ausgeführt von Bad. Maschinenfabrik in Durlach.

geschraubt, in deren Hülse N der Modellträgerarm A durch das vom Handrade B betätigte Stirnrad C und eine an seiner Unterseite ausgearbeitete Verzahnung wagerecht verschoben werden kann. Der zylindrische Modellträger D ist annähernd gewichtsausgeglichen aufgehängt und wird von der Kurbel O aus mittels der Stirnräder E und F und eines Zahnstangengetriebes bewegt. Die Schaltung erfolgt durch die Wechselräder 1, 2, 3, 4, Schnecke und Schneckenrad H. Der Drehtisch P ruht auf Stahlkugeln. Zwischen der die Stahlkugeln aufnehmenden Rinne und dem äußeren Rande des Grundrahmens ist eine zweite Rinne L vorgesehen, in der sich das Schneckenrad staubsicher und unter Ölabschluß bewegt. Der Modellträgerarm ist so kurz als möglich gehalten. Abb. 1533 zeigt seine Stellung bei einer kleinen, Abb. 1534 bei der größten auf der Maschine herzustellenden Form. In Abb. 1533 ist der Drehtisch abgehoben und zur Seite gerückt dargestellt, um die Anordnung der Kugellager zu zeigen. Abb. 1534 zeigt eine halbfertige Form und den Standort des die Maschine bedienenden Mannes während der Arbeit. Durch die eigenartige Anordnung von Säule, Modellträger und Drehtisch wird es dem Former möglich, den Arbeitsplatz unmittelbar am Zahnlückenmodell und unbehelligt durch irgendwelche Maschinenteile während des ganzen Arbeitsvorganges beizuhalten. Er muß diesen Platz nur zur jeweiligen Betätigung der Schaltung verlassen.

XXXVI. Zusammensetzmaschinen und andere Behelfe.

Zusammensetzmaschinen.

Bei Formen für dünnwandige Gegenstände von größerer Höhe, wie für Kochgeschirre, Kondenstöpfe und ähnliche Gußstücke, sowie bei Formen mit tief in das andere Teil eingreifenden Kernen bietet die Zusammensetzung von Ober- und Unterteil manche Fährlichkeiten, die mit zunehmender Größe der Formen zu beträchtlichen Schwierigkeiten anwachsen können. Bei Verwendung kurzer Führungsbolzen besteht die Gefahr

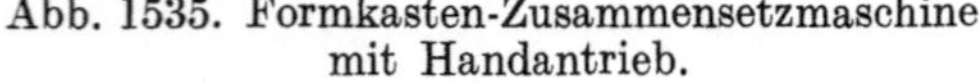
Abb. 1535. Formkasten-Zusammensetzmaschine mit Handantrieb.

Abb. 1536. Formkasten-Zusammensetzeinrichtung mit Druckwasserantrieb.

einer Beschädigung der Form, während ausreichend lange Bolzen bald verbogen oder sonst beschädigt werden. Diesen Schwierigkeiten begegnen Zusammensetzmaschinen zur Vereinigung der Formkastenhälften auf mechanischem Wege. Man unterscheidet von Hand und von Druckwasser betätigte Vorrichtungen und solche mit festsitzenden und mit beweglichen Führungsbolzen. Die Führungslappen aller auf Zusammensetzmaschinen zu vereinigenden Formkastenteile müssen mit gegenseitig übereinstimmenden Bohrungen versehen werden.

Abb. 1535 zeigt eine von Hand betriebene Vorrichtung [1]) zum Zusammensetzen eines Formkastenpaars mittlerer Größe. Zwei auf Querstücken, die in den Schmalseiten des Maschinengestelles geführt werden, sitzende Führungstifte sind vom Handrade A aus mittels eines doppelten Zahnstangengetriebes auf und ab bewegbar, wobei die Hülsen B eine zuverlässige Führung der Stifte bewirken. Die zusammengehörenden Formkastenteile werden über die hochgehobenen Stifte geschoben, die Stifte durch Drehen des Handrades A gesenkt, worauf die zusammengefügten Formkasten nach Einstecken von vier Kastengriffen von der Maschine gehoben werden. Ein auf der Achse D sitzendes Gewicht erleichtert die Arbeit. Da ein Führungstift verstellbar ist, läßt sich die Maschine für Formkasten verschiedener Länge verwenden.

Die in Abb. 1536 dargestellte Abhebemaschine [1]) beruht auf demselben Grundgedanken. Da ihr von Druckwasser betätigter Abhebetisch ständig über die Führungstangen gleitet und zugleich selbst in den seitlichen Ständern gut geführt ist, werden die Führungstangen mehr geschont und etwaige Verbiegungen derselben immer wieder von selbst ausgeglichen. Die Maschine arbeitet im übrigen genau wie die in Abb. 1535 dargestellte, beide sind aber nicht geeignet, den Sandballen aus den Formkasten zu pressen.

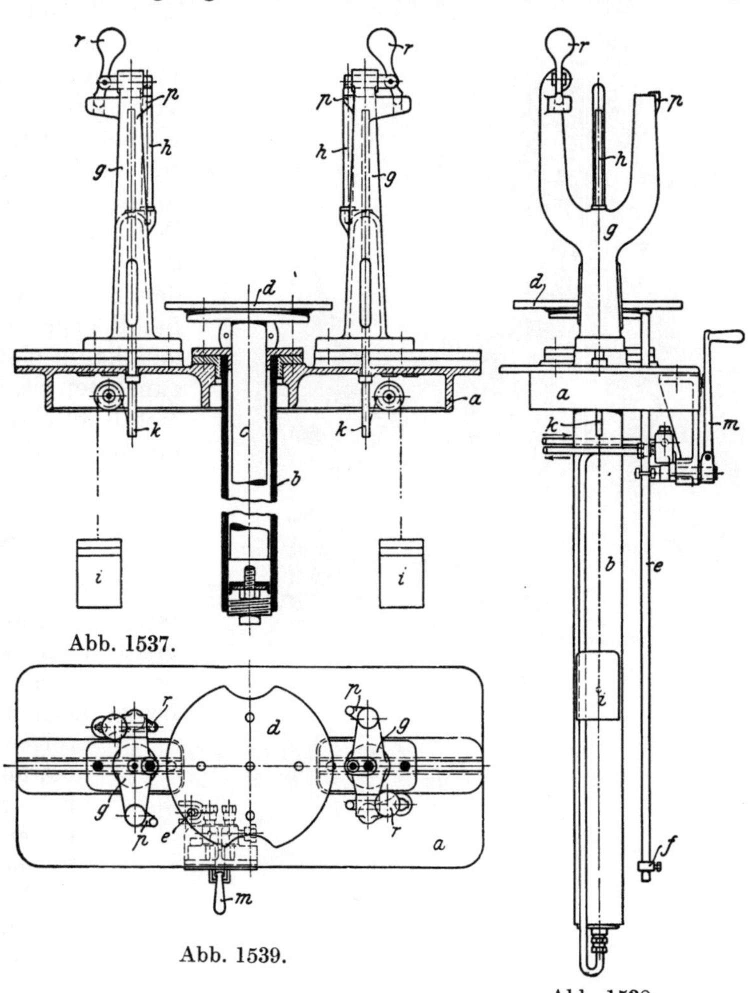

Abb. 1537—1540. Formkasten-Zusammensetzeinrichtung mit Druckwasserantrieb.

Auch die in Abb. 1537 bis 1540 in einem Schnitte, einer Seitenansicht, einer Draufsicht und im Bild gezeigte Maschine mit feststehenden Führungstiften [2]) wird mit Druckwasser betrieben. Der Druckkolben c trägt eine auswechselbare Platte d, die mit einer Führungstange e zur Hubbegrenzung ausgestattet ist. Die Gabelständer g dienen als Auflager für die Oberteile und tragen lange Führungstifte h, sowie eine Riegelvorrichtung r zum Festhalten des Oberkastens beim Ausdrücken des Sandblockes. Außerdem sind in den Ständern mit Gegengewichten i versehene, in senkrechten Führungen bewegliche Stangen k gelagert, die nach dem Ausdrücken der Sandform den Unterkasten tragen. Der Hebel m bedient das Steuerventil.

Arbeitsweise: Man legt den Unterkasten auf die Platte d, den Oberkasten auf die Vorsprünge p der Ständer g. Beide Teile sind dabei durch die Führungstifte h mitein-

[1]) Ausgeführt von Bad. Maschinenfabrik in Durlach.

[2]) Ausgeführt nach dem Bonvillainschen Patente Nr. 178 030 von Maschinenfabrik Gustav Zimmermann in Rath bei Düsseldorf.

ander in richtiger Übereinstimmung. Der Kolben erhält Druck, preßt das Unterteil gegen das Oberteil — wobei wieder die Stangen h als Führung dienen — und hebt die richtig vereinigten Formkasten über die Führungstangen.

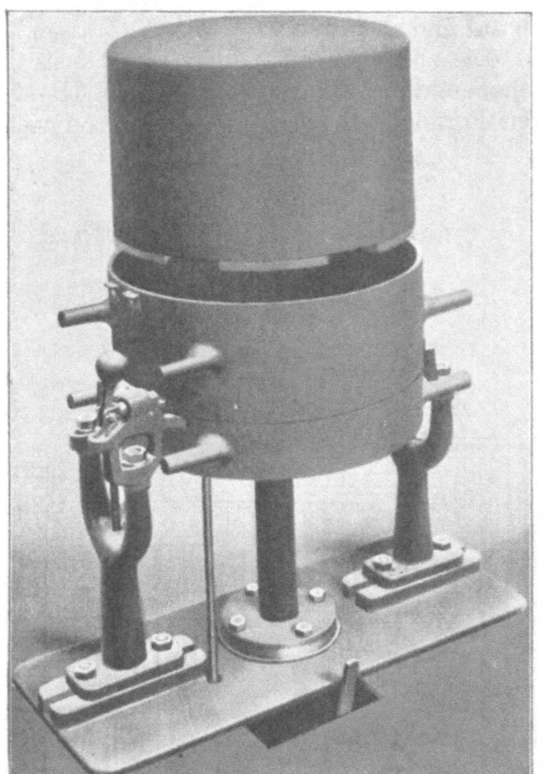

Abb. 1540.

Zum Ausdrücken der Form wird auf die Platte d eine Blechscheibe gelegt, die um einige Millimeter kleiner als die lichte Formkastenweite ist. Darüber wird das Unterteil gelegt, das Oberteil auf die Vorsprünge p des Gabelständers. Nach dem Verriegeln läßt man Druckwasser auf den Kolben c wirken. Er geht hoch, vereinigt erst die beiden Formkasten und drückt, sobald die Verriegelung des Oberteiles Widerstand bietet, den Sandballen, der auf der Unterlageplatte abgehoben wird, aus den Formkasten (Abb. 1540). Die beiden Sandblöcke verbinden sich dabei so innig, daß kaum eine Fuge zwischen ihnen wahrzunehmen ist, und beim Gusse kein flüssiges Metall durchdringen kann, sofern die Form überhaupt dem Gießdrucke standzuhalten vermag (vgl. S. 380).

Sandzuteiler.

Das Füllen der Formkasten mit Formsand von Hand erfordert verhältnismäßig viel Zeit und wird nicht immer genau genug bewirkt. Man führt auch diese Arbeit besser mechanisch aus. Abb. 1541 und 1542 zeigen einen in der Praxis gut bewährten Sandzuteiler [1]), der bei vielen Formmaschinen, insbesondere solchen mit ausfahrbarem Tische, verwendet werden kann. Er besteht aus einem Formeisengestell C, einem Sandbehälter F und einem um eine Achse ausschwenkbaren Verteilungskasten B. Der Sandbehälter ist ebenso wie der Verteilungskasten unten mit einem in Falzen gleitenden Schieber abgeschlossen [2]). Wenn der Verteilungskasten vom Sandbehälter weggeschwenkt wird, nimmt er mit der Rolle H den Schieber E mit und schließt so den Sandbehälter ab. Beim Einschwenken oberhalb des zu füllenden Formkastens stößt der Schieber D an die Formmaschine und wird dabei zurückgeschoben, der Sand fällt heraus und füllt gleichmäßig den Formkasten. Beim Zurückschwenken stößt der Schieber D

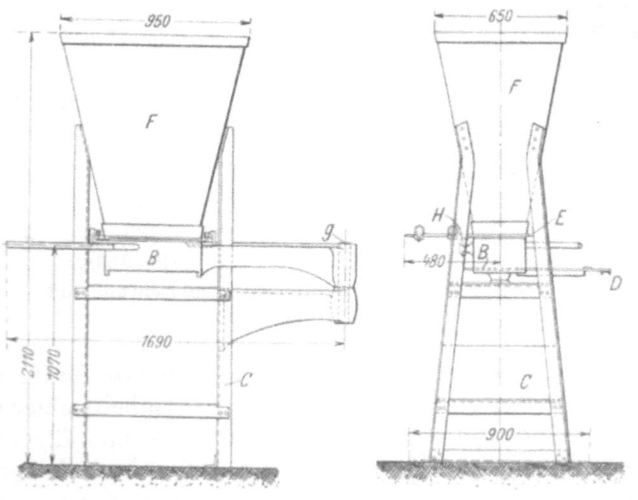

Abb. 1541. Abb. 1542.
Abb. 1541 u. 1542. Sandzuteiler.

[1]) Ausgeführt von Maschinenfabrik Gustav Zimmermann in Rath bei Düsseldorf.

[2]) In der linken Abbildung ist der Schieber D weggelassen, in der rechten ist der Schwenkarmträger nur mit dem oberen Teil seiner Nabe angedeutet.

gegen das Verteilungsgestell, schiebt sich infolgedessen zurück und schließt den Verteilungschieber wieder ab. Zugleich nimmt die Rolle H den Schieber E mit, worauf wieder Sand aus dem Behälter F in den Verteilungskasten gelangt [1]). Das Füllen des Formkastens mit dem Sandzuteiler erfordert nur einen Handgriff, während beim Füllen von Hand deren mindestens ein halbes Dutzend nötig sind.

Abb. 1543 zeigt eine Kleinrüttelanlage mit Füllvorrichtung [2]), bei der ein Kleinrüttler mit angebauter Wendeplatten-Formmaschine und Nachpreßvorrichtung durch einen Sandbunker bedient wird. Der Sand gelangt mittels einer Förderrinne in den Bunker. Sobald ein Formkasten gefüllt werden soll, wird eine Rutsche heruntergeklappt, worauf der darin befindliche Sand in den Formkasten fließt. Die Rutsche wird nach dem Hochklappen selbsttätig wieder mit Sand gefüllt und ist sofort zur Beschickung des nächsten Formkastens bereit. Die Abbildung 1543 zeigt den Former im Begriff die Rutsche herunterzuklappen.

Abb. 1543. Kleinrüttelmaschine mit Sandbunker und Sandzuteiler.

Für größeren Sandbedarf, wie er bei großen Rüttlern erwächst, würde die vorbeschriebene Einrichtung nicht ausreichen. Es empfiehlt sich dann eine leistungsfähigere Anlage nach Abb. 1544 zu beschaffen [2]). Ihr Bunker hat wesentlich größeres Fassungsvermögen, so daß man durch vorübergehende Störungen in der Sandzufuhr weniger gefährdet ist. Der Formsand wird entweder unmittelbar vom Boden aus dem Becherwerk zugeführt, das ihn dem Bunker aufgibt, oder er gelangt durch einen unter Gießereisohle angeordneten Förderer an die Aufgabestelle. Je nach Bedarf läßt sich oberhalb des Bunkers eine Siebtrommel oder eine andere Aufbereiteinrichtung unterbringen.

Selbsttätige Sandabstreifer.

Abb. 1545 zeigt eine Anordnung, bei der der fahrbare Preßholm einer Doppelformmaschine als Sandabstreifer ausgebildet ist. Die Einrichtung läßt sich in gleicher Weise bei einfachen Maschinen mit feststehendem Preßholm und ausfahrbarem Formkasten treffen. Sie erspart dem Former mehrere Handgriffe und bringt den abgestreiften Sand stets an die gleichen Stellen rechts und links von der Maschine.

---

[1]) Eine eingehendere Beschreibung nebst genauer Zeichnung ist der Patentschrift Nr. 177 455 zu entnehmen.

[2]) Ausgeführt von Bad. Maschinenfabrik in Durlach.

Kippbare Füllrahmen.

Der kippbare Füllrahmen (Abb. 1546) bedarf kaum einer Erläuterung. Er kann zugleich mit dem selbsttätigen Abstreifer angebracht werden und erspart das Auf- und Abheben des Füllrahmens und seine Aufbewahrung außer Gebrauch.

Losklopfer (Vibratoren).

Wie bei der Handformerei wird bei der Formmaschinenarbeit in vielen Fällen das gute Gelingen der Form in beträchtlichem Maße vom richtigen Losklopfen der Modelle bedingt. Zugleich hängt davon die Lebensdauer der Formmaschinen ganz wesentlich ab. Zwischen dem heftigen Abklopfen eines Formstückes mit eisernen Hämmern und den sanften Wirkungen eines Preßluftlosklopfers liegen viele Möglichkeiten, und während der Mechanismus einer Maschine im letzten Falle nur unmerklich beeinflußt wird, ist er im ersten Schädigungen ausgesetzt, die seinem genauen Arbeiten rasch ein Ende setzen können. Eiserne Hämmer sollten niemals zum Losklopfen von Hand benutzt werden,

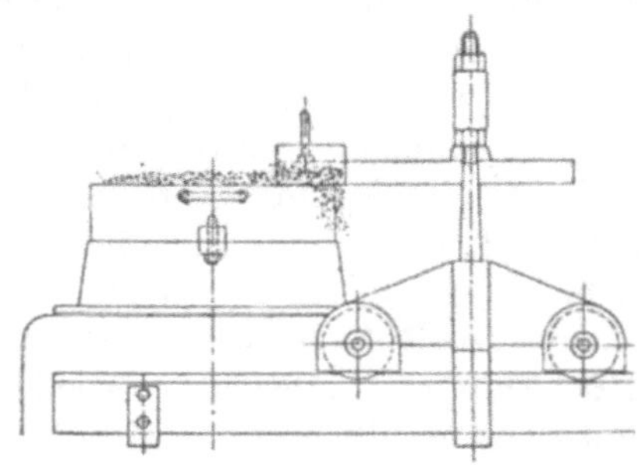

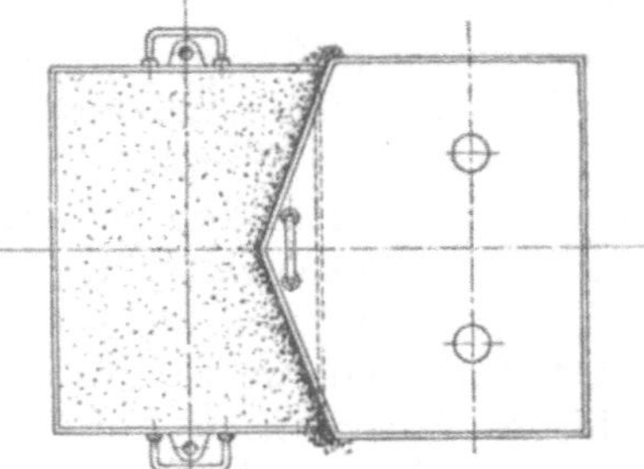

Abb. 1545. Als Sandabstreifer ausgebildeter fahrbarer Preßholm.

Abb. 1544. Sandbunkeranlage und Sandzuteiler für größere Rüttelmaschinen.

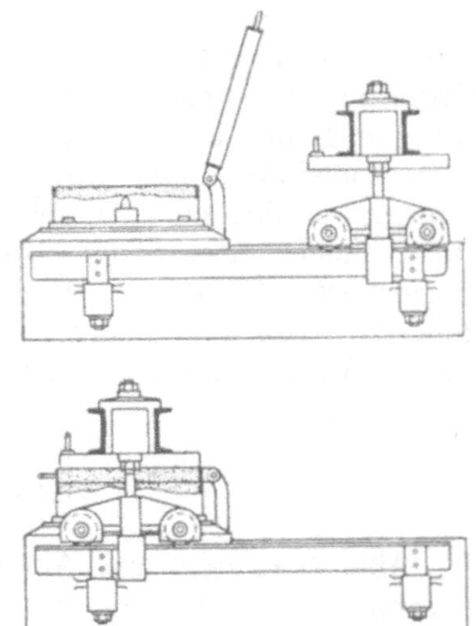

Abb. 1546. Kippbarer Füllrahmen.

man kann in allen Fällen mit Hartholzhämmern gleiche, wenn nicht bessere Wirkungen erzielen. Nur bei genauer Schlagbegrenzung, wie bei der an Maschine in Abb. 1203 und 1204 (S. 376) angebrachten Losklopfvorrichtung, arbeiten eiserne Hämmer ohne Schaden. Vorrichtungen der letzten Art, mit denen bis zu 200 Schläge in der Minute gemacht werden, bilden den Übergang zu den in immer umfangreichere Verwendung gelangenden Preßluft-Losklopfern, die mit 2000—5000 Schlägen in der Minute arbeiten.

Die Wirkung eines Preßluft-Losklopfers hängt von der Art seiner Anbringung und von der Art des Modellaushebens ab. Beim Losklopfen eines von Hand eingeformten Modells in der üblichen Weise wird der am Modell haftende Sand losgelöst und eine Vergrößerung der Form bewirkt, die bei großen Modellen mehrere Millimeter beträgt. Wird aber eine dünne, zweiseitige Modellplatte nach dem Abheben des Oberteiles über ihre ganze obere Fläche mit einem Hammer abgeklopft, so löst sich zwar der an ihr haftende Sand des Unterteiles ab, d. h. es wird die Adhäsion zwischen Formsand und Modellplatte überwunden, eine Vergrößerung der Form in die Länge und Breite und dadurch bedingte Erleichterung des Modellaushebens findet nicht statt, um so weniger, als selbst die Überwindung des Anhaftens nur an wagerechten oder nahezu wagerechten Modellflächen vollständig ist, mit dem wachsenden Neigungswinkel jeder Modellfläche zur Formplatte aber abnimmt und bei senkrechten Flächen praktisch gleich Null wird. Zwischen den beiden Wirkungen des Losklopfens: der Überwindung des Anhaftens und der Formvergrößerung muß demnach unterschieden werden. Ein senkrecht oder nahezu senkrecht zur Ebene der Modellplatte angeordneter Losklopfer (Abb. 1547) wirkt nur in der ersten Richtung und reicht darum nur für ganz flache Modelle aus [1]), während ein in der Ebene der Modellplatte arbeitender Losklopfer (Abb. 1548) nach beiden Richtungen wirkt und infolgedessen gutes Abheben auch von Modellen mit hohen, nahezu oder völlig senkrechten Flächen gewährleistet. Doch ist auch die Wirksamkeit eines so angeordneten Losklopfers verschieden, je nachdem das Abheben nach oben oder nach unten erfolgt.

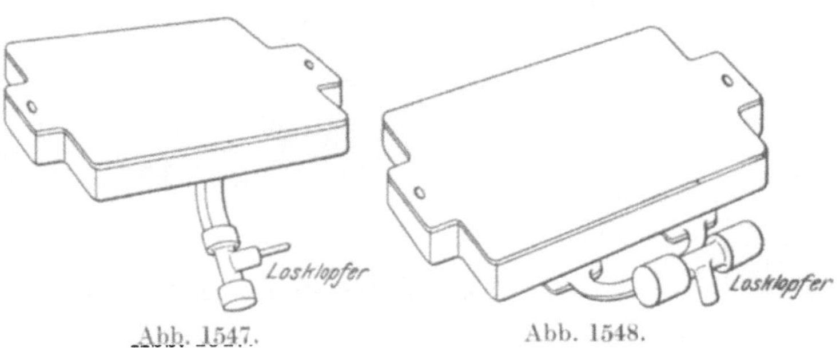

Abb. 1547. Abb. 1548.
Abb. 1547 u. 1548. Preßluft-Losklopfer.

Abb. 1549. Abb. 1550.
Abb. 1549 u. 1550. Preßluft-Losklopfer neuer Ausführung.

Ausgedehnte Versuche, die Mandon auf einer Tabormaschine mit Aluminiummodellplatte angestellt hat [2]), haben gezeigt, daß beim Senken des unterhalb der Formplatte liegenden Formkastens wesentlich bessere Ergebnisse als im entgegengesetzten Falle erreicht werden. Der Losklopfer ist bei dieser Anordnung mit Vorteil vor und während des Abhebens in Tätigkeit. Beim Abheben des über der Modellplatte liegenden Formkastens dagegen durfte der Losklopfer nur vor dem Abheben betätigt werden, da sein Arbeiten während des Abhebens eher schädlich als nützlich war. Bei oben liegender Formplatte ist die Wirkung so bedeutend, daß Modelle, die sonst nur mit Durchziehplatten

[1]) Siehe auch S. 7. [2]) Avaurieu in Révue de Mécanique, Bd. 23, (1905) Nr. 2, S. 125.

abgehoben werden konnten, tadellos aus der Form gelangten, während im anderen, nur das Losklopfen vor dem Abheben gestattenden Fall selbst einfache flache Modelle nicht immer glatt aus der Form zu bringen waren.

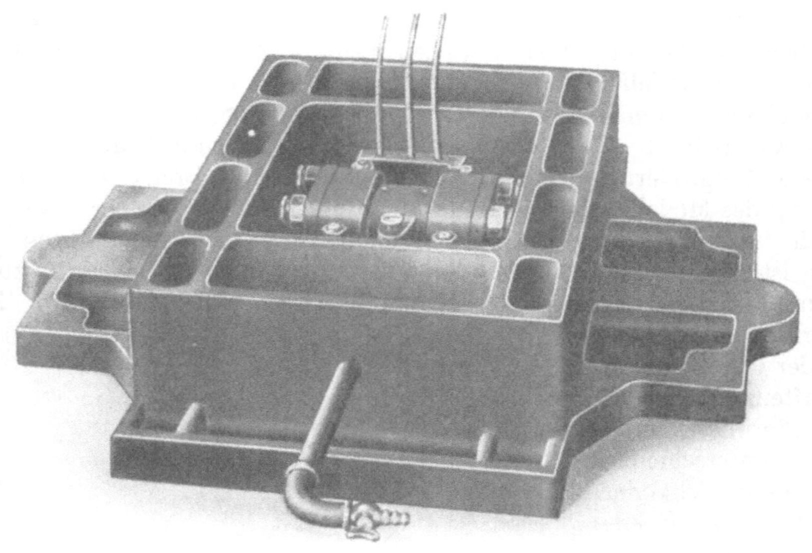

Abb. 1551. Modellplatte mit eingebautem Losklopfer.

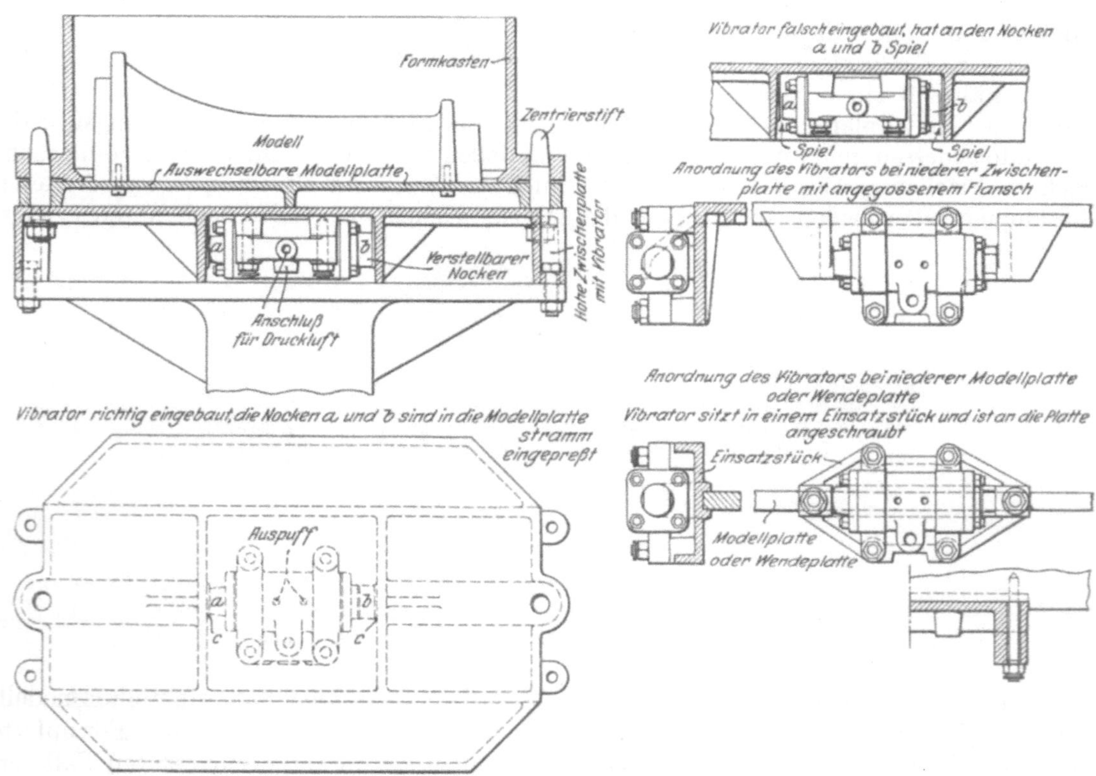

Abb. 1551—1556. Aufbringen des Losklopfers auf die Formplatte.

Die Abb. 1549 und 1550 zeigen zwei Losklopfer neuer Ausführung und Abb. 1551 deren Einbau in eine Formmaschinenplatte [1]). Zur vollen Auswertung der Schläge wird

[1]) Ausgeführt von Bad. Maschinenfabrik in Durlach.

der Klopfer zwischen zwei an der Formplatte vorgesehenen festen Ansätzen oder Rippen befestigt, an denen er mit seinen Endnocken satt anliegt. Um ihn ohne Spiel zwischen den Rippen anpassen zu können, ist einer der beiden Nocken verstellbar ausgeführt. Kleinere Formplatten werden mit nur einem, größere mit bis zu sechs Losklopfern ausgestattet. Aus den Abb. 1552—1556 ist das Aufbringen des Losklopfers auf die Formplatte im einzelnen zu erkennen. Er muß zur Erzielung bester Rüttelwirkung an den beiden Nocken a und b (Abb. 1552 und 1553) stramm in die Platte eingepreßt werden. Passen die Nocken nicht ohne weiteres in den zur Verfügung stehenden Spielraum, so ist der Nocken b so weit herauszudrehen, bis der Losklopfer fest an die Anschlagsäule c der Formplatte angedrückt wird.

Abb. 1557. Preßluft-Abbläser.

Bei Inbetriebsetzung des Klopfers ist der Lufthahn möglichst schnell und vollständig zu öffnen. Um die Vorrichtung dauernd in guter Ordnung zu halten, muß man sie täglich mit Maschinenöl schmieren. Falls der Losklopfer zur Ölung schwer zugänglich ist, empfiehlt es sich, in die Luftleitung zuvor ein T-Stück einzuschalten, durch das die Schmierung erfolgen kann. Man hat dann nur den Verschlußstopfen herauszuschrauben, etwas Öl einzugießen und den Stopfen wieder einzuschrauben. Die Luft reißt das Öl mit in den Losklopfer. Bei leicht zugänglichem Losklopfer kann die Schmierung durch die Auspufflöcher erfolgen.

Abb. 1558. Abblasen einer Form mittels Preßluft-Abbläsers.

Preßluft-Abblasevorrichtungen.

Zum ordnungsgemäßen Betrieb von Formmaschinen sind Abblasevorrichtungen unentbehrlich. Mit ihrer Hilfe wird die Formplatte nach dem Abheben eines Kastenteils in wenigen Sekunden von allen Sand- und Staubrückständen gereinigt, so daß dann die Arbeit ohne praktisch merkbare Pause fortgesetzt werden kann. Abb. 1557 zeigt die Anwendung eines etwas gebogenen Abbläsers bei Formmaschinen und Abb. 1558 seine Verwendung zum Abblasen einer größeren Form. Dieses Werkzeug ersetzt Handfeger, Blasebalg und Pinsel. Die lichte Weite des Blasmundstückes beträgt 6 mm, die lichte Weite der Ventilbohrung 4 mm und die des Anschlußflansches 10 mm.

XXXVII. Die Eignung verschiedener Formmaschinen für bestimmte Zwecke.

Die Verwendung von Formmaschinen und die Wahl einer Formmaschinenart ist von wirtschaftlichen und technischen Erwägungen abhängig. Man wird vernünftigerweise zum Arbeiten mit Formmaschinen übergehen, sobald die regelmäßig auszuführende Stückzahl eines oder mehrerer Abgüsse so groß ist, daß die Auslagen für Anschaffung, Betrieb und Abschreibung einer Formmaschine geringer sind als der Unterschied der Löhne bei Hand und bei Maschinenarbeit. Wird z. B. für ein Gußstück bei Handarbeit 80 Pfg. und bei Maschinenarbeit 20 Pfg. Arbeitslohn bezahlt, so lohnt sich die Anschaffung einer mit Formkasten und Modellplatten 1500 Mk. kostenden Handformmaschine schon bei einem regelmäßigen täglichen Bedarf von nur drei Abgüssen, denn bei 5 % Verzinsung und 20 % Abschreibung kostet die Maschine unter Voraussetzung von 300 Arbeitstagen im Jahre täglich $\frac{375}{300} = 1{,}25$ Mk., während die tägliche Lohnersparnis $3 \times 0{,}60 = 1{,}80$ Mk. beträgt.

Kraftformmaschinen sind im allgemeinen viel leistungsfähiger als Handformmaschinen, kosten aber auch wesentlich mehr. Ihre Nützlichkeit in wirtschaftlicher Hinsicht ist ebenso wie die der Handmaschinen zu bestimmen, nur daß den Verzinsungs- und Abschreibeunkosten der Maschinen noch die Unkosten für die Kraftanlage zuzurechnen sind. Die kleinsten Kraftanlagen arbeiten verhältnismäßig teuer, man tut darum gut, zum Kraftbetrieb erst überzugehen, wenn so viele Maschinen ständig beschäftigt werden können, daß sich die Erstellung einer nicht gar zu kleinen Kraftanlage lohnt. Bei einer kleinen Anzahl Kraftformmaschinen ist häufig elektrischer Antrieb am geeignetsten.

Es empfiehlt sich stets, die einfachste, dem jeweiligen Zwecke entsprechende Maschine zu kaufen, wobei insbesondere auch die täglich benötigte Stückzahl zu berücksichtigen ist. Es ist unvorteilhaft, Maschinen von größerer Leistungsfähigkeit zu beschaffen, als dem Bedarfe entspricht, denn es wird in solchen Fällen an ihnen gebummelt. Während eine Gießerei mit einem Tagesbedarf von 200 Abgüssen irgend eines Modelles sich mit Vorteil eine diese Stückzahl leistende Maschine für Doppelpressung beschafft, wird sich eine Gießerei, die nur 100 Abgüsse desselben Modelles herzustellen hat, mit einer einfach pressenden Maschine begnügen, selbst wenn diese, wie es meist der Fall sein wird, mehr als den halben Preis der Doppelpresse kostet. Wo man mit einer Stiftabhebemaschine gut zurecht kommt, ist es meist verfehlt, eine teurere Wendeplattenmaschine zu benutzen.

Bezüglich der Leistungsfähigkeit einer Formmaschine darf man sich durch Wettbewerbsleistungen nicht irre führen lassen, denn es ist fast immer möglich, durch besonders gewandte, kräftige und gutwillig gemachte Leute das Doppelte von dem vorzuführen, was durchschnittliche Arbeitsleute leisten. Man vergesse nicht, daß der Formmaschinen-Former im allgemeinen körperlich viel mehr zu leisten hat, als der Handformer, und daß deshalb häufig die theoretische Leistung einer Formmaschine herabgesetzt wird durch das Arbeitsvermögen des an ihr arbeitenden Mannes.

Abhebeformmaschinen werden meistens für flache Teile verwendet, wofür sie im allgemeinen größere Leistungsfähigkeit als Wendeplatten-, Wendeform- und andere Formmaschinen besitzen. Ihr Anwendungsgebiet ist aber weniger durch die Höhe der Modelle als durch deren Anzug (Schräge) beschränkt. Je steiler die Modellwände sind, desto bindekräftiger muß der Formsand sein, sollen nicht beim Abheben Abbröckelungen erfolgen. Eine wesentliche Rolle spielt hier auch die Beschaffenheit der Modelle. Je glatter und tadelloser das Modell ausgearbeitet wurde, desto leichter läßt es sich noch für einfache Abhebemaschinen mit gutem Erfolge verwenden. Da nun beste Modelle verhältnismäßig kostspielig sind, spielt auch dieser Punkt eine nicht unerhebliche Rolle bei der Wahl einer Formmaschine. Für Abgüsse, die keine hohen Modellkosten vertragen, muß schon bei mäßiger Modellhöhe eine andere Maschinenart gewählt werden. Dies ist auch der Hauptgrund, weshalb die Abhebeformmaschinen für flache Modelle bevorzugt werden.

Zu beachten ist weiter die Zahl und Art der auf einer Platte unterzubringenden Modelle. Ein einzelnes hohes Modell kann sich z. B. ganz gut abheben lassen. Werden aber mehrere Modelle derselben Art auf der Platte untergebracht, so können die zwischen den Modellen sich ergebenden Sandballen infolge ihres Gewichtes und ihrer großen Adhäsions-

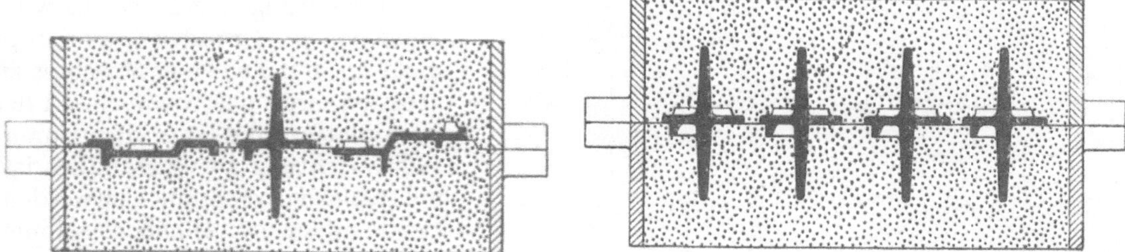

Abb. 1559. Hohes und flache Modelle in einem Formkasten.

Abb. 1560. Mehrere hohe Modelle in einem Formkasten.

flächen beim Abheben des Formkastens auf der Platte sitzen bleiben[1]). Die Abb. 1559 und 1560 zeigen ein solches Beispiel. Bei der Anordnung nach Abb. 1559 hebt sich auch das hohe zwischen den flachen Modellen untergebrachte Stück noch tadellos ab, während bei Häufung der hohen Modelle nach Abb. 1560 ein gutes Abheben nicht mehr regelmäßig gelingen will.

Nächst den einfachen Abhebemaschinen kommen für eine große Zahl von Abgüssen Durchziehformmaschinen in Betracht. Ihre Leistung kommt der von Abhebemaschinen ziemlich gleich, sie ist diesen manchmal sogar überlegen, da sich das Losklopfen zur Loslösung des Modelles vom Sande erübrigt. Bis vor nicht sehr weit zurückliegender Zeit waren der Anwendung von Durchziehformmaschinen die hohen Kosten der für sie erforderlichen Formplatten im Wege. Seit Einführung wirtschaftlicherer Verfahren zur Herstellung von Abstreifkämmen[2]) ist dieses Hemmnis geschwunden oder doch wesentlich belangloser geworden. Immerhin sind aber die Kosten noch ganz erheblich, so daß schon eine beträchtliche Stückzahl Abgüsse nötig ist, um ihre Anschaffung zu rechtfertigen. Ist diese Stückzahl nicht gegeben, so wird man sich für eine Wendeplatten- oder eine Wendeformmaschine zu entscheiden haben.

Der Arbeit mit Durchziehplatten haften verschiedene Mängel an. Man erzielt mit ihnen durchaus nicht in allen Fällen die besten und genauesten Abgüsse. Wird die Durchzieh- oder, was im Grunde dasselbe ist, die Abstreifplatte aus Billigkeitsgründen aus verhältnismäßig leicht zu bearbeitender Metallegierung hergestellt, so ergeben sich infolge Abnutzung der Platte sehr bald unsaubere Abgüsse, zu deren Vermeidung die Formen stets gründlich verputzt werden müssen. Solche Nacharbeiten sind aus naheliegenden

[1]) G. Hoffmann, Stahleisen 1920. S. 285. [2]) Vgl. S. 337.

Gründen bei der Formmaschinenarbeit höchst unbeliebt. Ein weiterer Übelstand liegt in vielen Fällen in der Unmöglichkeit, sanfte Ausrundungen und Anschlüsse an den Stellen des Übergangs der Durchziehplatte zu den feststehenden Modellteilen zu erreichen. Dieser Übelstand wird z. B. bei der Formerei von Riemenscheiben unangenehm empfunden. Trotzdem bietet die Durchziehmaschine gerade für Riemenscheiben noch so große Vorteile, daß sie hier allen anderen Maschinen unzweifelhaft überlegen ist.

Auch für Röhren und Rohrformstücke ist die Durchziehmaschine sehr geeignet. Bei Flanschenröhren müssen die Flanschen genügend schräg gehalten werden, da die Durchziehplatte nicht an allen steilen Stellen anschließen kann. Für Zahnräder kommt, soweit sie nach Modell geformt werden und nicht konische Zähne haben, vorzugsweise die Durchziehmaschine in Betracht, doch können Zahnräder auch auf Wendeplattenmaschinen hergestellt werden, wenn diese mit einem losen Abstreifring ausgestattet werden, der beim Ausheben auf der Sandform liegen bleibt, so daß das Modell durch ihn hindurch abgehoben wird. Der Abhebering, der, um zuverlässig liegen zu bleiben, verhältnismäßig schwer zu halten ist, muß jedesmal von Hand abgenommen und wieder auf die Formplatte gelegt werden, was natürlich einen gewissen Zeitverlust bedingt.

Auf Abhebemaschinen mit oder ohne Durchzieheinrichtung wird meist mit zwei Maschinen zu gleicher Zeit gearbeitet, d. h. man stellt auf einer Maschine die Oberteile und auf einer zweiten die Unterteile her. Bei Anwendung von Durchzieheinrichtungen geht es aus wirtschaftlichen Gründen überhaupt nicht an, mit nur einer Maschine zu arbeiten, weil das Auswechseln der Formplatten mitsamt der Durchzieheinrichtung zu umständlich ist, um täglich vorgenommen zu werden. Bei einfachen Abhebemaschinen kann man dagegen immerhin zunächst die Unterteile herstellen und dann die Formplatte für das Oberteil auswechseln, doch ist diese Arbeitsweise wenig vorteilhaft, da es nicht gut ist, die eine Hälfte der Formen einen halben Tag lang offen stehen zu lassen.

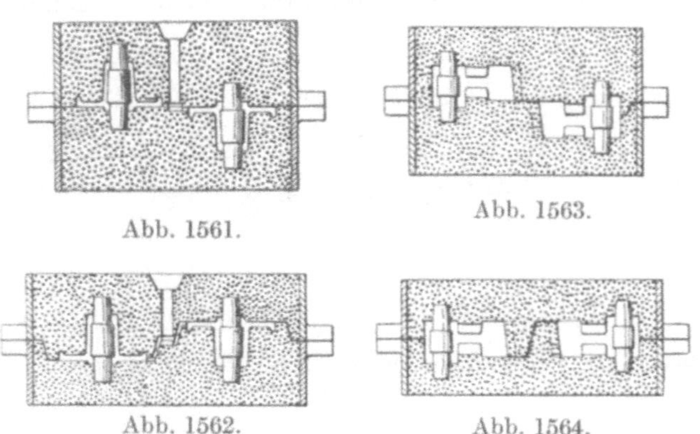

Abb. 1561—1564. Umschlagverfahren und Kastengröße.

Nur bei Verwendung von Umschlagformplatten gelangt man auch bei Abhebemaschinen zum glatten Arbeiten mit nur einer Formmaschine. Dieses Verfahren ist vor allem dort zu empfehlen, wo es sich um symmetrische Modelle handelt, daß es kein oben und unten gibt, z. B. bei Fittings. Weiter können nur Abgüsse in Frage kommen, die aus irgendwelchen Gründen nicht mit einer bestimmten Seite nach unten gegossen werden müssen. Ein weiterer Nachteil des Umschlagplattenverfahrens liegt in der Notwendigkeit, meist mit einer größeren Gesamthöhe der Formkasten zu rechnen, als sie beim Arbeiten mit gewöhnlichen Formplatten notwendig sein würde. Hat man beispielsweise einseitige Flanschenbüchsen herzustellen, für die bei gewöhnlicher Formerei ein ziemlich flaches Oberteil genügen würde, so ergibt sich beim Umschlagplattenverfahren die Notwendigkeit, die Oberteile ebenso hoch wie die Unterteile zu machen. Versucht man die Modelle so zu legen, daß gleiche, niedrigere Kastenteile erreicht werden (Abb. 1561 bis 1564), so reicht infolge der notwendigen Bildung von Erhöhungen und Vertiefungen der Teilungsebene, die ausreichenden Anzug erhalten müssen, meistens die verfügbare Kastenfläche nicht mehr aus. Im allgemeinen gilt auch beim Arbeiten nach dem Umschlagverfahren die Regel, daß die Arbeit mit nur einer Maschine nur bis zu Formkastengrößen und -Gewichten empfehlenswert ist, die bequemes Abtragen durch nur einen Mann ermöglichen.

Für Waren, bei denen es sich nicht um weitgehende Massenerzeugung handelt, sondern nur um Reihenerzeugung, sowie für alle Abgüsse, bei denen es auf billigste Herstellung der Modellplatten ankommt, sind Wendeplattenformmaschinen aller Art am geeignetsten. Das Auswechseln der Formplatten kann der Former rasch und zuverlässig bewirken, so daß dadurch kein allzuschwer ins Gewicht fallender Aufenthalt entsteht. Der Formkasten liegt nach dem Ausheben frei vor dem Arbeiter, der die Form mit einem Blick überprüfen und dann ausbessern und ausblasen kann. Das Ausheben einzelner, im Sande absichtlich zurückgelassener Modellteile und das sofortige Einlegen von Kernen läßt sich glatt bewirken. Bei den Abhebe- und Durchziehmaschinen muß dagegen vor Ausführung solcher Nacharbeiten der Formkasten erst weggenommen und gewendet werden. Auch beim Ausheben großer Sandballen leisten Wendeplattenmaschinen treffliche Dienste. Die Abb. 1565—1570 [1]) zeigen verschiedene Gußstücke, für die ganz besonders Wendeplattenformmaschinen in Frage kommen.

Mit wenigen Ausnahmen werden auf der Wendeplattenmaschine abwechselnd Ober- und Unterteile hergestellt, so daß am Gießplatz stets fertig geschlossene Formen des Abgießens harren. Nur wenn am Modell Vorsprünge vorhanden sind, die zweckmäßig nach innen in das Hauptmodell einzuziehen sind, kann nur eine Seite der Wendeplatte mit einem Modell versehen werden. Man ist dann darauf angewiesen, die zweite Formhälfte auf einer zweiten Maschine herzustellen.

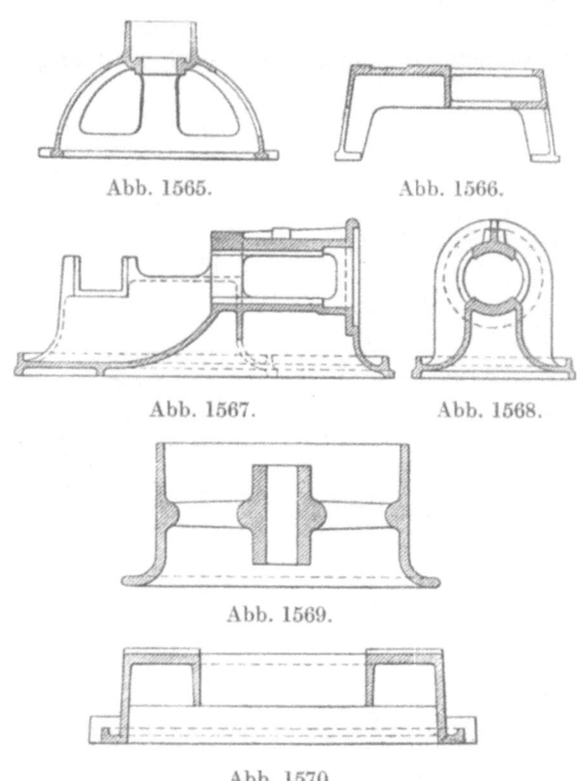

Abb. 1565—1570. Auf Wendeplattenmaschinen zu formende Teile.

Auch bei Formen, die zu schwer sind, um von einem Manne abgesetzt zu werden, arbeitet man häufig mit zwei Maschinen. Die beiden an den Maschinen beschäftigten Arbeiter unterstützen sich dann gegenseitig beim Abheben und Absetzen. Seit Einführung bequemer Hebezeuge ist von diesem Arbeitsverfahren vielfach abgegangen worden, indem man die Maschinen mit zweckentsprechenden, vom Former selbst zu bedienenden Hebezeugen ausstattete. Ein wichtiger Vorteil der Wendeplattenmaschinen ist die meist leichte Zugänglichkeit der Plattenrückseite zum Losklopfen des eingeformten Modells. Aus diesem Grund wurden ursprünglich die Wendeplatten nur einseitig mit Modellen belegt.

Bei Anschaffung einer Wendeplattenmaschine steht man vor der Wahl zwischen zwei nicht unwesentlich verschiedenen Ausführungsarten. In dem einen Fall erfolgt die Trennung des Modells vom Sande durch Senken der Formkastenunterlagsplatte und im anderen durch Heben der Formplatte. Das Anheben der Formplatte ist in den Fällen vorzuziehen, in denen diese Arbeit mittels Handhebel oder Handrad erfolgt. Das Gewicht der Wende- und der Formplatte kann dann leicht so weit durch Gegengewichte ausgeglichen werden, daß nur noch das Heben einer wenig belangreichen Last bleibt. Infolge der geringen Kraftbeanspruchung ist dann der Former in der Lage, das Ausheben ganz leicht und mit „Gefühl" zu bewirken. Beim Absenken des Formkastens ist dieser Gewichtsausgleich nicht mit gleicher Vollkommenheit ausführbar, der Former hat immer auch eine hemmende Tätigkeit zu entwickeln, worunter die Feinheit des Aushebens leidet.

[1]) Nach G. Hoffmann, Stahleisen 1920. S. 427.

Bei Maschinen mit Anhub der Wendeplatte wird die Höhe der Tischfläche über Hüttensohle geringer, was beim Aufgeben des Sandes und beim Einstampfen von Vorteil ist. Die Abb. 1571—1574 lassen das erkennen [1]: Bei der Modellplattenaushebung nach oben befindet sich die Wendeplatte beim Aufstampfen in der untersten Lage, während sie bei der Kastenabsenkung so hoch gelagert werden muß, daß der Abhebetisch mitsamt dem Formkastenwagen bis zur völligen Freigabe des Modelles gesenkt werden kann.

Zur Erzielung eines sehr großen Hubes kann es vorteilhaft sein, beide Modellaushebeverfahren zu vereinigen, indem man beim Anheben der Formplatte gleichzeitig den Formkasten sinken läßt. Diese Lösung wird durch eine Maschine nach Abb. 1575 [2] erreicht, bei der die Gewichte des Formkastenwagens und der Wendeplatte gegenseitig ausgeglichen sind.

Schwierig ist die Wahl zwischen Wendeplatten- und Wendeformmaschine. Die Wendeplattenmaschinen sind wohl allgemein einfacher im Bau und billiger in der Anschaffung. Sie gestatten einen größeren Spielraum in der Größe und Höhe der abzuformenden Modelle, wogegen die Wendeformmaschinen einfacher zu handhaben sind und bei größerer Leistungsfähigkeit geringe Anforderungen an den Verstand und die Übung der Bedienungsmannschaft stellen.

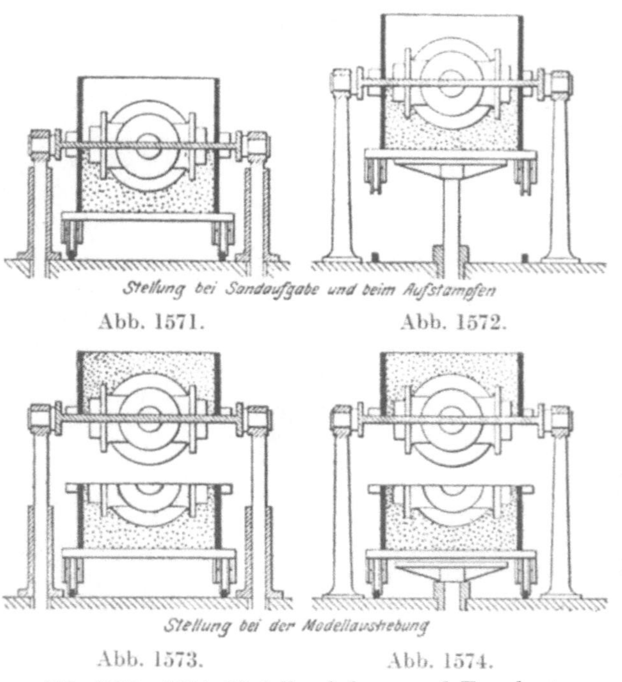

Abb. 1571—1574. Modellaushebung und Formkastenabsenkung bei Wendemaschinen.

Die kastenlose Formerei kommt hauptsächlich für flache, kleinere Abgüsse in Frage, sie wird aber mitunter auch mit Vorteil bei höheren und schwereren Stücken angewandt. Sie ist Abhebemaschinen gegenüber nur so lange von Vorteil, als die fertigen Formen von einem Manne leicht abgehoben und abgesetzt werden können. Ihr Hauptvorzug liegt in der Ersparung eines großen Satzes eiserner Formkasten und in der weniger schweren und rascher durchführbaren Ausleerarbeit. Wo zweckentsprechende, rasch arbeitende Hebezeuge zur Verfügung stehen, können auch größere Formen wirtschaftlich vorteilhaft kastenlos hergestellt werden [3].

Die Vorteile des Stapelgusses werden mitunter überschätzt. Heute wird dieses Verfahren nur noch für flache Teile angewendet, da man zur Erkenntnis gelangt ist, daß höhere Formen infolge der dünnen, zwischen ihnen sich ergebenden Sandschicht mancherlei Gefahren ausgesetzt sind, die die Wirtschaftlichkeit dieser Arbeitsweise ganz erheblich beeinträchtigen. Abb. 1576 [4] zeigt, wie bei höheren, in der Mitte geteilten Modellen die hoch gelegenen Stellen der oberen Formplatte unmittelbar über den gleichen Stellen der unteren Formplatte in den Sand dringen und so den dazwischen liegenden Sand besonders fest pressen, während gerade hier größere Luftdurchlässigkeit nötig wäre. Ein weiterer Nachteil des Stapelgußverfahrens liegt in der größeren Druckwirkung im unteren Teile des Stapels, der die unteren Abgüsse schwerer, rauher und unansehnlicher als die oberen macht [5].

[1]) Nach G. Hoffmann, Stahleisen 1920. S. 428.
[2]) D.R.P. Nr. 267 834 der Ver. Schmirgel- u. Maschinen - Fabriken in Hannover-Hainholz.
[3]) Vgl. hierzu auch S. 380.
[4]) Nach G. Hoffmann, Stahleisen 1920. S. 432. [5]) Vgl. auch S. 377.

Zur Verdichtung des Formsandes wird Pressen und Stampfen, beides von Hand oder auf mechanischem Wege, Rütteln und Schleudern angewandt. Die Stampfung von Hand kommt infolge ihrer Unwirtschaftlichkeit und der Abhängigkeit von der Geschicklichkeit und der Zuverlässigkeit des Formers nur dann in Frage, wenn aus irgendwelchen Gründen die Anwendbarkeit eines anderen Verdichtungsverfahrens ausgeschlossen ist. Solche Ausschließungsgründe sind hauptsächlich die Gestalt des Abgusses, die eine maschinelle Behandlung nicht zuläßt, und die geringe Anzahl herzustellender Abgüsse. Seit Einführung von Preßluftstampfern, von Rüttelmaschinen und insbesondere auch von Schleuderformmaschinen ist das Gebiet der ausschließlich durch Handstampfung herstellbaren Abgüsse ganz beträchtlich eingeengt worden.

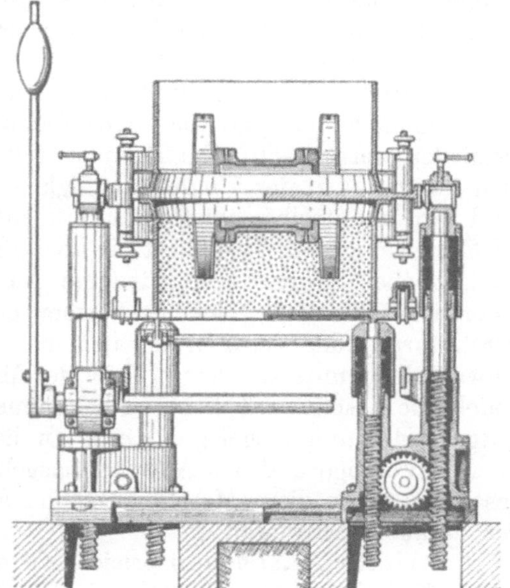

Abb. 1575. Wendeplatten-Formmaschine für hohe Modelle.

Für die mechanische Sandverdichtung kommen zunächst die Stampfmaschinen in Betracht. Ihr Feld beschränkt sich in der Hauptsache auf die Formerei von Druckröhren. Für diese Gußwarengattung ist heute, soweit nicht schon der Schleuderguß vorgedrungen ist, die Stampfmaschine allen anderen Verdichtungsverfahren gegenüber weit überlegen.

Bei unregelmäßigen mittleren und größeren Formen wird vielfach die Verdichtung mittels Preßluftstampfer ausgeführt. Dabei handelt es sich stets nur darum, ob die zu verdichtende Sandmenge und der zu füllende Raum groß genug sind, um den Stampfer in Tätigkeit zu setzen. Preßluftstampfer finden vielfach auch zum Verdichten des Rückens von Rüttelformen Verwendung.

Kleinere Formkasten können mittels Handhebelpressen genügend verdichtet werden. Für größere Formkasten reichten die bis in die letzten Jahre verfügbaren Handpreßverfahren nicht aus. Seit Einführung von Preßvorrichtungen, bei denen eine Exzenterwelle mit Kniehebelübersetzung die Ausübung eines Druckes von 6 kg/qcm ermöglicht, ist die Handhebelpresse zu neuen Ehren gekommen. Sie bezwingt bei nicht allzu hohen Modellen Formkasten von 1000×500 mm Fläche.

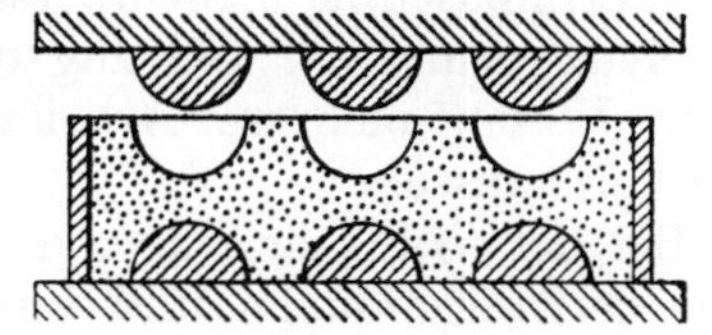

Abb. 1576. Sandverdichtung bei Stapelguß.

Bei der mechanischen Pressung ist es gleichgültig, ob der Preßvorgang durch Druckwasser, Preßluft, Elektrizität oder durch ein anderes Mittel bewirkt wird. Diesbezüglich ist einzig die Wirtschaftlichkeit des Verfahrens maßgebend. Für größere Betriebe empfiehlt sich die Anlage von Druckwasserzentralen. Man arbeitet meist mit einer Spannung von 50 at und hat damit keine sonderlichen Schwierigkeiten beim Dichthalten der Leitungen und Maschinen. Preßluft hat sich für Preßformmaschinen nicht immer hervorragend bewährt. Der geringe Druck (6—7 at), der praktisch in Frage kommen kann, zwingt zur Anordnung unverhältnismäßig großer Preßzylinder, wodurch die Maschinen verteuert werden. Weiter ist häufig die unruhige, ruckweise Wirkung der Preßluft erfolgreicher Arbeit im Wege, und dann läßt die Expansionsfähigkeit der Preßluft vielfach ein sanftes Modellausheben nicht zu (s. S. 389).

Handelt es sich nur um die Aufstellung vereinzelter Preßmaschinen, so kann man sich auch mit Elektrizität als Kraftmittel behelfen. Elektrische Maschinen arbeiten aber keineswegs, wie vielfach angenommen wird, rascher als andere Maschinen. Der Preßvorgang erfordert im Gegenteil beträchtlich mehr Zeit, da man sich des Kostenpunktes halber mit verhältnismäßig kleinen Motoren behelfen muß. Als Hauptvorzüge elektrisch betätigter Maschinen sind ihre Fahrbarkeit, der Wegfall von Rohrleitungen, Pumpen, Sammler und sonstigen Nebeneinrichtungen und ihre Wirtschaftlichkeit auch schon bei einzelnen kleinen Maschinen anzuführen. Es ergibt sich zwanglos die allgemeine Regel, daß elektrische Preßmaschinen dann zu empfehlen sind, wenn es sich nur um einzelne Formmaschinen handelt und von auswärts zu beziehender elektrischer Strom zur Verfügung steht, daß dagegen für eine größere Anzahl von Maschinen Druckwasseranlagen vorzuziehen sind. Die Gesamtanlagekosten verteilen sich dann ausreichend genug, um jede einzelne Maschine geringer zu belasten, als es beim Antriebe mit Einzelmotoren der Fall wäre.

Die Sandverdichtung durch Rüttelung kommt in Frage, sobald das Pressen keinen Vorteil mehr bietet, und die teure und weniger zuverlässige Arbeit des Handstampfens vermieden werden soll. Ein Hauptvorteil dieses Verfahrens liegt — so merkwürdig das auch klingt — in der Ungleichmäßigkeit der mit ihm erzielten Sandverdichtung. Der Sand wird unmittelbar am Modell am dichtesten, der Grad seiner Verdichtung nimmt mit der Entfernung vom Modelle stetig ab, so daß es nötig wird, am Rücken der Form durch irgendwelche Vorkehrungen für eine Nachverdichtung zu sorgen. So wird eine ganz vorzügliche Entlüftung solcher Formen ermöglicht. Ein weiterer Vorteil ist die rasche Durchführung der Verdichtung auch bei sehr tiefen Formen. Ein Nachteil liegt in der Schwierigkeit, unterschnittene Teile des Modelles, d. h. Räume unterhalb vorspringender Modellteile ausreichend dicht zu bekommen. An solchen Stellen vermag man sich aber weitgehend durch eingelegte Kerne zu helfen.

Die Vorzüge und das Anwendungsgebiet der Schleuderformmaschinen sind im Abschnitte über diese Maschinen schon so eingehend erörtert worden, daß es genügt, hier darauf hinzuweisen [1]).

Fahrbare Maschinen erleichtern dem Former die Arbeit, indem sie ihm einen großen Teil der Nebenarbeiten, wie das Sandzubringen, das Beibringen und Abtragen der Formkasten u. a. m. vereinfachen. Der Sand wird in einem langen Haufen dem Weg der Formmaschine entlang aufgeschüttet, an dem auch die Formkasten in entsprechenden Abständen verteilt werden. Der Former schiebt seine Maschine in dem Maße vor, in dem die Formarbeit sich entwickelt. Voraussetzung für derartige Anordnungen ist natürlich, daß die Fortbewegung der Maschine keinen größeren Zeit- und Kraftaufwand erfordert, als die Beischaffung des Sandes und die Handhabung der Formkasten bei einer ortsfesten Maschine beanspruchen würden. Man darf darum den Vorteil der Beweglichkeit einer Formmaschine nicht überschätzen. Er kommt im allgemeinen nur bei ausgedehnter Massenerzeugung zur Geltung und bei sehr kleinen Betrieben, die nicht täglich gießen und im Verlauf mehrerer Arbeitstage eine verhältnismäßig große Bodenfläche mit Formen bedecken müssen.

Bei der Wahl zwischen verschiedenen, dem gleichen Zwecke dienenden, annähernd gleich leistungsfähigen und im Preise gleichen Maschinen wird man sein Augenmerk auf die meist in einfacherer Bauart zum Ausdrucke kommende größere Betriebsicherheit, auf die mehr oder minder gute Möglichkeit des Losklopfens und vor allem auf den Kraftbedarf zu richten haben. Es sind auch heute noch Druckwasser-Formmaschinen am Markte, deren Kolben zwecklos große Hübe machen und dadurch die doppelte Menge Druckwasser verbrauchen, wie zur Erreichung des Arbeitszweckes notwendig ist. Maschinen, deren Kolben beim Hochgehen eine Form preßt und beim Niedergehen eine andere abhebt, sind die sparsamsten Wasserverbraucher.

Literatur.

Boenigk, W.: Die Wahl der geeigneten Formmaschine. Masch.-B.-Zg. 1922. S. 1695/1699.

Hoffmann, Georg: Gesichtspunkte bei der Wahl einer Formmaschine. Stahleisen 1920. S. 281/289; 426/432; 575/581.

Zsak, V.: Hydraulische oder Rüttelformmaschine? Gieß.-Zg. 1924. S. 1/5.

[1]) Siehe S. 488.

Fünfter Hauptteil.

Das Gießen und die Gießmaschinen.

XXXVIII. Das Gießen.

Gießarten.

Eine Form kann liegend, stehend oder in schräger Lage abgegossen werden. Der Gießvorgang wird danach als liegender, stehender oder schräger Guß bezeichnet. Liegender Guß findet Anwendung bei Gußstücken, die breiter als hoch, stark oder dick sind, z. B. Riemen- und Seilscheiben, Platten, Fundamentrahmen, Töpfen und Kesseln. Stehend werden gegossen: Röhren aller Art, Dampf-, Gas- und andere Zylinder, Walzen und sonstige Waren, deren Wände höheren Beanspruchungen gegenüber dicht sein müssen, oder welche zu bearbeitende Flächen haben, die beim liegenden Gusse nicht in ausreichendem Umfang nach unten angeordnet werden können. Schräger Guß wird in Fällen angewendet, in denen liegender Guß nicht genügend Gewähr für guten Erfolg bietet und der Ausführung stehenden Gusses unverhältnismäßige Schwierigkeiten im Wege stehen. Schräge Aufstellung der Form bewirkt die Ansammlung von Verunreinigungen im oberen Teil der Form und erleichtert manchmal die Ableitung der Kerngase. Neben den im Hinblick auf die zu erzielende Güte des Gußstücks bestimmenden Erwägungen sind

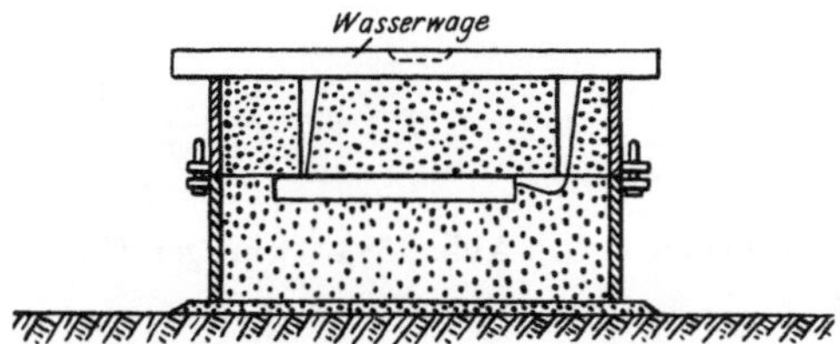

Abb. 1577. Ausrichten der Form bei liegendem Guß.

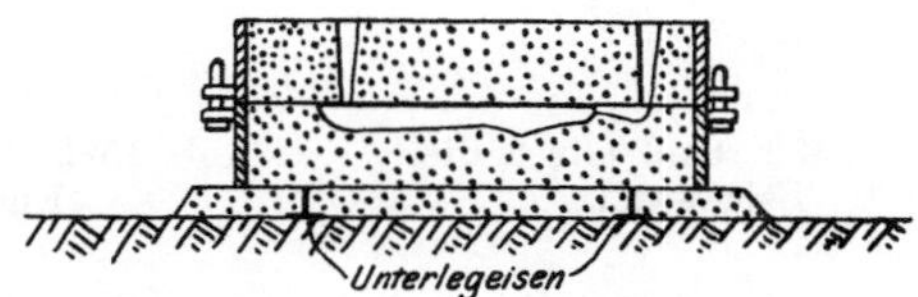

Abb. 1578. Ständige Unterlage für liegenden Guß.

für die Wahl der einen oder anderen Gußart oft nur die größere Bequemlichkeit der Vorbereitungen und das Vorhandensein bestimmter Formkasten oder sonstiger Einrichtungstücke maßgebend.

Beim liegenden Gusse muß die Form genau wagerecht und vollkommen satt auf einer genügend widerstandsfähigen Unterlage ruhen. Auf einer beiläufig ebenen Stelle des Gießereiherdes wird eine, einige Zentimeter hohe Schüttung losen Sandes aufgetragen, der Formkasten darauf gesetzt und so lange hin- und hergeschoben, bis eine auf ihn gelegte Wasserwage die wagerechte Lage seiner Oberfläche ausweist (Abb. 1577). Bei regelmäßigem Abguß gleichartiger Formkasten errichtet man zur Vereinfachung des Aufreibens eine ständige Unterlage aus ⊥-Eisen und dazwischen festgestampftem Formsand (Abb. 1578), die nach Entfernung der abgegossenen Formkasten mit einem Richtscheite von Spritzeisen und sonstigen Hemmnissen befreit wird und nach Übersiebung mit etwas Formsand zur Aufnahme neuer Formkasten bereit ist. Es entfällt dabei das Ausrichten der Kasten mit der Wasserwage, doch ist es notwendig, von Zeit zu Zeit die Lage der ⊥-Eisen zu prüfen und richtig zu stellen. Auch das fällt fort, wenn die Unterlegeisen auf kleine gemauerte Fundamente gelegt werden. Mitunter können gleiche, flache Formkasten übereinander gestellt und gemeinsam von einem Eingusse aus abgegossen werden (Stapelguß). Auch treppenförmige Aufstellung wird häufig ausgeübt.

Ebenso wichtig wie beim liegenden Gusse die genau wagerechte Ausrichtung, ist bei stehender Gießanordnung die genau senkrechte Stellung der Formkastenachse, gleichviel ob die Form von oben oder von unten gegossen wird (Abb. 1579 und 1580). Für niedrigere Formen genügt auch hierbei eine Sandbettung als Unterlage, höhere Formen,

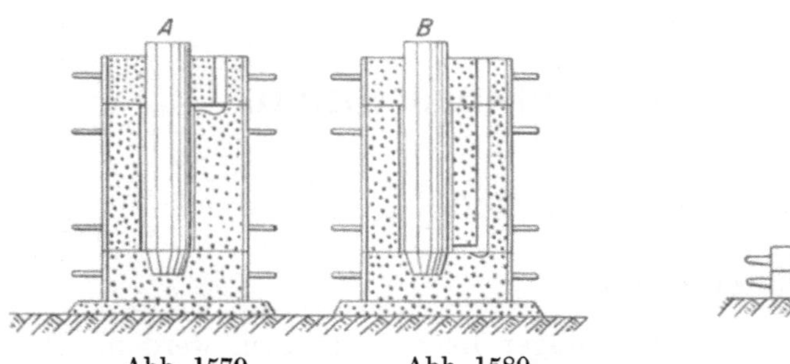

Abb. 1579. Abb. 1580.
Abb. 1579 u. 1580. Anordnung für stehenden Guß.

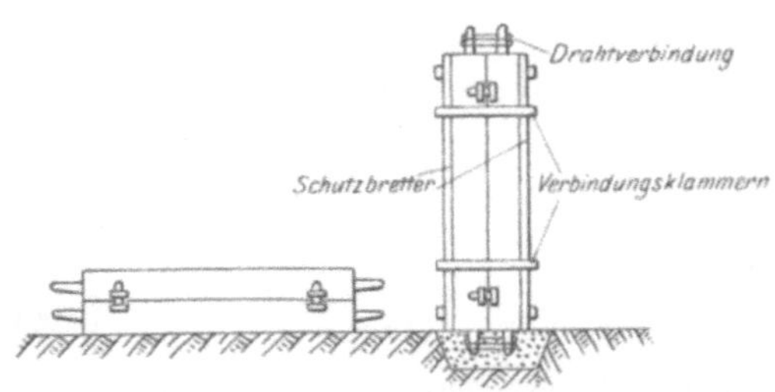

Abb. 1581.
Sichern der beiden Formhälften beim stehenden Guß.

wie z. B. für Gas- und Wasserleitungsröhren, werden aufgehängt oder vor dem Einstampfen in der Gießgrube durch Seitenstreben in richtiger Lage gesichert. Wenn die Formerei liegend in geteilten Formkasten geschah, so ist es meistens erforderlich, nach dem Verschrauben, Verkeilen oder sonstiger Sicherung der gegenseitigen Lage beider Form-

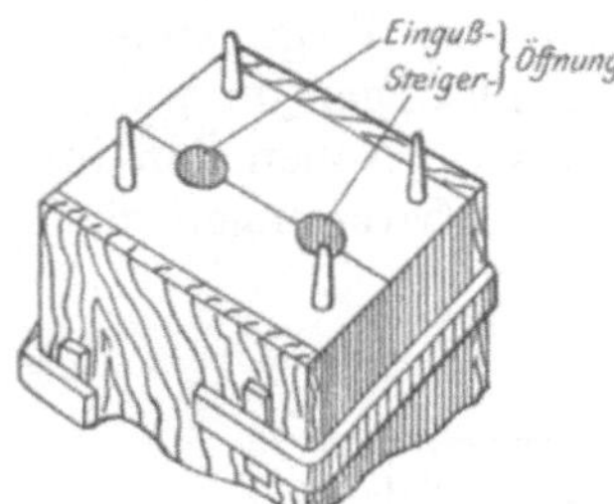

Abb. 1582. Guß durch die Stirnwand.

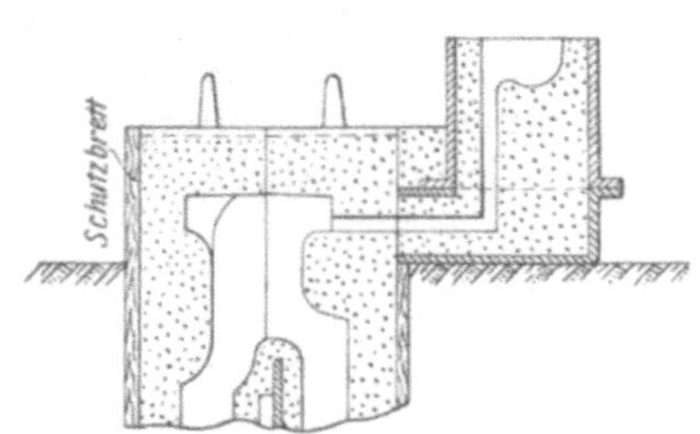

Abb. 1583. Guß durch seitlichen Eingußkasten.

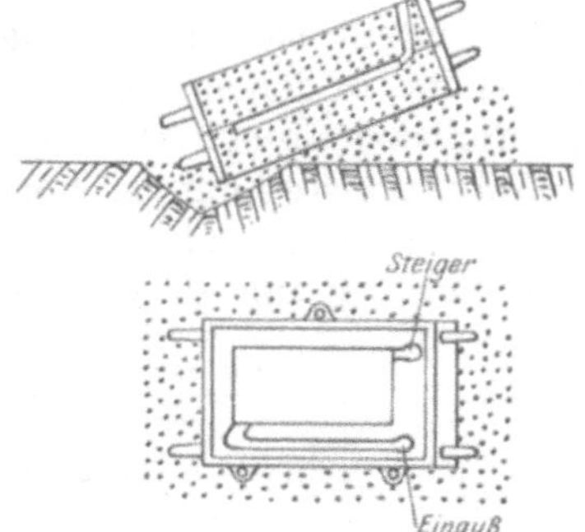

Abb. 1584. Schräger Guß.

hälften die offenen Seiten des Formkastens durch festgeklammerte Schutzbretter besonders zu halten (Abb. 1581). Die Zuführung des flüssigen Metalls erfolgt dann durch Aussparungen in den Stirnwänden des Formkastens (Abb. 1582) oder mittels seitlich angebauter Eingußkasten (Abb. 1583).

Auch beim schrägen Guß müssen die Formkastenteile schon vor der Aufstellung gegen jede Verschiebungsgefahr gesichert werden. Bei größerem Neigungswinkel der Auflagefläche hebt man im Gießereiherd eine Rinne aus (Abb. 1584), die das Abgleiten des Formkastens verhindert.

Damm- oder Gießgruben.

Kleinere Formen, die nicht zu ebener Erde abgegossen werden können, stellt man in eine mit der Schaufel ausgehobene Grube, stampft sie, wenn erforderlich, fest ein und gießt sie so ab. Im Falle häufiger Benutzung solcher Gruben baut man sie zu ständigen Einrichtungen aus. Das wird unumgänglich notwendig, wenn die Formen in ungeschützten Gruben von Feuchtigkeit bedroht wären. Feuchtigkeit gefährdet nicht nur das gute Ergebnis eines jeden Gusses, sie vermag beim Zusammentreffen ungünstiger Umstände selbst folgenschwere Explosionen herbeizuführen. Da die meist in Frage kommenden trockenen Formen Feuchtigkeit begierig anziehen, ist völlige Trockenheit für jede

Gießgrube ein unerläßliches Erfordernis. Der Aufgabe, das Wasser abzudämmen, verdanken die mit festen Wänden versehenen Gießgruben den Namen Dammgruben (Abb. 1585).

Früher besaß jede größere Gießerei, deren Arbeitsplan das Gießen unter der Hüttensohle nicht von vorn herein ausschloß, mindestens eine Dammgrube, nicht selten mehrere von verschiedener Größe. Bevorzugt wurde die zylindrische Form. Heute wiegt die rechteckige Form vor, und man stattet die Gruben mit Vorkehrungen aus zur Einteilung in verschieden große Abteile. Dadurch erübrigt es sich in vielen Fällen, mehr als eine Grube anzulegen.

Als Werkstoff für die Grubenumwandung, den Grubenmantel, kommen Schmiedeeisen, Gußeisen, Ziegelmauerwerk und Beton in Betracht. Für runde Gruben wird

Abb. 1585. Dammgrube.

neben Beton und Ziegelmauerwerk vorzugsweise Eisenblech, für rechteckige Gußeisen gewählt, es sind aber alle vier Stoffe schon für rechteckige und runde Gruben erfolgreich verwendet worden.

Beim Bau runder Gruben aus Eisenblech bringt man den fertig vernieteten, aus 10 bis 20 mm starken Blechen bestehenden Mantel, der in dem unter dem höchsten Grundwasserstand liegenden Teile gleich einem Wasserbehälter fest und dicht genietet sein muß, wenn irgend angängig, in einem Stücke in die Grube. Zur Minderung der besonders bei saurem Grundwasser sehr großen Rostgefahr erhalten die Wandungen des Mantels vorher außen und innen einen heiß aufgetragenen Teeranstrich. Ein solcher ist am wirksamsten, wenn der Mantel vorher auf etwa 60—70° C erwärmt wird. Der Boden erhält zweckmäßigerweise etwas konkave Form. In jüngster Zeit macht man den Boden und den unterhalb des höchsten Grundwasserstandes befindlichen Teil der Ummantelung aus Beton, wobei natürlich der in den Betonklotz ragende Teil des Blechmantels nicht geteert werden darf, soll er sich doch mit dem Beton verbinden. Auch Tübbings (gekrümmte, mit Flanschen versehene, an den Stößen bearbeitete gußeiserne Ringabschnitte) wurden wiederholt mit bestem Erfolge zum Auskleiden runder Dammgrubenwandungen verwendet.

Rechteckige Gruben werden am besten in dem dem Grundwasser ausgesetzten Teil aus Beton hergestellt, auf den man Ziegelmauerwerk oder eine aus gußeisernen Flanschenplatten zusammengefügte Ummantelung setzt. Die Platten erhalten an der Innenseite Nasen, zwischen denen Querwände eingeschoben werden, um jede einzustampfende Gußform auf den engsten Raum zu beschränken und an Stampflöhnen zu sparen.

Bei der Bemessung schmiedeiserner, mit Böden versehener Auskleidungen muß darauf geachtet werden, daß ihr Gewicht größer wird, als das der verdrängten Wassermenge. Die Außerachtlassung dieser Regel hat schon zu großen Widerwärtigkeiten geführt, indem zu leicht gebaute Grubenmäntel bei steigendem Grundwasser in Bewegung gerieten und einen neuen Einbau erforderten.

Man konnte sich in derartigen Fällen mitunter durch Beschweren des Bodens mit Roheisenmasseln helfen. Es ist aber unzweifelhaft wirtschaftlicher, das nötige Gewicht von vornherein in die Wandstärke der Bleche zu legen und so der Dammgrube größere Widerstandskraft und Lebensdauer zu sichern, als nachträglich etwas billigeres totes Gewicht auf ihren Boden zu häufen. Der Auftrieb ist sehr beträchtlich. Eine Ummantelung von 4 m Durchmesser erfährt in 2 m tiefem Grundwasser einen Auftrieb von $^1/_4\,\pi \times 40^2 \times 20 = 25\,132$ kg. Ein Teil des Drucks wird zwar durch das Einstampfen des Mantels auf das umgebende Erdreich übertragen, trotzdem empfiehlt es sich, dem Blechmantel mindestens ein dem Auftriebe entsprechendes Gewicht zu geben. Man ist dann gegen alle Möglichkeiten gesichert. Andere Maßregeln gegen den Auftrieb, wie das Einrammen von Pfählen zur Verankerung des Mantels oder das Anbringen eines außen am Boden des Mantels sitzenden Rings von genügender Breite, um durch das auf ihm lastende Erdreich das fehlende Gewicht zu ersetzen, sind Aushilfsmittel, die die zukünftige Verfügungsfreiheit über den Raum rings um die Grube zu sehr beschränken.

Betonböden müssen gegen etwa austretendes flüssiges Eisen geschützt werden, da sie sonst allmählich zerstört werden. Am besten ist es, sie mit Eisenplatten zu belegen und darüber eine Schicht von halbfettem Lehm zu stampfen.

Das Niederbringen großer Dammgruben ist oft eine sehr schwierige und kostspielige Arbeit. Man kann genötigt werden, die Grubenwände durch Spundwände aus eingerammten Pfählen und Balken gegen nachstürzendes Erdreich und eindringendes Wasser zu schützen und das von unten emporquellende Wasser durch Tag und Nacht arbeitende Pumpen zu entfernen.

Das Beschweren.

Beim Beschweren der Gießformen kommt in der Hauptsache die Ausgleichung des Deckeldrucks, d. h. des Drucks des flüssigen Eisens auf den Oberkasten, und gelegentlich bei stehendem Guß auch der Seitendruck in Frage. Für kleinere Formen bedarf es keiner besonderen Ermittlung dieses Drucks, die allgemein übliche Belastung mit Schwergewichten (Abb. 1586) oder mit gerade zur Verfügung stehenden Gewichten (Abb. 1587) beträgt meist ein Vielfaches der tatsächlich erforderlichen Last. Häufig kann man sich durch Verklammerung der Kastenteile nach Abb. 1588 und 1589 oder Verschraubung derselben nach Abb. 1590 und 1591, sowie durch Führungsbolzenverkeilung nach Abb. 1592 völlig ausreichend behelfen.

Bei Lehmformen und bei Formen mit lotrechter Teilung tritt an Stelle des Beschwerens das Einstampfen in den Boden oder in Dammgruben. Die Formen werden in der Grube genau lotrecht oder wagerecht aufgestellt und dann fest mit Formsand umstampft. Beim Einstampfen großer Formen in den Boden macht man die Grube so weit, daß ein Mann zwischen Form und Grubenwand gerade noch genug Bewegungsmöglichkeit zum Stampfen hat. Beim Einstampfen in Dammgruben, deren Durchmesser wesentlich größer als der äußere Durchmesser der Form ist, kann man die Form zur Verringerung der Stampfarbeit in große Formkasten oder in Blechmäntel einstampfen (Abb. 1585), die natürlich fest genug sein müssen, um den Druckwirkungen zu widerstehen.

Für größere Formen, bei denen die Beschwerung eine mit Lohnausgaben verbundene Mehrarbeit bedeutet, und wo eine Überlastung dem Aufbau der Form gefährlich werden

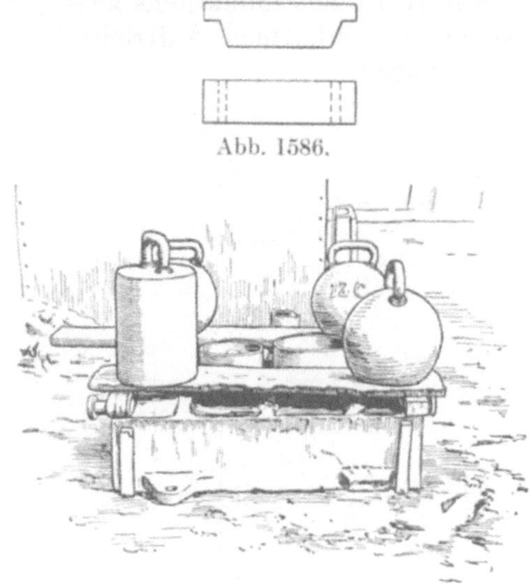

Abb. 1586.

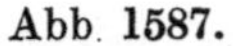

Abb. 1587.

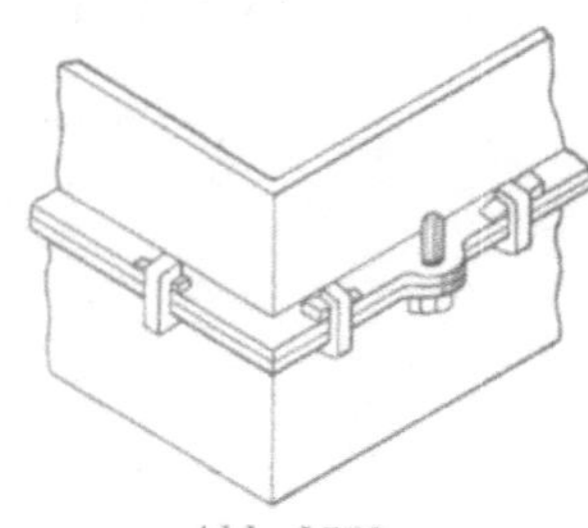

Abb. 1588.

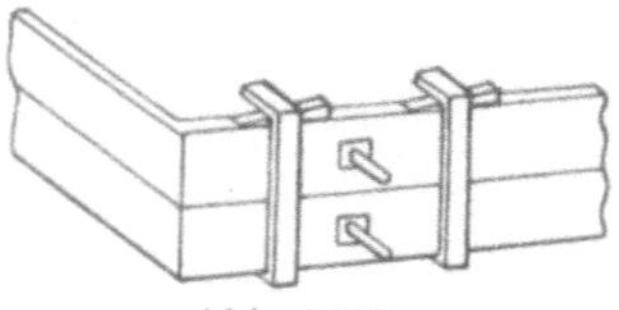

Abb. 1589.

Abb. 1586 u. 1587. Beschweren kleiner Formen. Abb. 1588 u. 1589. Verklammern kleinerer Kastenteile.

kann, z. B. bei der in Abb. 1593 im Schnitte dargestellten Form muß das Maß des Auftriebs durch Rechnung ermittelt werden.

Der Fall liegt am einfachsten bei Formen, deren obere Formfläche mit der Teilungs-

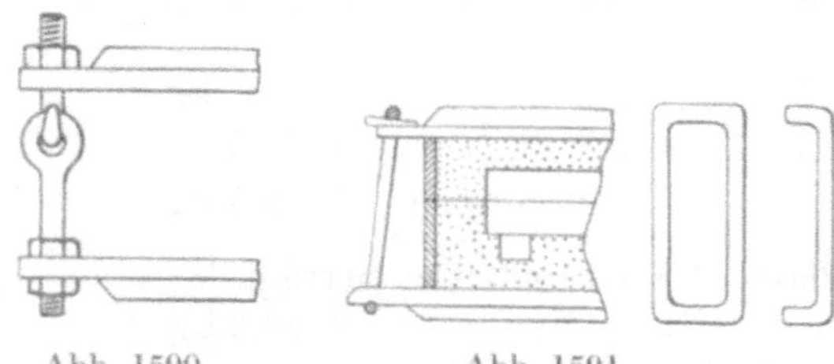

Abb. 1590. Abb. 1591.

Abb. 1590 u. 1591. Verschrauben der Kastenteile.

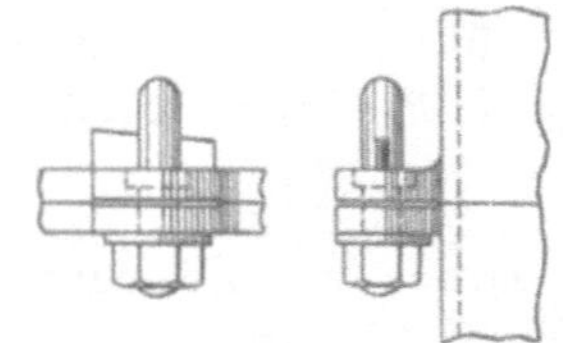

Abb. 1592. Verkeilen der Führungsbolzen kleinerer Formkasten.

ebene des Formkastens zusammenfällt (Abb. 1594 und 1595[1])). Der Seitendruck wird von den Formkastenwänden aufgenommen und kann vernachlässigt werden, der Deckeldruck (oder Auftrieb) A in der Formkastenteilungsebene beträgt nach der Formel $A = g \times h \times s$, in der A den Druck in kg, g das spezifische Gewicht des Gußeisens, h die Höhe der oberen Eingußfläche über der Teilungsebene in dm und s das Maß der oberen Formfläche in qdm bedeuten, $7{,}3 \times 2 \times [10 \times 10] = 1460$ kg. Diesem Auftrieb wirkt das Gewicht des mit Sand gefüllten Oberteils entgegen, das bei einer Formkastengröße von $1500 \times 1500 \times 200$ mm unter Vernachlässigung des Gewichts des eisernen Kastenrahmens und unter Annahme eines spezifischen Gewichts des gestampften Formsandes von 2,6 $2{,}6 \times 2 \times [15 \times 15] = 1170$ kg beträgt. Es bleibt demnach ein durch Beschwerung auszugleichender Auftrieb von $1460 - 1170 = 290$ kg übrig. In Anbetracht des im

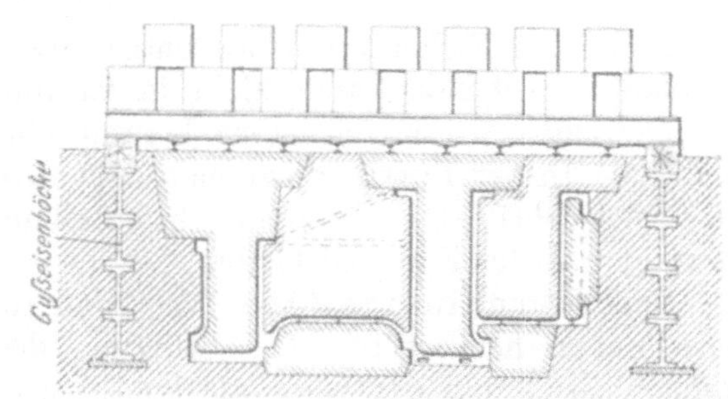

Abb. 1593. Belastete größere Bodenform.

[1]) S. a. Stahleisen 1913, S. 1601.

Augenblicke des Vollaufens der Form wirksamen Stoßes pflegt man das tatsächlich aufzuwendende Schwergewicht um 25—50% höher als das errechnete zu bemessen.

Befindet sich ein Teil des Abgusses im Oberkasten, so ist mit mindestens zwei verschiedenen Druckhöhen zu rechnen. Die Ermittlung des wirksamen Auftriebs kann in Fällen nach Abb. 1596 und 1597 auf zweierlei Art erfolgen.

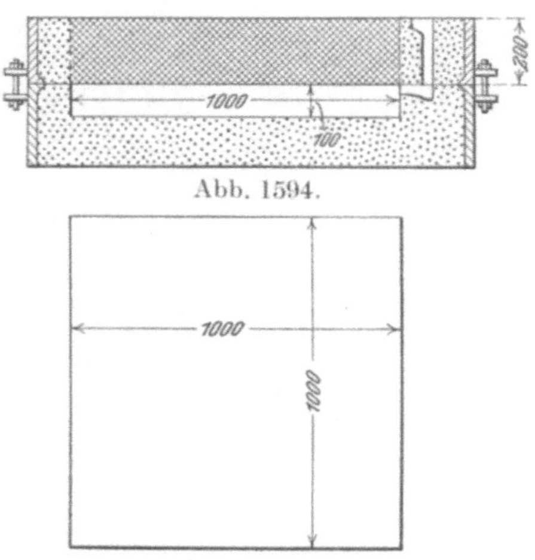

Abb. 1594.

Abb. 1595.

Abb. 1594 u. 1595. Form einer Platte.

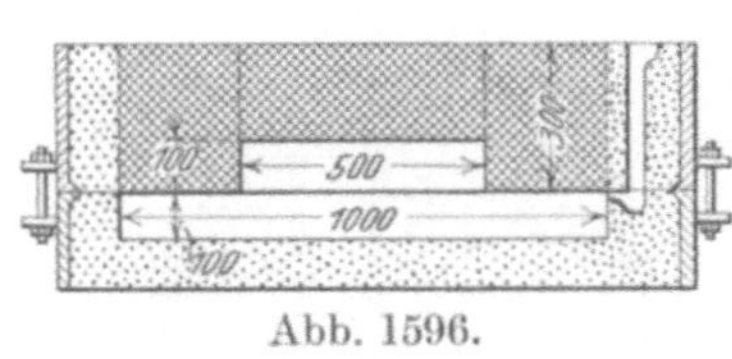

Abb. 1596.

Abb. 1597.

Abb. 1596 u. 1597. Form einer abgestuften Platte.

1. Die Druckfläche besteht aus dem Quadrate 500 × 500 mm mit der Druckhöhe von 200 mm (300—100 mm) und aus dem Rahmen $1000^2 - 500^2$ mit der Druckhöhe von 300 mm. Es ist also

$A_1 = 5^2 \times 2 \times (7{,}3 - 2{,}6) =$ . . . . 235 kg

$A_2 = (10^2 - 5^2) \times 3 \times (7{,}3 - 2{,}6) =$ . . . . 1057,5 „

Zusammen 1292,5 kg

2. Der Druck des flüssigen Eisens der Platte 1000 × 1000 mm beträgt:

$10^2 \times 3 \times 7{,}3 =$ . . . . 2190,0 kg

Ihm wirkt entgegen das Eisengewicht des Blockes (500 × 500 × × 100) $= 5^2 \times 1 \times 7{,}3 =$ . . . . 182,5 kg

ferner das Gewicht der Sandmassen, das sich zusammensetzt aus: $(10^2 - 5^2) \times 3 \times 2{,}6 = 585{,}0$ kg und

$5^2 . 2 \times 2{,}6 = 130{,}0$ kg 715,0 kg } 897,5 kg

Somit ergibt sich ein Gesamtdruck des flüssigen Eisens von 1292,5 kg

In beiden Fällen wurde als entgegenwirkendes Gewicht nur die auf dem Abgusse unmittelbar ruhende Sandschicht in Rechnung gezogen; je nach der Größe und dem Eisengewichte des Formkastens kommt ein mehr oder weniger großes Gegengewicht in Frage. In der Praxis pflegt man aber, größerer Sicherheit halber, diesen Wert nicht zu berücksichtigen, sondern im Gegenteil um 25—50% mehr als das oben errechnete Gewicht auf die Form zu lasten.

Eine Kerneinlage (Abb. 1598 und 1599) erhöht den Auftrieb, wie aus folgenden Darlegungen hervorgeht. Die Stützung des Kerns durch seitliche Kernmarken kann vernachlässigt und der Kern als im flüssigen Eisen schwimmend und durch Stützen in richtiger Lage erhalten angenommen werden. Der Auftrieb ist nach der Lösung 1 im vorhergehenden Beispiele zu ermitteln:

$[(10^2 \times 3) - (5^2 . 1)] \times (7{,}3 - 2{,}6)$ . . . . 1292,5 kg

Die Berechnung des Kernauftriebs ergibt unter Zugrundelegung seines spezifischen Gewichts von 1,8 . $2 \times 5 \times 0{,}5 \times (7{,}3 - 1{,}8)$ 27,5 kg

1320,0 kg

Es ist demnach bei Berechnung des Auftriebs der im Oberkasten befindliche Teil des Abgusses als volle Eisenmasse anzunehmen, auch wenn sein tatsächliches Gewicht infolge von Kerneinlagen wesentlich geringer ist.

Bei Berechnung eines liegend eingeformten Zylinders, Abb. 1600 und 1601, ergeben sich folgende Erwägungen. Die der Druckhöhe von 1000 mm entsprechende Deckelfläche umfaßt ein Rechteck von 2000 × 1400 mm. Ihr Druck wird, abgesehen von den Formstoffen, durch den halben im Oberteil befindlichen Rohrkörper vermindert, der als massiver Eisenkörper in Rechnung zu setzen ist. Zu diesem Druck kommt noch der Kernauftrieb, bei dem wieder die Kernmarken unberücksichtigt bleiben können. Unter Annahme eines spezifischen Gewichts des getrockneten Formsandes von 2 und des Kerns von 1,3 (wobei das Gewicht der Kernspindel unberücksichtigt bleibt) ergibt sich:

$$A_1 = \left[14 \times 20 \times 10 - \frac{14^2 \times \frac{\pi}{4}}{2} \times 20\right] \times (7{,}3 - 2) = \quad 6678 \text{ kg}$$

$$A_2 \text{ (Kernauftrieb)} = 13^2 \times \frac{\pi}{4}\, 20 \times (7{,}3 - 1{,}3) = \quad 15928 \text{ ,,}$$

$$\text{Gesamtdruck auf den Oberkasten} \quad \overline{22606 \text{ kg}}$$

Insbesondere ist der durch Kernstützen aufzunehmende gewaltige Kernauftrieb zu beachten. Werden 5 Kernstützen vorgesehen, so entfällt auf jede eine Belastung von 15 928 : 5 = 3186 kg. Es ergibt sich dann bei einer zulässigen Druckbeanspruchung von 9 kg/qmm ein Stützenquerschnitt von 3186 : 9 = 354 qmm = rund 22 mm. Bei Verkeilung der Stützen gegen einen Träger (Abb. 1601) ist auch dieser zu berechnen, wobei der Einfachheit halber der ungünstigste Fall, d. i. der Angriffspunkt der Kraft P in der Mitte des Trägers bei 3000 mm Auflagerabstand angenommen werden kann. Das Widerstandsmoment W wird dann unter Annahme von k_b mit 1000 kg/qcm $= \frac{15\,928 \,.\, 30}{4 \,.\, 1000} = 119{,}4$ ccm, entsprechend einem I-Träger Nr. 16 oder einer noch gut erhaltenen Eisenbahnschiene.

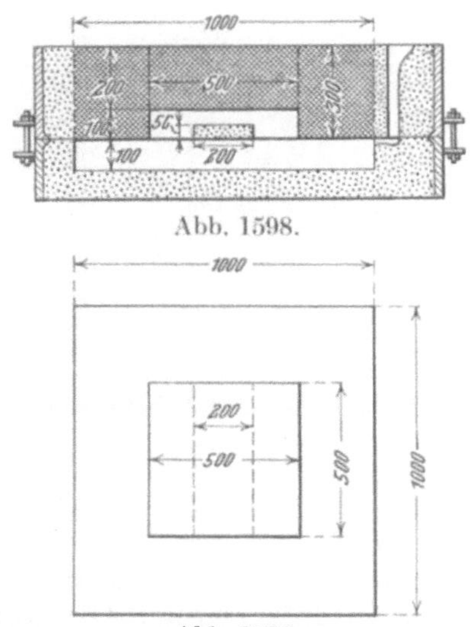

Abb. 1599.

Abb. 1598 u. 1599. Form einer abgestuften Platte mit Kern.

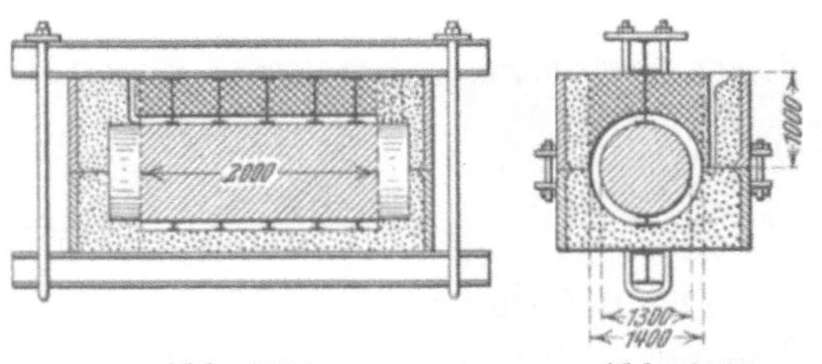

Abb. 1600. Abb. 1601.

Abb. 1600 u. 1601. Liegende Rohrform.

Werden Ober- und Unterkasten durch U-Bolzen verankert, so kommt auf jeden Bolzen eine Zugbeanspruchung von 15 928 : 4 = 3892 kg, entsprechend einem Querschnitt von 398 qmm bei Annahme einer zulässigen Zugbeanspruchung von 10 kg/qmm. Der Durchmesser eines Bolzens muß also mindestens 23 mm betragen.

Bei kesselförmigen Abgüssen ergibt sich ungefähr derselbe Auftrieb, gleichviel ob der Hauptteil der Form sich im Ober- oder im Unterteile befindet. Läßt man in dem Beispiele nach Abb. 1602 die Wirkung des Steigers unberücksichtigt, so ergibt sich unter der Annahme, es handle sich um Stahlguß vom spezifischen Gewichte 7,8 und um Formstoffe vom spezifischen Gewicht 2,2, ein Deckelflächendruck von

$$7^2 \frac{\pi}{4} + 8 \times (7,8 - 2,2) \quad \ldots \quad 1724,8 \text{ kg}$$

von dem das Gewicht des im Oberteil befindlichen, als massiv anzunehmenden, aus einem Zylinder und einem Kugelabschnitte bestehenden Gußteils abzuziehen ist.

$$\left(5^2 \frac{\pi}{4} \times 5 + \frac{1}{3} \pi \times 1,5^2 \times [3 \times 3 - 1,5]\right) \times (7,8 - 2,2) \quad \ldots \quad 660,8 \text{ kg}$$

Verbleibt ein durch Beschwerung auszugleichender Druck von 1064,0 kg

Bei Anordnung der Form nach Abb. 1603 beträgt zwar die Druckhöhe nur 300 mm, es muß aber der starke Kernauftrieb berücksichtigt werden. Dieser beträgt:

$$\left(\frac{1}{3} \times \pi \times 1^2 (3 \times 2,5 - 1) + 4^2 \frac{\pi}{4} \times 8,5\right) (7,8 - 2,2) \quad \ldots \quad 637,8 \text{ kg}$$

Hierzu kommt der Druck des Eisens vom Flansch:

$$\left(7^2 \frac{\pi}{4} - 4^2 \frac{\pi}{4}\right) \times 3 \times (7,8 - 2,2) \quad \ldots \quad 435,1 \text{ kg}$$

Gesamtdruck 1072,9 kg.

Da auch hier Steiger gesetzt werden, ergibt sich praktisch in beiden Fällen dieselbe Schwerlast als erforderlich.

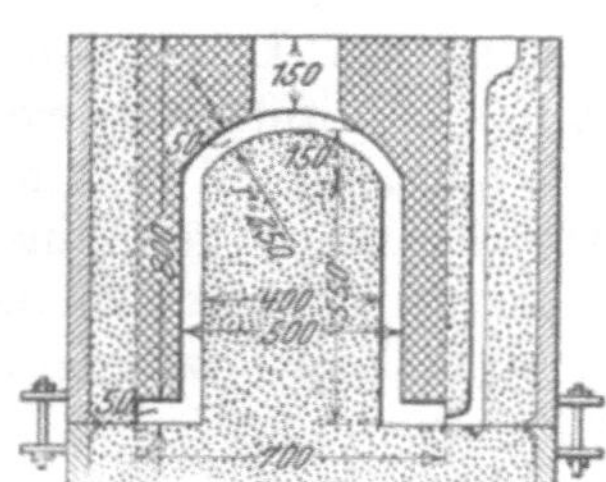

Abb. 1602. Form eines Behälters umgekehrt.

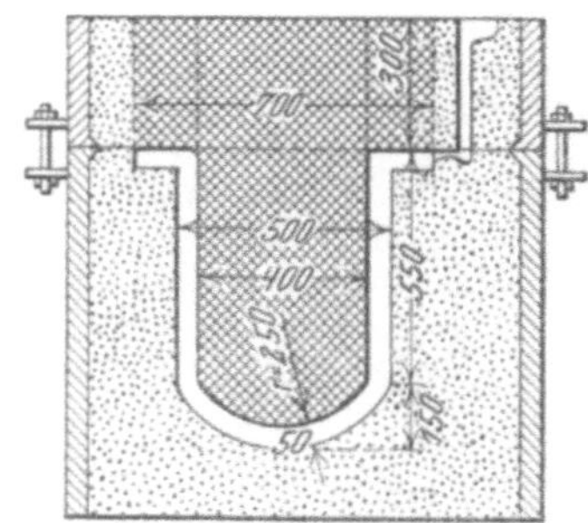

Abb. 1603. Form eines Behälters aufrecht.

Gießpfannen.

Die Beförderung des flüssigen Metalls vom Ofenabstich zum Einguß erfolgt heute fast nur noch in Gefäßen, die als Gießlöffel, Gießkellen, Gießpfannen und Gießtrommeln bezeichnet werden. Sie bestehen aus Gußeisen oder aus Blech und werden zum Schutz gegen das flüssige Eisen mit Lehm ausgestrichen. Sehr große Gießpfannen werden auch mit feuerfesten Steinen ausgemauert. Nach der Größe unterscheidet man Handpfannen, Gabelpfannen und Kranpfannen, nach dem Verwendungszweck Grauguß- und Stahlgußpfannen und nach der Form Löffel, Pfannen und Trommeln. Als Handpfannen werden Gießpfannen bezeichnet, die von nur einem Manne getragen werden. Sie heißen auch Kellen oder Löffel. Ursprünglich galt die Bezeichnung Löffel nur für löffelförmige Gießgefäße, die vorzugsweise in Hochofengießereien zum Schöpfen des Eisens aus der offenen Brust des Hochofens Verwendung fanden. Sie bestanden aus Gußeisen mit eingegossenem oder angenietetem schmiedeisernem Stiel, dessen oberes Ende bisweilen röhrenförmig ausgebildet war, um einen Holzstiel, der bequemeres Anfassen gestattete, aufzunehmen. Ihr Fassungsvermögen betrug 10—15 kg flüssiges Eisen. Sie sind heute nur noch vereinzelt in Gebrauch, ihr Name wurde in vielen Gegenden auf alle von einem Manne zu tragenden Gießpfannen übertragen.

Gegenwärtig gibt man den Handpfannen eine der in Abb. 1604 abgebildeten Formen und fertigt sie aus Guß- oder Schmiedeisen. Im letzteren Falle werden sie geschweißt, genietet oder im ganzen gestanzt. Der Griff wird häufig angenietet (Abb. 1605), es ist aber besser, mit einem Tragring versehene, abnehmbare Griffe nach Abb. 1604 zu verwenden, da dann die Gefäße bequemer getrocknet werden können. Sie dehnen sich nach Aufnahme des flüssigen Metalls aus, und es besteht bei richtiger Bemessung und Instandhaltung der Tragringe keine Gefahr, daß ein Kübel während des Gießens aus dem Ringe fällt. Nötigenfalls treibt man zum größeren Schutz zwischen Gefäß und Tragring einen Keil. Handlöffel fassen 15—25 kg Eisen und wiegen mit angenietetem Griff 8—12 kg.

Gießpfannen von 50 bis etwa 150 kg Fassungsvermögen werden Trag- oder Gabelpfannen genannt. Letztere Bezeichnung rührt von dem mindestens an einem Ende

Abb. 1604. Verschiedene Formen von Handpfannen.

Abb. 1605. Handpfanne mit angenietetem Griff.

gabelförmig gestalteten Trageisen her. Sie werden ebenfalls aus Guß- oder Schmiedeisen hergestellt. Gußeiserne Pfannen waren früher allgemein gebräuchlich, heute werden sie fast nur noch in Geschirr- (Poterie-) Gießereien verwendet, deren Former dünnwandige Topfformen billig und gut herstellen können. Sie bedürfen einer dünneren Auskleidung

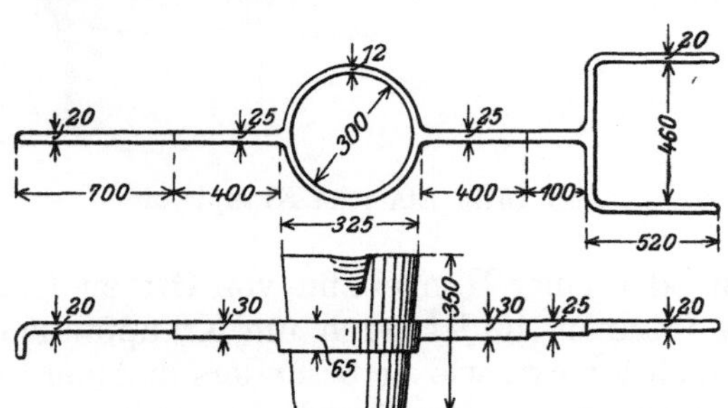

Abb. 1606. Gußeiserne Gabelpfanne.

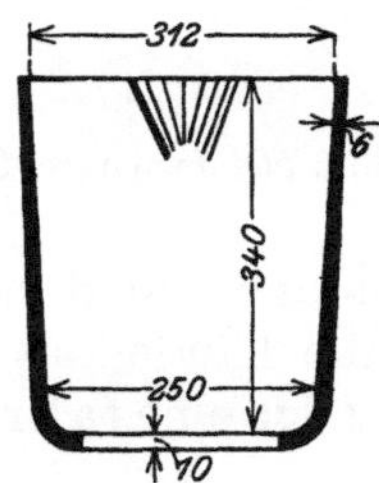

Abb. 1607. Blechmodell für gußeiserne Pfannen.

mit Lehm, da keine Nietköpfe zu berücksichtigen sind. Gestanzte Pfannen haben dagegen den Vorteil, um mindestens 10% leichter zu sein. Gußeiserne Tragpfannen haben sich durchaus bewährt, insbesondere ist noch kein Fall des Zerspringens im gefüllten Zustande bekannt geworden. Die in Abb. 1606 dargestellte gußeiserne Gabelpfanne vermochte sich vor einer Reihe von Jahren in zahlreichen Gießereien einzuführen und zu behaupten, die bis dahin nur schmiedeiserne Pfannen verwendet hatten. Abb. 1607 zeigt das zu ihrer Formerei benutzte Blechmodell.

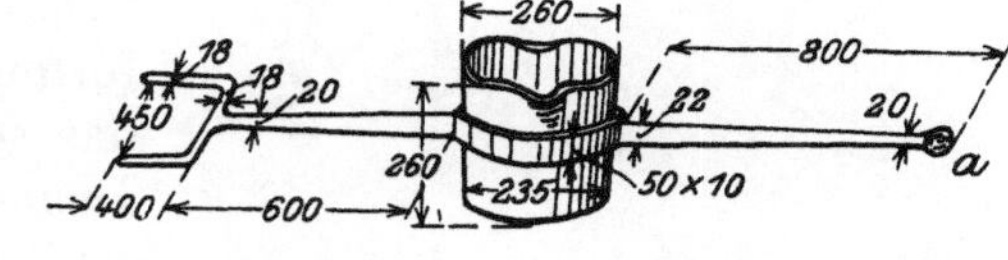

Abb. 1608. Handpfanne für 50 kg Inhalt.

Die Nietköpfe genieteter schmiedeiserner Pfannen dürfen nur im Innern vorstehen, außen müssen sie versenkt ein, damit die Pfannen sicher im Tragring sitzen können. Abb. 1608—1610 zeigen Handpfannen von 50, 80 und 100 kg Fassungsvermögen. Die 50-kg-Pfanne wird von zwei Leuten getragen. Der Vorangehende nimmt die Gabel zwischen die Beine und hält die Stange mit beiden Händen, wobei der Knopf a das Entgleiten der Stange verhütet. Die Gabel am anderen Ende des Trageisens dient zum Kippen der Pfanne während des Gießens und verhindert ihr Umschlagen beim Tragen. Für größere Pfannen wird das Trageisen vorn zu einem Haken ausgebildet (Abb. 1609), hinter den ein Querbügel c gelegt wird, so daß drei Arbeiter die Pfanne tragen. Ausnahmsweise werden auch an beiden Enden Gabeln angebracht (Abb. 1610), um beim Gießen das Kippen von zwei Seiten unterstützen zu können.

Häufig werden Betriebsunfälle durch Verschütten von Eisen auf dem Wege vom Ofenabstich bis zur Form veranlaßt. Die Gefahr wächst mit dem Fassungsvermögen der Tragpfannen, d. h. mit der Zahl der zu ihrer Beförderung erforderlichen Leute. Man bemüht

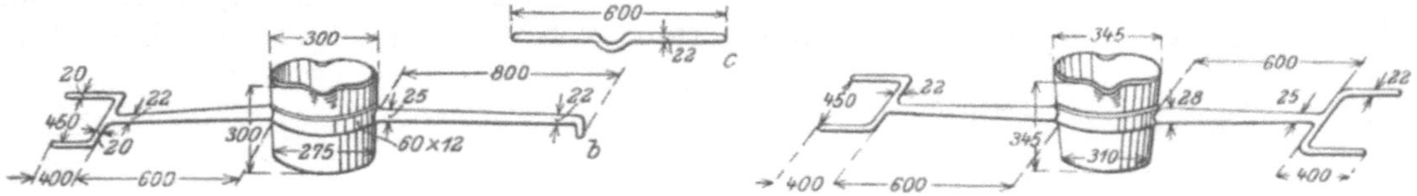

Abb. 1609. Handpfanne für 80 kg Inhalt. Abb. 1610. Handpfanne für 100 kg Inhalt.

sich daher, wo immer es angeht, mechanische Beförderungsmöglichkeiten zu benutzen. Hierbei kommen zwei Wege in Frage. Entweder man setzt die Pfanne in ein fahrbares Untergestell, um sie auf Schmalspurgleisen fortzubewegen, oder man stattet sie mit einem

Abb. 1611. Einfache fahrbare Gießpfanne.

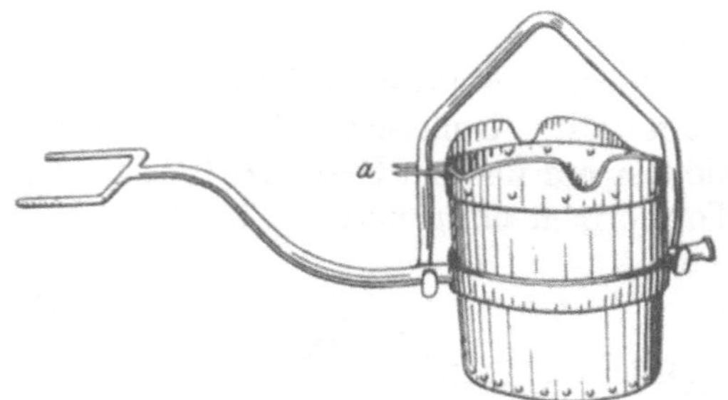

Abb. 1612. Einfache Kranpfanne.

Hängebügel aus und bringt sie mit einem Kran oder einer Hängebahn von Ort zu Ort. Im ersteren Falle handelt es sich um fahrbare Pfannen, im letzteren um Kranpfannen.

Abb. 1611 zeigt eine fahrbare Pfanne einfachster Art, wie sie besonders in Amerika vielfach verwendet werden. Das Fahrgestell ist zur Fortbewegung auf ebenem Boden eingerichtet, ein drehbares Halslager oberhalb der Gabel des Hinterrades ermöglicht es, in kleinen Bögen zwischen den Formkasten und sonstigen Hemmnissen vorbeizukommen. Die gleiche Pfanne kann an einem Bügel aus dem Wagen gehoben werden und als Kranpfanne Verwendung finden (Abb. 1612). Ein unentbehrliches Erfordernis ist dann die Sicherung, ein gabelförmiger, um ein Gelenk klappbarer Überwurf a, der das selbsttätige Umkippen der Pfanne verhütet. In Deutschland werden fahrbare Gießpfannen fast ausschließlich mit vierräderigen Gestellen mit Spurkranzrollen zur Beförderung auf Schmalspurgleisen versehen.

Abb. 1613. Fahrpfanne mit Schneckengetriebe.

Kleine Fahrpfannen bis etwa 300 kg Fassungsvermögen werden mit Hilfe von ein oder zwei Gabeln entleert (geschwenkt), größere erhalten einen Schwenkmechanismus, der aus einem Schneckengetriebe mit oder ohne Vorgelege besteht. Ein Vorgelege erleichtert die Gießarbeit und ermöglicht seitliche Anordnung des antreibenden Handrades (Abb. 1613 [1])), so daß der

[1]) Ausgeführt von C. G. Mozer in Göppingen.

Gießer das ausfließende Metall sehen und danach den Strom regeln kann, was beim einfachen Schneckenantriebe nur mangelhaft möglich ist. In der Regel wird das in fahrbaren Pfannen beförderte Eisen an der Verwendungstelle in Hand- oder Gabel-

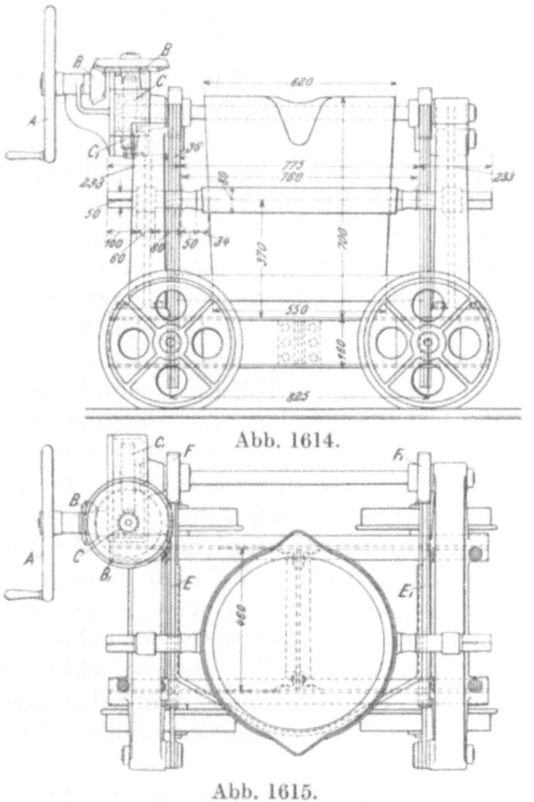

Abb. 1614.

Abb. 1615.

Abb. 1614—1616. Fahrpfanne mit Kippeinrichtung.

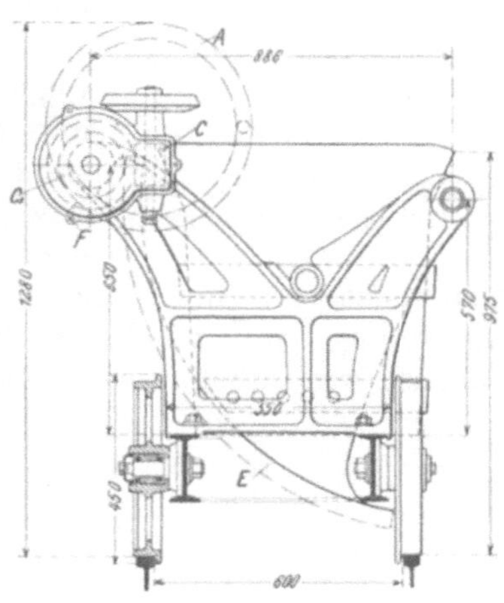

Abb. 1616.

pfannen umgeleert und erst aus ihnen in die Formen vergossen. Wenn unmittelbar aus der Fahrpfanne gegossen werden soll, müssen besondere Einrichtungen vorgesehen werden, um die Auslauftülle während der Entleerung in gleichem Abstande vom Eingußtrichter zu erhalten.

Eine treffliche Lösung der Aufgabe zeigt die in den Abb. 1614—1617 dargestellte Pfanne [1]). Der Antrieb besteht aus dem Handrad A, dem Kegelräderpaar B und B_1, dem Schneckenradgetriebe C und C_1, den Stirnrädern F und F_1 und den Zahnradsegmenten E und E_1 nebst den zugehörenden Achsen. Während des Ausgießens bildet die Auslauftülle den Mittelpunkt der Drehbewegung, so daß ein Heben und Senken, Vor- und Zurückrücken der Pfanne wegfällt. Die abzugießenden Formen werden in gerader Linie und gleichem Abstande vom Gleise angeordnet und mit der Eingußoberfläche der Pfannenhöhe entsprechend ausgerichtet. Nach dem Abgusse der ersten Form wird die Pfanne so weit zurückgedreht, daß ein Verschütten ihres Inhalts beim Weiterfahren vermieden wird, der Wagen zur nächsten Form weitergefahren, die Pfanne wieder gekippt, nach dem Gusse etwas zurückgedreht und so fortgefahren, bis ihr ganzer Inhalt entleert ist. Der Guß einer großen Anzahl gleichartiger Formen, z. B. stehender Rohrformen,

Abb. 1617. Fahrpfanne mit Kippeinrichtung.

[1]) Ausgeführt von Schwäb. Hüttenwerke G. m. b. H. in Wasseralfingen.

kann mit dieser Pfanne sicherer, rascher und gefahrloser bewirkt werden als mit einer Kranpfanne. Dagegen eignet sie sich weniger gut zum Gießen großer Formen, wobei immer eine geringe Bewegungsmöglichkeit der Pfanne nach vor- und rückwärts erwünscht ist.

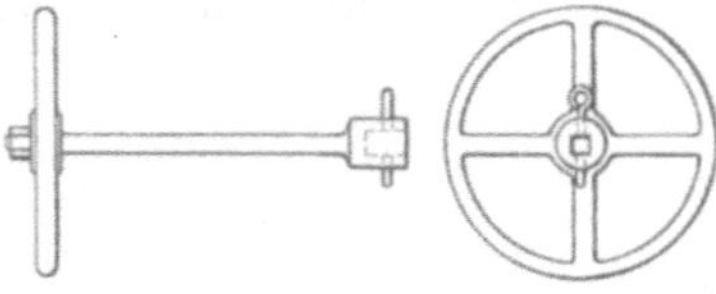

Abb. 1618. Gestieltes Handrad zum Schwenken kleinerer Kranpfannen.

Beim Gießen mit Kranpfannen sind dreierlei Bewegungen auszuführen. Die Pfanne muß gekippt, gehoben und vor- und rückwärts bewegt werden. Der Hub wird stets vom Kranen bewirkt. Die Vor- und Rückwärtsbewegung (das An- und Abhalten, wie es der Gießer nennt) und das Kippen oder Schwenken geschieht dagegen fast ausnahmslos von Hand; die letztere Bewegung wird bei allen größeren Pfannen durch Anordnung von Zwischenmechanismen erleichtert. Die kleinsten Kranpfannen können ebenso wie Gabelpfannen mittels eines auf einen Schildzapfen gesetzten oder mit Hilfe eines gestielten Handrades entleert werden. Die Schildzapfen erhalten dazu vierkantige Ansätze, über die die Hülse des Gabel- oder Handradstiels paßt. Zapfen und Stiel sind miteinander übereinstimmend durchlocht; ein durchgesteckter, senkrecht sitzender Keil oder Stift hält den Stiel fest (Abb. 1618). Auf dem gegenüberliegenden Zapfen wird in gleicher Weise ein gerader Arm befestigt, durch den die Pfanne während des Gießens im richtigen Abstande vom Einguß gehalten wird. Das Schwenken kann durch einen in die Gabel gelegten Hebel unterstützt werden. In ähnlicher Weise behalf man sich früher selbst bei sehr großen Pfannen (Abb. 1619[1]), bis durch die von James Nasmyth 1838 erfundene Schwenkvorrichtung mit Schnecke und Schneckenrad (Abb. 1620) eine außerordentliche Erleichterung der Gießarbeit erzielt wurde. Die skizzierte Ausführung würde aber nicht ausreichen, um sicher und gefahrlos abzugießen. Dazu sind noch seitliche Führungstangen zum Vor- und Rückwärtsdrücken der Pfanne unerläßlich. Sie werden, wie die Gabeln oder die Handräder kleinerer Pfannen, mittels Hülse und Sicherungstift (Abb. 1618) an den Schildzapfen des Pfannenbügels befestigt.

Abb. 1619. Altes Verfahren beim Schwenken großer Gießpfannen.

Abb. 1620. Nasmythsche Schwenkvorrichtung für große Pfannen.

Die in Abb. 1620 ersichtliche Vorrichtung zum Zurückhalten der Schlacke hat sich nicht bewährt, da sie dem raschen Entleeren der Pfannen hinderlich ist. Brauchbarer ist die an der Pfanne (Abb. 1621 und 1622) angebrachte Vorrichtung, bei der eine aus Blechstreifen gebildete, mit Lehm bezogene, herausnehmbare Zwischenwand die Schlacke zurückhält. Es muß

[1]) Nach der von U. Lohse im Jahrbuche des Vereines deutscher Ingenieure Bd. 2, (1910) S. 115 veröffentlichten Originalskizze von James Nasmyth.

darauf gesehen werden, daß die Zwischenwand weit genug vom Pfannenboden absteht, da sonst infolge zu engen Durchflußquerschnitts Übelstände wie bei der Anordnung von Nasmyth eintreten. Auch die von der Zwischenwand und der Auslauftülle begrenzte Ausgußkammer darf nicht zu eng bemessen werden. Einfache Schneckenantriebe erfordern bei sehr großen Pfannen einen Kraftaufwand, den mehrere Leute nicht mehr zu leisten vermögen. Man schaltet dann Stirn- oder Zahnradübersetzungen ein.

Obwohl Krangießpfannen täglich gebraucht werden, bergen sie doch nicht allzu selten infolge mangelhafter Bauart und ungenügender Wartung stete Gefahren für die damit beschäftigte und in ihrer Nähe arbeitende Mannschaft. Beim Entwurf solcher Pfannen kommt es hauptsächlich auf die Form der Getriebe, auf das Übersetzungsverhältnis der Räder, auf die Art der Unterbringung der Räder an der Pfanne und auf Lage und Gestalt der Pfannendrehzapfen an. Nach der Getriebeform sind drei Arten kippbarer Kranpfannen zu unterscheiden: Schnecken-, Stirnrad- und Schraubenschneckenpfannen[1]).

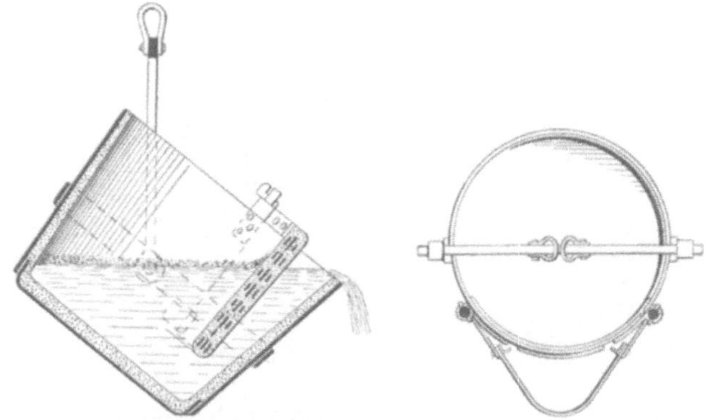

Abb. 1621. u. 1622. Kranpfanne mit herausnehmbarer Zwischenwand zum Zurückhalten der Schlacke.

Schneckenpfannen. Schneckengetriebe wurden bereits vor 80 Jahren zum Kippen von Gießpfannen benützt. Abb. 1623 läßt ein solches Getriebe in seiner jüngsten Entwicklung erkennen. Die ersten Ausführungen hatten nur rohe, unbearbeitete Räder, da man glaubte, bearbeitete Räder würden im Gießereibetriebe doch bald so sehr verschmutzen, daß dadurch ihr Vorteil verloren ginge. Zahlreiche Unfälle infolge toten Ganges unbearbeiteter Räder führten indes dazu, sie durch genau nach Kaliber geschnittene Räder zu ersetzen. Zugleich ging man dazu über, die Schneckenspindel nicht mehr unmittelbar mittels eines Handrades in Bewegung zu setzen, sondern ein Winkelräderpaar zwischenzuschalten. Dadurch wurde die Kipparbeit beträchtlich erleichtert und die Möglichkeit für den das Kippen besorgenden Gießer geschaffen, neben der Pfanne, statt hinter ihr, zu stehen und dadurch den Strom des flüssigen Eisens genau zu beobachten und die Ausgießgeschwindigkeit zu regeln. Diese Bauart bietet den Vorteil gedrängter, kräftiger Form und ermöglicht ruhigen und gleichmäßigen Guß, vorausgesetzt, daß die Räder in gutem Zustande, genügend geschmiert und richtig ausgerichtet sind. Der dauernd guten Ausrichtung ist die Anbringung der Schnecke am Pfannenbügel und des Schneckenrades am Pfannendrehzapfen etwas im Wege, da schon eine kleine Verbiegung des Pfannenbügels das genaue Ineinanderarbeiten der Räder stören muß. Der größte Vorteil der Schneckengetriebe liegt in ihrer selbstwirkenden Sperrung. Dagegen bleiben sie leicht stecken, und ihr mechanischer Wirkungsgrad ist ziemlich gering, so daß ihre Bedienung verhältnismäßig viel Kraft erfordert und der Kippvorgang ziemlich langsam fortschreitet.

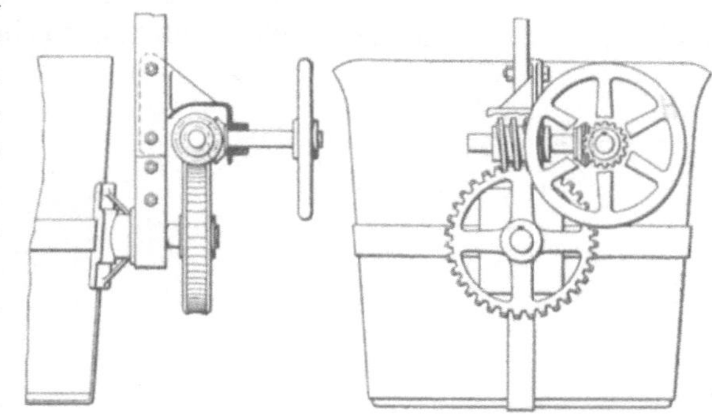

Abb. 1623. Gießpfanne mit Schneckengetriebe.

[1]) Stahleisen 1923, S. 569.

Stirnradpfannen. In Rohrgießereien müssen möglichst rasch hintereinander viele Formen abgegossen werden. Dem raschen Kippen bietet das Schneckengetriebe erheblichen Widerstand. Aus diesem Grunde ging man zur Anordnung von Stirnradtrieben nach Abb. 1624 über und schaltete, um zu kleineren Rädern zu gelangen, ein Fingerrad F ein. Der Zweck — raschere Kippung — wurde damit allerdings erreicht, zugleich aber der Hauptvorteil des Schneckengetriebes, die selbstwirkende Sperrung aufgegeben. Dadurch eingetretene Unfälle führten in einigen Staaten Nordamerikas zu Verboten dieser Kippvorrichtungen, die auch bei uns von den Aufsichtsbehörden beanstandet werden dürften. Diese Getriebe haben weiter den Nachteil ruckweisen Arbeitens,

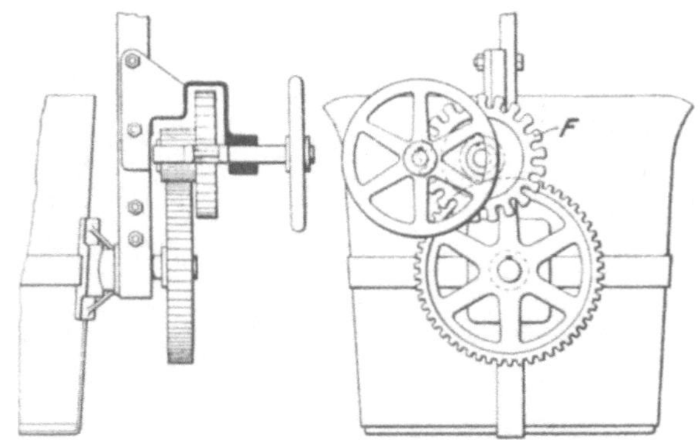

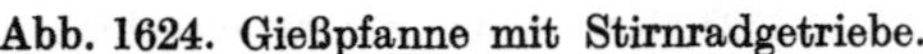

Abb. 1624. Gießpfanne mit Stirnradgetriebe.

Abb. 1625. Schraubenschneckengetriebe.

wodurch sich rechts und links vom Pfannenausgusse Krusten bilden, die das regelmäßige Gießen erheblich beeinträchtigen.

Schraubenschneckenpfannen. Durch Verwendung eines einfachen Schneckengetriebes in Verbindung mit einem Schraubengetriebe an Stelle des Winkelradgetriebes in Abb. 1623 lassen sich die Vorteile der Schneckenrad- und der Stirnradpfannen unter gleichzeitiger Vermeidung ihrer Nachteile erreichen. Abb. 1625 zeigt eine solche Ausführung. Das gesamte Getriebe ruht am Pfannendrehzapfen und ist mit dem Pfannenbügel nur mittels einer gleitenden Führung verbunden. Infolgedessen ist die gegenseitige

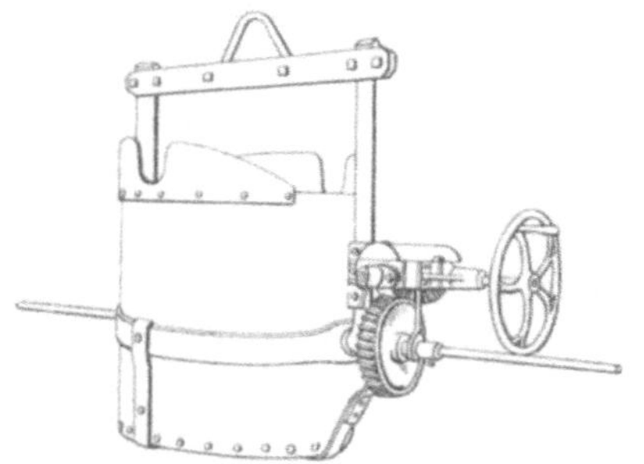

Abb. 1626. Pfanne mit auswechselbarer Schnauze.

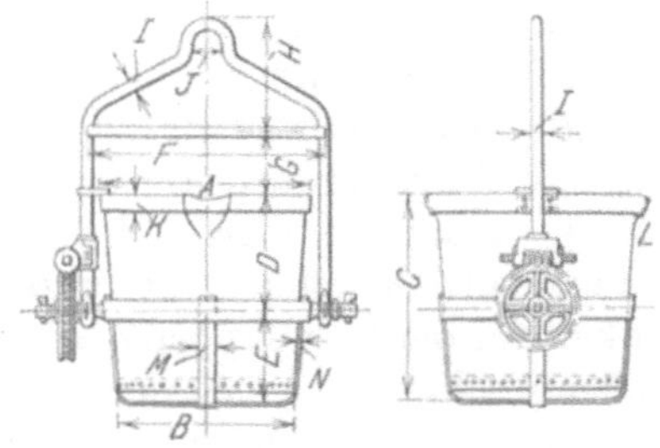

Abb. 1627. Pfanne mit Versteifungsbalken.

Ausrichtung der einzelnen Räder von etwaigen Bügelverbiegungen und Verdrehungen unabhängig, wodurch dauernd gute Übereinstimmung gewährleistet wird. Ein solches Verbundgetriebe hat einen um 33 % höheren Wirkungsgrad als ein einfaches Schneckengetriebe und ist gleich diesem völlig zuverlässig selbstsperrend. Je nach dem gewählten Steigungswinkel der Schraubenschnecke kann die Kippgeschwindigkeit innerhalb recht weit gezogener Grenzen nach Bedarf bemessen werden.

Von wesentlichem Einflusse auf den Entwurf der Kippeinrichtung ist die Höhenlage der Pfannen-Drehzapfen. Gewöhnlich bringt man sie in Höhe des Schwerpunkts der aufrechtstehenden, mit flüssigem Eisen bis zur Sicherheitshöhe gefüllten Pfanne an.

Die Ausgußschnauze größerer Pfannen wird von dem bei jedem Guß verhältnismäßig lange darüber hinwegfließenden Eisen bald angegriffen. Zur Vereinfachung der notwendig werdenden Ausbesserungen macht man sie auswechselbar wie in Abb. 1626.

Die eigentümliche Form dieser Tülle erleichtert zugleich das Gießen, da sie den Metallstrahl besser zusammenhält.

Der in Abb. 1627 ersichtliche Versteifungsbalken F zur Hintanhaltung von Verbiegungen des Tragbügels ist in französischen Gießereien häufig anzutreffen, auf deutschen Werken aber weniger gebräuchlich. Wenn die Metalloberfläche nicht durch eine gute Deckschicht von Koksgrus oder Holzkohle geschützt wird, ist er einer großen Erwärmung ausgesetzt, so daß seine Wirksamkeit sehr gering wird. In der Zusammenstellung[1]) einiger Abmessungen von Kranpfannen der in Abb. 1627 wiedergegebenen Form auf Zahlentafel 4 sind die Werte für I um 25% zu erhöhen, wenn der Balken F weggelassen wird.

Für Sonderzwecke sind auch Pfannen mit 2 Ausgüssen (Abb. 1628) in Verwendung, zum Gusse von dünnwandigen Röhren (Ablaufrohre) selbst solche mit 3 und mit 4 Ausgüssen (s. Abb. 1638).

Zur Erleichterung des Abgießens durch nur einen Mann dient ein Gelenkhebelmechanismus nach Abb. 1629. Eine Ausführung nach Abb. 1630 mit einem Ausgleichgewichte am Drehgabelarme einer auf 2 Rädern fahrbaren Gabelpfanne ermöglicht die Handhabung einer sonst nur von 2 Mann zu handhabenden Gabelpfanne durch nur einen Mann.

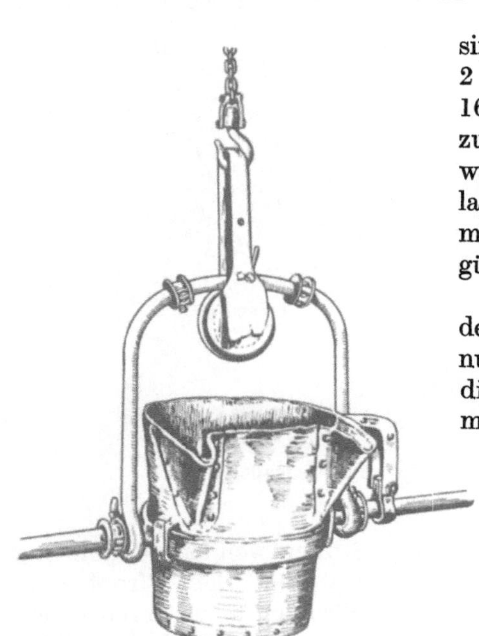

Abb. 1628. Pfanne mit zwei Ausgüssen.

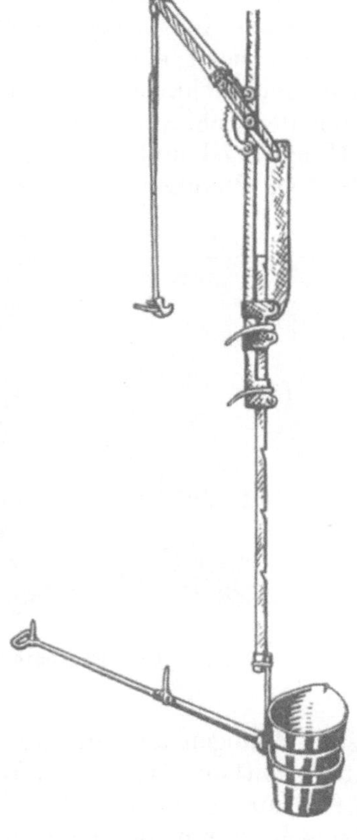

Abb. 1629. Gießpfanne mit Gelenkhebelmechanismus.

Zahlentafel 4.

Abmessungen von Kranpfannen.

Fassungs-Vermögen	A	B	C	D	E	Blechstärke	F	G	H	I	J	K	L	M	N
kg	mm	mm	mm	mm	mm	mm	mm	mm	mm	mm	mm	mm	mm	mm	mm
1500	700	600	750	400	350	4	800	275	375	40	90	60	4	60	10
3000	900	800	950	510	440	6	1000	300	425	45	100	80	6	80	12
6000	1150	1000	1150	625	525	8	1300	350	500	50	125	100	10	80	15
9000	1250	1100	1350	750	600	10	1400	400	600	60	150	120	12	100	20

[1]) Nach V. Marteil „Fonderie de Fonte“ Paris 1909.

Stahlgießpfannen, d. h. Gießpfannen zum Vergießen von Stahl, werden nicht geschwenkt, sondern durch eine mit einem Lehmpfropfen verschließbare Öffnung im Boden entleert. Die Ursache liegt in der Neigung flüssigen Stahls, rascher zu erstarren als Gußeisen. Beim Entleeren durch Kippen müßte die obenauf schwimmende, das Metallbad vor Abkühlung schützende Schlackenschicht vor dem jeweiligen Gusse entfernt werden[1]). Dann würde sich an der Oberfläche und insbesondere um die Auslauftülle rasch eine Kruste erstarrten Stahls bilden, die ein geregeltes Gießen bald unmögilch machen müßte. Abb. 1631 zeigt eine Stahlgießpfanne mit der allgemein gebräuchlichen Vorrichtung zum Heben und Senken des Lehmpfropfens. In der Abbildung sind der Hängebügel und der Schneckenantrieb, mit dem auch diese Pfannen meistens versehen werden, um

Abb. 1630. Fahrbare Gießpfanne mit Ausgleichgewicht am Drehgabelarm.

sie zum Reinigen und zur Neuauskleidung mit feuerfesten Stoffen wenden zu können, nicht ersichtlich. Der Ausflußverschluß besteht aus der Muffe i und dem Pfropfen a, die beide aus hochfeuerfestem Ton hergestellt werden. Der Pfropfen a ist durch einen Keilverschluß mit der gekrümmten Stange b verbunden, die mit feuerfestem Ton bekleidet wird, soweit sie mit dem flüssigen Stahle in Berührung kommt. Ein zweiter Keilverschluß verbindet die Stange b mit der Führung l, die durch den geschlitzten Hebel f auf und ab bewegt werden kann. Zum Gießen braucht der Pfropfen nur etwa so hoch gehoben zu werden, wie der Auslauf weit ist. Beim Auskleiden der Pfannen wird dem Boden gegen die Ausflußöffnung zu etwas Neigung gegeben, damit die Pfanne selbsttätig ganz leer laufen kann[2]).

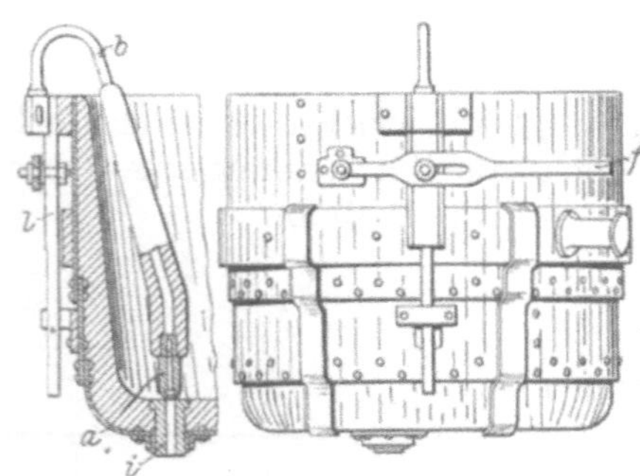

Abb. 1631. Stopfenpfanne.

Eine von den bisher besprochenen Gießpfannen wesentlich abweichende Form zeigen die Gießtrommeln[3]). Ihre eigenartige Gestaltung ermöglicht in vielen Fällen eine leichtere Handhabung als die gewöhnlicher Gießpfannen und belästigt die Arbeiter während des Gießens weniger durch Hitze- und Lichtausstrahlung. Außerdem halten sie das Eisen länger heiß und gießfähig, worin einer ihrer Hauptvorteile liegt. Ihre Entleerung

[1]) Um die Wärme besser zusammenzuhalten, gießt man häufig eine Reihe kleiner Stücke aus großen Pfannen.

[2]) Über die Entwicklung des Gießpfannenstopfens vgl. Stahleisen 1922, S. 848.

[3]) Ausgeführt von A.-G. Vulkan in Köln-Ehrenfeld.

erfordert nur geringen Kraftaufwand, da beim Wenden nur der Zapfendruck und die Reibung des flüssigen Metalls an den Trommelwänden zu überwinden sind, während bei gewöhnlichen Pfannen auch ein Teil des Inhalts gehoben werden muß. Dagegen ist die Schlacke schwieriger zurückzuhalten und zu entfernen. Auch Ausbesserungen der Auskleidung sind schwerer auszuführen, denn sie erfordern jedesmal die Loslösung einer der beiden Stirnwände. Die Ausmauerung hält aber länger vor, denn sie steht von allen Seiten unter Spannung und ist nach dem Abgusse schroffem Wärmewechsel weniger ausgesetzt als die gewöhnlicher Gießpfannen. Die Trommeln werden den verschiedenen Bedürfnissen entsprechend fahrbar mit und ohne Krangehänge und als reine Kranpfannen ausgeführt (Abb. 1632 und 1633).

Abb. 1632. Fahrbare Gießtrommel.

Die Innenwände aller eisernen Gießgefäße müssen einen Schutzbezug aus Masse, Lehm oder von feuerfesten Steinen erhalten. Bei kleinen Löffeln genügt einmaliges Durchziehen durch Ton- oder Lehmwasser, größere Löffel und Gabelpfannen werden mit Masse, Kranpfannen mit Lehm, die größten von ihnen mit feuerfesten Steinplättchen in Lehmmörtel ausgekleidet. Zur Abführung der Feuchtigkeit und der durch die Hitze des flüssigen Metalls entwickelten Gase stellt man beim Auskleiden kleiner und mittlerer Pfannen rings um die Wände Strohhalme auf, auf die die Masse oder der Lehm mit den Händen aufgetragen und festgedrückt wird. Bei größeren Pfannen treten zu den Strohhalmen Rundeisen, die ausgezogen werden, sobald der Bezug so steif geworden ist, daß die hinterlassenen Kanäle nicht mehr gefährdet sind. Die Masse und der Lehm müssen annähernd so luftig angemacht werden, wie für Formereizwecke, wobei auch die Stärke des aufzutragenden Bezuges, die Größe der Pfannen und die Zeit, die sie mit flüssigem Metall gefüllt bleiben, in Rechnung zu ziehen sind. Die Auskleidungsmasse für kleine, nur kurze Zeit dem flüssigen Eisen ausgesetzte Pfannen kann wesentlich magerer als für mittlere oder größte Pfannen sein, da die einen nur wenige Minuten, die anderen aber stundenlang den Angriffen des flüssigen Metalls ausgesetzt sind.

Abb. 1633. Am Kranen hängende Gießtrommel.

Der Bezug muß die richtige, seiner Zusammensetzung und der Größe der Pfanne entsprechende Stärke haben. Wenn er zu dünn ist, haftet er nicht zuverlässig, springt an einzelnen Stellen ab, und die Pfanne kann durchgehen, d. h. aufgeschmolzen werden und einem Metallstrahle Durchgang gewähren. Zu dicke Schutzschichten mindern das Fassungsvermögen der Pfannen und sind nur schwer vollkommen zu trocknen. Ungenügend getrocknete Auskleidungen bewirken leicht ein Kochen des Eisens, das dabei sehr rasch abkühlt, im schlimmsten Falle selbst Explosionen, die einen Teil der Füllung aus der Pfanne schleudern können.

Sehr große Pfannen erhalten eine Schutzschicht aus feuerfesten Steinen, dünnen Tonplättchen bis zu normalen Keilsteinen. Man bettet die Plättchen oder Steine in eine Schicht von fest bindendem Mörtel aus Lehm und Ton und ordnet sie so an, daß sie eine sich selbst tragende Wölbung bilden. Die Luftabfuhr erfolgt durch Einmauerung von 5—10 mm starken Rundeisen, die bei beginnender Trocknung ausgezogen werden. Auf diese Weise auszufütternde Pfannen werden zur besseren Entlüftung meist mit einer reichlichen Zahl über ihren ganzen Umfang verteilter Löcher von etwa 5—8 mm Durchmesser versehen. Bei Neuausmauerungen muß für gründliche Öffnung der durch Schmutz und Lehm der vorhergegangenen Auskleidung verschlossenen Öffnungen gesorgt werden.

Gründliche Trocknung der ausgekleideten Pfannen ist eine Vorbedingung für das gute Gelingen des Gusses. Früher trocknete man kleinere und mittlere Pfannen über

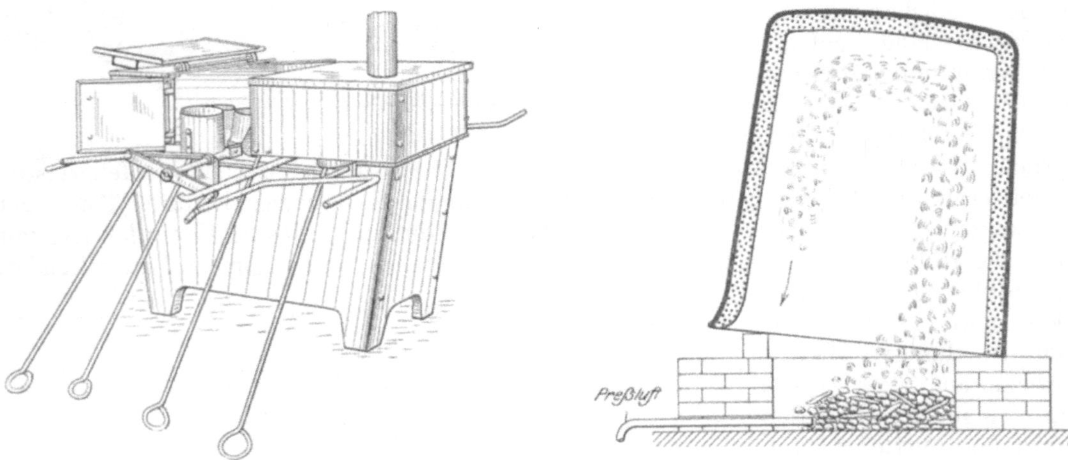

Abb. 1634. Tragbarer Pfannentrockenofen.

Abb. 1635. Trocknen von Gießpfannen mittels Preßluft.

offenen Feuern, in großen Pfannen wurde ein Feuer angemacht. Diese Verfahren bieten wenig Sicherheit und führen zu häufigen Mißhelligkeiten. Heute haben Großgießereien meist eine eigene Kammer nur zum Pfannentrocknen. Zum Trocknen von Hand- und Gabelpfannen wird seit einigen Jahren auch ein tragbarer Pfannentrockenofen (Abb. 1634) mit gutem Erfolge benutzt[1]). Der Ofen besteht aus einem ausgemauerten Unterteil, das mit einem Rost versehen ist und als Feuerraum dient, und einem mit Seiten- und Oberdeckel verschließbaren, als Trockenraum dienenden Oberteile, das einen wagerechten Schlitz zum Durchschieben der Pfannenstiele hat.

Auch Preßluft wird mit gutem Erfolg zum Pfannentrocknen herangezogen. Ein offenes, von Ziegelmauerwerk eingefaßtes Feuer erhält so viele Verbindungen mit der Preßluftleitung, wie darüber Pfannen aufgestellt werden können. Dann stülpt man die Pfannen darüber und sorgt durch einen auf einer Seite untergelegten Ziegelstein für ausreichenden Gasabzug (Abb. 1635). Wenn auch etwas größere Pfannen so getrocknet werden sollen, versieht man den Trockenraum mit einer Laufkatze oder einer kleinen Krananlage. Große Pfannen werden zum Trocknen nicht umgestülpt, da bei ihnen die Gefahr des Abfallens der noch feuchten Schutzschicht zu groß ist. Oft deckt man sie

[1]) Ausgeführt von Friedrich Feldhoff Sohn in Barmen.

mit Blechen ab und trocknet mit einem darüber gestellten tragbaren Trockenofen. Gießereien, die über Heizgas verfügen, stülpen über geeignet angeordnete Brenner je eine kleinere Pfanne und drücken in große Pfannen eine oder mehrere Flammen von oben nach unten.

Nach mehrmaligem Gebrauche bildet sich über der Schutzschicht eine Eisenkruste. Viele Gießer haben eine dünne Kruste gern, da sie ein Beweis für gründliche Trockenheit der Schutzschicht ist. Nichtsdestoweniger soll man die Kruste stets entfernen, da sie vom neuen Eisen aufgelöst werden muß, und dabei dessen Wärme sehr beträchtlich erniedrigt wird. Die Gießpfannen sollen täglich durchgesehen, ausgebessert und, wenn erforderlich, nachgetrocknet werden [1]).

Die Gießarbeit.

Die Gießpfannen werden am besten unmittelbar vom Strahle des dem Stichloche entströmenden Metalls gefüllt. Je nachdem Hand-, Gabel- oder Kranpfannen zu füllen sind, wird das Stichloch enger oder weiter gemacht, damit das Füllen der Pfannen rasch genug und doch in Ruhe und Ordnung vor sich gehen kann. Während ein Abstich ausreicht, um eine beträchtliche Zahl von Hand- oder Gabelpfannen zu füllen — die unter dem Metallstrahle befindliche Pfanne wird kurz vor dem Vollaufen so weit gesenkt, daß eine neue Pfanne von vorne über sie unter das fließende Eisen gebracht werden kann —, bedarf es zur Füllung großer Kranpfannen häufig wiederholter Abstiche. Sobald mit dem Eisen Schlacke aus dem Ofen tritt, was schon bei geringer Übung leicht zu erkennen ist, muß der Abstich geschlossen werden, da sonst die Pfannen in äußerst störender Weise durch die Schlacke verunreinigt würden. Die Pfannen sollen nur so weit gefüllt werden, daß oberhalb des Metallspiegels noch ein freier Raum von mindestens $^1/_8$ der ganzen Pfannentiefe übrig bleibt. Füllt man sie weiter an, so sind während ihrer Beförderung Unfälle durch Verschütten des Eisens kaum zu vermeiden.

Abb. 1636. Flache Gießpfannen an Laufschienen hängend.

Abb. 1636 zeigt eine Reihe mittelgroßer Gabelpfannen, deren flache Form sie zur Beförderung von Hand ungeeignet macht. Anderseits ist diese Form für alle jene Fälle von großem Vorteil, bei denen es sich um rascheste Entleerung der Pfanne handelt. Die Beförderung der an einer Laufschiene mittels eines Laufräderpaares hängenden Pfannen bietet keine Schwierigkeit. Wichtig ist dabei die Zwischenschaltung eines Drehzapfens, durch den es ermöglicht wird, jede Pfanne unmittelbar vor der Abstichrinne um 90° seitlich zu drehen und damit unter den ausfließenden Eisenstrahl zu bringen.

Zur Vereinfachung der Gießarbeit, insbesondere zur Ermöglichung derselben durch den Former oder Gießer allein sind mannigfache Vorkehrungen getroffen worden. Abb. 1637 läßt eine Einrichtung zum gleichzeitigen, äußerst genauen Guß mittels zweier Gabelpfannen erkennen, deren jede nur von einem Manne bedient wird. Die beiden Pfannen hängen an einem kleinen Laufkranen und werden gemeinsam vorwärts geschoben. Jede Pfanne ist außerdem für sich nach rechts und links verfahrbar.

Das Gießen von Ablaufröhren mit einer nur von 2 Mann bedienten Pfanne mit 3 Ausläufen ist der Abb. 1638 zu entnehmen. Mit dieser Einrichtung vermögen 2 Mann

[1]) Betr. Brüche an Gießpfannengehängen vgl. Stahleisen 1912, S. 611, 913; 1919, S. 993; 1920, S. 1136, 1711.

ohne sonderliche Anstrengung eine Gießarbeit zu bewältigen, zu der unter gewöhnlichen Umständen 2 × 3 Mann angestrengt tätig sein mußten.

Auch große Kranpfannen bedürfen bei guter Anordnung nur wenig unmittelbarer handarbeitlicher Hilfe. Abb. 1639 läßt den Vorgang beim Vergießen von 25 t erkennen, der von nur 2 Mann in vollster Sicherheit durchgeführt wird.

Abb. 1637. Gleichzeitiger Guß aus zwei Gabelpfannen.

Bei Kranpfannen überzeugt man sich vor jeder Füllung, ob der Antriebmechanismus gut geschmiert und leicht beweglich ist, setzt dann die Pfanne vor den Ofen und „sticht ab“, d. h. man durchstößt den die Ablauföffnung des Ofens verschließenden Lehmpfropfen. Die Füllhöhe wird vorher mit einigen Kreidestrichen im Innern der Gießpfanne eingezeichnet. Das Fassungsvermögen einer jeden größeren Pfanne wird ein für allemal rechnerisch ermittelt, so daß dann auf Grund einer von Zentimeter zu Zentimeter fortschreitenden Zahlentafel die einer bestimmten Eisenmenge entsprechende Füllhöhe sofort bestimmt werden kann. Nach jedem Abstich streut oder siebt man über das Eisenbad eine Schicht Koks oder besser Holzkohlenlösche, um Wärmeverlusten möglichst vorzubeugen. Sobald die gewünschte Eisenmenge gesammelt ist, wird die Pfanne zur Gießstelle gebracht und dort stehen oder hängen gelassen, bis das Eisen sich auf die richtige Gießtemperatur abgekühlt hat. Während des Abstehens entweichen Gase, ein Vorgang, der durch Umrühren mit einer eisernen Stange wesentlich gefördert wird. Die Rührstange muß gut angewärmt sein, ehe sie in das Metall eingeführt wird, sonst bewirkt die am kalten Eisen haftende Feuchtigkeit Explosionen.

Abb. 1638. Gießen aus einer Gabelpfanne mit 3 Ausläufen.

Durch bloßes Umrühren werden nur mechanisch eingeschlossene Gase entfernt, zur Beseitigung von Gasen, die erst während des Erstarrens frei werden und die Dichte und Festigkeit des Gusses beeinträchtigen, bedarf es besonderer Hilfsmittel. Als solche kommen vornehmlich desoxydierende Stoffe zur Zerstörung der Metalloxyde, wie Ferromangan, Ferrosilizium, Aluminium, Magnesium, Vanadium und Kalzium in Frage [1]). Die Reinigung des Eisens durch solche Zusätze ist nur zur Erreichung der höchsten Ansprüche an Festigkeit und Dichte nötig und gebräuchlich. Richtige Gattierung und guter Ofengang machen sie für gewöhnliche Fälle überflüssig.

Für das gute Gelingen eines jeden Gusses und für die meisten technischen Eigenschaften der Abgüsse ist die richtige Gießtemperatur von großem Einflusse. Zu wenig heißes Eisen vermag feine Formen nicht scharf genug auszufüllen, bewirkt Kaltschweißstellen, macht bearbeitete Flächen unsauber und gibt zu Spannungen Anlaß,

---

1) Näheres hierüber s. Bd. 1, S. 148.

weil einzelne Teile des Abgusses schon erstarrt sind und zu schwinden beginnen, ehe die ganze Form vollgelaufen ist. Zu heißes Eisen neigt zur Bildung von Hohlräumen durch Nachsaugen und greift die Oberflächen der Form durch Anschmelzen an.

Das spezifische Gewicht, die Festigkeit, Dehnung, Härte, Elastizität, Homogenität und Schwindung hängen in beträchtlichem Maße von der Gießwärme ab [1]). Sie richtig zu bemessen, ist nicht immer einfach. Einmal muß die Temperatur des Eisenbades richtig beurteilt werden und dann auf Grund ausreichender Erfahrung die im Einzelfalle erforderliche Temperatur gewählt werden. Die gröbsten Temperaturunterschiede wahrzunehmen, ist sehr einfach. Allerhitzigstes Eisen raucht, sehr heißes Eisen ist fast milchfarbig weiß und wird mit abnehmender Temperatur gelblich, gelb und schließlich rotgelb. Genauere Anhaltspunkte gewähren das Spiel beweglicher Figuren auf der Oberfläche des Metalls und die Einwirkung des flüssigen Eisens auf einen eingetauchten eisernen Stab. Ein handwarm gemachter gußeiserner Stab von 2 cm Durchmesser wird von sehr hitzigem Eisen schon beim ersten Eintauchen aufgelöst, von weniger heißem erst beim zweiten und dritten Eintauchen, während stark abgekühltes Eisen ihn überhaupt nicht mehr zu lösen vermag, sondern sich in einer bei wiederholtem Eintauchen immer stärker werdenden Kruste an das eingetauchte Ende ansetzt. Für höhere Hitzegrade wählt man schmiedeiserne Versuchstäbe. Die Tauchprobe ist zuverlässiger als die Beurteilung nach der Farbe und dem Oberflächenspiel, da die erstere durch mehr oder weniger Sonnenschein sowie durch natürliche oder künstliche Beleuchtung sehr verschieden beeinflußt wird, und das Oberflächenspiel von der wechselnden chemischen Zusammensetzung noch mehr abhängig ist als von der schwankenden Wärme. Durch die Einführung elektrischer und anderer Wärmemesser [2]) ist es möglich geworden, die Temperatur des Eisenbades ohne besondere Erfahrung genauer zu bestimmen, als es bisher dem erfahrensten Praktiker möglich war.

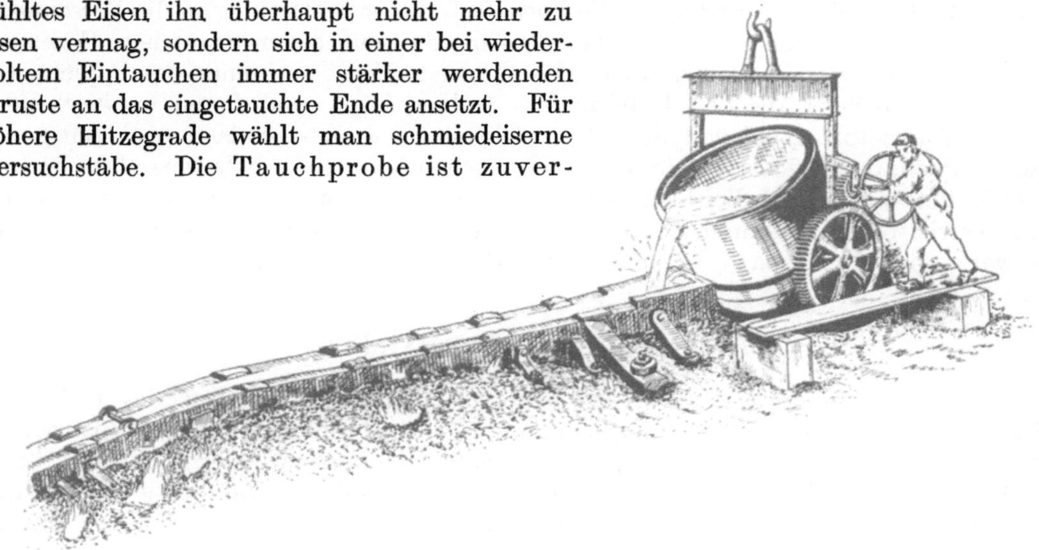

Abb. 1639. Gießen, nur mit Hilfe eines Mannes aus einer großen Kranpfanne.

Die im Einzelfalle erforderliche Gießtemperatur hängt von der Flächenausdehnung des Gußstücks, seinem Gewichte, der Form und Stärke seiner Querschnitte und seinem Verwendungszweck ab. Weiter sind von Einfluß die verwendeten Formstoffe — eine nasse Form muß infolge ihrer wärmeentziehenden Wirkung heißer gegossen werden als eine getrocknete — und die chemische Zusammensetzung des zu vergießenden Eisens. Auch die Größe der Eingußkanäle ist von Bedeutung. Enge Kanäle erfordern hitzigeres Eisen als weite. Da so viele wechselnde Umstände zu berücksichtigen sind, kann in jedem Falle die richtige Gießtemperatur nur auf Grund reicher allgemeiner oder zuverlässiger Sondererfahrungen bestimmt werden.

---

[1]) Siehe Stahleisen 1915, S. 658—662 u. 719—722. Der Einfluß verschiedener Gießtemperaturen auf die Eigenschaften von Eisen- und Stahlguß; vgl. auch Bd. 1, S. 274, 456.

[2]) Vgl. Bd. 1, S. 540, Temperaturmessung im Gießereibetrieb.

Vor dem Beginn des Gießens wird die Pfanne nach der vom Eingusse abgewendeten Seite so weit gekippt, daß Schlacken und sonstige Fremdkörper von der Metalloberfläche leicht entfernt werden können. Man bedient sich dazu der Krampstöcke, schmiedeeiserner Stangen, die an einem Ende flach ausgeschmiedet sind und dort zum Schutze gegen vorzeitiges Abschmelzen mit einem dünnen Lehmüberzuge versehen werden. Nach dem Abschlacken kippt man die Pfanne zurück und gießt vorsichtig an, bis der Eingußtümpel mit Metall gefüllt ist; darauf wird der Strahl so geregelt, daß der Einguß bis zur Beendigung des Gusses voll Eisen bleibt. Die Geschwindigkeit des Gießens hängt nicht vom Belieben des Gießers ab, sondern von der Zahl und dem Querschnitte der von einem Tümpel zu füllenden Eingüsse. Durch Vollhalten der Eingüsse während des Gießens wird erreicht, daß leichtere Beimengungen oben bleiben und nur das reine Metall in die Form gelangt. Wird der Einguß während des Gießens auch nur einen Augenblick leer, so treten die obenauf schwimmenden Verunreinigungen in die Form.

Steiger und Windpfeifen werden vor Beginn des Gießens häufig mit Lehmpfropfen verschlossen. Dadurch wird ein zu scharfer Luftstrom, der einzelne Teile der Form gefährden könnte, verhütet. Erst wenn die Form fast voll ist, entfernt man die Verschlüsse. Man verwendet manchmal auch starkes Papier, das mit einem Häufchen Formsand oder in anderer Weise beschwert wird. Das steigende Eisen verbrennt das Papier. Die während des Gießens aus den Luftkanälen, Teilungsfugen und Poren entweichenden Gase — Wasserstoff, Kohlenoxyd, Kohlenwasserstoffe u. a. — müssen rechtzeitig entzündet werden, da sie sonst Explosionen verursachen könnten, mindestens aber die Luft im Gießraume verderben. Bei kleinen Formen genügt es, einen brennenden Span an die Hauptaustrittstellen zu halten, bei größeren häuft man an allen Stellen, wo Gasaustritt zu erwarten ist, Hobelspäne an und entzündet sie bei Beginn des Gießens.

Arbeiten nach dem Gießen.

Nach dem Gießen muß für möglichst gleichmäßige Abkühlung des Gußstücks und für Beseitigung aller Schwindungshemmnisse gesorgt werden, sonst sind Spannungen unvermeidlich. Abgüsse von annähernd gleichmäßigen Wandstärken, die in Sand, Lehm oder Masse hergestellt wurden, läßt man in der Form erkalten. Die hierzu erforderliche Zeit schwankt von einigen Minuten bei kleinsten Abgüssen bis zu einigen Wochen bei größten Gußstücken [1]).

Abgüsse mit voneinander wesentlich abweichenden Wandstärken werden zunächst nur an den stärksten Querschnitten vom Sande befreit, um die Gleichmäßigkeit der Abkühlung des ganzen Stücks zu fördern. Plattenförmige Abgüsse macht man in der Mitte vom Sande frei, weil die Außenkanten früher erstarren und dann einen Wärmeschutz für die inneren Teile bilden. Bei solcher teilweiser Freilegung muß die Lage der Abgüsse berücksichtigt werden, in deren Nähe das Eisen am längsten warm bleibt, während es in entfernter liegenden Teilen infolge der Abkühlung während des zurückgelegten Weges rascher erkaltet. Oft ist es erforderlich, vorzeitiger Abkühlung ausgesetzte Teile künstlich warm zu halten durch Darüberhäufen glühender Eingußteile, ja selbst durch Anordnung von Gießtümpeln auf einer dünnen Formsandzwischenschicht.

Ausgiebige Kühlwirkungen an starken Querschnitten werden durch unmittelbare oder mittelbare Anwendung von kaltem Wasser erzielt. So bedürfen die Naben von Riemenscheiben, Zahnrädern und ähnlichen Gußteilen häufig der Wasserkühlung. Man macht sie vorsichtig — um nicht auch die früher erstarrenden Arme bloßzulegen — vom Sande frei, stößt den Kern mit einem spitzen Eisenstabe aus und gießt Wasser in die Bohrung, das sofort zu kochen beginnt und bald verdunstet. Je nach der Stärke der Nabe wird die Wasserzufuhr mehrmals wiederholt. Das Verfahren darf aber nicht zu

[1]) O. Böhler berichtet (Stahleisen 1911, S. 1210) über den Guß einer großen Schabotte, die 14 Tage nach dem Gusse noch so warm war, daß sie kaum mit der Hand berührt werden konnte. Der Eisenpanzer der Form und das Mauerwerk wurden allmählich abgebrochen und die Kanten bedeckt gehalten. Erst 48 Tage nach dem Gusse stand die Schabotte frei auf einem Mauersockel.

weit getrieben werden, die Nabe muß heiß genug bleiben, um durch ihre Wärme eine Härtung zu überwinden.

Abb. 1640 zeigt eine mit Kühlschlangen versehene Form des Zylinderkopfes einer Corlißmaschine. Der Kopf hat starke Böden und schwache Ränder, die noch dazu durch Dampf-Ein- und -Ausgänge geschwächt sind. Die Abgüsse ohne künstliche Kühlung rissen regelmäßig schon beim Auspacken, erst nach Einführung der Schlangenrohrkühlung gelang es, gute Abgüsse herzustellen. Die Schlangen wurden 30—40 mm von den Böden entfernt eingestampft, die Schlange im Mittelkern, der am wirksamsten gekühlt werden muß, aber nur wenige Millimeter stark mit Lehm bedeckt. Nach dem Gießen wurde einige Minuten bis zur völligen Erstarrung gewartet und dann ein rasch fließender Strom kalten Wassers durch die Rohrschlange bis zur völligen Abkühlung des Gußstückes geleitet.

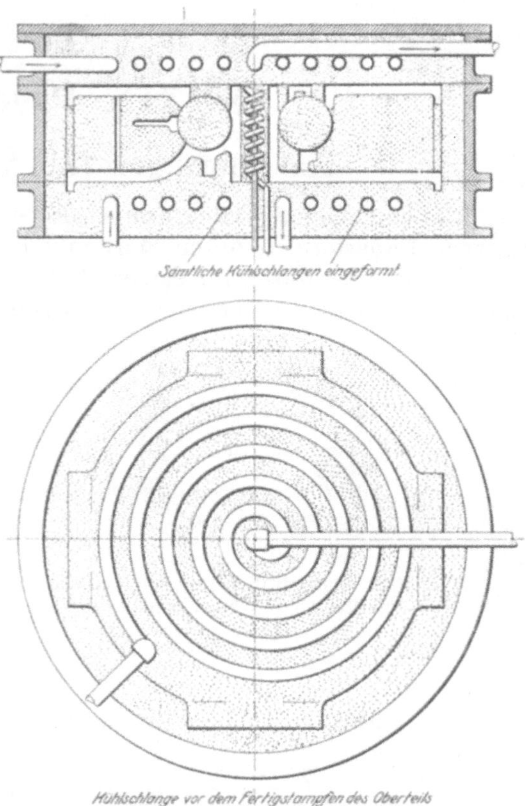

Abb. 1640. Verwendung einer Kühlschlange beim Guß eines Zylinderkopfes.

Vorzeitig ausgepackte Gußstücke können durch scheinbar ganz geringfügige Ursachen gefährliche Spannungen erlangen. Ein offenstehendes Fenster, durch das ein größerer, dünnwandiger, noch rotglühender Abguß der Zugluft ausgesetzt wird, Regentropfen, die gegen eine seiner Seiten fallen, und ähnliche Zufälle können zum Zerspringen empfindlicher Stücke führen. Zur Vermeidung solcher Zufälle und um die Innen- und Außenflächen von Gußstücken gleichem Abkühlungseinflusse zu unterwerfen, werden rotglühende Bronze- und Rotgußabgüsse mitunter in kaltes Wasser geworfen.

Zur Ermöglichung ungehemmter Schwindung müssen bei vielen Abgüssen im Anschlusse an das Gießen die Kerne oder die Kerneisen entfernt werden. Die Kerneisen von Röhren oder Säulen können, wenn mit ihrer Entfernung bis zur Abkühlung des Gußstücks gewartet wird, nur durch außergewöhnliche Kraft entfernt werden. Nach rechtzeitiger Entfernung der Spindeln bietet dagegen der zurückbleibende Sand dem Schwinden kein nennenswertes Hindernis. Auch die Formkastenzwischenwände können der Schwindung hinderlich sein. Man hebt dann das Oberteil etwas an und lockert mit kräftigen Eisenstäben den Sand zwischen den Schoren und den vorspringenden Teilen des Abgusses. Für Masse- und Lehmformen bildet bei nicht ganz glatten Formen der Formstoff selbst ein Schwindungshindernis. Er muß daher an gefährdeten Stellen unmittelbar nach dem Erstarren des vergossenen Metalls mit geeigneten Werkzeugen gelockert werden. Es kann selbst notwendig werden, das Gußstück aus der Form zu nehmen, um es in losere, schlechte Wärmeleiter zu packen oder in einer Glühkammer allmählich erkalten zu lassen [1]).

Literatur.

Einzelne Werke.

Ledebur, A.: Handbuch der Eisen- und Stahlgießerei. 3. Aufl., Leipzig 1901. S. 331/349.
Osann, B.: Lehrbuch der Eisen- und Stahlgießerei. 5. Aufl., Leipzig 1922.

[1]) Z. B. nach dem Lochnerschen Trockenverfahren, S. 239.

Abhandlungen.

Messerschmitt, A.: Guß von oben, Guß von unten. Stahleisen 1905, S. 476, 549.

Leber, J.: Poesie und Prosa aus der Gießerei. Stahleisen 1909, S. 621.

Der hydrostatische Druck auf Formen und Kerne. Gieß.-Zg. 1913, S. 552, 554.

Becker, H.: Beiträge zur Bestimmung des ferrostatischen Drucks auf Formen und Kerne. Stahleisen 1914, S. 169, 174.

Pomp, A.: Brüche an Gießpfannengehängen. Stahleisen 1920, S. 1136, 1138, 1711.

Irresberger, C.: Erzielung dichter Abgüsse ohne Anwendung von Überköpfen. Gieß.-Zg. 1922, S. 731, 734.

XXXIX. Dauerformmaschinen.

Ausführungen für Abgüsse einfachster Art.

Die einfachsten Dauerformmaschinen bestehen in Vorrichtungen zum Entleeren eiserner Dauerformen durch Schwenken der offenen, abgegossenen Form um 180°, so daß die Abgüsse durch ihr eigenes Gewicht aus der Form fallen. Solche Vorrichtungen finden besonders zur Verwertung von Resteisen für minderwertige Abgüsse Verwendung.

Bei der Vorrichtung zum Guß von Sandhaken nach Abb. 1641[1]) ruht eine auf Zapfen gelagerte, schwere gußeiserne Formplatte mittels zweier ihr angegossener Zapfen in einem einfachen, aus Herdgußplatten zusammengesetzten Bockgestell; an den beiden oberen Enden der Platte angegossene Lappen A erleichtern das Wenden von Hand nach jedem Gusse. Vor dem ersten Guß pflegt man die Platte durch unter ihr ausgeschüttetes Eisen etwas anzuwärmen.

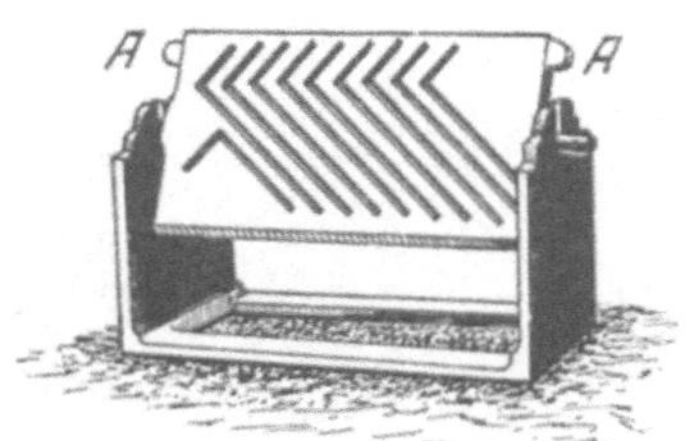

Abb. 1641. Vorrichtung zum Gießen von Sandhaken in Dauerformen.

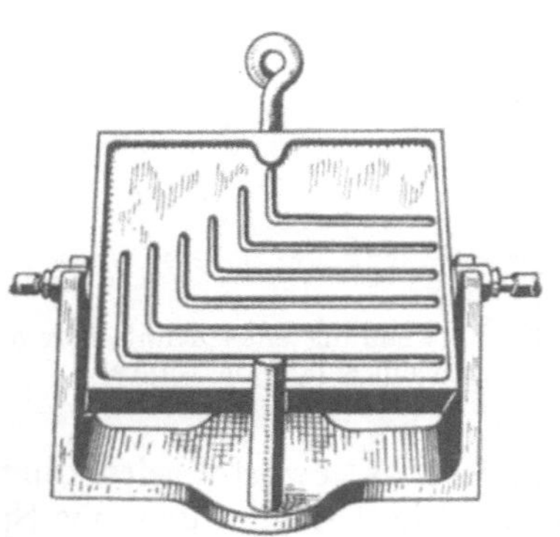

Abb. 1642. Gießen in wassergekühlter Formplatte.

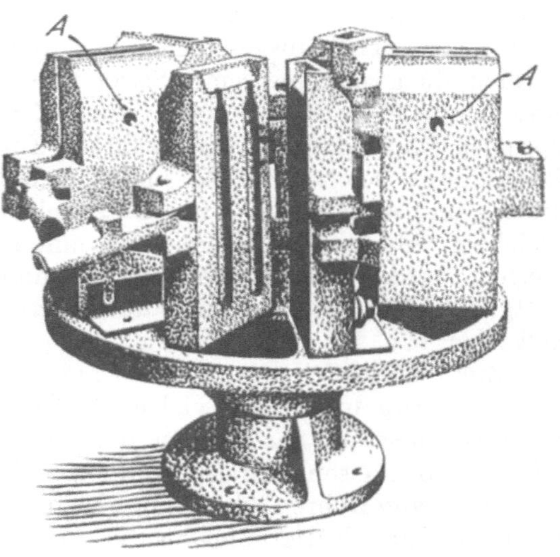

Abb. 1643. Dauerformen für Zugfenstergewichte.

Eine Vervollkommnung bringt die Vorrichtung nach Abb. 1642, durch deren hohle Formplatte ständig ein Wasserstrom kreist, der eine dauernd gleichmäßige Wärme der Platte auch bei rasch hintereinander folgenden Güssen sichert. — Auch Kastenschoren und andere Zubehörteile werden mit Hilfe solcher Behelfe auf einfache und billige Weise ausgeführt.

Mit der Vorrichtung nach Abb. 1643 sollen in Amerika in der Stunde bis zu 300 Stück Zugfenstergewichte hergestellt werden. Auf einer gußeisernen Unterlage sind fünf aufklappbare und durch Einklappen eines Hebels rasch verschließbare eiserne Formen

[1]) Gieß.-Zg. 1918, S. 77; vgl. auch S. 253 dieses Handbuches.

angebracht. Die eine Hälfte jeder Form ist dauernd auf der Platte befestigt, während die andere Hälfte auf- und zugeklappt wird. Nach dem Öffnen der Klappe fallen die Abgüsse von selbst durch die im Boden der Schüssel vorgesehenen Aussparungen. Jede Form liefert je Guß zwei Gewichte, so daß ein Guß der gesamten 5 Formen 10 Abgüsse ergibt. Alle zwei Minuten kann im Dauerbetrieb ein Guß aller Formen bewerkstelligt werden. Die Maschine wird so hoch aufgestellt, daß sich für den Gießenden die bequemste Lage ergibt. Wichtig sind die an jeder Form vorgesehenen Entlüftungslöcher A, ohne die kein Guß gelingen würde.

Ausführungen für unregelmäßig gestaltete Abgüsse.

Gießmaschinen nach Szèkely.

Die Grundlage der meisten diesbezüglichen Ausführungen bildet das amerikanische Patent von Szèkely (vom 15. Januar 1907), Abb. 1644—1647[1]). Die Maschine ruht auf

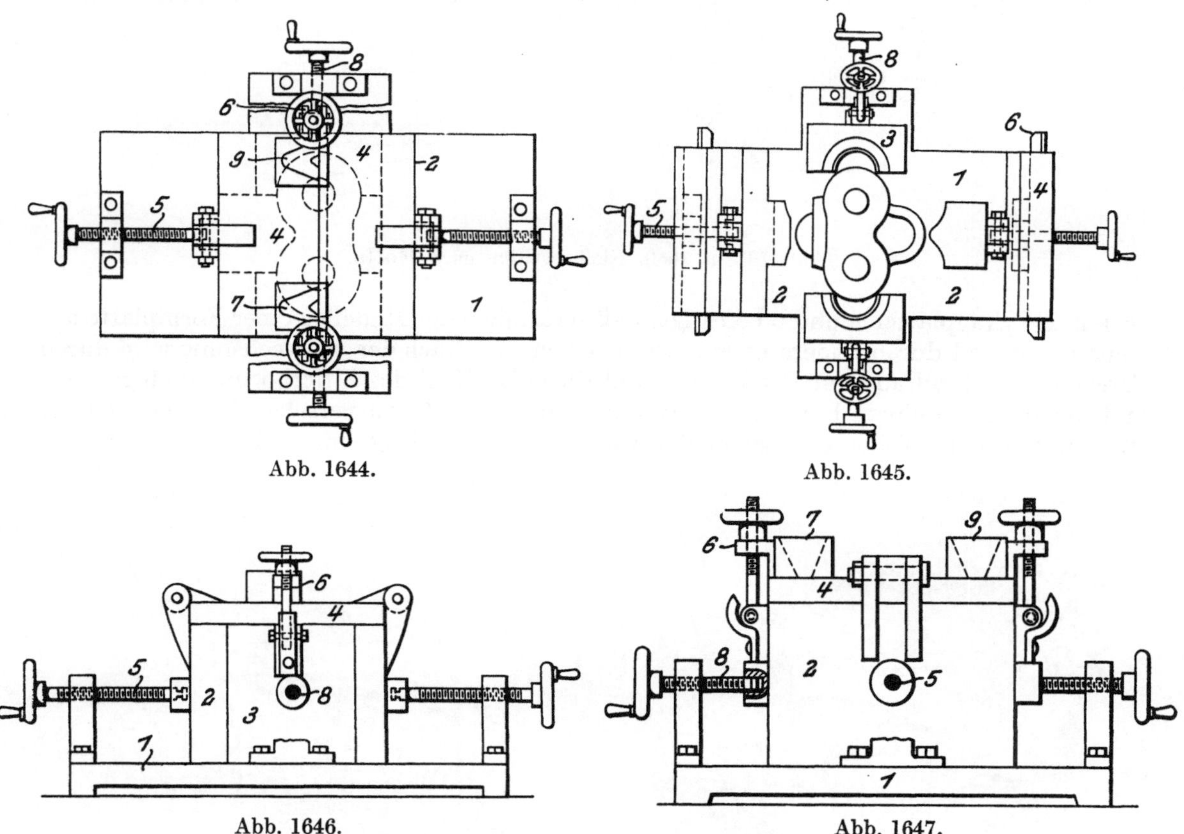

Abb. 1644. Abb. 1645.

Abb. 1646. Abb. 1647.

Abb. 1644—1647. Gießmaschine nach Szèkely.

der Grundplatte 1. Sie hat je zwei bewegliche Seitenteile 2 und Endteile 3 und zwei aufklappbare Oberteile 4. Die Seitenteile 2 werden mittels der Schrauben 5, die Endteile mittels der Schrauben 8 bewegt; die Abdeckplatten 4 sind mittels Scharnieren auf- und zuklappbar. Die Schrauben und Bügel 6 dienen der Sicherung der geschlossenen Form. Der Guß erfolgt durch das Eingußkästchen 7, während das Kästchen 9 zur Unterbringung des Steigers dient. Die Gestalt eines Abgusses ist der punktierten Einzeichnung in der Abb. 1644 zu entnehmen; Abb. 1645 zeigt ihn freiliegend nach dem Auseinanderziehen der verschiedenen formgebenden Teile. Zur Aussparung der beiden runden Löcher werden in die Form entsprechende Sandkerne eingelegt. Da die Begrenzungsteile der Form als Schreckschalen wirken, erstarrt der Guß im allgemeinen so rasch, daß das Öffnen der Form fast unmittelbar im Anschluß an das Gießen erfolgen kann.

[1]) S. Stahleisen 1908, S. 161.

Gießmaschinen nach Rolle.

In Deutschland hat sich Hans Rolle um die Entwicklung des Gießmaschinenbaues große Verdienste erworben (vgl. S. 253). Nach mannigfachen Schritt für Schritt voranführenden Arbeiten wurde es ihm möglich, eine Maschine nach den Abb. 1648 und 1649 patentieren zu lassen[1]). Maschinen dieser Ausführung[2]) bieten den Vorteil einfacher und schneller Auswechslung der eisernen Formen. Die einzelnen Bestandteile der Formen sind

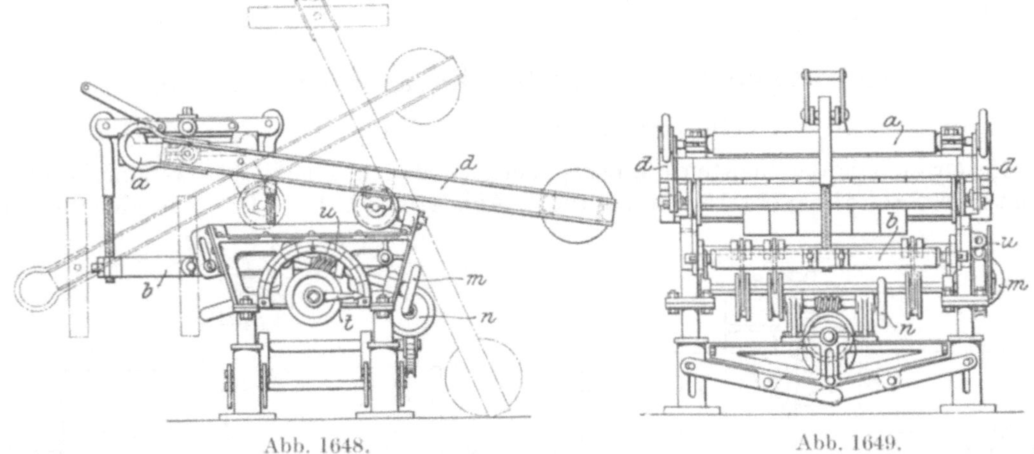

Abb. 1648. Abb. 1649.

Abb. 1648 u. 1649. Gießmaschine nach Rolle.

so auf den Tragplatten a und b befestigt, daß sie ähnlich den Modellen einer Formplatte abgenommen und durch andere ersetzt werden können. Nach der Auswechslung wird durch Drehen des Handrades m der Zeiger t auf diejenige Zahl des Zifferbogens u eingestellt, mit der die nach einem bestimmten System bezeichnete Form versehen ist, wodurch die Maschine in allen Teilen der neuen Form entsprechend richtig eingestellt wird. Je nach

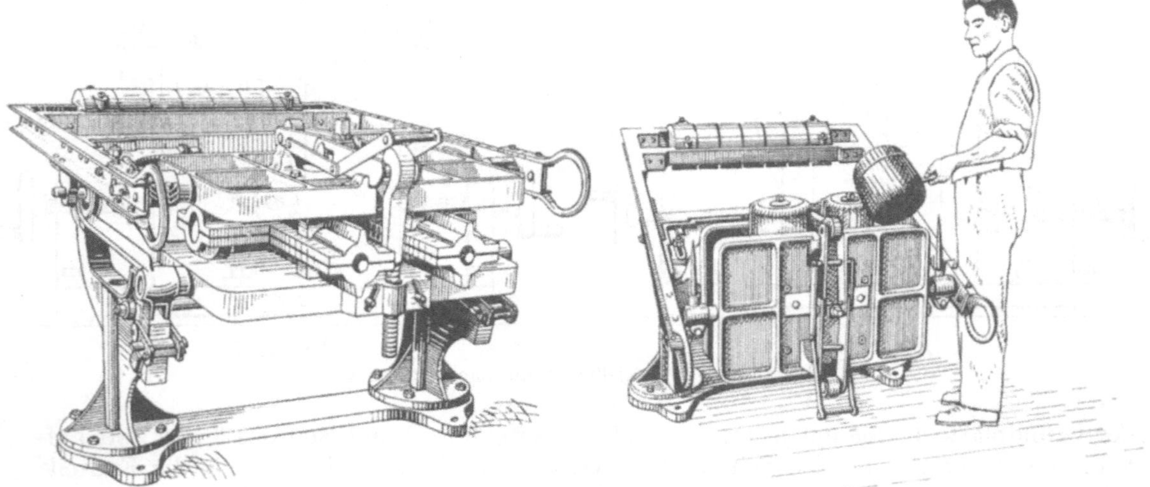

Abb. 1650. Verschlossene Dauerform nach Rolle. Abb. 1651. Maschine in Gießstellung.

Größe der Formen wird nur eine oder werden mehrere Formen zugleich auf der Maschine untergebracht. Formober- und -unterteil werden durch Niederschwenken der mit Handgriffen versehenen Hebel d vereinigt. Zur Erleichterung dieser Arbeit ist das Gewicht der bewegten Teile durch Gegengewichte ausgeglichen. Nach Verriegelung der Formen, — Abb. 1650 läßt den betreffenden Mechanismus gut erkennen — werden sie durch Ziehen an den Handgriffen d in Gießstellung geschwenkt (Abb. 1651) und abgegossen.

[1]) D.R.P. Nr. 240 363. [2]) Stahleisen 1912, S. 1209, 1446, 1605; 1919, S. 1125.

Das Anbringen der Verschlußvorrichtung an den Tragplatten der Maschine an Stelle ihrer sonst üblichen Unterbringung an den Formen selbst bietet den Vorteil rascherer Auswechslungsmöglichkeit der Formen. Die Vorrichtung besteht aus einem an der Tragplatte a befestigten Hebelsystem, das unter die Tragplatte b geschoben und durch eine Schraubenspindel fest angezogen wird. Abb. 1652 zeigt die Rollesche Gießmaschine in der letzten, vollkommensten Ausführung.

Abb. 1652. Letzte Ausführungsart der Rolleschen Gießmaschine.

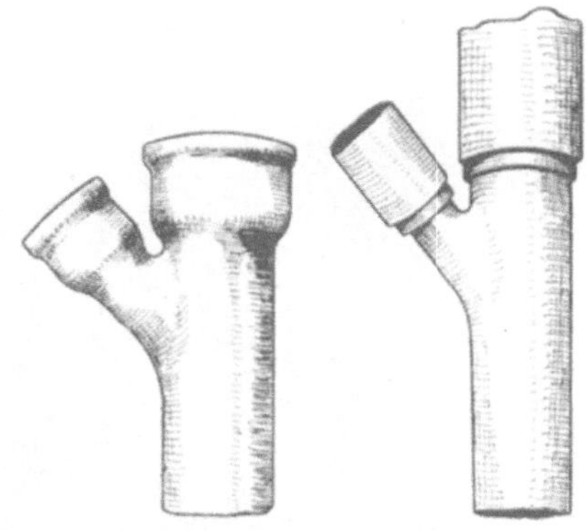

Abb. 1653. Abb. 1654.

Abb. 1653 u. 1654. In der Rolleschen Gießmaschine gegossene Rohrformstücke.

Nach Angaben Rolles kann einschließlich aller Aufenthalte, wie sie ein gewöhnlicher Gießereibetrieb mit sich bringt, beim Guß von Rohrformstücken und ähnlichen, das Einlegen von Kernen verlangenden Gegenständen eine Form im allgemeinen alle 6—10 Minuten abgegossen werden. Die Ersparnis an Löhnen betrug nie weniger als 50% und stieg in günstigen Fällen bis auf 80%. Die Rolleschen Maschinen arbeiten mit Sandkernen, sie ermöglichen darum die Ausführung von Formstücken mit rund anlaufenden Stutzen nach den Abb. 1653 und 1654 (vgl. auch Abb. 834 auf S. 252).

Gießmaschinen nach Custer.

Die Maschinen des Amerikaners Edgar A. Custer sind in wesentlichen Punkten von den Rolleschen Ausführungen verschieden. Während Rolle Wert auf möglichst dünnwandige Formen legt, gestaltet sie Custer möglichst stark. Die Rolleschen Maschinen gestatten ein Auswechseln der Formen, wogegen nach Custer für jede Form eine eigene Maschine erforderlich ist. Rolle verwendet Sandkerne, Custer arbeitet mit eisernen Kernen. Auch bei sämtlichen Custerschen Maschinen ist eine Formhälfte fest mit der Maschinengrundplatte verschraubt, während die andere Hälfte beweglich ist und zur Seite geschwenkt werden kann. In den Abb. 1655 und 1656 ist eine Maschine für Viertel = (90°-)Krümmer dargestellt [1]). Abb. 1655 zeigt die Maschine unmittelbar nach dem Ausheben des zuletzt gegossenen Krümmers. Die beiden Kernhälften wurden durch Senken des Handhebels H zurückgezogen, die bewegliche Formhälfte ist noch aufgeklappt. Zum Guß werden die Kerne durch Hochheben des Hebels in die Form eingesetzt (Abb. 1656), worauf die bewegliche Formhälfte zugeklappt und verschlossen wird. Nach Erledigung dieser wenigen Handgriffe kann abgegossen werden. Der Eingußtrichter und die Anschnitte sind in den Abbildungen ohne weiteres zu ersehen, ebenso die Anordnung des Hebelwerkes an der feststehenden Formhälfte und die Schwenkvorrichtung der beweglichen Hälfte. Der Kanal A in Abb. 1656 dient zur Entlüftung während des Gusses. Jeder Kernteil ist seiner ganzen Länge nach durchbohrt. Vor Anbringen dieser Bohrungen erforderte das Ausziehen der Kerne großen Kraftaufwand, der nun wesentlich vermindert ist. Die scheinbar recht nahe liegende Gefahr des Entstehens eines Grates

[1]) Stahleisen 1910, S. 689.

längs der Fuge zwischen den einzelnen Kernteilen besteht in Wirklichkeit nicht. Das Eisen erstarrt so rasch, daß es niemals zum Eindringen in die übrigens nur haarscharfe Fuge kommt.

Abb. 1655.

Abb. 1655 u. 1656. Custersche Gießmaschine für Rohrkrümmer.

Die Abb. 1657—1659 zeigen die Einrichtung für ein schräges Abzweigstück von 2″ × 2″ lichtem Durchmesser. Der seitliche Kern hat eine an der festen Formhälfte

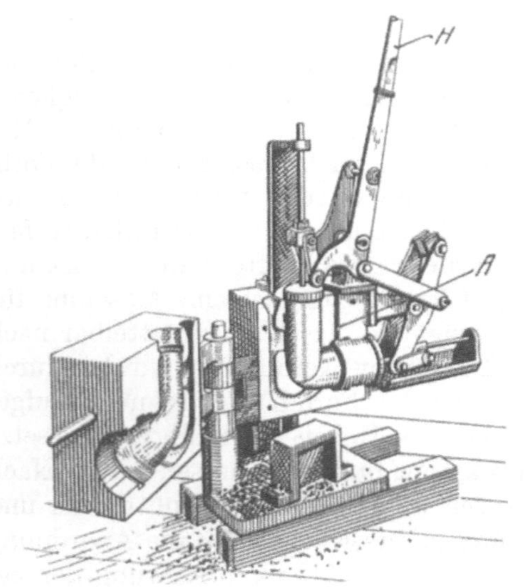

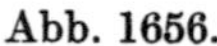

Abb. 1656.

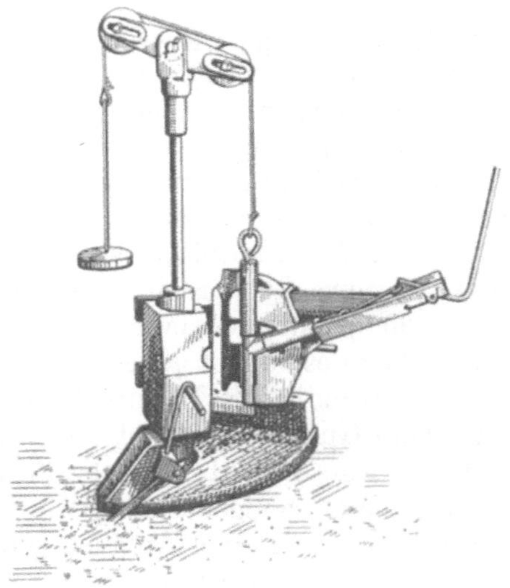

Abb. 1657.

befestigte V-förmige Führung und wird durch einen Handhebel bewegt. Die bewegliche Formhälfte läuft auf einer Rolle R und kann mit dem Hebelverschluß H durch einen Handgriff fest an die andere geschlossen werden. Bei größeren Kernen erfordert das Ausziehen mittels Hebel beträchtlichen Kraftaufwand, weshalb man es mittels Schraube und Handrad nach Abb. 1659 bewirkt. Große senkrecht stehende Kerne werden mit einem Hebezeug nach Abb. 1660 ausgezogen.

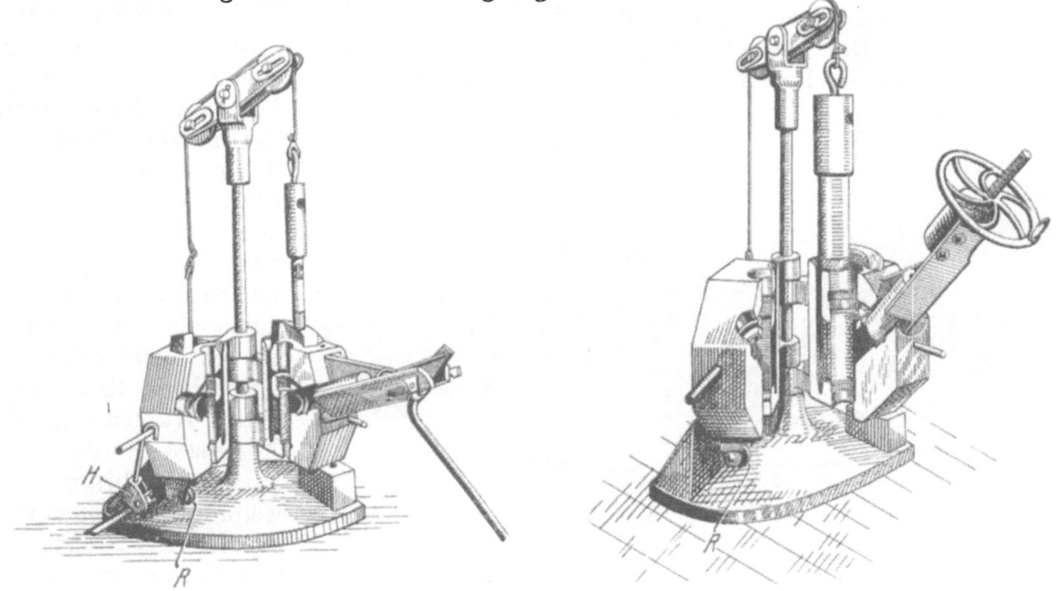

Abb. 1658. Abb. 1659.

Abb. 1657—1659. Custersche Gießmaschine für schräge Abzweigstücke.

Den eisernen Kernen wurden ursprünglich wegen der Gefahren, die den Formen bei vorzeitigem oder zu spätem Ausziehen erwachsen könnten, schwere Bedenken entgegengebracht. Sie erwiesen sich aber als unbegründet. In beiden Fällen braucht nur die Form geöffnet zu werden, worauf man den mangelhaften Abguß zerschlägt und entfernt. Bei auch nur einigermaßen vorsichtigem Vorgehen erwächst dabei weder dem Kern noch der Form Schaden.

Die Wirtschaftlichkeit sowohl des Rolleschen als auch des Custerschen Verfahrens schien in den ersten Betriebszeiten voll zu befriedigen. Beide Verfahren vermochten sich aber in größerem Umfange bisher nicht durchzusetzen. Nach beiden Verfahren wird in bescheidenem Umfange da und dort gearbeitet. Ob es sich dabei allein um die Ausnutzung einmal vorhandener Einrichtungen handelt, oder ob doch, was wahrscheinlicher ist, in besonderen Fällen dauernd Vorteile erzielt werden, steht nicht ganz fest. Jedenfalls schuf die Entwicklung dieser Maschinen die Grundlagen zum weiteren Ausbau des maschinellen Dauergusses.

Abb. 1660. Ausziehen des Kerns mittels Hebezeug.

Drehscheibengießmaschinen.

Maschine für ausgefütterte Dauerformen.

Versieht man eine dünnwandige eiserne Form mit einer Schutzschicht aus feuerfesten Stoffen, so werden bezüglich der Wärmeableitung Verhältnisse geschaffen, die denjenigen in einer Sandform ziemlich nahe kommen. Die Tiefe, bis zu der nach dem Guß höhere Temperaturen in die Formmasse eindringen, hängt von der Stärke des Querschnitts des Abgusses ab. Sind die Querschnitte innerhalb eines Abgusses sehr verschieden, so wird dementsprechend die Form in verschiedenen Teilen ungleich erwärmt werden. Gibt z. B. ein Querschnitt von 6 mm eine Wärme von 540° bis zu einer Tiefe von 0,4 mm an die Formmasse ab, so wird ein Querschnitt von 50 mm die gleiche Wärme vielleicht 1,6 mm tief in die Formmasse dringen lassen. Die Stärke des aufzutragenden Futters hängt darum von den verschiedenen Querschnitten der Abgüsse ab. Das Futter braucht nicht stärker zu sein, als es die verschiedenen Wandstärken des Abgusses erfordern.

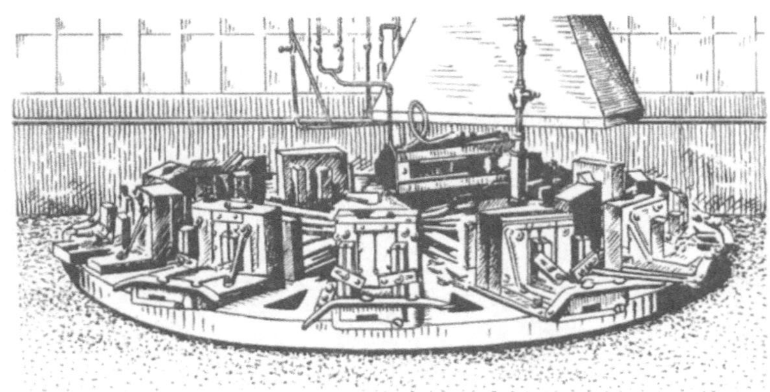

Abb. 1661.

Abb. 1662.

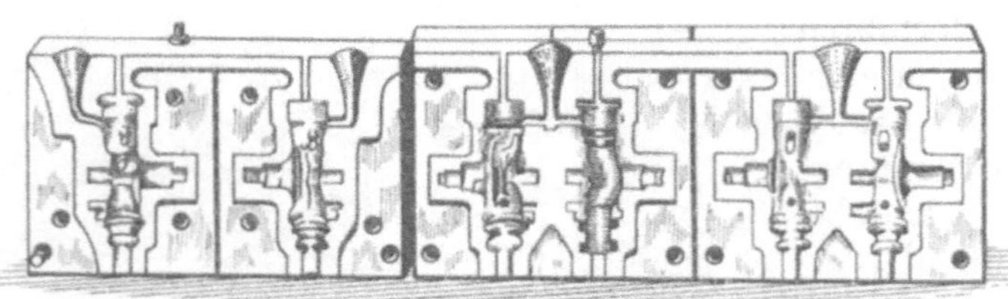

Abb. 1663.

Abb. 1661—1663. Drehscheibengießmaschine.

Von diesen Erwägungen ausgehend hat die Holley Carburator Co. in Detroit ein neues Gießverfahren entwickelt und dazu eine Drehscheiben - Gießmaschine nach Abb. 1661 bis 1663 gebaut. Das in allen Einzelheiten patentierte Verfahren[1]) sieht ein sehr leichtes, gußeisernes Formgehäuse vor, das ein Futter aus feuerfesten Stoffen umschließt. Das feuerfeste Futter besteht aus zwei verschiedenen Stoffen, dem eigentlichen Formstoff und einer kittenden Masse zur Befestigung des Formstoffs am Formgehäuse. Als Formstoffe kommen Magnesit, Bauxit, Schamotte, Kaolin und ähnliche Stoffe in Betracht. Als Bindemittel haben sich Alkalisilikate gut bewährt. Das Futter wird in dünnen Schichten, die man eine um die andere gründlich trocknet, aufgetragen. Die letzte Schicht kann bei stärkeren Futtern unter Benutzung von Metallmodellen aufgetragen werden.

Je nach Größe der Formen werden bis zu zwölf Stück mittels Parallelschraubstock ähnlichen Vorrichtungen am Umfange einer Drehscheibe befestigt (Abb. 1661). Der Arbeitsgang verläuft dann folgendermaßen: Auf der in langsamer Drehung befindlichen Scheibe wird die erste Form auseinander gezogen. Sie gelangt dann über eine stark

[1]) Vgl. U. Lohse, Gieß. 1924, S. 766 u. 767.

rußende Azetylenflamme, die auf den Formflächen eine Kohlenstoffschicht bildet, wodurch eine unmittelbare Berührung der Oberflächen des Futters mit dem flüssigen Eisen verhütet wird. Damit wird, wie die Erfahrung bestätigt hat, eine außerordentliche Schonung des Futters erzielt. An der nächsten Stelle werden etwaige Kerne eingelegt, worauf sich bei weiterer Drehung der Scheibe die beiden Formhälften selbsttätig schließen. Die Formen gelangen dann in den Bereich der Gießstelle, wo sie abgegossen werden. Zwecks ausreichender Abkühlung durchlaufen sie nun einen größeren Kreisabschnitt, worauf sie wiederum selbsttätig geöffnet werden und das Gußstück mittels eiserner Dorne ausgestoßen wird. Die Formen wandern dann vor eine Reihe wagerechter Düsen, aus denen sie durch scharfe Strahlen hochgespannter Preßluft gekühlt werden. Sie gelangen darauf aufs neue unter die Azetylenflamme und werden vor dem Einlegen der Kerne auf völlige Freiheit von Eisen- oder Kernresten untersucht. Die Kühlung mittels Preßluftstrahlen erweist sich als vollkommen ausreichend, was hauptsächlich auf die dünnen Wandungen der Formgehäuse und auf ihren Schutz durch das feuerfeste Futter zurückzuführen ist.

Die zwei aufgeklappten Formen der Abb. 1663 lassen die Anordnung der Eingüsse, der Anschnitte und der Kernentlüftung erkennen. In der dritten Formhälfte von links ist die eine Form leer, während in der anderen bereits ein Kern eingelegt erscheint. Die von außen bis auf den Formhohlraum reichenden Löcher nehmen die Dorne zum Ausstoßen der Abgüsse auf.

Bei der Anfertigung von Vergasern für Kraftwagenmotore konnte ein Mann auf der mit 12 Formen besetzten Drehscheibe stündlich 400 Stück liefern. Zur Herstellung derselben Anzahl in gewöhnlicher Sandformerei hätte er, wie angegeben wird, mindestens die achtfache Stundenzahl benötigt.

Maschine für verzinkte Dauerformen.

Die ganz eigenartige Behandlung der Formoberfläche seitens der H. S. Lee Foundry and Machine Co. in Plymouth zeitigte weit über die Leistungen des vorbeschriebenen Verfahrens hinausgehende Ergebnisse [1]). Die Formen wurden mit Zink durchtränkt, so daß sich beim Guß eine ähnliche Wirkung ergab wie beim Zusatz von Kohlenstaub zum Formsande. Infolge der Wärmewirkung des einströmenden Eisens verdampft ein Teil des Zinks und bildet eine schützende Gasschicht zwischen dem Abguß und der Form. Die gründlich geputzten Formen werden in einem Säurebad gebeizt und danach in einem luftdicht abgeschlossenen Zinkbad während 12 st auf 900° erhitzt. Sie werden dadurch tiefgehend mit Zink durchtränkt. Bei jedem Guß geht zwar ein Teil des Zinks wieder verloren, dieser Verlust wird aber erst nach einer sehr großen Zahl von Abgüssen fühlbar. Die Formen bedürfen erst nach etwa 10 000 Abgüssen neuer Verzinkung. Es besteht nur eine gewisse Gefahr unregelmäßiger Zinkvergasung, der durch einen Schutzbezug von Lampenruß wirksam begegnet wird. Die Abgüsse sind bei Verwendung von Eisen, wie es auch beim Guß in Sandformen benützt würde, feinkörnig, gut bearbeitbar und Druckwasserbeanspruchungen gegenüber von großer Dichte. Für Automobilkolben hat sich ein Eisen mit folgender Zusammensetzung im Abguß gut bewährt: 2,25—2,30% Si; 1,18% P; 0,50—0,60% Mn; 0,04—0,05% S; Spuren von Cr und Ni. Es lassen sich auch ganz oder teilweise gehärtete Abgüsse mit solchen Dauerformen herstellen; die Wandstärken der Form werden dazu nur entsprechend verringert.

Der Guß längerer Stücke, z. B. der in Amerika in außerordentlich großen Mengen benötigten Fenstergewichte, bot anfänglich einige Schwierigkeiten, da sich die Abgüsse infolge der raschen Abkühlung des zuerst in die Form fließenden Eisens stark verzogen; man fand aber bald, daß es nur einer gelinden Erwärmung der Form bedarf, die auch von selbst nach einer gewissen Zahl von Abgüssen zustande kommt, um über diesen Übelstand hinwegzukommen. Da gänzlich ungesicherte Formen sich leicht verziehen, schraubt man sie in Rahmen nach Abb. 1664 fest ein.

Eine große Rolle spielt die richtige Anordnung der Eingüsse. Bei Automobilkolben ordnet man den Einguß im Kerne an. Es kommt hier auf größte Genauigkeit der Kernlage

---

[1]) Stahleisen 1925, S. 2014. Nach Foundry 1925, S. 387/390.

an, da schon eine Abweichung um nur 1 mm den Abguß unbrauchbar macht. Man setzt den Kern auf einen an der Form festgeschraubten Bolzen, der den doppelten Expansionskomponenten wie das Eisen der Form hat. Dehnt sich während des Gießens die Form aus, so schiebt sich der Bolzen nach innen und der Kern bleibt in richtiger Lage.

Das Arbeitsverfahren wird erst in Verbindung mit einer Gießmaschine nach Abb. 1665 wirklich wirtschaftlich. Diese Maschine hat etwa 3600 mm Durchmesser und ist 600 mm hoch. Sie ist zur Aufnahme von 15 Formen bestimmt. Ihre Umlaufgeschwindigkeit hängt von der Art der in Benutzung stehenden Formen ab. Beim Guß von Kolben macht sie in 2 min eine volle Umdrehung, so daß also in dieser Zeit 15 Kolben zum Abguß gelangen, was in der Stunde 440 Abgüsse ergibt. Die Maschine wird von einem 3-PS-Motor bewegt und erfordert 3 Mann zur Bedienung: 1 Mann setzt die Kerne ein, 1 Mann gießt ab, und 1 Mann entleert die Formen. Die der Abbildung zu entnehmende Räuchervorrichtung wirkt völlig selbsttätig. — Von großer Wichtigkeit für den guten Ausfall der Abgüsse ist die zwischen dem Gießen und dem Entleeren verfließende Zeit. Bleibt das Stück zu lange in der Form, so wird es leicht hart, nimmt man es zu früh heraus, so besteht Gefahr, daß es noch tropft; Automobilkolben werden 25 sek nach dem Gusse ausgeleert.

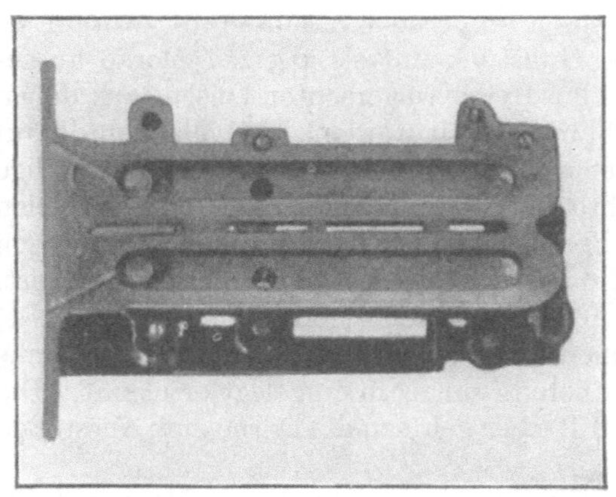

Abb. 1664. Die Hälfte eines Führungsrahmens.

Abb. 1665. Gießmaschine mit Dauerformen.

Wichtig ist auch ein gewisses Selbstausglühen der Abgüsse. Man taucht darum jeden Abguß nach der Entnahme aus der Form in eine isolierende Masse von geheim gehaltener Zusammensetzung, die ihn einige Stunden lang heiß erhält und zugleich vor Oxydation bewahrt. Den Kolben werden so 4 st Zeit zur Abkühlung gelassen.

Maschinen für doppelwandige ölgekühlte Dauerformen.

Das jüngste Verfahren zur maschinellen Herstellung von Gußwaren in Dauerformen beruht auf der dauernd und zuverlässig eingehaltenen, sowohl für die Dauerhaftigkeit der Formen als auch für den Ausfall des Gusses geeignetsten Wärme der Formen. Das Verfahren stammt von dem Amerikaner H. A. Schwartz[1]). Gute Abgüsse lassen sich ebensowenig in ganz kalten wie in zu heißen Formen erzeugen. Im ersten Falle laufen die Stücke nicht vollkommen aus und im anderen Falle schweißen sie mit den Formwänden zusammen. Es handelt sich also in erster Linie darum, die geeignetste Wärme der Gießformen zu ermitteln. Diese Wärme liegt nach den Ermittlungen von Schwartz bei ungefähr 200°. Zu ihrer dauernden Einhaltung bilden Öle mit einem Entflammungspunkt über dieser Temperatur gut geeignete Kühlmittel. Für die Lebensdauer der Formen ist ein häufiger und schroffer Wärmewechsel weitaus gefährlicher als lang dauernder Betrieb. Wiederholter Wärmewechsel hat weiter eine Dauerausdehnung der Formen zur Folge, derentwegen sie gleichfalls bald unbrauchbar werden.

Abb. 1666. Anlage mit zwei ölgekühlten Dauerformen zum Guß von Kolben.

Die Formen werden doppelwandig mit möglichst dünnen Innenwänden hergestellt, damit das Kühlmittel ausgiebig zur Wirkung gelangen kann. Steigt die Wärme über das vorgeschriebene Maß, so tritt selbsttätig eine Vermehrung der Menge des in der Zeiteinheit

Abb. 1667. Größere Dauerformenanlage.

durchströmenden Öles ein, und umgekehrt wird bei zu tief gesunkener Wärme die Durchflußmenge verringert.

Da die Wärme des vergossenen Eisens trotz aller darauf verwendeten Sorgfalt nicht immer genau die gleiche sein wird, kann der Augenblick, in dem der Abguß aus der Form zu stoßen ist, nicht vom Ablaufe einer bestimmten Zeit nach dem Guß abhängig gemacht werden; es kann hierfür nur der Abkühlungsgrad maßgebend sein. Dementsprechend wurden Kontakte vorgesehen, die bei Eintritt einer bestimmten Wärme ein Zeichen zur Betätigung der Ausstoßvorrichtung geben oder sie selbsttätig in Bewegung setzen.

[1]) Ausgeübt in den Werken der Allyne-Ryan Foundry Co. in Cleveland. Vgl. Stahleisen 1926, S. 260 nach Foundry 1925, S. 787.

Das als Kühlmittel dienende Öl wird mittels einer elektrischen Pumpe mit einem Druck von 1,4 at den Formen zugeführt. Zu seiner Rückkühlung nach dem Guß dienen Kühlkammern.

Man hat es in der Hand, die Graphitausscheidung durch Verlangsamung oder Beschleunigung der Abkühlung der der Form in hellster Rotglut entnommenen Stücke zu beeinflussen und damit Gußwaren von hervorragender, dem jeweiligen Verwendungszweck genau entsprechender Güte zu erzeugen. Versuche haben die Möglichkeit gezeigt, mit Eisen aus derselben Pfanne gegenüber dem Guß in gewöhnlichen Sandformen nahezu die doppelte Zug- und Biegefestigkeit und Durchbiegung zu erzielen. Da die Fehlerquellen des Sandgusses ausscheiden und das Gefüge in hohem Grade dicht wird, kommen auch Porositäten nicht vor, so daß sich nach diesem Verfahren hergestellte Teile auch für hohe Druckbeanspruchungen eignen. Abb. 1666 zeigt eine Anlage zum Gusse von Kolben. Zur linken Seite ist eine offene Form mit den gießfertig eingelegten Kernen zu erkennen, während die Form zur Rechten zum Guß geschlossen ist. Mit dieser Einrichtung vermögen drei Mann in je 3 min einen Abguß zu vollziehen, so daß sich in der Stunde 20 und in der neunstündigen Schicht 180 Abgüsse ergeben. Im allgemeinen wird

Abb. 1668. Gießen in Dauerformen.

Abb. 1669. Regelmäßig in Dauerformen hergestellte Gußstücke.

mit 6—8 über den Ölleitungsröhren zu einer Batterie vereinigten Einheiten (Abb. 1667) gearbeitet, die nacheinander zum Guß kommen, wobei es möglich ist, den gesamten Guß jeweils in 2—3 min zu erledigen. Die zum Guß benutzten Handpfannen hängen in einem einfachen Tragbügel (Abb. 1668).

Die Formen sind mit eingebauten Eingüssen versehen, bei deren Anordnung auf möglichste Schonung der Formen gegen die aufwaschende Wirkung des einströmenden Eisens zu achten ist. Abb. 1669 läßt einige bisher regelmäßig in größerem Umfange hergestellte Gußwaren erkennen. An den Rippenheizkörpern hängen noch die Eingüsse, und am Abguß zur linken Seite befindet sich noch der Steiger. Die Eingüsse und Steiger werden mit Kernsand in eisernen Formen hergestellt. Die Formen dienen zugleich als Trockenschalen. Nach dem Trocknen legt man die Kerne in entsprechende Vertiefungen der Dauerform ein. Die Herstellungskosten dieser Kernbüchsen sowohl als auch die Auslagen zur Herstellung der kleinen Kerne sind wenig belangreich und sollen bei der Ermittlung der Erzeugungskosten kaum merkbar ins Gewicht fallen.

Literatur.

Irresberger, C.: Dauerformen. Stahleisen 1910, S. 689/94.

Mehrtens, J.: Zur Frage der bleibenden Gußformen und ihrer Verwendung in der Eisengießerei. Gieß.-Zg. 1911, S. 133/9, 165/73.

Rolle, Hans: Dauerformen in der Eisengießerei. Stahleisen 1912, S. 1209/17, 1446/9, 1605/12.

Die Herstellung von bearbeitbarem Guß aus Dauerformen. Gieß.-Zg. 1918, S. 76/8.

Lohse, U.: Ein neues Dauerformverfahren. Gieß. 1924, S. 765/7.

Irresberger, C.: Fortlaufendes Gießen in Dauerformen. Stahleisen 1925, S. 2014/5.

XXXX. Schleudergußmaschinen.

Grundlagen und Entwicklung des Schleudergusses.

Versuche, durch Ausnutzung der Schleuderkraft Gußwaren zu erzeugen, reichen über ein Jahrhundert zurück [1]). Das erste Patent wurde in England an A. C. Eckhardt schon im Jahre 1809 erteilt. Es umfaßte bereits alle Ausführungsmöglichkeiten bezüglich der Achsenanordnung. Da für das Verfahren ausschließlich Massengüter in Frage kommen, Bedarf an geeigneten Waren damals aber noch nicht vorlag, vermochte es in die Praxis nicht einzudringen. Bei den Einrichtungen mit senkrechter Drehachse bestand eine technische Schwierigkeit in der paraboloidförmigen Erstarrung der Innenseite der Abgüsse. Da dabei zudem nur verhältnismäßig kurze Stücke erzeugt werden konnten, wandte sich die Aufmerksamkeit den Maschinen mit wagerechter Drehachse zu. Hier

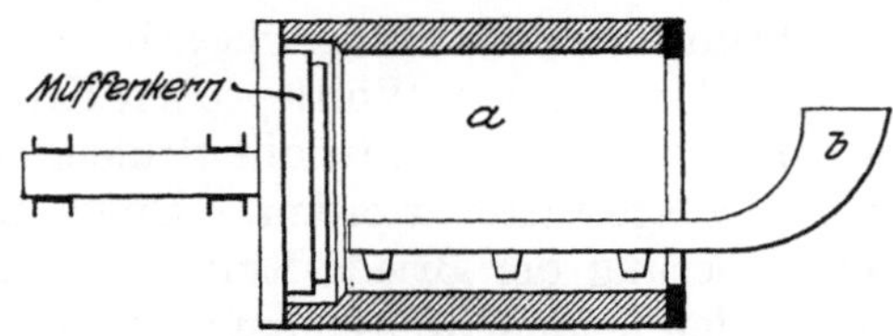

Abb. 1670. Rohrschleudermaschine von Whitley (1880).

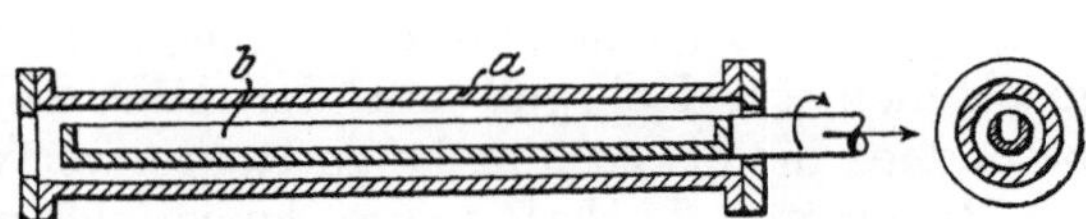

Abb. 1671. Schleudermaschine mit Kipptrog.

spielte die Art der Einführung des Metalls in die Drehform die wichtigste Rolle, und es gelang nur durch zähes Ringen, Schritt für Schritt dem Ziele näher zu kommen und es schließlich zu erreichen. A. Shanks, der i. J. 1849 ein Patent auf eine Schleudermaschine mit wagerechter Drehachse erlangte, goß das Eisen von der Stirnseite unmittelbar in die Form und vermochte damit keinen Erfolg zu erzielen. Erst 1874 ordnete C. W. Torr eine feststehende, das Metall in die Form einführende Rinne an. Whitley widmete sein Hauptaugenmerk den Eingußschwierigkeiten. Unter seinen mannigfachen Patentansprüchen ist der auf einen Eingußtrichter b mit röhrenförmig in die Form a reichendem Auslauf (Abb. 1670), der mit mehreren Ausgüssen versehen war, am wichtigsten. Mit dieser Einrichtung kam er dem Verfahren beim liegenden Guß dünnwandiger Röhren in Sand ziemlich nahe, nach welchem die Formen über ihre ganze Länge gleichmäßig verteilt bis zu 5 Eingüsse erhalten. Es war aber noch schwierig, die Ausgüsse so zu bemessen, daß jeder der in rascher Umdrehung befindlichen Form in der gleichen Zeit dieselbe Eisenmenge zuführte. Erst der 1881 gemeinsam mit S. Fox eingeführte Kipptrog, Abb. 1671, bildete die Grundlage, auf der die heutigen Schleudergußverfahren, insbesondere auch dasjenige von De Lavaud (1912), aufgebaut werden konnten. Dieser Entwicklungsgang fand seine Bekrönung durch die 1910 von Otto Briede geschaffene bewegliche Gießrinne. Nach dem Verfahren von Whitley-Fox (Abb. 1671) wird die mit der erforderlichen Eisenmenge versehene Gießrinne b im Sinne des Pfeils um 180° gedreht und damit zur Entleerung gebracht, so daß sich an den Wänden der in rascher Drehung befindlichen Form a der Abguß bildet. Damit lassen sich zwar brauchbare Röhren erzeugen, der Ausschuß bleibt aber infolge häufig unvollkommener Schweißung groß. Die Gießrinne konnte naturgemäß erst nach vollendetem Guß aus der Form gezogen werden. Anders bei der Arbeit mit der Briedeschen Rinne (Abb. 1672). Hier wird die Pfanne c mit der für einen Guß erforderlichen Eisenmenge gefüllt, die Form a in Drehung gebracht

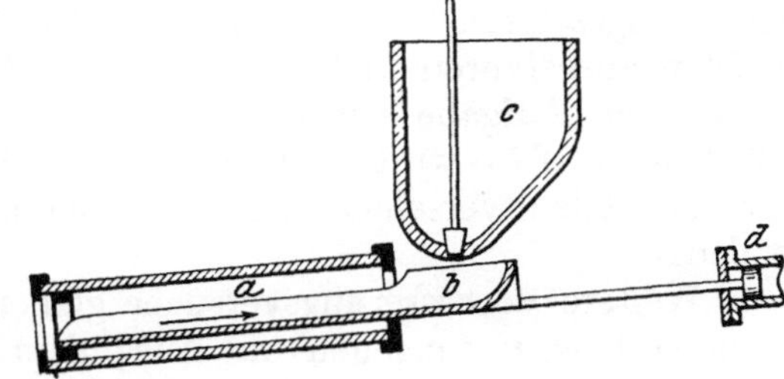

Abb. 1672. Schleudermaschine von Briede (1910).

[1]) Näheres vgl. C. Pardun, Stahleisen 1924, S. 905, 1044, 1200.

und dann der Stopfen gezogen, so daß das Eisen in die Rinne b fließt. Gleichzeitig wird die Rinne b aus der Form a zurückgezogen, wodurch sich der an ihrem Ende austretende Eisenstrahl schraubenartig auf der Innenfläche der Form abwickelt. Ein Fließen des Eisens innerhalb der Form kommt damit praktisch nicht in Frage und der Fliehkraft bleibt nur mehr die Aufgabe, die Eisenmenge gleichmäßig auszubreiten. — Die erfolgreiche Ausübung des Schleudergusses erfordert genaue Kenntnis seiner Grundlagen. Für jede Rohrgröße bilden die Drehzahl der Form, die Ausflußgeschwindigkeit des Eisens, die Ausziehgeschwindigkeit der Rinne, der Neigungswinkel der Maschine zur Wagerechten und die Zusammensetzung des Eisens wichtige Werte.

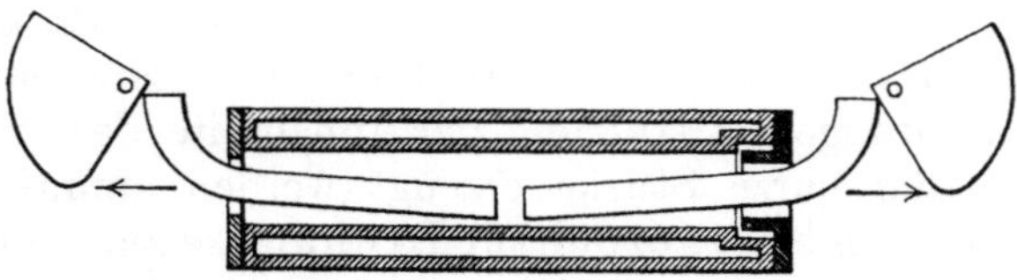

Abb. 1673. Schleudermaschine von Holthaus (1921).

Nach dem Tod Briedes begannen 1914 die Brasilianer Dimitri Sensaud, De Lavaud und Fernando Arens Versuche zur praktischen Ausführung des Verfahrens. Sie arbeiteten zunächst mit dem Whitleyschen Kipptrog, gingen aber bald zum Briedeschen Auslauftrog über. Seither sind fast alle Schleudermaschinen für Rohrguß mit der Briedeschen Rinne ausgestattet worden. Eine insbesondere für bis zu 5 m lange Rohre wertvolle Verbesserung der Briede-Rinne brachte ein Patent von J. Holthaus, demzufolge mit zwei an den beiden Rohrenden zu gleicher Zeit mit Eisen versehenen Gießrinnen (Abb. 1673) gearbeitet wird.

Es hat nicht an Versuchen gefehlt, den Kipptrog von Whitney-Fox zu verbessern. Bei der Einrichtung nach Allard (1921) hat die röhrenförmige Gießrinne b (Abb. 1674) eine größere Zahl von Ausflußöffnungen c, deren Querschnitte nach der dem Einguß

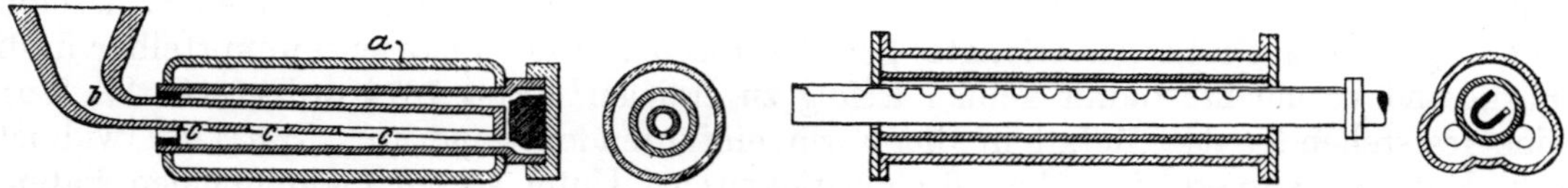

Abb. 1674. Schleudermaschine von Allard (1921). Abb. 1675. Schleudermaschine von Clow (1922).

entgegengesetzten Seite zunehmen. Die beim Guß stillstehende Rinne wird nach dem Gießen ausgefahren und von etwaigen Metallresten gereinigt, was mitunter eine wenig angenehme Aufgabe sein dürfte. Nach einem Patente von J. B. Clow aus dem Jahre 1922 (Abb. 1675) wird die Kipprinne an einer ihrer Längseiten mit zahlreichen schmalen Ausflußstellen versehen, die ein gleichmäßigeres Ausfließen des Eisens gewährleisten sollen.

Weitere Verbesserungsversuche gingen darauf hinaus, die Briedesche Gießrinne zu ersetzen bzw. zu umgehen, das Ausglühen unnötig zu machen, die Lebensdauer des Drehrohres zu erhöhen und verschiedene Einzelheiten des Verfahrens zu verbessern.

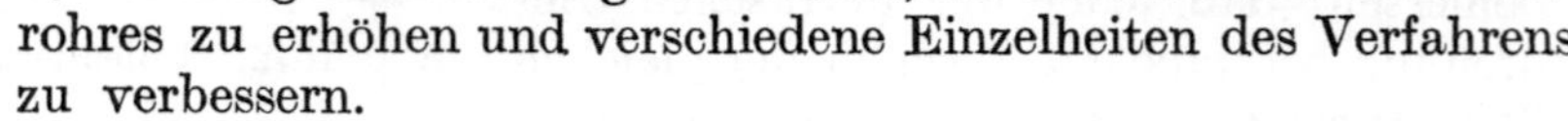

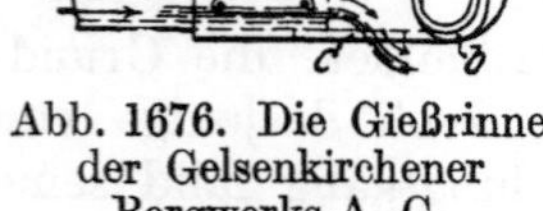

Abb. 1676. Die Gießrinne der Gelsenkirchener Bergwerks-A.-G.

Erübrigung des Glühverfahrens. Da das Mooresche Verfahren [1]), die Drehform mit feuerfesten Stoffen auszukleiden, aus wirtschaftlichen und auch technischen Gründen zunächst wenig Aussicht zu haben schien, in nennenswertem Umfange in der Praxis angewendet zu werden, versuchte es Arens, durch eine eigenartige Beendigung des Schleudervorganges einen das Ausglühen erübrigenden Wärmeausgleich zu erreichen. Nach Vollendung des Gießvorganges läßt er die Gießform mit verminderter Umdrehungszahl weiterlaufen, so daß das Rohr beim Herausnehmen aus der Form langsam abrollt. Seine Oberfläche kommt dabei an der Innenfläche der Drehform mit stets neuen Flächenteilchen in Berührung. Hierdurch soll ein allseitig gleichmäßiger Wärmeaustausch stattfinden, so daß weder in der Drehform noch im gegossenen Rohre Spannungen auftreten [2]).

[1]) Stahleisen 1925, S. 1178. [2]) D.R.P., Klasse 31 c, Gr. 18, Nr. 415 801.

Neue Gießrinnen. Die neue Gießrinne der Gelsenkirchener Bergwerks-A.-G. a (Abb. 1676) ist an ihrem Außenende mit einem beweglichen Strahltrichter b versehen, der während des Gusses durch ein Gestänge in die erwünschte Stellung gebracht werden kann und dem Metallstrahl die jeweils erforderliche Richtung gibt. Bei ausgezogenem Strahltrichter läuft das flüssige Metall durch eine Öffnung c im Boden geradeaus in die Form. Ist die Öffnung c durch die Gießrinne verdeckt, so muß das Metall dem Strahltrichter folgen und wird dadurch aus der geraden Richtung seitwärts abgelenkt [1]).

Die mehrteilige Gelsenkirchener Gießeinrichtung besteht aus mehreren zu einer Einheit verbundenen Verteilungsrinnen b (Abb. 1677), von denen die jeweils

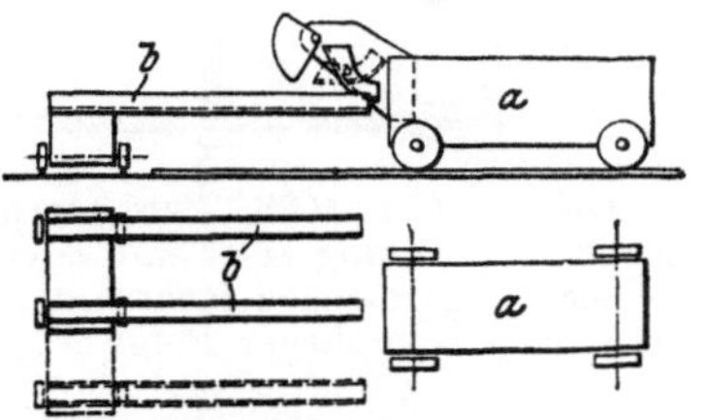

Abb. 1677. Mehrteilige Gießeinrichtung der Gelsenkirchener Bergwerks-A.-G.

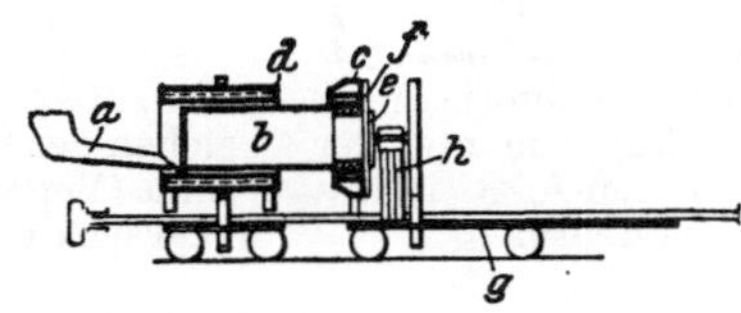

Abb. 1678. Kurze Gießrinne der Arensröhren-A.-G. in Hamburg zum Gusse beliebig langer Schleuderrohre.

zu benutzende auf die Mitte der Form a eingestellt wird, während die übrigen, ohne daß die Gießtätigkeit unterbrochen zu werden braucht, für die folgenden Güsse vorbereitet werden können. Die Leistungsfähigkeit der Gießmaschinen soll dadurch wesentlich erhöht werden [2]).

Verfahren der Arens-Röhren-A.-G., Hamburg, zur Herstellung beliebig langer Rohre mit einer kurzen Gießrinne. Durch die Rinne a (Abb. 1678) fließt das geschmolzene Metall in die umlaufende Gießform d und wickelt sich dort während des Erstarrens schraubenförmig auf. Gleichzeitig wird das gegossene Rohr b langsam aus der Form d gezogen, da es durch die Muffenform c, die Platten e, f und das Lager h mit dem Schlitten g, der langsam nach rechts bewegt wird, in starrer Verbindung steht. In

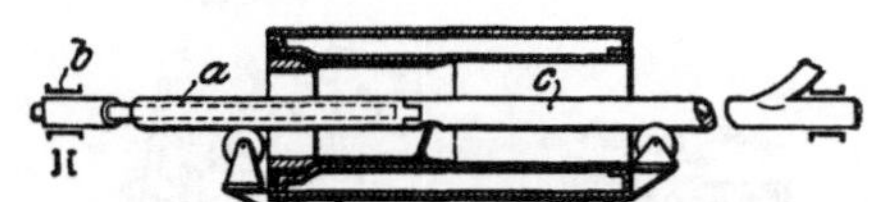

Abb. 1679. Mehrfach gestützte Gießrinne der Arens-Röhren-A.-G. in Hamburg.

Abb. 1680. Unterteilter Kipptrog der Arens-Röhren-A.-G. in Hamburg.

dem Maße, wie das Rohr b ausgezogen wird, bildet es sich in der Form stetig weiter, so daß beliebig lange Rohre von beliebig großem Durchmesser gegossen werden können [3]).

Mehrfach gestützte Gießrinne von Arens. Die Gießrinne c (Abb. 1679) erhält über das Ausflußende hinaus eine Verlängerung a, die in b gelagert ist und die Gießrinne stützen hilft. Dadurch soll es möglich werden, schwächere Gießrinnen auch für größere Rohrlängen zu verwenden [4]).

Unterteilter Kipptrog von Arens. Da der Kipptrog sich während des Gießens leicht wirft und sich unter der Last des flüssigen Metalles mehr oder weniger durchbiegt, wird das fertige Rohr häufig ungleichmäßig stark, da in der Mitte des Troges mehr Metall ausfließt als an seinen Enden. Aus diesem Grunde wird der Kipptrog a (Abb. 1680) durch Querwände in eine Reihe von einander unabhängiger Einzel-Kipptröge b unterteilt, aus denen das Metall gleichzeitig in die Form gegossen wird, wobei jeder Einzeltrog für sich oder alle Einzeltröge zu gleicher Zeit gefüllt werden können [5]).

Erhöhung der Haltbarkeit der Drehformen. Zur Vermeidung der ungünstigen Beanspruchung der gekühlten Drehform während des Gießens, worin die Hauptursache

[1]) D.R.P., Klasse 31 c, Gr. 18, Nr. 405 026.
[2]) D.R.P., Klasse 31 c, Gr. 18, Nr. 402 803.
[3]) D.R.P., Klasse 31 c, Gr. 18, Nr. 417 227.
[4]) D.R.P., Klasse 31 c, Gr. 18, Nr. 418 340.
[5]) D.R.P., Klasse 31 c, Gr. 18, Nr. 419 384.

ihres frühzeitigen Verschleißes zu suchen ist, schlägt Arens eine aus zwei konzentrischen Rohren bestehende Schleudergußform vor. Die beiden Rohre sollen sich unabhängig voneinander ausdehnen können. Das die eigentliche Form bildende innere Rohr a (Abb. 1681) ist verhältnismäßig dünnwandig und wird von einem stärkeren Mantel b umgeben. Zwischen Mantel und Gießform ist eine Quecksilberfüllung oder ein sonstiges Mittel c zur möglichst ausgiebigen Übertragung der thermischen Beanspruchungen der inneren Form auf den Mantel vorgesehen. Abgesehen vom Quecksilber, das wohl allzu teuer sein dürfte, kommt hierfür Blei oder irgend eine Legierung von entsprechendem

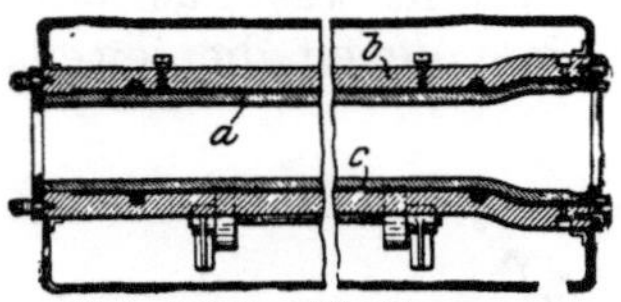

Abb. 1681. Gießform mit gekühltem Doppelmantel der Arensröhren-A.-G. in Hamburg.

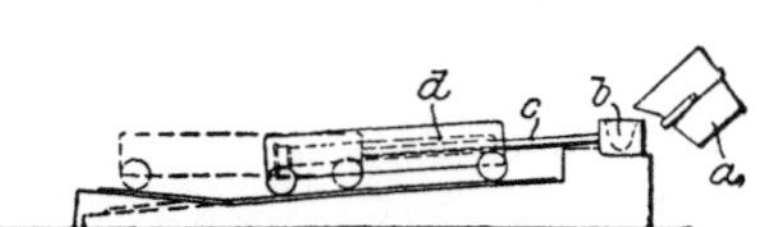

Abb. 1682. Verschiedenwinkliges Abziehen der Gießform von der Ausgußrinne (Verfahren von J. Holthaus der Gelsenkirchener Bergwerks-A.-G.).

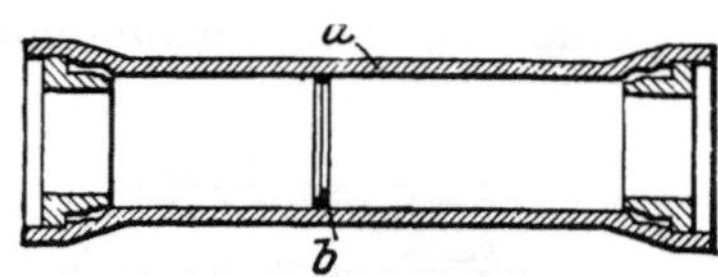

Abb. 1683. Zwischenring zur Teilung eines mit zwei Muffen gegossenen Rohres der Gelsenkirchener Bergwerks-A.-G.

Schmelzpunkt in Frage. Hiermit kann die Temperatur der Form so hoch gehalten werden, daß ein Abschrecken des in die Form gegossenen Metalles verhindert wird. Diese Lösung bietet höchst bemerkenswerte Aussichten, da man es mit ihr in der Hand hat, die Abschreckung, auf der doch die Güteverbesserung des Eisens beruht, in genau gewollten Grenzen zu regeln [1]).

Sonstige Verbesserungen: Gelsenkirchener Einrichtung zum verschiedenwinkeligen Abziehen der Gießform von der Ausgußrinne (Erfinder: J. Holthaus). Die aus der Gießpfanne a (Abb. 1682) über den Trog b und die feststehende Gießrinne c gespeiste Form d war ursprünglich parallel oder annähernd parallel zur Gieß-

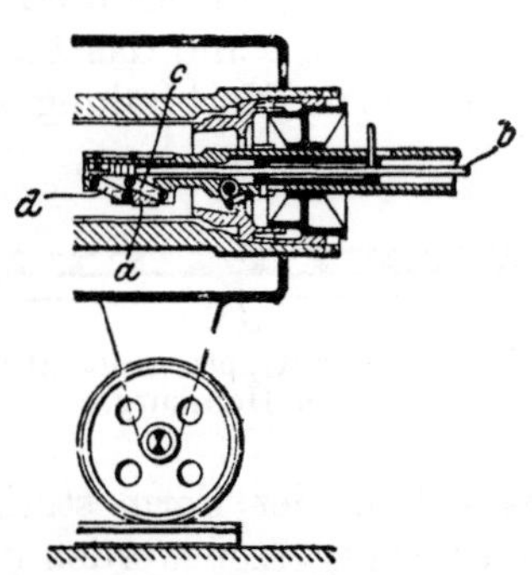

Abb. 1684. Einrichtung zum Ausziehen des Rohres aus der Schleuderform (H. Burchartz von der Gelsenkirchener Bergwerks-A.-G.).

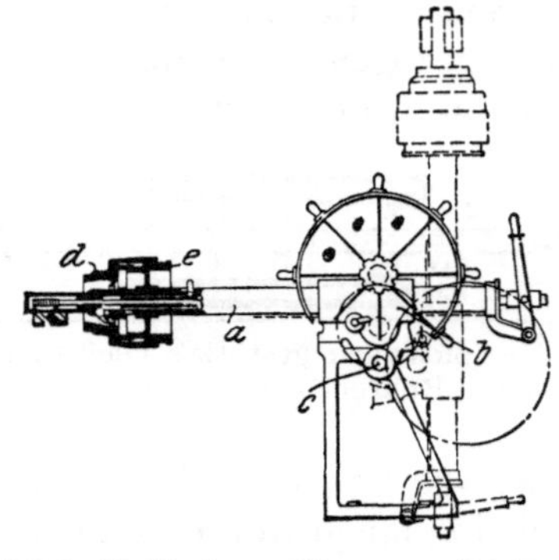

Abb. 1685. Muffenkern-Einsetzer (H. Burchartz der Gelsenkirchener Bergwerks-A.-G.)

rinne geneigt, erhält aber nun während des Gießens eine Ablenkung von der Schräglage bis zur Wagerechten und darüber hinaus eine umgekehrte Schräglage. Ein Abfließen des Metalles infolge der Schwerkraft nach dem zuerst gegossenen Teile des Abgusses wird dadurch vermieden; es kann sogar eine Anhäufung des vergossenen Metalles am zuletzt gegossenen Ende erreicht werden [2]).

Der Gelsenkirchener Zwischenring. Zwecks Trennung eines mit zwei Muffen zu gießenden Rohres wird in die Schleudergußform a (Abb. 1683) ein Trennring b kolbenringartig eingesetzt. Auf diese Weise können gleichzeitig zwei Rohre von beliebiger Länge mit je einer Muffe hergestellt werden; zur Bestimmung der Länge braucht nur der Ring entsprechend verschoben zu werden [3]).

---

[1]) D.R.P., Klasse 31 c, Gr. 18, Nr. 420 039. [2]) D.R.P., Klasse 31 c, Gr. 18, Nr. 413 654.
[3]) D.R.P., Klasse 31 c, Gr. 18, Nr. 416 786.

Gelsenkirchener Vorrichtung zum Ausziehen der Rohre aus der Schleuderform (Erfinder: H. Burchartz). Das gegossene Rohr wird durch Schuhe a (Abb. 1684) gefaßt und herausgezogen, die mittels einer Zugstange b und Laschen c, d gegen die innere Rohrwandung gedrückt werden. Durch zweckentsprechende Bemessung der Länge, Breite und Wölbung der Schuhe, die das Rohr an mehreren Stellen auf großer Fläche angreifen, wird einerseits sicheres Fassen des Rohres gewährleistet und anderseits eine Beschädigung desselben vermieden [1]).

Gelsenkirchener Muffenkern-Einsetzer (Erfinder: H. Burchartz). Die Spindel a (Abb. 1685) mit ihrem Lagerkopf b kann um einen wagerechten Zapfen in eine senkrechte Lage oder um einen lotrechten Zapfen in eine wagerechte Ebene geschwenkt werden. Der Muffenkern d kann dann von oben herunter von Hand oder mit Hebezeug auf den Kernhalter e gesetzt werden.

Das Schleudergußverfahren befindet sich noch immer in lebhaft vorwärtsschreitender Entwicklung; es sind viele Möglichkeiten noch keineswegs erschöpft und Überraschungen in verschiedener Richtung denkbar.

Die Betriebsbedingungen.

Auf Grund eingehender wissenschaftlich-praktischer Forschungsarbeiten [2]) besteht für jeden Rohrdurchmesser eine höchste und eine niedrigste Drehzahl der Form, innerhalb welcher Grenzwerte gute Röhren erreichbar sind. Von einer gewissen Drehzahl ab werden auf der Außenseite der Röhren Schraubenlinien erkennbar (Abb. 1686), die von der Arbeitsweise der Maschine abhängen. Bis zu etwa 400 Umdr./min sind diese Gänge genau meßbar, darüber hinaus verschwinden sie, oder ihre Trennungslinien werden unregelmäßig. Mit Drehzahlen unter 240 Umdr./min entstehen keine Rohre, da das Eisen dabei nicht ausreichend umgeschleudert wird. Umdrehungszahlen über 400 sind nicht mehr

Abb. 1686. Schraubenlinien an der Außenseite gegossener Rohre.

so günstig wie tiefer liegende Zahlen, weil sich dann ein Voreilen des Eisens in der Form bemerkbar macht, wodurch die Schraubenlinien verschwinden oder sich teilweise überdecken. Das voreilende, flüssige Eisenband wird im Grade des Voreilens dünner und erstarrt, ehe der Hauptstrahl darüber fließt; es treten Kaltschweißstellen auf. Die geeignete Drehzahl muß für jeden Rohrdurchmesser bestimmt werden, sie dürfte im allgemeinen zwischen 300 und 400 Umdr./min liegen.

Neben der Umdrehungszahl spielt auch die Gießwärme eine wichtige Rolle für den Ausfall der Rohre. Für Rohre von 300 mm lichtem Durchmesser hat sich eine Gießwärme von 1200° als geeignet erwiesen. Bei Steigerung der Temperatur tritt das Voreilen des in der Form ausgegossenen Eisens schon früher ein; höhere Gießwärme bedingt demnach bei gleichbleibender Umdrehungszahl größere Neigung zur Bildung von Kaltschweißstellen. Für die Gießtemperatur ist von wesentlicher Bedeutung die Schmelztemperatur der verwendeten Gattierung. Zur Vermeidung der abschreckenden

[1]) D.R.P., Klasse 31 c, Gr. 18, Nr. 399 069.

[2]) Diese Arbeiten wurden im Auftrage der Gelsenkirchener Bergwerks-A.-G. in ihrer Abteilung Schalke durchgeführt. Ein ausführlicher Bericht von C. Pardun über deren Ergebnis findet sich in Stahleisen 1924, S. 1045 u.f.

Wirkung der eisernen Drehform muß gegenüber dem Gießen in Sandformen die Gattierung einen höheren Siliziumgehalt besitzen. Im übrigen ist nicht die chemische Zusammensetzung der Gattierung ausschlaggebend, sondern es kommt vor allem auf die richtige Einstellung von Drehzahl und Gießtemperatur zur Gattierung an. Höhere Siliziumgehalte als etwa 3% verlangen hohe Gießwärmen, die der Lebensdauer der Drehform gefährlich werden. Den schädlichen Wirkungen hoher Gießwärmen sowohl auf die Abgüsse als auch auf die Formen läßt sich durch Verkürzung der Gießzeit, d. i. durch Beschleunigung des Ausziehens der Gießrinne entgegenwirken.

Unter sonst gleichen Umständen nimmt die Festigkeit des Gusses bei steigender Umdrehungszahl bis zu etwa 320 Umdr./min zu und bleibt bei weiterer Steigerung zunächst stehen; mitunter konnte dann selbst eine Festigkeitsabnahme festgestellt werden.

Die durch das Abschrecken des Gußstücks an den gekühlten Wänden der Form auftretenden Schäden werden durch nachfolgendes Ausglühen behoben. Dabei wird das Gefüge gleichmäßiger, was nach Pardun[1]) auf einer Rückwandlung des in den Außenschichten vorhandenen Zementits und Ledeburits in den Dauerzustand Ferrit-Perlit-Graphit bzw. Temperkohle zurückzuführen sein dürfte.

Ausführungen.

Die Schleuderguß-Formmaschine für Kolbenringbüchsen der British Piston-Ring Co. Ltd. in Coventry, England[2]) arbeitet mit einer kippbaren Gießrinne nach Whitley und liefert eine Büchse nach Abb. 1687, von der die einzelnen Kolbenringe abgestochen werden. Abb. 1688 läßt die Anordnung der Maschine erkennen.

Die Büchse A bildet die Form für die abzugießende Kolbenringbüchse. Sie läßt sich durch Betätigung eines Zahnstangenmechanismus mittels des Drehkreuzes C vor- und rückwärts schieben, während der am Ende der Spindel F angebrachte, die Rückwand der Form bildende, mit Kühlrippen versehene Kolben rechts von der Büchse A fast unbeweglich ist. Bei Beginn der Arbeit wird die Büchse A völlig dicht an die in der Abbildung durch das Schutz-

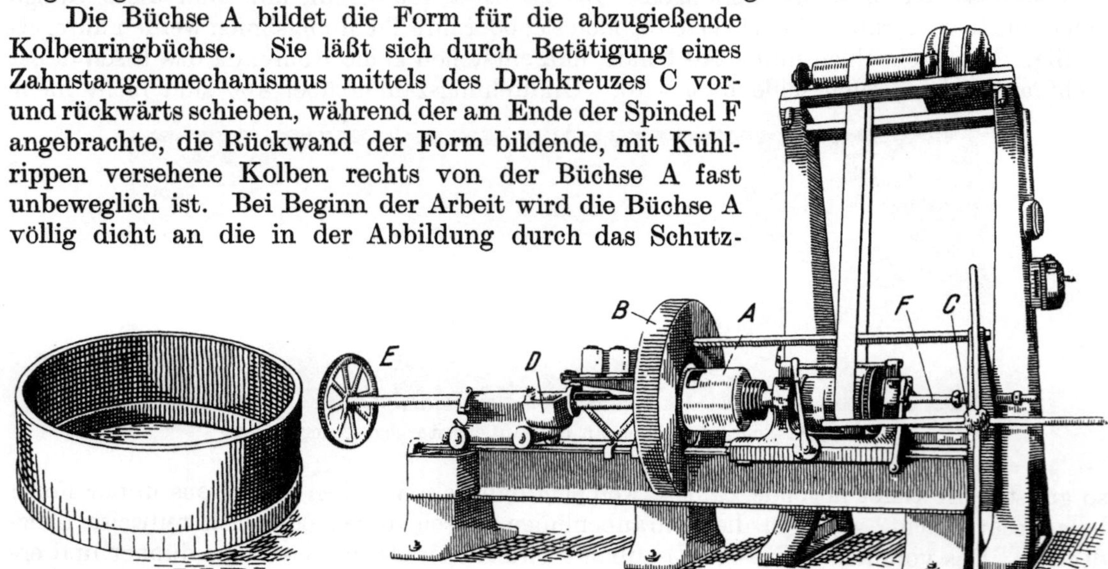

Abb. 1687. Kolbenringbüchse mit Ansatzwand.

Abb. 1688. Schleuderguß-Formmaschine.

gehäuse B verdeckte Abschlußplatte gedrückt, so daß die in der Abbildung wiedergegebene Lage erreicht wird. Dann füllt man die Pfanne D mit flüssigem Eisen, schiebt sie auf dem kleinen vierräderigen Wagen in die Form, die man inzwischen in Drehung versetzt hat, und entleert das Eisen durch Drehung des Handrades E. Unmittelbar nach dem Guß stellt man die Form still und zieht sie, wiederum durch Betätigung des Drehkreuzes C, über den Rippenkolben zurück, wobei der Abguß aus der Form gedrückt wird. Bezüglich des genauen Gewichts des in Formen gegossenen Eisens braucht man keineswegs allzu ängstlich zu sein. Es kommt nur darauf an, daß der Ausschnitt in der feststehenden Endplatte genau dem inneren Durchmesser der zu gießenden Ring-

1) Stahleisen 1924, S. 1201. 2) Stahleisen 1922, S. 841.

Druckfehlerberichtigung.

Auf S. 568, Zeile 10 von oben muß es richtig heißen:

Umdrehungszahl für Röhren von etwa 150 mm Durchmesser bis zu etwa 320 mm Umdr./min. . . . .

büchse entspricht, so daß überschüssiges Eisen ungehemmt ablaufen kann (Abb. 1689 zeigt schematisch diese Anordnung). Werden größere Wärmeunterschiede im eingegossenen Eisen vermieden, so treten merkbare Unterschiede in der Büchsenwandstärke überhaupt nicht auf. Die von der Maschine kommenden Büchsen kommen noch rotwarm in einen koksgefeuerten Glühofen und aus diesem in eine langsamstes Abkühlen ermöglichende Wärmeausgleichskammer.

Die Maschine nach Abb. 1688 dient zur Herstellung von Ringen bis zu etwa 300 mm

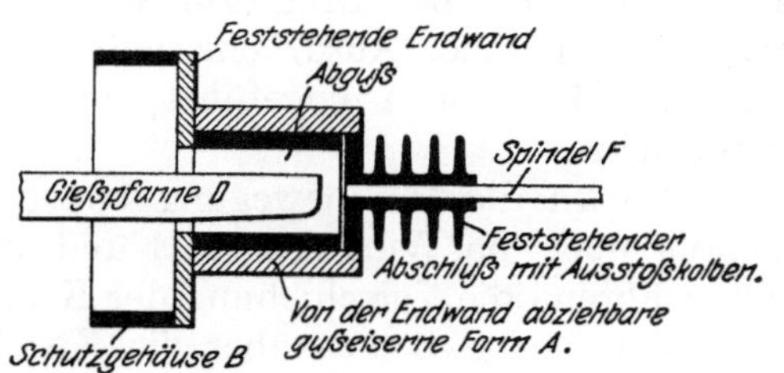

Abb. 1689. Schematische Darstellung der Form- und Gießanordnung der Schleudergußmaschine.

Abb. 1690. Verbesserte Maschine für größere Ringe.

Durchmesser, für Ringe bis zu 500 mm Durchmesser wurde die verbesserte Ausführung nach Abb. 1690 geschaffen. Zur Verringerung der Abschreckung gießt man, nachdem sich die mit normalem Kolbenringeisen gegossenen Ringe als für die Zylinder gefährlich erwiesen hatten, heute Kolbenringe und Kolbenringbüchsen mit sehr weichem Eisen in

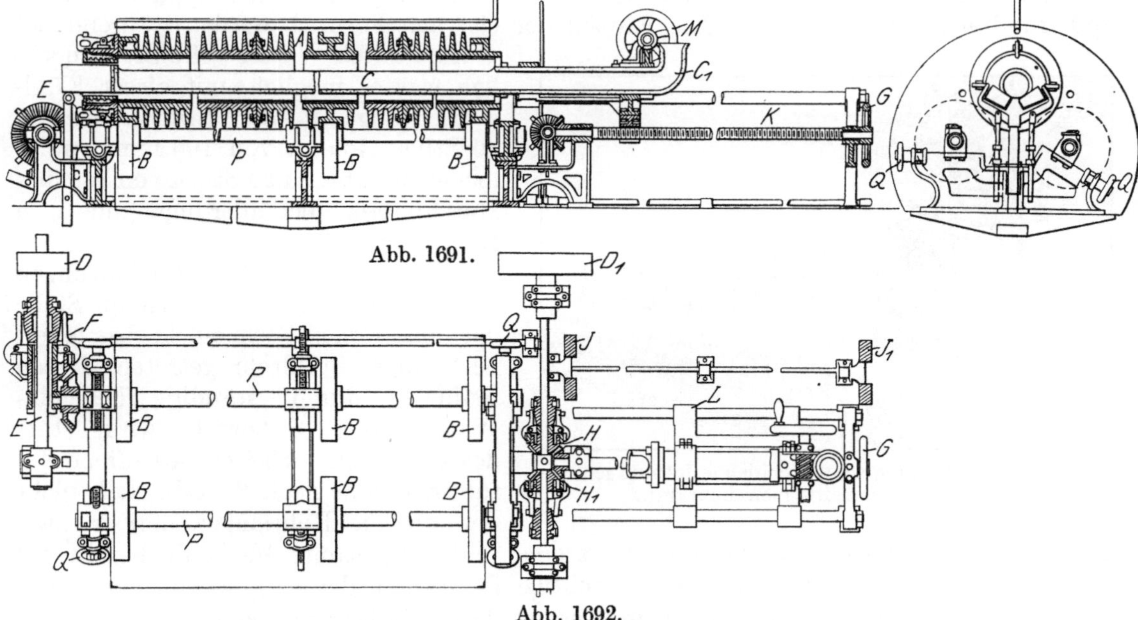

Abb. 1691.

Abb. 1692.

Abb. 1691—1693. Alte Schleudergußmaschine von Sensaud und Arens.

nicht gekühlten Formen. Die durch die ersten zwei bis drei Güsse ausreichend vorgewärmten Formen sollen 600—700 Güsse aushalten.

Die Abb. 1691—1693 zeigen die älteste Ausführung der Schleudermaschine für Rohrguß von Sensaud und Arens[1]), die heute kaum mehr irgendwo in Betrieb sein dürfte. Sie wurde in fast allen Teilen überholt, in der Art der Gießrinne, in der Gestalt und Kühlung des formgebenden Rohres und im gesamten Antriebsmechanismus. Trotzdem verdient sie Beachtung nicht nur in geschichtlicher Hinsicht, sondern auch

[1]) Stahleisen 1917, S. 965.

weil sie für noch immer zu suchende weitere Verbesserungen anregt. Die Maschine besteht, wie die Abbildungen erkennen lassen, in der Hauptsache aus einer aus mehreren Abschnitten zusammengesetzten, mit angegossenen Kühlrippen versehenen Form A, die auf Leitrollen B ruht, und wird von diesen aus in Bewegung gesetzt. Das Rohr A erweitert sich am linken Ende zur Muffe, deren innere Fläche den einzigen durch einen Sandkern gebildeten Teil der Form schafft. Am anderen Ende der Drehform A wird der Eisenverteiler (die Kipprinne) C aus- und eingeschoben. Er wird in die sich rasch drehende Form eingeführt und um 180° gewendet, so daß das Eisen auf der ganzen Länge gleichzeitig ausfließt. Es erstarrt sofort an den Wänden der Drehform, der Verteiler wird ausgezogen, mit einer Ausdrückscheibe versehen und nochmals in die Form A eingeführt, um das fertige Rohr auszudrücken.

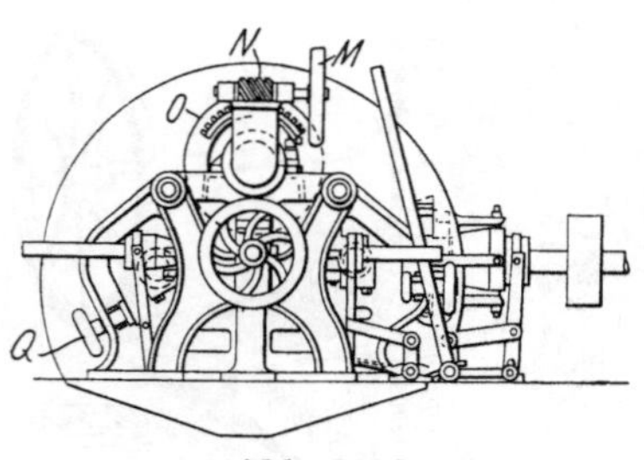

Abb. 1693.

Den Leitrollen B wird die Drehbewegung von der Riemenscheibe D aus über die Winkelräder E und die Kupplung F erteilt, während die Verschiebung der Kipprinne C von der Riemenscheibe D_1 aus über die Kegelräder H und H_1 erfolgt. Je nachdem von den Hebeln J und J_1 aus die Radsätze H oder H_1 eingeschaltet werden, kommt die Schraube K in rechts- oder linksläufige Bewegung, wodurch der Schlitten L vor- oder rückwärts und die auf dem Schlitten ruhende Kipprinne C aus der Form oder in dieselbe geschoben wird. Der Schlitten läßt sich durch das Handrad G genau einstellen. Die Gießrinne C wird vom Handrade M aus gekippt; dieses wirkt auf eine Schnecke N, die in das auf der Rinne C angeordnete Schneckenrad O eingreift. Um mit der gleichen Maschine verschieden weite Rohre herstellen zu können, sind die Achsen P der Leitrollen B mittels Spannschrauben und Handräder Q verstellbar. Die Rippen der eisernen Form A werden während des Gusses durch Wasser gekühlt. Angeblich war es möglich, mit dieser Kühlvorrichtung in der Stunde bis zu 40 Stück Röhren von 100 mm Durchmesser und bis zu 20 Stück von 150 mm Durchmesser, bei allerdings nur 1 m Länge, zu gießen.

Abb. 1694. Anordnung von 4 Schleuderformmaschinen unter einem gemeinsamen Laufkran.

Bei den jüngsten Ausführungen dieser Schleudermaschine ist an Stelle der gußeisernen Form ein höchst feuerbeständiges Stahlrohr getreten, dessen Kühlung durch ständig fließendes Wasser oder Öl bewirkt wird, statt des Kipptroges arbeitet eine offene Zuführungsrinne nach Briede, falls nicht der großen Rohrlängen halber zwei Gießrinnen nach Holthaus verwendet werden, und die gesamte Mechanik beruht auf der Wirkung von Druckwasser. Durch richtige Bemessung der hauptsächlich in Frage kommenden Umstände (s. S. 567) wurde es möglich, die Wandstärken der gegossenen Röhren um 25% zu vermindern und damit die Wettbewerbfähigkeit geschleuderter Rohre ganz wesentlich zu steigern. Hierfür sei nur ein Beispiel angeführt: Für 152er Druckröhren verlangten amerikanische Vorschriften 12 mm Wandstärke, wobei ein gewisser Spielraum für Abweichungen in den Abmessungen vorgesehen war. Infolge der außerordentlich genauen Wandstärken geschleuderter Rohre und der beim Schleudern erzielten Verbesserung der Festigkeitswerte wurde schließlich für geschleuderte Rohre eine Wandstärke von nur 9 mm zugestanden.

Die Abb. 1694—1697 zeigen die nach dem Lavaudschen Schleudergußverfahren ausgeführten Maschinen in verschiedenen Arbeitslagen[1]). Abb. 1694 läßt die

[1]) Stahleisen 1924, S. 121/122.

Aufstellung einiger Maschinen unterhalb eines auf niedriger Bahn verkehrenden Laufkrans erkennen. Eine solche Maschine besteht in der Hauptsache aus drei Teilen: einem den Abgüssen die äußere Form gebenden Stahlrohr, das sich in einem der Länge nach geteilten gußeisernen Gehäuse auf vier in der Nähe der Rohrenden angebrachten Rollenlagern dreht. Der Raum zwischen der Außenwandung des Stahlrohrs und den Innenwandungen des Gehäuses wird durch eine gußeiserne Scheidewand in zwei ungleich lange Abteilungen getrennt. In der kleineren Abteilung ist am Umfang des Stahlrohrs ein Peltonrad angebracht, das das Rohr in rasche Umdrehung setzt, während in der längeren Abteilung Kühlwasser fließt. Der äußere Gehäusedurchmesser beträgt bei den Maschinen für Rohre von 127—203 mm lichter Weite 762 mm. Der innere Stahlzylinder macht zweierlei Bewegungen: einmal dreht er sich um seine eigene Achse, wodurch das zugeführte Eisen zentrifugal an seiner Innenwand verteilt wird, und zugleich wird er geradlinig in seiner Achsenrichtung verschoben, so daß das an einer festliegenden Stelle zur Entleerung gelangende Eisen gleichmäßig über die ganze Länge des Rohres verteilt wird.

Abb. 1695. Stellung der Schleuderformmaschine unmittelbar nach dem Guß.

Den zweiten Teil der Maschine bildet der Mechanismus zur Ausführung dieser Bewegung. Die Drehbewegung wird durch das bereits erwähnte Peltonrad bewirkt, während zur Längsverschiebung ein Druckwasser-Kolben vorgesehen ist. Das das Peltonrad mit Wasser versorgende Rohr verläuft im Innern dieses Kolbens, es läßt sich gleich dem Kolben teleskopartig ineinander schieben. Das Kühlwasser wird durch ein am Boden des Gehäuses angeordnetes Rohr zugeführt, das in gleichen Abständen durchlocht ist, um das Wasser gleichmäßig zu verteilen. Die Drehung des inneren Stahlrohres erfolgt auf Grund der guten Rollenlagerung und, weil es sich tatsächlich vollkommen in Wasser bewegt, durchaus gleichmäßig und stoßfrei. Das Peltonrad und der Verschiebekolben werden durch Druckwasser betätigt. Jede Maschine ist mit Thermometer und Druckmesser ausgestattet.

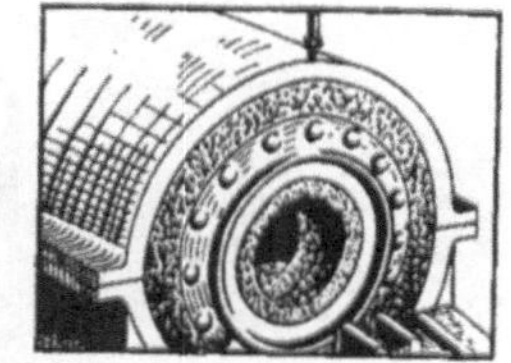
Abb. 1696. Muffenende mit eingeschobenem und festgekeiltem Muffenkern.

Den dritten Hauptteil bildet die Gießvorrichtung. Sie besteht aus einer Kipppfanne, einer Zuführungsrinne und einem langen Gießtrog, der mit einer Gießtülle endet. Die Kipppfanne wird durch einen Druckwasserkolben bewegt, dessen Geschwindigkeit durch ein Nadelventil einstellbar ist. Auf diese Weise läßt sich der Zufluß des Eisens dem Bedarf entsprechend genau regeln. Die Regelung ist von besonderer Wichtigkeit, denn für jede Rohrgröße und Wandstärke muß der Eisenzufluß besonders eingestellt werden. Zu jedem Guß wird ein kleiner Überschuß an Eisen in die Kipppfanne gegeben, den man nach vollzogenem Guß seitlich in eine eiserne Form abfließen läßt (B in Abb. 1695).

Das Eisen fließt von der Kipppfanne über die Zuführungsrinne in den durch die ganze Länge der Form sich erstreckenden Gießtrog, so daß es am Muffenende zum Ausfließen gelangt. Da zugleich mit der Zuführung des Eisens die Form vom Gießtrog abgezogen wird, verteilt es sich gleichmäßig über die ganze Länge der Form. Die Maschine ruht auf einem Betonklotz und wird etwas schräg ansteigend ausgerichtet, da bei einer gelinden Steigung nach dem Spitzende des Rohres zu zuverlässigere Ergebnisse erzielt werden. Zu Beginn eines jeden Gusses wird die Maschine in der Richtung gegen die Gießvorrichtung über den Gießtrog geschoben, so daß der Ausfluß (Einlauf) sich am Muffenende befindet. Die innere Form der Muffe wird durch einen Sandkern gebildet, der von außen in das die Form gebende Stahlrohr geschoben und durch Klemmen festgehalten wird (Abb. 1696). In dem Augenblick, in dem das Eisen in die Form zu fließen beginnt, wird diese in Drehung versetzt, und zugleich wird mit dem Zurückziehen der Form begonnen. Der Guß ist beendet, sobald das Formrohr im Verhältnis zum Gießtrog in seine Endstellung gelangt ist. Man schiebt nun eine Klemmenzange in die Muffe des soeben gegossenen Rohres und hält dieses damit fest, wodurch beim Rücklauf der Maschine (Abb. 1697) das Rohr von selbst aus der Form gezogen wird. Das Rohr findet dabei, um sich nicht zu verziehen, auf blechbeschlagenen Holzunterlagen gute Unterstützung. Allzu rasches Kippen und verzögertes Vorrücken bewirken größere Wandstärken, wobei es geschehen kann, daß das Rohr zwar doppelt so stark wird, wie es sein soll, dafür aber auch nur die halbe Länge erreicht.

Abb. 1697. Ausziehen des Rohrs während des Rücklaufs der Maschine.

Abb. 1698 läßt die Eingießvorrichtung in einer schematischen Darstellung erkennen. Der Behälter C wird mit der für einen Guß gerade ausreichenden Menge von flüssigem Eisen gefüllt und dann von der bei G befindlichen Steuerung aus um die Achse D gekippt, so daß sein ganzer Inhalt in die Übergangsrinne E fließt, die ihn der Gießrinne (dem Gießtroge) F zuführt. Von den bei G vereinigten Steuerungen aus wird auch der gesamte übrige Mechanismus der Maschine bedient.

Zum Gelingen des Gusses müssen die drei Bewegungen der Maschine in guter Übereinstimmung sein. Es handelt sich dabei um die Kippgeschwindigkeit zur Regelung des Eisenzuflusses, um die Umdrehungszahl des Formrohres in der Minute und um dessen Auszugs-

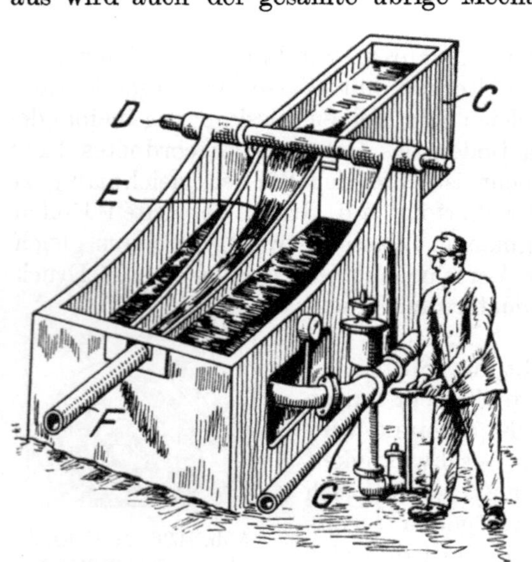

Abb. 1698. Eingießvorrichtung, schematisch dargestellt.

Abb. 1699. Glühofen mit vorgeschalteter Rohrwage.

geschwindigkeit. Diese drei Geschwindigkeiten sind für jede Rohrabmessung verschieden, in jedem Falle sind aber die Zufluß- und die Auszugsgeschwindigkeit von der minutlichen Umdrehungszahl abhängig. Durch Änderung der Geschwindigkeiten wird vor allem die Wandstärke der Abgüsse geregelt. Die richtigen Geschwindigkeiten lassen sich zwar ganz genau bestimmen und ziemlich genau mechanisch einstellen, es bleibt aber immerhin ein Spielraum, insbesondere bezüglich der Kippgeschwindigkeit, wobei auch der jeweilige Flüssigkeitsgrad des Eisens mitspricht. Zur richtigen Bedienung der Kippvorrichtung ist darum ein gewisses, nur durch Erfahrung zu erlangendes „Gefühl" notwendig, weshalb auch an dieser Vorrichtung der Ausgleich zu bewirken ist, falls von der Wage am Glühofen eine Gewichtsabweichung gemeldet wird. Zeigt sich eine auffallende Abweichung vom vorgeschriebenen Gewichte, sei es nach oben oder unten, so erfolgt sofort Meldung an den Vorarbeiter an der Gießmaschine, damit durch entsprechende Regelung der Geschwindigkeiten die Ungenauigkeit bei den nächsten Rohren behoben werden kann.

Die Rohre rollen auf dem Schragen H (Abb. 1697) unmittelbar zur Glühkammer (Abb. 1699), in der sie auf 950° erwärmt werden, um dann in eine Zwischenkammer zu gelangen, in der sie langsam auf 320° abkühlen.

Beim Glühen von Gußeisen zwecks Ausgleich von Spannungen durch Homogenisierung des Gefüges ist vor allem die Abkühlungsgeschwindigkeit maßgebend, nicht aber die Glühdauer. Sobald angenommen werden kann, daß die Rohre durch und durch die Glühwärme erreicht haben, kann darum mit dem Abkühlverfahren begonnen werden.

Die Verbilligung der Erzeugungskosten gegenüber den mit Kernen in Sandformen gegossenen Rohren ist in die Augen springend, fallen doch alle Ausgaben für Sand, Lehm, Graphit, Strohseile usw., die Erhaltungskosten der Formkasten und Kernspindeln, die Kosten der Sandaufbereitung, der Kern- und Formentrocknung u. a. m. fort. Zudem sind die in die Bauanlagen zu steckenden Werte — niedrige Hallen, weniger und einfachere Kranen, keine Gießgruben, verminderte Feuerungsanlagen u. a. m. — wesentlich geringer. Nach Angabe Kreutzbergs [1]) ist das Ausbringen an guter Ware je beschäftigten Arbeiter um 100—150% größer als bei der Arbeit mit Sand- und Lehmformen. Der Ausschuß beträgt zwar noch bis zu 5%, er beruht aber zum größten Teile auf Mängeln der Muffenkerne, so daß berechtigte Aussicht besteht, durch Verbesserung dieser Einzelheit eine noch weitere Verbilligung zu erreichen.

Das-„Mono-Cast“ Verfahren. Nach diesem Verfahren werden die gußeisernen Schleuderformen mit Sand ausgefüttert. Das Schleuderrohr ist innen bearbeitet, um ein vollkommen konzentrisches Ausstampfen zu ermöglichen. Zum Ausstampfen dient ein Gemisch aus Lehm und aus scharfem Formsand, dem nach Bedarf etwas Glutrine beigemengt wird. Nach dem Einstampfen, das in gleicher Weise wie bei der gewöhnlichen Formerei stehend zu gießender Röhren erfolgt, schwärzt man die Formen durch Eingießen von Schwärze. Da die eingestampfte Sandschicht nur etwa 37 mm stark ist, läßt sie sich durch Gasbrenner, die in die wagerecht ausgerichtete Form geschoben werden, rasch genug trocknen, um den Abguß eines Rohres spätestens 15 Minuten nach dem Ausstampfen zu ermöglichen. Die getrockneten Formen gelangen in eine Schleudervorrichtung, beziehungsweise in die Gießmaschine. Der obere Teil dieser Maschine wird zum Zwecke der Einführung des Schleuderrohres angehoben, so daß es seitlich in sie hinein gerollt werden kann. Nach dem Verschließen der Maschine verbindet man die Form durch eine Kupplung mit dem die Drehbewegung bewirkenden Motor. Nun wird in ganz ähnlicher Weise wie beim de Lavaudschen Verfahren abgegossen, unmittelbar danach der Motor abgestellt, und die Form aus der Maschine gerollt. Nach Lösung der Endverschlüsse zieht man mittels eines Abstreifers das Rohr aus der Form, stellt letztere schräg auf und entsandet sie mittels pflugartig wirkender durch sie hindurchgeschleppter Haken. Das noch hellglühende Rohr rollt auf ein Warmbett, dessen Fördereinrichtung bis zum Kühlofen reicht. Durch diesen Ofen wird das Rohr in etwa 40 Minuten durchgeführt und dabei auf 260° abgekühlt. Nach dem Verlassen des Ofens gelangt das Rohr auf ein zweites Warmbett, woselbst es gereinigt wird, um schließlich angehoben und lotrecht in einen Teerbottich getaucht zu werden.

Nach diesem von W. D. Moore entwickelten Verfahren arbeitet die American Cast Iron Pipe Co. in Birmingham, Ala., seit ungefähr $1^1/_2$ Jahren mit gutem technischen und wirtschaftlichen Erfolge. Die Röhren sind sowohl außen als auch innen vollkommen glatt und entsprechen in jeder Hinsicht den Anforderungen, die man an die nach dem de Lavaudschen Verfahren hergestellte Ware stellen kann.

Ein zweites mit ausgefütterten Schleuderröhren arbeitendes Verfahren wurde von R. D. Wood entwickelt. Es wird auf dem Werke des Erfinders in Florence bei Trenton, Pa. gleichfalls mit vollem Erfolge im großen ausgeübt.

---

[1]) The Foundry 1923, S. 731.

Weitere Entwicklungsmöglichkeiten des Schleudergusses dürften auf dem Gebiete des formgebenden Rohres liegen. Hier liegt insbesondere eine Vereinigung mit den Grundlagen der Dauerformerei mit ausgefütterten Formen (S. 557) und mit verzinkten Formen (S. 559) nahe.

Literatur.

Lewicki, E.: Über Zentrifugalguß. Z. d. V. d. I. 1898, S. 719.

Irresberger, C.: Die Zentrifugal-Gießmaschine von Sensaud und Arens. Stahleisen 1917, S. 965/967.

Cammen, L.: Centrifugal Castings. Iron Age 1922, Bd. 1, S. 278 u. f.; Stahleisen 1923, S. 978/979 u. 1505/1506.

Irresberger, C.: Massenerzeugung höchstwertiger Kolbenringe. Stahleisen 1922, S. 841/845.

Pardun, C. (nach A. Rathbone): Herstellung von Kolbenringen nach dem Schleudergußverfahren. Stahleisen 1923, S. 1506/1507.

Irresberger, C.: Der gegenwärtige Stand des Schleuder-(Zentrifugal-)gusses. Gieß.-Zg. 1924, S. 397/402.

Pardun, C.: Über die wissenschaftlichen Grundlagen des Schleudergusses. Stahleisen 1924, S. 905/911, 1044/1048, 1200/1208.

Irresberger, C.: Gegenwärtiger Stand des Schleudergußverfahrens zur Erzeugung von Druck- und Ablaufrohren. Stahleisen 1926, S. 1707/1711.

Nachtrag.

Kernformmaschinen.

Preßluft-Kernspritzen.

In den letzten Jahren haben, zunächst in Amerika, Kernformmaschinen Verbreitung gefunden, bei denen die Verdichtung des Kernsandes durch unmittelbare Einwirkung von Preßluft auf den in einem Füllbehälter befindlichen Sand bewirkt wird. In jüngster Zeit wird auch in Europa eine derartige Maschine gebaut, die infolge ihrer einfachen Bauweise einen weiteren wesentlichen Fortschritt bedeutet. Es ist das die nach schwedischen und deutschen Patenten ausgeführte Kernspritzmaschine „Revolt“ [1]). Sie besteht aus einem Sandbehälter mit Sichtglas, einer Einblaseanordnung und einem unter dem Behälter vorgesehenen Sandraum mit einem Spiralventil. Das Ventil wird mittels einer Kurbel abwechselnd geöffnet und geschlossen, wobei die Preßluft wechselweise längere oder kürzere Zeit eingeblasen und abgesperrt wird. Das Ventil ist verstellbar, so daß verschieden starke Luftstöße, entsprechend der Kerngröße und der Kerngestalt, zur Wirkung gebracht werden können. Durch diese Luftstöße wird jeweils eine bestimmte Sandmenge mitgerissen und unter Druck in die Kernbüchse gebracht. Man arbeitet mit einem Drucke von 5—6 at.

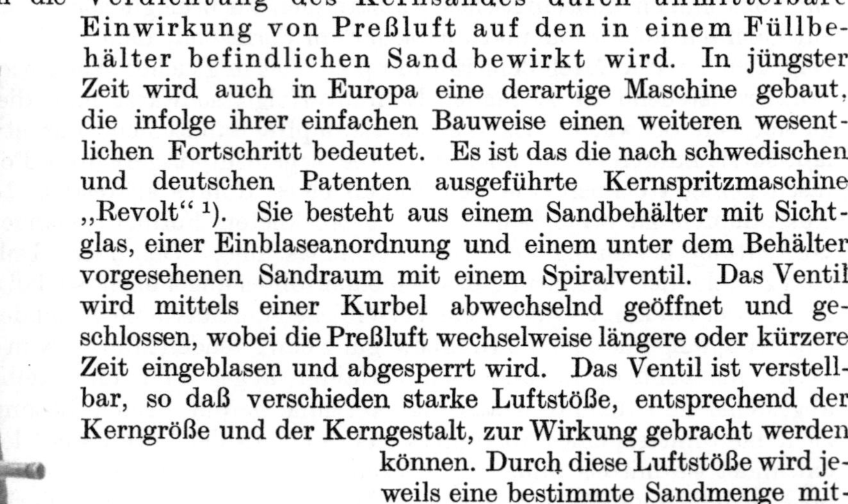

Abb. 1700. Preßluftkernspritze „Revolt“.

Die Regulierung der Maschine erfolgt von Hand, was für empfindliche Regelung zwecks gleichmäßigen Einblasens des Kernsandes in alle Teile der Büchse wichtig ist. Ein an der Maschine tätiger Arbeiter bekommt schon nach ganz kurzer Zeit große Übung in ihrer Bedienung für verschieden große und verschieden gestaltete Kerne. Sein Gefühl hierfür wird höchst empfindlich.

[1]) Ausgeführt von der Maschinenfabrik Gustav Zimmermann in Düsseldorf-Rath und der Aktiebolaget Axel Christiernsson in Stockholm.

Die Maschine eignet sich besonders für vielgestaltige Kerne. Sie spart gegenüber der Handarbeit 60—80 $^0/_0$ an Löhnen, verdichtet den Sand vollkommen gleichmäßig, füllt den Kernkasten unabhängig von seiner Form, arbeitet mit Ölsand und erübrigt den Gebrauch von Wachsschnüren; sie ist leicht von Knaben oder Mädchen zu bedienen und erfordert keine besonderen Kernbüchsen; die gewöhnlichen bis dahin für Handarbeit gebräuchlichen Kernbüchsen können weiter benützt werden, man hat nur auf genaue Teilflächen zu sehen und ein Loch für den Sandanschluß anzubringen. — Abb. 1700 zeigt die auf einem kleinen Untersatze festgeschraubte Maschine in arbeitsbereiter Lage. Sie kann aber ebensogut unmittelbar auf der Kernmacherbank befestigt werden. Einige mit ihr hergestellte Kerne sind der Abb. 1701 zu entnehmen. Abb. 1702 läßt die Maschine in Tätigkeit erkennen.

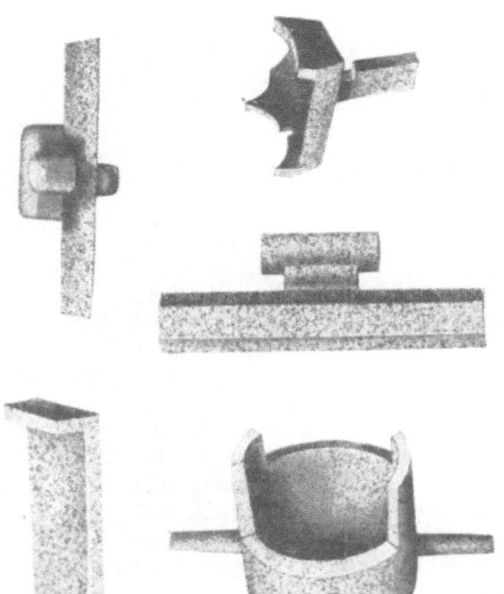

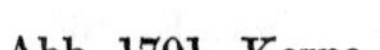

Abb. 1701. Kerne.

Abb. 1702. Die Preßluftkernspritze „Revolt“ in Tätigkeit.

Namenverzeichnis.

Sachverzeichnis.

Abkürzungen: F. v. = Formerei von. (D) = Druckwasserantrieb. (E) = Elektrischer Antrieb. (H) = Handantrieb. (P) = Preßluftantrieb.

[1]) (D) = Druckwasserantrieb. (H) = Handantrieb. (E) = Elektrischer Antrieb. (P) = Preßluftantrieb.

Das technische Eisen. Konstitution und Eigenschaften. Von Prof. Dr.-Ing. **Paul Oberhoffer**, Aachen. Zweite, verbesserte und vermehrte Auflage. Mit 610 Abbildungen im Text und 20 Tabellen. X, 598 Seiten. 1925. Gebunden RM 31.50

Das Gußeisen. Seine Herstellung, Zusammensetzung, Eigenschaften und Verwendung. Von **Joh. Mehrtens**. Mit 15 Textfiguren. 66 Seiten. 1925. (Heft 19 der „Werkstattbücher".) RM 1.80

Blöcke und Kokillen. Von **A. W.** und **H. Brearley**. Deutsche Bearbeitung von Dr.-Ing. **F. Rapatz**. Mit 64 Abbildungen. IV, 142 Seiten. 1926. Gebunden RM 13.50

Leitfaden für Gießereilaboratorien. Von Geh. Bergrat Prof. Dr.-Ing. e. h. **Bernhard Osann**, Clausthal. Zweite, erweiterte Auflage. Mit 12 Abbildungen im Text. IV, 62 Seiten. 1924. RM 2.70

Stahl- und Temperguß. Ihre Herstellung, Zusammensetzung, Eigenschaften und Verwendung. von Prof. Dr. techn. **Erdmann Kothny**. Mit 55 Figuren im Text und 23 Tabellen. 68 Seiten. 1926. (Heft 24 „der Werkstattbücher".) RM 1.80

Der basische Herdofenprozeß. Eine Studie von Ing.-Chemiker **Carl Dichmann**. Zweite, verbesserte Auflage. Mit 42 Textfiguren. VIII, 278 Seiten. 1920. RM 12.—

Vita-Massenez, Chemische Untersuchungsmethoden für Eisenhütten und Nebenbetriebe. Eine Sammlung praktisch erprobter Arbeitsverfahren. Zweite, neubearbeitete Auflage von Ing.-Chemiker **Albert Vita**, Chefchemiker der Oberschlesischen Eisenbedarfs-A.-G. Friedenshütte. Mit 34 Textabbildungen. X, 198 Seiten. 1922. Gebunden RM 6.40

Die Theorie der Eisen-Kohlenstoff-Legierungen. Studien über das Erstarrungs- und Umwandlungsschaubild nebst einem Anhang: Kaltrecken und Glühen nach dem Kaltrecken. Von **E. Heyn**, weiland Direktor des Kaiser-Wilhelm-Instituts für Metallforschung. Herausgegeben von Prof. Dipl.-Ing. **E. Wetzel**. Mit 103 Textabbildungen und XVI Tafeln. VIII, 185 Seiten. 1924. Gebunden RM 12.—

Probenahme und Analyse von Eisen und Stahl. Hand- und Hilfsbuch für Eisenhütten-Laboratorien. Von Prof. Dipl.-Ing. **O. Bauer** und Prof. Dipl.-Ing. **E. Deiß**. Zweite, vermehrte und verbesserte Auflage. Mit 176 Abbildungen und 140 Tabellen im Text. VIII, 304 Seiten. 1922. Gebunden RM 12.—

Lötrohrprobierkunde. Anleitung zur qualitativen und quantitativen Untersuchung mit Hilfe des Lötrohres. Von Prof. Dr. **Carl Krug**, Berlin. Zweite, vermehrte und verbesserte Auflage. Mit 30 Textabbildungen. VII, 74 Seiten. 1925. RM 3.—

Die Praxis des Eisenhüttenchemikers. Anleitung zur chemischen Untersuchung des Eisens und der Eisenerze. Von Prof. Dr. **Carl Krug**, Berlin. Zweite, vermehrte und verbesserte Auflage. Mit 29 Textabbildungen. VIII, 200 Seiten. 1923. RM 6.—; gebunden RM 7.—

Verringerung der Selbstkosten in Adjustagen und Lagern von Stabeisenwalzwerken. Von Dr.-Ing. **Theodor Klönne**. Mit 93 Textfiguren und auf 2 Tafeln. VIII, 124 Seiten. 1910. RM 5.—

Selbstkostenberechnung in der Gießerei. Grundsätze, Grundlagen und Aufbau mit besonderer Berücksichtigung der Eisengießerei. Von **Ernst Brütsch**. Mit 6 Tabellen. VI, 70 Seiten. 1926. RM 4.80

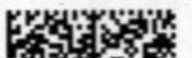